中文版 3ds Max/VRay效果图制作完全自学教程

| 实例培训教材版 |

时代印象 编著

人民邮电出版社
北京

图书在版编目（CIP）数据

中文版3ds Max/VRay效果图制作完全自学教程 ： 实例培训教材版 / 时代印象编著. -- 北京 ： 人民邮电出版社，2020.10
ISBN 978-7-115-52179-8

Ⅰ. ①中… Ⅱ. ①时… Ⅲ. ①三维动画软件－教材
Ⅳ. ①TP391.414

中国版本图书馆CIP数据核字(2020)第120350号

内 容 提 要

这是一本全面介绍中文版 3ds Max/VRay 基本功能及各种常见效果图制作的书。本书主要针对零基础读者编写，是入门级读者快速、全面掌握 3ds Max/VRay 效果图制作的实践参考书。

本书从 3ds Max 的基本操作入手，用大量的可操作性实战案例（195 个实战案例+17 个商业综合实例），全面、深入地阐述了 3ds Max/VRay 的建模、灯光、材质、渲染和后期处理在效果图制作中的运用。

本书共 15 章，详细讲解了制作效果图前的必备知识以及 3ds Max 2016 的基本操作，全面介绍了效果图的建模、灯光、摄影机以及材质与贴图，同时还全面介绍了 VRay 渲染技术、Photoshop 后期处理技术及商业综合项目的制作方法。全书案例丰富，通过丰富的案例练习，读者可以快速而有效地掌握效果图制作的各种技术。

本书讲解模式新颖，非常符合读者学习新知识的思维习惯。本书附带学习资源，内容包括本书所有案例的场景文件、实例文件，以及 PPT 教学课件和在线教学视频。另外，本书还为读者精心准备了 3ds Max 快捷键索引、效果图制作实用速查表（内容包括常见物体折射率、常用家具尺寸和室内物体常用尺寸）和 60 种常见材质参数设置索引等，以方便读者学习。

本书非常适合作为初、中级读者的入门及提高参考书，尤其是零基础读者。另外，请读者注意，本书所有内容均采用中文版 3ds Max 2016、VRay3.20.03 和 Photoshop CS6 进行编写。

◆ 编　　著　时代印象
责任编辑　张丹丹
责任印制　马振武
◆ 人民邮电出版社出版发行　　北京市丰台区成寿寺路 11 号
邮编　100164　　电子邮件　315@ptpress.com.cn
网址　https://www.ptpress.com.cn
大厂回族自治县聚鑫印刷有限责任公司印刷
◆ 开本：880×1092　1/16
印张：28.25
字数：1031 千字　　2020 年 10 月第 1 版
印数：1 – 2 200 册　　2020 年 10 月河北第 1 次印刷

定价：79.00 元

前言

Autodesk公司的3ds Max是应用广泛的三维软件之一，其功能完备，从诞生以来就一直受到CG界艺术家的喜爱。3ds Max在模型塑造、场景渲染、动画及特效等方面都能制作出高品质的对象（注意，3ds Max在效果图领域的应用非常广泛），这也使其在室内设计、建筑表现、影视与游戏制作等领域占据重要地位，成为全球非常受欢迎的三维制作软件之一。

本书是初学者自学中文版3ds Max 2016与VRay渲染器的技术操作实践书。全书从实用角度出发，全面、系统地讲解了中文版3ds Max 2016和VRay渲染器在效果图中的所有应用功能和操作技法，基本涵盖中文版3ds Max 2016（针对效果图领域）与VRay渲染器的全部工具、面板、对话框和菜单命令。全书以实战操作的方式演示了在效果图表现中各对象的制作技法，精心安排了195个具有针对性的效果图实战案例、46个知识回顾和17个商业效果图综合实例，帮助读者轻松掌握效果图制作的软件使用技巧和具体应用，以做到学用结合。全部案例配有教学视频，详细演示了案例的制作过程。此外，本书还提供了用于查询软件功能、疑难问答、技术专题等的索引，并为初学者配备了效果图制作实用附录（常见物体折射率、常用家具尺寸和室内物体常用尺寸）以及60种常见材质的参数设置索引。

本书由《中文版3ds Max 2016完全自学教程》原班团队编排，是一本实战版的完全自学教程。本书采用一种加深理解的高效学习方法，以先练后悟的方式介绍效果图制作的软件操作和表现技法，以全实战的形式将各个技术进行细化。一个实战案例就是一项技术，通过实战演练感悟它们的使用方法和使用技巧，对于不明了的地方，可以通过知识回顾进行弥补。本书在实战案例的编排上突出针对性和实用性。对于建模技术、灯光技术、材质技术、渲染技术和Photoshop后期处理技术等效果图制作的核心技术，我们进行了详细的分析，以期再续经典。

本书的结构与内容

本书共15章，具体内容介绍如下。

第1~2章：主要讲解制作效果图前的必备知识以及3ds Max 2016的基本操作。

第3~12章：共10章，用195个典型实战案例和46个知识回顾全面介绍了效果图制作中的建模、灯光、摄影机构图、材质贴图、渲染技术和Photoshop后期处理等的核心技术和操作技巧。这部分内容是效果图制作的技术支撑，是效果图制作的基石，是本书的精髓所在，制作效果图的所有重要技术几乎均包含在这部分。

第13~15章：共安排了17个商业综合实例，包含7个家装空间、5个工装空间和5个建筑外观。这些商业综合实例全部选自实际工作项目，并且每个空间都是精挑细选，具有非常强的针对性，基本涵盖实际工作中的常见空间类型。请读者注意，这部分的重要程度与第3~12章相同，也非常重要。

本书的版面结构说明

为了让读者轻松自学及快速深入地了解效果图制作技术，本书除设计了实战、综合实例和知识回顾这一先练后悟的学习系统之外，还专门设计了“技巧与提示”“疑难问答”和“技术专题”等项目，简要介绍如下。

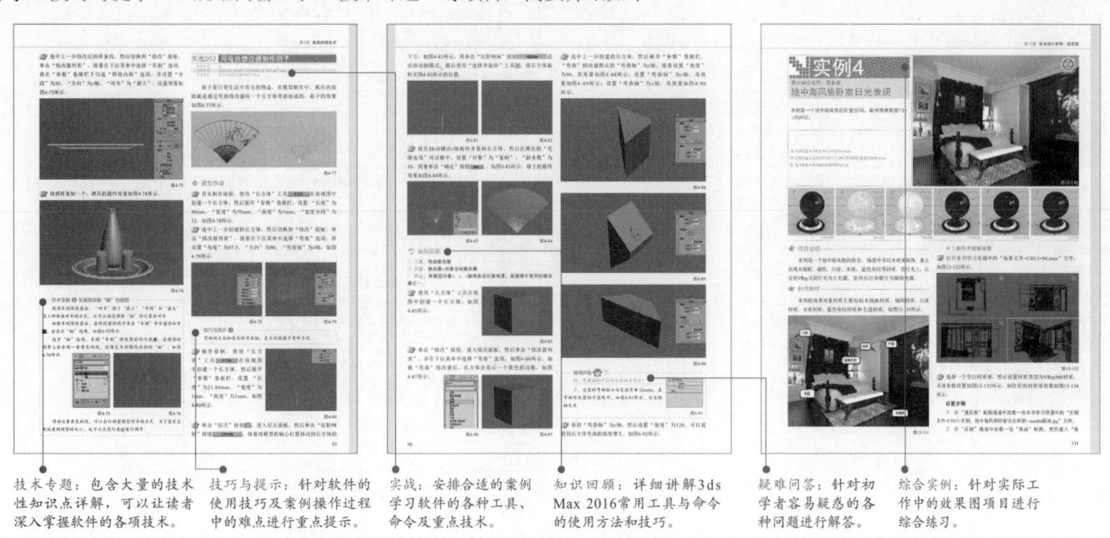

技术专题：包含大量的技术性知识点详解，可以让读者深入掌握软件的各项技术。

技巧与提示：针对软件的使用技巧及案例操作过程中的难点进行重点提示。

实战：安排合适的案例学习软件的各种工具、命令及重点技术。

知识回顾：详细讲解3ds Max 2016常用工具与命令的使用方法和技巧。

疑难问答：针对初学者容易疑惑的各种问题进行解答。

综合实例：针对实际工作中的效果图项目进行综合练习。

本书检索说明

为了让读者更加方便地学习3ds Max，并在学习本书内容时能更轻松地查找到重要内容，本书最后设置了4个附录，分别是“附录A 本书索引”“附录B 效果图制作实用附录”“附录C 常见材质参数设置索引”和“附录D 3ds Max 2016优化与常见问题速查”，简要介绍如下。

附录A 本书索引

A1 3ds Max快捷键索引

主界面快捷键	
操作	快捷键
显示降级适配（开关）	O
适应透视图格点	Shift+Ctrl+A
排列	Alt+A
角度捕捉（开关）	A
动画模式（开关）	N
改变到后视图	K
背景锁定（开关）	Alt+Ctrl+B
前一时间单位	.
下一时间单位	,
改变到顶视图	T
改变到底视图	B
改变到摄影机视图	C
改变到前视图	F
改变到等用户视图	U
改变到右视图	R
改变到透视图	P
循环改变选择方式	Ctrl+F
默认灯光（开关）	Ctrl+L
删除物体	Delete
当前视图暂时失效	D
是否显示几何体内框（开关）	Ctrl+E
显示第一个工具条	Alt+1
专家模式，全屏（开关）	Ctrl+X
暂存场景	Alt+Ctrl+H
取回场景	Alt+Ctrl+F
冻结所选物体	6
跳到最后一帧	End
跳到第一帧	Home
显示/隐藏摄影机	Shift+C
显示/隐藏几何体	Shift+O
显示/隐藏网格	G
显示/隐藏帮助物体	Shift+H
显示/隐藏光源	Shift+L
显示/隐藏粒子系统	Shift+P
显示/隐藏空间扭曲物体	Shift+W
锁定用户界面（开关）	Alt+0
匹配到摄影机视图	Ctrl+C
材质编辑器	M

续表

操作	快捷键
选择父物体	PageUp
选择子物体	PageDown
根据名称选择物体	H
选择锁定（开关）	Space（Space键即空格键）
减淡所选物体的面（开关）	F2
显示所有视图网格（开关）	Shift+G
显示/隐藏命令面板	3
显示/隐藏浮动工具条	4
显示最后一次渲染的图像	Ctrl+I
显示/隐藏主要工具栏	Alt+6
显示/隐藏安全框	Shift+F
显示/隐藏所选物体的支架	J
百分比捕捉（开关）	Shift+Ctrl+P
打开/关闭捕捉	S
循环通过捕捉点	Alt+Space（Space键即空格键）
间隔放置物体	Shift+I
改变到光线视图	Shift+4
循环改变子物体层级	Ins
子物体选择（开关）	Ctrl+B
贴图材质修正	Ctrl+T
加大动态坐标	+
减小动态坐标	-
激活动态坐标（开关）	X
精确输入转变量	F12
全部解冻	7
根据名字显示隐藏的物体	5
刷新背景图像	Alt+Shift+Ctrl+B
显示几何体外框（开关）	F4
视图背景	Alt+B
用方框快显几何体（开关）	Shift+B
打开虚拟现实	数字键盘1
虚拟视图向下移动	数字键盘2
虚拟视图向左移动	数字键盘4
虚拟视图向右移动	数字键盘6
虚拟视图向中移动	数字键盘8
虚拟视图放大	数字键盘7
虚拟视图缩小	数字键盘9
实色显示场景中的几何体（开关）	F3
全部视图显示所有物体	Shift+Ctrl+Z

附录A包含3ds Max的快捷键（也称热键）索引以及本书疑难问答和技术专题的速查表。

附录B 效果图制作实用附录

B1 常见物体折射率

材质折射率					
物体	折射率	物体	折射率	物体	折射率
空气	1.0003	液体二氧化碳	1.200	冰	1.309
水（20°）	1.333	丙酮	1.360	30%的糖溶液	1.380
普通酒精	1.360	酒精	1.329	面粉	1.434
溶化的石英	1.460	Calspar2	1.486	80%的糖溶液	1.490
玻璃	1.500	氯化钠	1.530	聚苯乙烯	1.550
翡翠	1.570	天青石	1.610	黄晶	1.610
二硫化碳	1.630	石英	1.540	二碘甲烷	1.740
红宝石	1.770	蓝宝石	1.770	水晶	2.000
钻石	2.417	氧化铬	2.705	氧化铜	2.705
非晶硒	2.920	碘晶体	3.340		

液体折射率				
物体	分子式	密度（g/cm³）	温度（℃）	折射率
甲醇	CH_3OH	0.794	20	1.3290
乙醇	C_2H_5OH	0.800	20	1.3618
丙酮	CH_3COCH_3	0.791	20	1.3593
苯	C_6H_6	1.880	20	1.5012
二硫化碳	CS_2	1.263	20	1.6276
四氯化碳	CCl_4	1.591	20	1.4607
三氯甲烷	$CHCl_3$	1.489	20	1.4467
乙醚	$C_2H_5 \cdot O \cdot C_2H_5$	0.715	20	1.3538
甘油	$C_3H_8O_3$	1.260	20	1.4730
松节油		0.87	20.7	1.4721
橄榄油		0.92	0	1.4763
水	H_2O	1.00	20	1.3330

晶体折射率			
物体	分子式	最小折射率	最大折射率
冰	H_2O	1.309	1.313
氟化镁	MgF_2	1.378	1.390
石英	SiO_2	1.544	1.553

附录B包含常见物体的折射率、常用家具和室内物体常用尺寸速查表。

附录C 常见材质参数设置索引

说明：本附录是本书4个附录中最重要的一个，列出了12种常见的材质类型以及一种特殊的材质类型，共60种材质，包括玻璃材质、金属材质、布料材质、木纹材质、石材材质、陶瓷材质、漆类材质、皮革材质、壁纸材质、塑料材质、液体材质、自发光材质和其他材质。注意，本附录所给出的参数是制作材质的一种基本思路，在面对实际项目时，某些参数要根据场景进行重新设置，如漫反射/反射/折射/烟雾的颜色、反射与折射的细分值、烟雾倍增值、凹凸与置换值、贴图的瓷砖U/V值、贴图的模糊值以及是否开启菲涅耳反射等。

C1 玻璃材质

材质名称	示例图	贴图	参数设置		用途
普通玻璃材质			漫反射	漫反射颜色=红:129，绿:187，蓝:188	家具装饰
			反射	反射颜色=红:20，绿:20，蓝:20；高光光泽度=0.9；反射光泽度=0.95；细分=10；菲涅耳反射=勾选	
			折射	折射颜色=红:240，绿:240，[illegible]影响阴影=勾选；烟雾颜色=红:242，绿:255，蓝:253；烟[illegible]	
			其他		
窗玻璃材质			漫反射	漫反射颜色=红:193，绿:[illegible]	窗户装饰
			反射	反射通道=衰减贴图；侧=[illegible]类型=Fresnel；反射光泽度=0.99；细分=20	
			折射	折射颜色=白色；光泽度=0.99；[illegible]=勾选；烟雾颜色=红:242，绿:243，蓝:247；烟雾倍增=0.001	
			其他		
彩色玻璃材质			漫反射	漫反射颜色=黑色	家具装饰
			反射	反射颜色=白色；细分=15；菲涅耳反射=勾选	
			折射	折射颜色=白色；细分=15；影响阴影=勾选；烟雾颜色=自定义；烟雾倍增=0.04	
			其他		
磨砂玻璃材质			漫反射	漫反射颜色=红:180，绿:189，蓝:214	家具装饰
			反射	反射颜色=红:57，绿:57，蓝:57；菲涅耳反射=勾选；反射光泽度=0.95	
			折射	折射颜色=红:180，绿:180，蓝:180；光泽度=0.95；影响阴影=勾选；折射率=1.2；退出颜色=勾选；退出颜色=红:3，绿:30，蓝:55	
			其他		
龟裂缝玻璃材质			漫反射	漫反射颜色=红:213，绿:234，蓝:222	家具装饰
			反射	反射颜色=红:119，绿:119，蓝:119；高光光泽度=0.8；反射光泽度=0.9；细分=15	
			折射	折射颜色=红:217，绿:217，蓝:217；细分=15；影响阴影=勾选；烟雾颜色=红:247，绿:255，蓝:255；烟雾倍增=0.3	
			其他	凹凸通道=贴图；凹凸强度=-20	
镜子材质			漫反射	漫反射颜色=红:24，绿:24，蓝:24	家具装饰
			反射	反射颜色=红:239，绿:239，蓝:239	
			折射		
			其他		
水晶材质			漫反射	漫反射颜色=红:248，绿:248，蓝:248	家具装饰
			反射	反射颜色=红:250，绿:250，蓝:250；菲涅耳反射=勾选	
			折射	折射颜色=红:130，绿:130，蓝:130；折射率=2；影响阴影=勾选	
			其他		

444

附录C包含60种常见材质的参数设置索引。

附录D 3ds Max 2016优化与常见问题速查

D1 软件的安装环境

3ds Max 2016必须在Windows 7或以上的64位系统中才能正确安装。所以，正确使用3ds Max 2016，首先要将计算机的系统换成Windows 7或更高版本的64位系统。

D2 软件的流畅性优化

3ds Max 2016对计算机的配置要求比较高，如果用户的计算机配置比较低，运行起来可能会比较困难，但是可以通过一些优化来提高软件的流畅性。

更改显示驱动程序：3ds Max 2016默认的显示驱动程序是Nitrous Direct3D 9，该驱动程序对显卡的要求比较高，我们可以将其换成对显卡要求比较低的驱动程序。执行“自定义>首选项”菜单命令，打开“首选项设置”对话框，然后单击“视口”选项卡，接着在“显示驱动程序”选项组下单击“选择驱动程序”按钮[illegible]，在弹出的对话框中选择“旧版OpenGL”驱动程序。旧版OpenGL驱动程序不仅对显卡的要求比较低，同时也不会影响用户的正常操作。

优化软件界面：3ds Max 2016默认的软件界面中有很多工具栏，其中常用的是“主工具栏”和“命令”面板，其他工具栏可以隐藏起来，在需要用到的时候再将其调出来，整个界面只需要保留“主工具栏”和“命令”面板即可。隐藏掉暂时用不到的工具栏，不仅可以提高软件的运行速度，还可以让操作界面更加整洁。

注意：如果用户修改了显示驱动程序并优化了软件界面，3ds Max 2016的运行速度依然很慢的话，建议重新购买一台配置较高的计算机。以后在做实际项目时，也需要拥有一台配置好的计算机，这样才能提高工作效率。

D3 打开文件时的问题

打开场景文件时，如果提示文件的单位不匹配，请选择“采用文件单位比例”选项（如果选择另外一个选项，场景的缩放比例会出现问题）。如果打开场景文件时提示缺少DLL文件，一般情况下是没有影响的，但是如果提示缺少VRay的相关文件，则是没有安装VRay渲染器的原因。这种情况就必须安装VRay渲染器，本书所使用的VRay渲染器是VRay 3.0版本。

D4 自动备份文件

很多时候，由于我们的一些失误操作，很可能导致3ds Max崩溃，但不要紧，3ds Max会自动将当前文件保存到C:\Users\Administrator\Documents\3dsmax\autoback路径下，待重启3ds Max后，在该路径下可以找到自动保存的备份文件。但是自动备份文件会出现贴图缺失的情况，就算打开了也需要重新链接贴图文件，因此我们要养成及时保存文件的良好习惯。

D5 贴图重新链接的问题

打开场景文件时，经常会出现贴图缺失的情况，这就需要我们手动链接缺失的贴图。本书所有的场景文件都将贴图整理归类在一个文件夹中，如果在打开场景文件时提示缺失贴图，大家可以重新链接缺失的贴图以及其他场景资源。

D6 在渲染时让软件不满负荷运行

一般情况下，3ds Max在渲染时都是满负荷运行，此时要用计算机做一些其他事情则会非常卡。如果要在渲染时做一些其他事情，可以关掉一两个CPU；也可以通过勾选VRay渲染器的“低线程优先权”选项来实现低线程渲染，这样可以让计算机不满负荷运行。

452

附录D介绍了3ds Max 2016优化与常见的问题以及解决办法，对于初学者来说非常重要。

资源文件内容介绍

本书附带学习资源，内容包括本书所有案例的场景文件、实例文件，以及PPT教学课件和在线教学视频。其中，实例文件包含本书所有案例的源文件、效果图和贴图；场景文件包含本书所有案例用到的场景文件；PPT教学课件可供教师教学时参考；在线教学视频包含195个实战案例和17个商业综合实例的教学视频，共212个。读者可以在学完本书内容以后继续用这些资源进行练习，让自己熟练掌握3ds Max和VRay渲染器，进入效果图世界！

212个在线教学视频

为了更方便读者学习如何使用3ds Max 2016和VRay渲染器制作效果图，我们特别录制了本书所有案例的教学视频，分为实战案例（195个）和综合实例（17个）两部分，共212个。其中，实战案例专门针对效果图各个制作环节中的重要工具、重要技术和重要操作技巧进行讲解；综合实例专门针对实际工作中的各种效果图（7个家装空间、5个工装空间和5个建筑外观）进行全面的讲解。读者可以边观看视频，边学习本书内容。

其他说明

本书的学习资源文件均可在线获取，扫描“资源获取”二维码，关注“数艺设”的微信公众号，即可得到资源文件获取方式。如需资源获取技术支持，请致函szys@ptpress.com.cn。在学习的过程中，如果遇到问题，欢迎您与我们交流，客服邮箱：press@iread360.com。

资源获取

编者

2020年5月

目录

第4章 高级建模技术......88

第5章 室内效果图的场景模型......136

第6章 室内效果图的场景构图 162

第7章 灯光技术 174

第8章 室内效果图的灯光技术 196

第9章 材质与贴图技术 212

第10章 室内效果图常用的材质 242

第11章 VRay渲染技术 278

第15章 商业综合实例：建筑篇..............396

技术专题

疑难问答

技巧与提示

Learning Objectives
学习要点

Employment Direction
从业方向

家具造型师

建筑设计表现师

工业设计师

室内设计表现师

第1章 效果图制作必备知识

效果图类似于现实中对场景拍摄的照片，但它需要通过软件来制作虚拟场景，然后通过渲染来完成“拍摄”。这一切都需要通过计算机才能实现，但其与现实拍摄相同的是，在制作效果图时需要把握好基础的美学知识，这样才能制作出色彩、光影都具吸引力的效果图。

效果图的制作需要遵照“场景构建→场景构图→场景布光→材质赋予→渲染效果→后期处理”这一流程。

1.1 场景构建

场景构建是制作效果图的第1步。以室内效果图为例，首先导入CAD来建立户型的墙体、门窗、吊顶、墙面造型等硬装模型，然后建立或从外部导入需要的家具、电器、灯具等模型，如图1-1所示。

技巧与提示

在商业效果图制作中，为了提高制作的效率，只需要根据设计师提供的CAD制作出墙体、吊顶以及墙面造型等外部不能导入的模型，其余的家具、家电等模型都可以通过外部素材库导入，稍作修改即可。

图1-1

1.2 摄影

效果图一般按照照片和现实两种方式表现。在现实中所观察到的真实世界其实没有照片上的那么好，原因有以下两点。

第1点：照片范围限制了取景范围，但却能运用很好的构图来表达主题效果。

第2点：摄影机的功能在不断发展，很多新技术在现实中是没有的。

1.2.1 摄影基础知识

下面简单介绍镜头种类和摄影补光技术。

镜头种类

摄影机的镜头大致可以分为5种，即标准镜头、广角镜头、远摄镜头、鱼眼镜头和变焦镜头，如图1-2~图1-6所示。

图1-2

图1-3

图1-4

图1-5

图1-6

补光

摄影中一般会用反光板进行补光，这与效果图中用到的补光很类似。补光用的反光板在摄影中一般分为白色、银色、金色和黑色4种。

白色反光板：反射光线很微弱，由于反光性不强，显得效果柔和而自然。它常用于对阴影部位的细节进行补光，在效果图制作中经常用到。

银色反光板：反射光线比较亮且光滑如镜，因此能产生更为明亮的光。它常用于水晶物体效果的表现。

金色反光板：与银色反光板一样会产生明亮的光线，但与冷色调的银色相反，它产生的光线是暖色调的。

黑色反光板：与其他反光板不同，从技术上来说，它不是反光板而是“减光板”。使用其他反光板是根据加光法工作，是为景物添加光量；黑色反光板则相反。在效果图制作中可能会遇到个别物体的曝光使画面不协调的情况，使用黑色反光板就可以避免过度曝光现象。

技巧与提示

当光线非常明亮时，使用金色反光板或银色反光板要慎重，因为会产生多余的曝光效果。

1.2.2 构图

构图是摄影和绘画中的理论，在效果图中也被广泛运用。制作效果图时，常常会发现画面不协调，主要就是构图不合理造成的。本节将介绍效果图的构图方法。

主题

对于一张好的效果图来说，画面主题必须突出。观察图1-7可知，床是整个画面的主题。

图1-7

技巧与提示

明确主题的方法，除了确定摄影机的角度以外，还可以通过增加物体的亮度和对比度来实现。

摆设

摆设就是家具或具有功能性的产品，是所有设计空间中不可缺少的物体，其风格应与设计主题相匹配。摆设的目的是要表达空间的功能、使用范围以及适合人群，如图1-8所示。

图1-8

环境

环境一般指为了烘托室内环境而存在的室外环境。多数室内空间都有窗户，窗外的环境就是室外环境，室内环境与室外环境是相互影响的，如图1-9和图1-10所示。

图1-9

图1-10

室外环境一般要考虑以下5个因素。

时间：就是效果图中要表达的时间。

季节：不同季节的室外环境不同。

高度：效果图中空间所处的楼层。

位置：效果图中空间所处的位置。

天气：阴天或是晴天。

1.3 场景布光

场景布光是表现效果图结构以及时间的重要方法。通过布光，可以表达出效果图所要表现的重点，也可以更好地烘托出场景的气氛。本节内容将在本书第7章和第8章中进行详细讲解。

1.3.1 空间结构

室内效果图在空间上分为半开放空间、半封闭空间和封闭空间3种类型。

半开放空间

半开放空间，即在封闭空间的基础上，选择景观、通风良好和不受或少受环境干扰的一两个方位，将该方位的界面完全取消，使室内空间完全向该方位的环境敞开，这样形成的室内空间称开敞（开放）空间。半开放空间的布光重点在于环境光的表现，如图1-11所示。

图1-11

半封闭空间

半封闭空间，其四周界面、顶棚面内开有少量小面积的通向外界的门窗，是效果图中比较常见的一种。半封闭空间的布光重点在于环境光与室内光的结合以及主次上，如图1-12所示。

图1-12

封闭空间

封闭空间是由室内空间上下和四周各方位的界面严密围合而形成的空间 。封闭空间的布光重点在于室内光的表现，如图1-13所示。

图1-13

1.3.2 时间和天气

效果图布光也可以按时间和天气来分类。

时间

场景布光按照时间可分为清晨、午后、黄昏和夜晚。根据阳光的颜色以及环境光的不同，将效果图的时间加以区分，如图1-14~图1-17所示。

图1-14

图1-15

图1-16

图1-17

☛ 天气

场景布光按照天气可分为晴天和阴天。晴天通过阳光的光影对效果图进行表现，阴天则通过环境光对效果图进行表现，如图1-18和图1-19所示。

图1-18

图1-19

1.4 材质

材质可以使场景栩栩如生，更有欣赏性，也可以使场景的细节更加丰富。

1.4.1 材质概述

材质主要用来表现物体的颜色、质地、纹理、透明度和光泽等特性。依靠各类型材质，可以制作出现实世界中的任何物体，如图1-20所示。

图1-20

1.4.2 室内效果图的材质

室内效果图通过调节材质球来表现常见的家装材质，如乳胶漆、地板、木纹、不锈钢和玻璃等，如图1-21和图1-22所示。本节内容将在本书第9章和第10章中进行详细讲解。

图1-21

图1-22

1.5 效果图风格

效果图按照建筑风格可分为很多种类。下面将介绍现代风格、中式风格、欧式风格、田园风格、地中海风格和美式风格这6种。每种风格都有各自的特点。

1.5.1 现代风格

现代风格是比较流行的一种风格，追求时尚与潮流，非常注重居室空间的布局与使用功能的完美结合。现代风格具有简洁的造型、无过多的装饰、推崇科学合理的构造工艺、重视发挥材料性能的特点。

现代家具主要分板式家具和实木家具。板式家具简洁明快、新潮，布置灵活，价格容易选择，是家具市场的主流。实木家具是指所有面板材料都是未经再次加工的天然材料，不使用任何人造板制成的家具。

现代风格的居室重视个性和创造性的表现，即不主张追求高档豪华，而着力表现区别于其他住宅的东西。小空间、多功能是现代室内设计的重要特征。现代风格不局限于住宅的面积大小，不论是别墅还是小户型都很适合，受众以年轻、喜爱时尚的人群为主，如图1-23和图1-24所示。

图1-23

图1-24

1.5.2 中式风格

中国传统的室内设计融合了庄重与优雅的双重气质。中式风格更多地利用了后现代手法，把传统的结构形式通过重新设计组合以另一种民族特色的标志符号出现。例如，厅里摆一套明清式的红木家具，墙上挂一幅中国山水画等。

中式风格一般以木结构为主，造型上会比较对称。古典风格大多是以窗花、博古架、中式花格、顶棚梁柱等装饰为主，会增加国画、字画、挂饰画等做墙面装饰，还会增加些盆景以求和谐。中式风格一般都比较稳重，是一种很成熟的风格。现代中式风格只是局部采用中式风格处理，大体设计比较简洁。装饰部分的选材也比较广泛，搭配时尚，效果比古典中式风格清爽，深受中老年人的喜爱，如图1-25和图1-26所示。

图1-25

图1-26

1.5.3 欧式风格

欧式风格是一个统称，主要有法式风格、意大利风格、西班牙风格、英式风格、地中海风格和北欧风格等几大流派。风格是一种长久以来随着文化的潮流形成的持续不断、内容统一、有强烈独特性的文化潮流。欧式风格体现了欧洲各国文化传统所表达的强烈的文化内涵，如图1-27和图1-28所示。

图1-27

图1-28

古典欧式

古典欧式风格适用于别墅等面积较大的空间，其在造型上极其讲究，给人的感觉是端庄典雅、高贵华丽，具有浓厚的文化气息。在家具选配上，一般采用宽大精美的家具，配以精致的雕刻，整体营造出一种华丽、高贵和温馨的感觉。

在配饰上，金黄色和棕色的配饰衬托出古典家具的高贵与优雅，具有古典美感的窗帘和地毯、造型古朴的吊灯，使整个空间看起来富有韵律感且大方典雅，柔和的浅色花艺为整个空间带来了柔美的气质，给人以开放、宽容的非凡气度，让人丝毫不显局促。壁炉作为居室中心，是这种风格最明显的特征，因此常被室内装修广泛应用。在色彩上，经常以白色系或黄色系为基础，搭配墨绿色、深棕色、金色等，表现出古典欧式风格的华贵气质。在材质上，一般采用樱桃木、胡桃木等高档实木，表现出高贵典雅的贵族气质，如图1-29所示。

图1-29

简欧

简欧风格就是简化了的欧式装修风格。简欧风格更多地表现为实用性和多元化。床、电视柜、书柜、衣柜、橱柜等家具都与众不同，营造出与日常居家不同的感觉，适用于别墅或是大户型空间。

在家具搭配方面，要与硬装中的欧式细节相呼应，如选择暗红色或白色，带有欧式图案或线条的家具。不要使用暗淡的复古风格瓷砖，这跟简欧风格传递出来的现代气息不符合。如果使用拼花的大理石地砖在厅堂地面做出造型，可以给简欧风格的屋子增色不少，如图1-30和图1-31所示。

图1-30

图1-31

1.5.4 田园风格

田园风格是通过装饰和装修表现出田园的气息，不过这里的田园并非农村的田园，而是一种贴近自然、向往自然的风格。

田园风格倡导“回归自然”，美学上推崇“自然美”，认为只有崇尚自然、结合自然，才能在当今高科技、快节奏的社会生活中获取生理和心理的平衡。因此，田园风格力求表现悠闲、舒畅、自然的田园生活情趣。在田园风格里，粗糙和破损是允许的，因为只有那样才更接近自然。

之所以称为田园风格，是因为它表现的主题以贴近自然、展现朴实的生活气息为主。田园风格最大的特点就是朴实、亲切、实在，它包括很多种，如英式田园、美式乡村、法式田园、中式田园等，如图1-32和图1-33所示。

图1-32

图1-33

家具多以白色为主，木制的较多，布艺多以碎花为主。比较常用的是全布艺沙发，这种沙发多没有拐角，以两人及三人为主，图案多以花草为主，颜色均较清雅，配以木制浅纹路茶几。灯具、装饰品多以铁艺为主。田园风格因其温馨浪漫的特征而深受女性的喜爱。

1.5.5 地中海风格

地中海风格是欧式风格的一个种类，家具以极具亲和力、色调柔和的田园风格为主。物产丰饶、长海岸线、建筑风格的多样化以及日照强烈形成的风土人文，这些因素使地中海风格具有自由奔放、色彩多样明亮的特点，如图1-34所示。

图1-34

地中海风格是近年来在国内较为流行的一种装修风格，深受年轻人的喜爱。对于地中海风格来说，白色和蓝色是两个主打色，最好还要有造型别致的拱廊和细小的石砾。在打造地中海风格的家居时，配色是一个重要方面，要给人一种阳光而自然的感觉。主要的颜色来源是白色、蓝色、黄色、绿色以及土黄色和红褐色，这些都是来自大自然最纯朴的元素。

挑选家具时，最好是用一些比较低矮的家具，这样可以让视线更加开阔。同时，家具的线条以柔和为主，可以用一些圆形或是椭圆形的木制家具，使其与整个环境浑然一体。窗帘、沙发套等布艺品，我们可以选择一些粗棉布，让整个家显得更加古味十足。对于布艺的图案，最好是选择一些素雅的。

绿色的盆栽是地中海风格不可或缺的一大元素。一些小巧可爱的盆栽可以让家里显得绿意盎然，就像在户外一般。装饰是必不可少的一个元素，装饰品最好是以自然元素为主，不要被各种流行元素所左右。这些小小的物件经过时光的流逝历久弥新，还原岁月的记忆，反而有一种独特的风味，如图1-35所示。

图1-35

1.5.6 美式风格

美式风格，顾名思义是来自美国的装修和装饰风格。自在、随意、不羁的生活方式，没有太多造作的修饰与约束，不经意中也成就了另外一种休闲式的浪漫。美式家居风格的这些元素正好迎合了时下的小资文艺青年对生活方式的需求，即有文化感、贵气感，还不缺乏自在感与情调感，如图1-36所示。

图1-36

美式家具多以桃花木、樱桃木、枫木及松木制作。它和欧式家具在一些细节上的处理很不一样。例如，美式家具的油漆以单一色为主，而欧式家具大多会加上金色或其他色彩的装饰条。美式家具比欧式家具更注重实用性，如图1-37所示。

图1-37

1.6 后期处理

所谓后期处理，就是对效果图进行修饰，将效果图在渲染中不能实现的效果在后期处理中完美地体现出来。一般会通过Adobe公司的Photoshop来进行后期处理，如图1-38所示。

图1-38

后期处理一般需要通过调整效果图的亮度和饱和度来提升图片的层次感，通过调整色彩平衡或滤镜来调整效果图的色彩，通过滤镜来调整效果图的光效，通过通道和外景图片来添加效果图的外景。具体内容会在本书第12章中进行详细讲解。

技术专题

疑难问答

技巧与提示

Learning Objectives
学习要点

Employment Direction
从业方向

家具造型师

建筑设计表现师

工业设计师

室内设计表现师

第2章 认识3ds Max 2016和VRay3.0

Autodesk公司出品的3ds Max是一款优秀的三维软件，其功能完备，从诞生以来就一直受到CG艺术家的喜爱。3ds Max在模型塑造、场景渲染、动画及特效等方面都能制作出高品质的作品，这也使其在插画、影视动画、游戏、产品造型和效果图等领域占据重要地位，成为全球非常受欢迎的三维制作软件之一。

VRay渲染器是保加利亚的Chaos Group公司开发的一款高质量渲染引擎，主要以插件的形式应用在3ds Max、Maya、SketchUp等软件中。由于VRay渲染器可以真实地模拟现实光照，并且操作简单，可控性也很强，因此被广泛应用于建筑表现、工业设计和动画制作等领域。

VRay的渲染速度与渲染质量比较均衡，也就是说，在保证较高渲染质量的前提下也具有较快的渲染速度，所以它是目前效果图制作领域非常流行的渲染器，如图2-1~图2-4所示。

图2-1

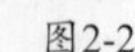

图2-2

图2-3

图2-4

技巧与提示

从3ds Max 2009开始，Autodesk公司推出了两个版本的3ds Max，一个是面向影视动画专业人士的3ds Max，另一个是专门为建筑师、设计师以及可视化设计量身定制的3ds Max Design。对于大多数用户而言，这两个版本是没有任何区别的。本书均采用中文版3ds Max 2016版本来编写。3ds Max 2016将下载和安装软件合二为一，在初次启动时会弹出版本选择的窗口，请大家选择“标准”模式，如图2-5所示。

图2-5

下面将以实例的形式重点介绍3ds Max 2016的工作界面及其工具选项，所以请读者在自己的计算机上安装好3ds Max 2016，以便边学边练。

实战001 启动3ds Max 2016

场景位置 无
实例位置 无
学习目标 掌握启动3ds Max 2016的方法

01 在"开始"菜单中执行"所有程序>Autodesk> Autodesk 3ds Max 2016 >Autodesk 3ds Max 2016 -Simplified Chinese"命令，如图2-6所示。

02 在启动3ds Max 2016的过程中，可以观察到3ds Max 2016的启动画面，如图2-7所示，此时将加载软件必需的文件。启动3ds Max 2016后，其工作界面如图2-8所示。

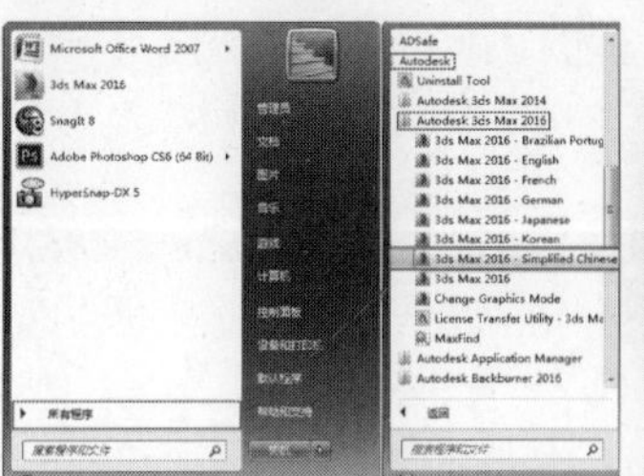

图2-6

图2-7

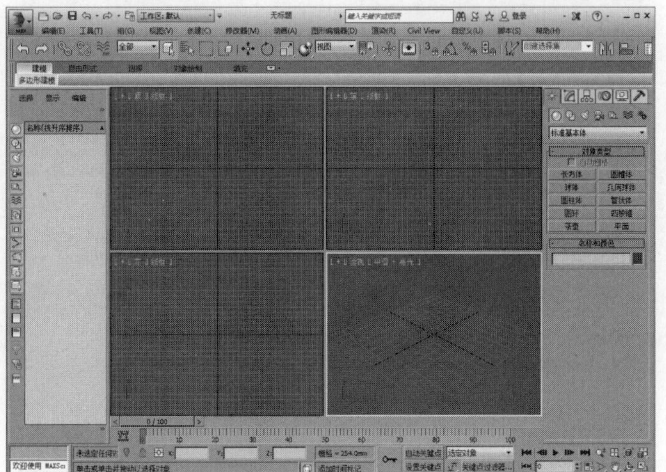

图2-8

技巧与提示

除了上述方法以外，还可以使用鼠标左键双击桌面上的快捷图标直接打开3ds Max 2016。

03 默认设置下，启动完成后将弹出"欢迎使用3ds Max"对话框，此时单击右上角的×按钮退出即可，如图2-9所示。

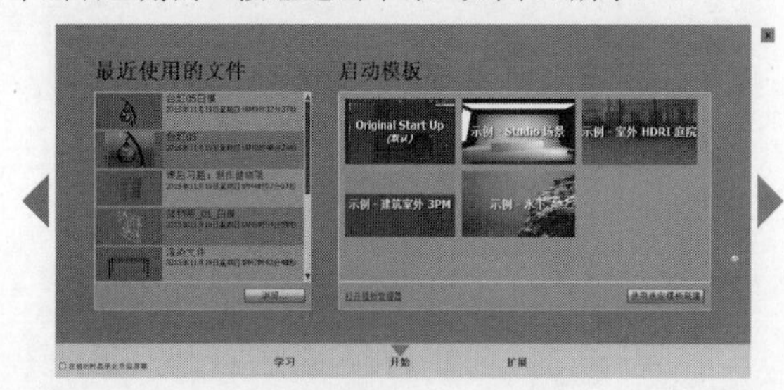

图2-9

技巧与提示

初次启动3ds Max 2016时，系统会自动弹出"欢迎使用3ds Max"对话框，其中包括学习、开始和扩展三大部分。若想在启动3ds Max 2016时不弹出"欢迎使用3ds Max"对话框，只需要在该对话框左下角关闭"在启动时显示此欢迎屏幕"选项即可；若要恢复"欢迎使用3ds Max"对话框，可以执行"帮助>欢迎屏幕"菜单命令打开该对话框，如图2-10所示。

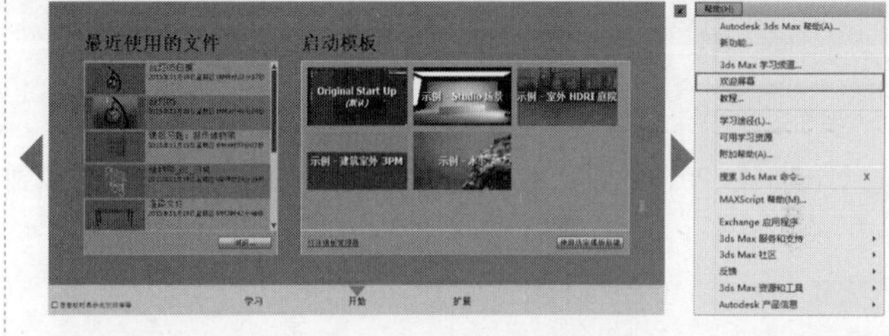

图2-10

"欢迎使用3ds Max"对话框在选择"启动模板"时，主要选择"默认"模板，其界面如图2-11所示。在需要工业产品渲染时，可以选择"示例—Studio场景"模板，其界面如图2-12所示。需要渲染室外产品展示时，可以选择"示例—室外HDIR庭院"模板，其界面如图2-13所示。

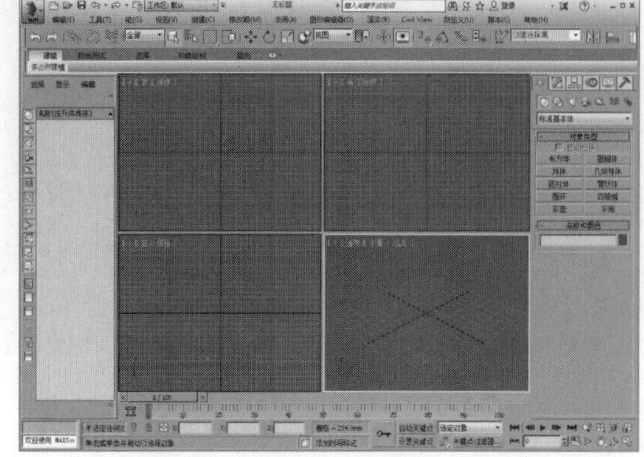

图2-11

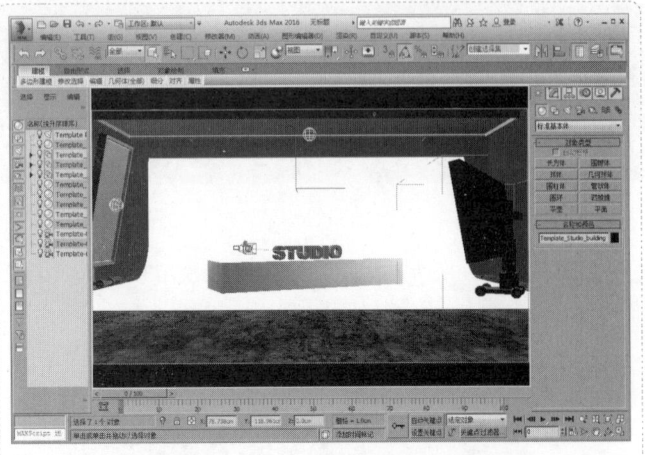

图2-12

图2-13

04 3ds Max 2016的默认工作界面是四视图显示，如果要切换到单一视图显示，可以单击界面右下角的“最大化视口切换”按钮或按Alt+W组合键，如图2-14所示。

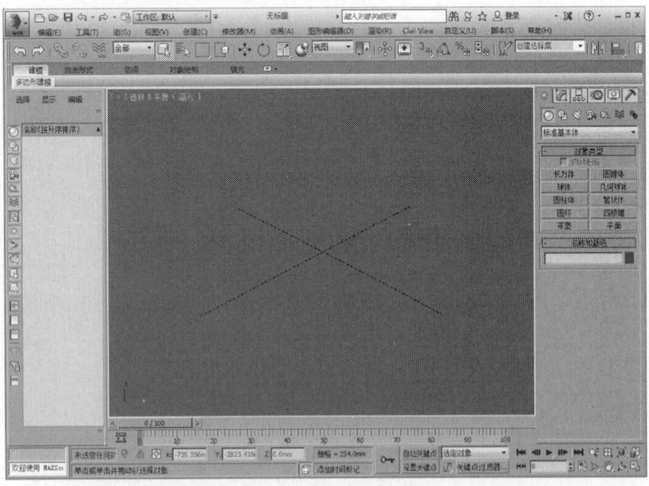

图2-14

技术专题 3ds Max 2016的界面组成

3ds Max 2016的工作界面分为标题栏、菜单栏、主工具栏、视口区域、建模工具选项卡、命令面板、场景资源管理器、时间尺、状态栏、时间控制按钮和视口导航控制按钮11大部分，如图2-15所示。

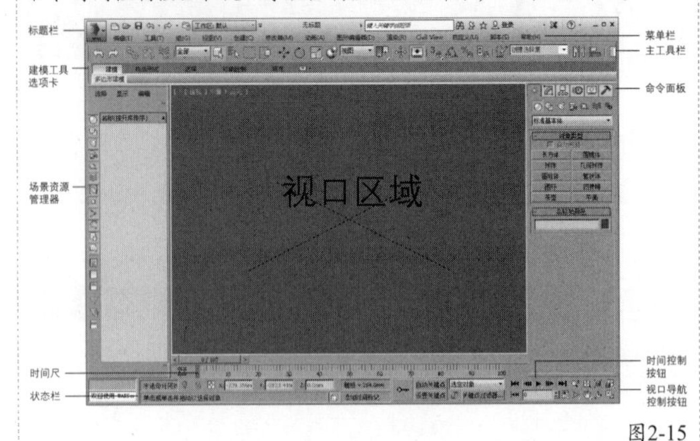

图2-15

标题栏：位于界面的顶部，显示当前编辑的文件名称以及软件版本信息（如果没有打开文件，则显示为无标题），包含“应用程序”图标按钮、快速访问工具栏和信息中心3个非常人性化的工具栏，如图2-16所示。

图2-16

菜单栏：包含“编辑”“工具”“组”“视图”“创建”“修改器”“动画”“图形编辑器”“渲染”“自定义”“脚本”和“帮助”12个主菜单，如图2-17所示。

编辑(E) 工具(T) 组(G) 视图(V) 创建(C) 修改器(M) 动画(A) 图形编辑器(D) 渲染(R) 自定义(U) 脚本(S) 帮助(H)

图2-17

命令面板：场景对象的操作都可以在该面板中完成，包含“创建”面板、“修改”面板、“层次”面板、“运动”面板、“显示”面板和“实用程序”面板，如图2-18所示。

创建面板 修改面板 层次面板 运动面板 显示面板 实用程序面板

图2-18

主工具栏：集合了常用的一些编辑工具，图2-19所示为默认状态下的“主工具栏”。某些工具的右下角有一个三角形图标，单击该图标就会弹出下拉工具列表。以“捕捉开关”为例，单击“捕捉开关”按钮就会弹出捕捉工具列表，如图2-20所示。

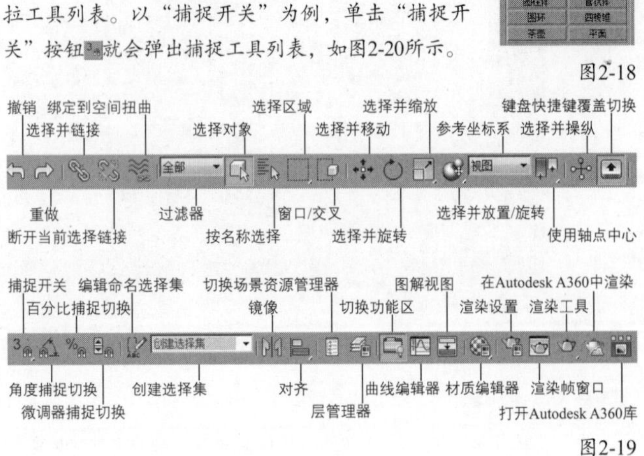

图2-19

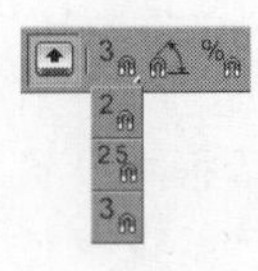

图2-20

视口区域：这是界面中最大的一个区域，也是3ds Max中用于实际工作的区域，默认状态下为四视图显示，包括顶视图、左视图、前视图和透视图4个视图。在这些视图中，可以从不同的角度对场景中的对象进行观察和编辑。每个视图的左上角都会显示视图的名称和模型的显示方式，右上角有一个导航器（不同视图显示的状态不同），如图2-21所示。

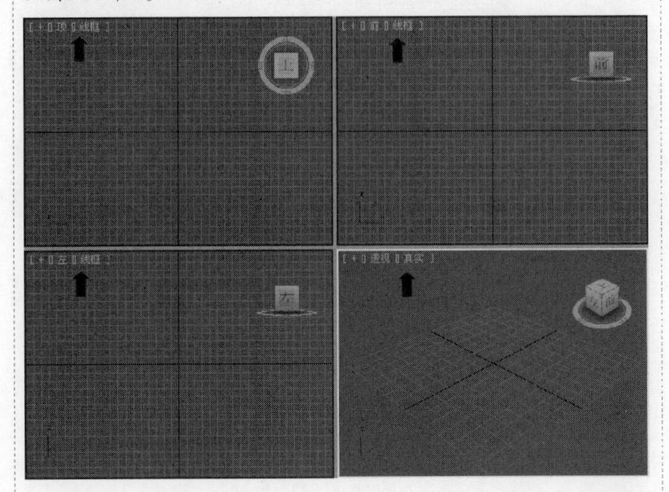

图2-21

状态栏：提供了选定对象的数目、类型、变换值和栅格数目等信息，并且可以基于当前光标位置和当前活动程序来提供动态反馈信息，如图2-22所示。

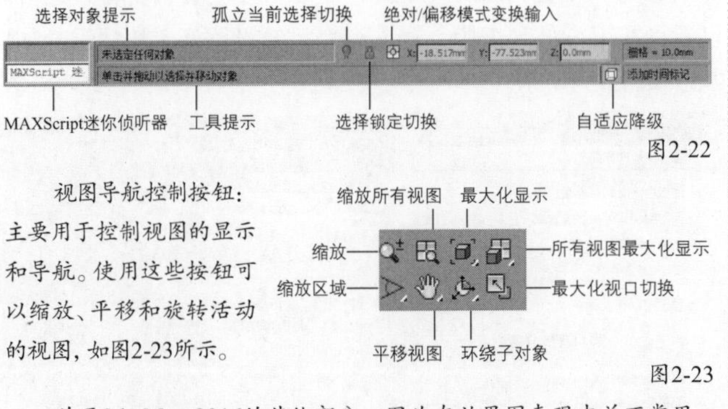

图2-22

视图导航控制按钮：主要用于控制视图的显示和导航。使用这些按钮可以缩放、平移和旋转活动的视图，如图2-23所示。

图2-23

关于3ds Max 2016的其他部分，因为在效果图表现中并不常用，所以在此不做描述。

实战002 设置界面颜色

场景位置　无
实例位置　无
学习目标　掌握3ds Max 2016界面颜色的设置方法

在默认情况下，进入3ds Max 2016后的用户界面是黑色的，如图2-24所示。在实际工作中，一般不使用黑色界面，而是用灰色界面。

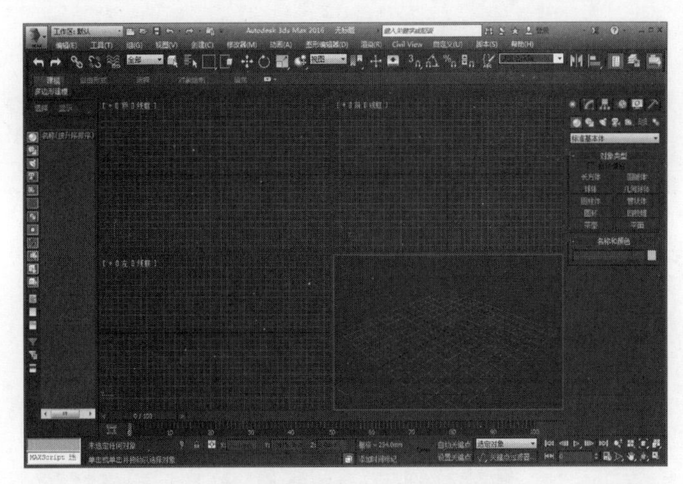

图2-24

01 打开菜单栏中的“自定义>加载自定义用户界面方案”选项，如图2-25所示。

02 在弹出的“加载自定义用户界面方案”对话框中选择3ds Max 2016安装路径下UI文件夹中的界面方案，一般选择DefaultUI界面方案，接着单击“打开”按钮 打开(O)，如图2-26所示，其界面效果如图2-27所示。

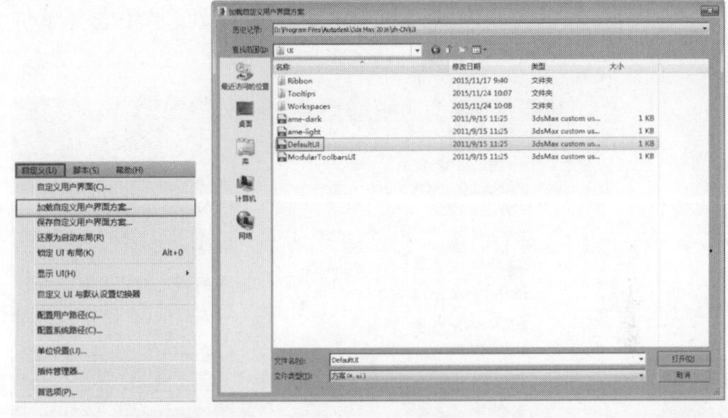

图2-25　图2-26

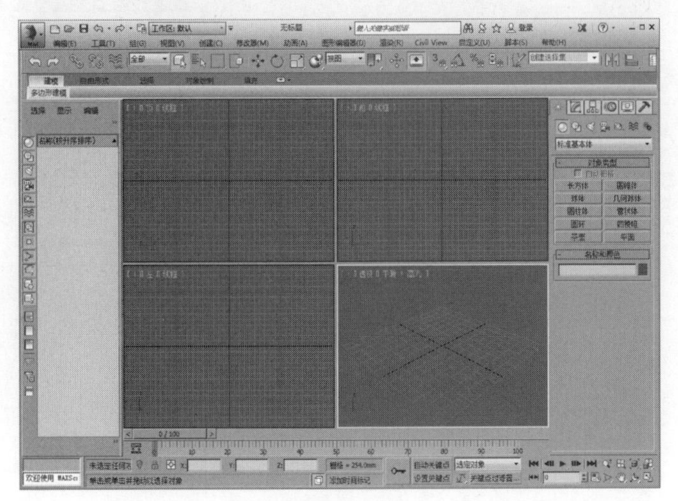

图2-27

实战003 设置系统单位

场景位置　场景文件>CH02>01.max
实例位置　无
学习目标　掌握3ds Max 2016系统单位的设置方法

使用3ds Max时，都要先设置好系统单位，这样能避免导出或导入场景模型时产生的单位误差。

01 打开本书学习资源中的“场景文件>CH02>01.max”文件，这是一个长方体，在“命令”面板中单击“修改”按钮，然后在“参数”卷展栏下查看，可以发现该模型的尺寸只有数字，没有显示任何单位，如图2-28所示。

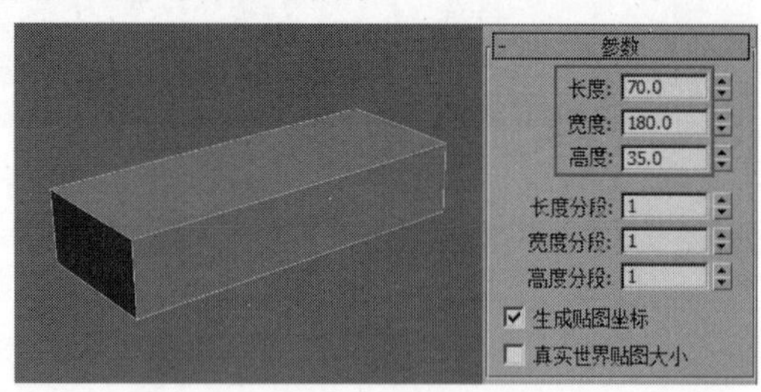

图2-28

02 将长方体的单位设置为mm（毫米）。打开菜单栏中的“自定义>单位设置”选项，然后在弹出的“单位设置”对话框中设置“显示单位比例”为“公制”，接着在下拉菜单中选择单位为“毫米”，如图2-29和图2-30所示。

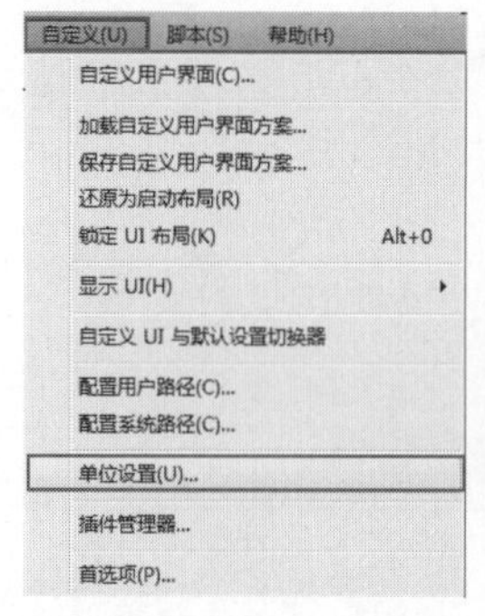

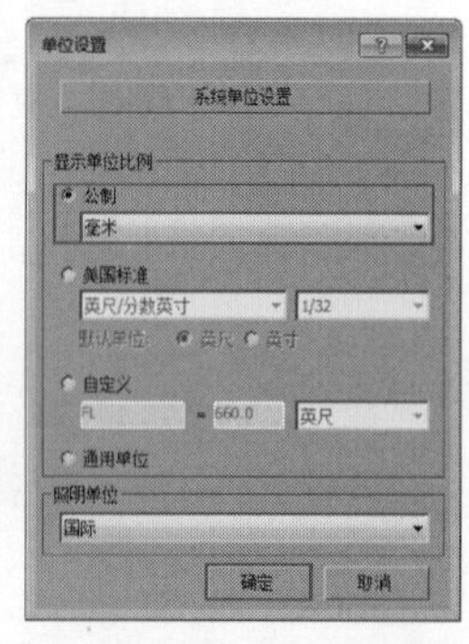

图2-29　图2-30

03 单击“确定”按钮后退出“单位设置”对话框，再次查看长方体的参数，可以发现添加了mm为单位，如图2-31所示。

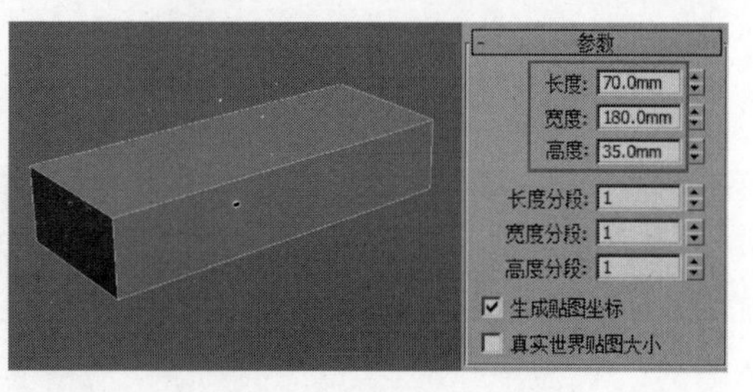

图2-31

技巧与提示

在实际工作中经常需要导入或导出模型，以便在不同的三维软件中完成项目制作。为了避免导入或导出的模型与其他软件产生单位误差，在设置好显示单位后还需设置系统单位。“显示单位”与“系统单位”一定要一致。

04 再次打开“单位设置”对话框，然后单击“系统单位设置”按钮 系统单位设置 ，在弹出的“系统单位设置”对话框中设置“系统单位比例”为“毫米”，最后单击“确定”按钮 确定 ，如图2-32所示。

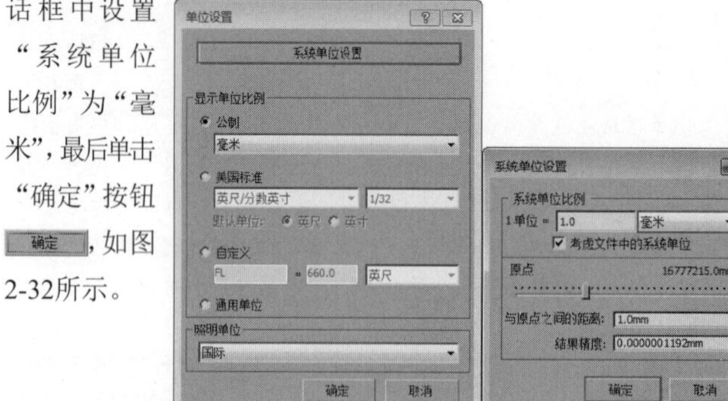

图2-32

技巧与提示

制作室外场景时一般使用m（米）作为系统单位，而在制作室内场景时一般使用mm（毫米）作为系统单位。

实战004 设置快捷键

场景位置　无
实例位置　无
学习目标　掌握如何自定义快捷键

在实际工作中，可以用快捷键来代替很多烦琐的操作，以提高工作效率。在3ds Max 2016中，用户还可以自行设置快捷键来调用常用工具和命令。

01 打开菜单栏中的“自定义>自定义用户界面”选项，然后在弹出的“自定义用户界面”对话框中单击“键盘”选项卡，将“类别”设置为Edit（编辑），可以方便查找命令，此时可以看到在下方的列表中，一些命令已经设置好了快捷键，如图2-33和图2-34所示。

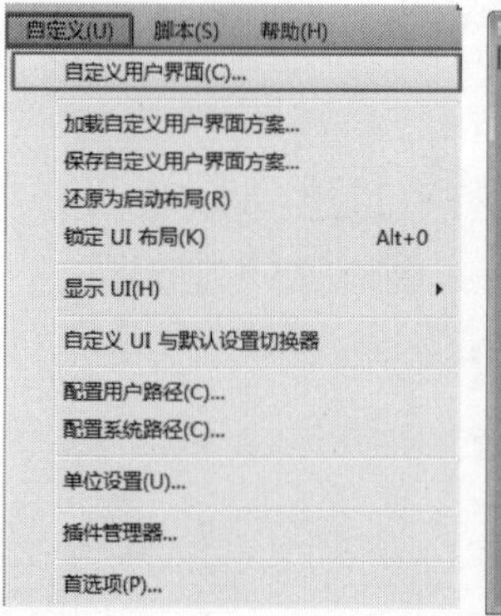

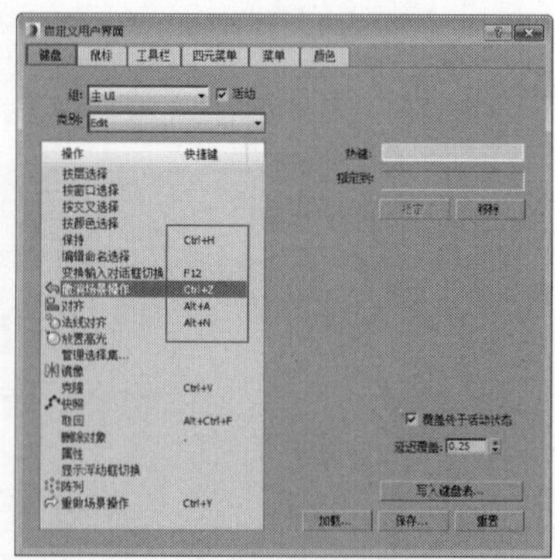

图2-33　图2-34

02 选择当前未定义快捷键的“镜像”命令，然后在右侧的“热键”输入框中输入Alt+M，接着单击“指定”按钮 指定 ，如图2-35所示。

03 单击“指定”按钮后，在左侧的列表中可以看到，已经将快捷键Alt+M指定给了“镜像”命令，如图2-36所示。

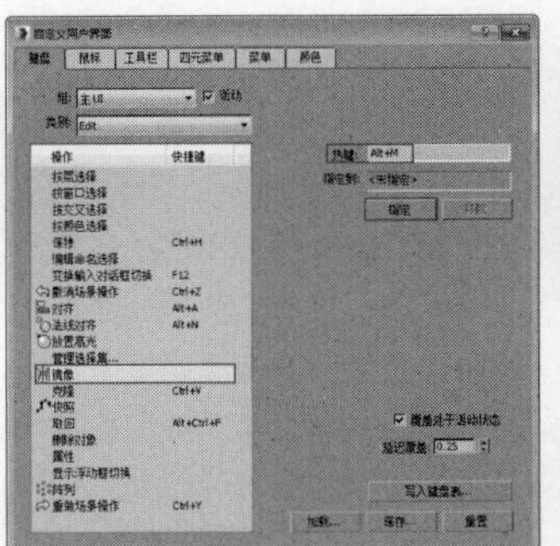
图2-35

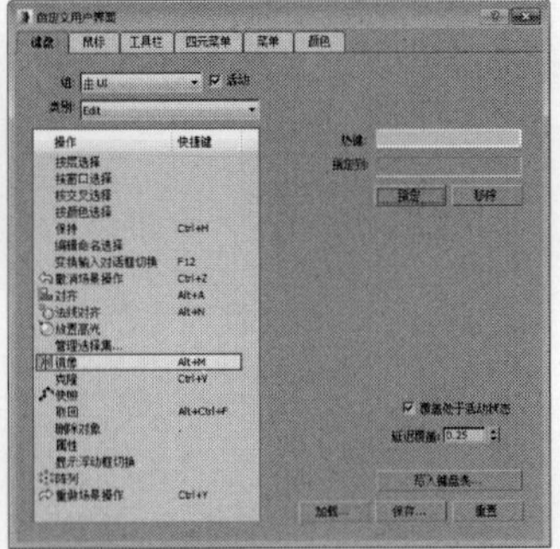
图2-36

技巧与提示

在设置快捷键时往往会与其他打开的软件的快捷键冲突，为了避免快捷键冲突造成的不便，可以修改其他软件的快捷键。

04 为了方便以后在其他计算机上使用这套快捷键，可以将其保存。在“自定义快捷键”对话框中单击“保存”按钮 保存... ，然后在弹出的“保存快捷键文件为”对话框中设置好保存的路径与文件名，接着单击“保存”按钮 保存... 完成保存，如图2-37所示。

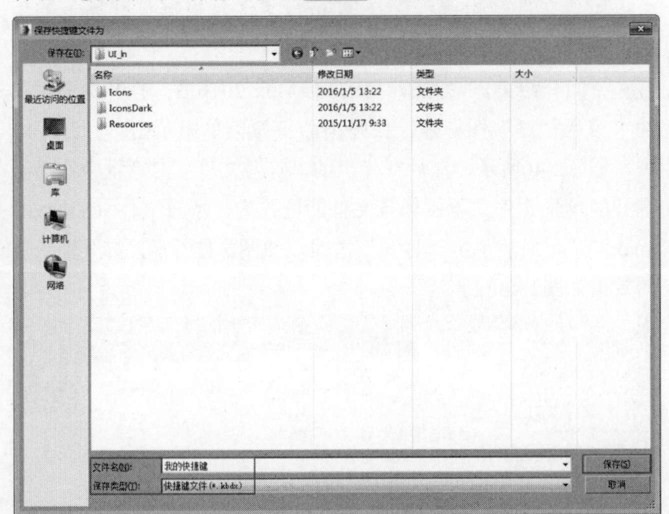
图2-37

05 如果要在其他计算机上调取这套快捷键，可以先进入“自定义用户界面”对话框中的“键盘”选项卡，然后单击“加载”按钮 加载... ，如图2-38所示，接着在弹出的“加载快捷键文件”对话框中选择保存好的文件，最后单击“打开”按钮即可，如图2-39所示。

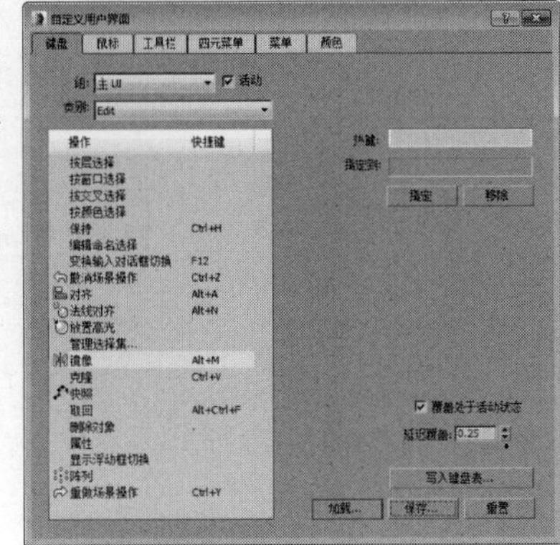
图2-38

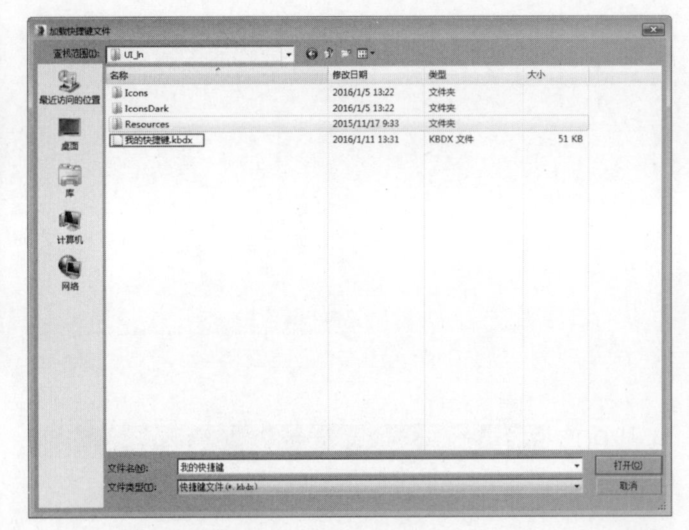
图2-39

技术专题 将快捷键导出为文本文件

对于初学者来说，如果要记忆快捷键，可以将设置好的快捷键导出为.txt（记事本）文件，以便随时查看，方法如下。

第1步：首先设置好快捷键，然后在“自定义用户界面”对话框中单击“写入键盘表”按钮 写入键盘表... ，如图2-40所示，接着在弹出的“将文件另存为”对话框中设置文件格式为.txt，再输入文件名，最后单击“保存”按钮 保存(S) ，如图2-41所示。

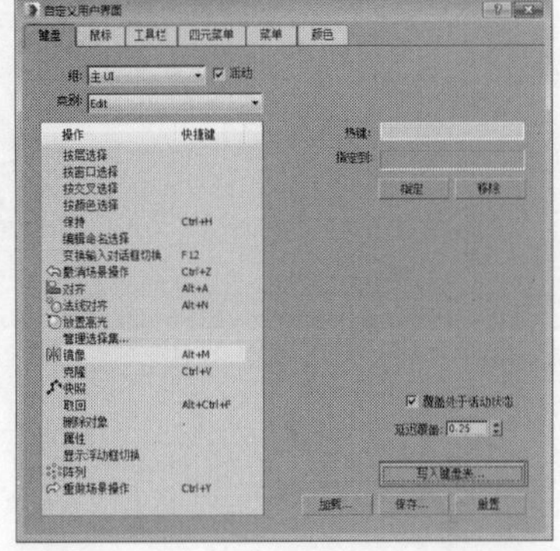
图2-40

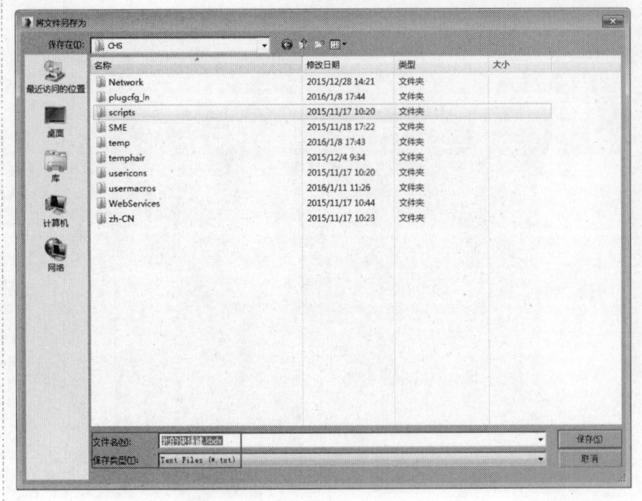
图2-41

第2步：打开保存好的记事本文档，就可以查看到当前所有设置的快捷键，如图2-42所示。

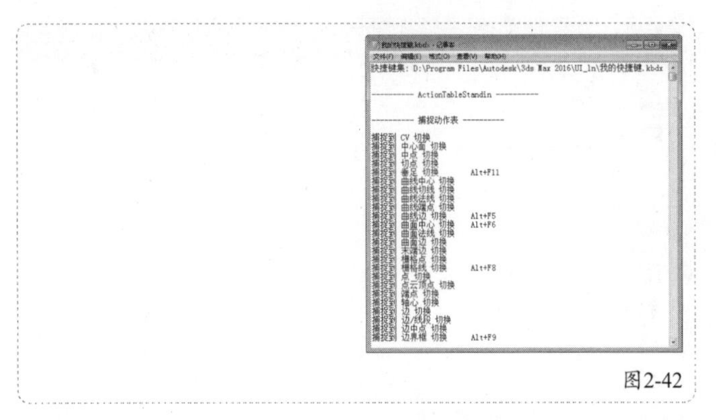

图2-42

实战005 新建场景

场景位置 无
实例位置 无
学习目标 掌握如何新建场景

01 启动3ds Max 2016后，打开标题栏中的“应用程序”图标，在弹出的下拉菜单中单击“新建”选项，如图2-43所示，打开后的界面效果如图2-44所示。

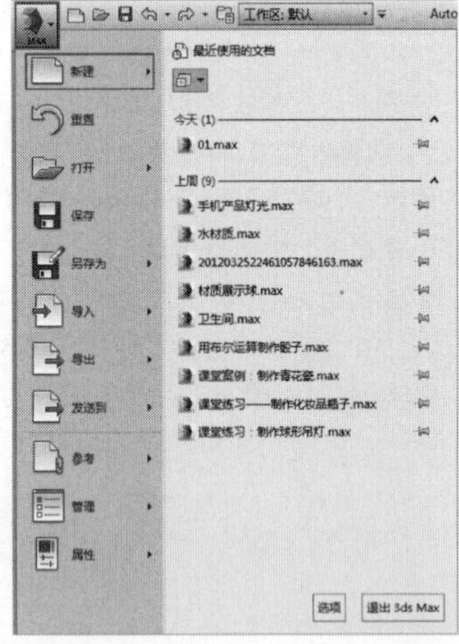

图2-43

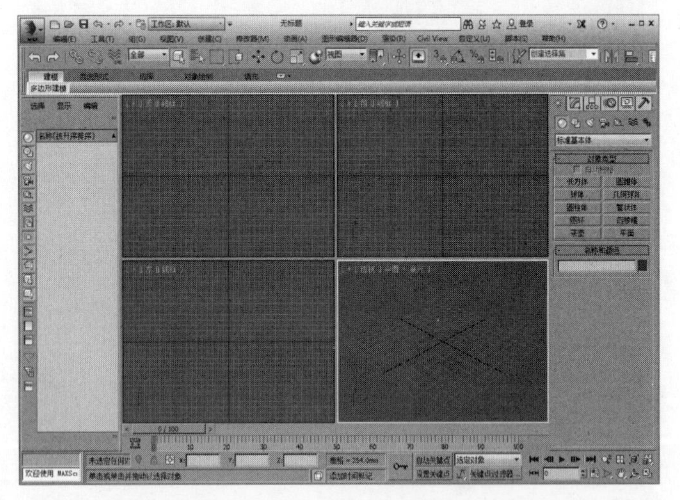

图2-44

02 单击“新建”后的三角按钮，会在右侧弹出一个菜单，以便选择新建场景的类型，如图2-45所示。

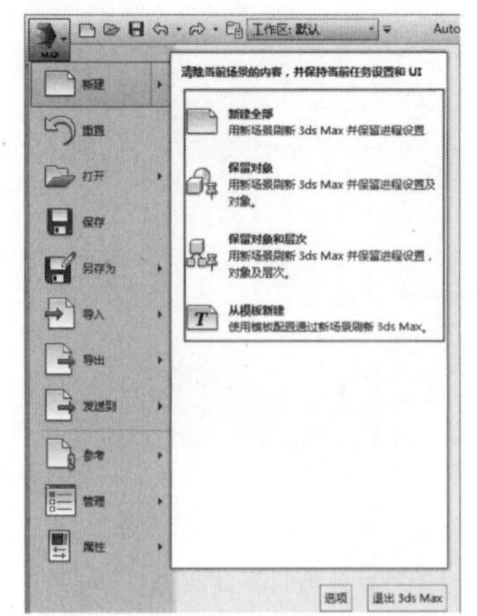

图2-45

疑难问答

问：新建场景的方法有哪些？

答：如果界面中已经打开了某个场景，现在需要一个新的场景，只需要将原有场景保存后再单击新建场景，就可以恢复默认界面，不需要关闭3ds Max 后再打开，这样可以提高效率。

还有一种方法是单击“新建”按钮下的“重置”按钮，也可以重建一个新的场景。

实战006 打开场景文件

场景位置 场景文件>CH02>02.max
实例位置 无
学习目标 掌握如何打开场景文件

场景文件是指已经存在的.max文件，根据打开场景的用途，通常会选择不同的打开方法。

01 下面介绍第1种方法。启动3ds Max 2016后，打开标题栏中的“应用程序”图标，在弹出的下拉菜单中单击“打开”选项，如图2-46所示，然后在弹出的“打开文件”对话框中选择想打开的场景文件（本例场景文件的位置为“场景文件>CH02>02.max”），最后单击“打开”按钮，如图2-47所示，打开场景后的效果如图2-48所示。

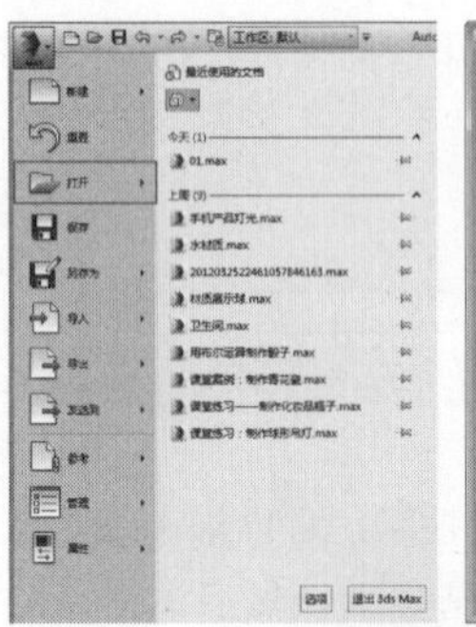

图2-46

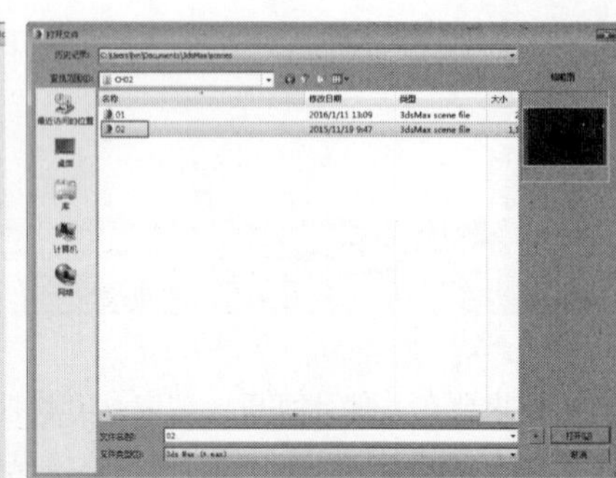

图2-47

图2-48

技巧与提示

按快捷键Ctrl＋O同样可以执行这种打开方式。需要注意的是，如果此时场景中已经有场景模型，通过此方法打开后，原先的文件将自动关闭，3ds Max始终只打开一个软件窗口。

02 下面介绍第2种方法。找到要打开的文件，然后直接双击即可打开，如图2-49~图2-51所示。

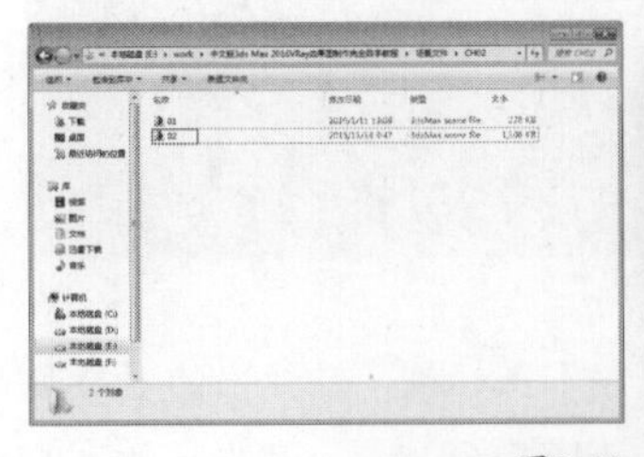

图2-49

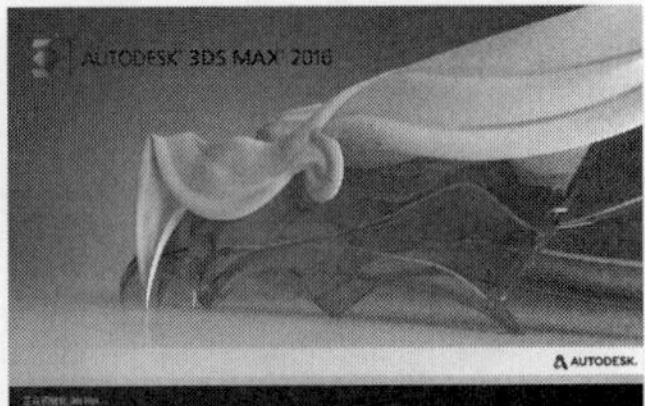

图2-50

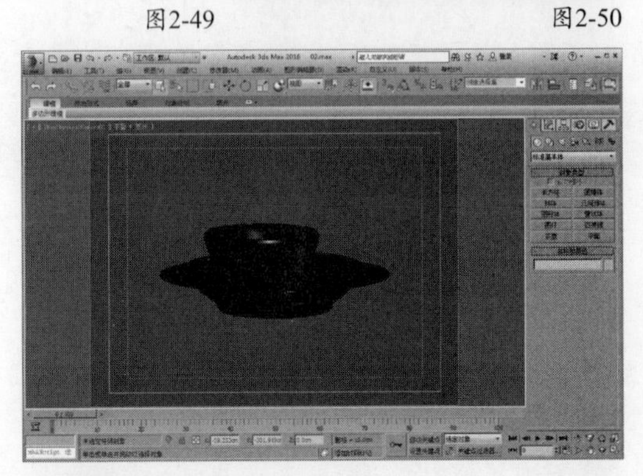

图2-51

03 下面介绍第3种方法。找到要打开的文件，用鼠标左键将其拖曳到视口区域，然后在弹出的菜单中选择“打开文件”选项，如图2-52所示，打开后的场景效果如图2-53所示。

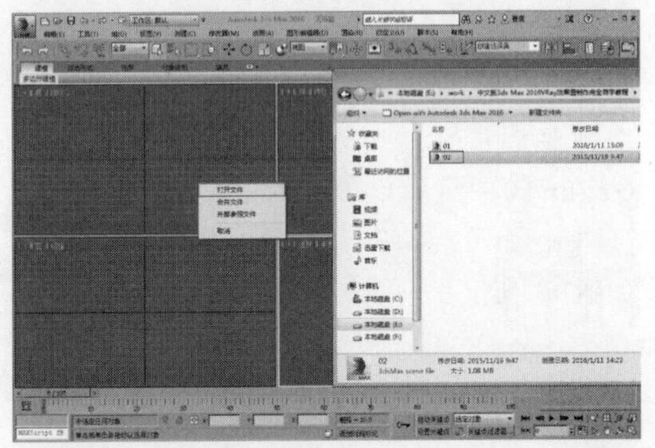

图2-52

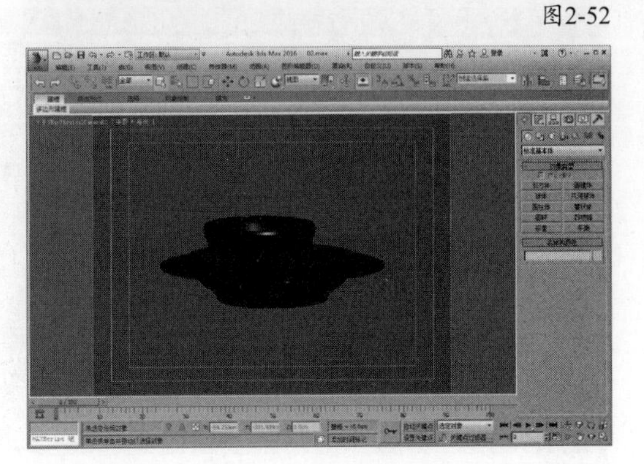

图2-53

实战007 保存场景文件

场景位置 无
实例位置 无
学习目标 掌握如何保存场景和另存为场景

在创建场景的过程中，需要适当地对场景进行保存，以避免突发情况造成文件损坏或丢失。场景制作完毕后同样也需要保存，以保证下次打开文件时得到最终的场景效果。

01 保存文件有“保存”和“另存为”两种，下面讲解“保存”文件。打开标题栏中的“应用程序”图标，在弹出的下拉菜单中单击“保存”选项，如图2-54所示。接着在弹出的“文件另存为”对话框中选择场景的保存路径，并为场景命名，最后单击“保存”按钮 保存(S) ，如图2-55所示。

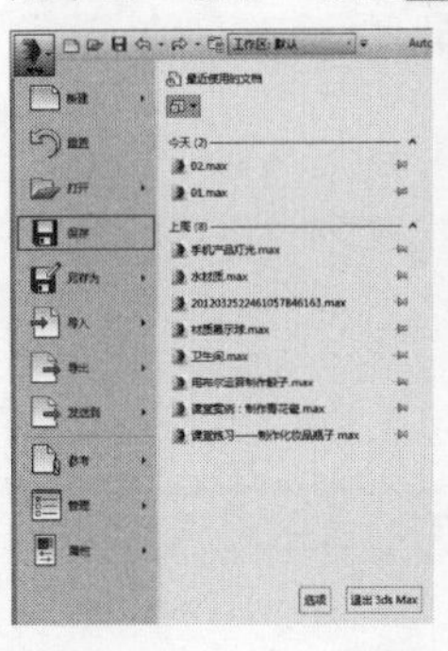

图2-54

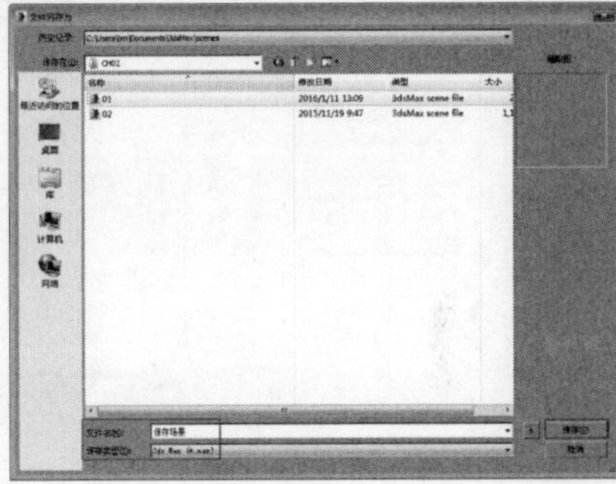

图2-55

02 接下来讲解“另存为”文件。打开标题栏中的“应用程序”图标，在弹出的下拉菜单中单击“另存为”选项，如图2-56所示。接着在弹出的“文件另存为”对话框中选择场景的保存路径，并为场景命名，最后单击“保存”按钮 保存(S) ，如图2-57所示。

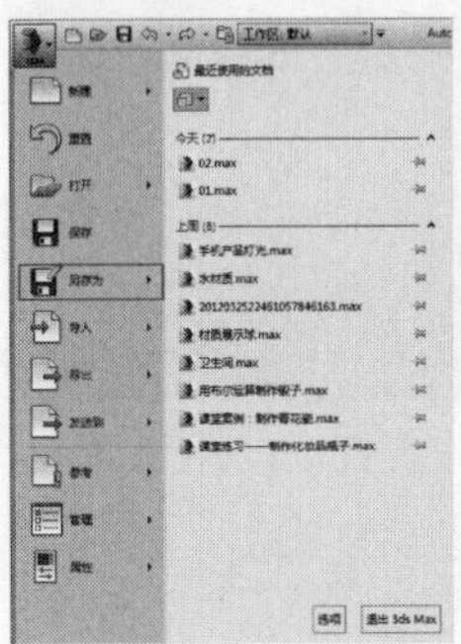

图2-56

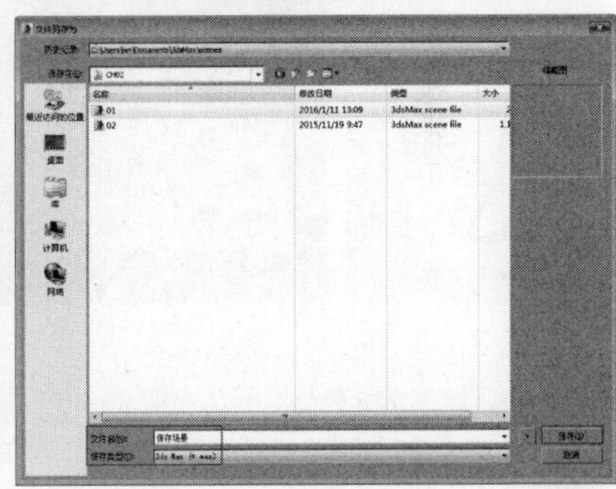

图2-57

技巧与提示

当场景文件已经被保存过后，选择“保存”会在原来文件的基础上进行覆盖，最终只会有一个场景文件，而选择“另存为”会新建一个场景文件，原场景文件不做改变。在实际工作中，建议使用“另存为”保存文件，以便需要返回以前步骤时可以使用。

如果想要单独保存场景中的一个模型，可以选中需要保存的模型后，单击“另存为”右侧菜单中的“保存选定对象”选项，如图2-58所示。

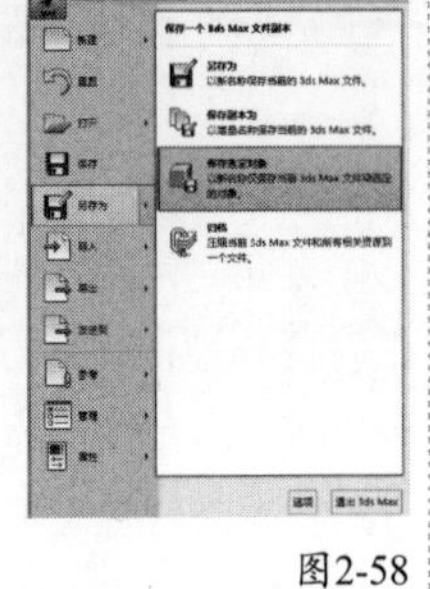

图2-58

实战008 导入外部文件

场景位置　场景文件>CH02>03.3ds
实例位置　无
学习目标　掌握如何导入外部场景

在场景制作中，为了提高制作效率，可以将一些已经制作好的外部文件（如3ds、obj、dwg文件等）导入现有场景。

01 打开标题栏中的“应用程序”图标，在弹出的下拉菜单中单击“导入>导入”选项，如图2-59所示。

02 在弹出的“选择要导入的文件”对话框中，选择资源文件中的“场景文件>CH02>03.3ds”文件，然后单击“打开”按钮 打开(O)，如图2-60所示。

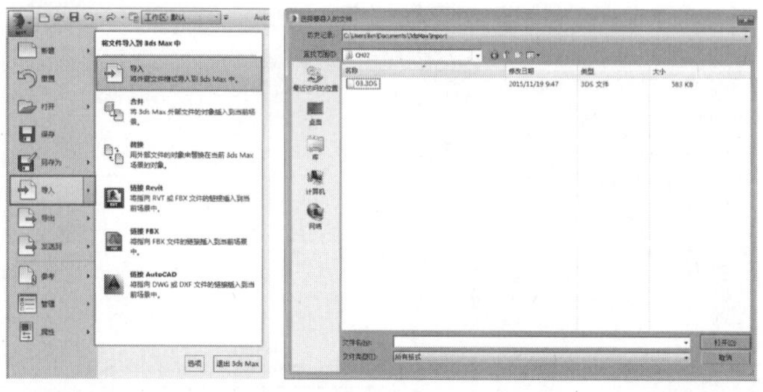

图2-59　　图2-60

03 在弹出的“3DS导入”对话框中勾选“合并对象到当前场景”选项，然后单击“确定”按钮 确定，如图2-61所示，导入场景后的效果如图2-62所示。

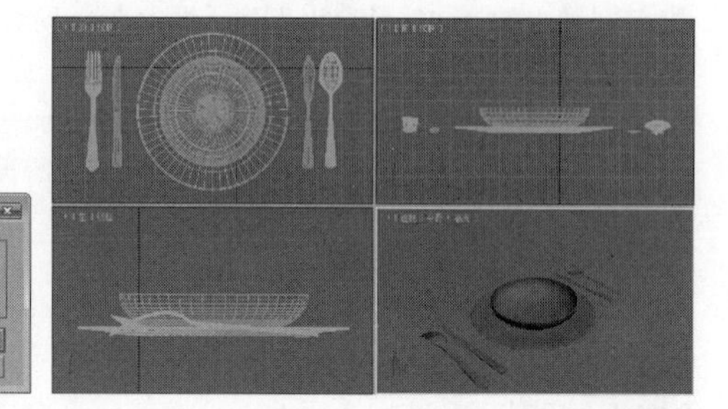

图2-61　　图2-62

技巧与提示

如果在导入3ds文件时选择了“完全替换当前场景”选项，则会将当前打开的场景自动关闭，只打开导入的文件。

实战009 合并外部文件

场景位置　场景文件>CH02>04-1.max和04-2.max
实例位置　无
学习目标　掌握如何合并外部文件

合并文件是将外部的max文件合并到当前场景中。这种合并是有选择性的，可以是几何体、二维图形，也可以是灯光、摄影机等，它是在实际工作中使用频率非常高的一项操作。

01 打开学习资源中的“场景文件>CH02>04-1.max”文件，这是一个圆桌模型，如图2-63所示。

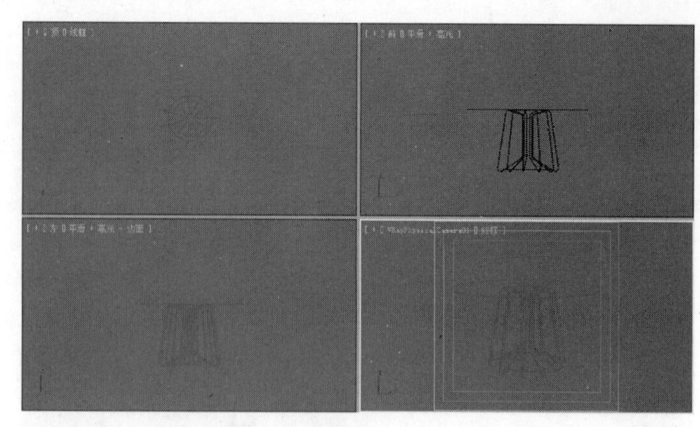

图2-63

02 打开标题栏中的“应用程序”图标，在弹出的下拉菜单中单击“导入>合并”选项，如图2-64所示，接着在弹出的对话框中选择资源文件中的“场景文件>CH02>04-2.max”文件，并单击“打开”按钮 打开(O)，如图2-65所示。

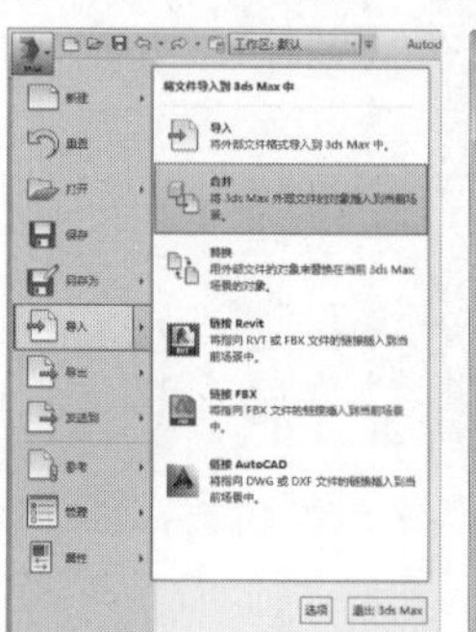

图2-64

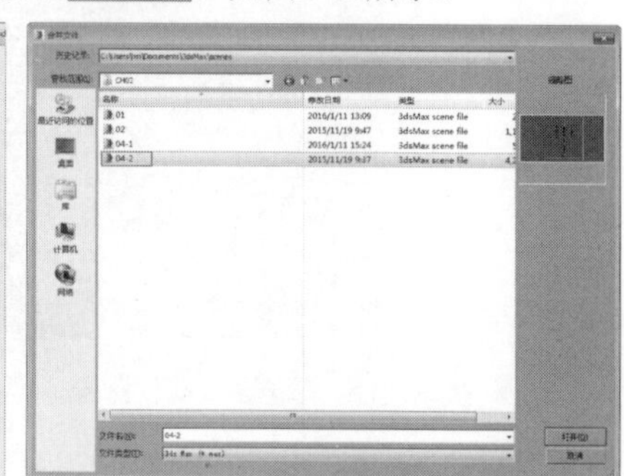

图2-65

03 执行上一步操作后，系统会自动弹出“合并”对话框，用户可以选择要合并的文件类型，这里选择Group10，然后单击“确定”按钮 确定，如图2-66所示，合并后的效果如图2-67所示。

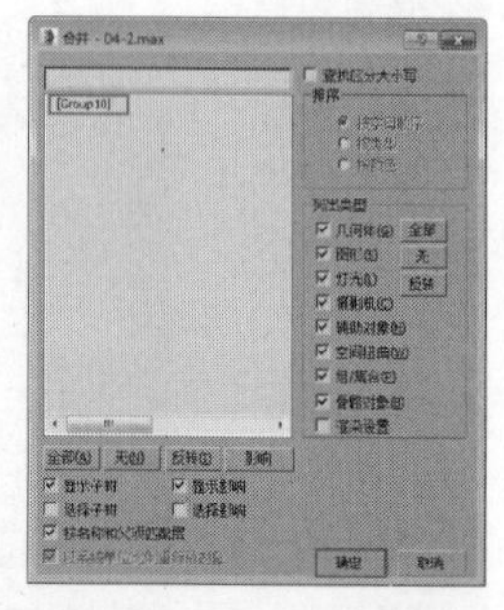

图2-66

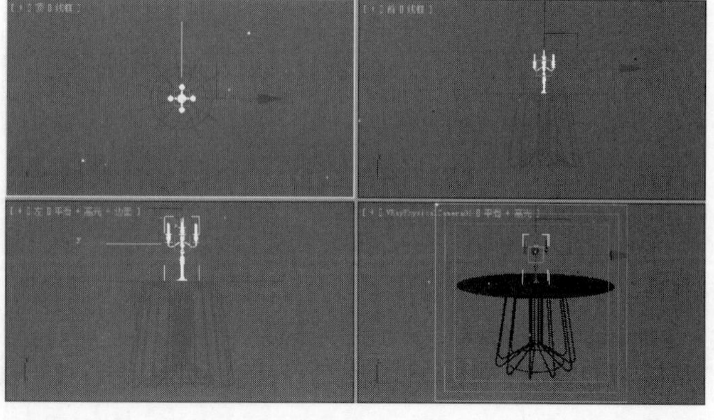

图2-67

技巧与提示

合并时，也可以从文件夹中将需要合并的场景文件直接拖入视口区域，在弹出的菜单中选择“合并文件”选项，如图2-68所示。

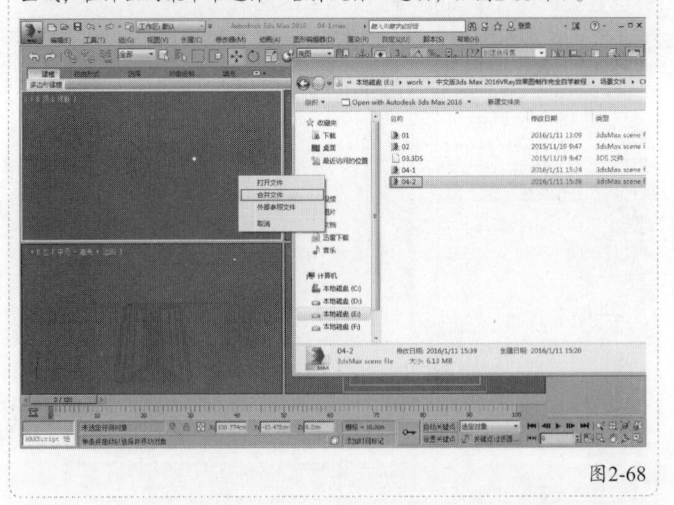

图2-68

实战010 导出选定对象

场景位置　场景文件>CH02>05.max
实例位置　无
学习目标　掌握导出选定对象的方法

创建完一个场景后，可以将场景中的若干对象单独保存或存为其他格式。

01 打开本书学习资源中的“场景文件>CH02>05.max”文件，选中场景中的健身器材模型，如图2-69所示。

图2-69

02 打开标题栏中的“应用程序”图标，在弹出的下拉菜单中单击“导出>导出选定对象”选项，如图2-70所示，接着在弹出的对话框中选择导出模型的路径、名称以及格式，最后单击“保存”按钮，如图2-71所示。

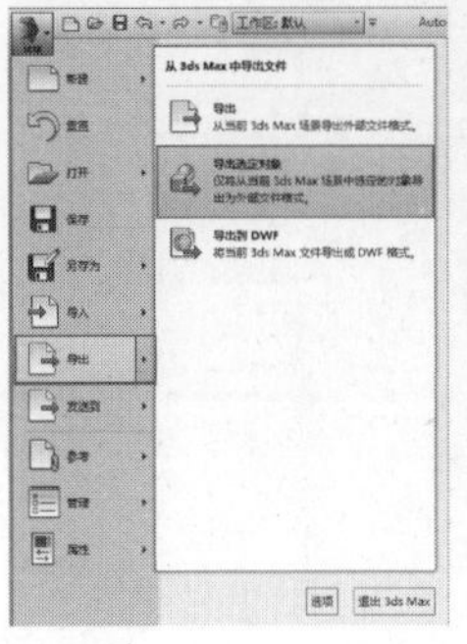

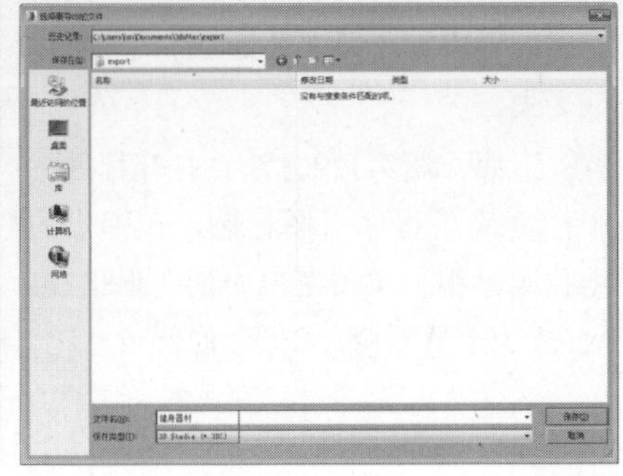

图2-70　　图2-71

03 在弹出的“将场景导出到.3DS文件”对话框中勾选“保持MAX的纹理坐标”选项，然后单击“确定”按钮，如图2-72所示。导出后的模型文件可以在设置的文件路径中找到，如图2-73所示。

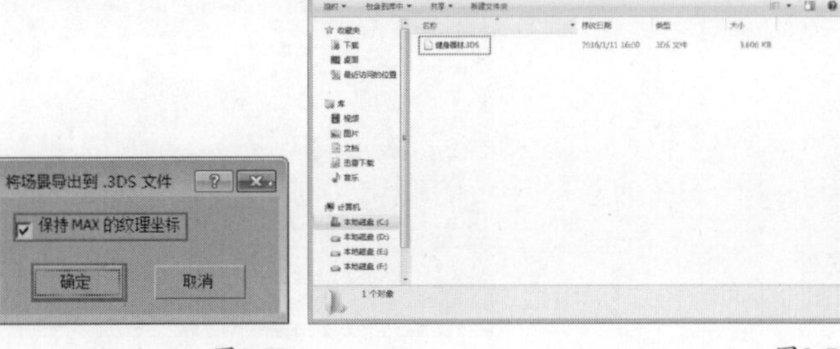

图2-72　　图2-73

技术专题 加载VRay渲染器

本书的所有.max文件都是使用了VRay渲染器的，所以为了方便大家的后续操作，建议大家在使用3ds Max打开文件之前就在计算机中安装好VRay渲染器。本书使用的版本为VRay 3.2 for 3ds Max 2016。

这里的3.2是指VRay的版本号，3ds Max 2016是指该版本的VRay渲染器只适用于3ds Max 2016。

安装好VRay渲染器之后，需要在3ds Max中加载VRay渲染器。加载VRay渲染器的方法有两种。

第1种：进入3ds Max界面后，按下F10键打开“渲染设置”对话框，然后在“公用”选项卡下展开“指定渲染器”卷展栏，接着单击“产品级”选项卡后面的“选择渲染器”按钮，最后在弹出的“选择渲染器”对话框中选择VRay渲染器即可，如图2-74所示。

第2种：直接在上方的渲染器下拉菜单中选择VRay渲染器，如图2-75所示。

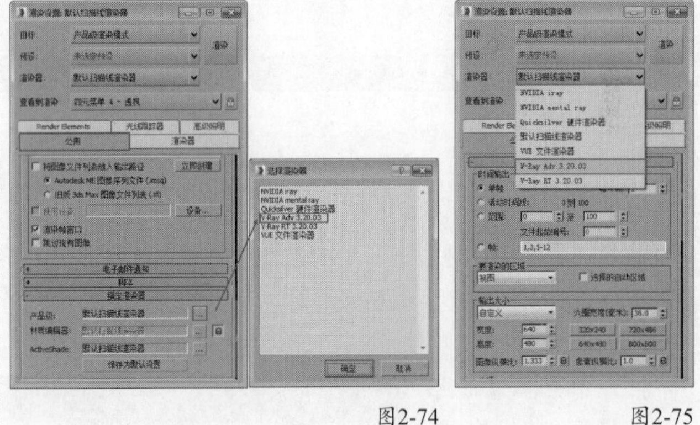

图2-74　　图2-75

实战011 设置文件自动备份

场景位置　无
实例位置　无
学习目标　掌握如何设置文件自动备份

下面介绍设置自动备份文件的方法。

打开菜单栏中的“自定义>首选项”选项，然后在弹出的“首选项设置”对话框中单击“文件”选项卡，接着在“自动备份”选项组下勾选“启用”选项，最后单击“确定”按钮，如图2-76所示。如有特殊需要，可以适当增大或减小

"Autobak文件数"和"备份间隔(分钟)"的数值。

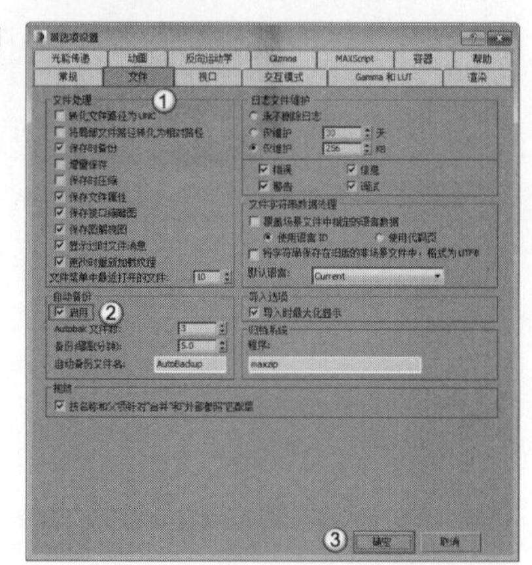

图2-76

技巧与提示

3ds Max 2016在运行过程中对计算机的配置要求比较高，占用系统资源也比较大。在运行3ds Max 2016时，如果计算机配置较低，或系统的性能不稳定性等，就会导致文件关闭或发生死机现象。当进行较为复杂的计算（如光影追踪渲染）时，一旦出现无法恢复的故障，就会丢失所做的各项操作，造成无法弥补的损失。

要解决这类问题，除了提高计算机硬件的配置外，还可以通过增强系统的稳定性来减少死机现象。一般情况下，可以通过以下3种方法来提高系统的稳定性。

第1种：要养成经常保存场景的习惯。

第2种：在运行3ds Max 2016时，尽量不要或少启动其他程序，而且硬盘也要留有足够的缓存空间。

第3种：如果当前文件发生了不可恢复的错误，可以通过备份文件打开前面自动保存的场景。

实战012 归档场景

场景位置	场景文件>CH02>06.max
实例位置	实例文件>CH02>归档场景.zip
学习目标	掌握如何归档场景

如果需要在其他计算机上打开创建好的3ds Max场景文件，不但需要场景模型，还需要相关的贴图和光域网文件，使用场景归档便可直接将模型、贴图和光域网文件直接打包成为一个.zip文件。

01 打开本书学习资源中的"场景文件>CH02>06.max"文件，如图2-77所示。

图2-77

02 打开标题栏中的"应用程序"图标，在弹出的下拉菜单中单击"另存为>归档"选项，如图2-78所示，接着在弹出的"文件归档"对话框中选择归档文件的路径和名称，最后单击"保存"按钮，如图2-79所示。场景归档完成后，在保存位置会出现一个.zip压缩包，如图2-80所示。

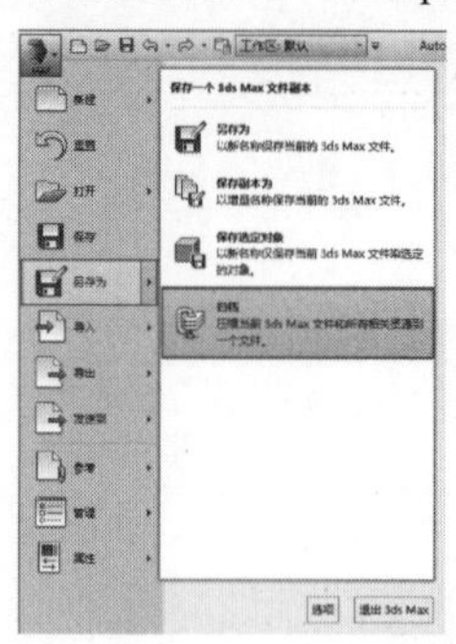

图2-78

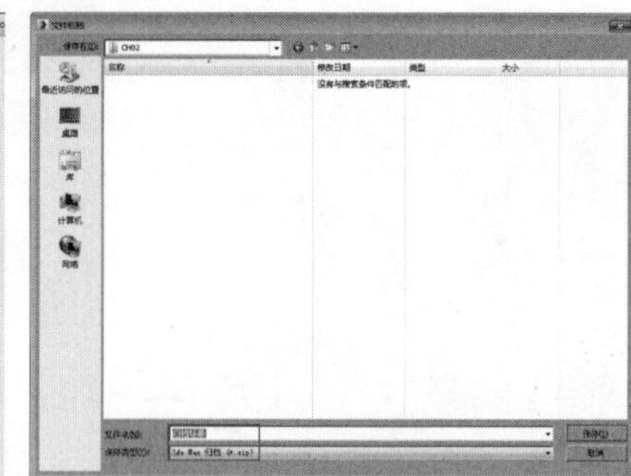

图2-79

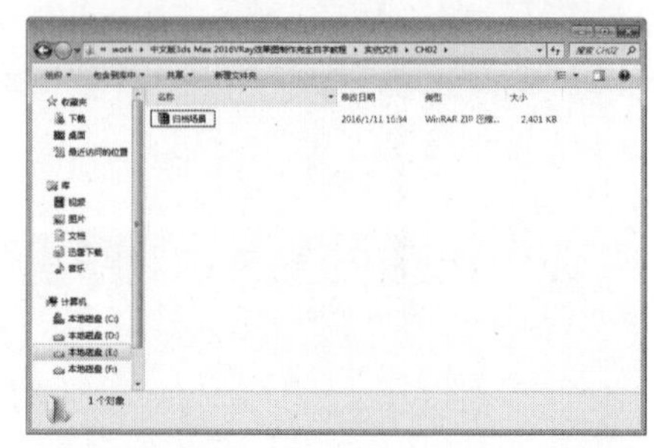

图2-80

03 双击进入压缩包会发现，压缩包中包含了场景文件、贴图和光域网文件，同时还有一个记录了场景信息的.txt文档，如图2-81所示。

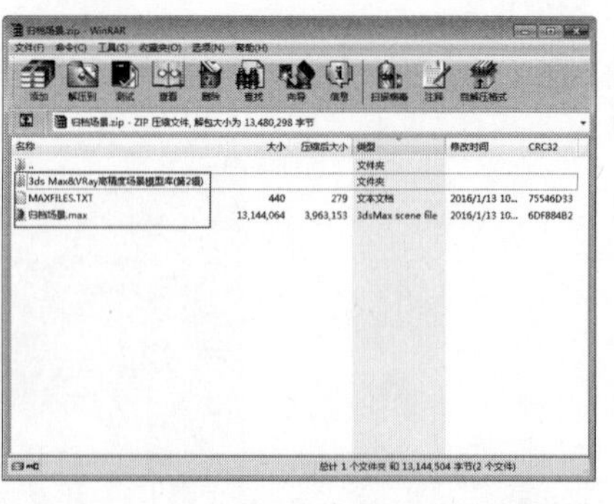

图2-81

实战013 安全退出3ds Max 2016

场景位置	无
实例位置	无
学习目标	掌握退出3ds Max 2016的两种方法

在使用完3ds Max 2016之后，通过标准的退出方法可以避免文件信息损坏或丢失。

01 下面介绍第1种方法。打开标题栏中的"应用程序"图标，在弹出的下拉菜单中，单击菜单中的"退出3ds Max"按钮，如图2-82所示。

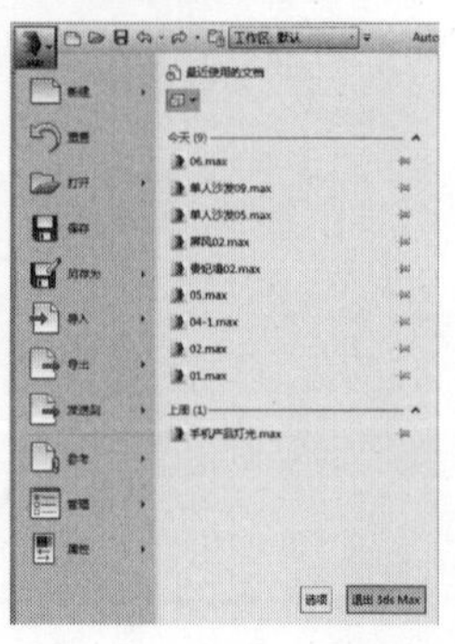

图2-82

02 下面介绍第2种方法。单击界面右上角的“关闭”按钮，如图2-83所示。

图2-83

实战014 视口布局设置

场景位置 场景文件>CH02>07.max
实例位置 无
学习目标 掌握如何快速调整3ds Max 2016的视口布局

对于不同的场景，使用合适的视口数量与适当的视口大小，可以更好地观察场景细节并简化操作步骤。

01 打开本书学习资源中的“场景文件>CH02>07.max”文件，如图2-84所示。

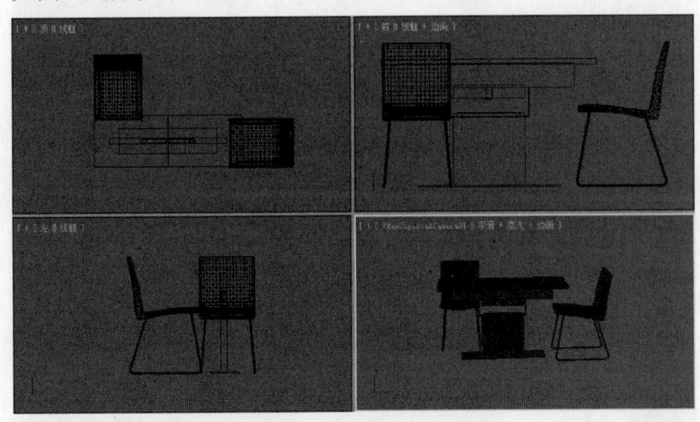

图2-84

02 当前场景以均衡大小的四视口显示，为了能让右下角的摄影机视图得到更多的细节，单击视图左上角的“+”号，在弹出的菜单中选择“配置视口”选项，如图2-85所示。

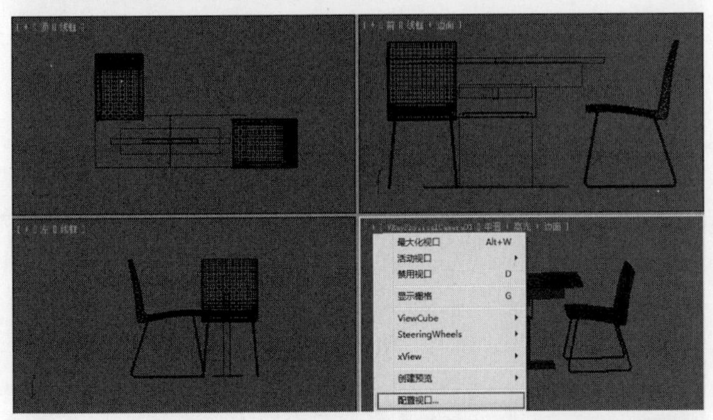

图2-85

03 进行上一步操作后，在弹出的“视口配置”对话框中选择“布局”选项卡，然后选择图中所选的布局，接着单击“确定”按钮，如图2-86所示。

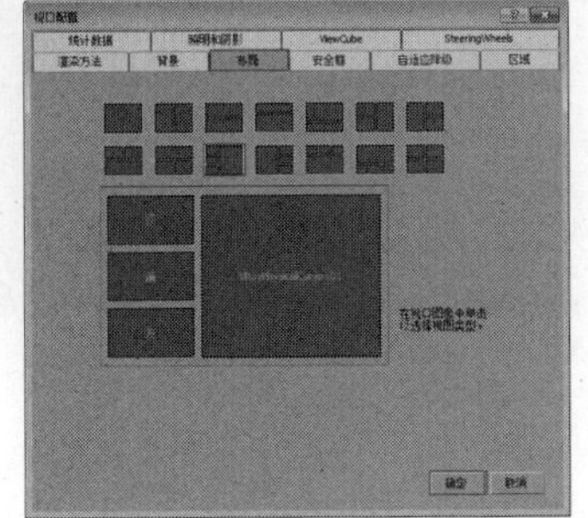

图2-86

04 视口布局选择完成后，还可以调整左侧3个视口的宽度，将光标放在视口的竖线分割处，然后按住鼠标左键向右拖曳即可，如图2-87和图2-88所示。

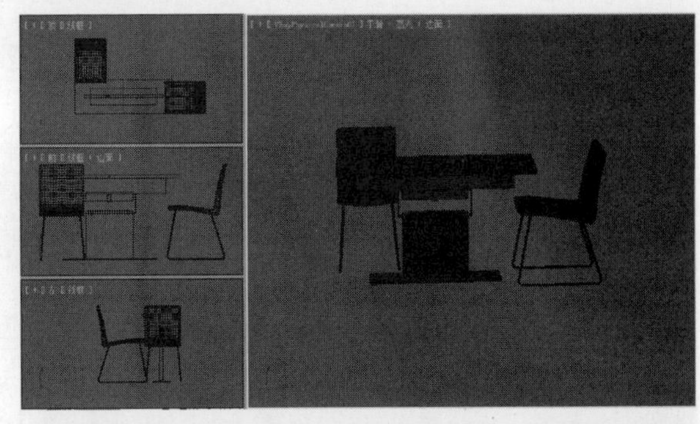

图2-87

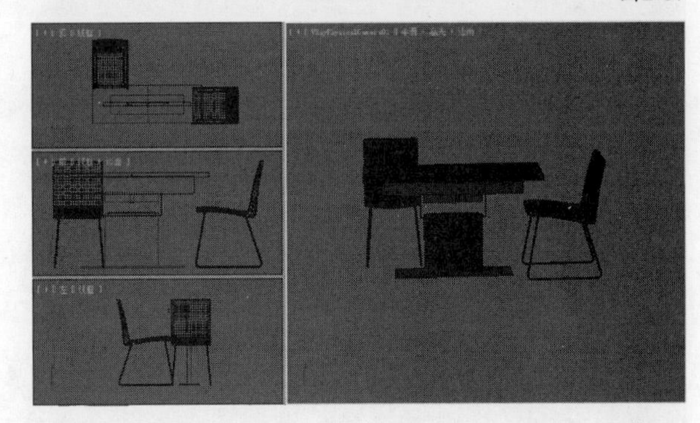

图2-88

05 将光标放在横向分割处，还可以调整视口的高度，如图2-89和图2-90所示。

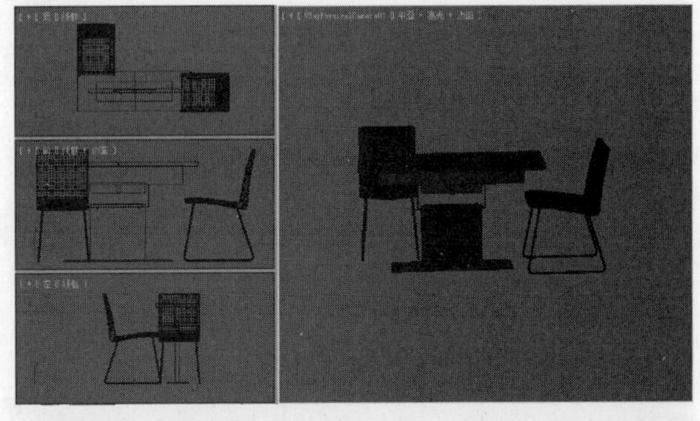

图2-89

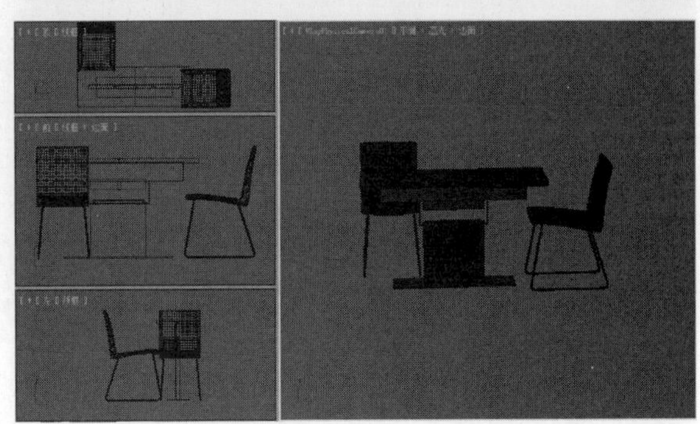

图2-90

06 如果要还原视口，只需要将光标放在视口分割处的任意位置，然后单击鼠标右键，接着在弹出的菜单中选择“重置布局”选项，如图2-91和图2-92所示。

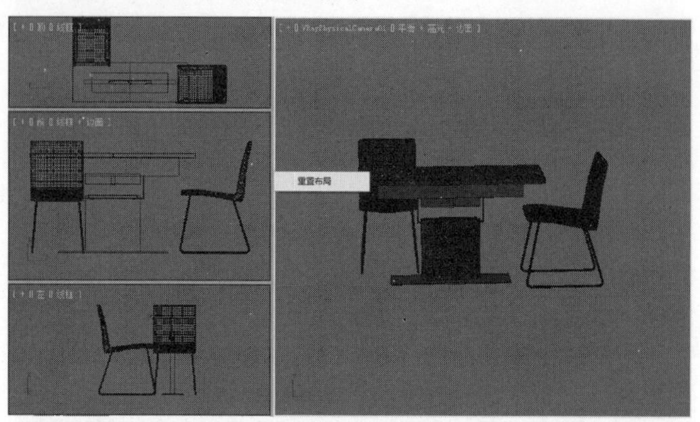

图2-91

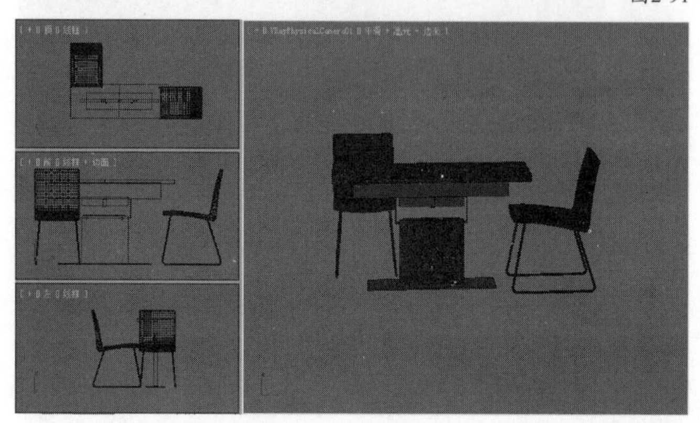

图2-92

实战015 设置视图显示风格

场景位置	场景文件>CH02>08.max
实例位置	无
学习目标	掌握3ds Max 2016的视图显示风格

在实际工作中，不同建模阶段需要显示不同模型的风格。3ds Max 2016提供了多种视图显示风格。

01 打开本书学习资源中的“场景文件>CH02>08.max”文件，如图2-93所示，这是一个台灯模型。

图2-93

02 观察左上角，可以发现此时模型为“线框”显示，单击“线框”文字即可弹出视图风格菜单，如图2-94所示。

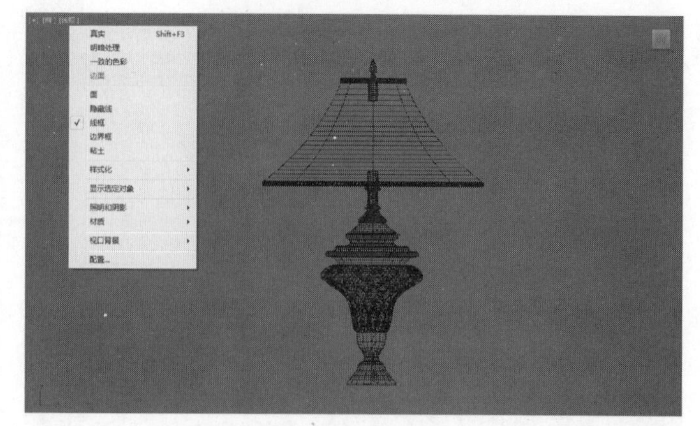

图2-94

03 选择其中的风格，模型将自动转变为对应的效果。比如要同时观察到布线和三维模型，可以选择“真实＋边面”选项，如图2-95所示。

图2-95

04 如果要观察模型的材质和阴影，可以选择“真实”选项，如图2-96所示。

图2-96

技巧与提示

使用快捷键F3可以在“线框”与“真实”之间切换，使用快捷键F4可以在“真实”与“真实＋线框”之间切换。

05 如果要将模型最简化显示以节约系统资源，可以选择“边界框”选项，如图2-97所示。

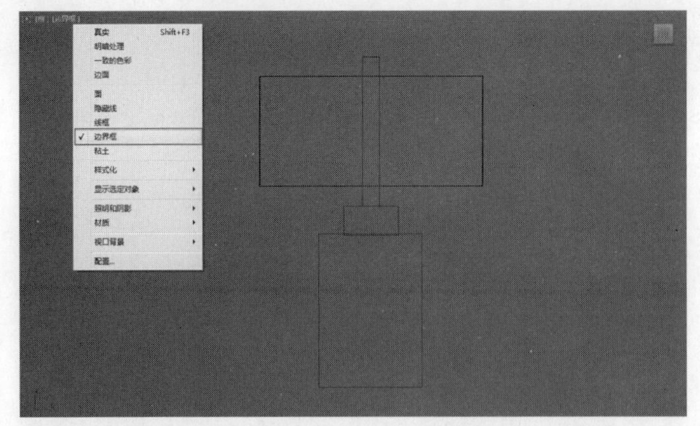

图2-97

06 如果要将模型在视口中直接显示为“石墨”等效果，可以选择“样式化”菜单下的命令，“石墨”效果如图2-98所示。

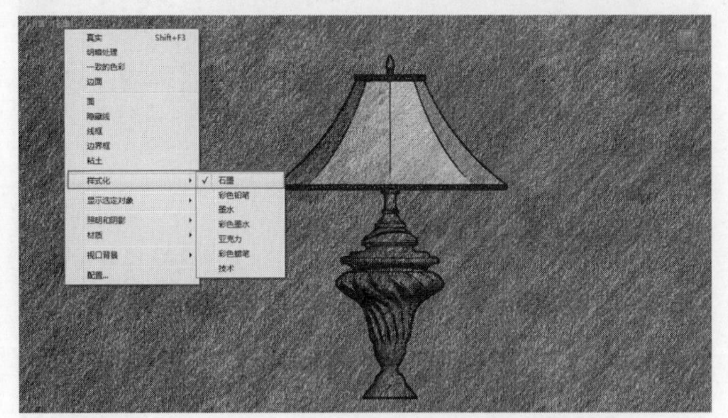

图2-98

技术专题 ❶ 摄影机视图释疑

这里针对摄影机视图常见的问题进行详细分析。

在某些情况下，将摄影机切换为“真实”时，模型会显示为黑色，如图2-99所示。这种情况通常是创建了外部灯光，而没有使用外部灯光照明所造成的。要解决该问题，只需要按快捷键Ctrl+L切换为外部灯光照明即可。

图2-99

在某些情况下，将视图切换为“真实”显示时，模型下方会有黑色杂点，如图2-100所示。这些并不是杂点，而是3ds Max的实时照明和阴影显示效果。如果要关闭实时照明和阴影，可以单击“真实”文字，然后在弹出的菜单中选择“配置”命令，如图2-101所示。接着在弹出的“视口配置”对话框中单击“视觉样式和外观”选项卡，再取消勾选“天光作为环境光颜色”“阴影”“环境光阻挡”和“环境反射”选项，最后单击“应用到活动视图”按钮，如图2-102所示。这样在视图中就不会显示实时照明效果和阴影了，如图2-103所示。

图2-100

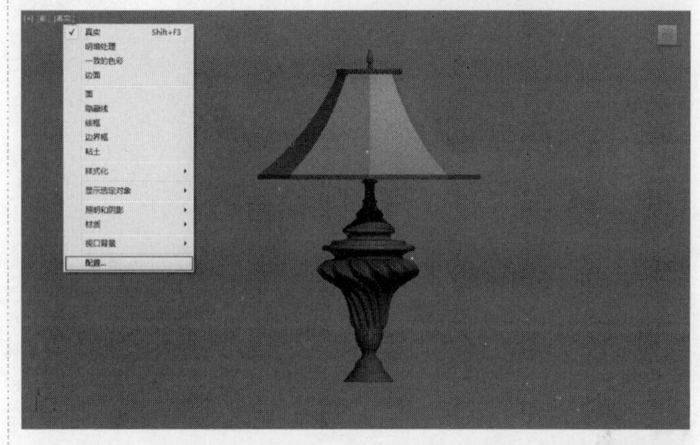

图2-101

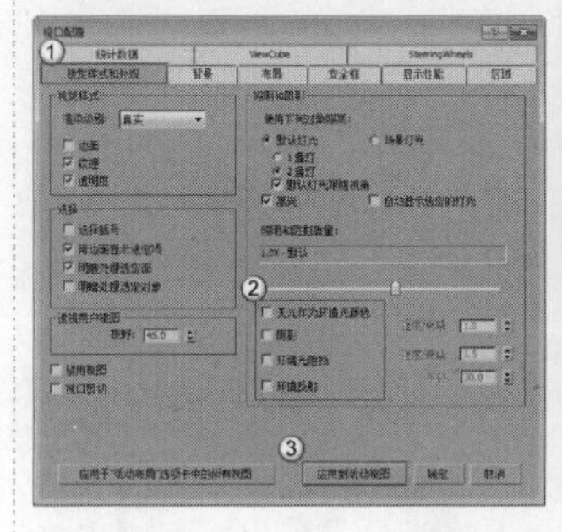

图2-102

图2-103

实战016 加载视图背景图片

场景位置	场景文件>CH02>09.bmp
实例位置	无
学习目标	掌握3ds Max 背景贴图的加载方法

在3ds Max中加载参考图片到视口背景中，多用于建模参考。

01 启动3ds Max 2016后，进入前视图，然后最大化显示，如图2-104所示。

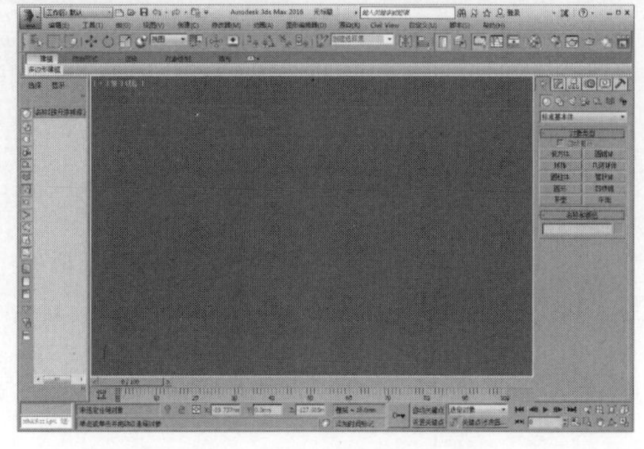

图2-104

02 打开菜单栏中的“视图>视口背景>配置视口背景”选项（快捷键为Alt+B），如图2-105所示。

03 在弹出的“视口配置”对话框中单击“背景”选项卡，然后勾选“使用文件”选项，接着单击“文件”按钮 文件... ，如图2-106所示。

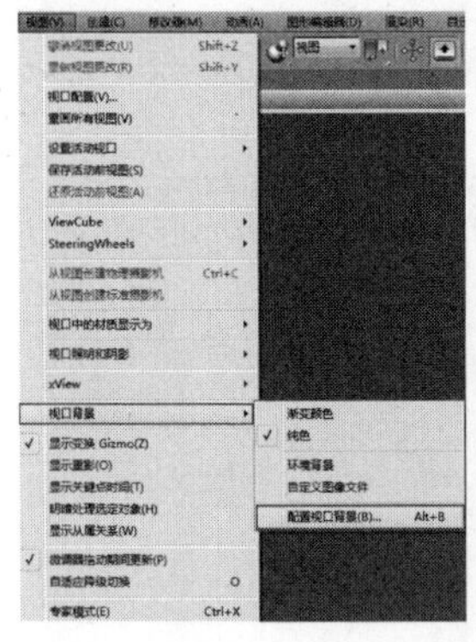

图2-105

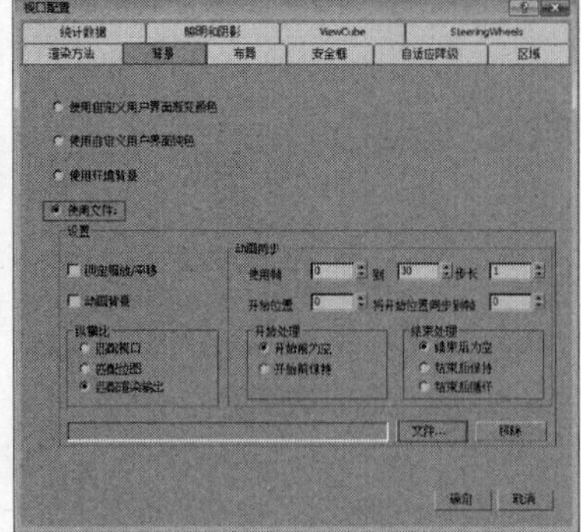

图2-106

04 在弹出的“选择背景图像”对话框中选择学习资源中的“场景文件>CH02>09.bmp”文件，然后单击“打开”按钮 打开(O) ，如图2-107所示，最终效果如图2-108所示。

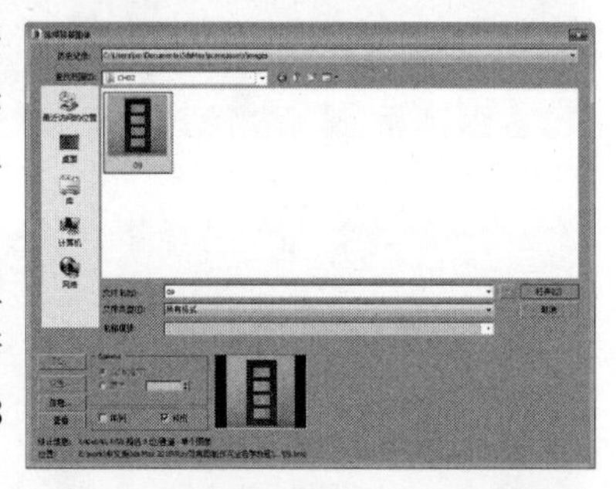

图2-107

图2-108

05 如果要取消显示背景图片，可以按快捷键Alt+B，在弹出的“视口配置”对话框中单击“背景”选项卡，然后勾选“使用自定义用户界面纯色”选项，最后单击“确定”按钮 确定 ，如图2-109所示，界面就又恢复了默认。

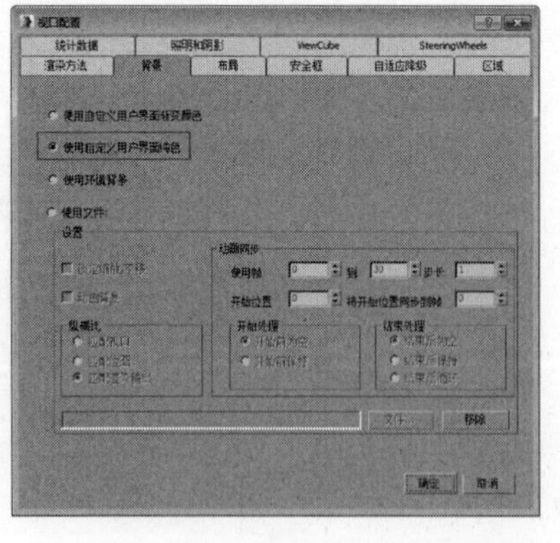

图2-109

实战017 视图的切换

场景位置 场景文件>CH02>10.max
实例位置 无
学习目标 掌握3ds Max 切换视图的方法

在实际工作中，经常要调整模型的位置、高度以及角度，这时可以针对性地切换各个视图，既能快速查看，又能准确调整，从而提高工作效率。

01 打开学习资源中的“场景文件>CH02>10.max”文件，如图2-110所示。

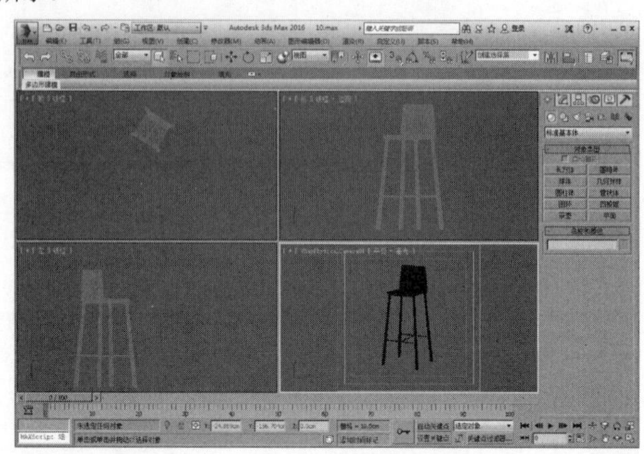

图2-110

02 前视图中模型的显示与摄影机视图类似，为了观察到模型的更多细节，在前视图左上角的视图名称上单击鼠标右键，然后在弹出的菜单中选择“右”选项，此时视图便切换到了右视图，如图2-111和图2-112所示。

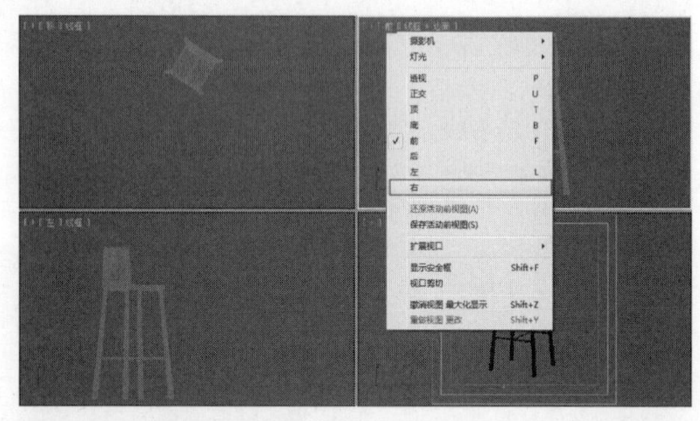

图2-111

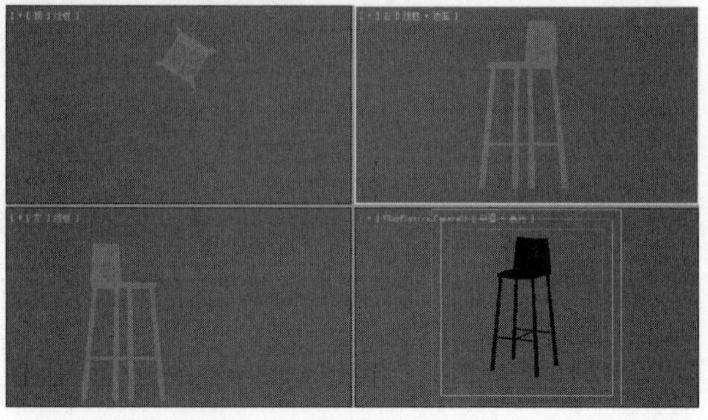

图2-112

03 将右下角的摄影机视图切换为透视图，可以按快捷键P，如图2-113所示。

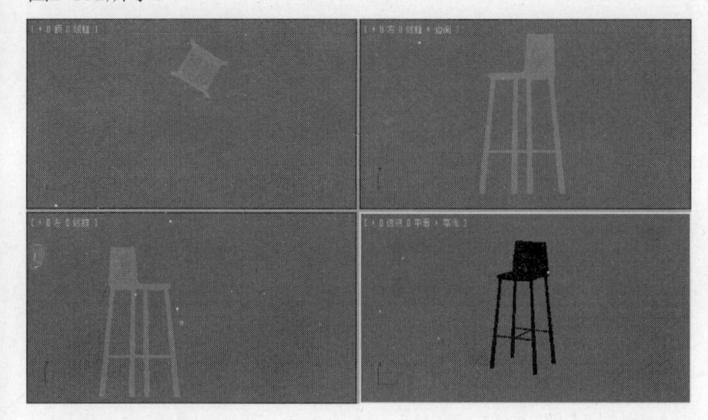

图2-113

技巧与提示

在切换视图时，通常使用快捷键，各个视图的快捷键如下。

顶视图的快捷键为T；左视图的快捷键为L；前视图的快捷键为F；底视图的快捷键为B；用户视图的快捷键为U；透视图的快捷键为P；摄影机视图的快捷键为C。

如果场景中未创建摄影机，可以按快捷键C，系统会自动弹出“场景无摄影机”的对话框，如图2-114所示。

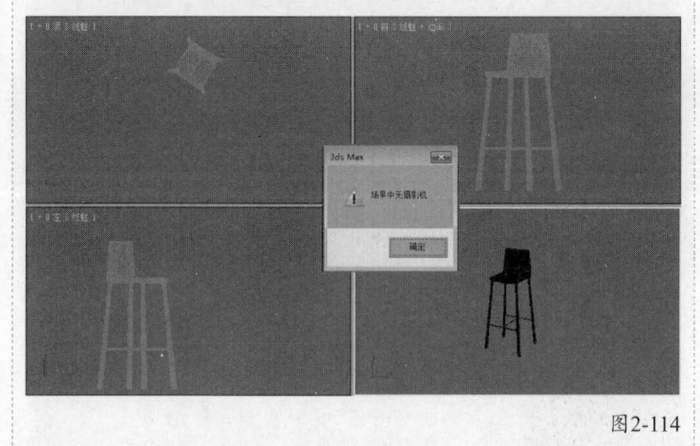

图2-114

实战018 视图的控制

场景位置 场景文件>CH02>11.max
实例位置 无
学习目标 掌握3ds Max控制视图的方法

视图导航控制按钮在工作界面的右下方，用来控制视图的显示和导航，主要包括缩放、平移和旋转活动视图等。控制按钮在标准视图、透视图和摄影机视图中有所不同。

01 打开学习资源中的“场景文件>CH02>11.max”文件，如图2-115所示。本场景的对象在前视图、顶视图和侧视图中均显示局部，没有居中。

02 单击“所有视图最大化显示对象”按钮，可以使整个场景的对象都居中且最大化显示，如图2-116所示。

图2-115

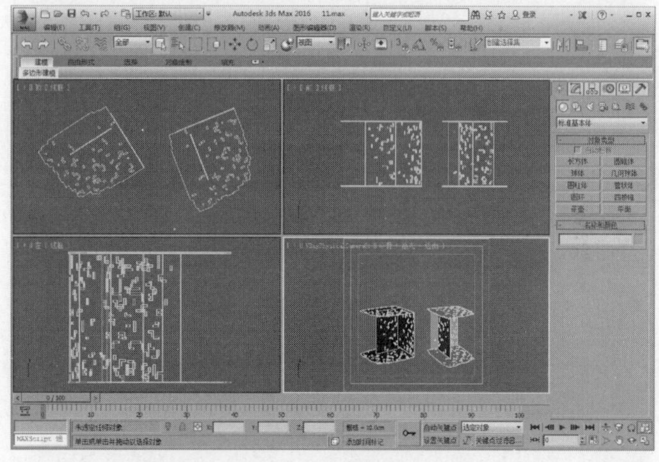

图2-116

技巧与提示

在上一步操作中，由于当前未选定任何对象，因此单击“所有视图最大化显示选定对象”按钮时，3ds Max已经自动切换到下拉按钮中的“所有视图最大化显示”按钮。

03 如果想要在某个视图中最大化显示选定的对象，首先需要在视图中选定要显示的对象，如图2-117所示，然后单击“最大化显示选定对象”按钮（快捷键为Z），效果如图2-118所示。

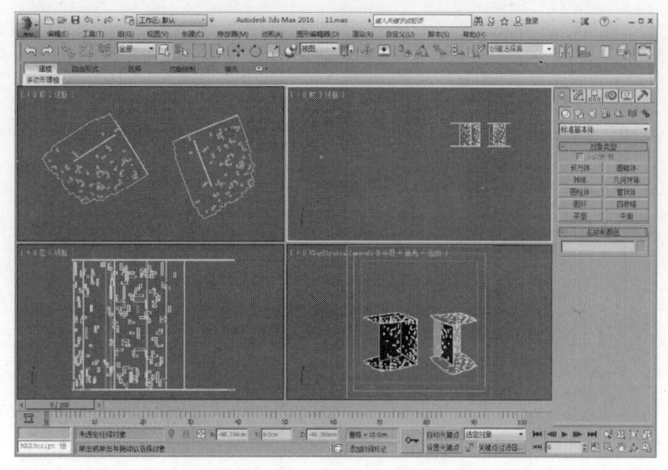

图2-117

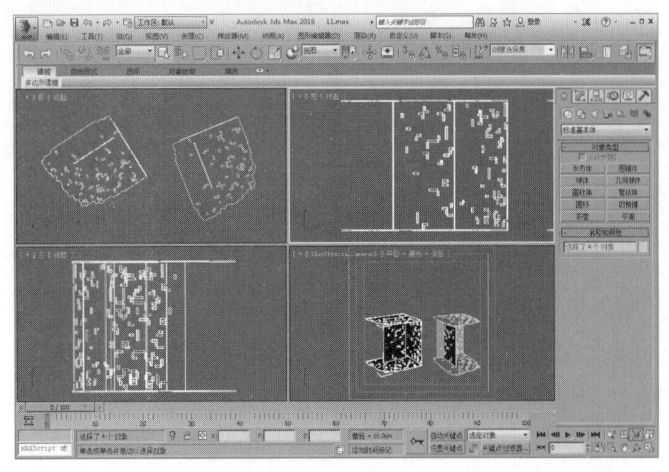

图2-118

04 如果想在所有视图中将选定的对象最大化显示且居中，首先需要选定视图中的对象，然后单击“所有视图最大化显示选定对象”按钮，如图2-119所示。

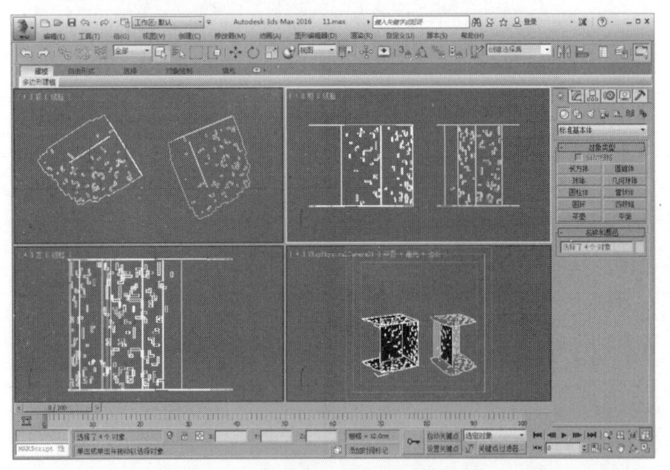

图2-119

05 如果想在选定对象的情况下，在所有视图中最大化显示所有对象且居中，首先需要选择目标视图，然后切换并选定“最大化视图”按钮，如图2-120和图2-121所示。

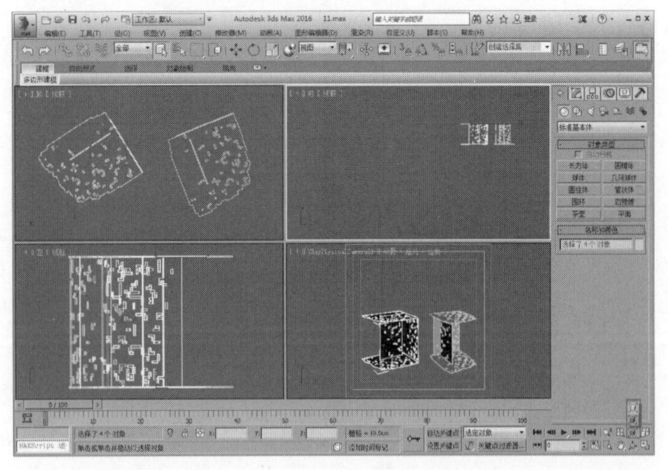

图2-120

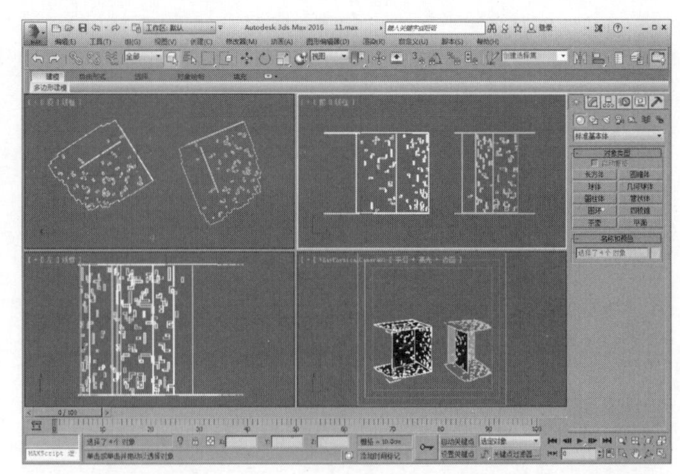

图2-121

06 如果要同时缩放所有视图内的模型，可以单击“缩放所有视图”按钮，然后在任一视图内推拉鼠标，即可缩放所有视图内的模型，如图2-122和图2-123所示。

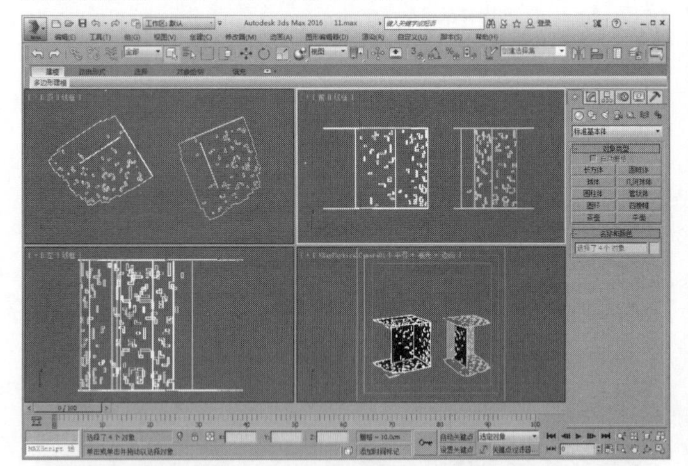

图2-122

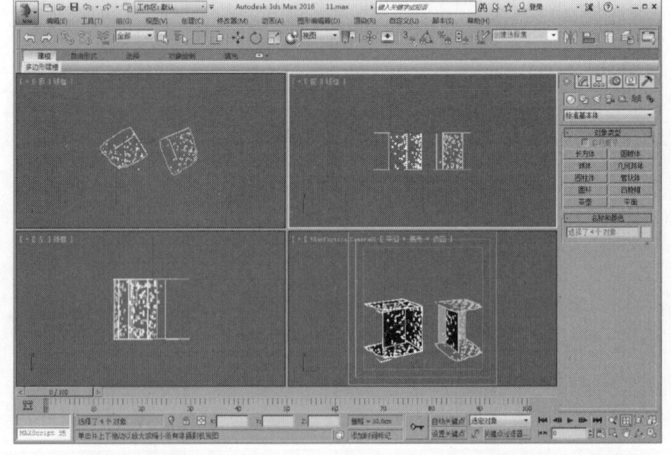

图2-123

技巧与提示

在选定视图缩放对象的大小，在选定视图内滚动鼠标滚轮即可。

07 如果想单独将某一个视图最大化显示，首先选择该视图，然后单击“最大化视口切换”按钮（快捷键为Alt+W），如图2-124和图2-125所示。

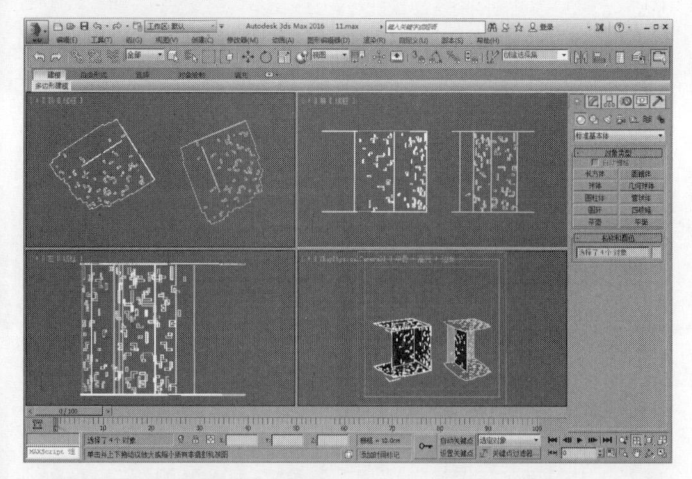

图2-124

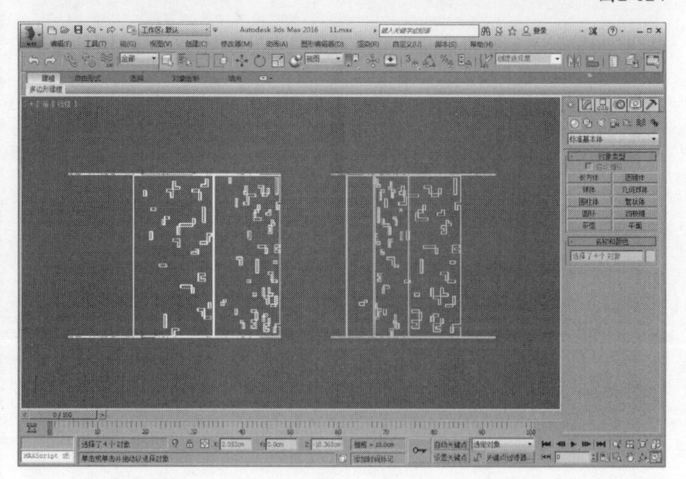

图2-125

08 如果想将某一个视图内的对象进行旋转观察，可以单击“选定的环绕”按钮，然后按住鼠标左键拖曳即可，如图2-126和图2-127所示。

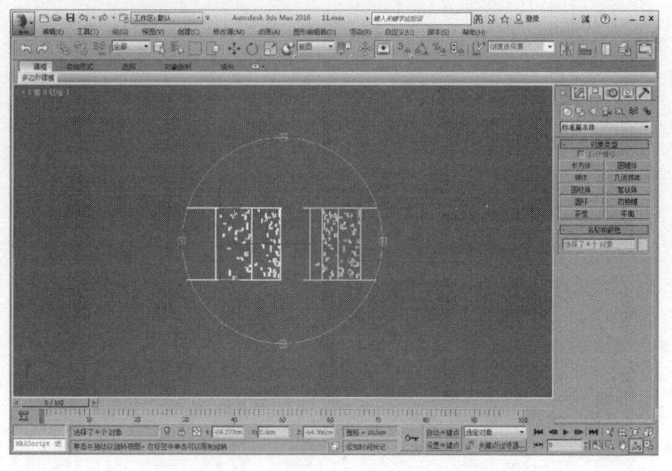

图2-126

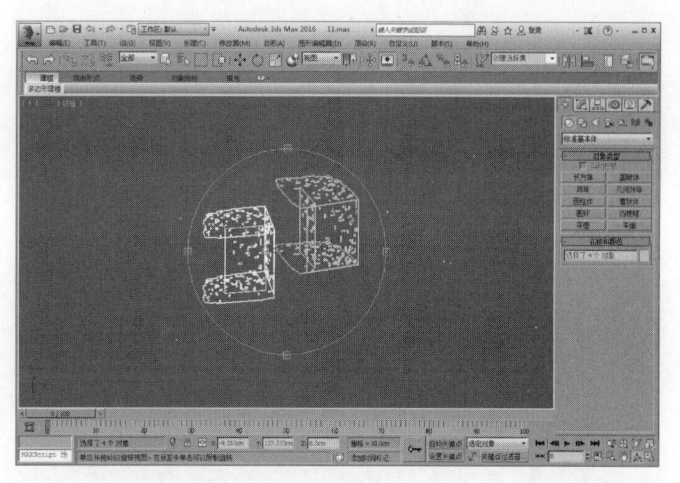

图2-127

技巧与提示

旋转视图的快捷方法是：按住Alt键的同时拖曳鼠标左键，即可自由旋转对象。

09 如果视图内的对象没有处于理想的观察位置，可以单击“平移视图”按钮，然后按住鼠标左键移动即可，如图2-128和图2-129所示。

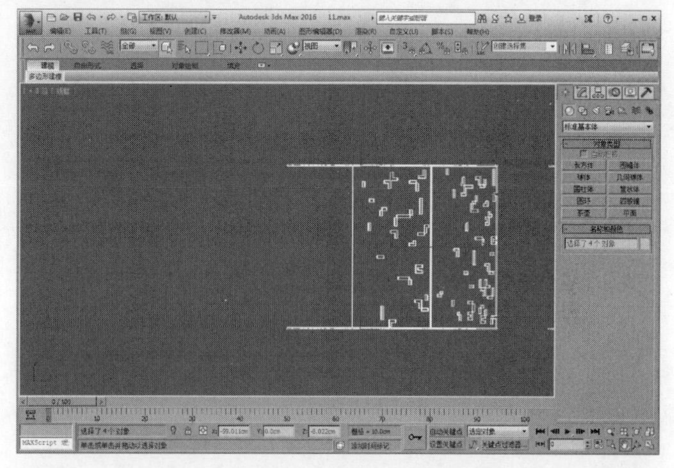

图2-128

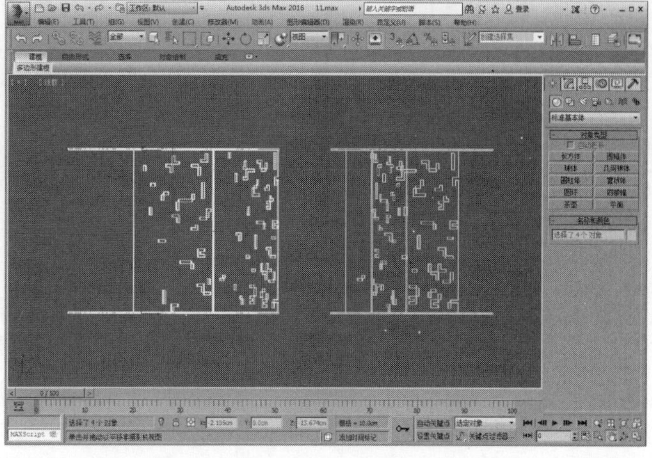

图2-129

技巧与提示

平移视图的快捷方法是：在选定的视图中按住鼠标滚轮，拖曳鼠标即可。

10 如果想要显示模型的某一部分，首先需要单击“缩放区域”按钮，然后按住鼠标左键划定观察范围，如图2-130和图2-131所示。

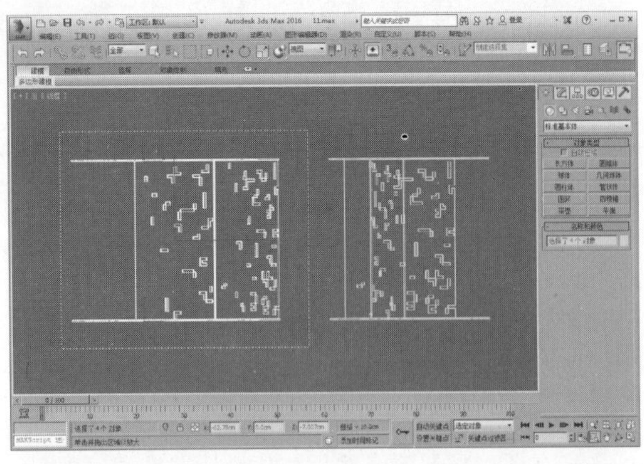

图2-130

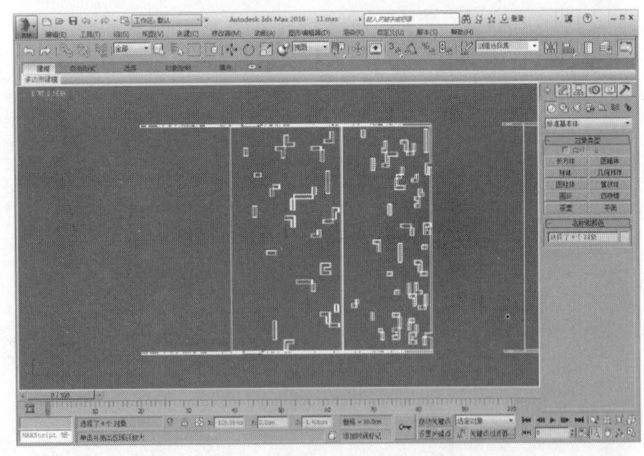

图2-131

在透视图中的控制按钮，相比于标准视图按钮，只有缩放区域和视野两个按钮不同，下面主要介绍视野的功能。

11 选择视图，按快捷键P切换到透视图，如图2-132所示。

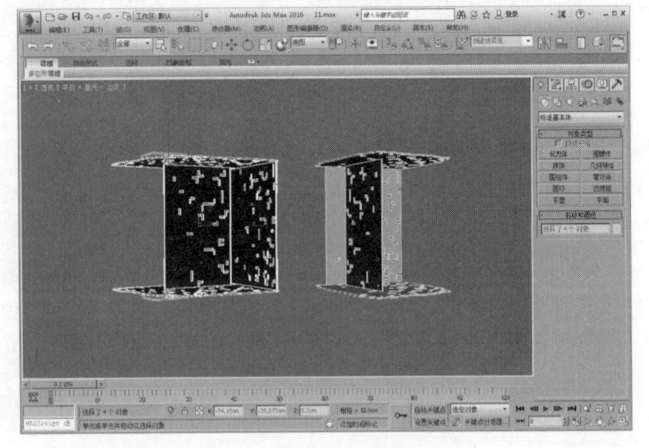

图2-132

12 单击“视野”按钮，在视图中按住鼠标左键推动，可以放大模型显示，如图2-133所示。拉回鼠标可以缩小模型显示，如图2-134所示。

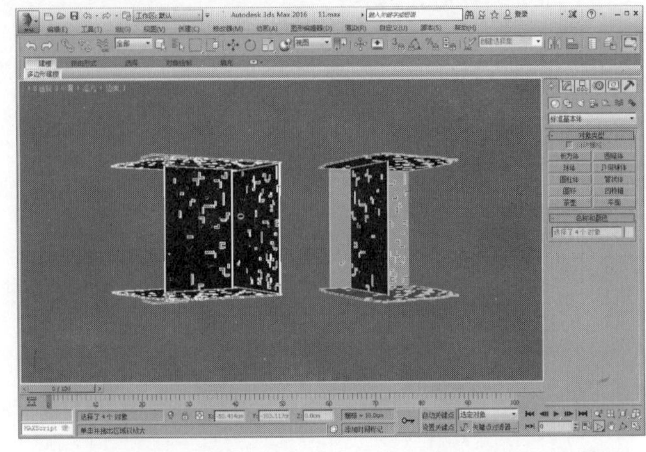

图2-133

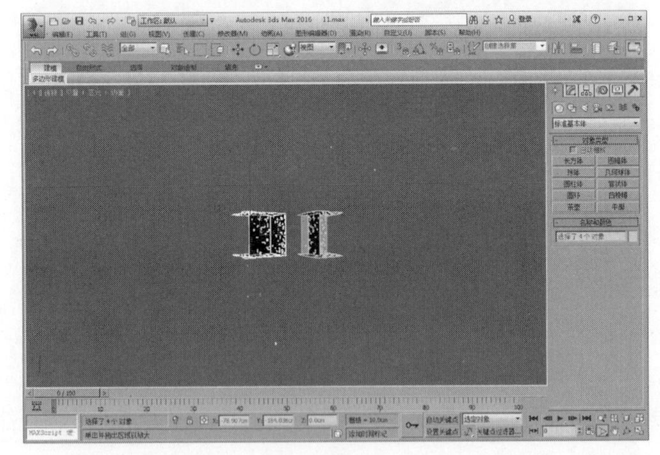

图2-134

摄影机视图的控件与标准视图有所区别。

13 按C键切换到摄影机视图，单击“透视”按钮，在摄影机视图中推动或拉回鼠标，可以放大或缩小模型显示，如图2-135和图2-136所示。注意此时摄影机的位置变化。

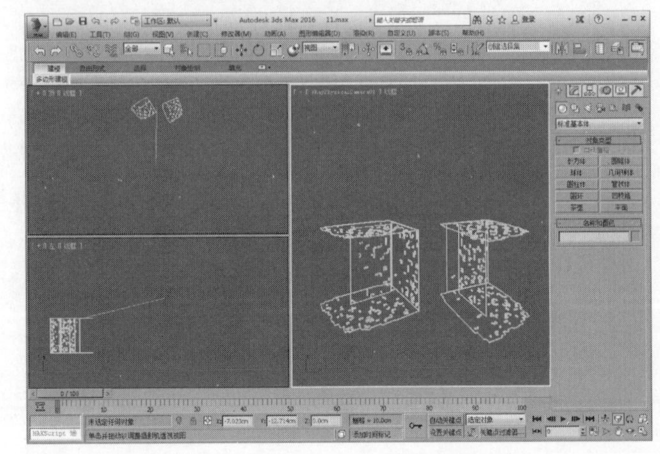

图2-135

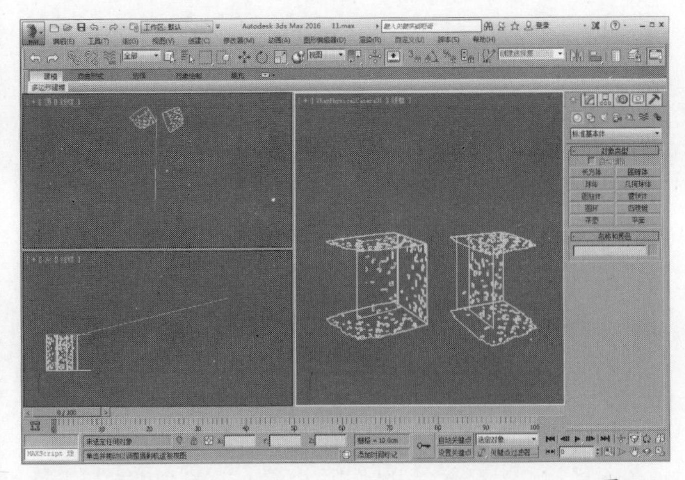

图2-136

14 单击“推拉摄影机”按钮，在摄影机视图中推拉鼠标，同样会使视图中的模型放大或缩小，如图2-137和图2-138所示。注意此时摄影机的位置变化。

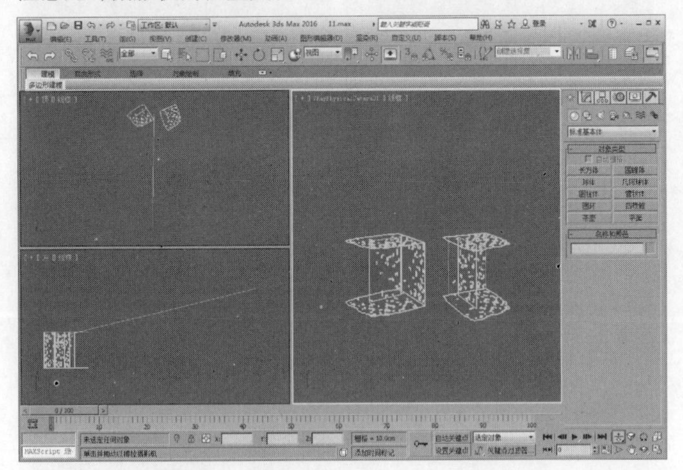

图2-137

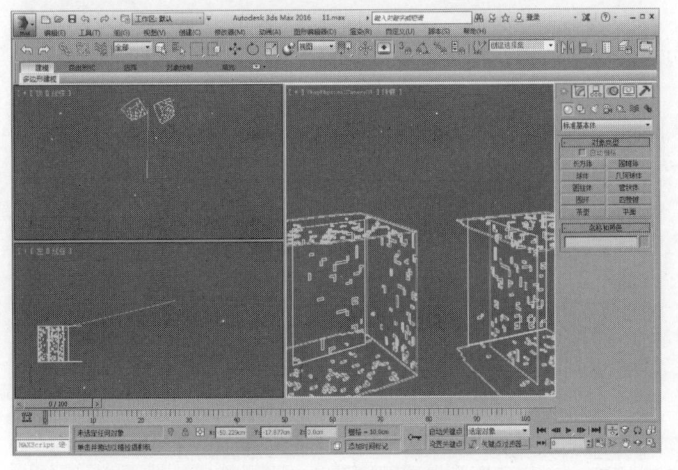

图2-138

15 选定“环游摄影机”按钮，在摄影机视图中左右旋转鼠标，可以观察到摄像机的位置发生了移动，如图2-139和图2-140所示。

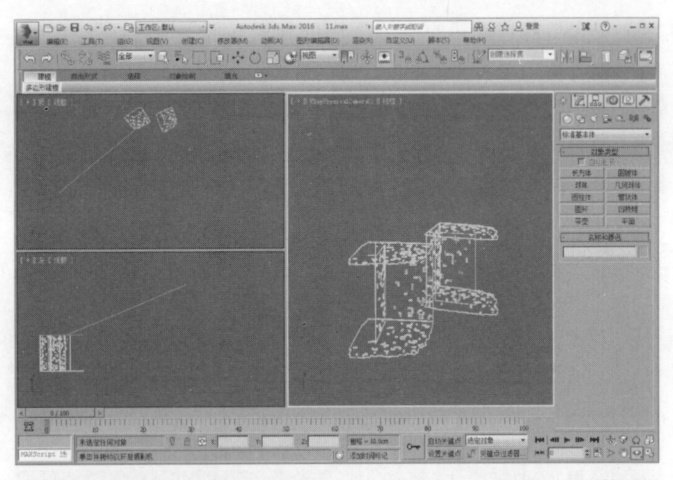

图2-139

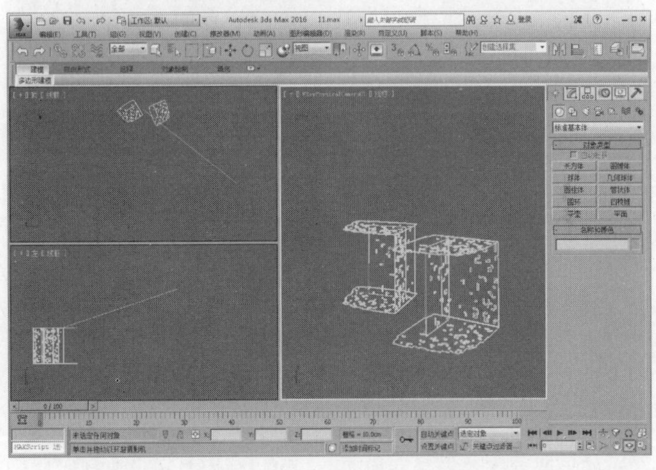

图2-140

实战019 选择对象

场景位置 场景文件>CH02>12.max
实例位置 实例文件>CH02>选择对象.max
学习目标 掌握选择对象的方法

◎ 工具：“选择”工具、“选择区域”工具和“窗口/交叉”工具

◎ 快捷键：Q

◎ 位置：主工具栏

01 打开学习资源中的“场景文件>CH02>12.max”文件，这是一组书桌椅模型，如图2-141所示。

02 在“主工具栏”中选择“选择”工具，然后在场景中选中书桌，此时书桌是被选中状态，如图2-142所示。

图2-141

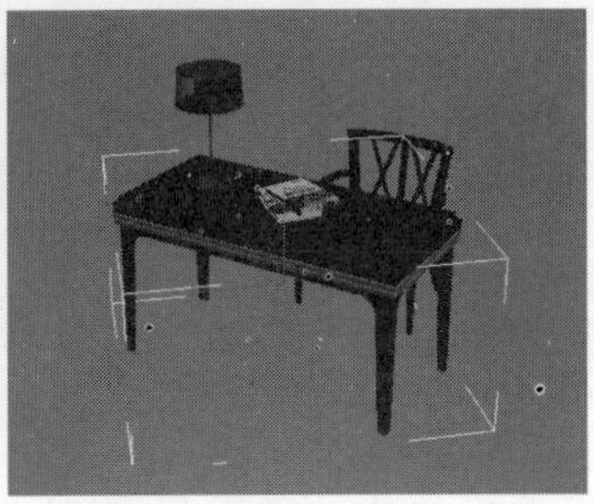

图2-142

03 如果要加选旁边的椅子，按住Ctrl键并使用“选择”工具选中椅子模型即可，如图2-143所示。

04 如果要取消选择书桌模型，按住Alt键并使用“选择”工具选中书桌模型即可，如图2-144所示。

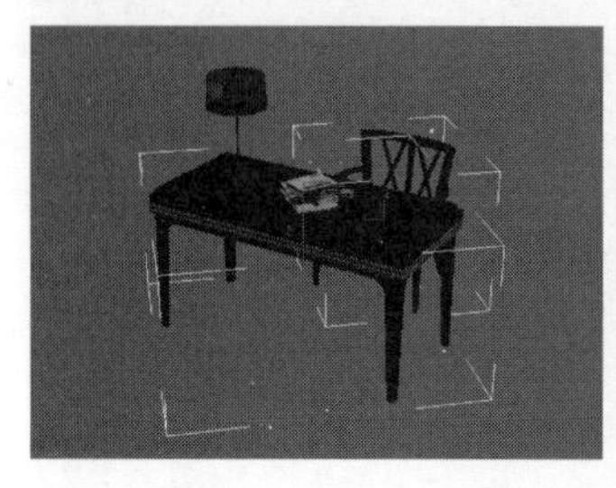

图2-143

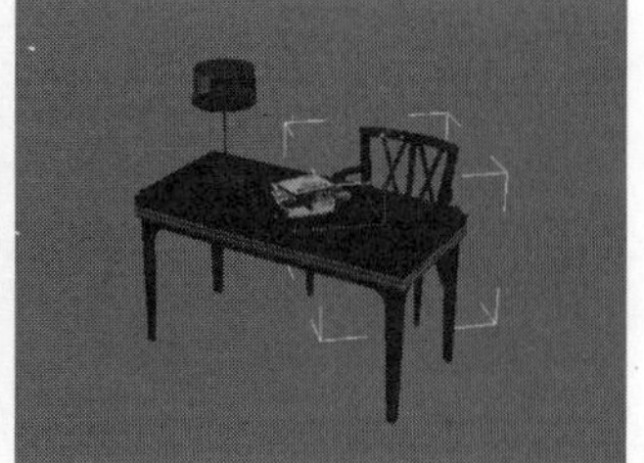

图2-144

05 如果要选择除去椅子以外的所有模型，在选中椅子模型的状态下，按快捷键Ctrl+I使用“反选”，就可以选中其他模型，如图2-145所示。

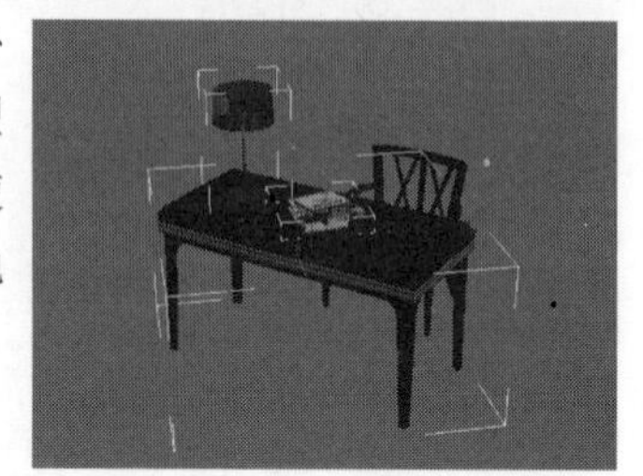

图2-145

技巧与提示

在默认设置下，如果对象以三维面显示，使用“选择”工具后，被选中的对象周围会显示白色框（按快捷键J可以取消或显示该线框）。如果对象本身是以线框形式显示，则会变成纯白色，因此在复杂场景中选择物体，最好切换到线框显示风格。

06 如果要一次选中台灯和书桌，可以使用“矩形选择区域”工具，然后在视图中按住鼠标左键拖曳出一个矩形选框范围，将台灯和书桌处于该范围内就会被一次选中，如图2-146和图2-147所示。

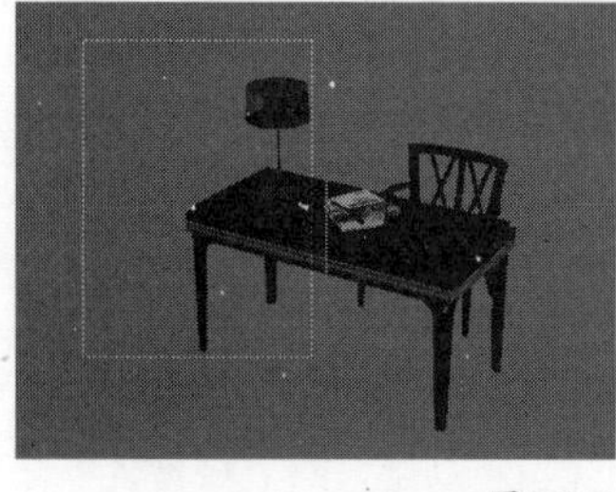

图2-146

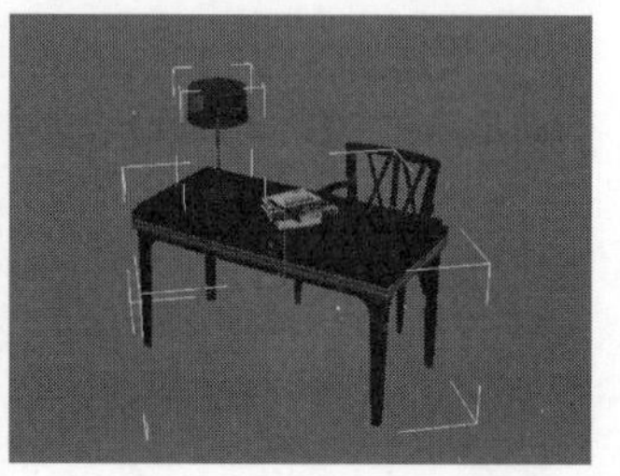

图2-147

技术专题 选择区域工具

选择区域工具主要是通过划定选择范围的方式来选择对象，共包含5种工具，分别是“矩形选择区域”工具、“圆形选择区域”工具、“围栏选择区域”工具、“套索选择区域”工具和“绘制选择区域”工具，如图2-148所示。

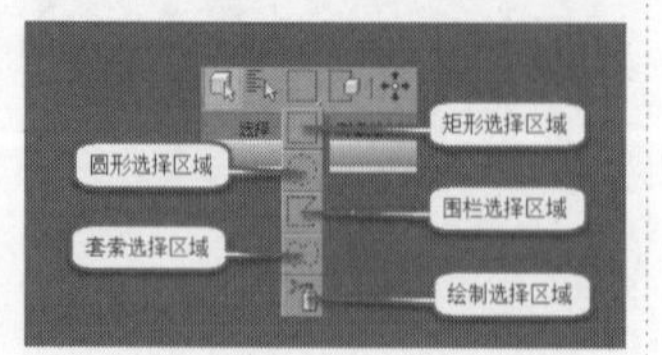

图2-148

“矩形选择区域”工具：绘制的是矩形选框，如图2-149所示。

“圆形选择区域”工具：绘制的是圆形选框，如图2-150所示。

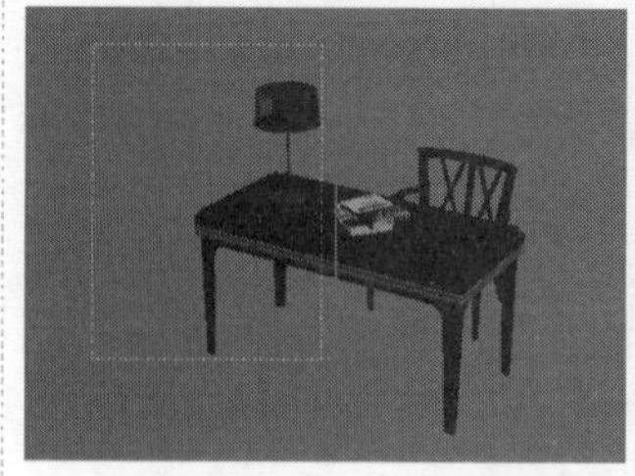

图2-149

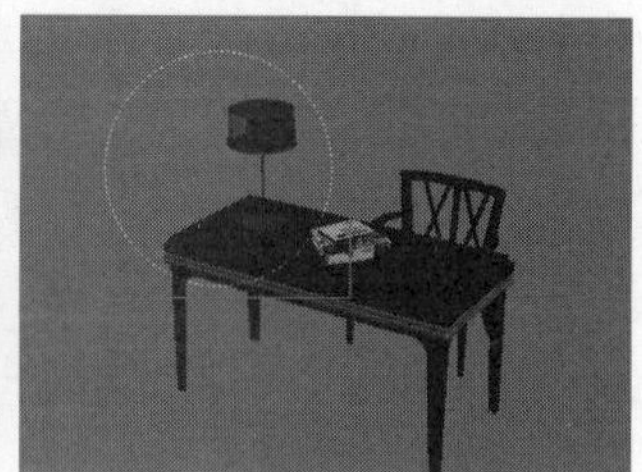

图2-150

“围栏选择区域”工具：绘制的是任意形状的选框，如图2-151所示。

“套索选择区域”工具：以任意点为中心，用鼠标画出半径绘制区域选框，如图2-152所示。

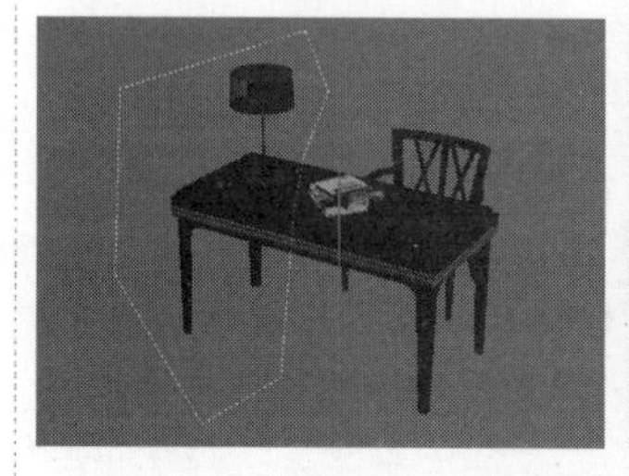

图2-151

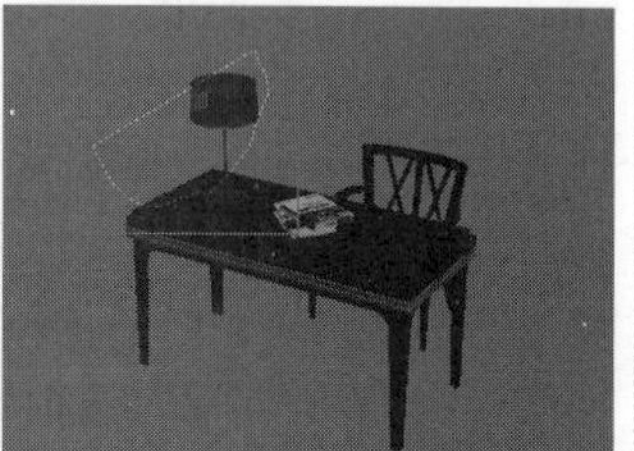

图2-152

“绘制选择区域”工具：以笔刷绘制的方式进行选择，如图2-153所示。

这几种工具必须配合“选择”工具和“选择并移动”工具一起使用才有效，也就是说，在使用前必须激活这两种工具中的一种。

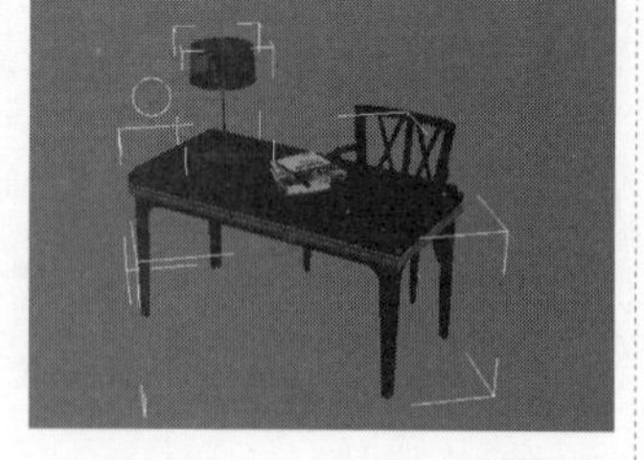

图2-153

07 单击“窗口/交叉”按钮，使其处于激活状态，然后按住鼠标左键在视图中框选台灯和书桌模型，如图2-154所示，接着松开鼠标左键，可以观察到只有被完全框选的台灯模型被选中，未被完全框选的书桌模型没有被选中，如图2-155所示。

图2-154

图2-155

08 继续单击“窗口/交叉”按钮，使其处于未激活状态，然后框选台灯和书桌模型，如图2-156所示，接着松开鼠标左键，可以观察到台灯和书桌都被选中，如图2-157所示。

图2-156

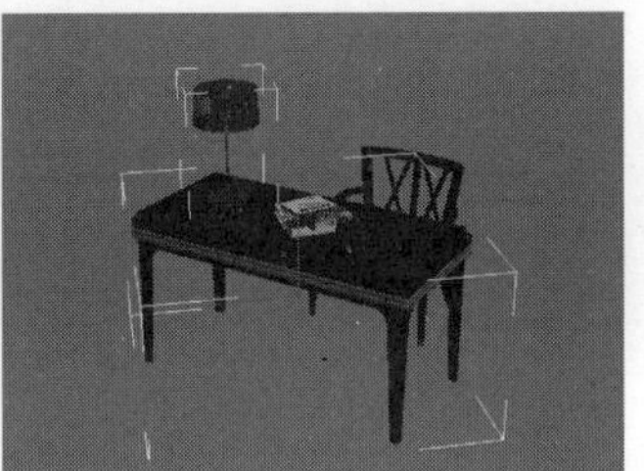

图2-157

实战020 移动对象

场景位置	场景文件>CH02>13.max
实例位置	无
学习目标	掌握选择并移动工具的用法

◎ 工具："选择并移动"工具
◎ 位置：主工具栏
◎ 快捷键：W

01 打开学习资源中的"场景文件>CH02>13.max"文件，这是一个茶壶模型，如图2-158所示。

02 选择"选择并移动"工具，然后将光标放在x轴上，接着按住鼠标左键选定x轴，如图2-159所示。

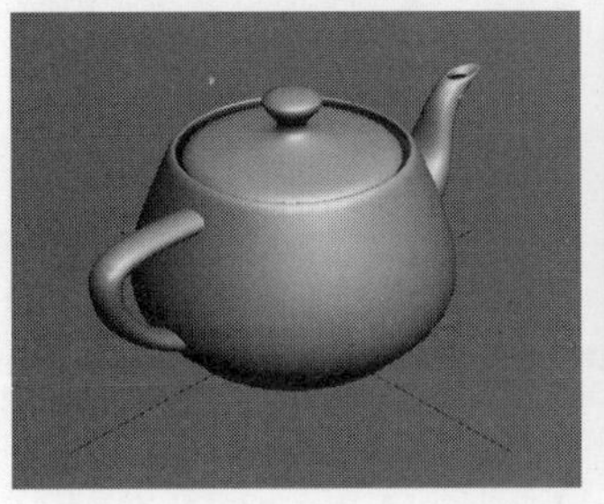

图2-158

图2-159

03 拖曳鼠标左键，可以看到茶壶只能在选中的x轴上左右移动，下方状态栏中x轴的数值表示茶壶移动的距离，如图2-160所示。

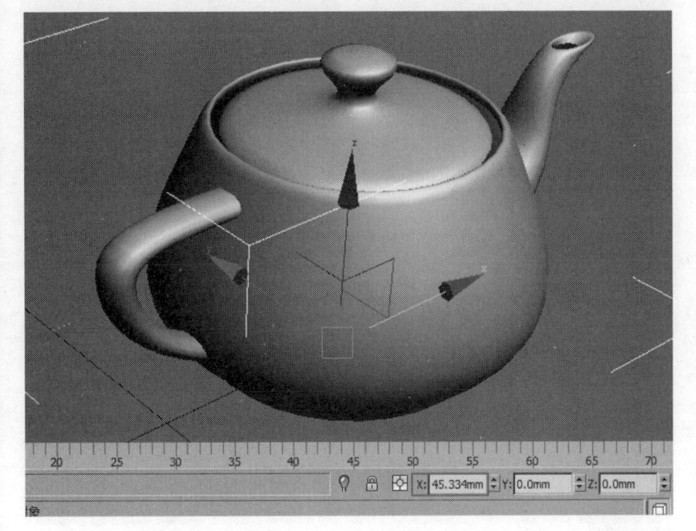

图2-160

技术专题 3ds Max的控制器

在3ds Max中，常见的控制器包含移动、旋转以及缩放3种，其中旋转和缩放控制器如图2-161和图2-162所示。它们的形状和功能各有不同，但在颜色以及操作上有以下一些共同特点。

图2-161

图2-162

第1点：所有控制器在轴向与颜色上都是对应统一的。以移动控制器为例，其对应关系如图2-163所示。

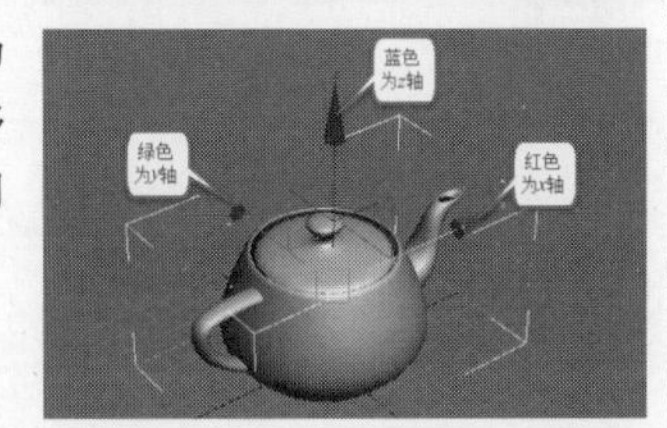

图2-163

第2点：当选择某一个控制轴向时，对应坐标轴会更改为黄色显示，如图2-164所示。当选择某一个控制平面时，除了构成平面的轴会以黄色显示外，平面还会成高亮状态，如图2-165所示。

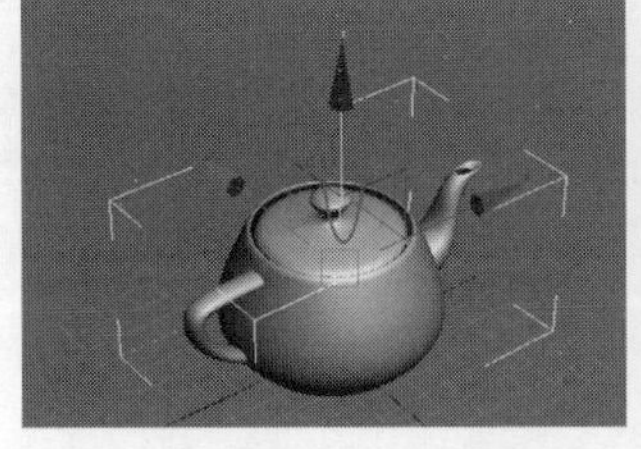

图2-164

图2-165

第3点：移动控制器的大小是可以调整的，按"+"键可以放大控制器，按"-"键可以缩小控制器，如图2-166和图2-167所示。

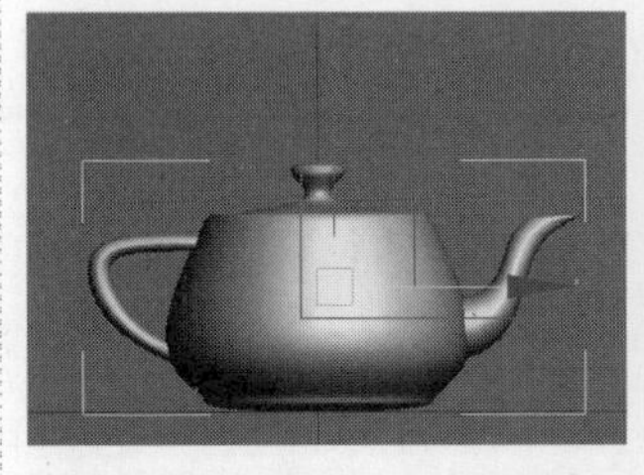

图2-166

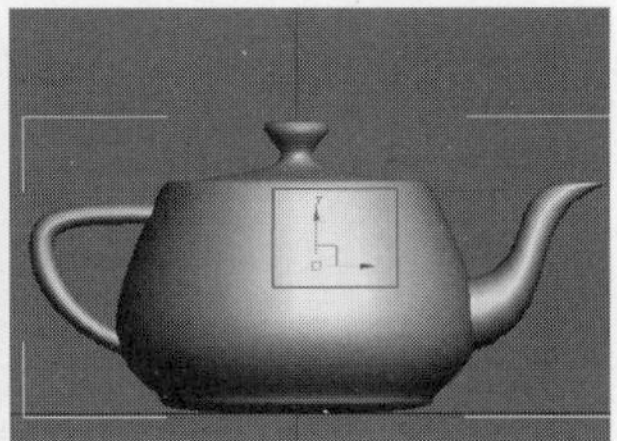

图2-167

04 选定y轴或xy平面，可以发现茶壶只能在垂直于当前屏幕方向的位置上进行移动，如图2-168和图2-169所示。

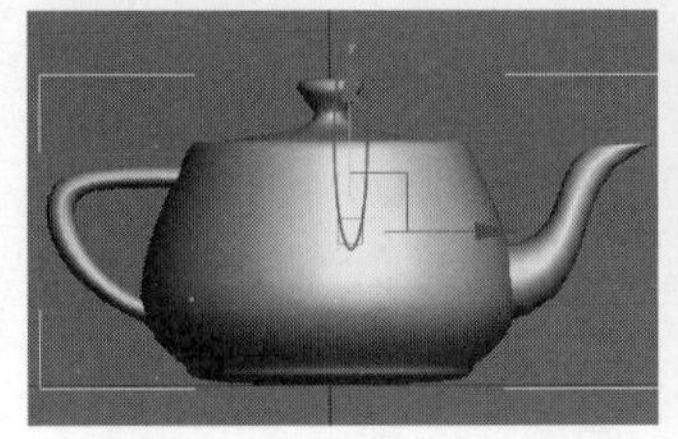

图2-168

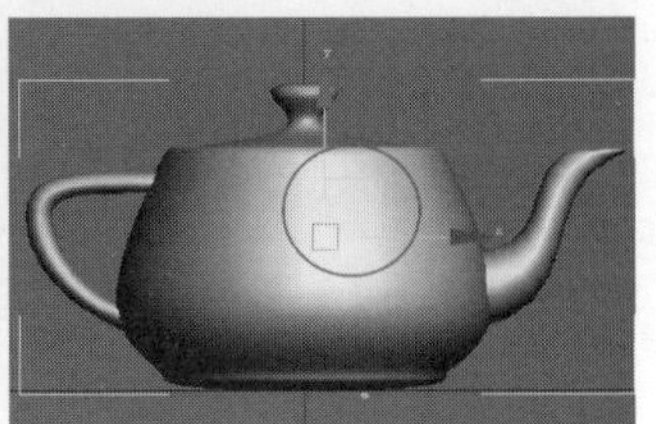

图2-169

05 切换到顶视图，然后选择该视图中的y轴，即可调整之前垂直于屏幕方向上的位置，如图2-170所示。

06 除了手动调整距离外，也可以在“选择并移动”工具上单击鼠标右键，打开“移动变换输入”对话框进行设置，如图2-171所示。该对话框左侧显示的是模型当前的坐标值，右侧用于设置各个轴向上的偏移量。

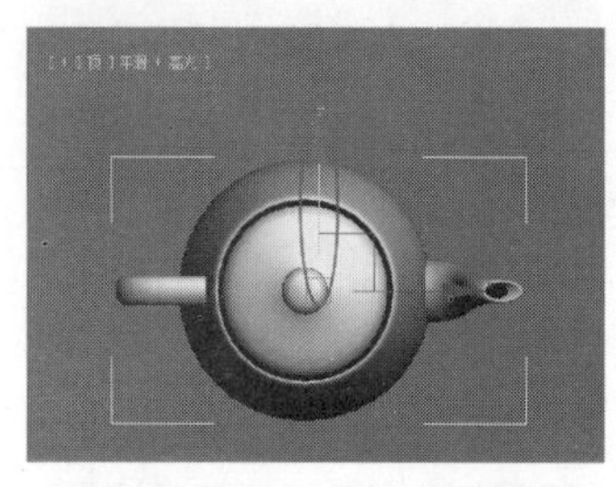

图2-170

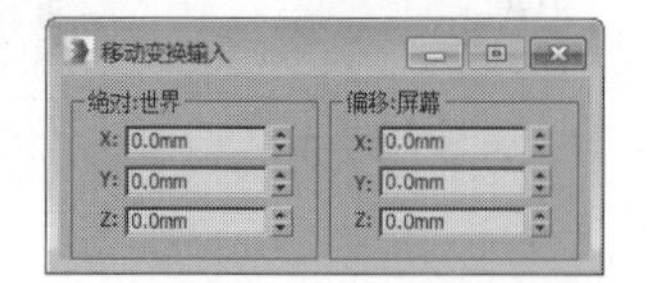

图2-171

07 如果要在x轴上向右移动100个单位，可以在“移动变换输入”对话框右侧的x参数后方输入100，然后按回车键即可，如图2-172和图2-173所示。同样，其他轴向上的移动也只需要在对应轴向上输入数值即可。

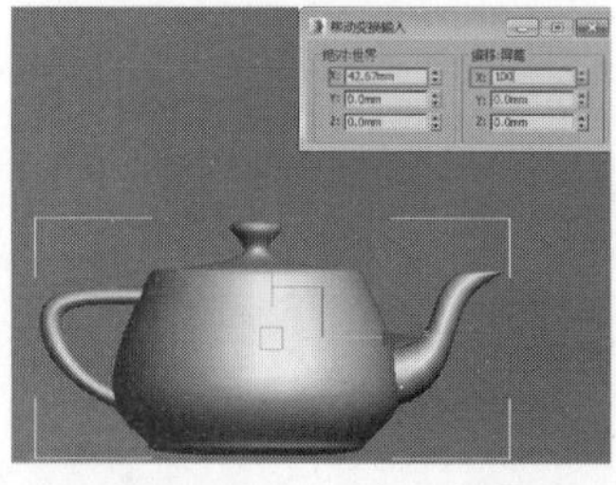

图2-172

图2-173

技巧与提示

在复杂的场景中移动对象时，由于模型较多，容易在选择轴向时误选到其他轴向。为了避免这种现象，可以在“主工具栏”的空白处单击鼠标右键，然后在弹出的菜单中选择“轴约束”命令，调出“轴约束”工具栏，如图2-174所示，接着在“捕捉开关”工具上单击鼠标右键，打开“栅格和捕捉设置”对话框，最后在“选项”选项卡下勾选“启用轴约束”选项，如图2-175所示。

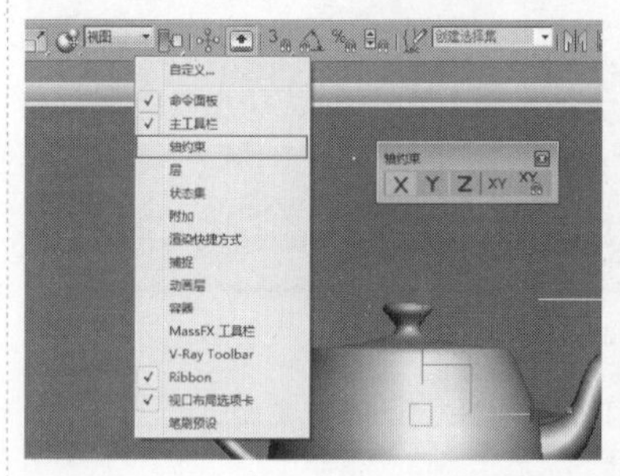

图2-174

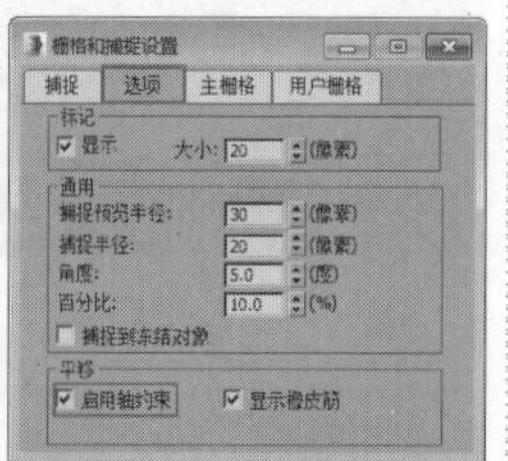

图2-175

经过以上设置后就可以通过按键控制轴向了，如按F5键就会自动约束到x轴，选择对象只能在x轴上移动，如图2-176所示。此外，按F6键将自动约束y轴，按F7键将自动约束z轴，按F8键则在约束xy/xz/yz平面上切换。

图2-176

实战021 旋转对象

场景位置	场景文件>CH02>14.max
实例位置	无
学习目标	掌握选择并旋转工具的用法

◎ 工具：“选择并旋转”工具
◎ 位置：主工具栏
◎ 快捷键：E

“选择并旋转”工具的使用方法与“选择并移动”工具的使用方法相似。当该工具处于激活状态时，被选中对象可以在x、y、z这3个轴向上旋转。

01 打开本书学习资源中的“场景文件>CH02>14.max”文件，这是一组立方体模型，如图2-177所示。

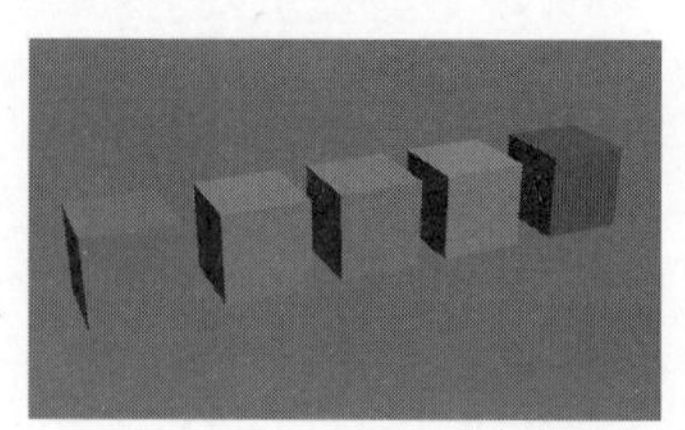

图2-177

02 选择“选择并旋转”工具，然后选择青色立方体模型，显示旋转控制器，如图2-178所示。旋转控制器默认激活z轴平面，因此移动鼠标即可旋转，如图2-179所示。

图2-178

图2-179

03 选择绿色立方体模型，显示旋转控制器，如图2-180所示。将鼠标放在旋转控制器x轴平面，移动鼠标即可在x轴上旋转，如图2-181所示。

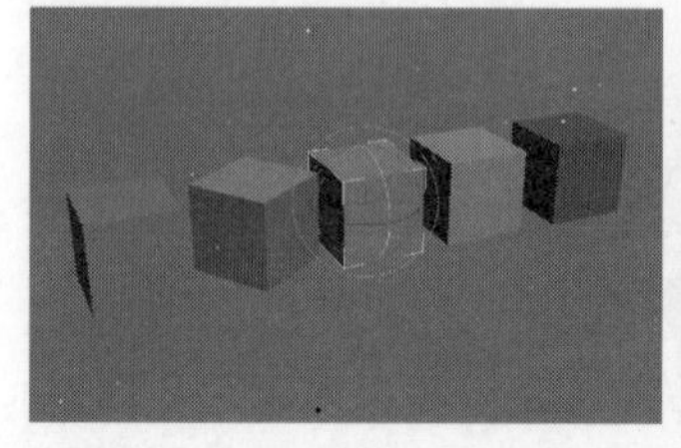

图2-180

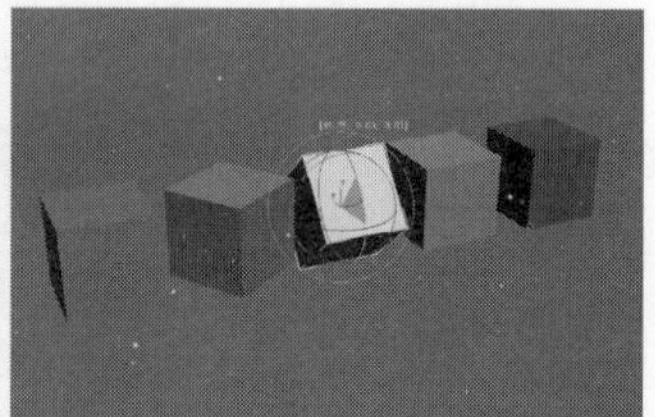

图2-181

04 选择黄色立方体模型，显示旋转控制器，如图2-182所示。将鼠标放在旋转控制器y轴平面，移动鼠标即可在y轴上旋转，如图2-183所示。

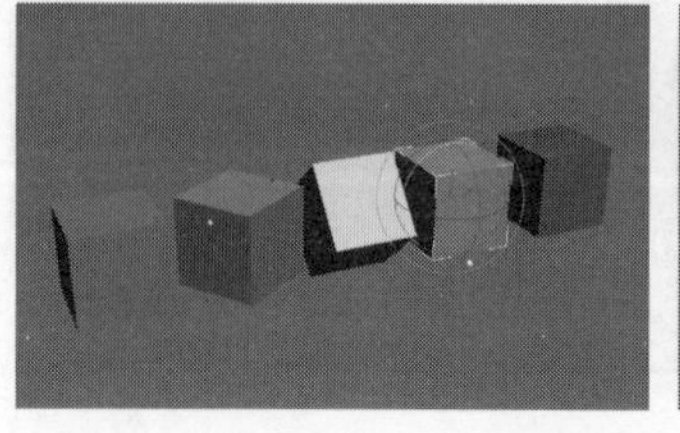

图2-182

图2-183

05 同样，在“主工具栏”中的“选择并旋转”工具上单击鼠标右键（快捷键为F12），打开“旋转变换输入”对话框，然后选中红色立方体模型，接着在“偏移：世界”选项组下输入z轴的旋转角度为50，即可将选定对象在z轴上旋转50°，如图2-184和图2-185所示。

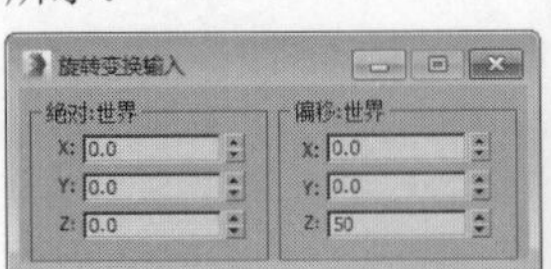

图2-184

图2-185

实战022 缩放对象

场景位置	场景文件>CH02>15.max
实例位置	无
学习目标	掌握选择并缩放工具的用法

◎ 工具：“选择并缩放”工具
◎ 位置：主工具栏
◎ 快捷键：R

按住“选择并均匀缩放”工具会弹出隐藏的其他缩放工具，分别是“选择并均匀缩放”工具、“选择并非均匀缩放工具”和“缩放并挤压”工具，如图2-186所示。

01 打开学习资源中的“场景文件>CH02>15.max”文件，如图2-187所示。

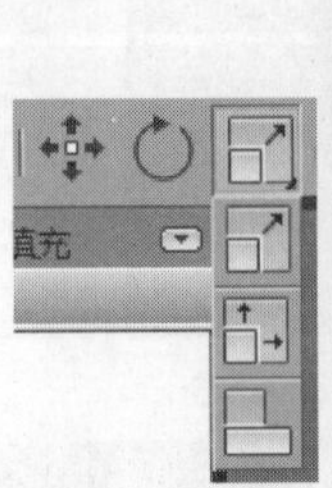

图2-186

图2-187

02 选择“选择并均匀缩放”工具，然后将光标放在x轴上，待光标显示为三角形状态时，推拉鼠标即可实现单个轴向的缩放，如图2-188和图2-189所示。

图2-188

图2-189

03 将光标放在坐标平面外围的梯形区域，待光标显示为三角形状态时，推拉鼠标即可进行某个平面的缩放操作，如图2-190和图2-191所示。

图2-190

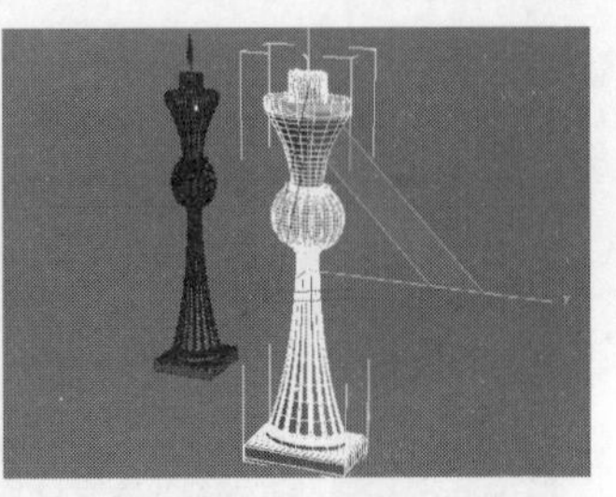

图2-191

04 将光标放在坐标平面内部的三角形区域内，待光标显示为三角形状态时，推拉鼠标即可进行三轴向等比例缩放操作，如图2-192和图2-193所示。

图2-192

图2-193

05 同样，在“主工具栏”上的“选择并均匀缩放”工具上单击鼠标右键，打开“缩放变换输入”对话框，然后在“偏移：世界”选项组下输入120，即可对3个轴向进行等比例缩放，如图2-194~图2-196所示。

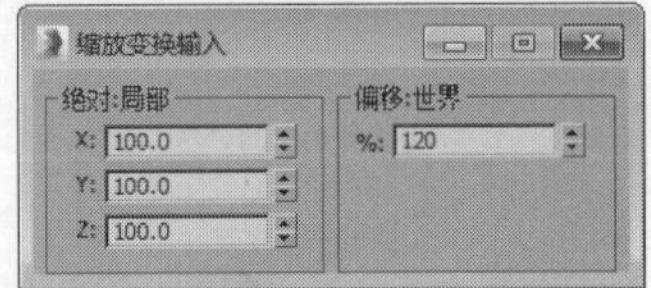

图2-194

图2-195

图2-196

06 选择“缩放并挤压”工具，然后选择左边的烛台模型，接着选中z轴，待光标显示为三角形状态时，推拉鼠标即可挤压缩放模型，如图2-197所示。

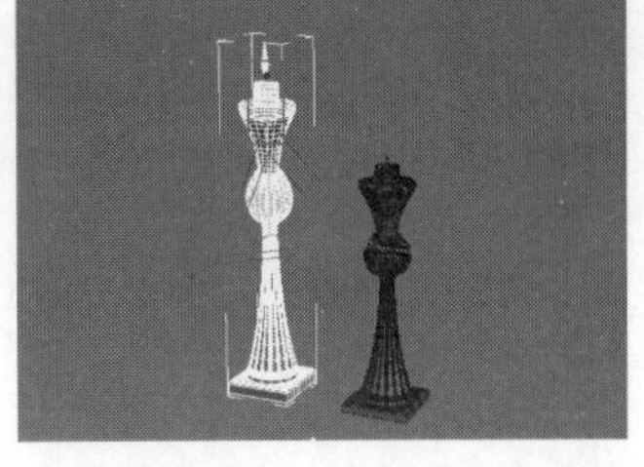

图2-197

技巧与提示

使用“缩放并挤压”工具时，无论怎么操作，模型的体积都不会改变。如当改变烛台的高度时，烛台的粗细则会发生改变，而当改变烛台的粗细时，烛台的高度会发生改变，如图2-198和图2-199所示。

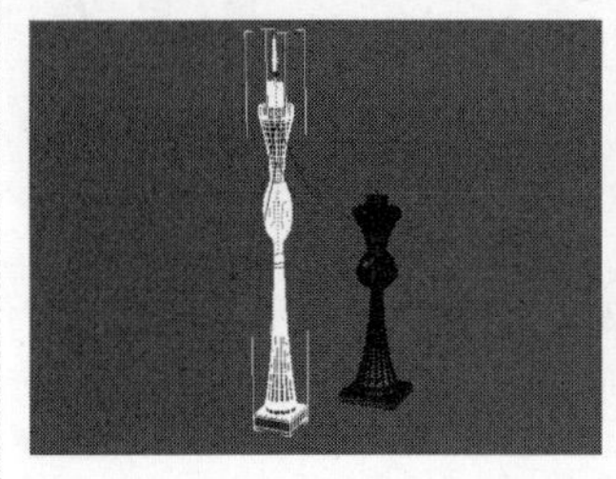

图2-198

图2-199

实战023 放置对象

场景位置	场景文件>CH02>16.max
实例位置	无
学习目标	掌握选择并放置工具的用法

◎ 工具：“选择并放置”工具

◎ 位置：主工具栏

01 打开本书学习资源中的“场景文件>CH02>16.max”文件，如图2-200所示。

02 选中长方体模型，然后选择“选择并放置”工具，此时光标在长方体上显示为“十字形”，拖曳鼠标左键，将长方体移动到曲面上，如图2-201所示。

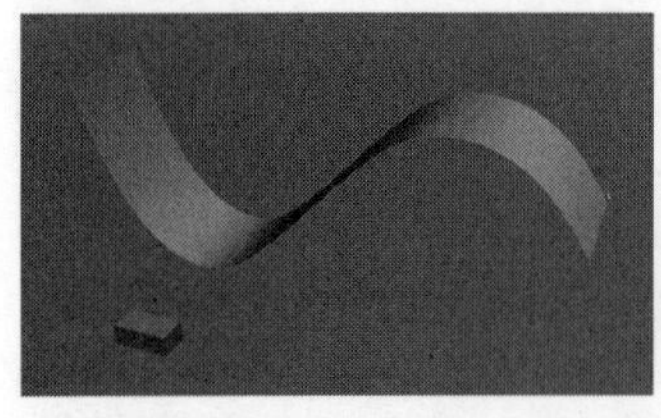

图2-200

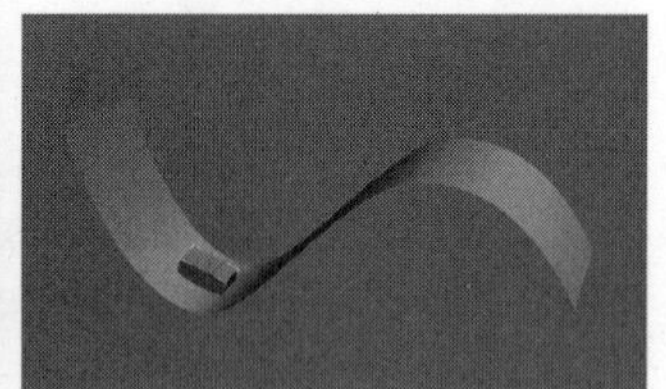

图2-201

03 继续左右移动长方体，可以观察到长方体会沿着曲面的切线方向移动，如图2-202所示。

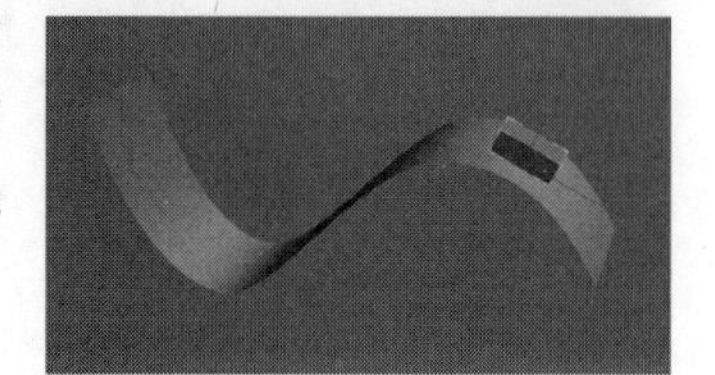

图2-202

技巧与提示

“选择并放置”工具用来将对象准确地定位到另一个对象的曲面上。此工具随时可以使用，不仅仅限于在创建对象时。“选择并放置”工具的弹出按钮还提供了“选择并旋转”工具，当“旋转”选项处于活动状态时，它的执行功能与“选择并放置”相同。在“选择并放置”按钮上单击鼠标右键，弹出“放置设置”对话框，如图2-203所示，其中包含“旋转”“使用基础对象作为轴”“枕头模式”“自动设置父对象”和“对象上方向轴”五个按钮。

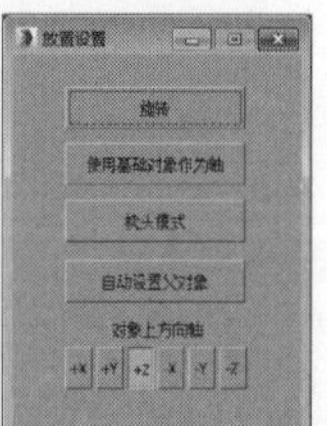

图2-203

实战024 复制对象

场景位置	场景文件>CH02>17.max
实例位置	无
学习目标	掌握复制对象的方法

◎ 工具：克隆

◎ 位置：菜单栏“编辑>克隆”

◎ 快捷键：Ctrl+V

复制对象的方法有多种，可使用菜单栏中的“克隆”选项以及移动复制、旋转复制、关联复制和参考复制。

01 打开本书学习资源中的“场景文件>CH02>17.max”文件，如图2-204所示。

图2-204

02 选择茶杯模型，然后选择菜单栏中的“编辑>克隆”选项（快捷键为Ctrl+V），如图2-205所示，打开“克隆选项”对话框，接着在“对象”选项组下勾选“复制”选项，最后单击“确定”按钮，如图2-206所示，即可在原位置复制出一个茶杯。

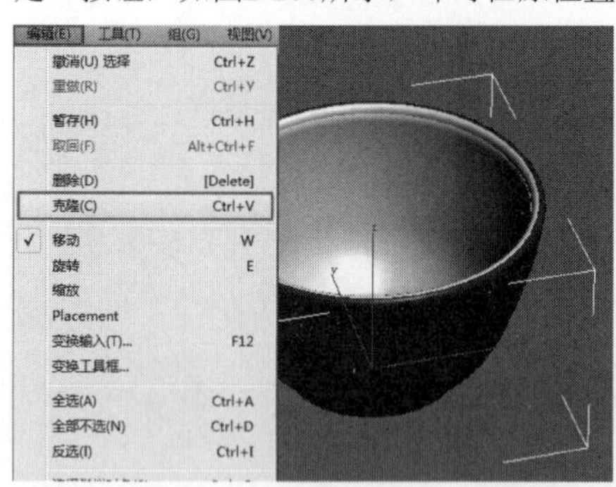

图2-205

图2-206

03 复制出来的茶杯和原来的茶杯是重合的，这时可以使用“选择并移动”工具，将复制出来的茶杯拖曳到其他位置，以观察复制效果，如图2-207所示。

图2-207

04 使用“选择并移动”工具选择一个茶杯模型，如图2-208所示，然后按住Shift键向旁边拖曳复制出一个茶杯模型，移动到目标位置后松开鼠标，最后在弹出的“克隆选项”对话框中勾选“对象”选项组中的“复制”选项并单击“确定”按钮，如图2-209所示。

技巧与提示

移动复制功能是指在移动对象的过程中进行模型的复制，这种复制方法也是工作中常用的一种。

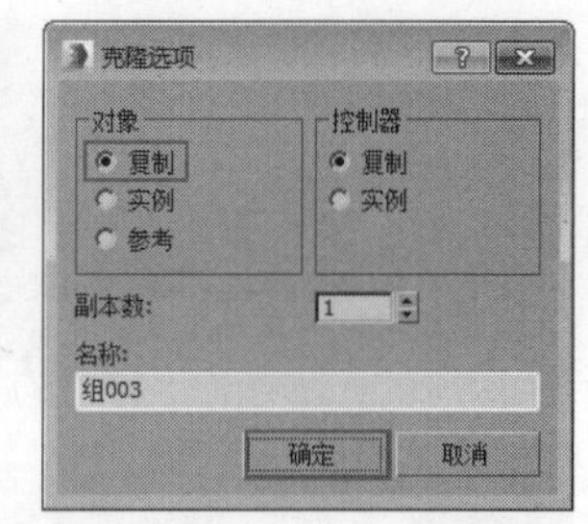

图2-208 图2-209

05 如果要进行等距离复制，可以在弹出的“克隆选项”对话框中修改“副本数”的数值即可，如图2-210所示。

图2-210

06 使用“选择并旋转”工具选择所有茶杯，然后按住Shift键并选择旋转中心轴，如图2-211所示，按住Shift键不放，沿着顺时针方向旋转选定模型，如图2-212所示。

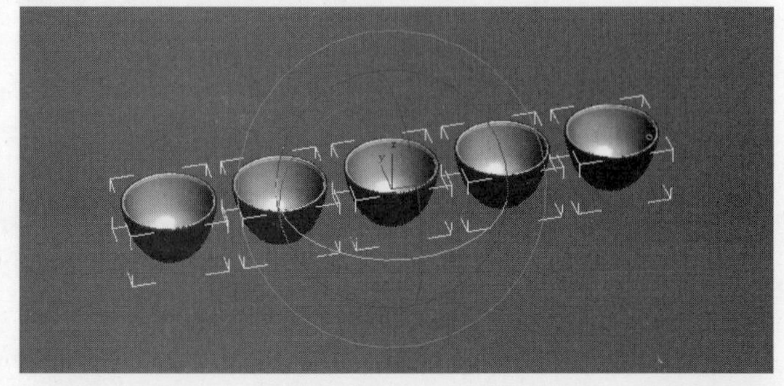

图2-211

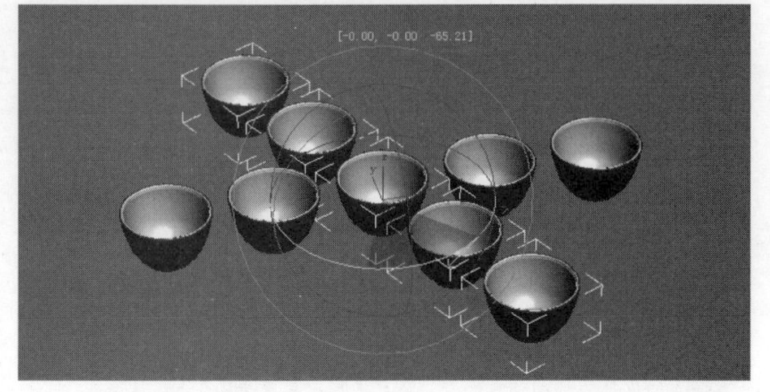

图2-212

07 确定好旋转度数后松开鼠标，然后在弹出的“克隆选项”对话框中设置相关参数，如图2-213所示。旋转复制完成后的效果如图2-214所示。

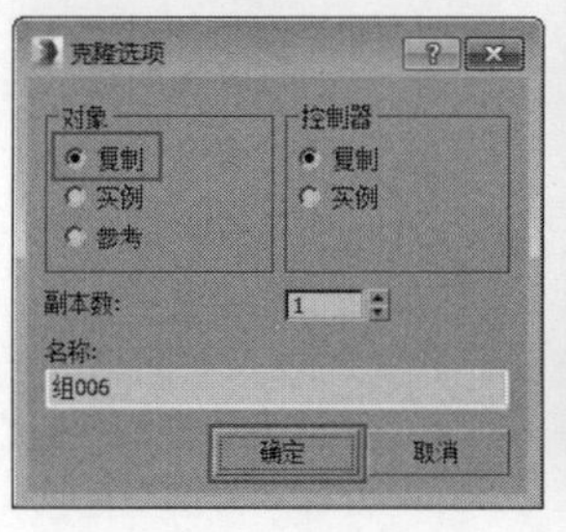

图2-213 图2-214

技巧与提示

旋转复制对象是指在旋转的过程中复制对象，这种复制方法在制作交叉物体时非常有用。

08 选择一个茶杯，使用“选择并移动”工具，然后按住Shift键复制一个，接着在弹出的“克隆选项”对话框中勾选“对象”选项组中的“实例”选项，最后单击“确定”按钮，如图2-215所示。

图2-215

09 选择复制出来的茶杯，然后打开修改面板，接着给茶杯加载一个FFD2×2×2修改器，这时发现原来的茶杯也自动加载了一个FFD2×2×2修改器，如图2-216所示。拖动修改的晶格，发现原来的茶杯也随之改变，如图2-217所示。

图2-216

图2-217

技巧与提示

使用复制方法复制出来的对象与原对象虽然完全相同，但是改变任何一个参数时，另一个对象都不会改变；而使用关联复制方法复制出来的对象，无论是原对象还是复制对象，只要改变其中一个的参数，另一个都会随之改变。这种方法适用于批量处理相同的模型。

10 如果要解除实例茶杯的关联，先选择目标模型，然后进入“修改”面板单击“使唯一”按钮，即可解除关联，此时再修改参数就不会影响其他模型了，如图2-218所示。

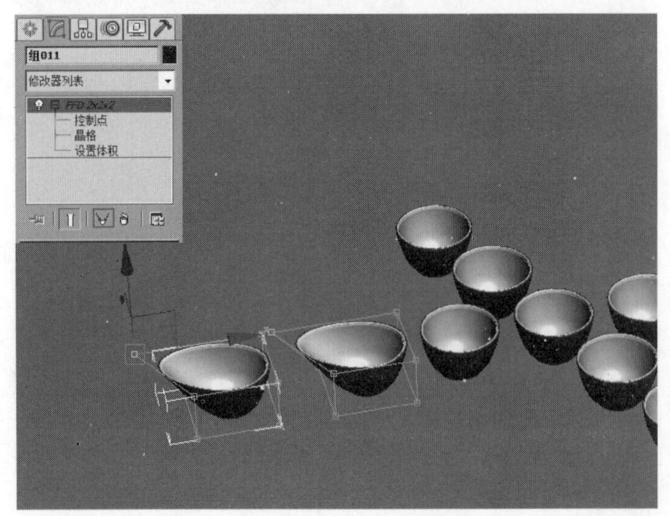

图2-218

实战025 捕捉开关

场景位置　无
实例位置　无
学习目标　掌握捕捉开关的用法

◎ 工具：“3D捕捉”工具、“2.5D捕捉”工具和“2D捕捉”工具
◎ 位置：主工具栏
◎ 快捷键：S

01 启动3ds Max后，进入工作界面创建一个长方体，然后沿x轴复制一个，效果如图2-219所示。

02 在“3D捕捉”工具上单击鼠标右键，然后在弹出的“栅格和捕捉设置”对话框中选择“捕捉”选项卡，接着勾选常用的捕捉点，具体参数设置如图2-220所示。

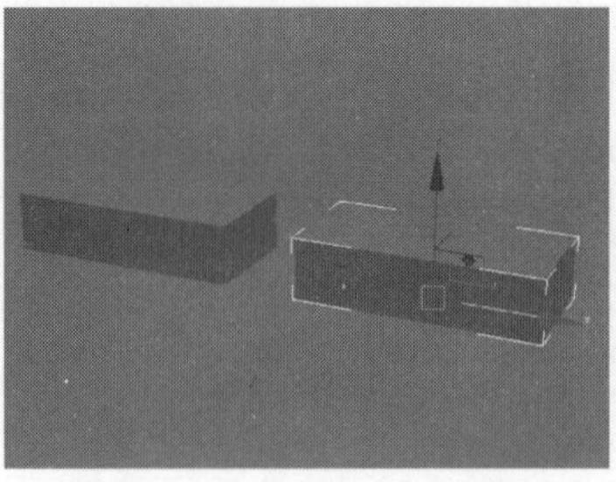

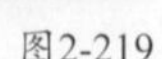

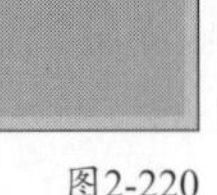

图2-219　图2-220

03 使用“选择并移动”工具，然后单击“3D捕捉”工具将其激活，接着捕捉右侧长方体左上角的顶点，拖曳鼠标左键将其移动到左侧长方体左下角的顶点，最后松开鼠标即可，如图2-221和图2-222所示。

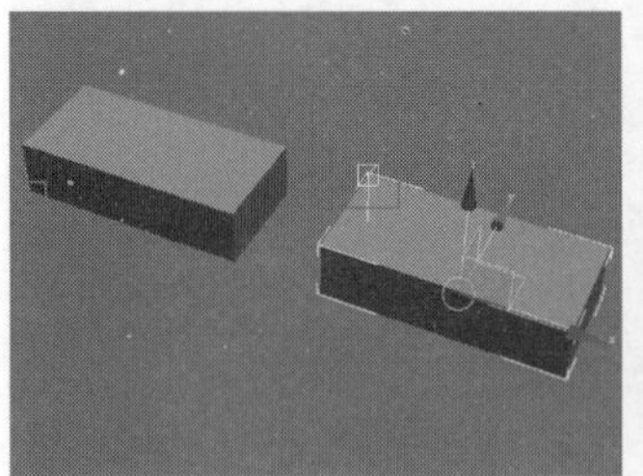

图2-221　图2-222

04 按快捷键Ctrl＋Z返回初始状态，然后将捕捉开关切换为“2D捕捉”工具，接着进行同样的移动操作，可以发现“2D捕捉”工具无法捕捉到空间上的点，如图2-223所示。将鼠标移动到起点共面的其他顶点，则会发现“2D捕捉”工具可以成功进行捕捉，如图2-224所示。

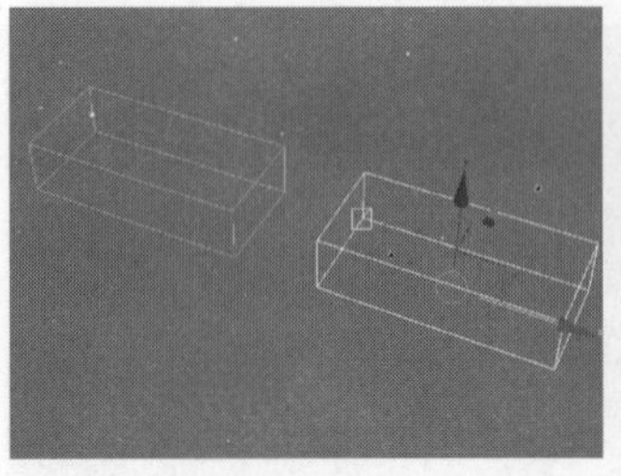

图2-223　图2-224

05 按快捷键Ctrl＋Z返回初始状态，然后将捕捉开关切换为“2.5D捕捉”工具，接着执行同样的操作，可以发现在透视图中，“2.5D捕捉”工具似乎与“3D捕捉”工具一样，可以捕捉到移动空间上的点，但不能始终与之重合，如图2-225所示。

图2-225

技巧与提示

当移动捕捉点位于不可见位置时，“2.5D捕捉”工具可以捕捉到空间上的点作为移动结束参考，但只能将对象在平面上移动。

实战026 镜像对象

场景位置	场景文件>CH02>18.max
实例位置	实例文件>CH02>镜像工具.max
学习目标	掌握镜像工具的用法

◎ 工具："镜像"工具

◎ 位置：主工具栏

01 打开本书学习资源中的"场景文件>CH02>18.max"文件，如图2-226所示。

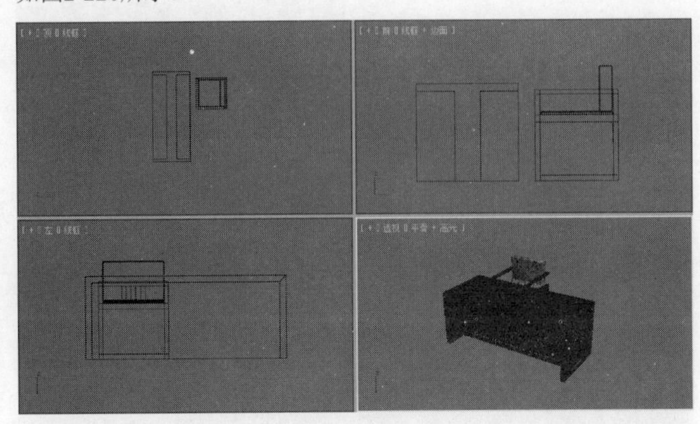

图2-226

02 我们需要复制3把椅子，并摆成一边两把的造型。首先选中椅子模型，然后在顶视图中向下复制一把椅子，如图2-227所示。

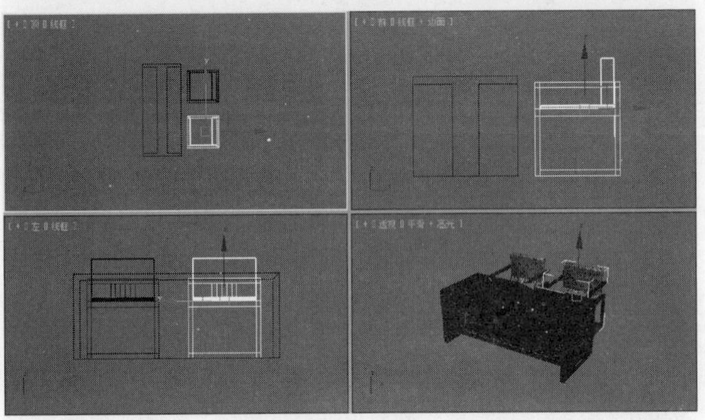

图2-227

03 框选两把椅子，然后在"主工具栏"中单击"镜像"按钮，接着在弹出的"镜像"对话框中设置"镜像轴"为x轴、"偏移"为-700、"克隆当前选择"为"复制"，最后单击"确定"按钮，如图2-228所示，最终效果如图2-229所示。

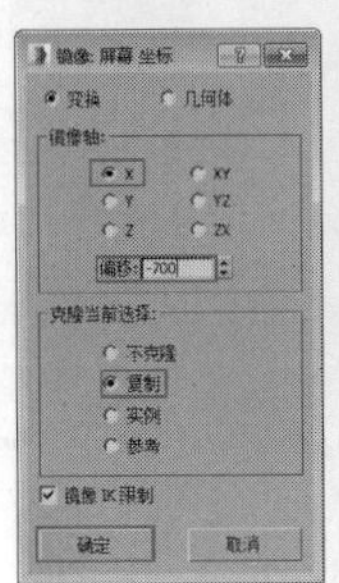

图2-228

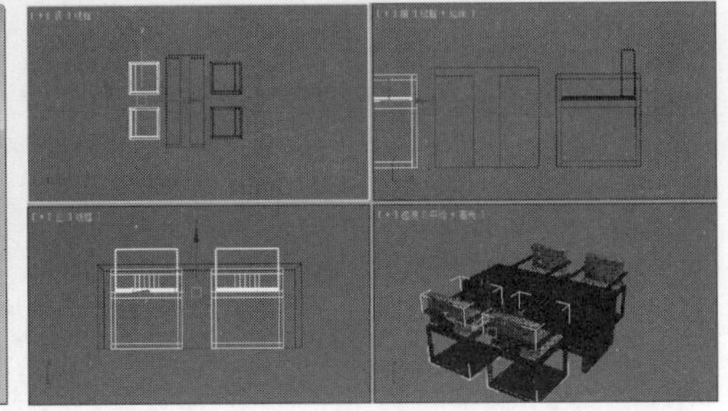

图2-229

实战027 场景模型分层

场景位置	场景文件>CH02>19.max
实例位置	无
学习目标	掌握切换层资源管理器的用法

◎ 工具：切换层资源管理器

◎ 位置：主工具栏

01 打开本书学习资源中的"场景文件>CH02>19.max"文件，如图2-230所示。

图2-230

02 场景中包含长方体、圆柱体和球体，为了方便模型的管理，我们需要使用"切换层资源管理器"将其按类型分层。在"主工具栏"中单击"切换层资源管理器"按钮，然后在弹出的"场景资源管理器"对话框中单击"新建层"按钮，接着将新建的层命名为"长方体"，再选中所有的长方体模型，最后单击"场景资源管理器"对话框中的"添加到活动层"按钮，长方体模型就全部添加到这个"长方体"层级中了，如图2-231和图2-232所示，面板中的效果如图2-233所示。

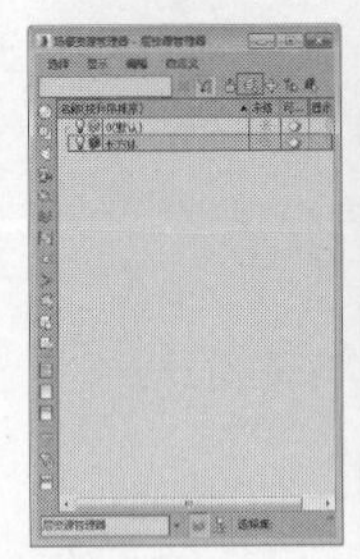

图2-231

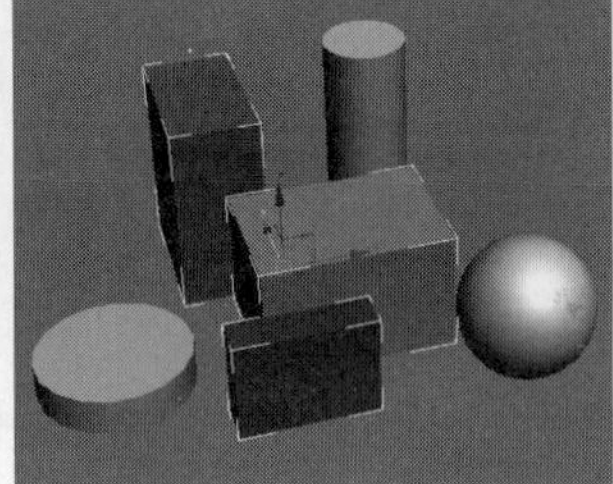

图2-232

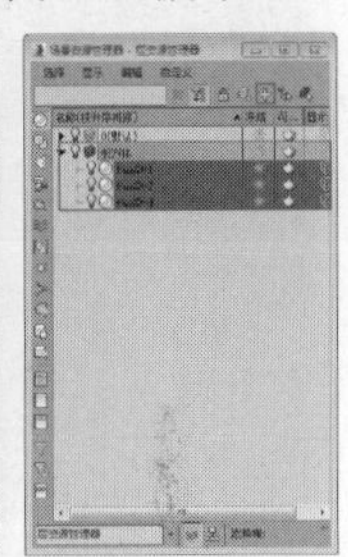

图2-233

03 继续单击"新建层"按钮，然后将新建的层命名为"圆柱体"，再选中所有的圆柱体模型，接着单击"场景资源管理器"对话框中的"添加到活动层"按钮，圆柱体模型就全部添加到这个"圆柱体"层级中了，如图2-234和图2-235所示，面板中的效果如图2-236所示。

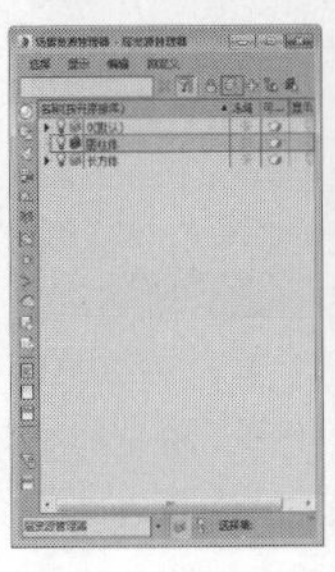

图2-234

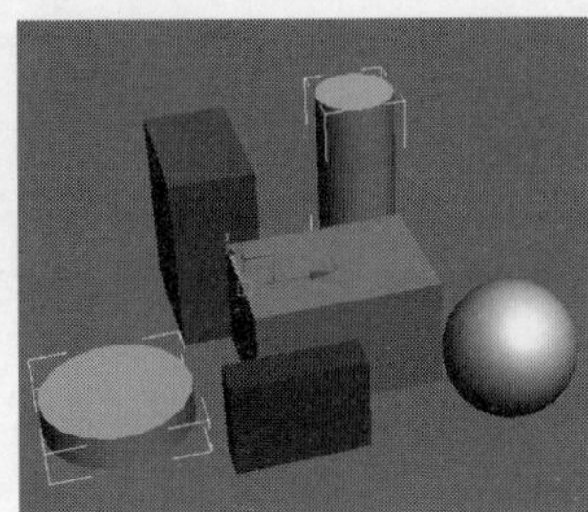

图2-235

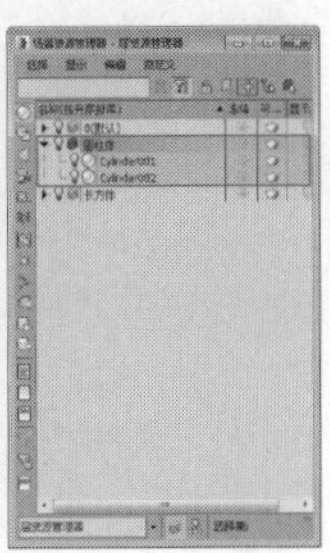

图2-236

04 默认层中只剩下一个球体模型，单击"新建层"按钮，然后将新建的层命名为"球体"，接着单击"场景资源管理器”对话框中的“添加到活动层”按钮，球体模型就全部添加到这个“球体”层级中了，如图2-237所示。场景模型的分层就做好了。

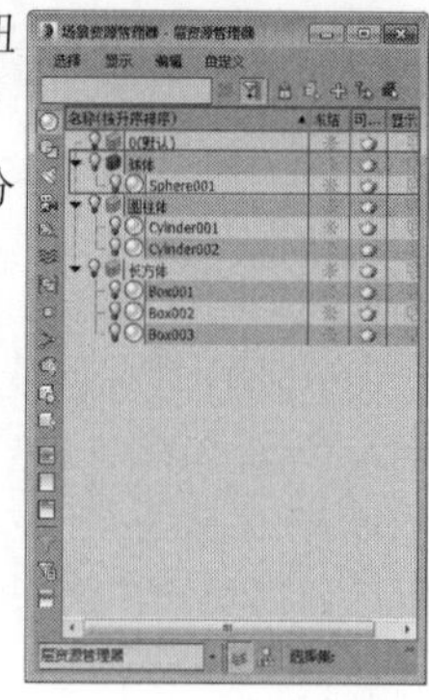

图2-237

技术专题 场景资源管理器

使用“场景资源管理器”可以创建和删除层，也可以用来查看和编辑场景中所有层的设置以及与其关联的对象。

图2-238是场景资源管理器的面板，左侧的按钮是选择显示的对象类型，右侧面板就会显示场景中该类型的所有对象。

面板上方的一行按钮用来对层进行编辑操作，如图2-239所示，可以对层进行删除（默认层不能删除）、锁定、新建、添加等。

层级前面的“灯泡”按钮，是用来控制该层级对象是否在场景中显示，如图2-240所示。这是快速隐藏和显示对象的方法，可以极大地提升作图效率。

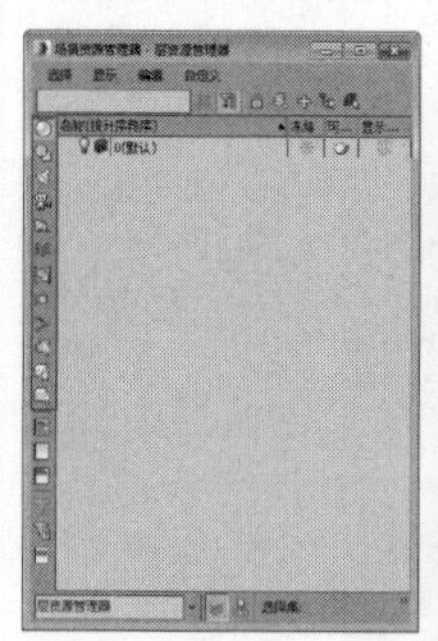

图2-238　图2-239　图2-240

层级后面的“雪花”按钮，是用来控制层级或层级中的子对象是否被冻结，默认是不冻结状态；“茶壶”按钮，是用来控制层级或层级中的子对象是否被渲染，默认是可渲染状态；“方框”按钮，是用来控制层级或层级中的子对象是否为线框形式显示，默认为非线框显示，如图2-241所示。

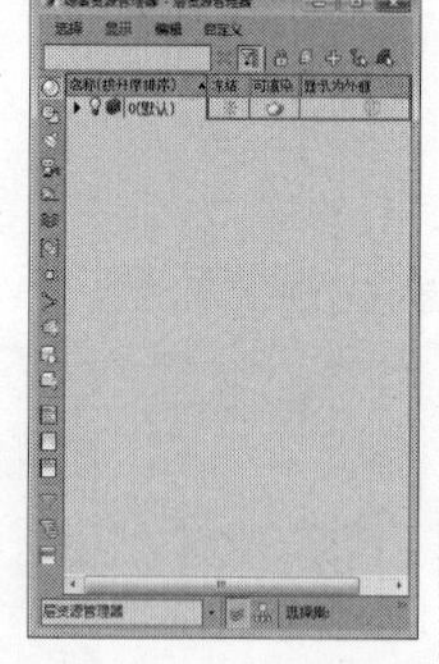

图2-241

“场景资源管理器”可以极大地提升作图效率，尤其是场景对象的种类较多时，将相同类型的对象分层（如室内效果图可分为墙体、家具、灯光、摄像机等，甚至可以将家具继续细分为客厅、卧室、厨房、浴室等），对于摄像机看不到的对象可以快速隐藏，对于场景渲染出现的问题可以快速排查出错误模型。

实战028 调整对象的轴点中心

场景位置　无
实例位置　无
学习目标　掌握各个对象变换中心的用法与区别

◎ 工具：“使用轴点中心”工具、“使用选择中心”工具和“使用变换中心”工具

◎ 位置：主工具栏

01 启动3ds Max，在视图中创建3个长方体，如图2-242所示。

图2-242

02 当选择场景中的任意一个长方体时，控制中心都会自动选择为“使用轴点中心”工具，如图2-243所示。

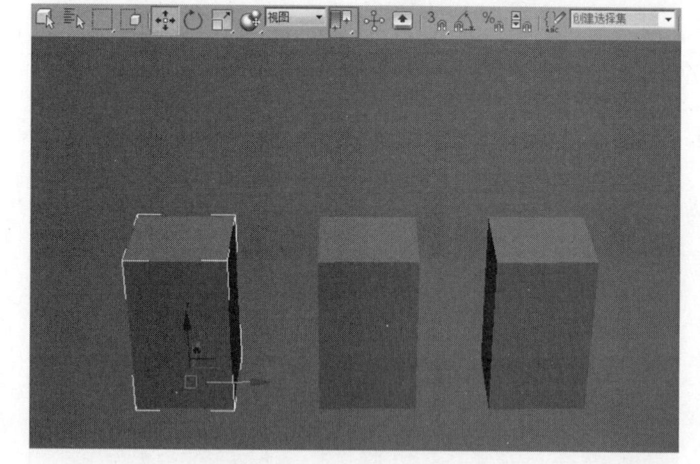

图2-243

03 当选择场景中较多的长方体时，此时的控制中心将自动选择为“使用选择中心”工具，如图2-244所示。如果对选择的对象进行旋转或是缩放，都将以选择的整体为参考，如图2-245和图2-246所示。

图2-244

图2-245

图2-246

04 如果对所有对象进行单独旋转或是缩放，需要手动将“使用选择中心”工具切换到“使用轴点中心”工具，然后再进行旋转或是缩放操作，如图2-247和图2-248所示。

图2-247

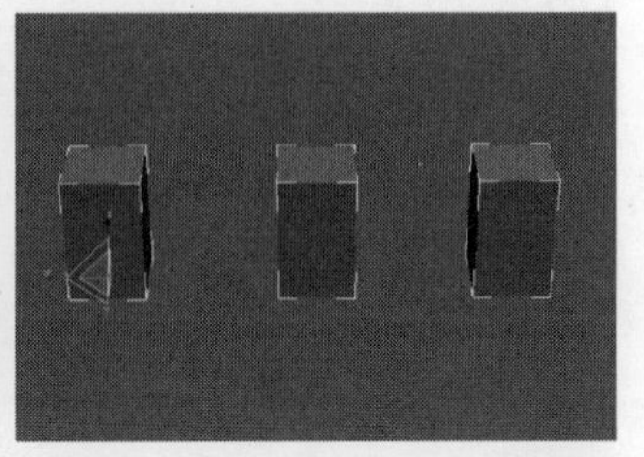
图2-248

05 如果需要对所有对象以原点为参考点进行移动、旋转和缩放，则可以手动切换为“使用变换中心”工具，然后再进行相关操作，如图2-249~图2-251所示。

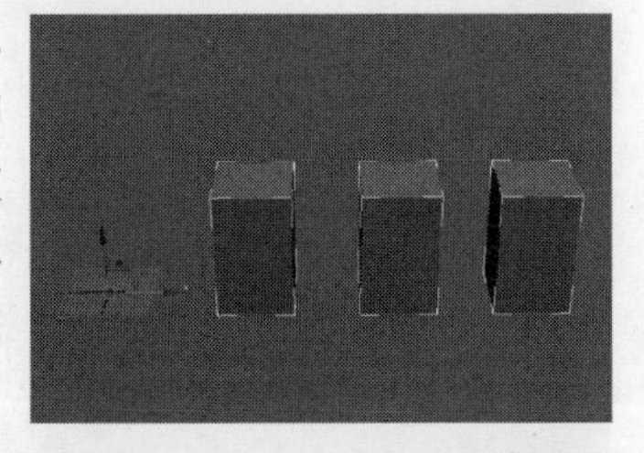
图2-249

图2-250

图2-251

实战029 成组与解组对象

场景位置　场景文件>CH02>20.max
实例位置　实例文件>CH02>成组与解组.max
学习目标　掌握对象的成组与解组用法

◎ 位置：菜单栏

01 打开本书学习资源中的“场景文件>CH02>20.max”文件，如图2-252所示，这是一个花瓶模型。

图2-252

02 若要对所有的花进行操作，选择起来比较麻烦，因此需要将所有的花成组。选择所有花的模型，然后打开菜单栏中的“组>组”选项，接着在弹出的对话框中将“组名”命名为“花”，最后单击“确定”按钮，如图2-253和图2-254所示。

图2-253

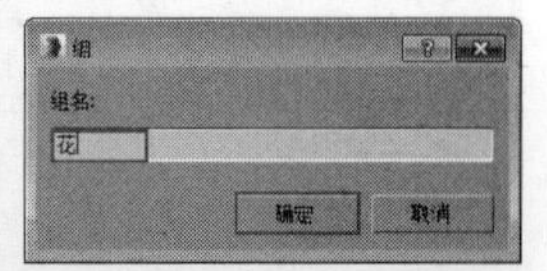

图2-254

03 将所有花的模型编成一组后，只要选取任何一个花束模型，处于该组中的所有花都会被选中，这样操作就很方便了，如图2-255所示。

图2-255

04 若需要单独选择调整组内的模型，可以选择菜单栏中的“组>解组”选项，如图2-256所示，解组完成后可以选取任意花模型，如图2-257所示。

图2-256

图2-257

05 如果想在不解组的情况下调整组内模型，可以选择菜单栏中的“组>打开”选项，如图2-258所示。调整完后选择菜单栏中的“组>关闭”选项，就能选择整个组的模型，如图2-259所示。

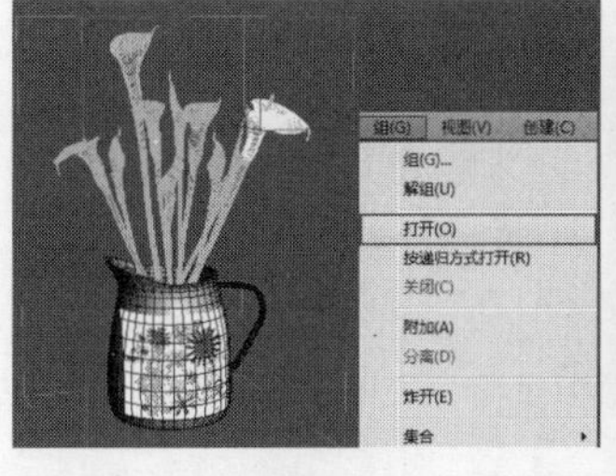

图2-258

图2-259

实战030 选择过滤器

场景位置　场景文件>CH02>21.max
实例位置　实例文件>CH02>选择过滤器.max
学习目标　掌握选择过滤器的用法

◎ 工具：“选择过滤器”工具
◎ 位置：主工具栏

01 打开本书学习资源中的“场景文件>CH02>21.max”文件，如图2-260所示，这是一个艺术馆场景。

图2-260

02 场景中的元素很多，此时要选择所有的灯光，首先切换到顶视图，然后单击“选择过滤器”全部选择“L-灯光”选项，如图2-261所示，接着使用“选择对象”工具框选场景中的所有灯光，如图2-262和图2-263所示，可以观察到场景中只选中灯光，其余框选的元素都未被选中。

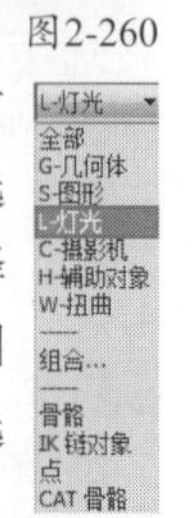

图2-261

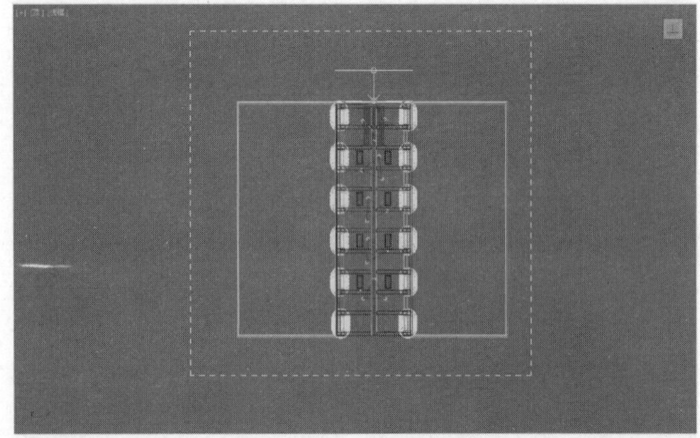

图2-262

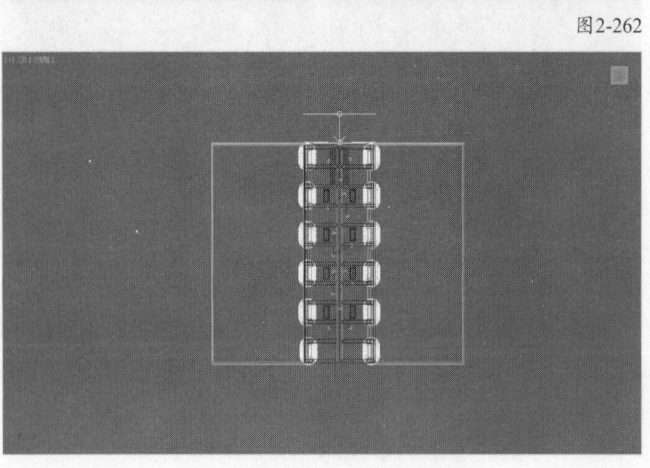

图2-263

03 按快捷键Shift＋L可以隐藏/显示场景中的所有灯光，这样在对其余元素操作时，可以避免对灯光的误选，如图2-264所示。

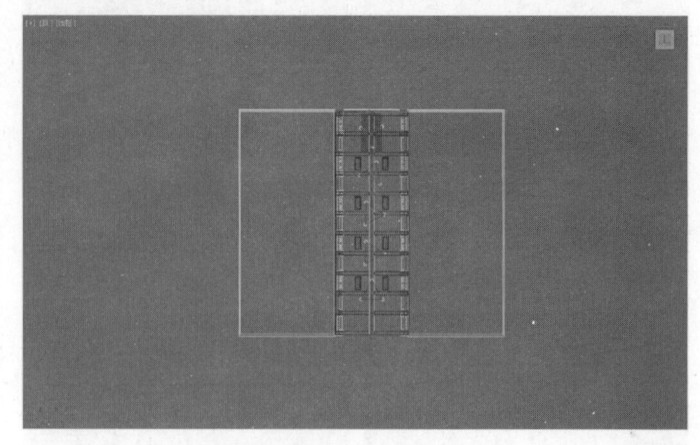

图2-264

04 要选择场景中的摄影机，首先单击“选择过滤器”全部，然后选择“C-摄影机”选项，如图2-265所示，接着使用“选择对象”工具框选场景中的摄影机，如图2-266和图2-267所示，可以观察到场景中只选中摄像机，其余框选的元素都未被选中。

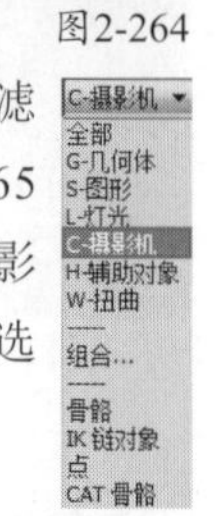

图2-265

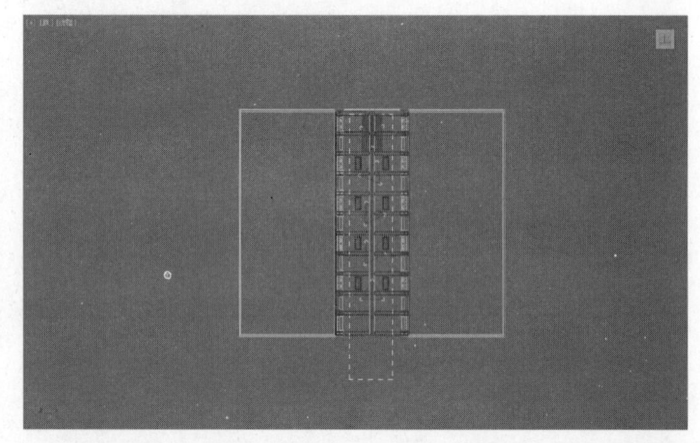

图2-266

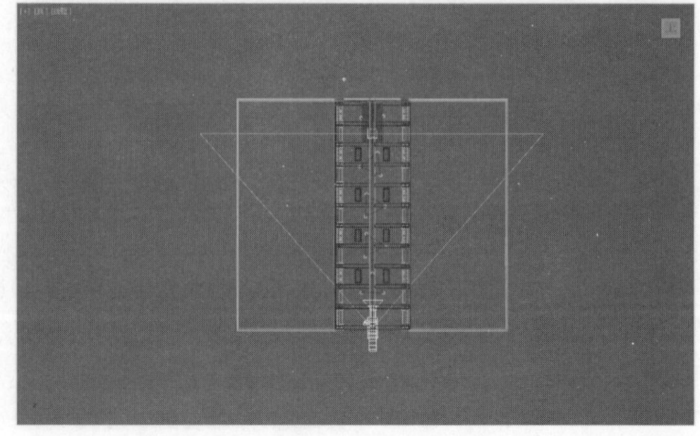

图2-267

05 按快捷键Shift+C可以隐藏/显示场景中的摄影机，这样在对其余元素操作时，可以避免对摄影机的误选，如图2-268所示。

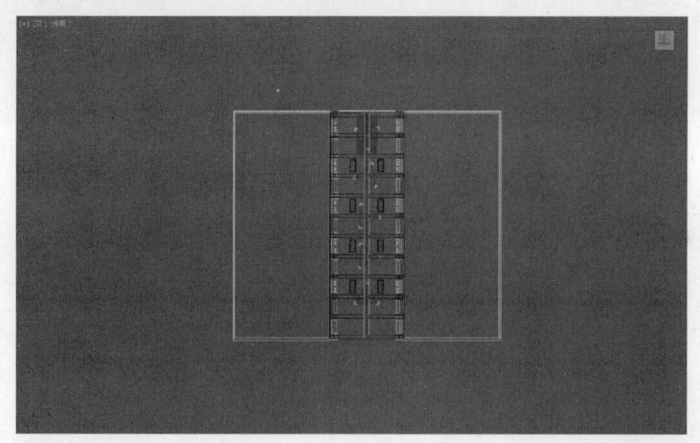

图2-268

实战031 对齐对象

场景位置	场景文件>CH02>22.max
实例位置	实例文件>CH02>对齐对象.max
学习目标	掌握对齐工具的用法

◎ 工具："对齐"工具

◎ 位置：菜单栏

◎ 快捷键：Alt+A

01 打开本书学习资源中的"场景文件>CH02>22.max"文件，可以看到场景中有两个大小不一的圆柱体，如图2-269所示。

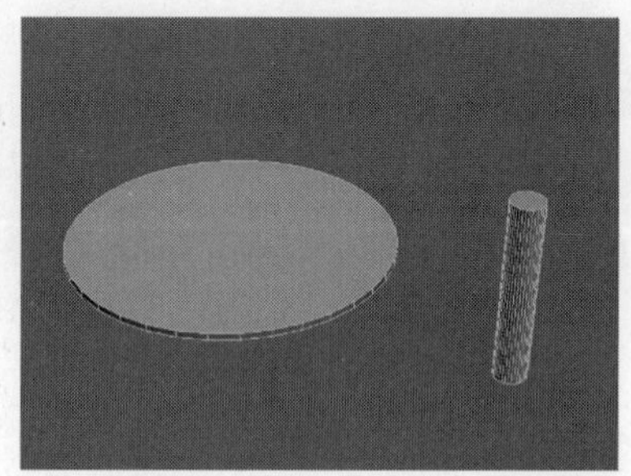

图2-269

02 选中右侧的圆柱体，然后单击"对齐"工具，接着选择左侧的圆柱体并切换到"前视图"，再在弹出的"对齐当前选择"对话框中设置"对齐位置（屏幕）"为"x位置"和"y位置"、"当前对象"为"轴点"、"目标对象"为"轴点"，接着单击"确定"按钮，如图2-270所示。右侧圆柱体就移动到左侧圆柱体下方圆心的位置了，如图2-271所示。

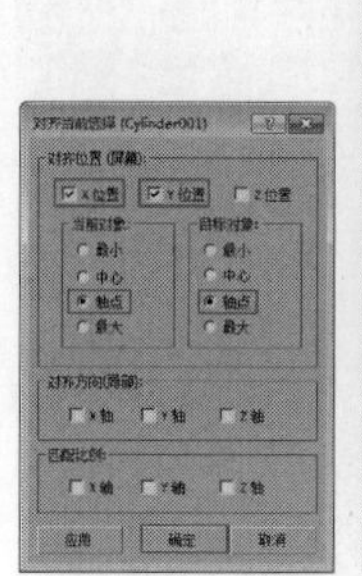

图2-270

图2-271

03 选中下方的圆柱体，然后单击"对齐"工具，接着选择上方的圆柱体切换到"前视图"，再在弹出的"对齐当前选择"对话框中设置"对齐位置（屏幕）"为"x位置"、"当前对象"为"最小"、"目标对象"为"最小"，接着单击"确定"按钮，如图2-272所示，下方的圆柱体就移动到与上方圆柱体内侧相切的位置了，如图2-273所示。

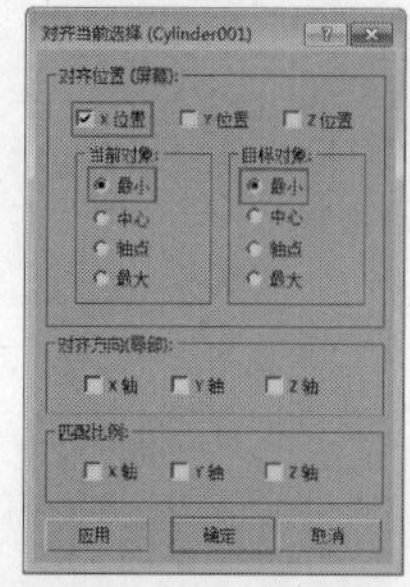

图2-272

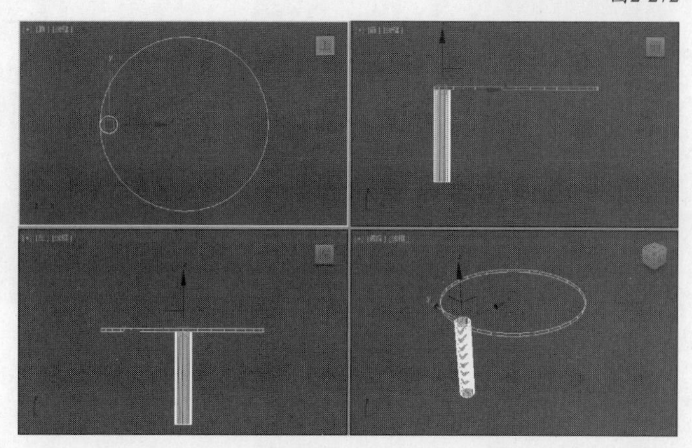

图2-273

技术专题 对齐工具介绍

"对齐"工具包括6种，分别是"对齐"工具、"快速对齐"工具、"法线对齐"工具、"放置高光"工具、"对齐摄影机"工具和"对齐到视图"工具，如图2-274所示。

"对齐"工具：使用该工具可以将当前选择对象与目标对象进行对齐。快捷键为Alt+A。

图2-274

"快速对齐"工具：使用该工具可以立即将当前选择对象与目标对象对齐。如果选择当前对象为单个对象，"快速对齐"需要使用到两个对象的轴；如果当前选择对象是多个对象或是子对象，则使用"快速对齐"可以将选中对象的选择中心对齐目标对象的轴。快捷键为Shift+A。

"法线对齐"工具：该工具基于每个对象的面或是以选择的法线方向来对齐两个对象。要打开"法线对齐"对话框，先要选择对齐对象，然后单击对象上的面，接着单击第2个对象上的面，松开鼠标后就可以打开。快捷键为Alt+N。

"放置高光"工具：使用该工具可以将灯光对齐到另一个对象上，以便精确定位其高光与反射。快捷键为Ctrl+H。

"对齐摄影机"工具：使用该工具可以将摄影机与选定面的法线进行对齐。

"对齐到视图"工具：使用该工具可以将对象或子对象的局部轴与当前视图进行对齐。该工具适用于任何可变换的选择对象。

灵活使用各种对齐工具，可以准确地移动对象的位置，尤其是在拼合模型时非常快速与准确。

Learning Objectives
学习要点

51页
标准基本体建模

65页
扩展基本体建模

71页
复合对象建模

73页
布尔运算建模

76页
放样工具建模

79页
样条线建模

Employment Direction
从业方向

家具造型师

建筑设计表现师

工业设计师

室内设计表现师

第3章 基础建模技术

建模是一幅作品的基础，没有模型，材质和灯光就无从谈起，图3-1和图3-2所示是两幅非常优秀的效果图模型作品。

本章将介绍3ds Max 2016的基础建模技术，包括创建标准基本体、扩展基本体、复合对象和二维图形。通过对本章的学习，读者可以快速地创建出一些简单的模型。

图3-1

图3-2

标准基本体是3ds Max中自带的一些模型，用户可以直接创建出这些模型。

在“创建”面板中单击“几何体”按钮，然后在下拉列表中选择几何体类型为“标准基本体”。标准基本体包含10种对象类型，分别是长方体、圆锥体、球体、几何球体、圆柱体、管状体、圆环、四棱锥、茶壶和平面，如图3-3所示。

“扩展基本体”是基于“标准基本体”的一种扩展物体，共有13种，分别是异面体、环形结、切角长方体、切角圆柱体、油罐、胶囊、纺锤、L-Ext、球棱柱、C-Ext、环形波、软管和棱柱，如图3-4所示。本章只对在实际工作中比较常用的一些扩展基本体进行介绍。

使用3ds Max内置的模型就可以创建出很多优秀的模型，但在很多时候还会使用复合对象，因为使用复合对象创建模型可以大大节省建模时间。复合对象包括12种建模工具，如图3-5所示。

样条线是由顶点和线段组成的，只需要调整顶点及样条线的参数就可以生成复杂的二维图形，利用这些二维图形又可以生成三维模型。

在“创建”面板中单击“图形”按钮，然后设置图形类型为“样条线”，这里有12种样条线，分别是线、矩形、圆、椭圆、弧、圆环、多边形、星形、文本、螺旋线、卵形和截面，如图3-6所示。

图3-3

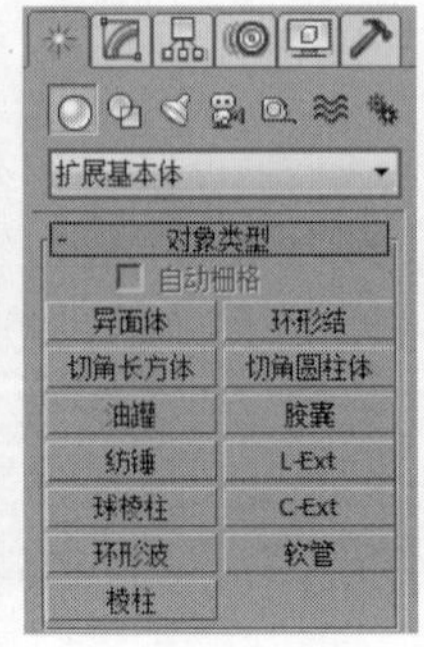

图3-4

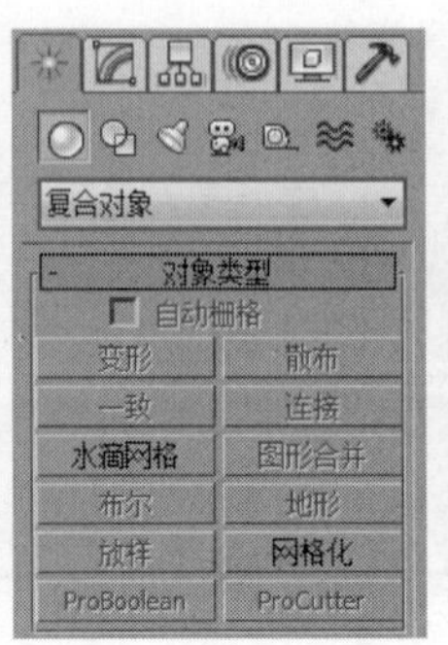

图3-5

图3-6

实战032 用长方体制作置物架

场景位置 无
实例位置 实例文件>CH03>用长方体制作置物架.max
学习目标 学习用长方体创建模型

在实际生活中，置物架是由木板拼接而成的。在3ds Max中制作模型时，置物架是用不同尺寸的长方体模型搭建完成的，相同尺寸的长方体可以通过复制得到，置物架的效果如图3-7所示。

图3-7

01 使用“长方体”工具 长方体 在场景中创建一个长方体，然后在“参数”卷展栏下设置“长度”为400mm、“宽度”为10mm 、“高度”为1800mm，如图3-8所示。

图3-8

02 使用“长方体”工具 长方体 在场景中再创建一个长方体，设置“长度”为400mm、“宽度”为600mm 、“高度”为10mm，位置及参数如图3-9所示。

图3-9

03 按快捷键Ctrl＋V，复制步骤01中创建的长方体，然后平移到图3-10所示的位置。

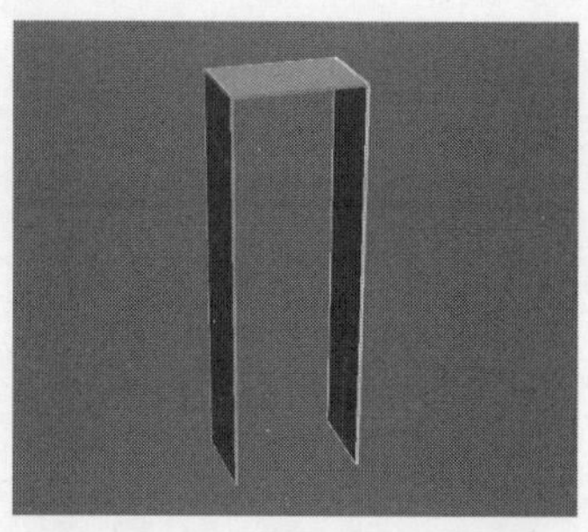

图3-10

技巧与提示

移动拼合长方体时，可开启“捕捉开关”工具，在顶视图中移动，以确保模型完全拼合，如图3-11所示。

图3-11

04 按快捷键Ctrl＋V，复制顶部的长方体，然后平移到图3-12所示的位置。

图3-12

05 选中左侧的长方体，然后按快捷键Ctrl＋V复制，接着平移到图3-13所示的位置，再展开“参数”卷展栏，设置“高度”为400mm。

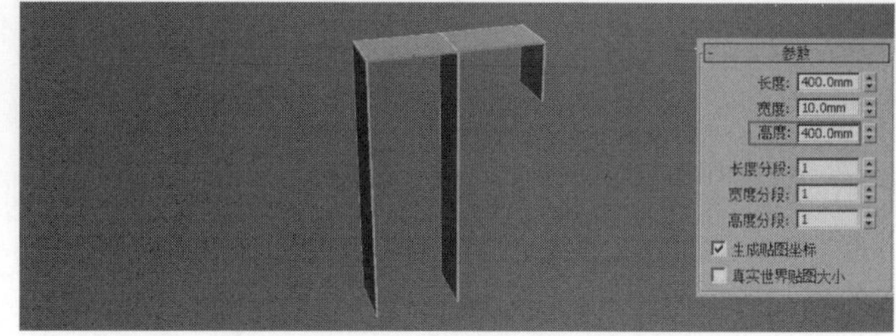

图3-13

06 选中两块横向的长方体，然后按快捷键Ctrl＋V复制，接着向下平移到图3-14所示的位置。

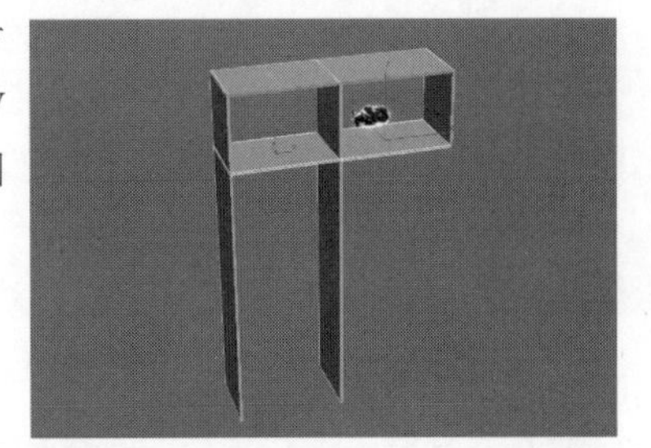

图3-14

07 选中左侧两块横向的长方体，然后按快捷键Ctrl＋V复制，接着向下平移到图3-15所示的位置。

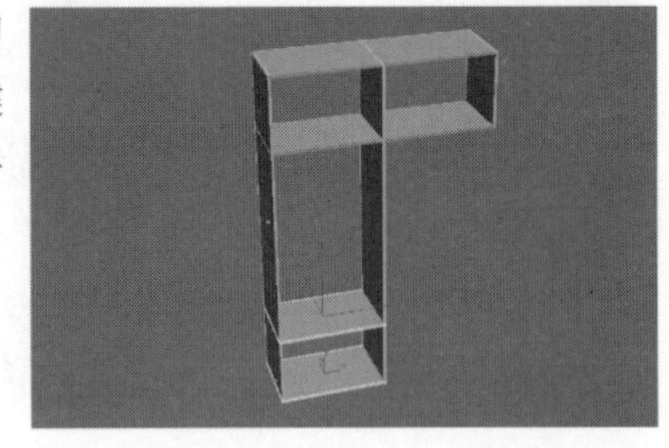

图3-15

08 选中图3-16所示的两块长方体，然后按快捷键Ctrl＋V复制，接着向下平移到图3-17所示的位置，再选中竖向的长方体，最后展开“参数”卷展栏，设置“高度”为800mm。

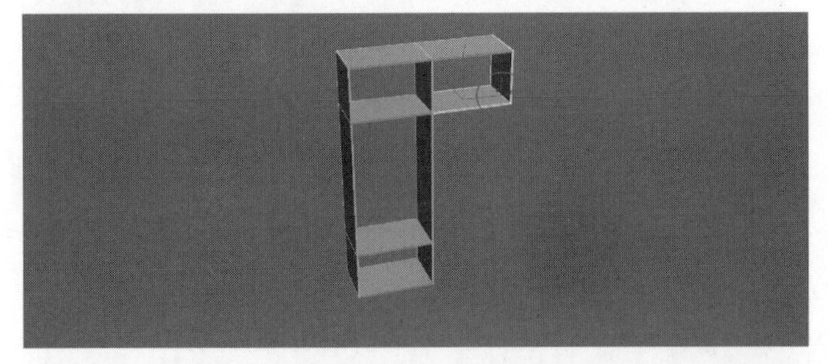

图3-16

图3-17

09 选中右侧底部的横向长方体，然后按快捷键Ctrl＋V复制，接着向上平移到图3-18所示的位置。

图3-18

10 选中左侧竖向的长方体，然后按快捷键Ctrl+V复制，接着使用“选择并旋转”工具在z轴旋转90°，再平移到图3-19所示的位置，最后将其复制一个，平移到图3-20所示的位置，即置物架的最终效果。

图3-19

图3-20

实战033 用长方体制作书架

场景位置　无
实例位置　实例文件>CH03>用长方体制作书架.max
学习目标　学习用长方体创建模型

书架模型通过不同尺寸的长方体模型拼合而成，案例效果如图3-21所示。

图3-21

模型创建

01 使用“长方体”工具 长方体 在场景中创建一个长方体，然后在“参数”卷展栏下设置“长度”为2000mm、“宽度”为1000mm 、“高度”为30mm，如图3-22所示。

图3-22

02 使用“长方体”工具 长方体 在场景中创建一个长方体，然后在“参数”卷展栏下设置“长度”为300mm、“宽度”为1000mm 、“高度”为20mm，如图3-23所示。

图3-23

03 选中上一步创建的长方体，然后按快捷键Ctrl＋V选择“复制”，接着在“选择并移动”按钮上单击鼠标右键，再在弹出的“移动变换输入”对话框“偏移：世界”的z选项中输入-400，如图3-24和图3-25所示。

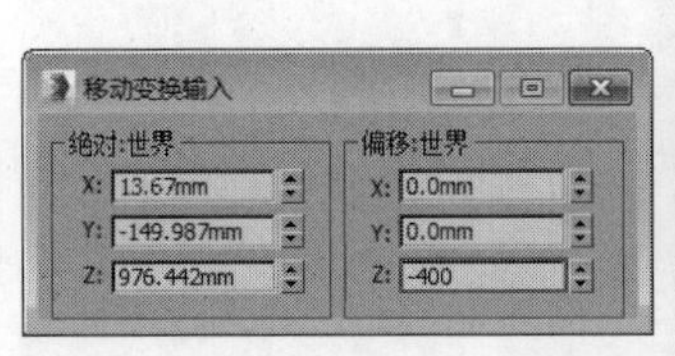

图3-24　　图3-25

04 按照上一步的步骤依次向下再复制4个长方体，如图3-26所示。

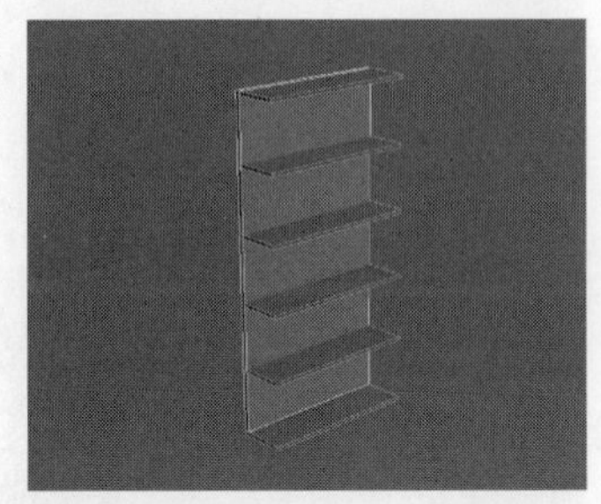

图3-26

05 使用“长方体”工具 长方体 在场景中创建一个长方体，然后在“参数”卷展栏下设置“长度”为30mm、“宽度”为30mm、“高度”为2020mm，其位置及参数如图3-27所示。

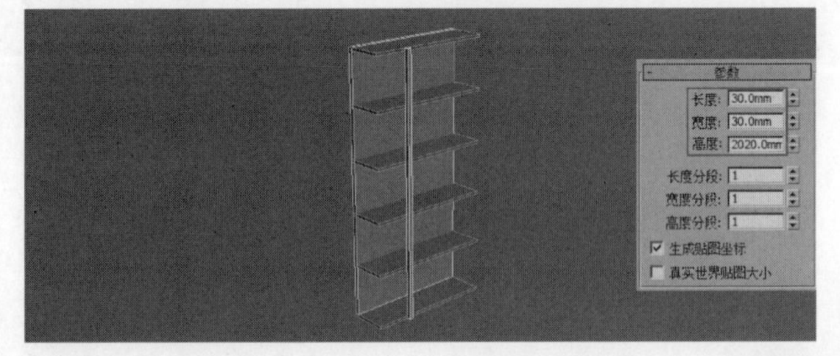

图3-27

06 选中场景中所有的长方体，然后单击“镜像”按钮，接着在弹出的“镜像”对话框中设置“镜像轴”为x轴、“偏移”为1000mm、“克隆当前选择”为“复制”，最后单击“确定”按钮 确定 ，如图3-28所示。书架的最终效果如图3-29所示。

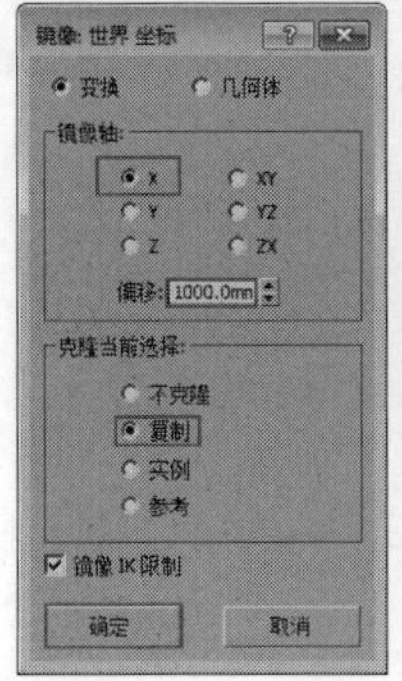

图3-28

图3-29

知识回顾

◎ 工具：长方体

◎ 位置：几何体>标准基本体

◎ 用途：使用“长方体”工具 长方体 能创建很多生活中的模型，如方桌、墙体等。另外，在多边形建模中，长方体也是常用的基础几何体之一。

01 在“修改”面板中单击“几何体”按钮，然后选择“标准基本体”，接着单击“长方体”工具 长方体 ，最后在视图中使用鼠标左键拖曳光标，创建出一个长方体，如图3-30所示。

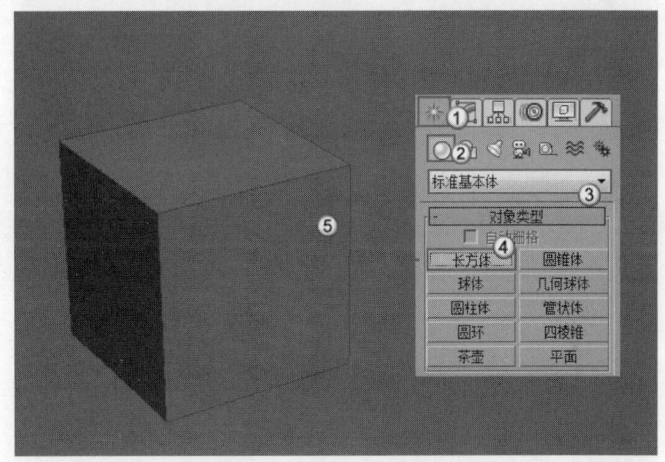

图3-30

02 切换到前视图，选中上一步创建的长方体，然后按住Shift键，并使用鼠标左键向右拖曳复制一个立方体模型，接着在弹出的“克隆选项”对话框中设置“对象”为“复制”，再设置“副本数”为2，最后单击“确定”按钮 确定 ，如图3-31所示，效果如图3-32所示。

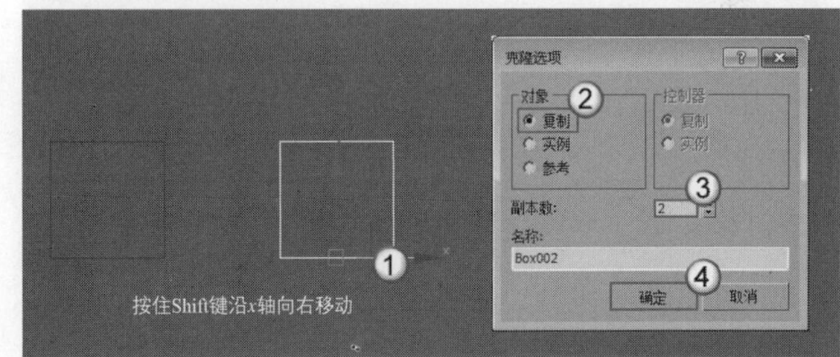

图3-31

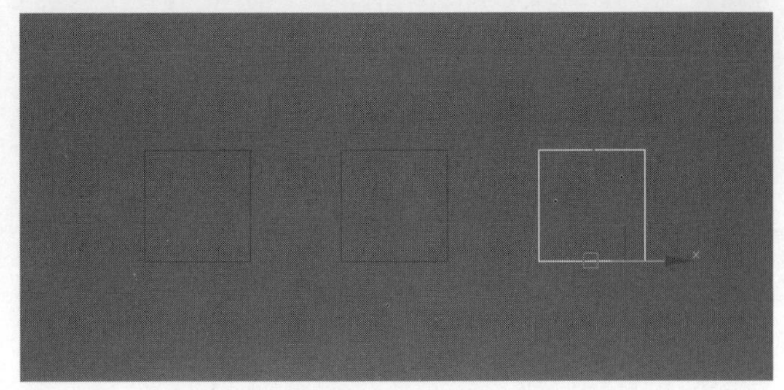

图3-32

技巧与提示

在不同视图中创建长方体，“长度”“宽度”和“高度”所对应的边不同，本案例是在透视图中创建。

03 选中左侧的长方体，展开“参数”卷展栏，然后将“长度”设置为800mm，可以观察到长方体沿z轴的长度增大，如图3-33所示。

图3-33

04 选中中间的长方体，展开“参数”卷展栏，然后设置“宽度”为800mm，可以观察到长方体沿x轴的长度增大，如图3-34所示。

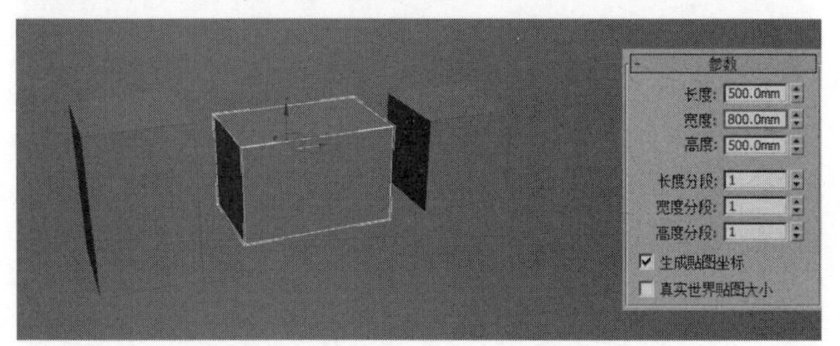

图3-34

05 选中右侧的长方体，展开“参数”卷展栏，然后设置“高度”为1000mm，可以观察到长方体沿y轴的长度增大，如图3-35所示。

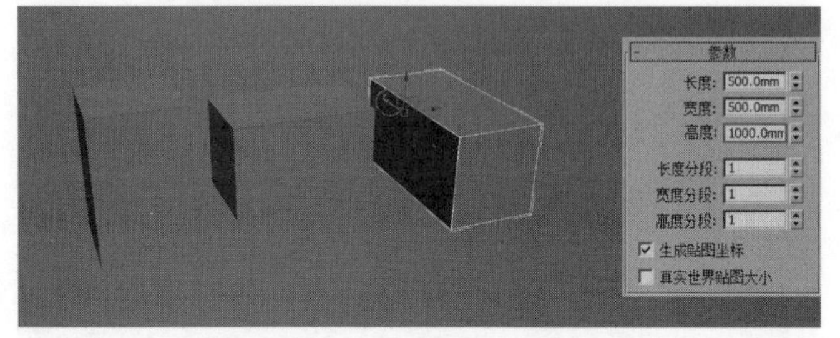

图3-35

06 选中左侧的长方体，展开“参数”卷展栏，然后设置“长度分段”为4，可以观察到长方体沿旋转的z轴方向被等分为4份，如图3-36所示。

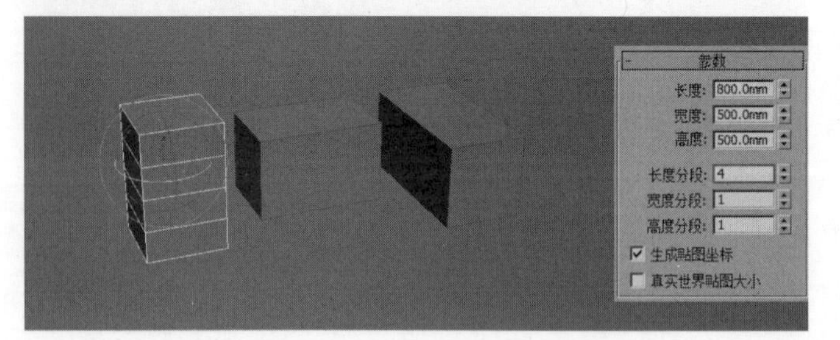

图3-36

07 选中中间的长方体，展开“参数”卷展栏，然后设置“宽度分段”为2，可以观察到长方体沿旋转的x轴方向被等分为2份，如图3-37所示。

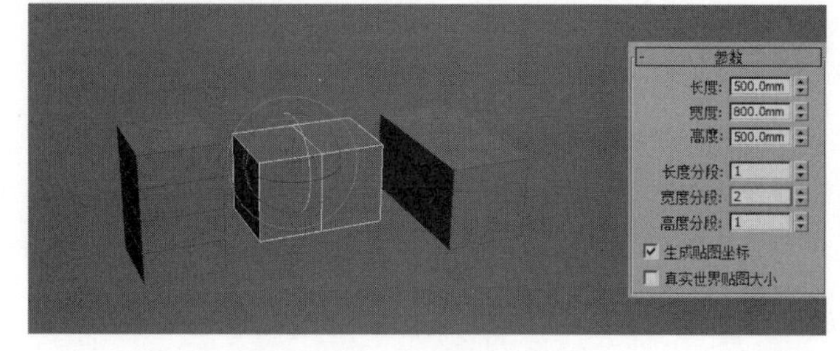

图3-37

08 选中右侧的长方体，展开“参数”卷展栏，然后设置“高度分段”为5，可以观察到长方体沿旋转的y轴方向被等分为5份，如图3-38所示。

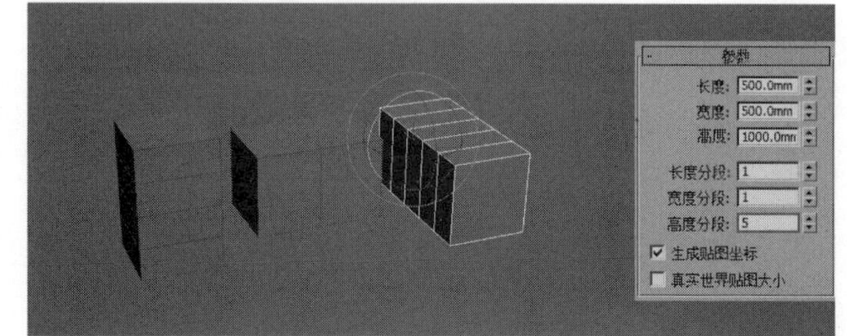

图3-38

实战034 用圆柱体制作圆桌

场景位置	无
实例位置	实例文件>CH03>用圆柱体制作圆桌.max
学习目标	学习用圆柱体创建模型

圆桌模型是由圆柱体与长方体拼合而成，案例效果如图3-39所示。

图3-39

模型创建

01 使用“圆柱体”工具 圆柱体 在场景中创建一个圆柱体，然后在“参数”卷展栏下设置“半径”为100mm、“高度”为8mm 、“高度分段”为1、“端面分段”为1、“边数”为64，如图3-40所示。

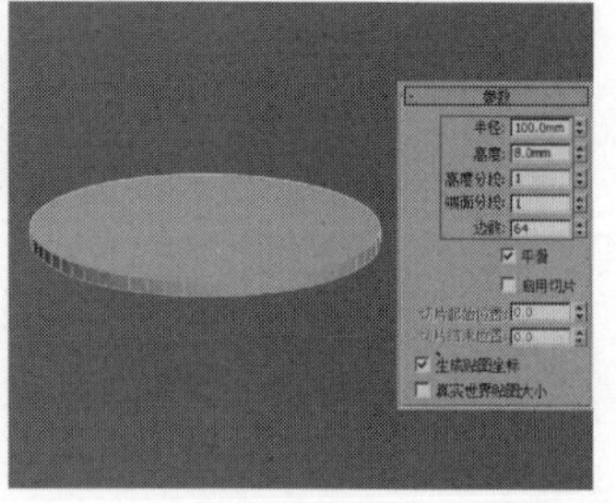

图3-40

02 使用“长方体”工具 长方体 在场景中创建一个长方体，然后在“参数”卷展栏下设置“长度”为8mm、“宽度”为8mm、“高度”为-150mm，如图3-41所示。

图3-41

03 将上一步创建的长方体按快捷键Ctrl+V复制，然后使用“选择并移动”工具平移到桌面的另一端，如图3-42所示。

04 按住Shift键，并用“选择并旋转”工具将长方体复制一个，然后沿*y*轴旋转90°，其位置如图3-43所示。

图3-42

图3-43

05 框选所有长方体模型，然后按住Shift键，并用“选择并旋转”工具沿*z*轴旋转180°并复制，案例最终效果如图3-44所示。

图3-44

知识回顾

◎ 工具：圆柱体

◎ 位置：几何体>标准基本体

◎ 用途：使用“圆柱体”工具 圆柱体 可以创建很多生活中的模型，比如玻璃杯和桌腿等。制作由圆柱体构成的物体时，可以先将圆柱体转换成可编辑多边形，然后对细节进行调整。

01 在“修改”面板中单击“几何体”按钮，然后选择“标准基本体”，接着单击“圆柱体”工具 圆柱体，最后在视图中使用鼠标左键拖曳光标，创建出一个圆柱体，如图3-45所示。

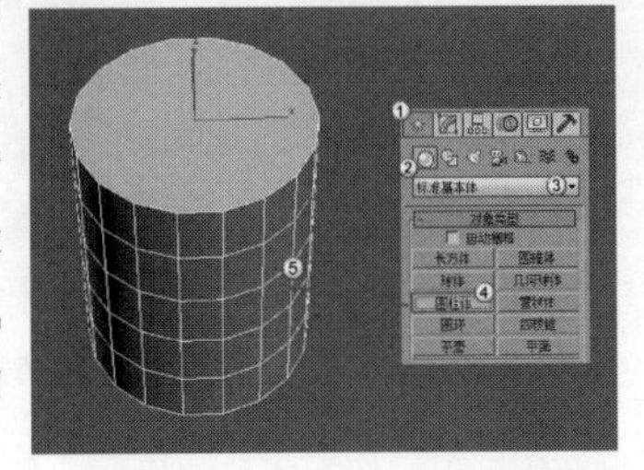

图3-45

02 切换到前视图，选中上一步创建的圆柱体，然后按住Shift键，并使用鼠标左键向右拖曳复制一个圆柱体模型，接着在弹出的“克隆选项”对话框中设置“对象”为“复制”，再设置“副本数”为2，最后单击“确定”按钮 确定，如图3-46所示，效果如图3-47所示。

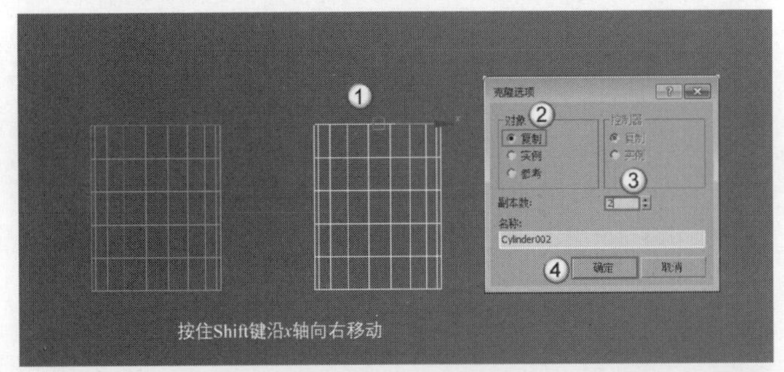

图3-46

图3-47

03 选中左侧的圆柱体，然后在“参数”卷展栏中修改“半径”为300，可以观察到圆柱体变粗了，如图3-48所示。

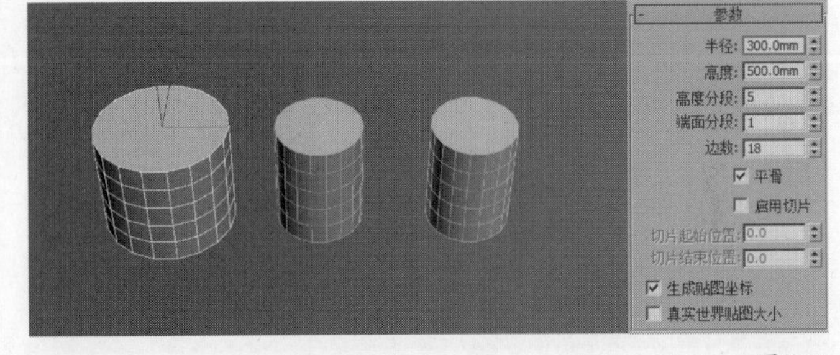

图3-48

04 选中中间的圆柱体，然后在“参数”卷展栏中修改“高度”为300，可以观察到圆柱变矮了，如图3-49所示。

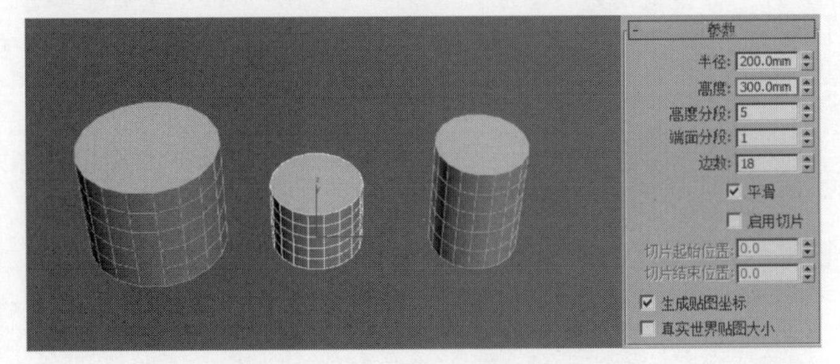

图3-49

05 选中右侧的圆柱体，然后在“参数”卷展栏中修改“高度分段”为2，可以观察到圆柱体在曲面上均分为两段，如图3-50所示。

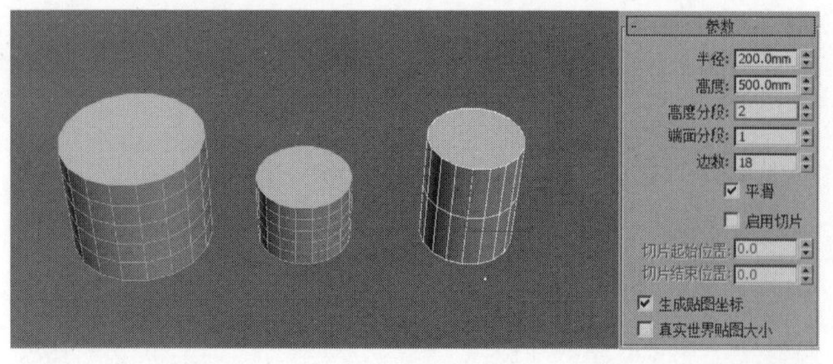

图3-50

06 继续选中右侧的圆柱体，然后在“参数”卷展栏中修改“端面分段”为3，可以观察到圆柱体在上下两个端面均分成3段，如图3-51所示。

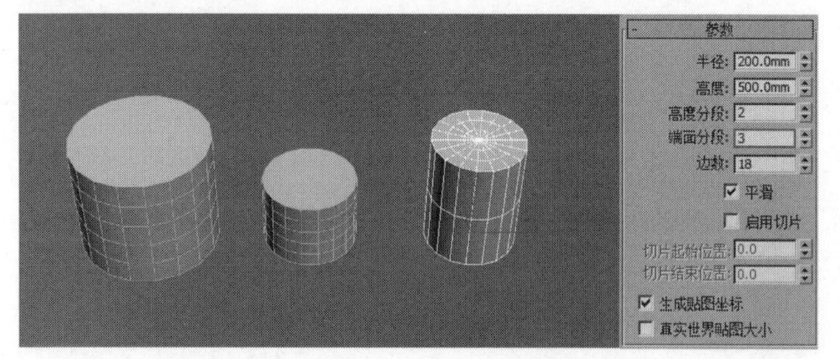

图3-51

07 选中左侧的圆柱体，然后在“参数”卷展栏中修改“边数”为36，可以看到圆柱体在曲面上的纵向分段增加，比其他圆柱体更圆滑，如图3-52所示。

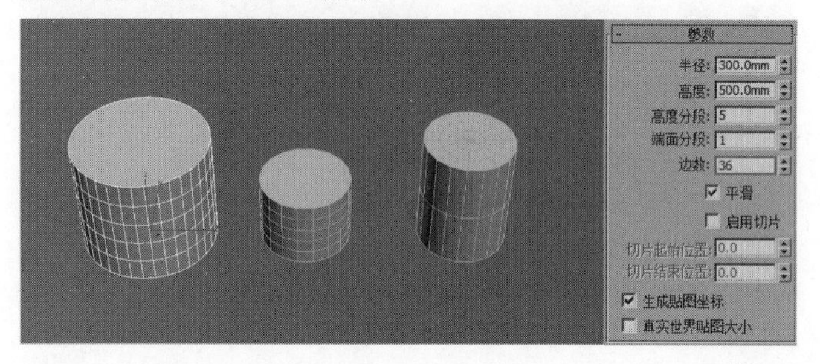

图3-52

08 选中中间的圆柱体，然后在“参数”卷展栏中勾选“启用切片”按钮，设置“切片起始位置”为50，可以发现圆柱体沿*z*轴被切成扇形状态，如图3-53所示。设置“切片起始位置”为270，可以发现圆柱体切片以逆时针方向旋转，如图3-54所示。

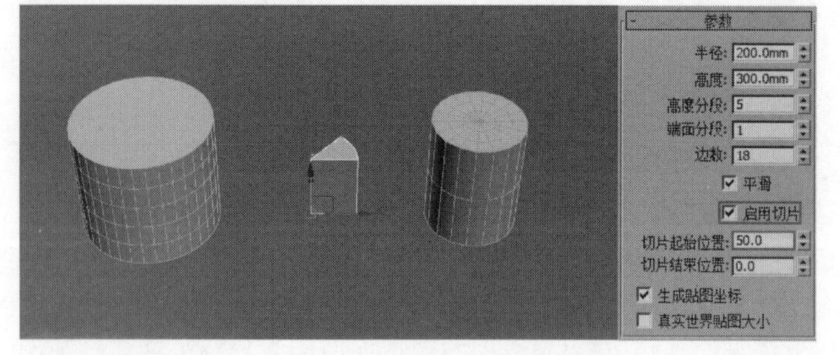

图3-53

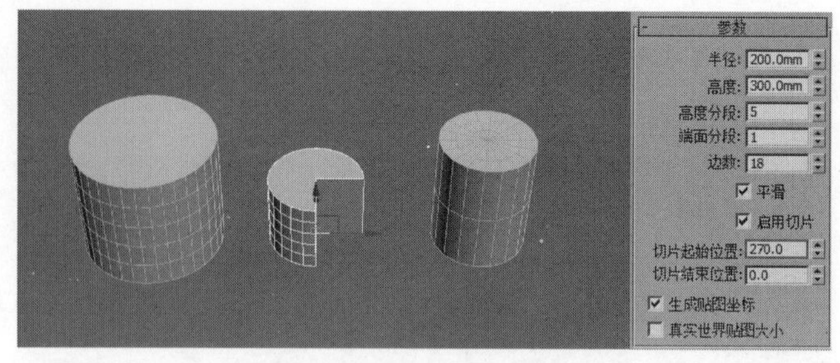

图3-54

09 继续选中中间的圆柱体，然后在“参数”卷展栏中设置“切片开始位置”为0、“切片结束位置”为50，可以观察到另一段切片沿着逆时针方向旋转，如图3-55所示。

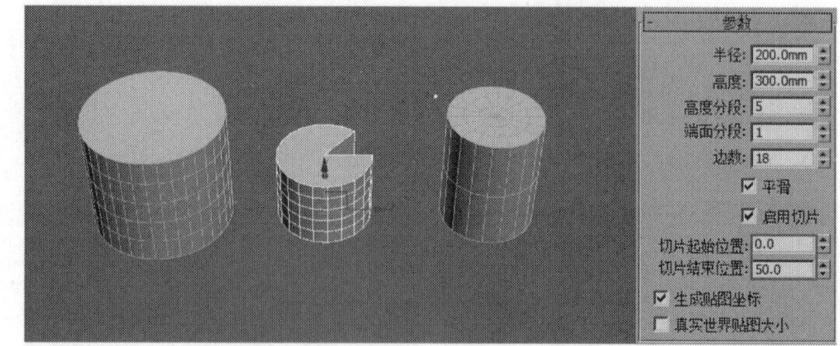

图3-55

技巧与提示

当设置“切片起始位置”或“切片结束位置”为正值时，切片都沿着逆时针方向旋转，而设置为负值时，切片都沿着顺时针方向旋转。

实战035 用球体制作吊灯

场景位置	无
实例位置	实例文件>CH03>用球体制作吊灯.max
学习目标	学习用球体创建模型

吊灯模型通过球体、圆柱体和长方体拼合而成，案例效果如图3-56所示。

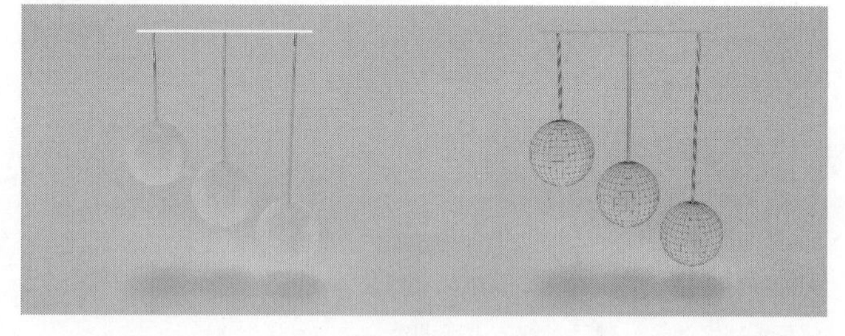

图3-56

模型创建

01 使用“球体”工具 球体 在场景中创建一个球体，然后在“参数”卷展栏下设置“半径”为40mm、“分段”为32，如图3-57所示。

02 使用“圆柱体”工具 圆柱体 在场景中创建一个圆柱体，然后在“参数”卷展栏下设置“半径”为2mm、“高度”为100mm、“高度分段”为1，其位置与参数如图3-58所示。

图3-57

图3-58

03 选中圆柱体与球体，按快捷键Ctrl＋V复制，然后向右侧平移，接着选中圆柱体，再展开“参数”卷展栏，设置“高度”为150mm，最后选中球体，向下平移至圆柱体底部，如图3-59所示。

图3-59

04 重复上一步的步骤复制一组，然后选中圆柱体，接着展开“参数”卷展栏，设置“高度”为200mm，再选中球体，最后向下平移至圆柱体底部，如图3-60所示。

图3-60

05 使用“长方体”工具 长方体 在场景中创建一个长方体，然后在“参数”卷展栏下设置“长度”为15mm、“宽度”为200mm、“高度”为2.5mm，其位置和参数如图3-61所示。

图3-61

知识回顾

◎ 工具：球体

◎ 位置：几何体>标准基本体

◎ 用途：使用“球体”工具 球体 可以创建很多生活中的常见物品。在3ds Max中，可以创建完整的球体，也可以创建半球体或球体的其他部分。

01 在“修改”面板中单击“几何体”按钮，然后选择“标准基本体”，接着单击“球体”工具 球体 ，最后在视图中使用鼠标左键拖曳光标，创建一个球体，如图3-62所示。

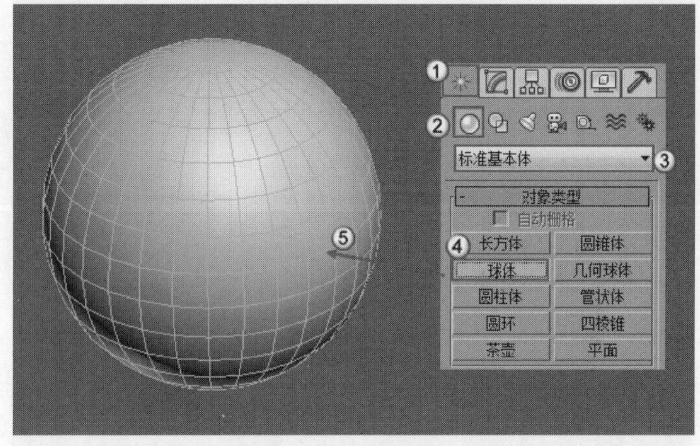

图3-62

02 切换到前视图，选中上一步创建的球体，然后按住Shift键，并使用鼠标左键向右拖曳复制一个球体模型，接着在弹出的“克隆选项”对话框中设置“对象”为“复制”，最后单击“确定”按钮 确定 ，如图3-63所示，效果如图3-64所示。

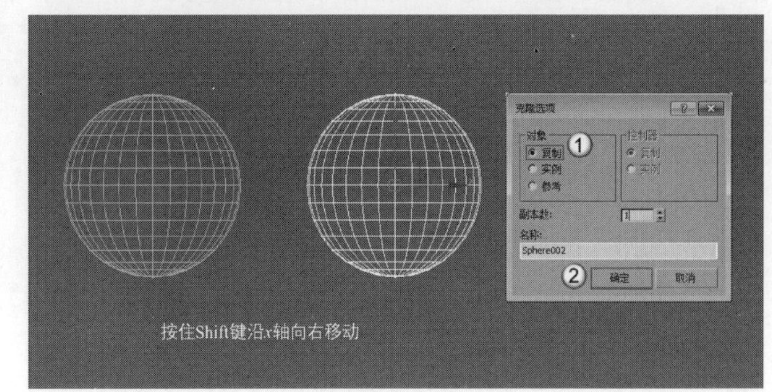

图3-63

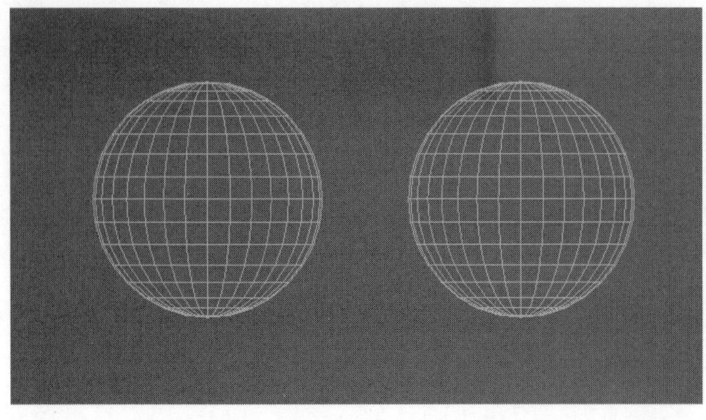

图3-64

03 选中左侧的球体，然后在“参数”卷展栏中修改“半径”为20mm，可以观察到球体体积变小了，如图3-65所示。

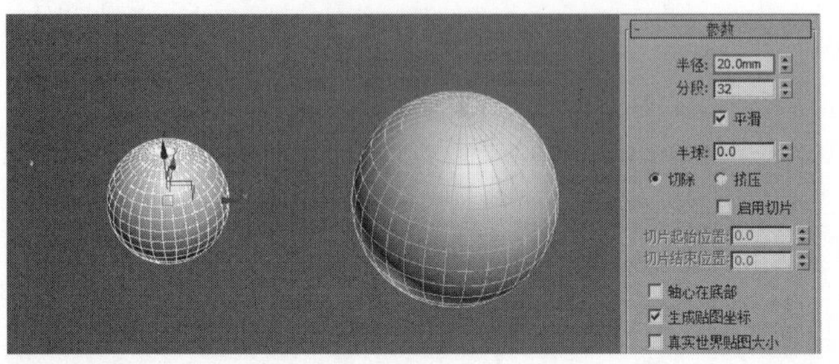

图3-65

04 选中右侧的球体，然后在“参数”卷展栏中修改“分段”为16，可以观察到球体没有以前圆滑了，如图3-66所示。

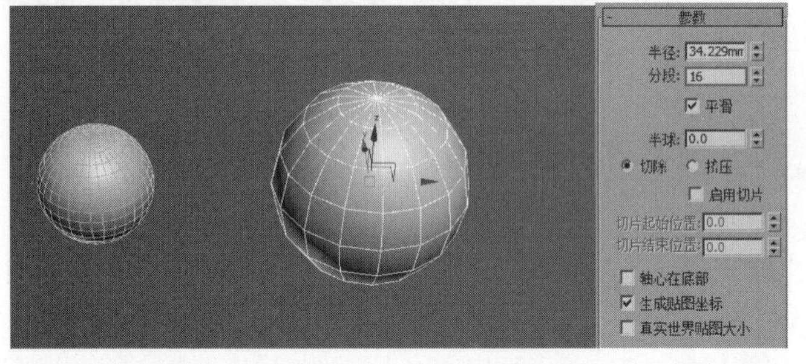

图3-66

05 选中右侧的球体，然后在“参数”卷展栏中将“半球”设置为0.5，再将类型选择为“切除”，可以观察到球体从下方被切除掉一半，如图3-67所示。将类型切换到“挤压”，可以观察到球体从下方被切掉一半，但纬度上的分段没有变化，如图3-68所示。

图3-67

图3-68

06 选中左侧的球体，然后在“参数”卷展栏中勾选“启用切片”选项，然后设置“切片起始位置”为100，可以观察到球体沿着顺时针方向被切除，如图3-69所示。设置“切片起始位置”为0、“切片结束位置”为100，可以观察到球体沿逆时针方向被切除，如图3-70所示。

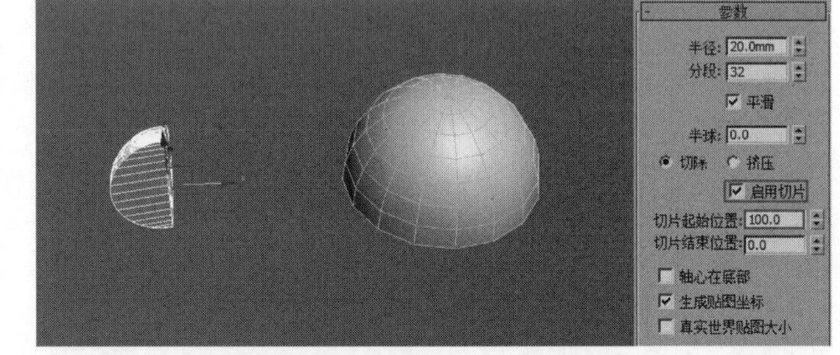

图3-69

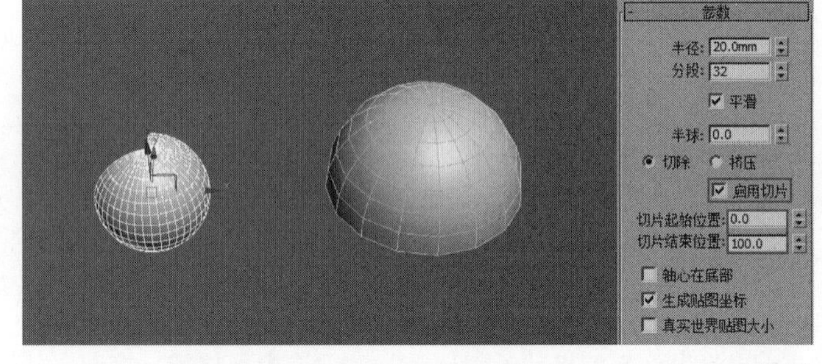

图3-70

实战036 用管状体制作茶几

场景位置	无
实例位置	实例文件>CH03>用管状体制作茶几.max
学习目标	学习用管状体创建模型

茶几模型是由圆柱体、管状体和长方体拼合而成，案例效果如图3-71所示。

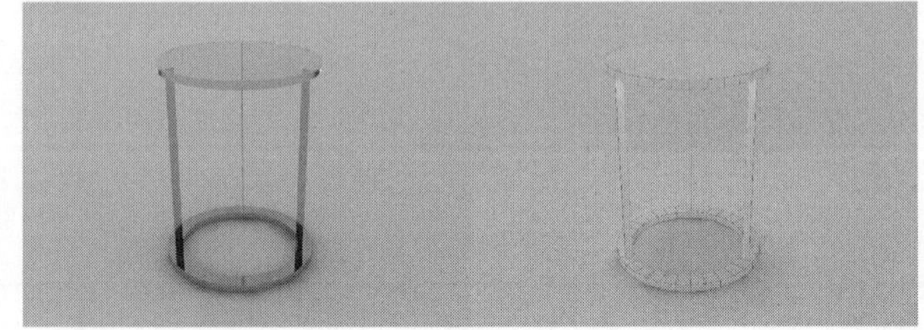

图3-71

模型创建

01 使用“圆柱体”工具 圆柱体 在场景中创建一个圆柱体，然后在“参数”卷展栏下设置“半径”为100mm、“高度”为10mm、“高度分段”为1、“端面分段”为1、“边数”为32，如图3-72所示。

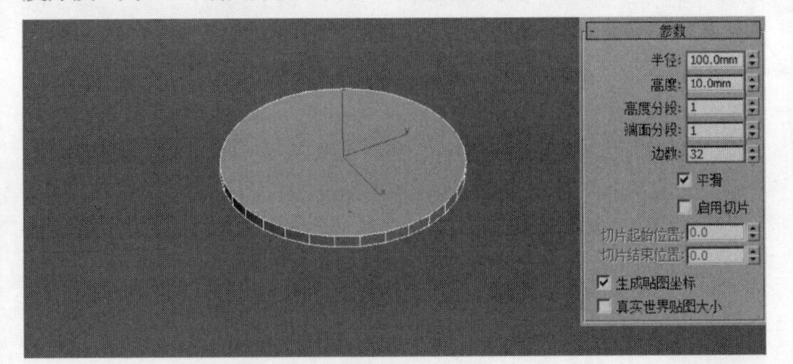

图3-72

02 使用“管状体”工具 管状体 在场景中创建一个管状体，然后在“参数”卷展栏中设置“半径1”为100mm、“半径2”为80mm、“高度”为10mm、“高度分段”为1、“端面分段”为1、“边数”为32，其位置和参数如图3-73所示。

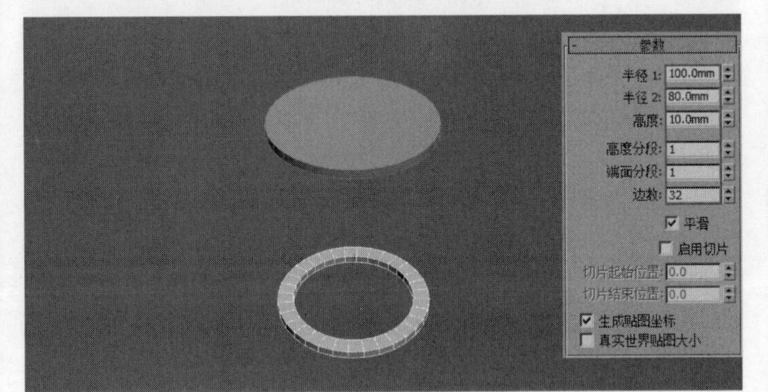

图3-73

03 使用“长方体”工具 长方体 在场景中创建一个长方体，然后在“参数”卷展栏中设置“长度”为10mm、“宽度”为2mm、“高度”为-240mm，其位置及参数如图3-74所示。

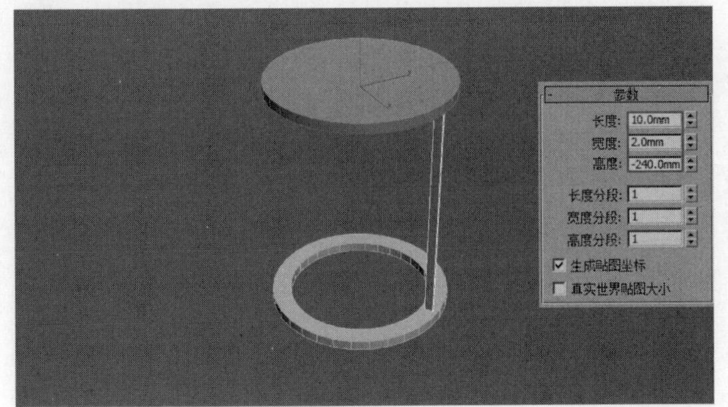

图3-74

04 在“命令”面板中单击“层次”按钮，进入“层次”面板，然后单击“仅影响轴”按钮 仅影响轴 ，接着进入顶视图，将长方体的轴心点移动到如图3-75所示的位置。

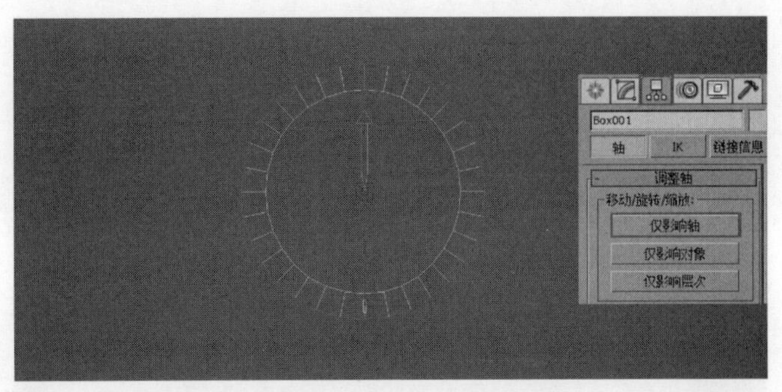

图3-75

05 再次单击“仅影响轴”按钮 仅影响轴 ，退出“仅影响轴”模式，然后在“主工具栏”中单击“角度捕捉切换”按钮，使用“选择并旋转”工具选择长方体，接着按住Shift键沿z轴旋转复制120°，并在弹出的对话框中设置“对象”为复制、“副本数”为2，最后单击“确定”按钮 确定 ，如图3-76所示，茶几模型的最终效果如图3-77所示。

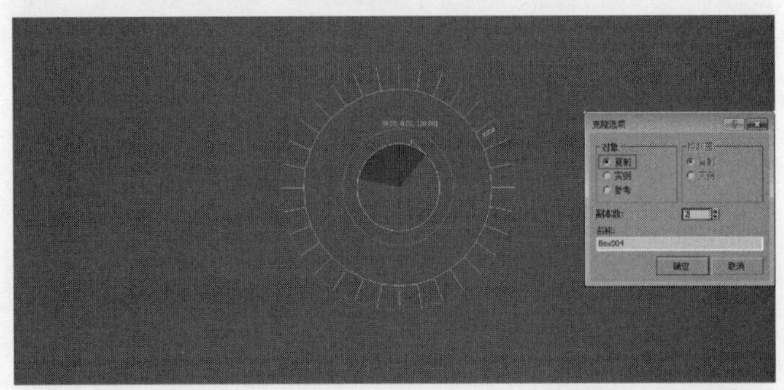

图3-76

图3-77

知识回顾

◎ 工具： 管状体

◎ 位置：几何体>标准基本体

◎ 用途：管状体外形与圆柱体相似，不过管状体是空心的，可以创建一些特殊造型的模型。

01 在“修改”面板中单击“几何体”按钮，然后选择“标准基本体”，接着单击“管状体”工具 管状体，最后在视图中使用鼠标左键拖曳光标，创建出一个管状体，如图3-78所示。

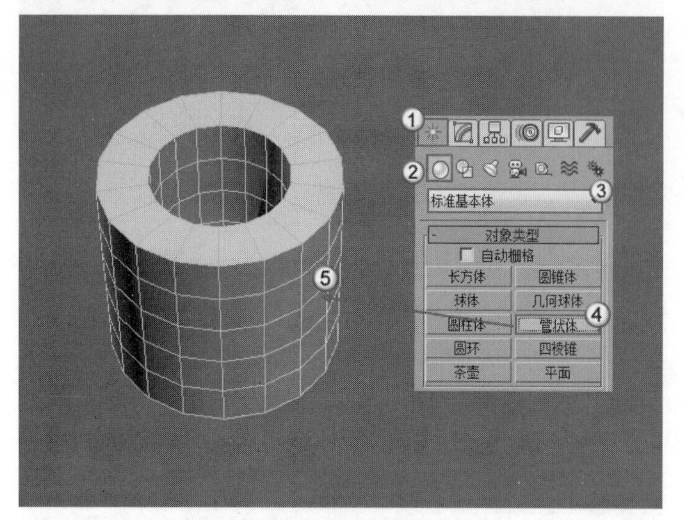

图3-78

02 切换到前视图，选中上一步创建的管状体，然后按住Shift键，并使用鼠标左键向右拖曳复制一个管状体模型，接着在弹出的“克隆选项”对话框中设置“对象”为“复制”，最后单击“确定”按钮 确定，如图3-79所示，效果如图3-80所示。

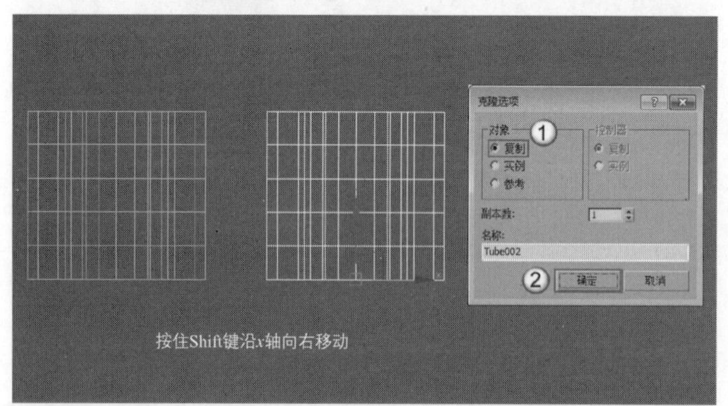

图3-79

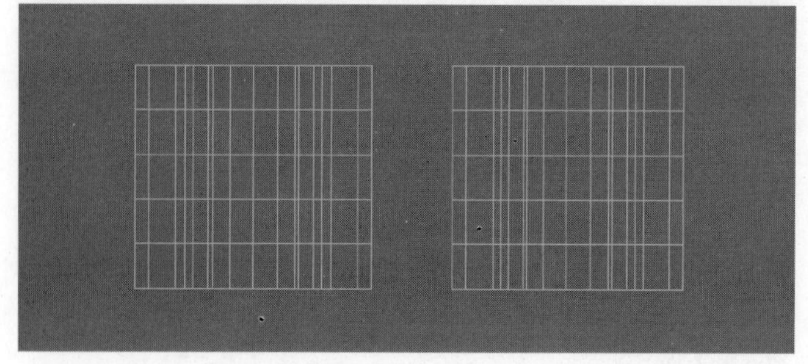

图3-80

03 选中左侧的管状体，然后在“参数”卷展栏中设置“半径1”为60mm，可以观察到管状体外侧周长变大，如图3-81所示。设置“半径2”为10mm，可以观察到管状体内侧的周长变小，如图3-82所示。

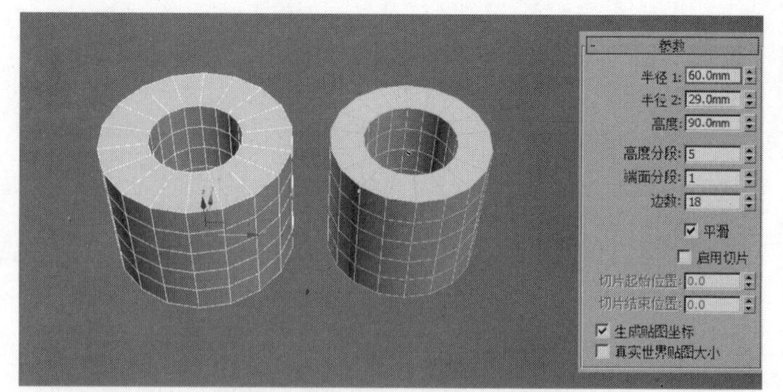

图3-81

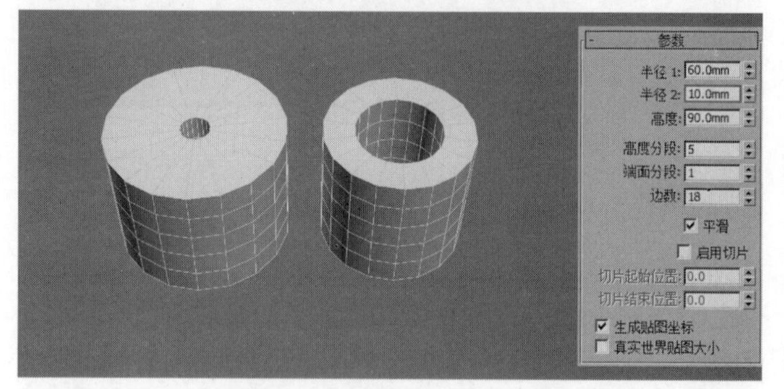

图3-82

04 选中右侧的管状体，然后在“参数”卷展栏中设置“高度”为60mm，可以观察到管状体变矮了，如图3-83所示。

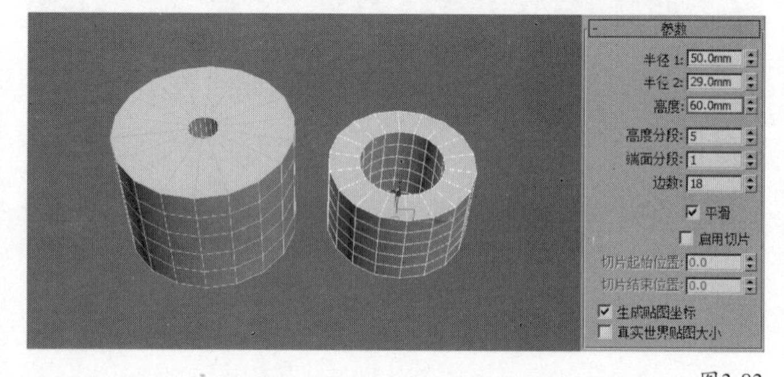

图3-83

05 继续选中右侧的管状体，然后在“参数”卷展栏中设置“高度分段”为2，可以观察到管状体在曲面上均分为两段，如图3-84所示。

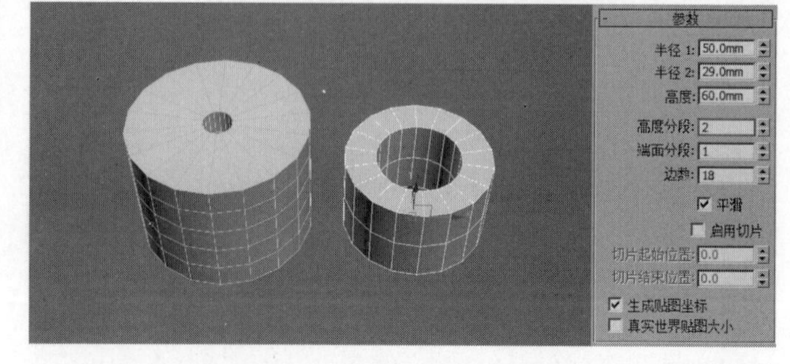

图3-84

06 选中左侧的管状体，然后在“参数”卷展栏中设置“端面分段”为3，可以观察到管状体上下两个端面被均分为3段，如图3-85所示。

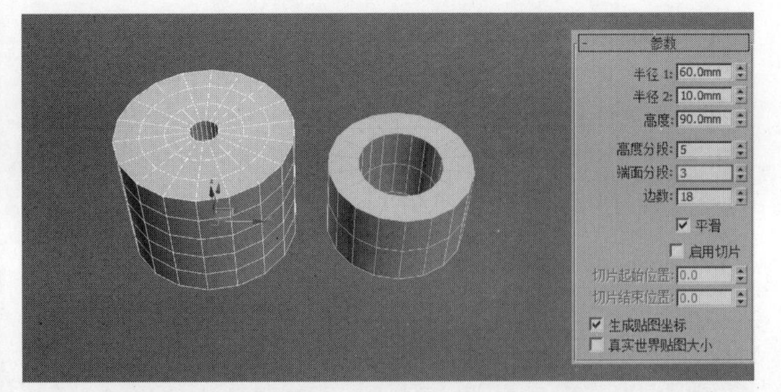

图3-85

07 继续选中左侧的管状体，然后在“参数”卷展栏中设置“边数”为9，可以观察到曲面分段减少，没有以前圆滑了，如图3-86所示。

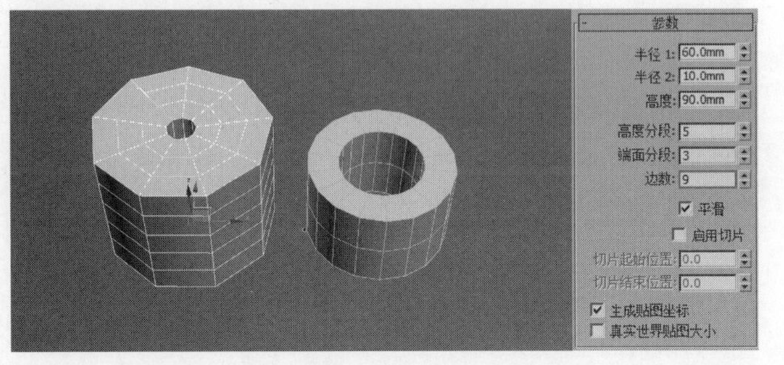

图3-86

08 选中左侧的管状体，然后在“参数”卷展栏中勾选“启用切片”选项，接着设置“切片起始位置”为-100，与圆柱体一样，切片都是沿着顺时针方向，如图3-87所示。再设置“切片开始位置”为0、“切片结束位置”为100，可以观察到切片位置沿逆时针方向，如图3-88所示。

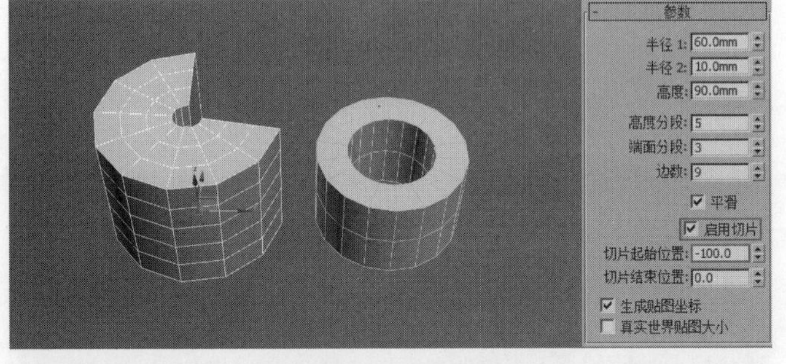

图3-87

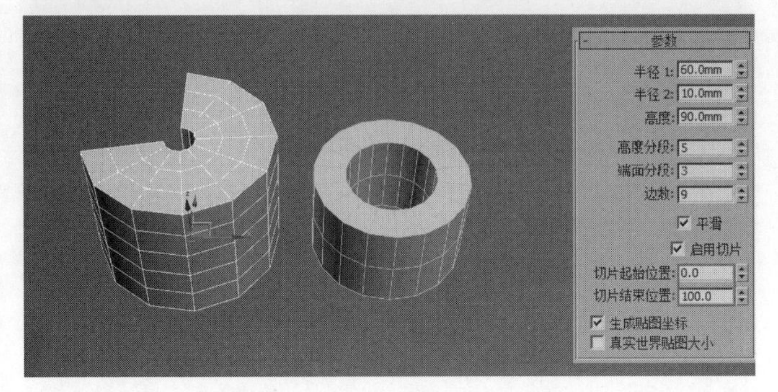

图3-88

技术专题 坐标轴在视图中显示

创建模型时，时常会观察到模型所显示的坐标轴与视图窗口左下角的坐标轴不一致，如图3-89所示，在前视图中创建的长方体模型所显示的坐标轴为*xy*轴，而在屏幕左下角的坐标系则显示的是*xz*轴。

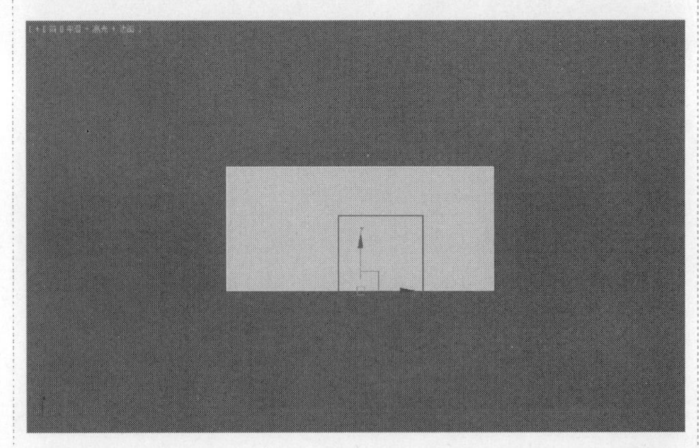

图3-89

之所以会出现这种情况，是因为在“主工具栏”中的“参考坐标系”设置为“视图”选项，将其设置为“世界”选项即可与左下角的坐标系一致，如图3-90所示。

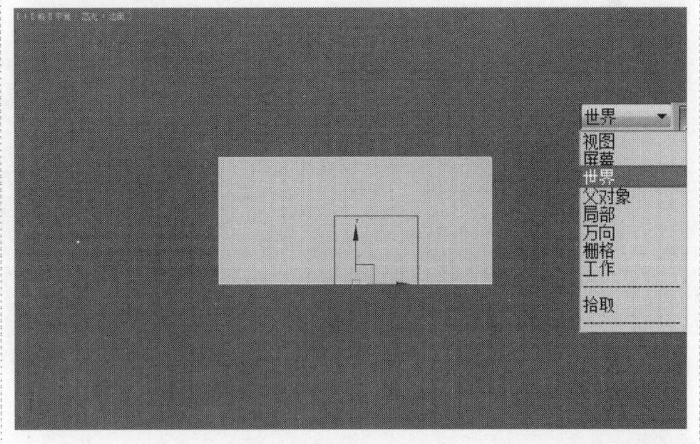

图3-90

合理选择参考坐标系，可以有效地在视图中移动、旋转模型。图3-91所示的是透视图中的长方体模型，参考坐标系为“视图”。如果要将长方体沿*x*轴向右平移，只需要将参考坐标系设置为“屏幕”即可，如图3-92所示。

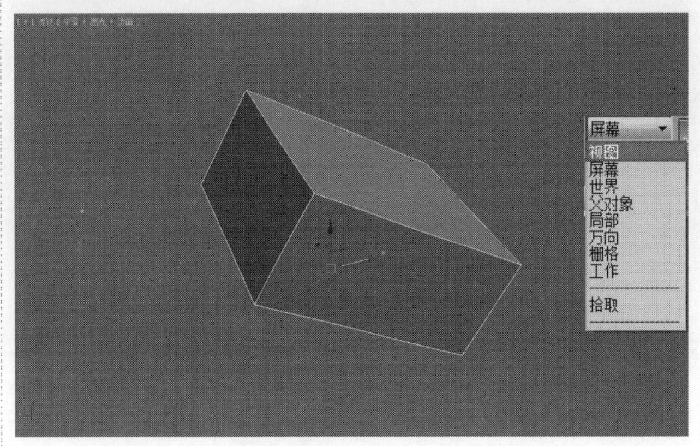

图3-91

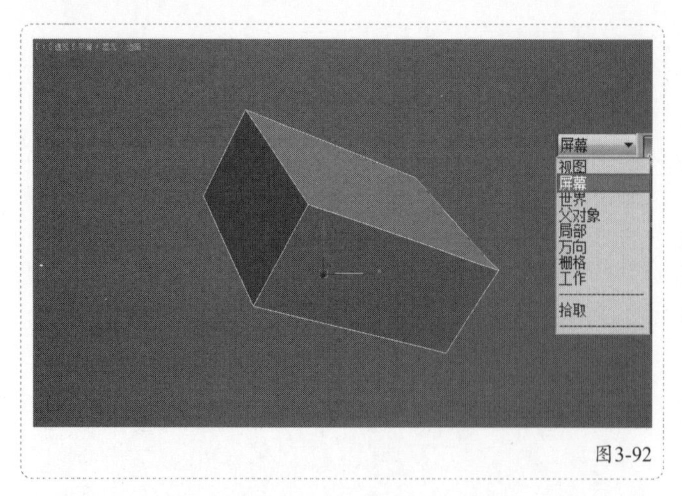

图3-92

实战037 用切角长方体制作床头柜

场景位置	无
实例位置	实例文件>CH03>用切角长方体制作床头柜.max
学习目标	学习用切角长方体创建模型

床头柜模型是由不同尺寸的切角长方体和切角圆柱体拼合而成，案例效果如图3-93所示。

图3-93

模型创建

01 使用“切角长方体”工具切角长方体在场景中创建一个切角长方体，然后展开“参数”卷展栏，设置“长度”为350mm、“宽度”为500mm、“高度”为10mm、“圆角”为1mm，如图3-94所示。

图3-94

02 使用“切角长方体”工具切角长方体在场景中创建一个切角长方体，然后在“参数”卷展栏下设置“长度”为350mm、“宽度”为350mm、“高度”为10mm、“圆角”为1mm，接着移动切角长方体与上一步创建的切角长方体进行拼合，如图3-95所示。

图3-95

技巧与提示

拼合切角长方体时，开启“捕捉工具”，可以快速拼合两个模型。

03 选择上一步创建的切角长方体，然后按住Shift键沿x轴向右侧平移，接着在弹出的“克隆选项”对话框中，设置“对象”为“复制”，并单击“确定”按钮确定，如图3-96所示，最后将复制出的切角长方体与横向的切角长方体拼合，其位置如图3-97所示。

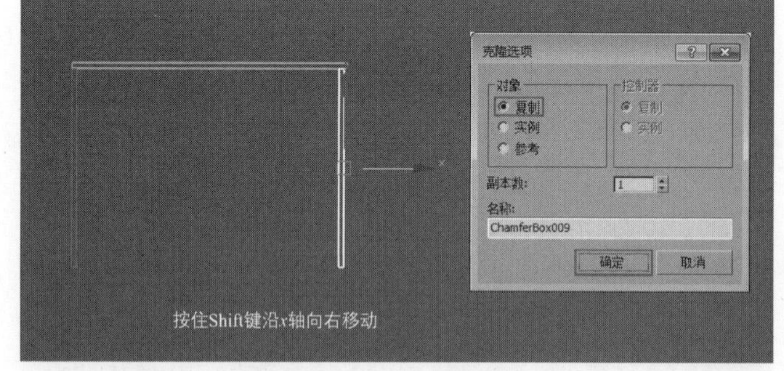

图3-96

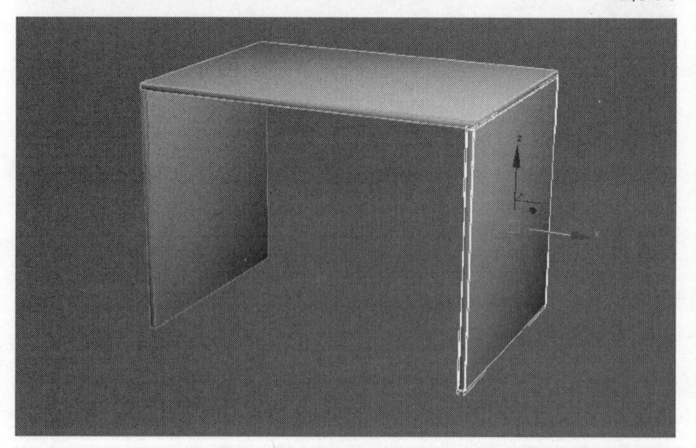

图3-97

04 选择顶部横向的切角长方体，然后按住Shift键沿z轴向下方复制一个，接着将其与两个竖向的切角长方体拼合，其位置如图3-98所示。

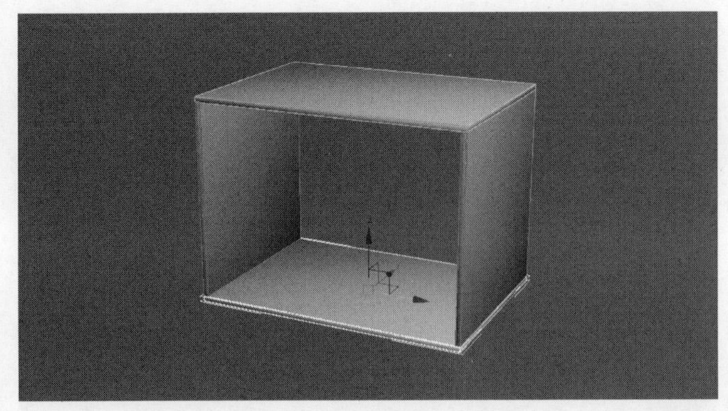

图3-98

05 使用“切角长方体”工具 切角长方体 在场景中创建一个切角长方体，然后在“参数”卷展栏下设置“长度”为350mm、“宽度”为480mm、“高度”为10mm、“圆角”为1mm，其位置与参数如图3-99所示。

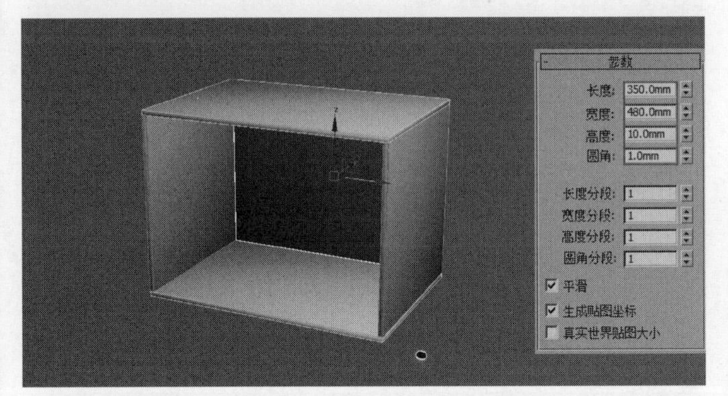

图3-99

06 选择左侧竖向的切角长方体，然后按快捷键Ctrl＋V，在弹出的对话框中选择“复制”选项，接着在“主工具栏”的“选择并移动”按钮上单击鼠标右键，再将弹出的“移动变换输入”窗口中的“偏移：世界”选项的*x*轴设置为340，如图3-100所示，其位置如图3-101所示。

图3-100 图3-101

技巧与提示

在复制对象到某个位置时，一般都不可能一步到位，这就需要调整对象的位置。调整对象的位置需要在各个视图中进行调整。

07 使用“切角长方体”工具 切角长方体 在场景中创建一个切角长方体，然后在“参数”卷展栏下设置“长度”为175mm、“宽度”为340mm、“高度”为10mm、“圆角”为1mm，其位置与参数如图3-102所示。

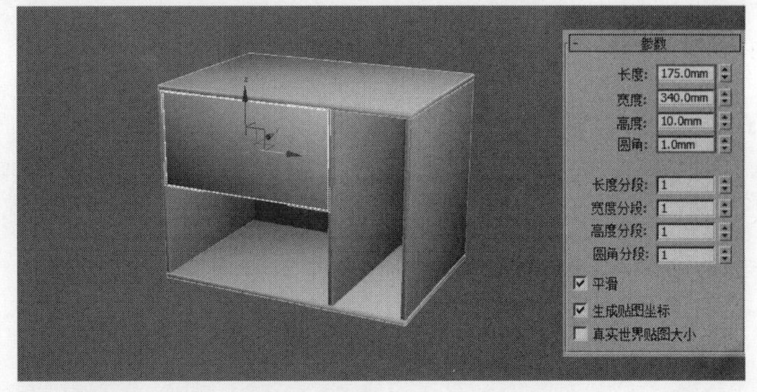

图3-102

08 选择上一步创建的切角长方体，然后进入前视图，按住Shift键沿*y*轴向下平移，接着在弹出的“克隆选项”对话框中设置“对象”为“复制”，并单击“确定”按钮 确定 ，如图3-103所示，再将复制出的切角长方体与其余拼合，其位置如图3-104所示。

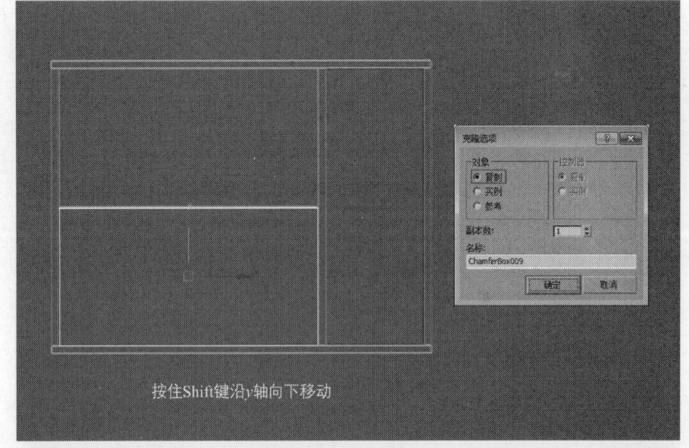

图3-103

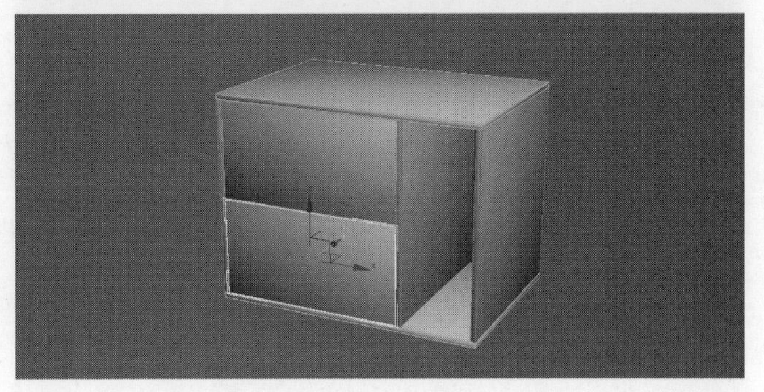

图3-104

09 使用“切角圆柱体”工具 切角圆柱体 在场景中创建一个切角圆柱体，然后在“参数”卷展栏下设置“半径”为5mm、“高度”为70mm、“圆角”为1mm、“高度分段”为1，其位置与参数如图3-105所示。

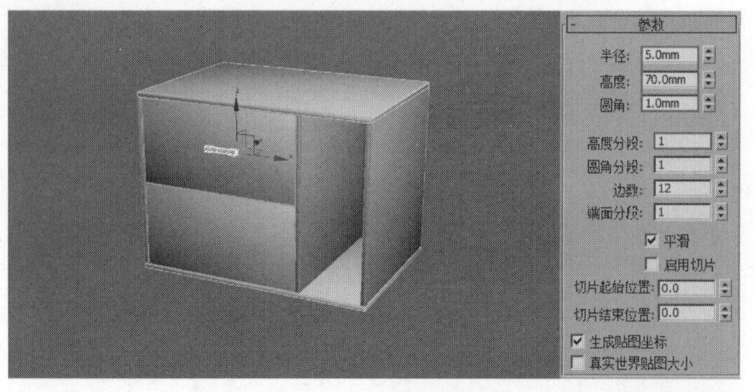

图3-105

10 选择上一步创建的切角圆柱体，然后按住Shift键向下复制一个，其位置如图3-106所示。

图3-106

知识回顾

◎ 工具：切角长方体

◎ 位置：几何体>扩展基本体

◎ 用途：切角长方体是长方体的扩展物体，可以快速创建出带圆角效果的长方体。

01 在“修改”面板中单击“几何体”按钮，然后选择“扩展基本体”，接着单击“切角长方体”工具 切角长方体 ，最后在视图中使用鼠标左键拖曳光标，创建出一个切角长方体，如图3-107所示。

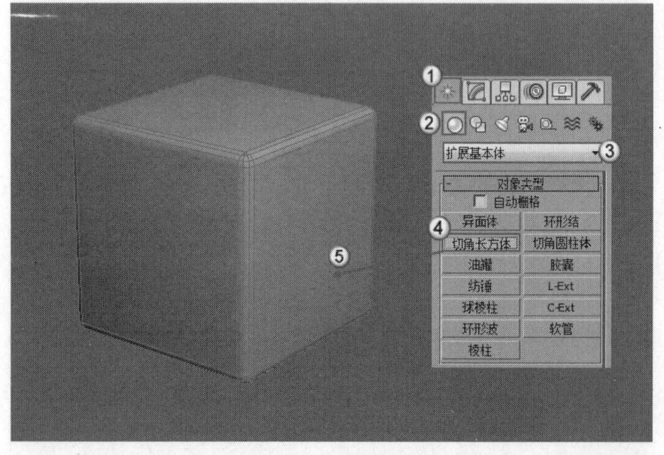

图3-107

02 切换到前视图，选中上一步创建的切角长方体，然后按住Shift键，并使用鼠标左键向右拖曳复制一个切角长方体模型，接着在弹出的“克隆选项”对话框中设置“对象”为“复制”，最后单击“确定”按钮 确定 ，如图3-108所示，效果如图3-109所示。

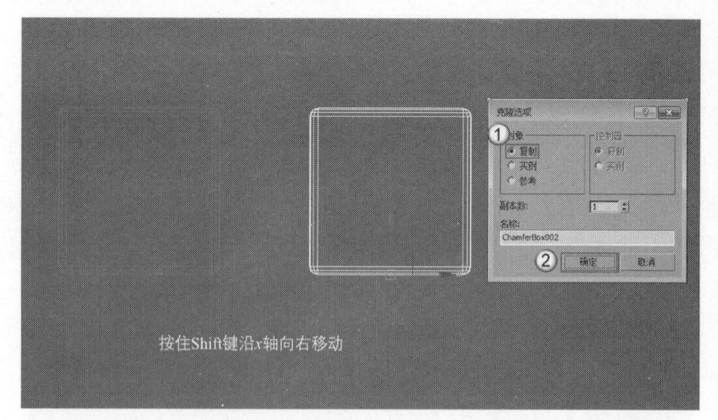

图3-108

图3-109

03 选中左侧的切角长方体，然后在“参数”卷展栏中设置“长度”为200mm，可以观察到切角长方体在y轴方向的长度增加，如图3-110所示。设置“宽度”为50mm，可以观察到切角长方体在x轴方向上缩短，如图3-111所示。再设置“高度”为150mm，可以观察到切角长方体在z轴方向上的长度增大，如图3-112所示。

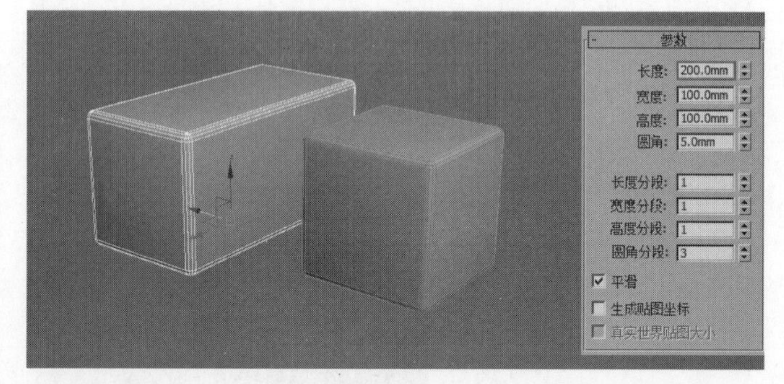

图3-110

图3-111

图3-112

04 选中右侧的切角长方体，然后在“参数”卷展栏中设置“圆角”为10mm，可以观察到切角长方体的角弧度增大，如图3-113所示。

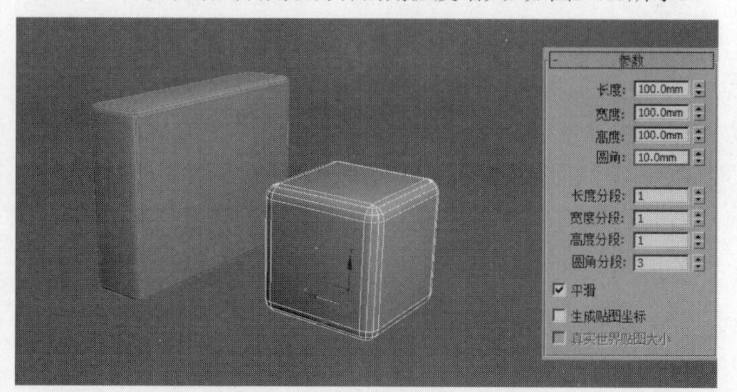

图3-113

05 继续选中右侧的切角长方体，然后在“参数”卷展栏中设置“圆角分段”为6，可以观察到圆角变得更加圆滑，如图3-114所示。

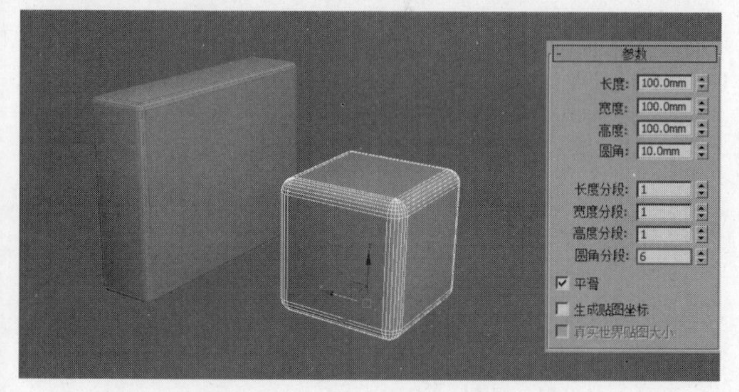

图3-114

技巧与提示

“长度分段”“宽度分段”和“高度分段”3个参数与长方体的参数意义一致，这里不再详细讲解。

实战038 用切角长方体制作双人沙发

场景位置	无
实例位置	实例文件>CH03>用切角长方体制作双人沙发.max
学习目标	学习用切角长方体与C-Ext创建模型

双人沙发模型由不同尺寸的切角长方体和C-Ext拼合而成，案例效果如图3-115所示。

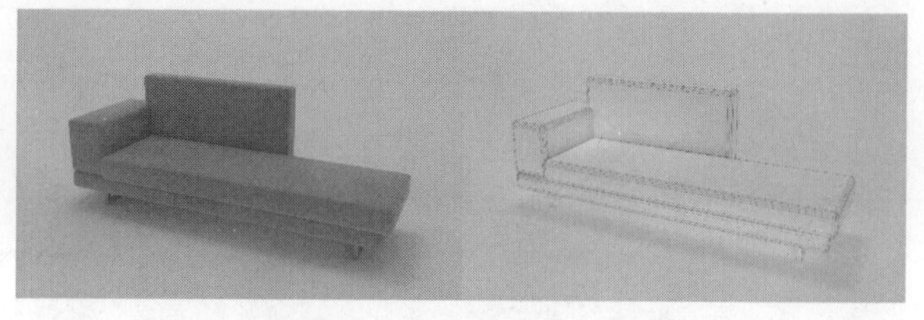

图3-115

01 使用“切角长方体”工具 切角长方体 在场景中创建一个切角长方体，然后在“参数”卷展栏下设置“长度”为400mm、“宽度”为1500mm、“高度”为80mm、“圆角”为20mm、“圆角分段”为3，如图3-116所示。

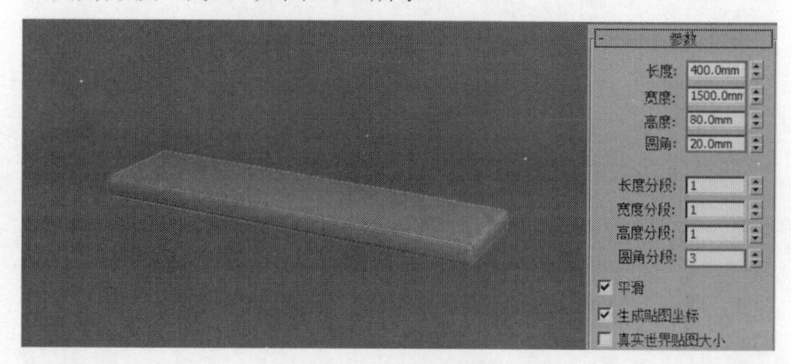

图3-116

02 使用“切角长方体”工具 切角长方体 在场景中创建一个切角长方体，然后在“参数”卷展栏下设置“长度”为500mm、“宽度”为200mm、“高度”为250mm、“圆角”为20mm、“圆角分段”为3，其位置与参数如图3-117所示。

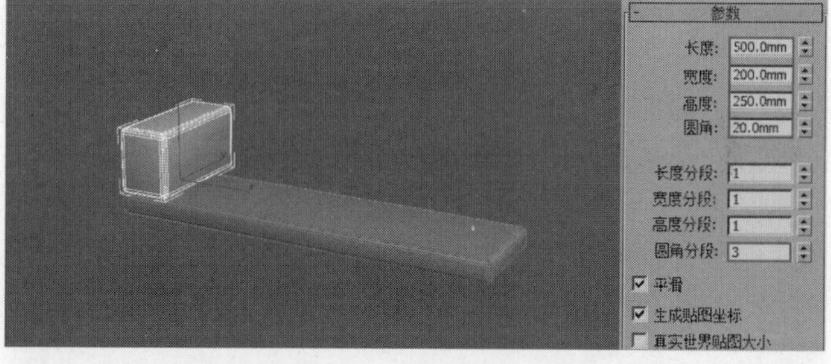

图3-117

03 使用“切角长方体”工具 切角长方体 在场景中创建一个切角长方体，然后在“参数”卷展栏下设置“长度”为430mm、“宽度”为1330mm、“高度”为100mm、“圆角”为20mm、“圆角分段”为3，其位置与参数如图3-118所示。

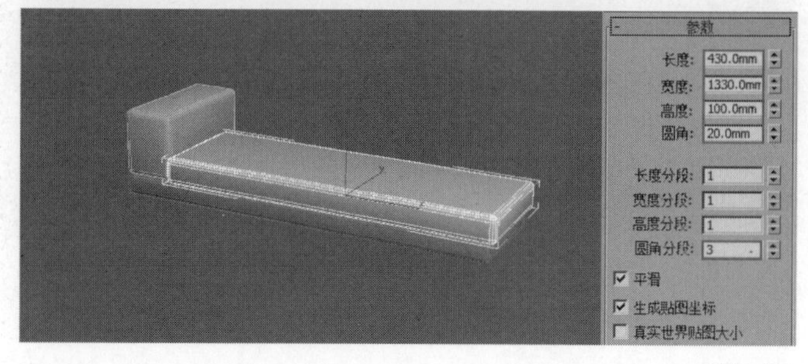

图3-118

04 使用“切角长方体”工具 切角长方体 在场景中创建一个切角长方体，然后在“参数”卷展栏下设置“长度”为800mm、“宽度”为100mm、“高度”为480mm、“圆角”为20mm、“圆角分段”为3，其位置与参数如图3-119所示。

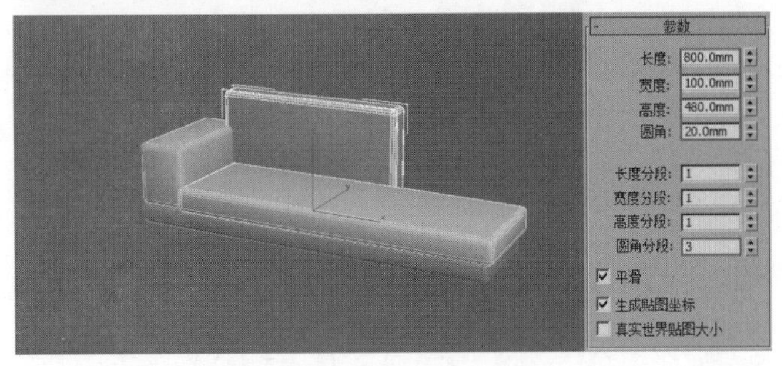

图3-119

05 使用C-Ext工具 C-Ext 在场景中创建一个C-Ext模型，然后在“参数”卷展栏下设置“背面长度”为80mm、“侧面长度”为-300mm、“前面长度”为80mm、“背面宽度”为20mm、“侧面宽度”为20mm、“前面宽度”为20mm、“高度”为20mm，其位置与参数如图3-120所示。

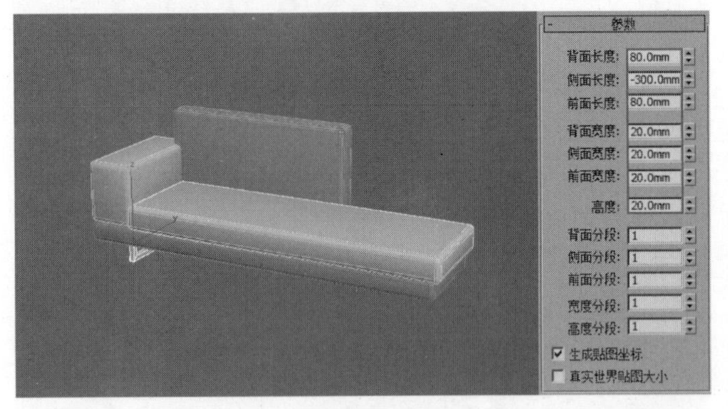

图3-120

06 选择上一步创建的C-Ext模型，然后按住Shift键拖曳鼠标，向右侧复制一个，其位置与最终效果如图3-121所示。

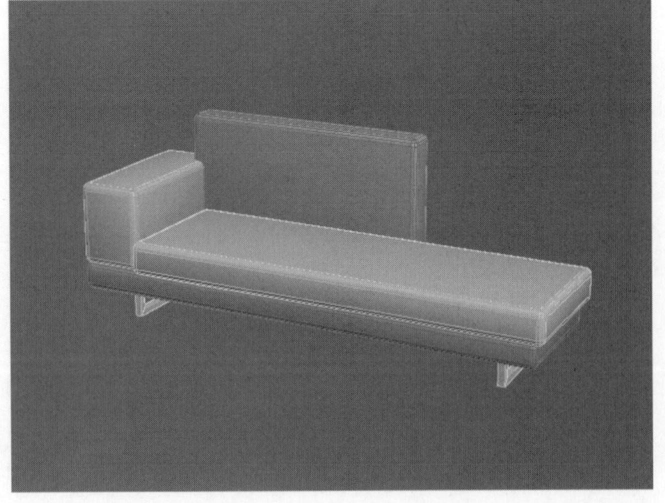

图3-121

实战039 用切角圆柱体制作简约茶几

场景位置 无
实例位置 实例文件>CH03>用切角圆柱体制作简约茶几.max
学习目标 学习用切角圆柱体创建模型

简约茶几模型是由切角圆柱体和C-Ext模型拼合而成的，案例效果如图3-122所示。

图3-122

模型创建

01 使用“切角圆柱体”工具 切角圆柱体 在场景中创建一个切角圆柱体，然后在“参数”卷展栏下设置“半径”为100mm、“高度”为5mm、“圆角”为2mm、“高度分段”为1、“圆角分段”为5、“边数”为36，如图3-123所示。

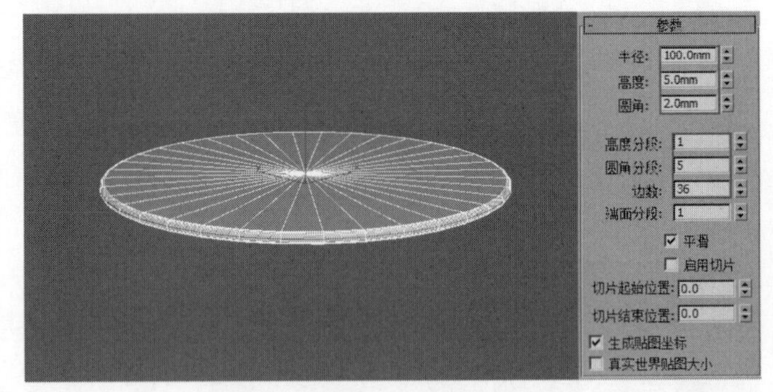

图3-123

02 使用C-Ext工具 C-Ext 在场景中创建一个C-Ext模型，然后在“参数”卷展栏下设置“背面长度”为60mm、“侧面长度”为-152mm、“前面长度”为60mm、“背面宽度”为5mm、“侧面宽度”为5mm、“前面宽度”为5mm、“高度”为5mm，其位置与参数如图3-124所示。

图3-124

03 选中上一步创建的C-Ext模型，然后使用“主工具栏”中的“选择并旋转”工具，接着将“使用轴点中心”工具切换为“使用选择中心”工具，如图3-125所示。

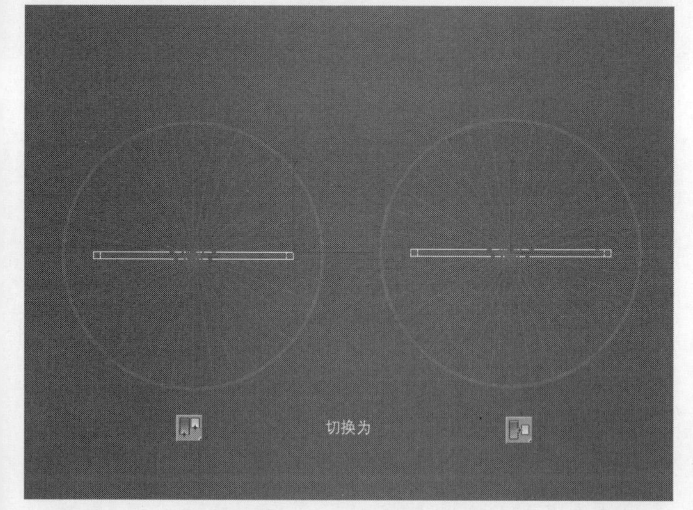

图3-125

04 选中C-Ext模型，然后开启“角度捕捉切换”工具，接着在顶视图中按住Shift键沿z轴旋转90°，如图3-126所示，其最终效果如图3-127所示。

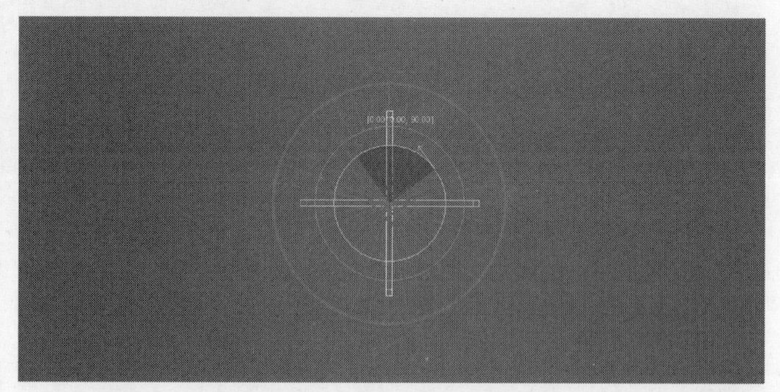

图3-126

图3-127

知识回顾

◎ 工具：切角圆柱体

◎ 位置：几何体>扩展基本体

◎ 用途：切角圆柱体是圆柱体的扩展物体，可以快速创建出带圆角效果的圆柱体。

01 在“修改”面板中单击“几何体”按钮，然后选择“扩展基本体”，接着单击“切角圆柱体”工具切角圆柱体，最后在视图中使用鼠标左键拖曳光标，创建出一个切角圆柱体，如图3-128所示。

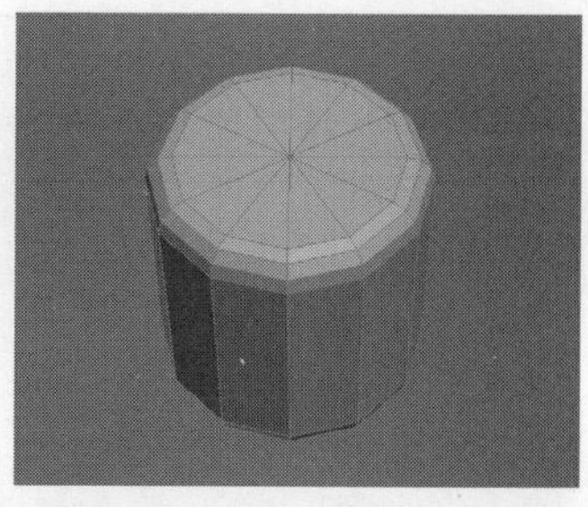

图3-128

02 切换到前视图，选中上一步创建的切角圆柱体，然后按住Shift键，并使用鼠标左键向右拖曳复制一个切角圆柱体模型，接着在弹出的“克隆选项”对话框中设置“对象”为“复制”，最后单击“确定”按钮确定，如图3-129所示，效果如图3-130所示。

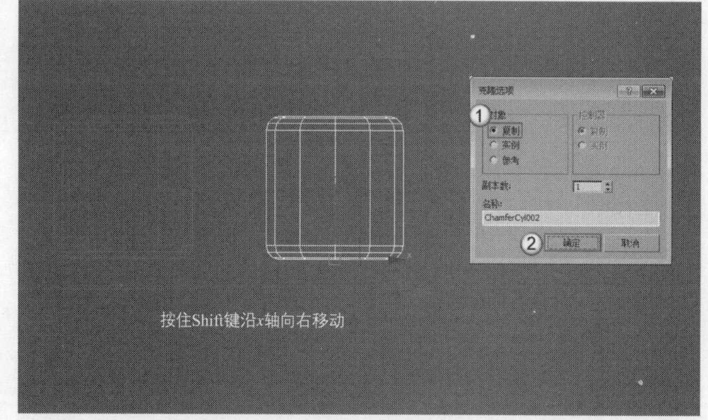

图3-129

图3-130

技巧与提示

切角圆柱体是圆柱体的扩展物体，这里只详细讲解与圆柱体不同的参数。

03 选中右侧的切角圆柱体，然后在“参数”卷展栏中设置“圆角”为12mm，可以观察到切角更加圆滑，弧度也更大了，如图3-131所示。

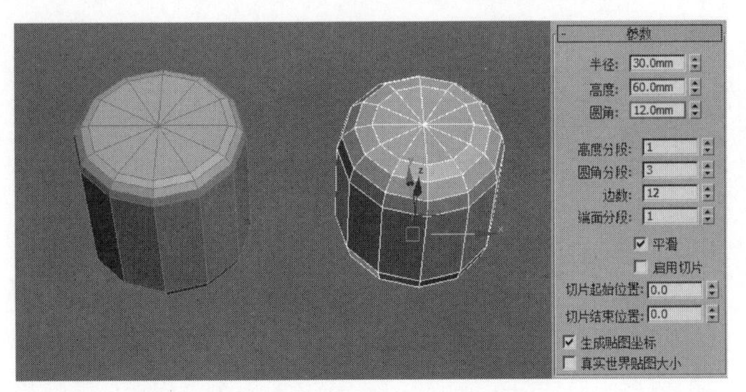

图3-131

04 继续选中右侧的切角圆柱体，然后在“参数”卷展栏中设置“圆角分段”为1，可以观察到切角变锐利了，如图3-132所示。

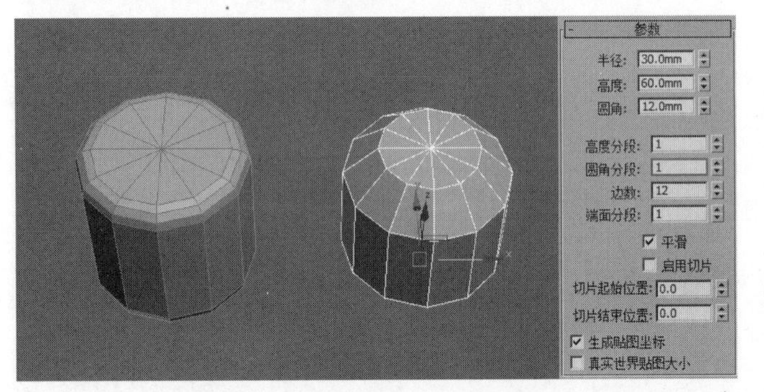

图3-132

实战040 用异面体制作风铃

场景位置	无
实例位置	实例文件>CH03>用异面体制作风铃.max
学习目标	学习用异面体和切角圆柱体创建模型

风铃模型用不同种类的异面体模型作为风铃装饰物、用切角圆柱体和圆柱体作为风铃主体拼合而成，案例效果如图3-133所示。

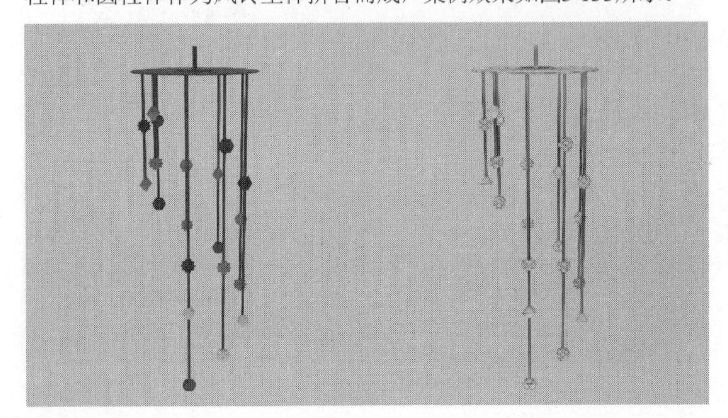

图3-133

模型创建

01 使用“切角圆柱体”工具 切角圆柱体 在场景中创建一个切角圆柱体，然后在“参数”卷展栏下设置“半径”为45mm、“高度”为1mm、“圆角”为0.3mm、“高度分段”为1、“圆角分段”为1、“边数”为32，如图3-134所示。

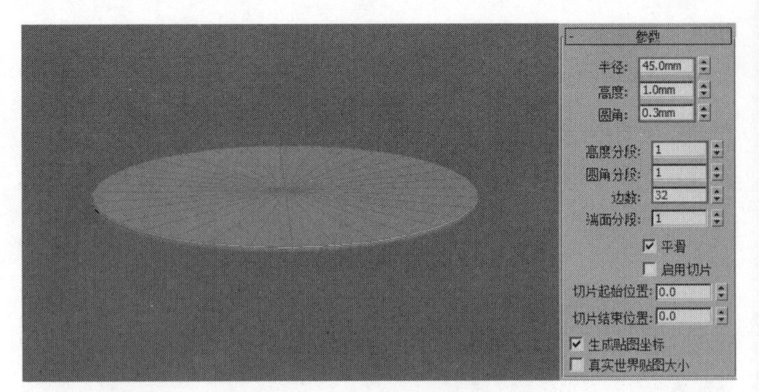

图3-134

02 使用“切角圆柱体”工具 切角圆柱体 在场景中创建一个切角圆柱体，然后在“参数”卷展栏下设置“半径”为12mm、“高度”为1mm、“圆角”为0.2mm、“高度分段”为1、“圆角分段”为1、“边数”为32，其位置及参数如图3-135所示。

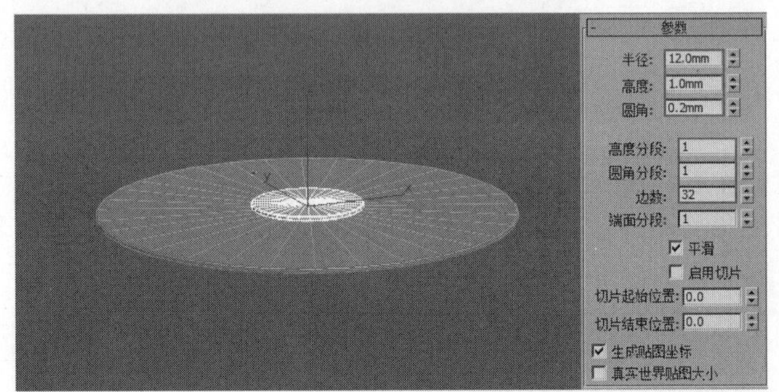

图3-135

03 使用“圆柱体”工具 圆柱体 在场景中创建一个圆柱体，然后在“参数”卷展栏下设置“半径”为1.5mm、“高度”为15mm、“高度分段”为1、“边数”为32，其位置及参数如图3-136所示。

图3-136

04 继续使用“圆柱体”工具 圆柱体 ，在大的切角圆柱体下方创建“半径”为1mm、高度不一的圆柱体作为吊线，完成的效果如图3-137所示。

图3-137

05 使用“异面体”工具 异面体 在吊线上创建一个异面体，然后在“参数”卷展栏中设置“系列”为“十二面体/二十面体”、“半径”为5mm，其参数及模型效果如图3-138所示。

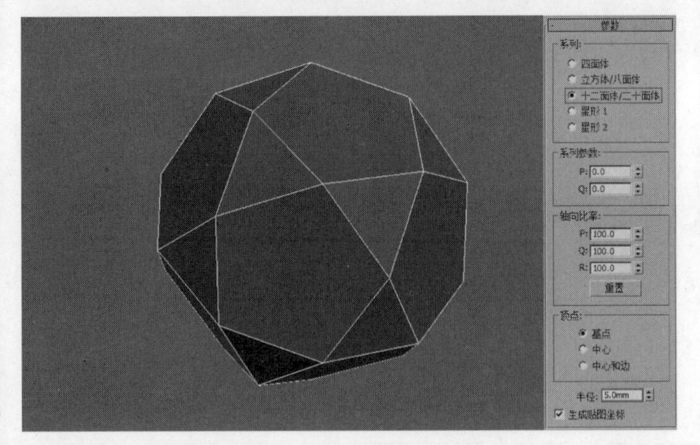

图3-138

06 继续使用“异面体”工具 异面体 在吊线上创建一些异面体，其参数设置及模型效果如图3-139~图3-141所示。

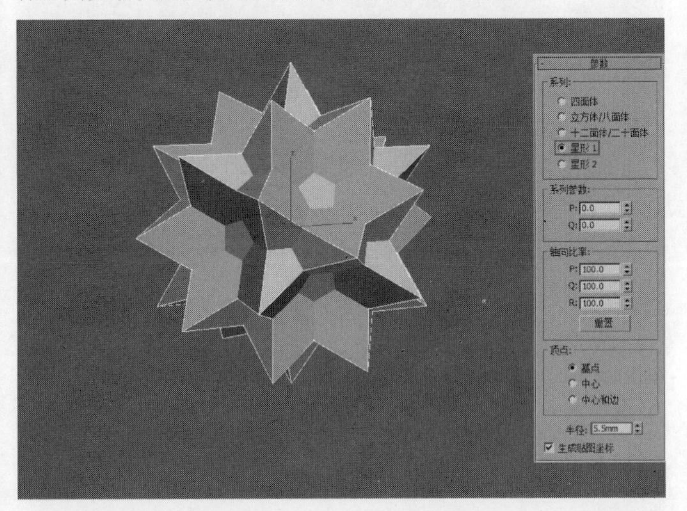

图3-139

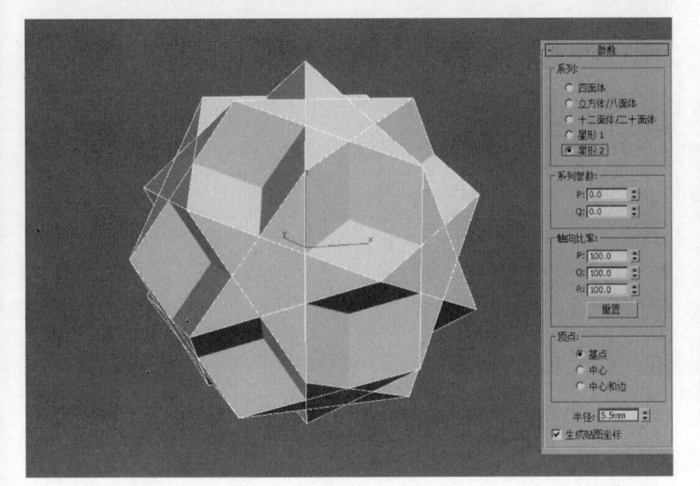

图3-140

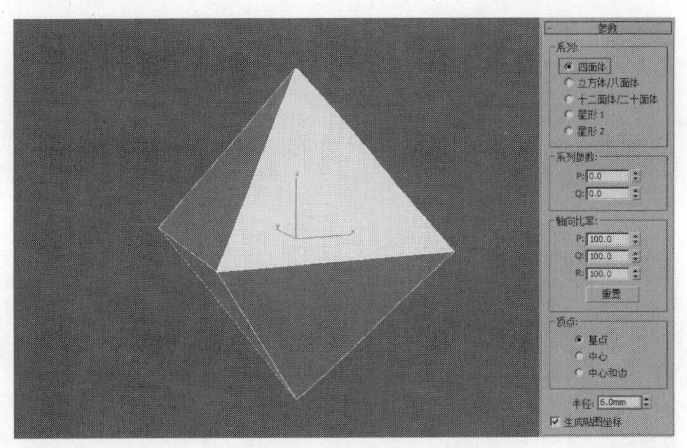

图3-141

07 将创建的异面体复制一些放到吊线上的任意位置，最终效果如图3-142所示。

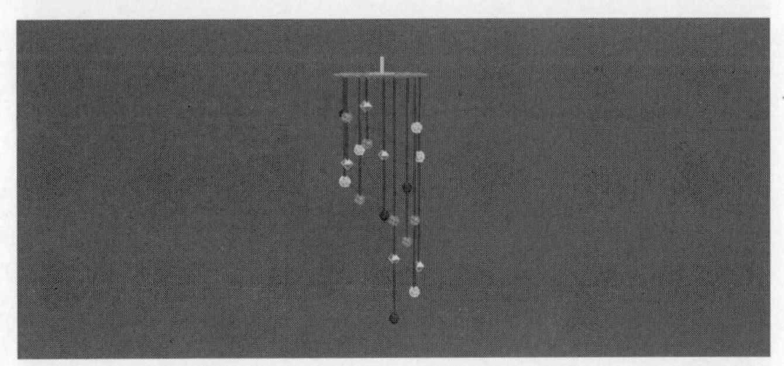

图3-142

知识回顾

◎ 工具：异面体

◎ 位置：几何体>扩展基本体

◎ 用途：异面体是一种很典型的扩展基本体，可以用来创建四面体、立方体和星形等一些特殊的模型结构。

01 在“修改”面板中单击“几何体”按钮，然后选择“扩展基本体”，接着单击“异面体”工具 异面体 ，最后在视图中使用鼠标左键拖曳光标，创建出一个异面体，如图3-143所示。

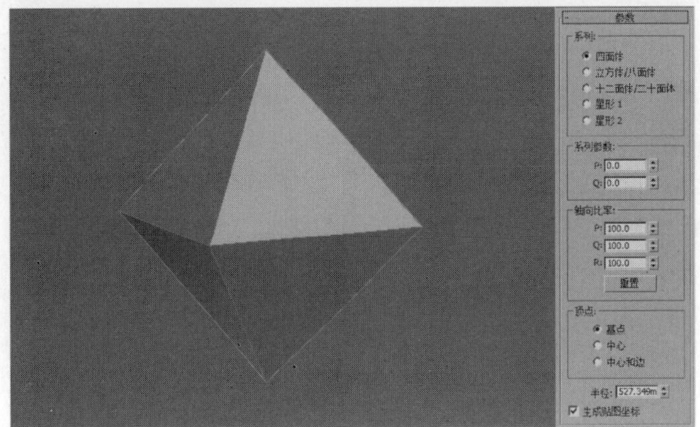

图3-143

02 图3-144~图3-148所示是在“参数”卷展栏中设置“系列”为“四面体”“立方体/八面体”“十二面体/二十面体”“星形1”和“星形2”呈现的模型。

图3-144

图3-145

图3-146

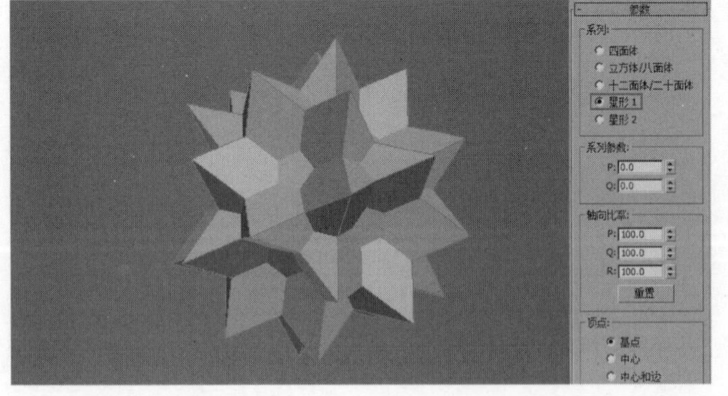

图3-147

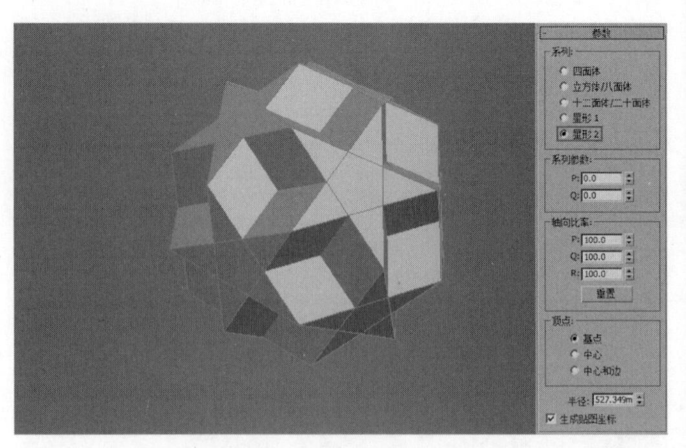

图3-148

无论选择“系列”中的哪个选项，下方的参数类型都是一致的。下面以“四面体”为例具体讲解下方的参数。

03 在“参数”卷展栏中设置“系列参数”的P值为0.5，可以观察到沿y轴的三角面在减小，生成了五边面，如图3-149所示。

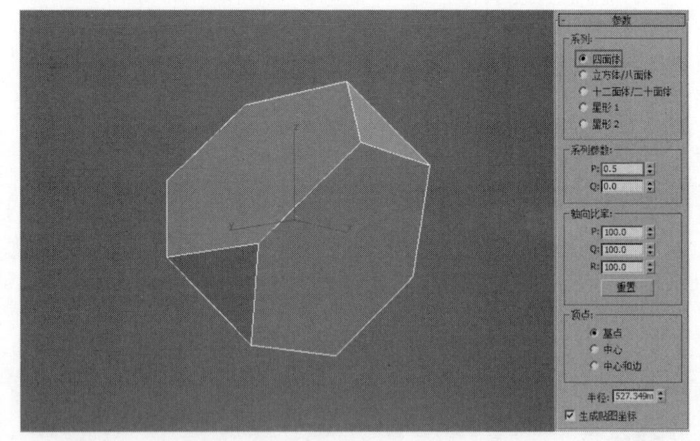

图3-149

04 在“参数”卷展栏中设置“系列参数”的P值为0、Q值为0.5，可以观察到沿x轴的三角面在减小，生成了五边面，如图3-150所示。

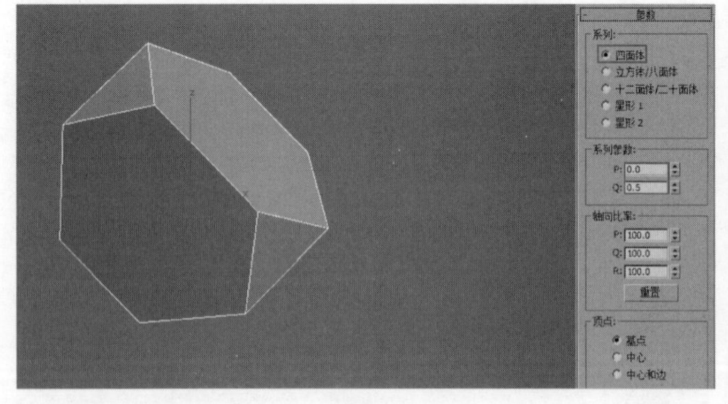

图3-150

技巧与提示

P、Q两个选项主要用来切换多面体顶点与面之间的关联关系，其取值范围是0~1。

05 在“参数”卷展栏中设置“轴向比率”的Q值为120，可以观察到三角面向外凸出，如图3-151所示。设置R值为150，可以观察到五边面向外凸出，如图3-152所示。

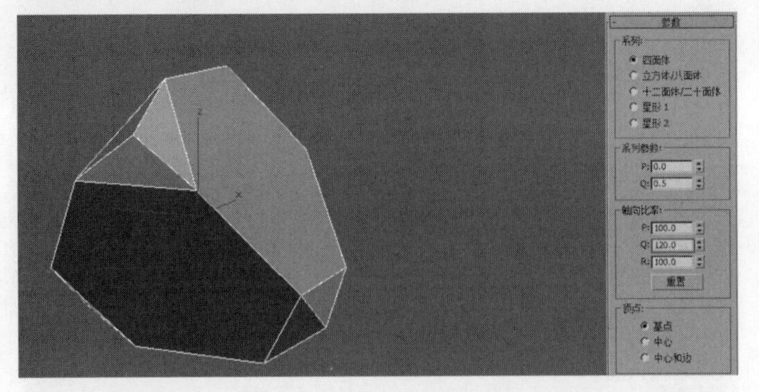

图3-151

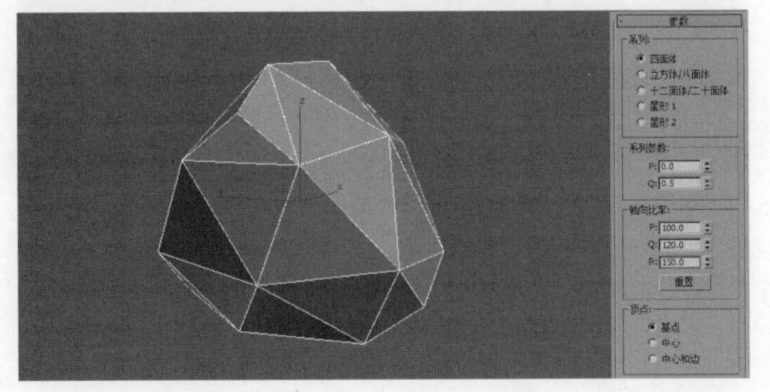

图3-152

技巧与提示

多面体可以拥有多达3种多面体的面，如三角形、方形或五角形。这些面可以是规则的，也可以是不规则的。如果多面体只有一种或两种面，则只有一个或两个轴向比率参数处于活动状态，不活动的参数不起作用。P、Q、R控制多面体一个面反射的轴。如果调整了参数，单击“重置”按钮 重置 可以将P、Q、R的数值恢复到默认值100。

06 在“参数”卷展栏中设置“顶点”为“中心和边”，可以观察到异面体模型的表面增加了线，因而增加了面数，如图3-153所示。这是因为这个选项组中的参数决定多面体每个面的内部几何体。“中心”和“中心和边”选项会增加对象中的顶点数，从而增加面数。

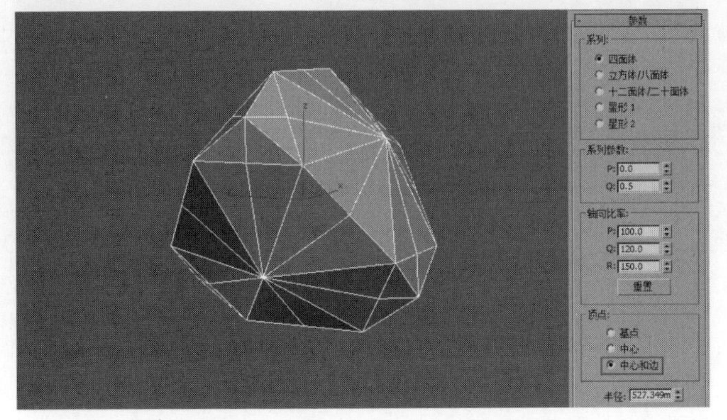

图3-153

07 在“参数”卷展栏中设置“半径”为10mm，可以观察到异面体模型的体积减小了，如图3-154所示。

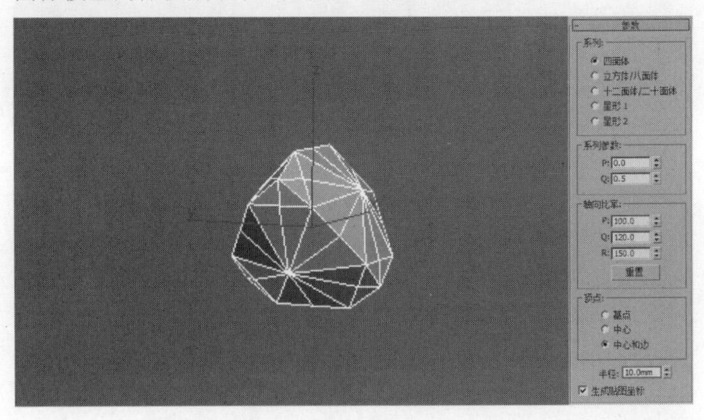

图3-154

实战041 用复合对象制作茶壶文字

场景位置	场景文件>CH03 >01.max
实例位置	实例文件>CH03 >用复合对象制作茶壶文字.max
学习目标	学习复合对象的创建方法

茶壶文字是通过“图形合并”工具将文字文本合并到茶壶模型上的，案例效果如图3-155所示。

图3-155

模型创建

01 打开本书学习资源中的“场景文件>CH03 >01.max”文件，如图3-156所示。

图3-156

02 在“创建”面板中单击“图形”按钮，然后单击“文本”按钮 文本 ，如图3-157所示，接着在“参数”卷展栏下设置“大小”为5cm，再在“文本”框中输入文字“福”，最后在视图中拖曳光标创建文字，其位置与参数如图3-158所示。

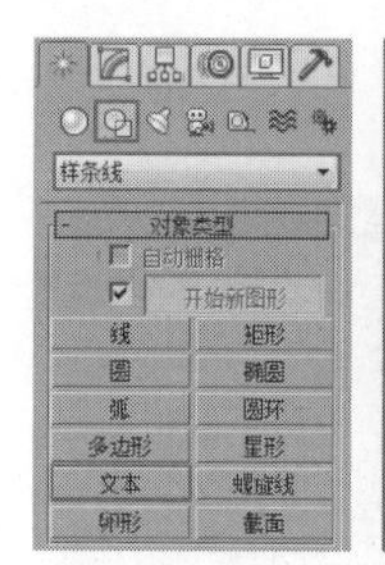

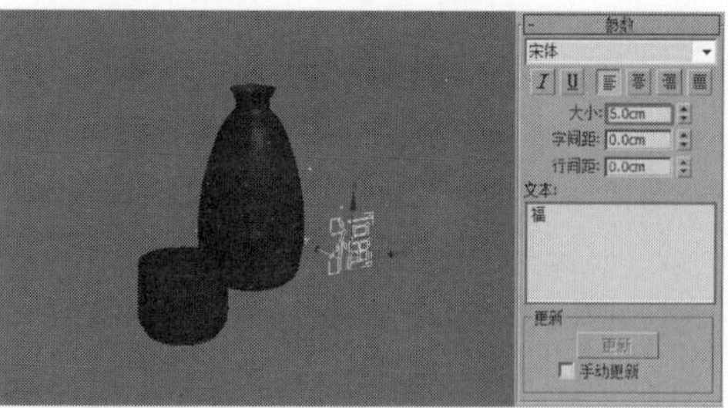

图3-157　　　　图3-158

03 选择茶壶模型，然后在“创建”面板中单击“几何体”按钮，接着设置“几何体”类型为“复合对象”，单击“图形合并”按钮 图形合并 ，再在“拾取操作对象”卷展栏下单击“拾取图形”按钮 拾取图形 ，最后在场景中拾取文字模型，此时在茶壶相应的位置会出现文字图形，如图3-159所示。

图3-159

04 单击“修改”按钮，切换到“修改”面板，然后在“修改器列表”中选择“编辑多边形”选项，接着在“选择”卷展栏下单击“多边形”按钮，进入“多边形”层级，如图3-160所示。

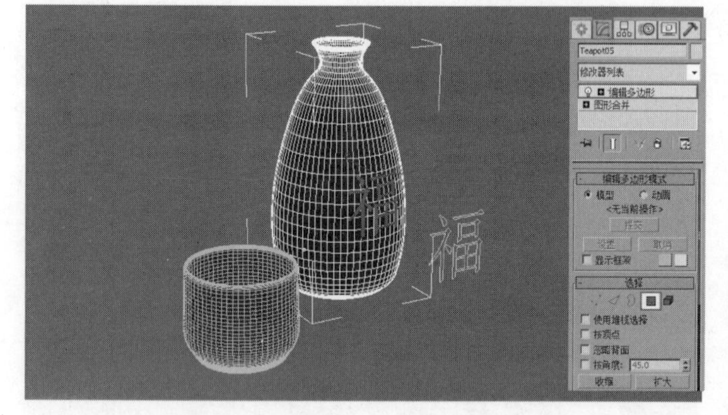

图3-160

技巧与提示

关于这5个子对象面板中的相关工具和参数，请参阅“第4章 高级建模技术”。

05 在“编辑多边形”卷展栏下单击“挤出设置”按钮，然后在视图中设置“高度”为-1mm，最后单击“确定”按钮，如图3-161所示，茶壶的最终效果如图3-162所示。

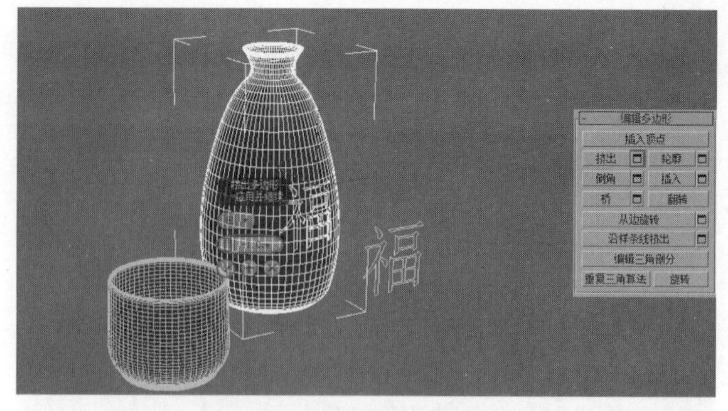

图3-161

图3-162

知识回顾

◎ 工具：图形合并

◎ 位置：几何体>复合对象

◎ 用途：可以将一个或多个图形嵌入其他对象的网格或从网格中将图形移除。

01 使用“长方体”工具 长方体 在视图中拖曳一个长方体，然后使用“样条线”中的“圆”工具 圆 在视图中拖曳一个圆，如图3-163所示。

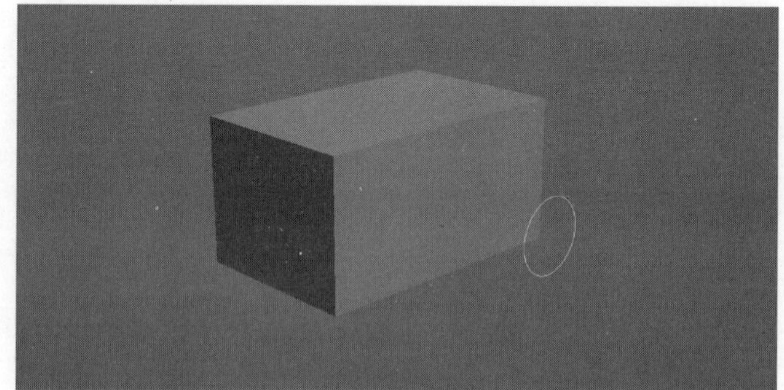

图3-163

02 选择长方体，然后在“创建”面板中单击“几何体”按钮，接着设置“几何体”类型为“复合对象”，单击“图形合并”按钮 图形合并 ，再在“拾取操作对象”卷展栏下单击“拾取图形”按钮 拾取图形 ，最后在场景中拾取圆，此时在长方体相应的位置会出现圆图形，如图3-164所示。

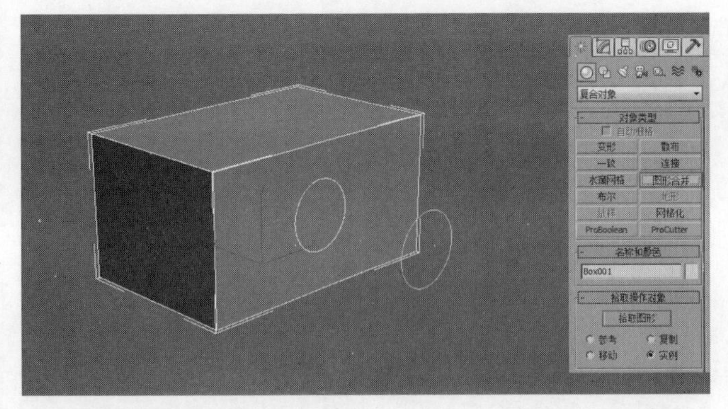

图3-164

03 默认情况下，“参数”卷展栏中的“操作”类型是“合并”，切换到“饼切”类型，会观察到长方体表面被“圆”切掉了，如图3-165所示。

04 如果需要删除已经合并的圆，在“参数”卷展栏的“操作对象”中选择“图形1：Circle001”选项，然后单击下方的“删除图形”按钮 删除图形 即可，如图3-166所示。

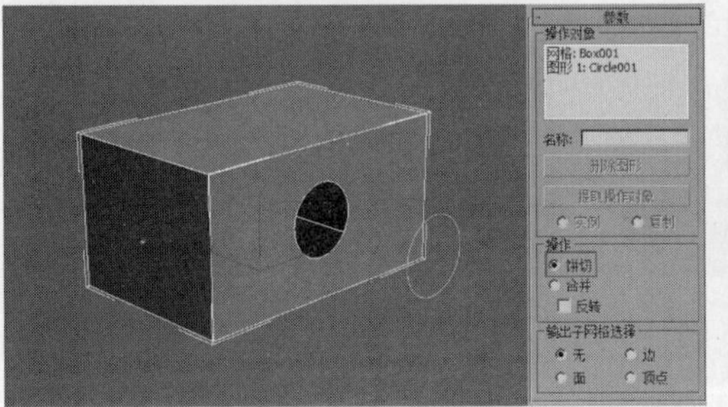

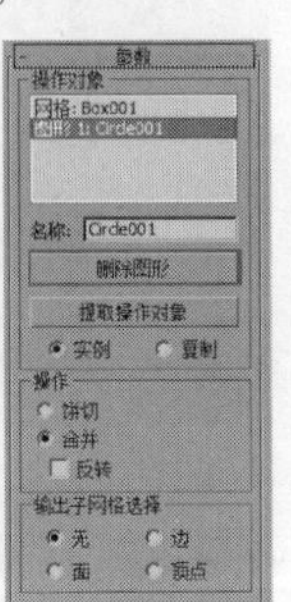

图3-165　图3-166

实战042 用布尔运算制作储物盒

场景位置　无
实例位置　实例文件>CH03>用布尔运算制作储物盒.max
学习目标　学习用布尔运算制作模型的方法

储物盒模型是用两个尺寸不同的切角长方体，通过“布尔”运算制作而成，案例效果如图3-167所示。

图3-167

模型创建

01 使用“切角长方体”工具 切角长方体 在场景中创建一个切角长方体，然后在“参数”卷展栏下设置“长度”为350mm、“宽度”为200mm、“高度”为150mm、“圆角”为3mm，如图3-168所示。

图3-168

02 使用“切角长方体”工具 切角长方体 在场景中创建一个切角长方体，然后在“参数”卷展栏下设置“长度”为325mm、“宽度”为185mm，并移动到图3-169所示的位置。

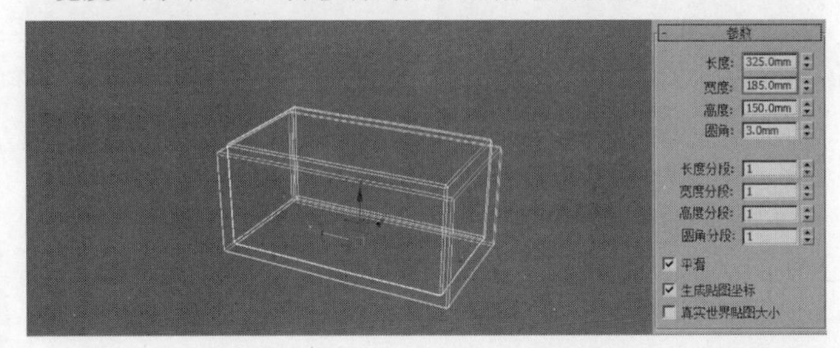

图3-169

03 选中大的切角长方体，然后设置几何体类型为“复合对象”，单击“布尔”按钮 布尔 ，接着在“拾取布尔”卷展栏下设置“运算”为“差集（A-B）”，再单击“拾取操作对象B”按钮，最后拾取小的切角长方体，如图3-170所示，最终效果如图3-171所示。

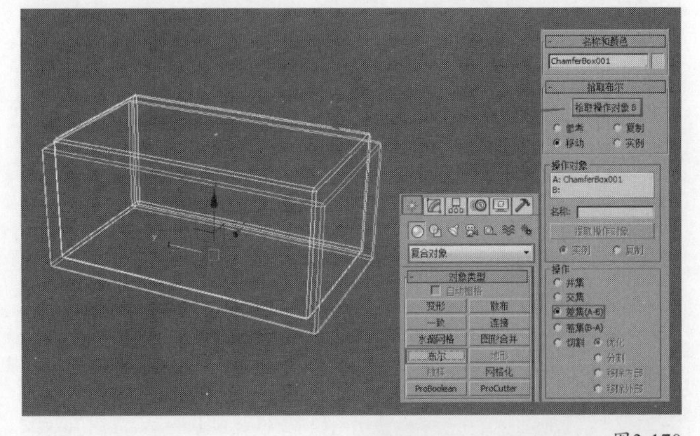

图3-170

图3-171

知识回顾

◎ 工具：布尔

◎ 位置：几何体>复合对象

◎ 用途："布尔"运算是通过对两个以上的对象进行并集、差集、交集运算，从而得到新的物体形态。

01 使用"长方体"工具 长方体 和"球体"工具 球体 在视图中拖曳出一个长方体模型和一个球体模型，如图3-172所示。

02 移动球体，使其与长方体部分重合，其位置如图3-173所示。

图3-172

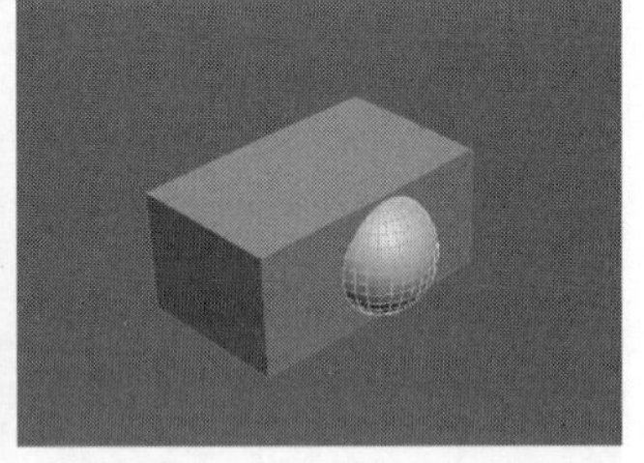

图3-173

03 选中长方体，然后设置几何体类型为"复合对象"，单击"布尔"按钮 布尔 ，接着在"拾取布尔"卷展栏下设置"运算"为"差集（A-B）"，再单击"拾取操作对象B"按钮，如图3-174所示，最后拾取球体，可以观察到小球在长方体上挖出一个坑，如图3-175所示。

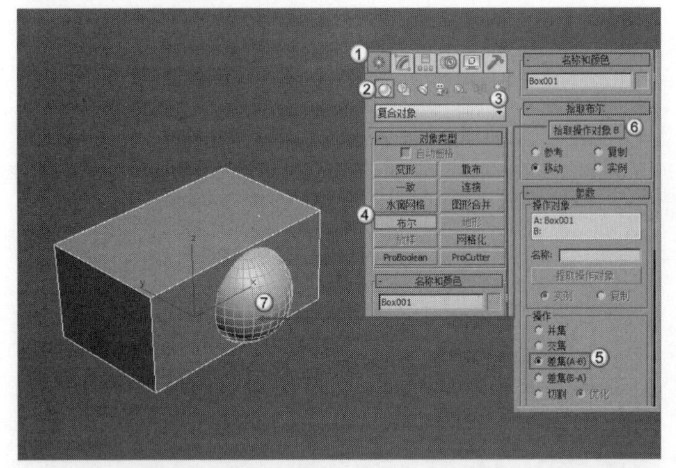

图3-174

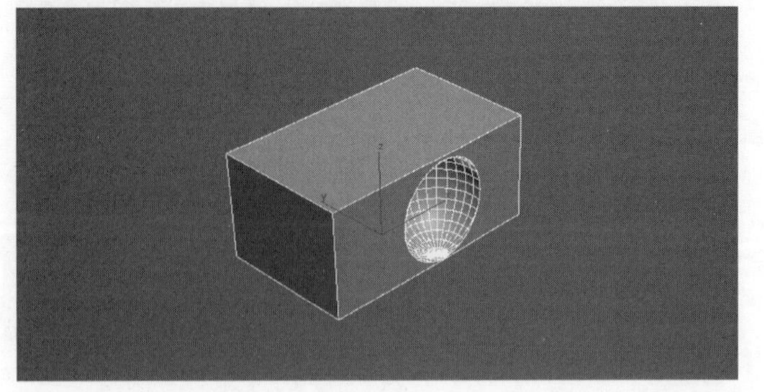

图3-175

04 按快捷键Ctrl+Z返回到步骤02的状态，执行上一步操作，设置"参数"卷展栏中的"操作"为"并集"，可以观察到长方体与球体成为一个整体模型，如图3-176所示。

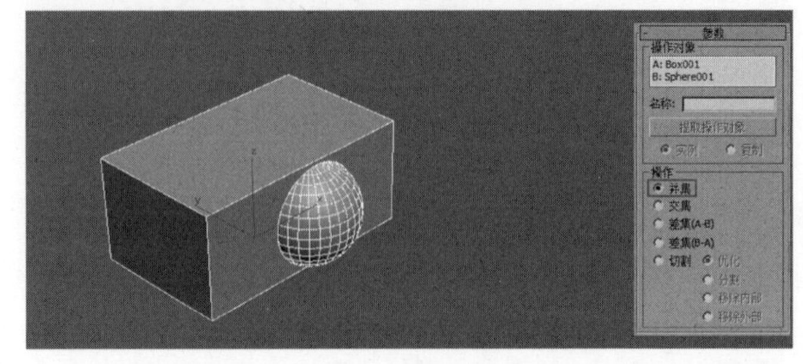

图3-176

05 按快捷键Ctrl+Z返回到步骤02的状态，设置"参数"卷展栏中的"操作"为"交集"，可以观察到场景中只剩下长方体与球体相交的部分，如图3-177所示。

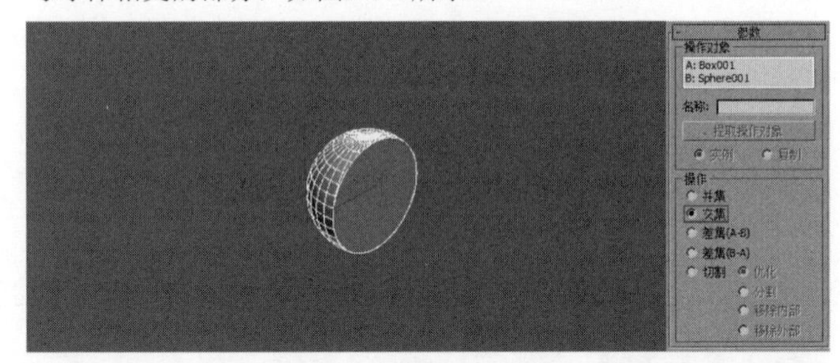

图3-177

06 按快捷键Ctrl+Z返回到步骤02的状态，设置"参数"卷展栏中的"操作"为"差集（B-A）"，可以观察到场景中只剩下长方体与球体不相交的部分，如图3-178所示。

图3-178

07 按快捷键Ctrl+Z返回到步骤02的状态，设置"参数"卷展栏中的"操作"为"切割"中的"优化"选项，可以观察到场景中长方体与球体的相交面多了一圈线，如图3-179所示。

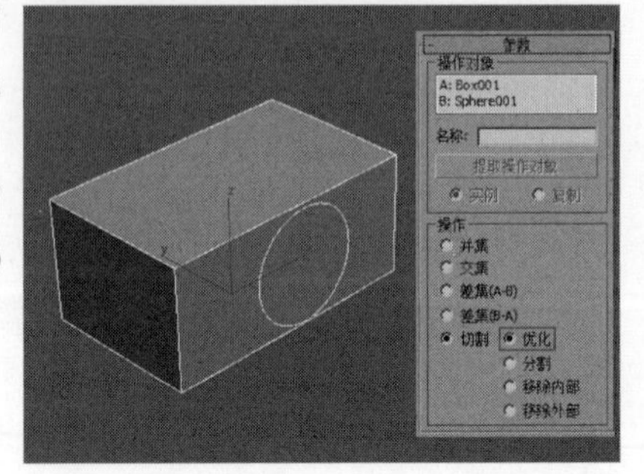

图3-179

08 按快捷键Ctrl+Z返回到步骤02的状态，将球体放大一些，如图3-180所示，然后选中长方体，设置“参数”卷展栏中的“操作”为“切割”中的“分割”选项，可以观察到场景中长方体与球体的相交面多了一圈线，如图3-181所示。

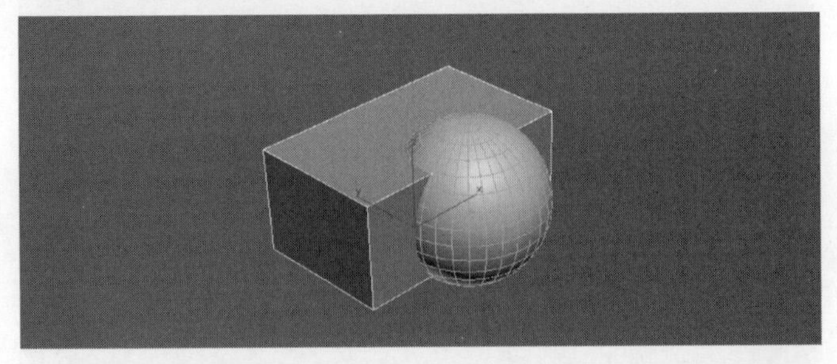

图3-180

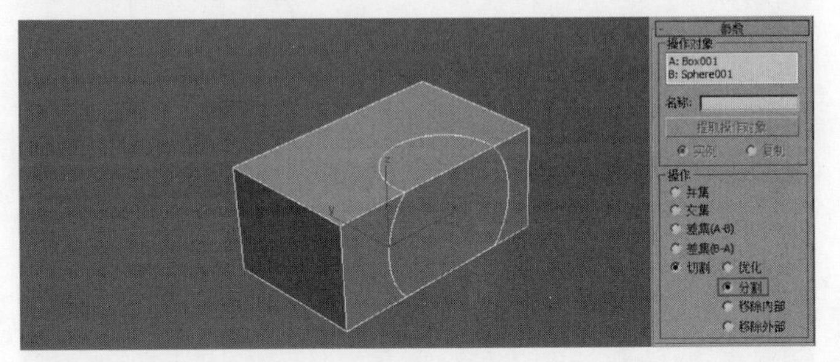

图3-181

09 按快捷键Ctrl+Z返回到步骤02的状态，设置“参数”卷展栏中的“操作”为“切割”中的“移除内部”选项，可以观察到场景中长方体与球体的相交面被切掉，如图3-182所示。

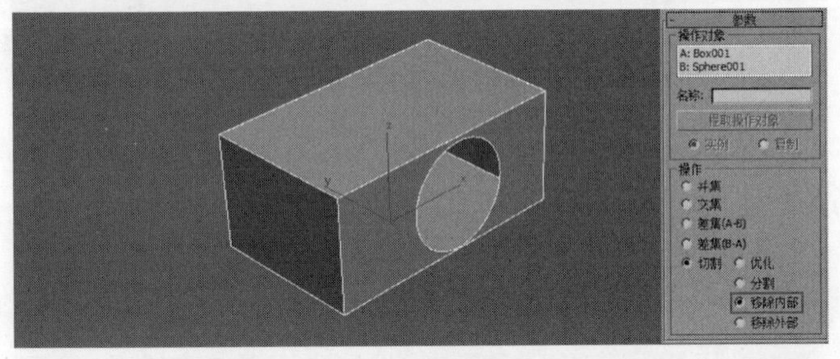

图3-182

10 按快捷键Ctrl+Z返回到步骤02的状态，设置“参数”卷展栏中的“操作”为“切割”中的“移除外部”选项，可以观察到场景中只留下长方体与球体的相交面，如图3-183所示。

图3-183

实战043 用布尔运算制作香皂盒

场景位置	无
实例位置	实例文件>CH03>用布尔运算制作香皂盒.max
学习目标	学习用布尔运算制作模型的方法

香皂盒是日常生活中常见的物品，模型是用切角长方体和经过变形的球体通过“布尔”运算制作出来的，效果如图3-184所示。

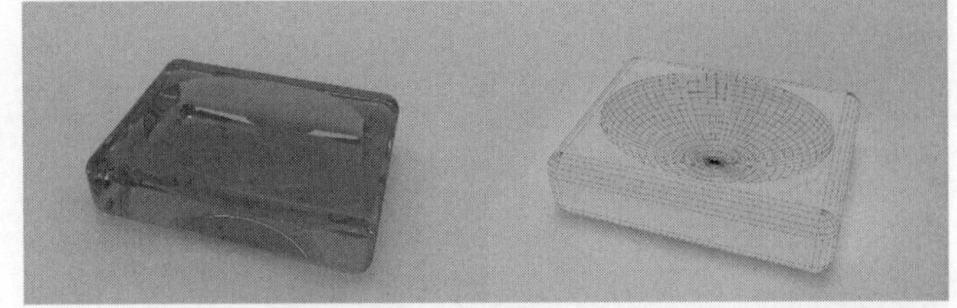

图3-184

01 使用“切角长方体”工具 切角长方体 在视图中拖曳出一个切角长方体，然后展开“参数”卷展栏，设置“长度”为60mm、“宽度”为80mm、“高度”为20mm、“圆角”为5mm、“圆角分段”为5，如图3-185所示。

图3-185

02 使用“球体”工具 球体 在视图中拖曳出一个球体，然后展开参数卷展栏，设置“分段”为64，如图3-186所示。

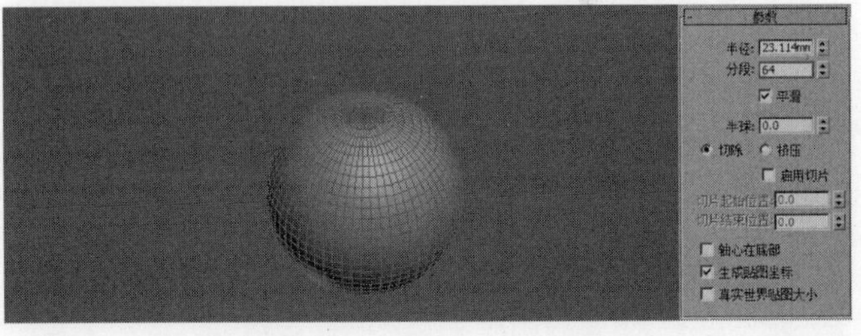

图3-186

03 选中球体，然后使用“选择并均匀缩放”工具将球体造型调整至如图3-187所示的状态，接着将球体放置于切角长方体内部，如图3-188所示。

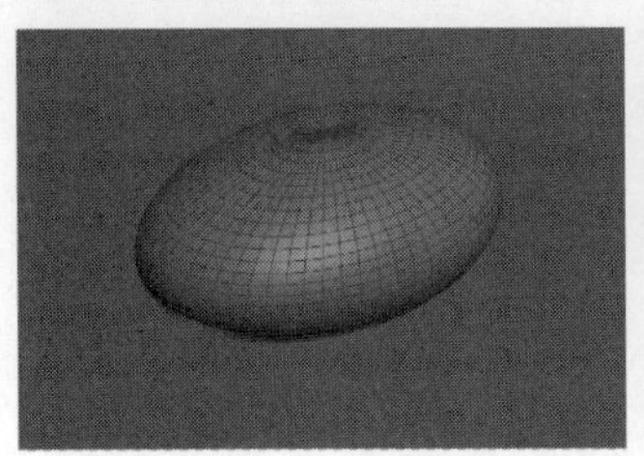

图3-187

图3-188

04 选中切角长方体，然后设置几何体类型为“复合对象”，单击“布尔”按钮 布尔 ，接着在“拾取布尔”卷展栏下设置“运算”为“差集（A - B）”，再单击“拾取操作对象B”按钮，最后拾取小的切角长方体，如图3-189所示，最终效果如图3-190所示。

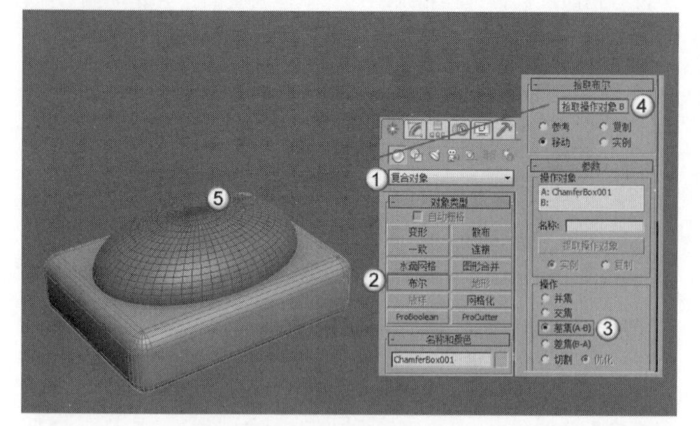

图3-189

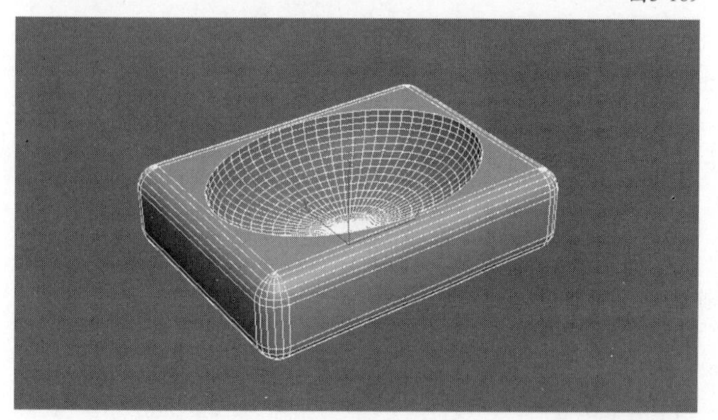

图3-190

实战044 用放样工具制作画框

场景位置	无
实例位置	实例文件>CH03>用放样工具制作画框.max
学习目标	学习放样工具的使用方法

画框模型是使用“放样”工具将矩形用造型后的样条线放样，再与长方体进行拼合而成，案例效果如图3-191所示。

图3-191

模型创建

01 进入前视图，在“创建”面板中单击“图形”按钮，然后单击“矩形”按钮 矩形 ，并在视图中绘制一个矩形，接着在“参数”卷展栏中设置矩形的“长度”为300mm、“宽度”为200mm，如图3-192所示。

图3-192

02 再次用“矩形”工具 矩形 在视图中绘制一个矩形，然后在“参数”卷展栏中设置矩形的“长度”为20mm、“宽度”为20mm，如图3-193所示。

图3-193

03 选择上一步创建的矩形，单击鼠标右键，在弹出的菜单中选择“转换为可编辑样条线”选项，如图3-194所示，然后单击“修改”按钮进入修改面板，接着在“选择”卷展栏下单击“点”按钮，切换为“点”层级，最后将矩形调整为图3-195所示的造型。

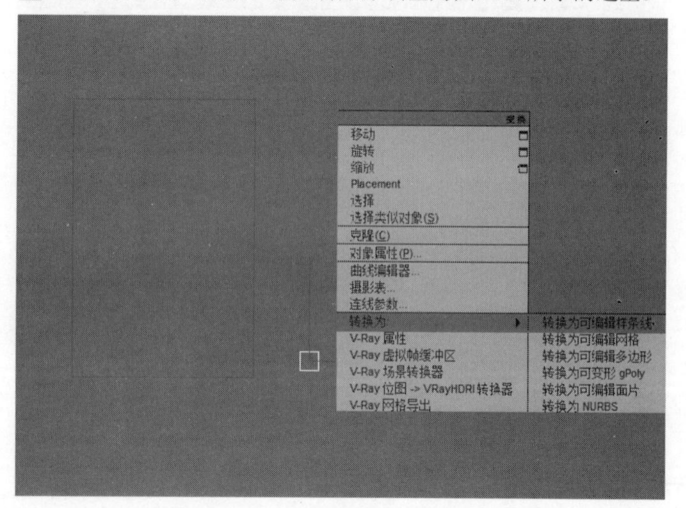

图3-194

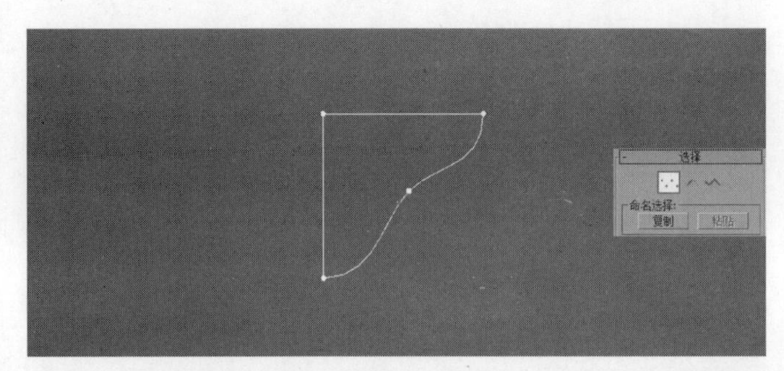

图3-195

技巧与提示

矩形在“点”层级下，点的控制类型为“Bezier角点”，选中需要移动的点，单击鼠标右键，在弹出的菜单中选择“平滑”选项，将点的控制类型转换为“平滑”，如图3-196所示。

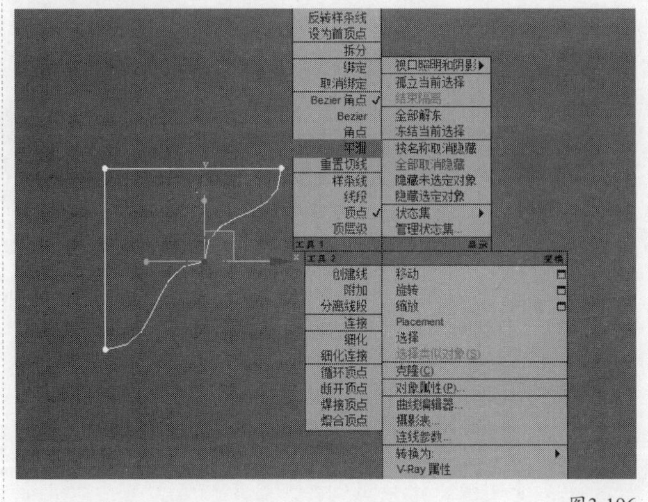

图3-196

04 选中矩形，然后在“创建”面板中单击“几何体”按钮，接着设置“几何体”类型为“复合对象”，单击“放样”按钮 放样 ，接着在“创建方法”卷展栏中单击“获取图形”按钮 获取图形 ，最后拾取视图中修改后的矩形，如图3-197所示。

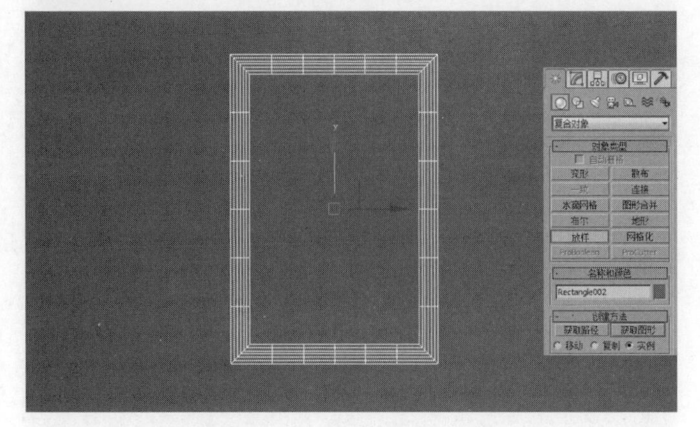

图3-197

05 单击“主工具栏”中的“镜像”工具，然后在弹出的对话框中设置“镜像轴”为z轴、“克隆当前选项”为“不克隆”，最后单击“确定”按钮 确定 ，如图3-198所示，模型效果如图3-199所示。

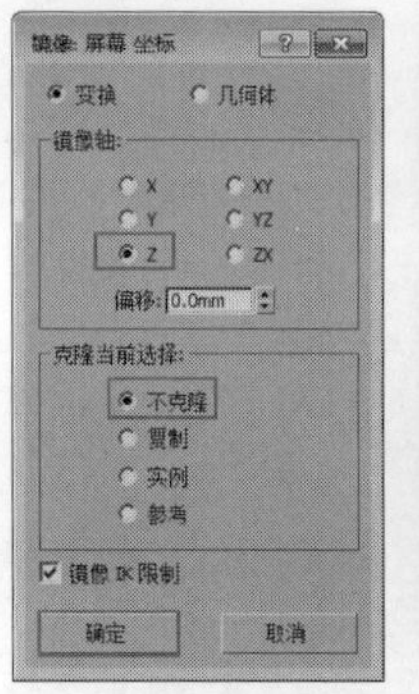

图3-198　图3-199

06 设置“几何体”类型为“标准基本体”，单击“长方体”按钮 长方体 ，在视图中创建一个长方体，然后在“参数”卷展栏中设置“长度”为281mm、“宽度”为180mm、“高度”为-2.5mm，其效果与参数如图3-200所示。

图3-200

知识回顾

◎ 工具：放样

◎ 位置：几何体>复合对象

◎ 用途：“放样”是将一个二维图形作为沿某个路径的剖面，从而形成复杂的三维对象。“放样”是一种特殊的建模方法，能快速地创建多种模型，常用于吊顶石膏线、踢脚线等造型线条的建模。

01 使用“样条线”中的“线”工具 线 在视图中拖曳出一条直线，然后使用“星形”工具 星形 在视图中拖曳出一个星形，如图3-201所示。

图3-201

02 选中直线，然后在“创建”面板中单击“几何体”按钮，接着设置“几何体”类型为“复合对象”，单击“放样”按钮 放样 ，在“创建方法”卷展栏中单击“获取图形”按钮 获取图形 ，最后拾取视图中的星形，如图3-202所示。

图3-202

03 选中放样出的星形模型，然后切换到“修改”面板，接着展开“变形”卷展栏，再单击“缩放”按钮 缩放 ，最后在弹出的“缩放变形”窗口中调整曲线，如图3-203所示，星形效果如图3-204所示。

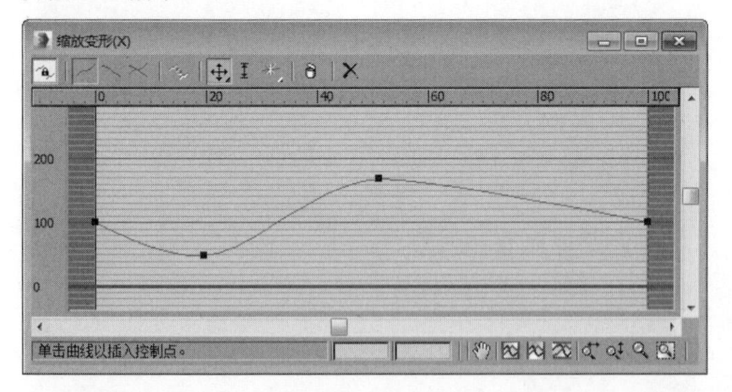

图3-203

图3-204

04 按快捷键Ctrl＋Z返回，然后在“变形”卷展栏中单击“扭曲”按钮 扭曲 ，接着在弹出的“扭曲变形”窗口中调整曲线，如图3-205所示，星形效果如图3-206所示。

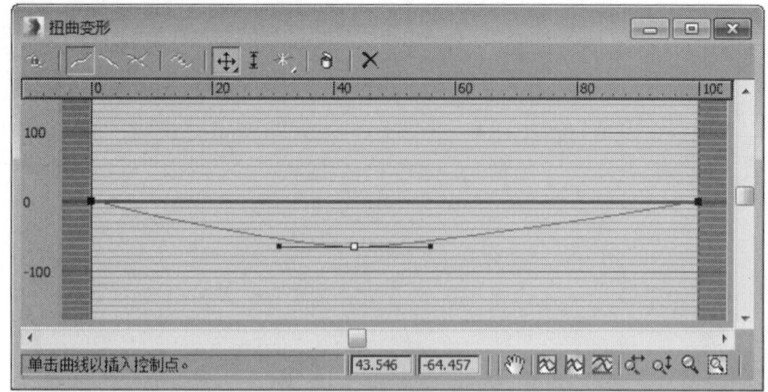

图3-205

图3-206

05 按快捷键Ctrl＋Z返回，然后在“变形”卷展栏中单击“倾斜”按钮 倾斜 ，接着在弹出的“倾斜变形”窗口中调整曲线，如图3-207所示，星形效果如图3-208所示。

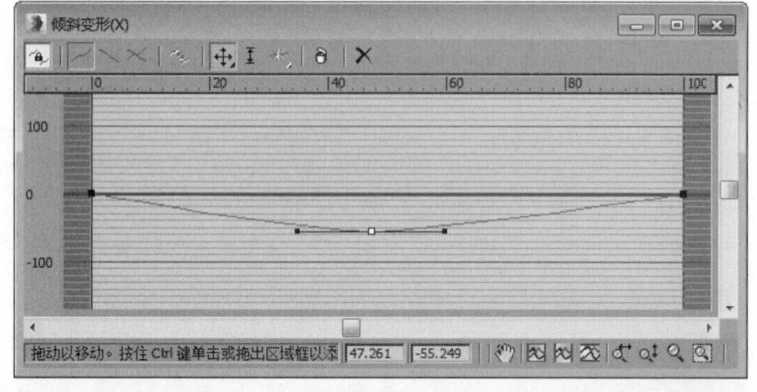

图3-207

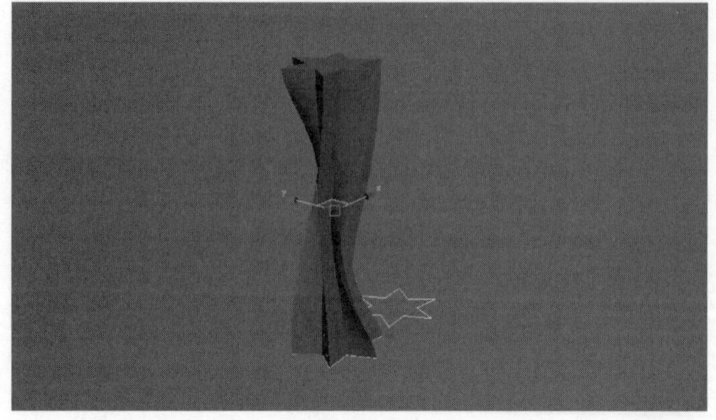

图3-208

> **技巧与提示**
> 使用“倾斜”变形可以围绕局部x轴和y轴旋转图形。

06 按快捷键Ctrl+Z返回，然后在“变形”卷展栏中单击“倒角”按钮 倒角 ，接着在弹出的“倒角变形”窗口中调整曲线，如图3-209所示，星形效果如图3-210所示。

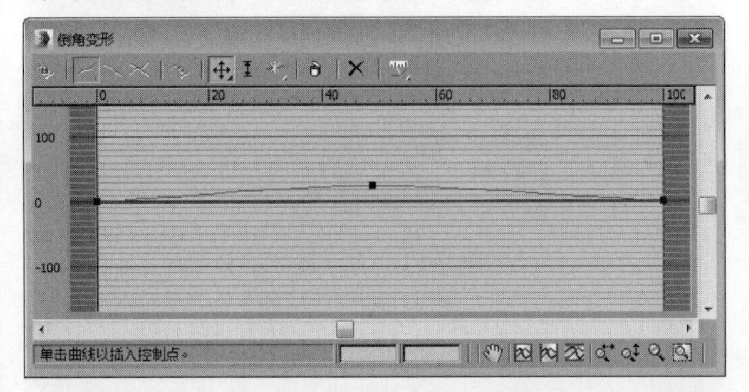

图3-209

图3-210

> **技巧与提示**
> 使用“倒角”变形可以制作出具有倒角效果的对象。

实战045 用样条线制作椅子

场景位置	无
实例位置	实例文件>CH03>用样条线制作椅子.max
学习目标	学习用样条线创建模型的方法

椅子模型由不同造型的样条线拼合而成，效果如图3-211所示。

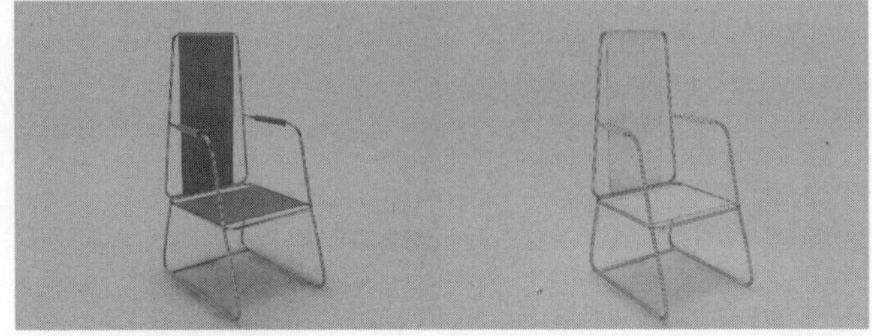

图3-211

模型创建

01 使用“矩形”工具 矩形 在前视图中绘制出椅子背部，然后在“参数”卷展栏中设置“长度”为600mm、“宽度”为400mm、“角半径”为35mm，如图3-212所示。

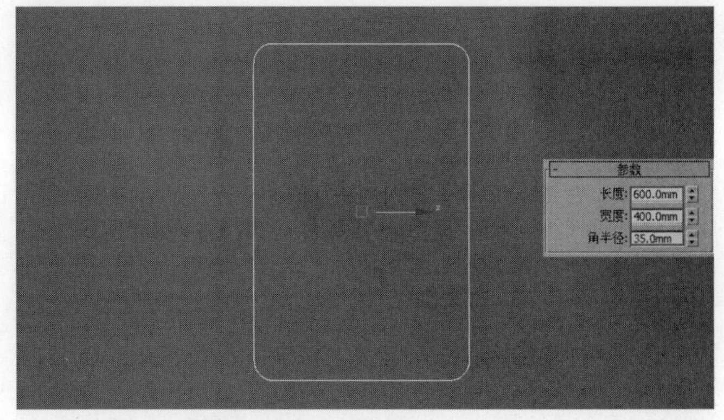

图3-212

02 选中上一步创建的矩形，然后单击鼠标右键，接着在弹出的菜单中选择“转换为可编辑样条线”选项，如图3-213所示。

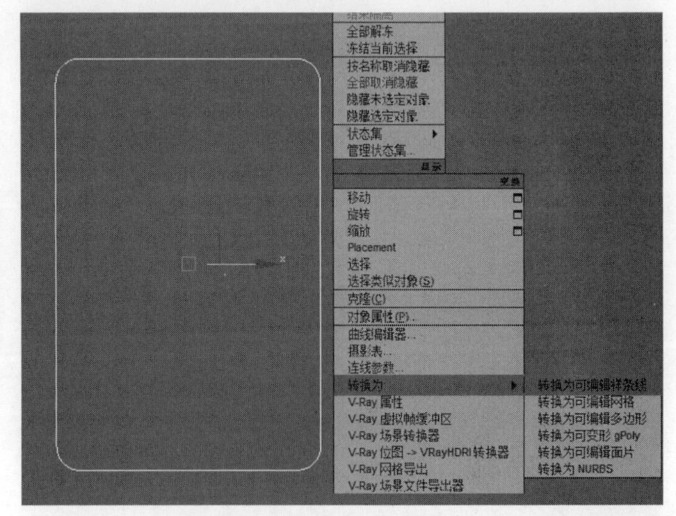

图3-213

03 进入“修改”面板，然后在“选择”卷展栏下单击“点”按钮 ，进入“点”级别，再将矩形调整成图3-214所示的形状。

图3-214

04 进入“修改”面板，然后在“渲染”卷展栏下勾选“在渲染中启用”和“在视口中启用”选项，接着选择“径向”选项，最后设置“厚度”为12mm，如图3-215所示。

图3-215

05 使用“矩形”工具 矩形 在顶视图中绘制出椅子座椅，然后在“参数”卷展栏中设置“长度”为400mm、“宽度”为400mm、“角半径”为35mm，其位置与参数如图3-216所示。

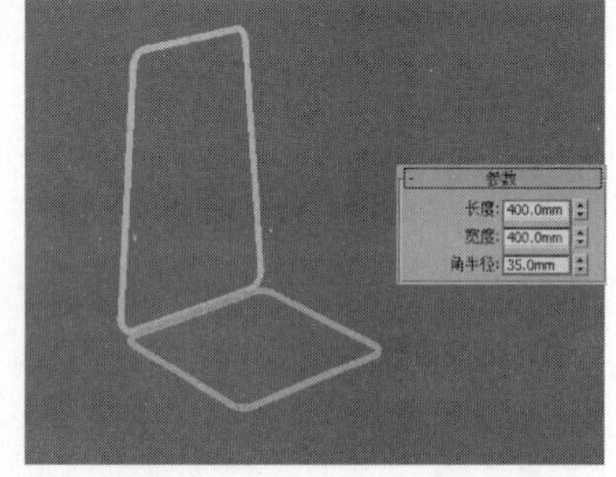

图3-216

06 使用“线”工具 线 在左视图中绘制出椅子扶手，其位置与参数如图3-217所示。

图3-217

07 选择上一步创建的扶手，在“选择”卷展栏中选择“点”层级，然后在“几何体”卷展栏中选择“圆角”工具 圆角 ，接着在后面的输入框中输入50，如图3-218所示。

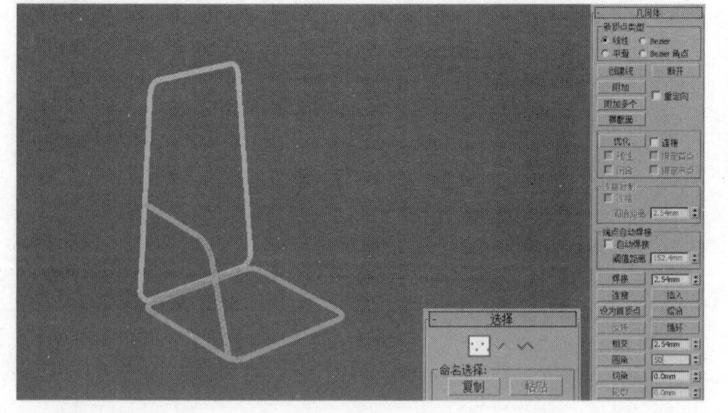

图3-218

08 将扶手模型复制一个，移动到椅子的另一边，如图3-219所示。

09 使用“线”工具 线 在左视图中绘制出椅子腿，并进入“点”层级调整模型，如图3-220所示。

图3-219

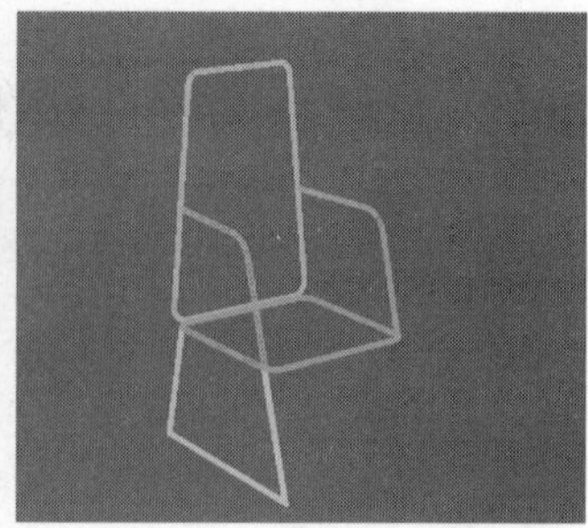

图3-220

10 选择上一步创建的模型，然后在“几何体”卷展栏中选择“圆角”工具 圆角 ，接着在后面的输入框中输入50，最后向右侧复制一个，如图3-221所示。

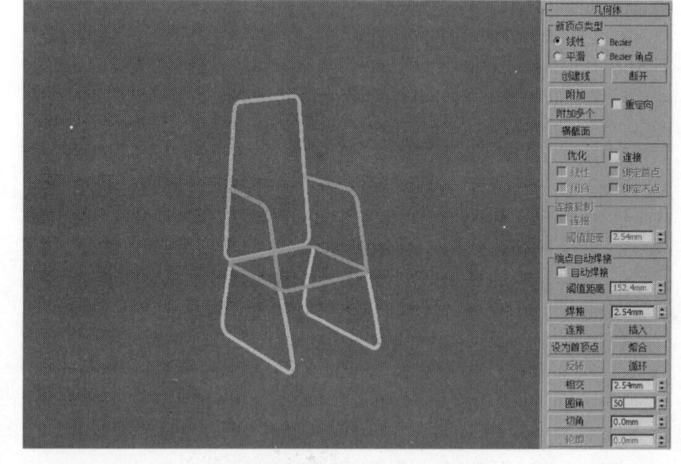

图3-221

11 使用“线”工具 线 在前视图中绘制出椅子腿，如图3-222所示。

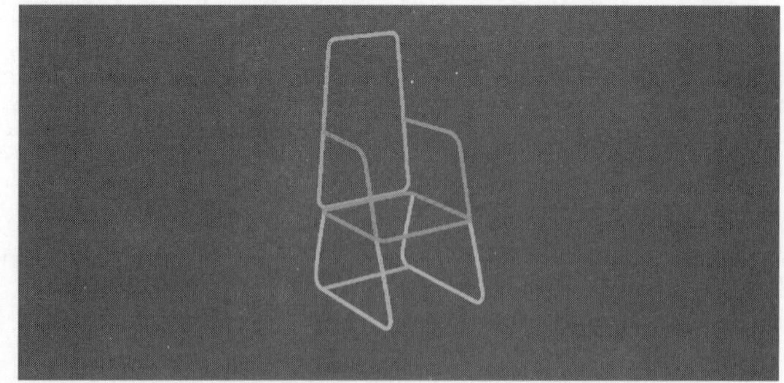

图3-222

12 使用“线”工具 线 ，进入顶视图在座椅上绘制一条直线，然后在“渲染”卷展栏中选择“渲染”类型为“矩形”，接着设置“长度”为3mm、“宽度”为300mm，其位置及效果如图3-223所示。

图3-223

13 使用“线”工具 线 ，进入前视图在座椅靠背绘制一条直线，然后在“渲染”卷展栏中选择“渲染”类型为“矩形”，接着设置“长度”为3mm、“宽度”为250mm，其位置及效果如图3-224所示。

图3-224

14 使用“线”工具 线 ，进入左视图在座椅扶手绘制一条直线，然后在“渲染”卷展栏中选择“渲染”类型为“径向”，接着设置“厚度”为25mm，如图3-225所示，最后复制一个到另一侧的扶手，最终效果如图3-226所示。

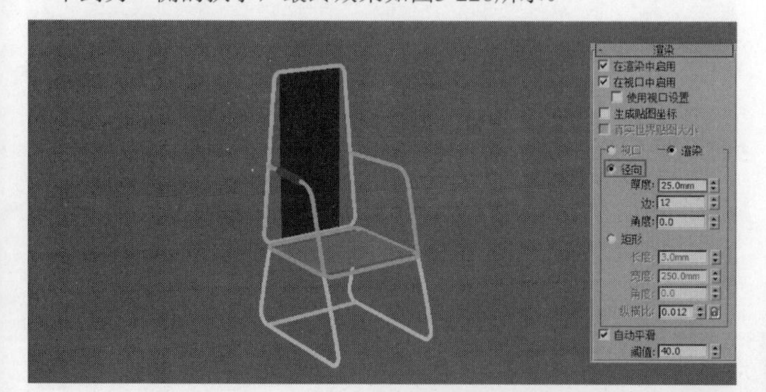
图3-225

图3-226

疑难问答

问：用“线”工具怎样画直线？

答：按住Shift键，在视口中拖曳鼠标即可。如果拖曳发现线仍然有弯曲或不直，如图3-227所示，可以进入“点”层级，选择“选择并均匀缩放”工具，接着将轴点中心切换为“使用选择中心”，再选中线的两个端点，单击鼠标右键将“顶点类型”切换为“角点“，最后沿垂直于线的坐标轴缩小即可，如图3-228所示。

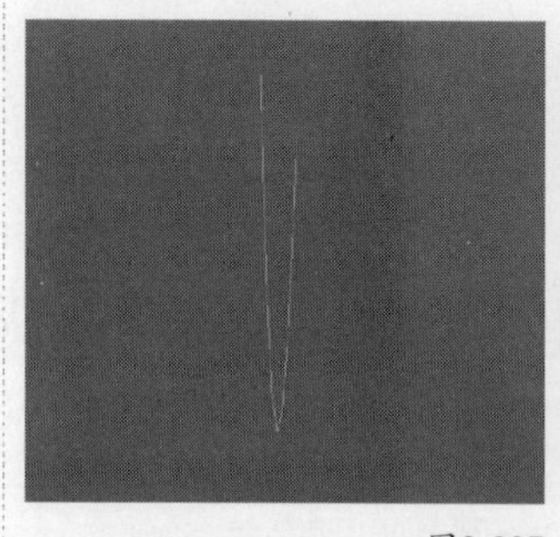
图3-227

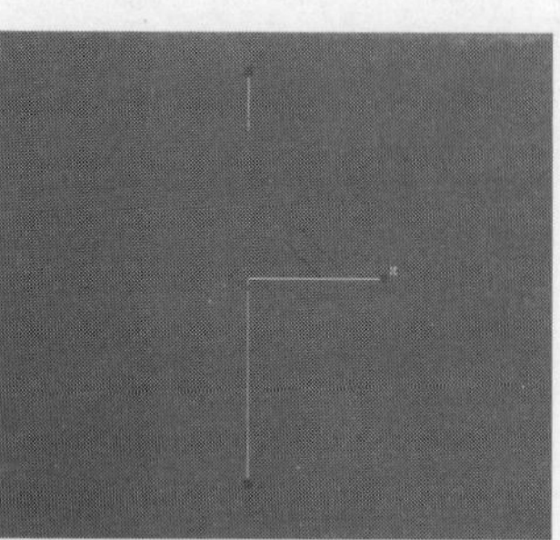
图3-228

知识回顾

◎ 工具： 线

◎ 位置：图形>样条线

◎ 用途：线在建模中是常用的一种样条线，其使用方法非常灵活，形状也不受约束，可以封闭也可以不封闭，拐角处可以是尖锐也可以是平滑的。

01 单击“线”按钮 线 ，在视图中拖曳出一条线，如图3-229所示。

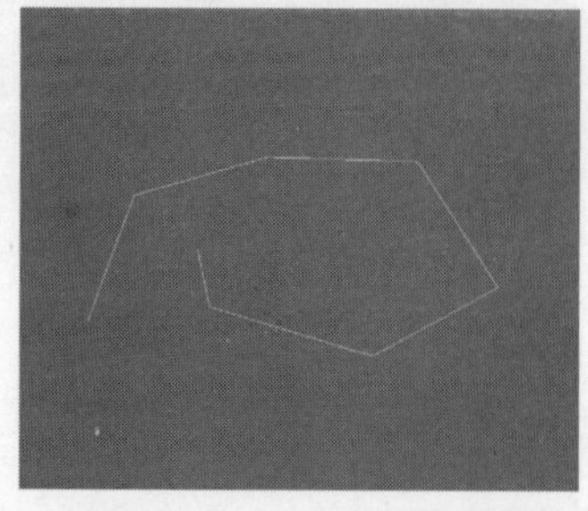
图3-229

02 进入“修改”面板，然后展开“渲染”卷展栏，接着勾选“在渲染中启用”和“在视口中启用”选项，可以观察到线变成了实体模型，如图3-230所示。

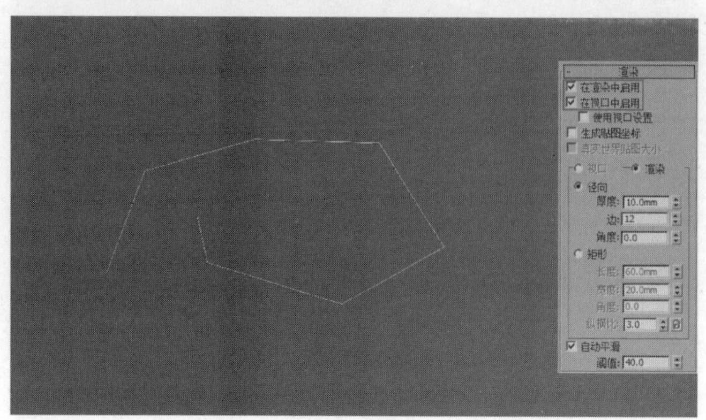
图3-230

03 在“渲染”卷展栏下设置“径向”的“厚度”为30mm，可以观察到线的直径增大，如图3-231所示。

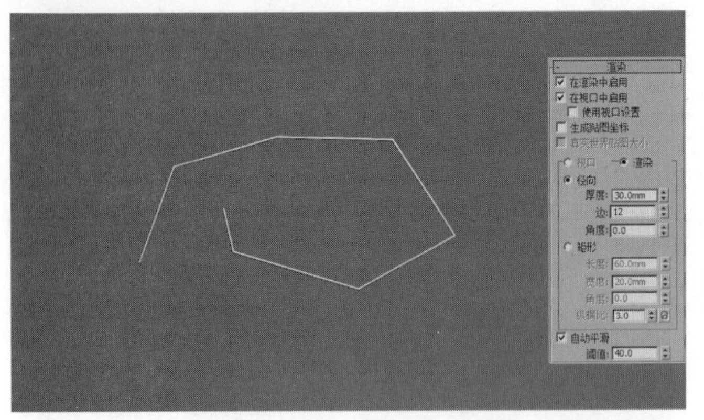

图3-231

04 在“渲染”卷展栏下设置渲染类型为“矩形”，可以观察到线由原来的圆形截面变成了方形截面，如图3-232所示。

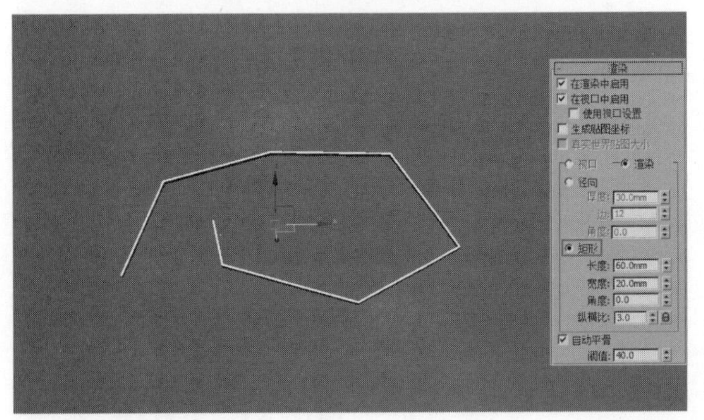

图3-232

05 在“渲染”卷展栏下设置“矩形”的“长度”为80mm、“宽度”为80mm，可以观察到样条线的厚度比之前增大，如图3-233所示。

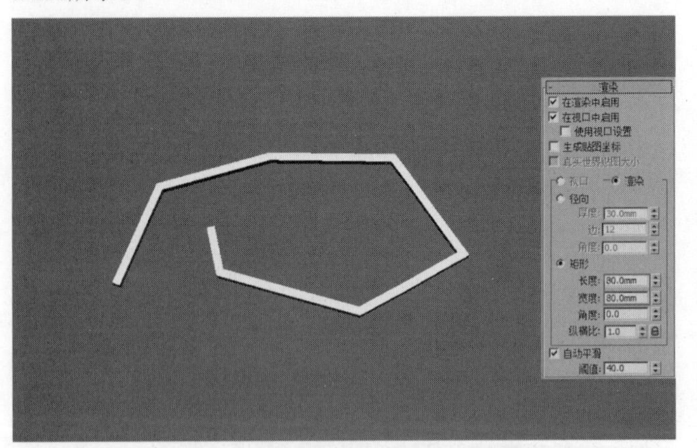

图3-233

06 取消勾选“在渲染中启用”和“在视口中启用”选项，然后展开“选择”卷展栏，接着单击“点”按钮，将样条线切换到“点”层级，如图3-234所示。

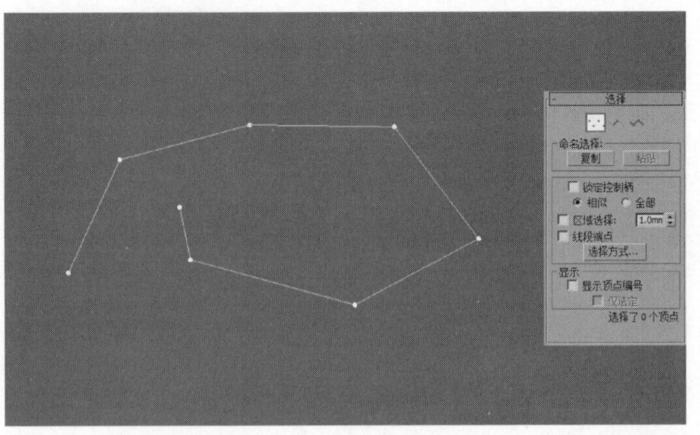

图3-234

07 在视图中选择所有点，然后单击鼠标右键，接着在弹出的菜单中将默认的“角点”选项切换为“平滑”选项，如图3-235和图3-236所示，可以观察到切换为“平滑”选项后的样条线更圆滑。

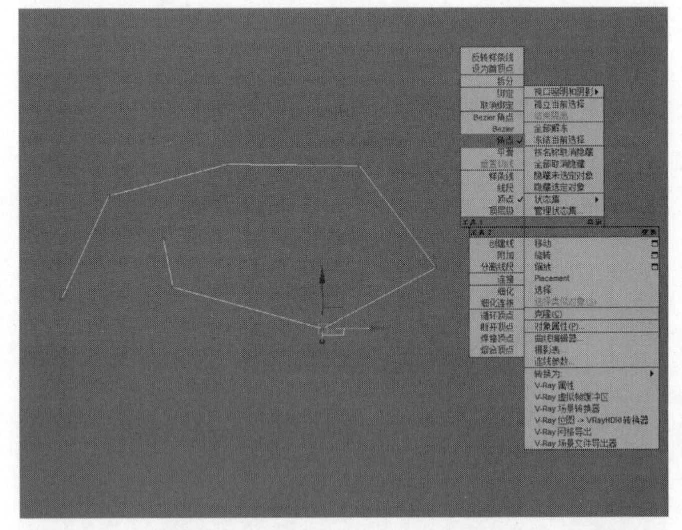

图3-235

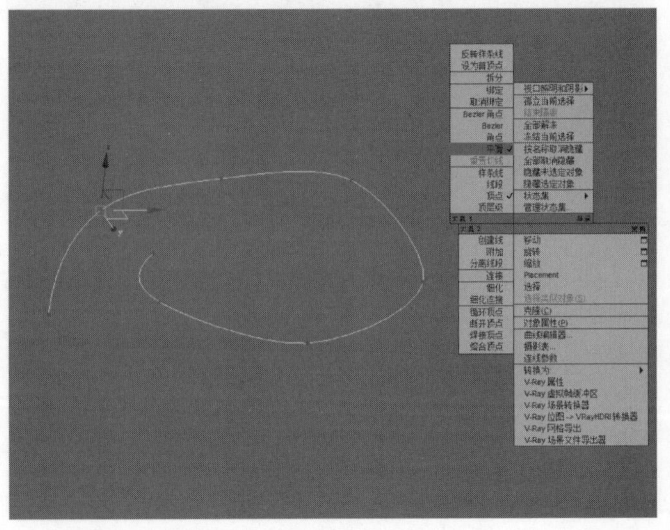

图3-236

08 选择样条线上所有的点，然后单击鼠标右键，接着在弹出的菜单中选择Bezier选项，如图3-237所示，可以观察到每个点的两侧有绿色的控制柄，单独调节控制柄可以调整样条线的造型，如图3-238所示。

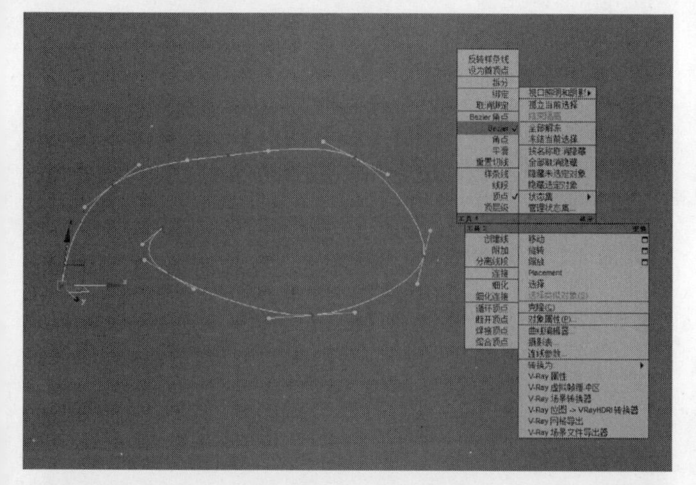

图3-237

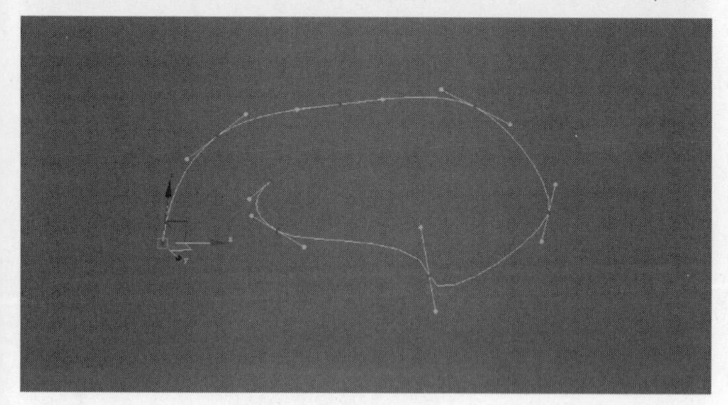

图3-238

09 选择样条线上所有的点，然后单击鼠标右键，接着在弹出的菜单中选择“Bezier角点”选项，如图3-239所示，可以观察到每个点的两侧有绿色的控制柄，单独调节一侧控制柄可以调整样条线的造型，如图3-240所示。

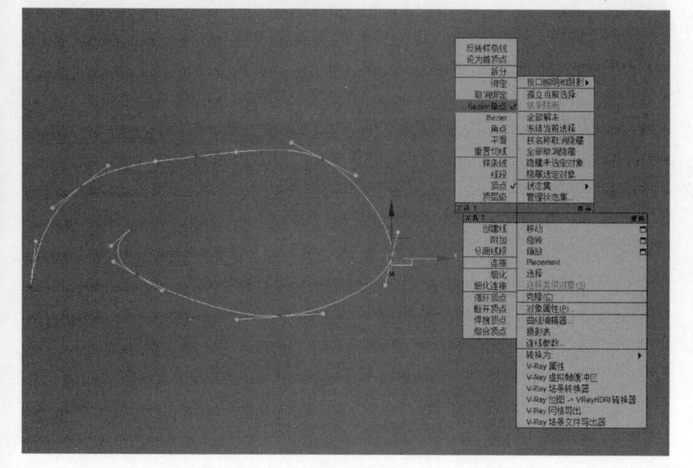

图3-239

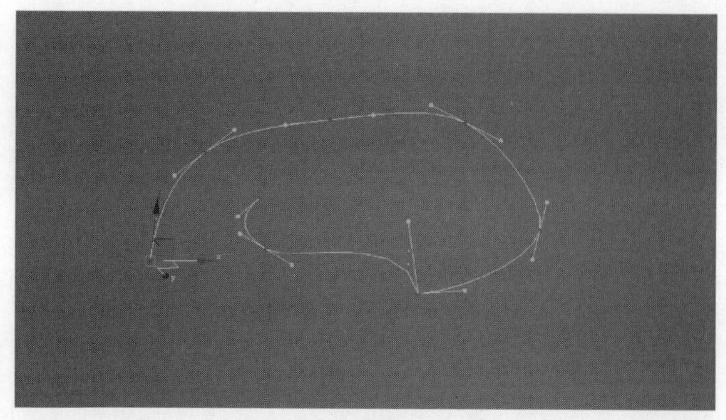

图3-240

10 展开“选择”卷展栏，然后单击“线段”按钮，将样条线切换到“线段”层级，如图3-241所示，可以观察到样条线只能选取点与点之间的线段进行操作，如图3-242所示。

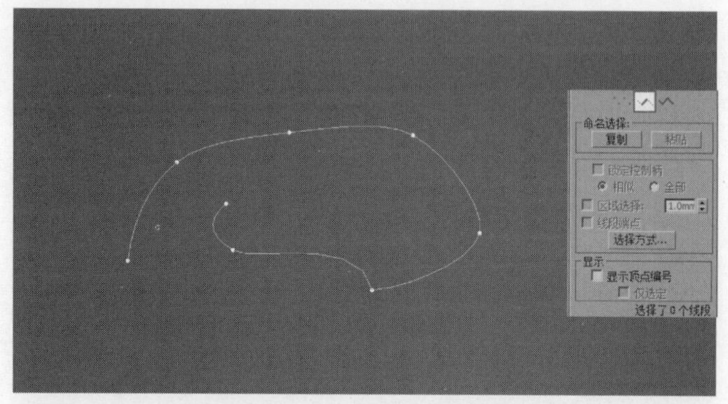

图3-241

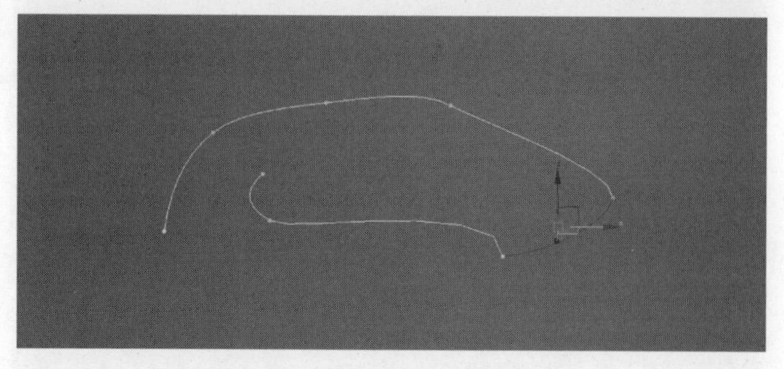

图3-242

11 展开“选择”卷展栏，然后单击“样条线”按钮，将样条线切换到“样条线”层级，如图3-243所示，可以观察到样条线只能选整条样条线进行操作，如图3-244所示。

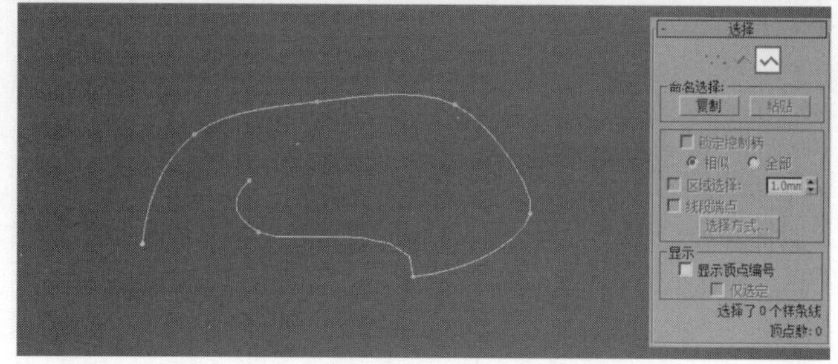

图3-243

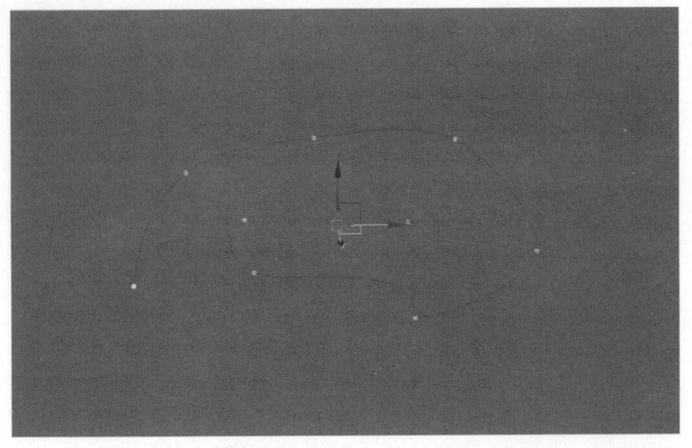

图3-244

12 展开“选择”卷展栏，然后单击“点”按钮，将样条线切换到“点”层级，接着展开“几何体”卷展栏，单击“创建线”按钮，再在视图中绘制一条样条线，可以观察到新创建的样条线也处于“点”层级下，如图3-245所示。

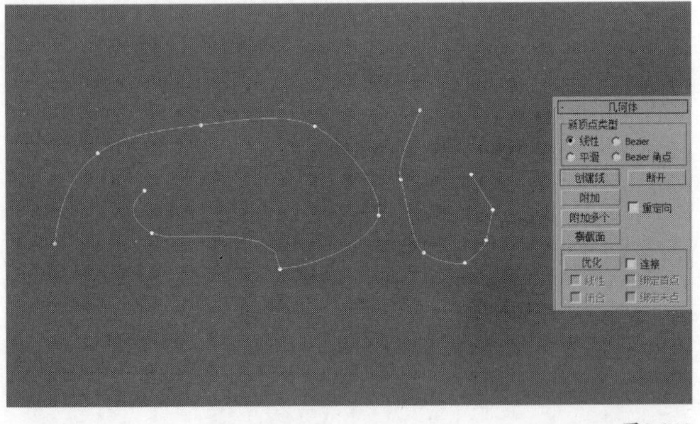

图3-245

13 使用“线”工具在视图中新绘制一条样条线，如图3-246所示，然后展开“几何体”卷展栏，接着单击“附加”按钮，再选取新创建的样条线，可以观察到新创建的样条线与原来的样条线成为一个整体，如图3-247所示。

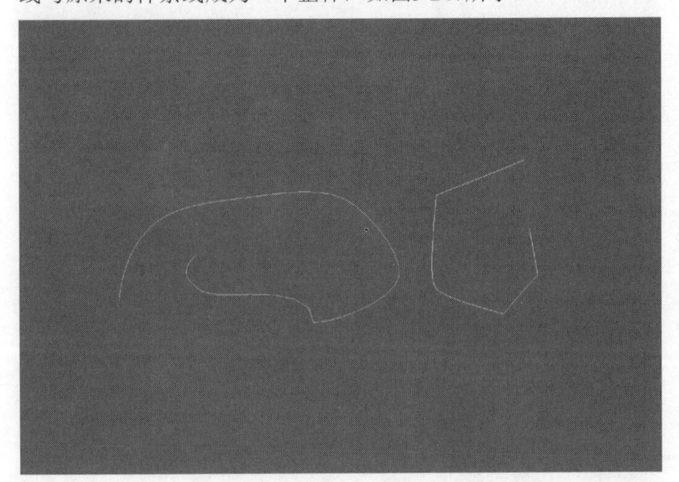

图3-246

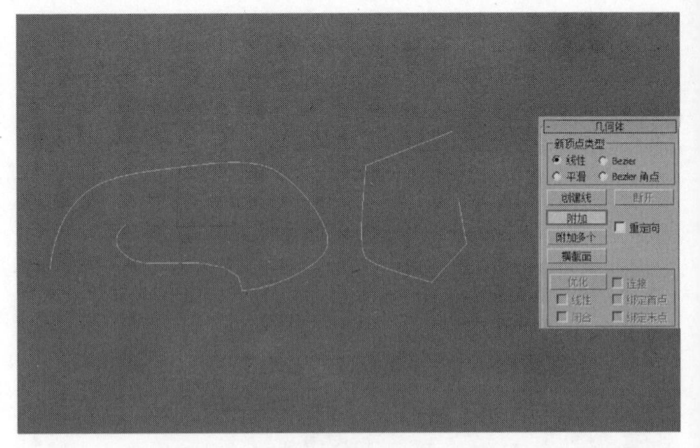

图3-247

14 展开“选择”卷展栏，然后单击“点”按钮，将样条线切换到“点”层级，接着展开“几何体”卷展栏，单击“优化”按钮，此时可以在样条线上任意添加点，如图3-248所示。

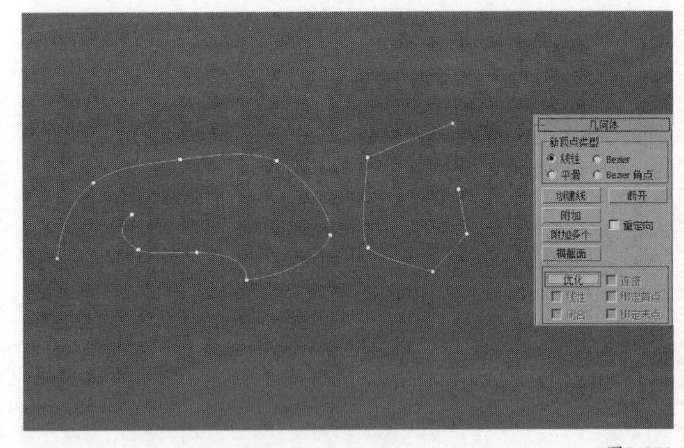

图3-248

15 继续选择“点”层级，然后展开“几何体”卷展栏，接着单击“圆角”按钮，再将鼠标移动到顶点上，推拉鼠标即可将锐利的顶点变圆滑，如图3-249和图3-250所示。

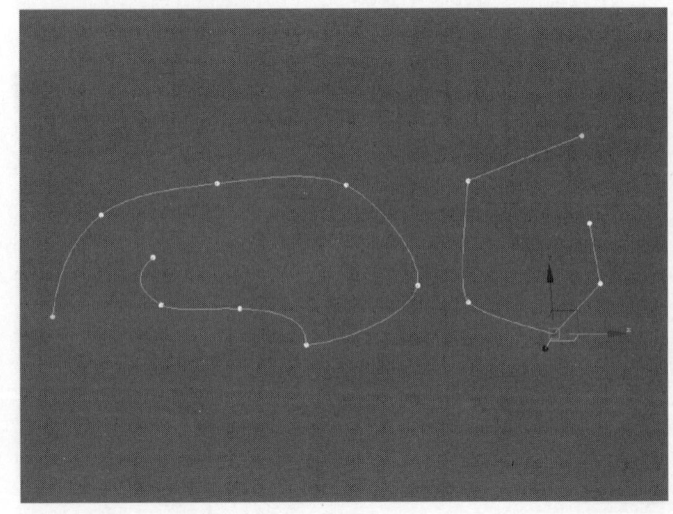

图3-249

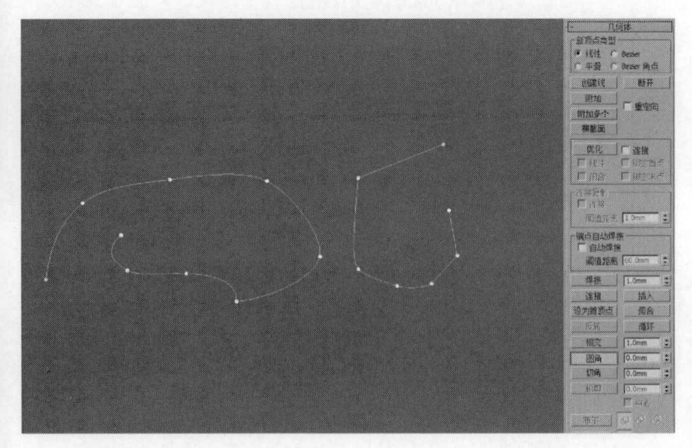

图3-250

技巧与提示

若要设置“圆角”的数值，只需要在“圆角”按钮圆角后的输入框中输入指定数值即可。

16 在“点”层级下，展开“几何体”卷展栏，然后单击“切角”按钮，接着将鼠标移动到顶点上，推拉鼠标即可将一个顶点分成两个，如图3-251和图3-252所示。与圆角的弧线不同的是，切角形成的是两点之间的一条直线。

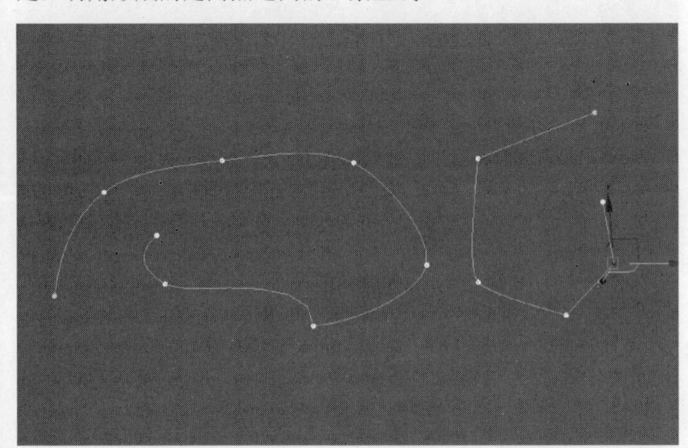

图3-251

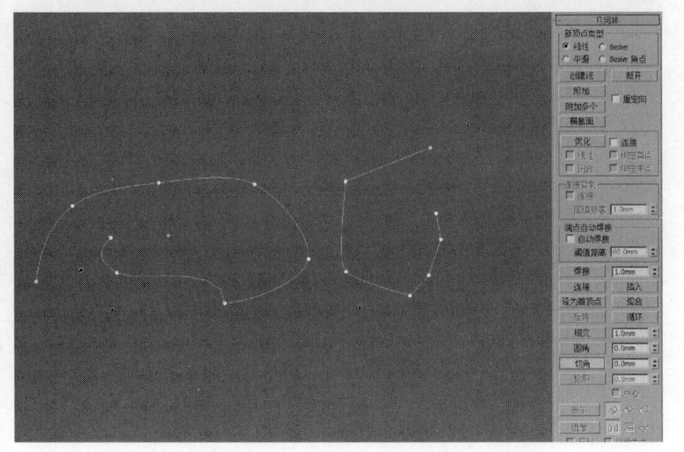

图3-252

17 展开“选择”卷展栏，然后单击“样条线”按钮，将样条线切换到“样条线”层级，接着展开“几何体”卷展栏，单击“轮廓”按钮，再将鼠标移动到样条线上，推拉鼠标即可，如图3-253所示。

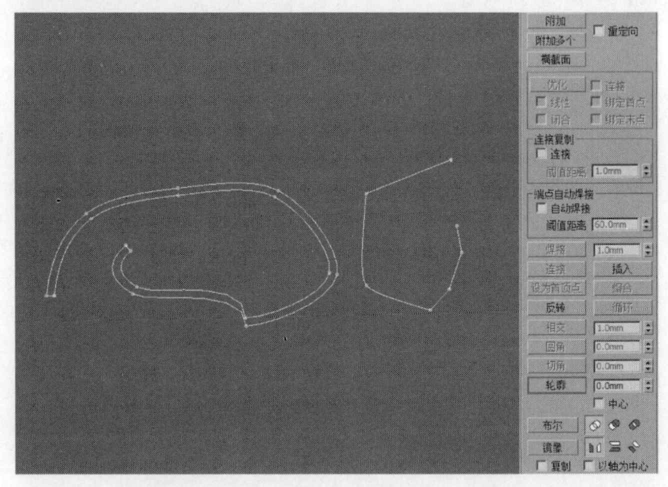

图3-253

疑难问答

问：为什么“线”工具的“修改”面板内容与“矩形”等其余样条线的内容不一致？

答：因为这些样条线处于不可编辑状态。选中样条线后，单击鼠标右键，选择“转换为可编辑样条线”即可。

实战046 用文本制作企业名牌

场景位置	无
实例位置	实例文件>CH03>用文本制作企业名牌.max
学习目标	学习文本样条线的用法

企业名牌模型由切角长方体、切角圆柱体和文本样条线拼合而成，效果如图3-254所示。

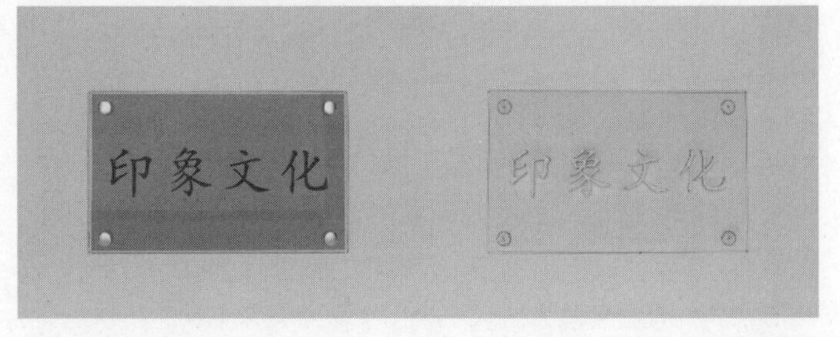

图3-254

模型创建

01 使用“切角长方体”工具切角长方体，在前视图中创建一个切角长方体，然后展开“参数”卷展栏，设置“长度”为300mm、“宽度”为500mm、“高度”为35mm、“圆角”为5mm、“圆角分段”为3，如图3-255所示。

02 使用“切角圆柱体”工具切角圆柱体，在前视图中创建一个切角圆柱体，然后展开“参数”卷展栏，设置“半径”为

14.04mm、“高度”为-42mm，“圆角”为3mm、“圆角分段”为3、“边数”为20，接着复制3个，其位置及参数如图3-256所示。

图3-255

图3-256

03 使用“文本”工具 文本 ，在前视图中创建一个文本样条线，然后展开“参数”卷展栏，设置“字体”为“楷体”、“大小”为100mm、“字间距”为10mm，接着在文本框中输入“印象文化”，其效果和参数如图3-257所示。

图3-257

04 选中文本样条线，然后打开菜单栏中的“修改器>网格编辑>挤出”选项，此时文本样条线成为一个有厚度的模型，接着在“修改”面板中展开“参数”卷展栏，设置“数量”为8mm，其位置与参数如图3-258所示。最终效果如图3-259所示。

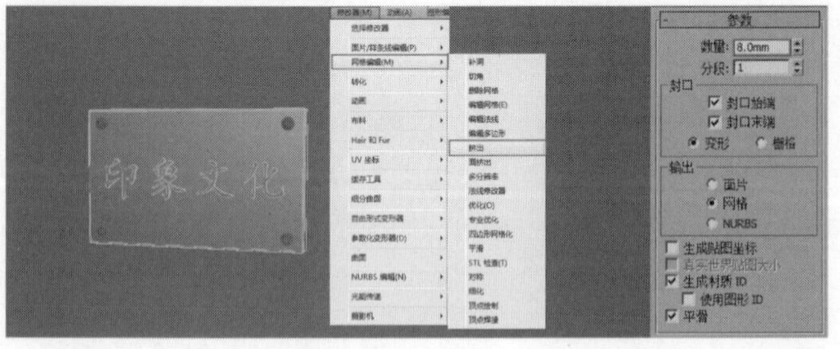

图3-258

图3-259

知识回顾

◎ 工具：文本

◎ 位置：图形>样条线

◎ 用途：文本样条线可以很方便地在视图中创建出文字模型，并且可以更改字体类型和字体大小。

01 单击“文本”按钮 文本 ，在视图中拖曳出一个文本样条线，默认为“MAX文本”，如图3-260所示。

图3-260

02 进入“修改”面板，展开“渲染”卷展栏，然后勾选“在渲染中启用”和“在视口中启用”选项，接着选择“径向”选项，可以观察到视口中的文本样条线形成横截面为圆形的模型，如图3-261所示。

图3-261

03 将“径向”选项设置为“矩形”选项，可以观察到视口中的文本样条线形成横截面为矩形的模型，如图3-262所示。

图3-262

04 展开“参数”卷展栏，可以看到文本样条线默认的字体为“宋体”。单击下拉菜单，可以在里面选择文本的字体，如图3-263所示。

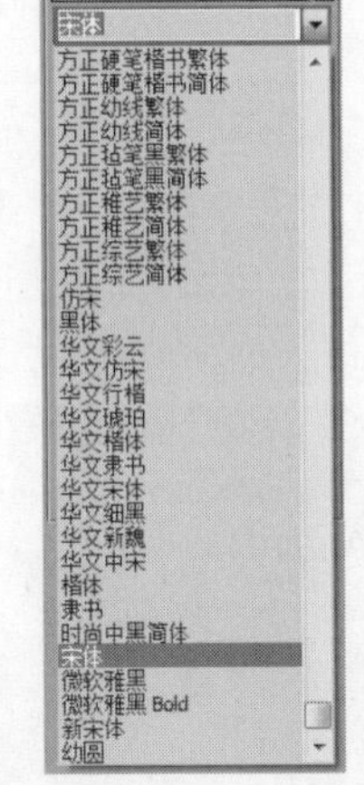

图3-263

技巧与提示

字体菜单中显示的字体是加载计算机本身字库中的字体，因此每台计算机的显示会有所不同。

05 展开“参数”卷展栏，然后单击“斜体”按钮 I，可以观察到视口中的文本样条线显示为斜体，如图3-264所示。单击“下划线”按钮 U，可以观察到视口中的文本样条线自动添加了下划线，如图3-265所示。

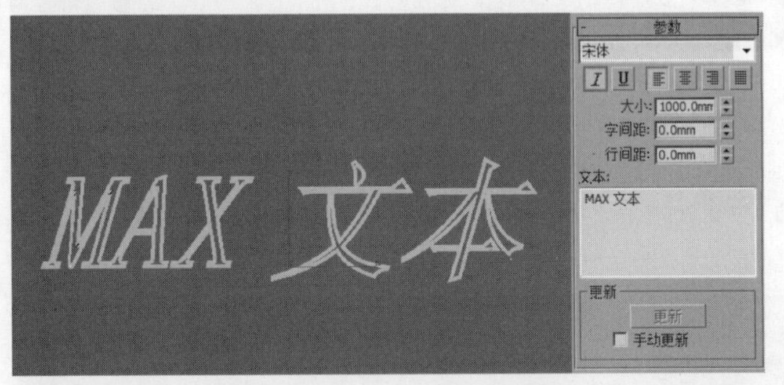

图3-264

图3-265

06 复制一个文本样条线，展开“参数”卷展栏，然后设置“大小”为300mm，可以观察到文本样条线缩小，如图3-266所示。

图3-266

07 展开“参数”卷展栏，然后设置“字间距”为100mm，可以观察到文本样条线的字间距扩大，如图3-267所示。

图3-267

08 展开“参数”卷展栏，然后在“文本”框中输入3ds Max 2016，可以观察到视口中的文本样条线也随之改变，如图3-268所示。

图3-268

第4章 高级建模技术

本章将介绍3ds Max 2016的高级建模技术，包括修改器建模和多边形建模。本章非常重要，在实际工作中运用的高级建模技术基本上都包含在本章中。通过对本章的学习，读者可以掌握具有一定难度的模型的制作思路与方法。

修改器是3ds Max非常重要的功能之一，它主要用于改变现有对象的创建参数，调整一个对象或一组对象的几何外形，进行子对象的选择和参数修改，转换参数对象为可编辑对象。

如果把“创建”面板比喻为原材料生产车间，那么“修改”面板就是精细加工车间，而修改面板的核心就是修改器。修改器对于创建一些特殊形状的模型具有非常强大的优势，如图4-1所示的模型，在创建过程中都毫无例外地会大量用到各种修改器。如果单纯依靠3ds Max的一些基本建模功能，很难实现这样的造型效果。

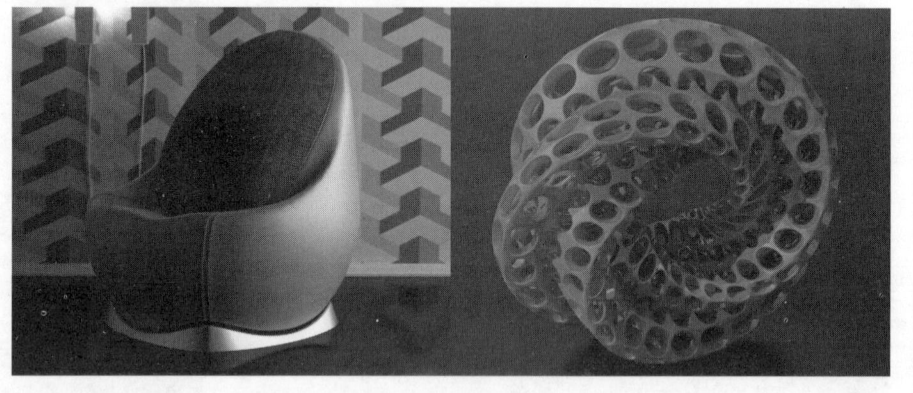

图4-1

多边形建模作为当今的主流建模方式，已经被广泛应用到游戏角色、影视、工业造型、室内外等模型制作中。多边形建模方法在编辑上更加灵活，对硬件的要求也很低，其建模思路与网格建模思路很接近，不同点在于网格建模只能编辑三角面，而多边形建模对面数没有任何要求。图4-2所示是一些比较优秀的多边形建模作品。

图4-2

VRay毛皮是VRay渲染器自带的一种毛发制作工具，经常用来制作地毯、草地和毛制品等，如图4-3所示。

加载VRay渲染器后，随意创建一个物体，然后设置几何体类型为VRay，接着单击“VRay毛皮”按钮 VR-毛皮 ，就可以为选中的对象创建VRay毛皮，如图4-4所示。

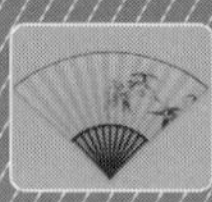

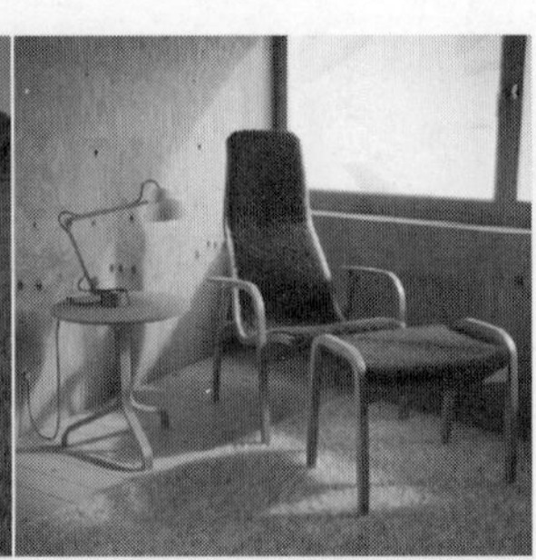

图4-3

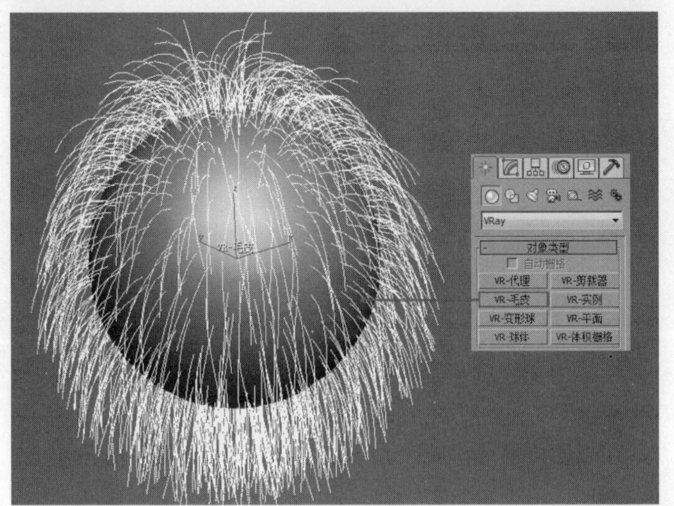

图4-4

实战047 用挤出修改器制作吸顶灯

场景位置	无
实例位置	实例文件>CH04>用挤出修改器制作吸顶灯.max
学习目标	学习挤出修改器的使用方法

挤出修改器是高级建模中常用的一种修改器，可以快速将复杂的二维图形转化为三维模型。吸顶灯的效果如图4-5所示。

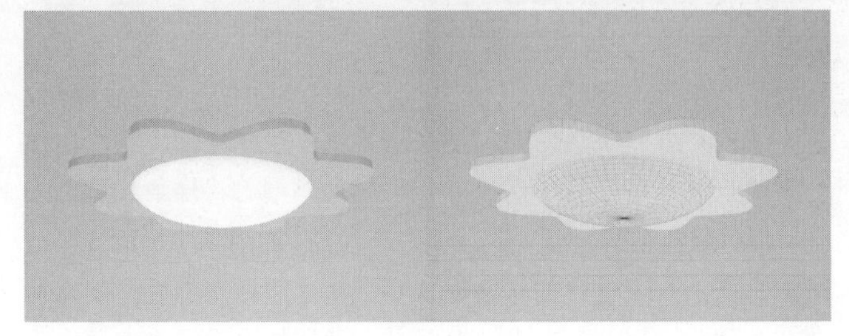

图4-5

模型创建

01 使用“星形”工具 星形 在场景中创建一个星形，然后在“参数”卷展栏下设置“半径1”为700mm、“半径2”为450mm 、“点”为8、“圆角半径1”为200mm、“圆角半径2”为30mm，如图4-6所示。

02 选中上一步创建的星形，然后切换到“修改”面板，单击“修改器列表”，接着在下拉菜单中选择“挤出”选项，再在“参数”卷展栏下设置“数量”为30mm，如图4-7所示。

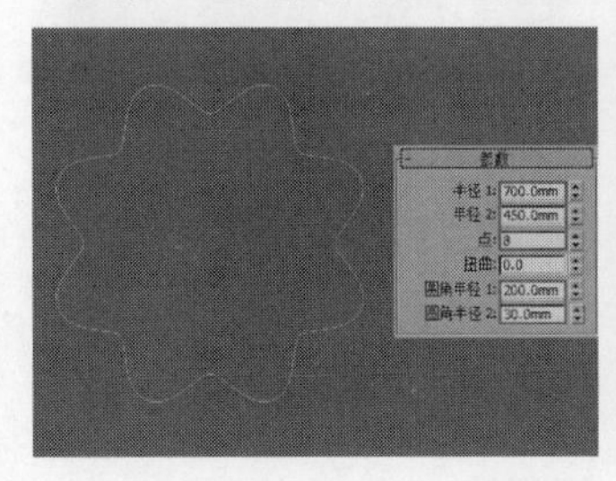

图4-6

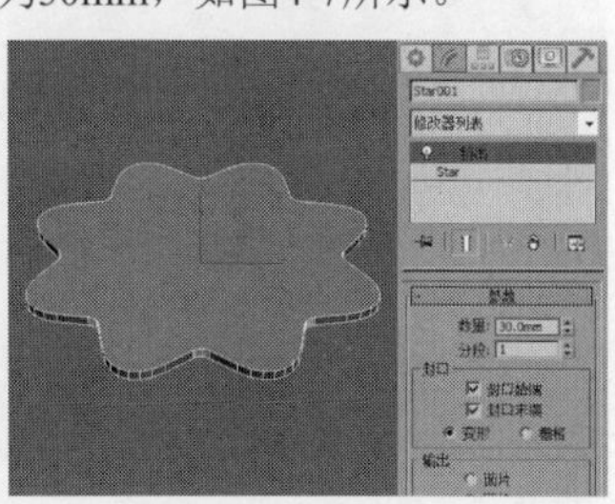

图4-7

03 使用“球体”工具 球体 在场景中创建一个球体，然后展开“参数”卷展栏，设置“半径”为370mm、“分段”为64，如图4-8所示。

04 选中上一步创建的球体，然后在“参数”卷展栏中设置“半球”为0.5，并移动到星形上方，如图4-9所示。

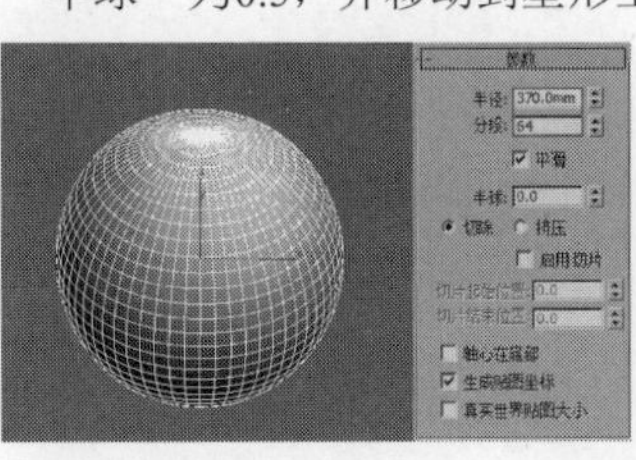

图4-8

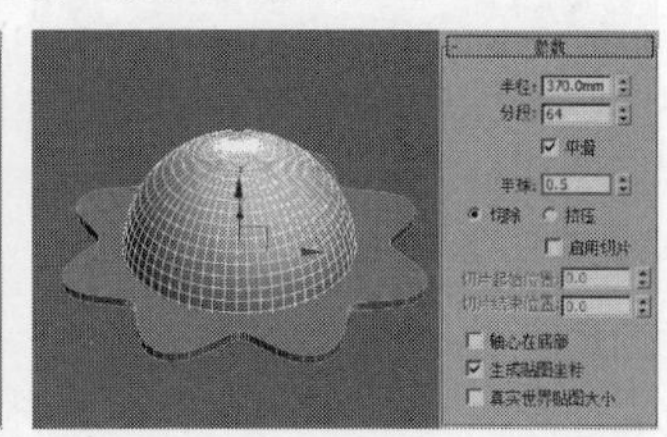

图4-9

05 进入前视图，然后选中球体，并使用“选择并均匀缩放”工具，沿y轴向下挤压球体至图4-10所示的造型。吸顶灯的最终造型如图4-11所示。

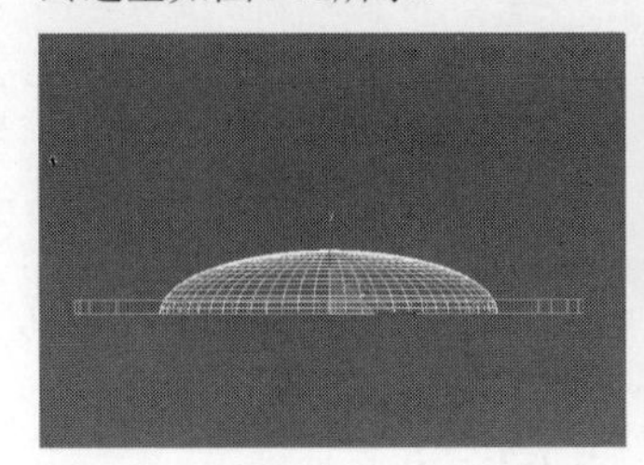

图4-10

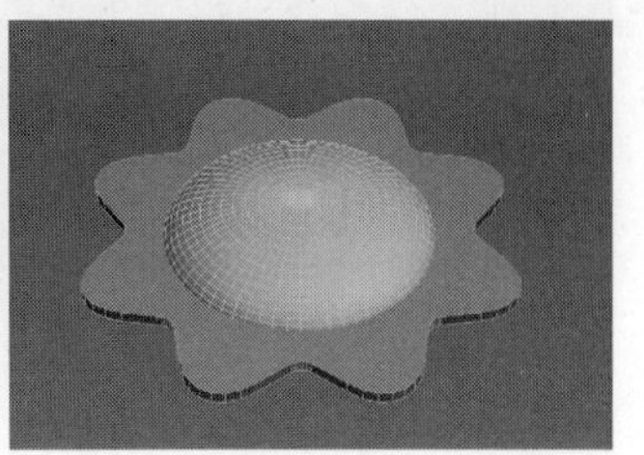

图4-11

知识回顾

◎ 工具：挤出修改器
◎ 位置：修改器>对象空间修改器
◎ 用途：使用“挤出”修改器可以快速将各种造型的二维图形转化为三维模型，常用于制作造型不规则的模型，是常用的修改器之一。

01 切换到顶视图，在“创建”面板中单击“图形”按钮，然后选择“样条线”，接着单击“圆”工具 圆 ，最后在视图中使用鼠标左键拖曳光标，创建出一个圆，如图4-12所示。

02 选中上一步创建的圆，然后切换到“修改”面板，单击“修改器列表”，接着在下拉菜单中选择“挤出”选项，如图4-13所示，可以观察到加载了“挤出”修改器后，圆已经转化为有厚度的圆柱体，如图4-14所示。

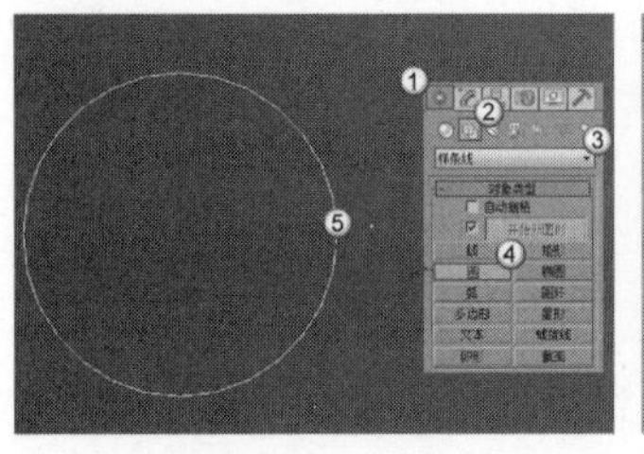
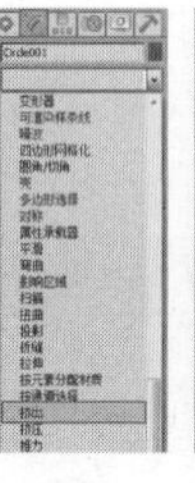
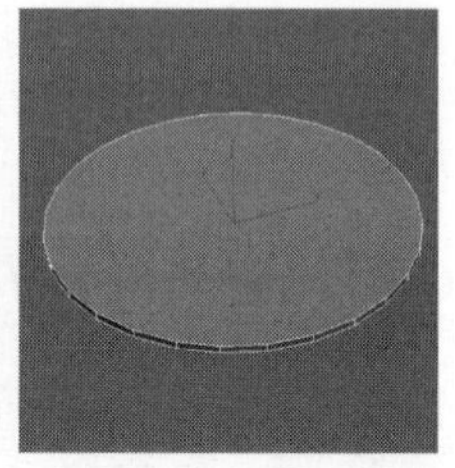

图4-12　图4-13　图4-14

技巧与提示

除了在修改器列表中加载“挤出”修改器外，也可以选择菜单栏中的“修改器>网格编辑>挤出”选项，效果是一样的。

03 选中圆，然后在前视图中按住Shift键沿x轴向右复制一个，如图4-15所示，其效果如图4-16所示。

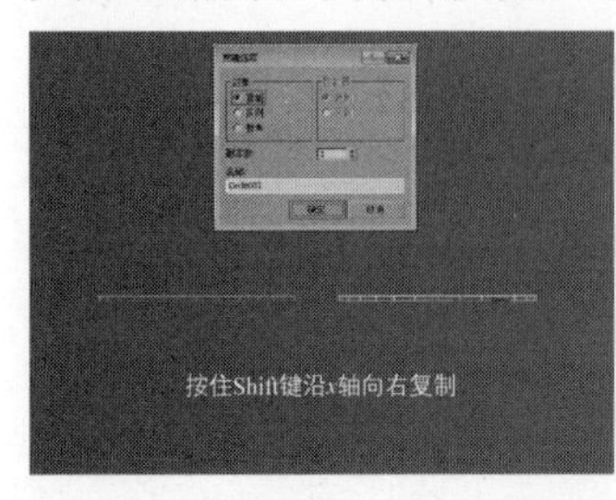

图4-15　图4-16

04 选中右侧的圆柱体，展开“参数”卷展栏，然后设置“数量”为60mm，可以观察到圆柱体沿z轴的长度增大，如图4-17所示。

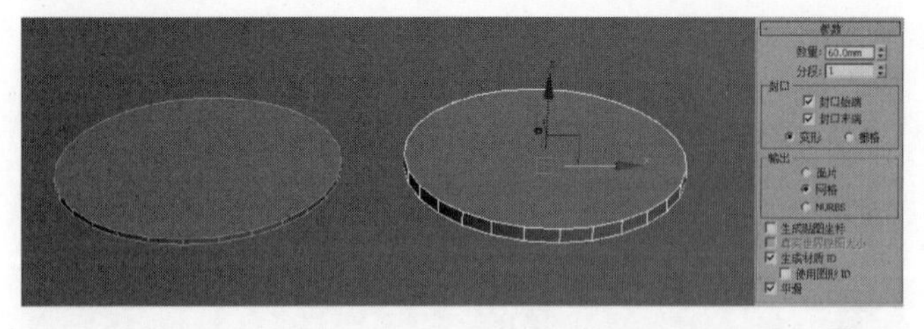

图4-17

05 选中右侧的圆柱体，展开“参数”卷展栏，然后设置“分段”为3，可以观察到圆柱体在曲面上均分为3段，如图4-18所示。

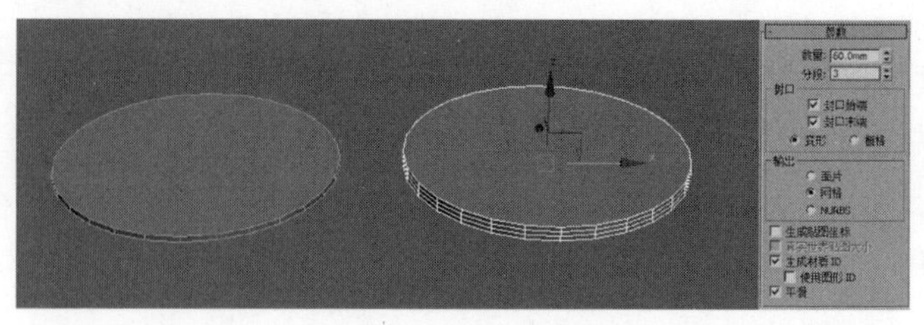

图4-18

06 选中右侧的圆柱体，展开“参数”卷展栏，然后取消勾选“封口末端”选项，可以观察到圆柱体的顶面不显示，如图4-19所示。

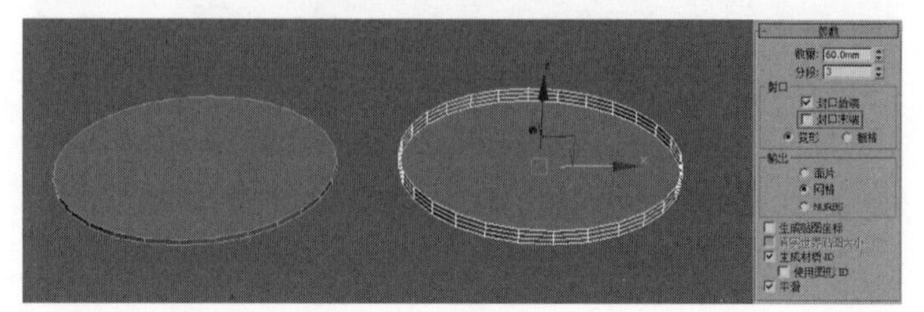

图4-19

07 继续选中右侧的圆柱体，展开“参数”卷展栏，然后取消勾选“封口始端”选项，可以观察到圆柱体的底面也不显示，只留下曲面模型，如图4-20所示。

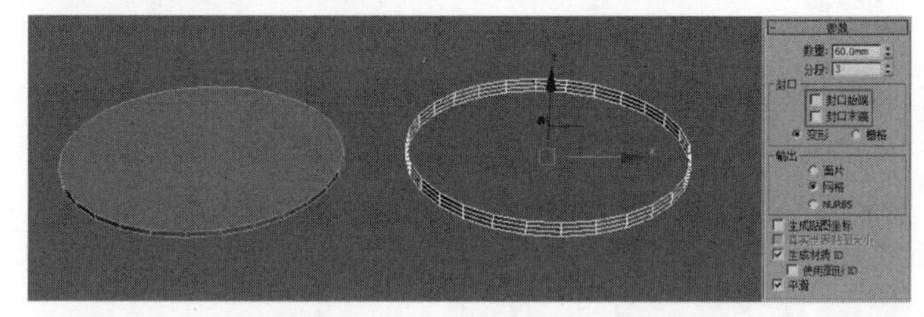

图4-20

实战048 用挤出修改器制作杂志

场景位置	无
实例位置	实例文件>CH04>用挤出修改器制作杂志.max
学习目标	熟练掌握挤出修改器的用法

杂志模型是用造型好的样条线，加载挤出修改器制作而成，案例效果如图4-21所示。

图4-21

01 使用“线”工具 线 在前视图中绘制一条样条线，然后在“选择”卷展栏下选择“点”层级，接着将样条线调节为图4-22所示的造型。

02 选择上一步创建的样条线，然后在“选择”卷展栏下选择“样条线”层级，接着在“几何体”卷展栏中设置“轮廓”为

10mm，如图4-23所示。

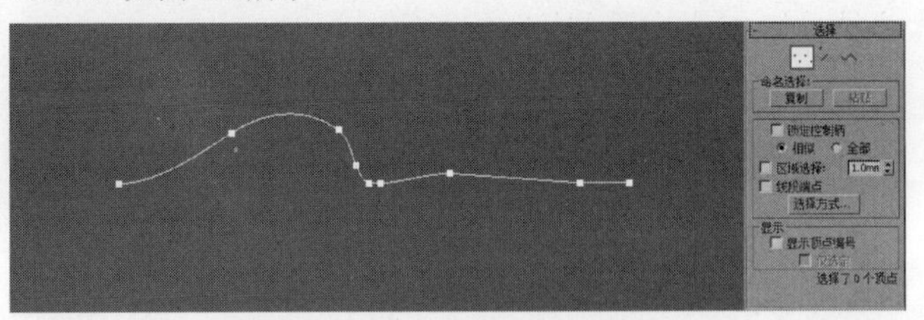

图4-22

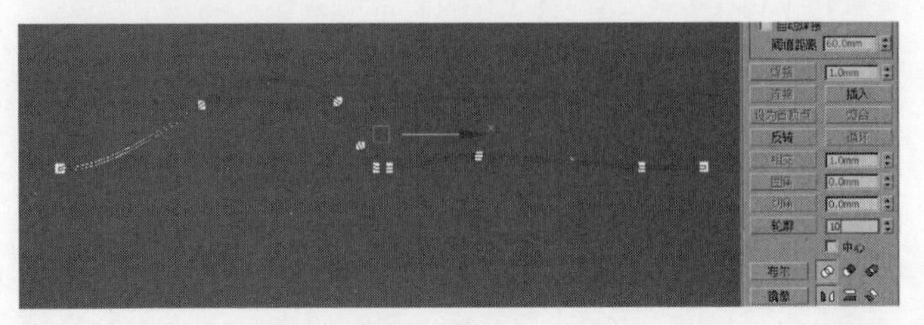

图4-23

技巧与提示

由于杂志的页面是具有一定厚度的，所以要使用“轮廓”工具 轮廓 将样条线修改成闭合的样条线。

03 选中上一步创建的样条线，然后切换到“修改”面板，单击“修改器列表”，接着在下拉菜单中选择“挤出”选项，再在“参数”卷展栏下设置“数量”为1300mm，如图4-24所示。杂志模型的最终效果如图4-25所示。

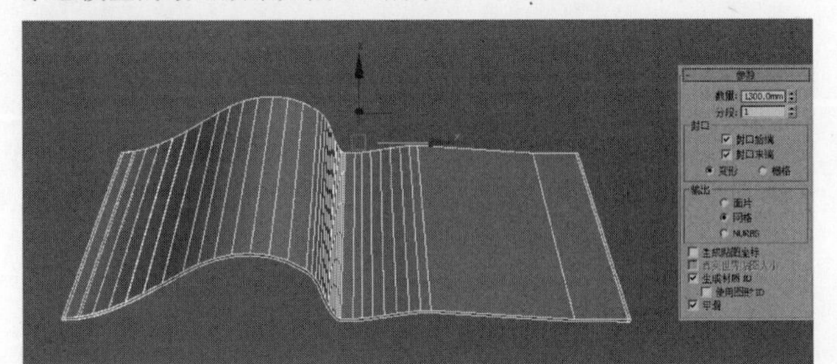

图4-24

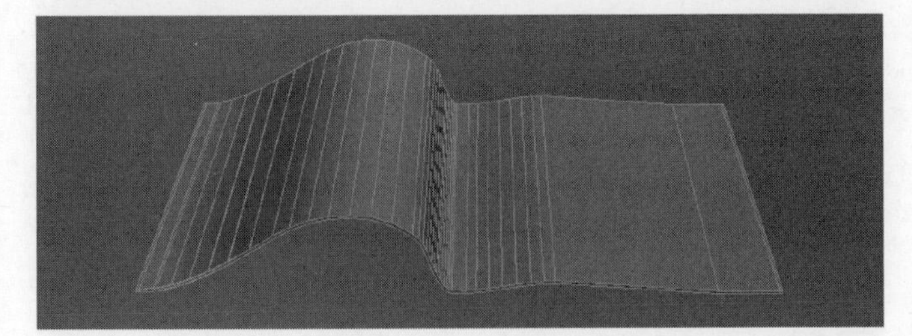

图4-25

实战049 用切角修改器制作巧克力

场景位置	无
实例位置	实例文件>CH04>用切角修改器制作巧克力.max
学习目标	学习切角修改器的使用方法

巧克力模型由长方体和FFD修改器制作而成，案例效果如图4-26所示。

图4-26

模型创建

01 使用“长方体”工具 长方体 在场景中创建一个长方体，然后在“参数”卷展栏下设置“长度”为30mm、“宽度”为30mm、“高度”为10mm，如图4-27所示。

图4-27

02 选中上一步创建的长方体，然后切换到“修改”面板，单击“修改器列表”，接着在下拉菜单中选择“切角”选项，再在“切角”卷展栏下选择“操作”类型为“四边形切角”，最后设置“数量”为2.5mm，如图4-28所示。

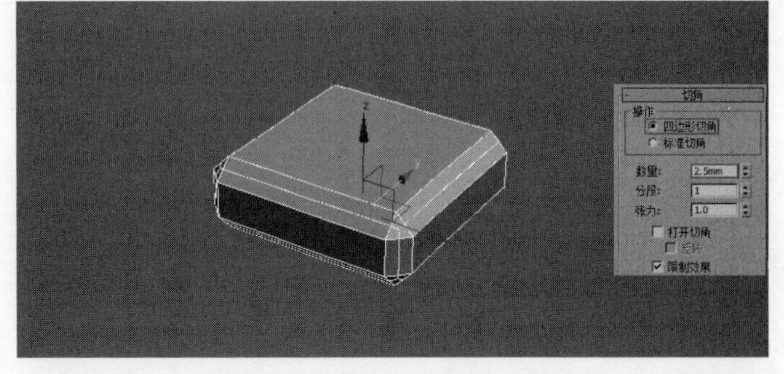

图4-28

03 选中长方体模型，然后单击“修改器列表”，接着在下拉菜单中选择FFD2×2×2选项，再展开FFD2×2×2修改器选择“控制点”层级，最后调整长方体的造型，如图4-29所示。

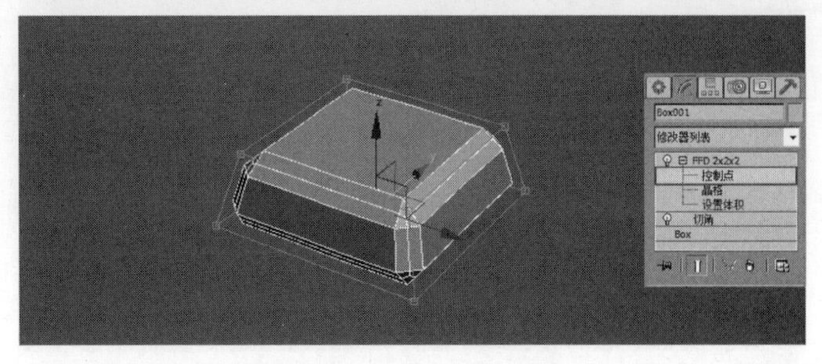

图4-29

04 将修改后的长方体复制7个，造型如图4-30所示。

图4-30

05 使用“长方体”工具 长方体 在场景中创建一个长方体，然后在“参数”卷展栏下设置“长度”为120mm、“宽度”为60mm、“高度”为3.5mm，如图4-31所示。

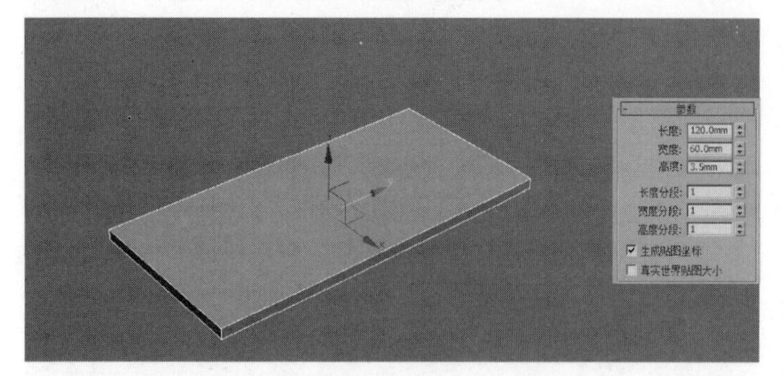

图4-31

06 选中上一步创建的长方体，然后切换到“修改”面板，单击“修改器列表”，接着在下拉菜单中选择“切角”选项，再在“切角”卷展栏下选择“操作”类型为“四边形切角”，最后设置“数量”为1mm，如图4-32所示。

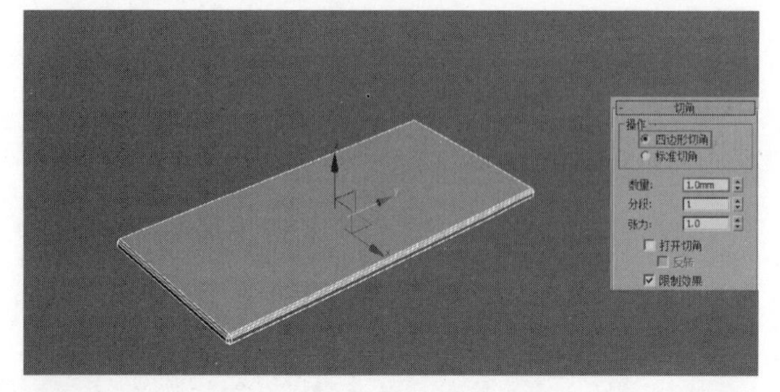

图4-32

07 将上一步创建的长方体与前边创建的8个长方体拼合，巧克力的最终效果如图4-33所示。

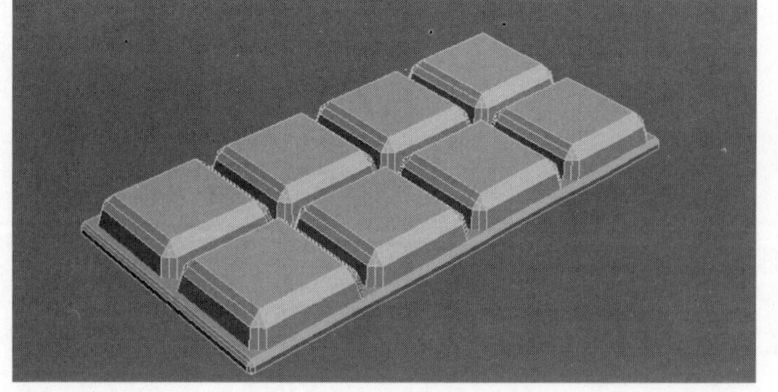

图4-33

知识回顾

◎ 工具：切角修改器

◎ 位置：修改器>对象空间修改器

◎ 用途：切角修改器可以将模型进行切角修改，在修改器堆栈中可以方便地显示和隐藏，同时可以删除切角效果。

01 在“创建”面板中单击“几何体”按钮，然后选择“标准基本体”，接着单击“长方体”工具 长方体 ，最后在视图中使用鼠标左键拖曳光标，创建出一个长方体，如图4-34所示。

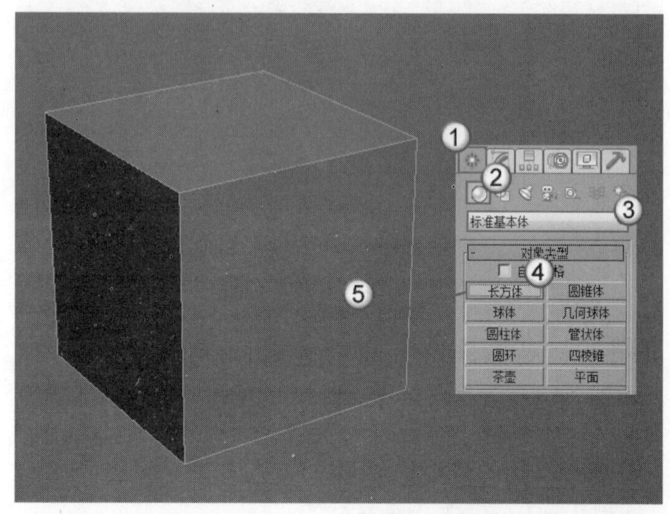

图4-34

02 选中上一步创建的长方体，然后切换到“修改”面板，单击“修改器列表”，接着在下拉菜单中选择“切角”选项，可以观察到长方体的顶点都被切成了三角面，并且每个三角面都被切分为3个四边面，如图4-35所示。

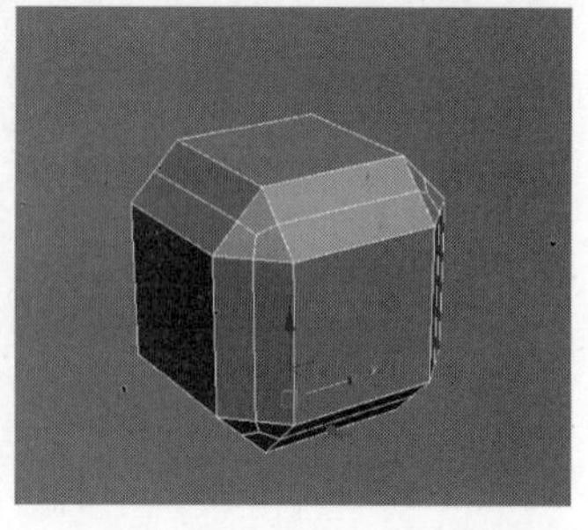

图4-35

03 选中长方体，然后在“切角”卷展栏中修改“操作”类型为“标准切角”，可以观察到切角的三角面上没有分线，而是一个完整的三角面，如图4-36所示。

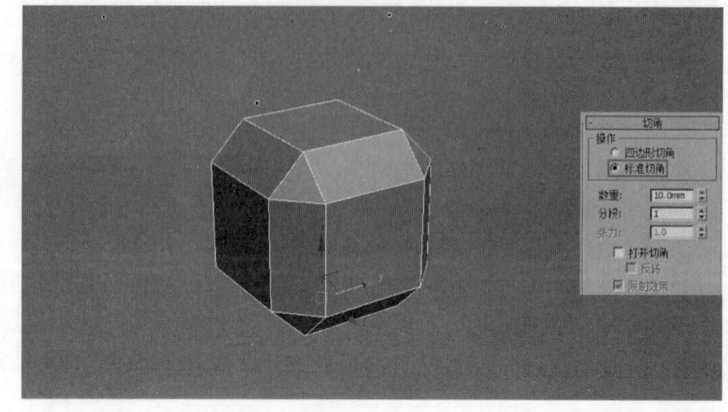

图4-36

04 展开“切角”卷展栏，然后修改“数量”为5mm，可以观察到切角变小，如图4-37所示。

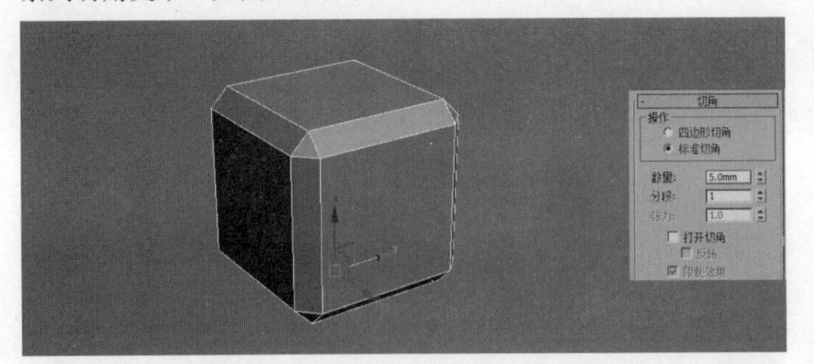

图4-37

05 展开“切角”卷展栏，然后选择“操作”类型为“标准切角”，接着修改“分段”为3，可以观察到切角被分为3段，与切角长方体一致，如图4-38所示。

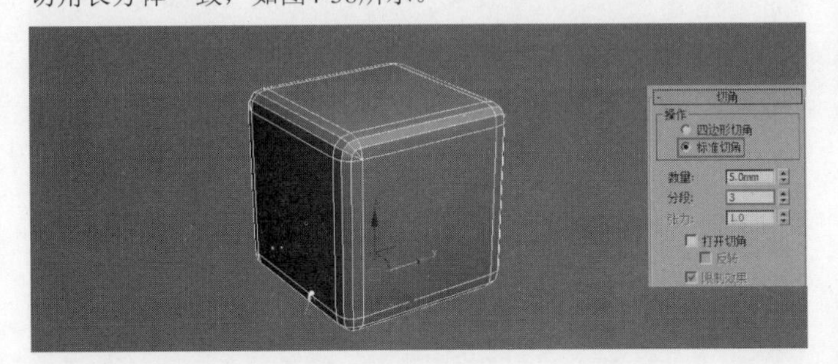

图4-38

06 选中长方体，然后在“切角”卷展栏中选择“操作”类型为“四边形切角”，可以观察到切角上的分段线与之前“标准切角”的不同，如图4-39所示。

图4-39

07 当“操作”类型为“四边形切角”时，“张力”选项被激活，图4-40~图4-42是“张力”值为0、0.5和1时切角的变化程度。

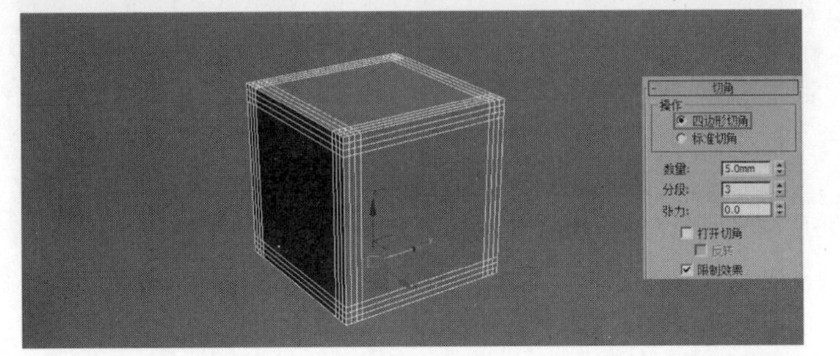

图4-40

图4-41

图4-42

08 勾选“打开切角”选项，可以观察到长方体切角的面全部消失，只留下6个四边面，如图4-43所示。

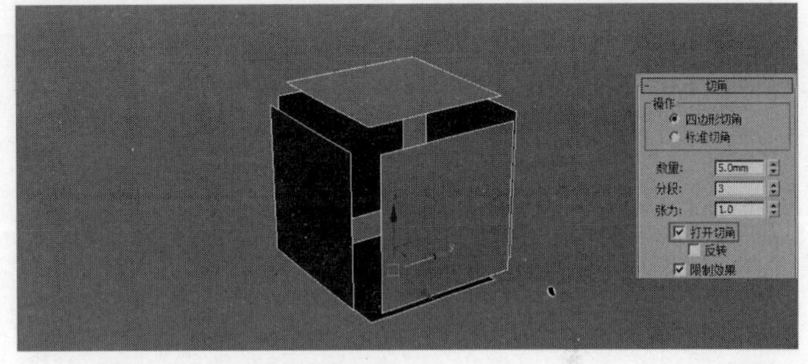

图4-43

技术专题 FFD修改器参数详解

FFD修改器即“自由变形”修改器它，包括五类，分别是FFD2×2×2修改器、FFD3×3×3修改器、FFD4×4×4修改器、FFD（长方体）修改器和FFD（圆柱体）修改器，如图4-44所示。

这种修改器是用晶格包裹住选中的几何体，然后通过调整晶格的控制点来改变几何体的形状。

当给选中的物体加载FFD修改器之后，在修改器堆栈中，单击FFD修改器前面的加号⊞，选择不同的层级，可对几何体进行调整，如图4-45所示。

FFD修改器对几何体的调整并不会改变几何体本身的参数，这一点与缩放工具不同。

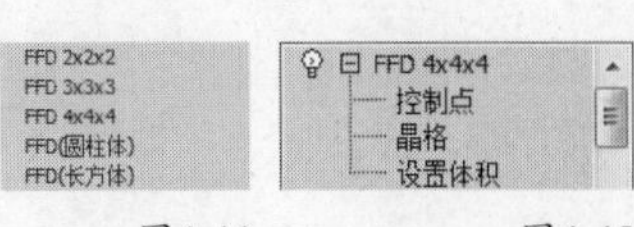

图4-44 图4-45

实战050 用车削修改器制作高脚杯

场景位置	无
实例位置	实例文件>CH04>用车削修改器制作高脚杯.max
学习目标	学习车削修改器的用法

高脚杯模型通过样条线绘制模型剖面，再用车削修改器绘

制而成，案例效果如图4-46所示。

图4-46

模型创建

01 在前视图中，使用“线”工具 线 在场景中绘制一个高脚杯的剖面样条线，如图4-47所示。

02 选中上一步创建的样条线，然后切换到“点”层级，接着选择所有的点，单击鼠标右键，将其转化为“Bsizer角点”，使用“圆角”工具 圆角 圆滑过于锐利的点，最后调整造型，如图4-48所示。

图4-47

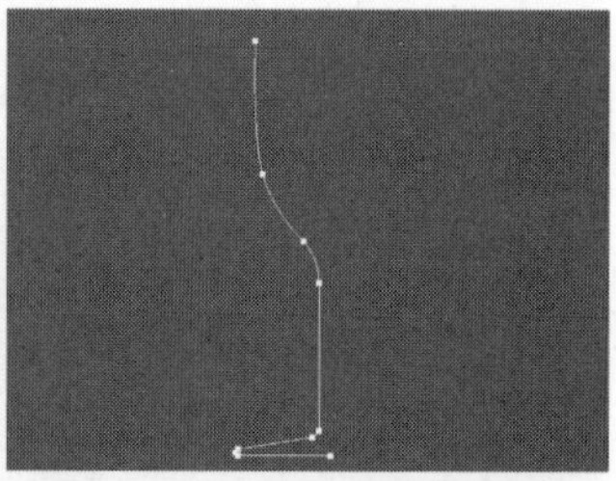

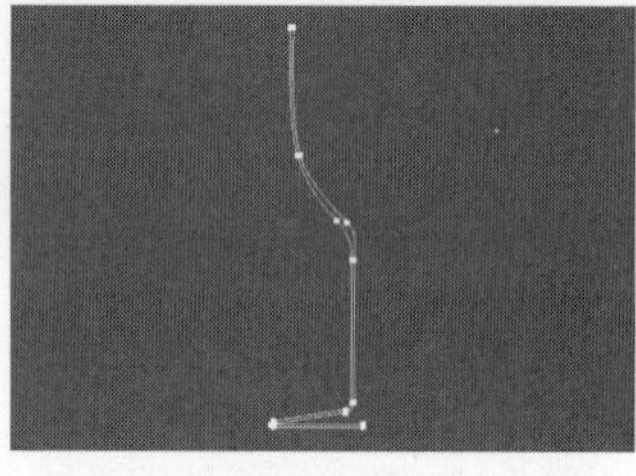

图4-48

03 选中调整好的样条线，然后切换为“样条线”层级，接着选择“轮廓”工具 轮廓 增加杯子的厚度，并调整造型，如图4-49所示。

图4-49

04 选中上一步修改后的样条线，然后切换到“修改”面板，单击“修改器列表”，接着在下拉菜单中选择“车削”选项，再在“参数”卷展栏下勾选“焊接内核”选项，并设置“方向”为y轴、“对齐”为“最大”，如图4-50所示。

图4-50

05 观察发现高脚杯的杯口不够圆滑，然后在“参数”卷展栏下设置“分段”为20，如图4-51所示。高脚杯的最终效果如图4-52所示。

图4-51

图4-52

知识回顾

◎ 工具：车削修改器

◎ 位置：修改器>对象空间修改器

◎ 用途：车削修改器是围着一个轴旋转特定的度数，因此常用来制作杯子、笔筒、碗盘等圆形的物体，是常用的修改器之一。

01 使用“样条线”中的“矩形”工具 矩形 在前视图中绘制一个矩形，如图4-53所示。

02 选中上一步创建的矩形，然后切换到“修改”面板，单击“修改器列表”，接着在下拉菜单中选择“车削”选项，可以观察到矩形沿着一条边旋转了360°，成为一个圆柱体，如图4-54所示。

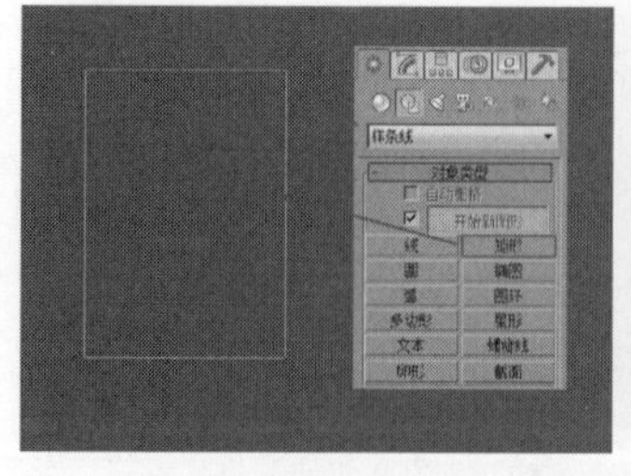

图4-53

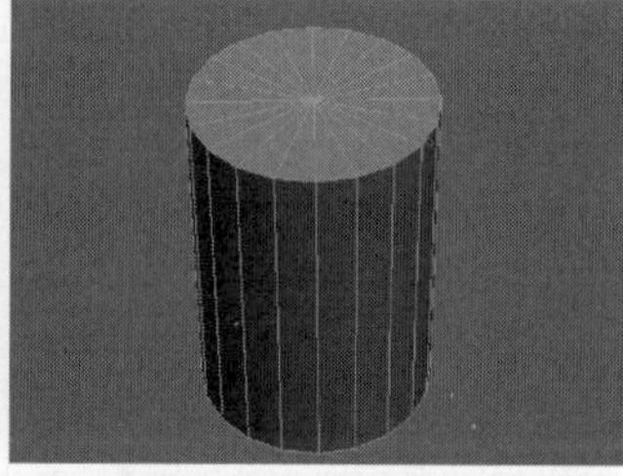

图4-54

技巧与提示

除了在修改器列表中加载“车削”修改器外，也可以选择菜单栏中的“修改器>面片/样条线编辑>车削”选项加载，效果是一样的。

03 选中圆柱体，然后展开“参数”卷展栏，将“度数”从360修改为90，可以看到圆柱体只剩下两个90°的扇形，如图4-55所示。

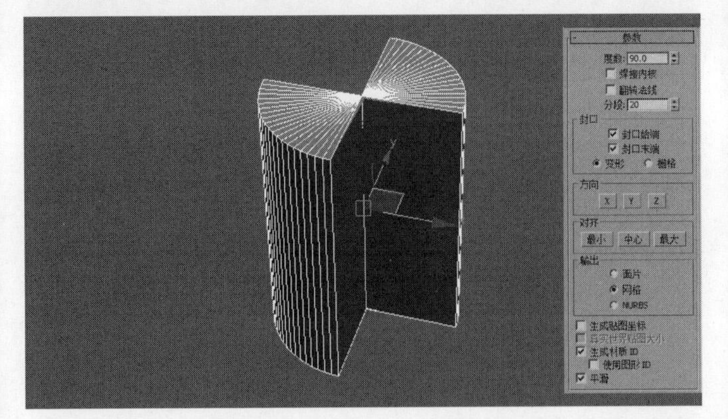

图4-55

04 选中圆柱体，然后展开“参数”卷展栏，将“度数”设置为360，接着设置“分段”为10，可以观察到圆柱体没有以前圆滑了，如图4-56所示。

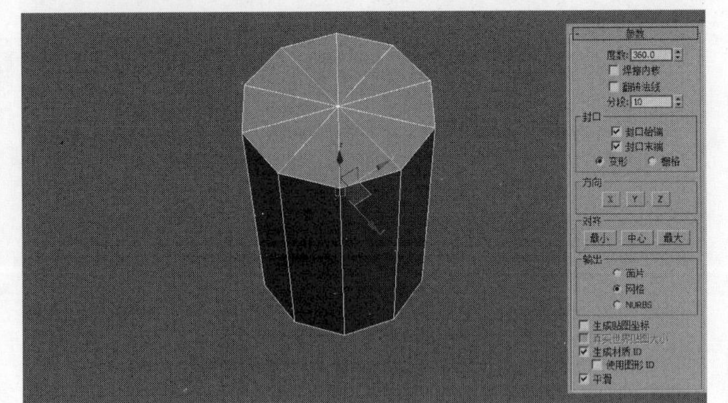

图4-56

05 选中圆柱体，然后在“参数”卷展栏中将“方向”设置为x轴，可以观察到圆柱体成为横向，如图4-57所示；将“方向”设为y轴，可以观察到圆柱体回到初始状态，如图4-58所示；将“方向”设为z轴，可以观察到圆柱体变成一个圆环形面片，如图4-59所示。

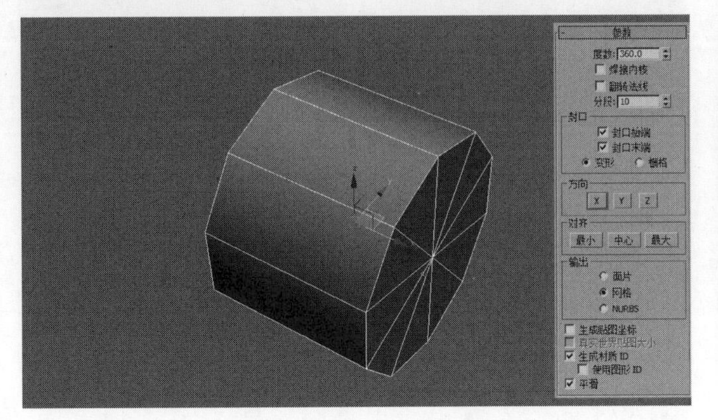

图4-57

图4-58

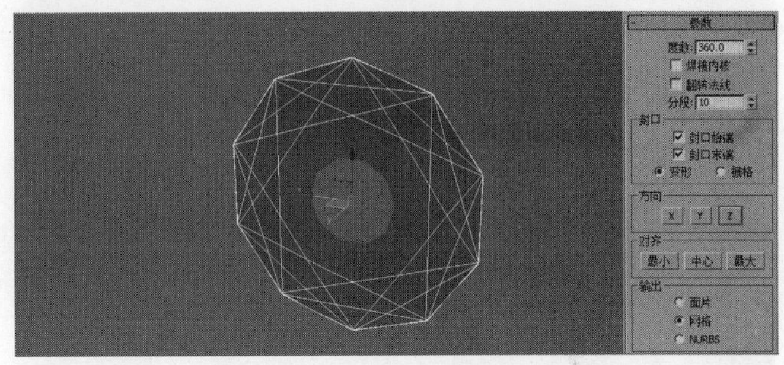

图4-59

06 将“方向”设定为y轴，然后设置“对齐”为“最小”，可以观察到车削的旋转轴在矩形的一条边上，如图4-60所示；设置“对齐”为“中心”，可以观察到车削的旋转轴在矩形的中心，如图4-61所示；设置“对齐”为“最大”，可以观察到车削的旋转轴在矩形的另一条边上，如图4-62所示。

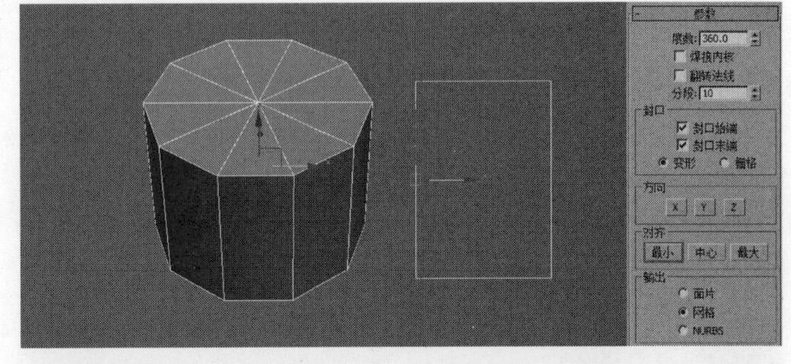

图4-60

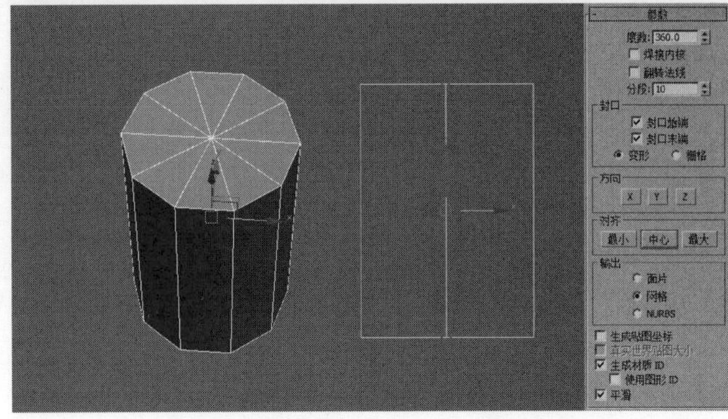

图4-61

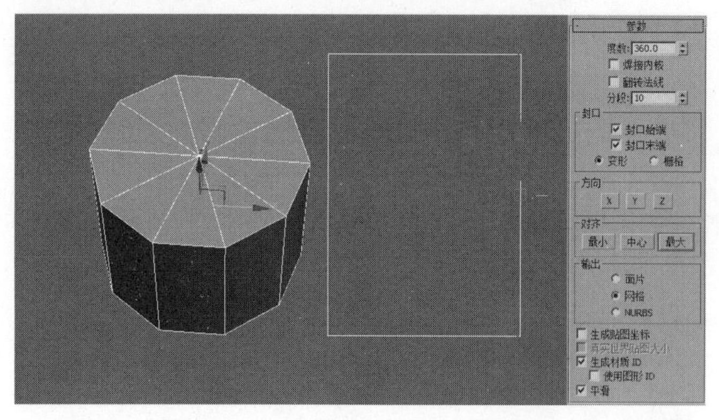

图4-62

实战051 用车削修改器制作酒具

场景位置 无
实例位置 实例文件>CH04>用车削修改器制作酒具.max
学习目标 熟练掌握车削工具的使用方法

酒具模型由酒壶、酒杯和托盘组成，都是用车削修改器制作而成，案例效果如图4-63所示。

图4-63

01 首先制作酒壶模型。使用“线”工具 线 在前视图中绘制酒壶的样条线剖面，如图4-64所示。

02 选择上一步创建的样条线，然后展开“选择”卷展栏，将样条线切换为“点”层级，接着调节样条线的造型，如图4-65所示。

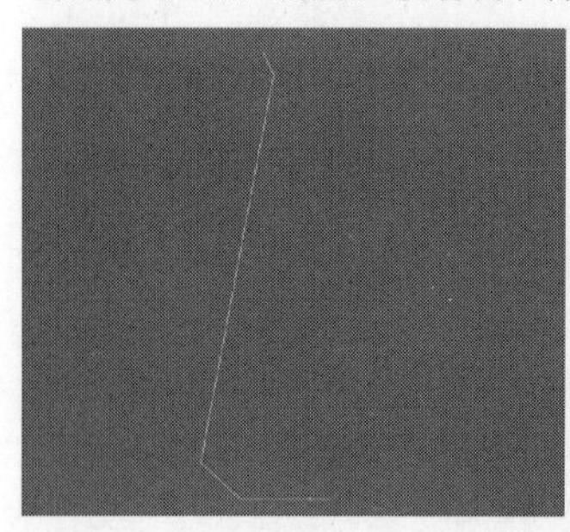

图4-64

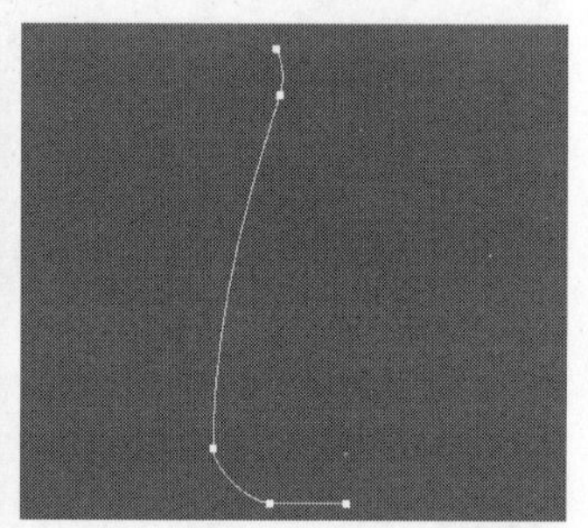

图4-65

03 选中上一步修改后的样条线，然后切换到“修改”面板，单击“修改器列表”，接着在下拉菜单中选择“车削”选项，再在“参数”卷展栏下勾选“焊接内核”选项，并设置“分段”为20、“方向”为y轴、“对齐”为“最大”，酒壶效果如图4-66所示。

04 制作酒杯模型。使用“线”工具 线 在前视图中绘制酒杯的样条线剖面，如图4-67所示。

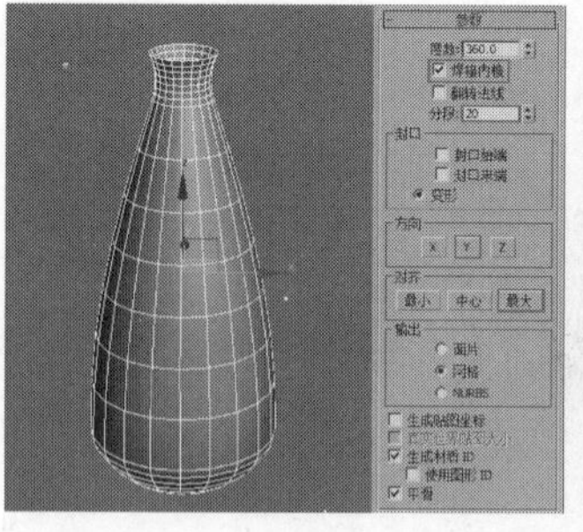

图4-66

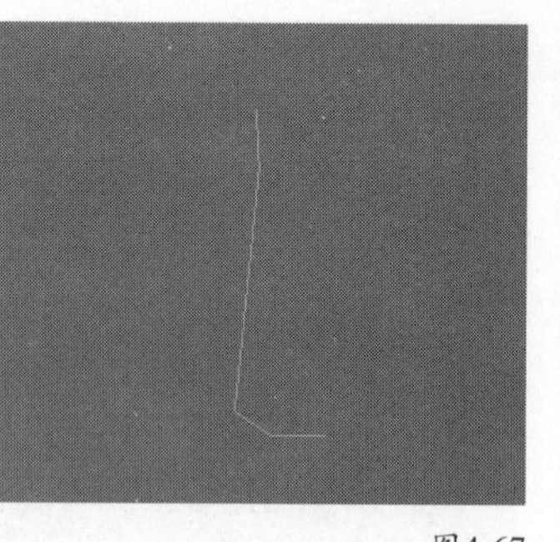

图4-67

05 选择上一步创建的样条线，然后展开“选择”卷展栏，将样条线切换为“点”层级，接着调节样条线的造型，如图4-68所示。

06 选中上一步修改后的样条线，然后切换到“修改”面板，单击“修改器列表”，接着在下拉菜单中选择“车削”选项，再在“参数”卷展栏下勾选“焊接内核”选项，并设置“分段”为20、“方向”为y轴、“对齐”为“最大”，酒杯效果如图4-69所示。

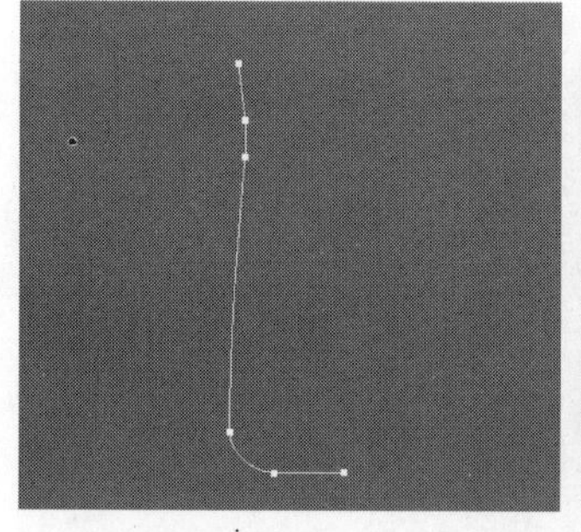

图4-68

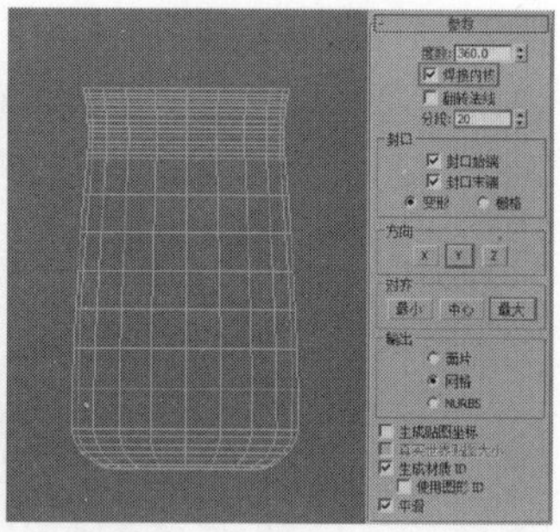

图4-69

07 制作托盘模型。使用“线”工具 线 在前视图中绘制托盘的样条线剖面，如图4-70所示。

08 选择上一步创建的样条线，然后展开“选择”卷展栏，将样条线切换为“点”层级，接着调节样条线的造型，如图4-71所示。

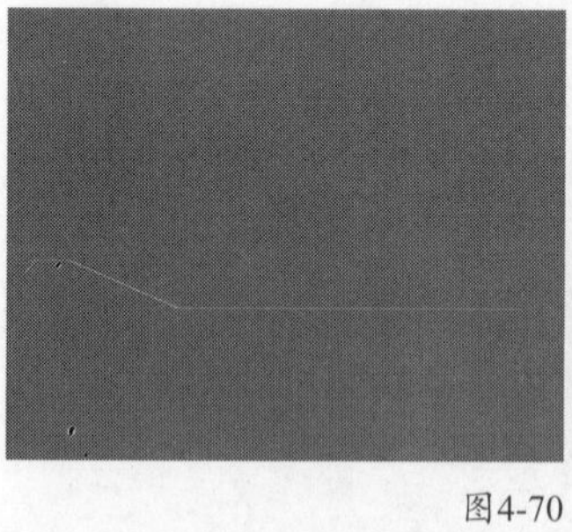

图4-70

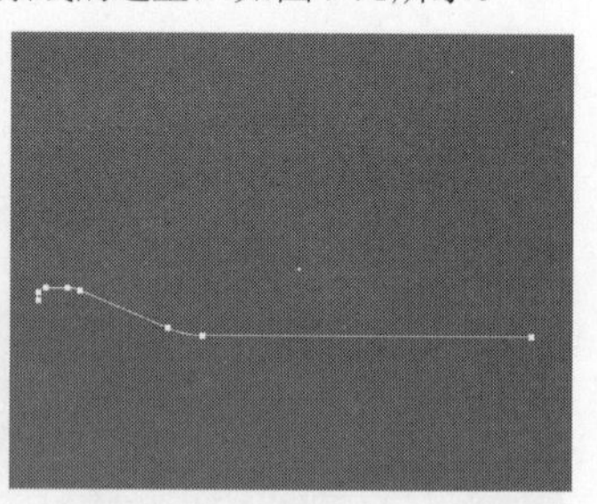

图4-71

09 选中调整好的样条线，然后切换为“样条线”层级，接着选择“轮廓”工具 轮廓 增加托盘的厚度，并调整造型，如图4-72所示。

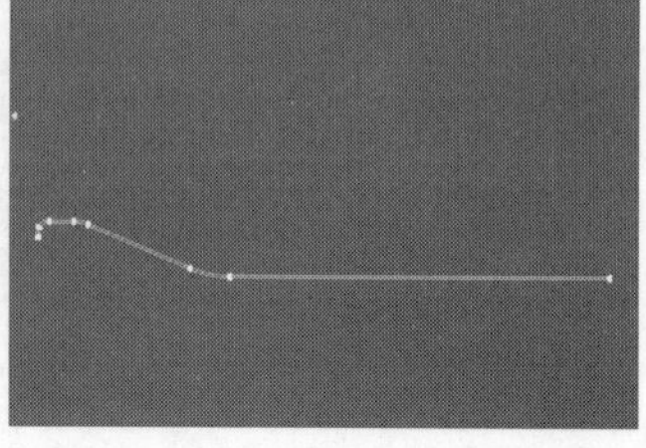

图4-72

10 选中上一步修改后的样条线，然后切换到“修改”面板，单击“修改器列表”，接着在下拉菜单中选择“车削”选项，再在“参数”卷展栏下勾选“焊接内核”选项，并设置“分段”为30、“方向”为y轴、“对齐”为“最大”，托盘效果如图4-73所示。

图4-73

11 将酒杯复制一个，酒具的最终效果如图4-74所示。

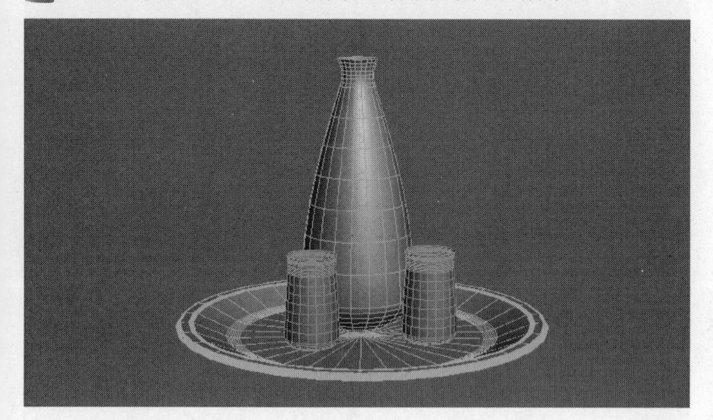

图4-74

技术专题 车削修改器“轴”的调整

使用车削修改器后，“对齐”除了“最小”“中间”和“最大”这三种快速对齐的方式，还可以通过调整“轴”的位置来对齐。

加载车削修改器后，在修改器堆栈中单击“车削”命令前的加号，会显示“轴”选项，如图4-75所示。

选中“轴”选项，关闭“车削”修改器前的灯泡，在视图的模型上会出现一条黄色的线，这便是车削围绕旋转的“轴”，如图4-76所示。

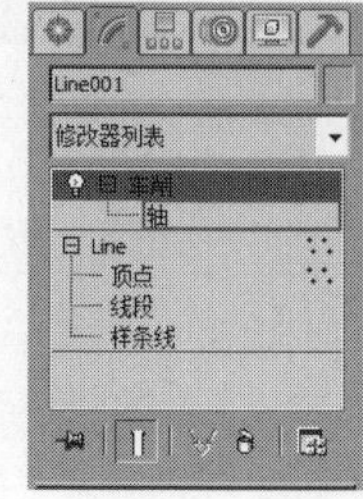

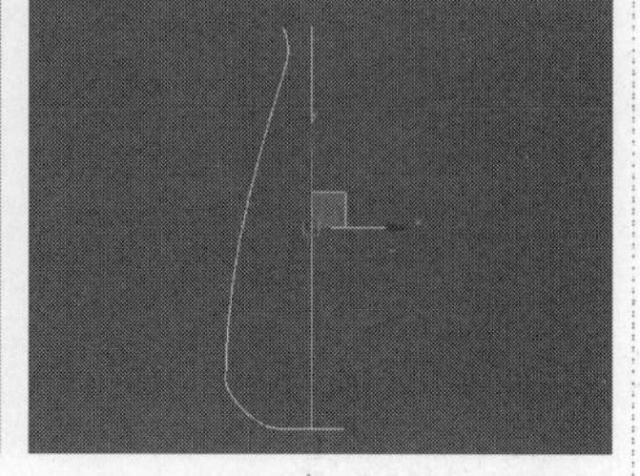

图4-75 图4-76

移动这条黄色的线，可以自行调整模型对齐的方式。为了能更直观地看到模型的大小，也可以点亮灯泡进行调节。

实战052 用弯曲修改器制作扇子

场景位置	无
实例位置	实例文件>CH03>用弯曲修改器制作扇子.max
学习目标	学习弯曲修改器的使用方法

扇子是日常生活中常见的物品。在模型制作中，弧形的扇面就是通过弯曲修改器将一个长方体弯曲而成的，扇子的效果如图4-77所示。

图4-77

模型创建

01 首先制作扇面。使用“长方体”工具 长方体 在前视图中创建一个长方体，然后展开“参数”卷展栏，设置“长度”为40mm、“宽度”为70mm、“高度”为1mm、“宽度分段”为32，如图4-78所示。

02 选中上一步创建的长方体，然后切换到“修改”面板，单击“修改器列表”，接着在下拉菜单中选择“弯曲”选项，再设置“角度”为97.5、“方向”为90、“弯曲轴”为x轴，如图4-79所示。

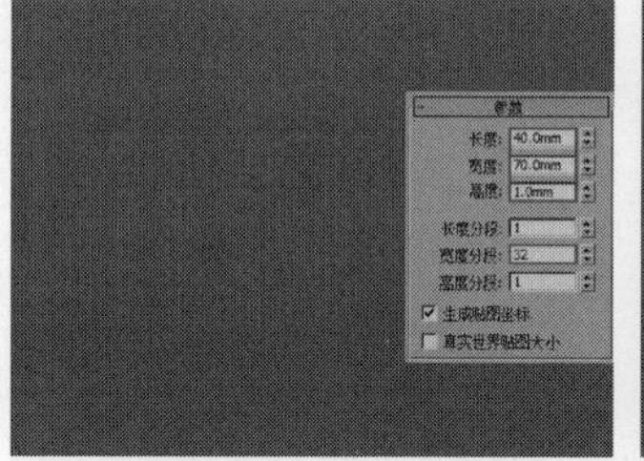

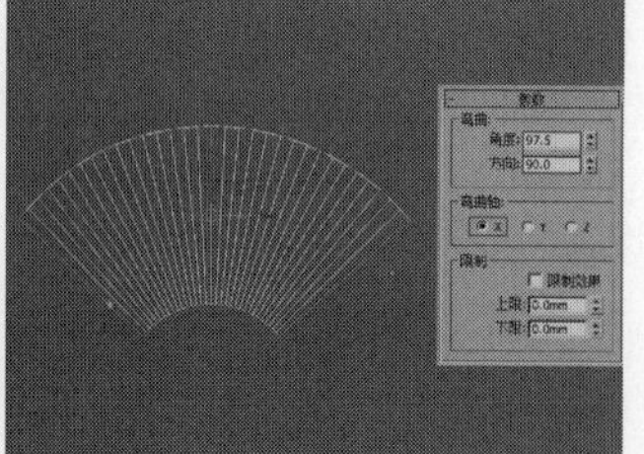

图4-78 图4-79

技巧与提示

弯曲的方向和使用的弯曲轴，在不同视图中有所不同。

03 制作扇柄。使用“长方体”工具 长方体 在前视图中创建一个长方体，然后展开“参数”卷展栏，设置“长度”为21.84mm、“宽度”为1mm、“高度”为1mm，如图4-80所示。

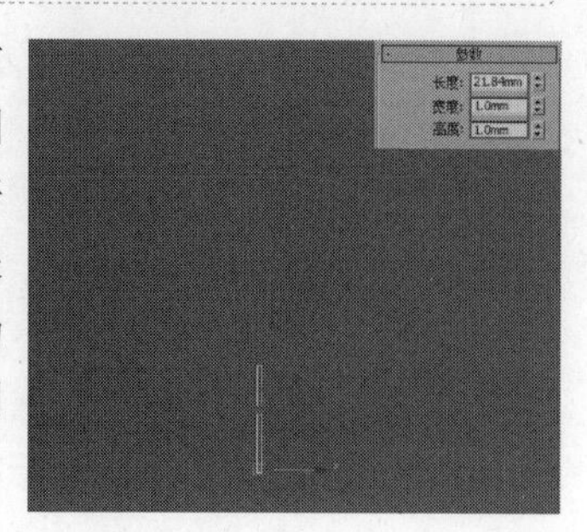

图4-80

04 单击“层次”按钮，进入层次面板，然后单击“仅影响轴”按钮 仅影响轴 ，接着将模型的轴心位置移动到长方体的下方，如图4-81所示，再单击“仅影响轴”按钮，退出移动轴模式，最后使用“选择并旋转”工具，将长方体旋转至图4-82所示的位置。

图4-81

图4-82

05 按住Shift键沿z轴旋转并复制长方体，然后在弹出的“克隆选项”对话框中，设置“对象”为“复制”、“副本数”为10，接着单击“确定”按钮，如图4-83所示。扇子的最终效果如图4-84所示。

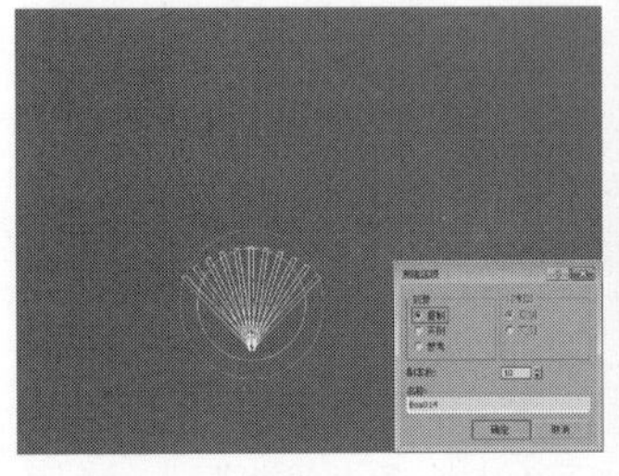

图4-83

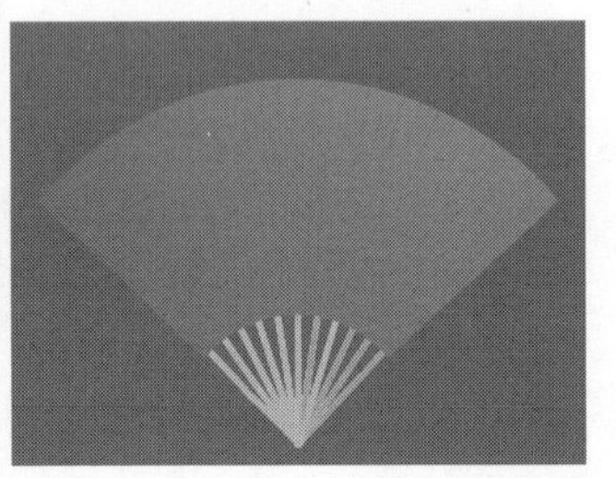

图4-84

知识回顾

◎ 工具：弯曲修改器

◎ 位置：修改器>对象空间修改器

◎ 用途：将模型沿着x、y、z轴弯曲成任意角度，是建模中常用的修改器之一。

01 使用“长方体”工具在视图中创建一个长方体，如图4-85所示。

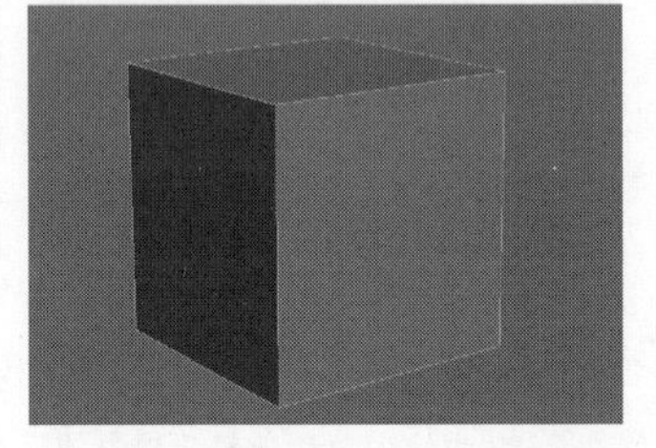

图4-85

02 单击“修改”按钮，进入修改面板，然后单击“修改器列表”，并在下拉菜单中选择“弯曲”选项，如图4-86所示。加载“弯曲”修改器后，长方体会显示一个黄色的边框，如图4-87所示。

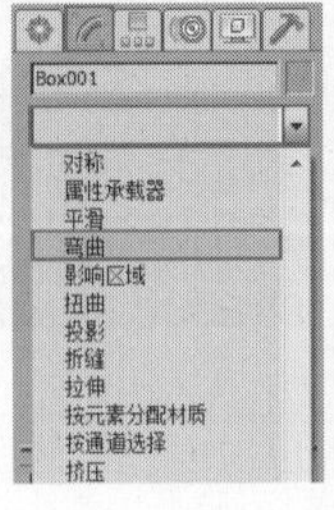

图4-86

图4-87

03 选中上一步创建的长方体，然后展开“参数”卷展栏，“弯曲”修改器默认的“弯曲轴”为z轴，接着设置“角度”为90，其效果如图4-88所示；设置“弯曲轴”为y轴，其效果如图4-89所示；设置“弯曲轴”为x轴，其效果如图4-90所示。

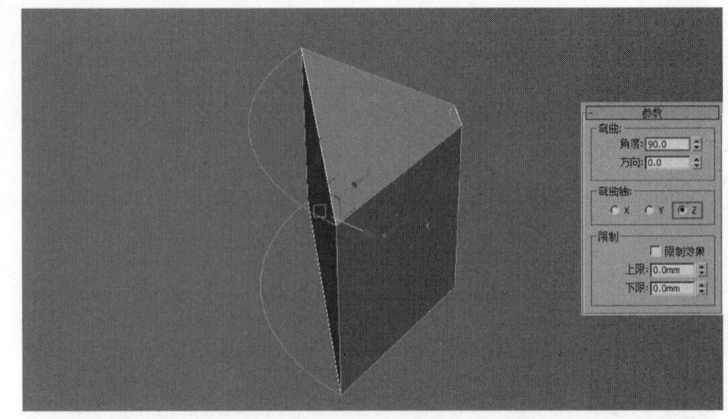

图4-88

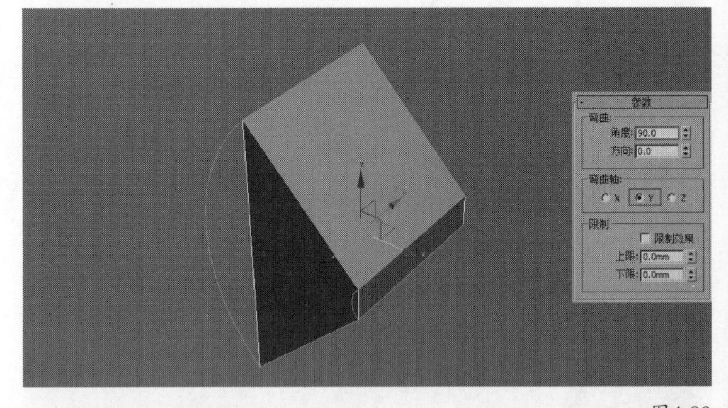

图4-89

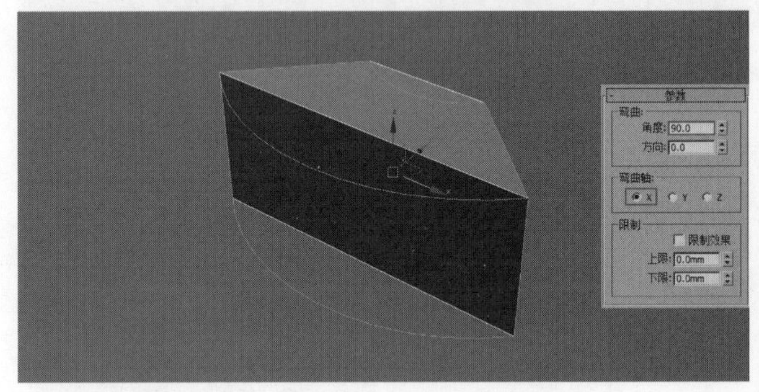

图4-90

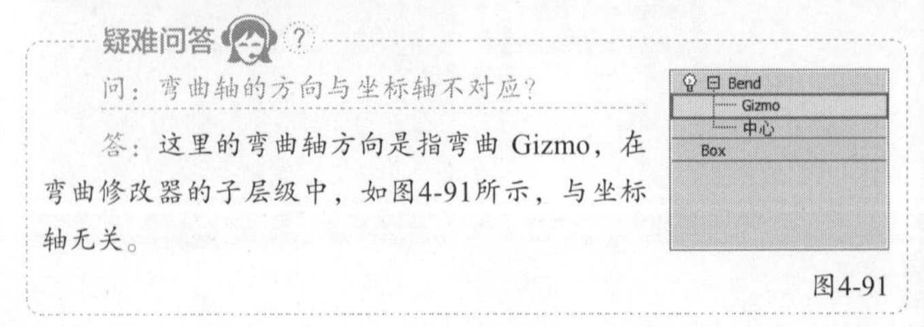

疑难问答

问：弯曲轴的方向与坐标轴不对应？

答：这里的弯曲轴方向是指弯曲 Gizmo，在弯曲修改器的子层级中，如图4-91所示，与坐标轴无关。

图4-91

04 保持“弯曲轴”为x轴，然后设置“角度”为120，可以观察到长方体弯曲的弧度增大，如图4-92所示。

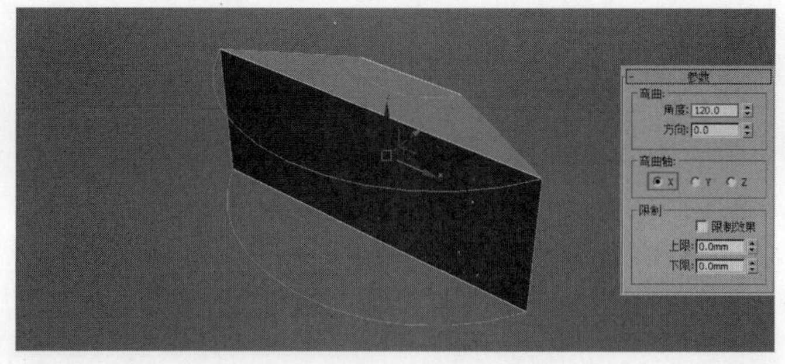

图4-92

05 设置“方向”为90，可以观察到长方体弯曲的方向是垂直于水平面的，如图4-93所示。

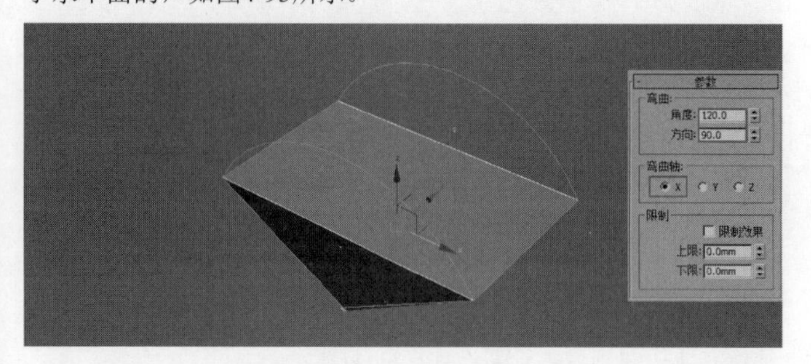

图4-93

技巧与提示

弯曲的方向是相对于水平面的方向。

06 设置“角度”为0，然后勾选“限制效果”选项，接着设置“上限”为10mm、“下限”为-10mm，可以观察到在长方体上多了两圈黄色的线段，如图4-94所示；设置“角度”为44.5时，可以观察到两个黄色的线相交，如图4-95所示；设置“角度”为120时，可以观察到长方体发生弯曲变形，如图4-96所示。

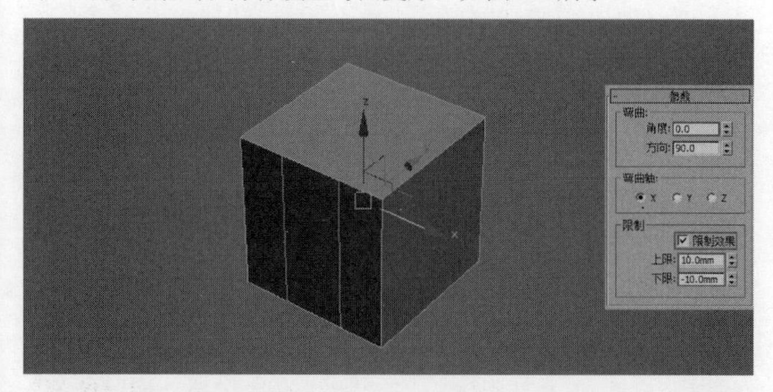

图4-94

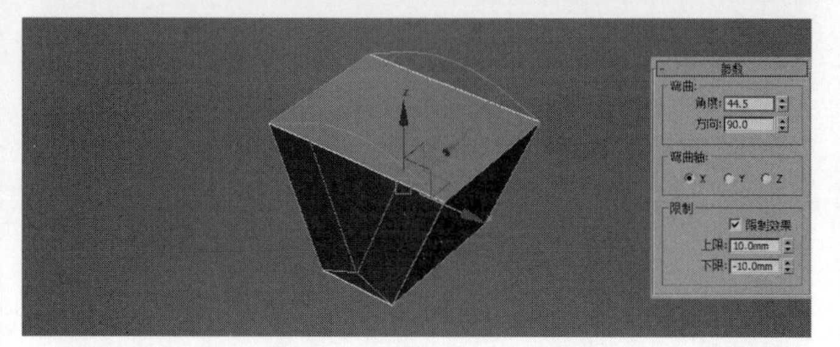

图4-95

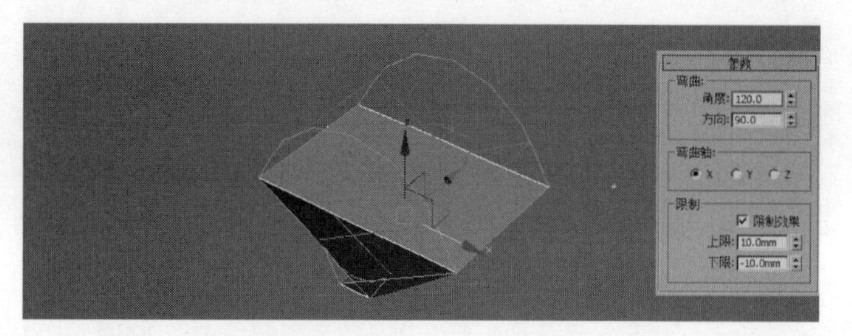

图4-96

技术专题 弯曲修改器参数详解

在修改器堆栈中，单击“弯曲”命令前的加号■，可以看到下方有两个子对象Gizmo和“中心”，如图4-97所示。

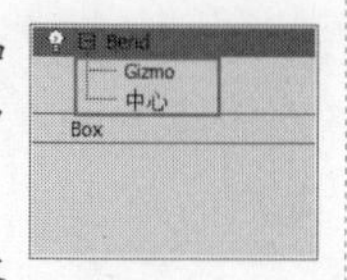

图4-97

Gizmo：弯曲的轴向，可以对其进行平移、旋转和缩放操作。

中心：弯曲的中心点，可以对其进行平移、旋转和缩放操作。

限制效果：限制约束应用于弯曲效果，默认设置为禁用状态。

上限/下限：以世界单位来设置上/下部的边界，超过这个边界将无法再弯曲。

实战053 用扭曲修改器制作旋转笔筒

场景位置	无
实例位置	实例文件>CH03>用扭曲修改器制作旋转笔筒.max
学习目标	学习扭曲修改器的使用方法

笔筒是生活中常见的物品，绘制样条线后，先用车削修改器做出直的笔筒，再用扭曲修改器给笔筒添加旋转效果，案例效果如图4-98所示。

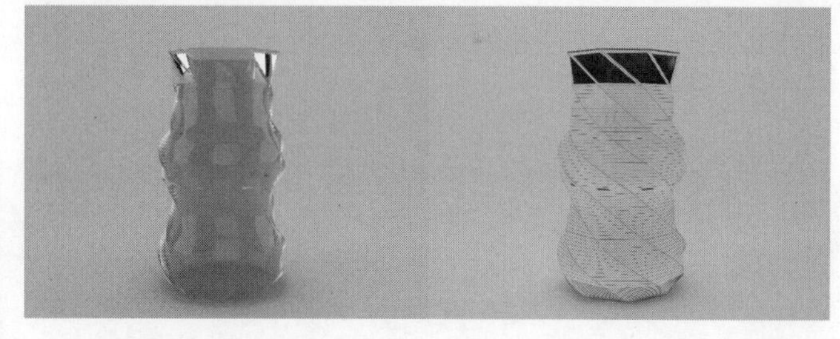

图4-98

模型创建

01 使用“线”工具 线 在前视图中绘制笔筒的剖面，如图4-99所示。

02 选择上一步创建的样条线，然后选择“点”层级，将样条线调整至图4-100所示的造型。

图4-99

图4-100

03 选中样条线，然后选择“样条线”层级，接着展开“几何体”卷展栏，使用“轮廓”工具 轮廓 绘制出笔筒的厚度，如图4-101所示。

04 选中上一步修改后的样条线，然后切换到“修改”面板，单击“修改器列表”，接着在下拉菜单中选择“车削”选项，再在“参数”卷展栏下勾选“焊接内核”选项，并设置“分段”为8、“方向”为y轴、“对齐”为“最大”，如图4-102所示。

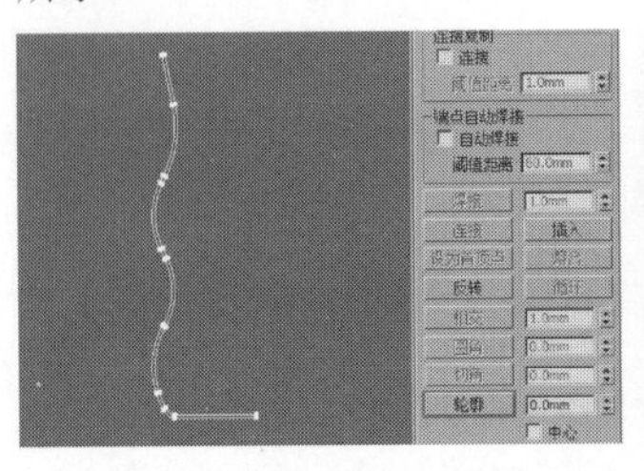

图4-101

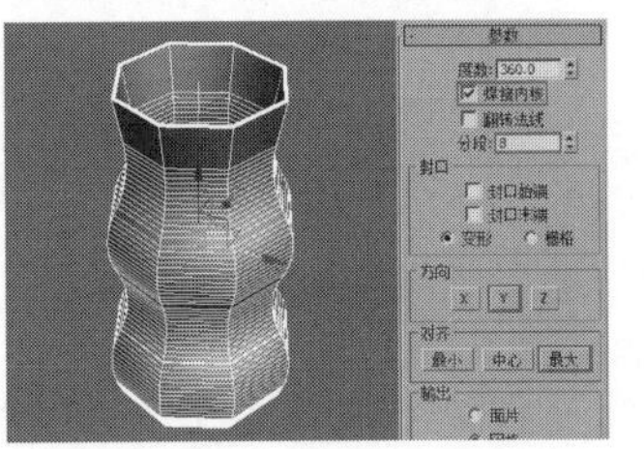

图4-102

05 单击“修改器列表”，然后在下拉菜单中选择“扭曲”选项，接着展开“参数”卷展栏，设置“角度”为300、“扭曲轴”为y轴，如图4-103所示。旋转笔筒的最终效果如图4-104所示。

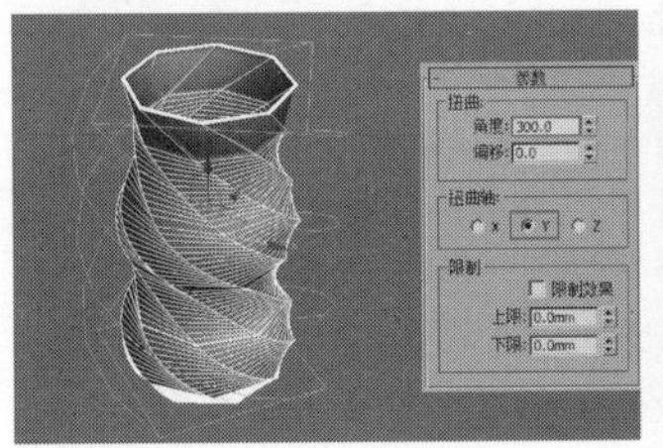

图4-103

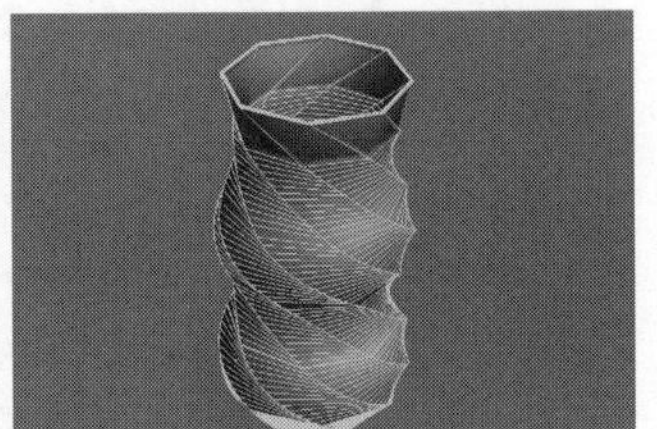

图4-104

知识回顾

◎ 工具：扭曲修改器

◎ 位置：修改器>对象空间修改器

◎ 用途：“扭曲”修改器是将模型围着一个轴旋转特定的度数，使模型产生旋转扭曲。

01 使用“长方体”工具 长方体 在场景中创建一个长方体，然后在“参数”卷展栏中设置“长度”为500mm、“宽度”为500mm、“高度”为500mm、“长度分段”为5、“宽度分段”为5、“高度分段”为5，如图4-105所示。

02 单击“修改器列表”，然后在下拉菜单中选择“扭曲”选项，为长方体加载一个“扭曲”修改器，如图4-106所示。

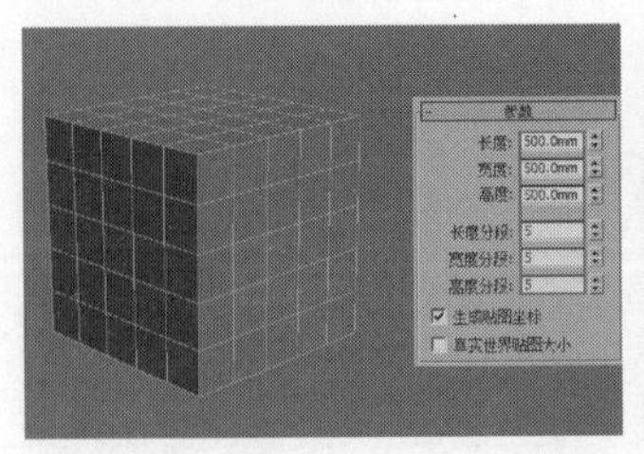

图4-105

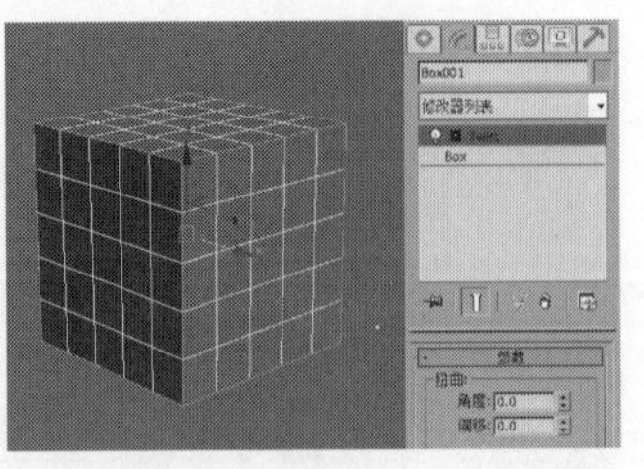

图4-106

03 展开“参数”卷展栏，与“弯曲”修改器一样，“扭曲”修改器的默认“扭曲轴”也是z轴，设置“角度”为50，可以观察到长方体沿旋转z轴扭曲，上下两个面不变，如图4-107所示；设置“扭曲轴”为y轴，可以观察到长方体沿旋转y轴扭曲，前后两个面不变，如图4-108所示；设置“扭曲轴”为x轴，可以观察到长方体沿旋转x轴扭曲，左右两个面不变，如图4-109所示。

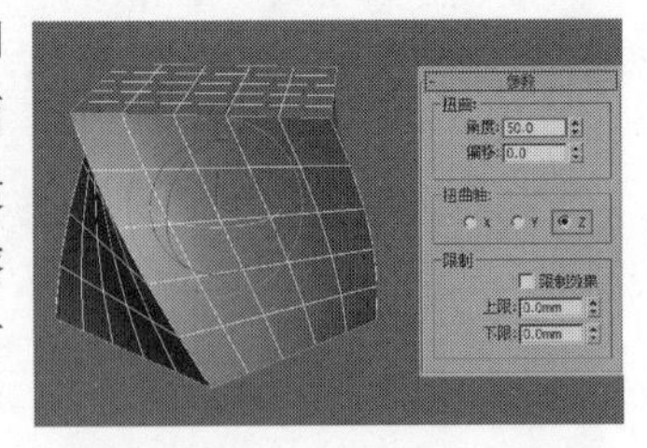

图4-107

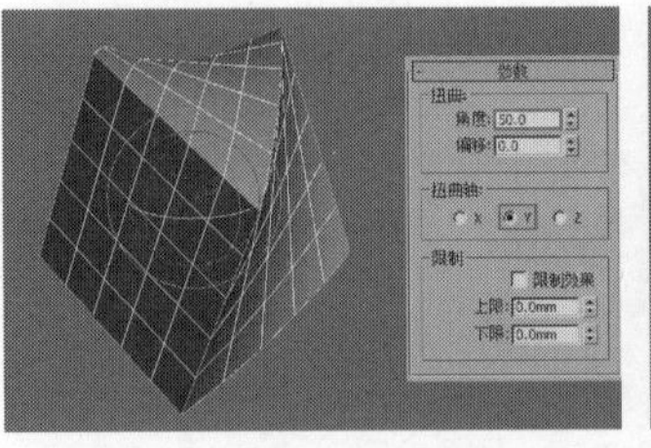

图4-108

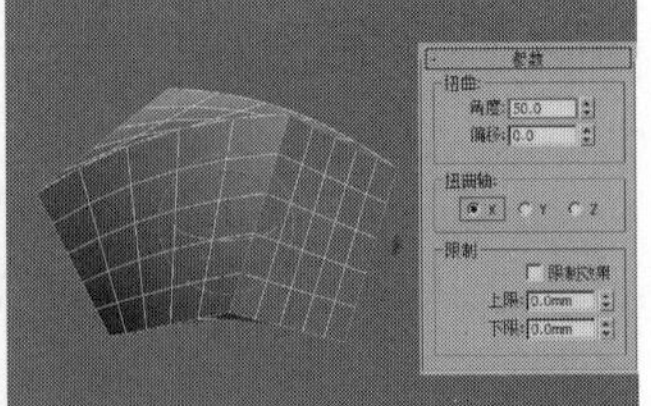

图4-109

04 设置“偏移”为100，可以观察到长方体的扭曲消失，还原为初始状态，如图4-110所示。设置“偏移”为-100，可以观察到长方体扭曲到最大形态，如图4-111所示。

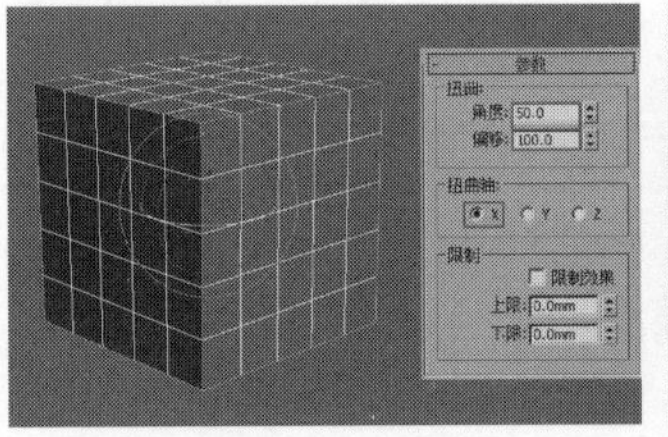

图4-110

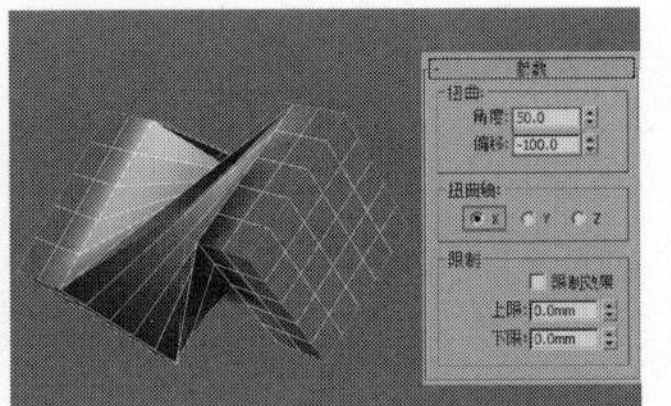

图4-111

技巧与提示

“扭曲”修改器的参数与“弯曲”修改器的参数类似，其余参数请参照“弯曲”修改器。

实战054 用噪波修改器制作咖啡

场景位置	无
实例位置	实例文件>CH04>用噪波修改器制作咖啡.max
学习目标	学习噪波修改器的用法

“噪波”修改器是制作液体模型和地形常用的修改器之一。咖啡模型需要制作一套咖啡杯以及咖啡液体，咖啡杯使用“车削”修改器进行制作，咖啡模型使用“噪波”修改器进行制作，案例效果如图4-112所示。

图4-112

模型创建

01 使用“线”工具 线 在前视图中绘制咖啡托盘的剖面样条线，然后在“点”层级中调整样条线的造型，如图4-113所示。

02 选中上一步调整好的样条线，然后在“样条线”层级中使用“轮廓”工具 轮廓 给样条线添加厚度，如图4-114所示。

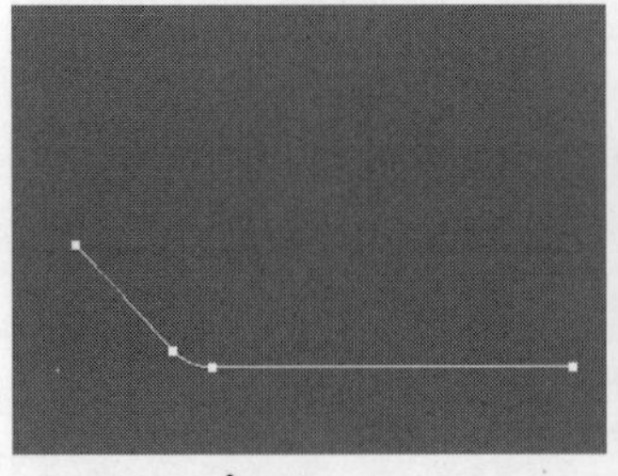

图4-113

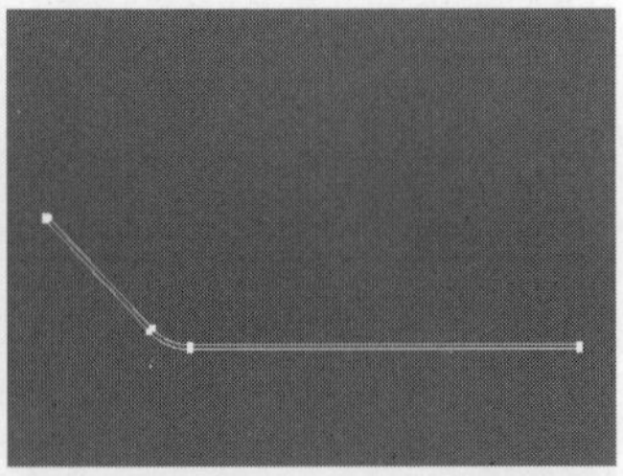

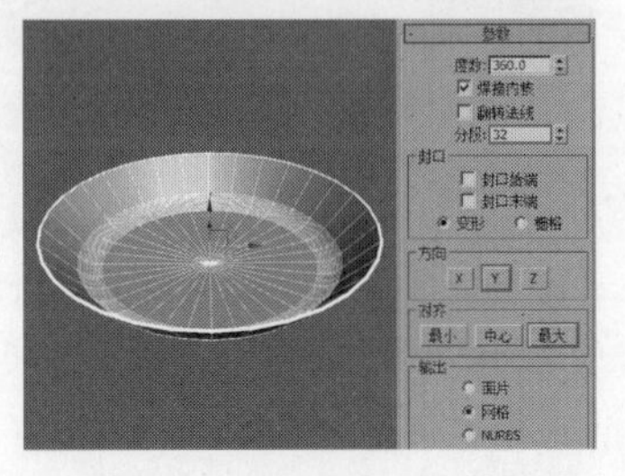

图4-114

03 选中样条线，然后单击“修改器列表”，在下拉菜单中选择“车削”选项，接着设置“分段”为32、“方向”为y轴、“对齐”为“最大”，如图4-115所示。

图4-115

技巧与提示

咖啡杯的制作过程与托盘完全相同，这里不再重复讲解。杯子模型的效果如图4-116所示。

图4-116

04 接下来创建咖啡模型。使用“球体”工具 球体 在前视图中创建一个球体，然后展开“参数”卷展栏，设置“半径”为205mm、“分段”为36、“半球”为0.58，如图4-117所示。

05 进入前视图，然后选中球体，接着单击“镜像”工具，再在弹出的对话框中设置“镜像轴”为“y轴”、“克隆当前选择”为“不克隆”，最后单击“确定”按钮 确定 ，如图4-118所示。

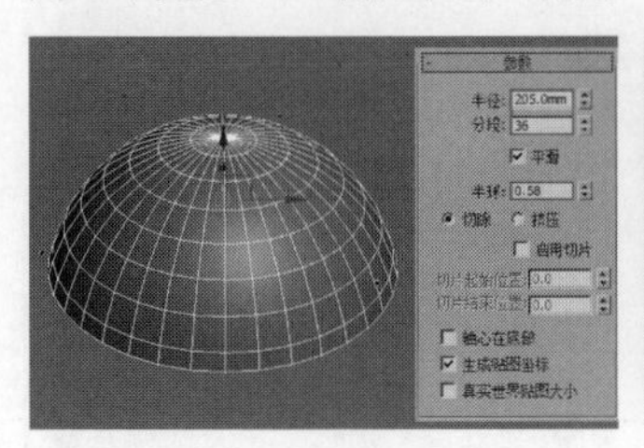

图4-117

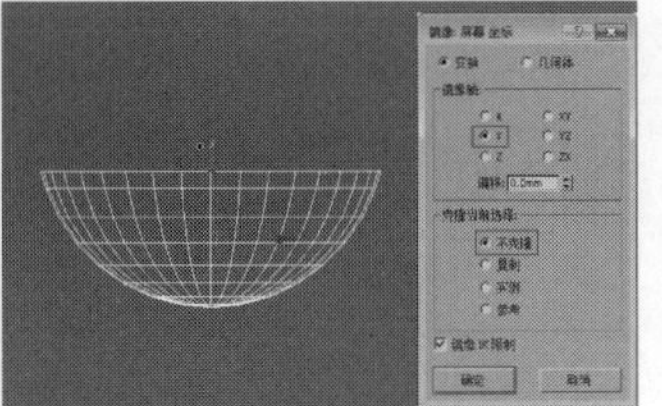

图4-118

06 单击“修改器列表”，然后在弹出的下拉菜单中选择FFD4×4×4修改器，接着选择“控制点”层级，如图4-119所示，再在前视图中选择顶部的控制点，最后将其向上拖曳一段距离，如图4-120所示。

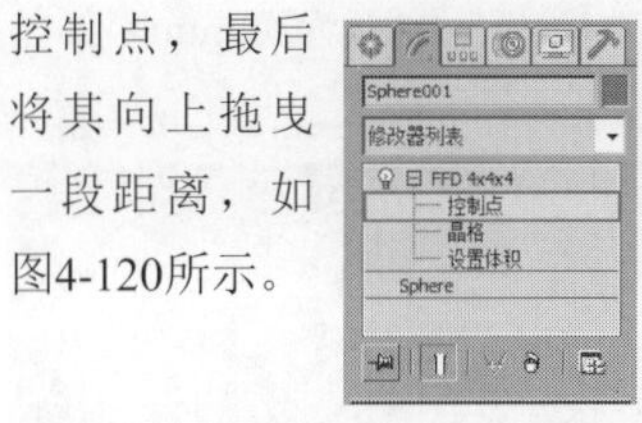

图4-119

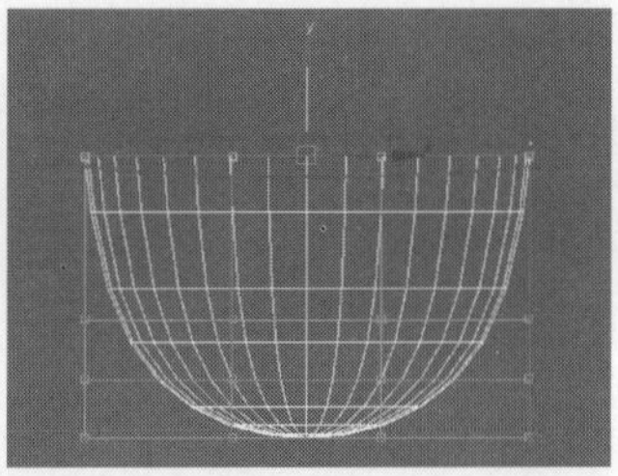

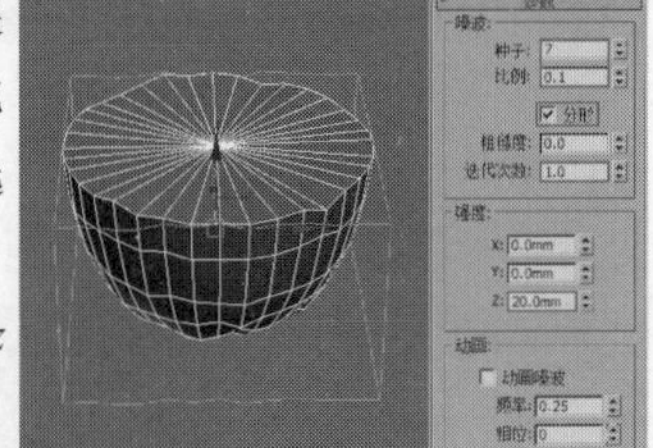

图4-120

07 单击“修改器列表”，然后在下拉菜单中选择“噪波”选项，接着展开“参数”卷展栏，设置“种子”为7、“比例”为0.1，再勾选“分形”选项，并设置“迭代次数”为1，最后在“强度”选项组下设置z为20mm，如图4-121所示。

图4-121

08 单击“修改器列表”，然后在下拉菜单中选择“平滑”选项，接着展开“参数”卷展栏，勾选“自动平滑”选项，如图4-122所示。

09 将咖啡模型移动到咖啡杯内，最终效果如图4-123所示。

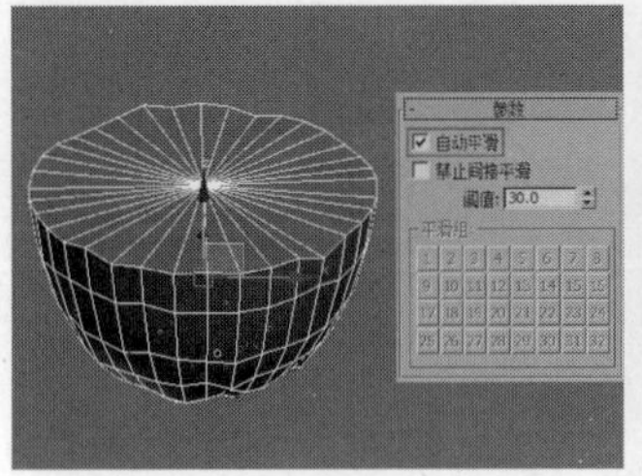

图4-122

图4-123

知识回顾

◎ 工具：噪波修改器

◎ 位置：修改器>对象空间修改器

◎ 用途：“噪波”修改器可以制作出水波纹或褶皱效果，常用于制作液体类模型和山体地形等模型。

01 使用“平面”工具 平面 在视图中拖曳一个平面，然后展开“参数”卷展栏，设置“长度分段”和“宽度分段”都为4，如图4-124所示。

02 单击“修改器列表”，然后在下拉菜单中选择“噪波”选项，可以观察到平面的四周变为黄线，如图4-125所示。

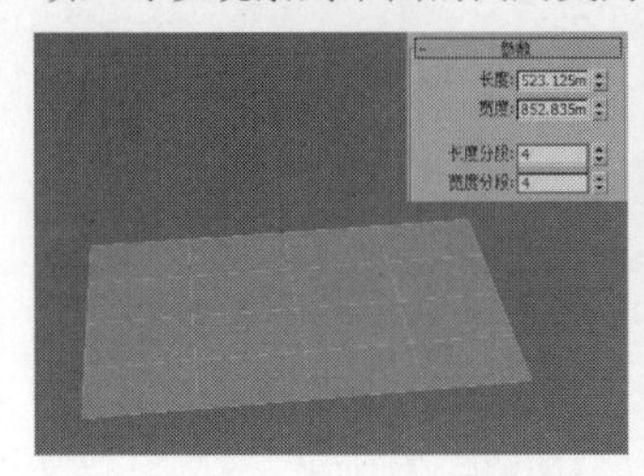

图4-124

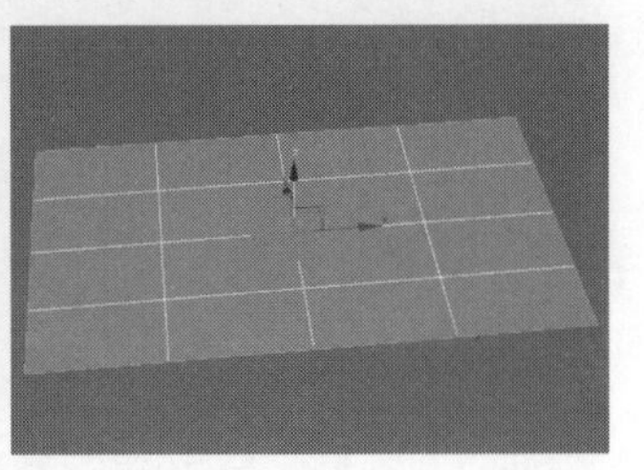

图4-125

03 选中平面，然后展开“参数”卷展栏，设置“种子”为1、“比例”为10，接着在“强度”选项组下设置z为100mm，如图4-126所示。

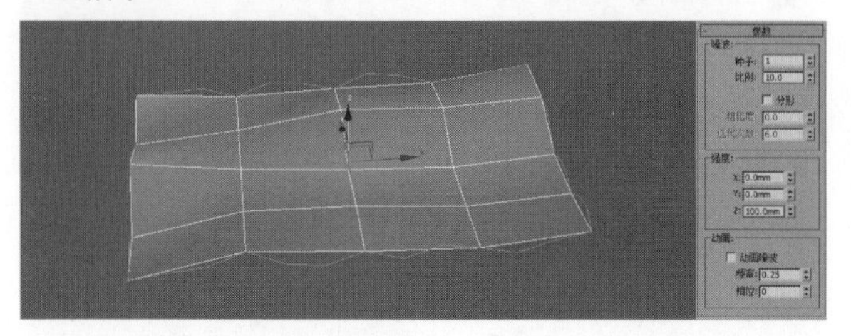

图4-126

04 选中平面，然后展开“参数”卷展栏，设置“种子”为5，可以观察到面片的造型发生了一定的改变，如图4-127所示。

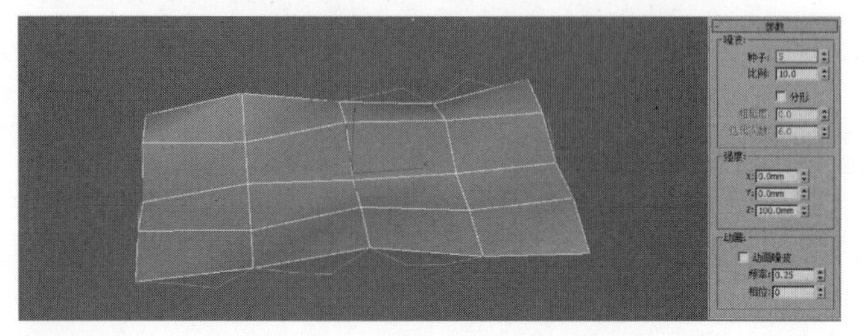

图4-127

05 选中平面，然后展开“参数”卷展栏，设置“比例”为0.5，可以观察到噪波的锯齿增大，如图4-128所示。

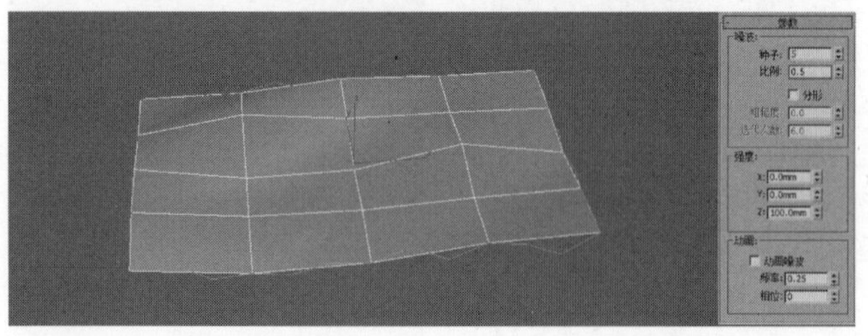

图4-128

06 选中平面，然后展开“参数”卷展栏，设置“强度”中的z值为200mm，可以观察到噪波的强度增大，如图4-129所示。

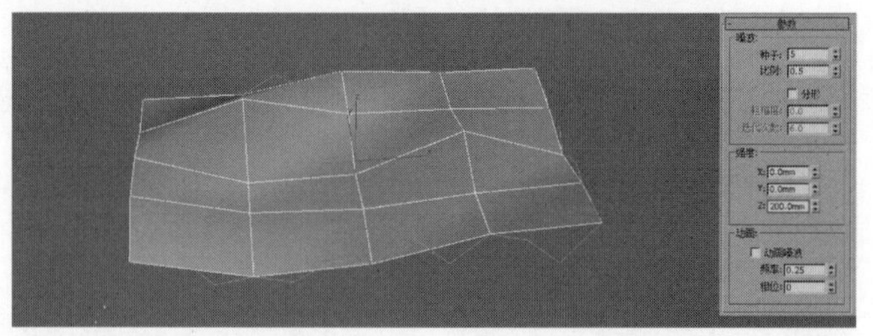

图4-129

07 选中平面，然后展开“参数”卷展栏，接着勾选“分形”选项，再设置“迭代次数”为2，可以观察到噪波发生一定的改变，如图4-130所示。

08 选中平面，然后展开“参数”卷展栏，设置“粗糙度”为1，可以观察到分形变化程度增加，如图4-131所示。

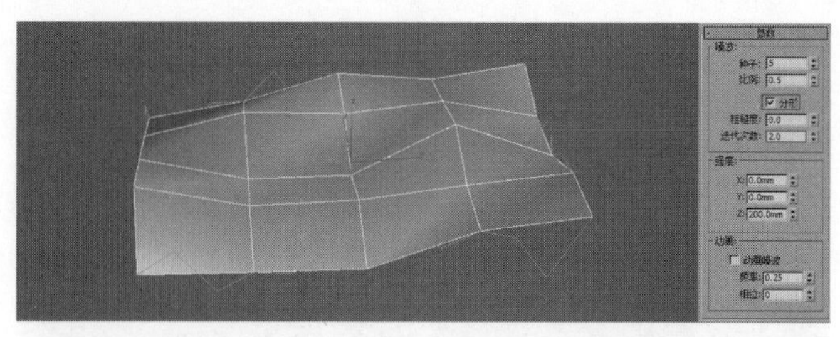

图4-130

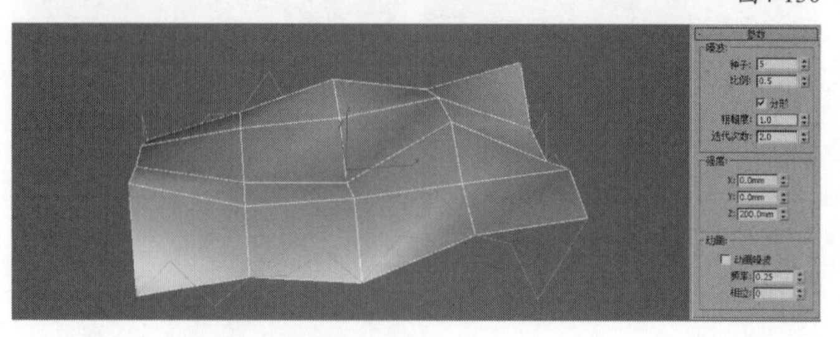

图4-131

技术专题 噪波修改器参数详解

噪波修改器可以使对象表面的顶点产生随机变动，从而变得起伏不规则，其参数面板如图4-132所示。

种子：从设置的数值中随机生成一个起始点，该参数在创建地形时非常有用，每种设置都会产生不同的效果。

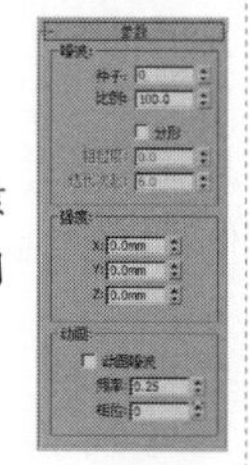

图4-132

实战055 用Hair和Fur（WSN）修改器制作刷子

场景位置	场景文件>CH04>01.max
实例位置	实例文件>CH04>用Hair和Fur（WSN）修改器制作刷子.max
学习目标	学习Hair和Fur（WSN）修改器的使用方法

刷子是常见的生活用品，刷毛的模型是加载Hair和Fur（WSN）修改器生成的，常用于制作毛发类模型，案例效果如图4-133所示。

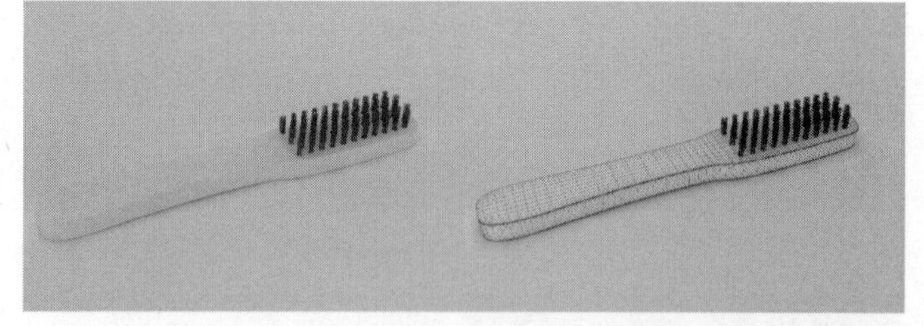

图4-133

模型创建

01 打开本书学习资源中的“场景文件>CH04>01.max”文件，场景中已经创建好了刷柄模型，如图4-134所示。

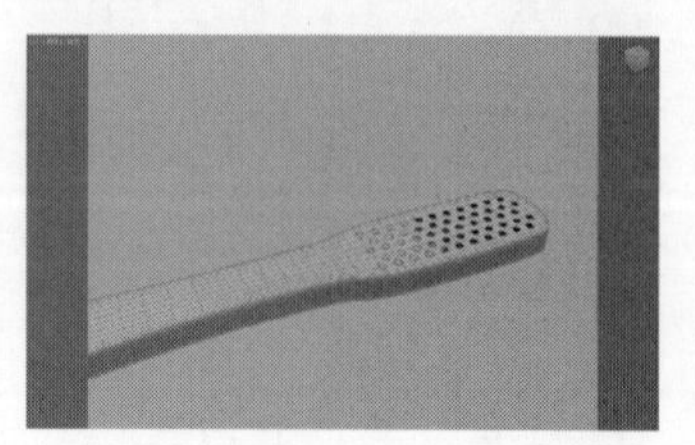

图4-134

02 选中刷柄上的圆圈模型，然后单击“修改器列表”，在下拉菜单中选择“Hair和Fur（WSN）”选项，刷子效果如图4-135所示。

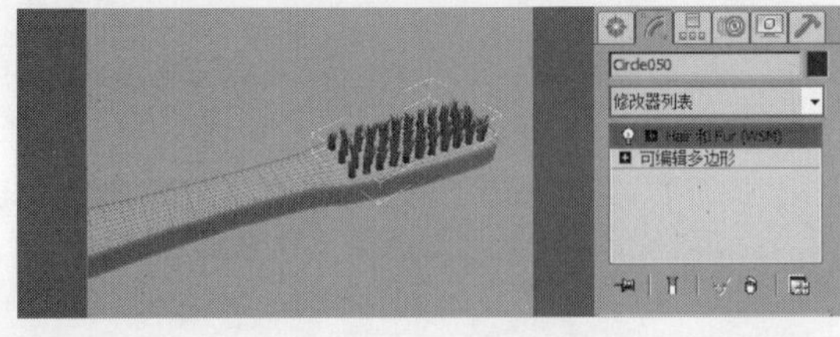

图4-135

03 选中刷毛模型，然后展开“常规参数”卷展栏，设置“毛发数量”为5000、“毛发段”为1、“毛发过程数”为5、“随机比例”为0、“根厚度”为3、“梢厚度”为2.5，如图4-136所示。

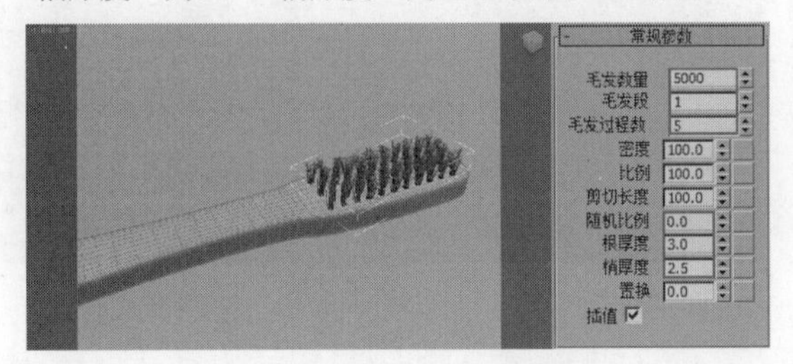

图4-136

04 展开“卷发参数”卷展栏，然后设置“卷发根”和“卷发梢”都为0，如图4-137所示。

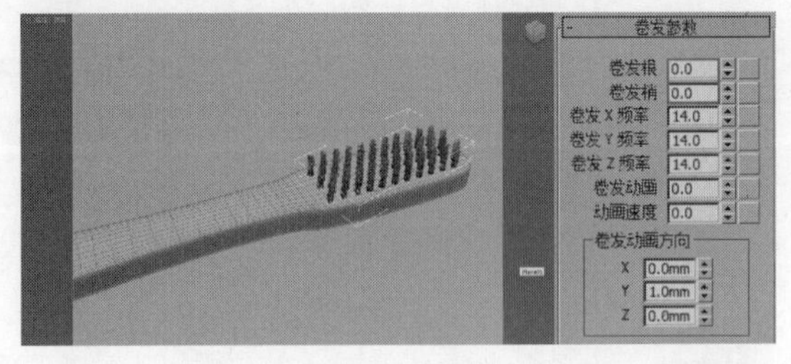

图4-137

05 展开“多股参数”卷展栏，然后设置“数量”为1、“梢展开”为0.2，其参数如图4-138所示，刷子最终效果如图4-139所示。

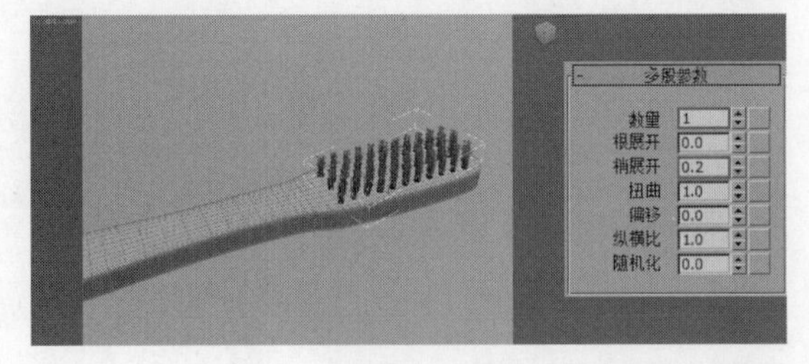

图4-138

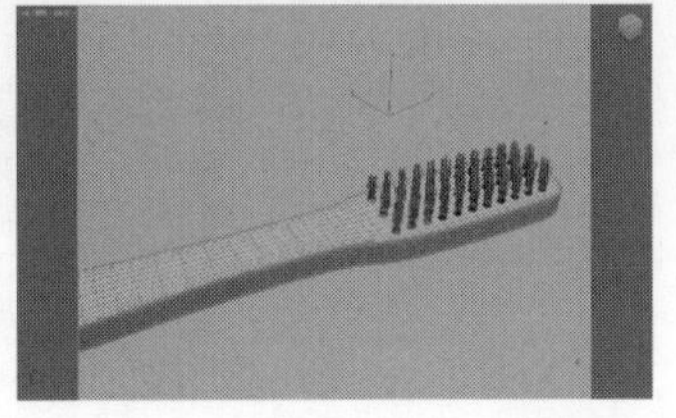
图4-139

知识回顾

◎ 工具：Hair和Fur（WSN）修改器

◎ 位置：修改器>世界空间修改器

◎ 用途：Hair和Fur（WSN）修改器是一种加载毛发的修改器，可以制作常见的如头发、地毯、毛巾和刷子等模型，是常用的毛发类修改器之一。

01 使用“平面”工具在场景中创建一个平面，如图4-140所示。

02 单击“修改”按钮，切换到修改面板，然后单击“修改器列表”，在下拉菜单中选择“Hair和Fur（WSN）”选项，如图4-141所示。

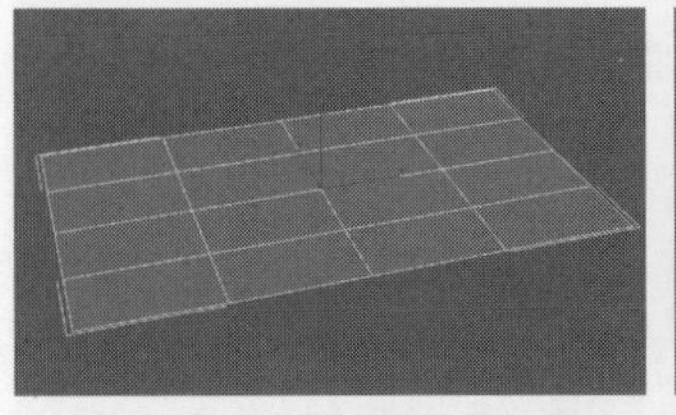
图4-140

图4-141

03 展开“选择”卷展栏，然后单击“多边形”按钮■，切换到“多边形”层级，接着选中平面中的任意一个面，如图4-142所示，再单击“多边形”按钮，退出“多边形”层级■，这时可以观察到毛发全部生长在选中的面中，如图4-143所示。

图4-142

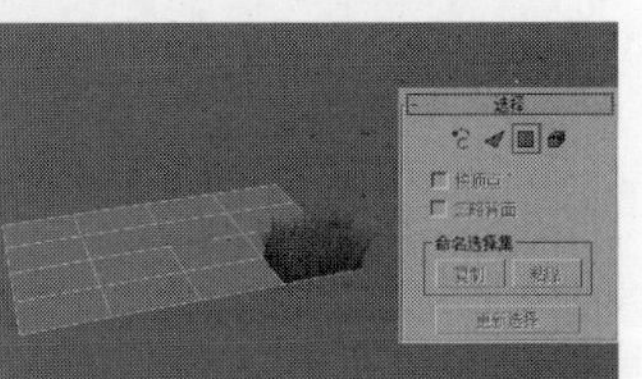
图4-143

04 按快捷键Ctrl＋Z返回步骤02，然后展开“常规参数”卷展栏，设置“毛发数量”为5000，可以观察到毛发变得稀疏，如图4-144所示。

图4-144

05 展开“常规参数”卷展栏，然后设置“毛发段”为1，可以观察到毛发非常直，如图4-145所示，接着设置“毛发段”为20，可以观察到毛发形态很自然，如图4-146所示。

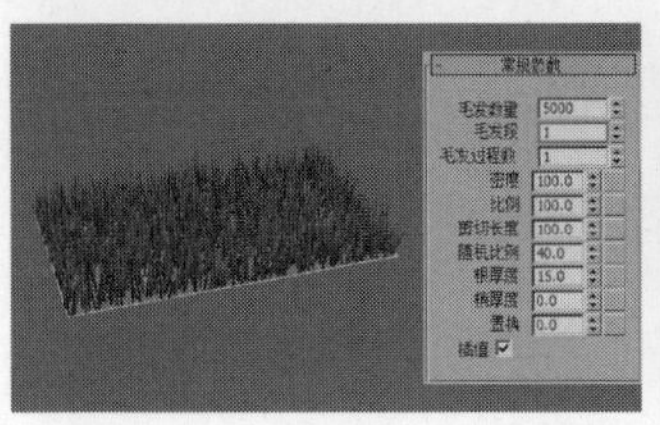
图4-145

图4-146

06 展开“常规参数”卷展栏，然后设置“根厚度”为5，可以观察到毛发根部变细，如图4-147所示，接着设置“梢厚度”为

5，可以观察到毛发梢部加粗，如图4-148所示。

图4-147

图4-148

07 展开“卷发参数”卷展栏，然后设置“卷发根”为1，可以观察到毛发根部变直，如图4-149所示，接着设置“卷发根”为100，可以观察到卷发根部变弯曲，如图4-150所示。

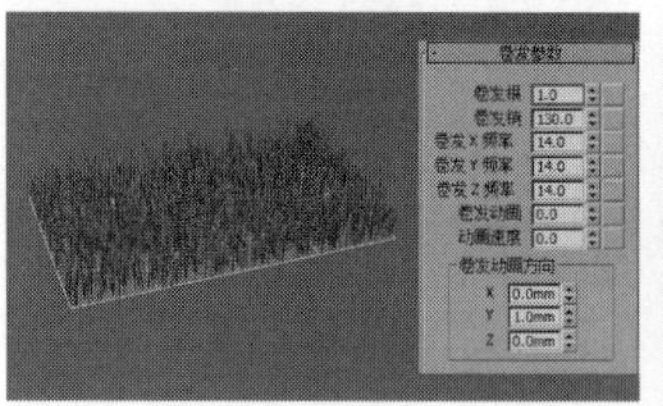

图4-149

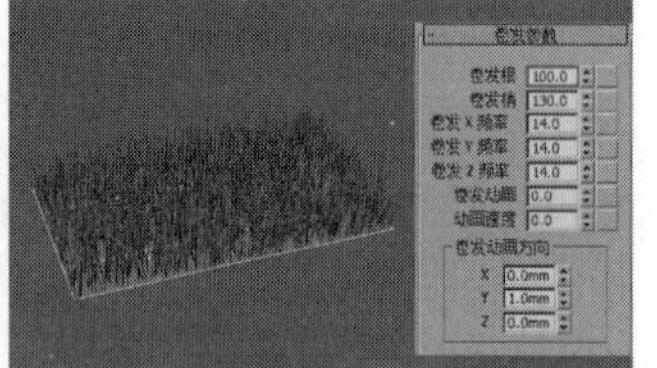

图4-150

08 展开“卷发参数”卷展栏，然后设置“卷发梢”为1，可以观察到毛发梢部变直，如图4-151所示。

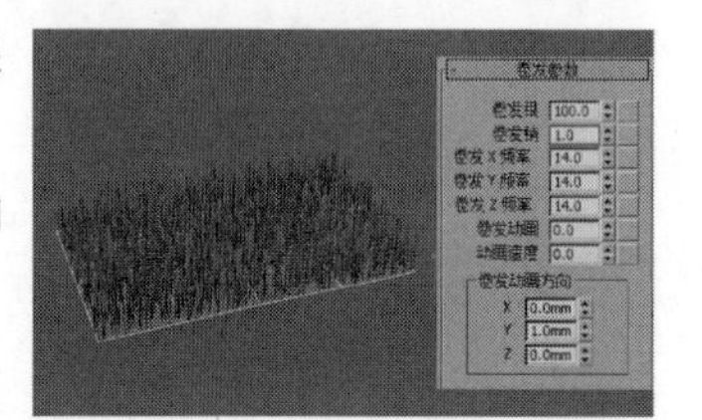

图4-151

实战056 用cloth修改器制作桌布

场景位置　无
实例位置　实例文件>CH04>用cloth修改器制作桌布.max
学习目标　学习cloth修改器的使用方法

布料是生活中常见的物品，床单、桌布等都是用cloth修改器制作的。cloth修改器可以很好地模拟布料的特性，制作出逼真的布料模型，案例效果如图4-152所示。

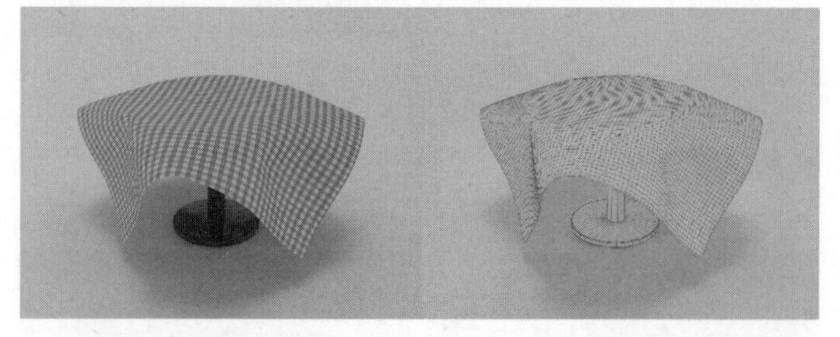

图4-152

模型创建

01 首先创建圆桌模型。使用“切角圆柱体”工具 切角圆柱体 在场景中创建一个圆柱体，然后在“参数”卷展栏下设置“半径”为80mm、“高度”为5mm、“圆角”为1mm、“高度分段”为1、“圆角分段”为3、“边数”为36，如图4-153所示。继续使用“切角圆柱体”工具 切角圆柱体 在场景中创建两个切角圆柱体，如图4-154和图4-155所示。

02 下面创建桌布模型。进入顶视图，然后使用“平面”工具 平面 在桌面顶部创建一个平面，接着在“参数”卷展栏下设置“长度”为250mm、“宽度”为250mm、“长度分段”和“宽度分段”都为20，如图4-156所示。

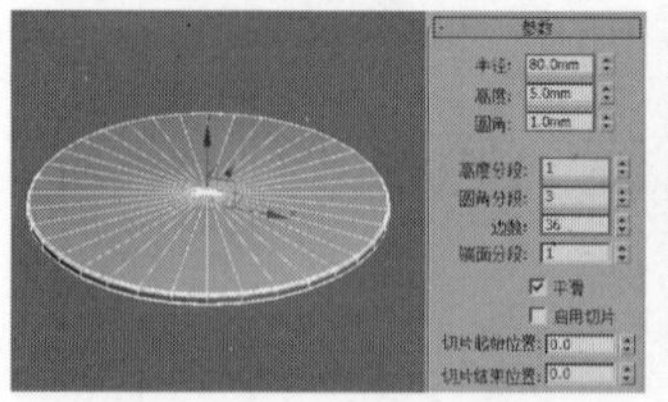

图4-153

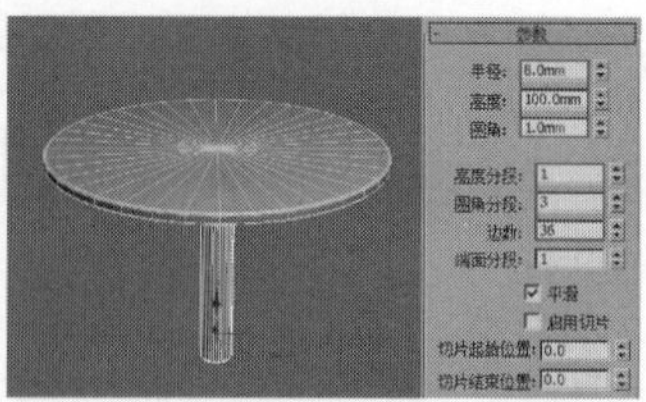

图4-154

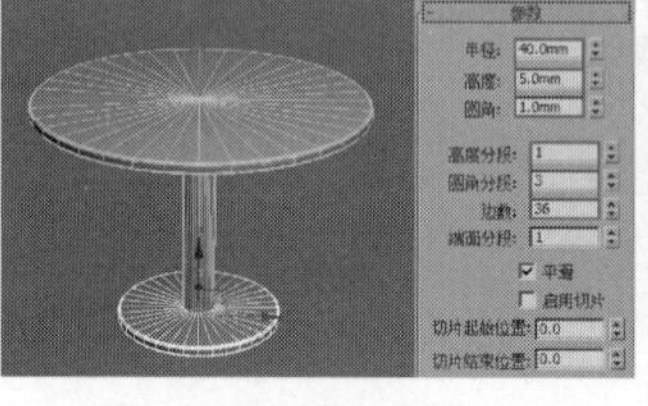

图4-155

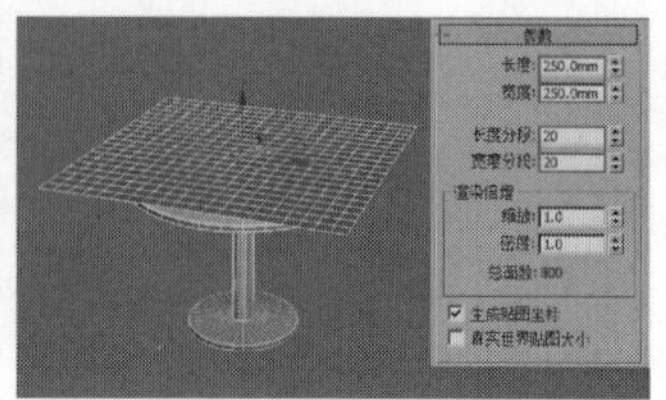

图4-156

技巧与提示

制作桌布平面，理论上分段数设置得越多，模拟出来的效果就越逼真，但会增加计算时间，因此在制作时设置适当的数值即可。

03 单击“修改器列表”，然后在下拉菜单中选择cloth选项，接着展开“对象”卷展栏，单击“对象属性”按钮 对象属性 ，再在弹出的“对象属性”对话框中选择平面模型，最后勾选“布料”选项，如图4-157和图4-158所示。

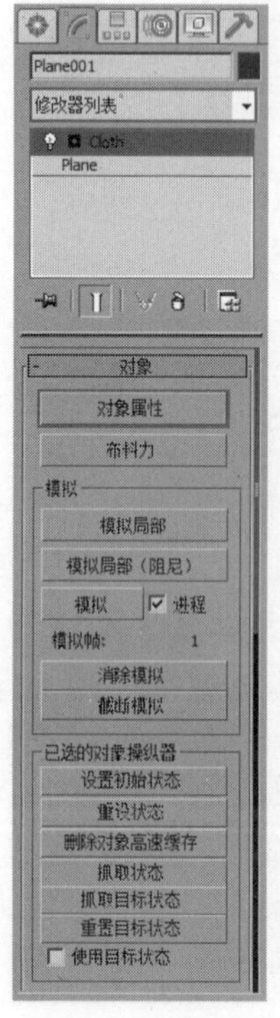

图4-157

图4-158

04 单击“添加对象”按钮添加对象...，然后在弹出的对话框中全选模型，接着单击“添加”按钮添加，如图4-159所示。

05 选择添加的圆桌模型，然后勾选“冲突对象”选项，接着单击“确定”按钮确定，如图4-160所示。

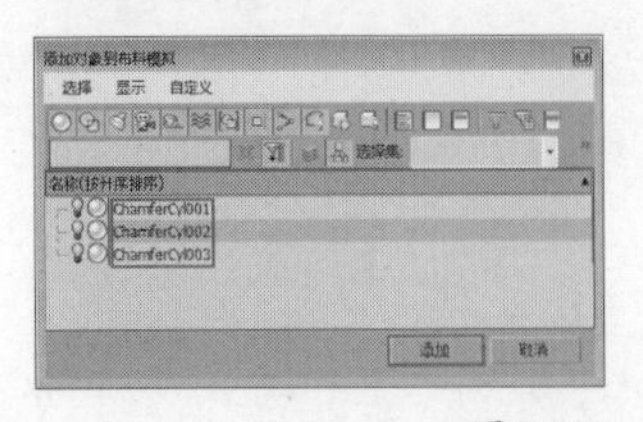
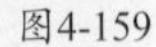

图4-159

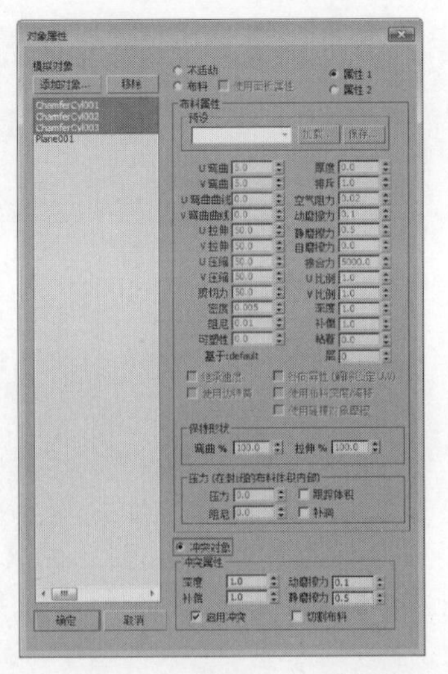

图4-160

06 在“对象”卷展栏下单击“模拟”按钮模拟，开始模拟布料效果，如图4-161所示，模拟之后的效果如图4-162所示。

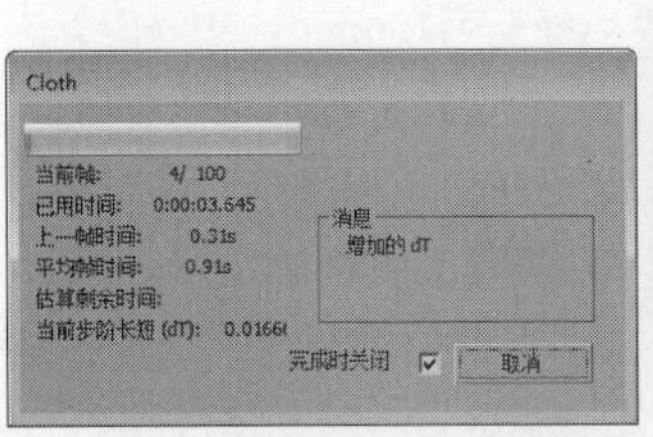

图4-161

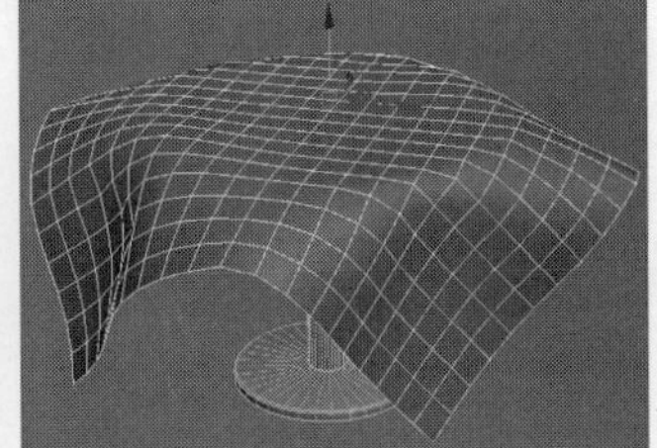

图4-162

07 选中桌布模型，然后单击“修改器列表”，接着在下拉菜单中选择“壳”选项，再在“参数”卷展栏下设置“内部量”和“外部量”都为1mm，如图4-163所示。

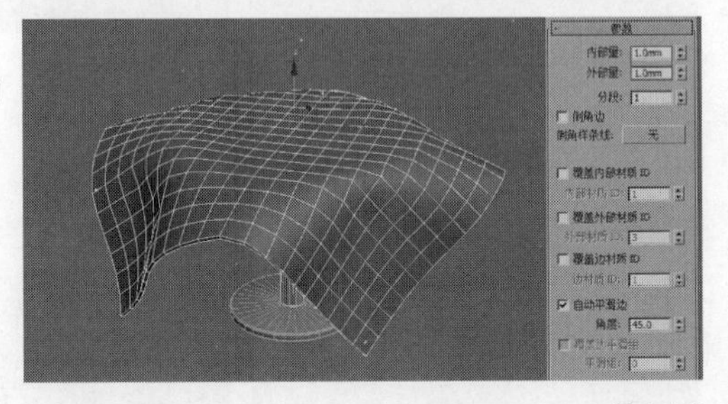

图4-163

08 继续选中桌布模型，然后单击“修改器列表”，接着在下拉菜单中选择“细化”修改器，再在“参数”卷展栏下设置“操作于”为“多边形”，最后设置“迭代次数”为2，其参数如图4-164所示，最终效果如图4-165所示。

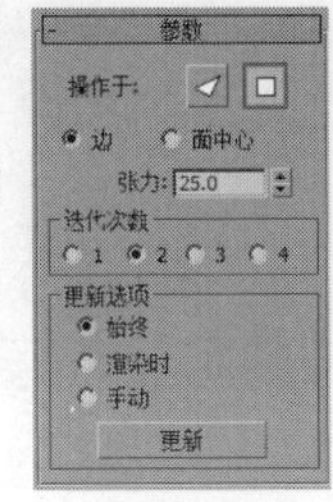

图4-164

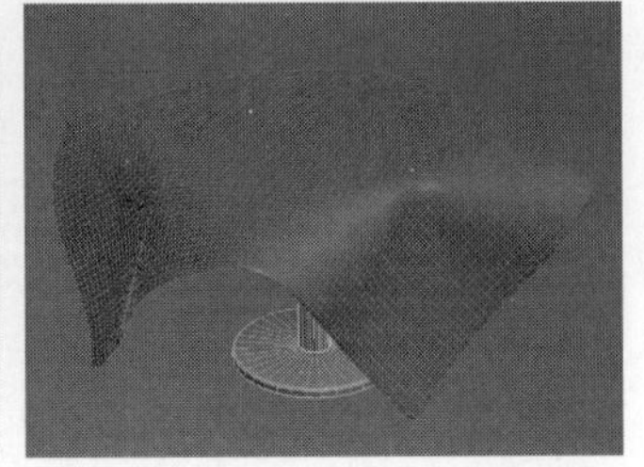

图4-165

知识回顾

◎ 工具：cloth修改器

◎ 位置：修改器>对象空间修改器

◎ 用途：cloth修改器可以很好地模拟布料的特性，制作出逼真的布料模型。

01 使用“长方体”工具长方体在场景中创建一个长方体，如图4-166所示。

图4-166

02 使用“平面”工具平面在长方体上方创建一个平面，作为布料的模型，然后展开“参数”卷展栏，设置“长度分段”和“宽度分段”都为20，如图4-167所示。

03 选中平面，单击“修改”按钮，切换到修改面板，然后单击“修改器列表”，接着在下拉菜单中选择cloth选项，如图4-168所示。

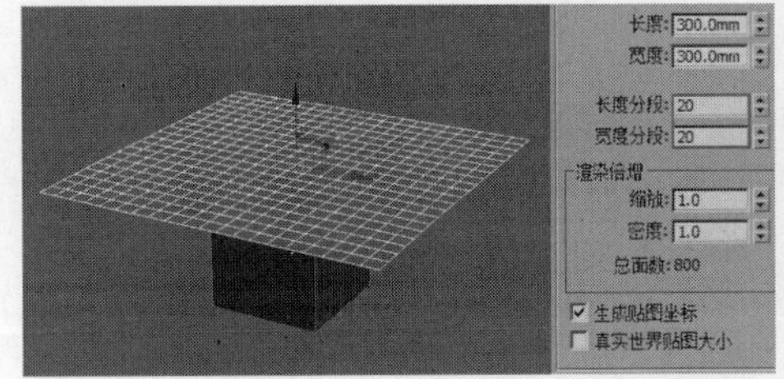

图4-167

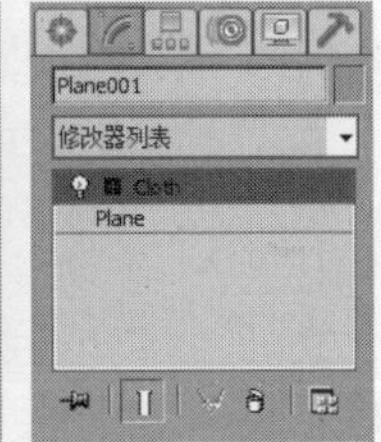

图4-168

04 展开“对象”卷展栏，然后单击“对象属性”按钮对象属性，如图4-169所示，接着在弹出的“对象属性”对话框中选中plane001，再选择“布料”选项，如图4-170所示。

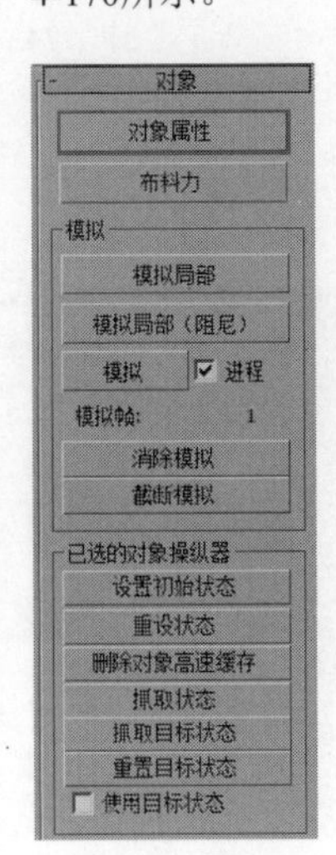

图4-169

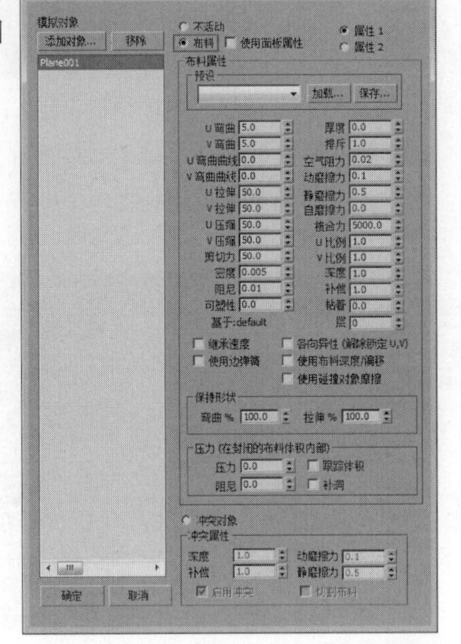

图4-170

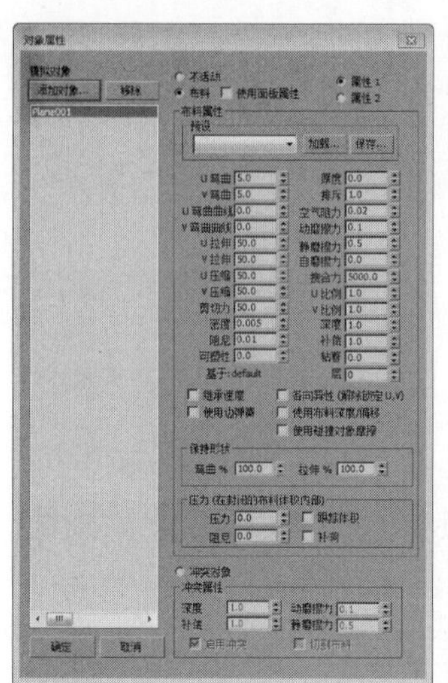

图4-171

05 单击“添加对象”按钮 添加对象...，然后在弹出的对话框中选择长方体模型Box001，接着单击“添加”按钮 添加，如图4-171和图4-172所示。

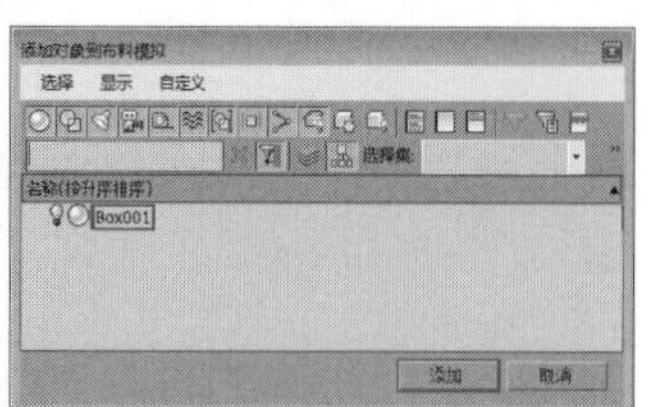

图4-172

06 回到“对象属性”对话框，在左侧列表中选中长方体模型Box001，然后选择“冲突对象”选项，接着单击“确定”按钮 确定，如图4-173所示。

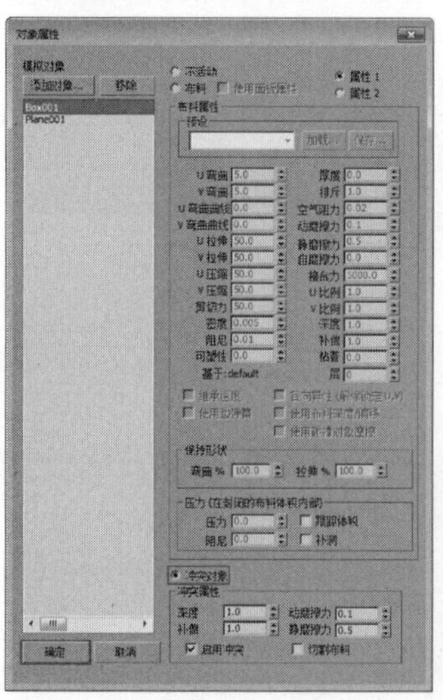

图4-173

07 在“对象”卷展栏中，单击“模拟”按钮 模拟，会弹出一个模拟过程的对话框，如图4-174所示。

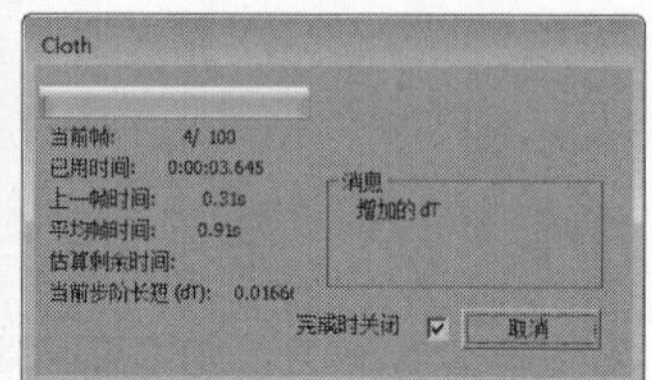

图4-174

08 如果对模拟效果不满意，需要重新模拟，可以单击“消除模拟”按钮 消除模拟，平面就会回到初始状态，如图4-175所示。

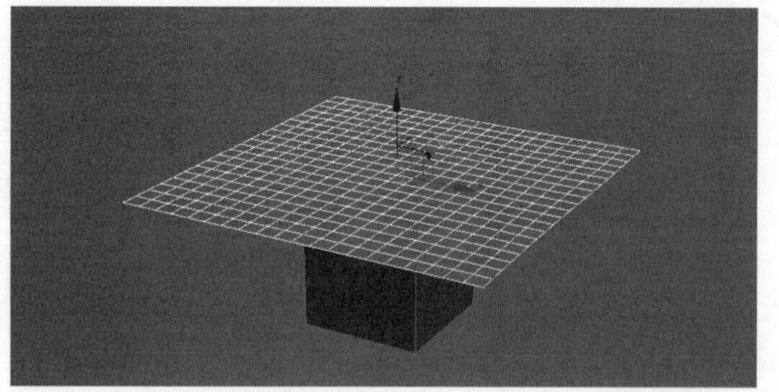

图4-175

实战057 用晶格修改器制作创意吊灯

场景位置	无
实例位置	实例文件>CH04>用晶格修改器制作创意吊灯.max
学习目标	学习晶格修改器的使用方法

生活中常常遇到框架类的物品，在模型制作中就需要用到晶格修改器。创意吊灯的球形边框就是用球体加载晶格修改器制作而成，案例效果如图4-176所示。

图4-176

模型创建

01 使用“球体”工具 球体 在场景中绘制一个球体，然后展开“参数”卷展栏，设置“半径”为100mm、“分段”为32，如图4-177所示。

02 单击“修改器列表”，然后在下拉菜单中选择“编辑多边形”选项，将球体转换为可编辑多边形，如图4-178所示。

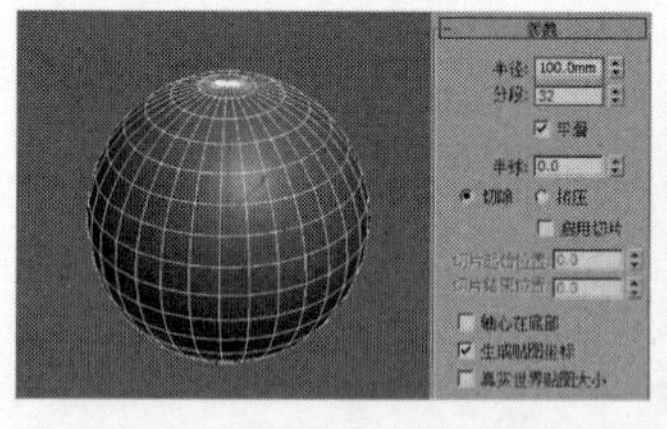

图4-177

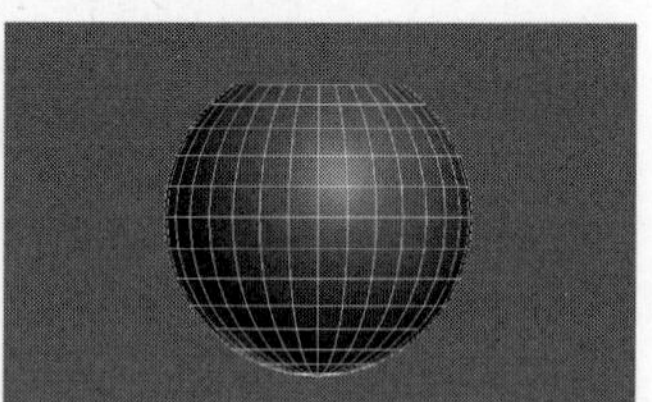

图4-178

03 展开“选择”卷展栏，然后单击“多边形”按钮■，切换到“多边形”层级，接着框选图4-179所示的面，再按Delete键删除，如图4-180所示。

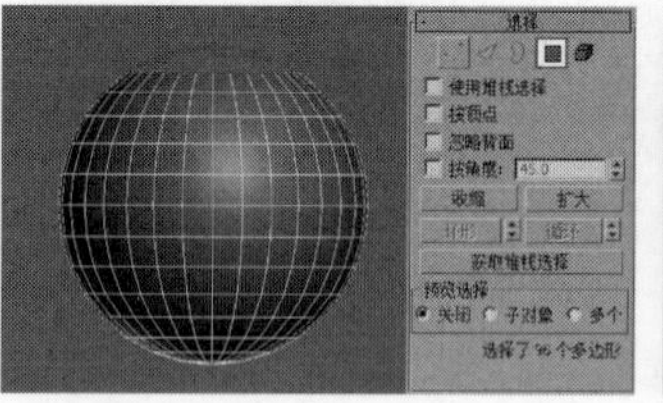

图4-179

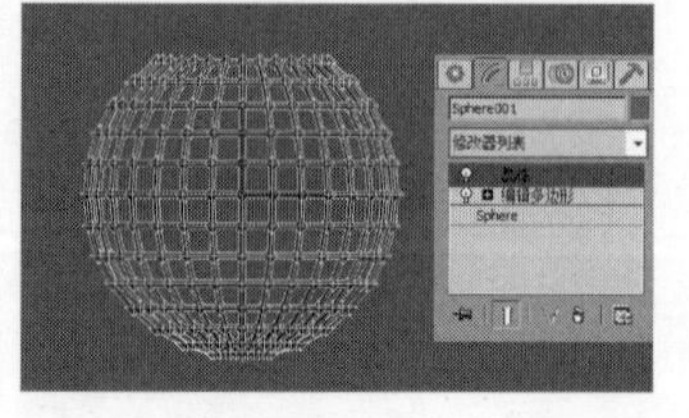

图4-180

04 单击“修改器列表”，然后在下拉菜单中选择“晶格”选项，模型变成图4-181所示的造型。

图4-181

05 展开“参数”卷展栏，然后在“支柱”选项组下设置“半径”为1.5mm、“边数”为6，接着在“节点”选项组下设置“基点面类型”为“二十面体”、“半径”为3.5mm，如图4-182所示。

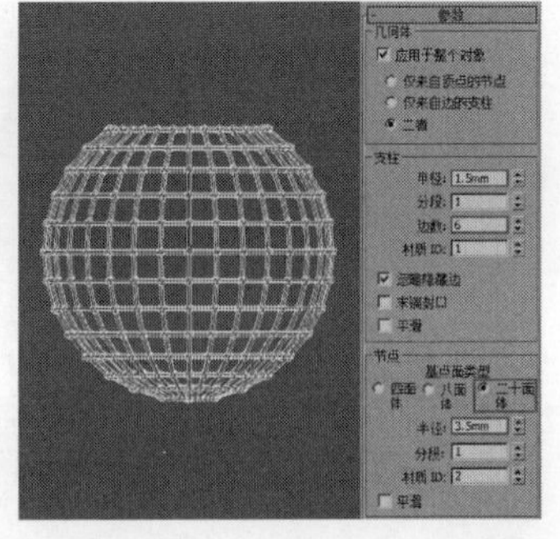

图4-182

06 使用“球体”工具 球体 在视图中创建一个球体，然后展开“参数”卷展栏，设置“半径”为40mm，如图4-183所示，接着使用“对齐”工具，将创建的球体与原来的球体轴点对称，其位置及参数如图4-184所示。

图4-183

图4-184

07 使用“线”工具 线 在前视图中绘制图4-185所示的样条线，然后在“渲染”卷展栏中勾选“在渲染中启用”和“在视口中启用”选项，接着设置“径向”的“半径”为2mm，最后按住Shift键并使用“选择并旋转”工具复制两条，最终效果如图4-186所示。

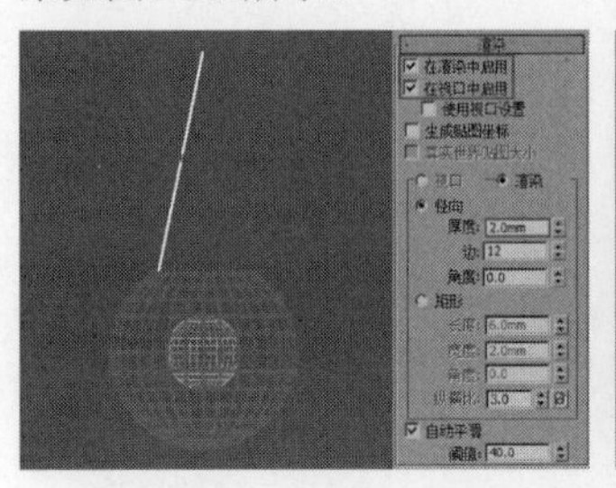

图4-185

图4-186

知识回顾

◎ 工具：晶格修改器

◎ 位置：修改器>对象空间修改器

◎ 用途：晶格修改器可以将图形的线段或边转化为圆柱形结构，并在顶点产生可选择的关节多面体。

01 使用“长方体”工具 长方体 在视图中创建一个长方体，如图4-187所示。

图4-187

02 选中上一步创建的长方体，然后进入“修改”面板，单击“修改器列表”，接着在弹出的下拉菜单中选择“晶格”选项，可以观察到长方体变成镂空状态，如图4-188所示。

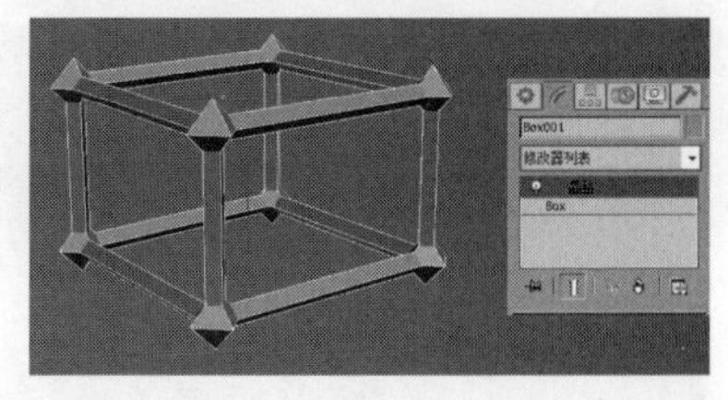

图4-188

03 展开“参数”卷展栏，然后在“几何体”选项组下选择“仅来自顶点的节点”选项，可以观察到场景中只剩下长方体节点位置的模型，如图4-189所示；选择“仅来自边的支柱”选项，可以观察到场景中只剩下长方体边位置的模型，如图4-190所示；选择“二者”选项，可以观察到长方体模型恢复完整，如图4-191所示。

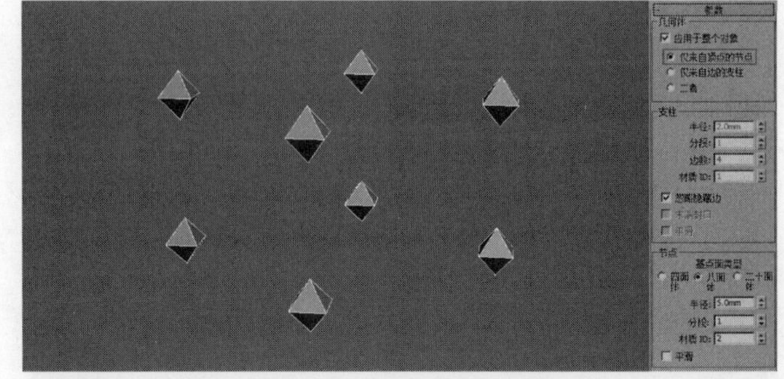

图4-189

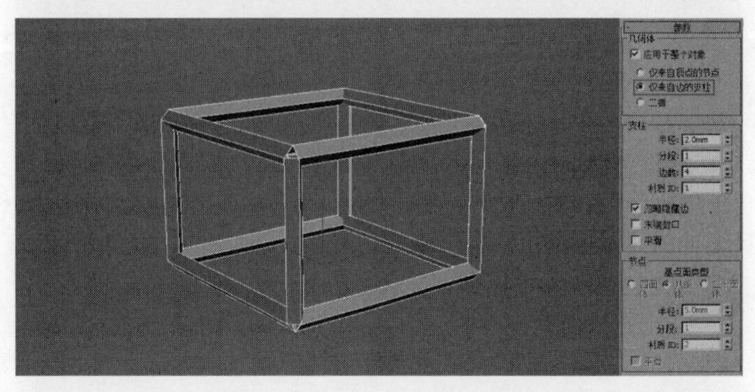

图4-190

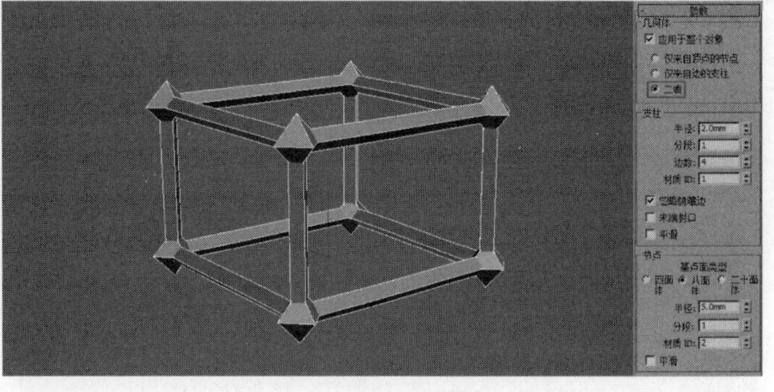

图4-191

04 展开“参数”卷展栏，然后在“支柱”选项组下设置“半径”为4mm，可以观察到长方体支柱变粗，如图4-192所示，接着设置“分段”为3，可以观察到支柱被均分为3段，如图4-193所示，再设置“边数”为6，可以观察到支柱由原来的四边形变成六边形，如图4-194所示。

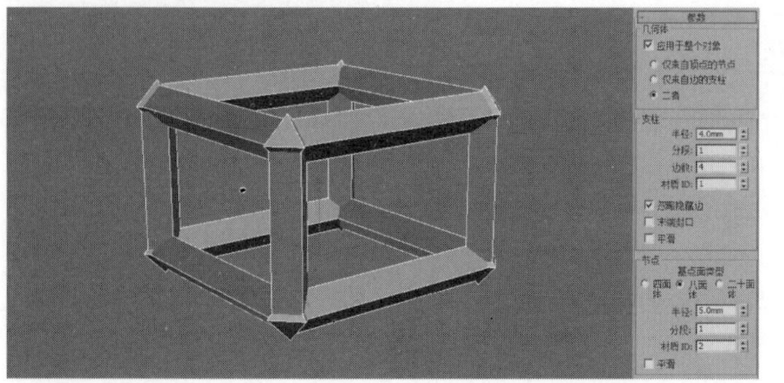

图4-192

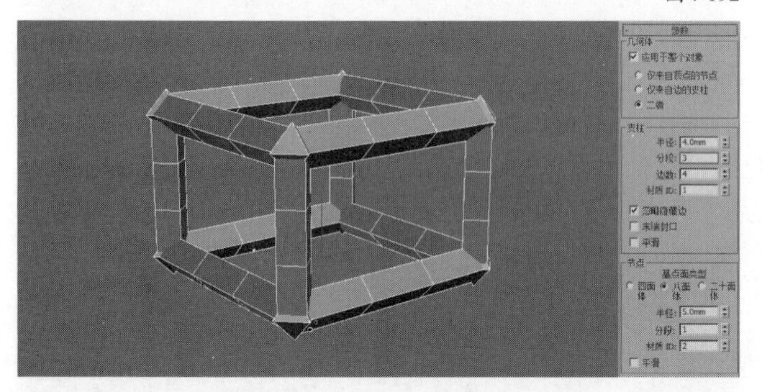

图4-193

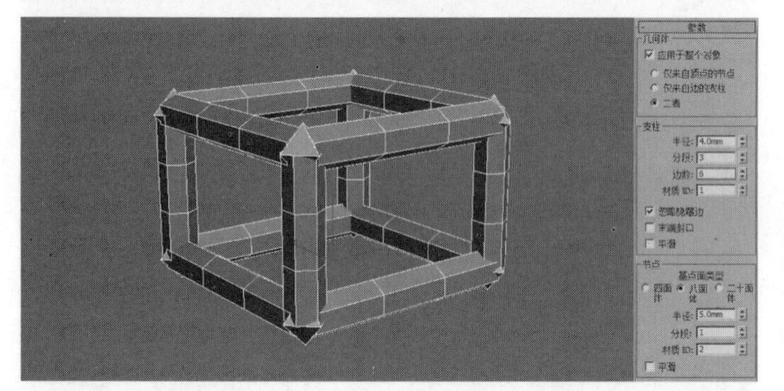

图4-194

05 在“几何体”选项组下选择“仅来自边的支柱”选项，可以观察到支柱的接口处没有封闭，如图4-195所示，然后勾选“支柱”选项组下的“末端封口”选项，可以观察到接口处自动封闭，如图4-196所示。

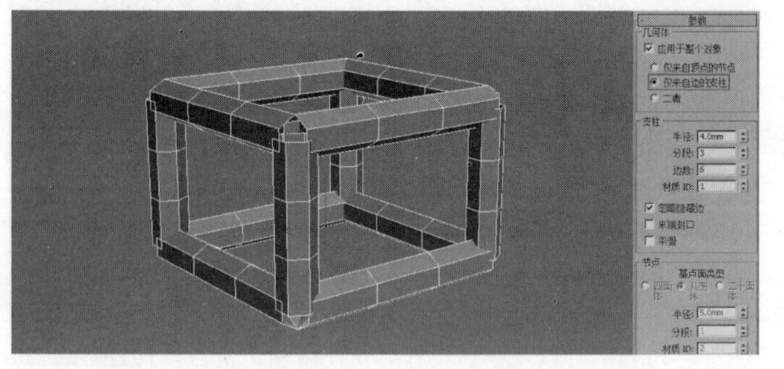

图4-195

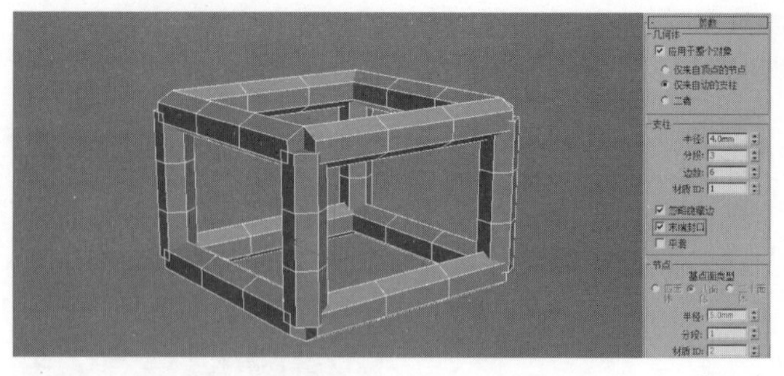

图4-196

06 在“支柱”选项组下勾选“平滑”选项，可以观察到支柱出现圆滑效果，如图4-197所示。

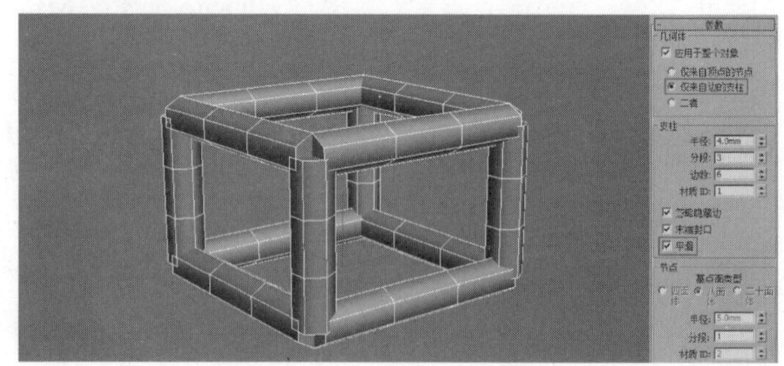

图4-197

07 在“几何体”选项组下选择“仅来自顶点的节点”选项，然后在“节点”选项组下选择“四面体”选项，可以观察到场景中的节点变成四面体，如图4-198所示；在“节点”选项组下选择“八面体”选项，可以观察到场景中的节点变成八面体，如图4-199所示；在“节点”选项组下选择“二十面体”选项，可以观察到场景中的节点变成二十面体，如图4-200所示。

图4-198

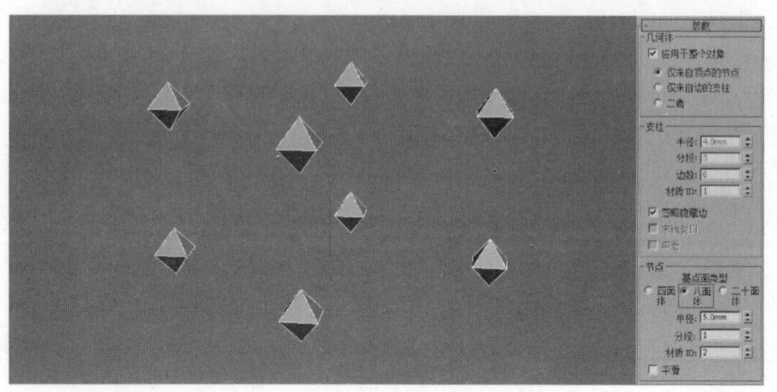

图4-199

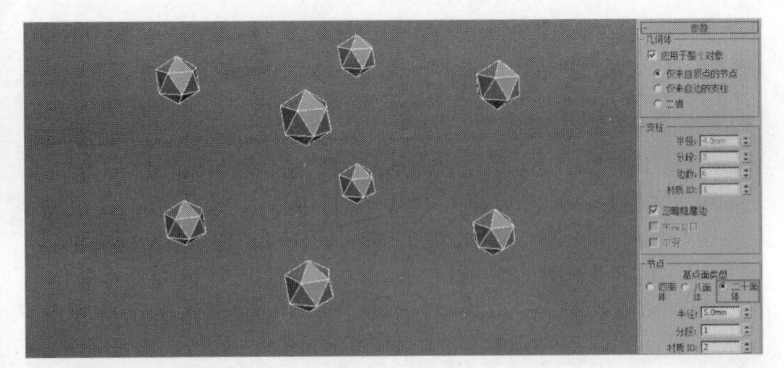
图4-200

08 在“节点”选项组下设置“半径”为8mm，可以观察到场景中的节点变大，如图4-201所示。

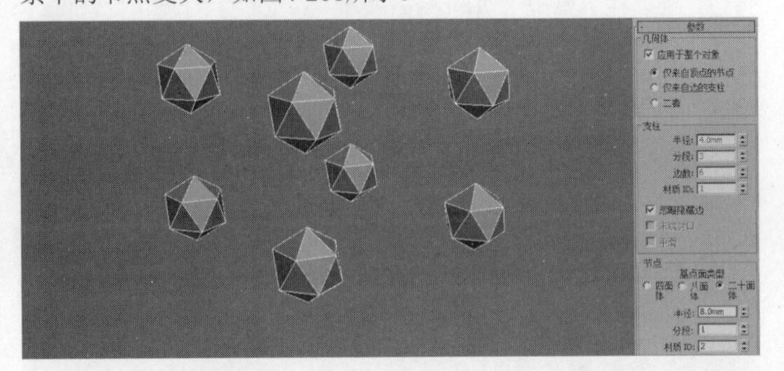
图4-201

09 在“节点”选项组下设置“分段”为2，可以观察到节点的面数增加，更加圆滑，如图4-202所示。

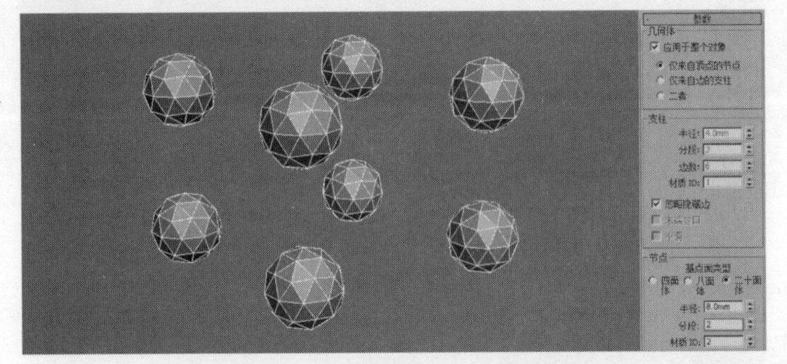
图4-202

实战058 用多边形建模制作餐叉

场景位置	无
实例位置	实例文件>CH04>用多边形建模制作餐叉.max
学习目标	学习挤出工具、切角工具和网格平滑修改器的使用方法

餐叉是生活中常见的物品，使用多边形建模中的挤出工具，可以将一个长方体制作成餐叉的大致形状，切角工具和网格平滑工具能更进一步细化模型，案例效果如图4-203所示。

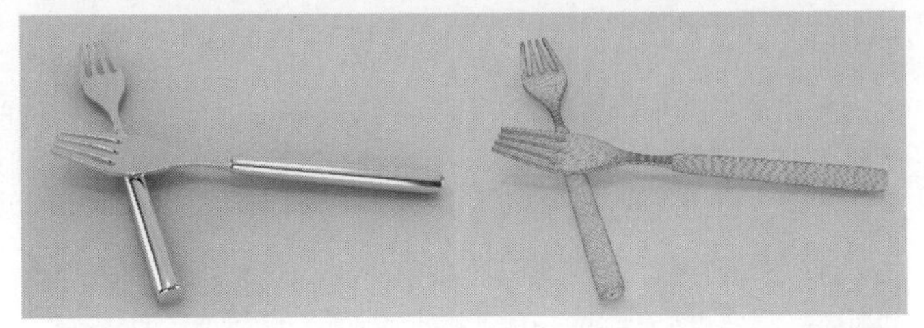
图4-203

模型创建

01 使用“长方体”工具 长方体 在场景中创建一个长方体模型，然后展开“参数”卷展栏，设置“长度”为100mm、“宽度”为80mm、“高度”为8mm、“长度分段”为2、“宽度分段”为7，如图4-204所示。

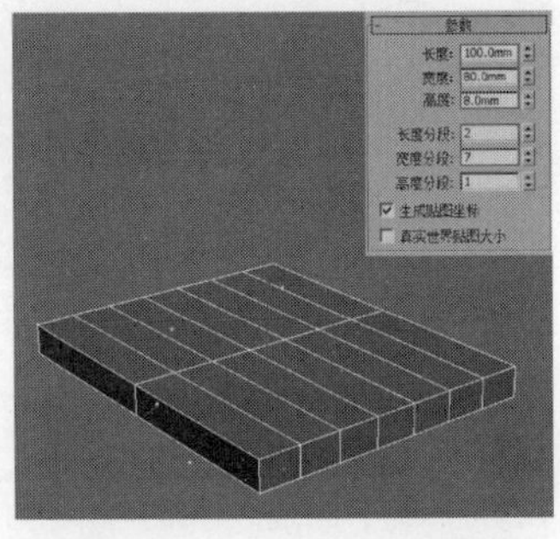
图4-204

02 选择长方体模型，然后单击鼠标右键，接着在弹出的菜单中选择“转换为>转换为可编辑多边形”选项，如图4-205所示。

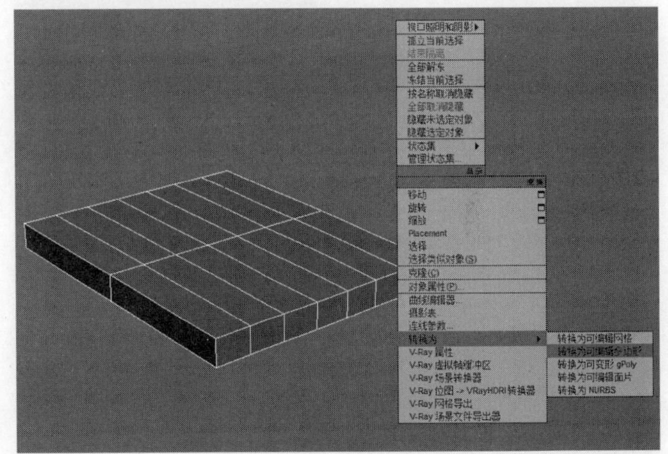
图4-205

03 在“选择”卷展栏下单击“顶点”按钮，进入“顶点”层级，然后在顶视图中框选底部的顶点，如图4-206所示，接着用“选择并均匀缩放”工具将其向内缩放至图4-207所示的效果。

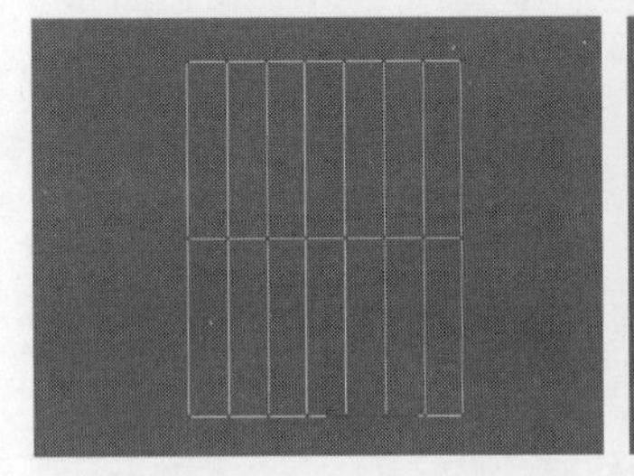
图4-206

图4-207

04 在“选择”卷展栏下单击“多边形”按钮，进入“多边形”层级，然后选择图4-208所示的多边形，接着在“编辑多边形”卷展栏下单击“挤出”按钮 挤出 后面的“设置”按钮，再在视图中设置“高度”为50mm，最后单击“确定”按钮，如图4-209所示。

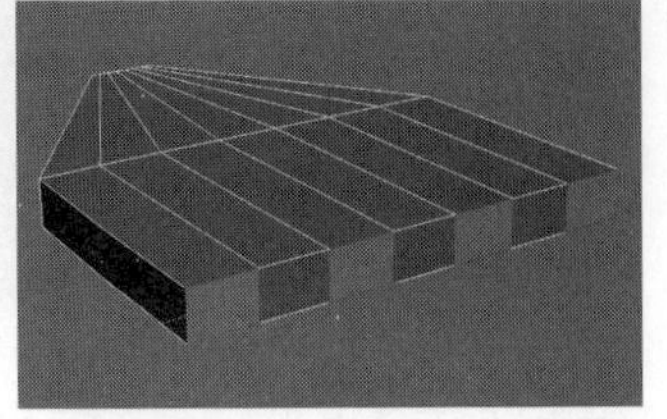
图4-208

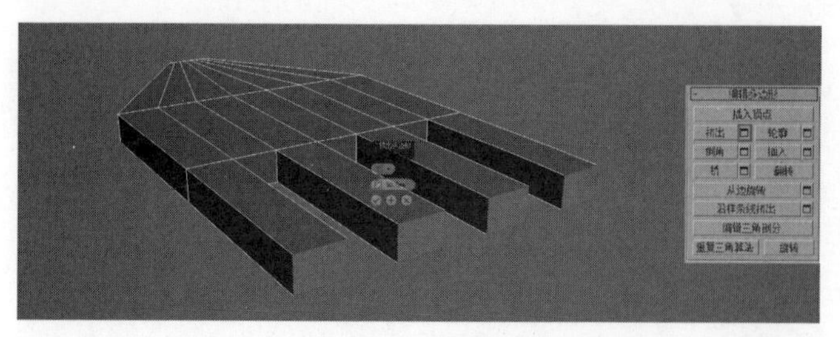

图4-209

05 进入“顶点”层级，然后在顶视图中框选顶部的所有顶点，接着使用“选择并均匀缩放”工具将其缩放成图4-210所示的效果。

图4-210

06 留在“点”层级，然后进入左视图，使用“选择并移动”工具将上一步选中的点向左拖曳一段距离，如图4-211所示，然后进入前视图，将顶点向上拖曳一段距离，如图4-212所示。

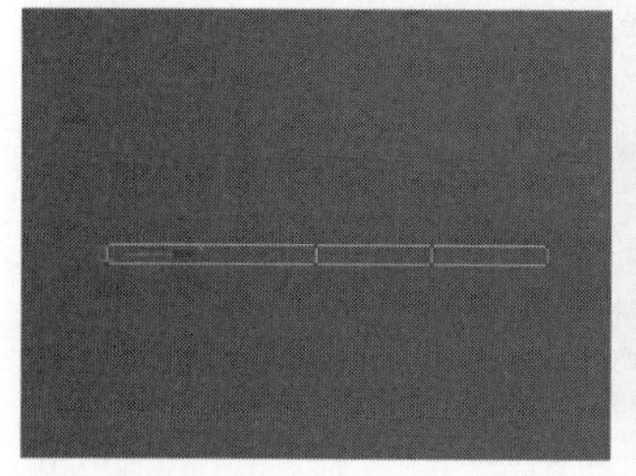

图4-211

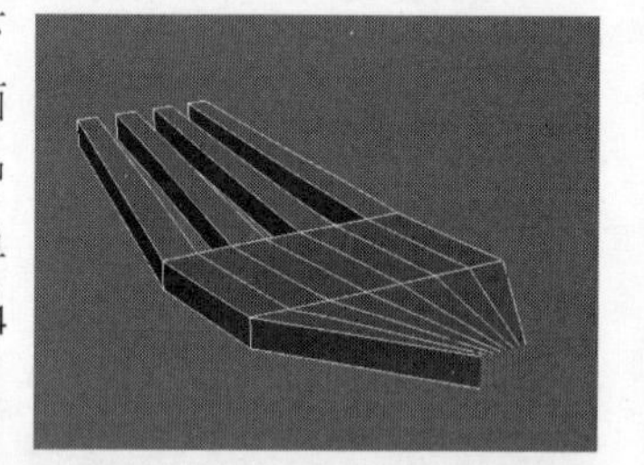

图4-212

07 切换到“多边形”层级，然后选择图4-213所示的多边形，接着在“编辑多边形”卷展栏下单击“挤出”按钮 挤出 后面的“设置”按钮，再在视图中设置“高度”为60mm，最后单击“确定”按钮，如图4-214所示。

图4-213

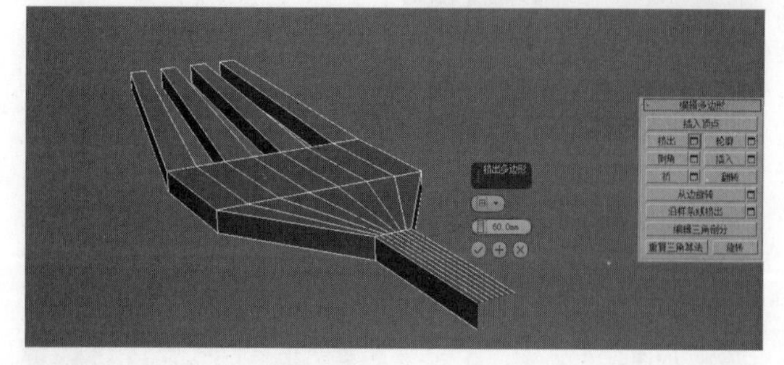

图4-214

08 继续选中这些多边形，然后再次将其挤出20mm，效果如图4-215所示，接着使用“选择并均匀缩放”工具进入前视图，将其放大至图4-216所示的效果。

图4-215

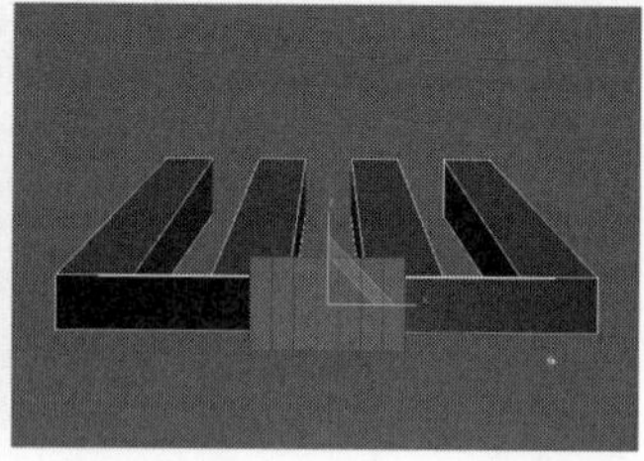

图4-216

09 进入“边”层级，然后选择图4-217所示的边，接着在“编辑边”卷展栏下单击“切角”按钮 切角 后面的“设置”按钮，再在视图中设置“切边角量”为0.5mm，最后单击“确定”按钮，如图4-218所示。

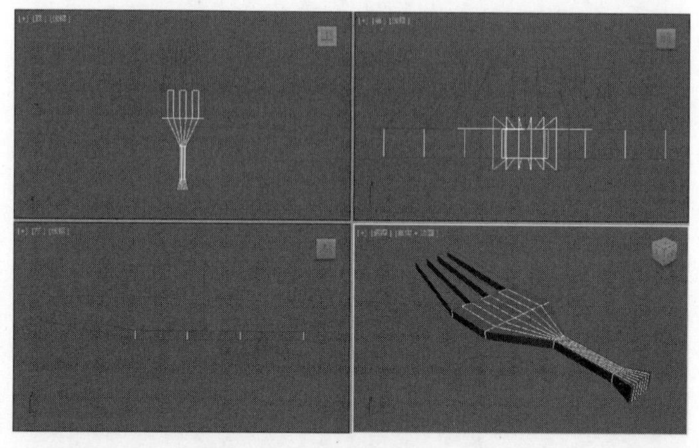

图4-217

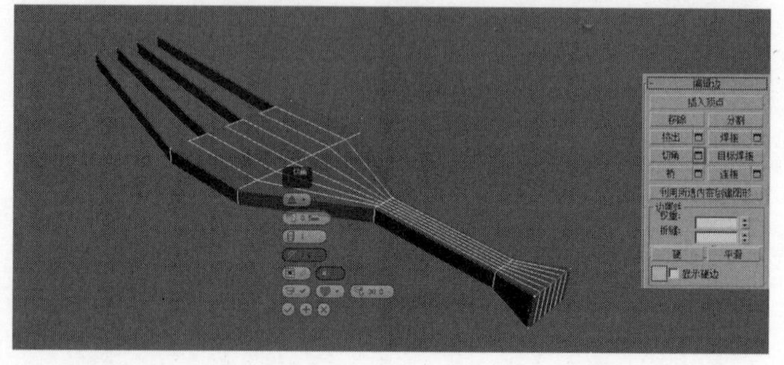

图4-218

技巧与提示

快速选择图4-217所示的边，可以选中一条边之后，单击“选择”卷展栏中的“环形”按钮 环形 和“循环”按钮 循环 ，再按住Alt键减选多余的边即可。

10 选中模型，然后单击“修改器列表”，在下拉菜单中选择“网格平滑”选项，接着在“细分量”卷展栏下设置“迭代次数”为2，如图4-219所示。

11 下面创建把手模型。使用“圆柱体”工具 圆柱体 在前视图中创建一个圆柱体，然后展开“参数”卷展栏，设置“半径”为12.5mm、“高度”为320mm、“高度分段”为1，如图4-220所示。

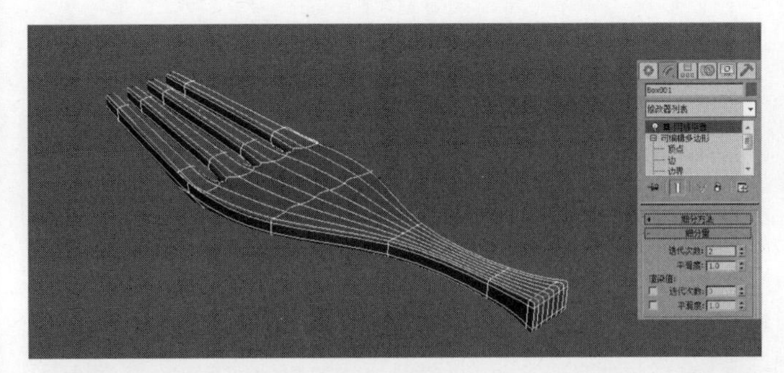

图4-219

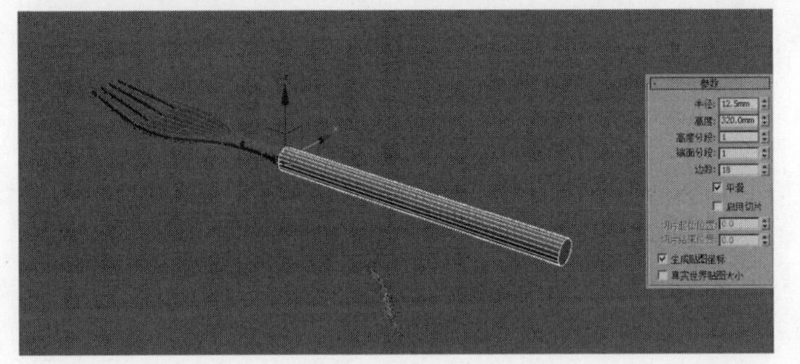

图4-220

12 将圆柱体转换为可编辑多边形，然后进入“顶点”层级，接着选择底部的顶点，如图4-221所示，最后使用“选择并均匀缩放”工具在前视图中将其放大到图4-222所示的效果。

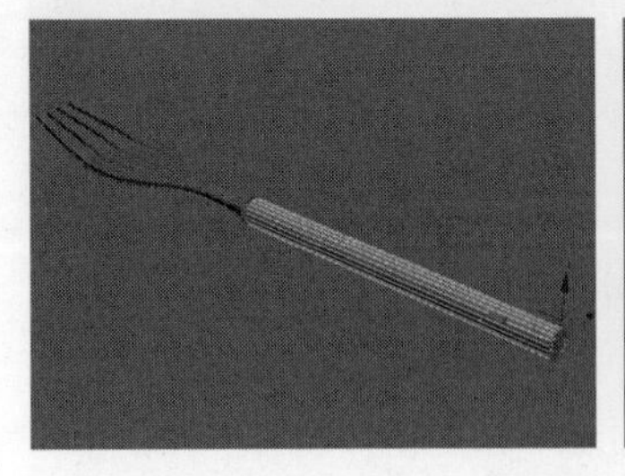

图4-221 图4-222

13 进入“边”层级，然后选择顶部和底部的环形边，如图4-223所示，接着在“编辑边”卷展栏下单击“切角”按钮 切角 后面的“设置”按钮，再在视图中设置“切边角量”为2.5mm，最后单击“确定”按钮，如图4-224所示。

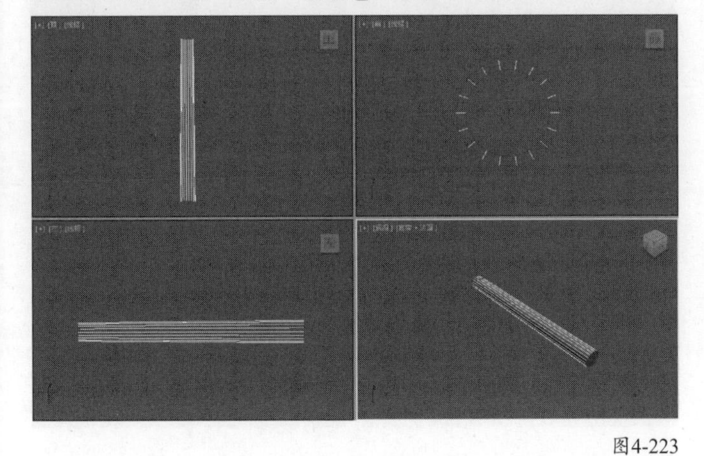

图4-223

图4-224

14 进入“点”层级，调整顶部的顶点，使其与叉子模型更好地相接，然后单击“修改器列表”，在下拉菜单中选择“网格平滑”选项，接着在“细分量”卷展栏下设置“迭代次数”为2，如图4-225所示，最终效果如图4-226所示。

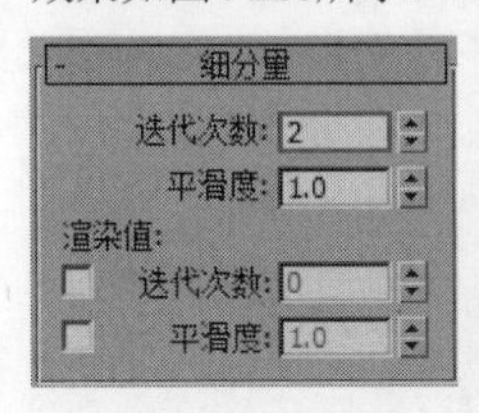

图4-225 图4-226

知识回顾

◎ 工具：选择卷展栏
◎ 位置：修改面板
◎ 用途：选择多边形的5种编辑模式及快速选择的按钮。

01 使用“球体”工具 球体 在视图中拖曳一个球体，如图4-227所示。

图4-227

02 选中球体模型，然后单击鼠标右键，在弹出的菜单中选择“转换为>转换为可编辑多边形”选项，此时切换到“修改”面板，可以观察到面板内容发生改变，如图4-228所示。

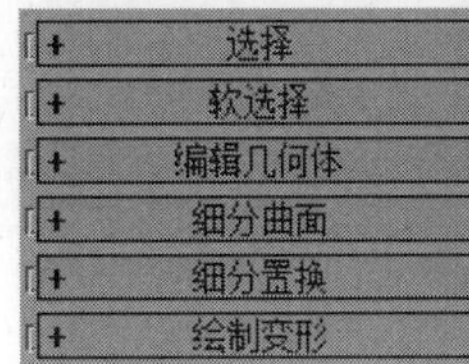

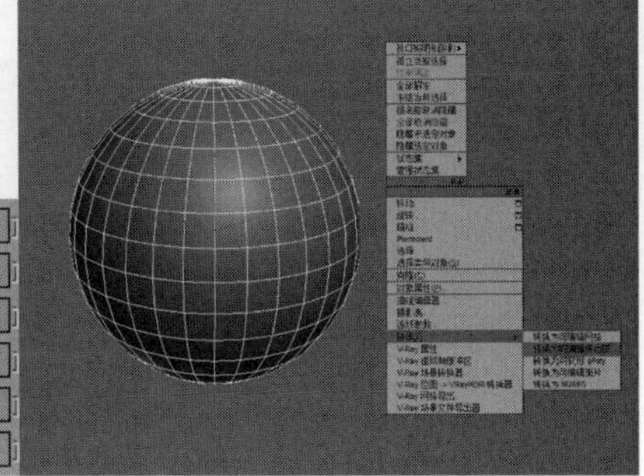

图4-228

03 展开“选择”卷展栏，如图4-229所示，可以观察到可以选择多边形子对象层级以及快速选择子对象。

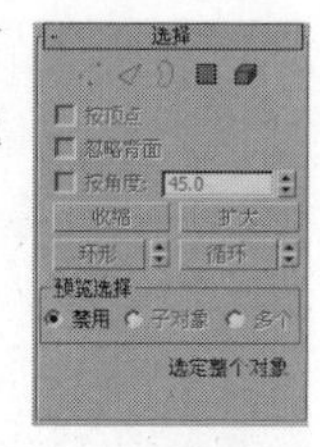

图4-229

技巧与提示

由于在多边形建模过程中需要经常在各个子对象级别中进行互换，因此这里提供一些快速访问多边形子对象级别的快捷键（快速退出子对象的级别也是相同的快捷键）。

顶点：1（大键盘）

边：2（大键盘）

边界：3（大键盘）

多边形：4（大键盘）

元素：5（大键盘）

04 单击“点”层级按钮，进入“点”层级，可以观察到模型自动转换为图4-230所示的状态，然后用鼠标框选模型，可以观察到只能选择蓝色的点，被选中后显示为红色，如图4-231所示。

图4-230　图4-231

05 继续选中刚才选择的点，然后使用“选择并移动”工具，沿*x*轴向左移动，可以观察到球体模型发生了改变，如图4-232所示。同理，也可以对选中的点进行旋转和缩放操作。

06 按快捷键Ctrl＋Z返回步骤04的状态，然后勾选“启用背面”选项，可以观察到只能选中法线指向当前视图的子对象，在前视图中框选图4-233所示的顶点，但只能选择正面的顶点，背面的不会被选择到，图4-234所示是在左视图中的观察效果；如果关闭该选项，在前视图中同样框选相同区域的顶点，则背面的顶点也会被选择，图4-235所示是在顶视图中的观察效果。

图4-232

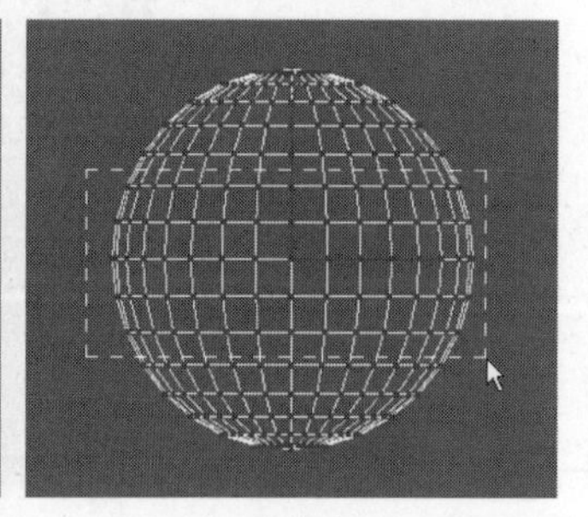
图4-233

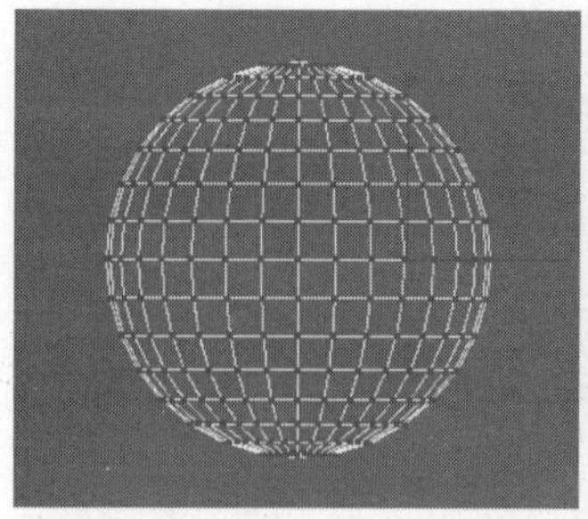
图4-234

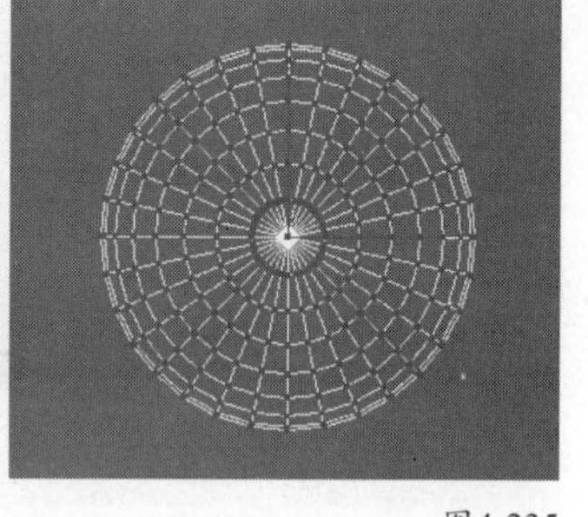
图4-235

07 在前视图中选择图4-236所示的点，然后单击“收缩”按钮 收缩 ，可以观察到当前选择范围中向内减少了一圈对象，如图4-237所示；单击“扩大”按钮 扩大 ，可以观察到在当前选择范围中向外增加了一圈对象，如图4-238所示。

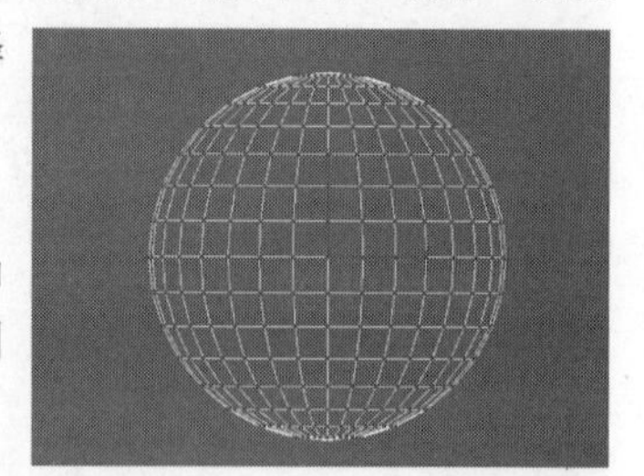
图4-236

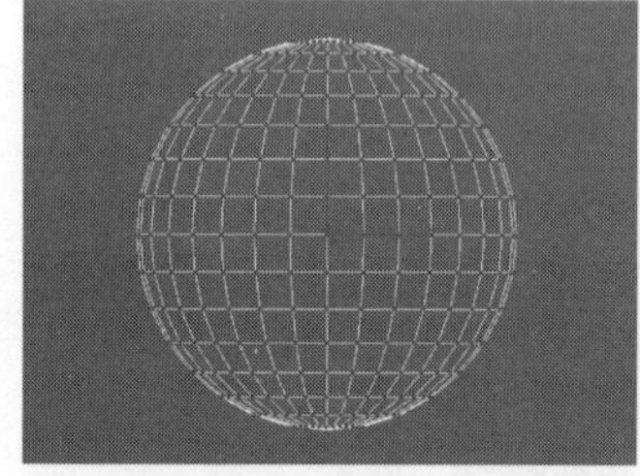
图4-237

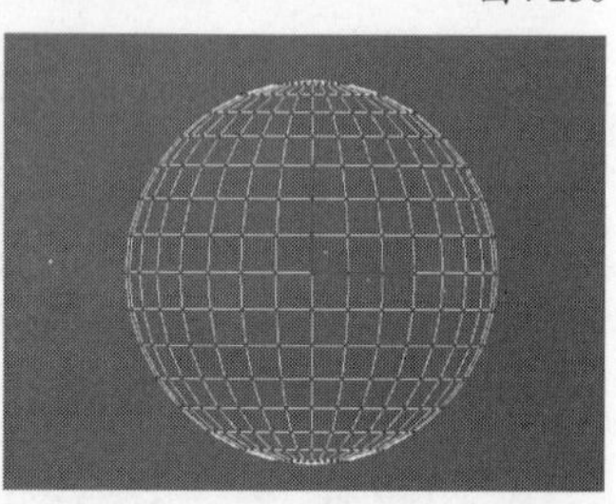
图4-238

08 单击“边”层级按钮，切换到“边”层级，然后选中图4-239所示的边，接着单击“环形”按钮 环形 ，可以观察到选择了整个纬度上平行于选定边的边，如图4-240所示。

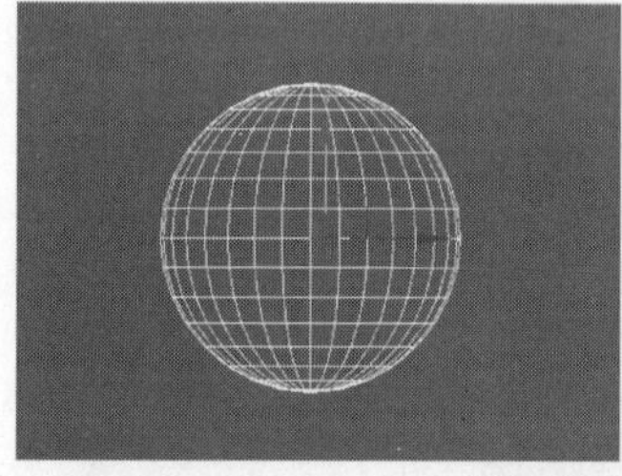
图4-239

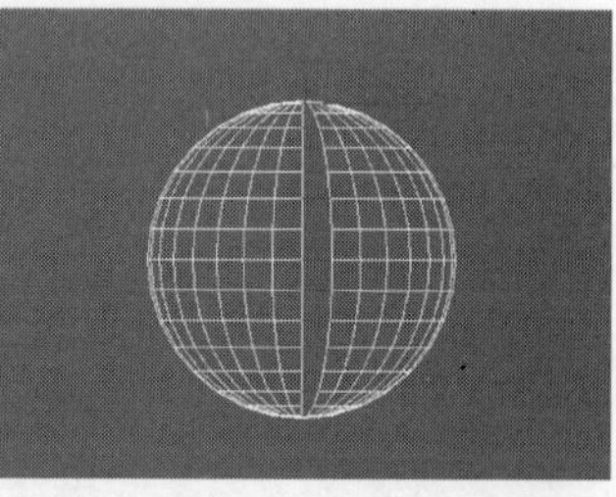
图4-240

09 继续选中图4-241所示的边，然后单击“循环”按钮 循环 ，可以观察到自动选择了整个经度上的边，如图4-242所示。

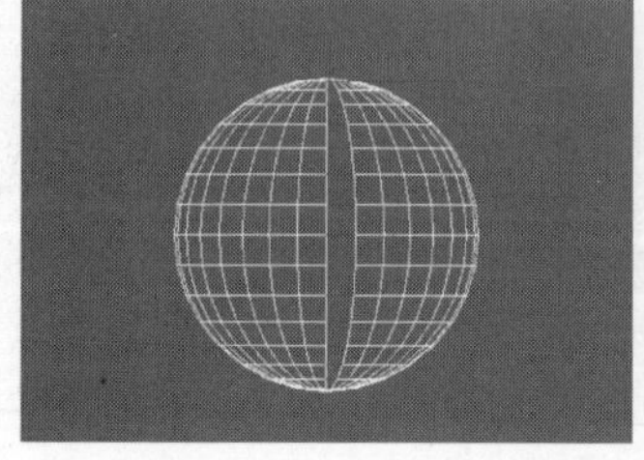
图4-241

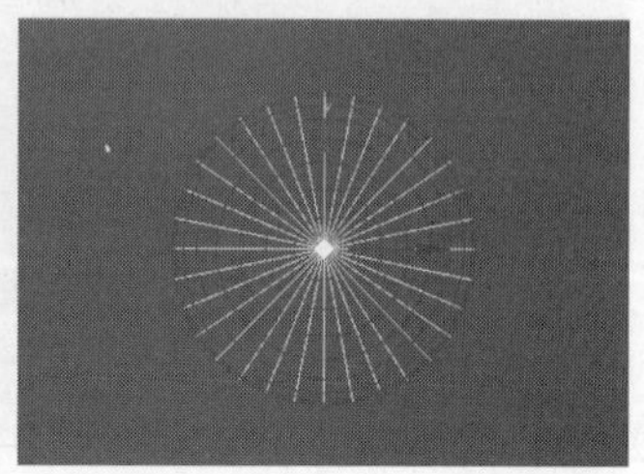
图4-242

实战059 用多边形建模制作水杯

场景位置 无
实例位置 实例文件>CH04>用多边形建模制作水杯.max
学习目标 学习挤出工具、切片平面工具和倒角工具

水杯模型是用一个圆柱体，通过挤出、倒角和切片平面等工具制作而成，如图4-243所示。

图4-243

模型创建

01 使用“圆柱体”工具 圆柱体 在场景中创建一个圆柱体，然后展开“参数”卷展栏，设置其“半径”为20mm、“高度”为60mm、“边数”为11，如图4-244所示。

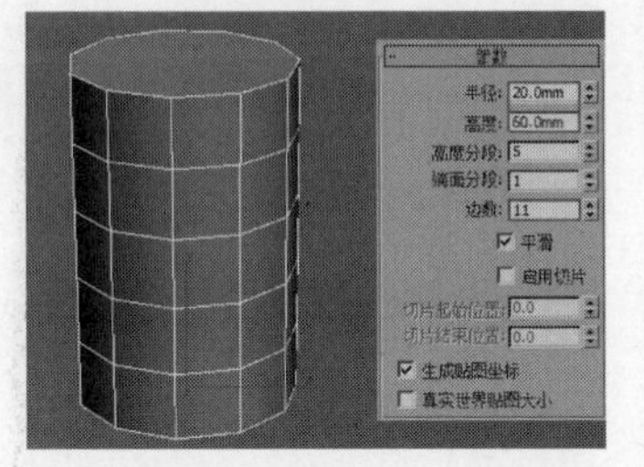

图4-244

02 选择“圆柱体”，在场景中单击鼠标右键，然后在弹出的菜单中将其对象转换为“可编辑多边形”对象，如图4-245所示。

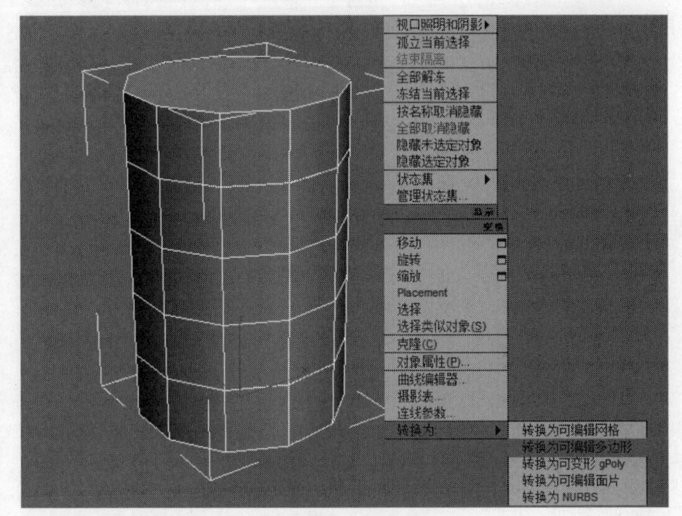

图4-245

技巧与提示

也可以不将对象转换为“可编辑多边形”对象，而是为对象添加“编辑多边形”修改器，这样做的好处是可以保留原始物体的创建参数。

03 进入对象的“多边形”层级，在场景中选择需要的“面”，再单击“挤出”按钮 挤出 后面的“设置”按钮，在弹出的对话框中设置“高度”为1mm，为选择的“面”挤出一定的厚度，如图4-246所示。

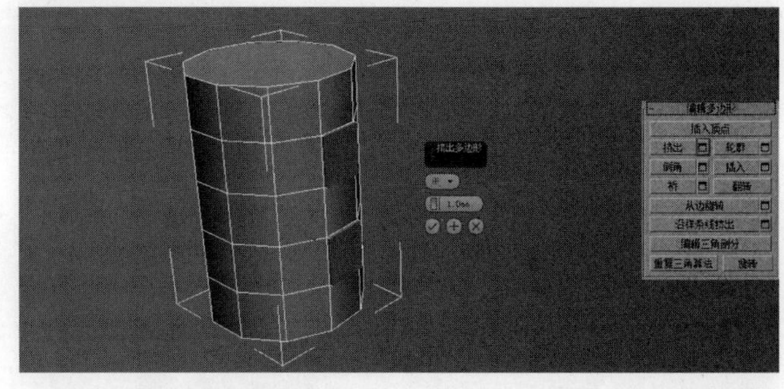

图4-246

04 参数设置完成后，单击“确定”按钮 确定 ，然后使用“选择并移动”工具和“选择并缩放”工具调整“面”的位置与形态，如图4-247所示。

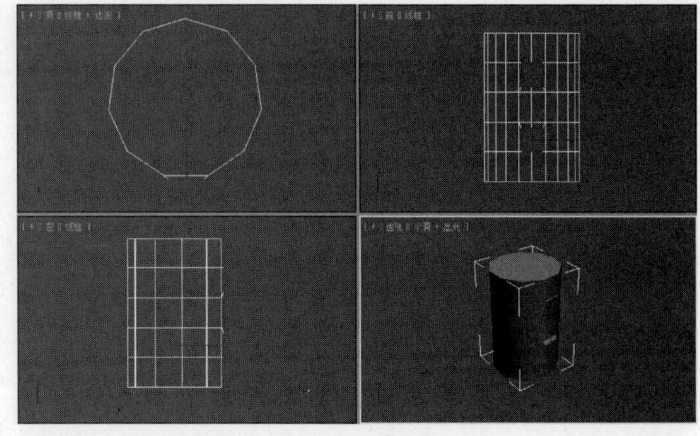

图4-247

05 用同样的方法再将“面”挤出两次，如图4-248所示。

06 在场景中选择所需的“面”，使用“桥”工具 桥 将两个面之间进行连接，如图4-249和图4-250所示。

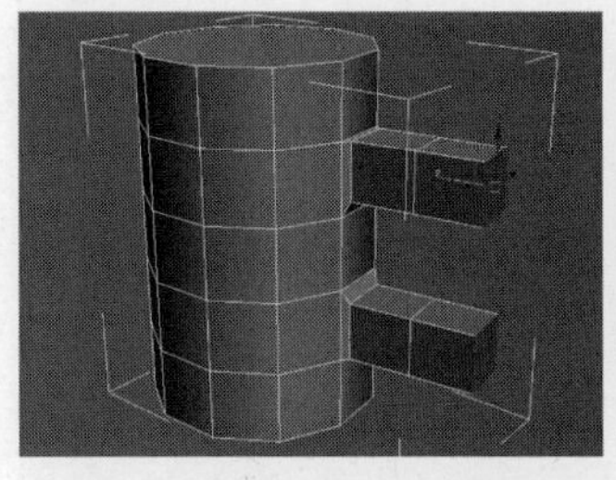

图4-248 图4-249

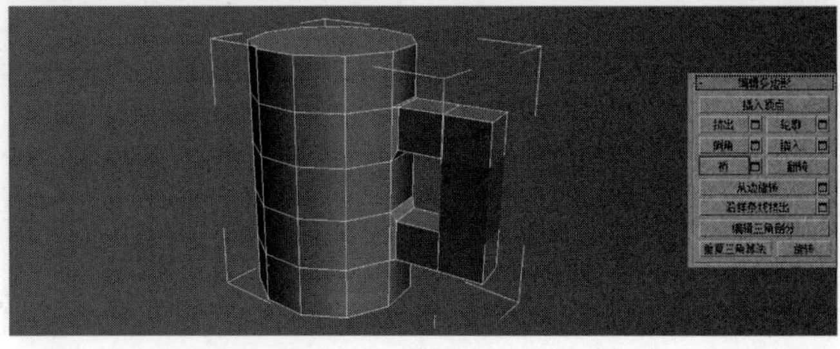

图4-250

07 进入“点”层级，使用“选择并移动”工具调整点的位置，如图4-251所示。

08 进入“多边形”层级，在场景中选择杯子最上面的面，然后单击“插入”按钮 插入 后面的“设置”按钮，在弹出的对话框中设置“数量”为1.5mm，如图4-252所示。

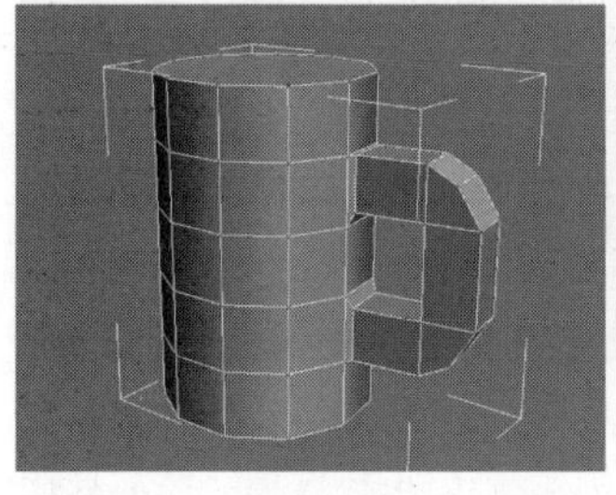

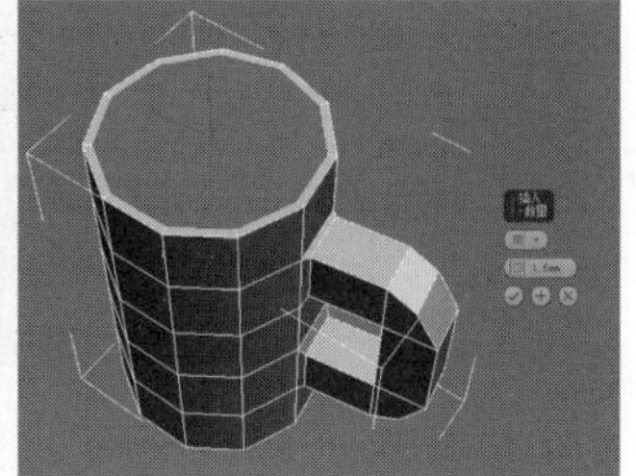

图4-251　　图4-252

09 使用“挤出”工具 挤出 ，将“面”向下挤出一定的厚度，如图4-253所示。

10 单击“倒角”按钮 倒角 后面的“设置”按钮，在弹出的对话框中设置“高度”为-6mm、“轮廓”为-2mm，将“面”进行倒角处理，如图4-254所示。

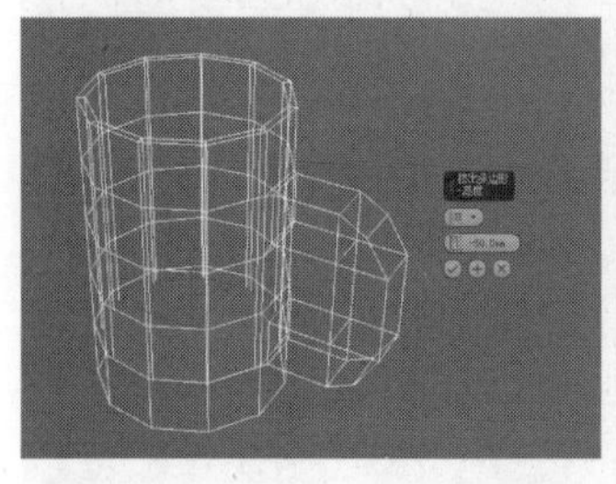

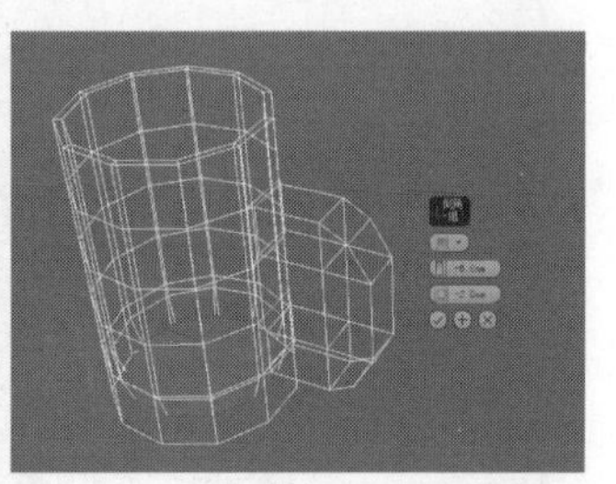

图4-253　　图4-254

11 设置完成后单击“应用并继续”按钮⊕，在不退出“倒角”命令的前提下，对“面”再次进行倒角处理，使杯子的底部更圆润一些，如图4-255所示。

12 单击“选择”卷展栏中的“多边形”按钮，使其回到物体层级，并在修改堆栈中加入“涡轮平滑”修改器，将“迭代次数”设置为2，效果如图4-256所示。

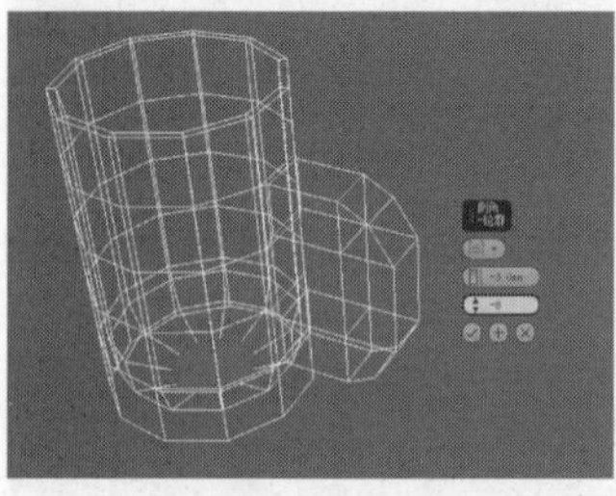

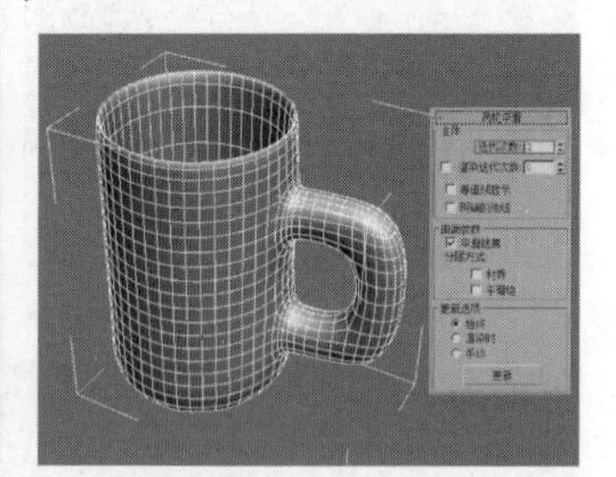

图4-255　　图4-256

这时我们发现杯子的口部和底部太过圆润，这是由于这些位置没有足够的边来“支撑”，下面就来解决这个问题。

13 进入杯子“编辑多边形”的“点”层级，在“编辑几何体”卷展栏中单击“切片平面”按钮 切片平面 ，这时会在场景中出现一个黄色的“平面”，如图4-257所示。

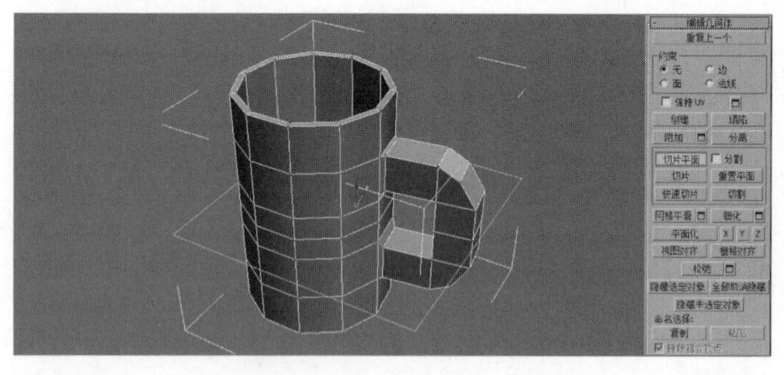

图4-257

14 使用“移动”工具将“平面”移动到接近杯子口部的位置并单击“切片”按钮 切片 ，然后再次单击“切片平面”按钮 切片平面 退出“切片平面”命令，这时会在杯子口部的位置加入一圈线，如图4-258和图4-259所示。

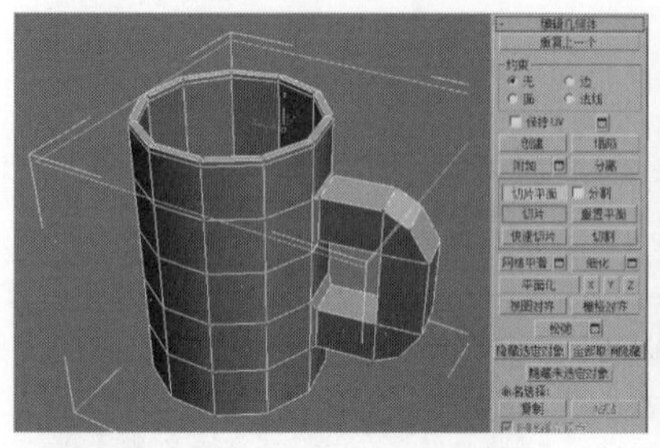

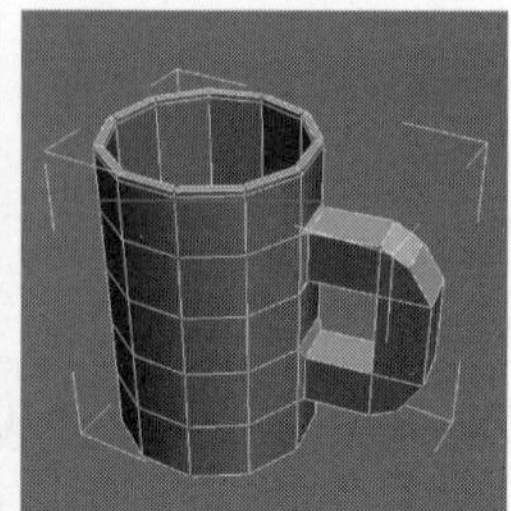

图4-258　　图4-259

15 用同样的方法在杯子底部也加入一圈线，完成后回到“涡轮平滑”修改器层级，这时杯子的效果就好多了，如图4-260和图4-261所示。

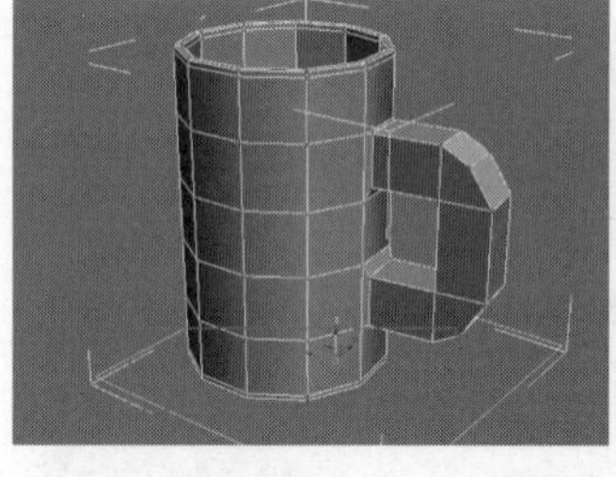

图4-260　　图4-261

知识回顾

◎ 工具：编辑几何体卷展栏

◎ 位置：修改面板

◎ 用途：“编辑几何体”卷展栏下的工具适用于所有子对象级别，用来全局修改多边形几何体。

01 使用“长方体”工具 长方体 在视图中拖曳出一个长方体模型，如图4-262所示。

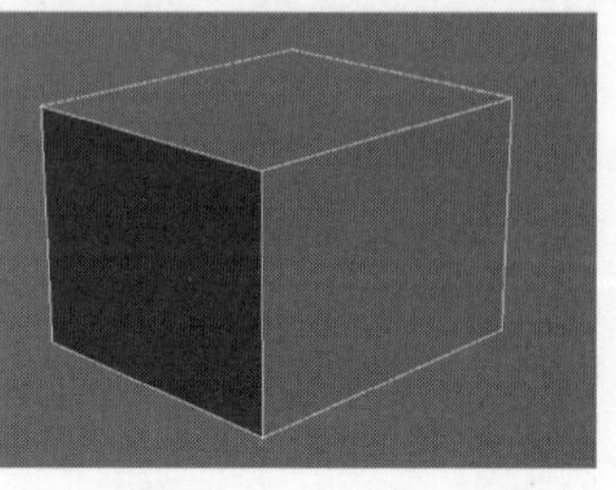

图4-262

02 选中长方体模型，然后单击鼠标右键，接着在弹出的菜单中选择“转换为>转换为可编辑多边形”选项，如图4-263所示。

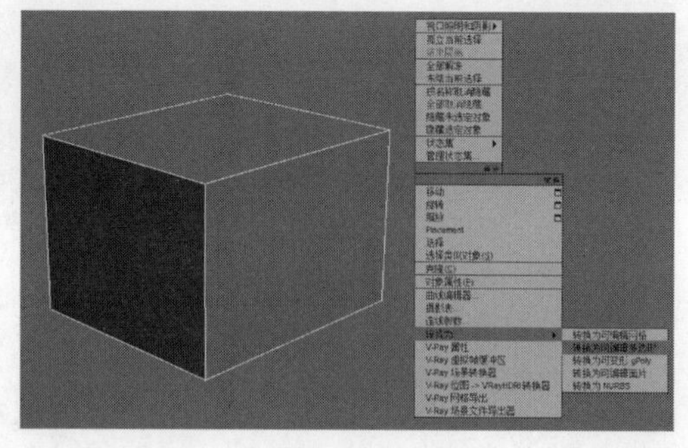

图4-263

03 选中长方体模型，然后展开“选择”卷展栏，单击“多边形”层级按钮■，进入“多边形”层级，接着选中图4-264所示的面，再展开“编辑几何体”卷展栏，单击“分离”按钮 分离 ，在弹出的“分离”对话框中单击“确定”按钮 确定 ，如图4-265所示，可以观察到在“多边形”层级下框选所有的面，被分离出的面不能被选中，成为新的模型，如图4-266所示。

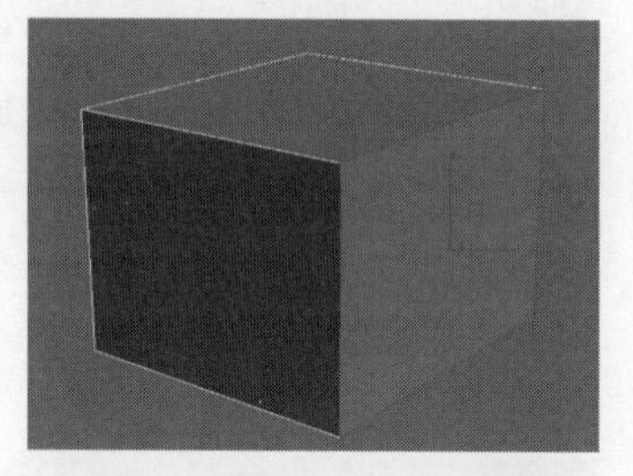

图4-264

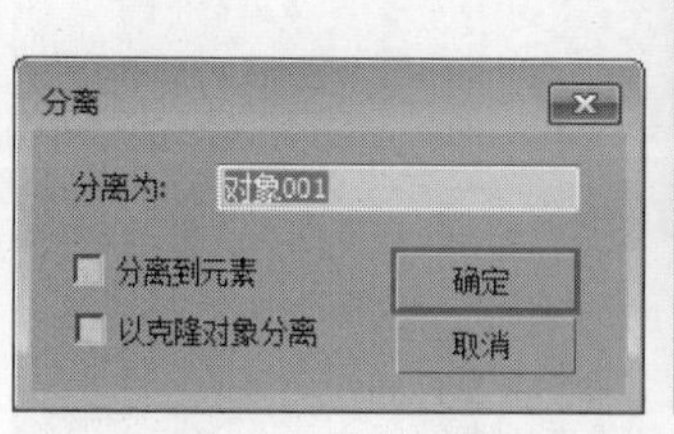

图4-265 图4-266

04 选中分离出来的面模型，然后单击“附加”按钮 附加 ，并拾取原来的长方体模型，如图4-267所示，可以观察到两个模型又重新合成一个模型，如图4-268所示。

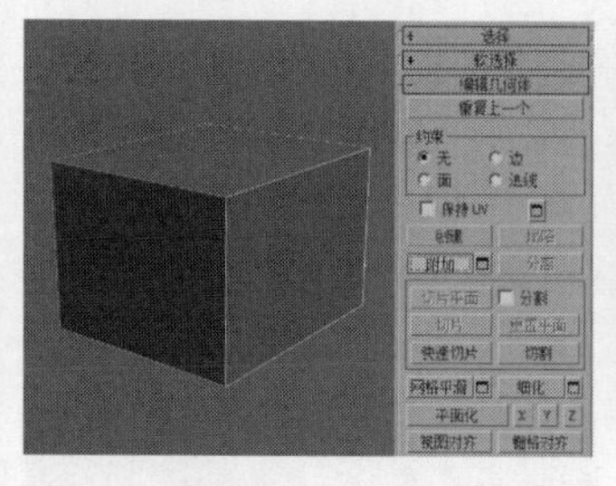

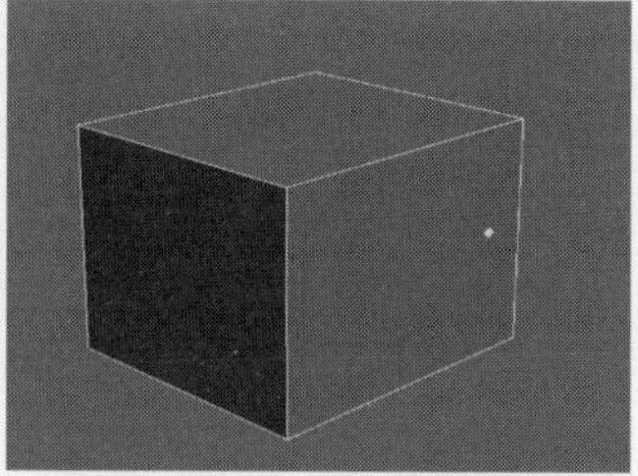

图4-267 图4-268

05 切换到“点”层级⁚，单击“切片平面”按钮 切片平面 ，长方体上会出现一圈黄色的线，并生成新的点，如图4-269所示，然后单击“切片”按钮 切片 ，可以观察到长方体的表面会在黄色线的位置生成一圈新的边，接着单击“切片平面”按钮 切片平面 ，退出“切片平面”模式，如图4-270所示。

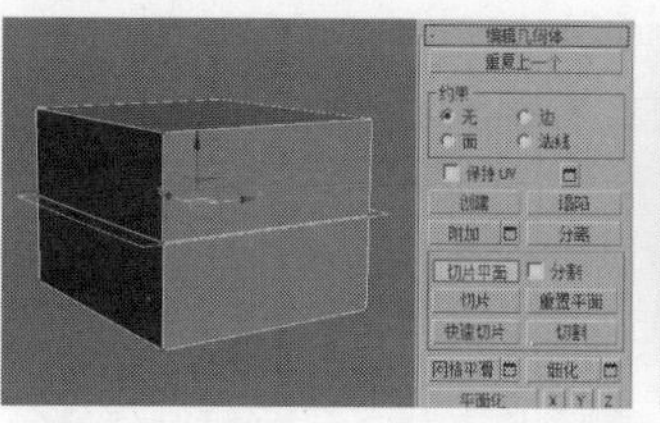

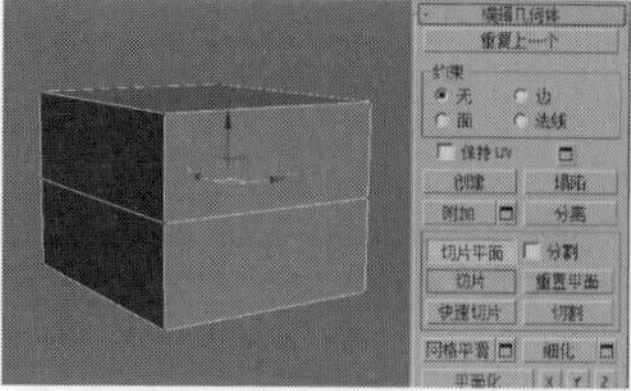

图4-269 图4-270

06 依旧在“点”层级⁚，单击“快速切片”按钮 快速切片 ，可以观察到鼠标光标发生改变，然后用光标选中一条边，会在模型表面生成一个虚线，如图4-271所示，接着移动鼠标到图4-272所示的边，单击鼠标，就会在模型上生成一圈新的边，如图4-273所示。

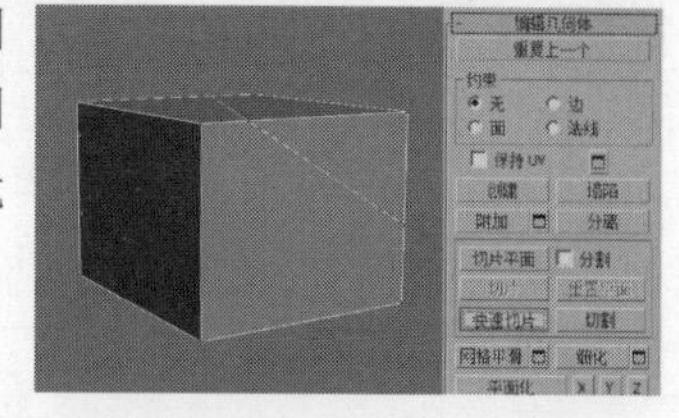

图4-271

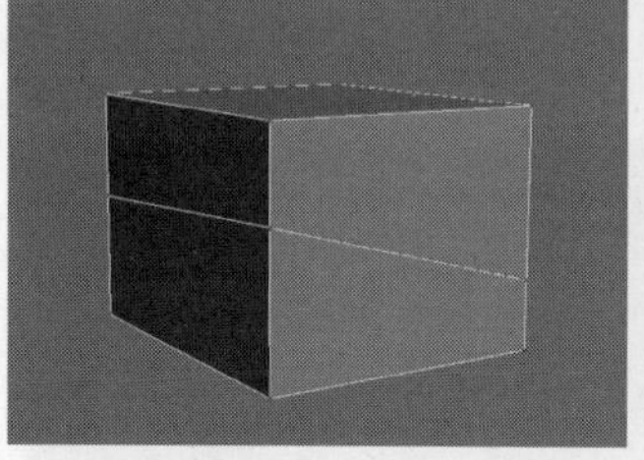

图4-272 图4-273

07 单击“切片平面”按钮 切片平面 ，可以观察到此时切片平面没有恢复到初始状态，如图4-274所示。单击“重置平面”按钮 重置平面 ，切片平面的黄线就能恢复到初始状态，如图4-275所示。

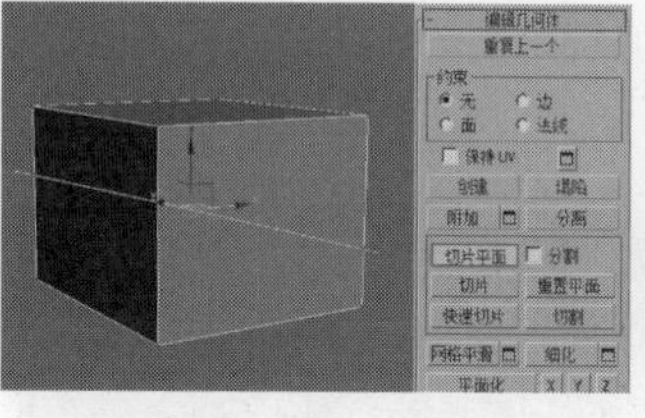

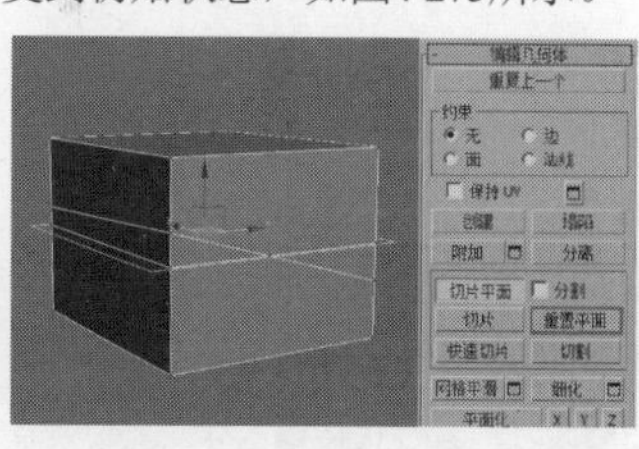

图4-274 图4-275

08 退出“点”层级⁚，选中长方体，然后单击“细化”按钮 细化 ，可以观察到模型表面自动添加了分段线，如图4-276所示。

09 单击“网格平滑”按钮 网格平滑 ，可以观察到模型自动变圆滑，如图4-277所示。

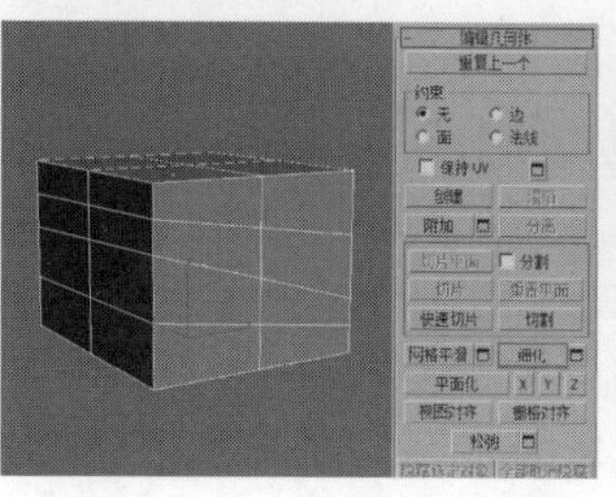

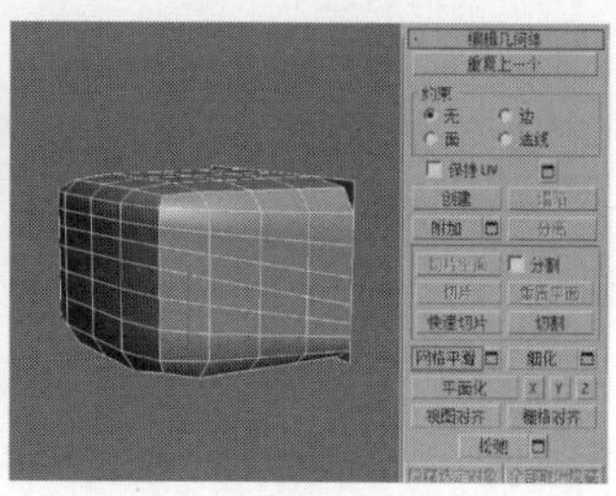

图4-276 图4-277

技巧与提示

由于模型布线不均匀，所以网格平滑出来的效果不好。在实际制作中，要合理均匀地给模型布线，这样“网格平滑”之后的模型才能达到预期的效果。

10 单击“平面化”按钮 平面化 ，可以观察到模型被挤压成一个面片，如图4-278所示。

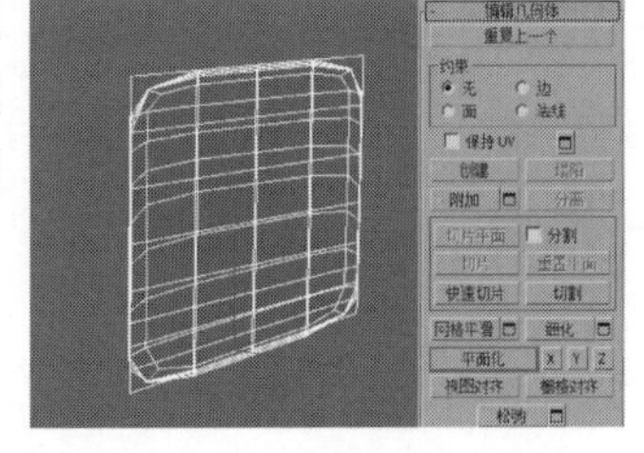

图4-278

技术专题 移除顶点与删除顶点的区别

这里详细介绍移除顶点与删除顶点的区别。

移除顶点：选中一个或多个顶点以后，单击“移除”按钮 移除 或按Backspace键即可移除顶点，但只能是移除了顶点，而面仍然存在，如图4-279所示。注意，移除顶点可能导致网格形状发生严重变形。

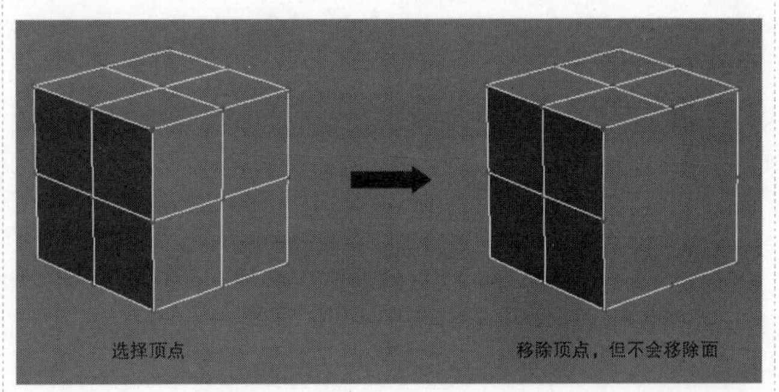

图4-279

删除顶点：选中一个或多个顶点以后，按Delete键可以删除顶点，同时也会删除连接到这些顶点的面，如图4-280所示。

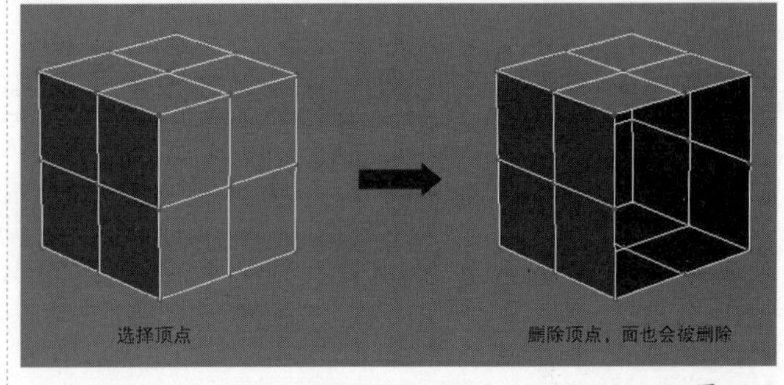

图4-280

实战060 用多边形建模制作排球

场景位置	无
实例位置	实例文件>CH04>用多边形建模制作排球.max
学习目标	学习异面体工具、分离工具、网格平滑修改器、球形化修改器

排球模型是用异面体制作出大致形状，再运用分离工具制作出接缝，用球形化修改器和网格平滑修改器进一步细化模型，案例效果如图4-281所示。

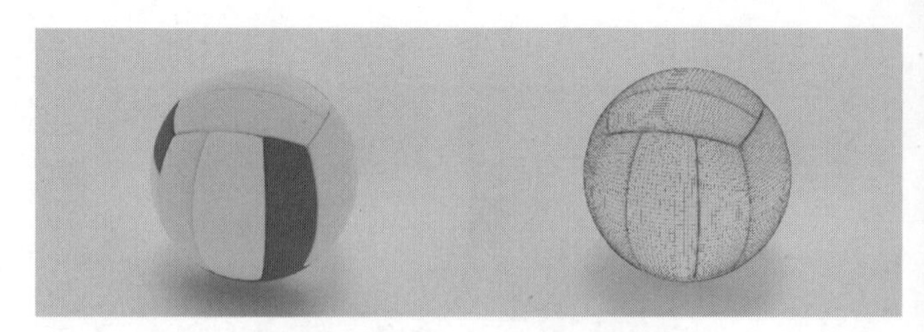

图4-281

模型创建

01 使用“长方体”工具 长方体 在场景中创建一个长方体，然后在“参数”卷展栏下设置“长度”为50mm、“宽度”为50mm、“高度”为50mm、“长度分段”为3、“宽度分段”为3、“高度分段”为3，如图4-282所示。

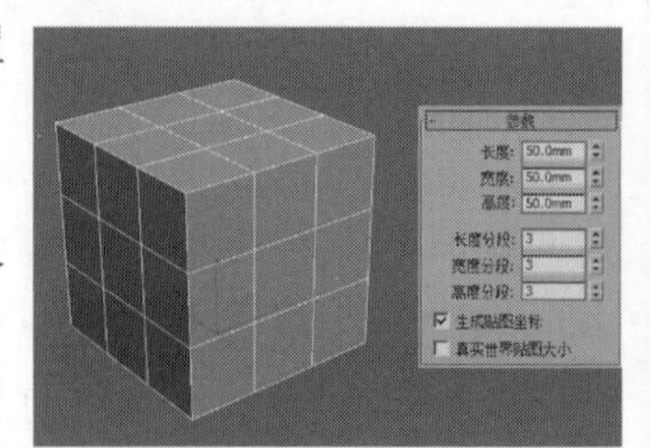

图4-282

02 选中上一步创建的长方体模型，然后单击鼠标右键，在弹出的菜单中选择“转换为>转换为可编辑网格”选项，如图4-283所示。

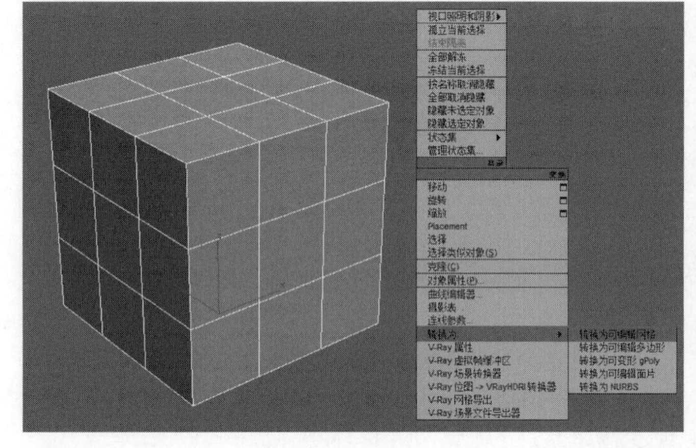

图4-283

03 展开“选择”卷展栏，单击“多边形”按钮■，进入“多边形”层级，然后选择如图4-284所示的多边形。

04 展开“编辑几何体”卷展栏，然后单击“炸开”按钮 炸开 ，在弹出的对话框中单击“确定”按钮 确定 ，如图4-285所示。

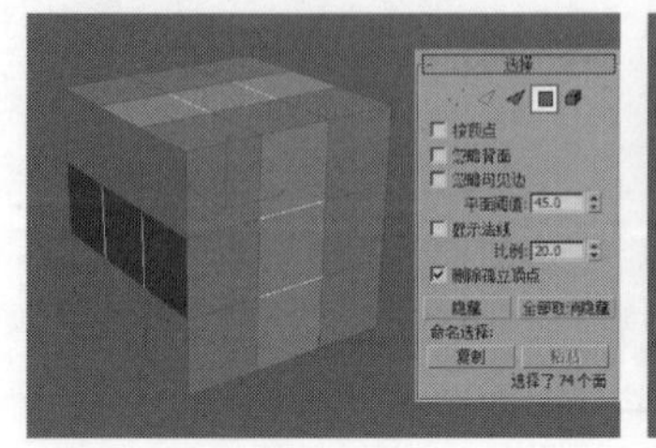

图4-284

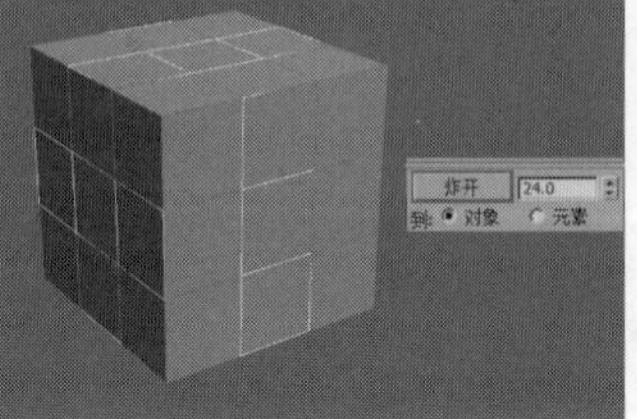

图4-285

技巧与提示

"可编辑多边形"中没有"炸开"工具，因此要执行上一步操作，只能先转换为"可编辑网格"。

05 选择所有对象与长方体模型，然后单击鼠标右键，在弹出的菜单中选择"转换为>转换为可编辑多边形"选项，如图4-286所示。

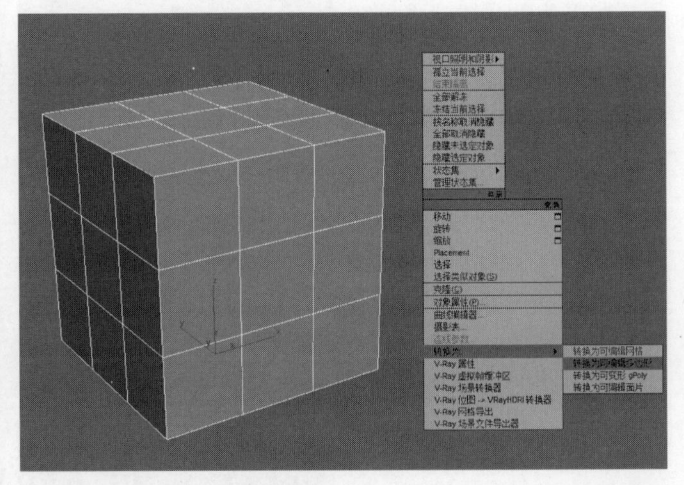

图4-286

06 选中所有对象，然后为其加载一个"网格平滑"修改器，接着展开"细分量"卷展栏，设置"迭代次数"为2，如图4-287所示。

07 选中所有对象，然后为其加载一个"球形化"修改器，如图4-288所示。

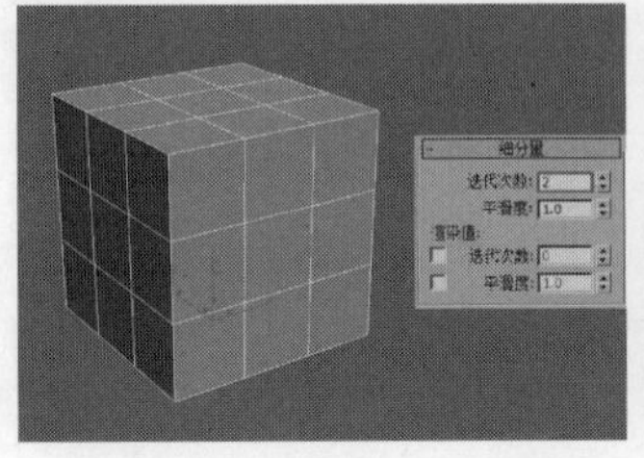

图4-287

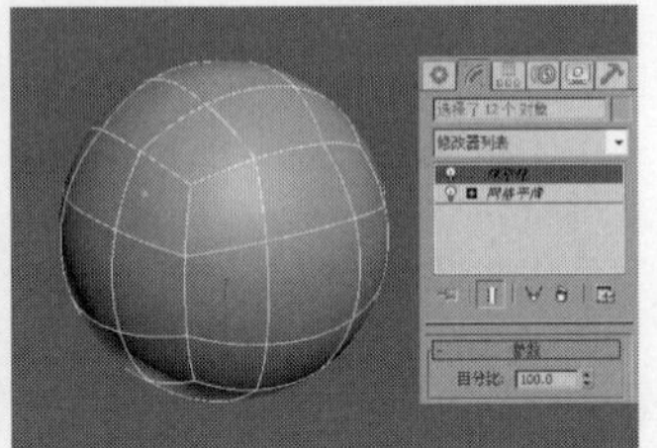

图4-288

08 选中所有对象，然后为其加载一个"编辑多边形"修改器，如图4-289所示。

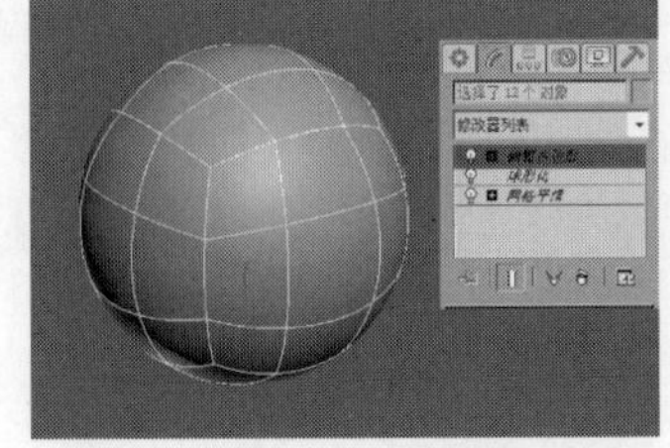

图4-289

09 展开"选择"卷展栏，然后单击"多边形"按钮进入"多边形"层级■，接着框选所有的多边形，如图4-290所示，再为其加载一个"面挤出"修改器，最后在"参数"卷展栏中设置"数量"为1、"比例"为99，如图4-291所示。

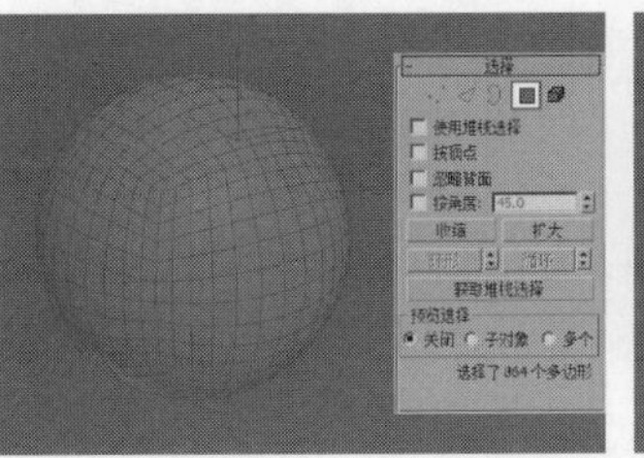

图4-290

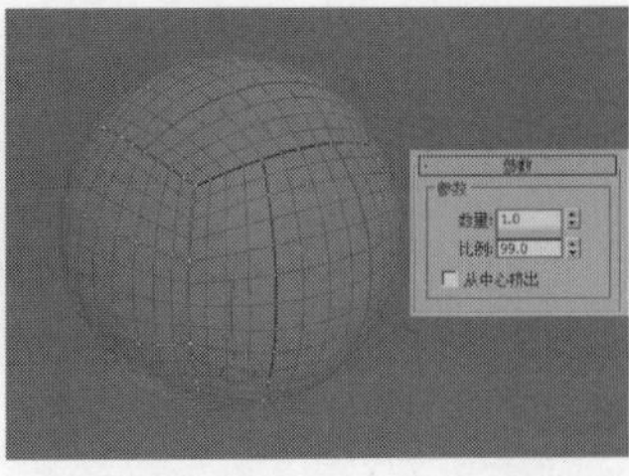

图4-291

10 保持"多边形"层级不变，然后为其加载一个"网格平滑"修改器，接着在"细分方法"卷展栏中选择"四边形输出"选项，再在"细分量"卷展栏中设置"迭代次数"为2，如图4-292所示，最后退出"多边形"层级，排球的最终效果如图4-293所示。

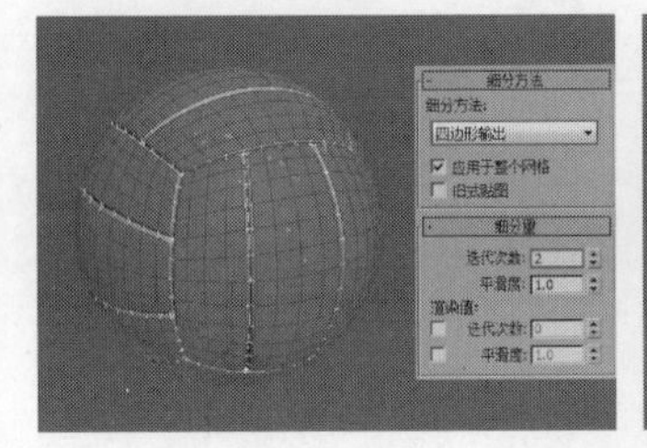

图4-292

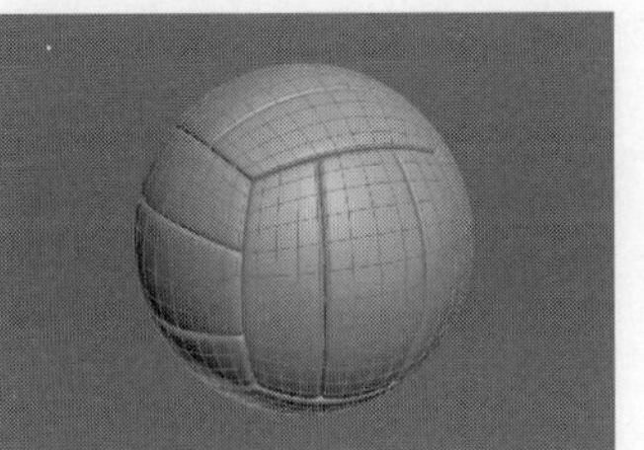

图4-293

知识回顾

◎ 工具：编辑顶点卷展栏

◎ 位置：修改面板

◎ 用途："编辑顶点"卷展栏下的工具全部是用来编辑顶点的。

01 使用"长方体"工具 长方体 在视图中拖曳出一个长方体模型，如图4-294所示。

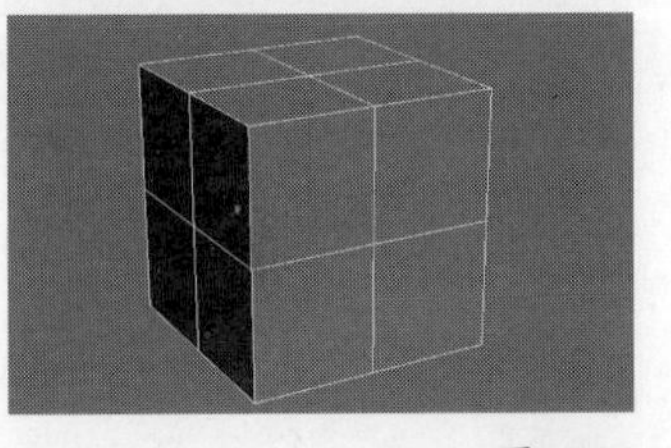

图4-294

02 选中长方体模型，然后单击鼠标右键，接着在弹出的菜单中选择"转换为>转换为可编辑多边形"选项，如图4-295所示。

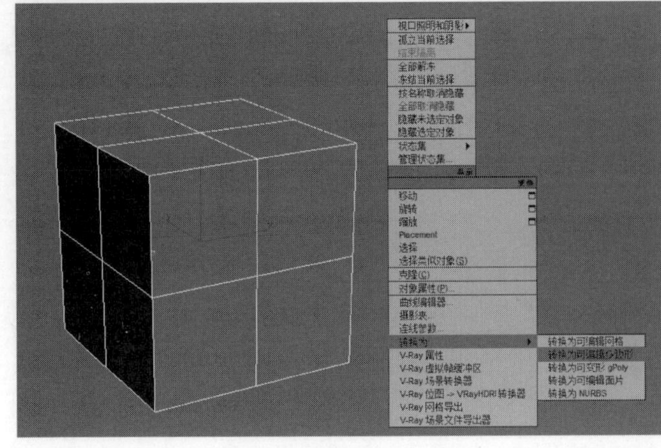

图4-295

03 进入“点”层级⁛，选中图4-296所示的顶点，然后展开“编辑顶点”卷展栏，单击“断开”按钮 断开 ，接着再次选中顶点，再使用“选择并移动”工具沿x轴向右移动，可以观察到原先的顶点被分成独立的顶点，如图4-297所示。

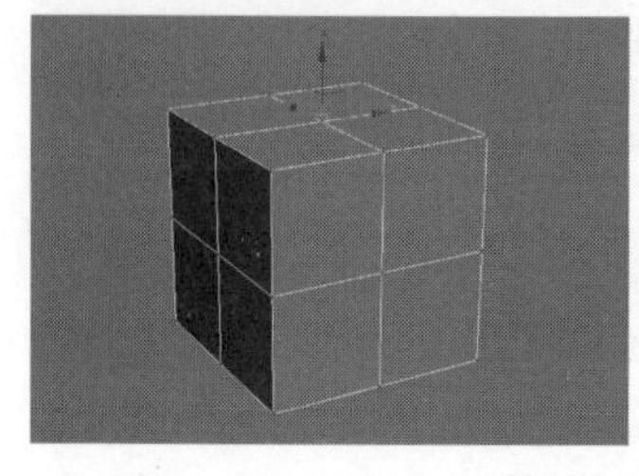

图4-296

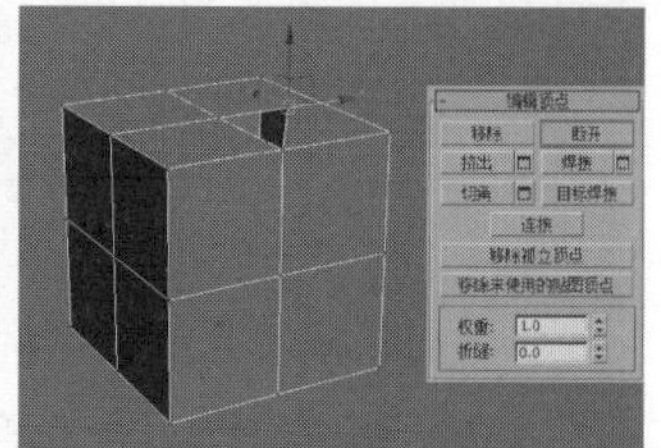

图4-297

04 继续选中顶点，然后单击“移除”按钮 移除 ，可以观察到选中的顶点移除后，相邻的两个顶点连接起来，如图4-298所示。

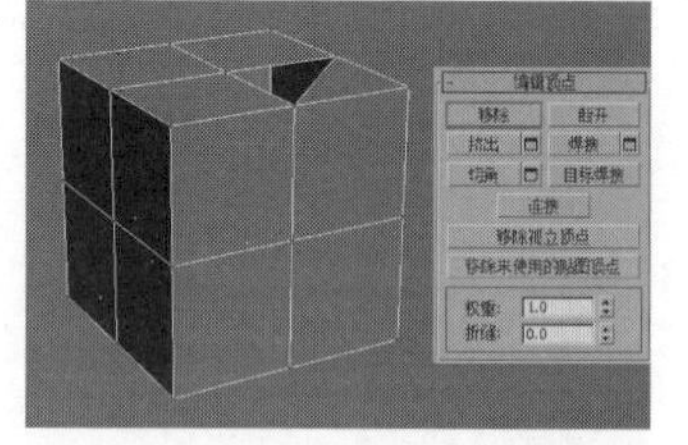

图4-298

05 框选图4-299所示的被断开的3个顶点，然后单击“焊接”按钮 焊接 ，此时再沿着x轴移动顶点，可以发现两个顶点成为一个整体，如图4-300所示。

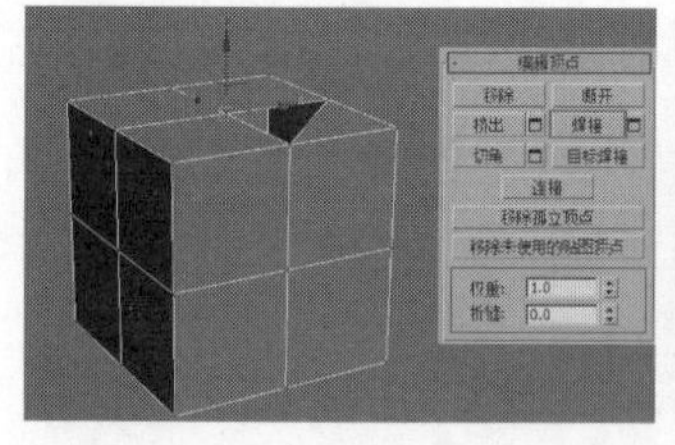

图4-299

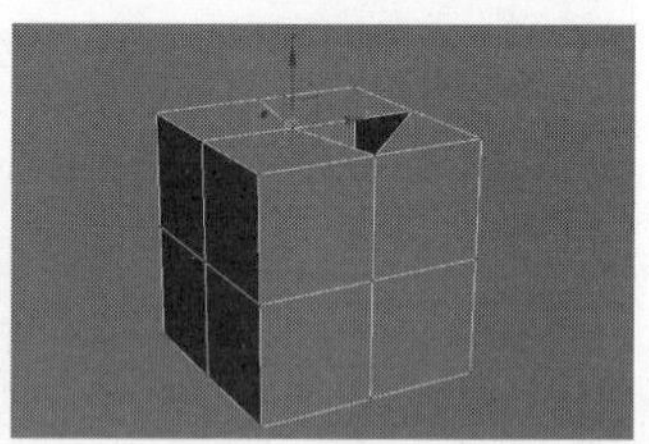

图4-300

06 选中图4-301所示的顶点，然后单击“挤出”按钮 挤出 ，按住鼠标左键推拉，可以观察到顶点被挤出成一个四棱锥型，如图4-302所示。如果要精确挤出的量，可以单击“挤出”按钮 挤出 后的“设置”按钮▣，在视图中会出现一个选项组，设置“挤出高度”和“挤出宽度”两个选项，最后单击“确定”按钮☑即可，如图4-303所示。

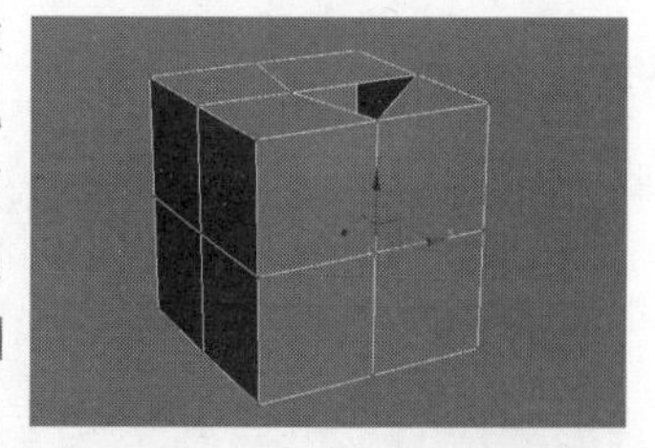

图4-301

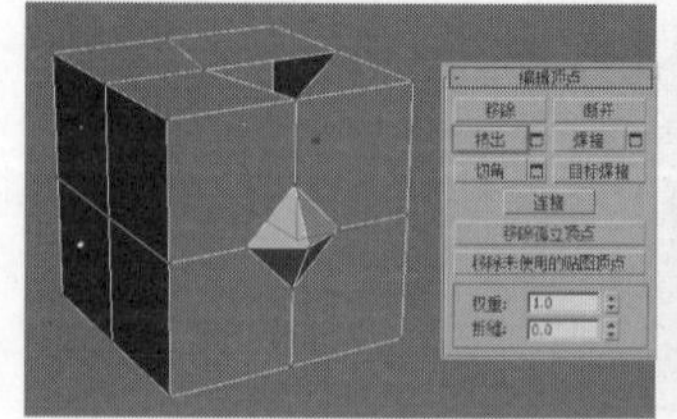

图4-302

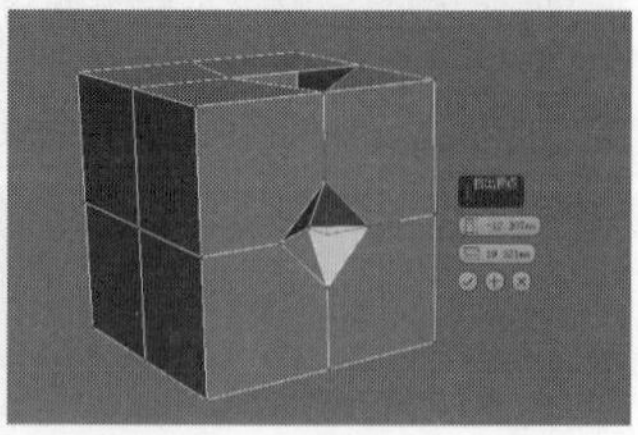

图4-303

07 按快捷键Ctrl＋Z返回上一步，然后选中图4-304所示的点，接着单击“切角”按钮 切角 ，推拉鼠标可以手动给顶点切角，如图4-305所示，单击“设置”按钮▣，在视图的对话框中设置精确的“切角顶点量”数值，同时还可以将切角后的面“打开”，以生成孔洞效果，如图4-306所示。

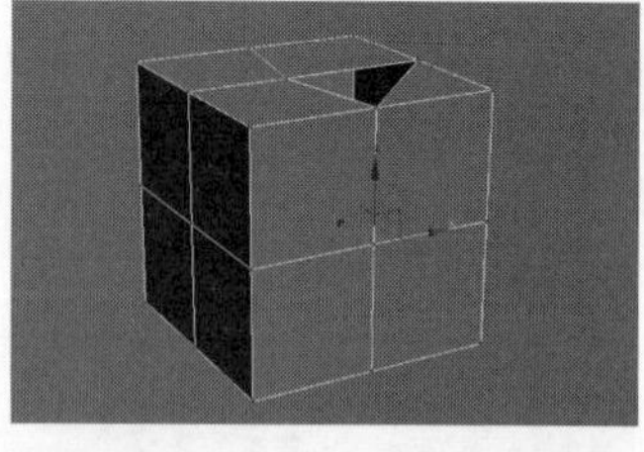

图4-304

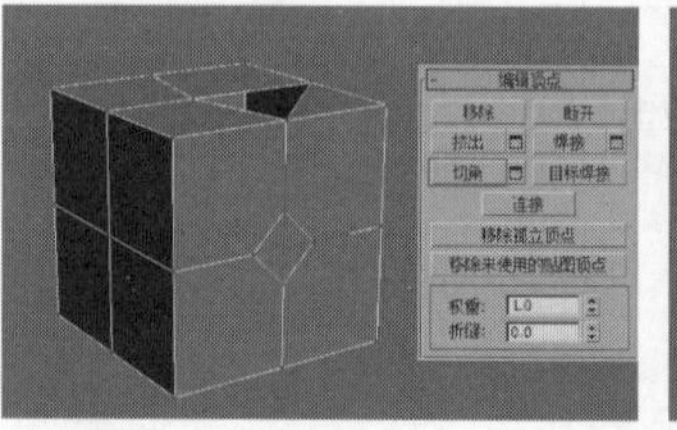

图4-305

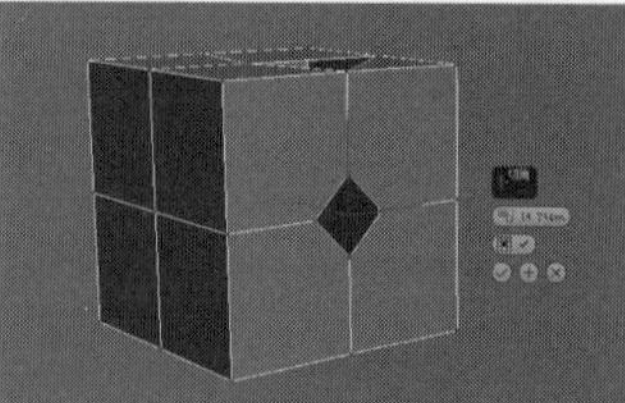

图4-306

08 按快捷键Ctrl＋Z返回上一步，然后选中图4-307所示的点，接着单击“目标焊接”按钮 目标焊接 ，然后使用鼠标左键选择需要焊接到的点，模型上会出现一条虚线，如图4-308所示，再单击鼠标左键，可以观察到两个点合并在一起，如图4-309所示。

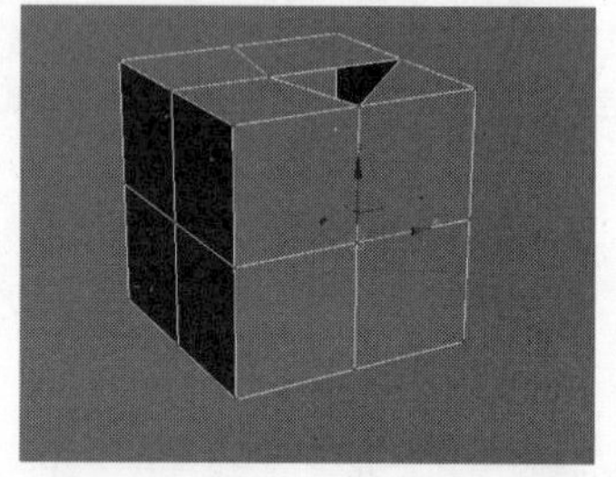

图4-307

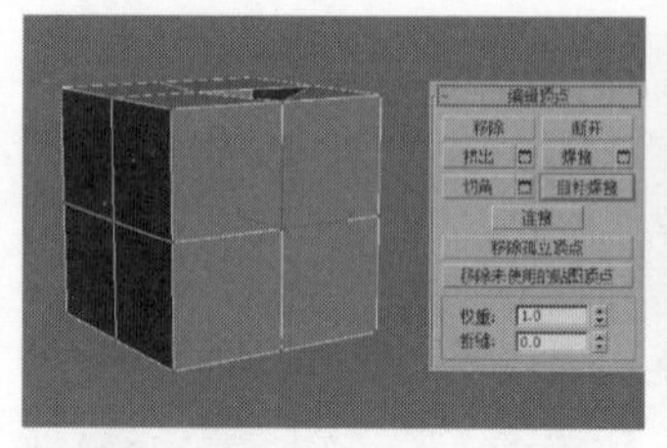

图4-308

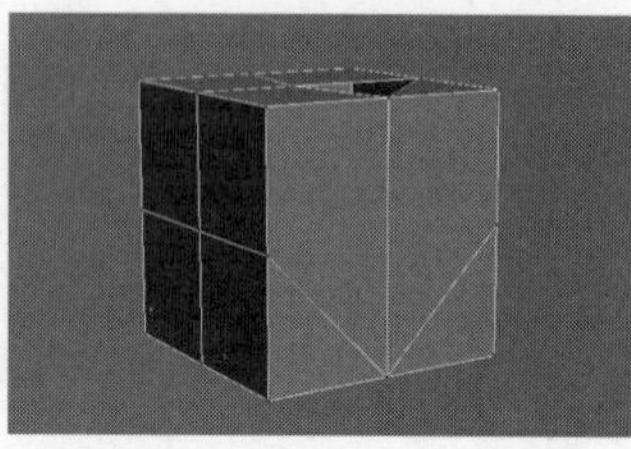

图4-309

技巧与提示

“目标焊接”工具 目标焊接 只能焊接成对的连续顶点。也就是说，选择的顶点与目标顶点要有一条边相连。

09 按快捷键Ctrl＋Z返回上一步，然后选中图4-310所示的点，接着单击“连接”按钮 连接 ，可以观察到两个点之间生成一条新的线段，如图4-311所示。

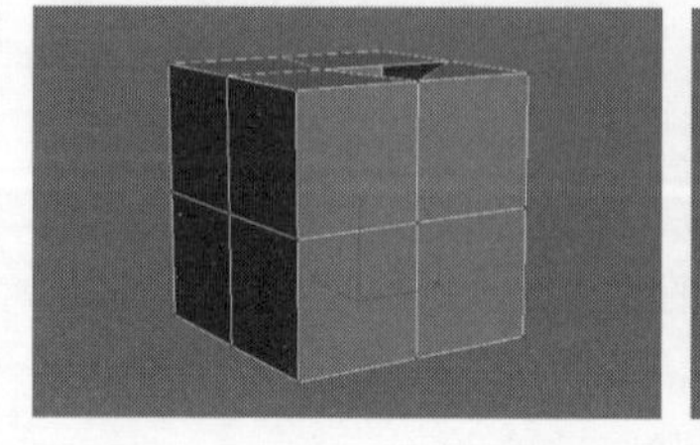

图4-310

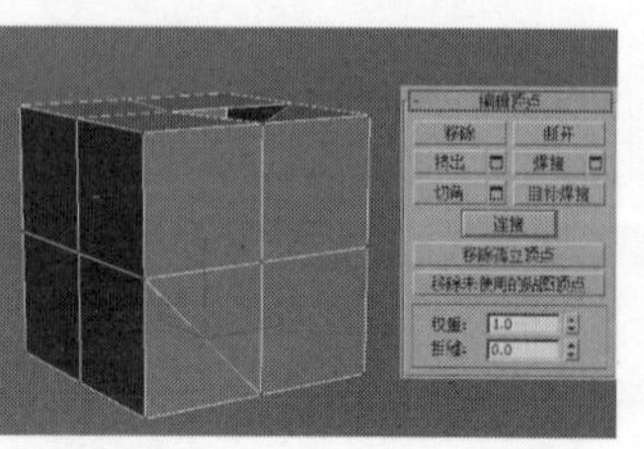

图4-311

技术专题 顶点的焊接条件

顶点的焊接在实际工作中的使用频率相当高，特别是在调整模型细节时。焊接顶点需要满足以下两个条件。见图4-312，这是一个长度和宽度均为60mm的平面，将其转换为多边形以后，一条边上的两个顶点的距离就是20mm。

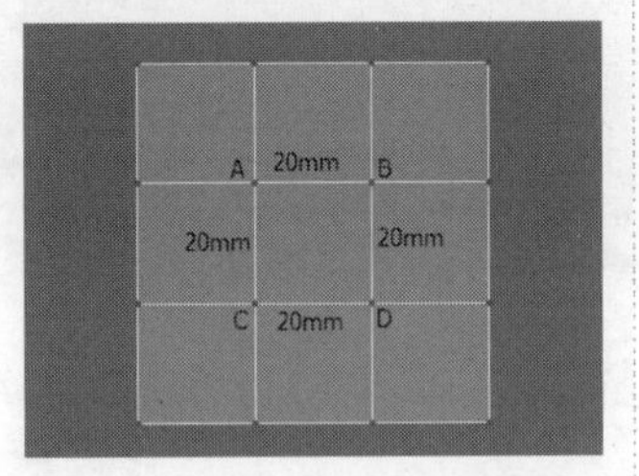

图4-312

条件1：焊接的顶点在同一个面上且必须有一条连接两个顶点的边。选择顶点A和顶点B，设置“焊接阈值”为20mm进行焊接，两个顶点可以焊接在一起（焊接之前是16个顶点，焊接之后是15个顶点），如图4-313所示；选择顶点A和顶点D进行焊接，无论设置再大的“焊接阈值”，都无法将两个顶点焊接起来，这是因为虽然两个顶点同在一个面上，但却没有将其相连起来的边，如图4-314所示。

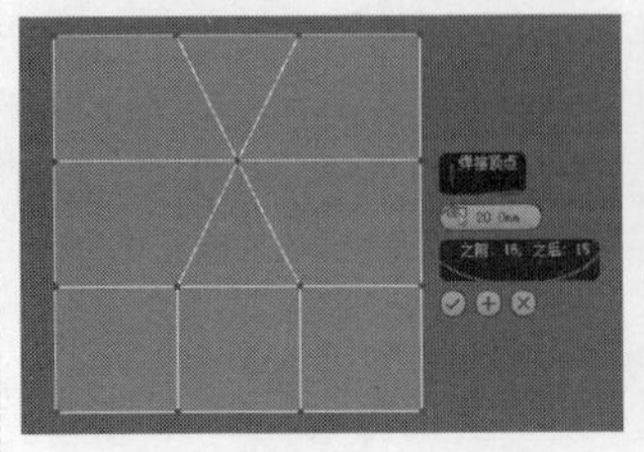

图4-313

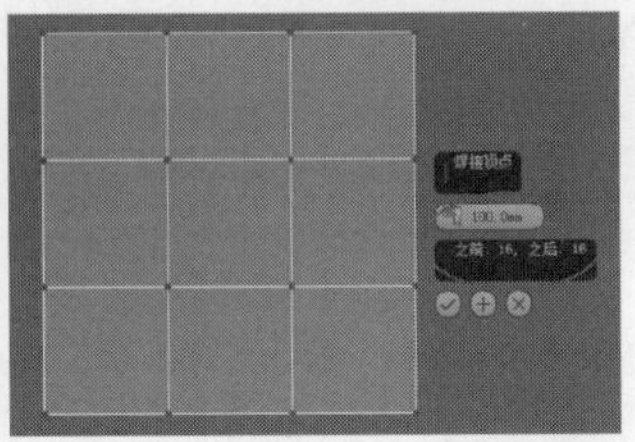

图4-314

条件2：焊接的阈值必须≥两个顶点之间的距离。选择顶点A和顶点B，将“焊接阈值”设置为无限接近最小焊接阈值的19.999mm，两个顶点依然无法焊接起来，如图4-315所示；而将“焊接阈值”设置为20mm或是比最小焊接阈值稍微大一点点的20.001mm，顶点A和顶点B就可以焊接在一起，如图4-316所示。

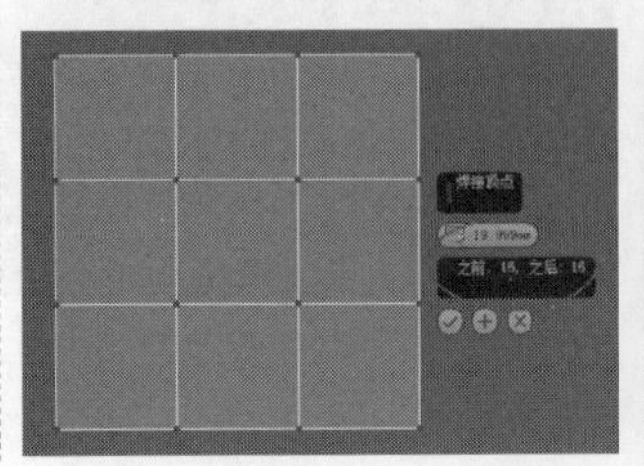

图4-315

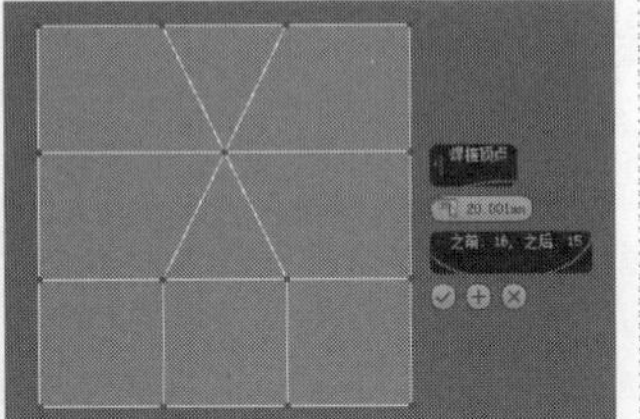

图4-316

另外，在满足以上两个条件的情况下，也可以对多个顶点进行焊接，选择顶点A、顶点B、顶点C和顶点D进行焊接，焊接新生成的顶点将位于所选顶点的中心，如图4-317所示。

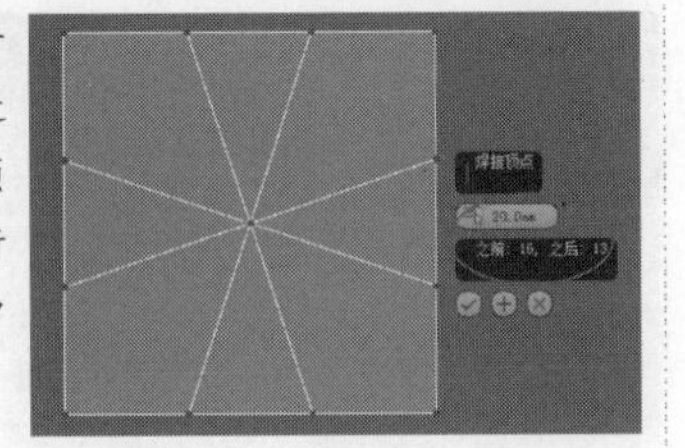

图4-317

实战061 用多边形建模制作化妆品瓶子

场景位置	无
实例位置	实例文件>CH04>用多边形建模制作化妆品瓶子.max
学习目标	练习挤出工具、插入工具和网格平滑修改器

化妆品瓶子是用一个立方体，经过挤出工具和插入工具完成大致的形状，再运用网格平滑修改器进一步细化模型制作而成，案例效果如图4-318所示。

图4-318

模型创建

01 使用“长方体”工具 长方体 在视图中创建一个长方体，然后展开“参数”卷展栏，设置“长度”为120mm、“宽度”为120mm、“高度”为200mm、“长度分段”为5、“宽度分段”为5、“高度分段”为5，如图4-319所示。

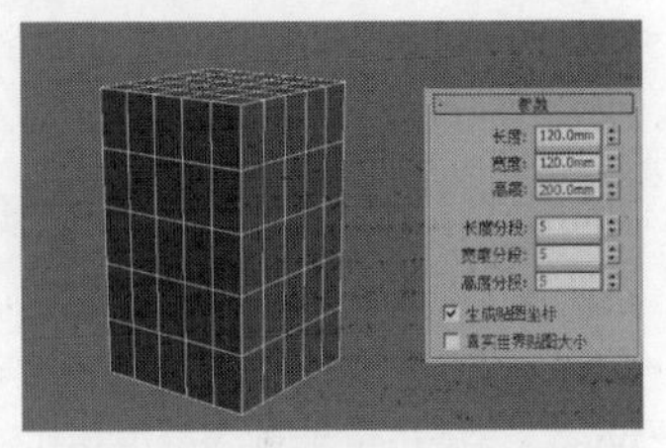

图4-319

02 选中长方体，然后单击鼠标右键，在弹出的菜单中选择“转换为>转换为可编辑多边形”选项，如图4-320所示。

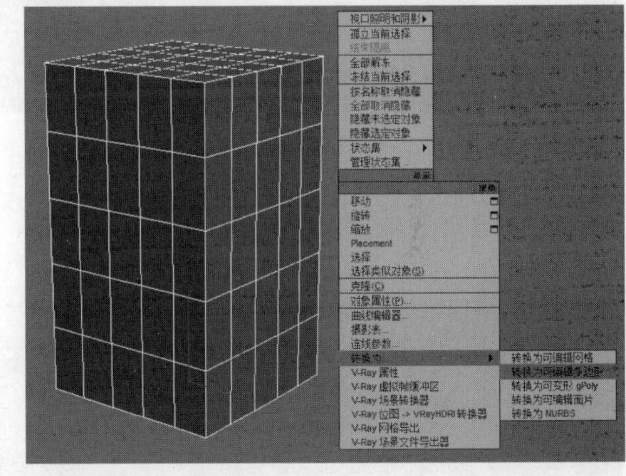

图4-320

03 进入“多边形”层级，然后选中长方体顶面如图4-321所示的多边形，接着展开“编辑多边形”卷展栏，单击“挤出”按钮 挤出 后的“设置”按钮，在弹出的对话框中设置“高度”为50mm，如图4-322所示，最后单击“确定”按钮。

图4-321

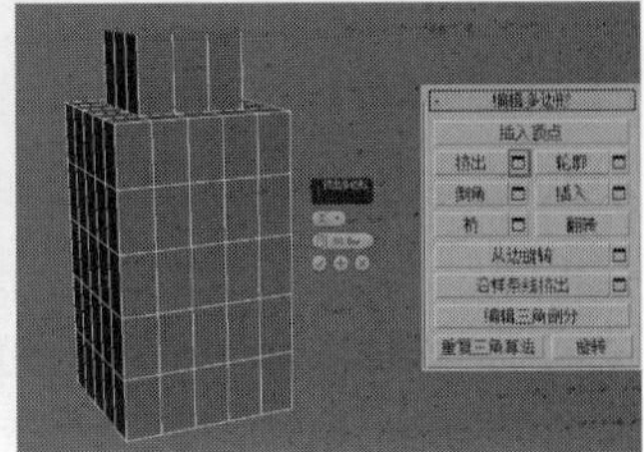

图4-322

04 保持选中的面不变，然后单击“插入”按钮 插入 后的“设置”按钮，接着在弹出的对话框中设置“插入数量”为10mm，最后单击“确定”按钮，如图4-323所示。

05 保持选中的面不变，然后单击“挤出”按钮 挤出 后的“设置”按钮，接着在弹出的对话框中设置“高度”为-50mm，最后单击“确定”按钮，如图4-324所示。

图4-323

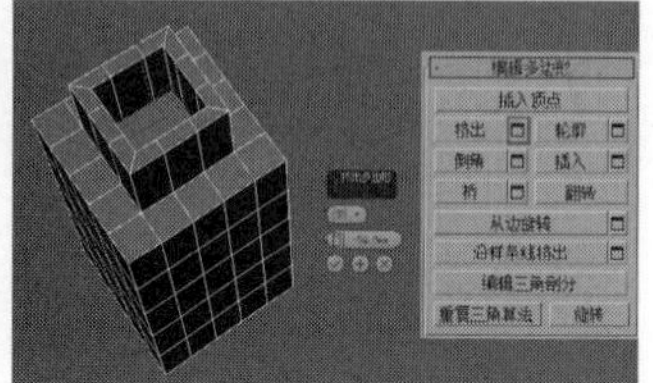

图4-324

06 保持选中的面不变，然后单击“插入”按钮 插入 后的“设置”按钮，接着在弹出的对话框中设置“插入数量”为2mm，最后单击“确定”按钮，如图4-325所示。

07 保持选中的面不变，然后单击“挤出”按钮 挤出 后的“设置”按钮，接着在弹出的对话框中设置“高度”为90mm，最后单击“确定”按钮，如图4-326所示。

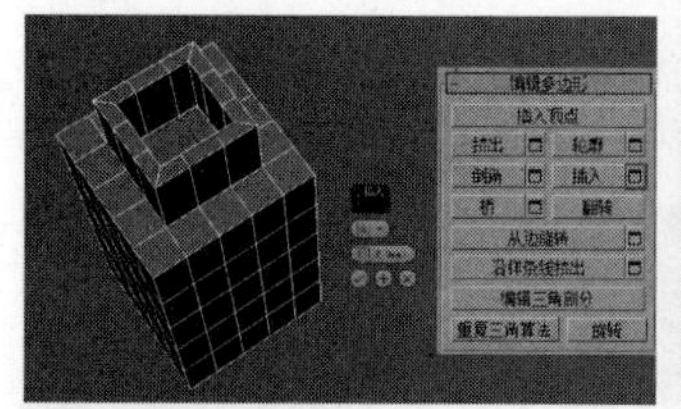

图4-325

图4-326

08 单击“修改器列表”，然后在下拉菜单中选择“涡轮平滑”选项，展开“涡轮平滑”卷展栏，设置“迭代次数”为2，如图4-327所示。

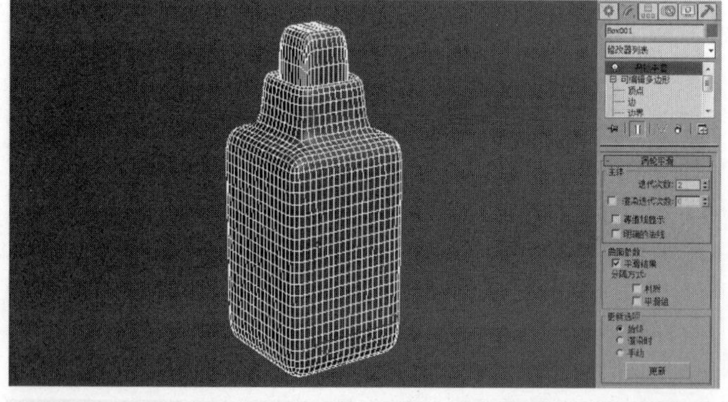

图4-327

可以观察到由于在转角处的布线过少，瓶子的转角处都过于圆滑，回到多边形层级进行加线操作。

09 进入“点”层级，然后展开“编辑几何体”卷展栏，接着单击“切片平面”按钮 切片平面 ，将出现的黄线移动到瓶子的底部，如图4-328所示，再单击“切片”按钮 切片 ，最后单击“切片平面”按钮 切片平面 退出编辑模式，如图4-329所示。

图4-328

图4-329

10 按照上一步的方法，依次为瓶子的每一个转角使用“切片平面”工具 切片平面 加线，其效果如图4-330所示。化妆品瓶子的最终效果如图4-331所示。

图4-330

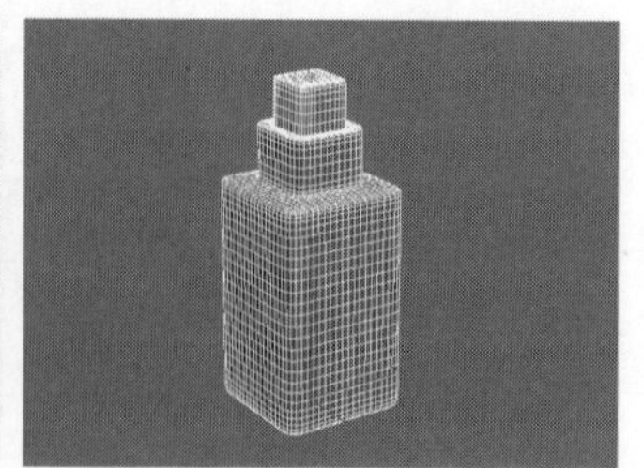

图4-331

知识回顾

◎ 工具：编辑多边形卷展栏
◎ 位置：修改面板
◎ 用途：“编辑多边形”卷展栏下的工具全部是用来编辑多边形的。

01 使用“长方体”工具 长方体 在视图中创建一个长方体，如图4-332所示。

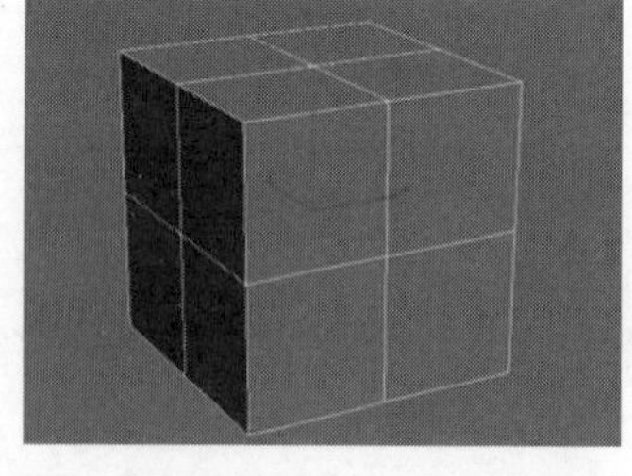

图4-332

02 选中长方体模型，然后单击鼠标右键，接着在弹出的菜单中选择“转换为>转换为可编辑多边形”选项，如图4-333所示。

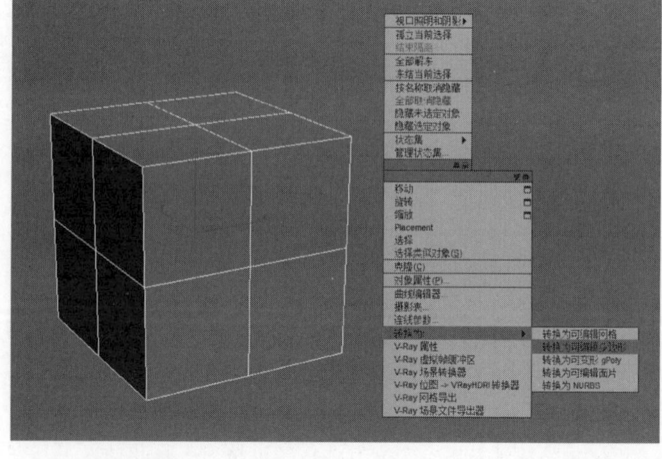

图4-333

03 选中长方体，然后进入“多边形”层级，接着展开“编辑多边形”卷展栏，再单击“插入顶点”按钮，最后在图4-334所示的位置插入一个顶点，可以观察到此按钮可以手动加入顶点，用来细化模型。

图4-334

04 按快捷键Ctrl＋Z返回初始状态，然后选中图4-335所示的多边形，接着单击“挤出”按钮 挤出 ，推拉鼠标可以将多边形挤出，如图4-336所示。如果要精确设置挤出的高度，可以单击后面的“设置”按钮，然后在视图的“挤出边”对话框中输入数值即可。挤出多边形时，“高度”为正值时可向外挤出多边形，为负值时可向内挤出多边形，如图4-337和图4-338所示。

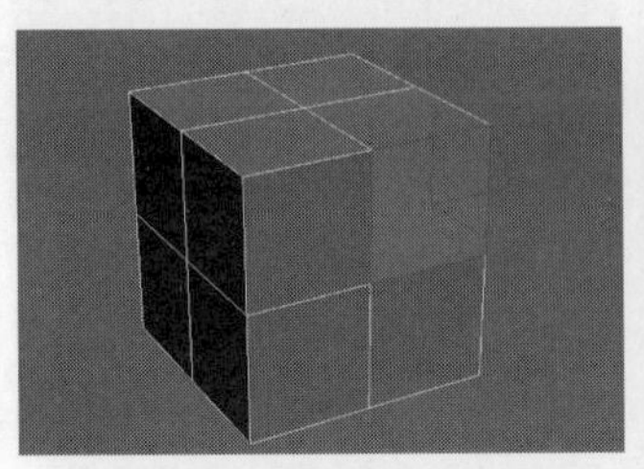

图4-335

图4-336

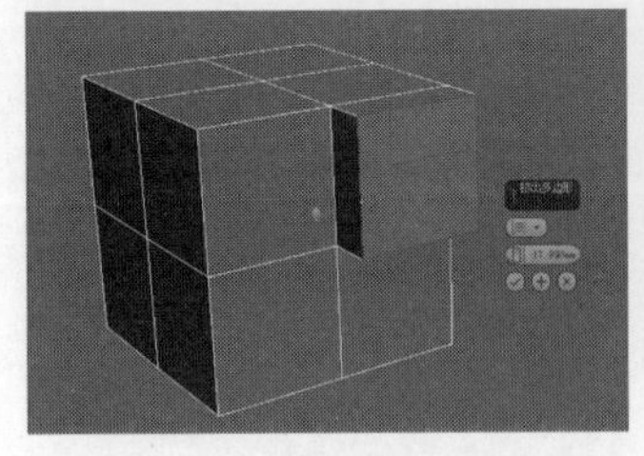

图4-337

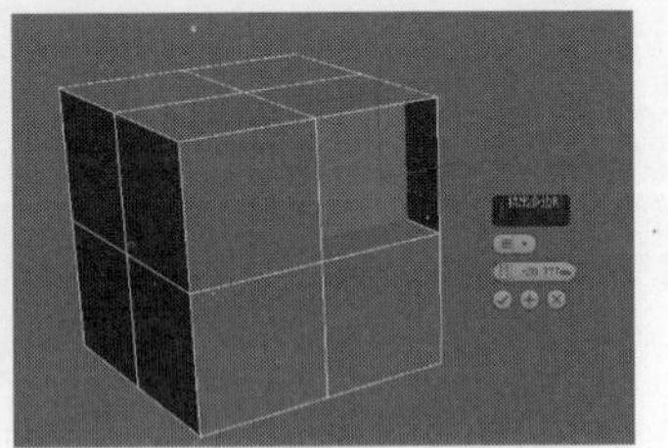

图4-338

05 按快捷键Ctrl＋Z返回初始状态，然后选中图4-339所示的多边形，接着单击“轮廓”按钮 轮廓 ，推拉鼠标可以增加或减小每组连续的选定多边形的外边，如图4-340所示。

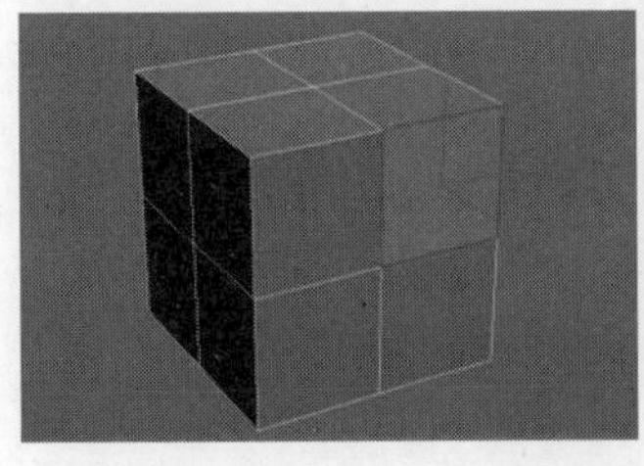

图4-339

图4-340

06 按快捷键Ctrl＋Z返回，然后选中图4-341所示的多边形，接着单击“倒角”按钮 倒角 ，推拉鼠标可以挤出多边形，同时为多边形进行倒角，如图4-342所示。

07 按快捷键Ctrl＋Z返回，然后选中图4-343所示的多边形，接着单击“插入”按钮 插入 ，推拉鼠标可以以没有高度的倒角操作，即在选定多边形的平面内执行该操作，如图4-344所示。

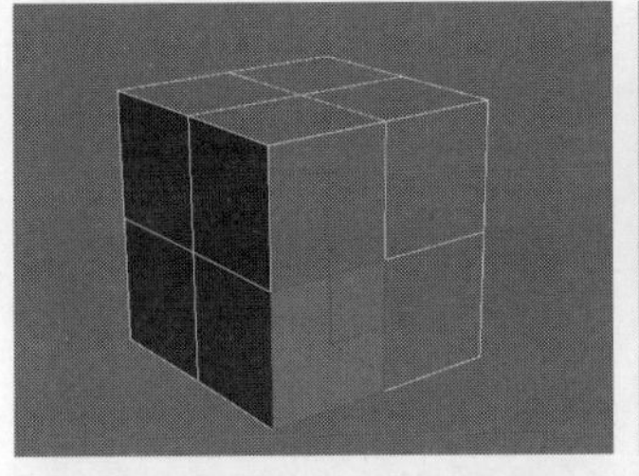

图4-341

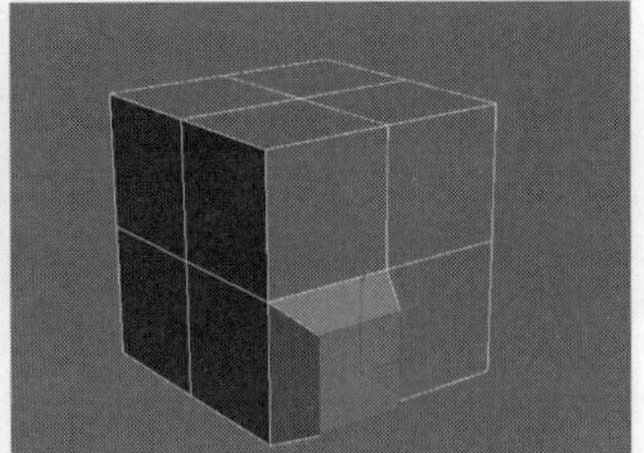

图4-342

图4-343

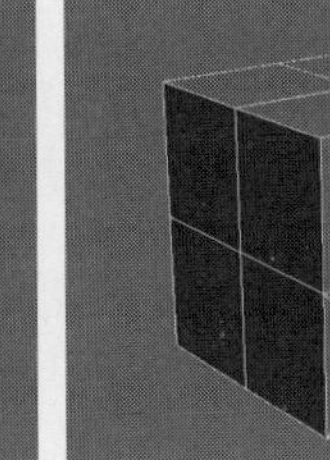

图4-344

08 选中图4-345所示的两个多边形，然后单击“挤出”按钮 挤出 ，将其挤出一定的量，如图4-346所示，接着选择图4-347所示的两个多边形，然后单击“桥”按钮 桥 ，可以观察到两个选择的多边形被连接起来，如图4-348所示。

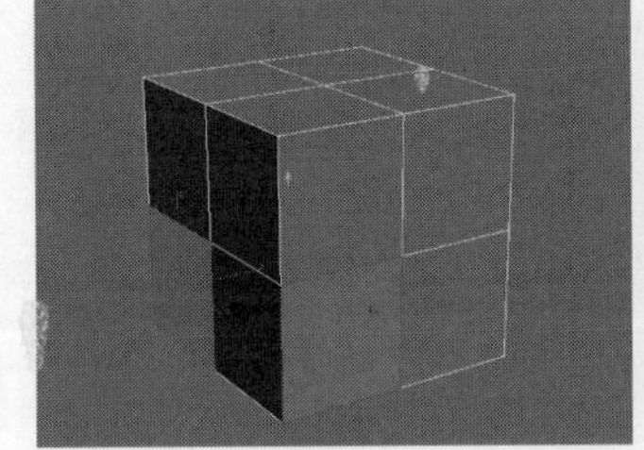

图4-345

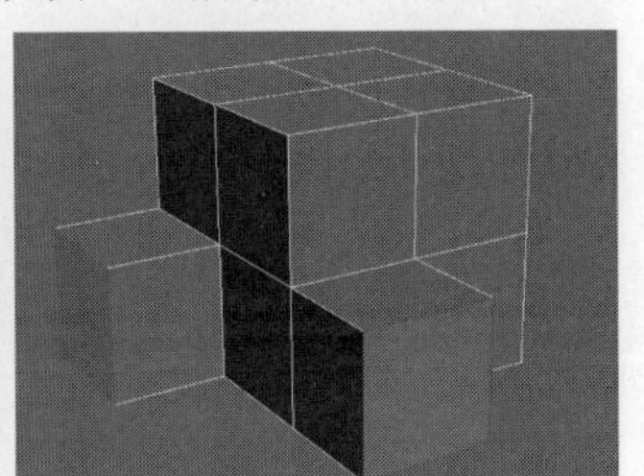

图4-346

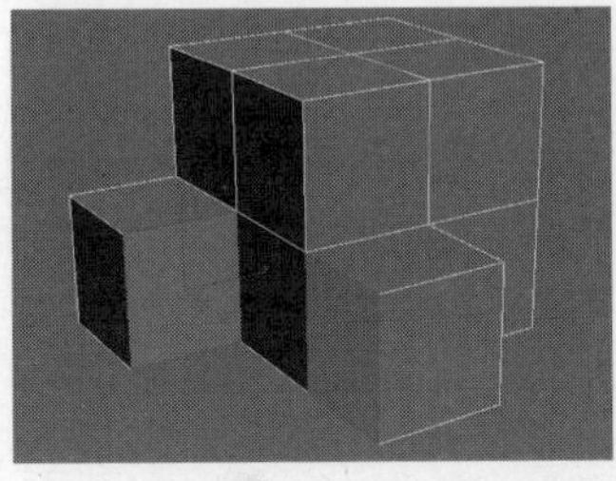

图4-347

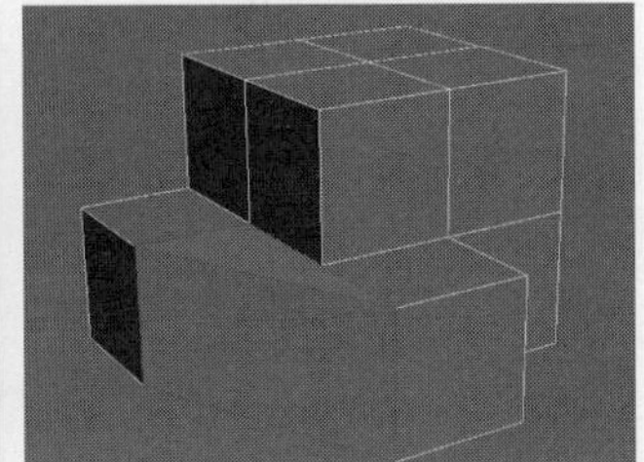

图4-348

09 按快捷键Ctrl＋Z返回，然后选中图4-349所示的多边形，接着单击“翻转”按钮 翻转 ，可以观察到红色区域变暗，如图4-350所示。“翻转”工具用来翻转多边形的法线方向。

图4-349

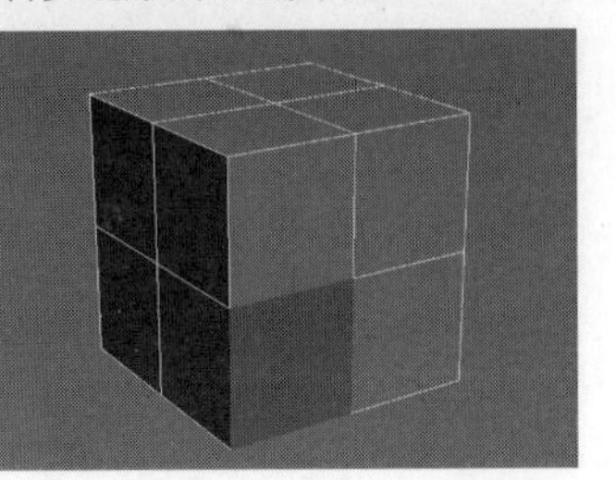

图4-350

10 按快捷键Ctrl+Z返回，然后选中图4-351所示的多边形，接着单击“从边旋转”按钮 从边旋转 ，再在视图中推拉鼠标，可以观察到多边形会围绕一条边旋转，如图4-352所示。

图4-351

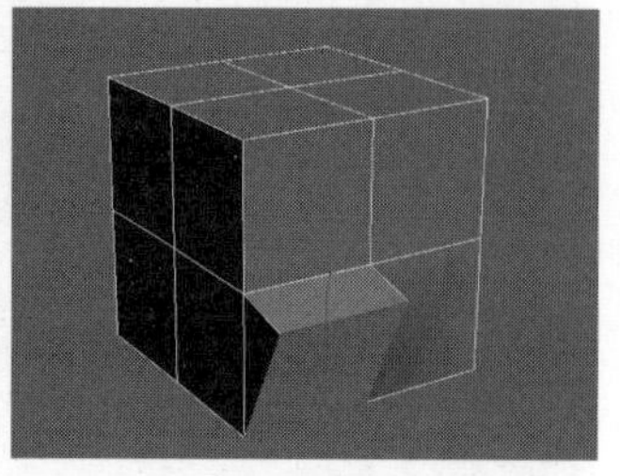

图4-352

实战062 用多边形建模制作钟表

场景位置	无
实例位置	实例文件>CH04>用多边形建模制作钟表.max
学习目标	练习切角工具

钟表模型由表盘、指针和转轴三部分组成，案例效果如图4-353所示。

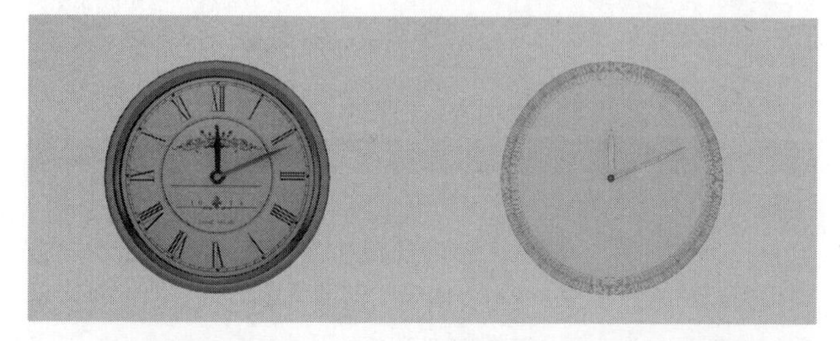

图4-353

模型创建

01 使用“圆柱体”工具 圆柱体 在场景中创建一个圆柱体，然后在“参数”卷展栏下设置“半径”为60mm、“高度”为10mm、“高度分段”为1、“端面分段”为1、“边数”为36，如图4-354所示。

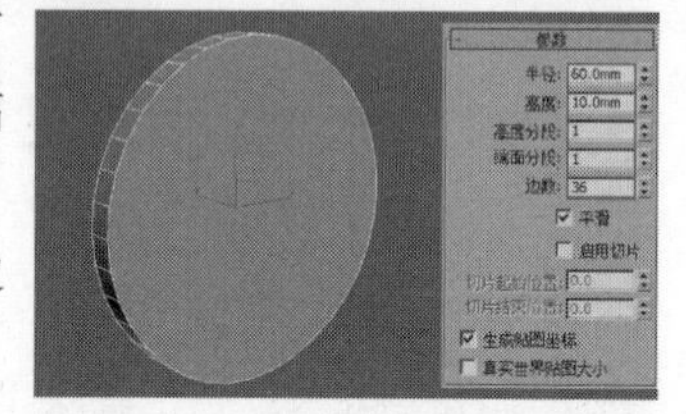

图4-354

02 选中上一步创建的圆柱体，然后单击鼠标右键，在弹出的菜单中选择“转换为>转换为可编辑多边形”选项，如图4-355所示。

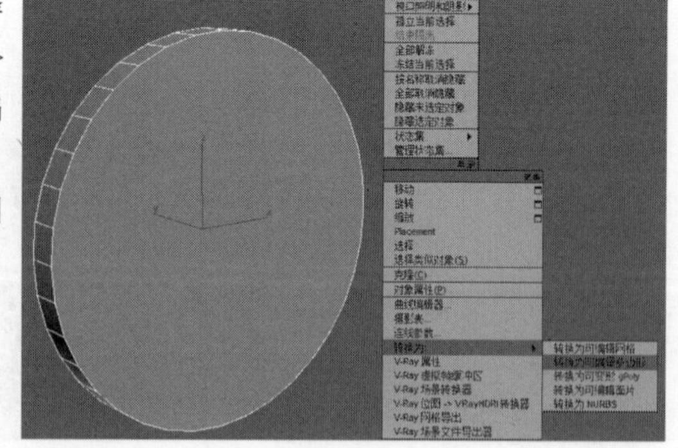

图4-355

03 在“选择”卷展栏中单击“多边形”按钮■，进入“多边形”层级，然后选中图4-356所示的多边形，接着在“编辑多边形”卷展栏中单击“插入”按钮 插入 后的“设置”按钮■，再在弹出的对话框中设置“插入值”为5mm，如图4-357所示。

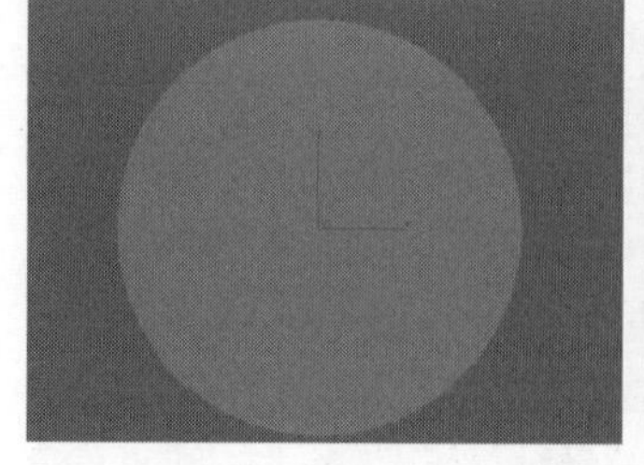

图4-356

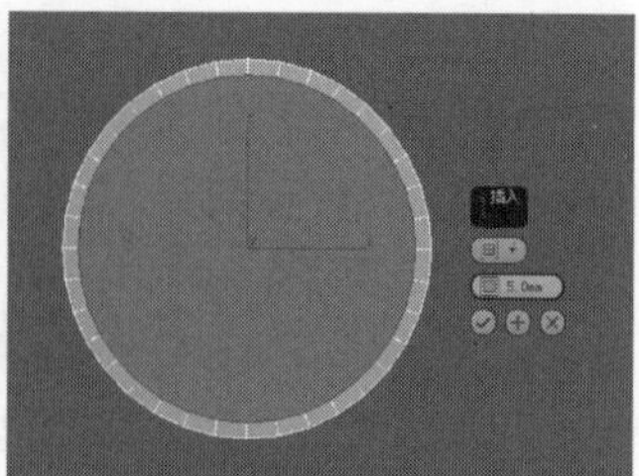

图4-357

04 保持选中的多边形不变，然后单击“倒角”按钮 倒角 后的“设置”按钮■，接着在弹出的对话框中设置“高度”为-3mm、“轮廓”为-3mm，如图4-358所示。

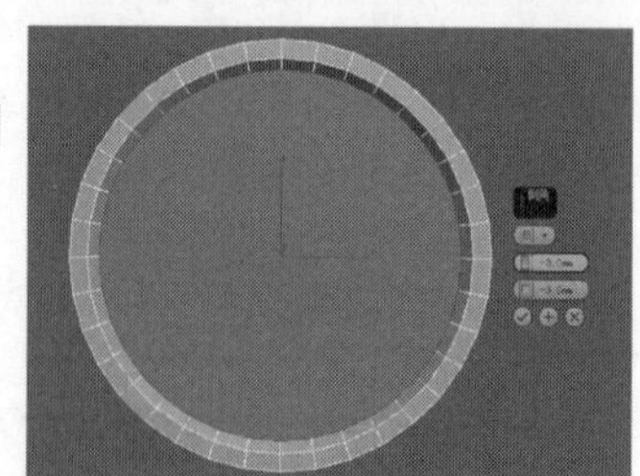

图4-358

05 切换为“边”层级◁，然后选中图4-359所示的边，接着在“编辑边”卷展栏中单击“切角”按钮 切角 后面的“设置”按钮■，再在弹出的对话框中设置“边切角量”为0.5mm，如图4-360所示。

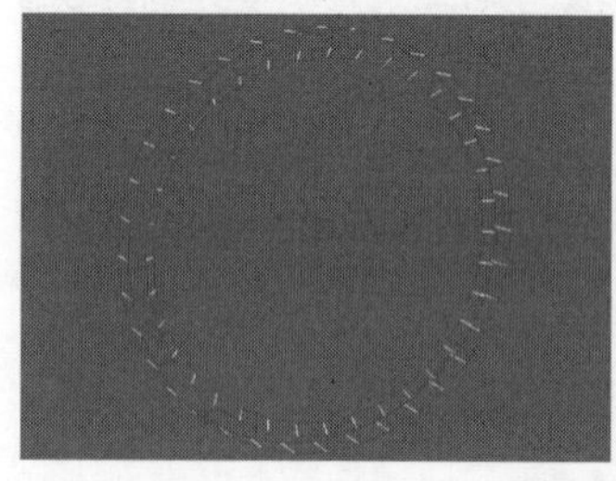

图4-359

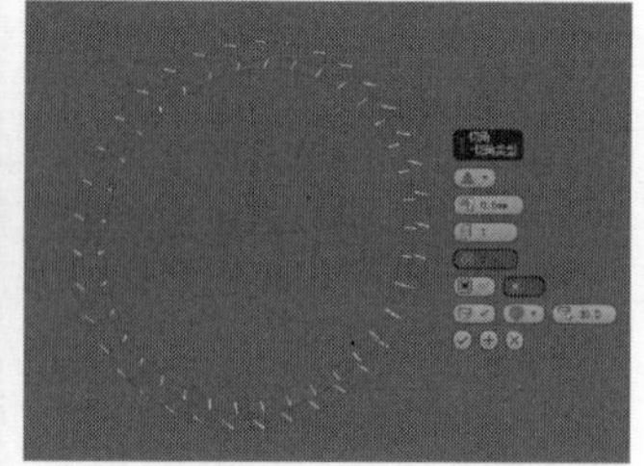

图4-360

06 切换到“多边形”层级■，然后选中图4-361所示的多边形，接着在“编辑几何体”卷展栏中单击“分离”按钮 分离 ，在弹出的对话框中单击“确定”按钮，如图4-362所示。

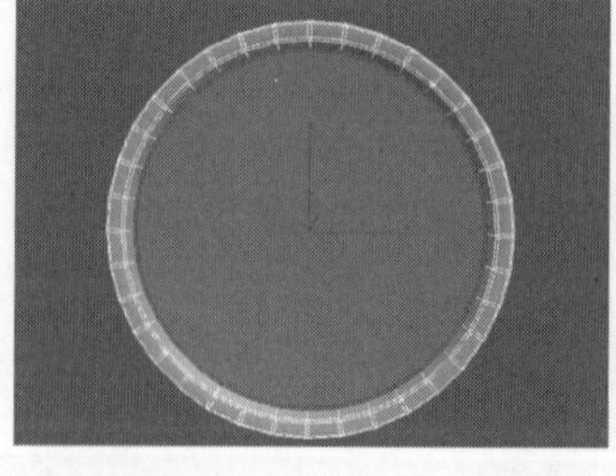

图4-361

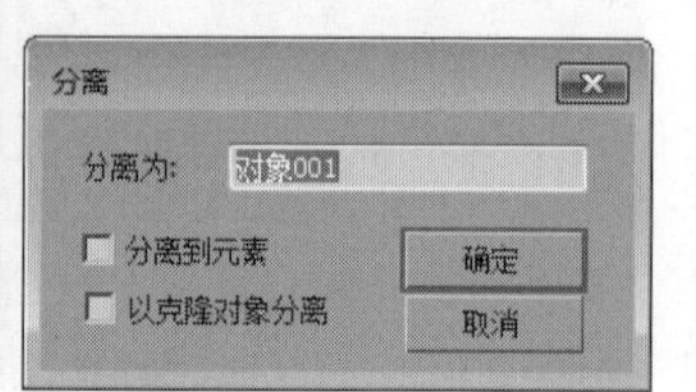

图4-362

07 选中图4-363所示的多边形，然后为其加载一个“网格平滑”修改器，接着在“细分量”卷展栏中设置“迭代次数”为2，如图4-364所示。

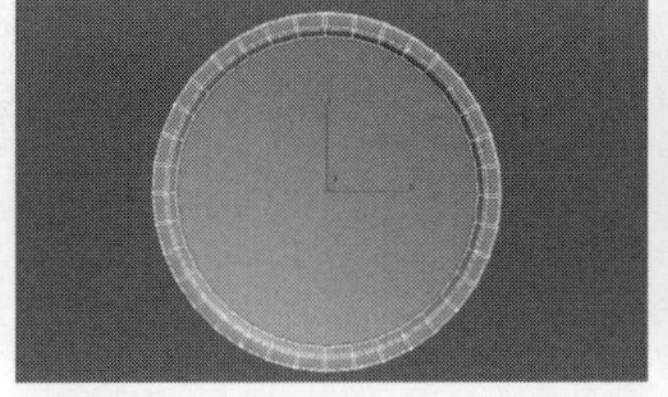

图4-363

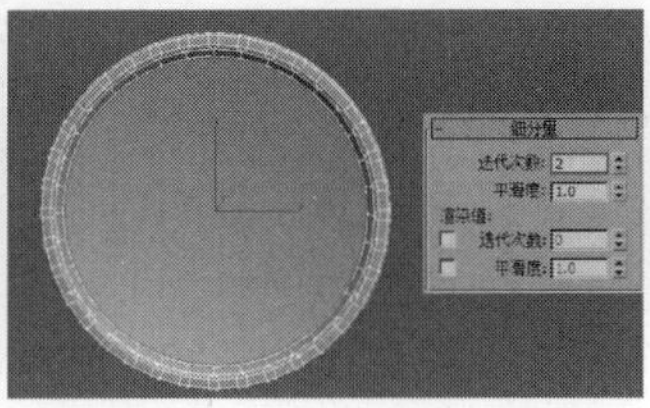

图4-364

08 下面制作时针模型。使用“长方体”工具 长方体 在前视图中创建一个长方体，然后在“参数”卷展栏中设置“长度”为16mm、“宽度”为3.5mm、“高度”为1mm，如图4-365所示。

09 将上一步创建的长方体转换为可编辑多边形，然后进入“边”层级，为其添加边，效果如图4-366所示。

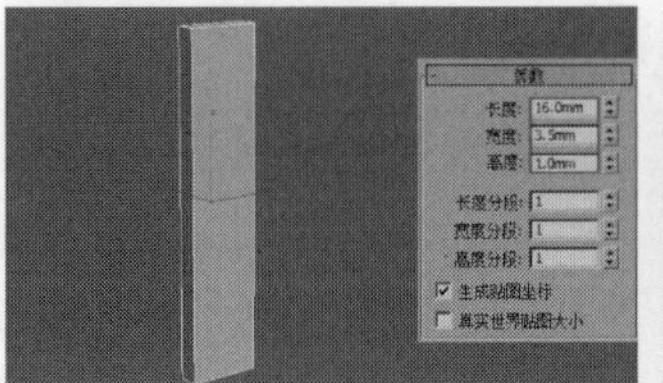

图4-365

图4-366

10 进入“点”层级，然后调整顶点，将模型调整至图4-367所示的效果。

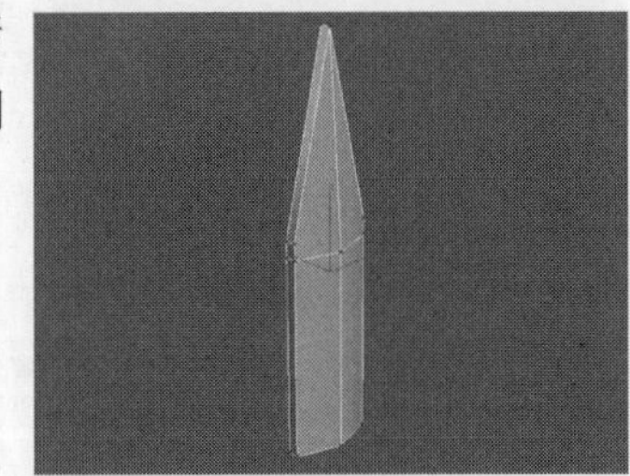

图4-367

11 进入“边”层级，然后选中图4-368所示的边，接着在“编辑边”卷展栏中单击“切角”按钮 切角 后的“设置”按钮，再在弹出的对话框中设置“边切角量”为0.1，如图4-369所示。

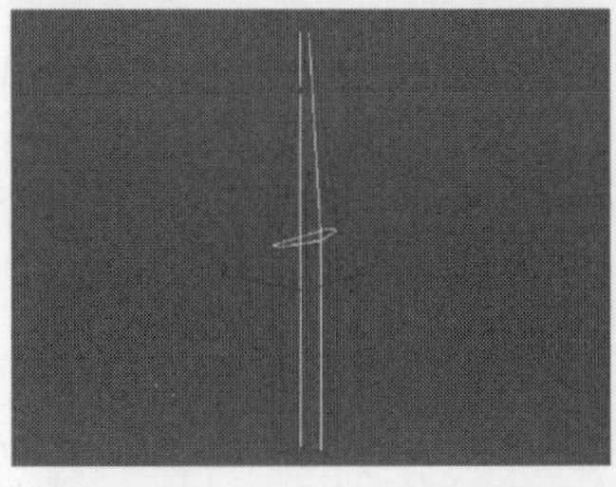

图4-368

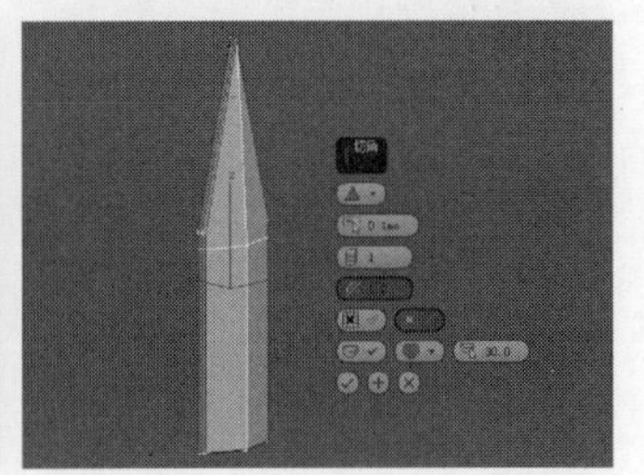

图4-369

12 进入“点”层级，调整模型至图4-370所示的效果，然后按照时针模型的制作步骤制作出分针模型，如图4-371所示。

13 下面制作转轴模型。使用“切角圆柱体”工具 切角圆柱体 在表盘中创建一个切角圆柱体，然后在“参数”卷展栏中设置“半径”为2mm、“高度”为2mm、“圆角”为0.2mm、“边数”为16，如图4-372所示，接着为其加载一个“网格平滑”修改器，并设置“迭代次数”为2，如图4-373所示。

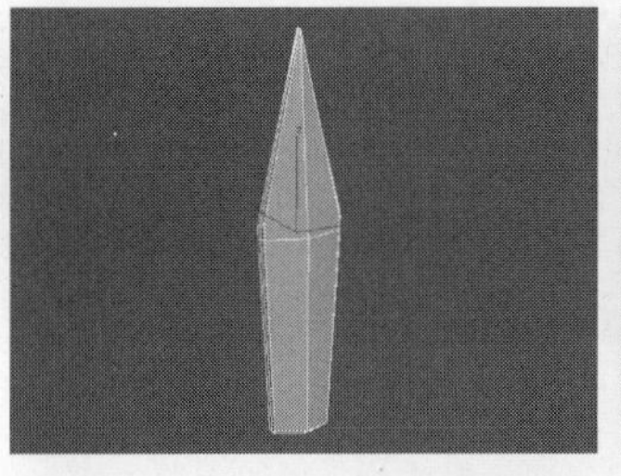

图4-370

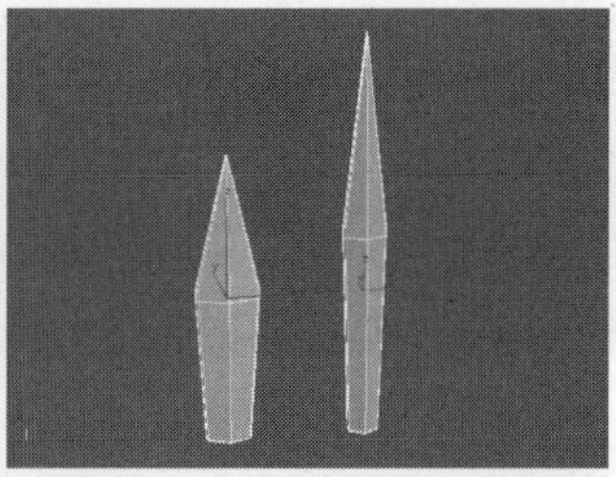

图4-371

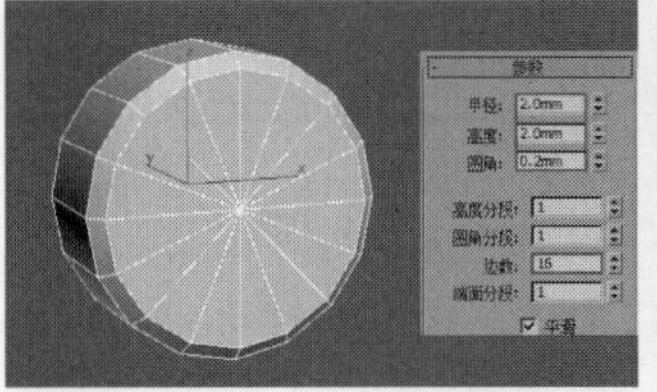

图4-372

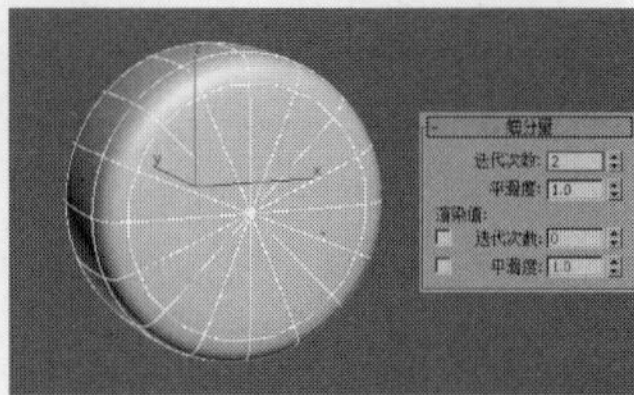

图4-373

14 摆放时针与分针模型并旋转，钟表的最终效果如图4-374所示。

图4-374

知识回顾

◎ 工具：编辑边卷展栏

◎ 位置：修改面板

◎ 用途：“编辑边”卷展栏下的工具全部是用来编辑边的。

01 使用“长方体”工具 长方体 在视图中创建一个长方体，如图4-375所示。

图4-375

02 选中长方体模型，然后单击鼠标右键，接着在弹出的菜单中选择“转换为>转换为可编辑多边形”选项，如图4-376所示。

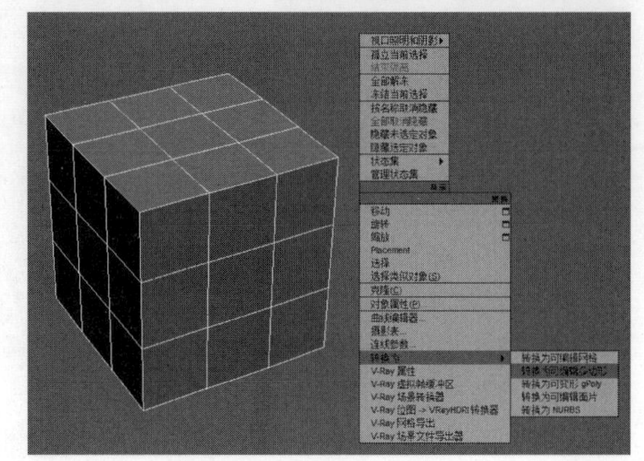

图4-376

03 选中长方体，然后进入“边”层级，接着展开“编辑边”卷展栏，单击“插入顶点”按钮 插入顶点 ，单击鼠标左键，在图4-377所示的位置插入顶点。

04 按快捷键Ctrl＋Z返回初始状态，然后选中图4-378所示的边，接着单击“移除”按钮 移除 （或按Backspace键）可以移除边，如图4-379所示。如果按Delete键，就会删除边及其连接的边，如图4-380所示。

图4-377

图4-378

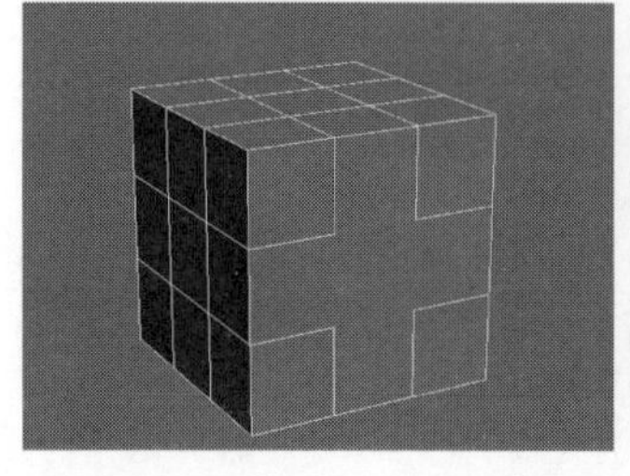

图4-379

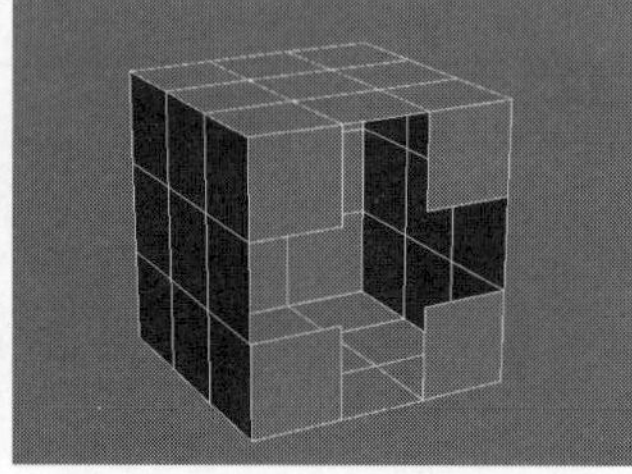

图4-380

05 按快捷键Ctrl＋Z返回初始状态，然后选中图4-381所示的边，接着单击“挤出”按钮 挤出 ，并在视图中推拉鼠标，可以挤出边，如图4-382所示。如果要精确设置挤出的高度和宽度，可以单击后面的“设置”按钮▣，然后在视图的“挤出边”对话框中输入数值即可，如图4-383所示。

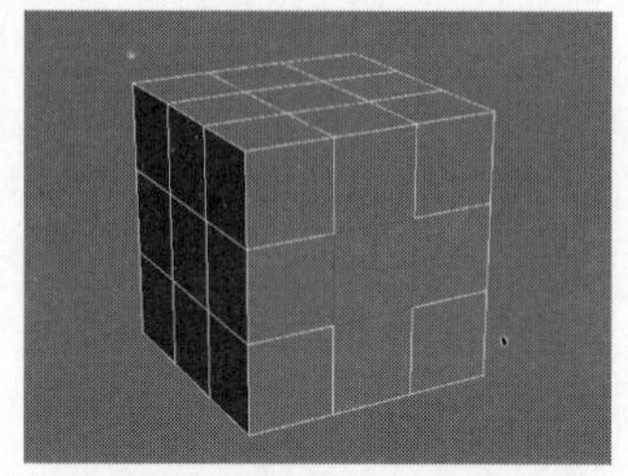

图4-381

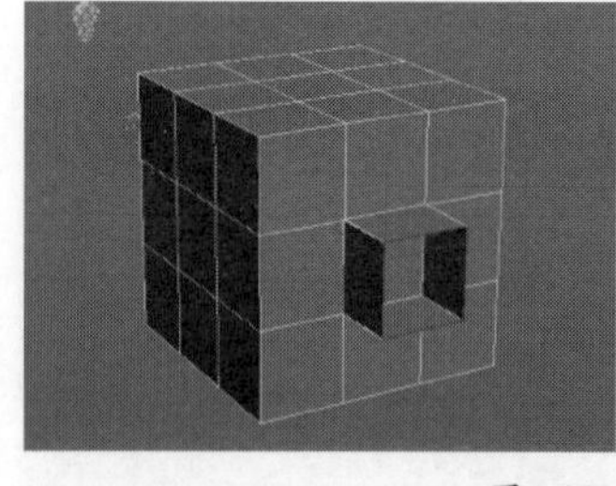

图4-382

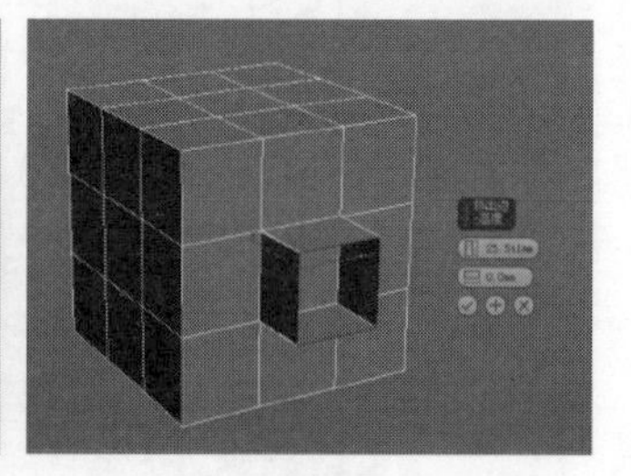

图4-383

06 按快捷键Ctrl＋Z返回初始状态，然后选中图4-384所示的边，接着单击“切角”按钮 切角 ，推拉鼠标会观察到在选定边的相邻的两条边之间切出新的多边形，如图4-385所示。如果要精确设置切角量等数值，可以单击后面的“设置”按钮▣，然后在视图中的“切角”对话框中输入数值即可，如图4-386所示。

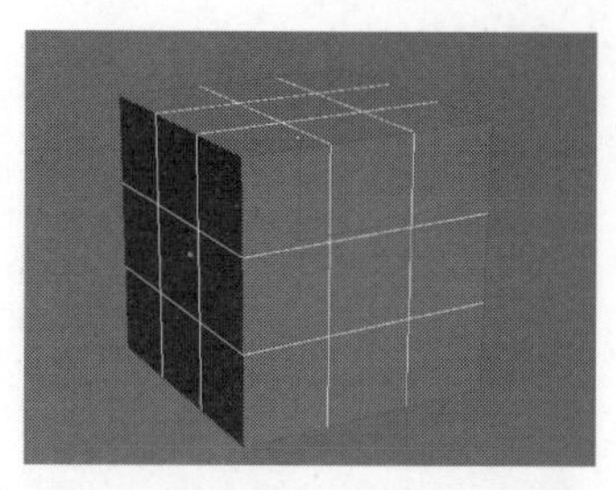

图4-384

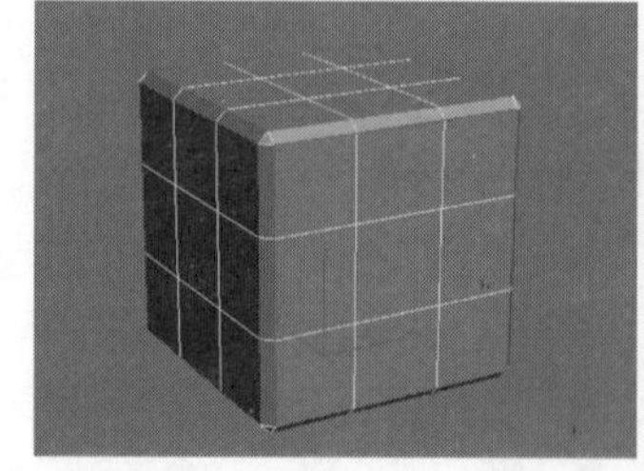

图4-385

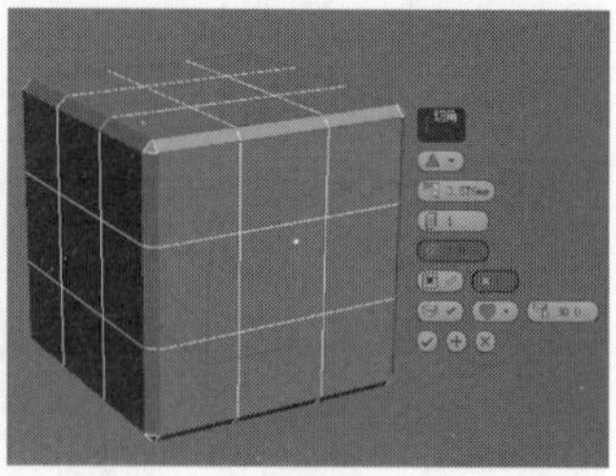

图4-386

07 按快捷键Ctrl＋Z返回初始状态，然后选中图4-387所示的边，接着单击“连接”按钮 连接 ，可以观察到选中的两条边之间连接了一条新的边，如图4-388所示。如果要精确设置连接边的数值，可以单击后面的“设置”按钮▣，然后在视图的“连接边”对话框中输入数值即可，如图4-389所示。

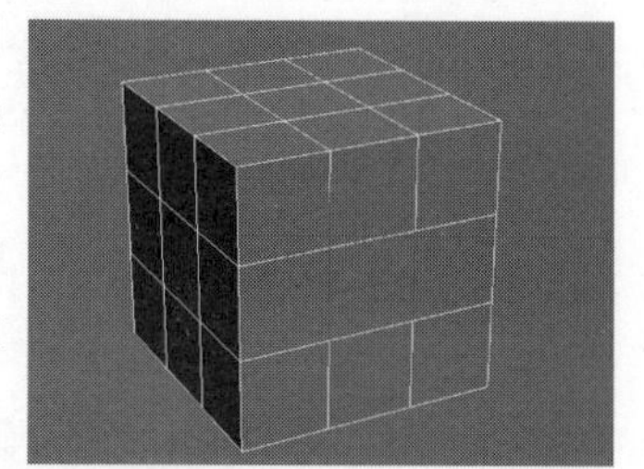

图4-387

图4-388

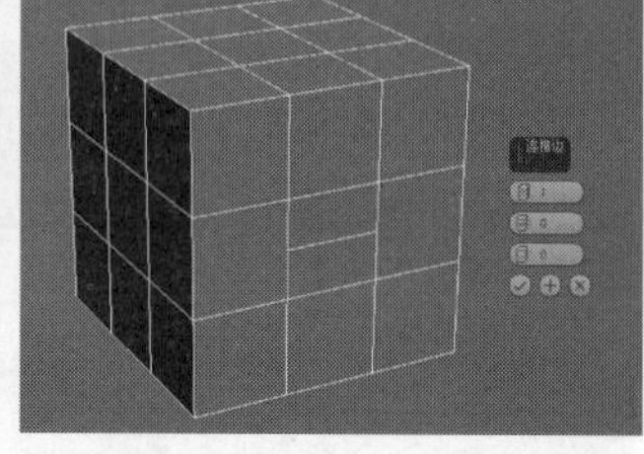

图4-389

08 按快捷键Ctrl＋Z返回初始状态，然后选中图4-390所示的边，接着单击“利用所选内容创建新图形”按钮 利用所选内容创建图形 ，会弹出一个“创建图形”对话框，如图4-391所示，在对话框中可以设置新建图形的名称和类型，如果设置类型为“平滑”，则生成平滑的样条线，如图4-392所示；如果选择“线性”类型，则样条线的形状与选定边的形状保持一致，如图4-393所示。

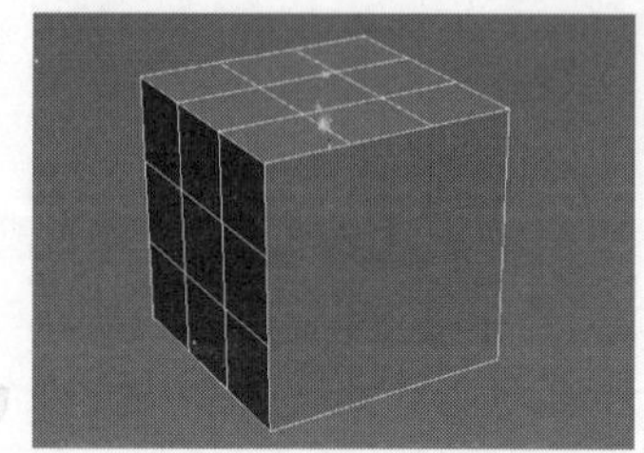

图4-390

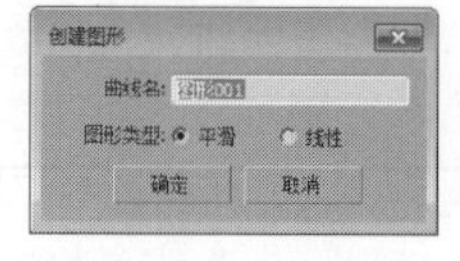

图4-391

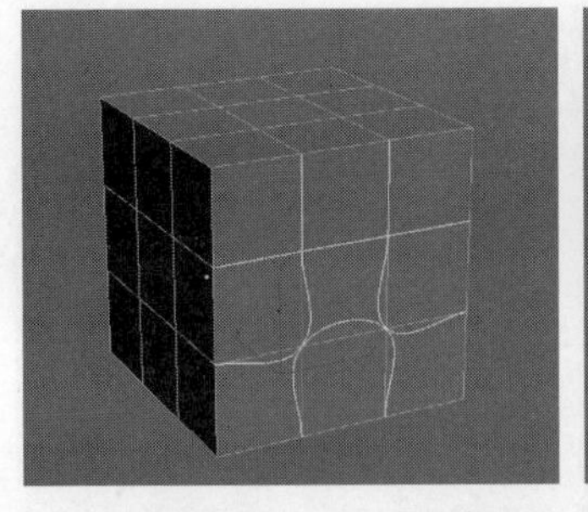

图4-392

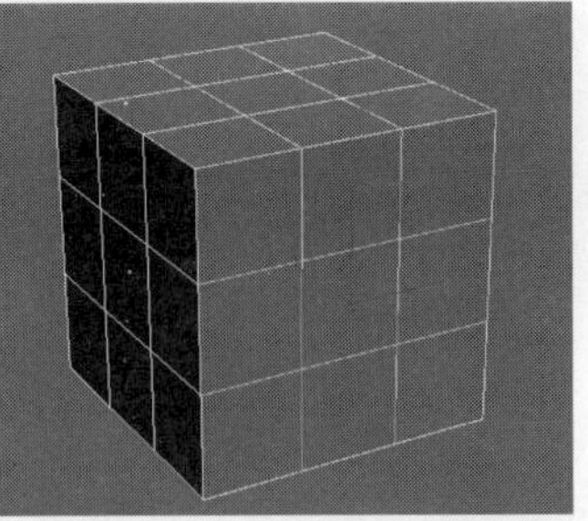

图4-393

技术专题 边的四边形切角、边张力和平滑功能

在3ds Max 2016中，对边的切角新增了3个新功能，分别是“四边形切角”“边张力”和“平滑”。下面分别对这3个新功能进行介绍。

1.四边形切角

边的切角分为“标准切角”和“四边形切角”两种方式。选择“标准切角”方式，在拐角处切出来的多边形可能是三边形、四边形或者两者均有，如图4-394所示；选择“四边形切角”方式，在拐角处切出来的多边形全部会强制生成四边形，如图4-395所示。

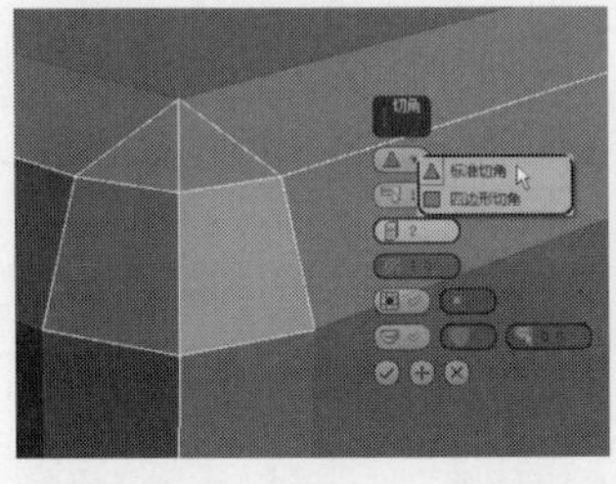

图4-394

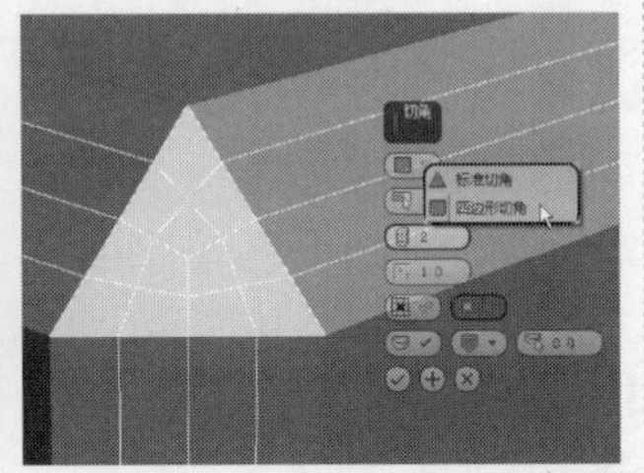

图4-395

2.边张力

在“四边形切角”方式下对边进行切角以后，可以通过设置“边张力”的值来控制多边形向外凸出的程度。值为1时为最大值，表示多边形不向外凸出；值越小，多边形就越向外凸出，如图4-396所示；值为0时为最小值，多边形向外凸出的程度将达到极限，如图4-397所示。注意，“边张力”功能不能用于“标准切角”方式。

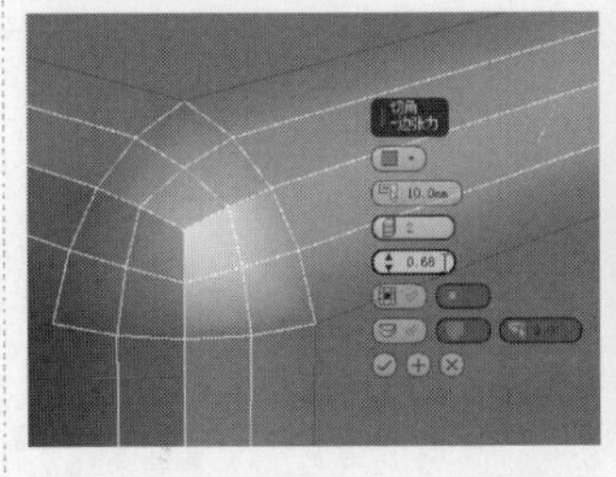

图4-396

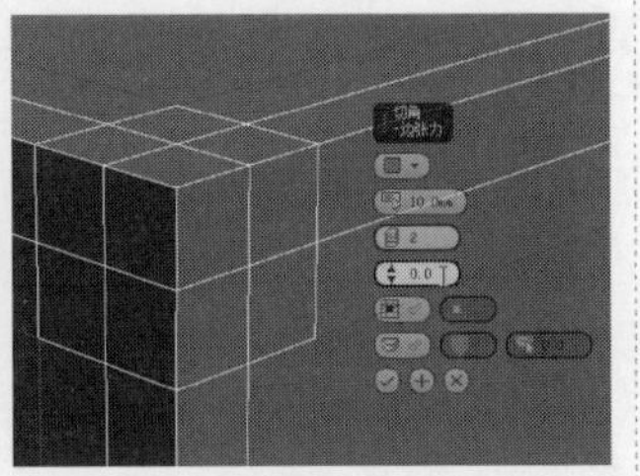

图4-397

3.平滑

对边进行切角以后，可以对切出来的多边形进行平滑处理。在“标准切角”方式下，设置平滑的“平滑阈值”为非0的数值时，可以选择多边形的平滑方式，既可以是“平滑整个对象”，如图4-398所示，也可以是“仅平滑切角”，如图4-399所示；在“四边形切角”方式下，必须是“边张力”值在0~1之间、“平滑阈值”大于0的情况才可以对多边形应用平滑效果，同样可以选择“平滑整个对象”和“仅平滑切角”两种方式中的一种，如图4-400和图4-401所示。

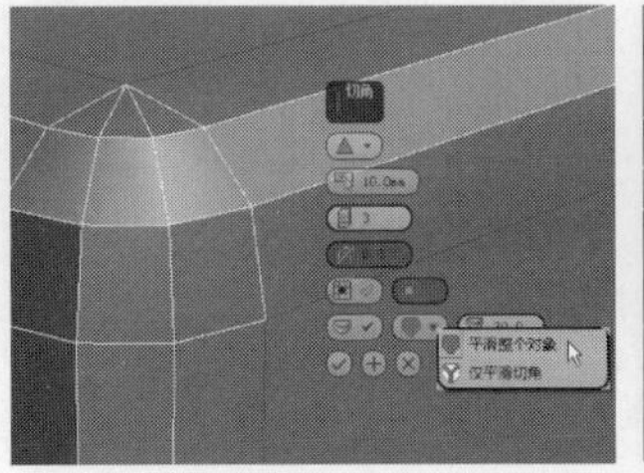

图4-398

图4-399

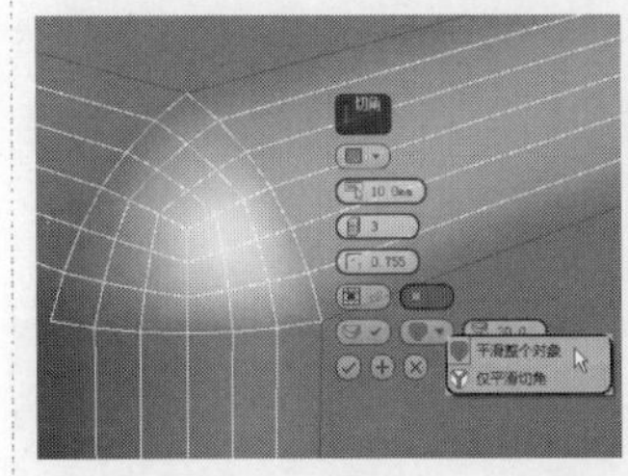

图4-400

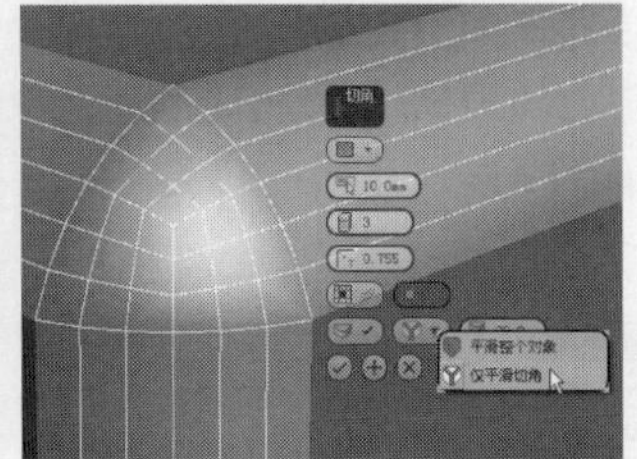

图4-401

实战063 用多边形建模制作电视

场景位置	无
实例位置	实例文件>CH04>用多边形建模制作电视.max
学习目标	练习挤出工具、切角工具、连接工具、倒角工具和分离工具

电视是日常生活中常见的家电，在制作模型时，只需要创建长方体工具，然后编辑多边形即可，案例效果如图4-402所示。

图4-402

01 使用“长方体”工具 长方体 在场景中创建一个长方体，然后在“参数”卷展栏下设置“长度”为921mm、“宽度”为30mm、“高度”为521mm、“长度分段”为3、“宽度分段”为1、“高度分段”为3，具体参数设置及模型效果如图4-403所示。

图4-403

02 将长方体转换为可编辑多边形，进入“顶点”层级，在左视图中框选中间垂直方向的4组（正面两组加背面两组）顶点，然后使用“选择并均匀缩放”工具沿x轴向外将顶点缩放成图4-404所示的效果，接着采用相同的方法将中间水平方向上的4组顶点缩放成图4-405所示的效果。

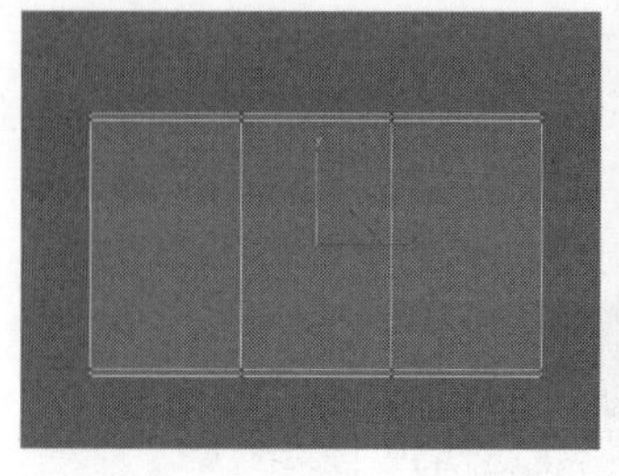

图4-404

图4-405

03 进入“多边形”层级■，选择图4-406所示的多边形，然后在“编辑多边形”卷展栏下单击“挤出”按钮 挤出 后面的“设置”按钮■，接着设置“高度”为-12mm，如图4-407所示。

图4-406

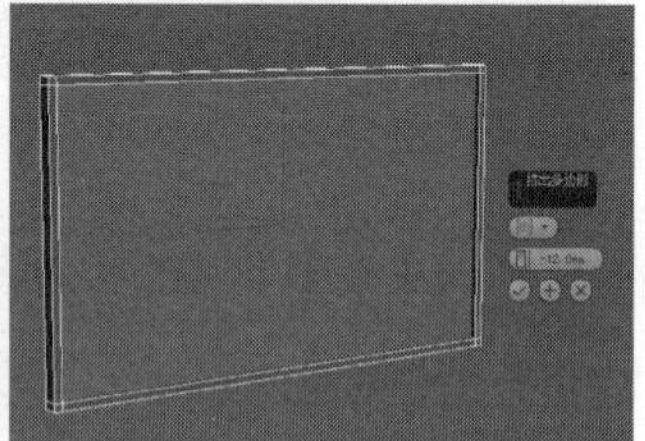

图4-407

04 选择图4-408所示的多边形，然后将其挤出30mm，如图4-409所示。

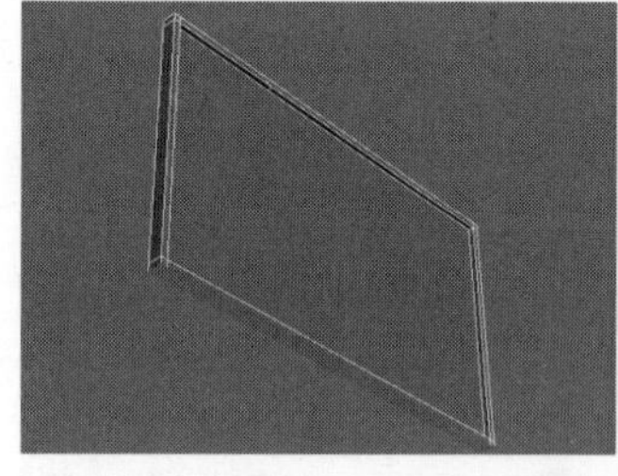

图4-408

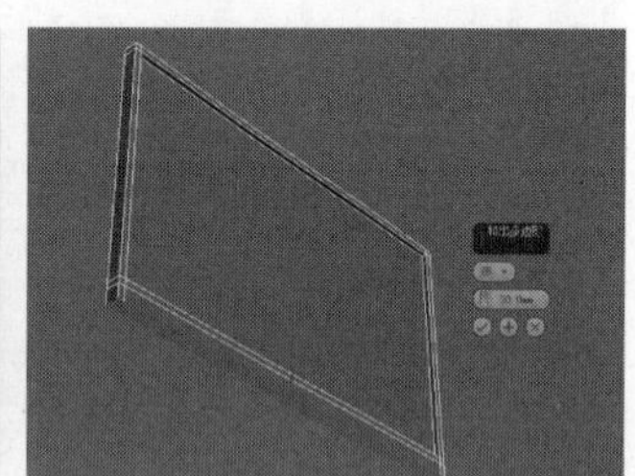

图4-409

05 进入“边”层级◁，然后选择图4-410所示的边，这里提供一张线框图供大家参考，如图4-411所示，接着在“编辑边”卷展栏下单击“切角”按钮 切角 后的“设置”按钮■，最后设置“边切角量”为1mm，如图4-412所示。

图4-410

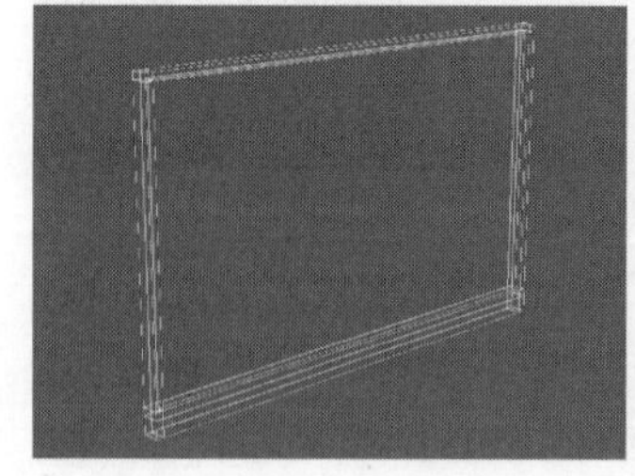

图4-411

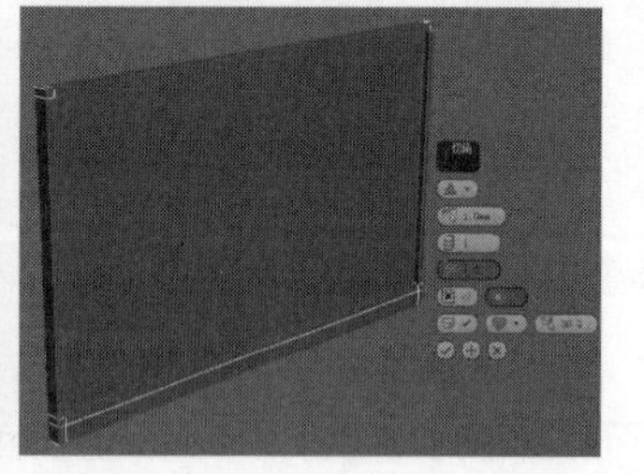

图4-412

06 选择图4-413所示的边（外棱角上的4条边和内棱角上的4条边），然后设置“边切角量”为2mm，如图4-414所示。

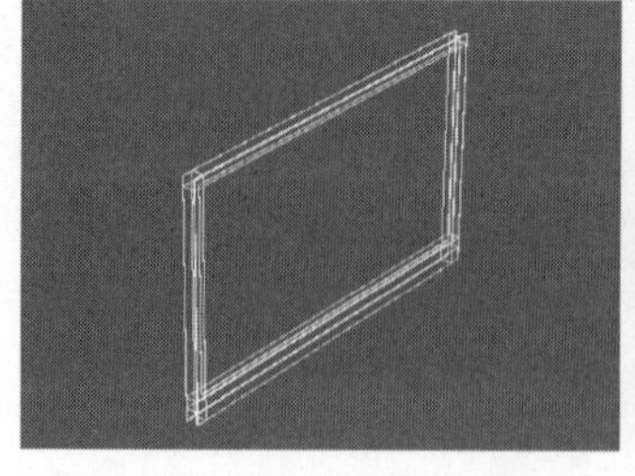

图4-413

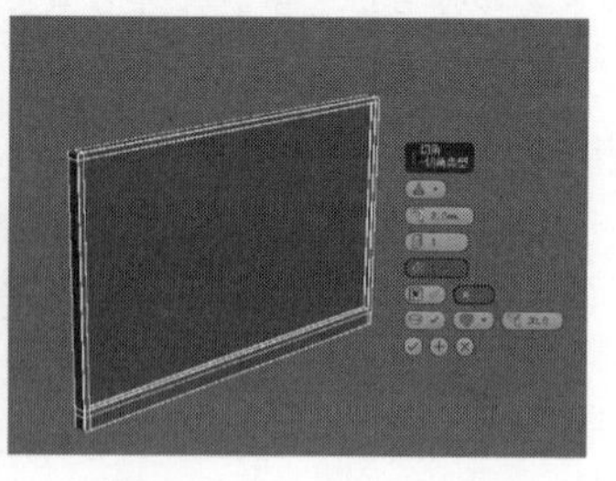

图4-414

07 选择图4-415所示的边，然后在“编辑边”卷展栏下单击“连接”按钮 连接 后的“设置”按钮■，接着设置“分段”为4，如图4-416所示。

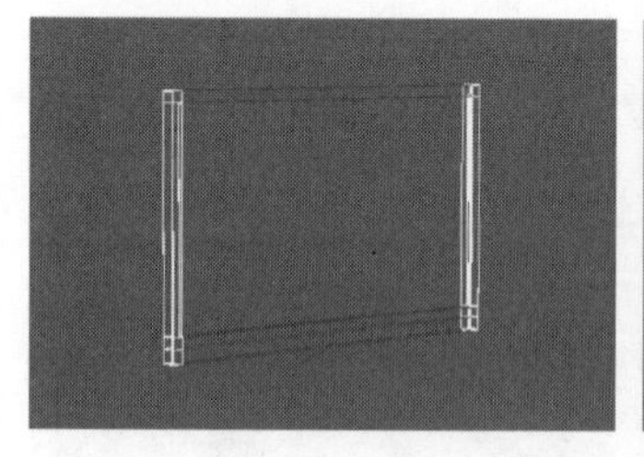

图4-415

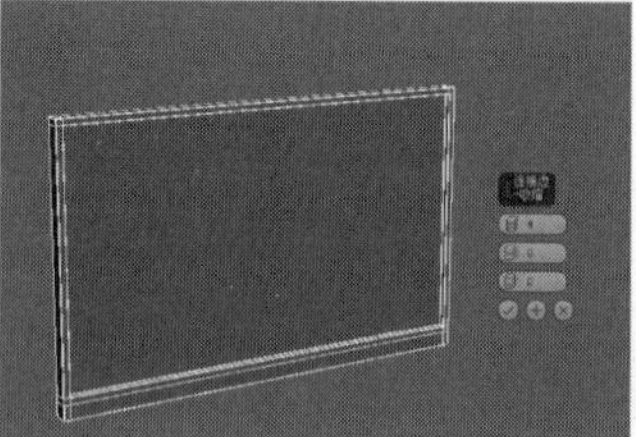

图4-416

08 选择图4-417所示的边，然后在“编辑边”卷展栏下单击“连接”按钮 连接 后的“设置”按钮■，接着设置“分段”为3，如图4-418所示。

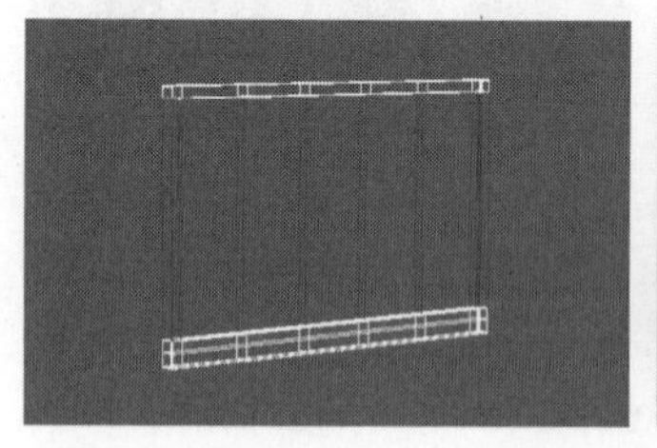

图4-417

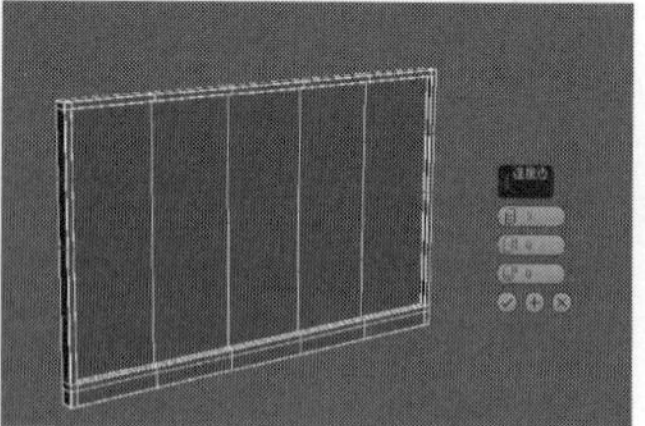

图4-418

09 进入“多边形”层级■，然后选择图4-419所示的多边形，接着在“编辑几何体”卷展栏下单击“分离”按钮 分离 ，最后在弹出的“分离”对话框中勾选“分离到元素”选项，如图4-420所示。

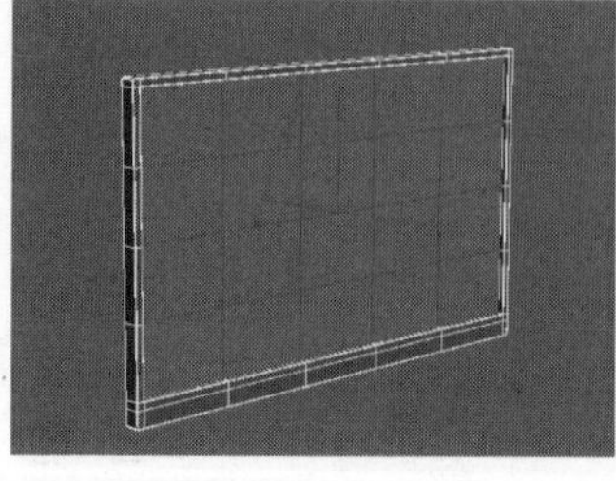

图4-419

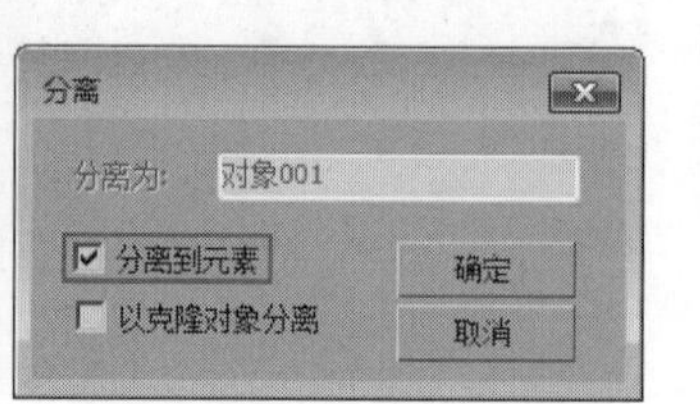

图4-420

技巧与提示

将选定的多边形分离到元素以后，在“元素”级别下就可以直接选中分离出来的整块多边形。

10 下面创建底座模型。使用“长方体”工具 长方体 在场景中创建一个长方体，然后展开“参数”卷展栏，设置“长度”为380mm、“宽度”为100mm、“高度”为20mm，再设置“长度分段”、“宽度分段”和“高度分段”都为1，如图4-421所示。

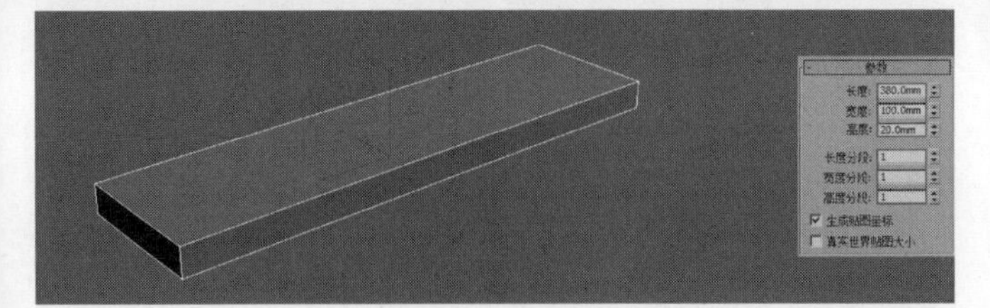

图4-421

11 将长方体转换为可编辑多边形，然后进入“多边形”层级，选择图4-422所示的多边形，接着单击“插入”按钮 插入 后的“设置”按钮，再在弹出的对话框中设置“插入量”为20mm，如图4-423所示。

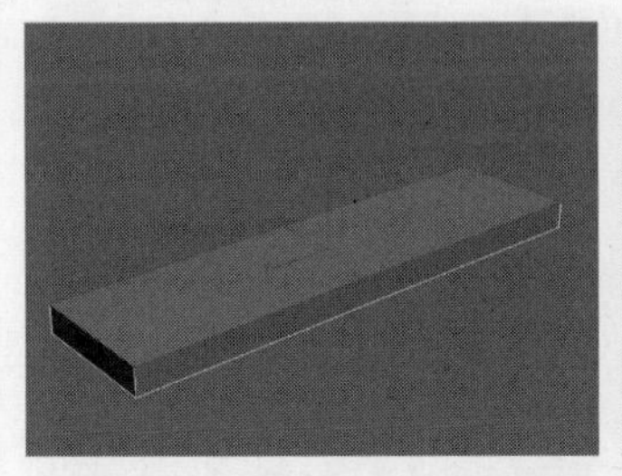
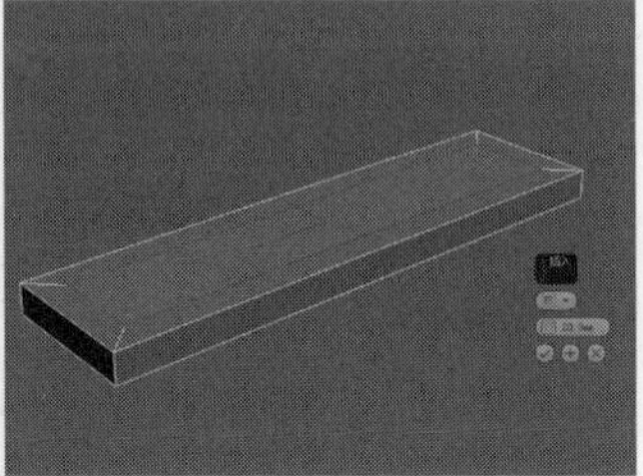

图4-422 图4-423

12 进入“点”层级，然后在顶视图中将点调整成图4-424所示的效果。

13 进入“多边形”层级，然后单击“挤出”按钮 挤出 后的“设置”按钮，接着在弹出的对话框中设置“挤出量”为150mm，如图4-425所示。

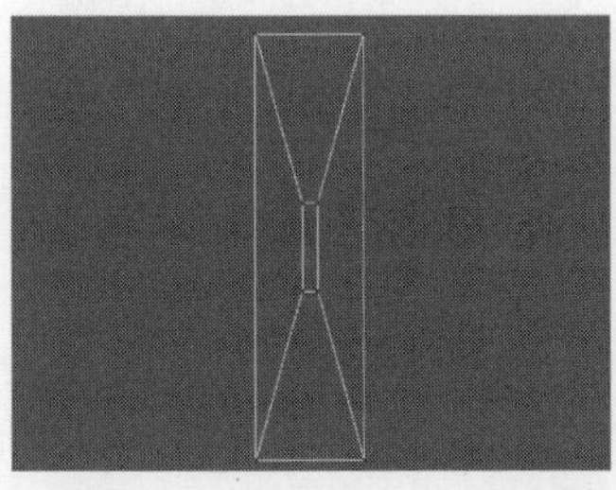
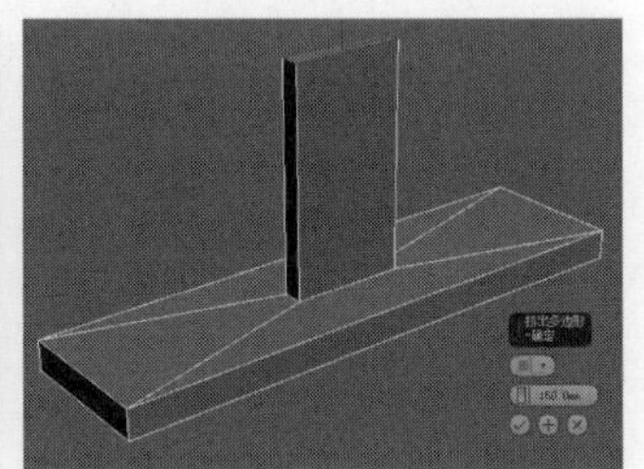

图4-424 图4-425

14 进入“边”层级，然后选择图4-426所示的边，接着单击“切角”按钮 切角 后的“设置”按钮，再在弹出的对话框中设置“切角量”为1mm，如图4-427所示。模型的最终效果如图4-428所示。

图4-426

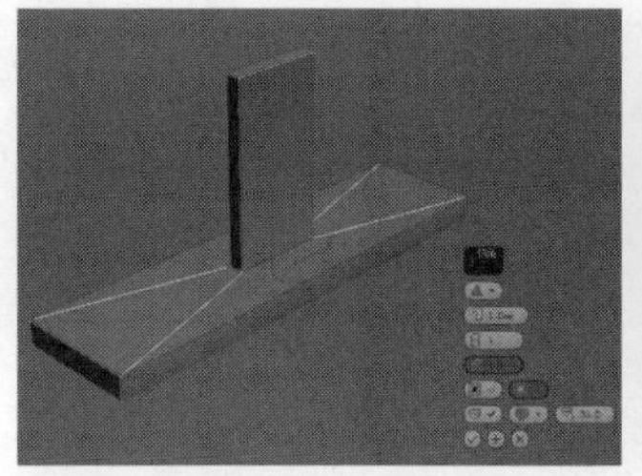

图4-427 图4-428

技术专题 边界封口

顾名思义，边界封口就是在一个封闭的边界内填充新的多边形，这个技术比较重要，特别是在不小心删除了多余的面的情况下会经常用到。见图4-429中的图A，模型中间缺失了一块面，需要将其补回来，这时就可以在“边界”级别下选择要封口的边界（见图B），然后在“编辑边界”卷展栏下单击“封口”按钮 封口 或按Alt+P快捷键，这样就可以将缺失的面给补回来（见图C）。

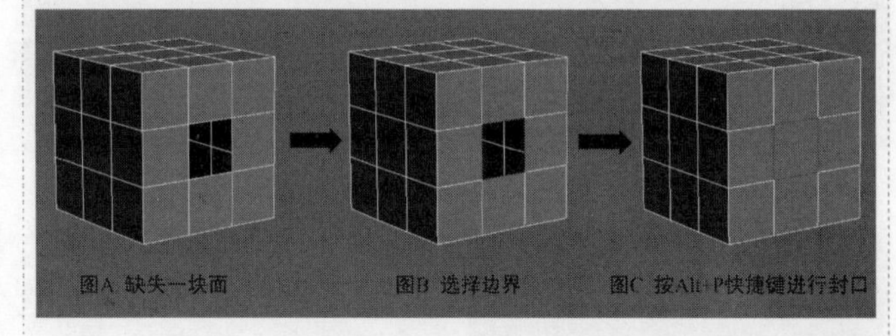

图4-429

实战064 用多边形建模制作iPad2

场景位置	无
实例位置	实例文件>CH04>用多边形建模制作iPad2.max
学习目标	练习多边形建模常用工具

iPad是时下比较流行的电子产品之一，在制作电子产品模型时，制作要求很高，难度也较大。本例在制作时只是做出了看得见的外观部分，希望大家在学习的过程中掌握这类模型的制作思路和技巧，案例效果如图4-430所示。

图4-430

01 首先制作外框部分。使用“矩形”工具 矩形 在场景中创建一个矩形，然后在“参数”卷展栏中设置“长度”为241.2mm、“宽度”为185.7mm，如图4-431所示。

图4-431

02 选择上一步创建的矩形样条线，然后单击鼠标右键，在弹出的菜单中选择“转换为>转换为可编辑样条线”选项，如图4-432所示。

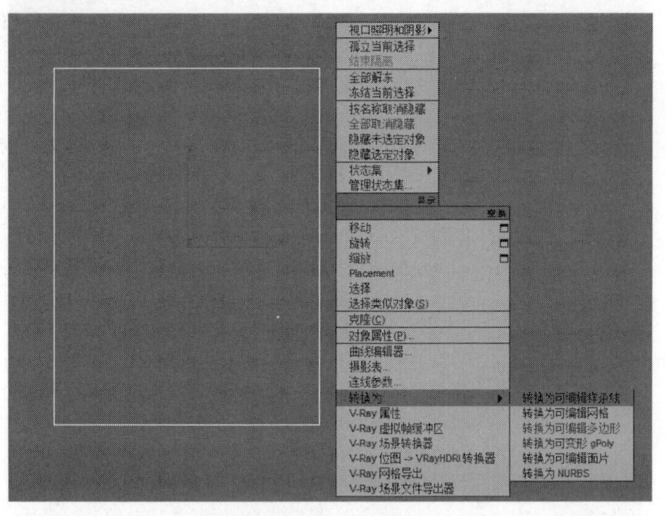

图4-432

03 进入“顶点”层级，然后选中图4-433所示的顶点，在“几何体”卷展栏中的“圆角”按钮 圆角 后面的设置框中输入10，如图4-434所示。

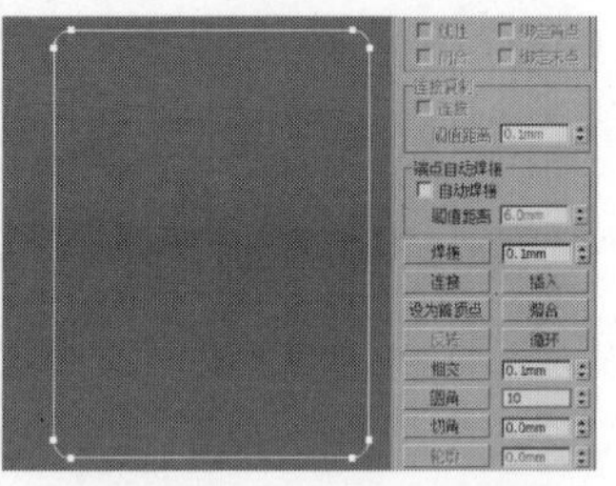

图4-433　图4-434

04 选中样条线，然后为其加载一个“挤出”修改器，接着在“参数”卷展栏中设置“数量”为8.8mm，如图4-435所示。

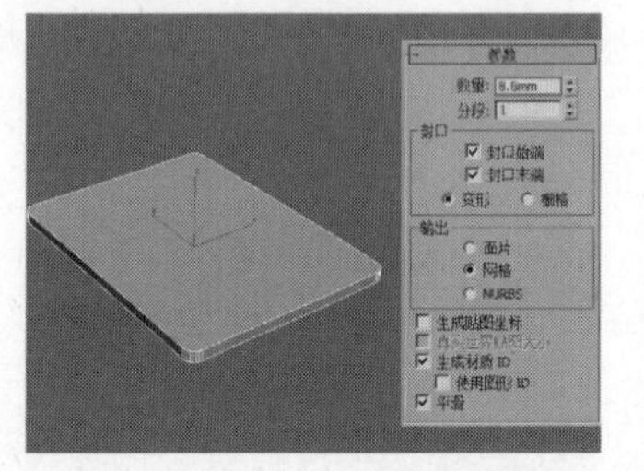

图4-435

05 选中模型，然后按住Shift键，使用“选择并移动”工具将其复制一个，如图4-436所示，接着将其隐藏备用。

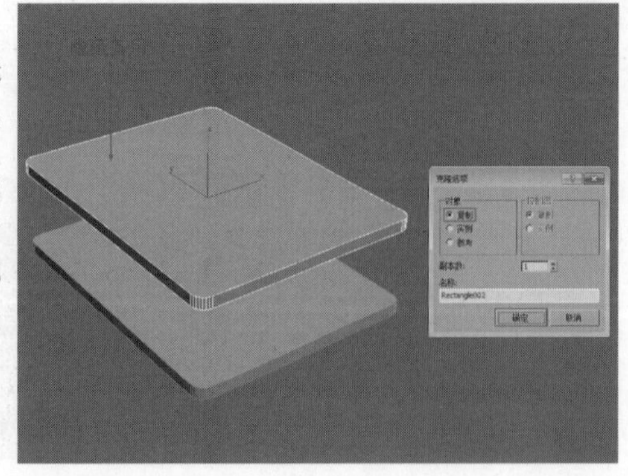

图4-436

06 选中模型，然后单击鼠标右键，在弹出的菜单中选择“转换为>转换为可编辑多边形”选项，如图4-437所示。

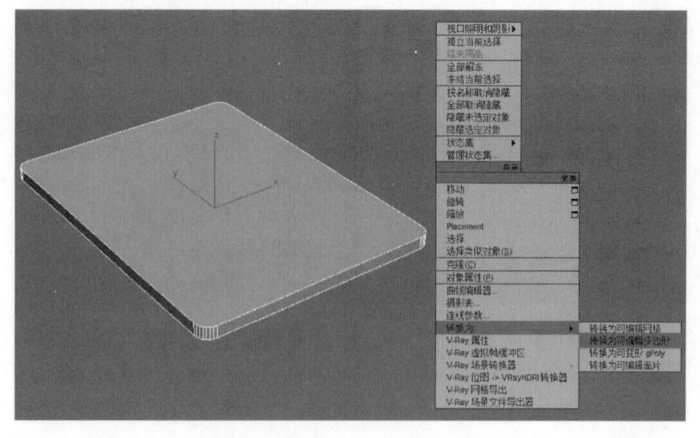

图4-437

07 进入“边”层级，然后选中图4-438所示的边，接着在“编辑边”卷展栏中单击“切角”按钮 切角 后面的“设置”按钮，设置“边切角量”为0.5mm，如图4-439所示。

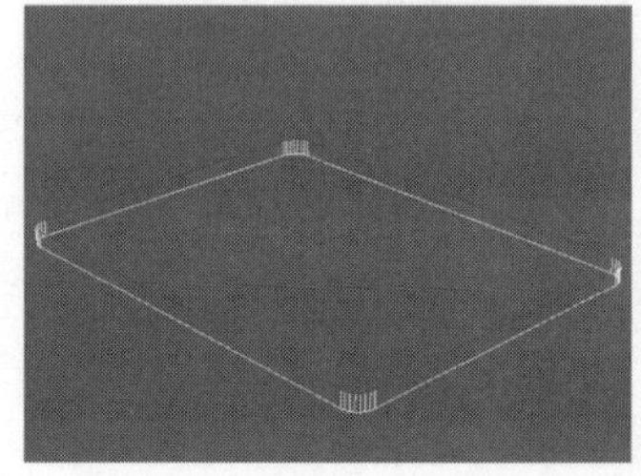

图4-438　图4-439

08 保持“边”层级不变，然后选择图4-440所示的边，接着在“编辑边”卷展栏中单击“切角”按钮 切角 后面的“设置”按钮，设置“边切角量”为7.5mm、“连接边分段”为4，如图4-441所示。

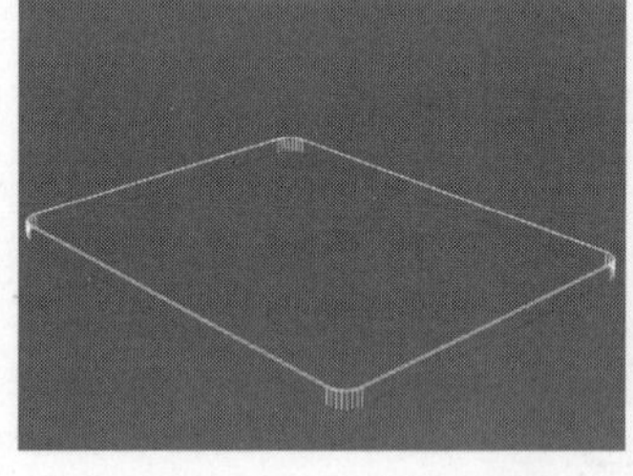

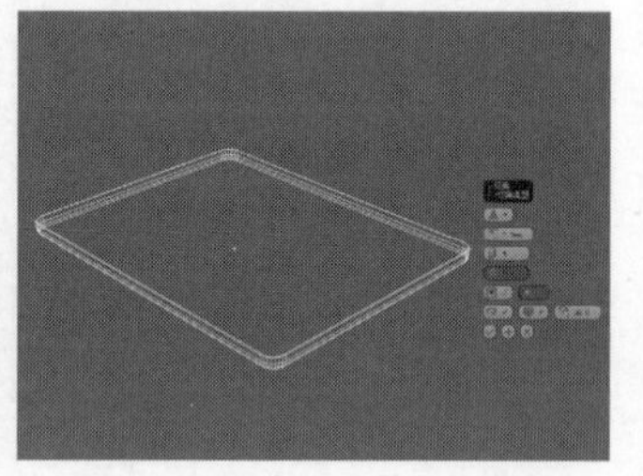

图4-440　图4-441

09 使用“矩形”工具 矩形 创建屏幕，然后在“参数”卷展栏中设置“长度”为195mm、“宽度”为150mm，如图4-442所示。

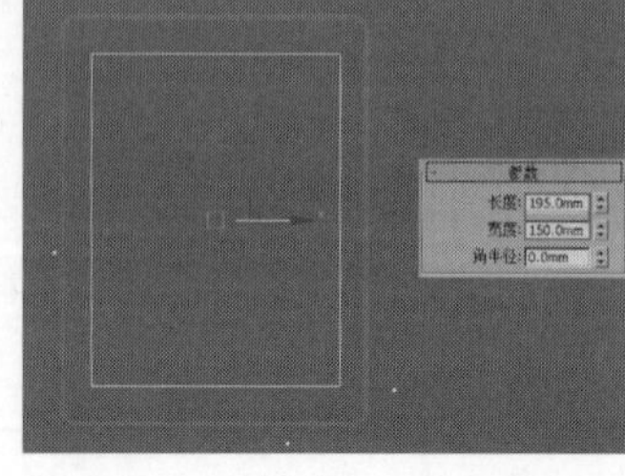

图4-442

10 打开“捕捉开关”并选择为2.5D模式，然后使用“平面”工具 平面 捕捉屏幕的矩形创建一个平面，如图4-443所示，接着在“参数”卷展栏中设置“长度分段”为3、“宽度分段”为3，如图4-444所示。

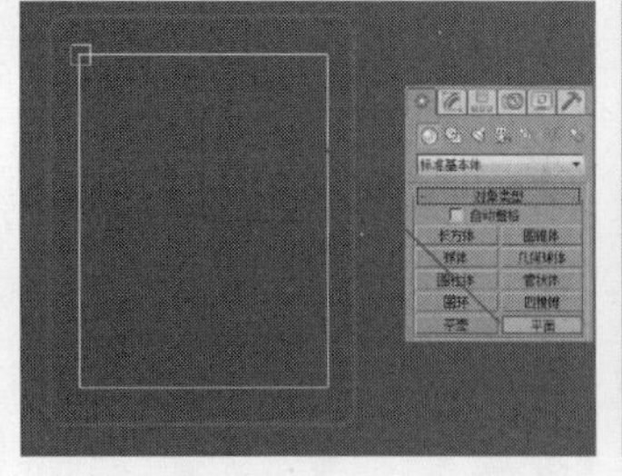

图4-443

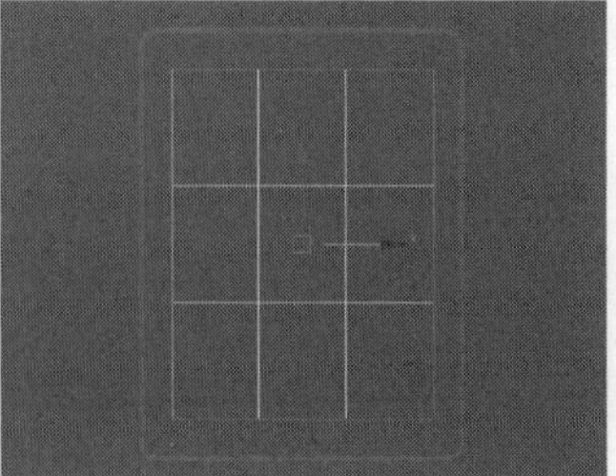

图4-444

11 选择iPad模型，然后在“编辑几何体”卷展栏中单击“快速切片”按钮 快速切片 ，接着打开“捕捉开关”沿着平面的顶点进行切片，如图4-445所示，最后删除平面。

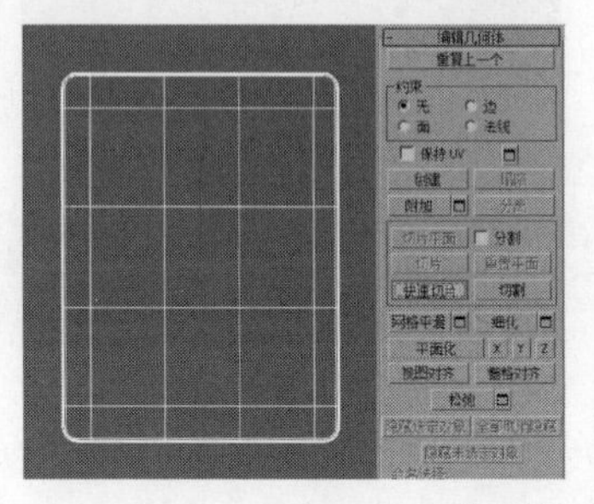

图4-445

12 进入“多边形”层级，然后选中图4-446所示的多边形，接着在“编辑多边形”卷展栏中单击“插入”按钮 插入 后面的“设置”按钮，最后设置“数量”为1mm，如图4-447所示。

图4-446

图4-447

13 保持选中的多边形不变，再次单击“插入”按钮 插入 后面的“设置”按钮，最后设置“数量”为1mm，如图4-448所示。

14 下面制作屏幕部分。将之前复制的矩形取消隐藏，接着隐藏制作好的iPad背部（不要隐藏屏幕的矩形），最后调整其位置，如图4-449所示。

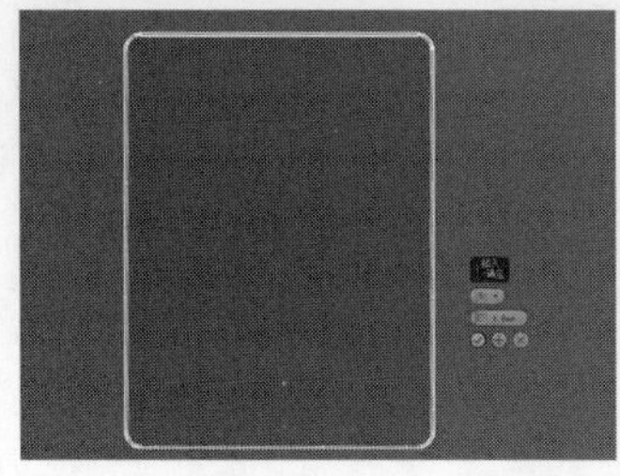

图4-448

图4-449

15 选择矩形模型，然后选中修改器堆栈中的“挤出”修改器，接着单击鼠标右键删除，如图4-450所示，删除后的效果如图4-451所示。

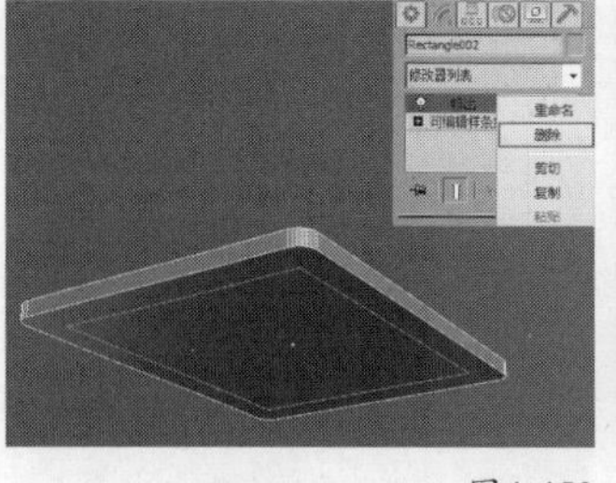

图4-450

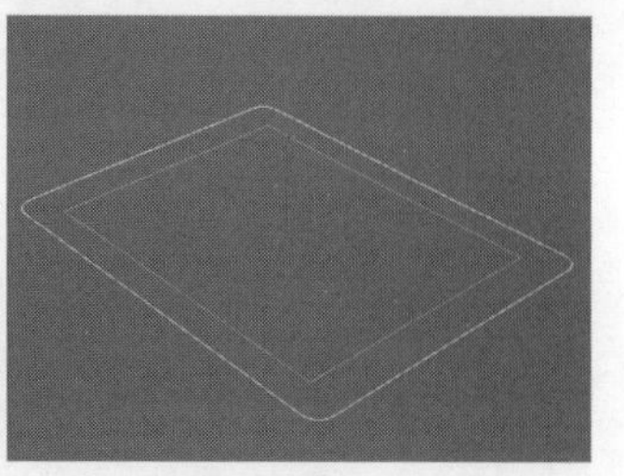

图4-451

技巧与提示

删除修改器时一定要单击鼠标右键选择删除，直接按Delete键会将模型本身也删除。

16 保持选中状态，然后进入“样条线”层级，在“几何体”卷展栏的“轮廓”按钮 轮廓 后输入1.5，如图4-452所示。

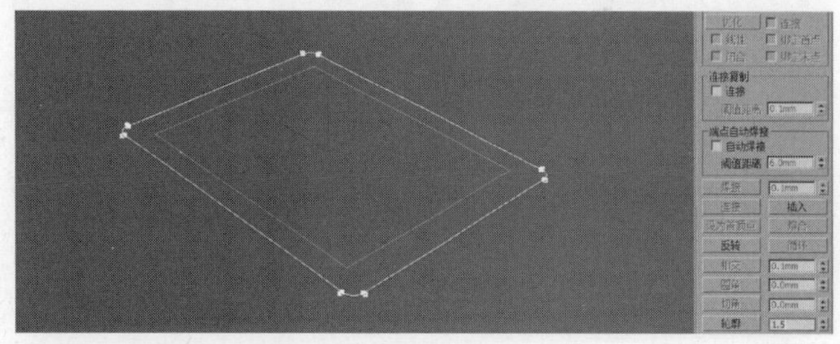

图4-452

17 删除图4-453所示的样条线，其效果如图4-454所示。

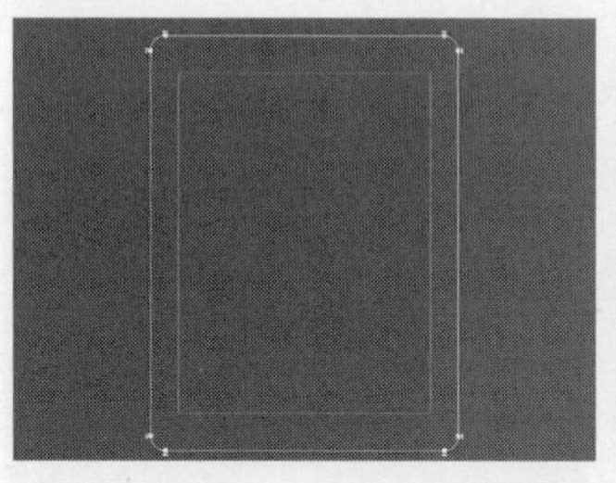

图4-453

图4-454

18 使用“圆”工具 圆 在场景中创建一个圆，然后在“参数”卷展栏中设置“半径”为1.5mm，其位置及参数如图4-455所示。

19 继续使用“圆”工具 圆 在场景中创建一个圆，然后在“参数”卷展栏中设置“半径”为7.2mm，如图4-456所示。

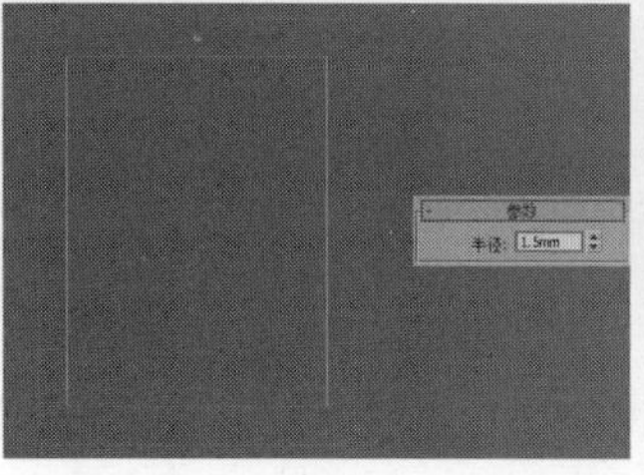

图4-455

图4-456

20 选择最外部的样条线，然后在“几何体”卷展栏中单击“附加”按钮 附加 ，接着依次选中其余的样条线，如图4-457所示。

21 选中样条线，然后为其加载一个“挤出”修改器，接着在“参数”卷展栏中设置“数量”为0.1mm，如图4-458所示。

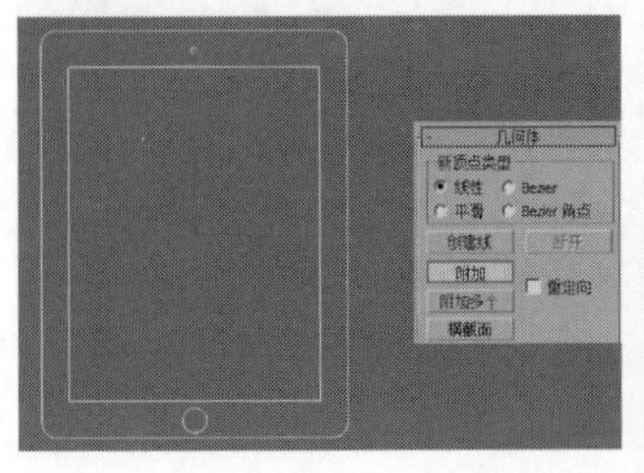

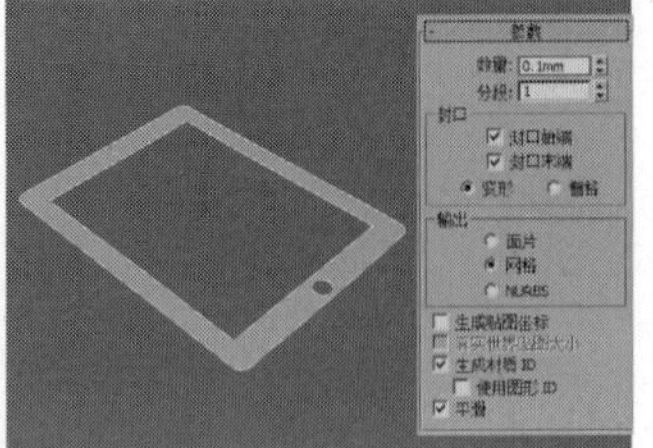

图4-457　　图4-458

22 选中模型，按快捷键Ctrl＋V原地复制一个，然后进入“样条线”层级，删除图4-459所示的样条线，接着进入“挤出”修改器，设置“数量”为0.05mm，如图4-460所示。

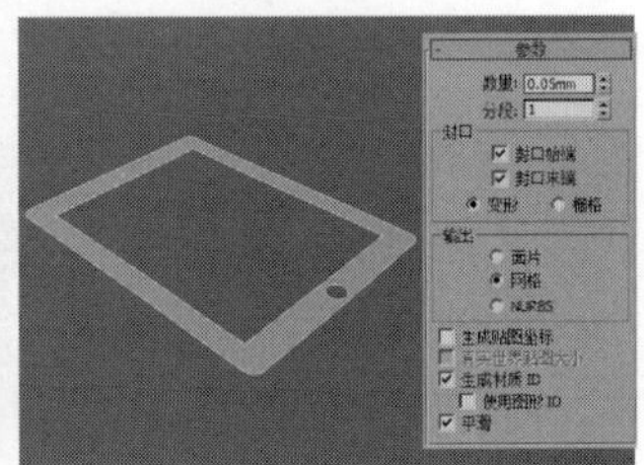

图4-459　　图4-460

23 按照上一步的方法选中图4-461所示的样条线并删除，然后选中图4-462所示的样条线，在“几何体”卷展栏中“轮廓”按钮 轮廓 的后面设置0.5mm，如图4-463所示，接着进入“挤出”修改器，设置“数量”为0.05mm，如图4-464所示。

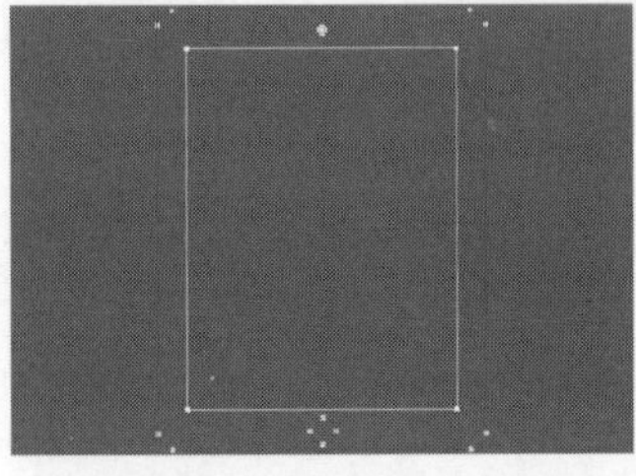

图4-461　　图4-462

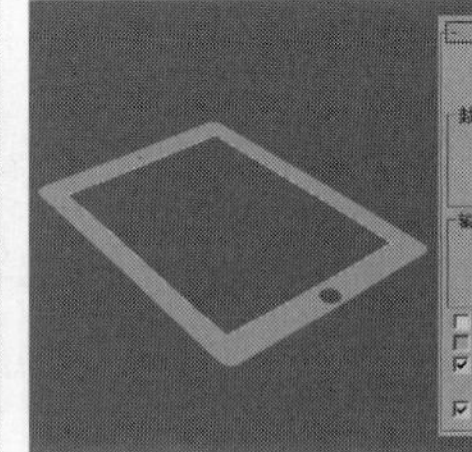

图4-463　　图4-464

24 选中上一步创建的模型，按快捷键Ctrl＋V复制，然后将复制的模型进入“样条线”层级，将图4-465所示的样条线删除，其效果如图4-466所示。

图4-465　　图4-466

25 选中模型，按快捷键Ctrl＋V原地复制一个，然后进入“样条线”层级，删除图4-467所示的样条线，接着进入“挤出”修改器，设置“数量”为0.05mm，如图4-468所示。

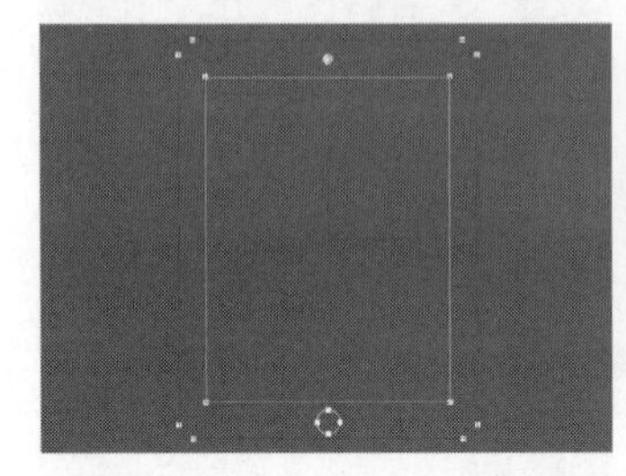

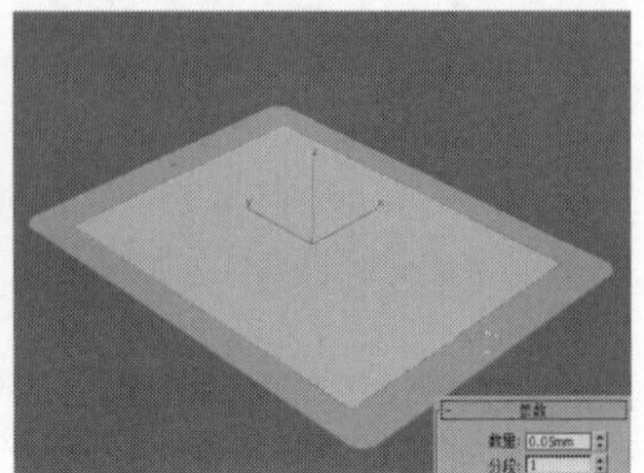

图4-467　　图4-468

26 选中上一步创建的模型，然后转换为可编辑多边形，接着选中图4-469所示的多边形，再在“编辑多边形”卷展栏中单击“倒角”按钮 倒角 后面的“设置”按钮，设置“高度”为-0.07mm、“轮廓”为-0.1mm，如图4-470所示。

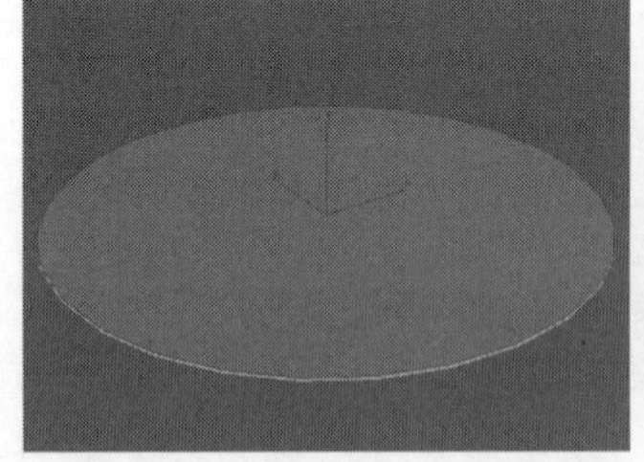

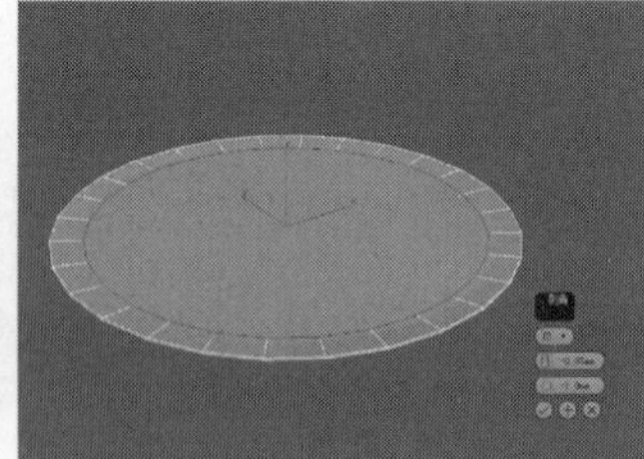

图4-469　　图4-470

27 选择边框模型，然后转换为可编辑多边形，接着进入“边”层级，选中图4-471所示的边，再在“编辑边”卷展栏中单击“切角”按钮 切角 后面的“设置”按钮，设置“切角类型”为“四边形切角”、“边切角量”为0.08mm、“连接边分段”为6、“边张力”为0.5，如图4-472所示。

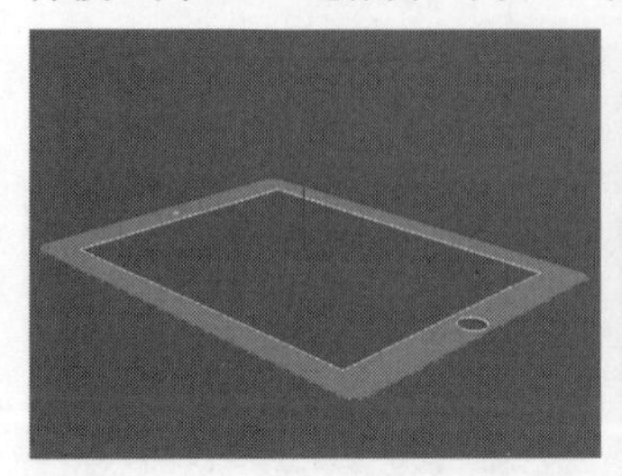

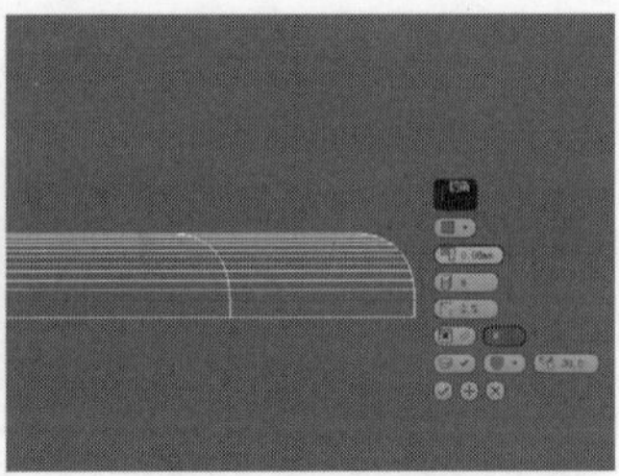

图4-471　　图4-472

28 将制作好的面与背板模型拼合，如图4-473所示。

29 选择底部模型，然后进入“边”层级，为其增加线段，如图4-474所示。

图4-473

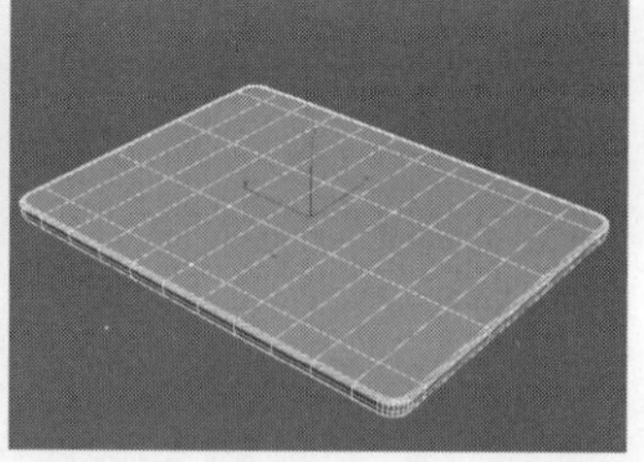

图4-474

30 进入“多边形”层级▣，然后选中图4-475所示的底部的多边形，接着在“编辑边”卷展栏中单击“插入”按钮 插入 后面的“设置”按钮▣，设置“数量”为1mm，如图4-476所示。

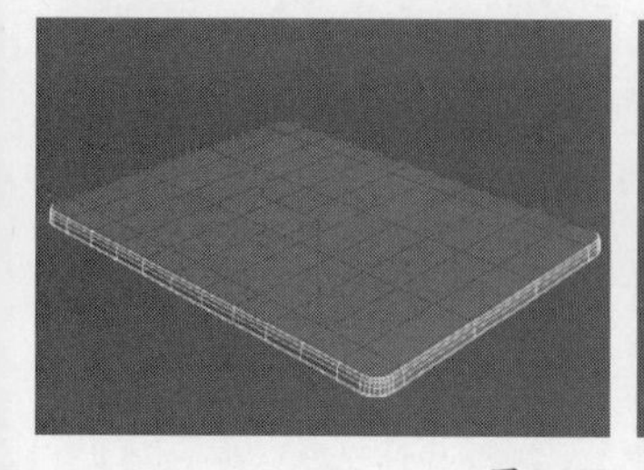

图4-475

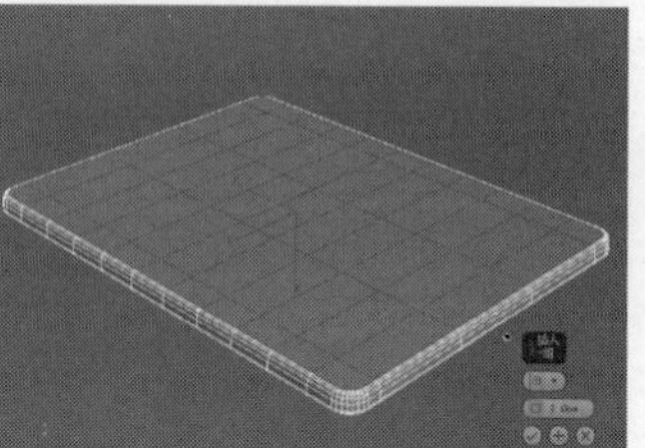

图4-476

31 给模型加载一个“涡轮平滑”修改器，然后在“涡轮平滑”卷展栏中设置“迭代次数”为2，如图4-477所示。这个步骤是为增加模型面数，用于后期布尔运算时减少对模型的破洞。

32 下面开始打孔。使用“切角长方体”工具 切角长方体 在场景中创建一个切角长方体，然后在“参数”卷展栏中设置“长度”为6mm、“宽度”为30mm、“高度”为5mm、“圆角”为1.5mm、“圆角分段”为5，其位置及参数如图4-478所示。

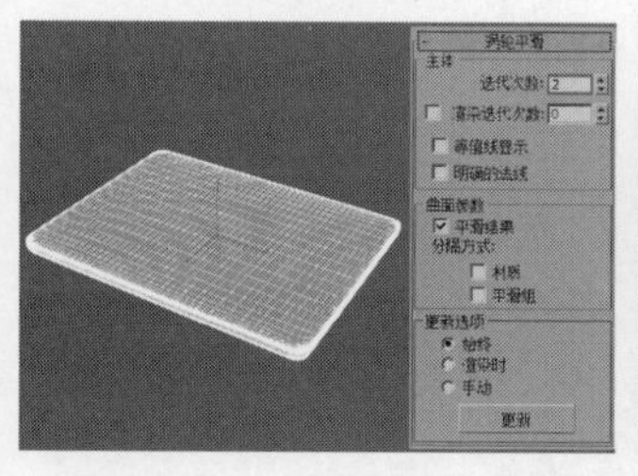

图4-477

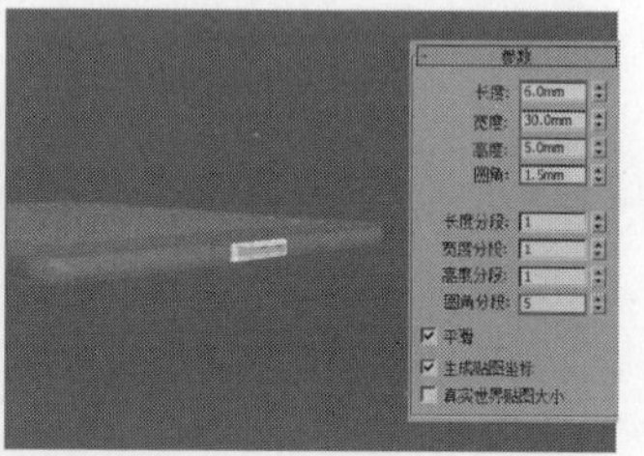

图4-478

33 使用“切角长方体”工具 切角长方体 在场景中创建一个切角长方体，然后在“参数”卷展栏中设置“长度”为4mm、“宽度”为15mm、“高度”为5mm、“圆角”为1.5mm、“圆角分段”为5，其位置及参数如图4-479所示。

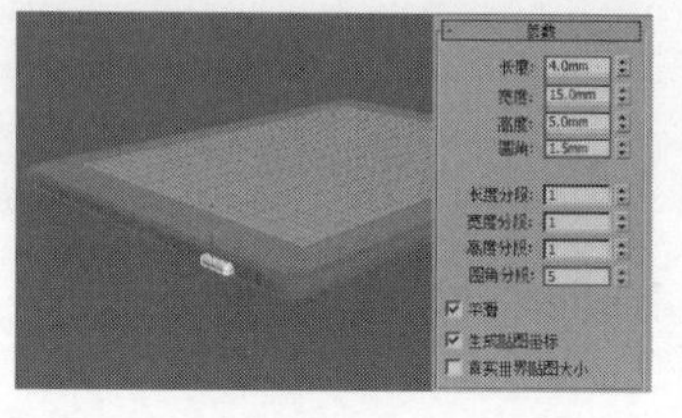

图4-479

34 使用“圆柱体”工具 圆柱体 在场景中创建一个圆柱体，然后在“参数”卷展栏中设置“半径”为2mm、“高度”为10mm，其位置及参数如图4-480所示。

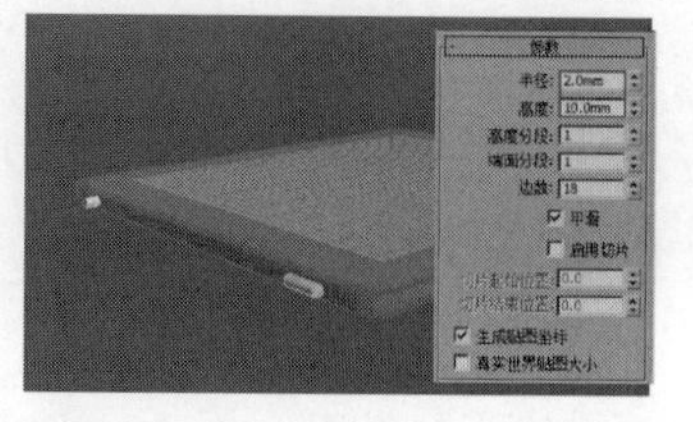

图4-480

35 使用“切角长方体”工具 切角长方体 在场景中创建两个切角长方体，其位置及参数如图4-481和图4-482所示。

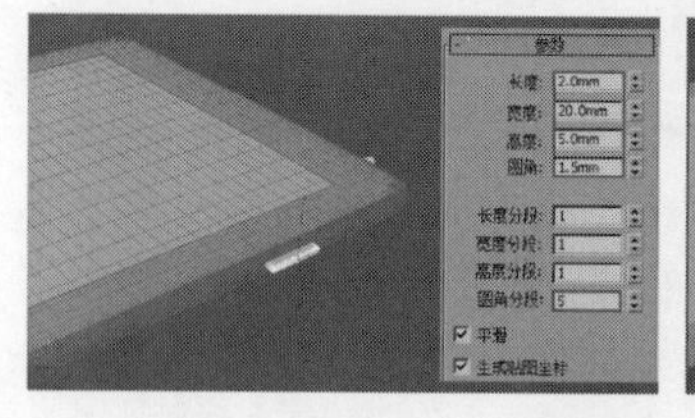

图4-481

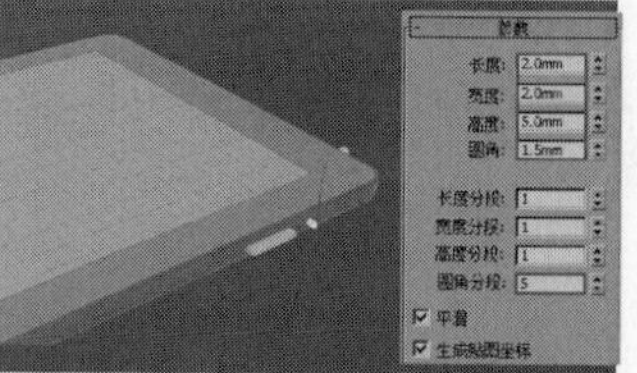

图4-482

36 使用“圆柱体”工具 圆柱体 在场景中创建一个圆柱体，其位置及参数如图4-483所示。

37 全选所有用于打孔的模型，然后切换到“工具”面板，接着单击“塌陷”按钮 塌陷 ，将选中的模型塌陷成一个模型，如图4-484所示。

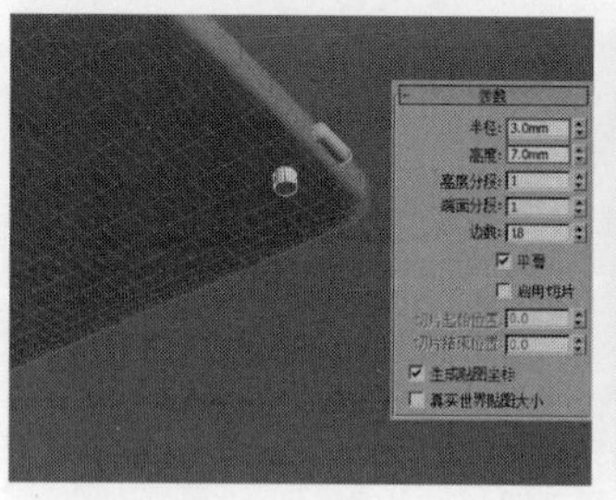

图4-483

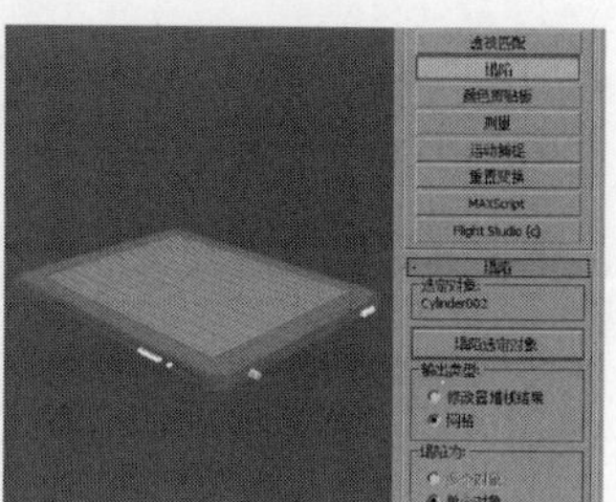

图4-484

38 选中机身模型，然后使用“布尔”工具 布尔 拾取上一步塌陷的模型，如图4-485所示，布尔计算后的效果如图4-486所示。

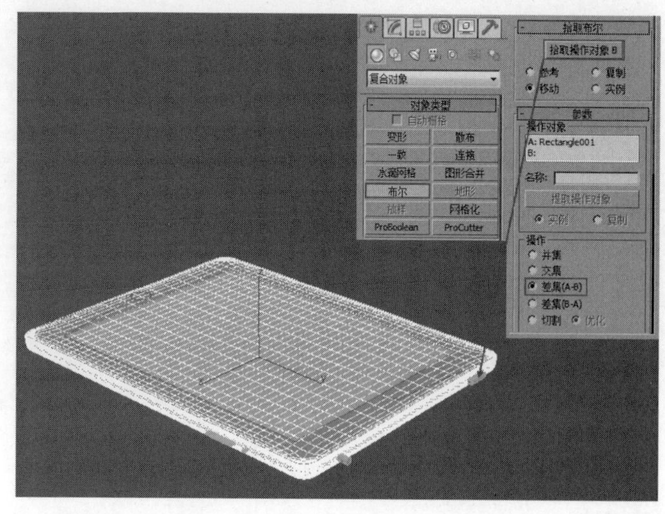

图4-485

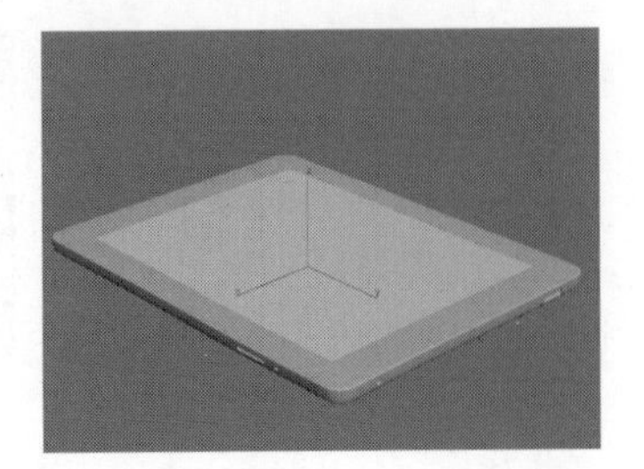

图4-486

39 使用“切角长方体”工具 切角长方体 依次做出按键，如图4-487所示。

40 使用“圆柱体”工具 圆柱体 在场景中创建一个圆柱体，然后在“参数”卷展栏中设置“半径”为3mm、“高度”为2.5mm、“边数”为32，作为摄像头模型，如图4-488所示。

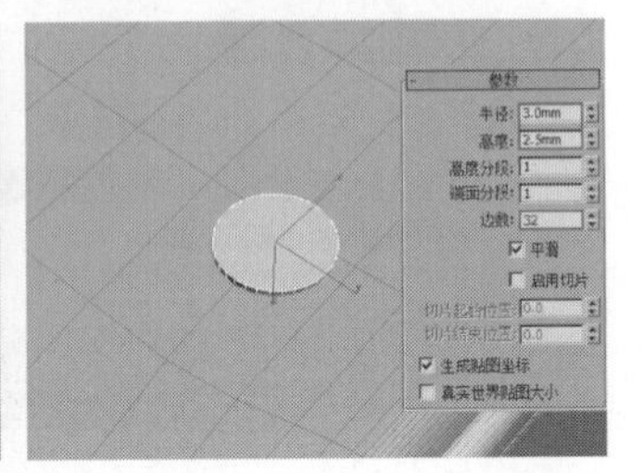

图4-487 图4-488

41 将上一步创建的模型转换为可编辑多边形，然后进入“边”层级，选中图4-489所示的边，接着在“编辑边”卷展栏中单击“切角”按钮 切角 后面的“设置”按钮，设置“边切角量”为0.3mm，如图4-490所示。

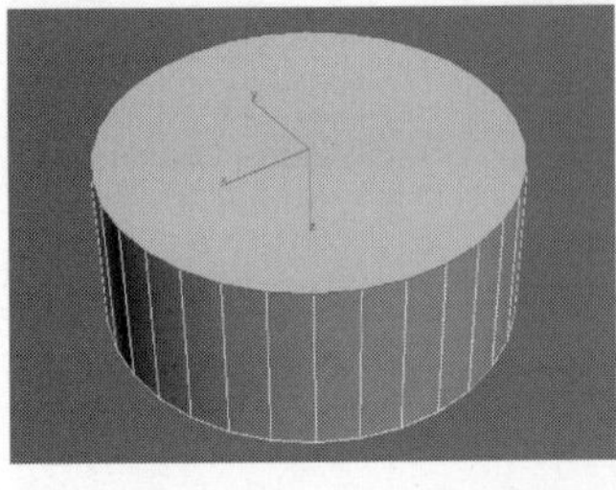

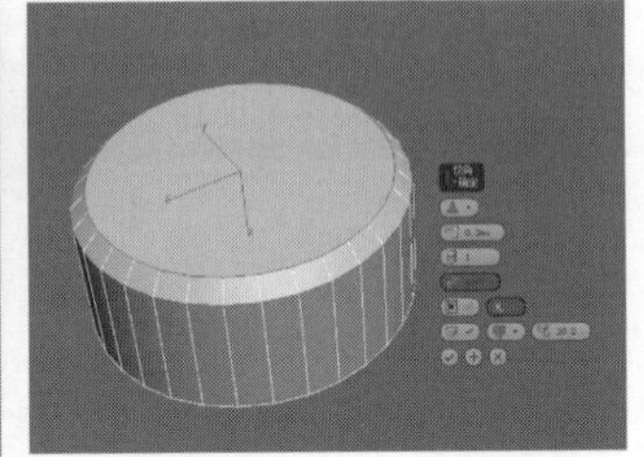

图4-489 图4-490

42 下面制作背部的苹果标志。使用“线”工具 线 绘制一个苹果的标志，如图4-491所示，然后为其加载一个“挤出”修改器，设置“数量”为0.01mm，其位置及参数如图4-492所示。

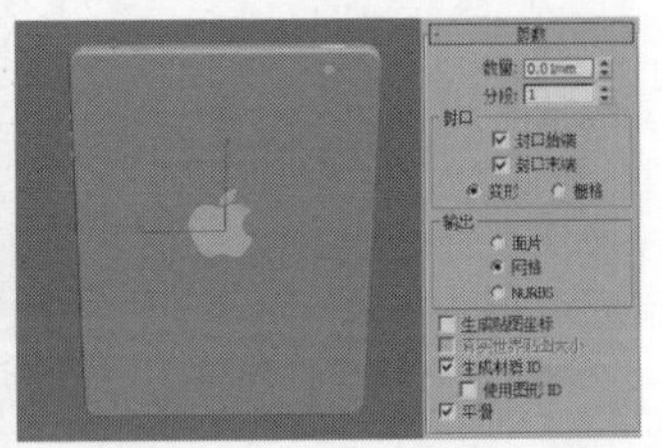

图4-491 图4-492

43 文字的制作方法与标志一样，iPad的最终效果如图4-493所示。

图4-493

技术专题 将边的选择转换为面的选择

在实际建模中，要选择很多的多边形是一件很烦琐的事情，这里介绍一种选择多边形的简便方法，即将边的选择转换为面的选择。下面以图4-494中的一个多边形球体为例来讲解这种选择技法。

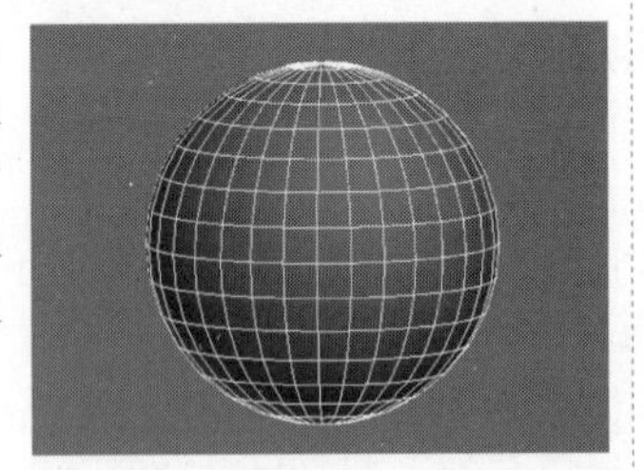

图4-494

第1步：进入“边”级别，随意选择一条横向上的边，如图4-495所示，然后在“选择”卷展栏下单击“循环”按钮 循环 ，以选择与该边在同一经度上的所有横向边，如图4-496所示。

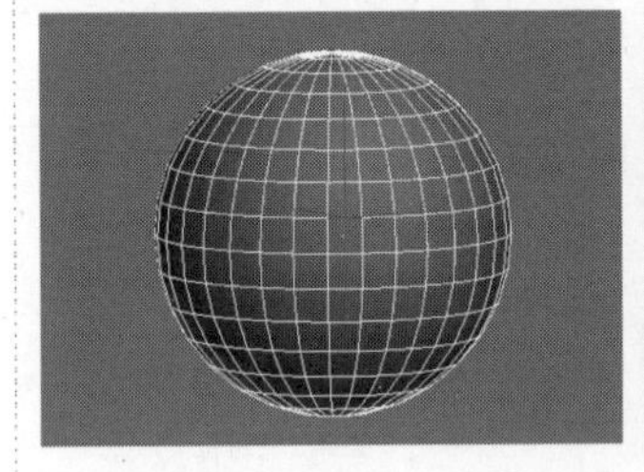

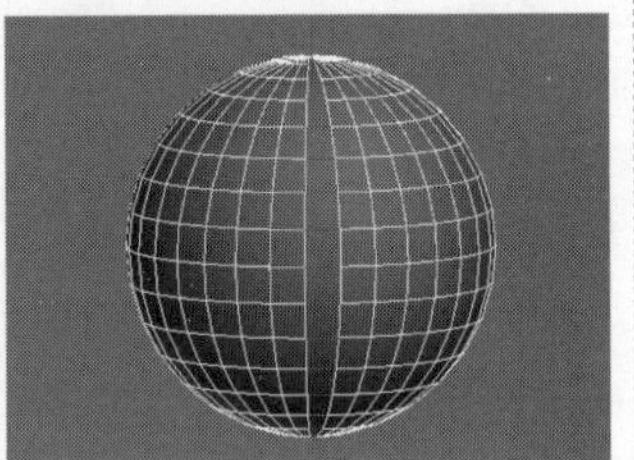

图4-495 图4-496

第2步：单击鼠标右键，然后在弹出的菜单中选择“转换到面”命令，如图4-497所示，这样就可以将边的选择转换为对面的选择，如图4-498所示。

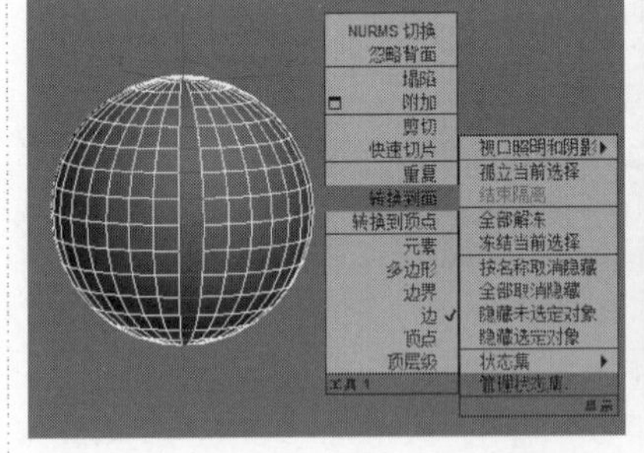

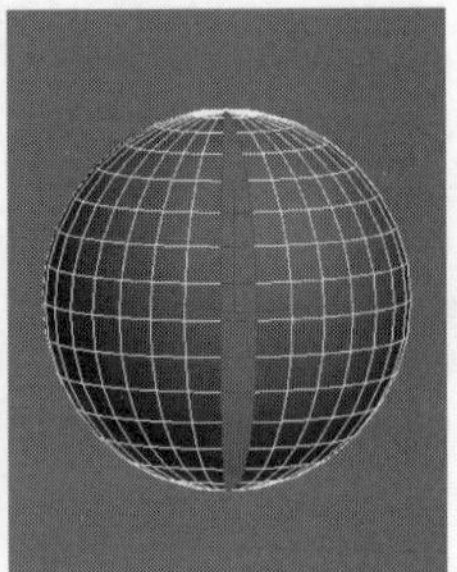

图4-497 图4-498

实战065 用VRay毛皮制作地毯

场景位置	场景文件>CH04>02.max
实例位置	实例文件>CH04>用VRay毛皮制作地毯.max
学习目标	学习VRay毛皮的参数意义及使用方法

VRay毛皮是VRay渲染器自带的制作毛发类模型的工具。要使用VRay毛皮，必须安装并加载VRay渲染器。地毯的效果如图4-499所示。

图4-499

模型创建

01 打开本书学习资源中的“场景文件>CH04>02.max”文件，图4-500所示是一个简单的房间场景。

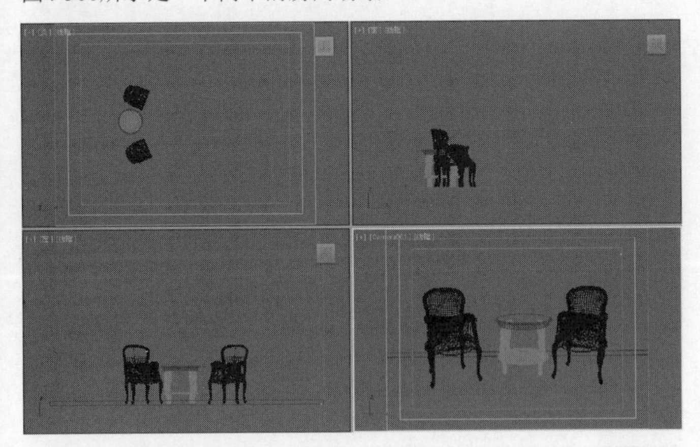

图4-500

02 使用“圆柱体”工具 圆柱体 在场景中创建一个圆柱体，作为地毯，其位置和参数如图4-501和图4-502所示。

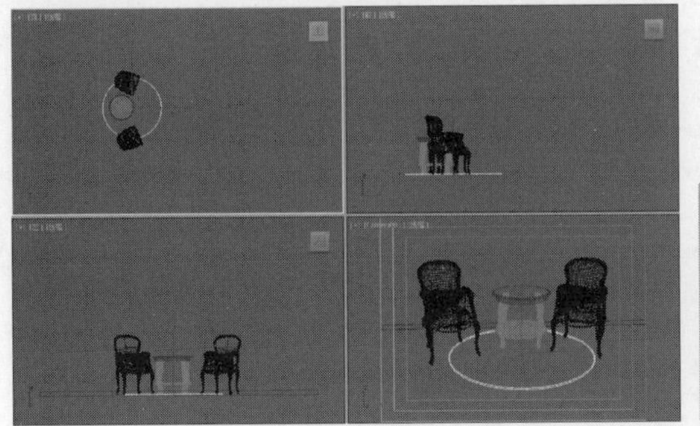

图4-501 图4-502

03 选中上一步创建的地毯模型，然后在创建面板中单击“几何体”按钮，接着选择VRay选项，再单击“VRay毛皮”按钮 VR-毛皮 ，其效果如图4-503所示。

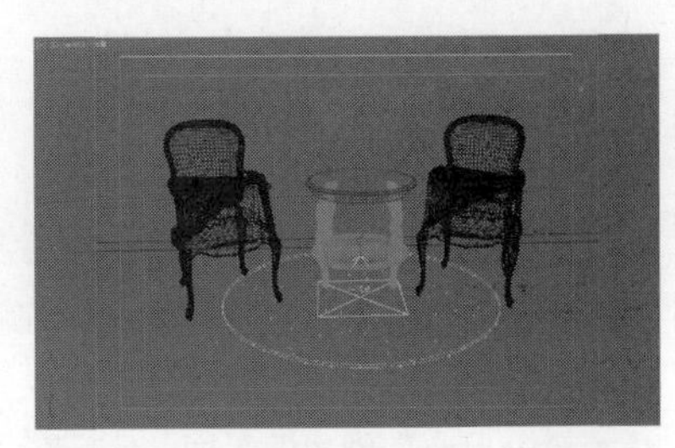

图4-503

04 进入“修改”面板，然后在“参数”卷展栏下设置“长度”为45mm、“厚度”为0.6mm、“重力”为10mm、“弯曲”为0.5，接着设置“几何体细节”选项组中的“结数”为5，再设置“变化”选项组中的“方向参量”为0.5、“长度参量”为0.3，最后设置“分布”选项组中的“每区域”为0.01，如图4-504所示。

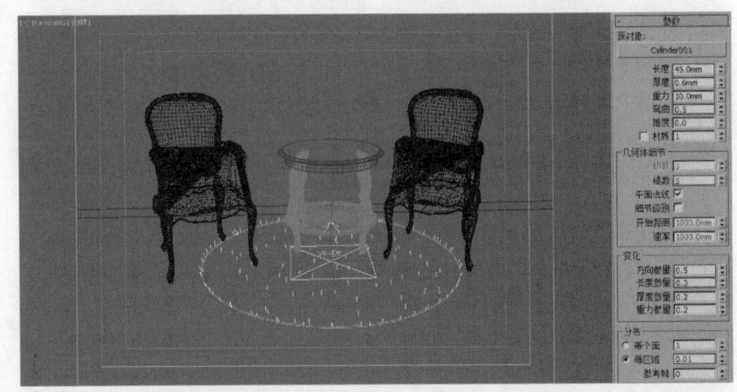

图4-504

05 选中地毯模型和VRay毛皮，然后按快捷键M打开材质球编辑器，接着选中地毯材质球，按“将材质指定给选定对象”按钮，将材质赋予模型，如图4-505所示。

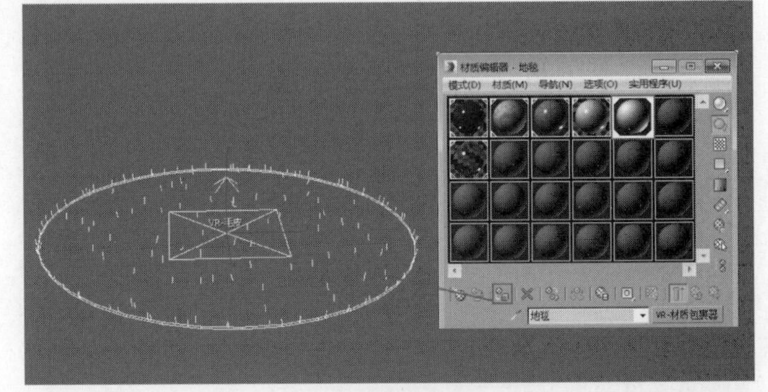

图4-505

06 按C键切换到摄影机视图，接着按F9键渲染场景，地毯的最终效果如图4-506所示。

图4-506

知识回顾

◎ 工具：VR-毛皮

◎ 位置：几何体>VRay

◎ 用途：常用来制作地毯、草坪、毛巾等毛发类模型。

01 单击"平面"按钮 平面 ，在视图中创建一个平面，如图4-507所示。

02 选中上一步创建的平面，然后在"几何体"中选择VRay选项，接着单击"VRay毛皮"按钮 VR-毛皮 ，可以观察到在平面上自动生成了毛发的模型，如图4-508所示。

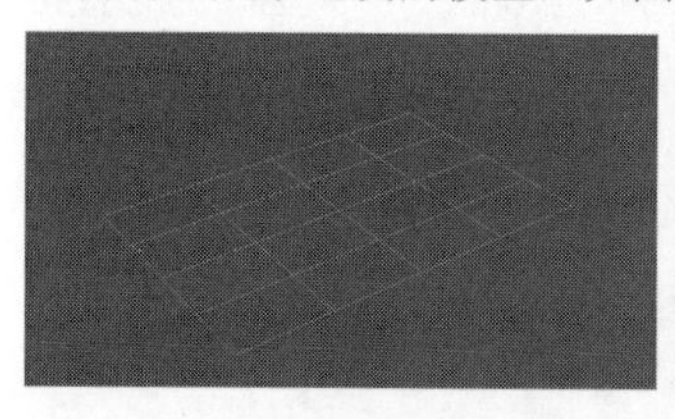

图4-507

图4-508

03 在"参数"卷展栏下设置"长度"为30mm，可以观察到毛发模型变长，如图4-509所示。

图4-509

04 在"参数"卷展栏下设置"重力"为-5mm，可以观察到毛发的弯曲程度增大，如图4-510所示。

图4-510

05 在"参数"卷展栏下设置"弯曲"为0.5，可以观察到毛发的弯曲程度减小，如图4-511所示。

图4-511

06 在"参数"卷展栏下的"几何体细节"选项组中设置"结数"为4，可以观察到毛发弯曲的光滑程度降低，如图4-512所示。

图4-512

07 在"参数"卷展栏下的"变化"选项组中设置"方向参量"为0，可以观察到毛发生长朝着同一方向，如图4-513所示；设置"方向参量"为1，可以观察到毛发生长方向不同，如图4-514所示。

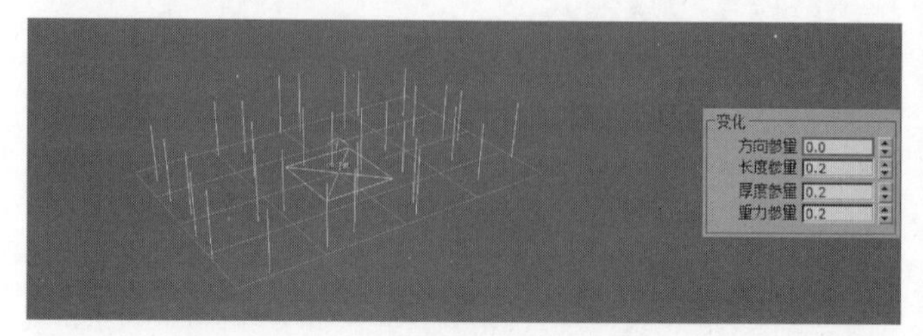

图4-513

图4-514

08 在"参数"卷展栏下的"变化"选项组中设置"长度参量"为0，可以观察到毛发长度完全统一，如图4-515所示；设置"长度参量"为1，可以观察到毛发长度不同，如图4-516所示。

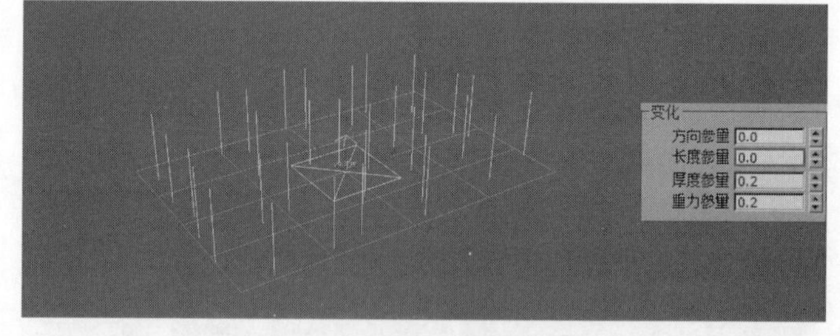

图4-515

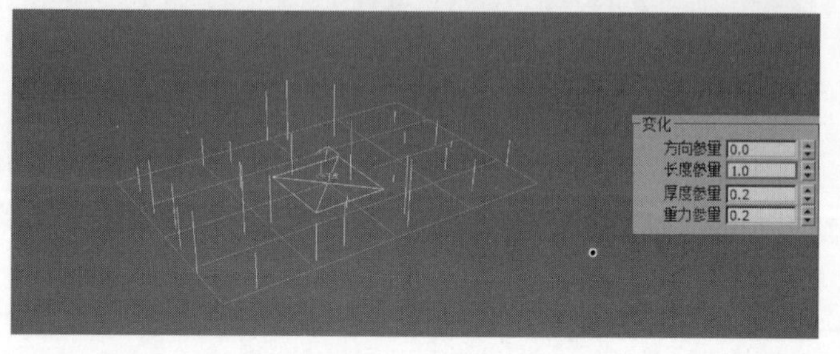

图4-516

09 按F9键渲染当前毛发，如图4-517所示，然后在“参数”卷展栏下的“分布”选项组中设置“每区域”为0.5，可以观察到毛发密度增加，如图4-518所示。

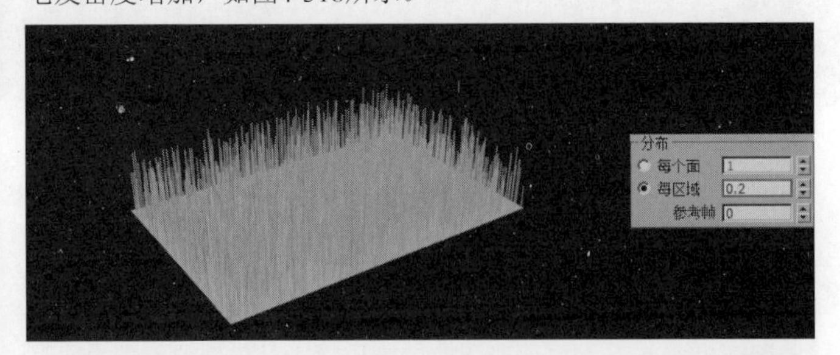

图4-517

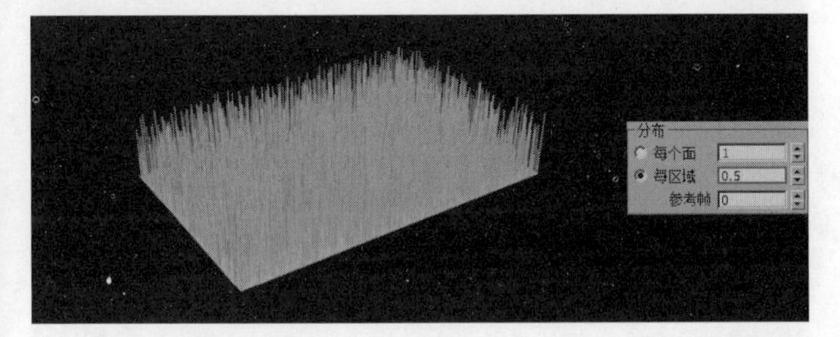

图4-518

技巧与提示

修改“参数”卷展栏中的某些参数，需要配合渲染才能查看效果，模型本身不能直接体现。

VRay毛皮的最终效果需要通过渲染才能观察，模型上的效果只是预览效果，不能直接显示毛皮的最终效果。

实战066 用VRay毛皮制作毛巾

场景位置　场景文件>CH04 >03.max
实例位置　实例文件>CH04 >用VRay毛皮制作毛巾.max
学习目标　掌握VRay毛皮的使用方法

毛巾模型是用VRay毛皮工具模拟制成的，效果如图4-519所示。

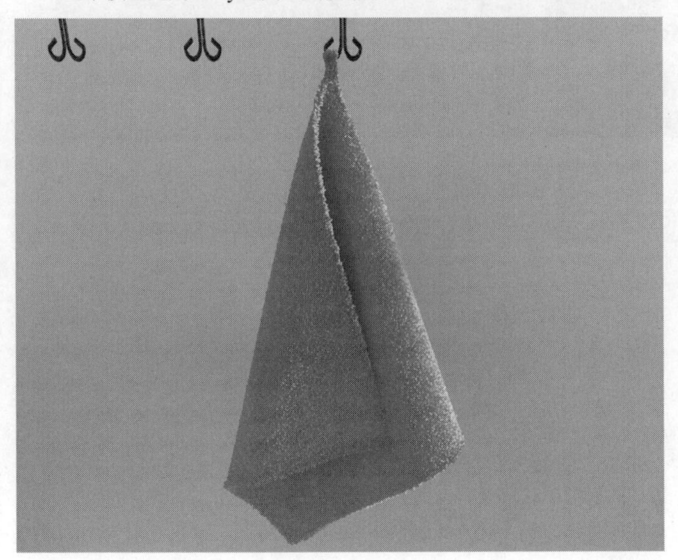

图4-519

01 打开本书学习资源中的“场景文件>CH04 >03.max”文件，如图4-520所示。

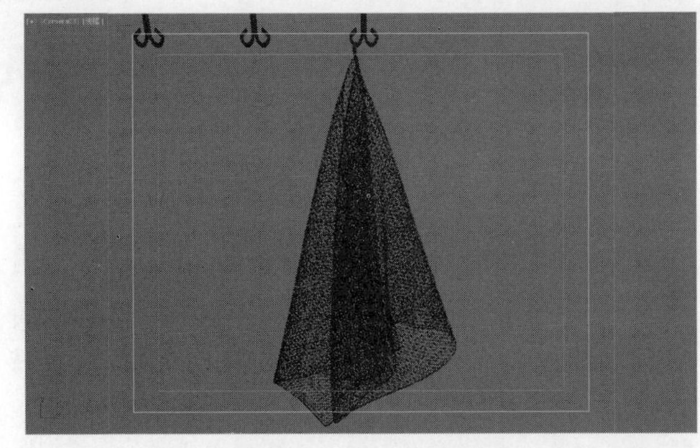

图4-520

02 选中毛巾模型，然后在“几何体”中选择VRay，接着单击“VRay毛皮”按钮 VR-毛皮 ，毛巾模型效果如图4-521所示。

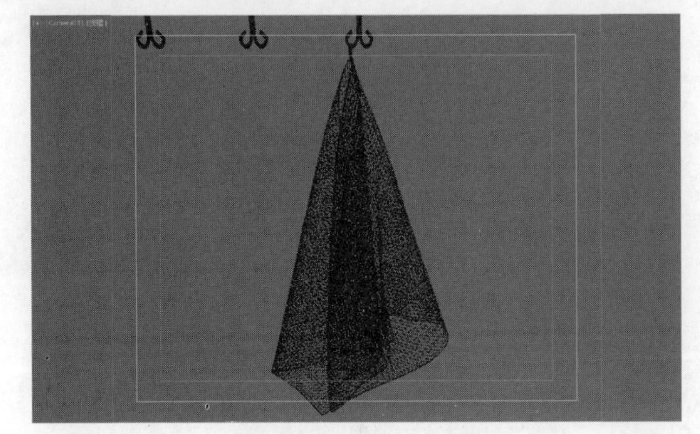

图4-521

03 展开“参数”卷展栏，然后设置“长度”为8mm、“厚度”为1mm、“重力”为0.382mm、“弯曲”为3.408，接着设置“变化”选项组中的“方向参量”为2，最后设置“分布”选项组中的“每个面”为10，其参数如图4-522所示。

04 按快捷键C切换到摄影机视图，然后按F9键渲染当前场景，毛巾的最终效果如图4-523所示。

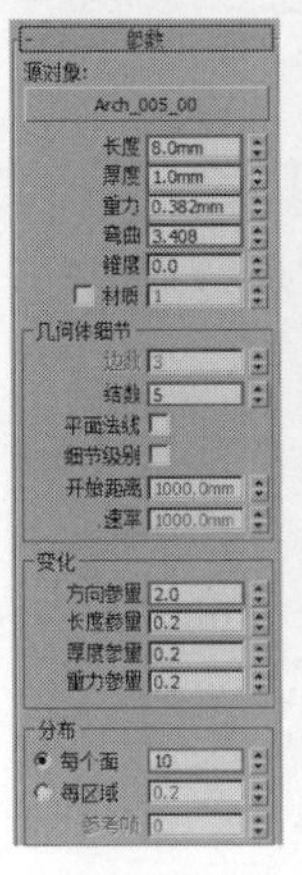

图4-522

图4-523

第5章 室内效果图的场景模型

3DS MAX INSTANCE

技术专题

疑难问答

技巧与提示

Learning Objectives
学习要点

136页
制作调味罐

147页
制作落地灯

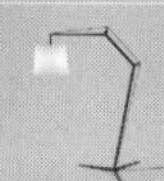
152页
制作双人床

155页
制作转角沙发

158页
根据CAD图纸制作鸟瞰户型

160页
根据CAD图纸制作户型

Employment Direction
从业方向

家具造型师

建筑设计表现师

工业设计师

室内设计表现师

通过前面几章对建模工具的学习，本章将实际练习室内效果图的场景模型制作，包括常用的家具类模型制作、户型制作和场景构建。通过对本章的练习，读者将对室内效果图模型的制作有一个系统、全面的了解。

家具模型是室内效果图的重要元素之一，不同造型风格的家具模型会呈现出不同风格的效果图。家具模型也是丰富效果图内容的重要手段，图5-1所示就是两幅非常优秀的室内模型作品。

图5-1

本章还将介绍两种常见的室内户型结构建模，分别是室内鸟瞰模型和室内透视建模。这两种建模都是通过将CAD文件导入3ds Max制作而成。图5-2和图5-3是两幅非常优秀的建模作品。

图5-2

图5-3

实战067 制作调味罐

场景位置	无
实例位置	实例文件>CH05>制作调味罐.max
学习目标	多边形建模和样条线建模的综合练习

调味罐模型的制作比较简单，需要综合运用样条线建模和多边形建模，案例效果如图5-4所示。

图5-4

01 使用“线”工具 线 在前视图中绘制调味罐的剖面样条线，如图5-5所示。

02 选中样条线，然后加载一个“车削”修改器，接着在“参数”卷展栏下设置“分段”为32、“方向”为y轴、“对齐”为“最大”，模型效果如图5-6所示。

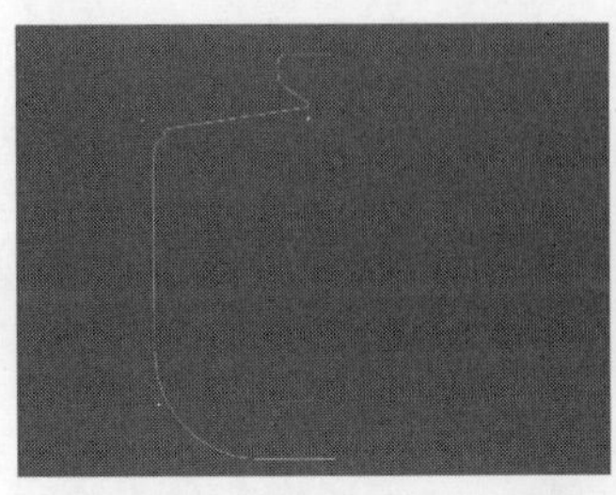

图5-5

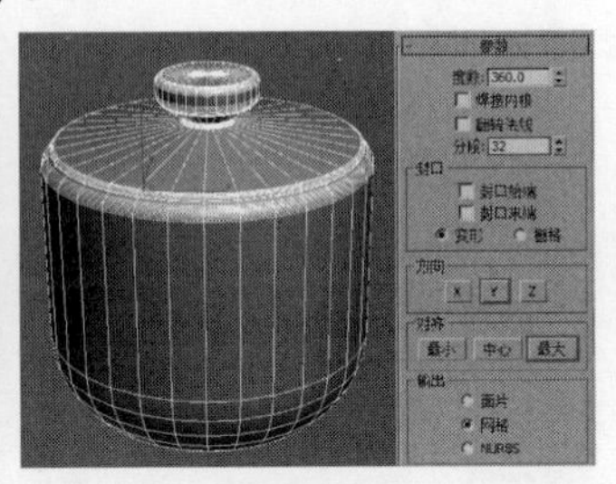

图5-6

03 将调味罐模型转换为可编辑多边形，然后进入“多边形”层级，在前视图中框选盖子部分的多边形，如图5-7所示，接着在“编辑几何体”卷展栏下单击“分离”按钮 分离 ，最后在弹出的对话框中单击“确定”按钮 确定 进行分离，如图5-8所示。

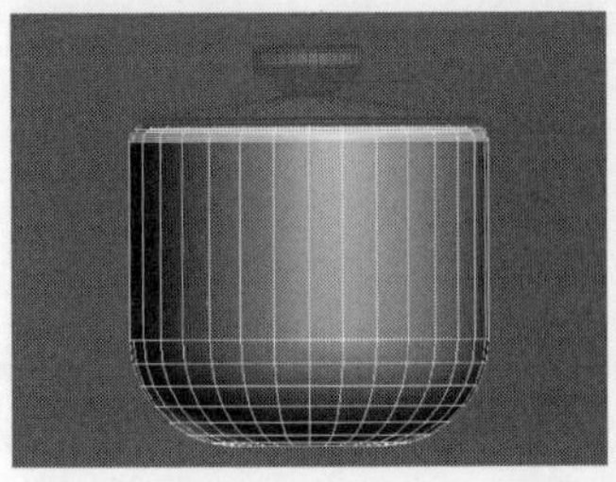

图5-7

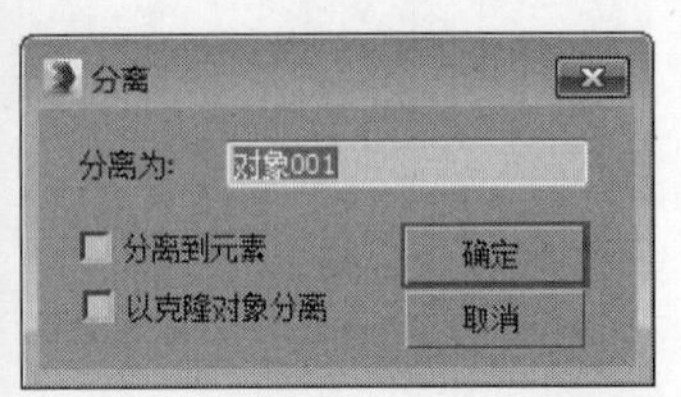

图5-8

04 下面创建支架模型。使用“弧”工具 弧 在前视图中绘制一条弧线，然后在“参数”卷展栏中设置“半径”为250mm、“从”为20、“到”为160，如图5-9所示。

05 选中上一步创建的弧线，然后在“渲染”卷展栏中勾选“在渲染中启用”和“在视口中启用”选项，接着设置“厚度”为3mm，如图5-10所示。

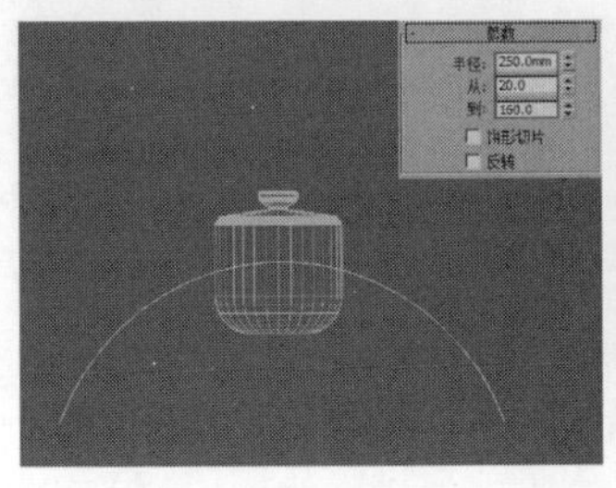

图5-9

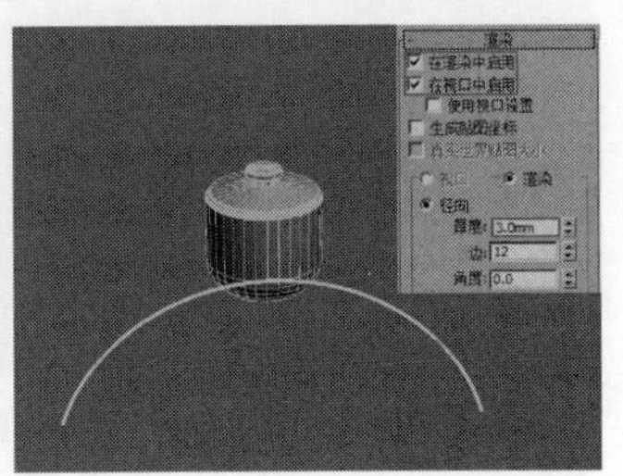

图5-10

06 使用“球体”工具 球体 在弧线两端创建两个球体，然后在“参数”卷展栏下设置“半径”为5mm，如图5-11所示。

07 将支架模型复制一个，然后再复制两个调味罐模型，如图5-12所示。

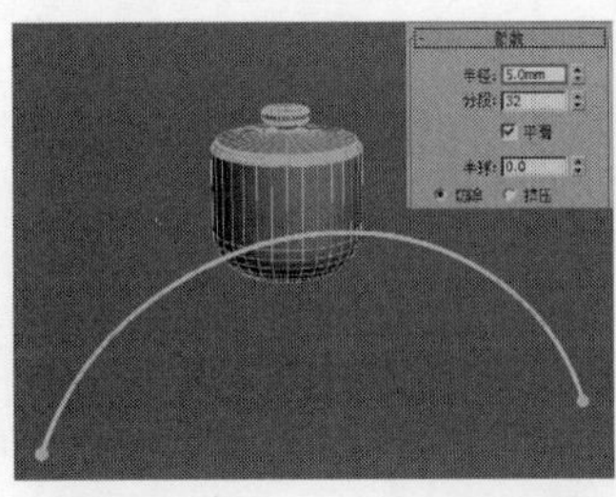

图5-11

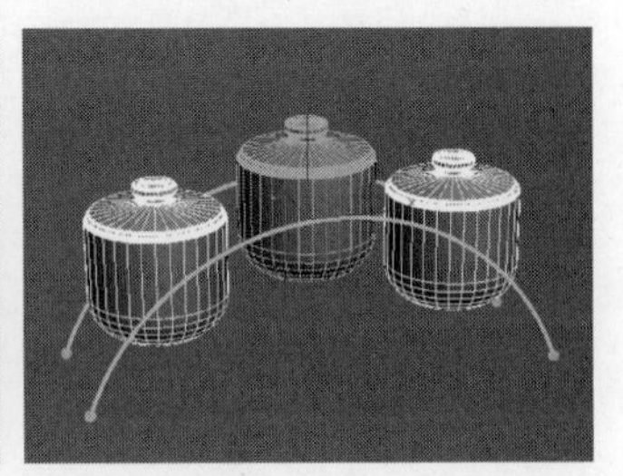

图5-12

08 使用“圆”工具 圆 继续创建支架，如图5-13所示，然后使用“线”工具 线 创建支架横梁，最终效果如图5-14所示。

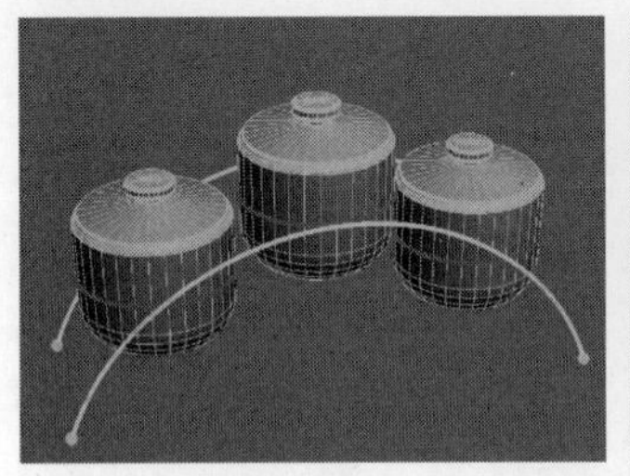

图5-13

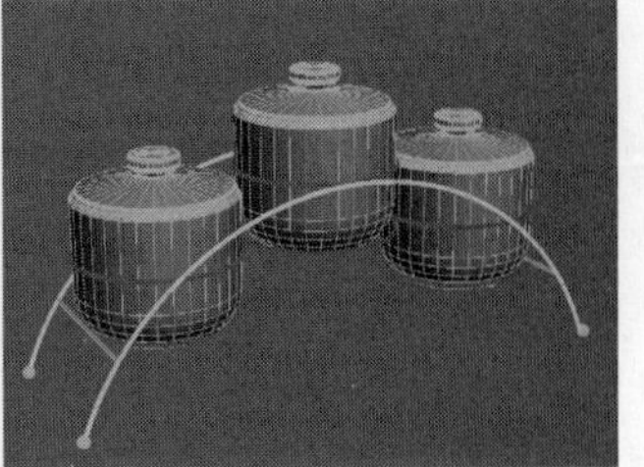

图5-14

实战068 制作创意茶几

场景位置 无
实例位置 实例文件>CH05>制作创意茶几.max
学习目标 多边形建模的综合练习

茶几是日常生活中常见的家具之一，在制作模型时也是较为简单的。本例的茶几模型是用一个长方体模型，利用挤出工具制作而成，案例效果如图5-15所示。

图5-15

01 使用“长方体”工具 长方体 在场景中创建一个长方体，然后在“参数”卷展栏中设置“长度”为300mm、“宽度”为400mm、“高度”为10mm，如图5-16所示。

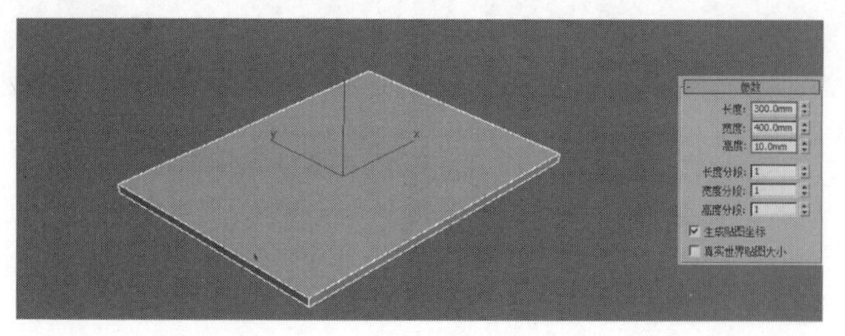

图5-16

02 将长方体转换为可编辑多边形，然后进入“边”层级，选择图5-17所示的边，接着单击鼠标右键，选择“连接”选项后的“设置”按钮，最后在弹出的对话框中设置“分段”为1、“滑块”为90，如图5-18所示。

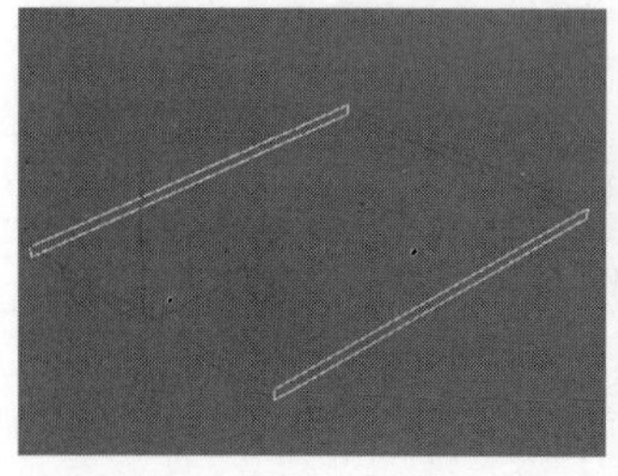
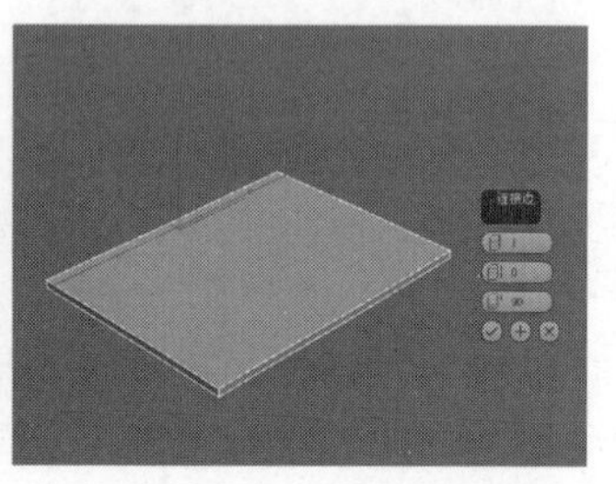

图5-17　图5-18

03 进入“多边形”层级，然后选择图5-19所示的多边形，接着在“编辑多边形”卷展栏中单击“挤出”按钮 挤出 后面的“设置”按钮，最后设置“高度”为400mm，如图5-20所示。

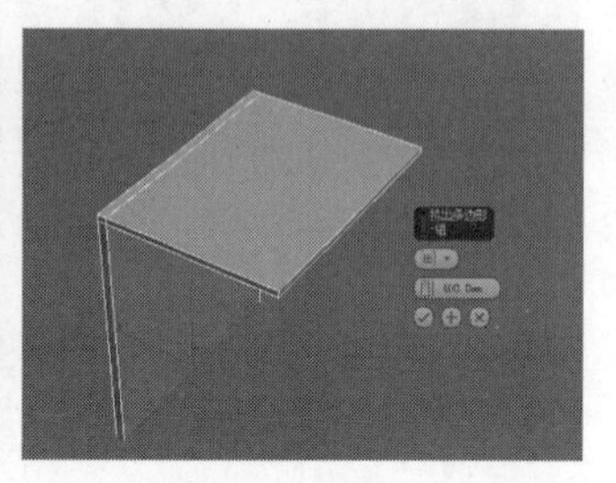

图5-19　图5-20

04 进入“边”层级，选择图5-21所示的边，接着单击鼠标右键，选择“连接”选项后的“设置”按钮，最后在弹出的对话框中设置“分段”为1、“滑块”为90，如图5-22所示。

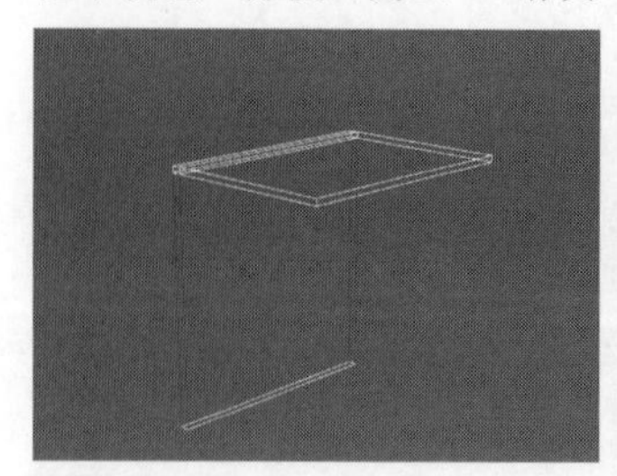

图5-21　图5-22

05 进入“多边形”层级，然后选择图5-23所示的多边形，接着在“编辑多边形”卷展栏中单击“挤出”按钮 挤出 后面的“设置”按钮，最后设置“高度”为150mm，如图5-24所示。

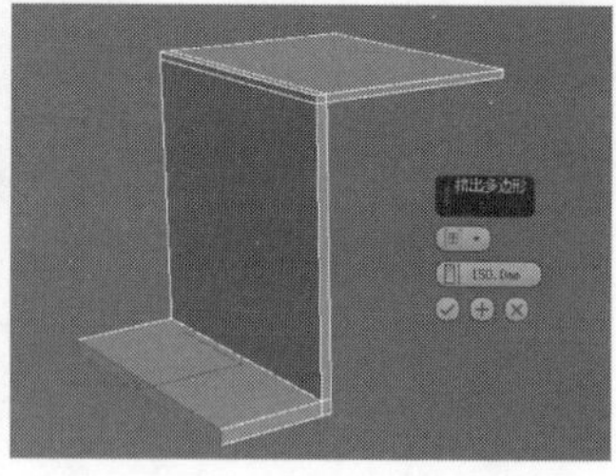

图5-23　图5-24

06 进入“边”层级，选择图5-25所示的边，然后单击鼠标右键，选择“连接”选项后的“设置”按钮，最后在弹出的对话框中设置“分段”为1、“滑块”为80，如图5-26所示。

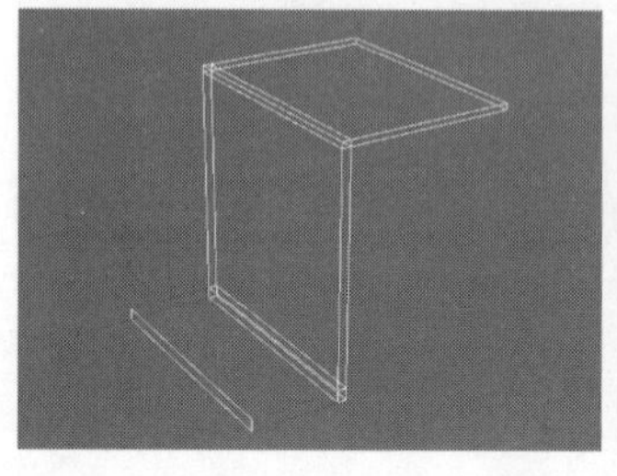
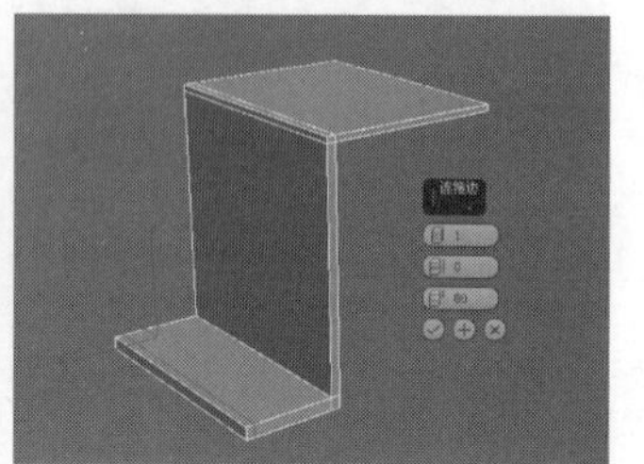

图5-25　图5-26

07 进入“多边形”层级，然后选择图5-27所示的多边形，接着在“编辑多边形”卷展栏中单击“挤出”按钮 挤出 后面的“设置”按钮，最后设置“高度”为400mm，如图5-28所示。

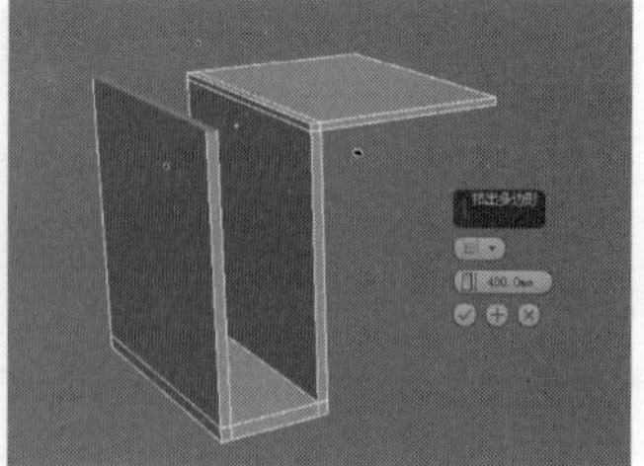

图5-27　图5-28

08 进入“边”层级，选择图5-29所示的边，然后单击鼠标右键，选择“连接”选项后的“设置”按钮，最后在弹出的对话框中设置“分段”为1、“滑块”为90，如图5-30所示。

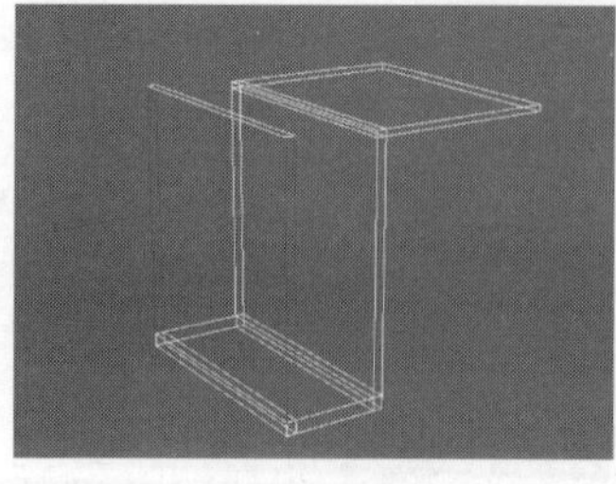
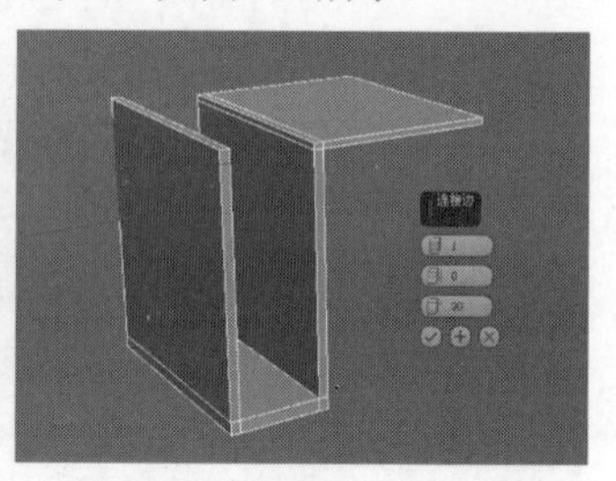

图5-29　图5-30

09 进入“多边形”层级，然后选择图5-31所示的多边形，接着在“编辑多边形”卷展栏中单击“挤出”按钮 挤出 后面的“设置”按钮，最后设置“高度”为600mm，如图5-32所示。

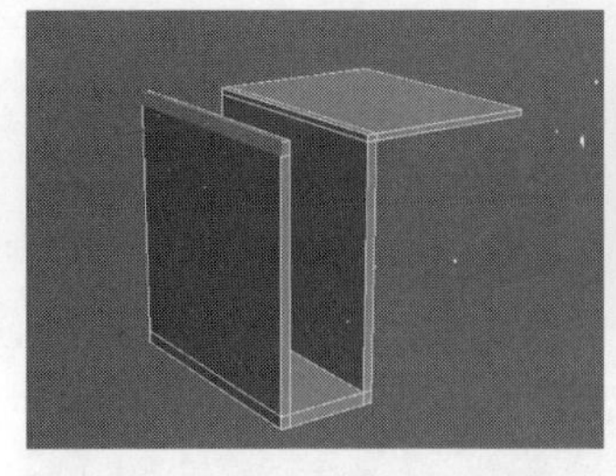

图5-31　　图5-32

10 进入“边”层级，选择图5-33所示的边，然后单击鼠标右键，选择“连接”选项后的“设置”按钮，最后在弹出的对话框中设置“分段”为1、“滑块”为90，如图5-34所示。

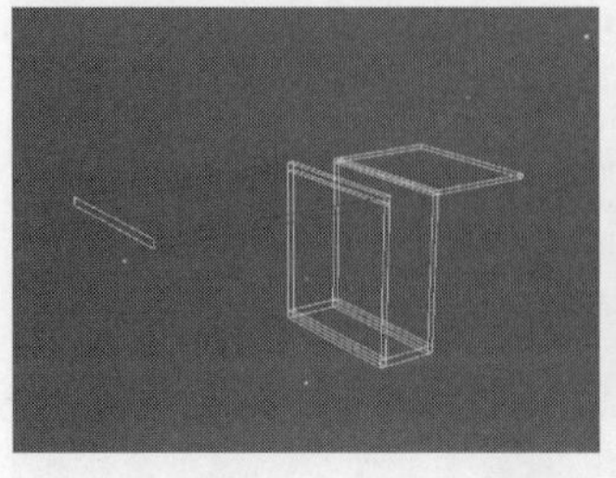
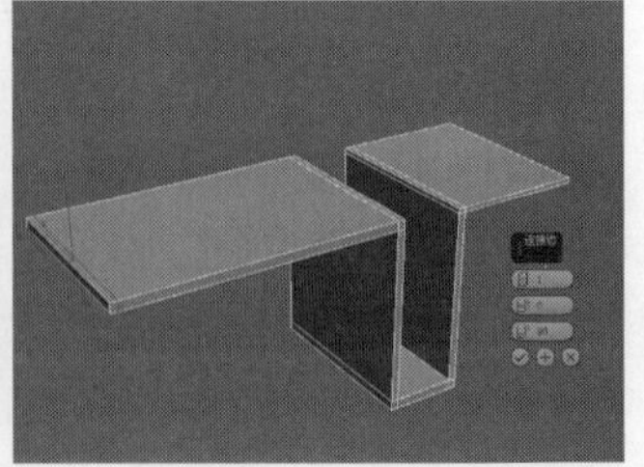

图5-33　　图5-34

11 进入“多边形”层级，然后选择图5-35所示的多边形，接着在“编辑多边形”卷展栏中单击“挤出”按钮 挤出 后面的“设置”按钮，最后设置“高度”为400mm，如图5-36所示。

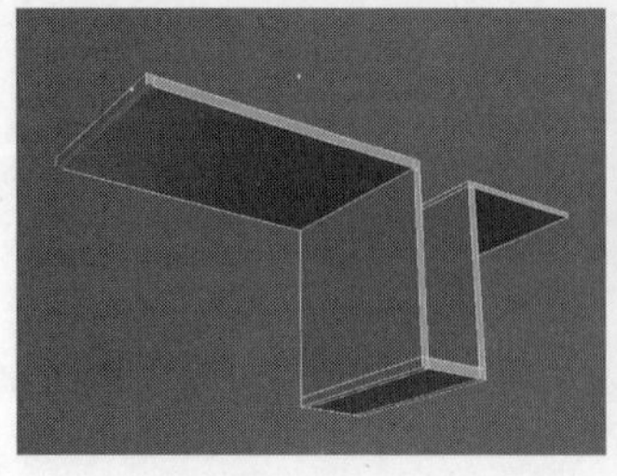
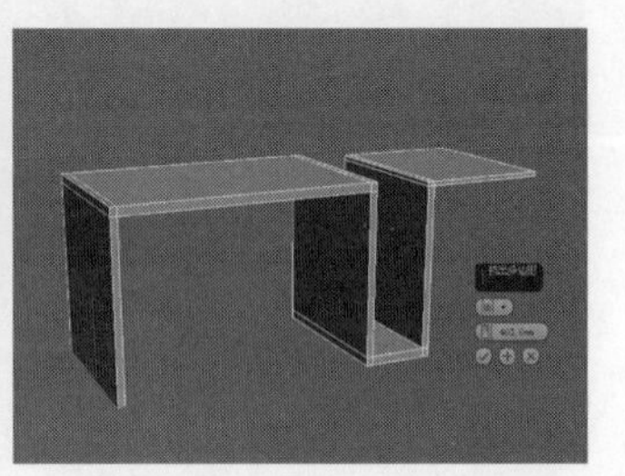

图5-35　　图5-36

12 进入“边”层级，然后选择图5-37所示的边，接着在“编辑边”卷展栏下单击“切角”按钮 切角 后的“设置”按钮，最后设置“边切角量”为1.5mm，如图5-38所示。茶几模型的最终效果如图5-39所示。

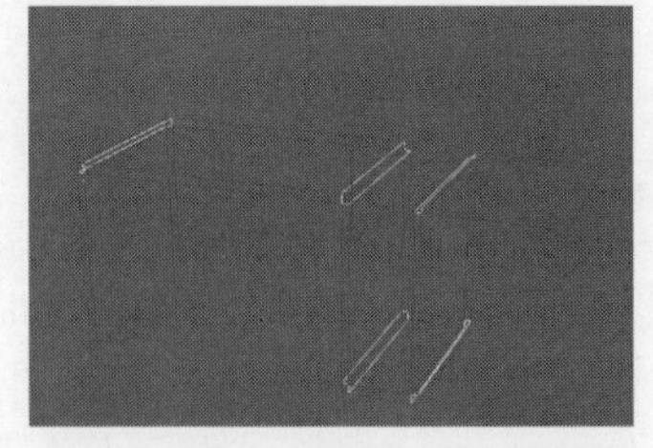

图5-37

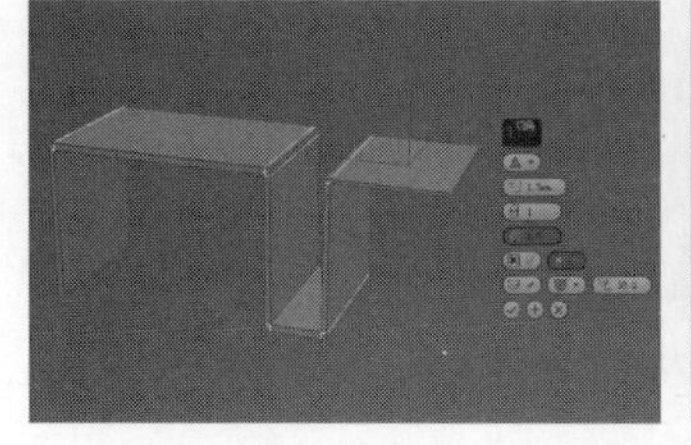

图5-38　　图5-39

实战069 制作创意床头柜

场景位置	无
实例位置	实例文件>CH05>制作创意床头柜.max
学习目标	多边形建模综合练习

创意床头柜模型由柜体部分和支架部分拼合而成，两部分可以分别制作，案例效果如图5-40所示。

图5-40

01 使用“长方体”工具 长方体 在场景中创建一个长方体，然后在“参数”卷展栏中设置“长度”为250mm、“宽度”为450mm、“高度”为400mm，如图5-41所示。

图5-41

02 将上一步创建的长方体转换为可编辑多边形，然后进入“多边形”层级，选择图5-42所示的多边形，接着在“编辑多边形”卷展栏中单击“插入”按钮 插入 后面的“设置”按钮，最后在弹出的对话框中设置“插入值”为20mm，如图5-43所示。

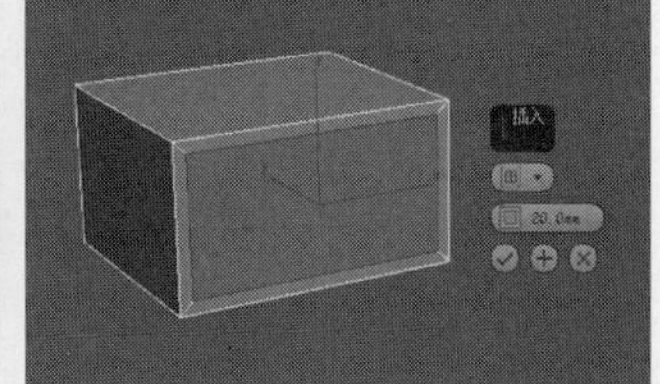

图5-42　　图5-43

03 保持对多边形的选择，然后在“编辑多边形”卷展栏中单击“挤出”按钮 挤出 后面的“设置”按钮，最后设置“高度”为-380mm，如图5-44所示。

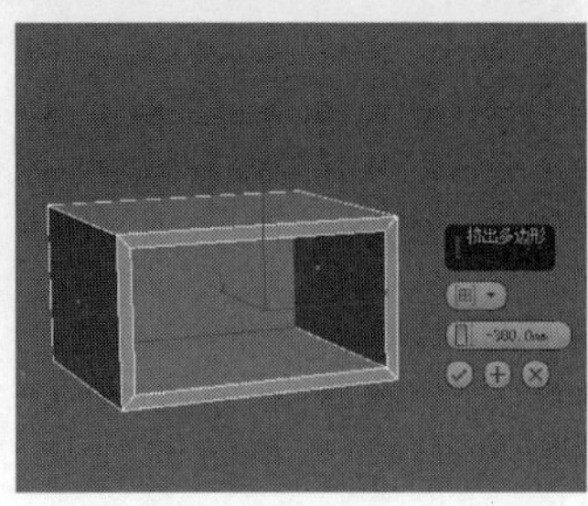

图5-44

04 进入"边"层级，然后选择图5-45所示的边，接着在"编辑边"卷展栏中单击"切角"按钮 切角 后面的"设置"按钮，最后设置"边切角量"为2mm，如图5-46所示。

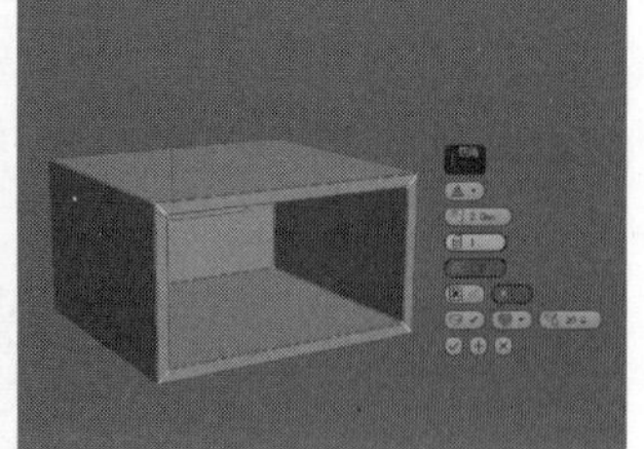

图5-45　图5-46

05 使用"长方体"工具 长方体 在场景中创建一个长方体，然后在"参数"卷展栏中设置"长度"为250mm、"宽度"为450mm、"高度"为20mm，如图5-47所示。

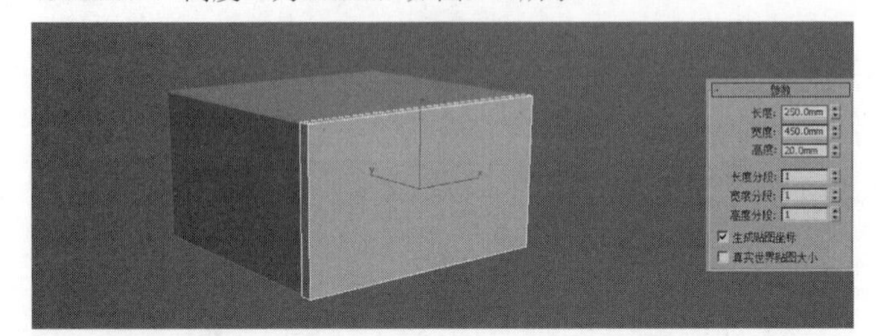

图5-47

06 将上一步创建的长方体转换为可编辑多边形，然后进入"边"层级，选中所有的边，如图5-48所示，接着在"编辑边"卷展栏中单击"切角"按钮 切角 后面的"设置"按钮，最后设置"边切角量"为2mm，如图5-49所示。

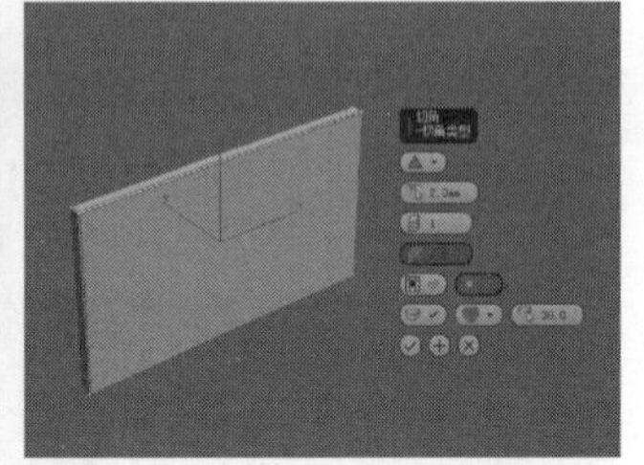

图5-48　图5-49

07 使用"圆柱体"工具 圆柱体 在场景中创建一个圆柱体，然后在"参数"卷展栏中设置"半径"为20mm、"高度"为40mm、"高度分段"为1，其位置及参数如图5-50所示。

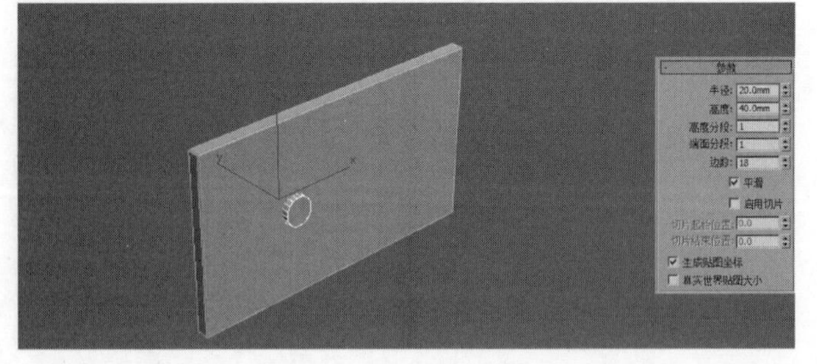

图5-50

08 选择上一步创建的圆柱体，然后沿x轴向右复制一个，如图5-51所示，接着将圆柱体转换为可编辑多边形，再选中其中一个圆柱体，在"编辑多边形"卷展栏中单击"附加"按钮 附加 ，最后选中另一个圆柱体将其塌陷为一个模型，如图5-52所示。

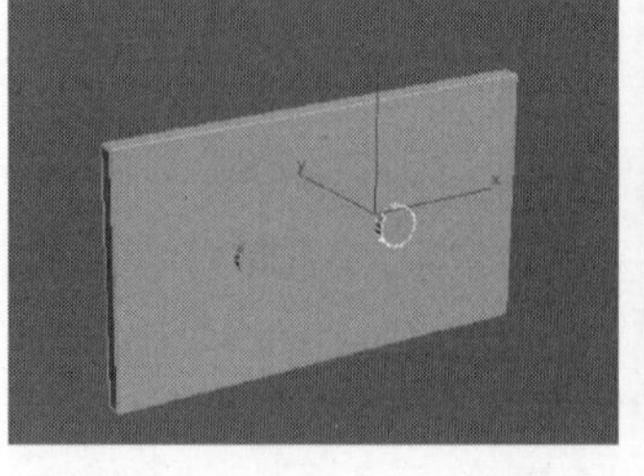

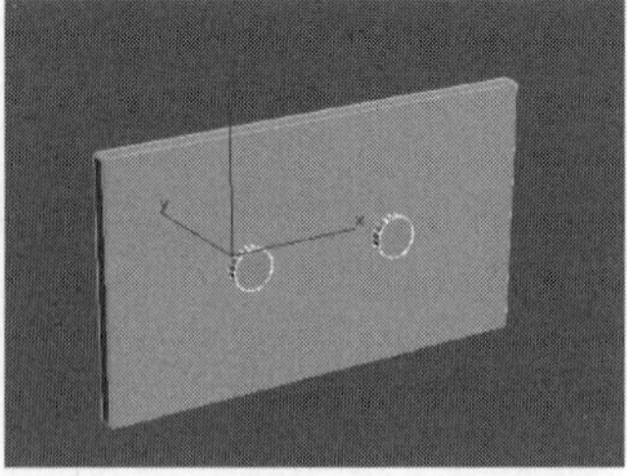

图5-51　图5-52

09 选中柜面长方体，然后在"复合对象"下单击"布尔"按钮 布尔 ，接着在"参数"卷展栏中选择"差集（A-B）"选项，再单击"拾取操作对象B"按钮 拾取操作对象B ，最后单击场景中的圆柱体模型，如图5-53所示，其效果如图5-54所示。

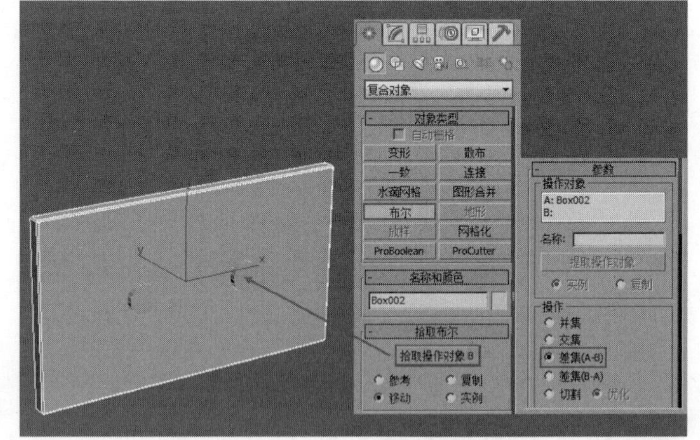

图5-53

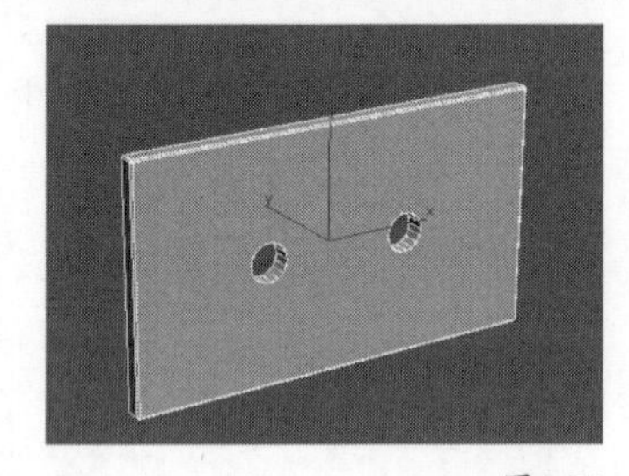

图5-54

疑难问答

问：除了布尔运算，是否还有其他方法制作抽屉柜面？

答：除了布尔运算，还可以用样条线来制作。

第1步：使用"矩形"工具绘制一个矩形，再使用"圆"工具绘制两个圆，如图5-55所示。

第2步：选中其中一个圆，然后转换为可编辑样条线，接着在"几何体"卷展栏中单击"附加"按钮 附加 拾取另一个圆，此时两个圆合并为一个图形，如图5-56所示。

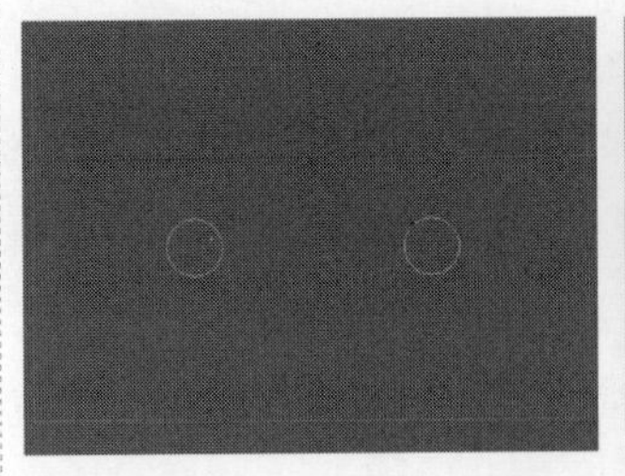

图5-55

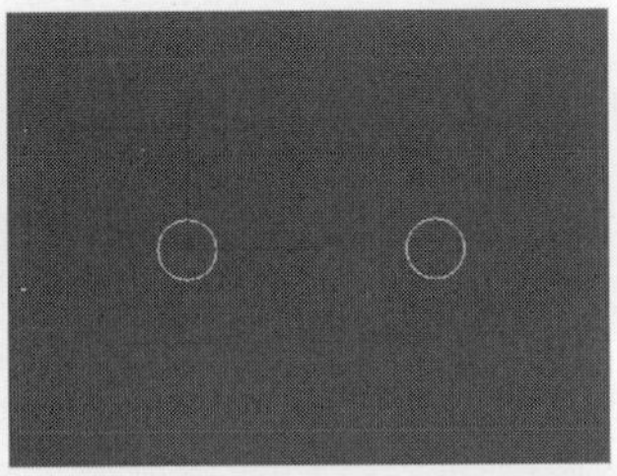

图5-56

第3步：选中矩形，然后转换为可编辑样条线，接着在“几何体”卷展栏中单击“附加”按钮 附加 拾取内部圆图形，如图5-57所示。

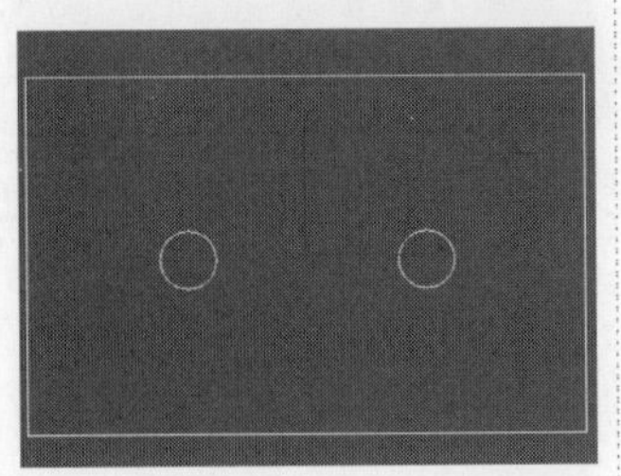

图5-57

第4步：选中上一步合并后的图形，然后为其加载一个“挤出”修改器，接着在“参数”卷展栏中设置“数量”为20mm，如图5-58所示。

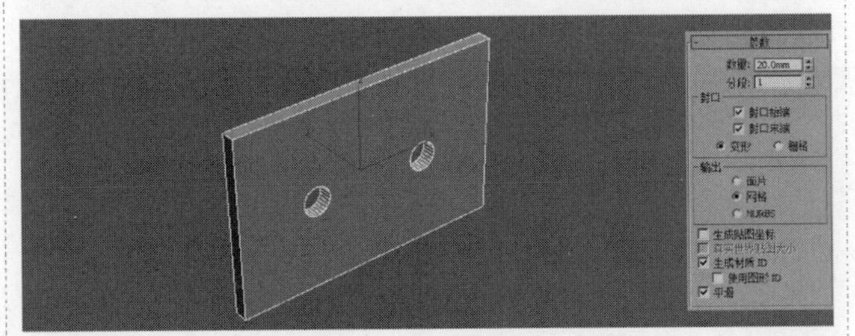

图5-58

第5步：选中上一步创建的模型，然后转换为可编辑多边形，接着进入“边”层级，按照（6）中的步骤切角即可。

10 下面制作床头柜支架。进入左视图，然后使用“线”工具绘制图5-59所示的样条线，接着展开“渲染”卷展栏，勾选“在渲染中启用”和“在视口中启用”选项，再选择“矩形”选项，并设置“长度”和“宽度”都为30mm，如图5-60所示。

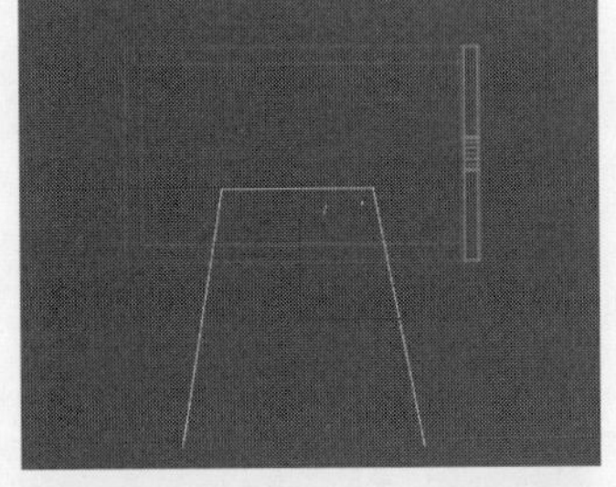

图5-59

图5-60

11 将上一步创建的样条线转换为可编辑多边形，然后进入“点”层级，将模型调整为图5-61所示的效果。

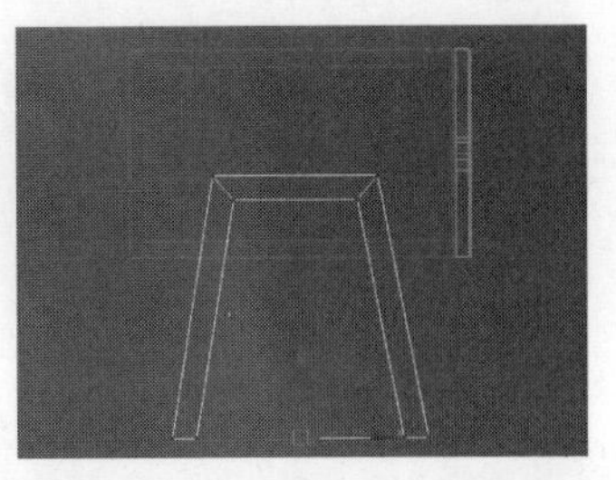

图5-61

12 进入“边”层级，然后选择图5-62所示的边，接着在“编辑边”卷展栏中单击“切角”按钮 切角 后面的“设置”按钮，最后设置“边切角量”为2mm，如图5-63所示。

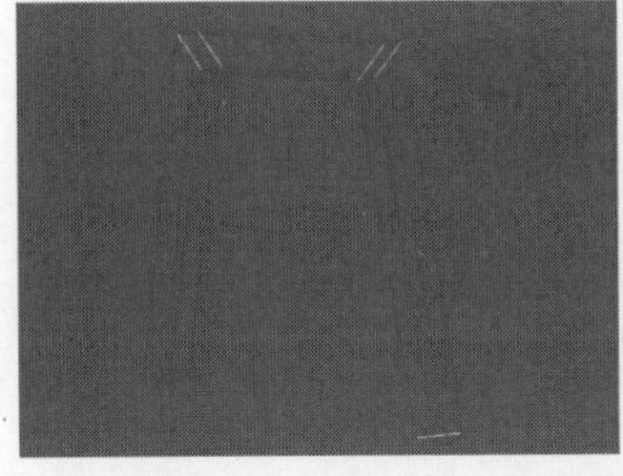

图5-62

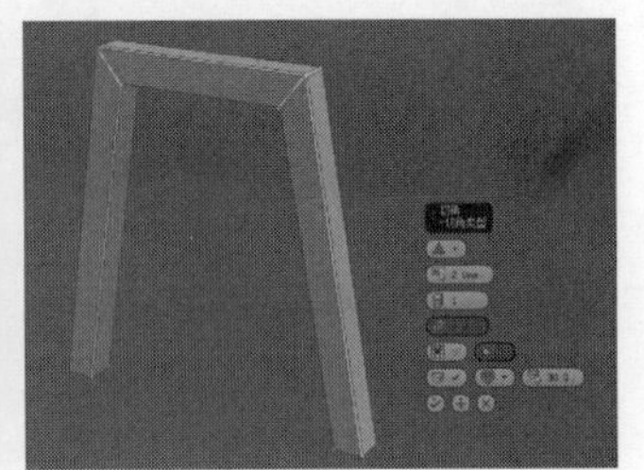

图5-63

13 进入前视图，然后复制一个支架并移动到柜体另一侧，如图5-64所示，接着使用“长方体”工具 长方体 创建一个长方体，其位置及参数如图5-65所示。

图5-64

图5-65

14 将上一步创建的长方体转换为可编辑多边形，然后进入“点”层级，在左视图中调整其造型为图5-66所示的效果，接着进入“边”层级，并在“编辑边”卷展栏中单击“切角”按钮 切角 后面的“设置”按钮，最后设置“边切角量”为2mm，如图5-67所示。

图5-66

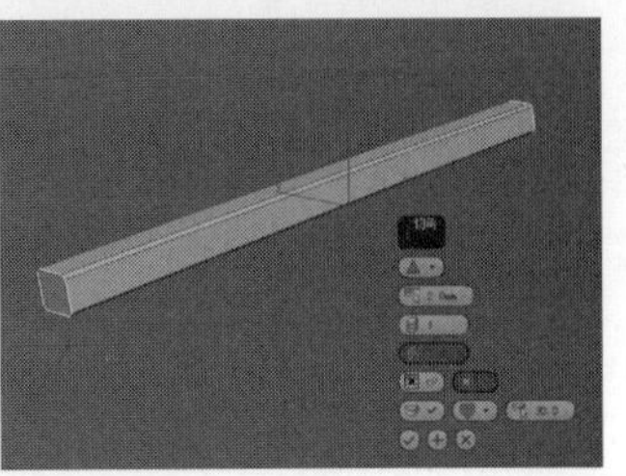

图5-67

15 将上一步创建的多边形复制一个到支架另一边并镜像调整，创意床头柜的最终效果如图5-68所示。

图5-68

实战070 制作简约沙发

场景位置	无
实例位置	实例文件>CH05>制作简约沙发.max
学习目标	多边形建模综合练习

简约沙发是通过多边形建模，将每一部分拼合而成，案例效果如图5-69所示。

图5-69

01 使用“长方体”工具 长方体 在场景中创建一个长方体，然后在“参数”卷展栏下设置“长度”为400mm、“宽度”为30mm 、“高度”为30mm，如图5-70所示。

02 选中上一步创建的长方体，然后转换为可编辑多边形，接着在“编辑边”卷展栏中单击“切角”按钮 切角 后的“设置”按钮，最后设置“边切角量”为1.5mm，如图5-71所示。

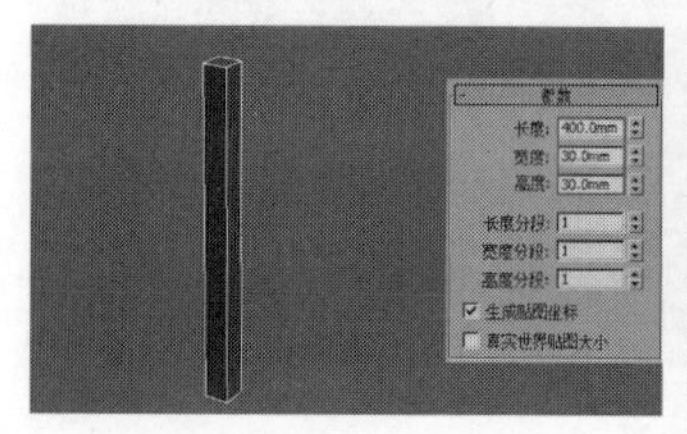

图5-70 图5-71

03 选中长方体，然后为其加载一个“网格平滑”修改器，然后在“细分量”卷展栏中设置“迭代次数”为2，如图5-72所示。

04 切换到左视图，然后按住Shift键将长方体沿*x*轴向右复制一个，如图5-73所示。

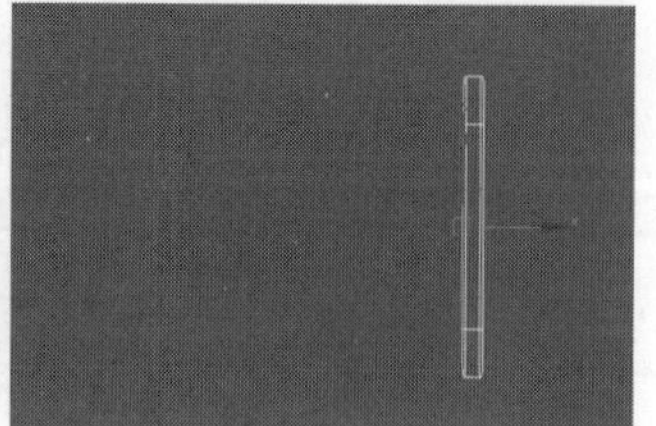

图5-72 图5-73

技巧与提示

这里的克隆形式一定要选择“复制”，而不要选择“实例”或者“参考”，否则在调整复制出来的模型时，原有模型也会因此修改。

05 选择新复制的长方体，然后在左视图中使用“选择并移动”工具将其调整为图5-74所示的效果。

06 使用“选择并移动”工具选中所有的模型，然后按住Shift键移动复制出一组模型，如图5-75所示。

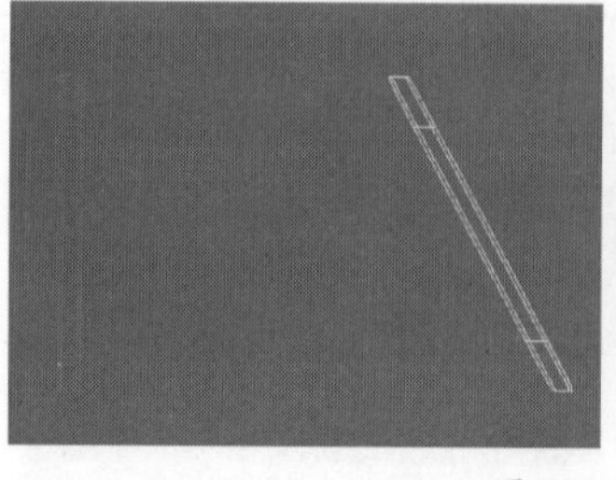

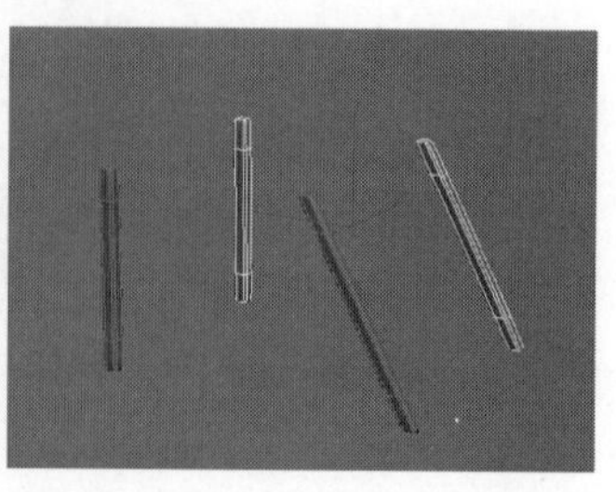

图5-74 图5-75

07 使用“长方体”工具 长方体 在场景中创建一个长方体，然后在“参数”卷展栏中设置“长度”为100mm、“宽度”为500mm、“高度”为470mm，如图5-76所示。

图5-76

08 将上一步创建的长方体转换为可编辑多边形，然后进入“点”层级，接着进入左视图，将右侧的顶点调整成图5-77所示的效果。

09 进入“边”层级，然后选择所有的边，接着在“编辑边”卷展栏下单击“切角”按钮 切角 后面的“设置”按钮，最后设置“边切角量”为2mm，如图5-78所示。

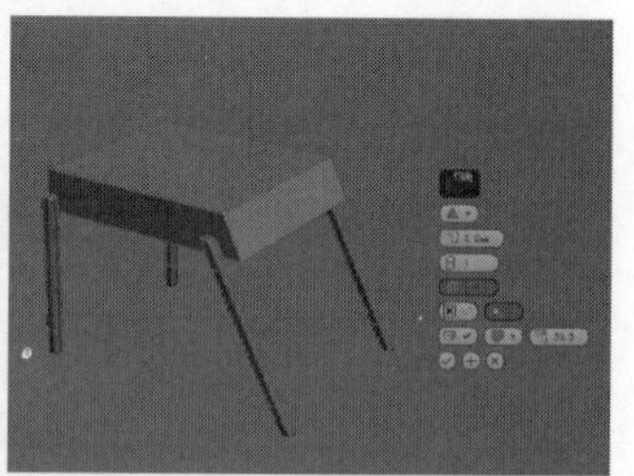

图5-77 图5-78

10 给模型加载一个“网格平滑”修改器，然后在“细分量”卷展栏下设置“迭代次数”为2，如图5-79所示。

11 再次将模型转换为可编辑多边形，然后进入“边”层级，选中图5-80所示的边，接着在“编辑边”卷展栏下单击“利用所选内容创建图形”按钮 利用所选内容创建图形 ，最后在弹出的对话框中设置“图形类型”为“线性”，如图5-81所示。

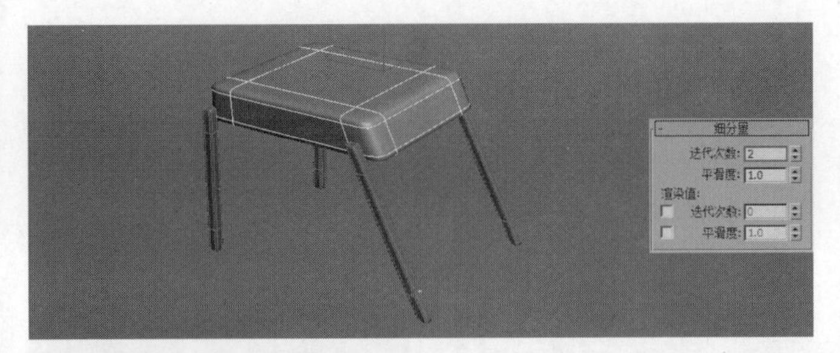

图5-79

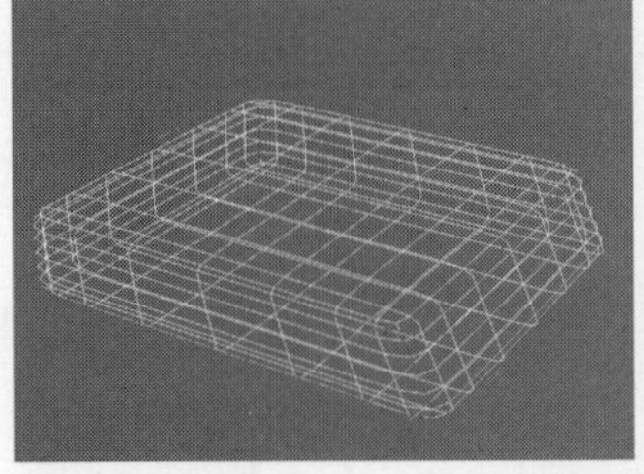

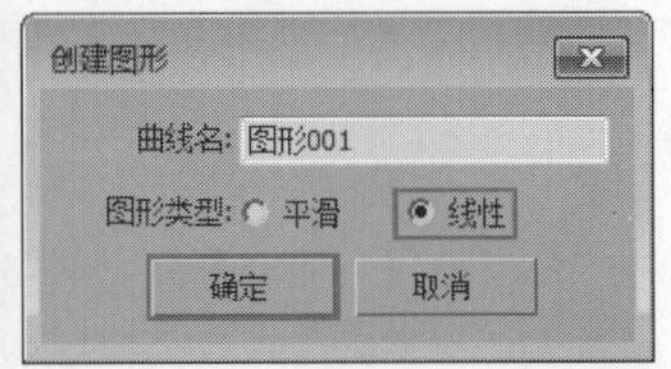

图5-80 图5-81

12 选中图形001，然后在“渲染”卷展栏下勾选“在渲染中启用”和“在视口中启用”选项，接着勾选“径向”选项，最后设置“厚度”为2mm，如图5-82所示。

图5-82

13 进入左视图，然后使用“线”工具 线 绘制图5-83所示的样条线，接着为其加载一个“挤出”修改器，再在“参数”卷展栏中设置“数量”为30mm，如图5-84所示。

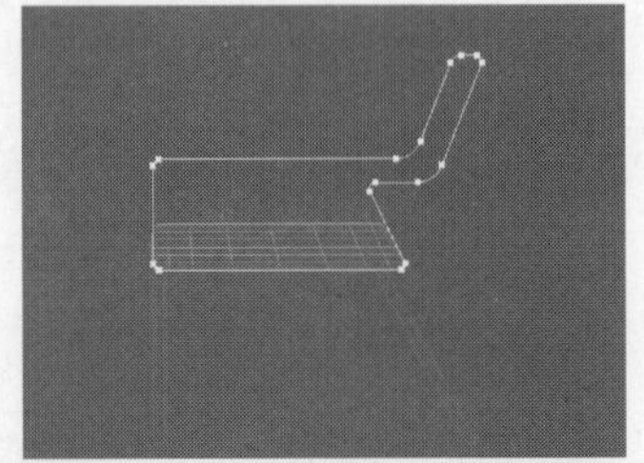

图5-83

图5-84

14 将上一步创建的模型转换为可编辑多边形，然后进入“边”层级，接着在“编辑几何体”卷展栏中单击“切割”按钮 切割 ，再在图5-85所示的位置拖曳光标切割出一条边，切割完成后单击鼠标右键退出，如图5-86所示。

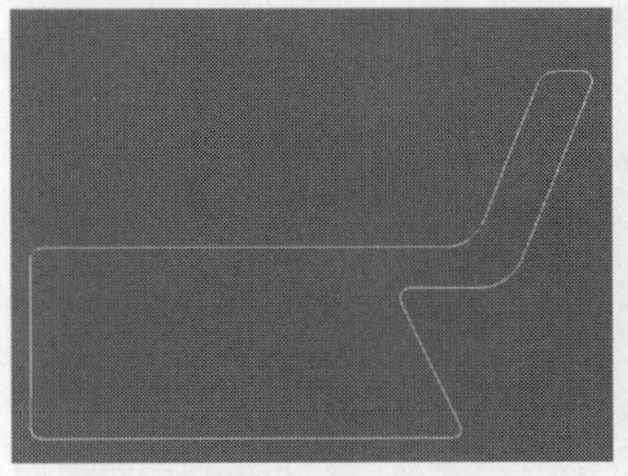

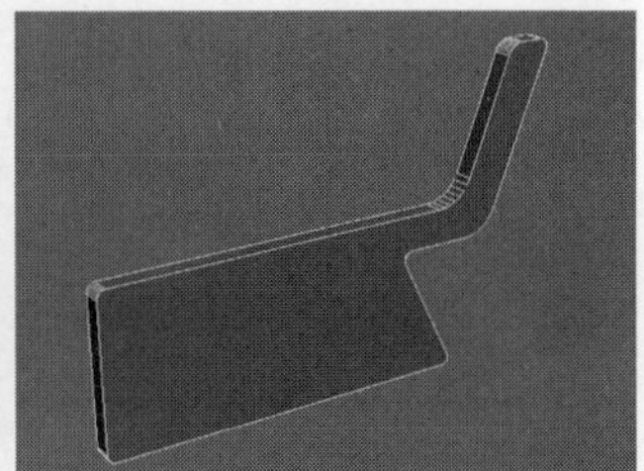

图5-85 图5-86

15 进入“多边形”层级，然后选择图5-87所示的多边形，接着在“编辑多边形”卷展栏下单击“挤出”按钮 挤出 后面的“设置”按钮▣，最后设置“高度”为250mm，如图5-88所示。

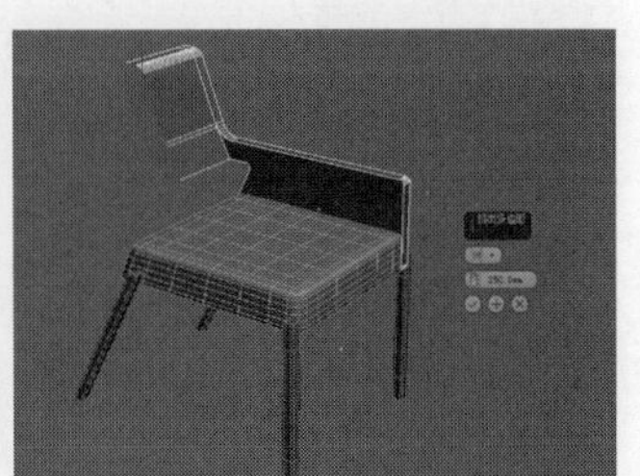

图5-87 图5-88

16 进入“边”层级，选择图5-89所示的边，然后在“编辑边”卷展栏中单击“利用所选内容创建图形”按钮 利用所选内容创建图形 ，接着在弹出的对话框中设置“图形类型”为“线性”，如图5-90所示。

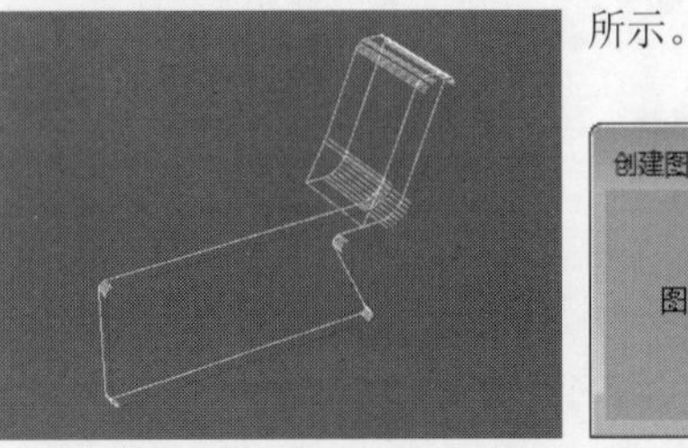

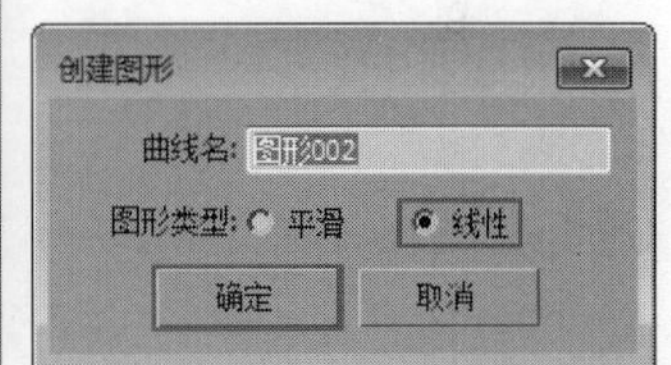

图5-89 图5-90

17 选择图形002，然后在“渲染”卷展栏下勾选“在渲染中启用”和“在视口中启用”选项，接着勾选“径向”选项，最后设置“厚度”为2mm，如图5-91所示。

图5-91

18 框选靠背模型和图形002，然后切换到顶视图，接着单击“镜像”按钮，在弹出的对话框中设置“镜像轴”为x轴、“克隆当前选择”为“复制”、如图5-92所示，最后调整好模型的位置，最终效果如图5-93所示。

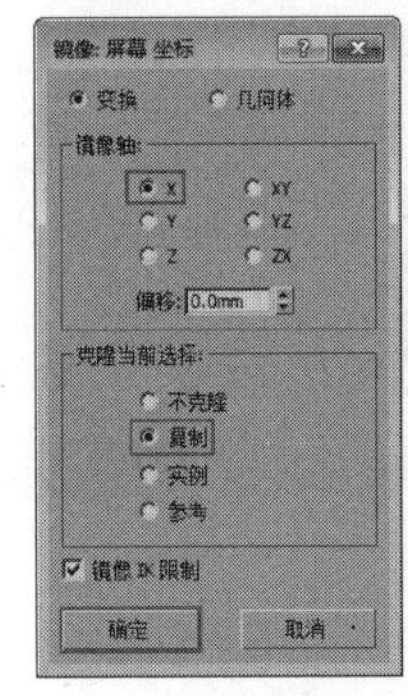

图5-92　图5-93

实战071 制作铁艺餐桌椅组合

场景位置　无
实例位置　实例文件>CH05>制作铁艺餐桌椅组合.max
学习目标　多边形建模综合练习

桌椅组合模型是将模型分拆单独制作好后再拼合在一起，案例效果如图5-94所示。

图5-94

01 首先制作餐桌模型。使用“线”工具 线 在前视图中绘制图5-95所示的样条线。

02 选中上一步创建的样条线，然后在“渲染”卷展栏中勾选“在渲染中启用”和“在视口中启用”选项，接着选择“径向”选项，并设置“厚度”为3mm，如图5-96所示。

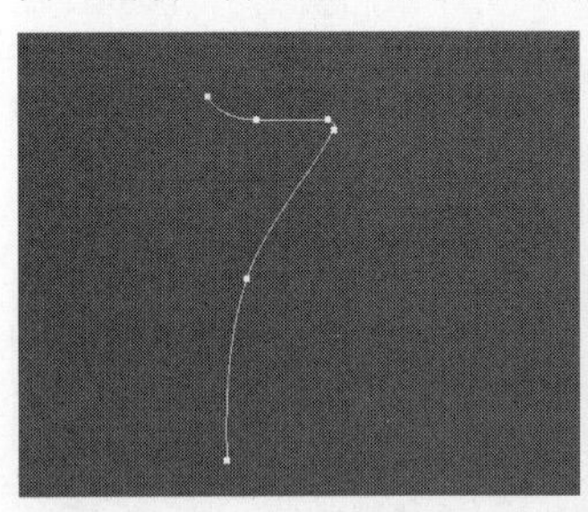

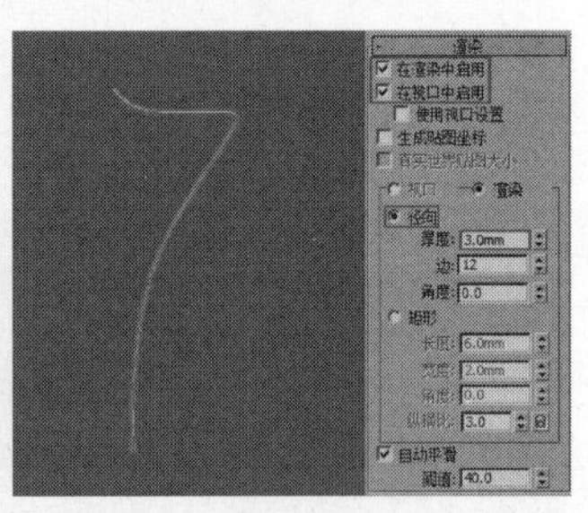

图5-95　图5-96

03 切换到“层次”面板，在顶视图中单击“仅影响轴”按钮 仅影响轴 ，将模型的坐标中心调整至图5-97所示的位置。

04 选中模型，然后打开“角度捕捉切换”按钮，接着按住Shift键不放，并使用“选择并旋转”工具以顺时针10°复制模型，最后在弹出的窗口中选择“对象”为“实例”、“副本数”为35，如图5-98所示。

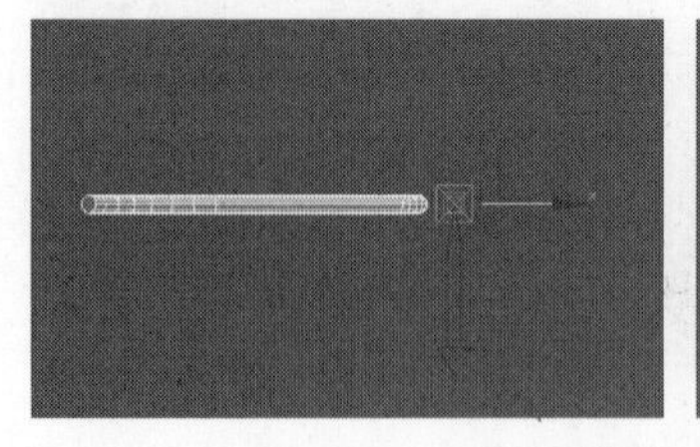

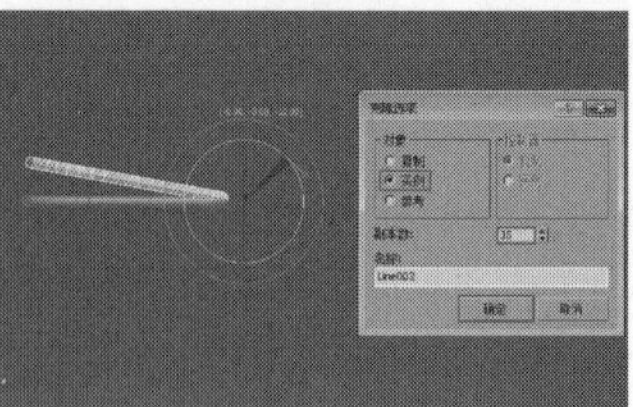

图5-97　图5-98

05 使用“圆”工具 圆 在顶视图中绘制一个圆，然后在“渲染”卷展栏中勾选“在渲染中启用”和“在视口中启用”选项，并选择“径向”选项，设置“厚度”为3mm，接着在“插值”卷展栏中设置“步数”为12，最后在“参数”卷展栏中设置“半径”为65mm，如图5-99所示。

06 将上一步创建的圆向下依次复制两个至图5-100所示的位置，然后分别在“参数”卷展栏中修改“半径”为46mm和55mm。

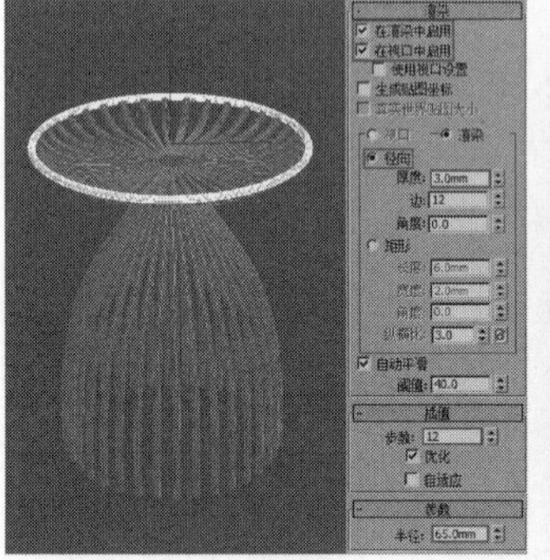

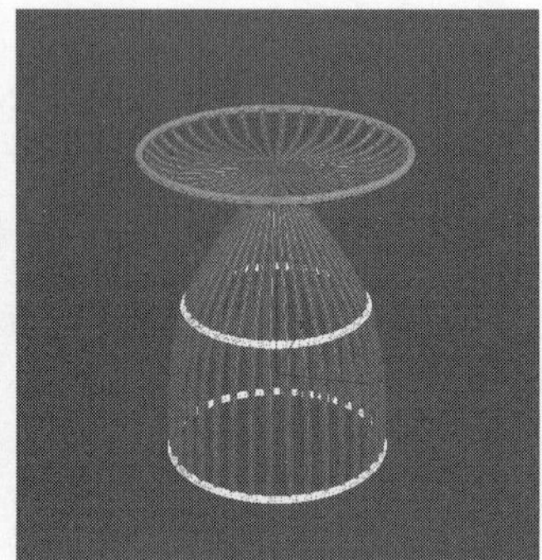

图5-99　图5-100

07 使用“切角圆柱体”工具 切角圆柱体 在顶视图中创建一个切角圆柱体，然后在“参数”卷展栏中设置“半径”为75mm、“高度”为2mm、“圆角”为0.3mm、“边数”为36，如图5-101所示。

08 下面创建椅子模型。与餐桌的制作方法类似，首先在前视图中使用“线”工具 线 绘制出样条线，如图5-102所示。

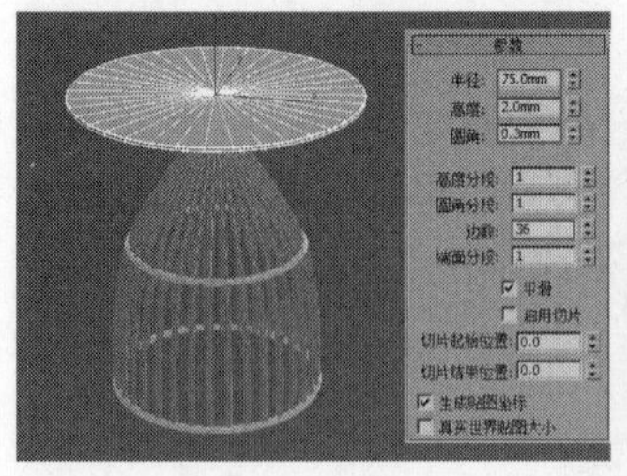

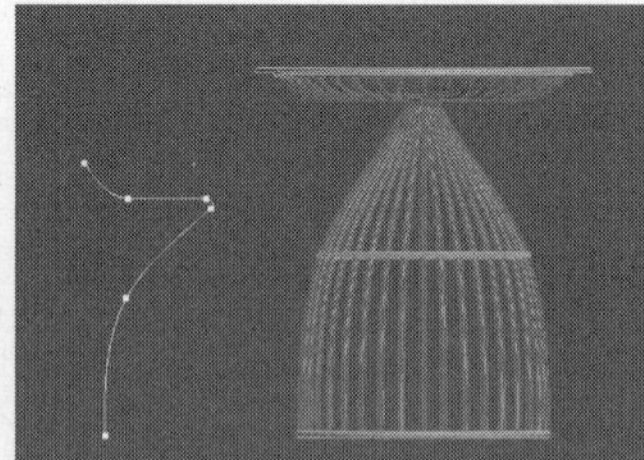

图5-101　图5-102

09 选中上一步创建的样条线，然后在“渲染”卷展栏中勾选“在渲染中启用”和“在视口中启用”选项，接着选择“径向”选项，并设置“厚度”为3mm，如图5-103所示。

10 与制作餐桌的方法相同，将样条线复制成图5-104所示的半圆。

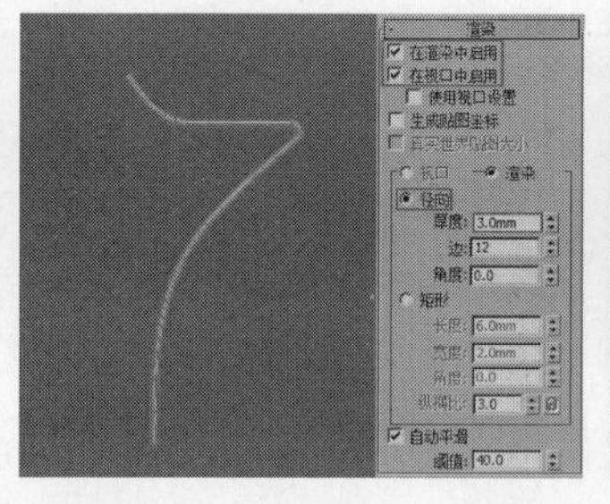

图5-103

图5-104

11 使用“弧”工具 弧 在顶视图中绘制弧线，然后在“渲染”卷展栏中勾选“在渲染中启用”和“在视口中启用”选项，并选择“径向”选项，设置“厚度”为3mm，接着在“参数”卷展栏中设置“半径”为64mm、“从”为88.572、“到”为271.115，如图5-105所示。

12 使用“弧”工具 弧 再绘制一条弧，其位置及参数如图5-106所示。

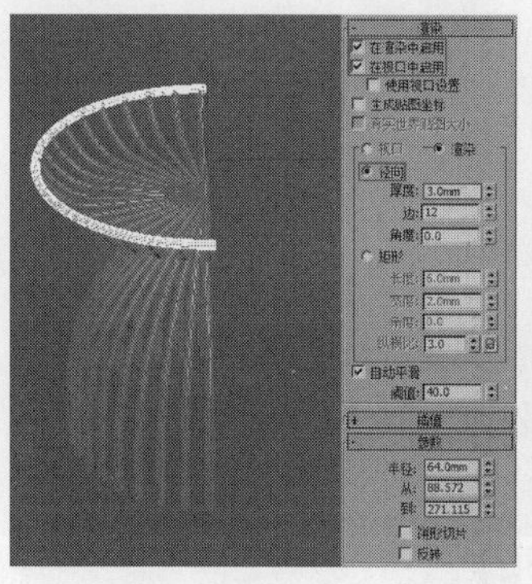

图5-105

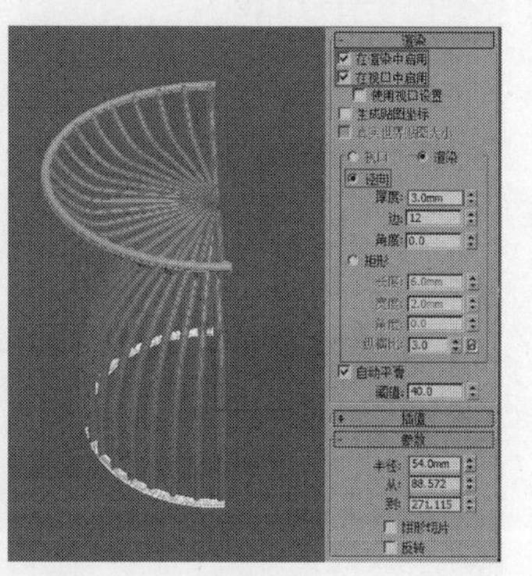

图5-106

13 再次使用“弧”工具 弧 绘制一条弧，然后在“参数”卷展栏中设置“半径”为50mm、“从”为89.312、“到”为270.423，并勾选“饼形切片”选项，如图5-107所示。

14 选择上一步创建的弧线，为其加载一个“挤出”修改器，然后在“参数”卷展栏中设置“数量”为10mm，如图5-108所示，最后将其转换为可编辑多边形。

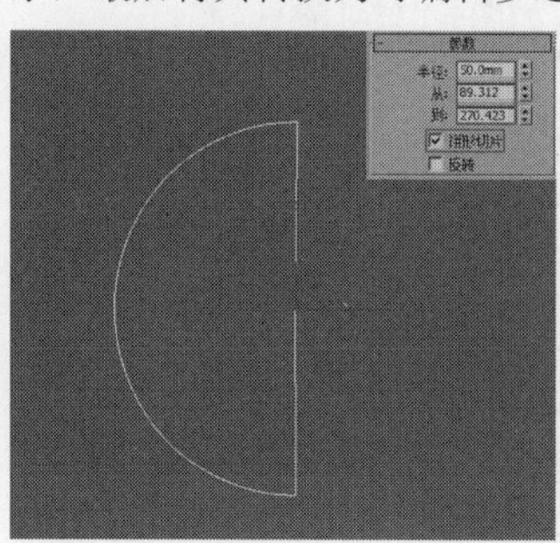

图5-107

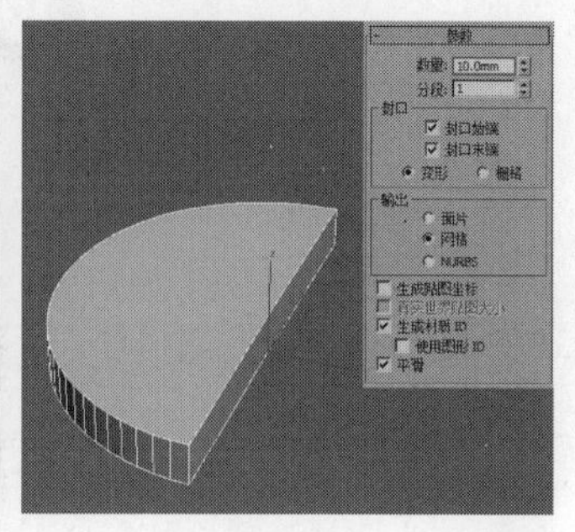

图5-108

15 进入“边”层级，选择图5-109所示的边，然后在“编辑边”卷展栏中单击“切角”按钮 切角 后面的“设置”按钮 ■，最后设置“边切角量”为2mm、“切角分段”为3，如图5-110所示。

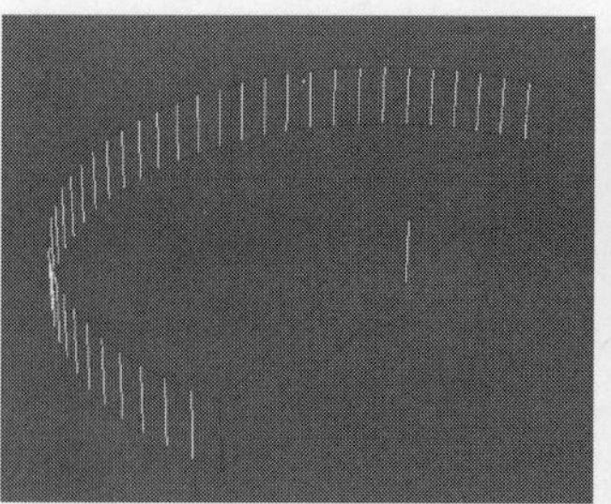

图5-109

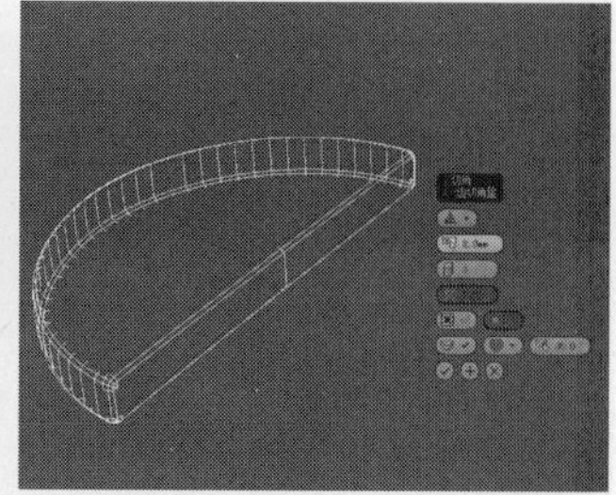

图5-110

16 将做好的椅子模型复制一个，放在桌子另一边，铁艺餐桌椅组合的最终效果如图5-111所示。

图5-111

实战072 制作洗手盆

场景位置	无
实例位置	实例文件>CH05>制作洗手盆.max
学习目标	多边形建模的综合应用

洗手盆模型由面盆、水龙头和台面三部分组成，着重掌握面盆的制作方法，案例效果如图5-112所示。

图5-112

01 首先制作面盆模型。使用“圆柱体”工具 圆柱体 在场景中创建一个圆柱体，然后在“参数”卷展栏中设置“半径”为80mm、“高度”为80mm、“高度分段”为4，如图5-113所示。

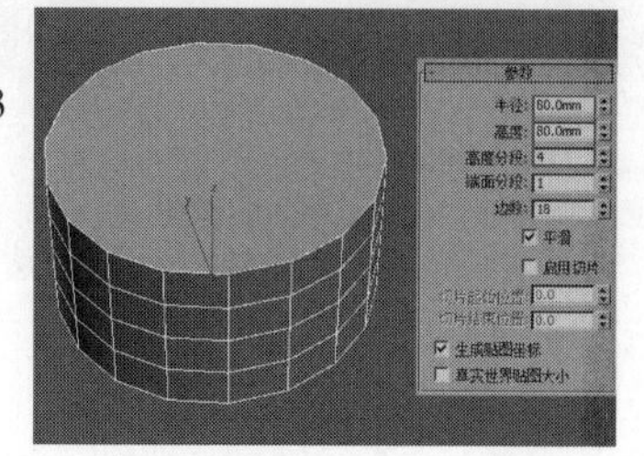

图5-113

02 选择上一步创建的圆柱体，将其转换为可编辑多边形，然后进入“多边形”层级，选择图5-114所示的多边形，接着在“编辑多边形”卷展栏下单击“插入”按钮 插入 后面的“设置”按钮▣，最后设置“数量”为5mm，如图5-115所示。

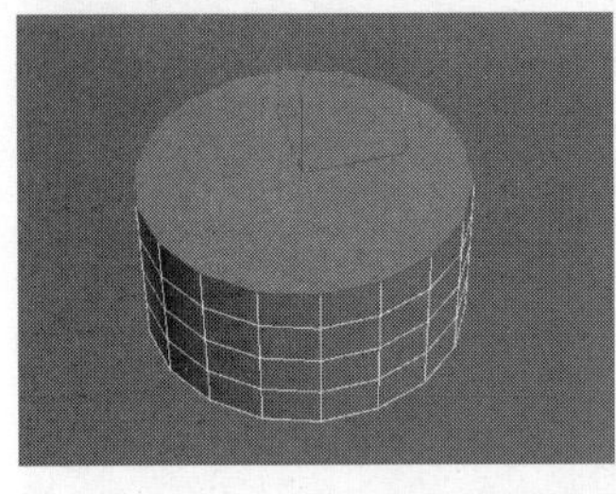

图5-114

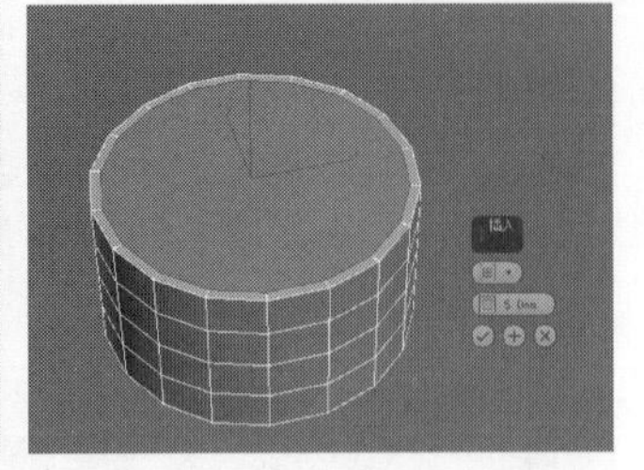

图5-115

03 保持选中多边形，然后在“编辑多边形”卷展栏下单击“挤出”按钮 挤出 后面的“设置”按钮▣，接着设置“高度”为-20mm，如图5-116所示。

04 按照上一步的方法再次挤出两次，其效果如图5-117所示。

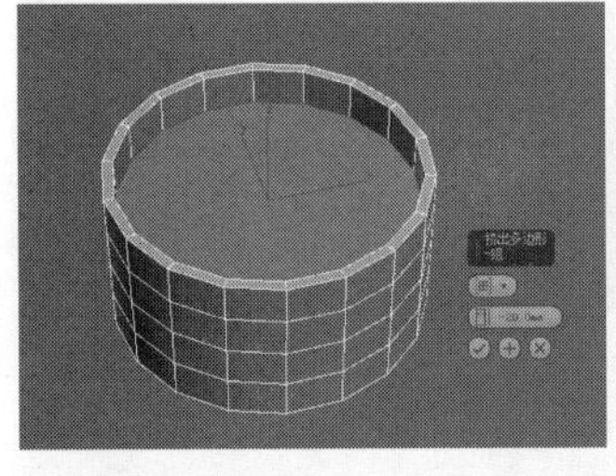

图5-116

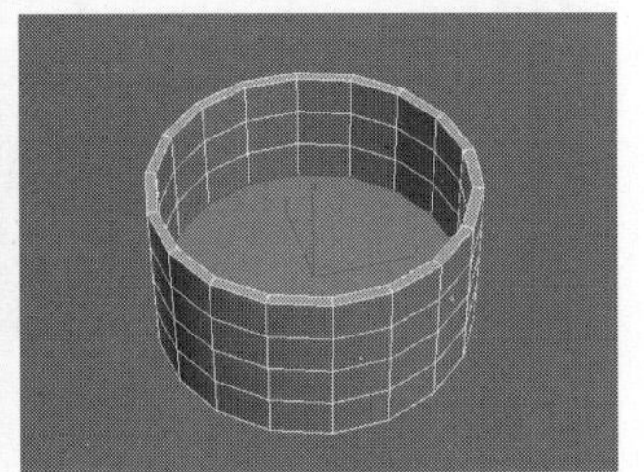

图5-117

05 给模型加载一个FFD4×4×4修改器，如图5-118所示，然后切换到“控制点”层级，在前视图中框选图5-119所示的控制点，接着在顶视图中使用“选择并均匀缩放”工具在*xy*平面进行放大，如图5-120所示。

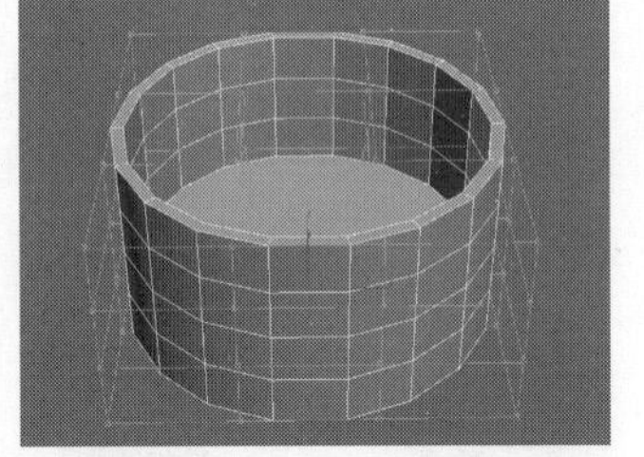

图5-118

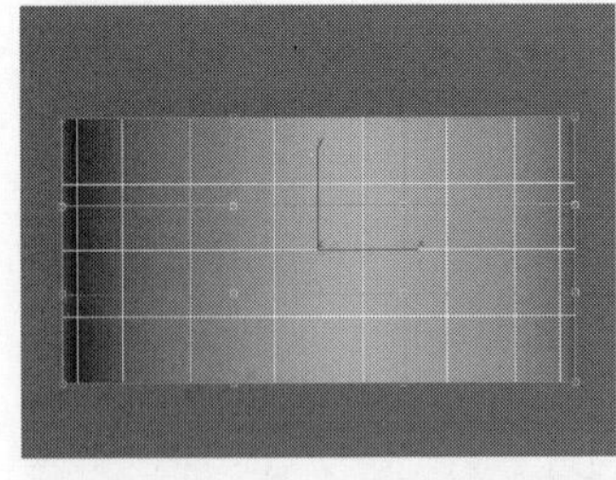

图5-119

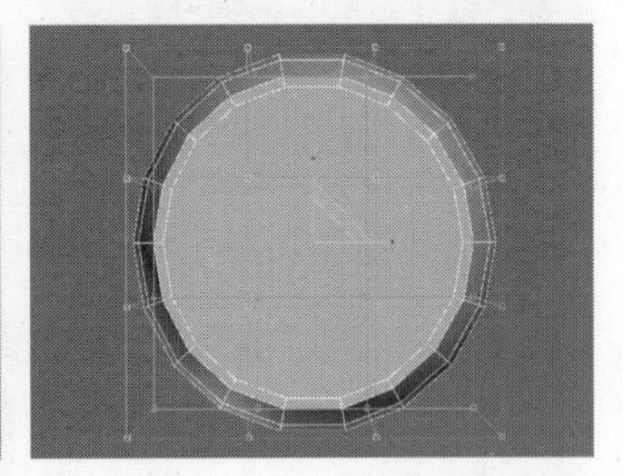

图5-120

06 此时可以观察到模型底部的分段很少，再次将模型转换为可编辑多边形，然后进入“多边形”层级，选中图5-121所示的多边形，接着在“编辑多边形”卷展栏下单击“倒角”按钮 倒角 后的“设置”按钮▣，接着设置“高度”为-10mm、“轮廓”为-10mm，如图5-122所示。

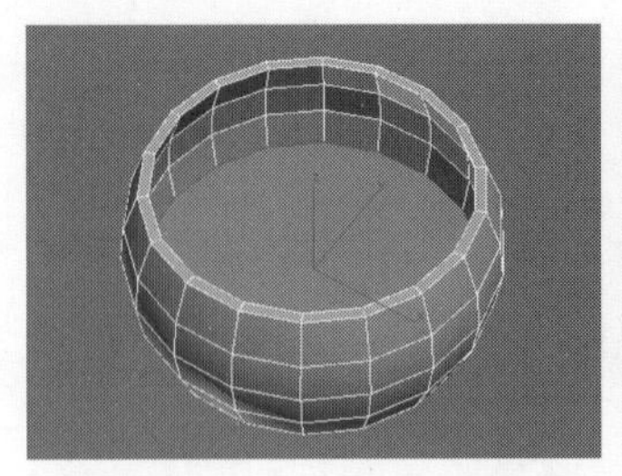

图5-121

图5-122

07 保持选中的多边形不变，然后在“编辑多边形”卷展栏中单击“插入”按钮 插入 后面的“设置”按钮▣，接着设置“数量”为20mm，如图5-123所示，再单击两次“加号”⊕，其效果如图5-124所示。

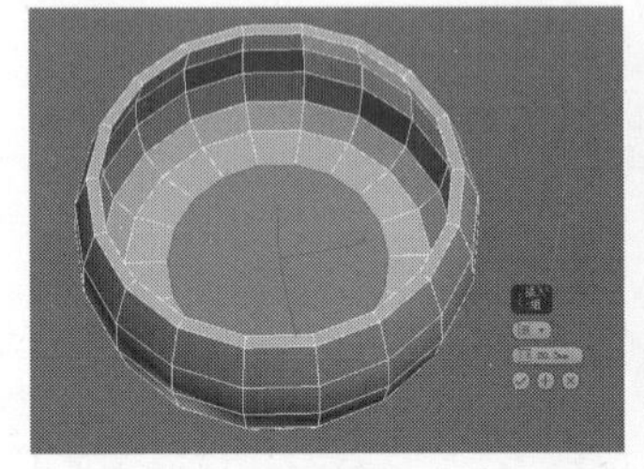

图5-123

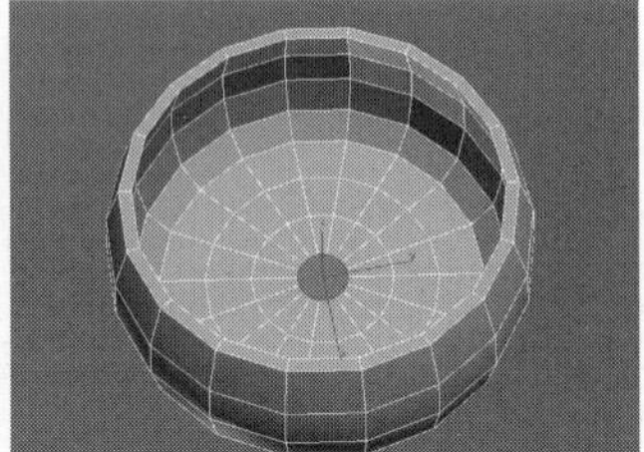

图5-124

08 进入“边”层级，选择图5-125所示的边，然后在“编辑边”卷展栏中单击“倒角”按钮 倒角 后面的“设置”按钮▣，再设置“边倒角量”为0.5mm，如图5-126所示。

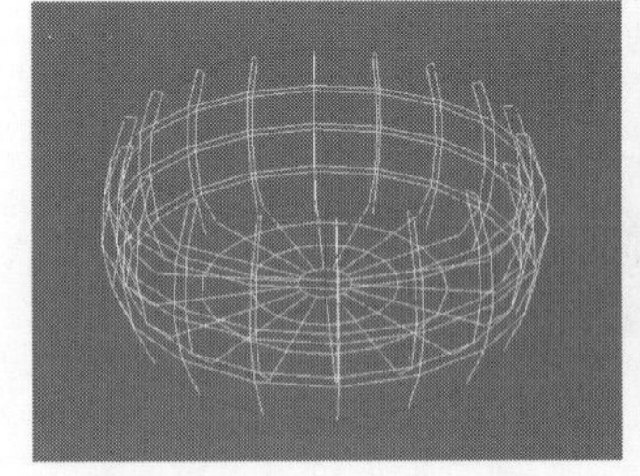

图5-125

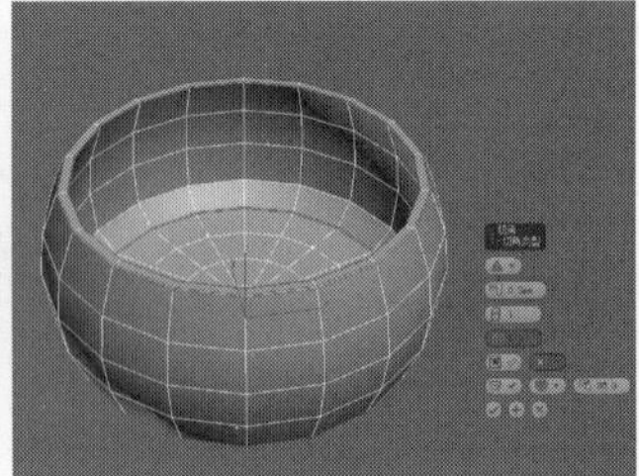

图5-126

09 给面盆模型加载一个“网格平滑”修改器，在“细分量”卷展栏中设置“迭代次数”为2，如图5-127所示。

10 下面制作水龙头模型。使用“切角圆柱体”工具 切角圆柱体 在场景中创建一个切角圆柱体，然后在“参数”卷展栏中设置“半径”为12mm、“高度”为150mm、“圆角”为1.5mm、“边数”为20，如图5-128所示。

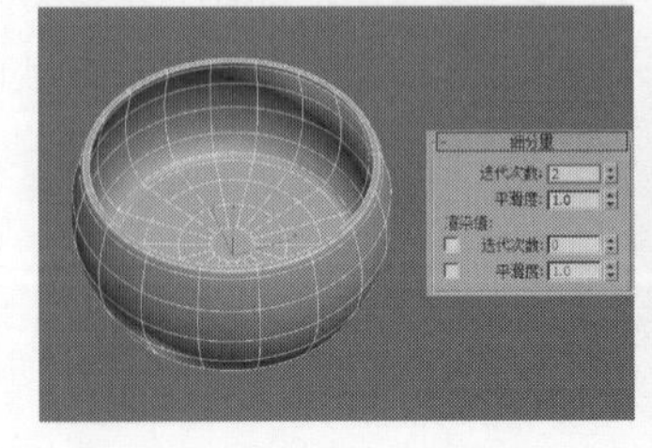

图5-127

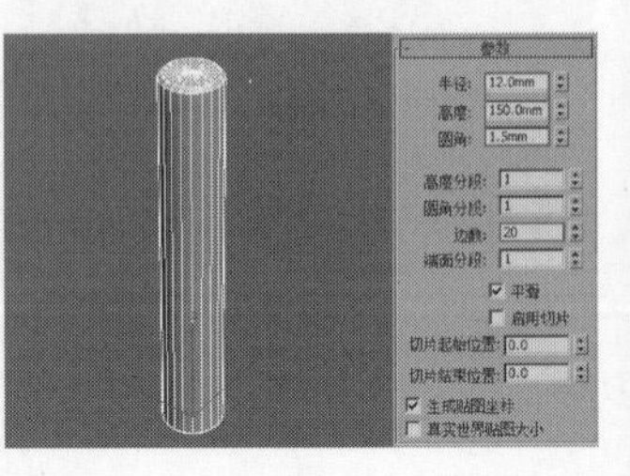

图5-128

11 使用“切角圆柱体”工具 切角圆柱体 在场景中创建一个切角

圆柱体，然后在“参数”卷展栏中设置“半径”为18mm、“高度”为35mm、“圆角”为2mm、“圆角分段”为4、“边数”为20，其位置及参数如图5-129所示。

12 使用“切角圆柱体”工具 切角圆柱体 在场景中创建一个切角圆柱体，然后在“参数”卷展栏中设置“半径”为4.5mm、“高度”为55mm、“圆角”为1mm、“圆角分段”为4、“边数”为20，其位置及参数如图5-130所示。

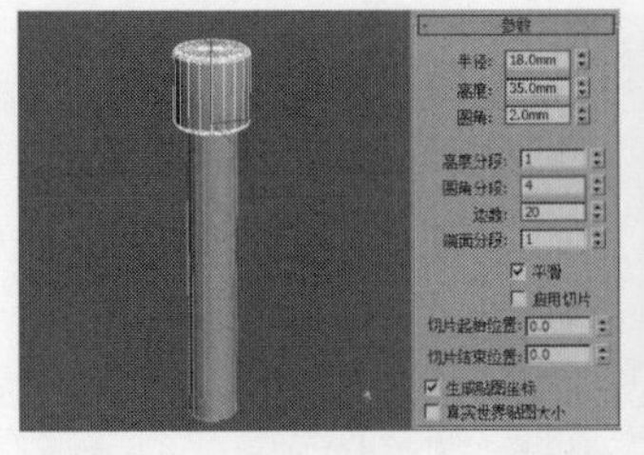

图5-129

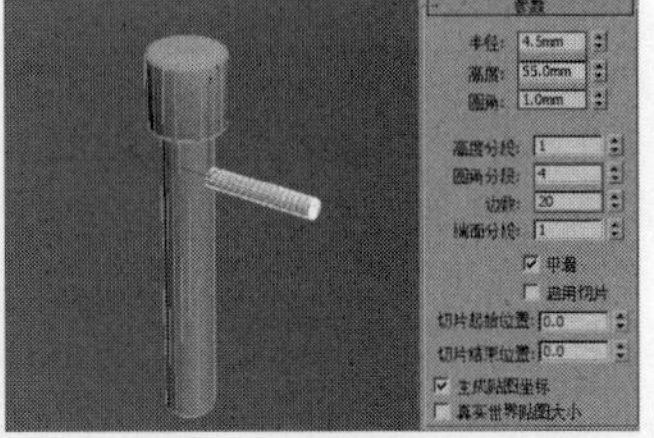

图5-130

13 将上一步创建的切角圆柱体转换为可编辑多边形，然后进入“多边形”层级，选中图5-131所示的多边形，接着在“编辑多边形”卷展栏中单击“插入”按钮 插入 后面的“设置”按钮，最后设置“数量”为1mm，如图5-132所示。

图5-131

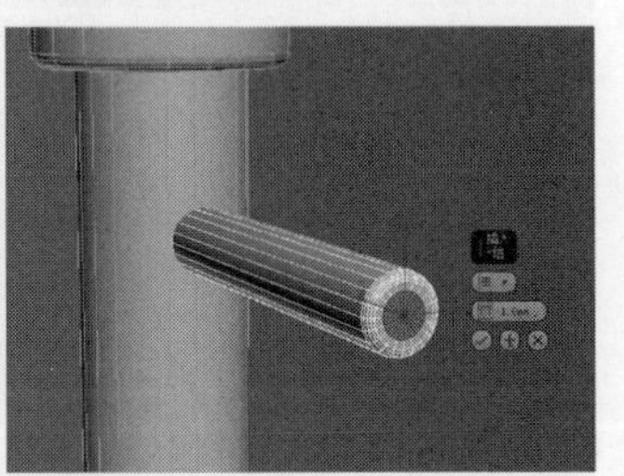

图5-132

14 保持选中的多边形不变，然后在“编辑多边形”卷展栏中单击“挤出”按钮 挤出 后面的“设置”按钮，接着设置“高度”为-50mm，如图5-133所示。

15 使用“切角圆柱体”工具 切角圆柱体 在场景中创建一个切角圆柱体，然后在“参数”卷展栏中设置“半径”为2mm、“高度”为35mm、“圆角”为1mm、“圆角分段”为4、“边数”为20，其参数及位置如图5-134所示。

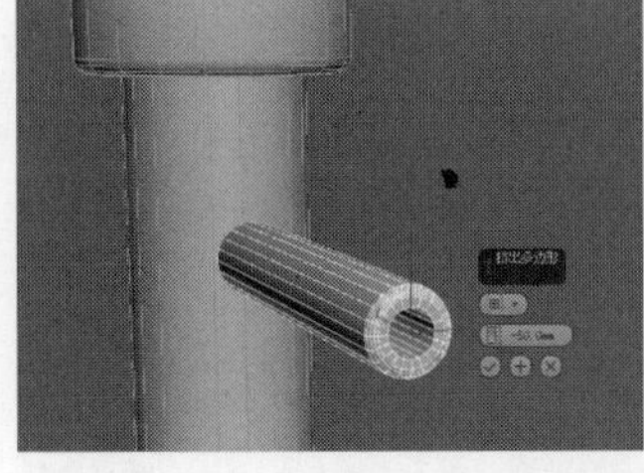

图5-133

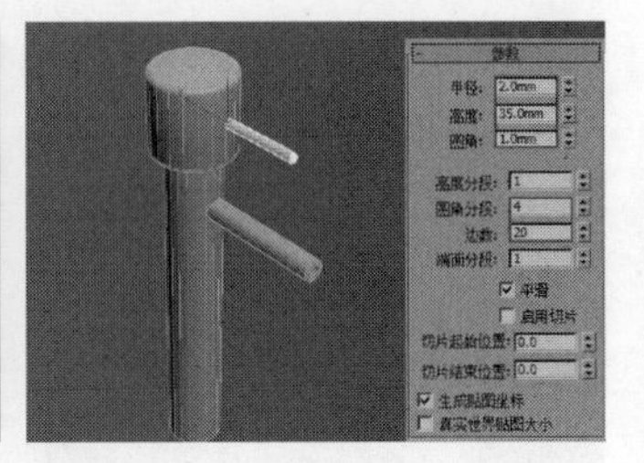

图5-134

16 使用“切角长方体”工具 切角长方体 在场景中创建一个切角长方体作为台面，然后在“参数”卷展栏中设置“长度”为250mm、“宽度”为480mm、“高度”为8mm、“圆角”为1mm、“圆角分段”为1，如图5-135所示，洗手池的最终效果如图5-136所示。

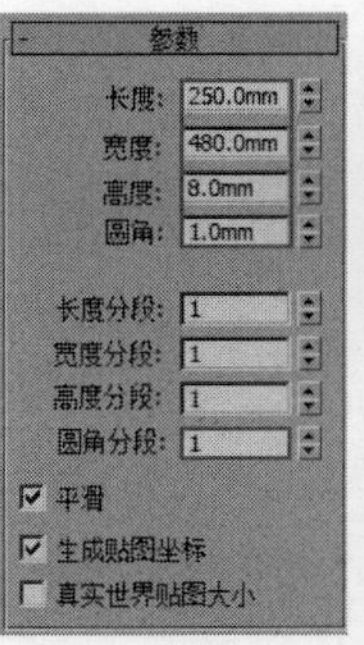

图5-135

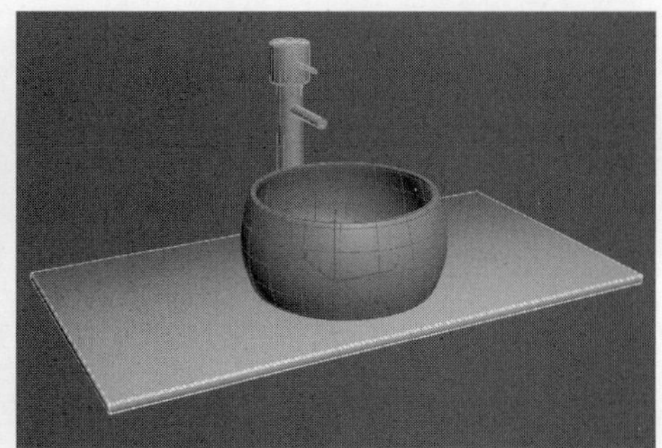

图5-136

实战073 制作落地灯

场景位置	无
实例位置	实例文件>CH05>制作落地灯.max
学习目标	练习多边形建模和样条线建模

落地灯是生活中常见的用品，通过多边形建模，可以制作出造型各异的落地灯，案例效果如图5-137所示。

图5-137

01 首先制作支架立柱。使用“长方体”工具 长方体 在场景中创建一个长方体，然后在“参数”卷展栏中设置“长度”为40mm、“宽度”为40mm、“高度”为1600mm，如图5-138所示。

图5-138

02 将上一步创建的长方体转换为可编辑多边形，然后进入“多边形”层级，选择图5-139所示的多边形，然后使用“选择并移动”工具移动位置，左视图效果如图5-140所示。

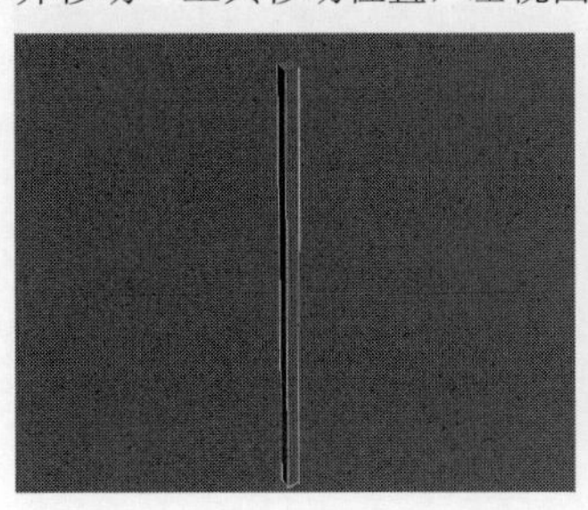

图5-139

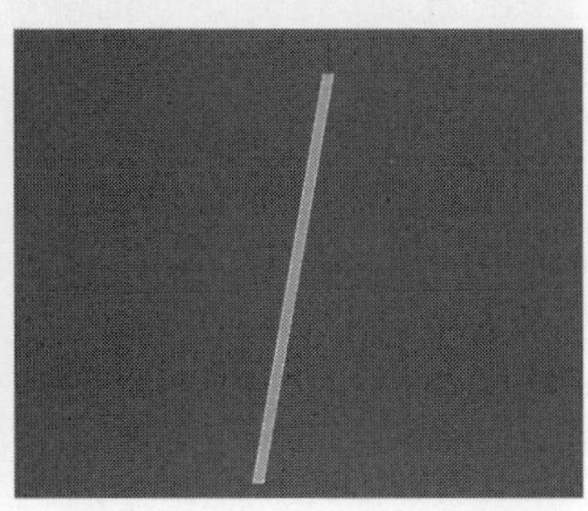

图5-140

03 保持选中的多边形不变，然后在“编辑多边形”卷展栏中单击“挤出”按钮 挤出 后面的“设置”按钮，设置“高度”

为40mm，如图5-141所示，接着使用“选择并旋转”工具沿z轴旋转45°并调整至图5-142所示的效果。

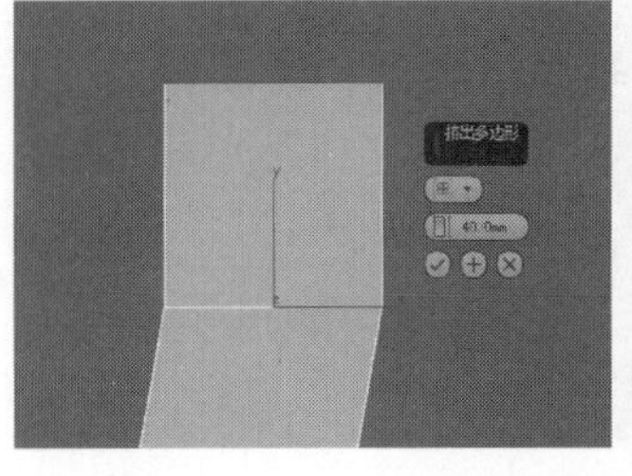

图5-141

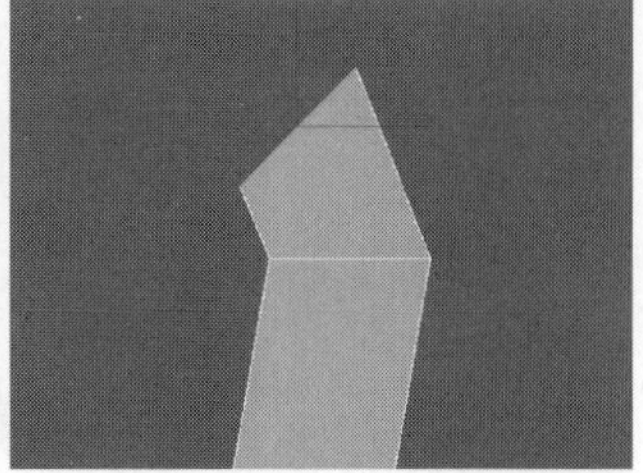

图5-142

04 保持选中的多边形不变，然后在“编辑多边形”卷展栏中单击“挤出”按钮 挤出 后面的“设置”按钮，设置“高度”为600mm，如图5-143所示。

图5-143

05 保持选中的多边形不变，然后在“编辑多边形”卷展栏中单击“挤出”按钮 挤出 后面的“设置”按钮，设置“高度”为40mm，如图5-144所示，接着使用“选择并旋转”工具沿z轴旋转45°并调整至图5-145所示的效果。

图5-144

图5-145

06 保持选中的多边形不变，然后在“编辑多边形”卷展栏中单击“挤出”按钮 挤出 后面的“设置”按钮，设置“高度”为800mm，如图5-146所示。

07 保持选中的多边形不变，然后在“编辑多边形”卷展栏中单击“轮廓”按钮 轮廓 后面的“设置”按钮，设置“数量”为-10mm，如图5-147所示。

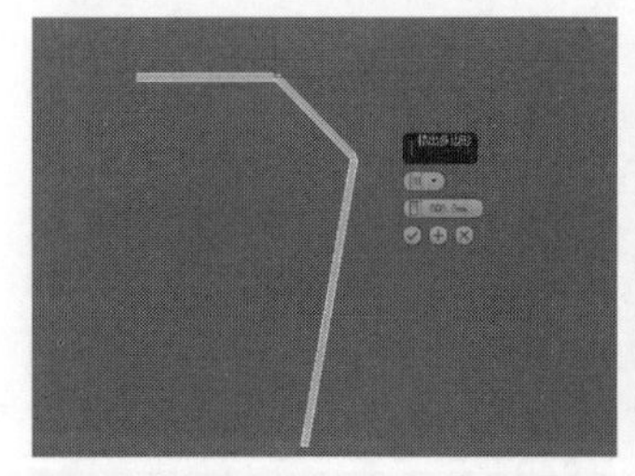

图5-146

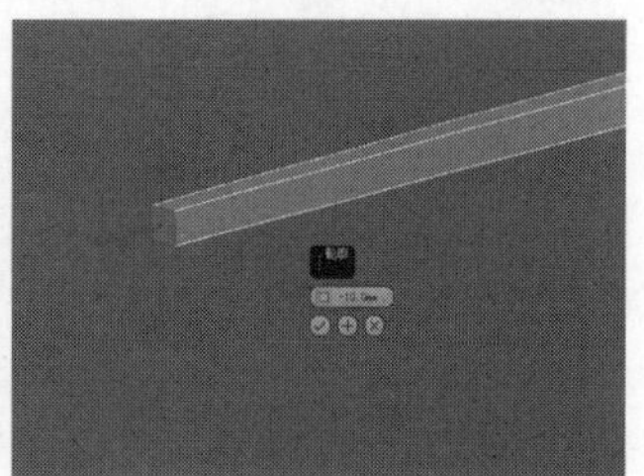

图5-147

08 选中图5-148所示的两个多边形，然后在“编辑多边形”卷展栏中单击“倒角”按钮 倒角 后面的“设置”按钮，设置“高度”为100mm、“轮廓”为-10mm，如图5-149所示。

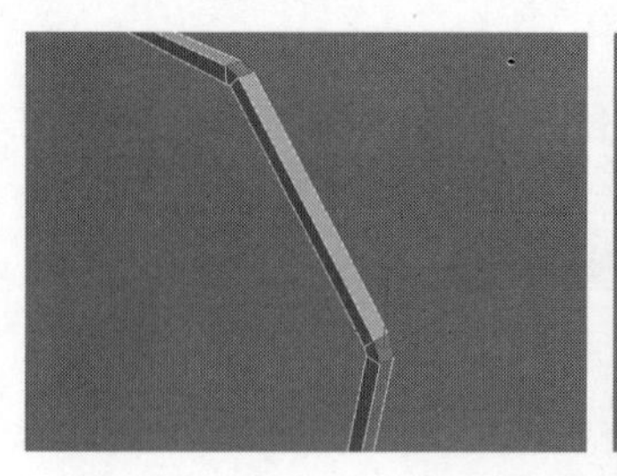

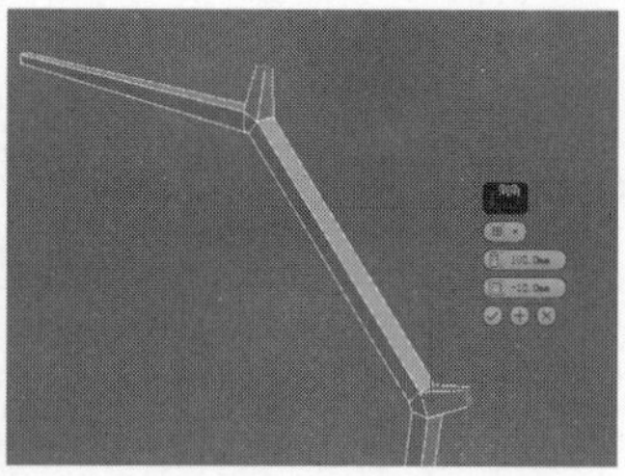

图5-148

图5-149

09 使用“长方体”工具 长方体 在场景中创建一个长方体，然后在“参数”卷展栏中设置“长度”为40mm、“宽度”为40mm、“高度”为600mm，其位置及参数如图5-150所示。

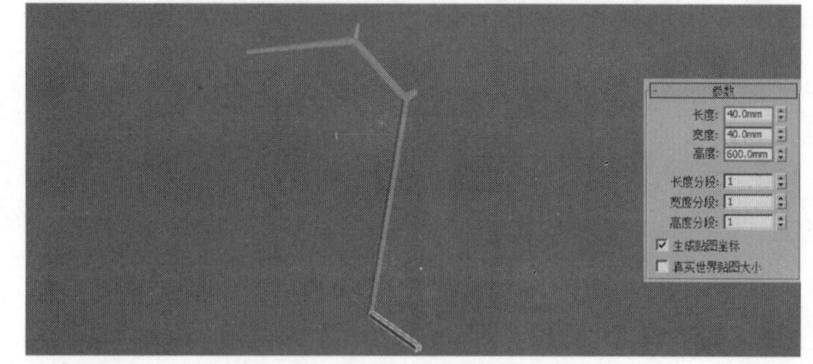

图5-150

10 将上一步创建的长方体转换为可编辑多边形，然后选中图5-151所示的多边形，接着在“编辑多边形”卷展栏中单击“轮廓”按钮 轮廓 后面的“设置”按钮，设置“数量”为-10mm，如图5-152所示。

图5-151

图5-152

11 在前视图中调整多边形到图5-153所示的效果，然后在顶视图中，使用“选择并旋转”工具并按住Shift键沿z轴旋转120°复制两个模型，如图5-154所示。

图5-153

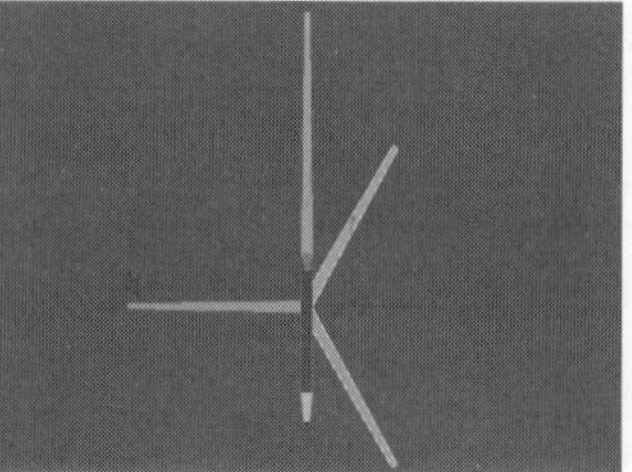

图5-154

12 下面制作灯罩模型。使用“圆柱体”工具 圆柱体 在场景中创建一个圆柱体，然后在“参数”卷展栏中设置“半径”为260mm、“高度”为400mm、“边数”为36，如图5-155所示。

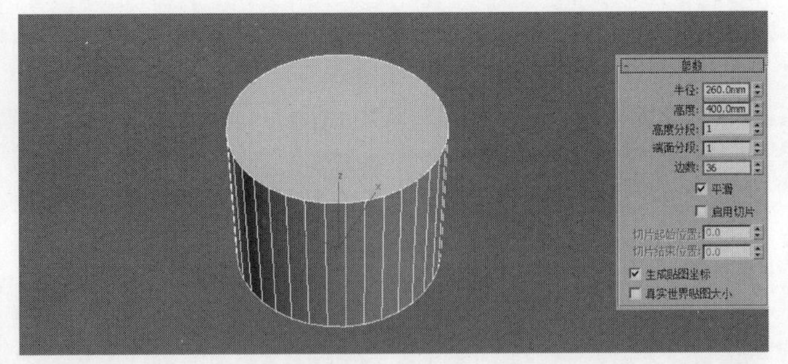

图5-155

13 将上一步创建的圆柱体转换为可编辑多边形，然后进入“多边形”层级，删除图5-156所示的两个多边形，接着进入“点”层级，将模型调整至图5-157所示的造型。

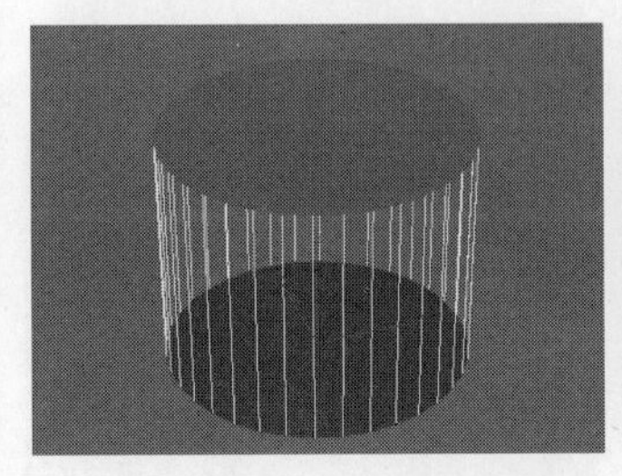

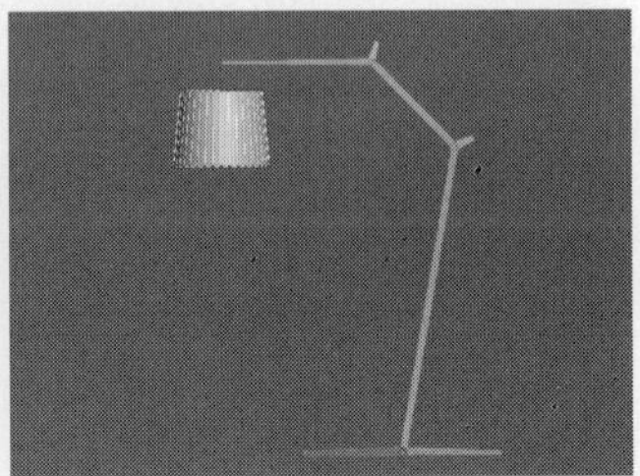

图5-156　图5-157

14 选中模型，然后为其加载一个“壳”修改器，接着在“参数”卷展栏中设置“内部量”为10mm、“外部量”为0mm，如图5-158所示。

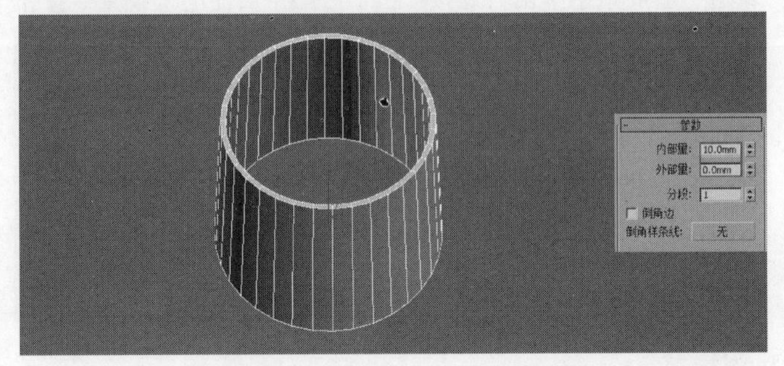

图5-158

15 将灯罩模型转换为可编辑多边形，然后进入“边”层级，选中图5-159所示的边，接着在“编辑边”卷展栏中单击“切角”按钮 切角 后面的“设置”按钮，再设置“边切角量”为2mm，如图5-160所示。

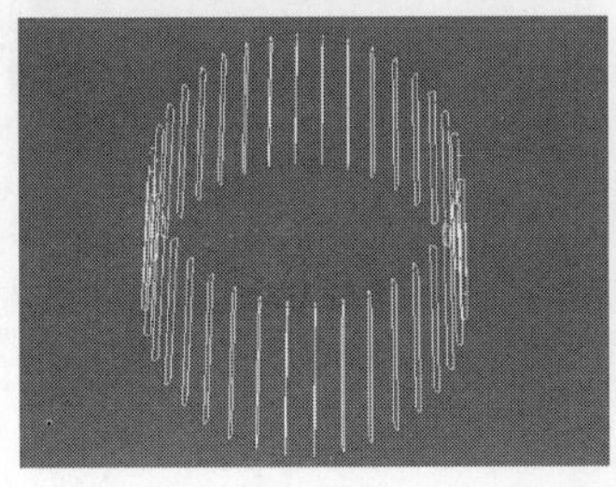

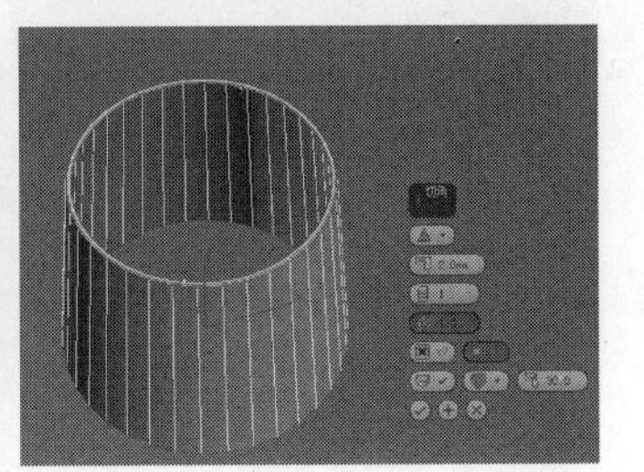

图5-159　图5-160

16 使用“圆柱体”工具 圆柱体 在场景中创建一个圆柱体，然后在“参数”卷展栏中设置“半径”为10mm、“高度”为-150mm、“高度分段”为1，其位置及参数如图5-161所示。

图5-161

17 使用“圆柱体”工具 圆柱体 在场景中创建一个圆柱体，然后在“参数”卷展栏中设置“半径”为3mm、“高度”为200mm、“高度分段”为1，其位置及参数如图5-162所示，接着移动圆柱体的轴点中心至图5-163所示的位置，再在顶视图中使用“选择并旋转”工具并按住Shift键沿*z*轴旋转120°复制两个圆柱体，如图5-164所示。

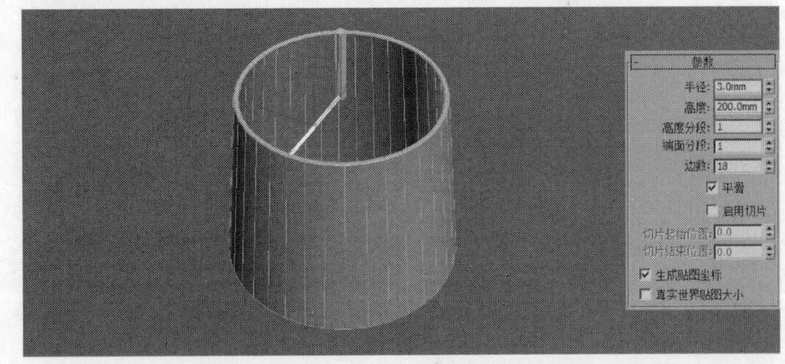

图5-162

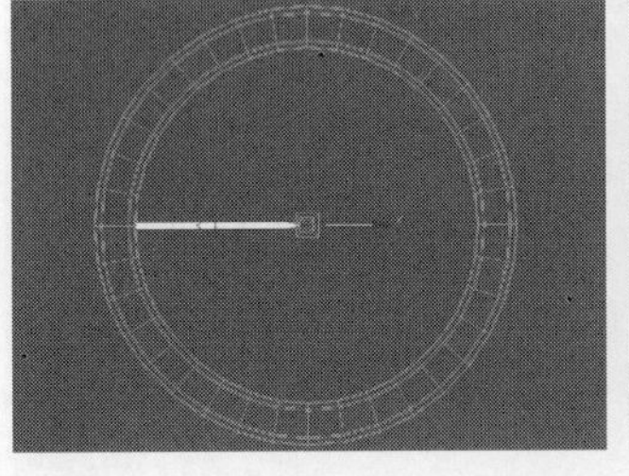

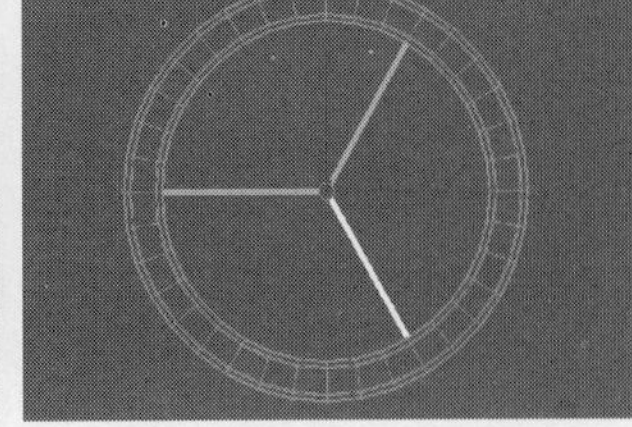

图5-163　图5-164

18 下面制作电线。在左视图中使用“线”工具 线 绘制图5-165所示的样条线，然后在“渲染”卷展栏中勾选“在渲染中启用”和“在视口中启用”选项，接着选择“径向”选项，设置“厚度”为6mm，如图5-166所示。落地灯的最终效果如图5-167所示。

图5-165

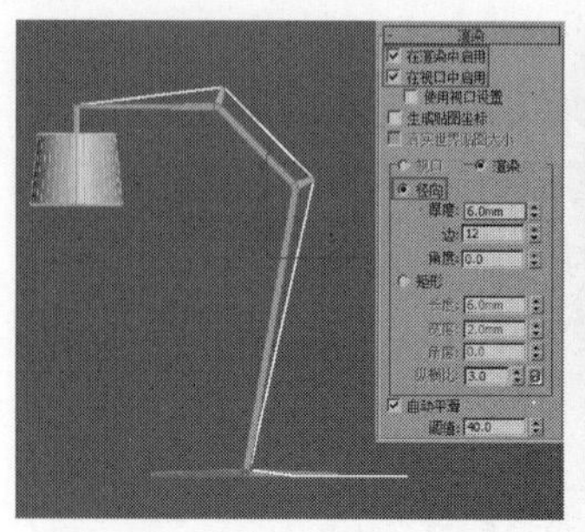

图5-166　　图5-167

实战074 制作鞋柜

场景位置	无
实例位置	实例文件>CH05>制作鞋柜.max
学习目标	练习多边形建模

本例是一个现代风格的鞋柜，造型较为简单，通过多边形建模即可，其效果如图5-168所示。

图5-168

01 使用“长方体”工具 长方体 在场景中创建一个长方体，然后在“参数”卷展栏中设置“长度”为1100mm、“宽度”为890mm、“高度”为300mm，如图5-169所示。

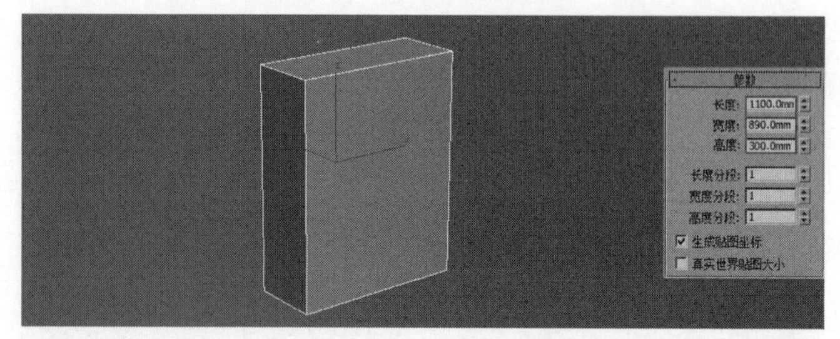

图5-169

02 将上一步创建的长方体转换为可编辑多边形，然后进入“多边形”层级，选中图5-170所示的多边形，接着在“编辑多边形”卷展栏中单击“插入”按钮 插入 后面的“设置”按钮■，设置“类型”为“按多边形”、“数量”为40mm，如图5-171所示。

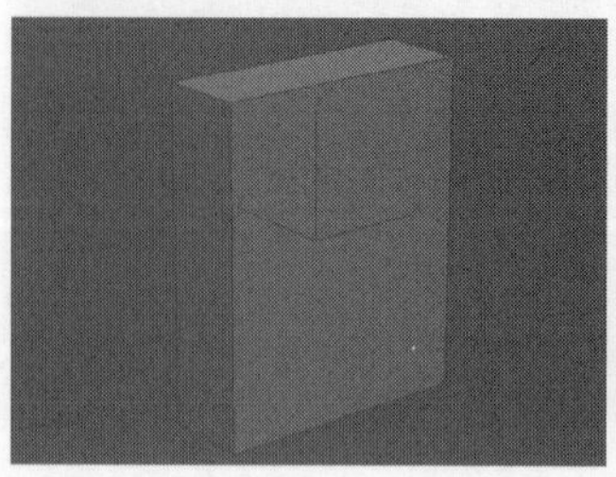

图5-170　　图5-171

03 选中两边的多边形，如图5-172所示，然后在“编辑多边形”卷展栏中单击“挤出”按钮 挤出 后面的“设置”按钮■，设置“高度”为-40mm，如图5-173所示。

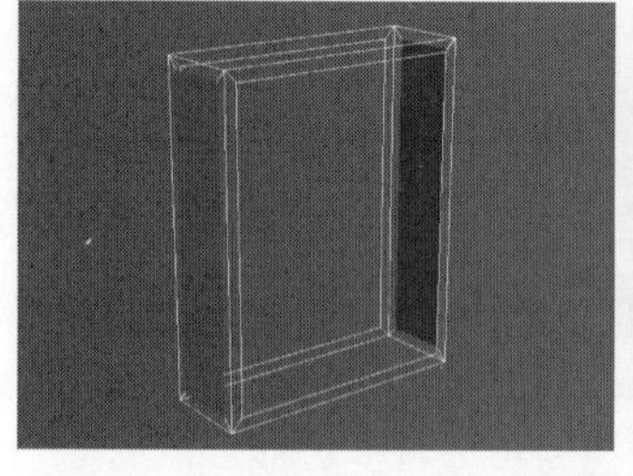

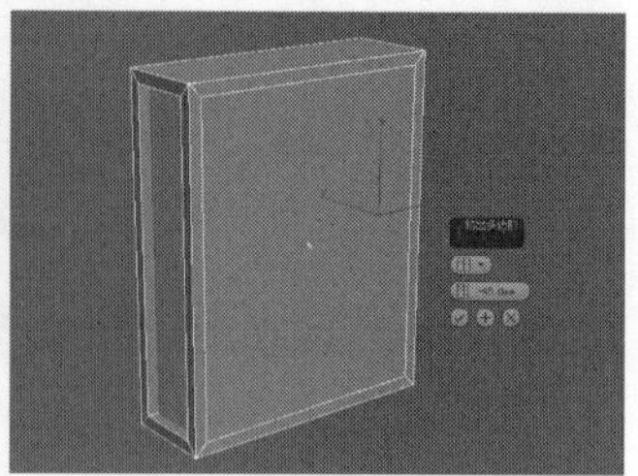

图5-172　　图5-173

04 选中正面的多边形，如图5-174所示，然后在“编辑多边形”卷展栏中单击“挤出”按钮 挤出 后面的“设置”按钮■，设置“高度”为-10mm，如图5-175所示。

图5-174　　图5-175

05 进入“边”层级，然后选中图5-176所示的边，接着在“编辑边”卷展栏中单击“连接”按钮 连接 后面的“设置”按钮■，设置“分段”为4，如图5-177所示，最后将新加的边调整成图5-178所示的效果。

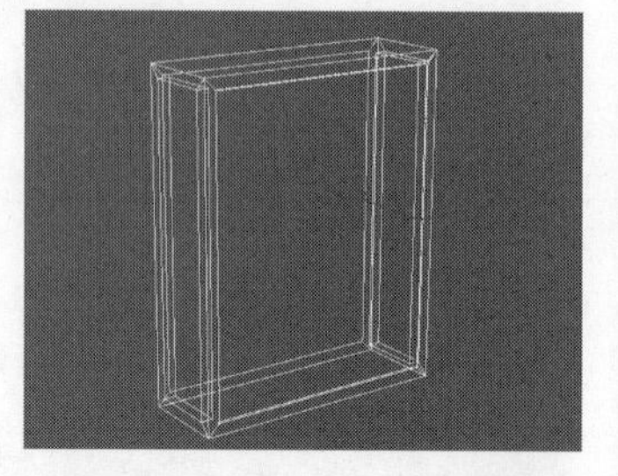

图5-176

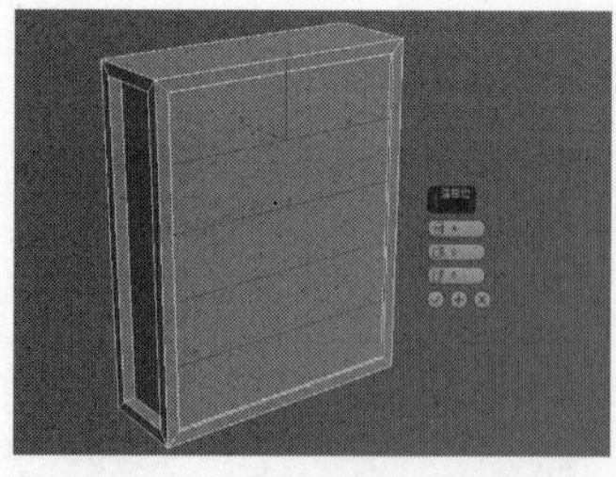

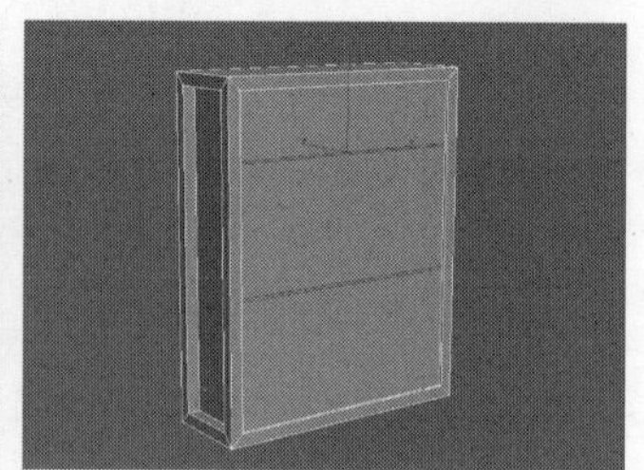

图5-177　　图5-178

06 进入“多边形”层级，然后选中图5-179所示的多边形，接着在“编辑多边形”卷展栏中单击“插入”按钮 插入 后面的“设置”按钮■，设置“数量”为5mm，如图5-180所示。

07 选中图5-181所示的多边形，然后在“编辑多边形”卷展栏中单击“挤出”按钮 挤出 后面的“设置”按钮■，设置“高度”为-250mm，如图5-182所示。

图5-179

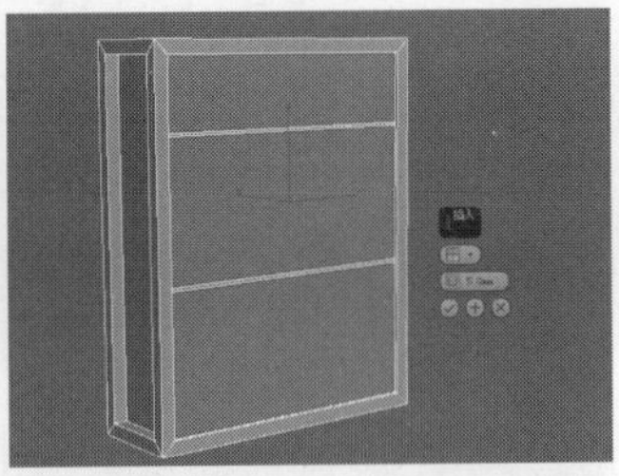

图5-180

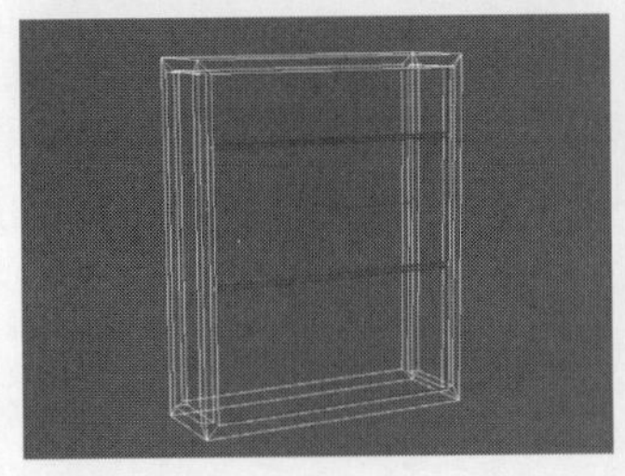

图5-181

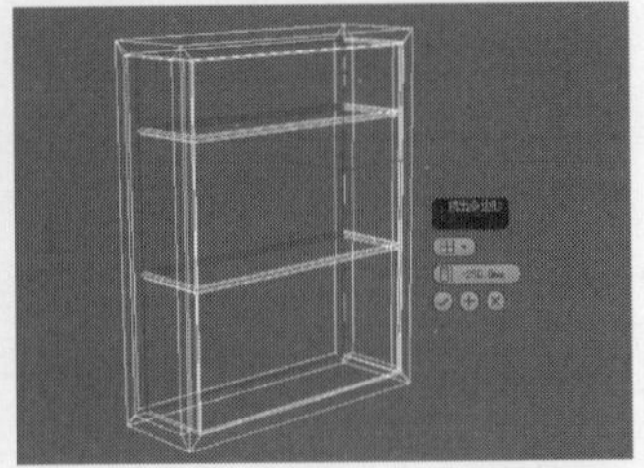

图5-182

08 进入“边”层级，然后选中图5-183所示的边，接着在“编辑边”卷展栏中单击“连接”按钮 连接 后面的“设置”按钮，设置“分段”为2，并调整至图5-184所示的效果。

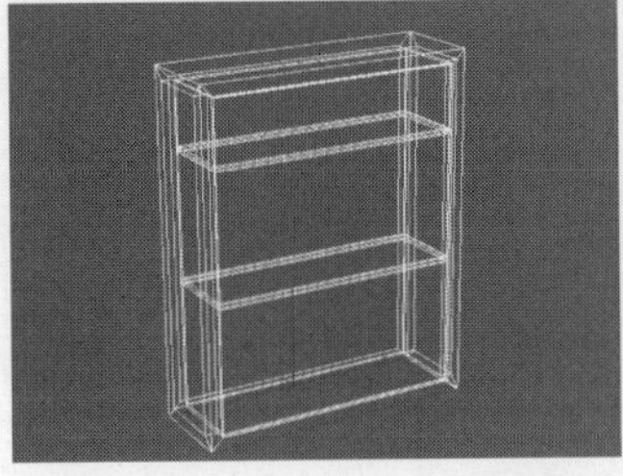

图5-183

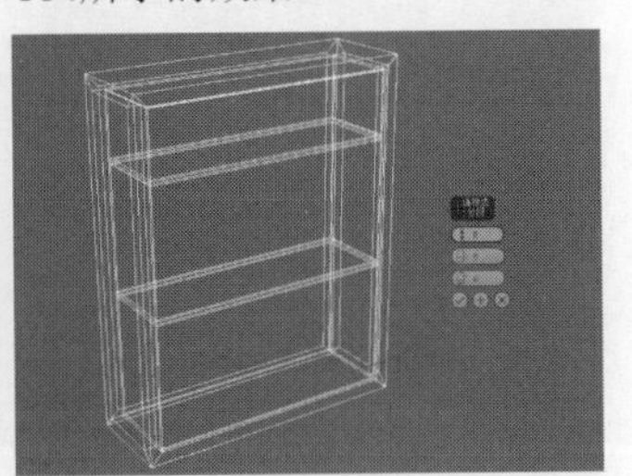

图5-184

09 选中图5-185所示的边，然后在“编辑边”卷展栏中单击“连接”按钮 连接 后面的“设置”按钮，设置“分段”为2，并调整至图5-186所示的效果。

图5-185

图5-186

10 进入“多边形”层级，然后选中图5-187所示的多边形，接着在“编辑多边形”卷展栏中单击“挤出”按钮 挤出 后面的“设置”按钮，设置“高度”为150mm，如图5-188所示。

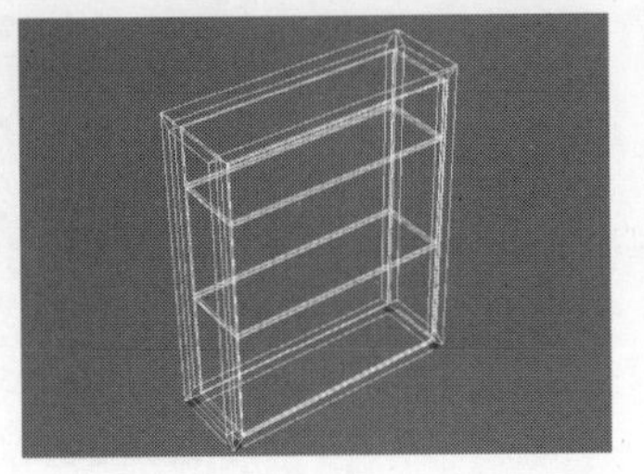

图5-187

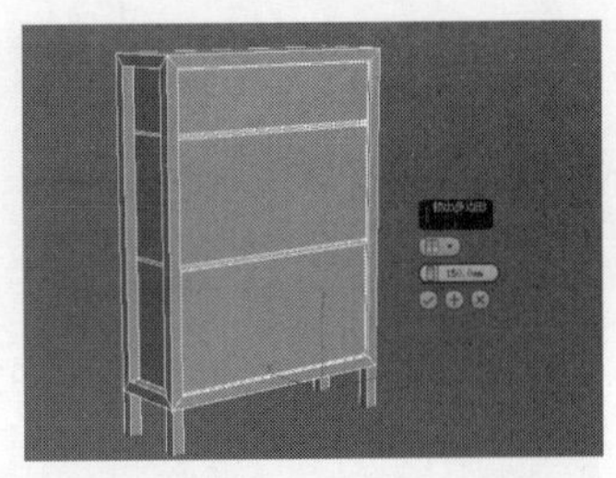

图5-188

11 进入“边”层级，然后选中图5-189所示的边，接着在“编辑边”卷展栏中单击“切角”按钮 切角 后面的“设置”按钮，设置“边切角量”为1.5mm，如图5-190所示。

图5-189

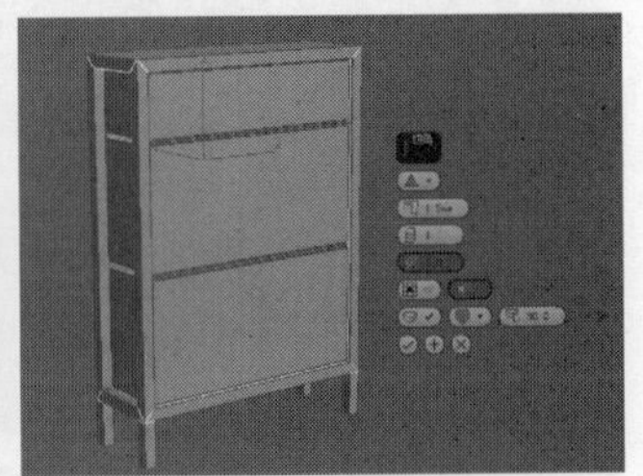

图5-190

12 使用“切角长方体”工具 切角长方体 在场景中创建一个切角长方体，然后在“参数”卷展栏中设置“长度”为400mm、“宽度”为990mm、“高度”为20mm、“圆角”为1.5mm，如图5-191所示。

13 使用“线”工具 线 在顶视图中绘制出把手的剖面，如图5-192所示，然后为其加载一个“车削”修改器，在“参数”卷展栏中设置“方向”为y轴、“对齐”为“最大”，如图5-193所示。

14 将把手模型进行复制移动，鞋柜的最终效果如图5-194所示。

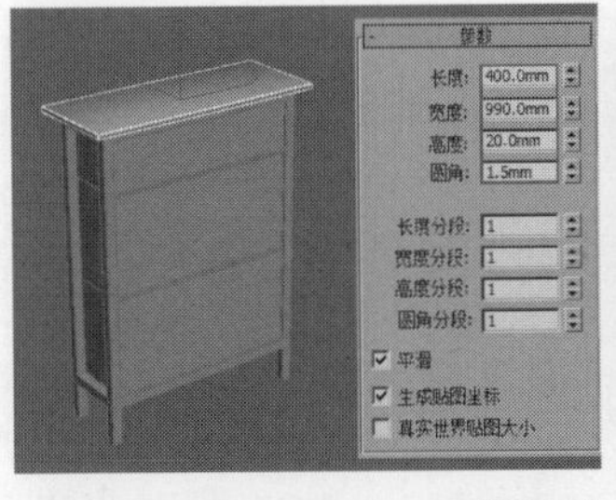

图5-191

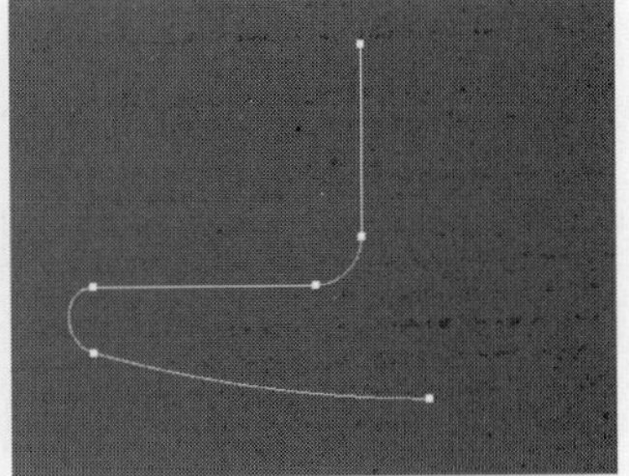

图5-192

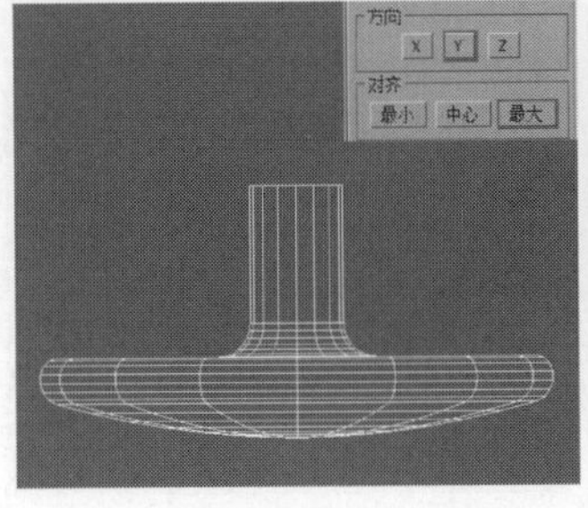

图5-193

图5-194

实战075 制作双人床

场景位置　无
实例位置　实例文件>CH05>制作双人床.max
学习目标　练习多边形建模

本例是一个简欧风格的双人床，由床头板、床架和床尾板三部分组成，案例效果如图5-195所示。

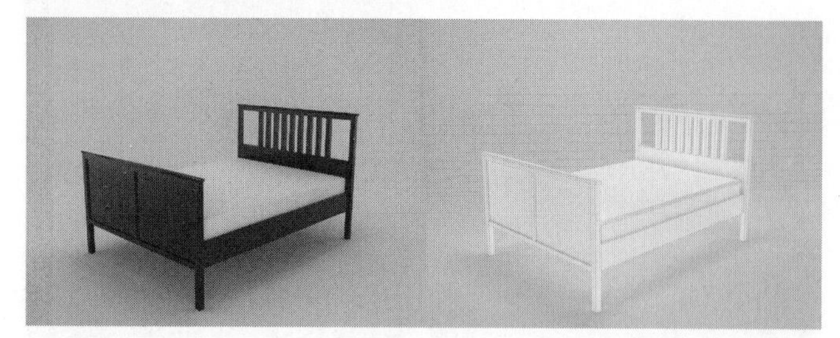

图5-195

01 使用“长方体”工具 长方体 在场景中创建一个长方体作为床架，然后在“参数”卷展栏中设置“长度”为2050mm、“宽度”为1550mm、“高度”为200mm，如图5-196所示。

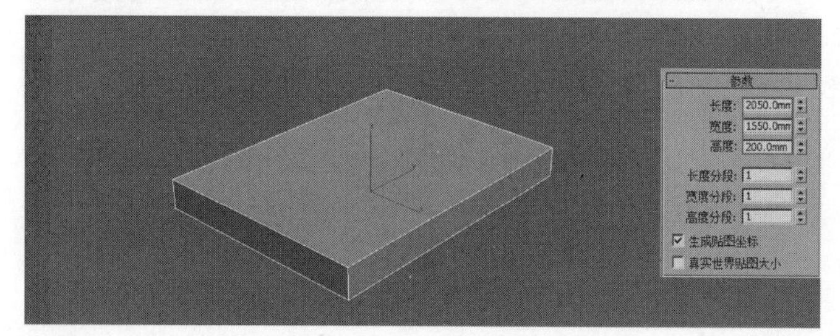

图5-196

02 选中上一步创建的长方体，然后将其转换为可编辑多边形，接着进入“多边形”层级，选中图5-197所示的多边形，再在“编辑多边形”卷展栏中单击“插入”按钮 插入 后面的“设置”按钮，设置“数量”为25mm，如图5-198所示。

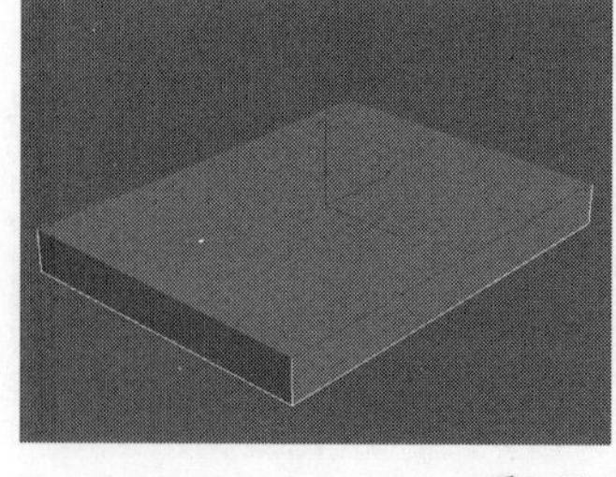

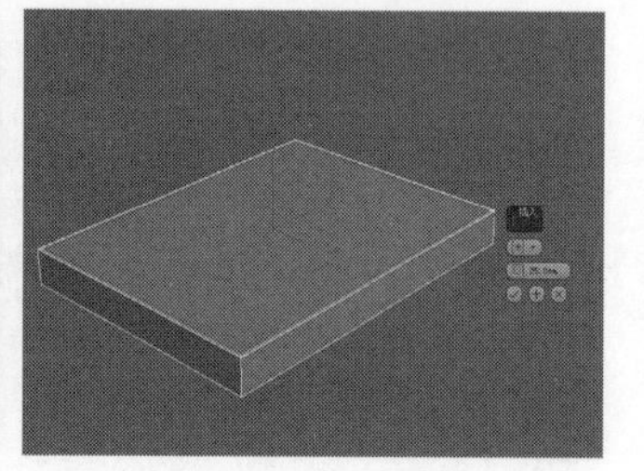

图5-197　图5-198

03 保持选中的多边形不变，然后在“编辑多边形”卷展栏中单击“挤出”按钮 挤出 后面的“设置”按钮，接着设置“高度”为-50mm，如图5-199所示。

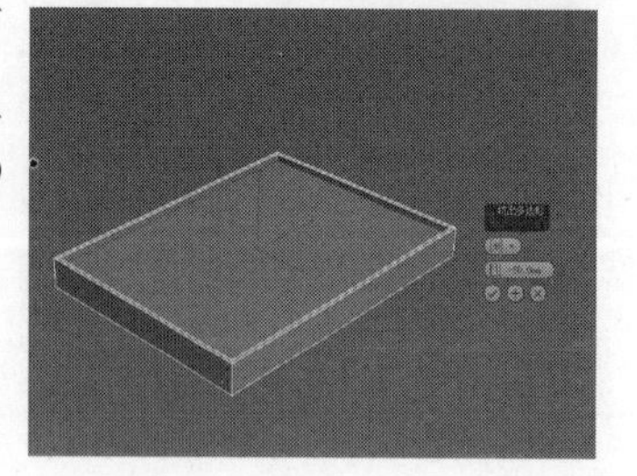

图5-199

04 进入“边”层级，然后选中图5-200所示的边，接着在“编辑边”卷展栏中单击“切角”按钮 切角 后面的“设置”按钮，设置“边切角量”为2mm，如图5-201所示。

图5-200　图5-201

05 下面制作床头板。使用“长方体”工具 长方体 在场景中创建一个长方体，然后设置“长度”为50mm、“宽度”为50mm、“高度”为1260mm，如图5-202所示。

06 将上一步创建的长方体转换为可编辑多边形，然后进入“边”层级，接着选中所有的边，再在“编辑边”卷展栏中单击“切角”按钮 切角 后面的“设置”按钮，设置“边切角量”为2mm，如图5-203所示。

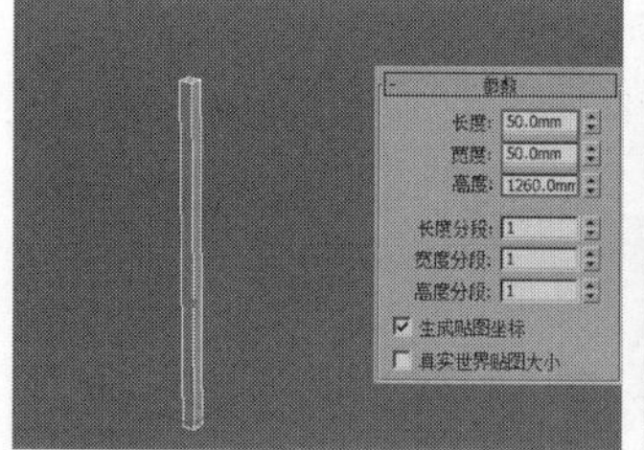

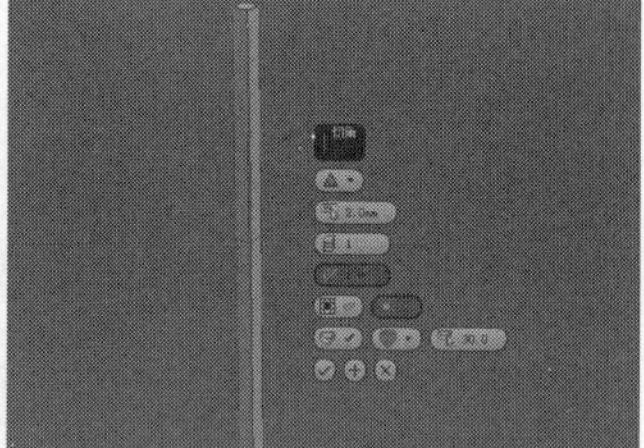

图5-202　图5-203

07 选中长方体模型，然后进入“边”层级，选中图5-204所示的两条边，接着在“编辑边”卷展栏中单击“连接”按钮 连接 为其添加一条边，并移动到图5-205所示的位置。

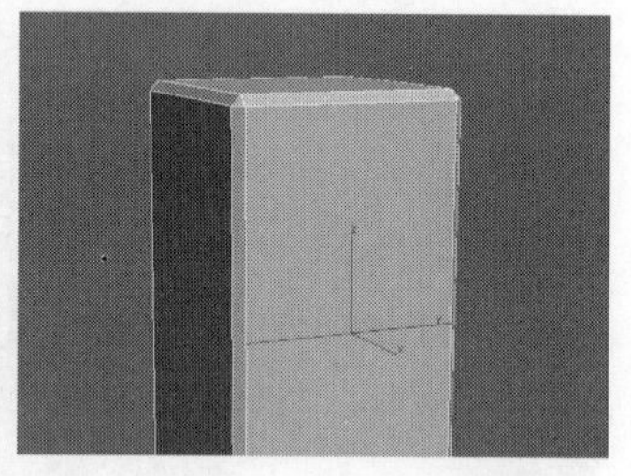

图5-204　图5-205

08 将长方体模型向右复制一个到床架的另一侧，如图5-206所示，然后在顶视图中单击“主工具栏”中的“镜像”按钮，接着设置“镜像轴”为x轴、“克隆类型”为“不克隆”，最后单击“确定”按钮 确定，如图5-207所示。

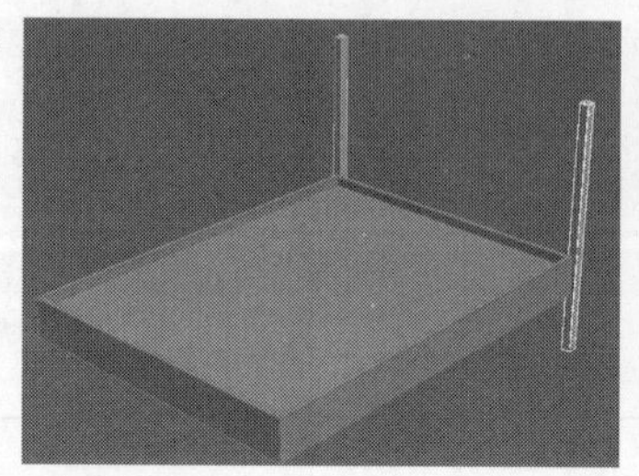

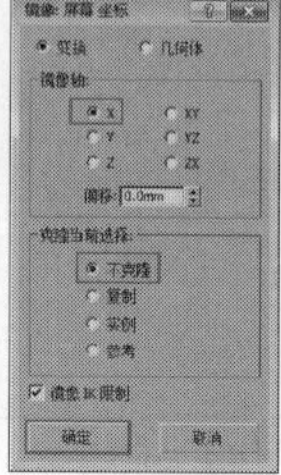

图5-206　图5-207

09 选择两个长方体，然后切换到“工具”面板，单击“塌陷”按钮 塌陷 ，将其塌陷为一个模型，如图5-208所示。

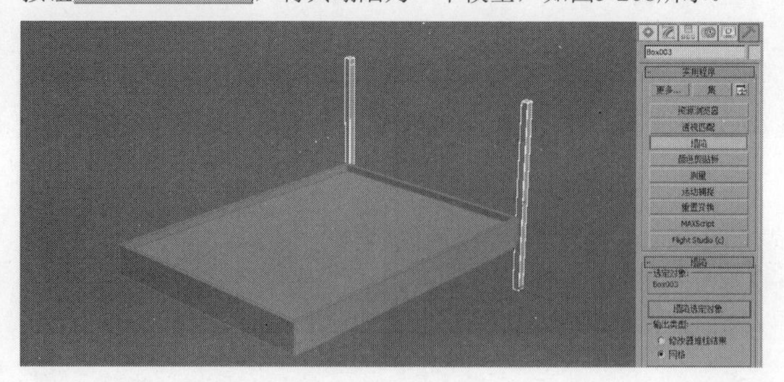

图5-208

10 将塌陷后的模型转换为可编辑多边形，然后进入“多边形”层级，选中图5-209所示的多边形，接着在“编辑多边形”卷展栏中单击“桥”按钮 桥 ，将两个模型相连接，如图5-210所示。

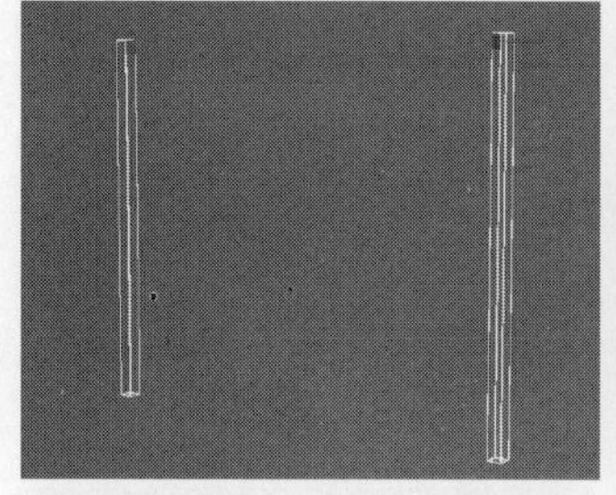

图5-209 图5-210

11 按照上述方法制作出下方连接部分，如图5-211所示。

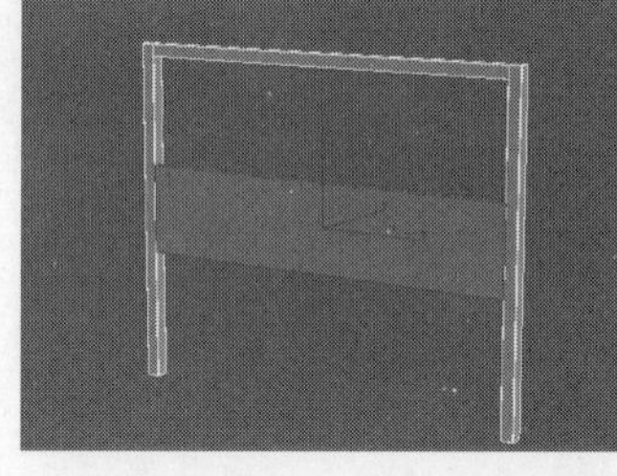

图5-211

12 进入“边”层级，然后选择图5-212所示的边，然后在“编辑边”卷展栏中单击“连接”按钮 连接 后面的“设置”按钮▣，设置“分段”为18，如图5-213所示。

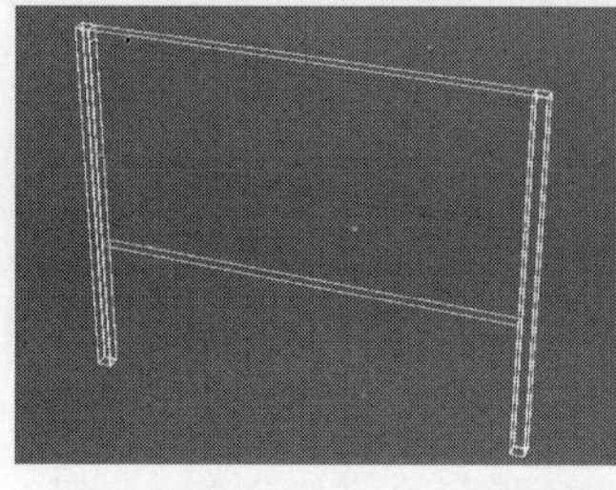

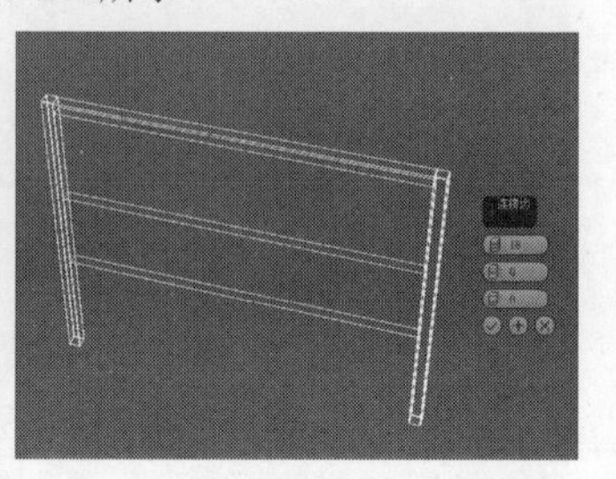

图5-212 图5-213

13 进入“多边形”层级，然后选中图5-214所示的多边形，接着在“编辑多边形”卷展栏中单击“桥”按钮 桥 ，其效果如图5-215所示。

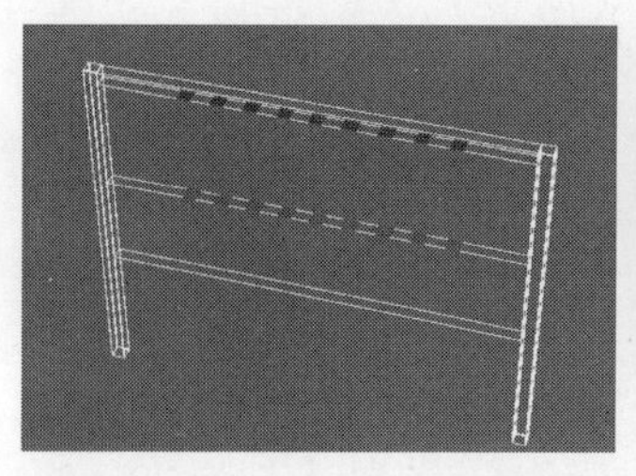

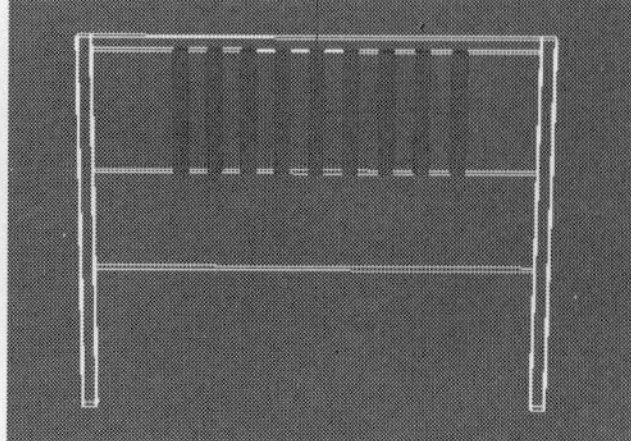

图5-214 图5-215

14 进入“边”层级，然后选中图5-216所示的边，接着在“编辑边”卷展栏中单击“切角”按钮 切角 后面的“设置”按钮▣，设置“边切角量”为2mm，如图5-217所示。

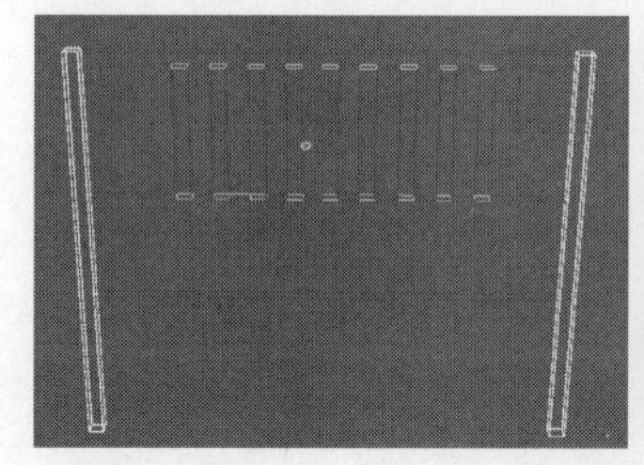

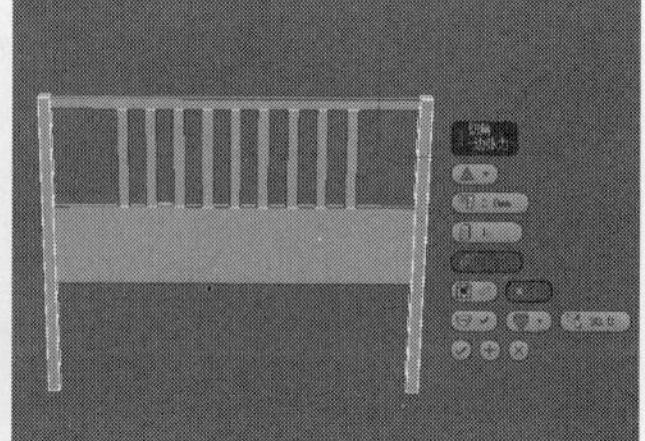

图5-216 图5-217

15 使用“切角长方体”工具 切角长方体 在场景中创建一个切角长方体，然后在“参数”卷展栏中设置“长度”为60mm、“宽度”为1620mm、“高度”为20mm、“圆角”为2mm，其位置及参数如图5-218所示。

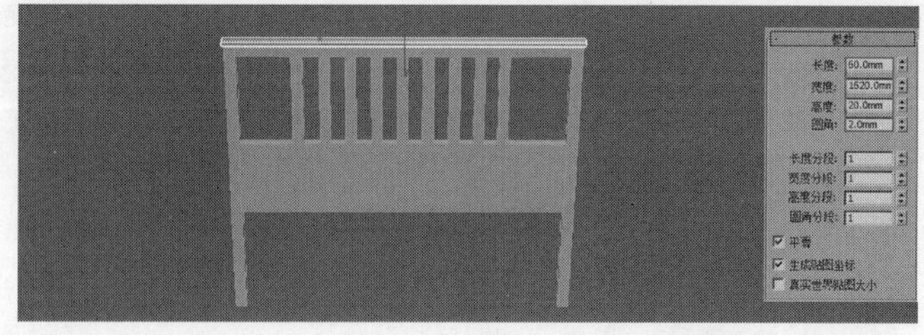

图5-218

16 下面制作床尾板。与制作床头板的步骤类似，首先使用“长方体”工具 长方体 在场景中创建一个长方体，然后设置“长度”为50mm、“宽度”为50mm、“高度”为960mm，如图5-219所示。

17 将上一步创建的长方体转换为可编辑多边形，然后进入“边”层级，接着选中所有的边，再在“编辑边”卷展栏中单击“切角”按钮 切角 后面的“设置”按钮▣，设置“边切角量”为2mm，如图5-220所示。

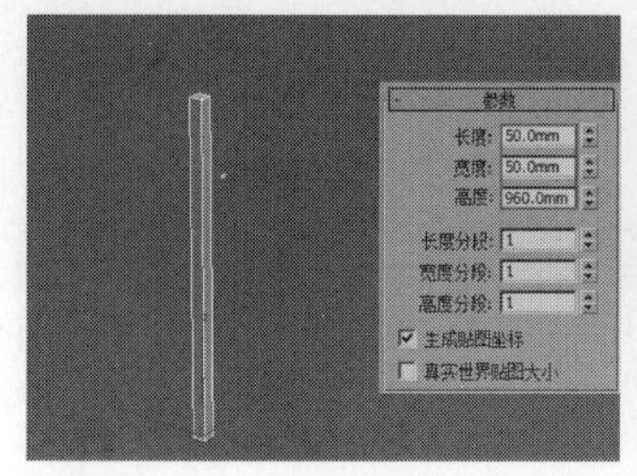

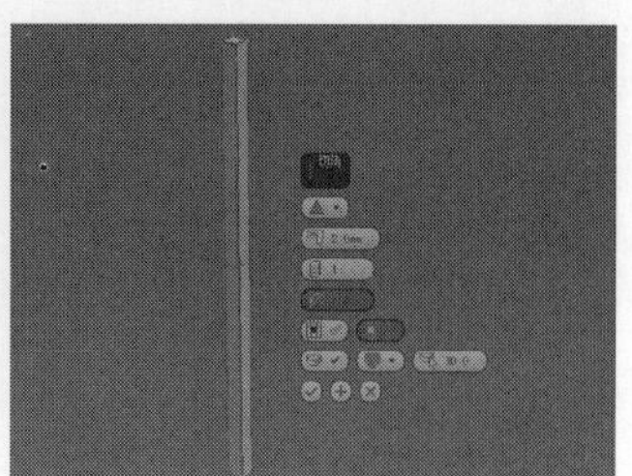

图5-219 图5-220

18 选中长方体模型，然后进入“边”层级，选中图5-221所示的两条边，接着在“编辑边”卷展栏中单击“连接”按钮 连接 ，为其添加一条边，并移动到图5-222所示的位置。

图5-221

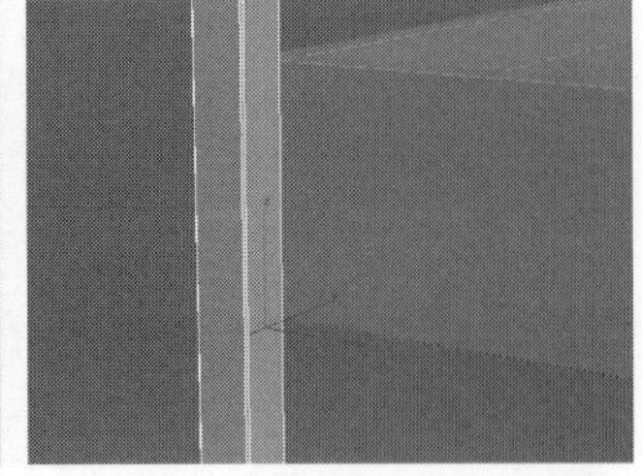

图5-222

19 将长方体模型向右复制一个到床架的另一侧，如图5-223所示，然后在顶视图中单击“主工具栏”中的“镜像”按钮，接着设置“镜像轴”为x轴、“克隆类型”为“不克隆”，最后单击“确定”按钮 确定 ，如图5-224所示。

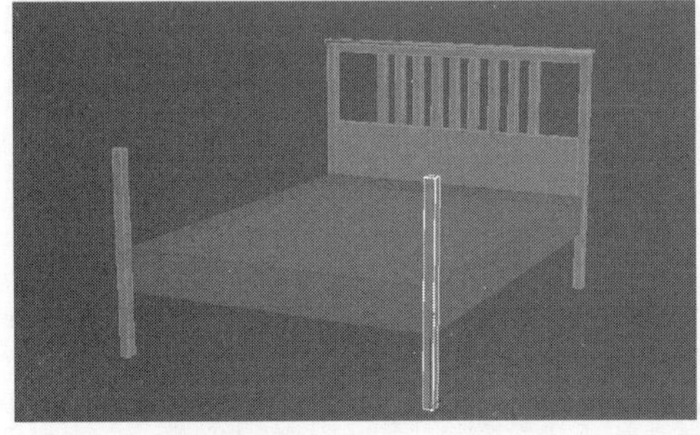

图5-223

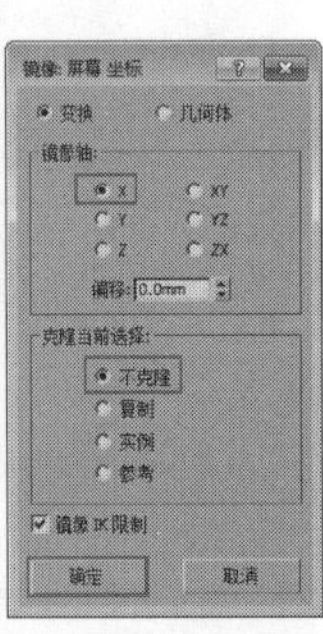

图5-224

20 选择两个长方体，然后切换到“工具”面板，单击“塌陷”按钮 塌陷 ，将其塌陷为一个模型，如图5-225所示，接着将其转换为可编辑多边形，进入“多边形”层级，选择图5-226所示的多边形，最后在“编辑多边形”卷展栏中单击“桥”按钮 桥 ，其效果如图5-227所示。

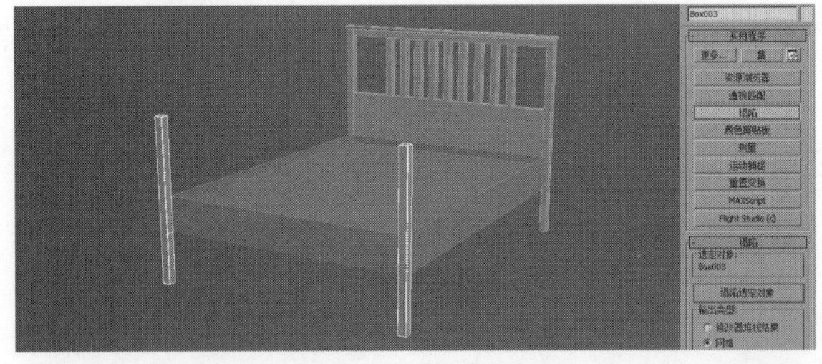

图5-225

图5-226

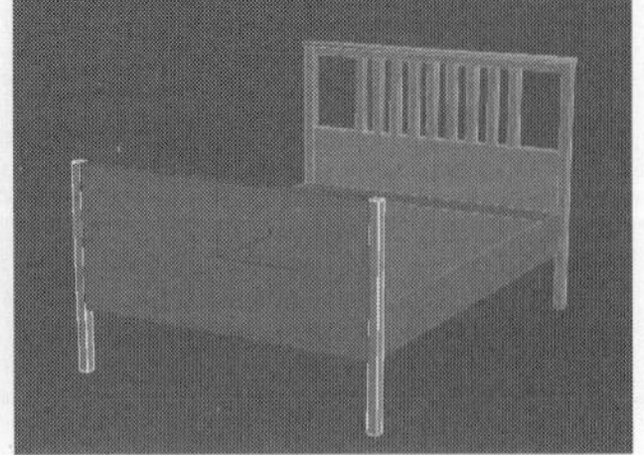

图5-227

21 进入“边”层级，选中图5-228所示的边，然后在“编辑边”卷展栏中单击“连接”按钮 连接 后面的“设置”按钮，设置“分段”为2，如图5-229所示。

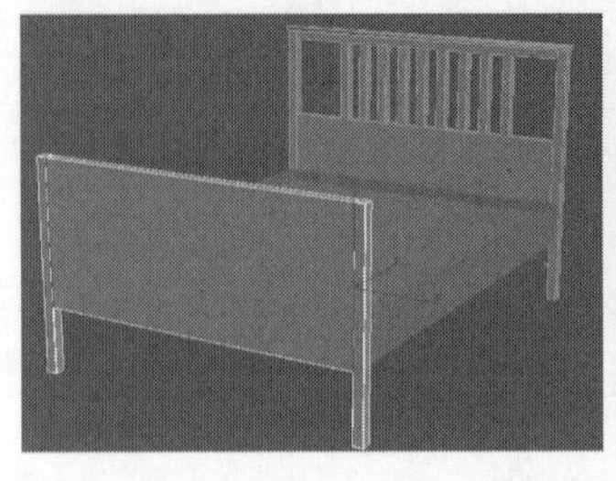

图5-228

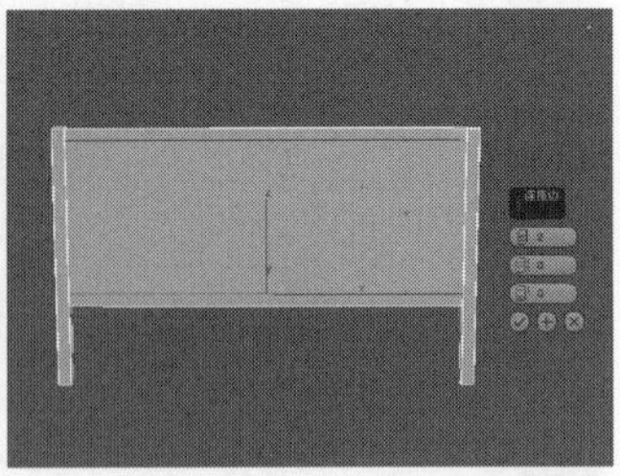

图5-229

22 保持选中的两条边不变，再次添加两条边，如图5-230所示。

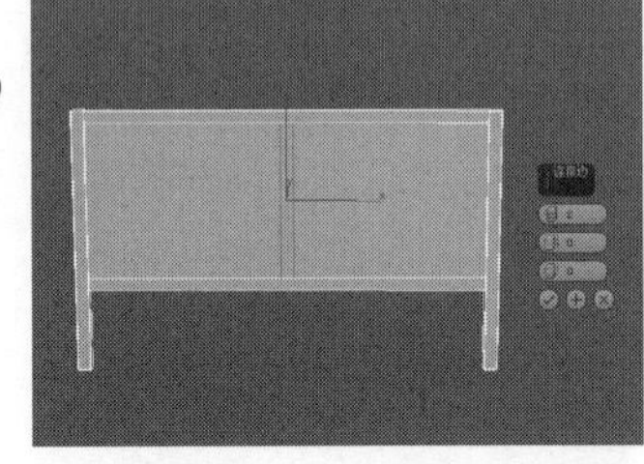

图5-230

23 进入“多边形”层级，然后选中图5-231所示的多边形，接着在“编辑多边形”卷展栏中单击“挤出”按钮 挤出 后面的“设置”按钮，设置“高度”为-15mm，如图5-232所示。

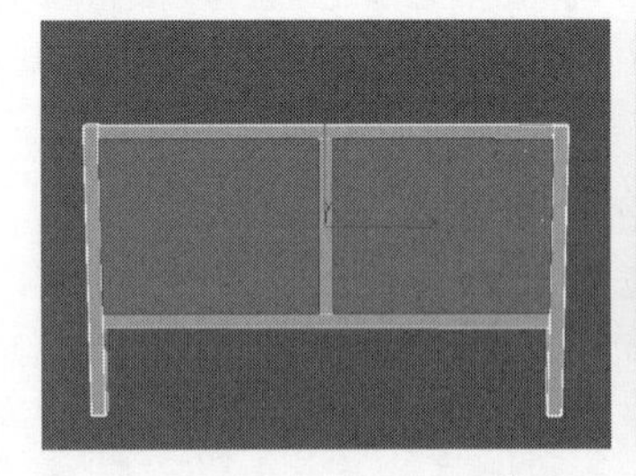

图5-231

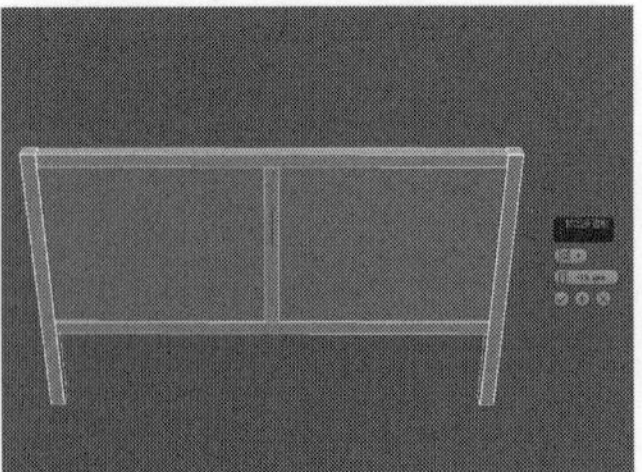

图5-232

24 进入“边”层级，然后选中图5-233所示的边，接着在“编辑边”卷展栏中单击“切角”按钮 切角 后面的“设置”按钮，设置“边切角量”为2mm，如图5-234所示。

图5-233

图5-234

25 使用“切角长方体”工具 切角长方体 在场景中创建一个切角长方体，然后在“参数”卷展栏中设置“长度”为60mm、“宽度”为1620mm、“高度”为20mm、“圆角”为2mm，其位置及参数如图5-235所示。

图5-235

26 下面制作床垫。使用“切角长方体”工具 切角长方体 在场景中创建一个切角长方体，然后在“参数”卷展栏中设置“长度”为2500mm、“宽度”为1500mm、“高度”为200mm、“圆角”为25mm、“圆角分段”为6，其位置及参数如图5-236所示。双人床的最终效果如图5-237所示。

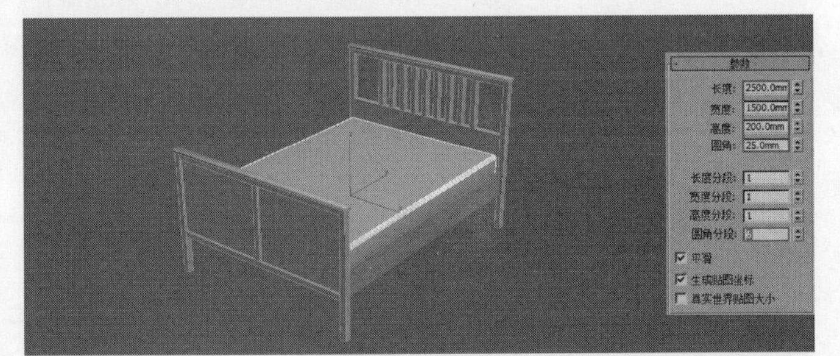

图5-236

图5-237

实战076 制作转角沙发

场景位置 无
实例位置 实例文件>CH05>制作转角沙发.max
学习目标 练习多边形建模和修改器建模

本例是一个布艺转角沙发，由一个双人沙发和一个贵妃椅组成，是日常生活中比较常见的沙发类型，案例效果如图5-238所示。

图5-238

01 使用“长方体”工具 长方体 在场景中创建一个长方体，然后在“参数”卷展栏中设置“长度”为2100mm、“宽度”为880mm、“高度”为240mm、“长度分段”为3，如图5-239所示。

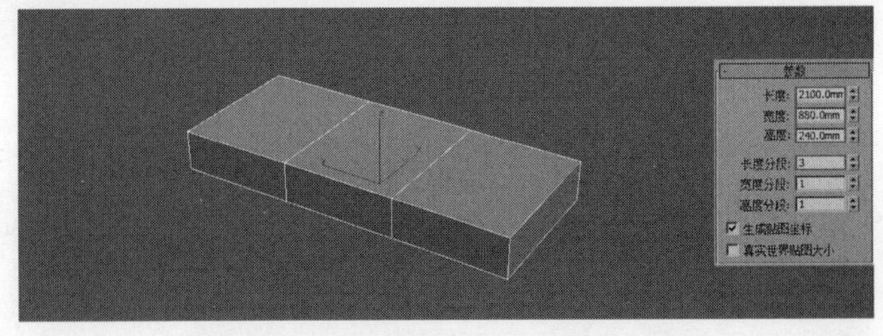

图5-239

02 将上一步创建的长方体转换为可编辑多边形，然后进入“多边形”层级，选中图5-240所示的多边形，接着在“编辑多边形”卷展栏中单击“挤出”按钮 挤出 后面的“设置”按钮，设置“高度”为690mm，如图5-241所示。

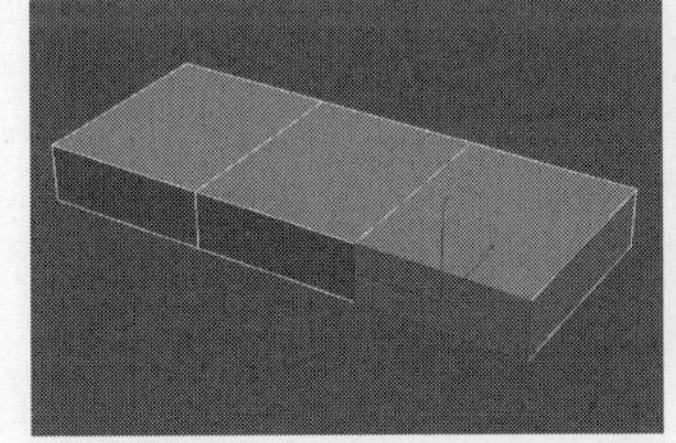

图5-240

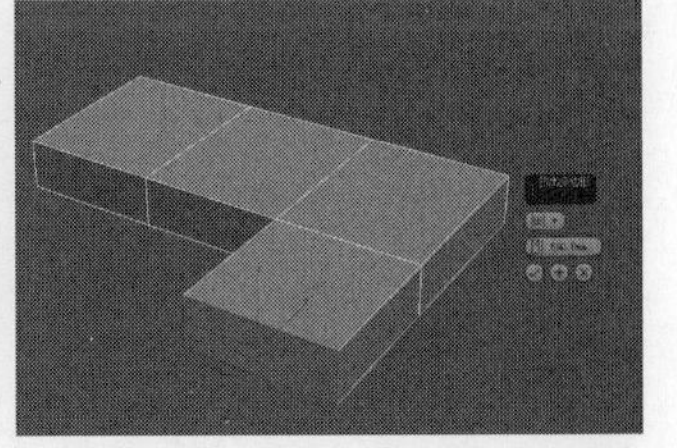

图5-241

03 进入“边”层级，然后选中图5-242所示的边，接着在“编辑边”卷展栏中单击“切角”按钮 切角 后面的“设置”按钮，设置“边切角量”为15mm、“连接分段”为3，如图5-243所示。

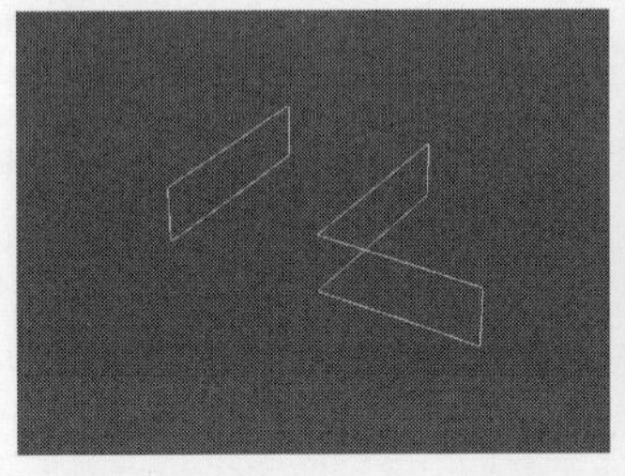

图5-242

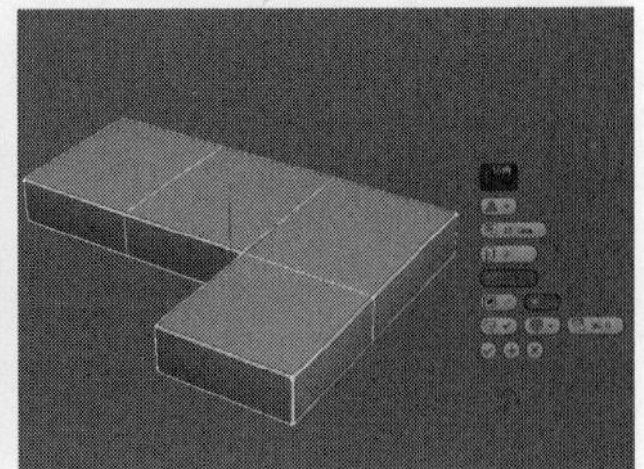

图5-243

04 下面制作沙发坐垫。使用“长方体”工具 长方体 在场景中创建一个长方体，然后在“参数”卷展栏中设置“长度”为700mm、“宽度”为600mm、“高度”为300mm，再设置“长度分段”“宽度分段”和“高度分段”都为3，如图5-244所示。

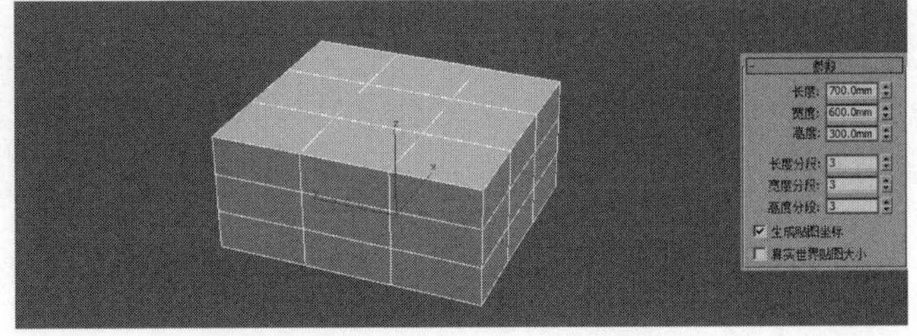

图5-244

05 选中上一步创建的长方体，然后为其添加一个“涡轮平滑”修改器，接着在“涡轮平滑”卷展栏中设置“迭代次数”为2，如图5-245所示。

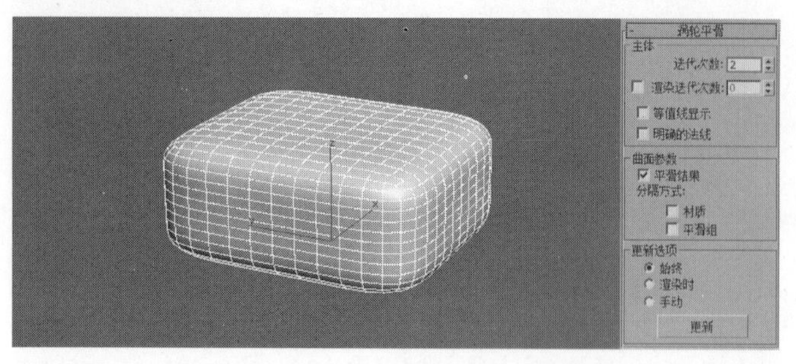

图5-245

06 继续为长方体添加一个FFD4×4×4修改器，然后进入“控制点”层级，选中图5-246所示的控制点，接着使用“选择并移动”工具调整形态至图5-247所示的效果。

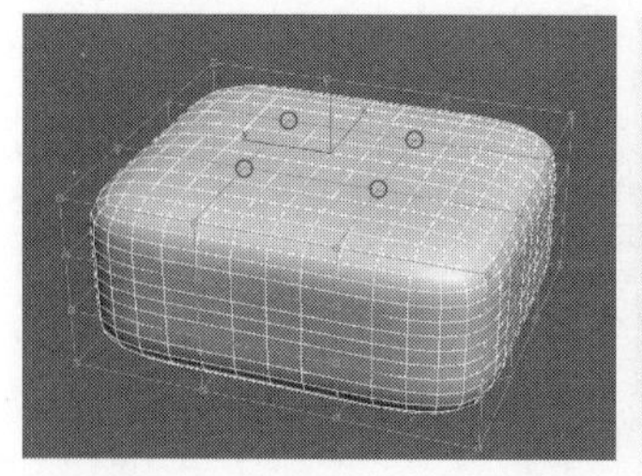

图5-246　图5-247

07 将制作好的坐垫模型复制一个，其位置如图5-248所示。

图5-248

08 下面制作贵妃椅坐垫。使用“长方体”工具 长方体 在场景中创建一个长方体，然后在“参数”卷展栏中设置“长度”为700mm、“宽度”为1290mm、“高度”为300mm，再设置“长度分段”“宽度分段”和“高度分段”都为3，如图5-249所示。

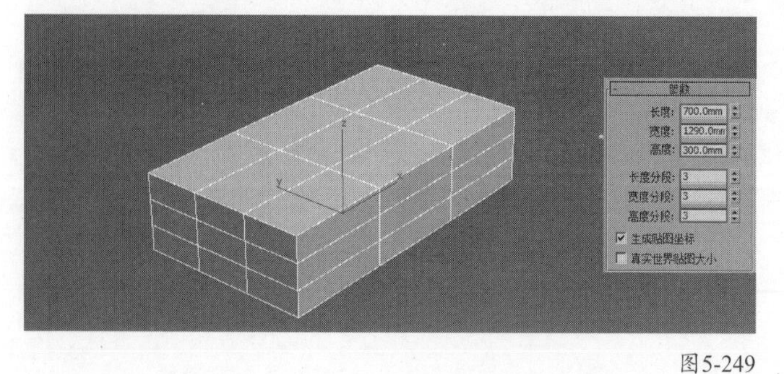

图5-249

09 与制作坐垫的步骤相同，贵妃椅坐垫的效果如图5-250所示。

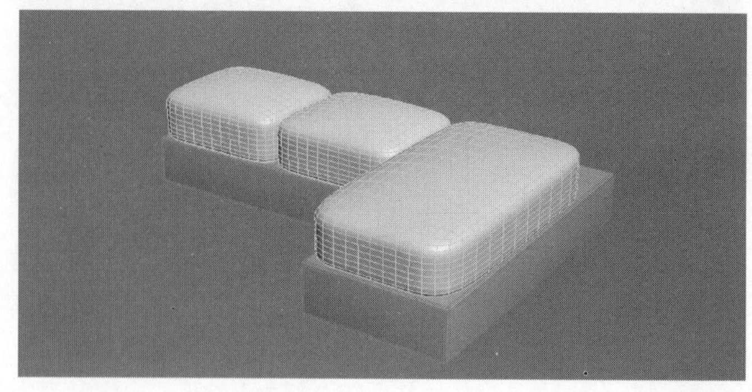

图5-250

10 下面制作扶手和靠背。使用“长方体”工具 长方体 在场景中创建一个长方体，然后在“参数”卷展栏中设置“长度”为150mm、“宽度”为890mm、“高度”为670mm，再设置“长度分段”“宽度分段”和“高度分段”都为3，如图5-251所示。

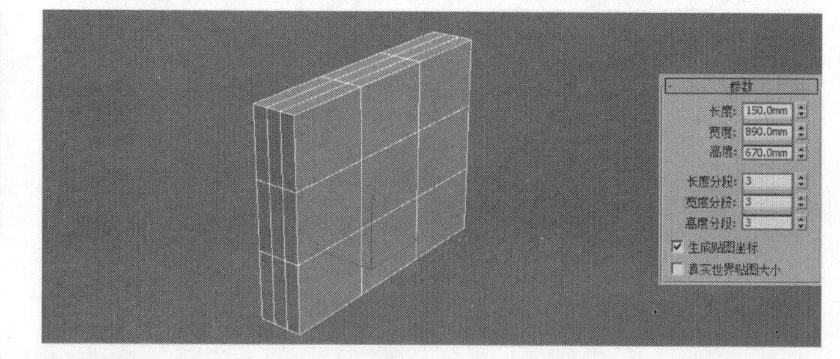

图5-251

11 将长方体转换为可编辑多边形，然后进入“多边形”层级，选中图5-252所示的多边形，接着在“编辑多边形”卷展栏中单击“挤出”按钮 挤出 后面的“设置”按钮，设置“高度”为2100mm，如图5-253所示。

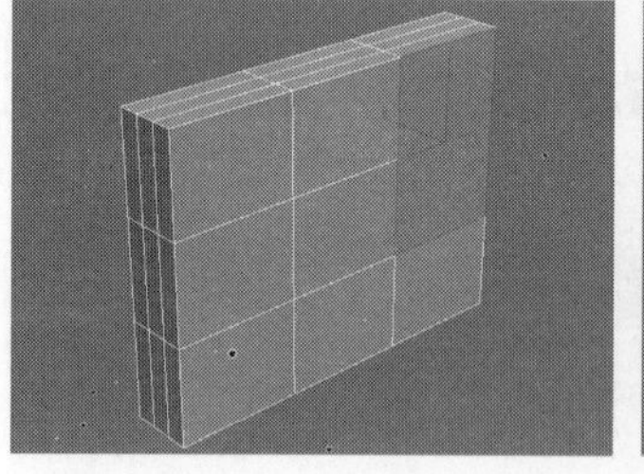

图5-252　图5-253

12 继续使用“挤出”工具 挤出 ，设置高度为150mm，如图5-254所示。

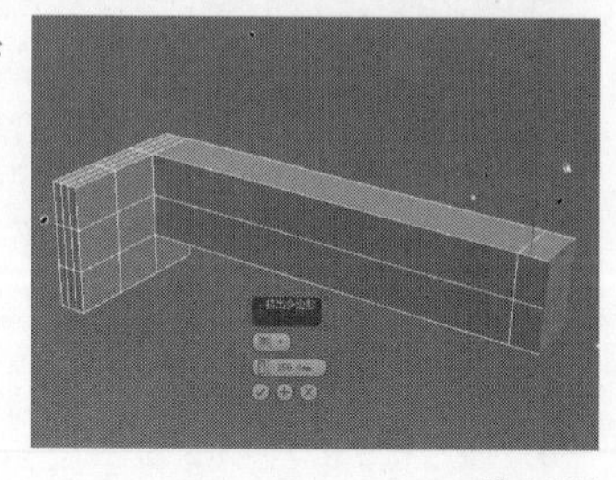

图5-254

13 选中图5-255所示的多边形，然后在“编辑多边形”卷展栏中单击“挤出”按钮 挤出 后面的“设置”按钮，设置“高度”为234mm，如图5-256所示。

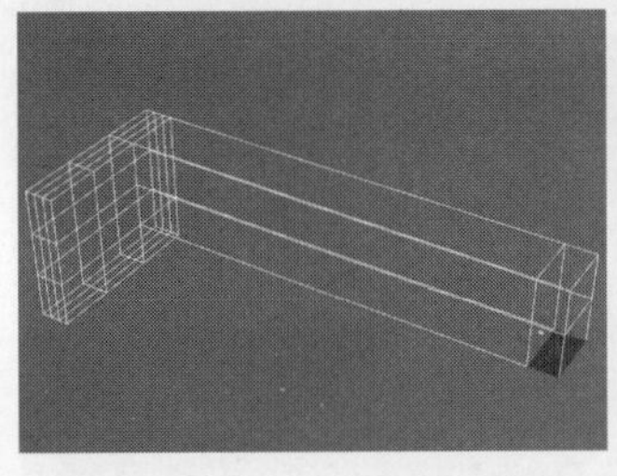

图5-255

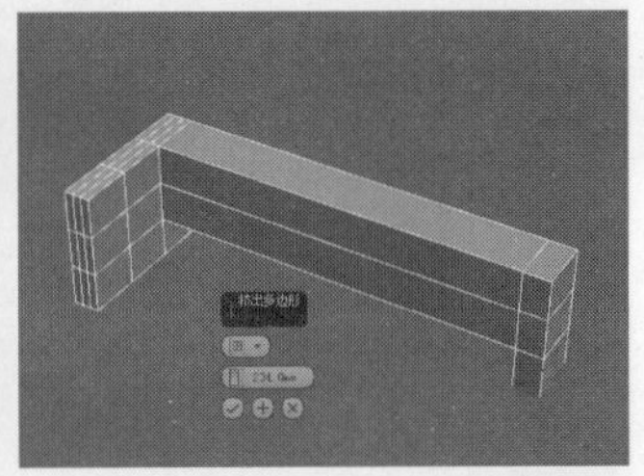

图5-256

14 选中图5-257所示的多边形，然后在“编辑多边形”卷展栏中单击“挤出”按钮 挤出 后面的“设置”按钮，设置“高度”为594mm，如图5-258所示。

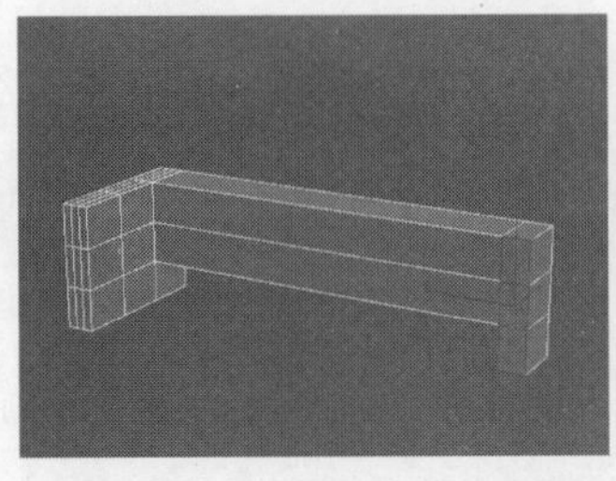

图5-257

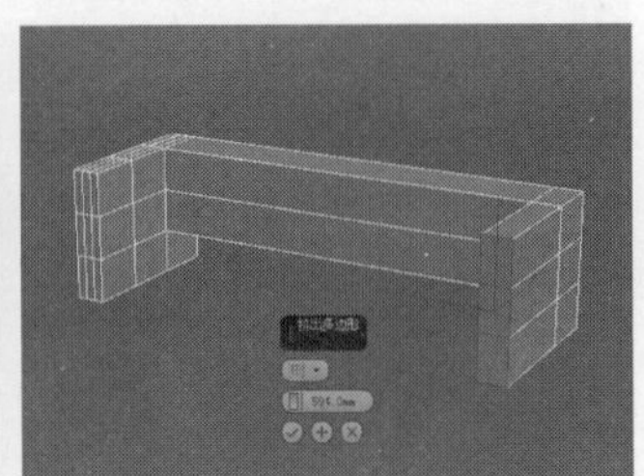

图5-258

15 进入“边”层级，为模型添加分段线，其效果如图5-259所示。

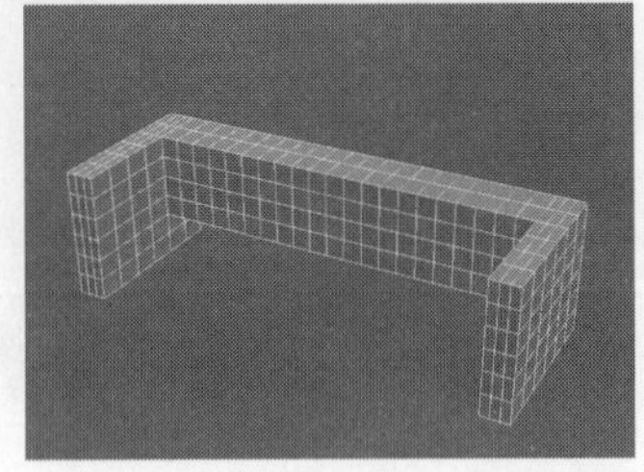

图5-259

16 选中模型，然后为其加载一个“涡轮平滑”修改器，接着在“涡轮平滑”卷展栏中设置“迭代次数”为2，如图5-260所示。

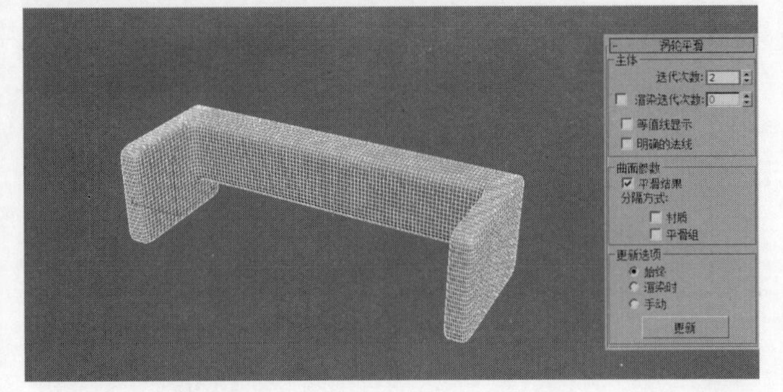

图5-260

17 下面制作沙发腿模型。使用“切角圆柱体”工具 切角圆柱体 在场景中创建一个切角圆柱体，然后在“参数”卷展栏中设置“半径”为25mm、“高度”为-180mm、“圆角”为10mm、“边数”为24，如图5-261所示。

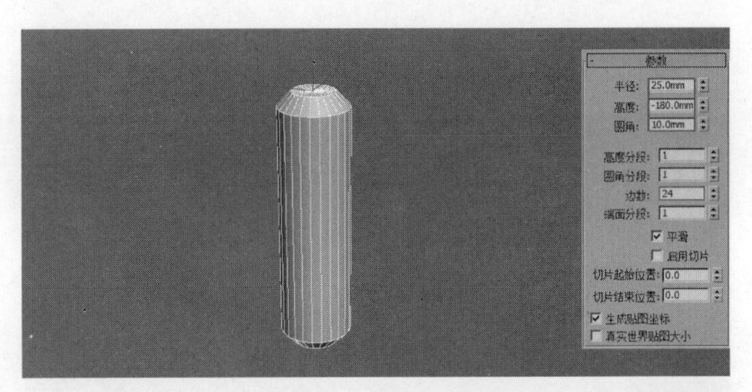

图5-261

18 移动复制模型，沙发效果如图5-262所示。

图5-262

19 下面制作沙发靠垫模型。使用“长方体”工具 长方体 在场景中创建一个长方体，然后在“参数”卷展栏中设置“长度”为400mm、“宽度”为600mm、“高度”为150mm、“长度分段”为3、“宽度分段”为3、“高度分段”为2，如图5-263所示。

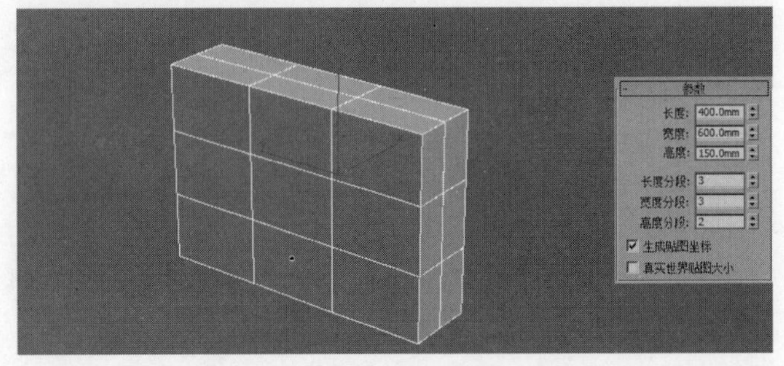

图5-263

20 将上一步创建的多边形转换为可编辑多边形，然后为其添加一个“涡轮平滑”修改器，接着在“涡轮平滑”卷展栏中设置“迭代次数”为2，如图5-264所示，再为其添加一个FFD4×4×4修改器，并调整其效果，如图5-265所示。

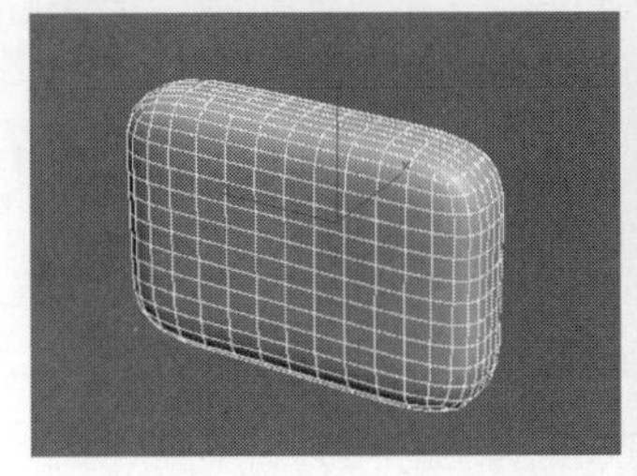

图5-264

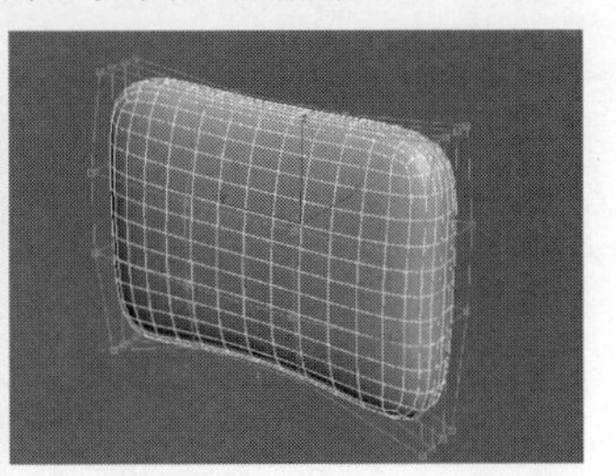

图5-265

21 将调整好的靠垫模型依次复制两个，沙发的最终效果如图5-266所示。

图5-266

实战077 根据CAD图纸制作鸟瞰户型

场景位置	场景文件>CH05 >01.DWG
实例位置	实例文件>CH05 >根据CAD图纸制作鸟瞰户型.max
学习目标	学习导入CAD文件和制作户型模型

鸟瞰户型图是商业效果图中的一种，主要用来展示户型结构以及整体布置搭配，案例效果如图5-267所示。

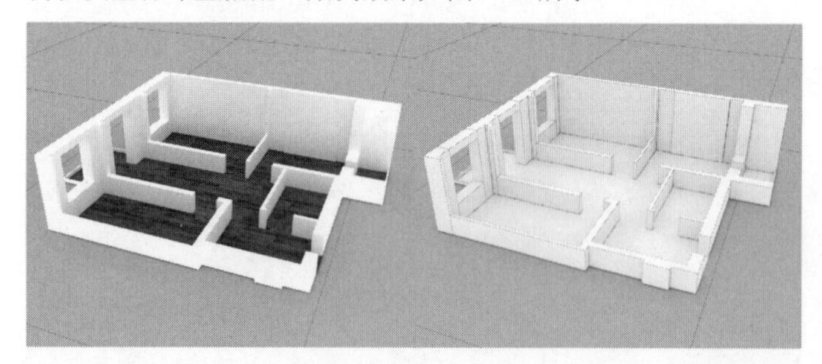

图5-267

01 在3ds Max中进入顶视图，然后导入本书学习资源中的"场景文件>CH05 >01.DWG"文件，如图5-268所示，接着在弹出的对话框中勾选"焊接附近顶点"选项，接着单击"确定"按钮 确定 ，如图5-269所示，导入后的效果如图5-270所示。

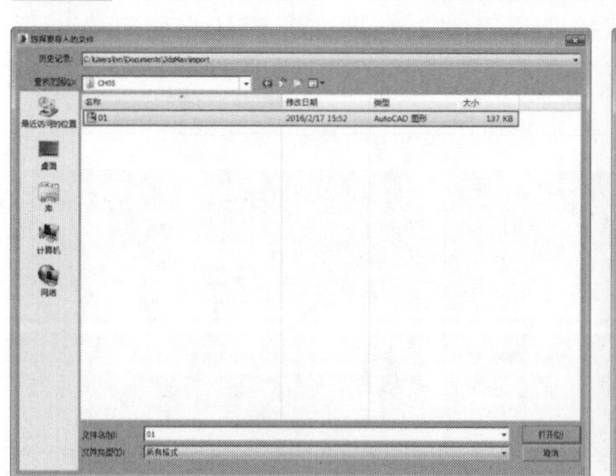

图5-268 图5-269

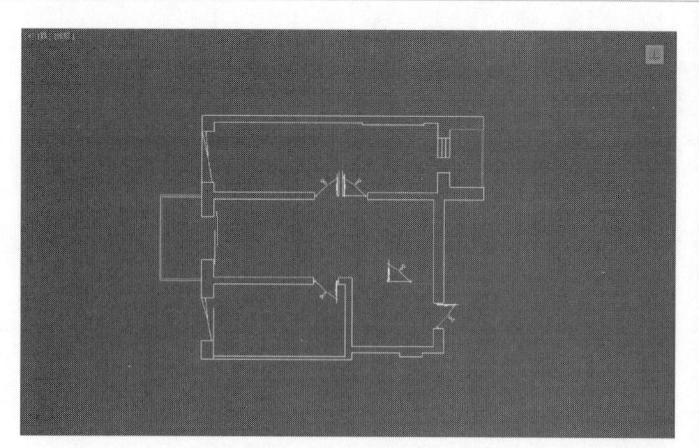

图5-270

02 全选CAD，然后将其成组，如图5-271所示，接着单击鼠标右键，在弹出的菜单中选择"冻结当前选择"选项，如图5-272所示，可以观察到CAD变成浅灰色线条，且不可选中。

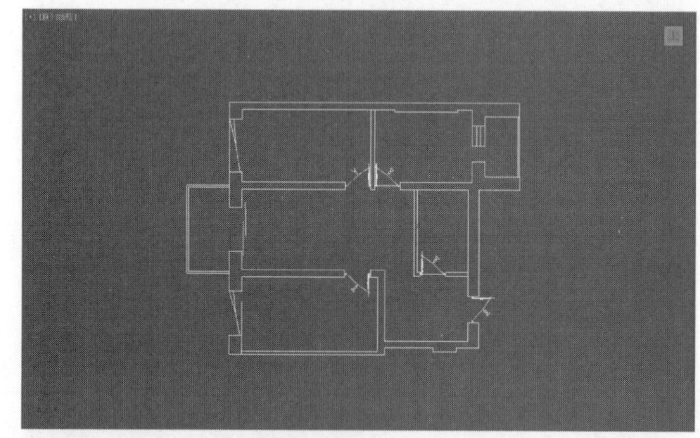

图5-271

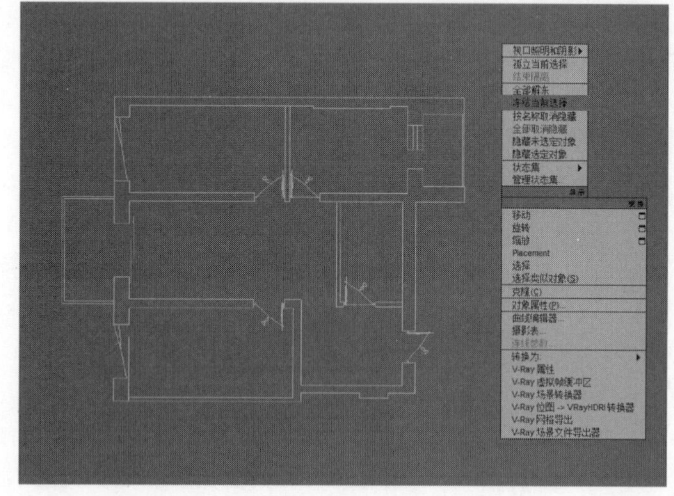

图5-272

03 下面创建墙体。在创建鸟瞰模型时，需要根据展示的需要确定高墙和矮墙，在本案例中，下方和右侧的墙体确定为矮墙，如图5-273所示。然后在主工具栏中单击"捕捉开关"按钮，并调整至2.5D ，接着使用鼠标右键单击"捕捉开关"按钮，再在弹出的窗口中选择“选项”选项卡，勾选“捕捉到冻结对象”选项，如图5-274所示。

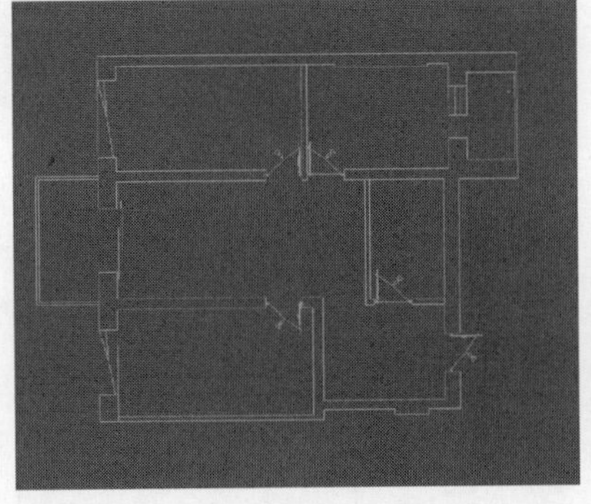

图5-273

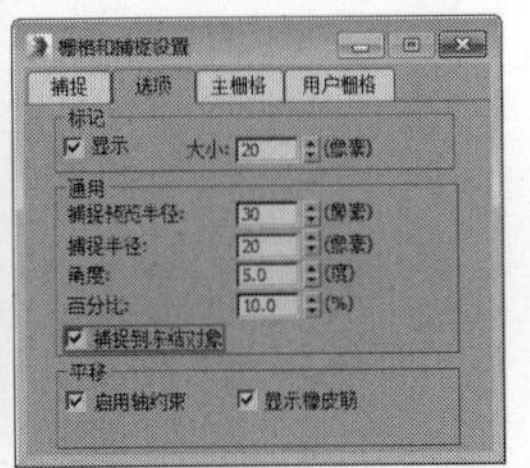

图5-274

04 使用“线”工具 线 ，沿着墙体位置描绘墙体轮廓，如图5-275所示。

05 继续使用“线”工具 线 ，沿着CAD描绘各个墙体的轮廓，如图5-276所示。图中浅色的线段为矮墙，深色的线段为高墙。

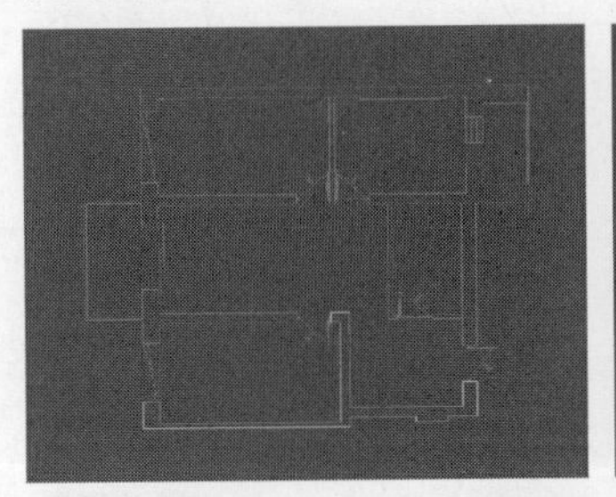

图5-275

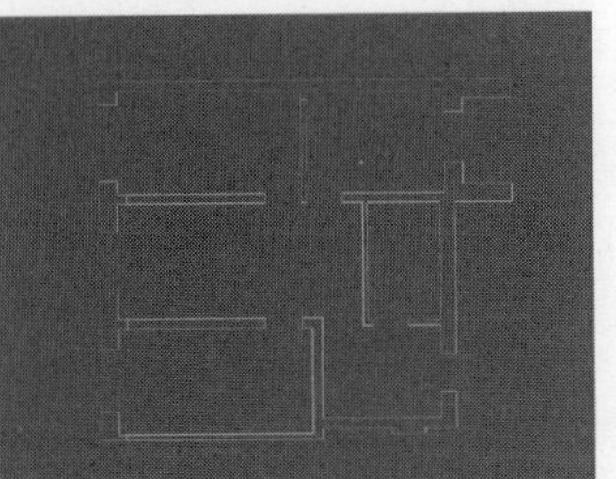

图5-276

技巧与提示

为了最终效果的观赏性，在高墙与矮墙的连接处，高墙会有一定的延展。

06 选择所有矮墙的样条线，然后为其加载一个“挤出”修改器，在“参数”卷展栏中设置“数量”为800mm，如图5-277所示。

图5-277

07 选择所有高墙的样条线，然后为其加载一个“挤出”修改器，在“参数”卷展栏中设置“数量”为3000mm，如图5-278所示。

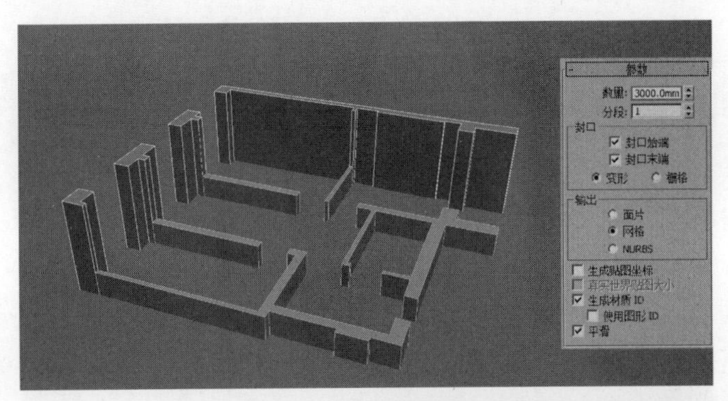

图5-278

08 使用“线”工具 线 继续描绘阳台、窗台的轮廓，如图5-279所示。

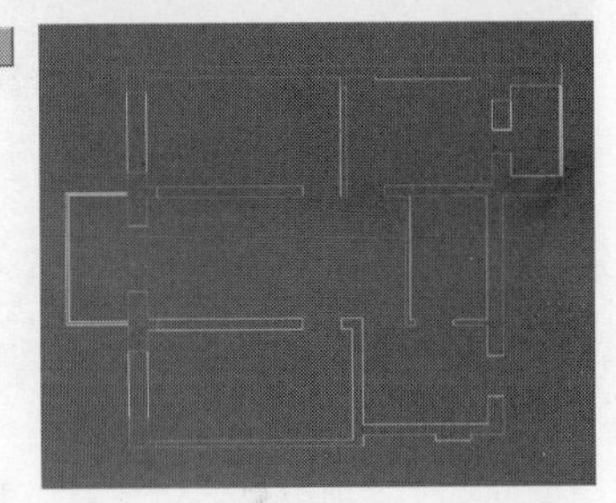

图5-279

09 选择窗台的样条线，然后为其加载一个“挤出”修改器，接着在“参数”卷展栏中设置“数量”为800mm，如图5-280所示。

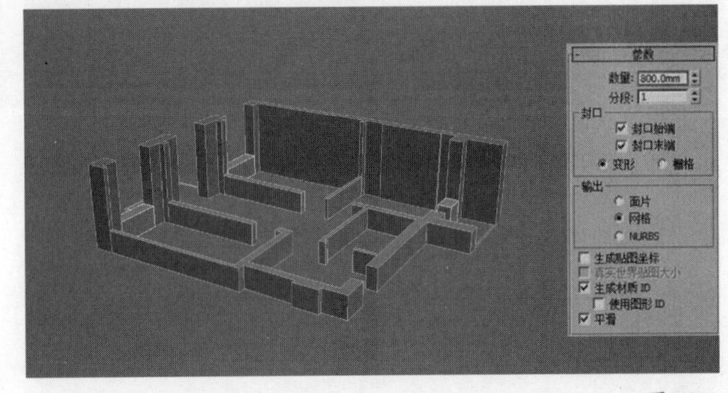

图5-280

10 选择阳台的样条线，然后为其加载一个“挤出”修改器，接着在“参数”卷展栏中设置“数量”为150mm，如图5-281所示。

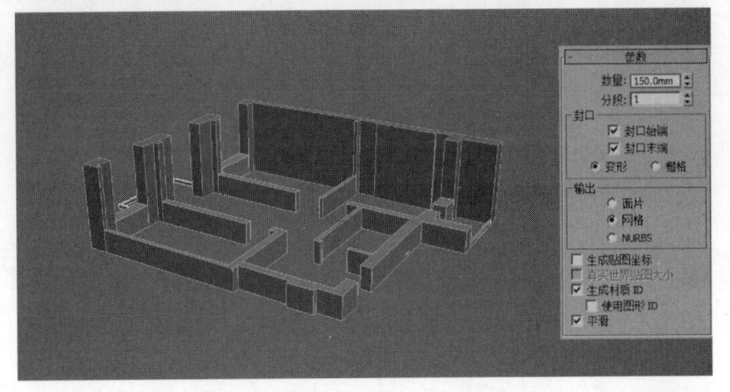

图5-281

技巧与提示

如无特殊要求，高墙的高度为2800~3000mm，矮墙的高度为800mm，窗台的高度为800mm，飘窗台的高度为400~450mm，阳台的高度为150mm。

11 使用“矩形”工具 矩形 在顶视图中绘制高墙处窗台和门框的顶，然后为其加载一个“挤出”修改器，接着在“参数”卷展栏中设置“数量”为300mm，并移动到高墙顶部，如图5-282所示。

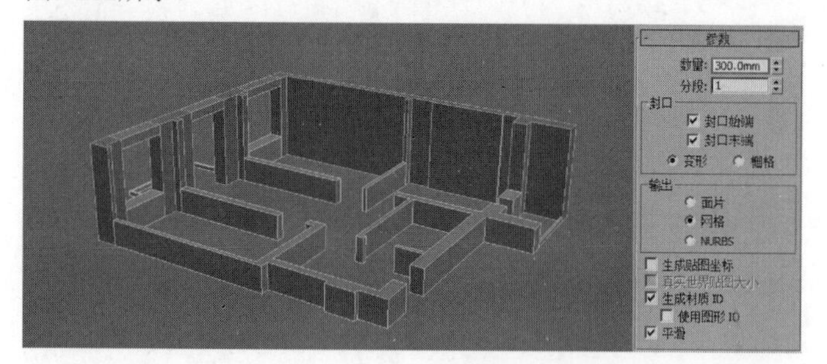

图5-282

12 下面制作地板。使用“线”工具 线 在顶视图中沿着CAD描绘出地板，然后选中样条线，单击鼠标右键，在弹出的菜单中选择“转换为>转换为可编辑多边形”选项，鸟瞰户型的最终效果如图5-283所示。

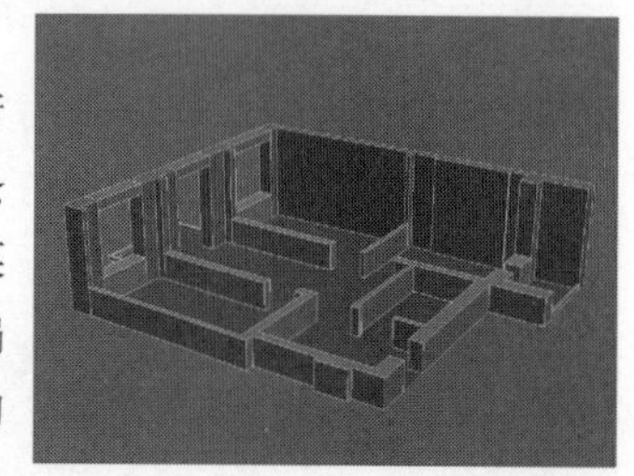

图5-283

实战078 根据CAD图纸制作户型

场景位置　场景文件>CH05>02-01~02-04.DWG
实例位置　实例文件>CH05>根据CAD图纸制作户型.max
学习目标　学习导入CAD文件和制作户型的各个面

根据CAD制作户型是制作商业效果图的一个基础步骤。根据提供的CAD源文件，分离出底面、吊顶以及各个立面的CAD文件，再导入3ds Max进行制作，以确保三维模型能精确还原CAD图纸，案例效果如图5-284所示。

图5-284

01 在3ds Max中进入顶视图，然后导入本书学习资源中的“场景文件>CH05 >02-01.DWG”文件，如图5-285所示，接着在弹出的对话框中勾选“焊接附近顶点”选项，再单击“确定”按钮 确定 ，如图5-286所示，导入后的效果如图5-287所示。

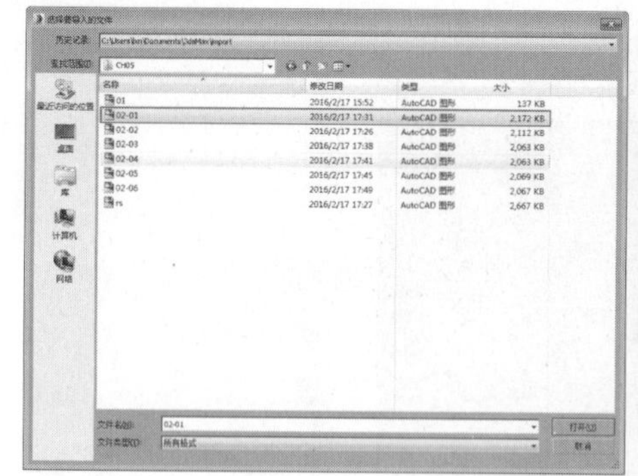

图5-285

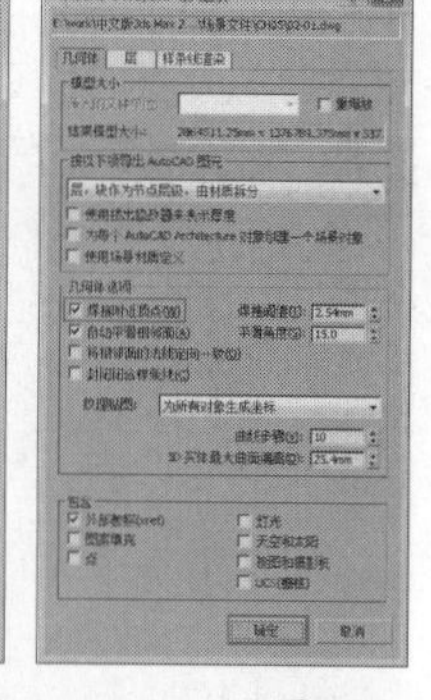

图5-286

技巧与提示

导入CAD后，将其成组，并移动到坐标原点，以方便后面的操作。

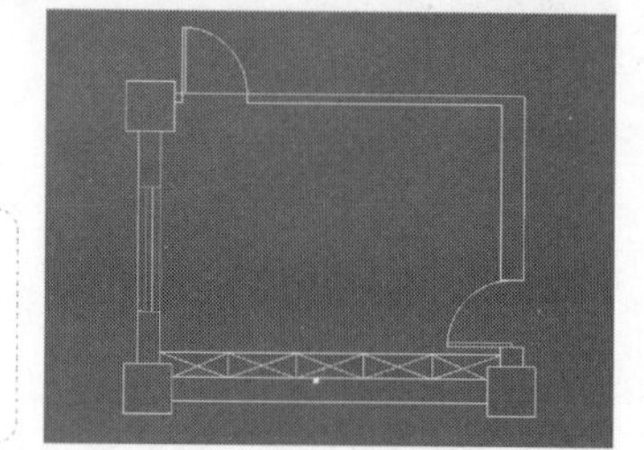

图5-287

02 在前视图中导入本书学习资源中的“场景文件>CH05 >02-02.DWG”文件，这是户型的A立面，如图5-288所示。导入立面CAD可以为下一步创建墙体提供墙体高度。

03 将导入的两个CAD进行冻结，然后进入顶视图，打开“捕捉开关”，并切换到2.5D模式，接着使用“线”工具 线 绘制墙体轮廓，如图5-289所示。

图5-288

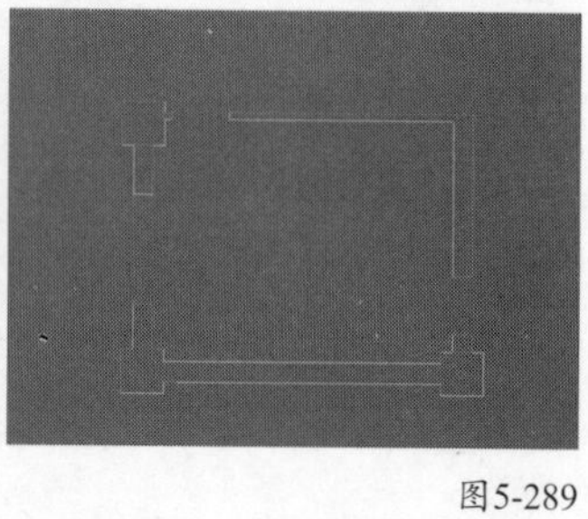

图5-289

04 全选墙体轮廓样条线，然后为其加载一个“挤出”修改器，接着在“参数”卷展栏中设置“数量”为2600mm，在前视图中的效果如图5-290所示，在透视图中的效果如图5-291所示。

05 在前视图中，根据立面图，使用“线”工具 线 绘制出吊顶的轮廓，如图5-292所示。

图5-290

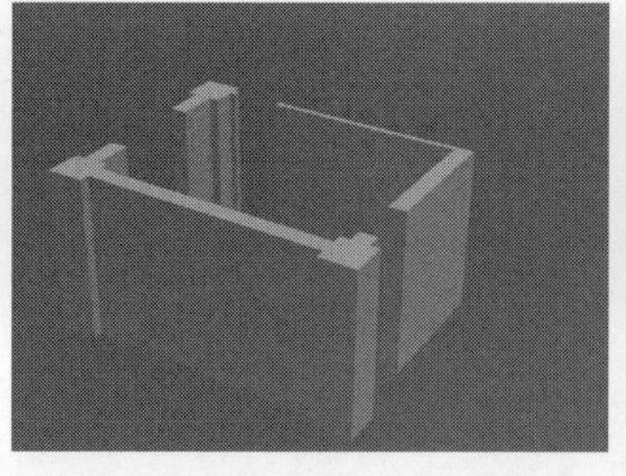

图5-291

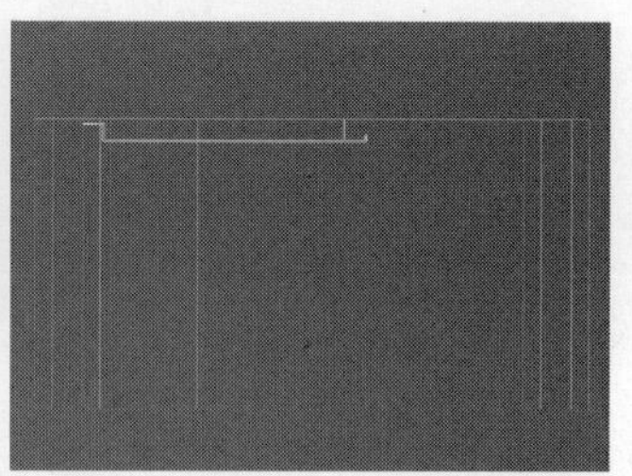

图5-292

06 选中吊顶样条线，然后为其加载一个“挤出”修改器，接着在“参数”卷展栏中设置“数量”为3012.5mm，顶视图效果如图5-293所示，透视图效果如图5-294所示。

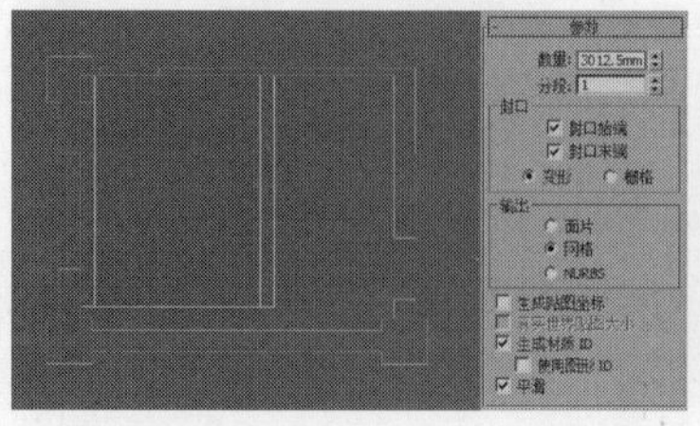

图5-293

图5-294

07 在顶视图中，使用“矩形”工具 矩形 绘制出门框的轮廓，然后为其加载一个“挤出”修改器，接着在“参数”卷展栏中设置“数量”为550mm，并切换到前视图中移动到合适的位置，如图5-295所示。

08 在左视图中导入本书学习资源中的“场景文件>CH05 >02-03.DWG”文件，这是户型的B立面，如图5-296所示。导入B户型图可以确定另一个门框的高度。

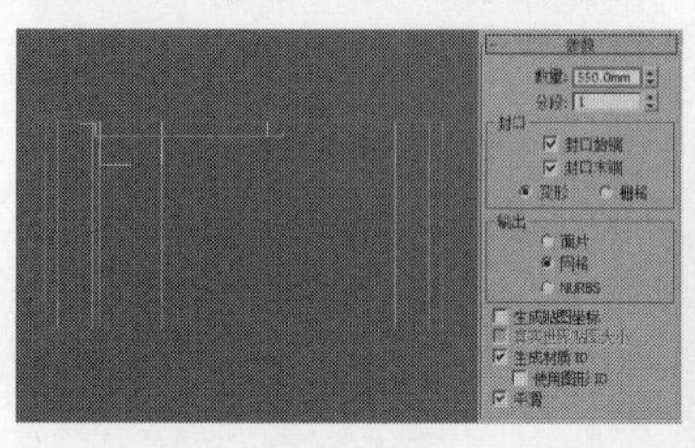

图5-295

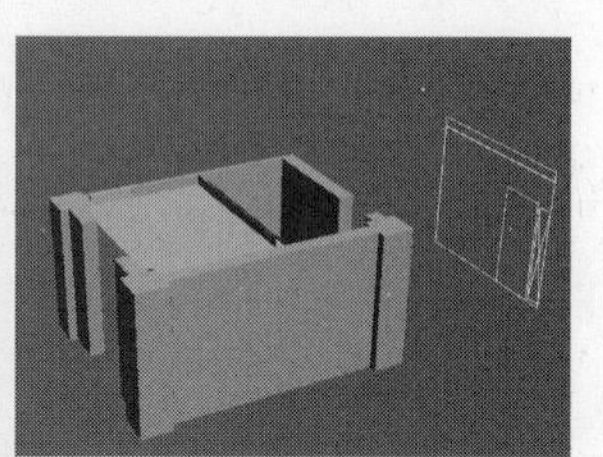

图5-296

09 在顶视图中使用“矩形”工具 矩形 绘制另一个门框的轮廓，如图5-297所示，然后为其加载一个“挤出”修改器，接着在“参数”卷展栏中设置“数量”为550mm，最后切换到左视图中将其移动到合适的位置，如图5-298所示。

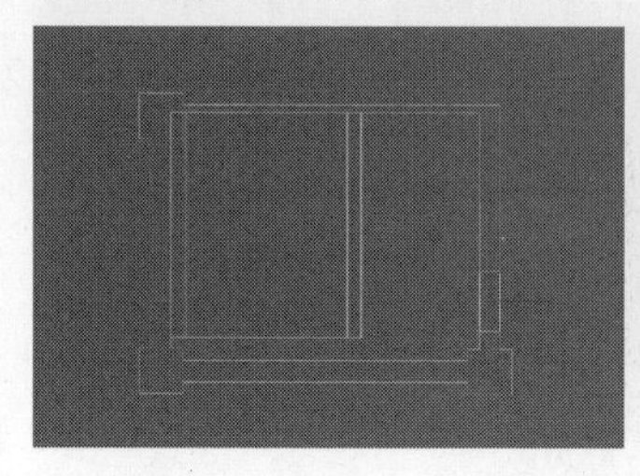

图5-297

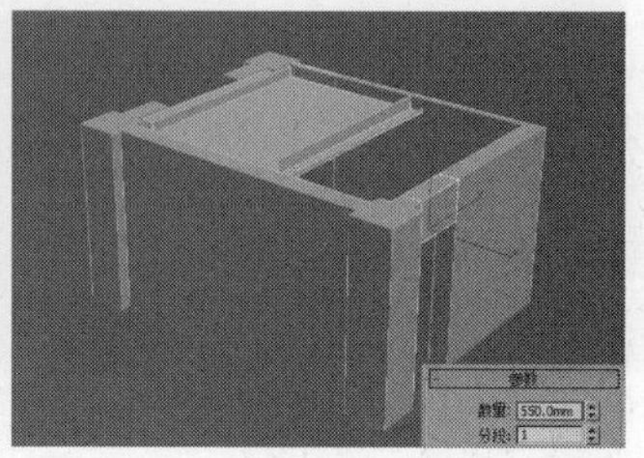

图5-298

10 在左视图中导入本书学习资源中的“场景文件>CH05 >02-04.DWG”文件，这是户型的D立面，如图5-299所示。导入D立面图可以确定窗台的高度。

11 在顶视图中，使用“矩形”工具 矩形 绘制出窗台的轮廓，然后为其加载一个“挤出”修改器，接着在“参数”卷展栏中设置“数量”为851.5mm，如图5-300所示。

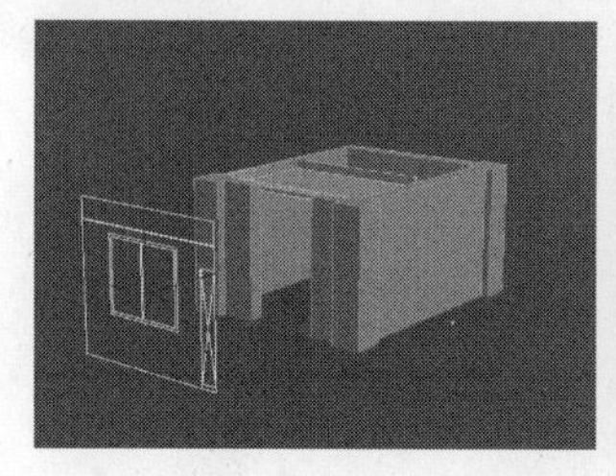

图5-299

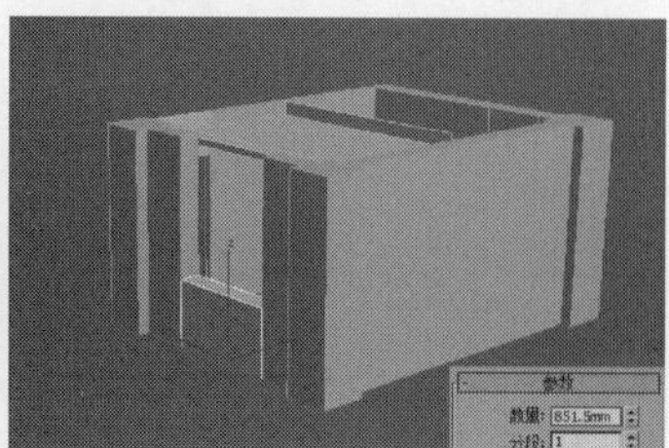

图5-300

12 在顶视图中，使用“矩形”工具 矩形 绘制出窗台上部的轮廓，然后为其加载一个“挤出”修改器，接着在“参数”卷展栏中设置“数量”为349.5mm，最后切换到左视图中将其移动到合适的位置，如图5-301所示。

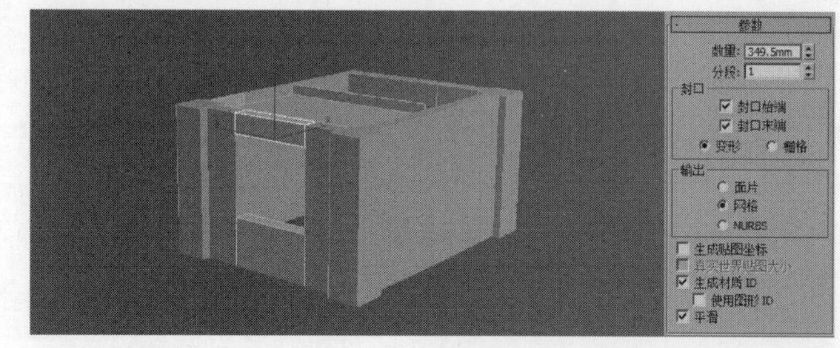

图5-301

13 在顶视图中，使用“线”工具 线 绘制户型的地面，然后将其转换为可编辑多边形，如图5-302所示。

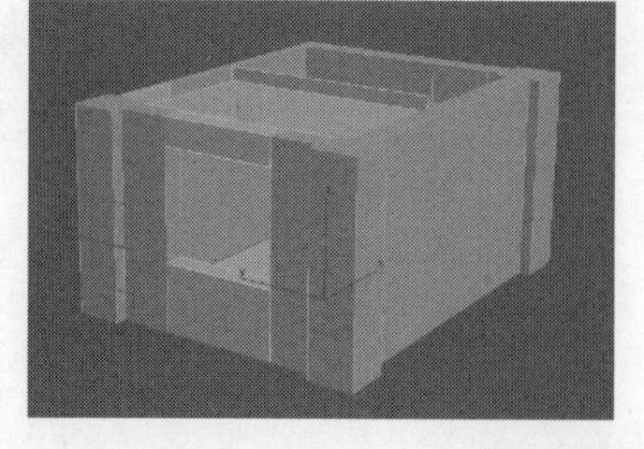

图5-302

14 在顶视图中，使用“线”工具 线 绘制出C立面的吊顶轮廓，然后为其加载一个“挤出”修改器，接着在“参数”卷展栏中设置“数量”为188.5mm，最后切换到左视图中将其移动到合适的位置，如图5-303所示。

15 将地面模型复制一个，移动到户型顶部作为顶面，户型的最终效果如图5-304所示。

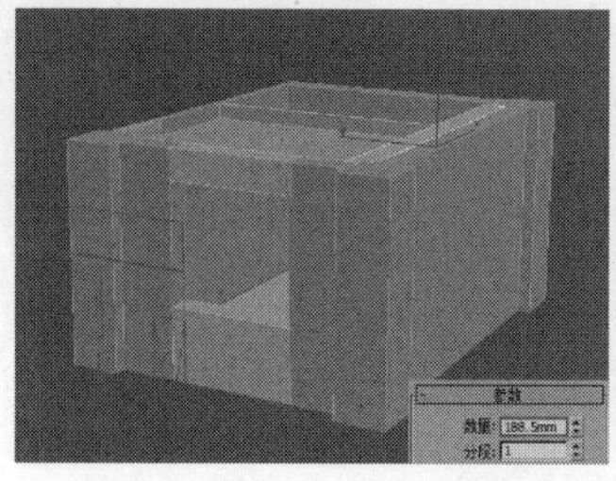

图5-303

图5-304

第6章 室内效果图的场景构图

Learning Objectives
学习要点

Employment Direction
从业方向

家具造型师
建筑设计表现师

工业设计师
室内设计表现师

本章将讲解室内效果图的场景构图。学习场景构图，首先要学习3ds Max 2016的摄影机，其次学习设置场景的画面比例，最后学习常用的摄影机特效。

目标摄影机操作简单方便，是常用的摄影机之一。物理摄影机是3ds Max 2016新加入的摄影机，替代了之前版本的VRay物理摄影机。图6-1是真实摄影机的内部结构。

图6-1

创建好摄影机之后，需要设置画面的比例。画面比例分为横构图和竖构图两大类，本章将详细讲解这两大类。

常用的摄影机特效主要有景深和运动模糊。本章将使用“目标摄影机”制作这两种特效。

实战079 创建目标摄影机

场景位置	场景文件>CH06>01.max
实例位置	实例文件>CH06>创建目标摄影机.max
学习目标	目标摄影机的功能及用法

案例效果如图6-2所示。

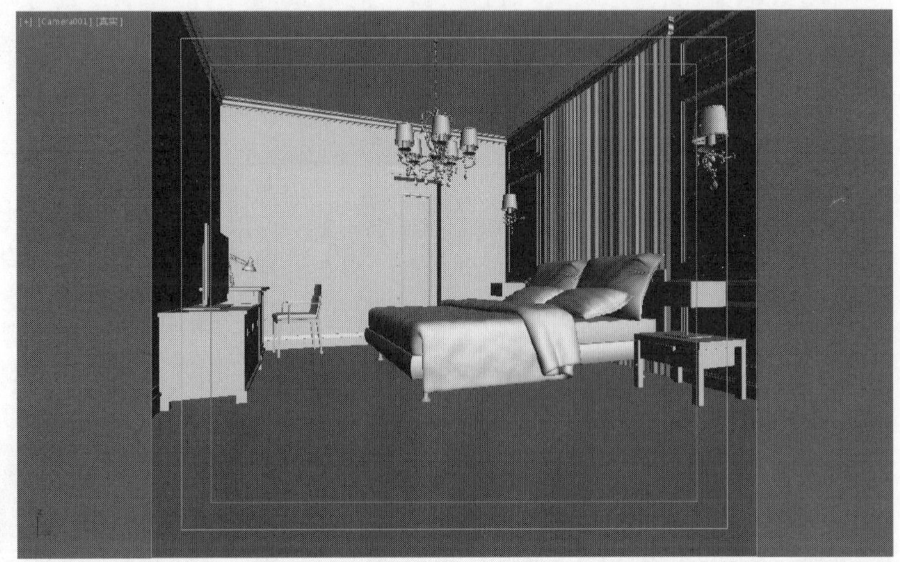
图6-2

场景创建

01 打开本书学习资源中的“场景文件>CH06>01.max”文件，这是一个室内场景，如图6-3所示。通过观察场景我们可以发现，场景右侧模型很少，因此可以确定摄影机的

方向是从右向左，取景物体为床头背景墙、床和电视机。

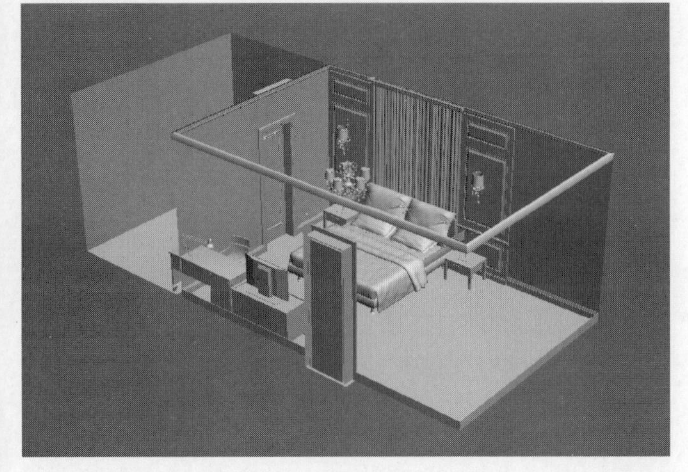

图6-3

02 进入顶视图，在"创建"面板中单击"摄影机"按钮，然后选择"标准"选项，接着单击"目标"按钮，如图6-4所示，再在视图中使用鼠标左键拖曳出摄影机的位置，如图6-5所示。

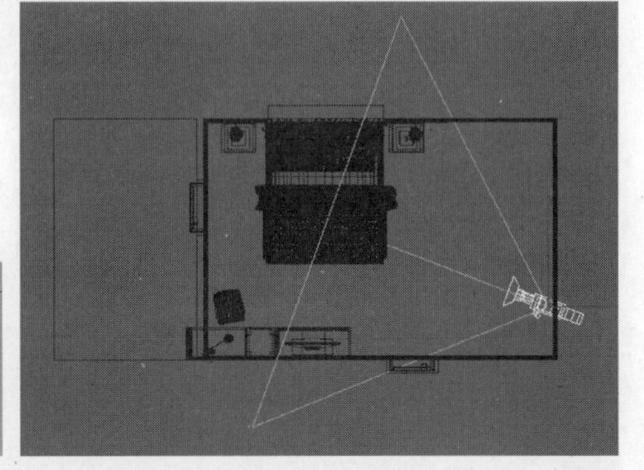

图6-4　　图6-5

03 为了方便调整摄影机，同时方便观察取景，将视图布局从"四视图"调整为图6-6所示的视图模式。

图6-6

04 将顶视图切换为前视图，全选摄影机及其目标点，然后沿着y轴向上移动到图6-7所示的位置。

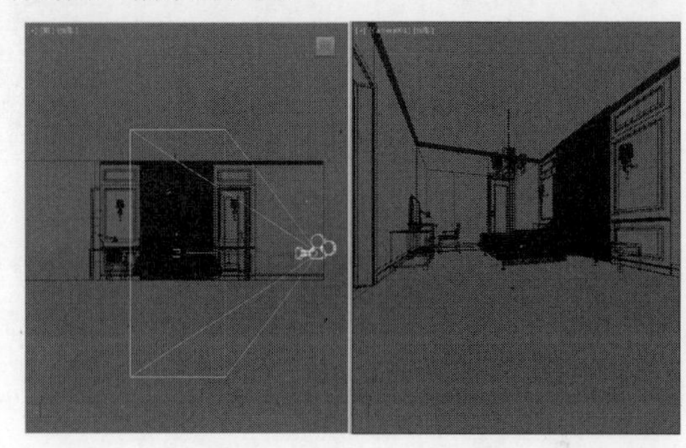

图6-7

技巧与提示

选择摄影机及其目标点时，为了避免误选其他对象，可将"选择过滤器"设置为"C-摄影机"选项。

05 进入摄影机视图，然后按快捷键Shift＋F打开渲染安全框，以便进一步调整摄影机的位置，如图6-8所示。

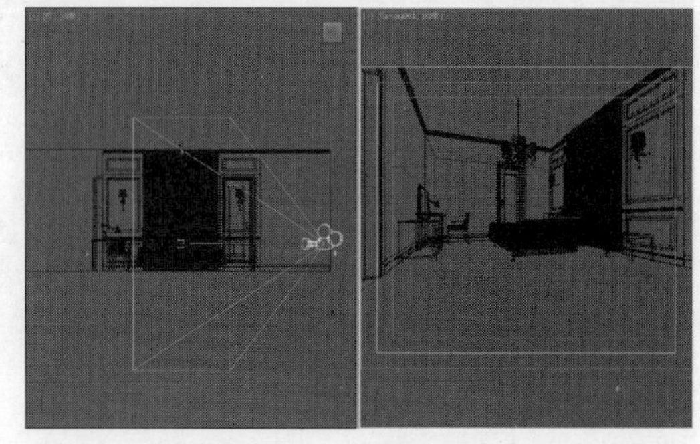

图6-8

06 选中摄影机，然后切换到"修改"面板，设置"镜头"为24mm，如图6-9所示。

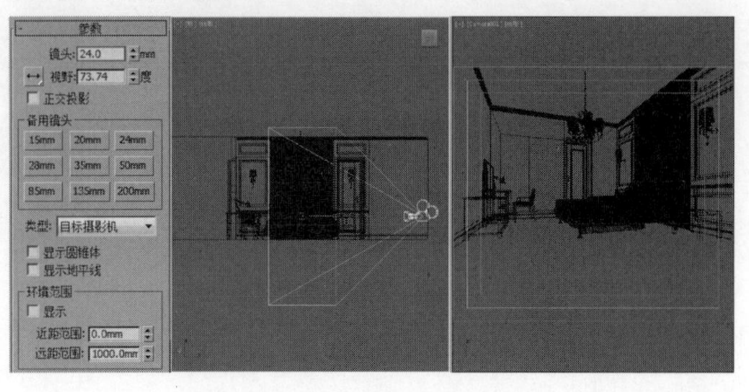

图6-9

07 通过观察摄影机视图可以发现，摄影机还需要再向前推移一小段，以确保画面饱满。在左侧前视图中，选中摄影机，然后沿着x轴向左移动到图6-10所示的位置。

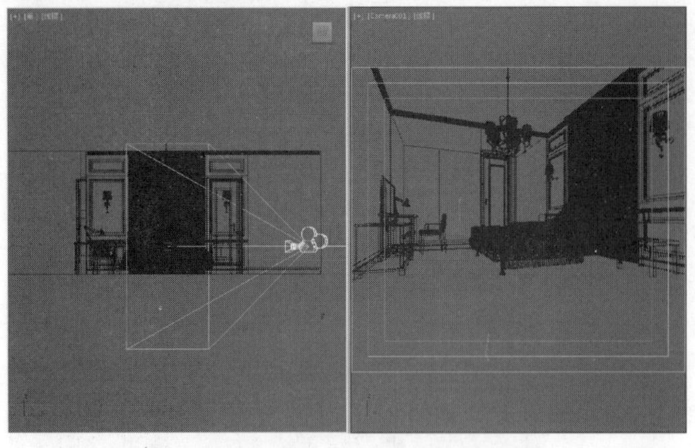

图6-10

技巧与提示

移动摄影机的位置，也可以在摄影机视图中使用“推拉摄影机”工具和“环游摄影机”工具快速进行调整。

08 选中摄影机和目标点，在前视图中沿y轴向上移动，案例最终效果如图6-11所示。

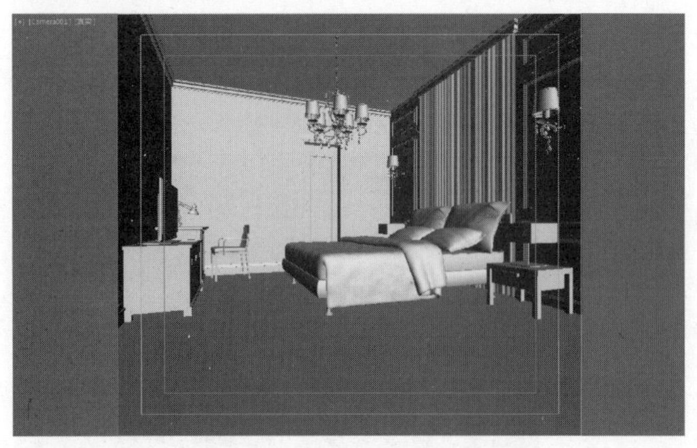

图6-11

知识回顾

◎ 工具：目标

◎ 位置：摄影机>标准

◎ 用途：可以查看所放置的目标周围的区域，它比自由摄影机更容易定向，因为只需将目标对象定位在所需位置的中心即可。

01 使用“长方体”工具长方体在场景中创建一个长方体，如图6-12所示。

图6-12

02 进入顶视图，然后在“创建”面板中单击“摄影机”按钮，接着选择“标准”选项，再单击“目标”按钮，最后在视图中使用鼠标左键从右向左拖曳出摄影机，如图6-13所示。

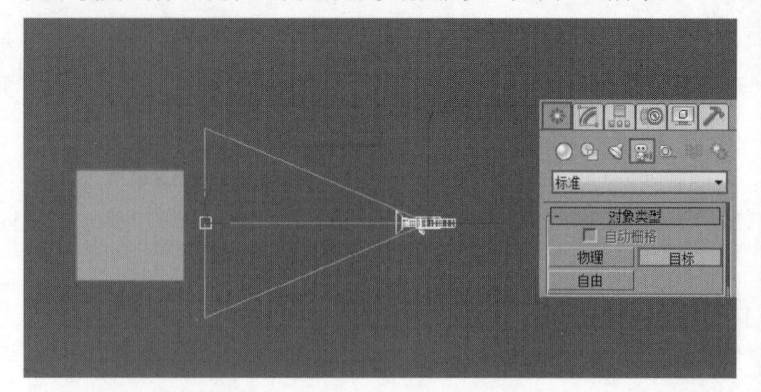

图6-13

技巧与提示

除了可以在“创建”面板中创建目标摄影机外，还可以选择菜单栏中的“创建>摄影机>目标摄影机”选项，然后在视图中拖曳鼠标进行创建。

在3ds Max 2016以前的版本中，按快捷键Ctrl+C在透视图中也可以直接创建目标摄影机。在3ds Max 2016中，按快捷键Ctrl+C则是直接创建物理摄影机。

03 通过观察可以发现，目标摄影机包括两部分，分别是左侧的目标点和右侧的摄影机，如图6-14所示。

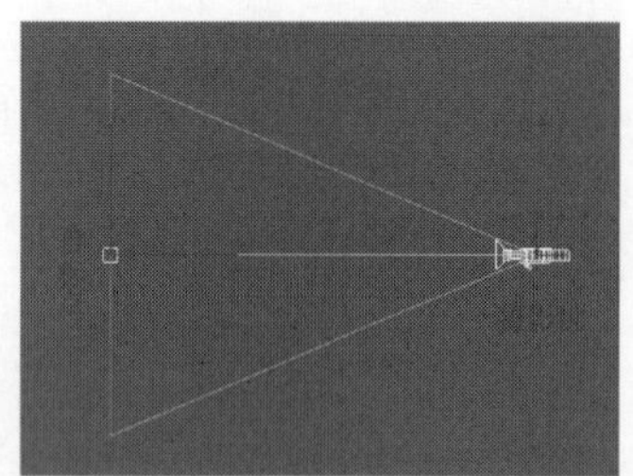

图6-14

04 进入前视图，然后框选摄影机和目标点，将其移动到图6-15所示的位置，接着按快捷键C切换到摄影机视图，再按快捷键Shift+F打开渲染安全框，如图6-16所示。

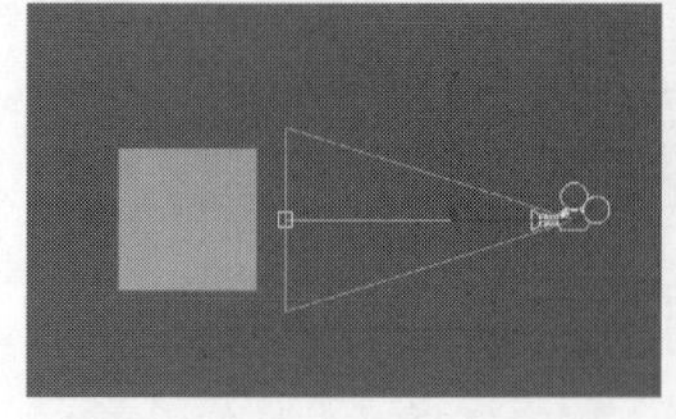

图6-15

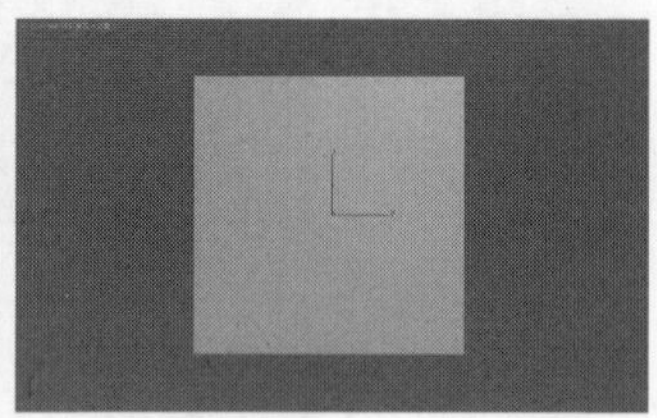

图6-16

技术专题 渲染安全框

渲染安全框可以通俗地理解为相框，只要在安全框内显示的对象都可以被渲染出来。渲染安全框可以直观地体现渲染输出的尺寸比例。

当场景中创建了摄影机之后，在摄影机视图按快捷键Shift+F就可以显示渲染安全框，此时安全框内的对象即为摄影机所看到的对象，这样便能直观地对场景摄影机进行调整。

安全框的打开方法有以下2种。

第1种：使用鼠标右键单击视图左上角的名称，弹出快捷菜单，选择“显示安全框”选项，如图6-17所示。

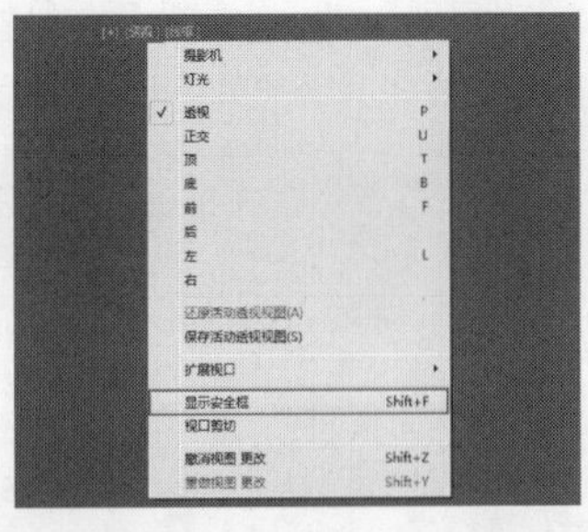

图6-17

第2种：按快捷键Shift+F可以直接打开。

使用鼠标右键单击视图左上角的视口类型名称，然后在弹出的快捷菜单中选择“配置”选项，接着在弹出的对话框中选择“安全框”选项卡，就可以对安全框进行设置，如图6-18和图6-19所示。

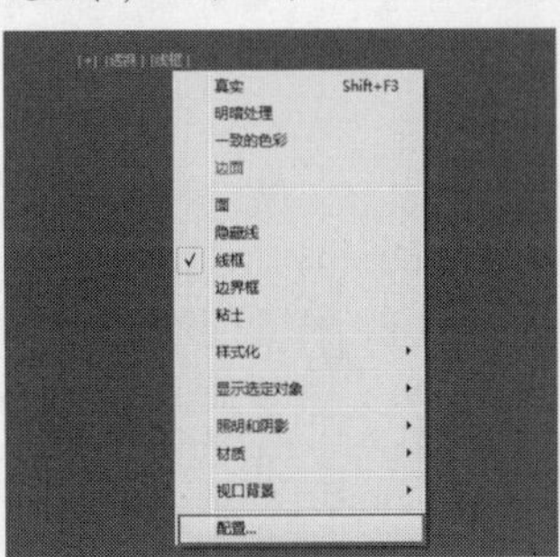

图6-18

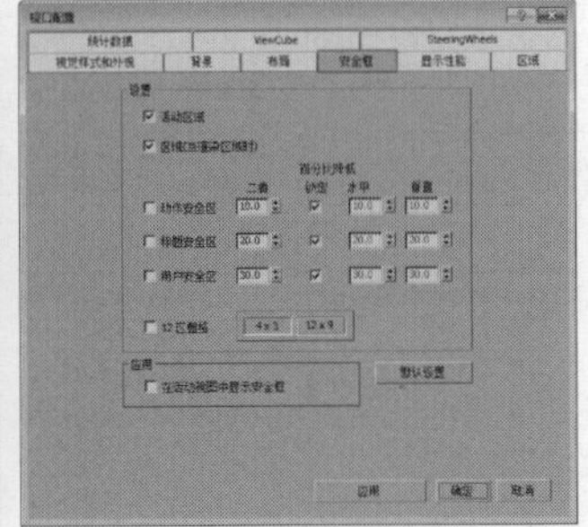

图6-19

勾选“动作安全区”“标题安全区”和“用户安全区”3个选项后，单击“确定”按钮，会观察到视口中的安全框变成4条线，如图6-20和图6-21所示。

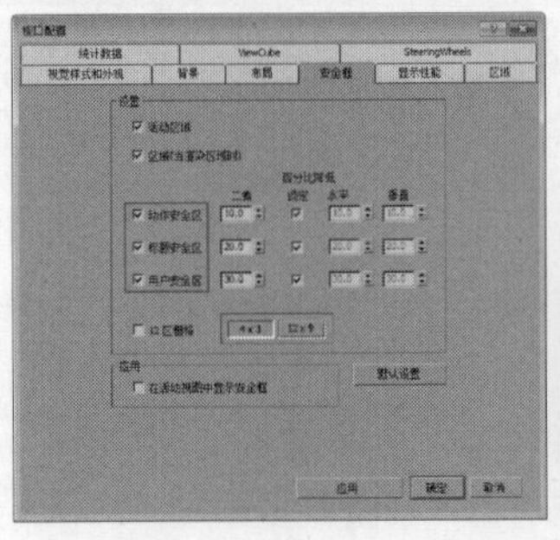

图6-20

图6-21

通常在制作效果图时会打开“动作安全区”和“标题安全区”这两个选项，用户可根据实际情况与自身习惯选择需要打开的选项。

05 选中摄影机，然后切换到“修改”面板，接着展开“参数”卷展栏，可以观察到默认的摄影机“镜头”为43.456mm、“视野”为45°，如图6-22所示。

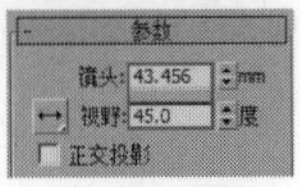

图6-22

技巧与提示

镜头：以mm为单位来设置摄影机的焦距。

视野：设置摄影机查看区域的宽度视野，有“水平”、“垂直”和“对角线”3种方式。

06 设置“镜头”为30mm，可以观察到摄影机的“视野”自动设置为61.928°，在顶视图中摄影机的范围扩大，在摄影机视图中长方体变小，如图6-23和图6-24所示。

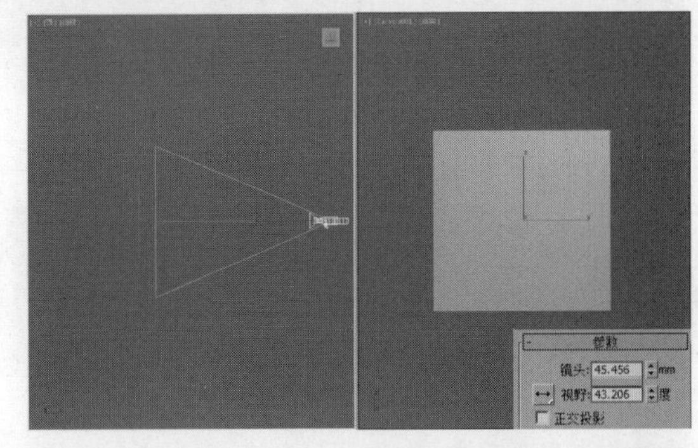

图6-23

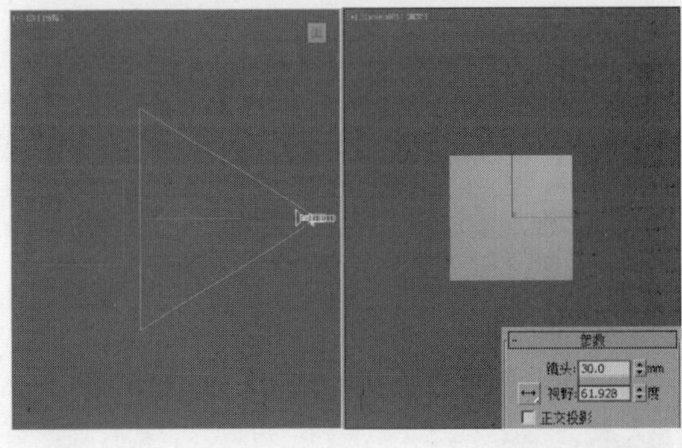

图6-24

07 展开“参数”卷展栏，在“备用镜头”选项组中是系统预置的摄影机焦距镜头，包含15mm、20mm、24mm、28mm、35mm、50mm、85mm、135mm和200mm，如图6-25所示，单击任何一个按钮，摄影机会自动切换为相应的焦距。

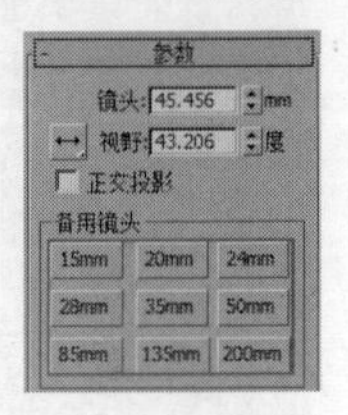

图6-25

技巧与提示

商业室内效果图常用到24mm、28mm和35mm镜头，带广角的镜头可以使房间看起来更宽阔。

08 勾选“剪切平面”下的“手动剪切”选项，可以观察到顶视图中的摄影机出现红色的线框，如图6-26所示，将“近距剪切”设置为120mm，可以观察到摄影机只能出现一部分长方体，如图6-27所示。

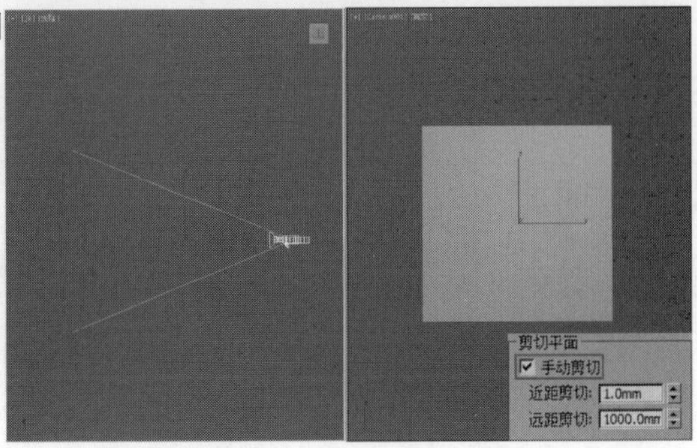

图6-26

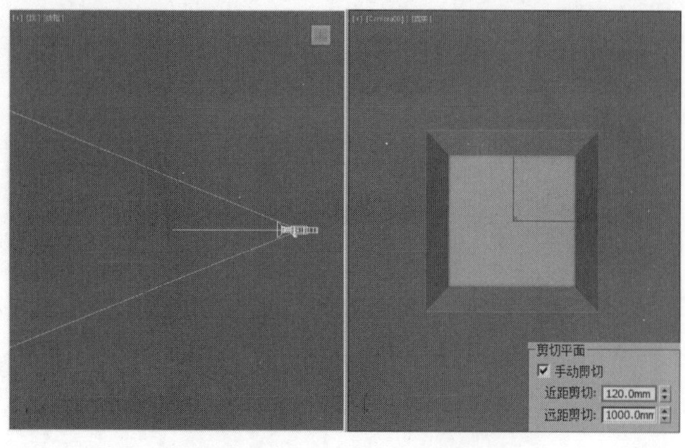

图6-27

技巧与提示

只有处于“近距剪切”与“远距剪切”范围内的对象才可以被渲染。此功能常用于室内效果图中因房间狭小和角度限制以及墙体等物体挡住摄影机时。

实战080 校正目标摄影机

场景位置 场景文件>CH06>02.max
实例位置 实例文件>CH06>校正目标摄影机.max
学习目标 学习校正目标摄影机的方法

在商业效果图制作中，往往需要使用广角镜头来表现场景，使其看起来更宽阔。但广角镜头会使物体因透视而产生畸变，这时就需要使用校正工具，案例效果如图6-28所示。

图6-28

01 打开本书学习资源中的“场景文件>CH06>02.max”文件，这是一个办公室场景，如图6-29所示。

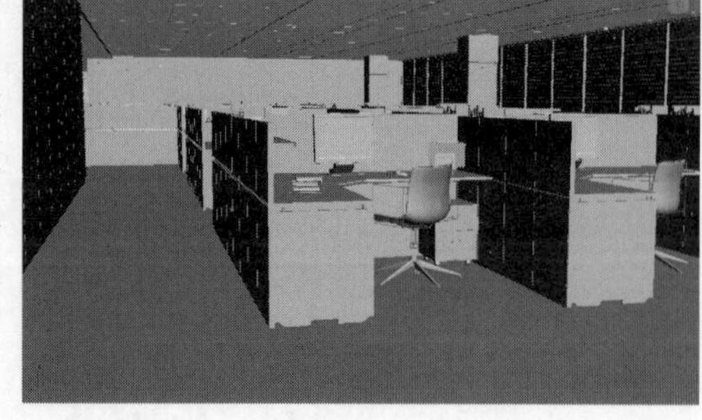

图6-29

02 使用“目标摄影机”工具，在顶视图中创建一个目标摄影机，然后将其调整到合适的位置，如图6-30所示。

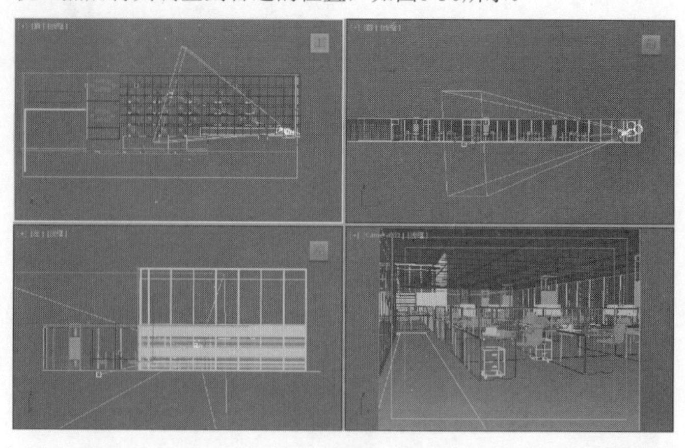

图6-30

03 为了使办公室看起来更宽阔，选中摄影机，然后在“参数”卷展栏中设置“镜头”为28mm，如图6-31所示。

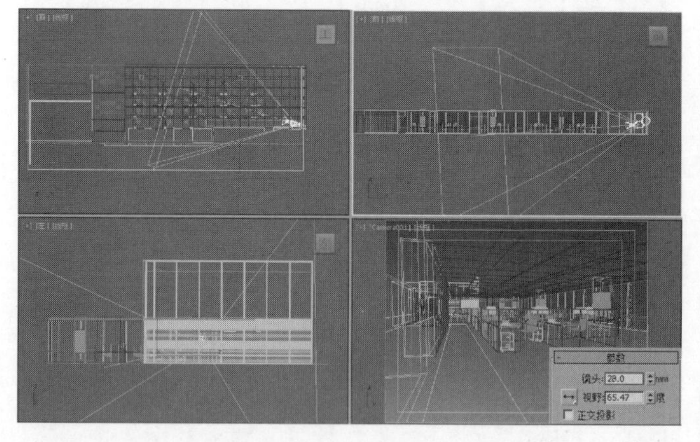

图6-31

04 通过观察摄影机视图，可以看到办公桌离镜头过远，显得镜头前方很空，所以需要推近摄影机。进入摄影机视图，然后单击右下方的“推拉摄影机”按钮，接着单击鼠标左键在视图中拖曳鼠标，使镜头更靠近办公桌，如图6-32所示。

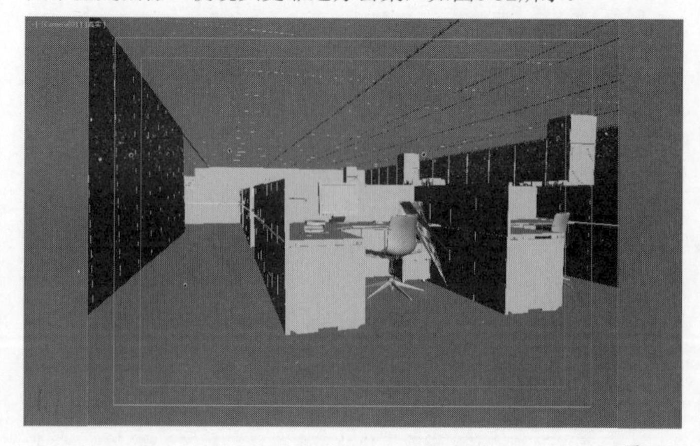

图6-32

05 通过观察可以发现，摄影机视图中的物体因为透视产生一部分畸变，此时需要使用“校正摄影机”工具，在顶视图中选中摄影机，然后单击鼠标右键，接着在弹出的菜单中选择“应用摄影机校正修改器”选项，如图6-33所示。

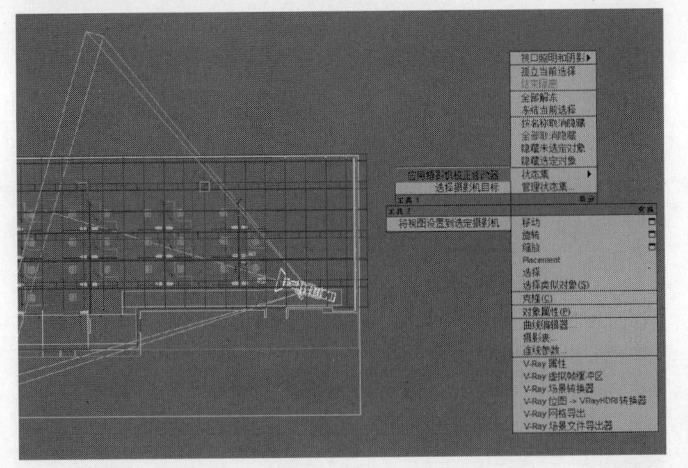

图6-33

技巧与提示

除了使用右键菜单选择“摄影机校正”以外，还可以在菜单栏“修改器>摄影机>摄影机校正”中选择此选项。

06 切换到“修改”面板，然后将“2点透视校正”卷展栏中的“数量”自动设置为2.637，如图6-34所示，切换到摄影机视图，可以观察到产生的畸变已经消失，办公室的最终效果如图6-35所示。

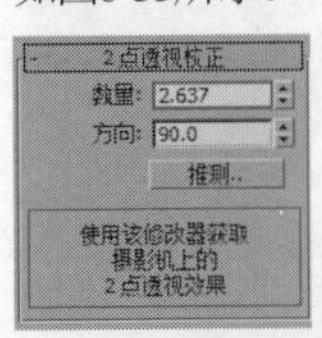

图6-34

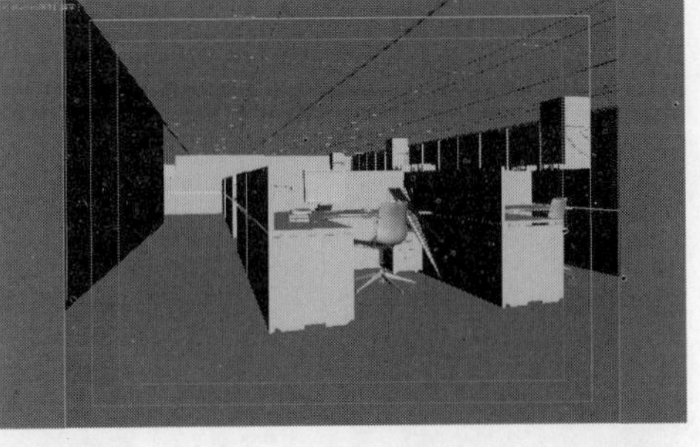

图6-35

实战081 创建物理摄影机

场景位置	场景文件>CH06>03.max
实例位置	实例文件>CH06>创建物理摄影机.max
学习目标	学习物理摄影机参数及其操作

案例效果如图6-36所示。

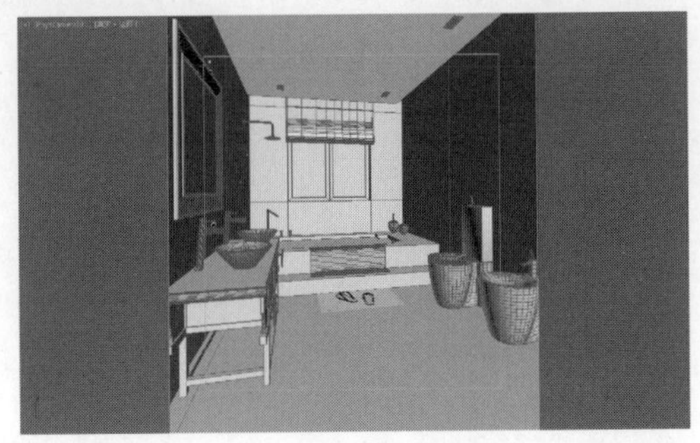

图6-36

场景创建

01 打开本书学习资源中的“场景文件>CH06>03.max”文件，这是一个卫生间场景，如图6-37所示。

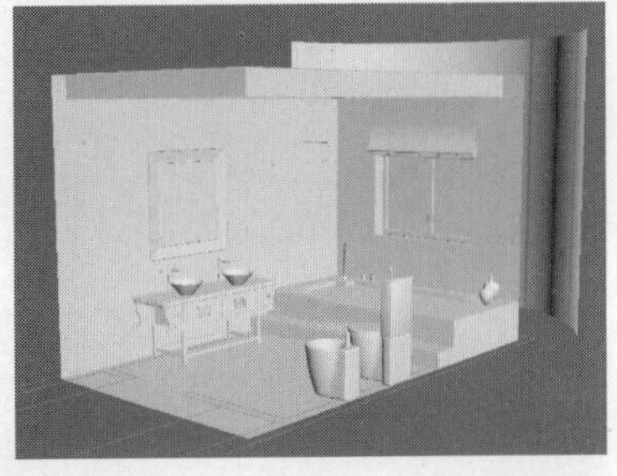

图6-37

02 通过对场景的观察，确定摄影机的方向为朝向浴缸稍偏向洗手盆，如图6-38所示。

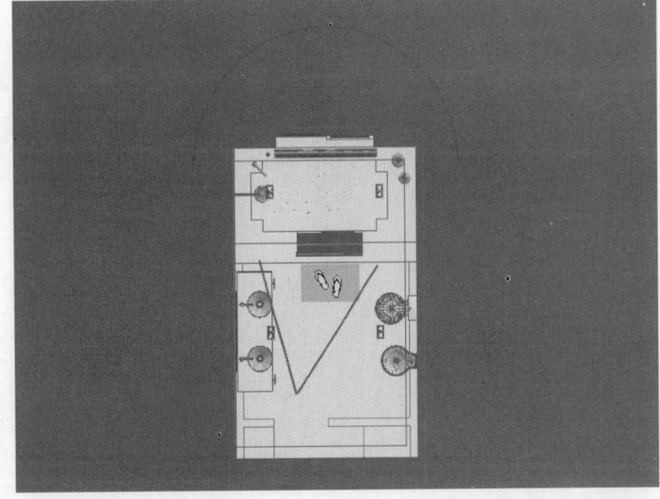

图6-38

03 进入顶视图，然后在“创建”面板中单击“摄影机”按钮，接着选择“标准”选项，再单击“物理”按钮，最后在视图中使用鼠标左键从下向上拖曳出摄影机，如图6-39所示。

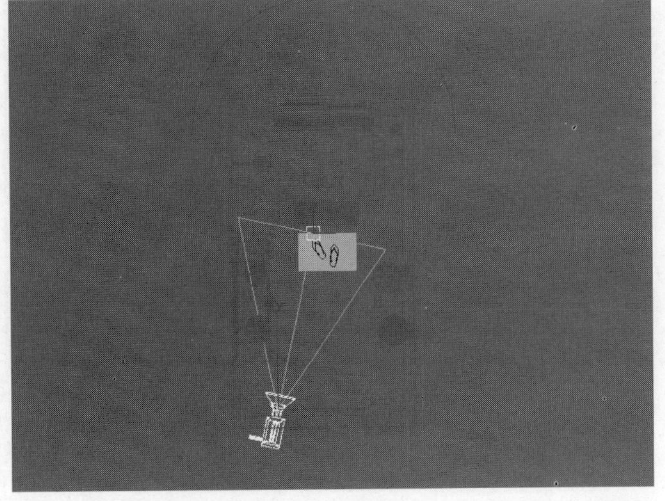

图6-39

04 调整摄影机，同时为了方便观察取景，将视图布局从“四视图”调整为图6-40所示的视图模式。

图6-40

05 将顶视图切换为左视图，全选摄影机及其目标点，然后沿着y轴向上移动到图6-41所示的位置。

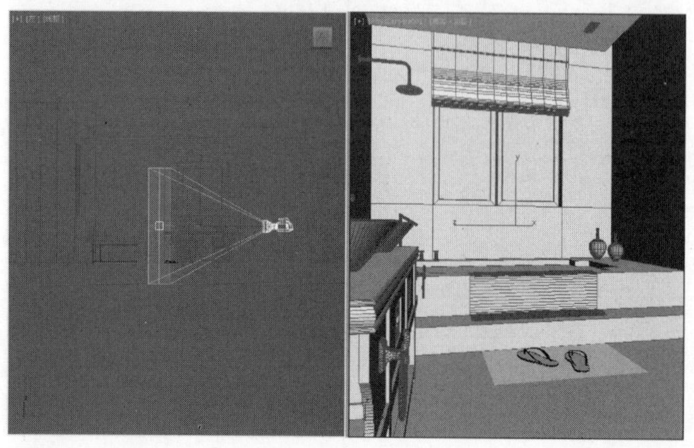

图6-41

06 选中摄影机，然后切换到“修改”面板，接着在“物理摄影机”卷展栏中设置“焦距”为28mm，如图6-42所示。

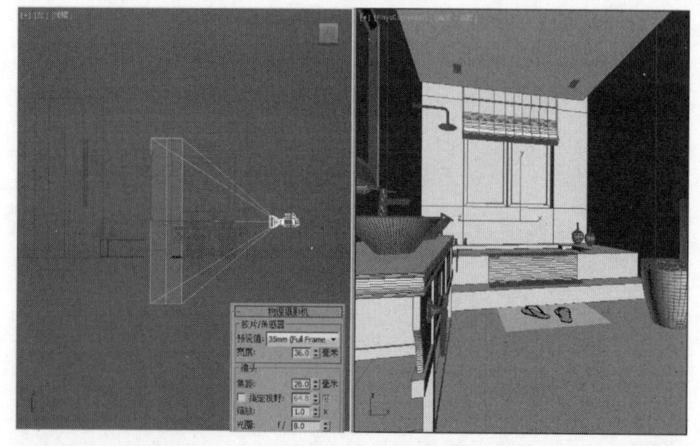

图6-42

07 选中摄影机，然后将其移动至图6-43所示的位置。

08 观察摄影机视图，可以发现由于使用的是广角镜头，画面产生了透视畸变，因此需要校正摄影机。选中摄影机，然后切换到“修改”面板，在“透视控制”卷展栏中勾选“自动垂直倾斜校正”选项，画面畸变就消失了，如图6-44所示。

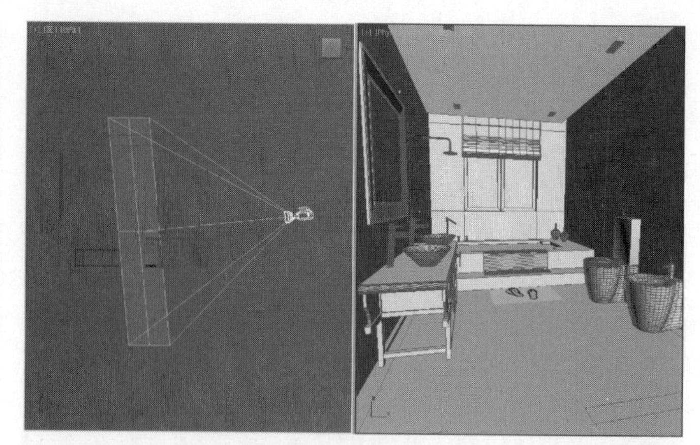

图6-43

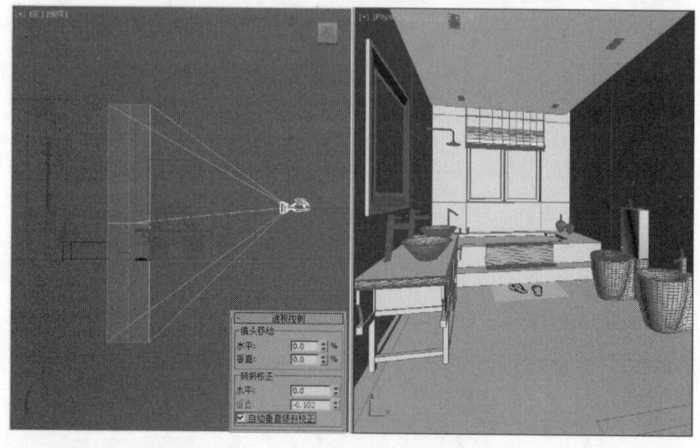

图6-44

09 微调摄影机的位置，案例的最终效果如图6-45所示。

图6-45

知识回顾

◎ 工具：物理

◎ 位置：摄影机>标准

◎ 用途：物理摄影机是3ds Max 2016“标准”摄影机中新加入的摄影机，其特点与VRay摄影机类似。

01 使用“长方体”工具 长方体 在场景中创建一个长方体，如图6-46所示。

02 进入顶视图，然后在“创建”面板中单击“摄影机”按钮，接着选择“标准”选项，再单击“物理”按钮，最后在视图中使用鼠标左键从右向左拖曳出摄影机，如图6-47所示。

图6-46

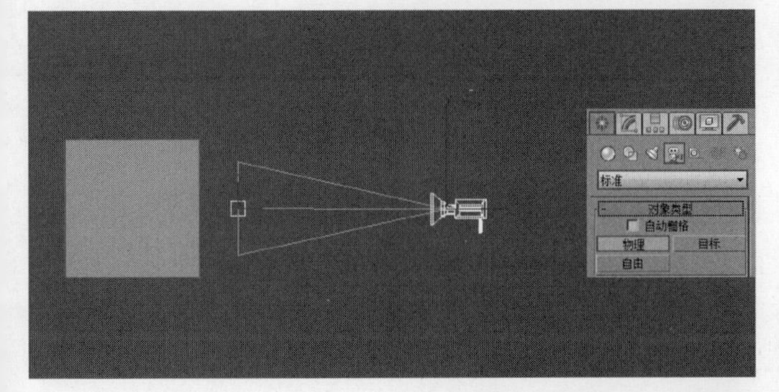

图6-47

03 与目标摄影机一样，物理摄影机也包含“摄影机”和“目标点”两部分，如图6-48所示。

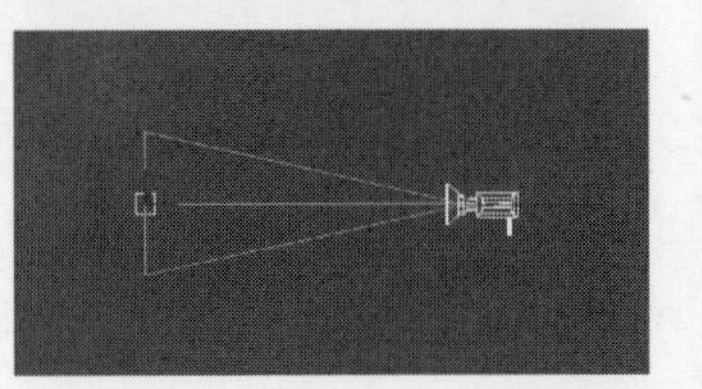

图6-48

04 进入前视图，然后框选摄影机和目标点，将其移动到图6-49所示的位置，接着按快捷键C切换到摄影机视图，再按快捷键Shift＋F打开渲染安全框，如图6-50所示。

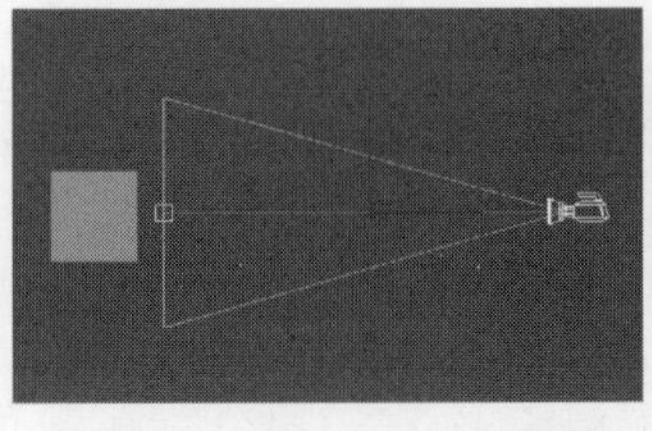

图6-49

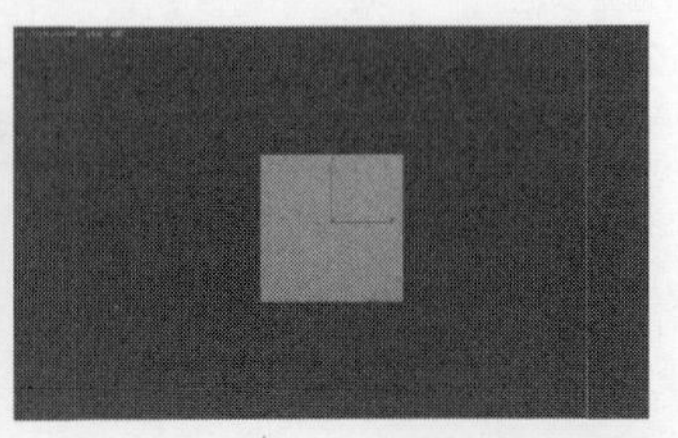

图6-50

05 选中摄影机，然后切换到“修改”面板，接着展开“物理摄影机”卷展栏，可以观察到默认的摄影机“焦距”为40mm，如图6-51所示。

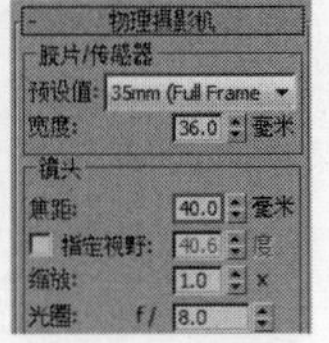

图6-51

技巧与提示

物理摄影机的“焦距”与目标摄影机的“焦距”用法相同，这里不再详细讲解。

06 切换到摄影机视图，然后在“物理摄影机”卷展栏中设置“缩放”为1.5x，可以观察到长方体在镜头中放大，如图6-52和图6-53所示。

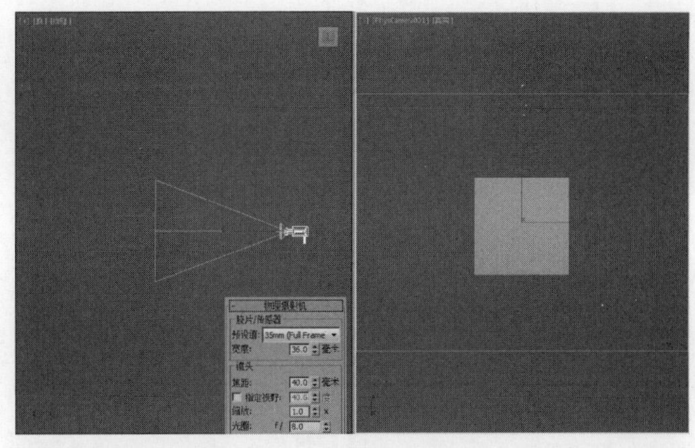

图6-52

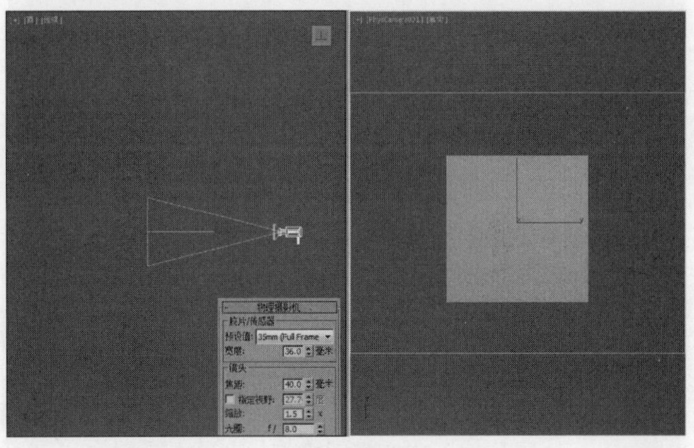

图6-53

技术专题 物理摄影机的光圈与快门

下面详细讲解物理摄影机的光圈和快门，这两者相互配合，控制渲染图像的亮度。

光圈：设置摄影机的光圈大小，主要用来控制渲染图像的最终亮度。值越小，图像越亮；值越大，图像越暗。

快门：控制光的进光时间。值越小，进光时间越长，图像就越亮；值越大，进光时间就越短，图像就越暗。

实战082 横构图

场景位置	场景文件>CH06>04.max
实例位置	实例文件>CH06>横构图.max
学习目标	练习设置画面比例的方法，以及熟悉横构图的画面比例

横向构图是效果图中较为常用的画面比例，包括4:3、16:9和16:10等。本案例的效果如图6-54所示。

图6-54

01 打开本书学习资源中的“场景文件>CH06>04.max”文件，这是一个卧室场景，如图6-55所示。

图6-55

02 场景中已经创建好了摄影机，按快捷键C切换到摄影机视图，接着按快捷键Shift＋F打开渲染安全框，图6-56所示是一个4:3的画面比例，也是3ds Max默认的画面比例。

图6-56

03 按F10键打开“渲染面板”，然后在“输出大小”选项组中设置“宽度”为1280、“高度”为720，摄影机视图效果如图6-57所示。这就是16:9的画面比例，也是较常用的画面比例之一。

图6-57

04 在“输出大小”选项组中设置“宽度”为1280、“高度”为800，摄影机视图效果如图6-58所示。这就是16:10的画面比例。

图6-58

技巧与提示

在商业效果图或动画制作中，常用到一些输出尺寸。

1280×720：是16:9的画面比例，也是高清图片的输出尺寸，可以在电视等设备上播放。

1920×1080：是16:9的画面比例，也是超高清图片的输出尺寸，可以在电视、投影仪等设备上播放。

05 通过调整画面比例，可以观察到16:9的画面会使场景左边显得很空，因此卧室场景的画面比例设置为640×480比较合适，如图6-59所示。

图6-59

实战083 竖构图

场景位置	场景文件>CH06>05.max
实例位置	实例文件>CH06>竖构图.max
学习目标	了解竖构图的用途

竖构图适合表现高度较高或者纵深较大的空间，如别墅中庭、会议室、走廊等，本例效果如图6-60所示。

图6-60

01 打开本书学习资源中的“场景文件>CH06>05.max”文件，这是一个展览馆场景，如图6-61所示。通过观察可以发现，展览馆的层高较高，且顶部有灯饰，因此需要用竖构图来表现场景。

图6-61

02 场景中已经创建好了摄影机，按快捷键C进入摄影机视图，然后按快捷键Shift＋F打开渲染安全框，场景的画面比例是默认的画面比例，如图6-62所示。

图6-62

03 按F10键打开“渲染面板”，然后在“输出大小”选项组中设置“宽度”为480、“高度”为640，如图6-63所示。

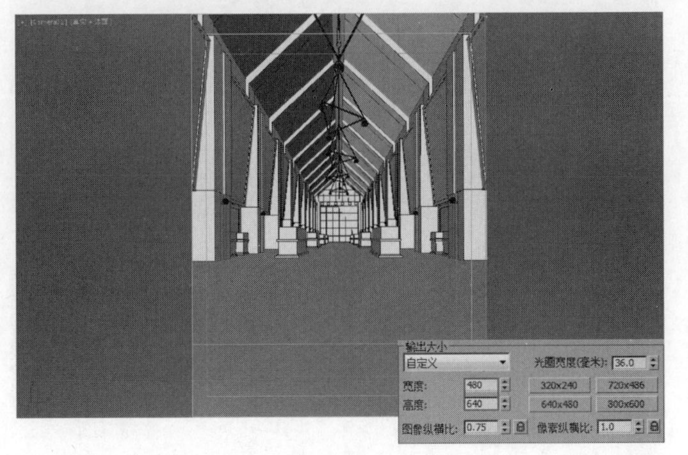

图6-63

技巧与提示

画面比例确定好后，观察到地面部分较多，又不能改变摄影机的位置，这时只需要渲染成图后，在PS中裁剪掉一部分地面即可。

04 竖构图的画面比例没有明确的尺寸比例规定，只需要按照画面表现的重点调整即可，展览馆的最终效果如图6-64所示。

图6-64

技术专题 画面构图的要点

黄金分割：可以说是所有构图的基础，需要做的是在画面中画两条间距相等的竖线，将画面纵向分割成三部分，另两条横线将画面横向分成间距相等的三部分，四条线为黄金分割线，四个交点就是黄金分割点。将视觉中心或主体放在黄金分割线上或附近，特别是黄金分割点上，你会得到很好的构图效果，如图6-65~图6-67所示。

图6-65

图6-66

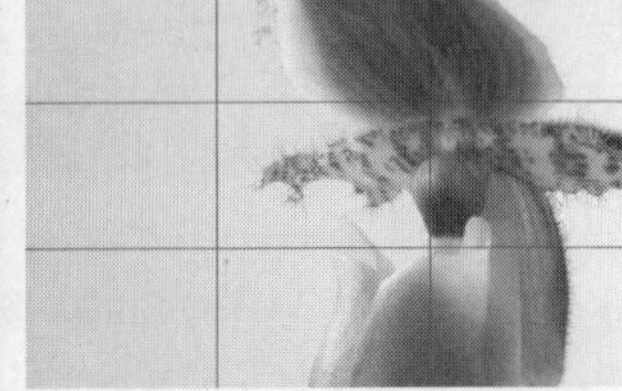

图6-67

三角形构图：是画面中所表达的主体放在三角形中或影像本身形成三角形的态势。此构图有形态形成的，也有阴影形成的三角形态。如果是自然形成的线形结构，这时可以把主体安排在三角形斜边的中心位置，以图有所突破。三角形构图，可产生稳定感，倒置则不稳定，会突出紧张，如图6-68和图6-69所示。

图6-68

图6-69

S形构图：物体以“S”的形状从前景向中景和后景延伸，画面构成纵深方向的空间关系的视觉感，一般以河流、道路、铁轨等物体为常见。这种构图的特点是画面比较生动，富有空间感，如图6-70和图6-71所示。

图6-70

图6-71

水平线（地平线）：不要放在画面的1/2处，可以稍高，也可以稍低，如图6-72所示。

区分主次：一个画面总要有一个是主体，不应并列。

图6-72

实战084 使用目标摄影机制作景深

场景位置	场景文件>CH06>06.max
实例位置	实例文件>CH06>使用目标摄影机制作景深.max
学习目标	掌握目标摄影机的景深制作方法

景深效果可以表现场景的层次感，案例效果如图6-73所示。

图6-73

01 打开本书学习资源中的“场景文件>CH06>06.max”文件，这是一个走廊场景，如图6-74所示。

图6-74

02 画面着重表现的是照片墙，因此在顶视图中，摄影机的方向如图6-75所示，然后使用“目标摄影机”工具在顶视图中拖曳出摄影机的位置，如图6-76所示。

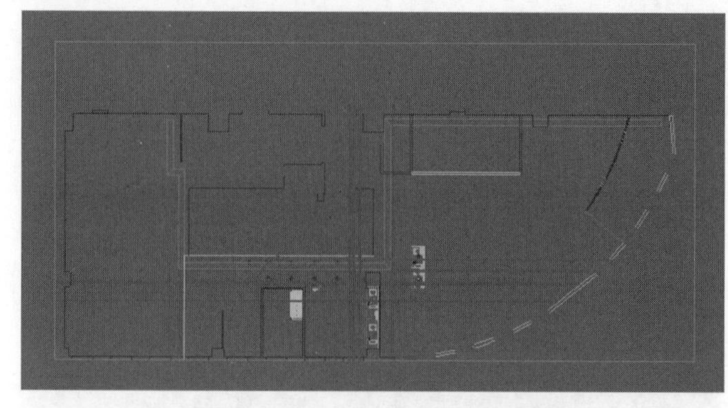
图6-75

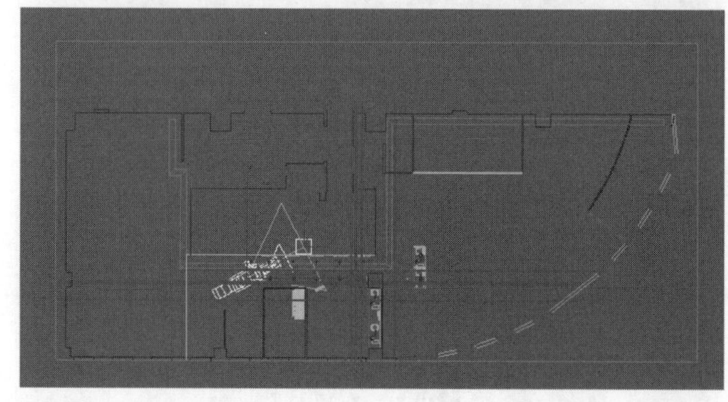
图6-76

03 在各个视图中调整摄影机的位置如图6-77所示，然后选中摄影机，接着在“参数”卷展栏中设置“镜头”为24mm，如图6-78所示。

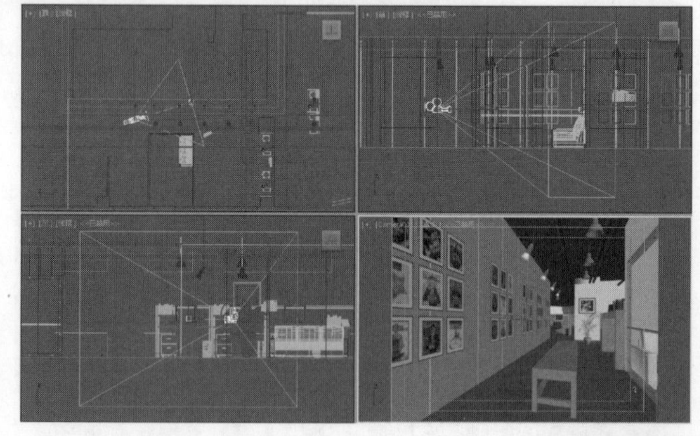
图6-77

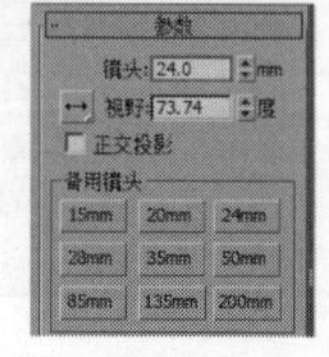

图6-78

04 按F9键渲染当前场景，效果如图6-79所示。

05 下面给摄影机添加景深特效。按F10键打开“渲染设置”面板，然后切换到VRay选项卡，接着展开“摄影机”卷展栏，勾选“景深”选项，设置“焦点距离”为2000mm，如图6-80所示。

图6-79

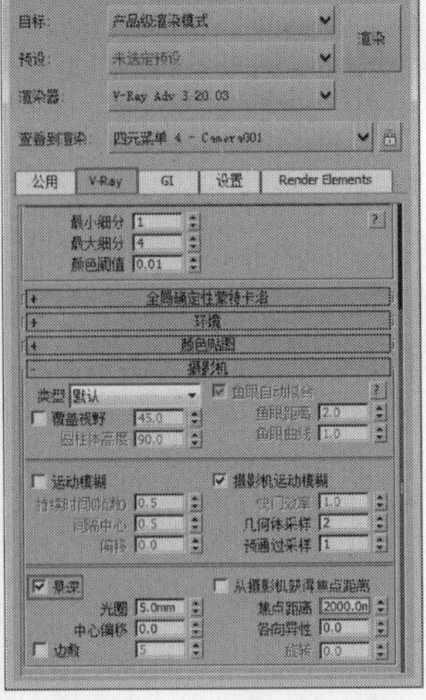

图6-80

06 按F9键渲染场景，可以观察到画面已经出现景深效果，最终效果如图6-81所示。

图6-81

实战085 用目标摄影机制作运动模糊

场景位置	场景文件>CH06>07.max
实例位置	实例文件>CH06>用目标摄影机制作运动模糊.max
学习目标	掌握目标摄影机的运动模糊制作方法

当渲染运动的物体时，开启运动模糊，就能渲染出带模糊的效果，如图6-82所示。

图6-82

01 打开本书学习资源中的“场景文件>CH06>07.max”文件，这是一个排球模型，如图6-83所示。

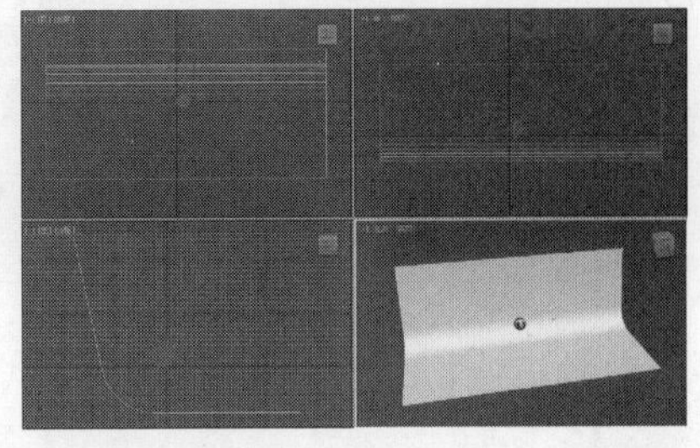

图6-83

02 使用“目标摄影机”工具在顶视图中创建摄影机，然后在“参数”卷展栏中设置“镜头”为35mm，如图6-84所示。

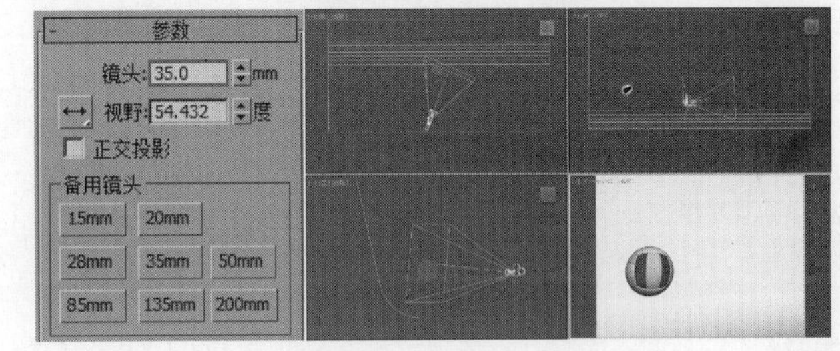

图6-84

03 选中排球模型，然后单击“自动关键点”按钮，接着拖动时间滑块到第25帧，如图6-85所示，再移动排球到图6-86所示的位置，最后再次单击“自动关键点”按钮。

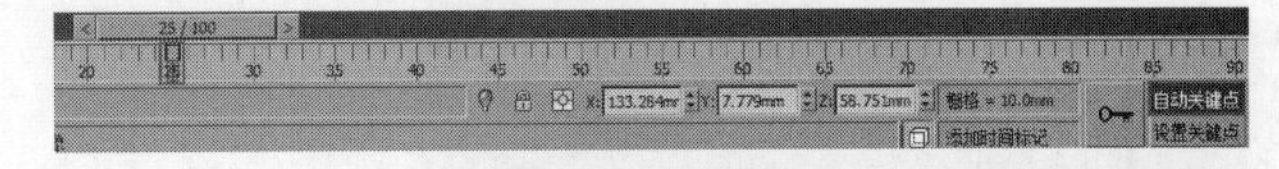

图6-85

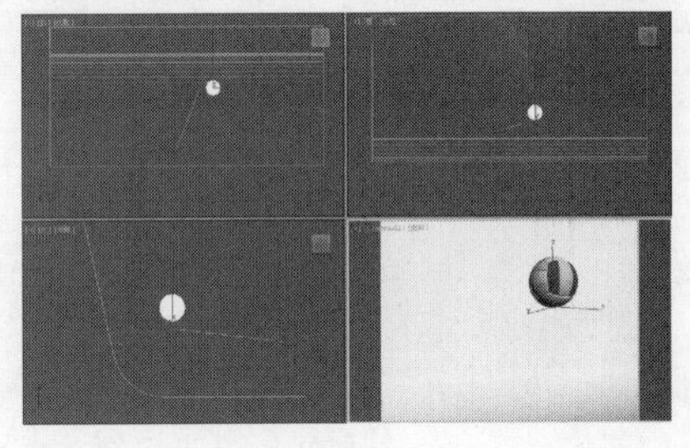

图6-86

04 按F10键打开“渲染设置”面板，然后切换到VRay选项卡，接着展开“摄影机”卷展栏，勾选“运动模糊”选项，如图6-87所示。

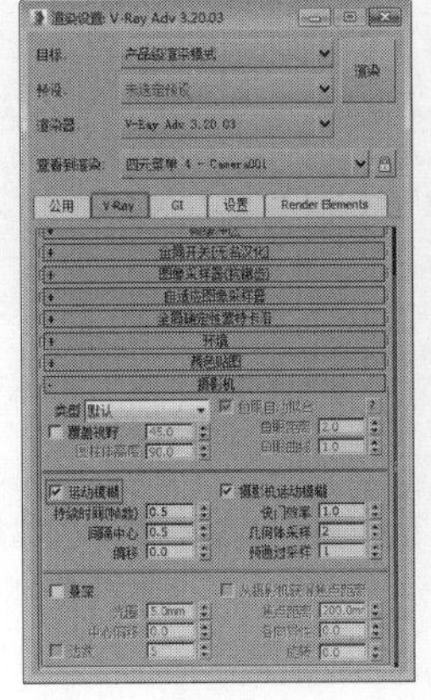

图6-87

05 将时间滑块移动到第13帧，然后切换到摄影机视图，接着按F9键渲染当前场景，最终效果如图6-88所示。

图6-88

第7章 灯光技术

技术专题

疑难问答

技巧与提示

Learning Objectives 学习要点

Employment Direction 从业方向

家具造型师　建筑设计表现师

工业设计师　室内设计表现师

本章将介绍3ds Max 2016的灯光技术，包括“光度学”灯光、“标准”灯光和VRay灯光。本章是一个很重要的章节，在实际工作中运用的灯光技术几乎都包含在本章中，特别是对于目标灯光、目标聚光灯、目标平行光、VRay灯光和VRay太阳的布光思路与方法，读者务必要完全领会并掌握。

“标准”灯光包括8种类型，分别是“目标聚光灯”“自由聚光灯”“目标平行光”“自由平行光”“泛光”“天光”“mr Area Omni”和“mr Area spot”。本书主要讲解“目标聚光灯”“目标平行光”和“泛光”三种常用灯光。

安装好VRay渲染器后，在“灯光”创建面板中就可以选择VRay灯光。VRay灯光包含4种类型，分别是“VRay灯光”“VRayIES”“VRay环境灯光”和“VRay太阳”，如图7-1所示。

图 7-1

实战086 用目标灯光制作射灯

场景位置　场景文件>CH07>01.max

实例位置　实例文件>CH07>用目标灯光制作射灯.max

学习目标　目标灯光的功能及用法

案例效果如图7-2所示。

图7-2

灯光创建

01 打开本书学习资源中的“场景文件>CH07>01.max”文件，这是一个室内场景，如图7-3所示。在这个场景中需要使用“目标灯光”来模拟射灯效果照亮隔板架上的物品。

02 进入左视图，在“创建”面板中单击“灯光”按钮，然后选择“光度学”选项，接着单击“目标灯光”按钮，如图7-4所示，再在视图中使用鼠标左键拖曳出灯光的位

置，如图7-5所示。

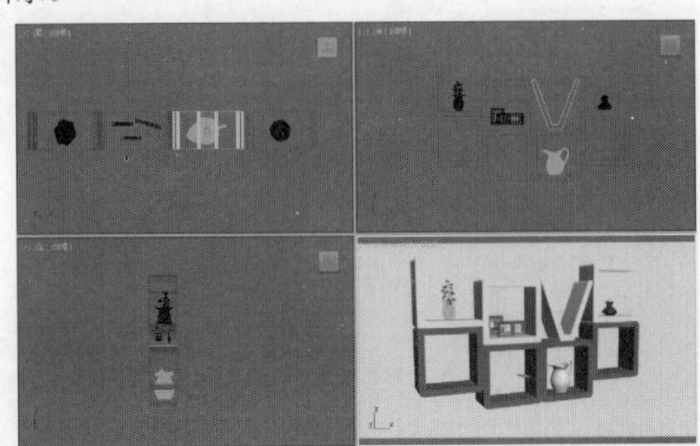

图7-3

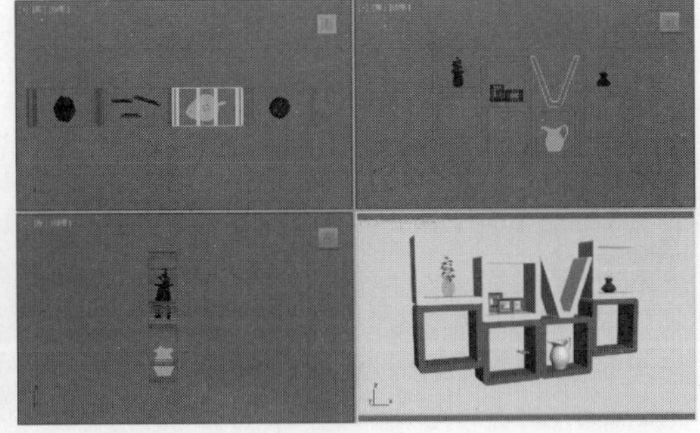

图7-4　　图7-5

03 选择上一步创建的目标灯光，然后进入“修改”面板，具体参数设置如图7-6所示。

设置步骤

① 展开“常规参数”卷展栏，然后在“阴影”选项组下勾选“启用”选项，接着设置“灯光分布（类型）”为“光度学Web”。

② 展开“分布（光度学Web）”卷展栏，然后在其通道中加载本书学习资源中的“实例文件>CH07>使用目标灯光制作射灯>经典筒灯.ies”文件。

③ 展开“强度/颜色/衰减”卷展栏，然后设置“过滤颜色”为黄色（R:255，G:203，B:164），接着设置“强度”为2000。

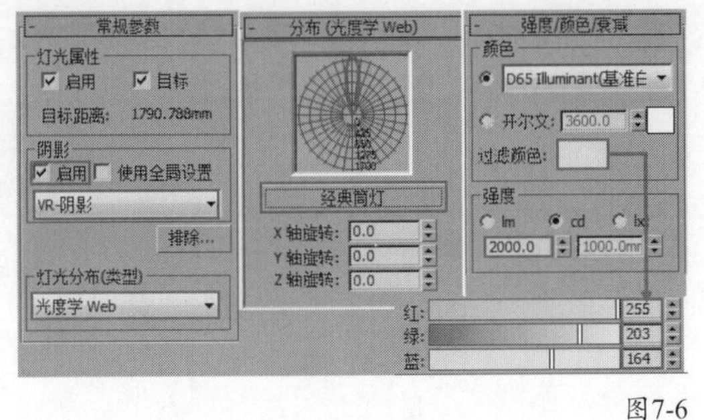

图7-6

04 设置灯光类型为VRay，然后在前视图中创建一盏VRay灯光，其位置如图7-7所示。

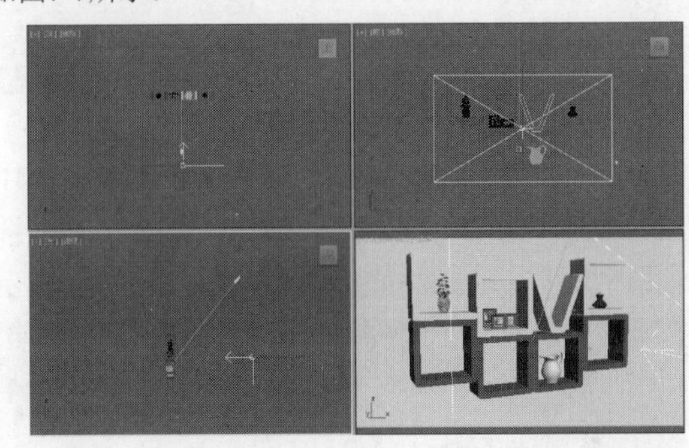

图7-7

技巧与提示

选择灯光及其目标点时，为了避免误选其他对象，可将“选择过滤器”设置为“L-灯光”选项。

05 选择上一步创建的VRay灯光，然后展开“参数”卷展栏，具体参数设置如图7-8所示。

设置步骤

① 在“常规”卷展栏下设置“类型”为“平面”。

② 在“强度”卷展栏下设置“倍增”为2、“颜色”为黄色（R:255，G:235，B:208）。

③ 在“大小”卷展栏下设置“1/2长”为750mm、“1/2宽”为460mm。

④ 在“选项”卷展栏下勾选“不可见”选项。

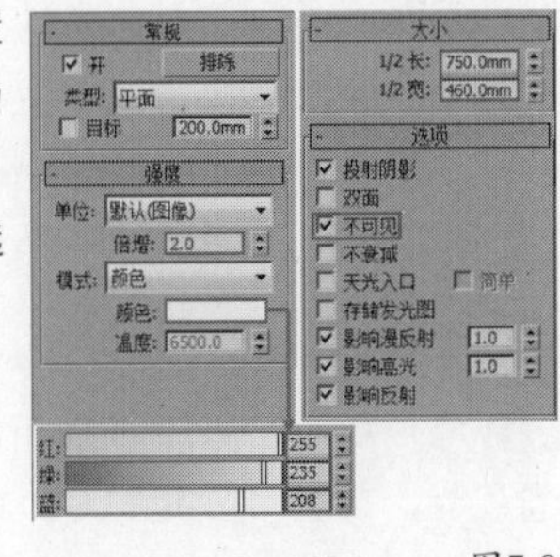

图7-8

技巧与提示

本例的VRay灯光是用来辅助照明的。关于VRay灯光的相关知识，将在后面的内容中进行讲解。

06 按C键切换到摄影机视图，然后按F9键渲染当前场景，最终效果如图7-9所示。

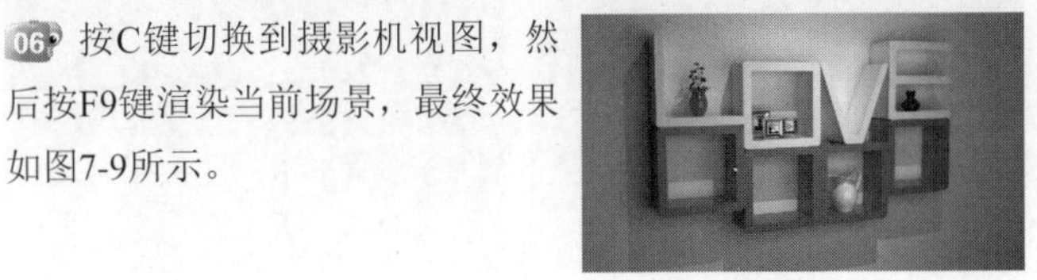

图7-9

知识回顾

◎ 工具：目标灯光

◎ 位置：灯光>光度学

◎ 用途：目标灯光主要用来模拟现实中的筒灯、射灯和壁灯等带有方向性的灯光。

01 使用"长方体"工具和"平面"工具在场景中创建一个长方体和一个平面，如图7-10所示。

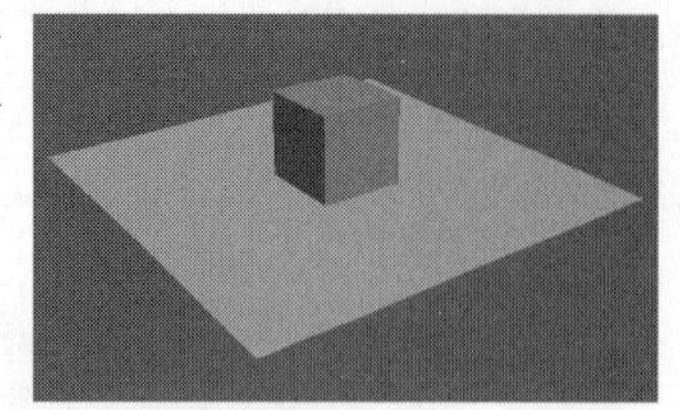

图7-10

02 进入左视图，然后在"创建"面板中单击"灯光"按钮，接着选择"光度学"选项，再单击"目标灯光"按钮，最后在视图中使用鼠标左键拖曳出目标灯光，如图7-11所示。

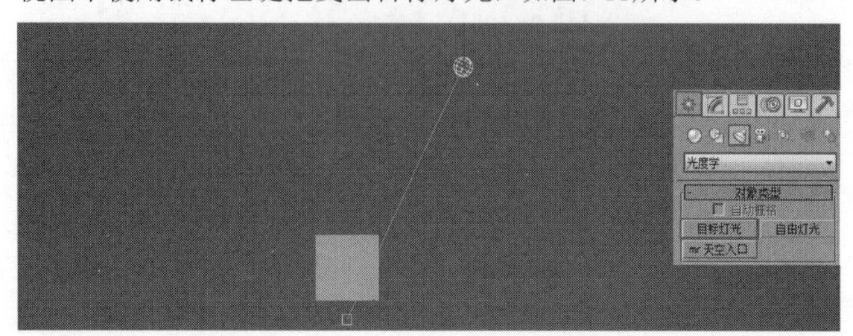

图7-11

技巧与提示

除了在"创建"面板中创建目标灯光外，还可以选择菜单栏中的"创建>灯光>光度学灯光>目标灯光"选项，然后在视图中拖曳鼠标即可。

03 与目标摄影机相同，目标灯光也由灯光与目标点两部分组成，如图7-12所示。

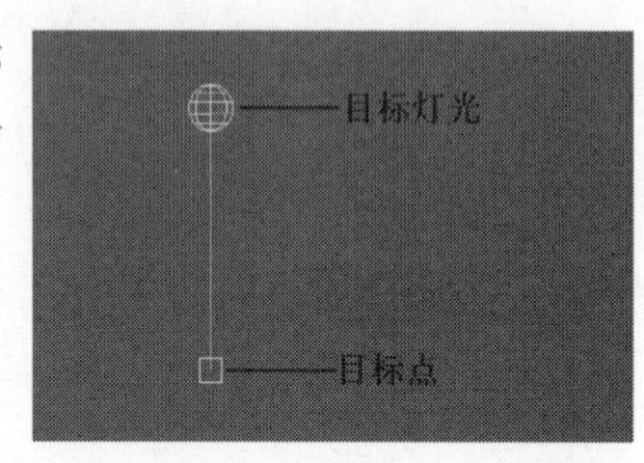

图7-12

04 选择灯光，切换到"修改"面板，然后展开"常规参数"卷展栏，设置"强度"为20，按F9键渲染当前场景，如图7-13所示，接着在"阴影"选项组中勾选"启用"选项，再次按F9键进行渲染，如图7-14所示，场景中出现了阴影。

图7-13

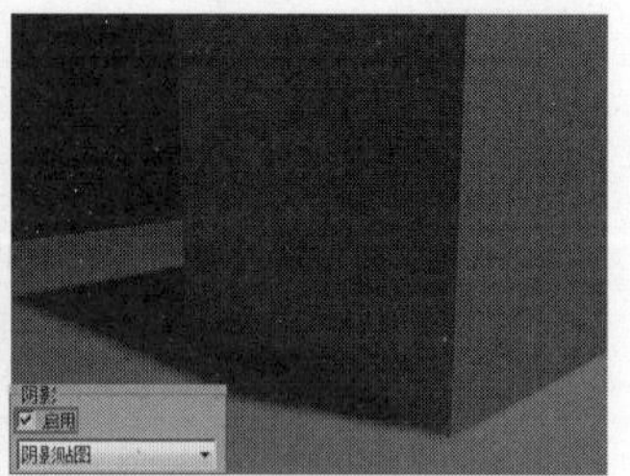

图7-14

技巧与提示

勾选阴影的"启用"选项后，多数会将阴影类型选择为"VRay阴影"。

05 设置"灯光分布（类型）"为"光度学Web"，系统会自动加载一个"分布（光度学Web）"卷展栏，然后单击"选择光度学文件"按钮，在弹出的窗口中选择需要的.ies光度学文件，如图7-15和图7-16所示。

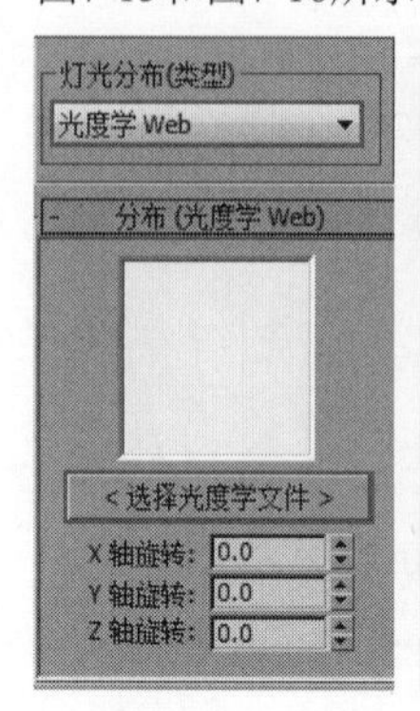

图7-15

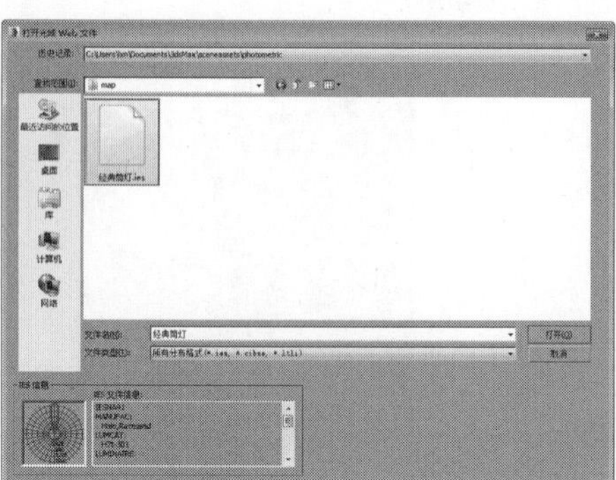

图7-16

技术专题 光域网文件

将"灯光分布（类型）"设置为"光度学Web"后，系统会自动增加一个"分布（光度学Web）"卷展栏，在"分布（光度学Web）"通道中可以加载光域网文件。

光域网是灯光的一种物理性质，用来确定光在空气中的发散方式。

不同的灯光在空气中的发散方式也不相同，比如手电筒会发出一个光束，而壁灯或台灯发出的光又是另外一种形状。这些不同的形状是由灯光自身的特性来决定的，也就是说，这些形状是由光域网造成的。灯光之所以会产生不同的图案，是因为每种灯在出厂时，厂家都要对其指定不同的光域网。在3ds Max中，如果为灯光指定一个特殊的文件，就可以产生与现实生活中相同的发散效果，这种特殊文件的标准格式为.ies。图7-17所示是一些不同光域网的显示形态，图7-18所示是这些光域网的渲染效果。

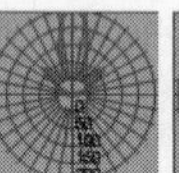
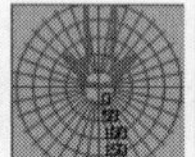
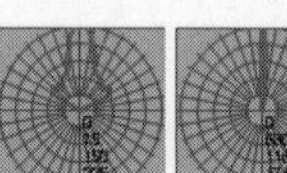

图7-17

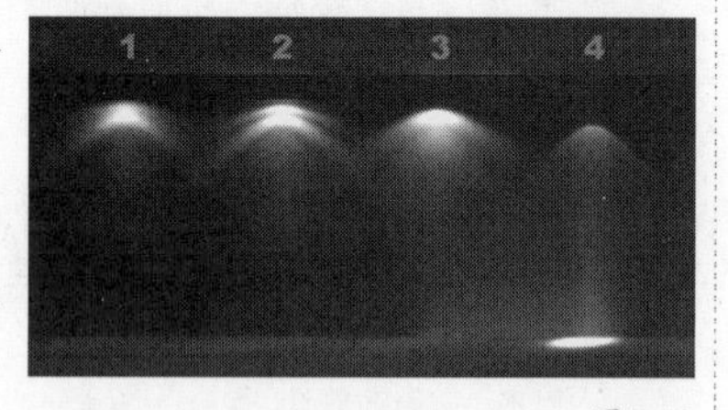

图7-18

06 展开"强度/颜色/衰减"卷展栏，然后单击"过滤颜色"按钮，在弹出的对话框中可以设置灯光的颜色，如图7-19和图7-20所示。

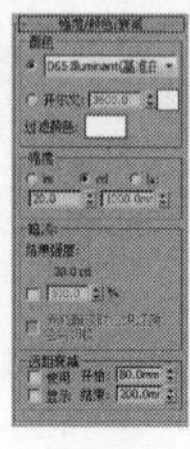

图7-19

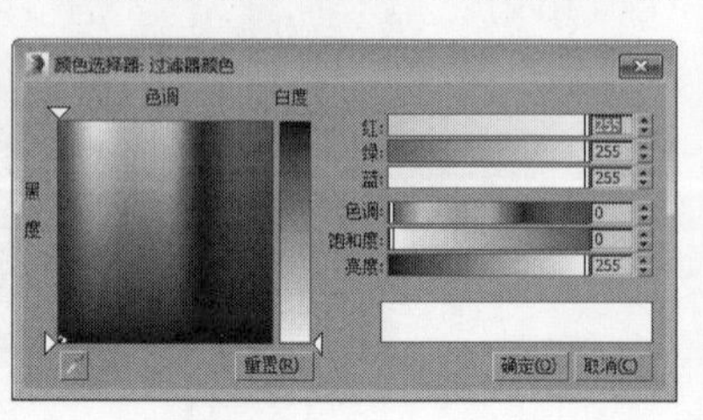

图7-20

07 设置"强度"为40，按F9键进行渲染，可以观察到灯光的强度增大，如图7-21和图7-22所示。

图7-21

图7-22

技巧与提示

控制灯光强度有三种单位可选择，读者可根据自身习惯选择单位。

lm（流明）：测量整个灯光（光通量）的输出功率。100瓦的通用灯泡约有1750 lm的光通量。

cd（坎德拉）：用于测量灯光的最大发光强度，通常沿着瞄准发射。100瓦通用灯泡的发光强度约为139 cd。

lx（lux）：测量由灯光引起的照度，该灯光以一定距离照射在曲面上，并面向灯光的方向。

08 设置阴影类型为"VRay阴影"，系统会自动加载"VRay阴影参数"卷展栏，勾选"区域阴影"选项，按F9键渲染当前场景，可以观察到阴影边缘出现柔化模糊，如图7-23和图7-24所示。

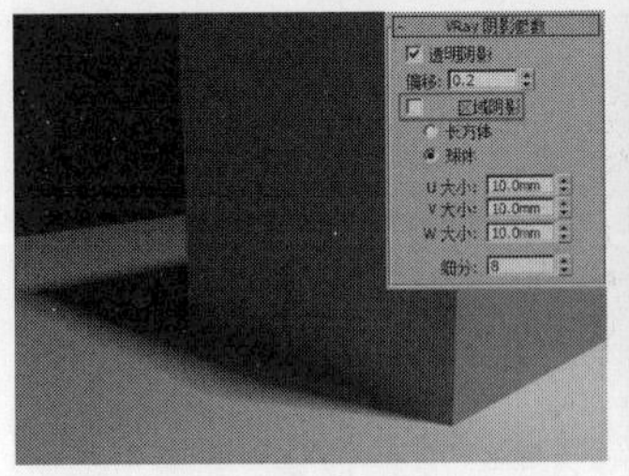

图7-23

图7-24

09 设置投影类型为"长方体"选项，按F9键渲染，如图7-25所示，然后设置投影类型为"球体"选项，按F9键渲染，如图7-26所示。

图7-25

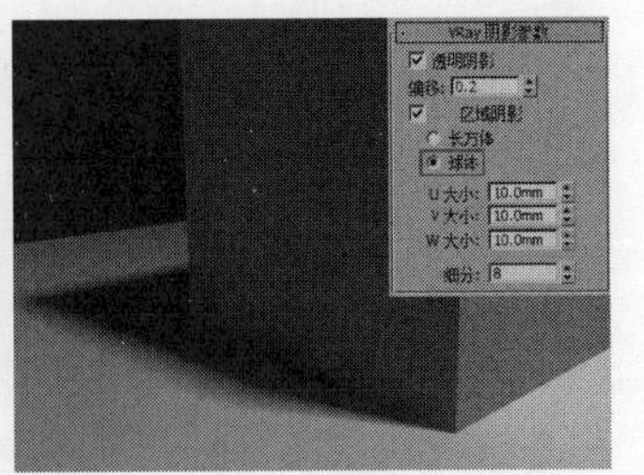

图7-26

10 设置"U/V/W大小"都为50mm，对比效果如图7-27和图7-28所示。可以观察到设置的值越大，阴影的模糊效果越明显。

11 设置"细分"为30，对比效果如图7-29和图7-30所示。可以观察到细分设置得越大，阴影边缘的杂点越少，阴影也越细腻。

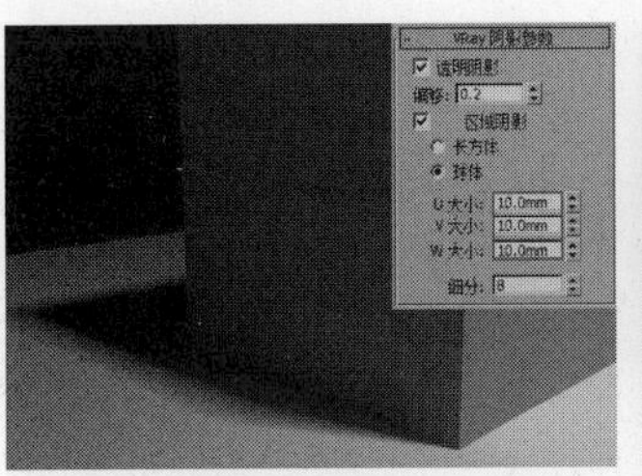

图7-27

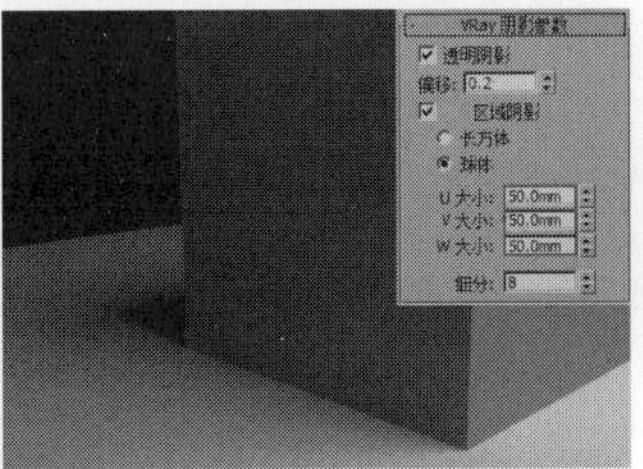

图7-28

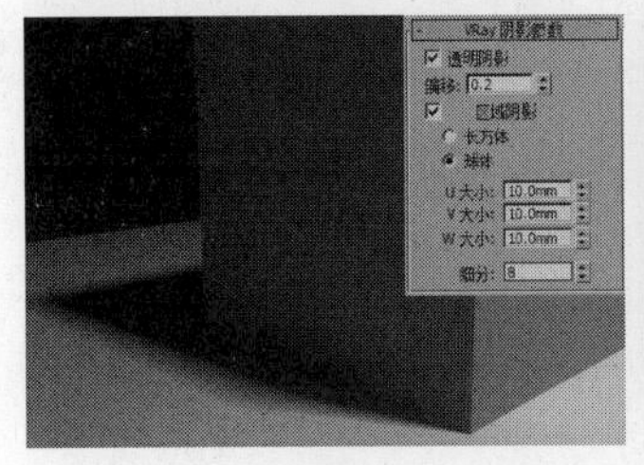

图7-29

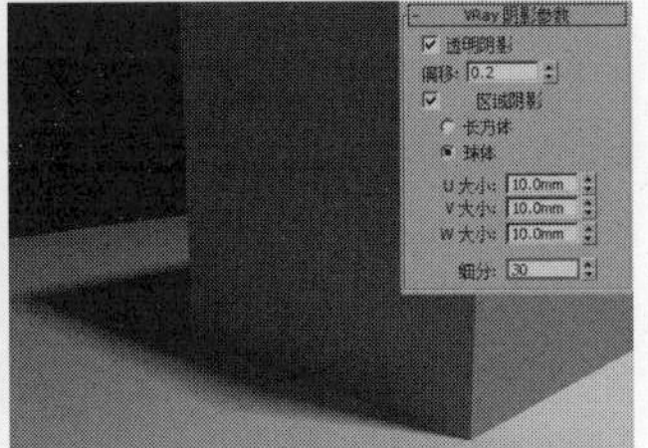

图7-30

实战087 用目标灯光制作夜晚灯光

场景位置	场景文件>CH07>02.max
实例位置	实例文件>CH07>用目标灯光制作夜晚灯光.max
学习目标	熟练掌握目标灯光的用法

案例效果如图7-31所示。

图7-31

01 打开本书学习资源中的"场景文件>CH07>02.max"文件，这是一个走廊场景，如图7-32所示。在这个场景中需要使用"目标灯光"来模拟射灯效果照亮桌子上的物品和墙上的挂画。

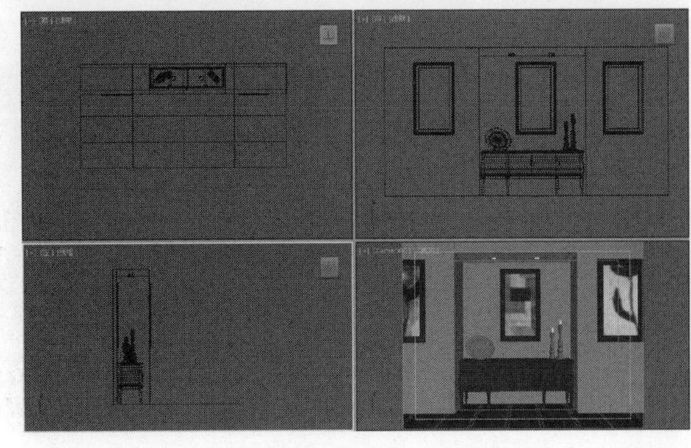

图7-32

02 在正视图中使用“目标灯光”工具，拖曳鼠标创建目标灯光，其位置如图7-33所示。

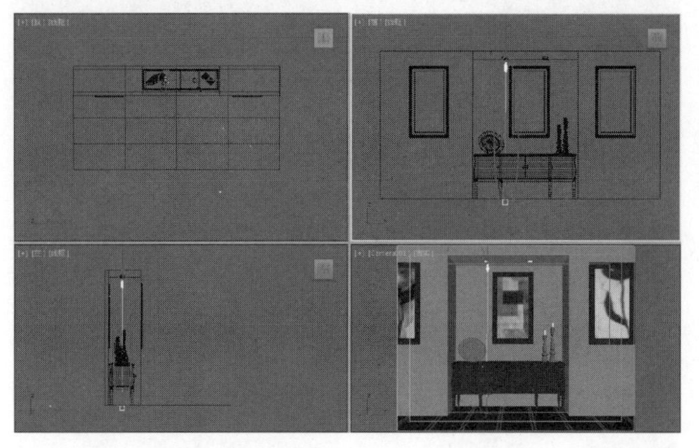

图7-33

03 选择上一步创建的目标灯光，然后进入“修改”面板，具体参数设置如图7-34所示。

设置步骤

① 展开“常规参数”卷展栏，然后在“阴影”选项组下勾选“启用”选项，接着设置“灯光分布（类型）”为“光度学Web”。

② 展开“分布（光度学Web）”卷展栏，然后在其通道中加载本书学习资源中的“实例文件>CH07>使用目标灯光制作夜晚灯光>经典筒灯.ies”文件。

③ 展开“强度/颜色/衰减”卷展栏，然后设置“过滤颜色”为黄色（R:255，G:183，B:144），接着设置“强度”为4000。

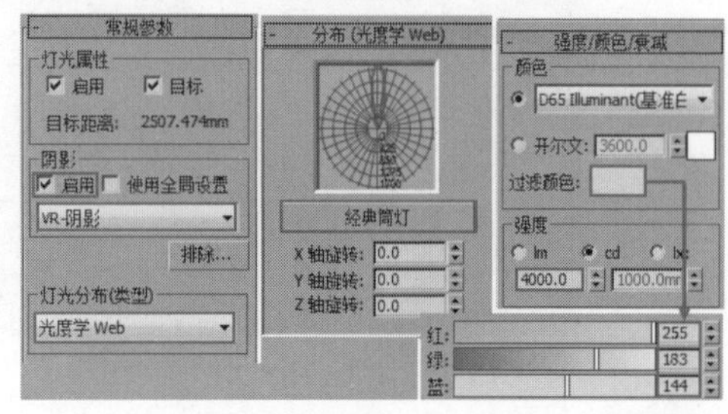

图7-34

04 选中灯光和目标点，然后使用“选择并移动”工具并按住Shift键复制一盏到另一个射灯模型下方，复制类型选择“实例”，如图7-35所示，其位置如图7-36所示。

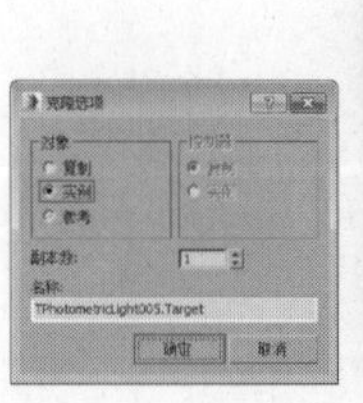

图7-35

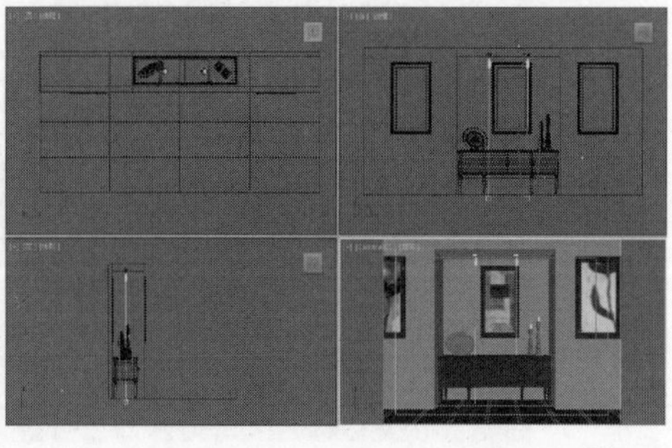

图7-36

05 继续复制两盏目标灯光到左右两幅画的前方，复制类型仍选择“实例”，其位置如图7-37所示。

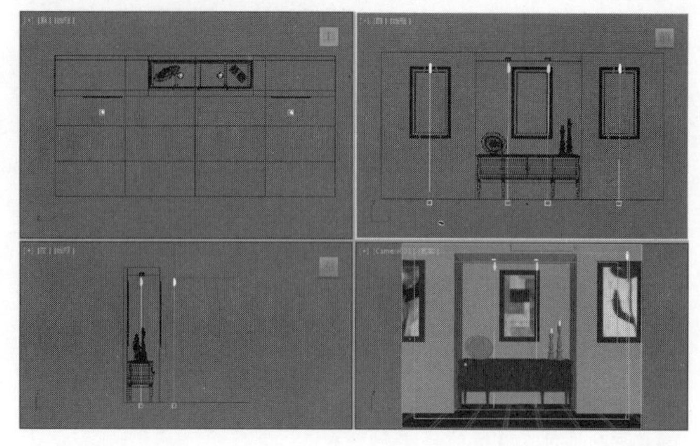

图7-37

> **技巧与提示**
>
> 复制相同类型的灯光时，复制类型选择“实例”，可以方便灯光属性的修改。

06 设置灯光类型为VRay，然后在前视图中创建一盏VRay灯光，其位置如图7-38所示。

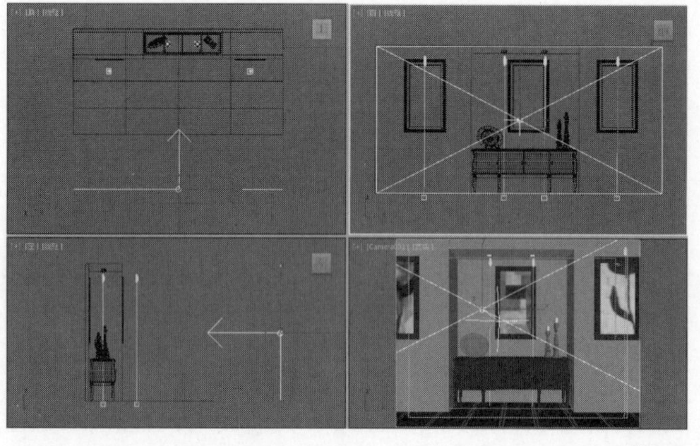

图7-38

07 选中上一步创建的VRay灯光，然后进入“修改”面板，具体参数设置如图7-39所示。

设置步骤

① 在“常规”卷展栏下设置“类型”为“平面”。

② 在“强度”卷展栏下设置“倍增”为1、“颜色”为蓝色（R:37，G:65，B:207）。

③ 在“大小”卷展栏下设置“1/2长”为2600mm、“1/2宽”为1300mm。

④ 在“选项”卷展栏下勾选“不可见”选项，取消勾选“影响高光”和“影响反射”选项。

08 按C键切换到摄影机视图，然后按F9键渲染当前场景，效果如图7-40所示。

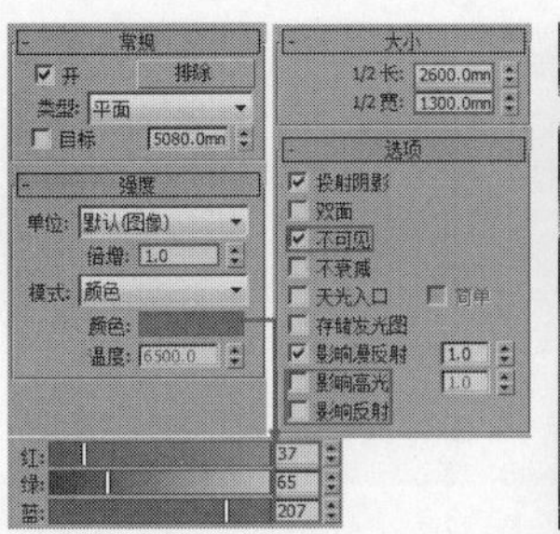

图7-39

图7-40

实战088 用目标聚光灯制作雕塑灯光

场景位置 场景文件>CH07>03.max
实例位置 实例文件>CH07>用目标聚光灯制作雕塑灯光.max
学习目标 学习目标聚光灯的参数及其操作

案例效果如图7-41所示。

图7-41

灯光创建

01 打开本书学习资源中的“场景文件>CH07>03.max”文件，这是一个雕塑模型，如图7-42所示。

图7-42

02 进入顶视图，然后在“创建”面板中单击“灯光”按钮，接着选择“标准”选项，再单击“目标聚光灯”按钮，用鼠标拖曳出目标聚光灯，其位置如图7-43所示。

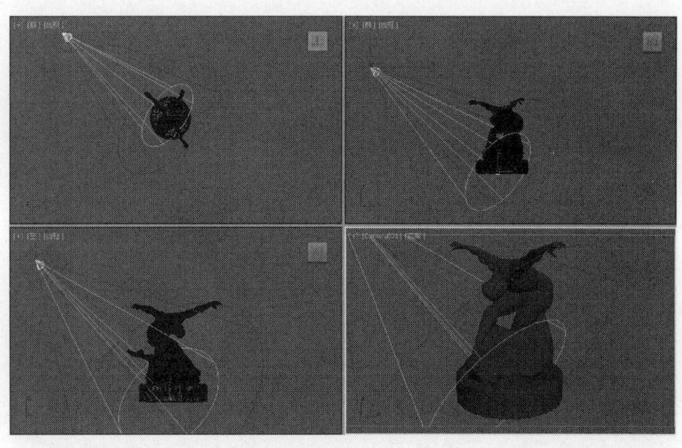

图7-43

03 选中上一步创建的目标聚光灯，然后进入“修改”面板，具体参数设置如图7-44所示。

设置步骤

① 展开“常规参数”卷展栏，然后在“阴影”选项组下勾选“启用”选项，并设置阴影类型为“VRay阴影”。

② 展开“强度/颜色/衰减”卷展栏，然后设置“颜色”为黄色（R:255，G:194，B:114），接着设置“倍增”为5。

③ 展开“聚光灯参数”卷展栏，然后设置“聚光区/光束”为25.8、“衰减区/区域”为46.6。

④ 展开“VRay阴影参数”卷展栏，然后勾选“区域阴影”选项，设置“U/V/W大小”都为50mm。

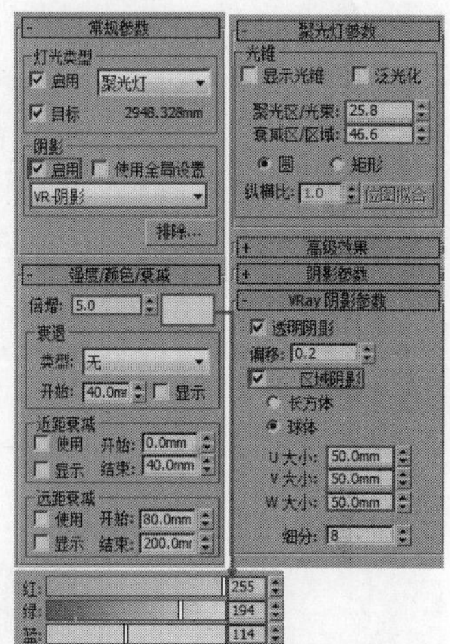

图7-44

04 选中灯光和目标点，然后以“实例”的形式复制一盏，其位置如图7-45所示。

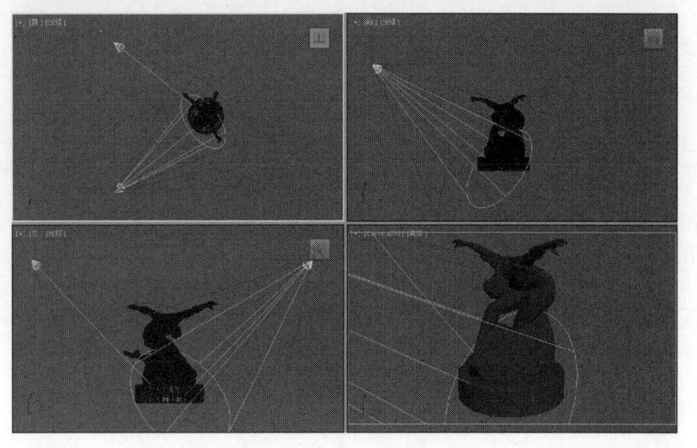

图7-45

05 选中已经创建好的两盏“目标聚光灯”，然后以“复制”的形式复制到右侧，其位置如图7-46所示。

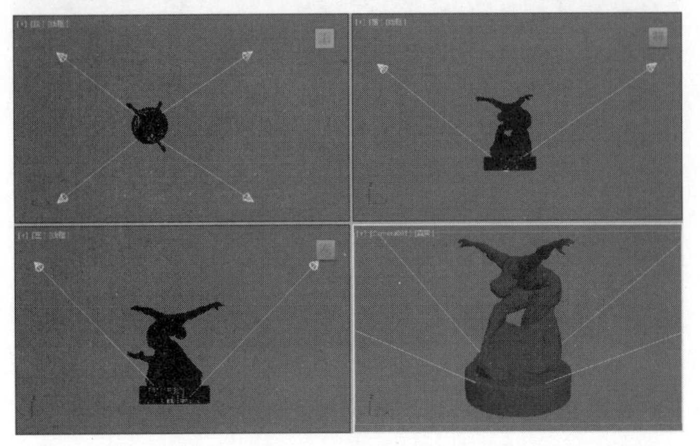

图7-46

06 选中上一步复制出的“目标聚光灯”，然后进入“修改”面板，具体参数设置如图7-47所示。

设置步骤

① 展开“常规参数”卷展栏，然后在“阴影”选项组下勾选“启用”选项，并设置阴影类型为“VRay阴影”。

② 展开“强度/颜色/衰减”卷展栏，然后设置“颜色”为蓝色（R:163，G:195，B:255），接着设置“倍增”为1.5。

③ 展开“聚光灯参数”卷展栏，然后设置“聚光区/光束”为25.8、“衰减区/区域”为45.5。

④ 展开“VRay阴影参数”卷展栏，然后勾选“区域阴影”选项，设置“U/V/W大小”都为50mm。

07 按快捷键C进入摄影机视图，然后按F9键渲染当前场景，雕塑的最终效果如图7-48所示。

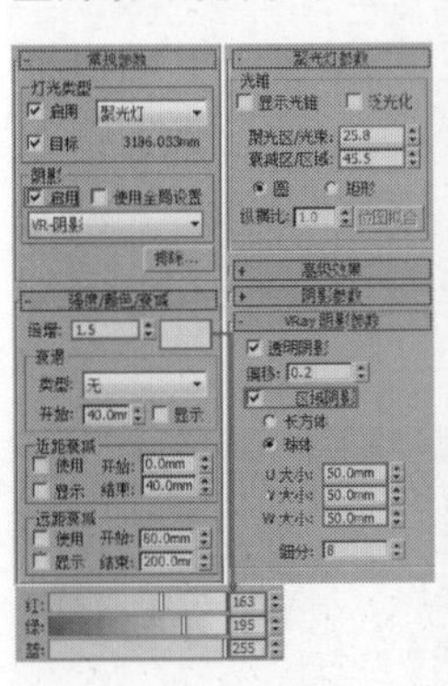

图7-47

图7-48

知识回顾

◎ 工具：目标聚光灯

◎ 位置：灯光>标准

◎ 用途：目标聚光灯可以产生一个锥形的照射区域，区域以外的对象不会受到灯光的影响，主要用来模拟吊灯、手电筒等发出的灯光。

01 使用“长方体”工具和“平面”工具在场景中创建一个长方体和一个平面，如图7-49所示。

图7-49

02 进入左视图，然后在“创建”面板中单击“灯光”按钮，接着选择“标准”选项，再单击“目标聚光灯”按钮，最后在视图中使用鼠标左键拖曳出目标聚光灯，如图7-50所示。

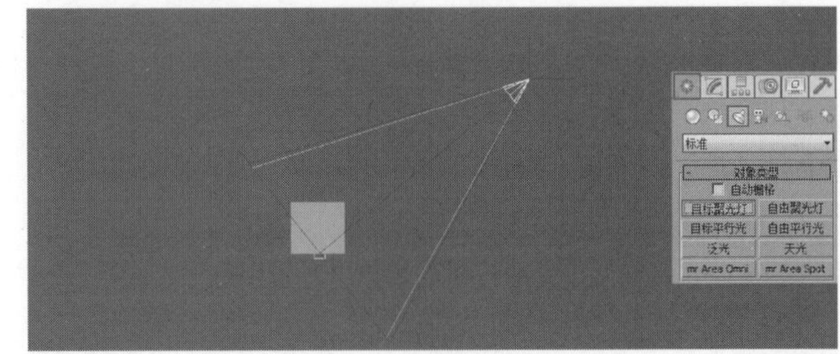

图7-50

技巧与提示

除了在“创建”面板中创建目标聚光灯外，还可以选择菜单栏中的“创建>灯光>标准灯光>目标聚光灯”选项，然后在视图中拖曳鼠标即可创建。

03 与目标灯光一样，目标聚光灯也包含两部分，如图7-51所示。

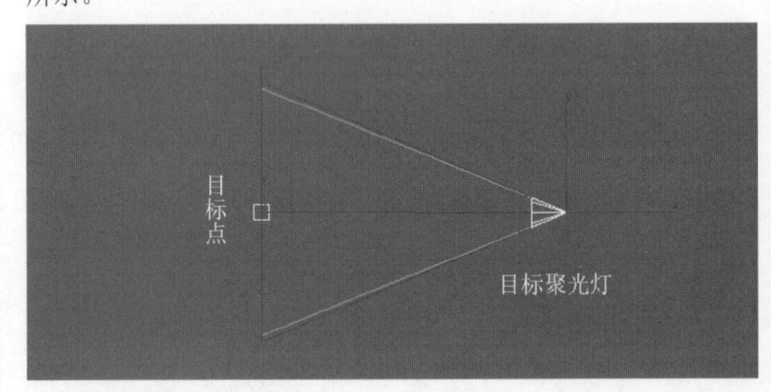

图7-51

技巧与提示

“目标聚光灯”与“目标灯光”的参数面板基本相同，下面只介绍不相同的参数内容。

04 按F9键渲染当前场景，然后展开“聚光灯参数”卷展栏，此时“聚光区/光束”为43、“衰减区/区域”为45，如图7-52所示，接着设置“聚光区/光束”为5、“衰减区/区域”为20，按F9键渲染，效果如图7-53所示。可以观察到，“聚光区/光束”包裹照亮的区域减小，“衰减区/区域”包裹以外的区域都没有被照亮。

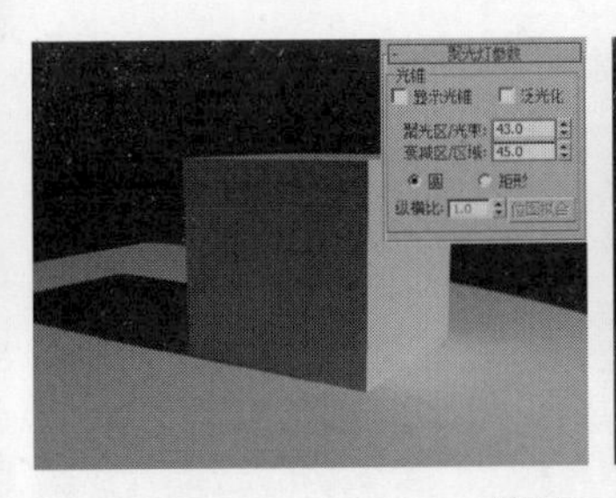

图7-52

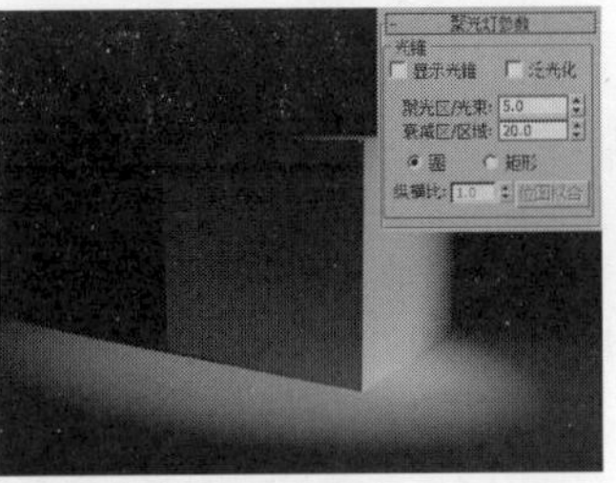

图7-53

05 设置衰减区的形状为圆，按F9键渲染当前场景，如图7-54所示，然后设置衰减区的形状为矩形，按F9键渲染当前场景，如图7-55所示。

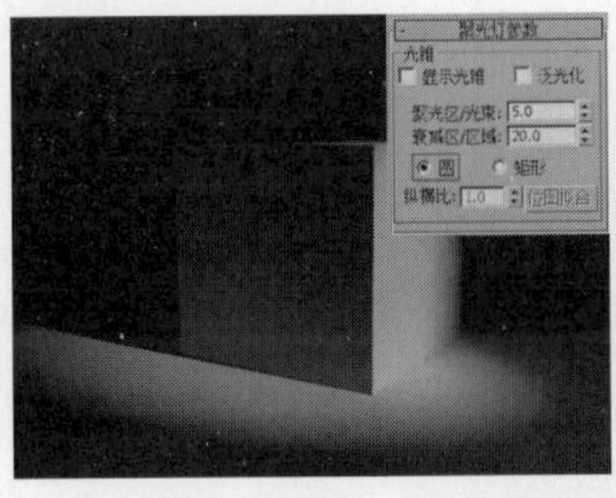

图7-54

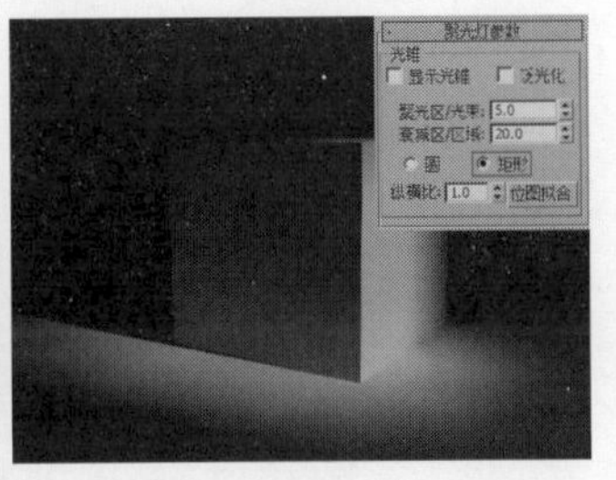

图7-55

实战089 用目标平行光制作阳光客厅

场景位置　场景文件>CH07>04.max
实例位置　实例文件>CH07>用目标平行光制作阳光客厅.max
学习目标　学习目标平行光的参数及其操作

案例效果如图7-56所示。

图7-56

技巧与提示

目标平行光与目标聚光灯参数的用法完全一致，这里不做详细讲解。

01 打开本书学习资源中的“场景文件>CH07>04.max”文件，这是一个客厅场景，如图7-57所示。

02 在“创建”面板中单击“灯光”按钮，然后选择“标准”选项，接着单击“目标平行光”按钮，再在前视图中拖曳鼠标创建一个目标平行光作为阳光，其位置如图7-58所示。

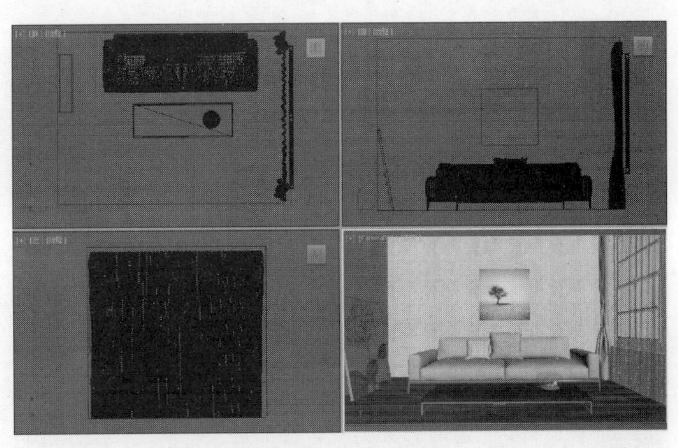

图7-57

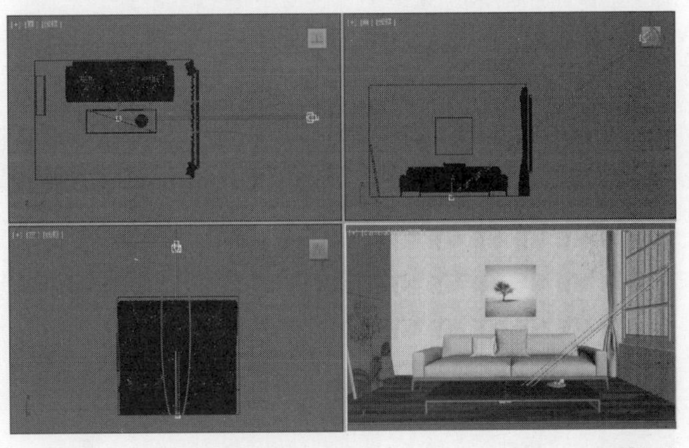

图7-58

03 选中上一步创建的目标平行光，然后进入“修改”面板，具体参数设置如图7-59所示。

设置步骤

① 展开“常规参数”卷展栏，然后在“阴影”选项组下勾选“启用”选项，并设置阴影类型为“VRay阴影”。

② 展开“强度/颜色/衰减”卷展栏，然后设置“颜色”为黄色（R:255，G:236，B:203），接着设置“倍增”为0.8。

③ 展开“平行光参数”卷展栏，然后设置“聚光区/光束”为1550mm、“衰减区/区域”为1750mm。

④ 展开“VRay阴影参数”卷展栏，然后勾选“区域阴影”选项，设置“U/V/W大小”都为50mm。

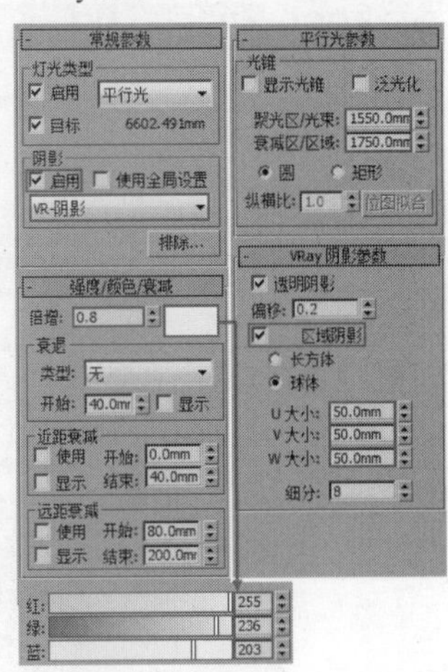

图7-59

04 设置灯光类型为VRay，然后在前视图中创建一盏VRay灯光，其位置如图7-60所示。

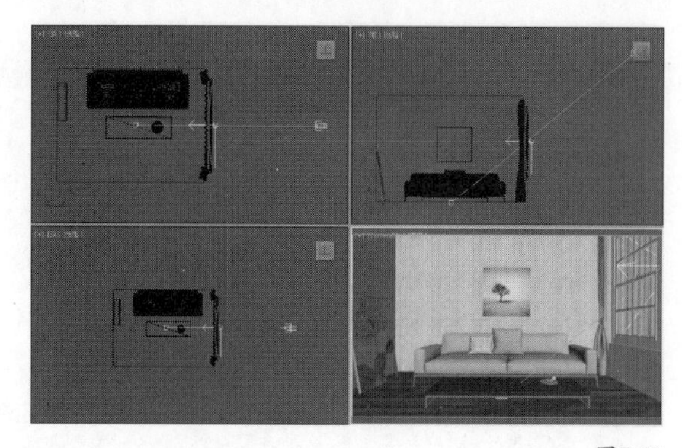

图7-60

05 选中上一步创建的VRay灯光，然后进入“修改”面板，具体参数设置如图7-61所示。

设置步骤

① 在“常规”卷展栏下设置“类型”为“平面”。

② 在“强度”卷展栏下设置“倍增”为1.5、“颜色”为蓝色（R:211，G:227，B:255）。

③ 在“大小”卷展栏下设置“1/2长”为1150mm、“1/2宽”为880mm。

④ 在“选项”卷展栏下勾选“不可见”选项。

06 按C键进入摄影机视图，然后按F9键渲染当前场景，最终效果如图7-62所示。

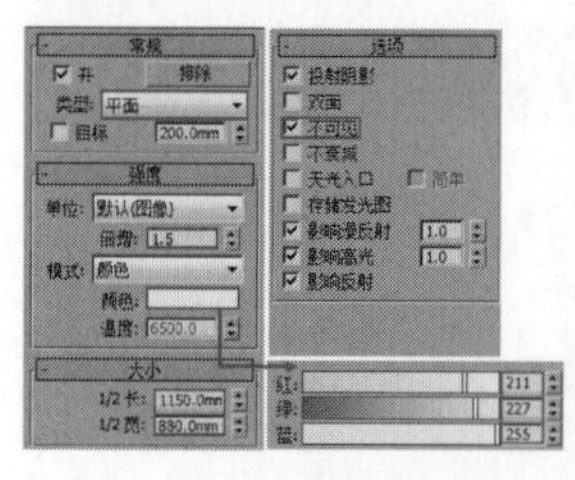

图7-61

图7-62

实战090 用目标平行光制作柔和阴影

场景位置 场景文件>CH07>05.max
实例位置 实例文件>CH07>用目标平行光制作柔和阴影.max
学习目标 掌握VRay阴影参数的用法

案例效果如图7-63所示。

图7-63

01 打开本书学习资源中的“场景文件>CH07>05.max”文件，如图7-64所示。

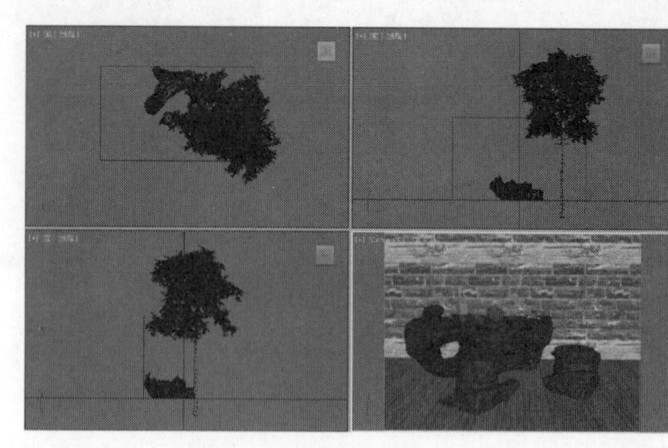

图7-64

02 使用“目标平行光”工具，在顶视图中拖曳出灯光及其目标点，位置如图7-65所示。

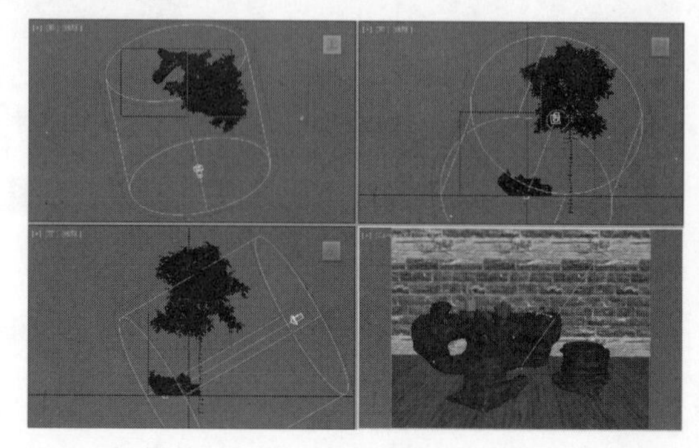

图7-65

03 选择上一步创建的目标平行光，然后进入“修改”面板，具体参数设置如图7-66所示。

设置步骤

① 展开“常规参数”卷展栏，然后在“阴影”选项组下勾选“启用”选项，并设置阴影类型为“VRay阴影”。

② 展开“强度/颜色/衰减”卷展栏，然后设置“颜色”为黄色（R:255，G:234，B:211），接着设置“倍增”为1。

③ 展开“平行光参数”卷展栏，然后设置“聚光区/光束”为3262mm、“衰减区/区域”为3641mm。

④ 展开“VRay阴影参数”卷展栏，然后勾选“区域阴影”选项，设置“U/V/W大小”都为100mm、“细分”为16。

04 按C键进入摄影机视图，然后按F9键渲染当前视图，最终效果如图7-67所示。

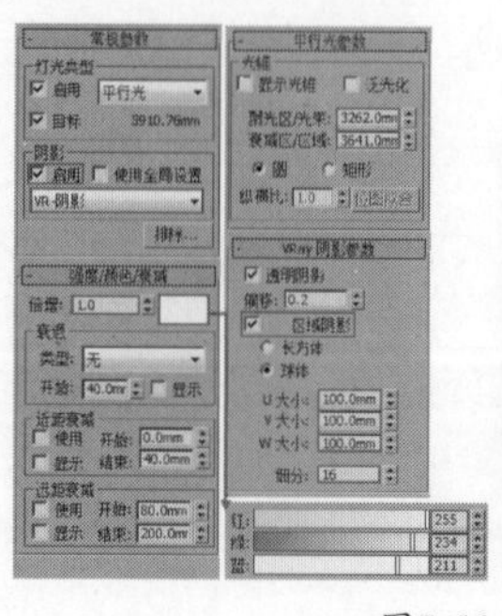

图7-66

图7-67

实战091 用VRay平面灯光制作灯带

场景位置 场景文件>CH07>06.max
实例位置 实例文件>CH07>用VRay平面灯光制作灯带.max
学习目标 练习VRay平面灯光的参数及用法

VRay平面灯光主要模拟灯带、环境光、灯箱等面光源，是比较常用的灯光之一，案例效果如图7-68所示。

图7-68

灯光创建

01 打开本书学习资源中的“场景文件>CH07>06.max”文件，这是一个走廊场景，如图7-69所示。

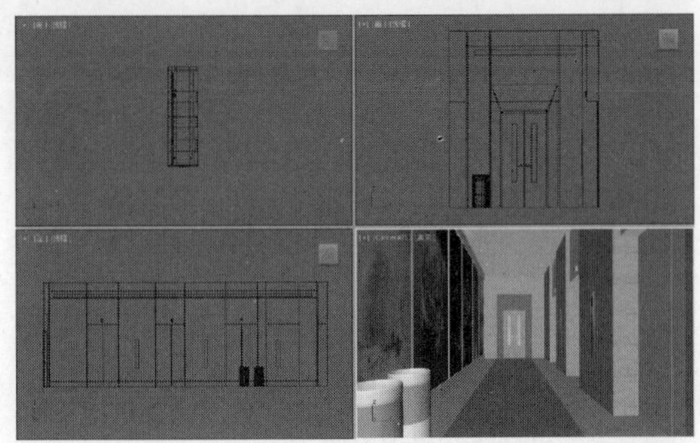

图7-69

02 通过前视图和左视图，确定吊顶的位置，然后进入顶视图，接着在“创建”面板中单击“灯光”按钮，再选择VRay选项，最后单击“VRay灯光”按钮，在场景中拖曳出一盏VRay灯光，如图7-70所示。

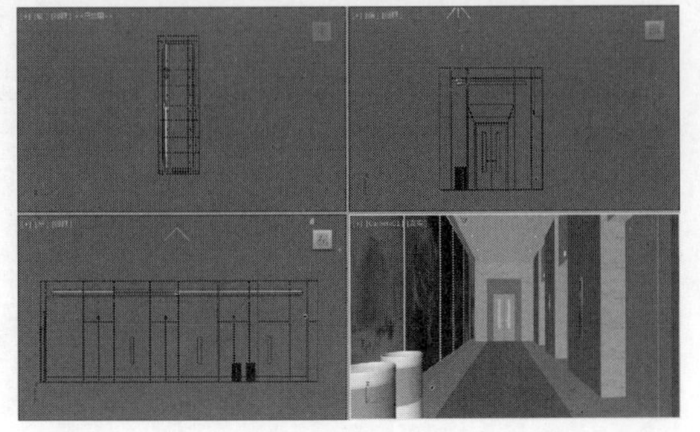

图7-70

03 选择上一步创建的VRay灯光，然后进入“修改”面板，具体参数设置如图7-71所示。

设置步骤

① 在“常规”卷展栏下设置“类型”为“平面”。

② 在“强度”卷展栏下设置“倍增”为8、“颜色”为黄色（R:255，G:238，B:196）。

③ 在“大小”卷展栏下设置“1/2长”为64.959mm、“1/2宽”为4698.707mm。

④ 在“选项”卷展栏下勾选“不可见”选项，取消勾选“影响高光”和“影响反射”选项。

⑤ 在“采样”卷展栏下设置“细分”为10。

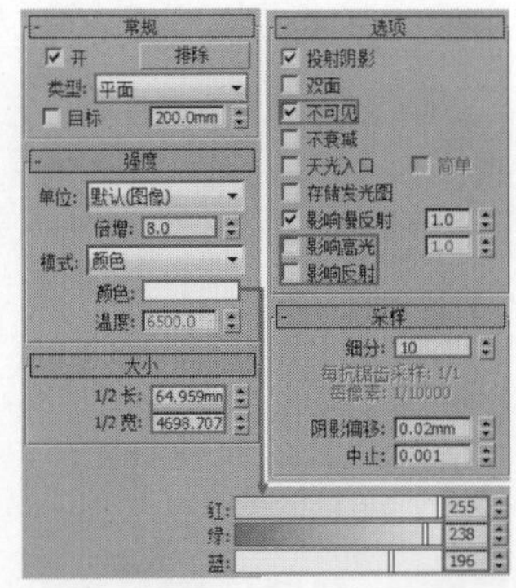

图7-71

04 选中VRay灯光，然后以“实例”的形式移动复制一盏到灯槽另一边，如图7-72所示。

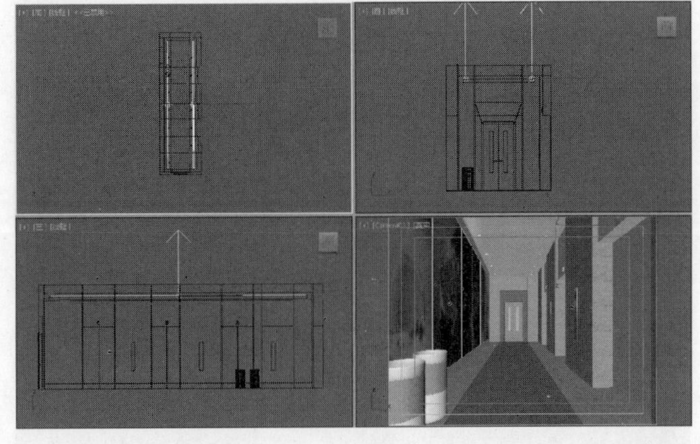

图7-72

05 使用“VRay灯光”工具，在顶视图中创建一盏VRay灯光，其位置如图7-73所示。

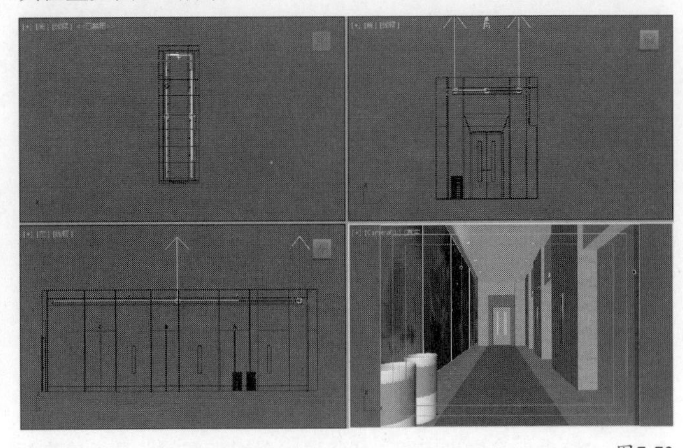

图7-73

06 选中上一步创建的VRay灯光，然后进入“修改”面板，其具体参数设置如图7-74所示。

设置步骤

① 在“常规”卷展栏下设置“类型”为“平面”。

② 在“强度”卷展栏下设置“倍增”为8、“颜色”为黄色（R:255，G:238，B:196）。

③ 在“大小”卷展栏下设置“1/2长”为64.959mm、“1/2宽”为4698.707mm。

④ 在“选项”卷展栏下勾选“不可见”选项，取消勾选“影响高光”和“影响反射”选项。

⑤ 在“采样”卷展栏下设置“细分”为10。

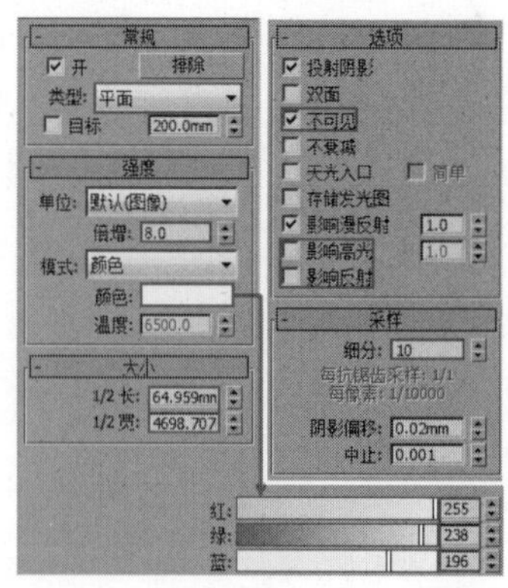

图7-74

07 进入左视图，使用“VRay灯光”工具，在场景中创建一盏VRay灯光，作为灯箱的灯光，其位置如图7-75所示。

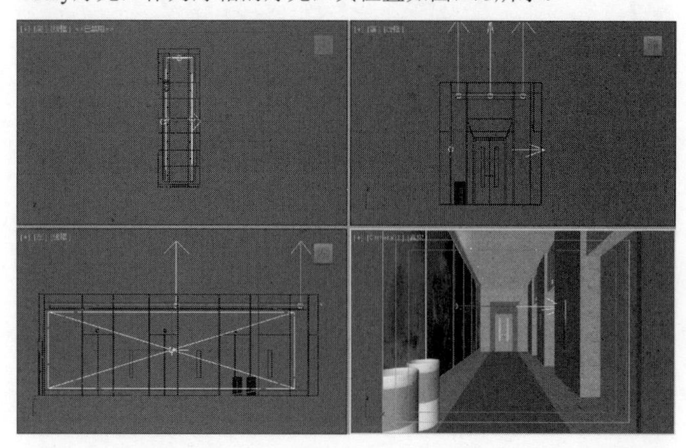

图7-75

08 选中上一步创建的VRay灯光，然后进入“修改”面板，其参数设置如图7-76所示。

设置步骤

① 在“常规”卷展栏下设置“类型”为“平面”。

② 在“强度”卷展栏下设置“倍增”为10、“颜色”为白色（R:255，G:253，B:248）。

③ 在“大小”卷展栏下设置“1/2长”为4354.483mm、“1/2宽”为4749.143mm。

④ 在“选项”卷展栏下勾选“不可见”选项，取消勾选“影响高光”和“影响反射”选项。

⑤ 在“采样”卷展栏下设置“细分”为50。

09 按C键进入摄影机视图，然后按F9键渲染当前场景，最终效果如图7-77所示。

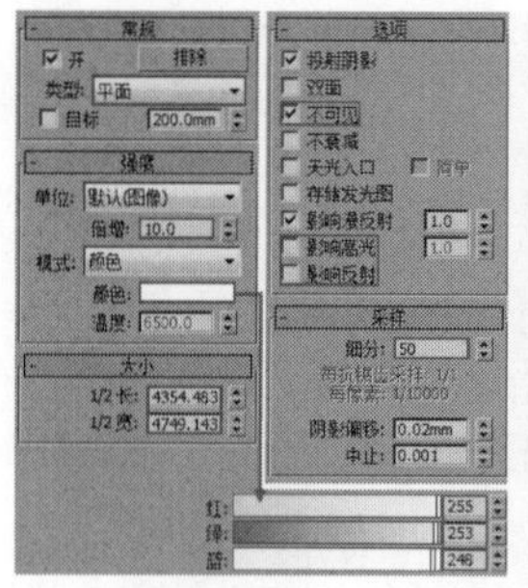

图7-76

图7-77

知识回顾

◎ 工具：VR-灯光

◎ 位置：灯光>VRay

◎ 用途：VRay灯光主要用来模拟室内灯光，是效果图制作中使用频率最高的一种灯光。

01 使用“长方体”工具 长方体 在场景中创建一个长方体，如图7-78所示。

02 在“创建”面板中单击“灯光”按钮，然后选择VRay选项，接着单击“VRay灯光”按钮，再在场景中创建一盏VRay灯光，如图7-79所示。

图7-78

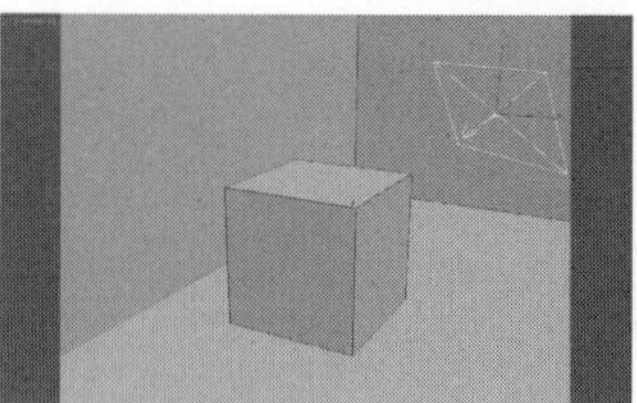

图7-79

03 选中上一步创建的VRay灯光，然后展开“常规”卷展栏，单击“排除”按钮，接着在弹出的窗口左侧选中Box001，将其添加到右侧窗口中，再单击“确定”按钮 确定 ，如图7-80所示，最后按F9键渲染当前场景，如图7-81所示，可以观察到被排除的Box001没有被灯光照亮。

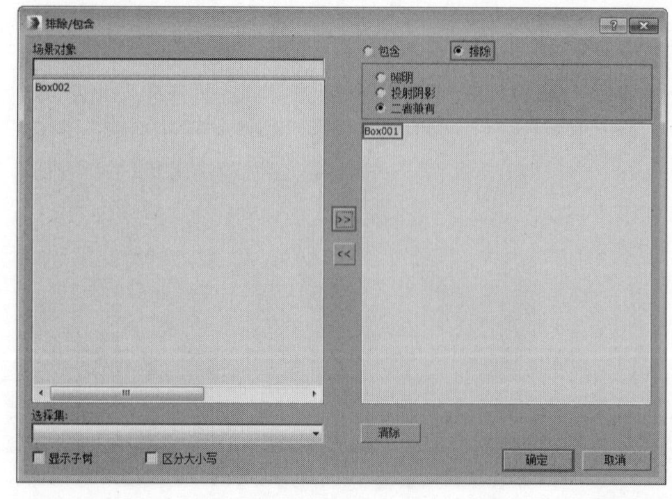

图7-80

图7-81

04 按快捷键Ctrl＋Z返回步骤02的状态，然后打开“类型”下拉菜单，如图7-82所示，里面提供了5种灯光类型，如图7-83~图7-87所示。

图7-82

图7-83

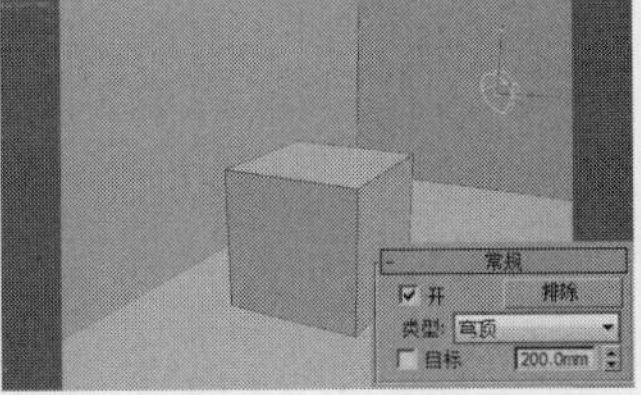

图7-84

图7-85

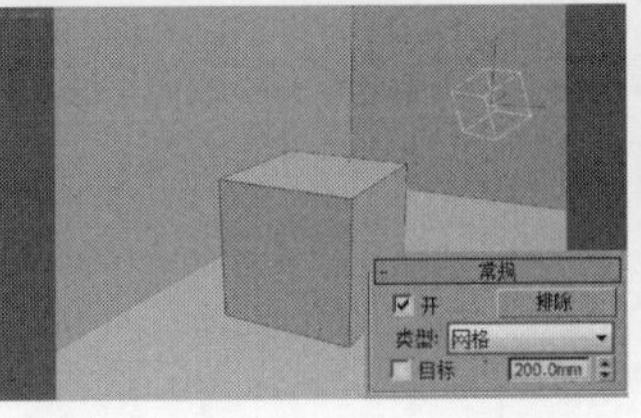

图7-86

图7-87

05 展开“强度”卷展栏，打开“单位”下拉菜单，如图7-88所示，里面提供了5种强度单位，大多数情况下使用第1种。

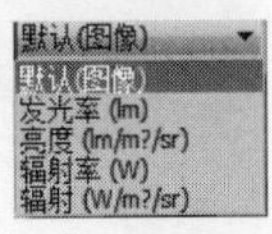

图7-88

技巧与提示

默认（图像）：VRay默认的单位，依靠灯光的颜色和亮度来控制灯光的最后强弱，如果忽略曝光类型的因素，灯光色彩将是物体表面受光的最终色彩。

发光率（lm）：当选择这个单位时，灯光的亮度将和灯光的大小无关（100W的亮度大约等于1500LM）。

亮度（lm/ m2/sr）：当选择这个单位时，灯光的亮度和它的大小有关系。

辐射率（W）：当选择这个单位时，灯光的亮度和它的大小无关。注意，这里的瓦特和物理上的瓦特不一样，比如这里的100W大约等于物理上的2~3瓦特。

辐射（W/m2/sr）：当选择这个单位时，灯光的亮度和它的大小有关系。

06 在“强度”卷展栏中，打开“模式”下拉菜单，如图7-89所示，里面提供了两种灯光颜色的设定模式。“颜色”用来指定灯光的颜色，“温度”以色温来指定灯光的颜色。

颜色
颜色
温度

图7-89

07 展开“大小”卷展栏，设置“1/2长”为60mm、“1/2宽”为40mm，如图7-90和图7-91所示，可以观察到灯光的尺寸增大。

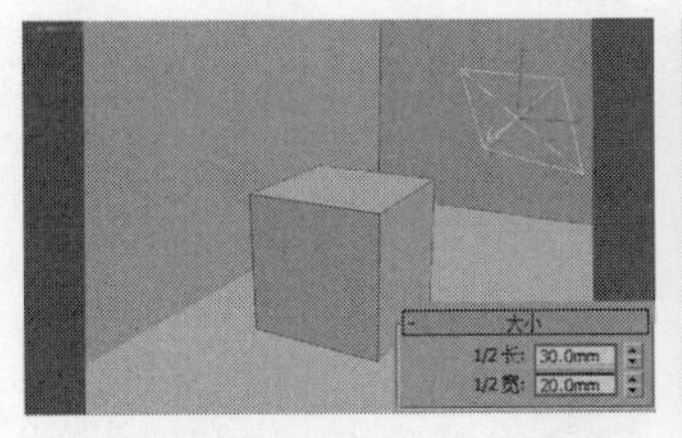

图7-90

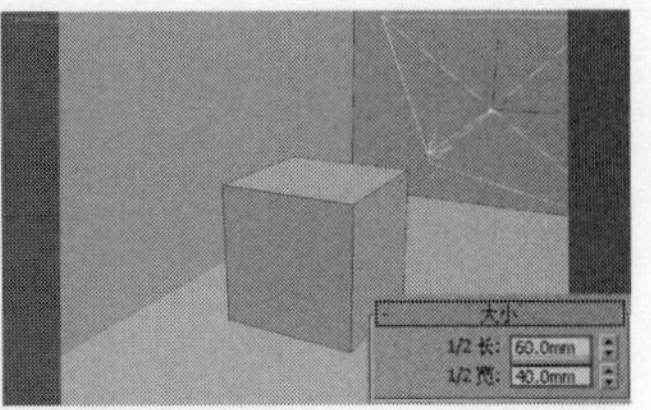

图7-91

技巧与提示

当灯光为“球形”或“圆形”模式时，“大小”卷展栏中的参数将自动切换为“半径”。

08 展开“选项”卷展栏，勾选“投射阴影”选项和取消勾选该选项，如图7-92和图7-93所示。可以观察到，该选项控制灯光是否产生投影。

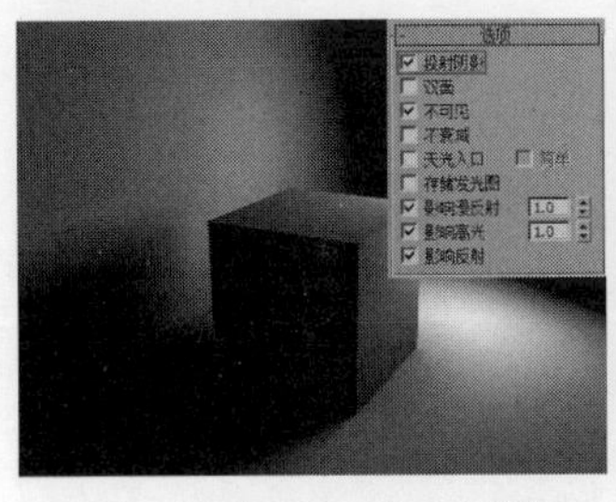

图7-92

图7-93

09 在“选项”卷展栏中，勾选“双面”选项和取消勾选该选项，如图7-94和图7-95所示。可以观察到，该选项控制灯光照射的方向。

图7-94

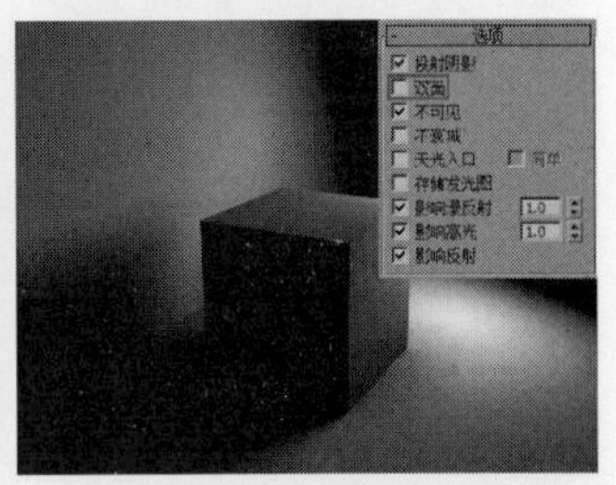

图7-95

10 在“选项”卷展栏中，勾选“不可见”选项和取消勾选该选项，如图7-96和图7-97所示。可以观察到，该选项控制是否在渲染图中出现灯光模型。

图7-96

图7-97

11 在“选项”卷展栏中，勾选“不衰减”选项和取消勾选该选项，如图7-98和图7-99所示。可以观察到，该选项控制灯光强度是否产生衰减，真实世界中，灯光强度都是带有衰减的。

图7-98　　图7-99

12 展开“采样”卷展栏，设置“细分”为30，可以观察到灯光投射的阴影边缘杂点减少，更加细腻了，如图7-100和图7-101所示。

图7-100　　图7-101

技巧与提示

VRay渲染时，遇到白色和蓝色的灯光、材质，会产生许多白色或黑色的噪点，影响画面呈现效果，因此需要增大灯光细分值来避免这种情况。但增大灯光细分值会大大增加渲染时间，因此设置细分值时，需要找到一个时间与效果的平衡点。

实战092 用VRay平面灯光制作屏幕灯光

场景位置	场景文件>CH07>07.max
实例位置	实例文件>CH07>用VRay平面灯光制作屏幕灯光.max
学习目标	练习VRay平面灯光

本例效果如图7-102所示。

图7-102

01 打开本书学习资源中的“场景文件>CH07>07.max”文件，这是一个电脑屏幕场景，如图7-103所示，需要使用VRay平面灯光来模拟电脑屏幕照射。

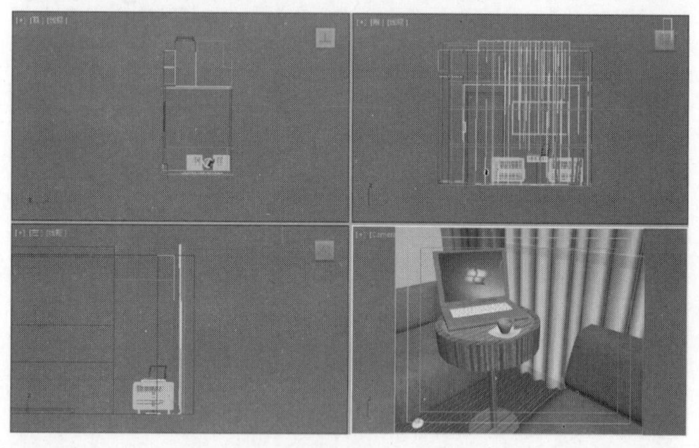
图7-103

02 使用“VRay灯光”工具在场景中创建一个VRay平面灯光，其位置如图7-104所示。

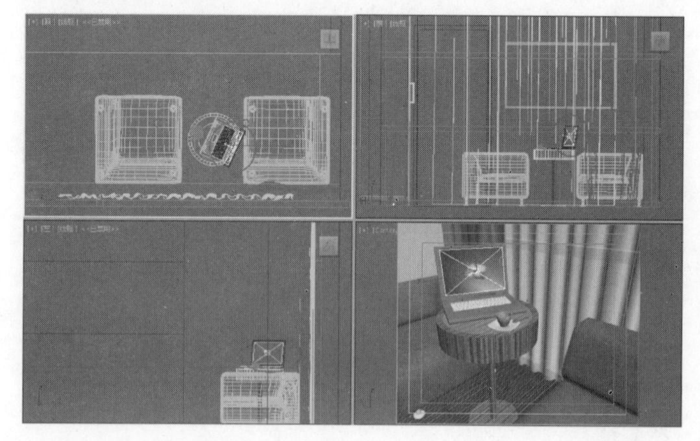
图7-104

03 选中上一步创建的VRay平面灯光，然后进入“修改”面板，具体参数设置如图7-105所示。

设置步骤

① 在“常规”卷展栏下设置“类型”为“平面”。

② 在“强度”卷展栏下设置“倍增”为3、“颜色”为蓝色（R:201，G:220，B:255）。

③ 在“大小”卷展栏下设置“1/2长”为166.363mm、“1/2宽”为112.968mm。

④ 在“选项”卷展栏下勾选“不可见”选项。

04 按C键进入摄影机视图，然后按F9键渲染当前场景，最终效果如图7-106所示。

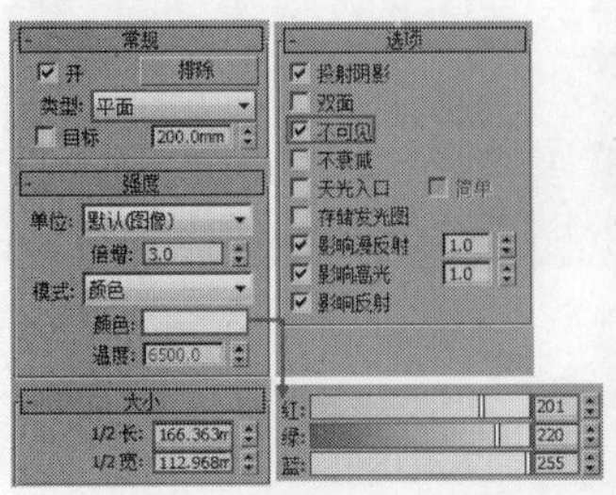

图7-105

图7-106

实战093 用VRay球形灯光制作落地灯

场景位置 场景文件>CH07>08.max
实例位置 实例文件>CH07>用VRay球形灯光制作落地灯.max
学习目标 掌握VRay球形灯光的用法

案例效果如图7-107所示。

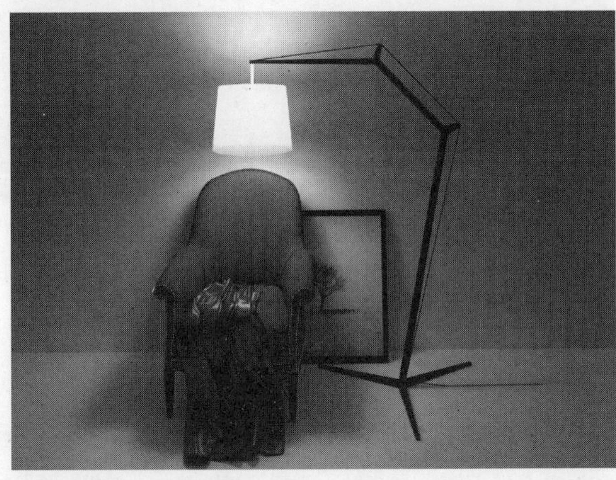

图7-107

01 打开本书学习资源中的“场景文件>CH07>08.max”文件，如图7-108所示。

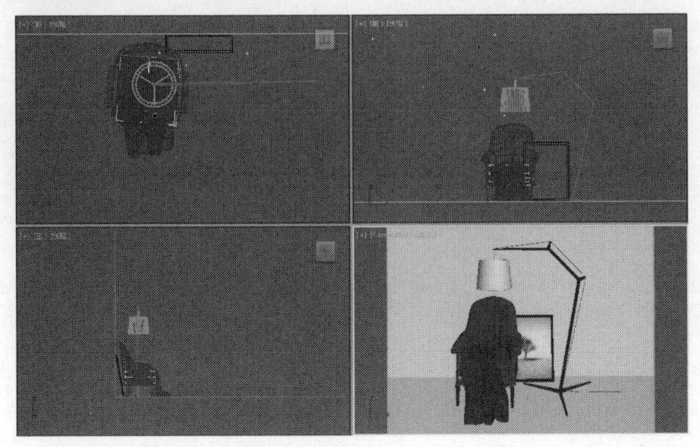

图7-108

02 进入顶视图，然后使用“VRay灯光”工具在场景中创建一个VRay灯光，并设置灯光“类型”为“球形”，其位置如图7-109所示。

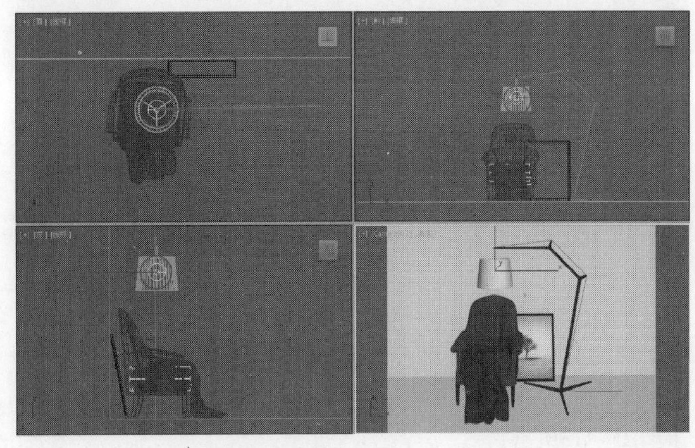

图7-109

03 选中上一步创建的VRay球形灯光，然后进入“修改”面板，具体参数设置如图7-110所示。

设置步骤

① 在“常规”卷展栏下设置“类型”为“球体”。

② 在“强度”卷展栏下设置“倍增”为50、“颜色”为黄色（R:255，G:164，B:91）。

③ 在“大小”卷展栏下设置“半径”为80mm。

④ 在“选项”卷展栏下勾选“不可见”选项。

⑤ 在“采样”卷展栏下设置“细分”为30。

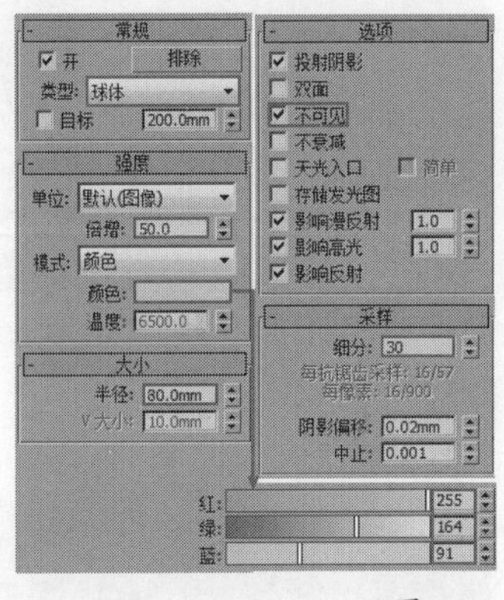

图7-110

04 进入顶视图，然后使用“VRay灯光”工具在场景中创建一个VRay平面灯光，其位置如图7-111所示。

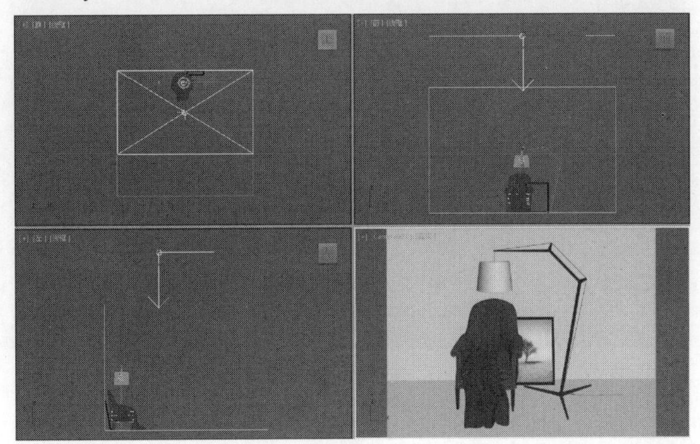

图7-111

技巧与提示

这里的VRay平面灯光是作为环境光和补光。

05 选择上一步创建的VRay平面灯光，然后进入“修改”面板，具体参数设置如图7-112所示。

设置步骤

① 在“常规”卷展栏下设置“类型”为“平面”。

② 在“强度”卷展栏下设置“倍增”为1、“颜色”为蓝色（R:53，G:87，B:198）。

③ 在“大小”卷展栏下设置“1/2长”为2500mm、“1/2宽”为1500mm。

④ 在“选项”卷展栏下勾选“不可见”选项。

⑤ 在“采样”卷展栏下设置“细分”为16。

06 按C键进入摄影机视图，然后按F9键渲染当前场景，最终效果如图7-113所示。

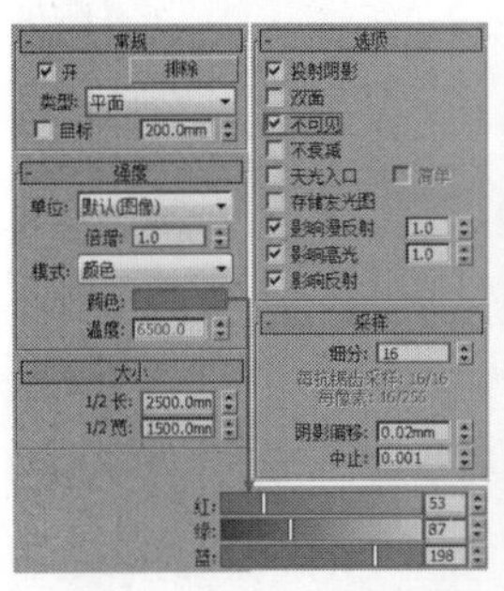

图7-112

图7-113

实战094 用VRay球形灯光制作烛光

场景位置　场景文件>CH07>09.max
实例位置　实例文件>CH07>用VRay球形灯光制作烛光.max
学习目标　掌握用VRay球形灯光制作烛光的方法

案例效果如图7-114所示。

图7-114

01 打开本书学习资源中的“场景文件>CH07>09.max”文件，如图7-115所示。

图7-115

02 使用“VRay灯光”工具在场景中创建一个VRay灯光，然后设置“类型”为“球体”，其位置如图7-116所示。

图7-116

03 选中上一步创建的VRay灯光，然后进入“修改”面板，其具体参数如图7-117所示。

设置步骤

① 在“常规”卷展栏下设置“类型”为“球体”。

② 在“强度”卷展栏下设置“倍增”为300、“颜色”为黄色（R:255，G:165，B:116）。

③ 在“大小”卷展栏下设置“半径”为3mm。

④ 在“选项”卷展栏下勾选“不可见”选项。

⑤ 在“采样”卷展栏下设置“细分”为16。

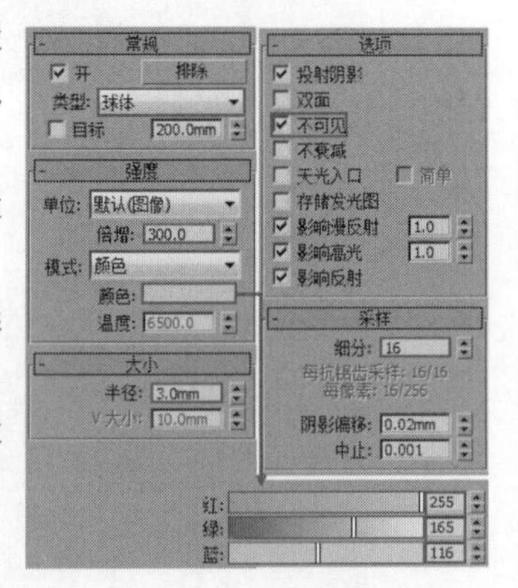

图7-117

04 选中创建的VRay灯光，然后以“实例”的形式，移动并复制到其余三个蜡烛模型上，其位置如图7-118所示。

05 进入顶视图，然后使用“VRay灯光”工具在场景中创建一盏VRay灯光，其位置如图7-119所示。

图7-118

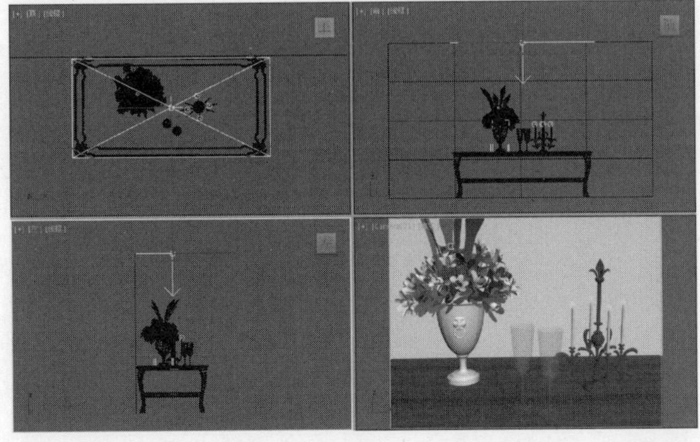

图7-119

06 选中上一步创建的VRay灯光，然后进入“修改”面板，具体参数设置如图7-120所示。

设置步骤

① 在“常规”卷展栏下设置“类型”为“平面”。

② 在“强度”卷展栏下设置“倍增”为0.5、“颜色”为蓝色（R:116，G:142，B:255）。

③ 在“大小”卷展栏下设置“1/2长”为468.026mm、“1/2宽”为227.935mm。

④ 在“选项”卷展栏下勾选“不可见”选项。

⑤ 在“采样”卷展栏下设置“细分”为8。

07 按C键进入摄影机视图，然后按F9键渲染当前场景，最终效果如图7-121所示。

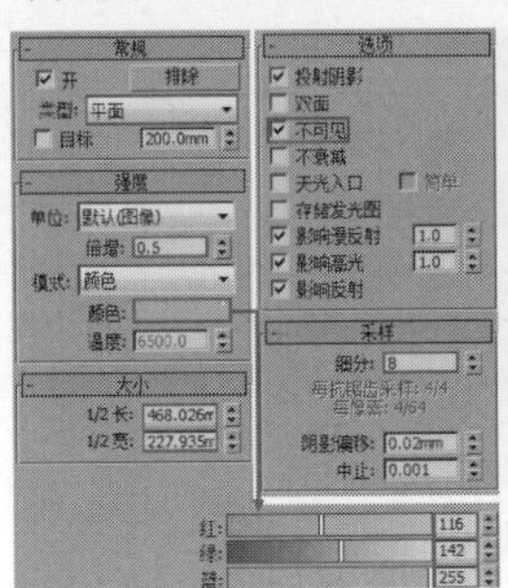

图7-120

图7-121

实战095 用VRay球形灯光制作吊灯

场景位置	场景文件>CH07>10.max
实例位置	实例文件>CH07>用VRay球形灯光制作吊灯.max
学习目标	掌握用VRay球形灯光制作吊灯的方法

案例效果如图7-122所示。

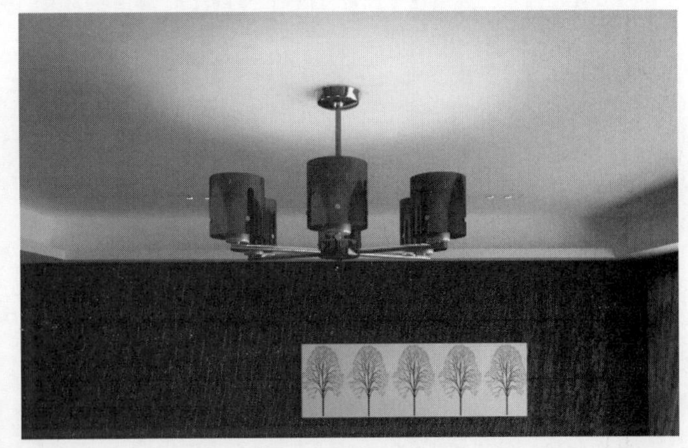

图7-122

01 打开本书学习资源中的“场景文件>CH07>10.max”文件，如图7-123所示。

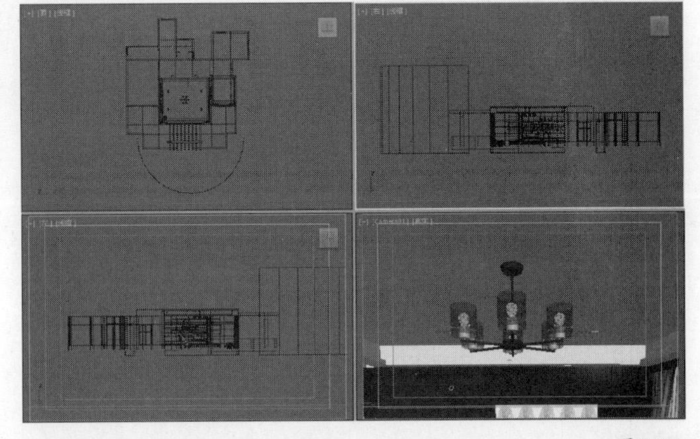

图7-123

02 使用“VRay灯光”工具在场景中创建一盏VRay灯光，其位置如图7-124所示。

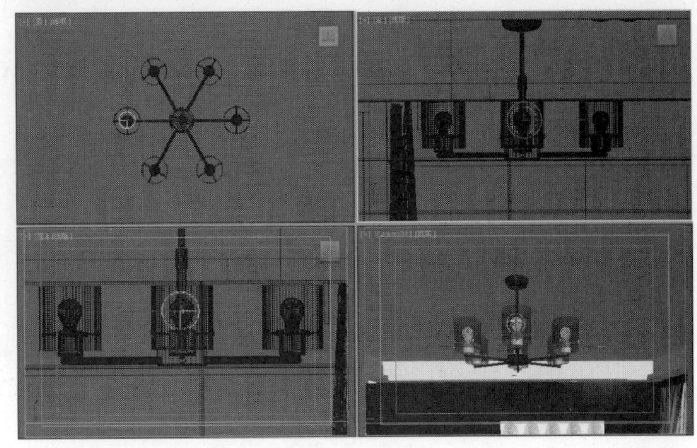

图7-124

03 选中上一步创建的VRay灯光，然后进入“修改”面板，具体参数设置如图7-125所示。

设置步骤

① 在“常规”卷展栏下设置“类型”为“球体”。

② 在“强度”卷展栏下设置“倍增”为30、“颜色”为黄色（R:255，G:175，B:121）。

③ 在“大小”卷展栏下设置“半径”为60mm。

④ 在“选项”卷展栏下勾选“不可见”选项。

⑤ 在“采样”卷展栏下设置“细分”为16。

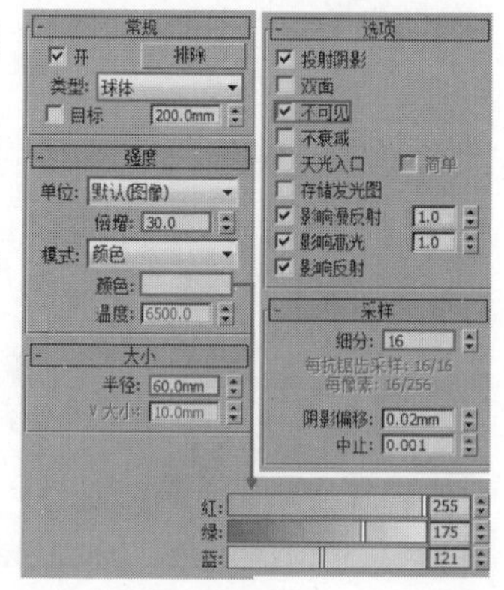

图7-125

04 选中创建的VRay灯光，然后以“实例”的形式，移动并复制到其余灯罩模型内，其位置如图7-126所示。

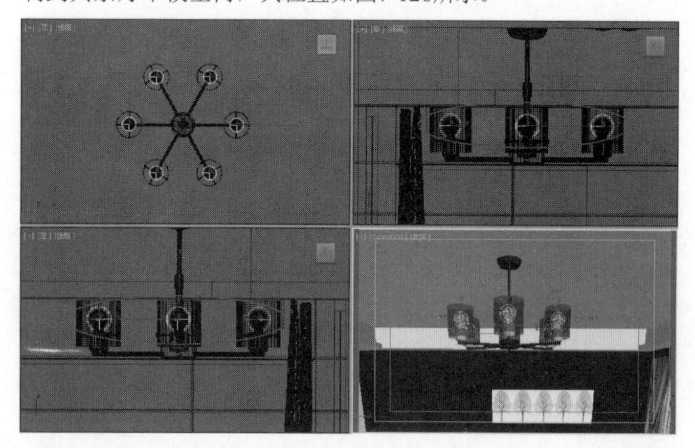

图7-126

05 使用“VRay灯光”工具在场景中创建一盏VRay灯光，其位置如图7-127所示。

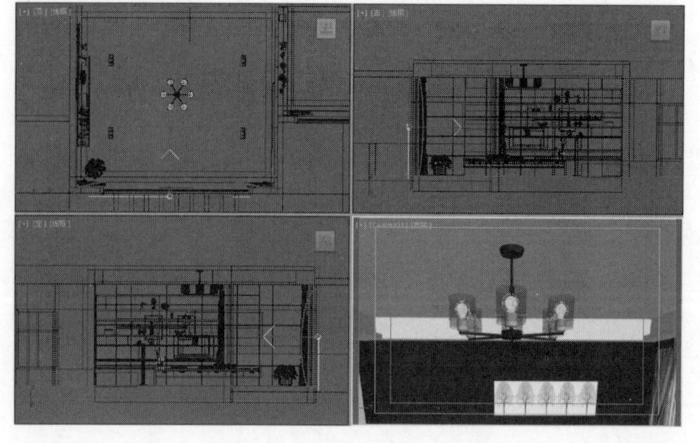

图7-127

06 选中上一步创建的VRay灯光，然后进入“修改”面板，其具体参数设置如图7-128所示。

设置步骤

① 在“常规”卷展栏下设置“类型”为“平面”。

② 在“强度”卷展栏下设置“倍增”为5、“颜色”为蓝色（R:193，G:213，B:255）。

③ 在“大小”卷展栏下设置“1/2长”为2801.1mm、“1/2宽”为1470.578mm。

④ 在“选项”卷展栏下勾选“不可见”选项。

⑤ 在“采样”卷展栏下设置“细分”为8。

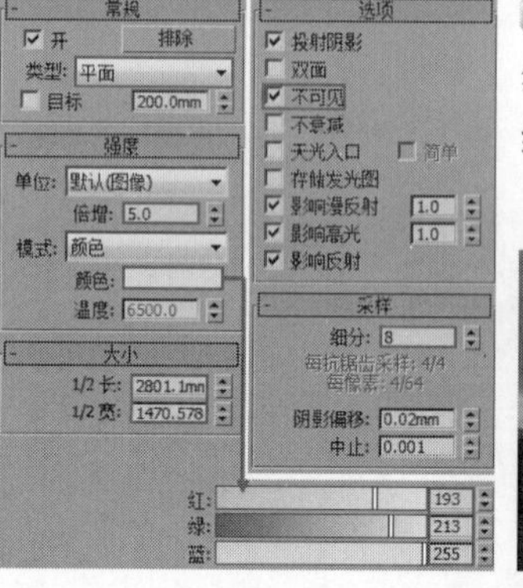

图7-128

07 按C键进入摄影机视图，然后按F9键渲染当前视图，最终效果如图7-129所示。

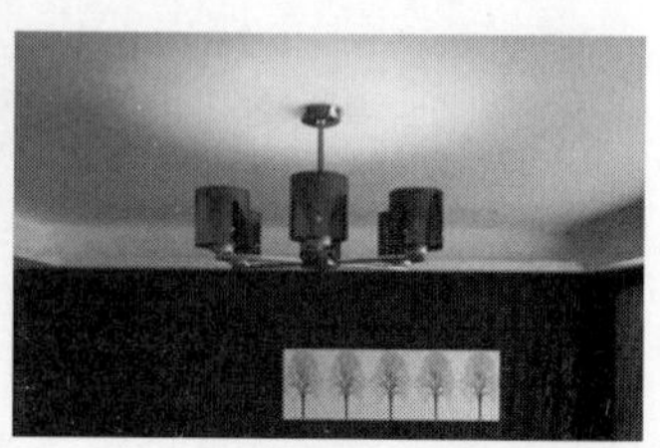

图7-129

实战096 VRay焦散

场景位置	场景文件>CH07>11.max
实例位置	实例文件>CH07> VRay焦散.max
学习目标	掌握VRay焦散的制作方法

焦散是光线穿过透明或半透明物体（如玻璃和水晶），或从其他金属表面反射的结果。案例效果如图7-130所示。

图7-130

01 打开本书学习资源中的“场景文件>CH07>11.max”文件，场景中是一个海豚摆件，如图7-131所示。

02 使用“目标平行光”工具在场景中创建一盏目标平行光，其位置如图7-132所示。

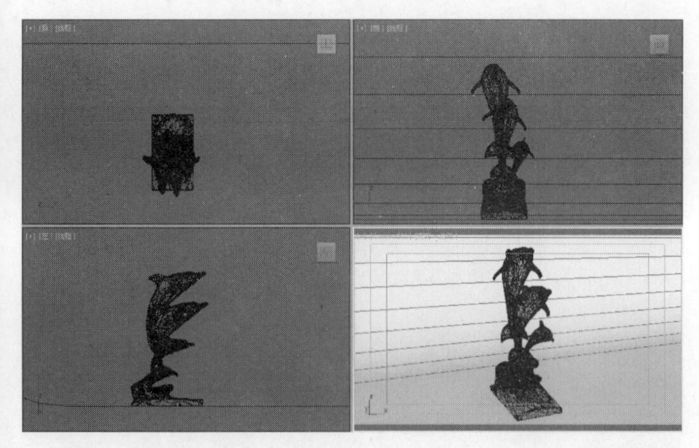

图7-131

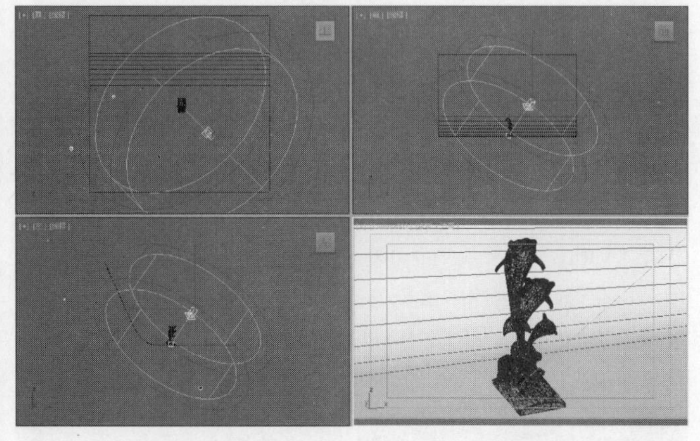

图7-132

03 选中上一步创建的目标平行光，然后进入“修改”面板，其具体参数如图7-133所示。

设置步骤

① 展开“常规参数”卷展栏，然后在“阴影”选项组下勾选“启用”选项，并设置阴影类型为“VRay阴影”。

② 展开“强度/颜色/衰减”卷展栏，然后设置“颜色”为黄色（R:255，G:247，B:238），接着设置“倍增”为1。

③ 展开“平行光参数”卷展栏，然后设置“聚光区/光束”为1645mm、“衰减区/区域”为1960mm。

④ 展开“VRay阴影参数”卷展栏，然后勾选“区域阴影”选项，设置“U/V/W大小”都为50mm、“细分”为16。

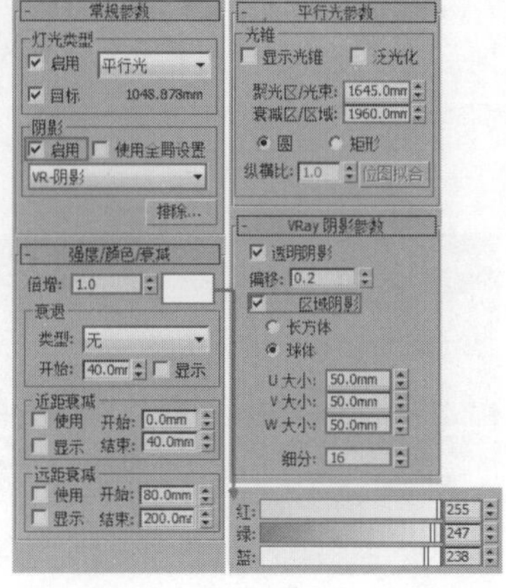

图7-133

04 按F10键打开“渲染设置”面板，然后单击GI选项卡，接着展开“焦散”卷展栏，再勾选“焦散”选项，最后设置“搜索距离”为500mm、“最大光子”为300、“倍增”为4，如图7-134所示。

05 按C键进入摄影机视图，然后按F9键渲染当前场景，最终效果如图7-135所示。

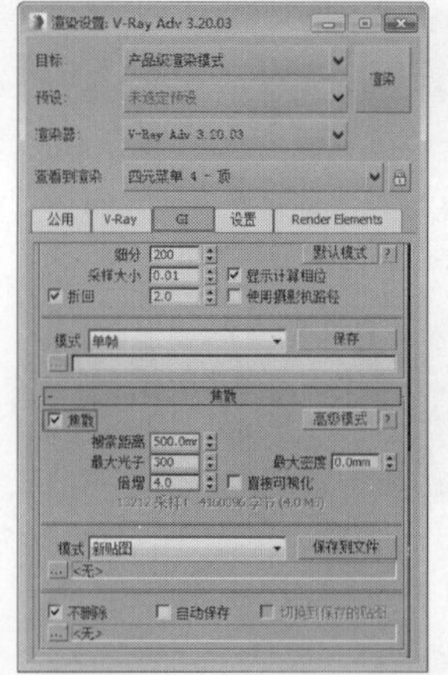

图7-134

图7-135

实战097 用VRay太阳制作自然光照

场景位置　场景文件>CH07>12.max
实例位置　实例文件>CH07>用VRay太阳制作自然光照.max
学习目标　掌握VRay太阳的参数及制作方法

案例效果如图7-136所示。

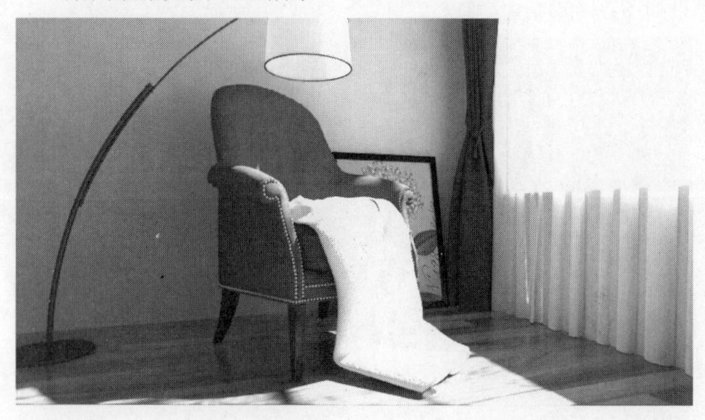

图7-136

灯光创建

01 打开本书学习资源中的“场景文件>CH07>12.max”文件，如图7-137所示。

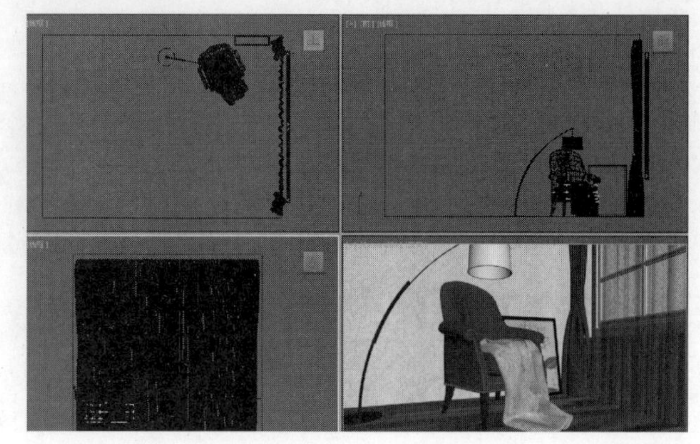

图7-137

02 进入前视图，然后在“创建”面板中单击“灯光”按钮，接着选择VRay选项，再单击“VRay太阳”按钮，最后在视图中拖曳出灯光，如图7-138所示。

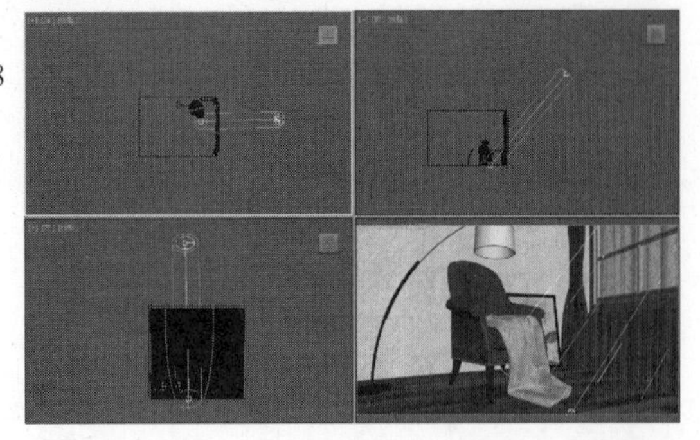

图7-138

技巧与提示

当创建VRay太阳时，系统会自动弹出是否添加“VRay天空贴图”的对话框，单击“确定”按钮即可。

03 选中上一步创建的VRay太阳，然后进入“修改”面板，展开“VRay太阳参数”卷展栏，接着设置“强度倍增”为0.2、“光子发射半径”为402mm，其具体参数如图7-139所示。

04 按C键进入摄影机视图，然后按F9键渲染当前场景，最终效果如图7-140所示。

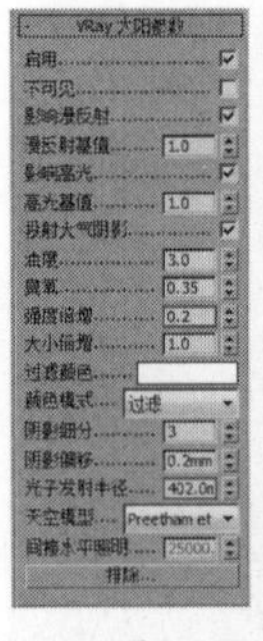

图7-139

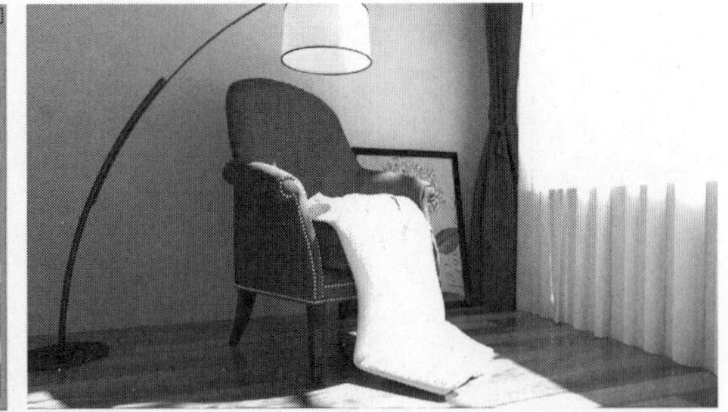

图7-140

知识回顾

◎ 工具：VR-太阳

◎ 位置：灯光>VRay

◎ 用途：VRay太阳主要用来模拟真实的室外太阳光。

01 打开本书学习资源中的“场景文件>演示视频>01.max”文件，如图7-141所示。

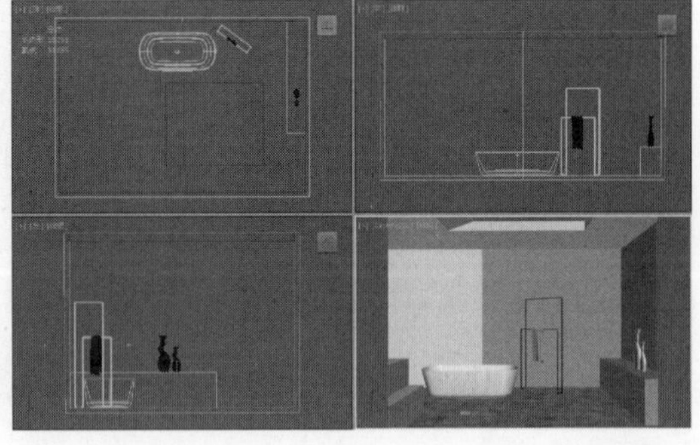

图7-141

02 进入顶视图，然后在“创建”面板中单击“灯光”按钮，接着选择VRay选项，再单击“VRay太阳”按钮，最后在视图中拖曳出灯光，如图7-142所示。

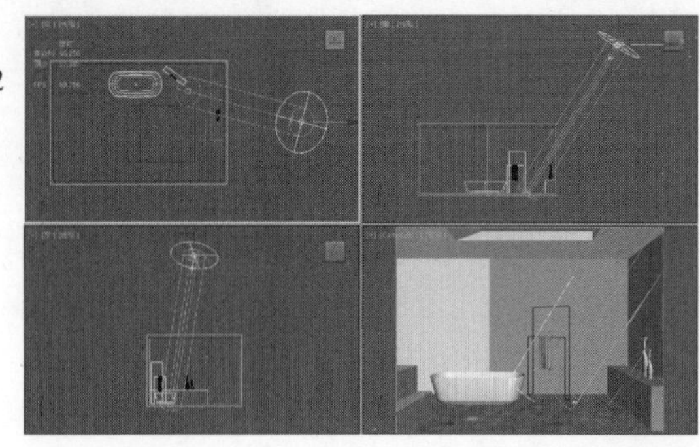

图7-142

03 当创建完“VRay太阳”灯光时，系统会自动弹出一个对话框，如图7-143所示，单击“是”按钮添加“VRay天空”贴图。

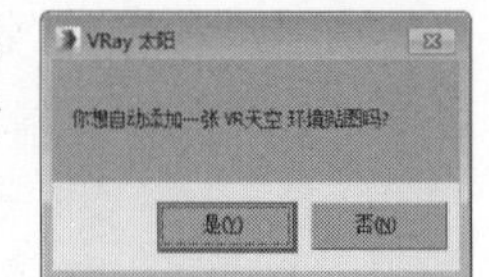

图7-143

04 选中创建的“VRay太阳”灯光，然后进入“修改”面板，展开“VRay太阳参数”卷展栏，接着取消勾选“影响高光”选项，再在摄影机视图中渲染当前场景，如图7-144所示；勾选该选项后，如图7-145所示。可以观察到，该选项控制灯光是否给物体造成高光反射。

图7-144

图7-145

05 在“VRay太阳参数”卷展栏中，分别将“浊度”设置为3、6、10时，天空的效果如图7-146~图7-148所示。可以观察到，浊度设置的数值越大，画面越浑浊。

图7-146

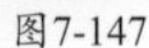

图7-147

图7-148

技巧与提示

当阳光穿过大气层时，一部分冷光被空气中的浮尘吸收，照射到大地上的光就会变暖。

06 在“VRay太阳参数”卷展栏中，分别将“臭氧”设置为0.1、0.5、1时，效果如图7-149~图7-151所示。可以观察到，较小的值的阳光比较黄，较大的值的阳光比较蓝，这个参数是指空气中臭氧的含量。

图7-149

图7-150

图7-151

07 在“VRay太阳参数”卷展栏中，分别将“强度倍增”设置为0.02和0.05时，效果如图7-152和图7-153所示。可以观察到，数值越大，画面越亮，这个数值控制阳光的亮度，默认值为1。

图7-152

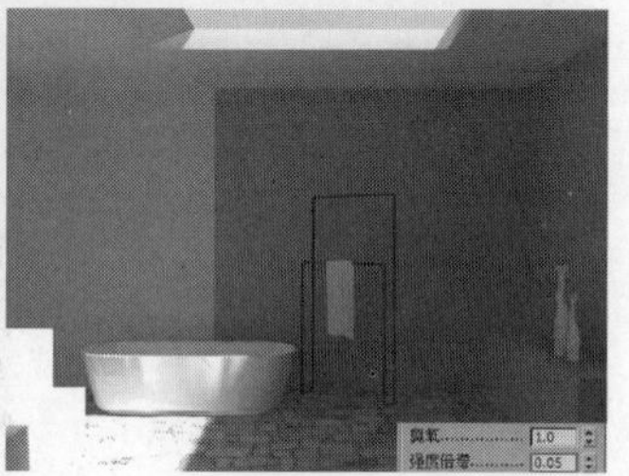

图7-153

08 在“VRay太阳参数”卷展栏中，分别将“大小倍增”设置为3和10时，效果如图7-154和图7-155所示。可以观察到，数值越大，阴影越模糊，这个数值控制太阳的大小，默认值为1。

图7-154

图7-155

09 在“VRay太阳参数”卷展栏中，分别将“阴影细分”设置为3和10时，效果如图7-156和图7-157所示。可以观察到，数值越大，阴影在模糊区域的阴影就会产生比较光滑的效果，并且没有杂点，默认值为3。

图7-156

图7-157

技巧与提示

“混浊度”和“强度倍增”是相互影响的，因为当空气中的浮尘多的时候，阳光的强度就会降低。“大小倍增”和“阴影细分”也是相互影响的，这主要是因为影子虚边越大，所需的细分就越多，也就是说，“大小倍增”值越大，“阴影细分”的值就要适当增大。因为当影子为虚边阴影（面阴影）的时候，就需要一定的细分值来增加阴影的采样，不然就会有很多杂点。

实战098 用VRay天空制作日光效果

场景位置	场景文件>CH07>13.max
实例位置	实例文件>CH07>用VRay天空制作日光效果.max
学习目标	掌握VRay天空的参数及制作方法

案例效果如图7-158所示。

图7-158

灯光创建

01 打开本书学习资源中的“场景文件>CH07>13.max”，如图7-159所示。

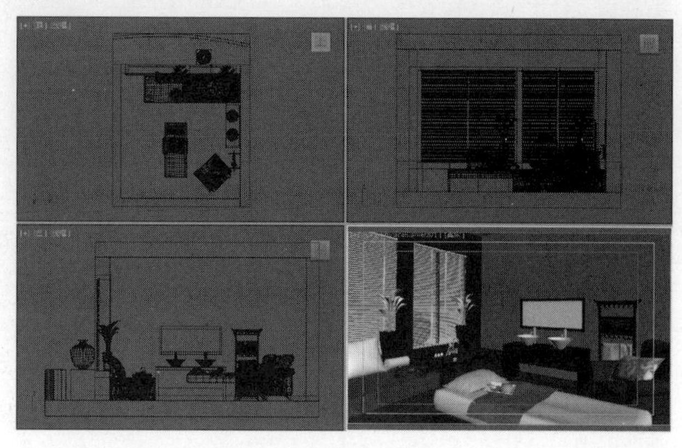

图7-159

02 使用“VRay太阳”工具在场景中创建一盏VRay太阳，其位置如图7-160所示。

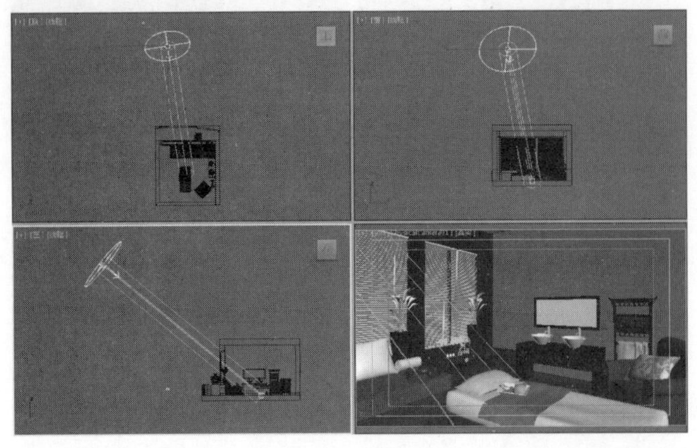

图7-160

技巧与提示

当创建VRay太阳时，系统会自动弹出是否添加“VRay天空贴图”的对话框，单击“确定”按钮即可。

03 选中上一步创建的VRay太阳，然后进入“修改”面板，展开“VRay太阳参数”卷展栏，接着设置“强度倍增”为0.8、“大小倍增”为3、“光子发射半径”为500mm，其具体参数如图7-161所示。

04 按8键打开“环境”面板，然后按M键打开“材质编辑器”，接着单击鼠标，将“环境贴图”中自动加载的“VRay天空”贴图拖曳到空白材质球上，如图7-162所示。

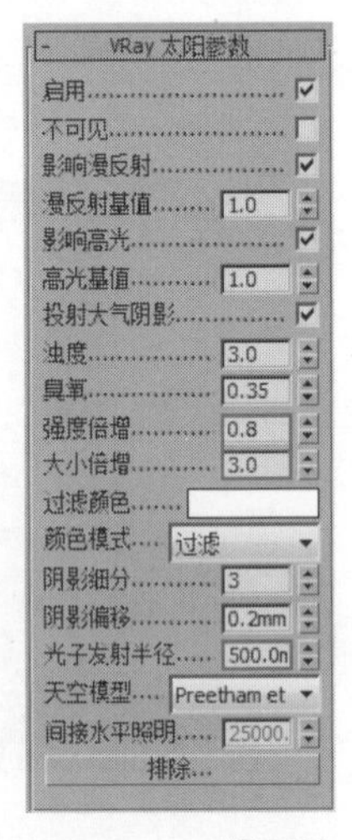

图7-161

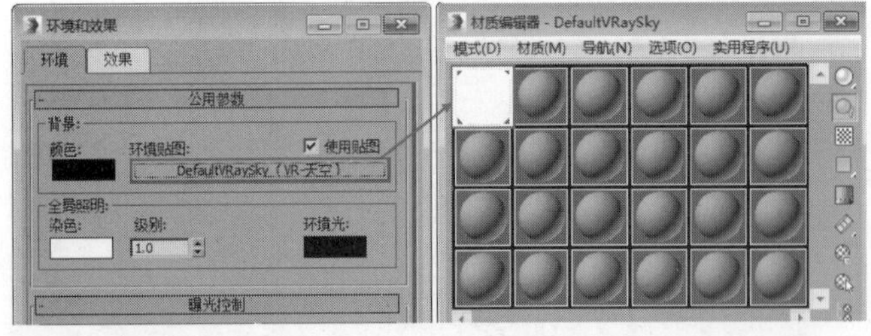

图7-162

05 在“材质编辑器”中选中“VRay天空”材质球，然后展开“VRay天空参数”卷展栏，接着勾选“指定太阳节点”选项，再设置“太阳强度倍增”为1.2、“太阳大小倍增”为3，如图7-163所示。

06 按C键进入摄影机视图，然后按F9键渲染当前场景，案例最终效果如图7-164所示。

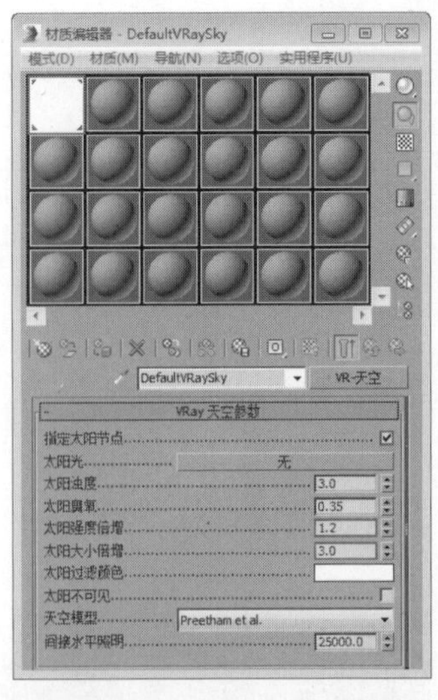

图7-163

图7-164

知识回顾

◎ 工具：VR-天空

◎ 位置：材质编辑器>VRay

◎ 用途：VRay天空是VRay灯光系统中一个非常重要的照明系统。VRay没有真正的天光引擎，只能用环境光来代替。

01 打开本书学习资源中的“场景文件>演示视频>01.max”文件，如图7-165所示。

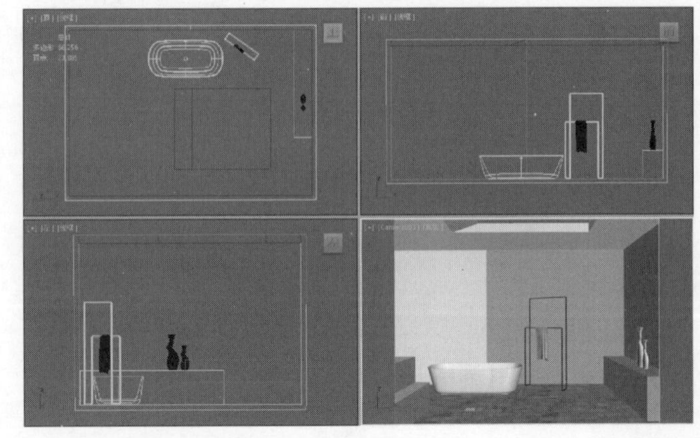

图7-165

02 进入顶视图，然后在“创建”面板中单击“灯光”按钮，接着选择VRay选项，再单击“VRay太阳”按钮，最后在视图中拖曳出灯光，如图7-166所示。

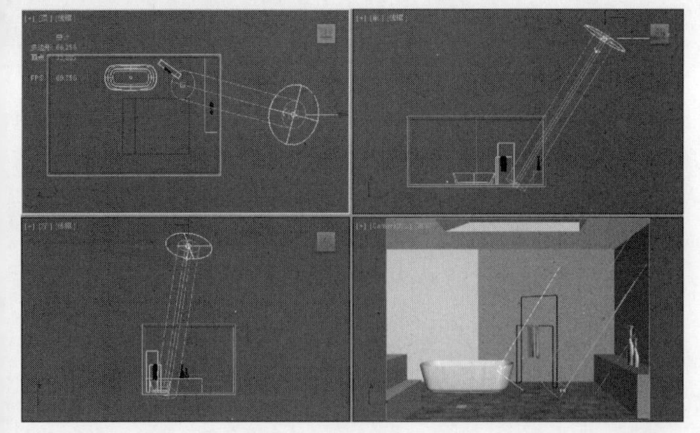

图7-166

03 当创建完“VRay太阳”灯光时，系统会自动弹出一个对话框，如图7-167所示，单击“是”按钮添加“VRay天空”贴图。

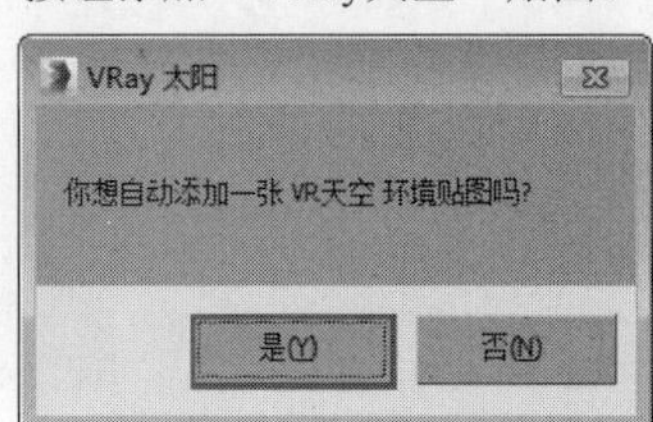

图7-167

04 按8键打开“环境”面板，然后按M键打开“材质编辑器”，接着单击鼠标，将“环境贴图”中自动加载的“VRay天空”贴图拖曳到空白材质球上，如图7-168所示，在弹出的对话框中设置“方法”为“实例”，最后单击“确定”按钮 确定 ，如图7-169所示。

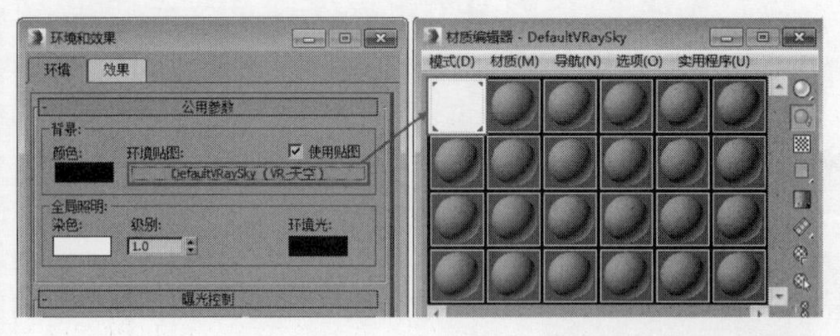

图7-168

图7-169

05 在“材质编辑器”中选中“VRay天空”材质球，然后展开“VRay天空参数”卷展栏，接着勾选“指定太阳节点”选项，即可激活下方参数，如图7-170所示。

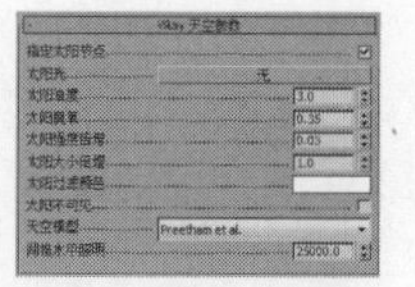

图7-170

技巧与提示

当关闭“指定太阳节点”选项时，VRay天空的参数将从场景中的VRay太阳的参数里自动匹配；当勾选该选项时，用户就可以从场景中选择不同的灯光，在这种情况下，VRay太阳将不再控制VRay天空的效果，VRay天空将用它自身的参数来改变天光的效果。

06 保持“VRay太阳”不变，然后设置“太阳强度倍增”为0.03和0.1，如图7-171和图7-172所示。可以观察到，数值越大，场景越亮，这个参数控制场景环境光的大小。

图7-171

图7-172

技巧与提示

“VRay天空参数”与“VRay太阳参数”的含义一致，这里不再做详细讲解。

技术专题

疑难问答

技巧与提示

Learning Objectives
学习要点

196页
手机产品的布光方法

199页
休闲室清晨表现

200页
客厅日光表现

205页
书房黄昏灯光

206页
厨房阴天表现

211页
走廊灯光表现

Employment Direction
从业方向

家具造型师

建筑设计表现师

工业设计师

室内设计表现师

第8章 室内效果图的灯光技术

本章将介绍效果图常见的灯光布置方法，通过各种代表性的场景，让读者更好地熟悉灯光布置的基本方法，掌握布光规律及其顺序。

产品渲染布光，是通过模拟摄影棚的无缝背景布来展现产品的整体效果。除了手动创建无缝背景布外，3ds Max 2016还提供了室内渲染的模型场景，图8-1所示是优秀的产品渲染效果图。

半开放空间是指阳台等与户外接触面积较大的空间。这种空间的布光以环境光和阳光为主，室内光为辅，如图8-2所示。

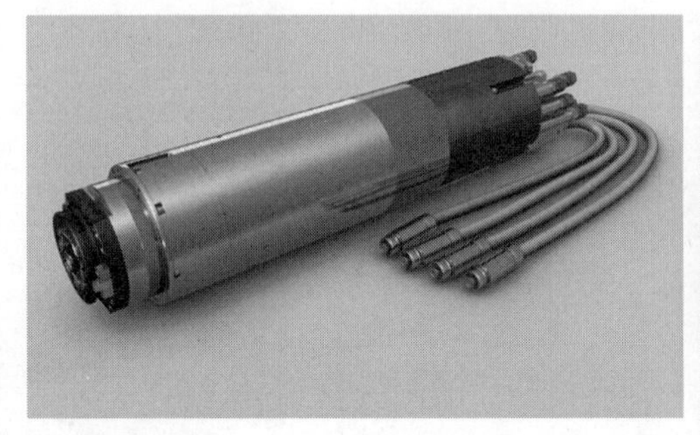

图8-1

图8-2

半封闭空间是室内效果图较常见的类型，如客厅、卧室等。根据效果图表现重点，半开放空间的布光既可以以环境光为主，也可以以室内光为主，如图8-3所示。

封闭空间主要指常见的没有窗户的场景，只能靠室内光作为光源。场景类型常见于卫生间、走廊、电梯厅等，如图8-4所示。

图8-3

图8-4

实战099 制作手机产品灯光

场景位置	场景文件>CH08>01.max
实例位置	实例文件>CH08>制作手机产品灯光.max
学习目标	产品灯光的布光方法

案例效果如图8-5所示。

01 打开本书学习资源中的“场景文件>CH08>01.max”文件，这是一个手机产品展示场景，如图8-6所示，需要在手机的左右两侧以及正面和顶部建立灯光。

图8-5

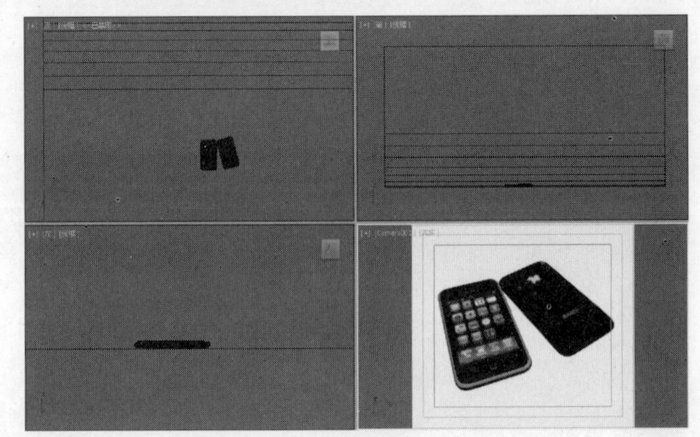

图8-6

02 进入左视图，在“创建”面板中单击“灯光”按钮，然后选择VRay选项，接着单击“VRay灯光”按钮，在场景中创建一盏VRay灯光，其位置如图8-7所示。

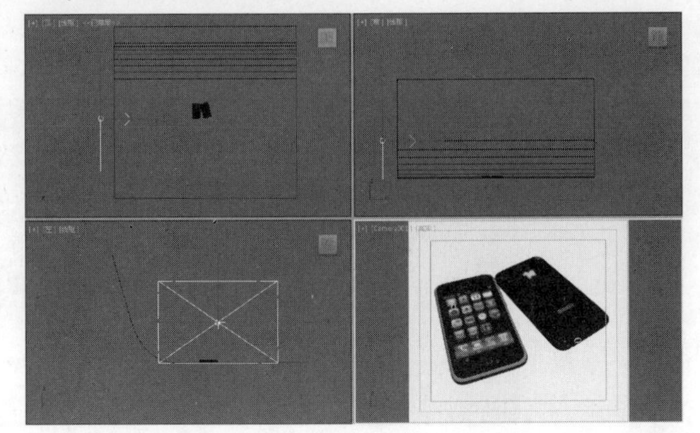

图8-7

03 选择上一步创建的VRay灯光，然后进入“修改”面板，具体参数设置如图8-8所示。

设置步骤

① 在“常规”卷展栏下设置“类型”为“平面”。

② 在“强度”卷展栏下设置“倍增”为2、“颜色”为白色（R:255，G:255，B:255）。

③ 在“大小”卷展栏下设置“1/2长”为393.186mm、“1/2宽”为263.235mm。

④ 在“选项”卷展栏下勾选“不可见”选项。

⑤ 在“采样”卷展栏下设置“细分”为30。

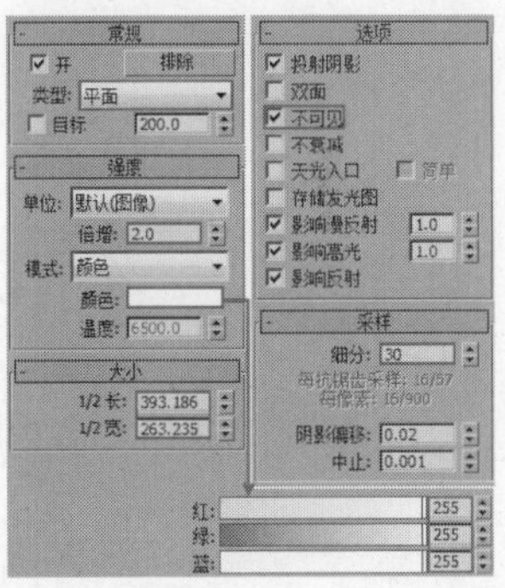

图8-8

04 将创建的VRay灯光以“实例”的形式复制一盏到另一侧，其位置如图8-9所示。

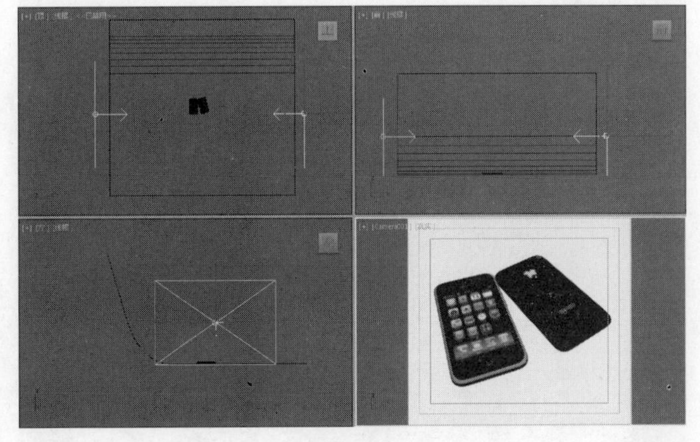

图8-9

技巧与提示

以“实例”形式复制的灯光，其参数与原灯光完全一致，如果修改其中一盏的参数，另一盏也会相应改变。

05 进入顶视图，在“创建”面板中单击“灯光”按钮，然后选择VRay选项，接着单击“VRay灯光”按钮，在场景中创建一盏VRay灯光，其位置如图8-10所示。

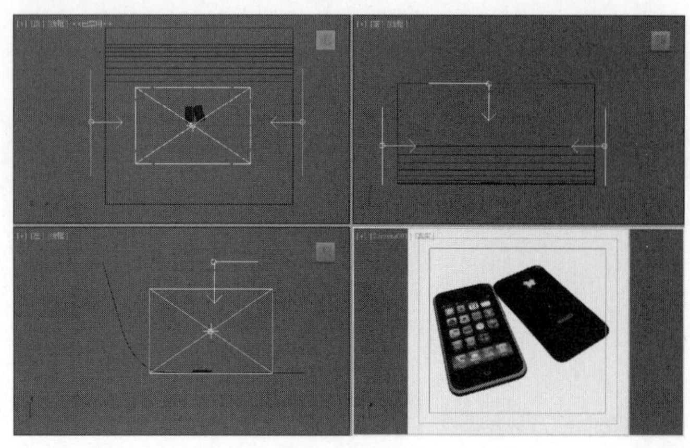

图8-10

06 选中上一步创建的VRay灯光，然后进入“修改”面板，其参数如图8-11所示。

设置步骤

① 在“常规”卷展栏下设置“类型”为“平面”。

② 在“强度”卷展栏下设置“倍增”为1.5、“颜色”为白色（R:255，G:255，B:255）。

③ 在“大小”卷展栏下设置“1/2长”为431.641mm、“1/2宽”为280.138mm。

④ 在“选项”卷展栏下勾选“不可见”选项。

⑤ 在“采样”卷展栏下设置“细分”为30。

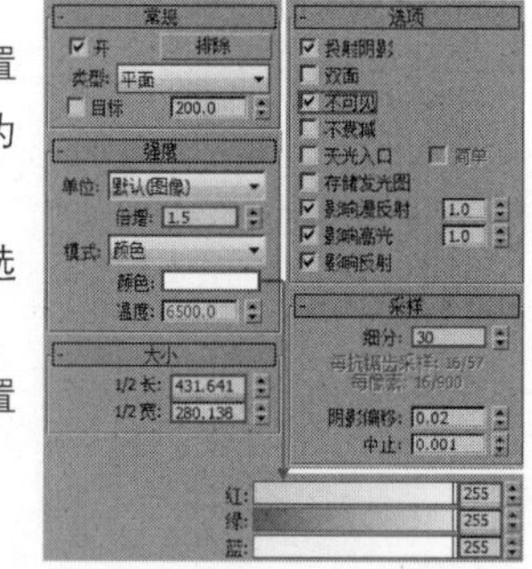

图8-11

07 进入前视图，然后使用“VRay灯光”工具在场景中创建一盏VRay灯光，其位置如图8-12所示。

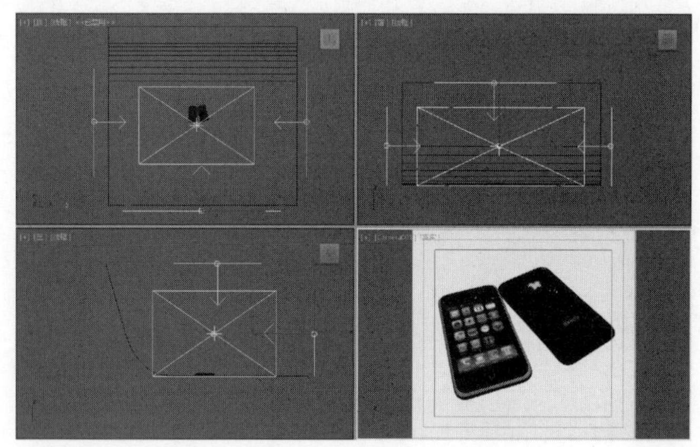

图8-12

08 选中上一步创建的VRay灯光，然后进入“修改”面板，其参数如图8-13所示。

设置步骤

① 在“常规”卷展栏下设置“类型”为“平面”。

② 在“强度”卷展栏下设置“倍增”为1、“颜色”为白色（R:255，G:255，B:255）。

③ 在“大小”卷展栏下设置“1/2长”为593.711mm、“1/2宽”为263.235mm。

④ 在“选项”卷展栏下勾选“不可见”选项。

⑤ 在“采样”卷展栏下设置“细分”为30。

09 按C键切换到摄影机视图，然后按F9键渲染当前场景，最终效果如图8-14所示。

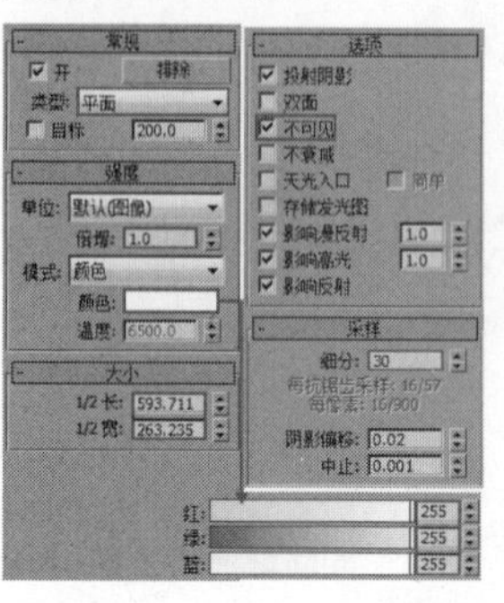

图8-13

图8-14

实战100 阳台日光表现

场景位置	场景文件>CH08>02.max
实例位置	实例文件>CH08>阳台日光表现.max
学习目标	学习半开放空间的布光方法，练习VRay太阳的用法

案例效果如图8-15所示。

图8-15

01 打开本书学习资源中的“场景文件>CH08>02.max”文件，这是一个阳台模型，如图8-16所示，场景需要通过环境光和太阳光来表现日光效果。

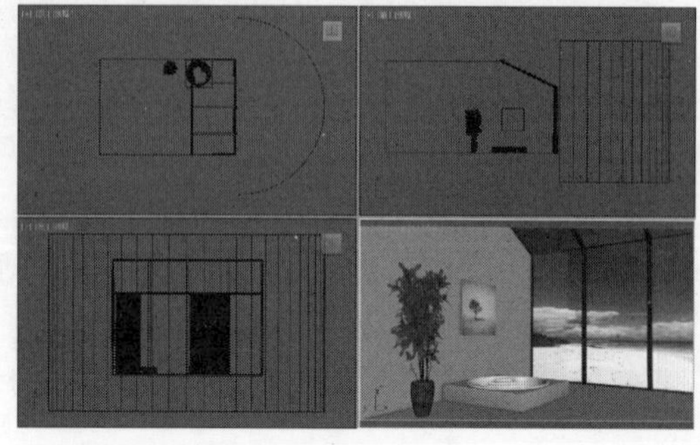

图8-16

02 使用“VRay太阳”工具在场景中创建一盏VRay太阳，其位置如图8-17所示。

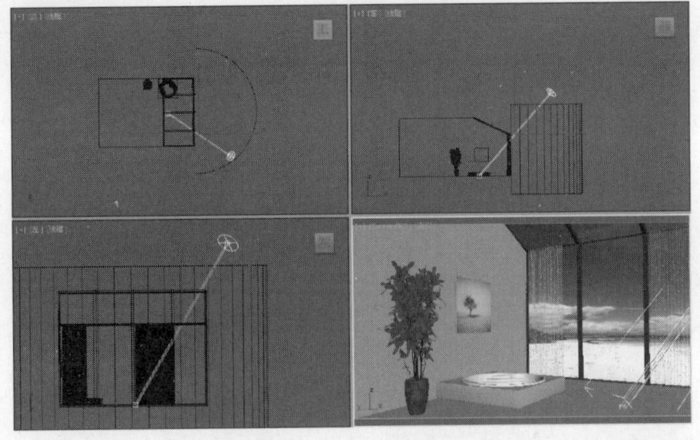

图8-17

03 选中上一步创建的VRay太阳，然后进入“修改”面板，展开“VRay太阳参数”卷展栏，接着设置“强度倍增”为0.015、“大小倍增”为5、“阴影细分”为8、“光子发射半径”为500mm，其具体参数如图8-18所示。

04 按C键进入摄影机视图，然后按F9键渲染当前场景，最终效果如图8-19所示。

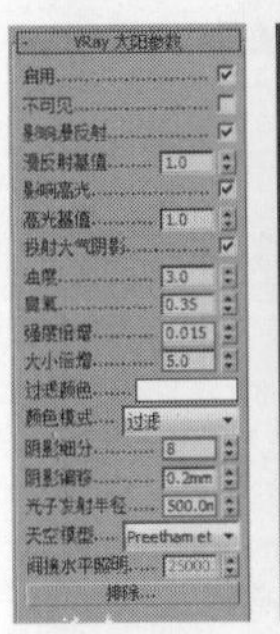

图8-18

图8-19

实战101 休闲室清晨表现

场景位置	场景文件>CH08>03.max
实例位置	实例文件>CH08>休闲室清晨表现.max
学习目标	练习目标平行光的用法

案例效果如图8-20所示。

图8-20

01 打开本书学习资源中的“场景文件>CH08>03.max”文件，这是一个休闲室场景，如图8-21所示，场景需要通过环境光和太阳光来表现清晨效果。

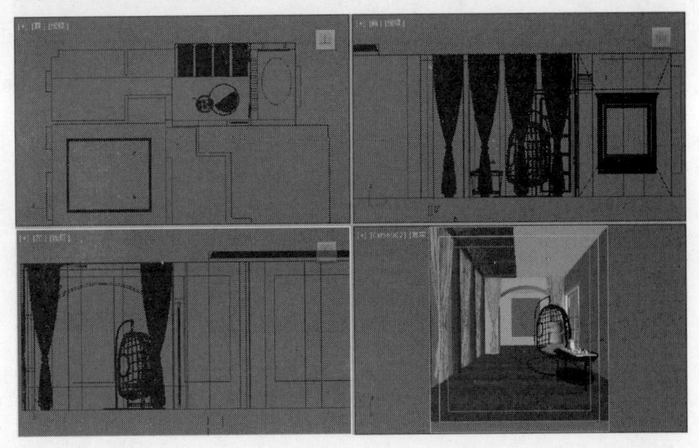

图8-21

02 在“创建”面板中单击“灯光”按钮，然后选择“标准”选项，接着单击“目标平行光”按钮，再在前视图中拖曳鼠标创建一个目标平行光，作为阳光，其位置如图8-22所示。

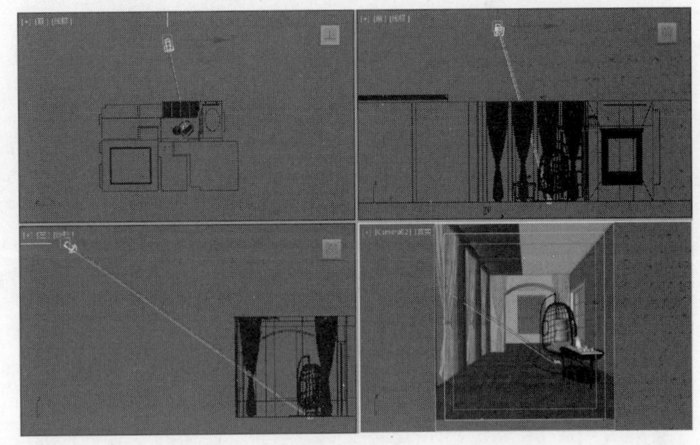

图8-22

03 选中上一步创建的目标平行光，然后进入“修改”面板，具体参数设置如图8-23所示。

设置步骤

① 展开“常规参数”卷展栏，然后在“阴影”选项组下勾选“启用”选项，并设置阴影类型为“VRay阴影”。

② 展开“强度/颜色/衰减”卷展栏，然后设置“颜色”为黄色（R:255，G:235，B:156），接着设置“倍增”为1。

③ 展开“平行光参数”卷展栏，然后设置“聚光区/光束”为3295mm、“衰减区/区域”为3905mm。

④ 展开“VRay阴影参数”卷展栏，然后勾选“区域阴影”选项，设置“U/V/W大小”都为100mm、“细分”为16。

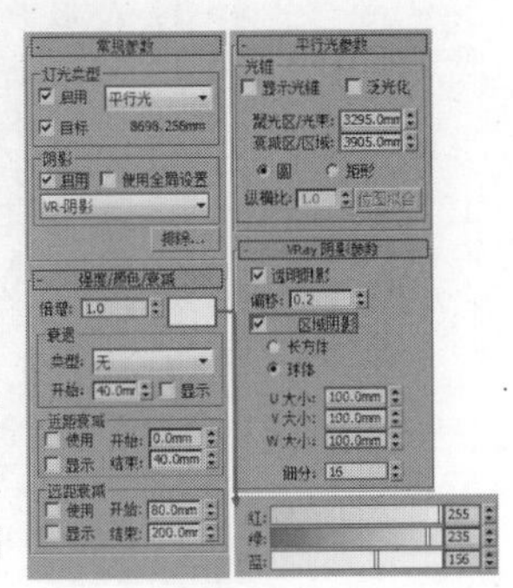

图8-23

04 设置灯光类型为VRay，然后在前视图中创建一盏VRay灯光，其位置如图8-24所示。

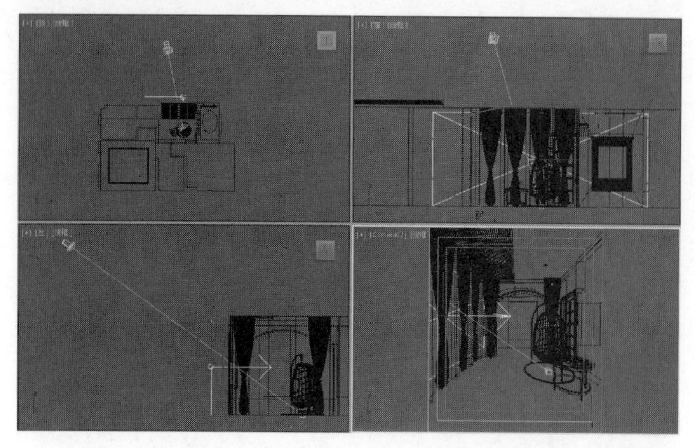

图8-24

05 选中上一步创建的VRay灯光，然后进入“修改”面板，具体参数设置如图8-25所示。

设置步骤

① 在“常规”卷展栏下设置“类型”为“平面”。

② 在“强度”卷展栏下设置“倍增”为1.5、“颜色”为蓝色（R:158，G:240，B:255）。

③ 在“大小”卷展栏下设置“1/2长”为3198.88mm、“1/2宽”为1342.187mm。

④ 在“选项”卷展栏下勾选“不可见”选项。

⑤ 在“采样”卷展览下设置“细分”为30。

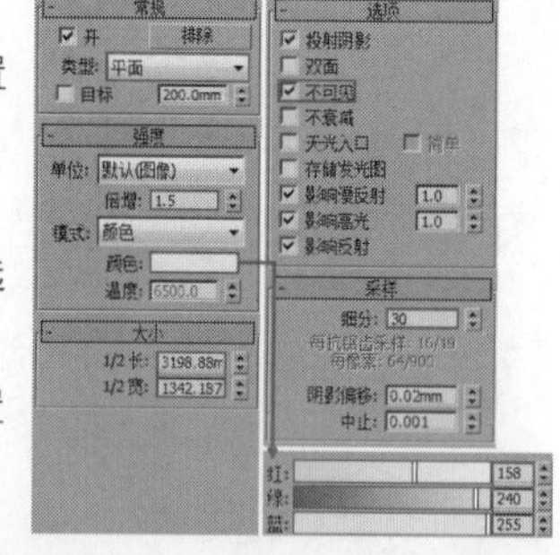

图8-25

06 按C键进入摄影机视图，然后按F9键渲染当前场景，最终效果如图8-26所示。

图8-26

实战102 客厅日光表现

场景位置	场景文件>CH08>04.max
实例位置	实例文件>CH08>客厅日光表现.max
学习目标	练习日光的布光方法

客厅日光效果以天光和阳光为主光，室内灯光为辅助点缀，案例效果如图8-27所示。

图8-27

01 打开本书学习资源中的“场景文件>CH08>04.max”文件，这是一个客厅场景，如图8-28所示。通过对场景的观察，可以确定场景中的主光用太阳光和天光表现，室内则用目标点光源模拟射灯来提亮一层走廊和二层卧室。

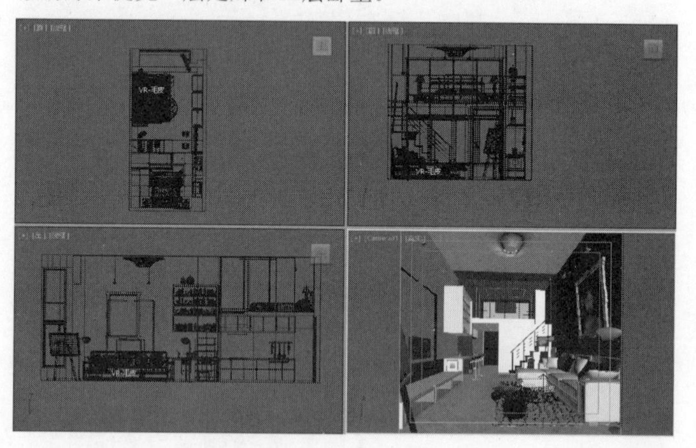

图8-28

02 下面创建天光和阳光。进入顶视图，使用“VRay太阳”工具在场景中创建一盏VRay太阳，并添加VRay天空贴图，其位置如图8-29所示。

03 选择上一步创建的VRay太阳，然后进入“修改”面板，展开“VRay太阳参数”卷展栏，接着设置“浊度”为5、“臭氧”为0.35、“强度倍增”为0.007、“大小倍增”为5、“阴影细分”为13，其具体参数如图8-30所示。

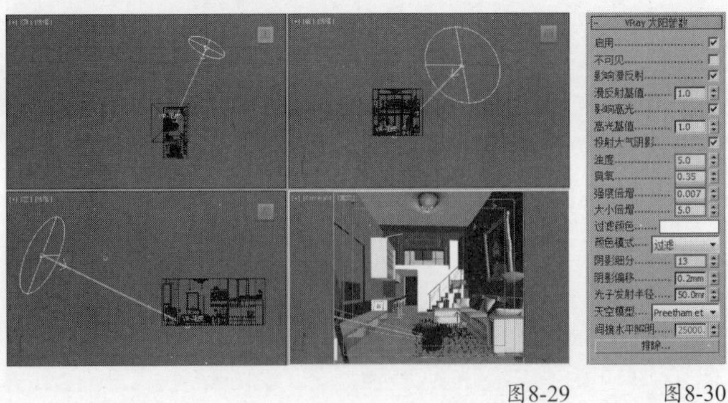

图8-29　　　　图8-30

04 按8键打开“环境”面板，然后按M键打开“材质编辑器”，接着单击鼠标，将“环境贴图”中自动加载的“VRay天空”贴图拖曳到空白材质球上，如图8-31所示，在弹出的对话框中设置“方法”为“实例”，最后单击“确定”按钮 确定 ，如图8-32所示。

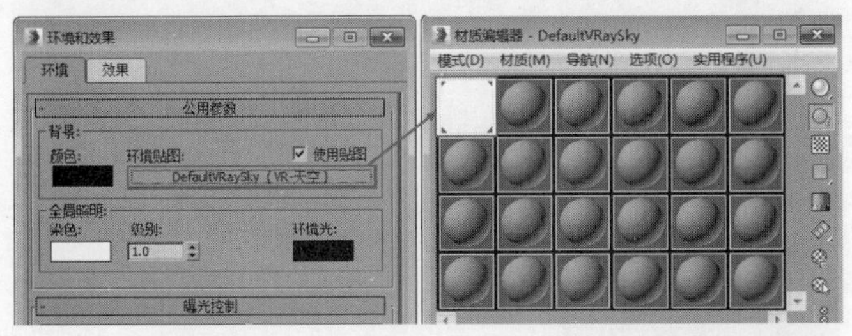

图8-31

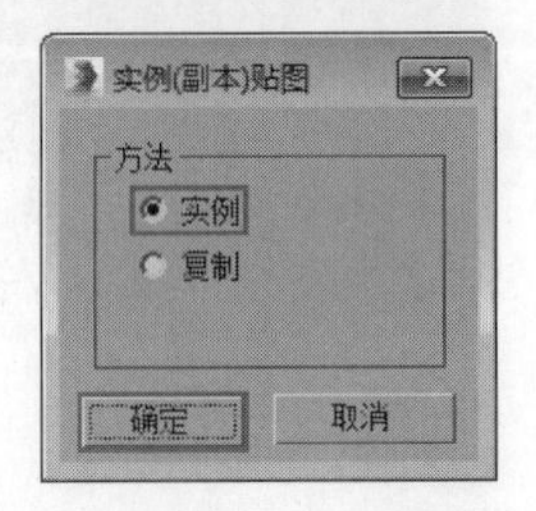

图8-32

05 选中VRay天空材质球，然后在“VRay天空参数”卷展栏中勾选“指定太阳节点”选项，接着设置“太阳浊度”为2、“太阳强度倍增”为0.035，如图8-33所示。

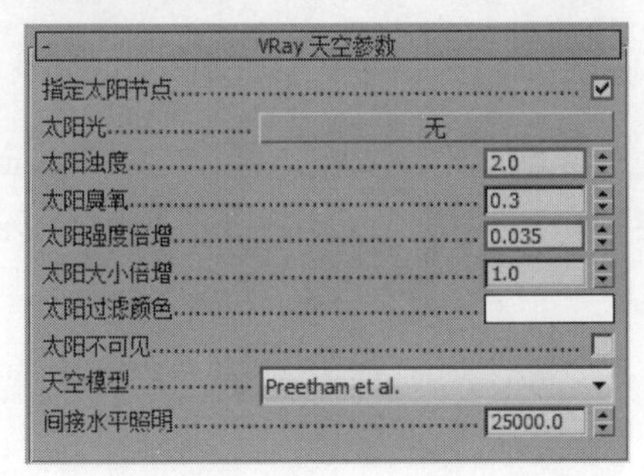

图8-33

06 下面创建室内射灯。在前视图中使用“目标灯光”工具在场景中创建一盏目标灯光，其位置如图8-34所示。

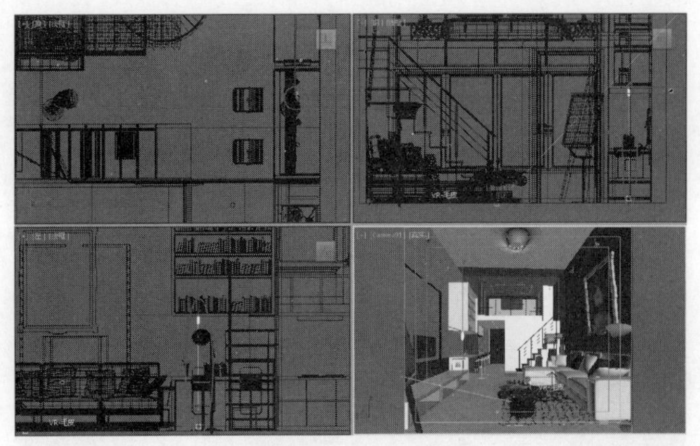

图8-34

07 选中上一步创建的目标灯光，然后进入“修改”面板，具体参数如图8-35所示。

设置步骤

① 展开“常规参数”卷展栏，然后在“阴影”选项组下勾选“启用”选项，接着设置“灯光分布（类型）”为“光度学Web”。

② 展开“分布（光度学Web）”卷展栏，然后在其通道中加载本书学习资源中的“实例文件>CH08>客厅日光表现>经典筒灯.ies”文件。

③ 展开“强度/颜色/衰减”卷展栏，然后设置“过滤颜色”为黄色（R:255，G:216，B:131），接着设置“强度”为3000。

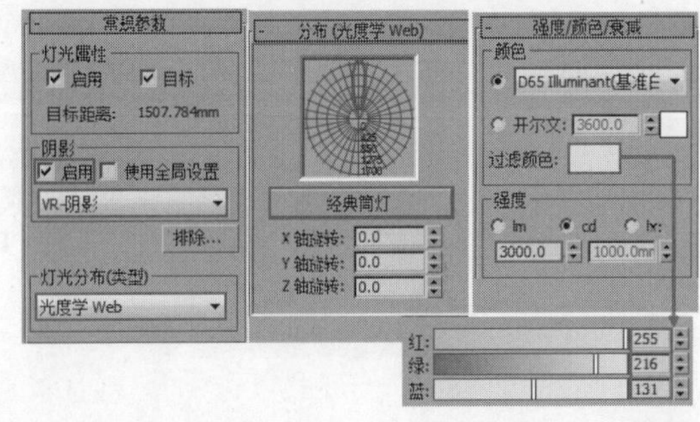

图8-35

08 将修改好的目标灯光，在顶视图中以“实例”的形式复制一盏到其余筒灯下方，位置如图8-36所示。

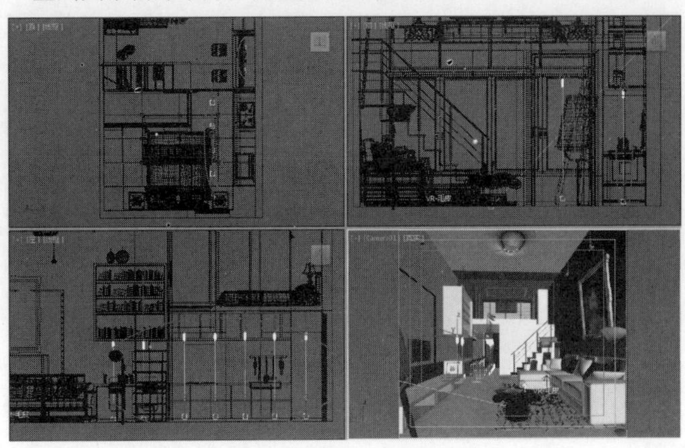

图8-36

09 在前视图中，使用“目标灯光”工具创建一盏目标灯光，作为二层卧室的射灯灯光，其位置如图8-37所示。

图8-37

10 选中上一步创建的目标灯光，然后进入“修改”面板，具体参数如图8-38所示。

设置步骤

① 展开“常规参数”卷展栏，然后在“阴影”选项组下勾选“启用”选项，接着设置“灯光分布（类型）”为“光度学Web”。

② 展开“分布（光度学Web）”卷展栏，然后在其通道中加载本书学习资源中的“实例文件>CH08>客厅日光表现>经典筒灯.ies”文件。

③ 展开“强度/颜色/衰减”卷展栏，然后设置“过滤颜色”为黄色（R:255，G:194，B:139），接着设置“强度”为5000。

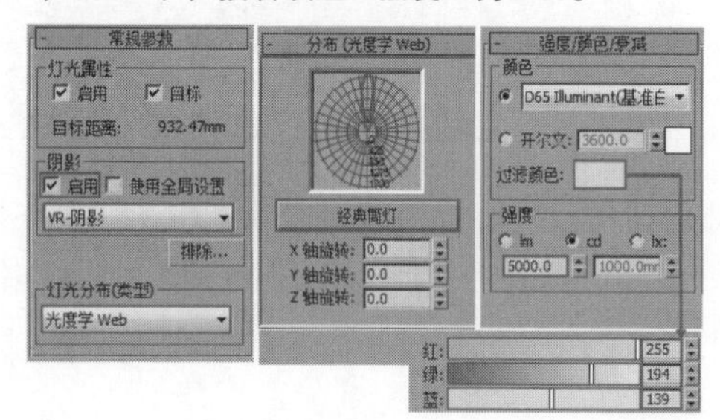

图8-38

11 将修改好的目标灯光在顶视图中以“实例”的形式复制一盏到另一个筒灯下方，位置如图8-39所示。

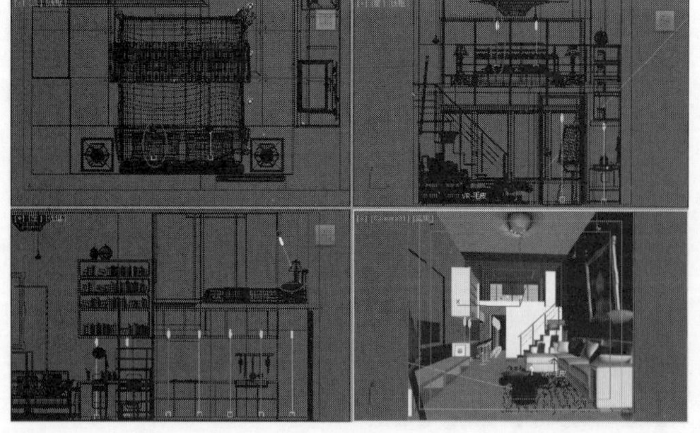

图8-39

12 按C键进入摄影机视图，然后按F9键渲染当前场景，最终效果如图8-40所示。

图8-40

实战103 卧室夜晚表现

场景位置　场景文件>CH08>05.max
实例位置　实例文件>CH08>卧室夜晚表现.max
学习目标　练习夜晚的布光方法

卧室夜晚效果以室内灯光作为主光，环境光为辅助，本例效果如图8-41所示。

图8-41

01 打开本书学习资源中的“场景文件>CH08>05.max”文件，这是一个卧室场景，如图8-42所示。通过对场景的观察，确定需要用VRay面光源模拟夜晚天光、电视屏幕灯光以及衣柜光带，用VRay球形灯模拟书桌上的台灯，用目标灯光模拟床头射灯。

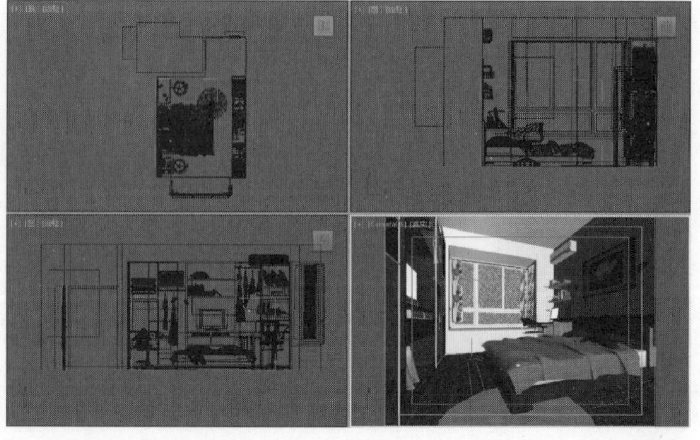

图8-42

02 下面创建夜晚天光。使用“VRay灯光”工具在场景中创建一个VRay平面灯光，其位置如图8-43所示。

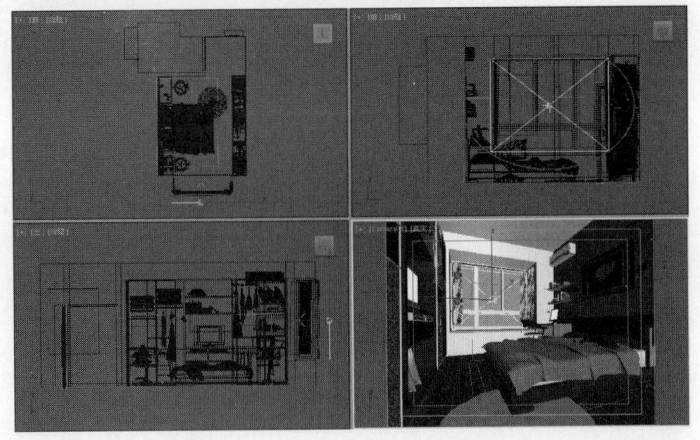

图8-43

03 选中上一步创建的VRay平面灯光，然后进入“修改”面板，具体参数设置如图8-44所示。

设置步骤

① 在“常规”卷展栏下设置“类型”为“平面”。

② 在“强度”卷展栏下设置“倍增”为5、“颜色”为蓝色（R:23，G:43，B:192）。

③ 在“大小”卷展栏下设置“1/2长”为1245.852mm、“1/2宽”为954.101mm。

④ 在“选项”卷展栏下勾选“不可见”选项。

⑤ 在“采样”卷展栏下设置“细分”为16。

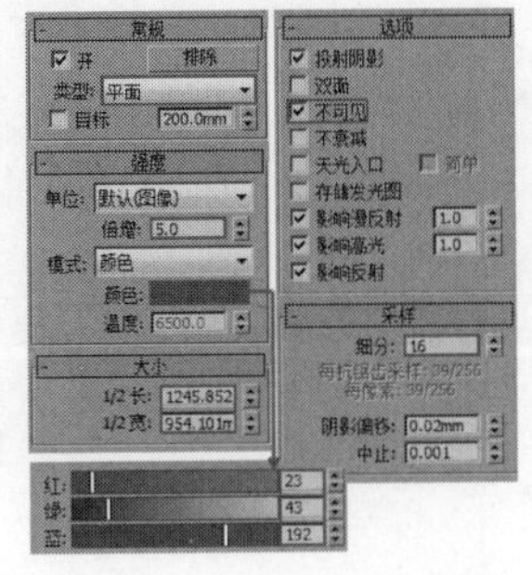

图8-44

技巧与提示

设置夜晚天光，是为了让画面在暗处不会显得死黑，但设置夜晚天光的颜色时，蓝色不可调至过灰，否则画面会显得很脏。

04 下面创建台灯灯光。使用“VRay灯光”工具在场景中创建一盏VRay灯光，其位置如图8-45所示。

图8-45

05 选中上一步创建的VRay灯光，然后进入“修改”面板，具体参数设置如图8-46所示。

设置步骤

① 在“常规”卷展栏下设置“类型”为“球体”。

② 在“强度”卷展栏下设置“倍增”为200、“颜色”为黄色（R:255，G:168，B:75）。

③ 在“大小”卷展栏下设置“半径”为55mm。

④ 在“选项”卷展栏下勾选“不可见”选项。

⑤ 在“采样”卷展栏下设置“细分”为16。

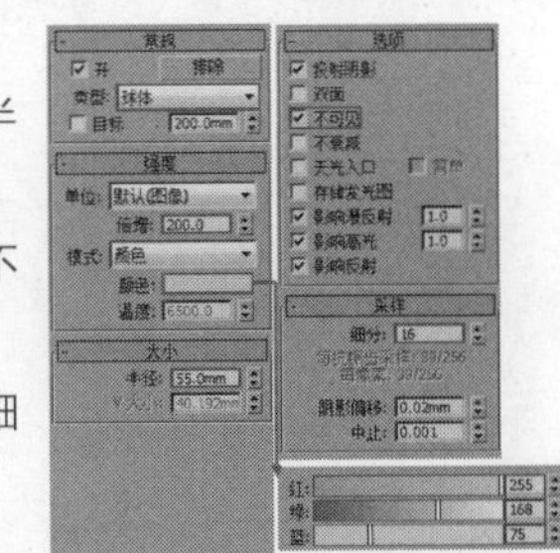

图8-46

06 下面创建床头射灯。使用“目标灯光”工具在场景中创建一盏目标灯光，其位置如图8-47所示。

图8-47

07 选中上一步创建的目标灯光，然后进入“修改”面板，具体参数如图8-48所示。

设置步骤

① 展开“常规参数”卷展栏，然后在“阴影”选项组下勾选“启用”选项，接着设置“灯光分布（类型）”为“光度学Web”。

② 展开“分布（光度学Web）”卷展栏，然后在其通道中加载本书学习资源中的“实例文件>CH08>卧室夜晚表现>1牛眼灯.ies”文件。

③ 展开“强度/颜色/衰减”卷展栏，然后设置“过滤颜色”为黄色（R:255，G:211，B:153），接着设置“强度”为500。

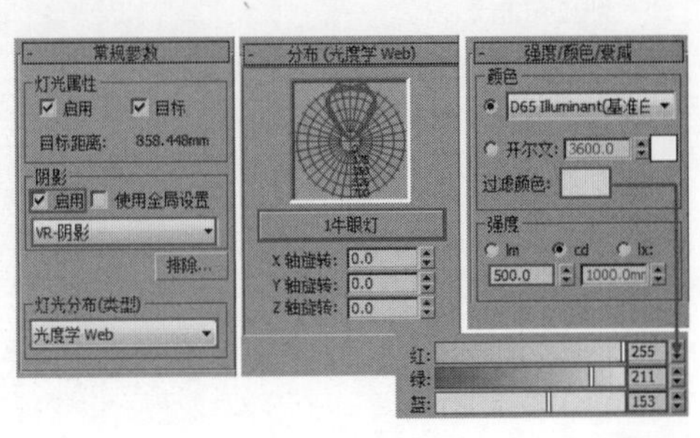

图8-48

08 将修改好的目标灯光以“实例”的形式复制一盏到另一个射灯模型下，其位置如图8-49所示。

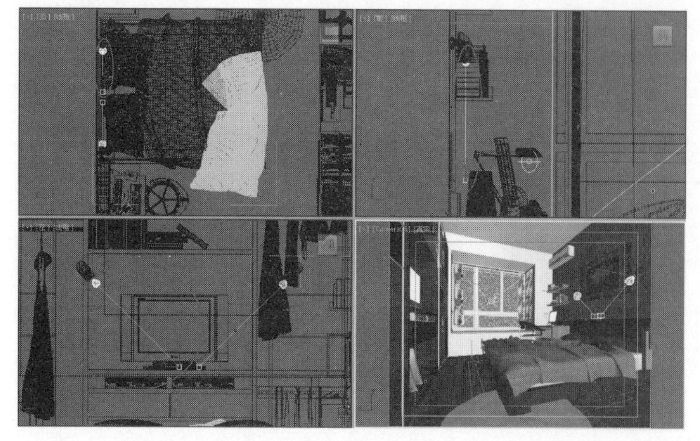

图8-49

09 下面创建电视屏幕灯光。使用“VRay灯光”工具在场景中创建一盏VRay灯光，其位置如图8-50所示。

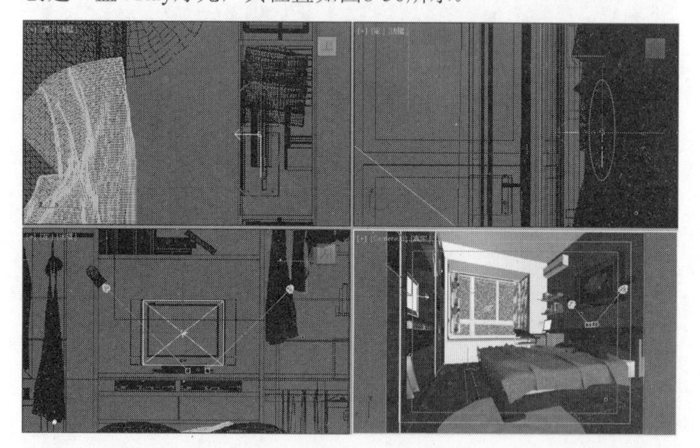

图8-50

10 选中上一步创建的VRay灯光，然后进入“修改”面板，具体参数设置如图8-51所示。

设置步骤

① 在“常规”卷展栏下设置“类型”为“平面”。

② 在“强度”卷展栏下设置“倍增”为10、“颜色”为白色（R:230，G:241，B:255）。

③ 在“大小”卷展栏下设置“1/2长”为290mm、“1/2宽”为225mm。

④ 在“选项”卷展栏下勾选“不可见”选项，取消勾选“影响高光”和“影响反射”选项。

⑤ 在“采样”卷展栏下设置“细分”为8。

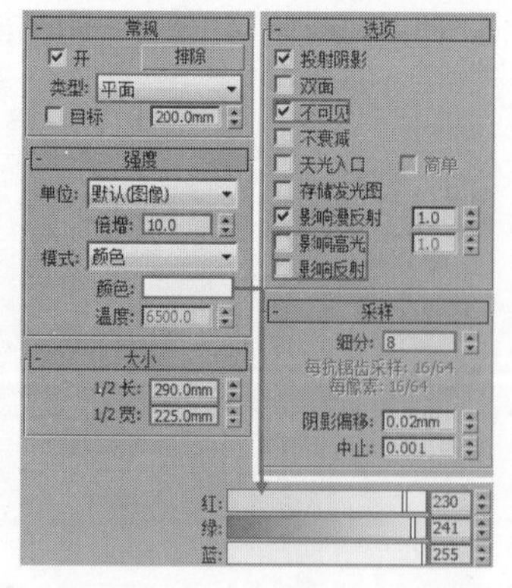

图8-51

11 下面创建衣柜灯带。使用“VRay灯光”工具在场景中创建一盏VRay灯光，其位置如图8-52所示。

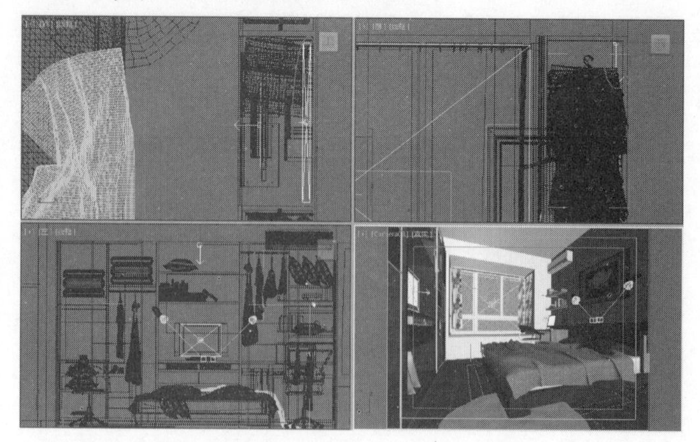

图8-52

12 选中上一步创建的VRay灯光，然后进入“修改”面板，具体参数设置如图8-53所示。

设置步骤

① 在“常规”卷展栏下设置“类型”为“平面”。

② 在“强度”卷展栏下设置“倍增”为75、“颜色”为橙色（R:255，G:135，B:55）。

③ 在“大小”卷展栏下设置“1/2长”为24.742mm、“1/2宽”为544.436mm。

④ 在“选项”卷展栏下勾选“不可见”选项，取消勾选“影响反射”选项。

⑤ 在“采样”卷展栏下设置“细分”为8。

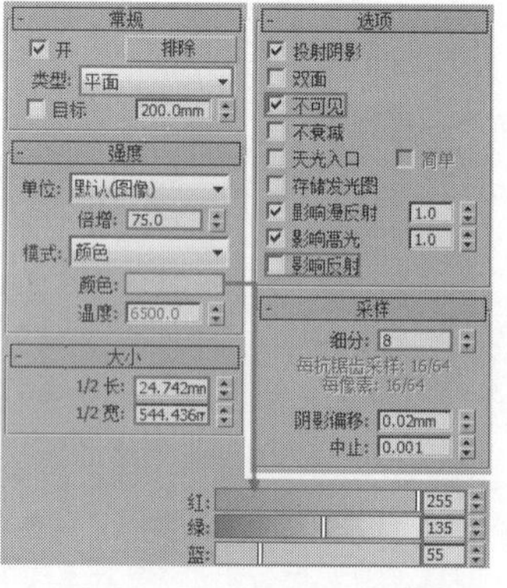

图8-53

13 将修改好的VRay灯光以“实例”的形式复制到其余衣柜隔板下方，其位置如图8-54所示。

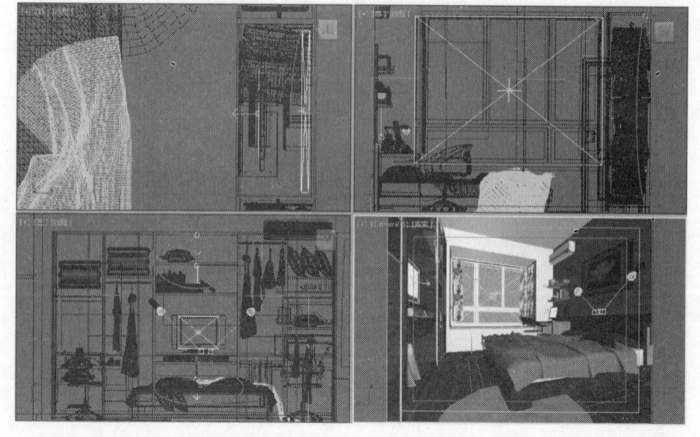

图8-54

14 按C键进入摄影机视图，然后按F9键渲染当前场景，最终效果如图8-55所示。

图8-55

实战104 书房黄昏灯光

场景位置	场景文件>CH08>06.max
实例位置	实例文件>CH08>书房黄昏灯光.max
学习目标	掌握黄昏场景的布光方法

黄昏场景以天光和太阳光为主，天光颜色较蓝，太阳光颜色较暖，且太阳光与地面夹角要小，案例效果如图8-56所示。

图8-56

01 打开本书学习资源中的“场景文件>CH08>06.max”文件，这是一个书房场景，如图8-57所示。通过观察场景，确定需要使用VRay灯光来模拟天光和灯槽的灯带，用目标平行光模拟太阳光。

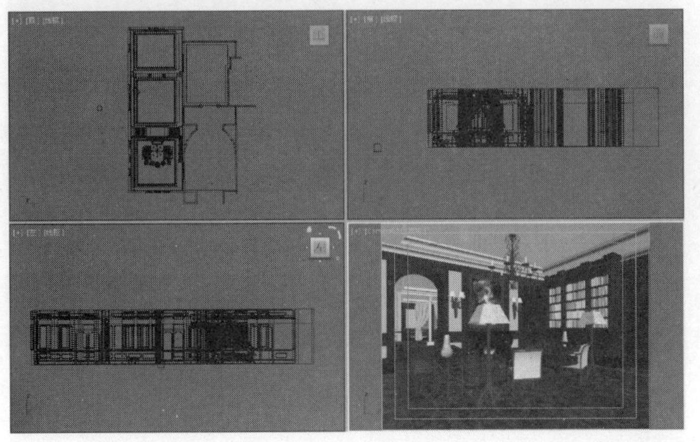

图8-57

02 下面创建天光。进入前视图，然后使用“VRay灯光”工具在场景中创建一盏VRay灯光，其位置如图8-58所示。

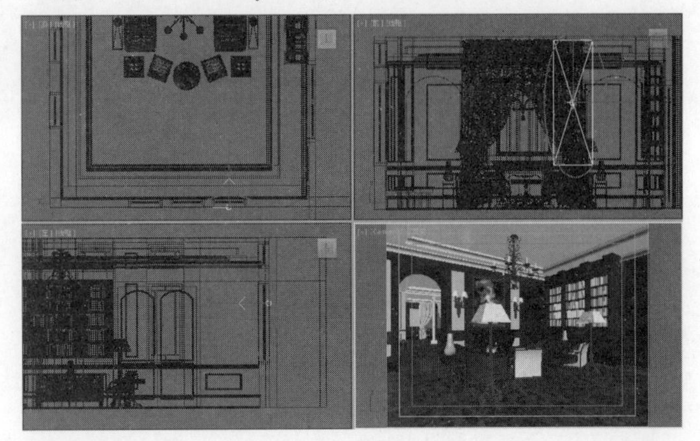

图8-58

03 选中上一步创建的VRay灯光，然后进入“修改”面板，具体参数设置如图8-59所示。

设置步骤

① 在“常规”卷展栏下设置“类型”为“平面”。

② 在“强度”卷展栏下设置“倍增”为8、“颜色”为蓝色（R:129，G:159，B:255）。

③ 在“大小”卷展栏下设置“1/2长”为450mm、“1/2宽”为1400mm。

④ 在“选项”卷展栏下勾选“不可见”选项。

⑤ 在“采样”卷展栏下设置“细分”为24。

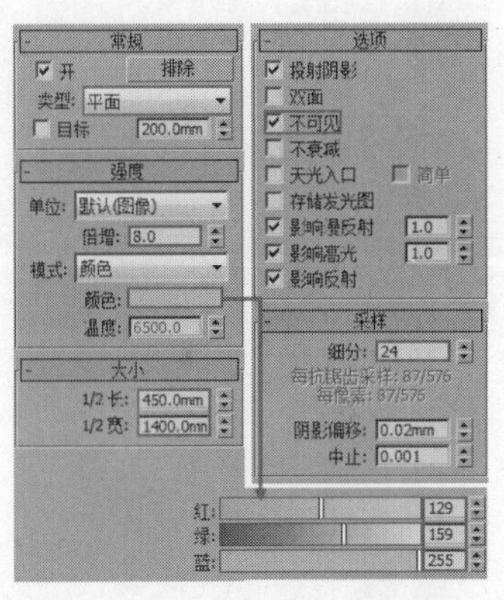

图8-59

04 将修改好的VRay灯光以“实例”的形式复制到其余窗户外，其位置如图8-60所示。

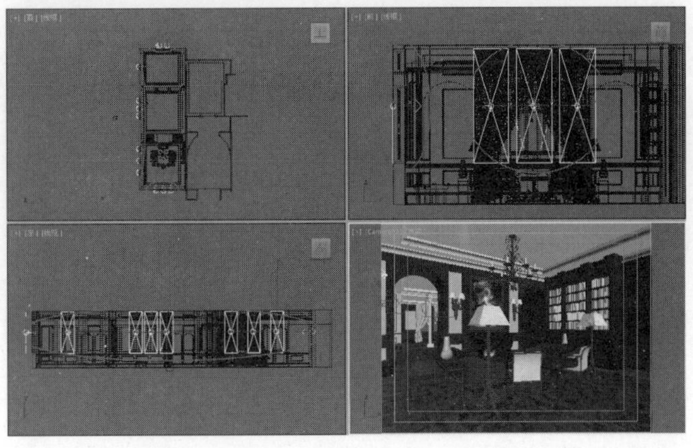

图8-60

05 下面创建灯槽灯带。继续使用“VRay灯光”工具在场景中创建一盏VRay灯光，其位置如图8-61所示。

图8-61

06 选中上一步创建的VRay灯光，然后进入“修改”面板，具体参数设置如图8-62所示。

设置步骤

① 在“常规”卷展栏下设置“类型”为“平面”。

② 在“强度”卷展栏下设置“倍增”为5、“颜色”为黄色（R:255，G:199，B:111）。

③ 在“大小”卷展栏下设置“1/2长”为2500mm、“1/2宽”为40mm。

④ 在“选项”卷展栏下勾选“不可见”选项。

⑤ 在“采样”卷展栏下设置“细分”为8。

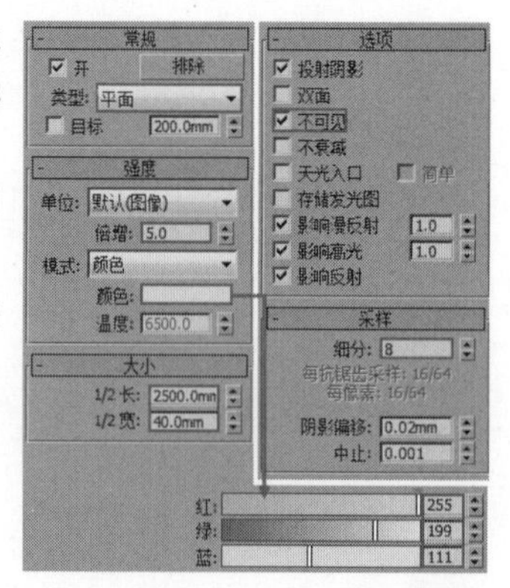

图8-62

07 选中修改好的VRay灯光，然后以“实例”的形式复制到灯槽其余的位置，如图8-63所示。

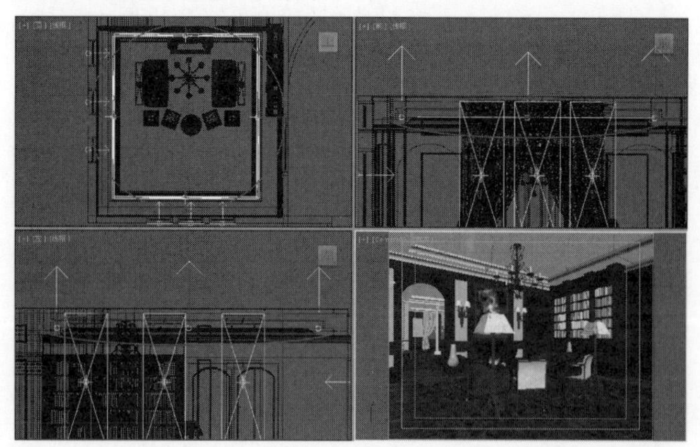

图8-63

08 下面创建太阳光。使用“目标平行光”工具在场景中创建一盏目标平行光，其位置如图8-64所示。

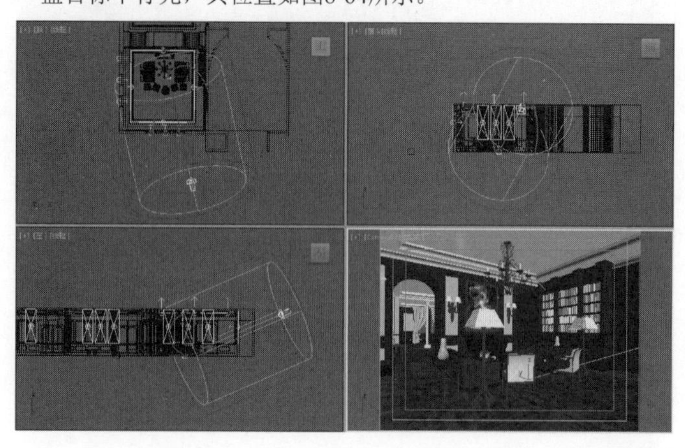

图8-64

09 选中上一步创建的目标平行光，然后进入“修改”面板，具体参数如图8-65所示。

设置步骤

① 展开“常规参数”卷展栏，然后在“阴影”选项组下勾选“启用”选项，并设置阴影类型为“VRay阴影”。

② 展开“强度/颜色/衰减”卷展栏，然后设置“颜色”为黄色（R:255，G:122，B:70），接着设置“倍增”为5。

③ 展开“平行光参数”卷展栏，然后设置“聚光区/光束”为4290mm、“衰减区/区域”为5152mm。

④ 展开“VRay阴影参数”卷展栏，然后勾选“区域阴影”选项，设置“U/V/W大小”都为50mm、“细分”为16。

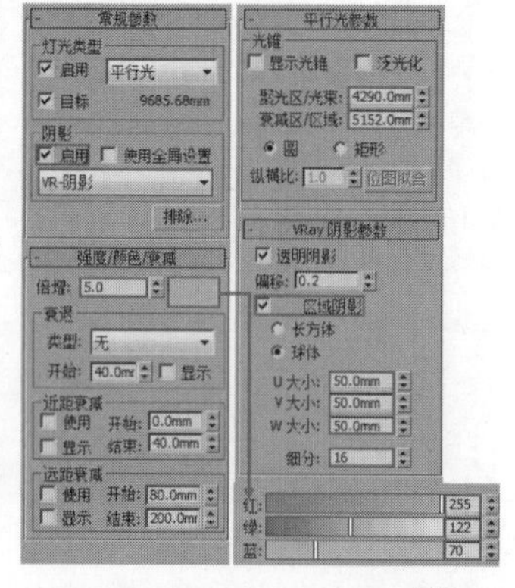

图8-65

10 按C键进入摄影机视图，然后按F9键渲染当前场景，最终效果如图8-66所示。

图8-66

实战105 厨房阴天表现

场景位置	场景文件>CH08>07.max
实例位置	实例文件>CH08>厨房阴天表现.max
学习目标	掌握阴天场景的布光方法

阴天场景以天光为主，室内光为辅助，不需要太阳光，案例效果如图8-67所示。

图8-67

01 打开本书学习资源中的“场景文件>CH08>07.max”文件，如图8-68所示。通过观察场景，确定需要使用VRay灯光模拟天光和吧台下的灯带，用目标灯光模拟筒灯。

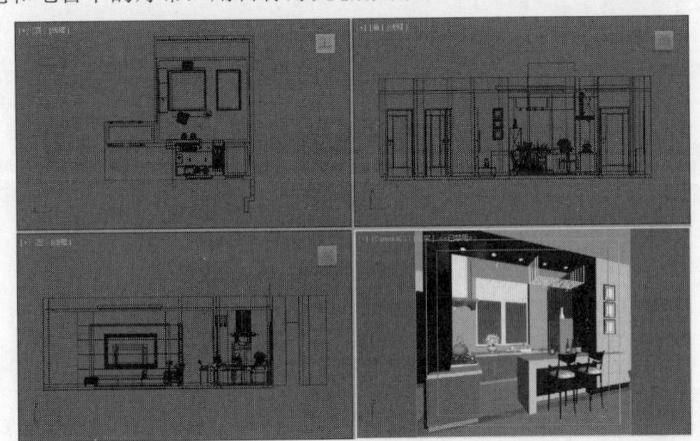

图8-68

02 使用“VRay灯光”工具在场景中创建一个VRay灯光，其位置如图8-69所示。

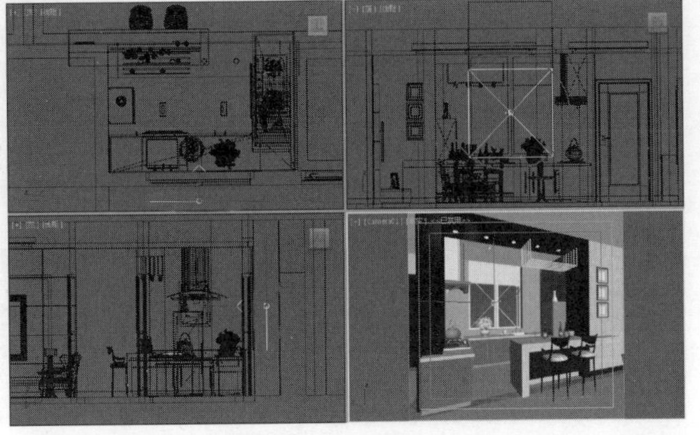

图8-69

03 选中上一步创建的VRay灯光，然后进入“修改”面板，其具体参数如图8-70所示。

设置步骤

① 在“常规”卷展栏下设置“类型”为“平面”。

② 在“强度”卷展栏下设置“倍增”为5、“颜色”为白色（R:225，G:241，B:255）。

③ 在“大小”卷展栏下设置“1/2长”为739.83mm、“1/2宽”为753.158mm。

④ 在“选项”卷展栏下勾选“不可见”选项，取消勾选“影响高光”和“影响反射”选项。

⑤ 在“采样”卷展栏下设置“细分”为15。

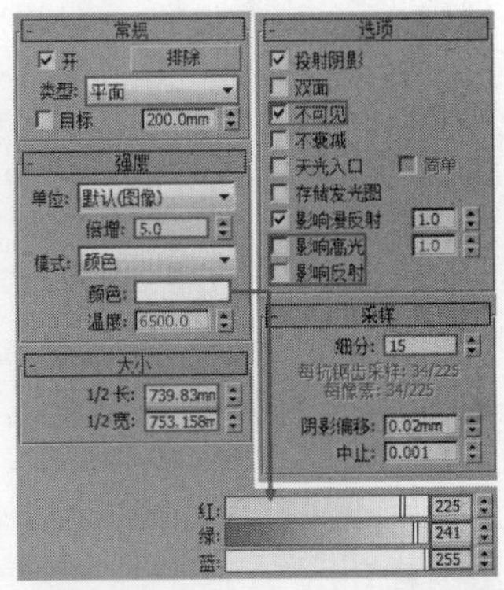

图8-70

04 下面创建吧台下的灯带。继续使用“VRay灯光”工具在场景中创建一个VRay灯光，其位置如图8-71所示。

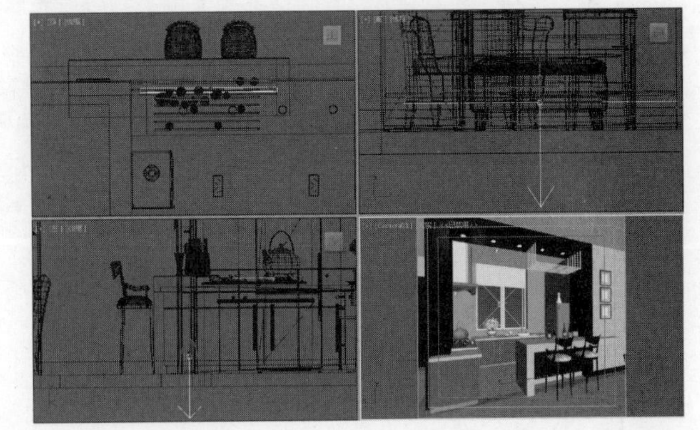

图8-71

05 选中上一步创建的VRay灯光，然后进入“修改”面板，其具体参数如图8-72所示。

设置步骤

① 在“常规”卷展栏下设置“类型”为“平面”。

② 在“强度”卷展栏下设置“倍增”为15、“颜色”为黄色（R:255，G:226，B:109）。

③ 在“大小”卷展栏下设置“1/2长”为945.987mm、“1/2宽”为19.708mm。

④ 在“选项”卷展栏下勾选“不可见”选项，取消勾选“影响高光”和“影响反射”选项。

⑤ 在“采样”卷展栏下设置“细分”为13。

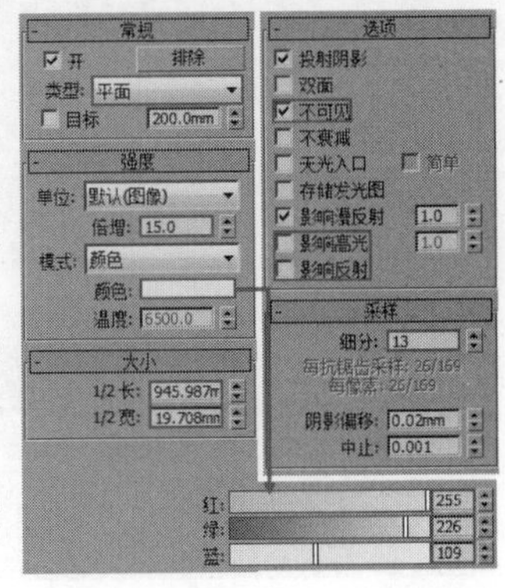

图8-72

06 下面创建筒灯。使用“目标灯光”工具在场景中创建一盏目标灯光，其位置如图8-73所示。

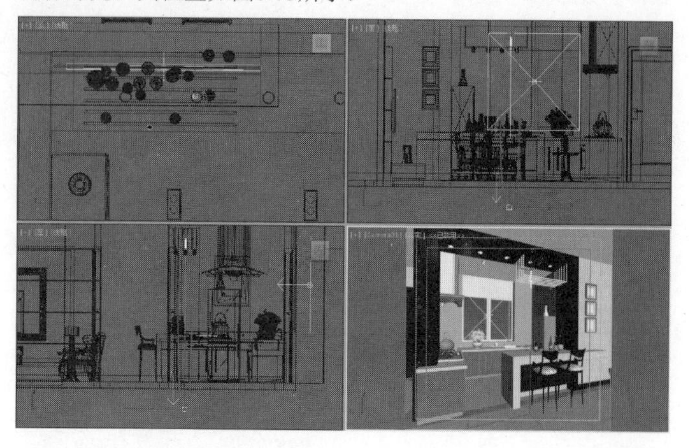

图8-73

07 选中上一步创建的目标灯光，然后进入“修改”面板，具体参数如图8-74所示。

设置步骤

① 展开“常规参数”卷展栏，然后在“阴影”选项组下勾选“启用”选项，接着设置“灯光分布（类型）”为“光度学Web”。

② 展开“分布（光度学Web）”卷展栏，然后在其通道中加载本书学习资源中的“实例文件>CH08>厨房阴天表现>中间亮.ies”文件。

③ 展开“强度/颜色/衰减”卷展栏，然后设置“过滤颜色”为黄色（R:255，G:149，B:54），接着设置“强度”为20000。

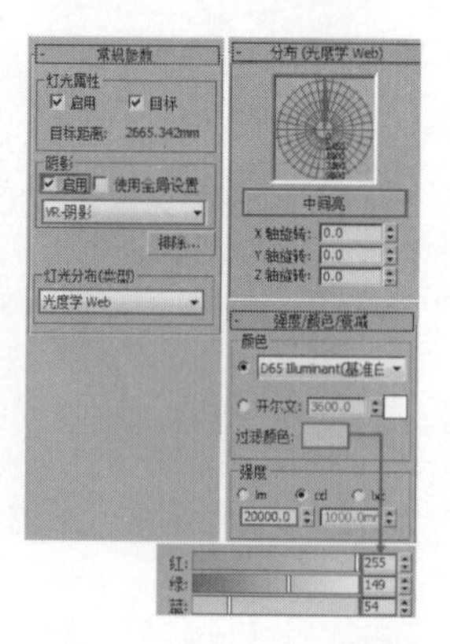

图8-74

08 将修改好的目标灯光以“实例”的形式复制一盏到另一个筒灯下方，其位置如图8-75所示。

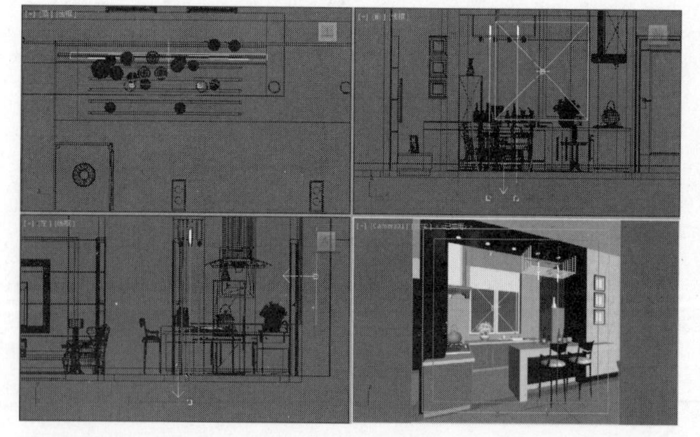

图8-75

09 按C键进入摄影机视图，然后按F9键渲染当前场景，最终效果如图8-76所示。

图8-76

实战106 卫生间灯光表现

场景位置　场景文件>CH08>08.max
实例位置　实例文件>CH08>卫生间灯光表现.max
学习目标　掌握封闭空间的室内布光方法

卫生间是一个封闭空间，只需要室内光作为光源，案例效果如图8-77所示。

图8-77

01 打开本书学习资源中的“场景文件>CH08>08.max”文件，如图8-78所示。通过观察场景，确定使用VRay灯光模拟灯槽灯带、镜前灯以及顶部筒灯，用目标灯光模拟筒灯的光晕。

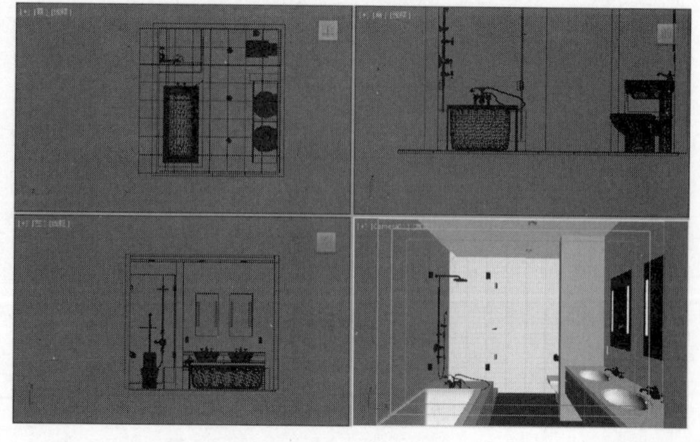

图8-78

02 下面创建灯带。使用“VRay灯光”工具在场景中创建一盏VRay灯光，其位置如图8-79所示。

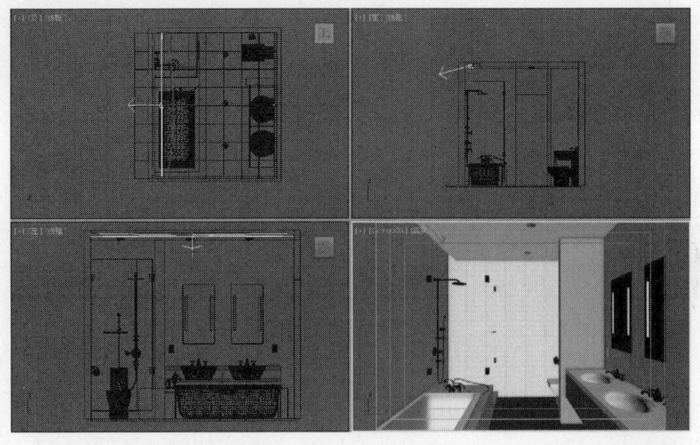

图8-79

03 选中上一步创建的VRay灯光，然后进入“修改”面板，具体参数如图8-80所示。

设置步骤

① 在“常规”卷展栏下设置“类型”为“平面”。

② 在“强度”卷展栏下设置“倍增”为4、“颜色”为白色（R:255，G:248，B:230）。

③ 在“大小”卷展栏下设置“1/2长”为28mm、“1/2宽”为1575.6mm。

④ 在“选项”卷展栏下勾选“不可见”选项，取消勾选“影响反射”选项。

⑤ 在“采样”卷展栏下设置“细分”为20。

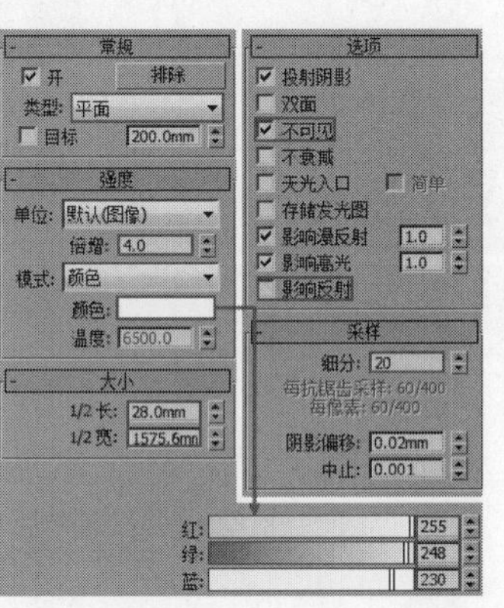

图8-80

04 使用“VRay灯光”工具在场景中创建一盏VRay灯光，其位置如图8-81所示。

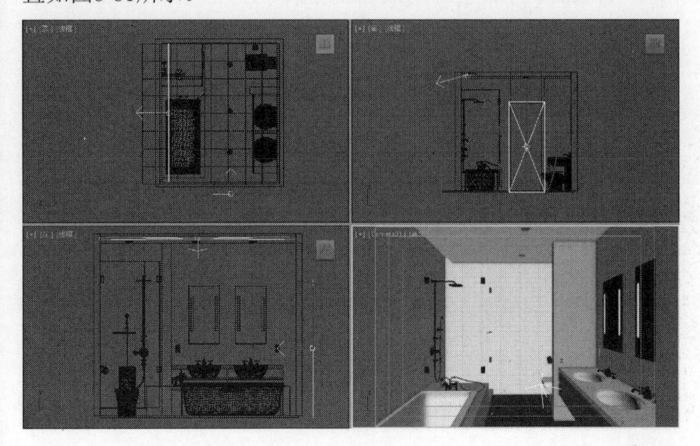

图8-81

05 选中上一步创建的VRay灯光，然后进入“修改”面板，具体参数如图8-82所示。

设置步骤

① 在“常规”卷展栏下设置“类型”为“平面”。

② 在“强度”卷展栏下设置“倍增”为7、“颜色”为蓝色（R:193，G:219，B:255）。

③ 在“大小”卷展栏下设置“1/2长”为433.875mm、“1/2宽”为1077.648mm。

④ 在“选项”卷展栏下勾选“不可见”选项，取消勾选“影响反射”选项。

⑤ 在“采样”卷展栏下设置“细分”为20。

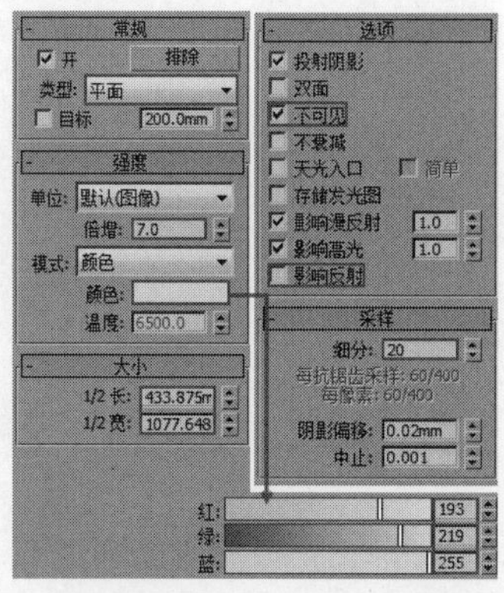

图8-82

06 使用“VRay灯光”工具在场景中创建一盏VRay灯光，其位置如图8-83所示。

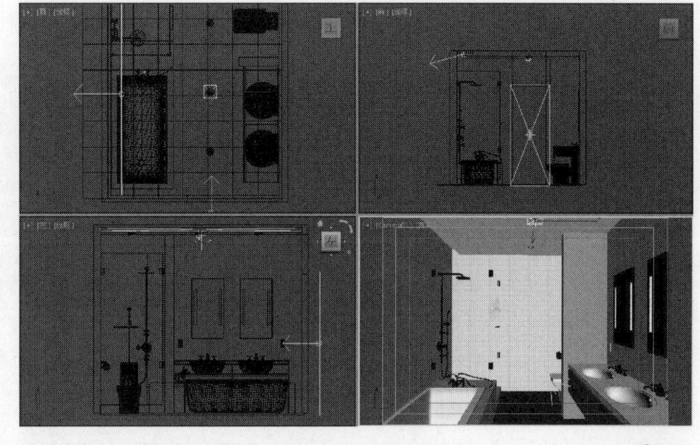

图8-83

07 选中上一步创建的VRay灯光，然后进入“修改”面板，其具体参数如图8-84所示。

设置步骤

① 在“常规”卷展栏下设置“类型”为“平面”。

② 在“强度”卷展栏下设置“倍增”为100、“颜色”为黄色（R:255，G:247，B:230）。

③ 在“大小”卷展栏下设置“1/2长”为100mm、“1/2宽”为100mm。

④ 在“选项”卷展栏下勾选“不可见”选项。

⑤ 在“采样”卷展栏下设置“细分”为20。

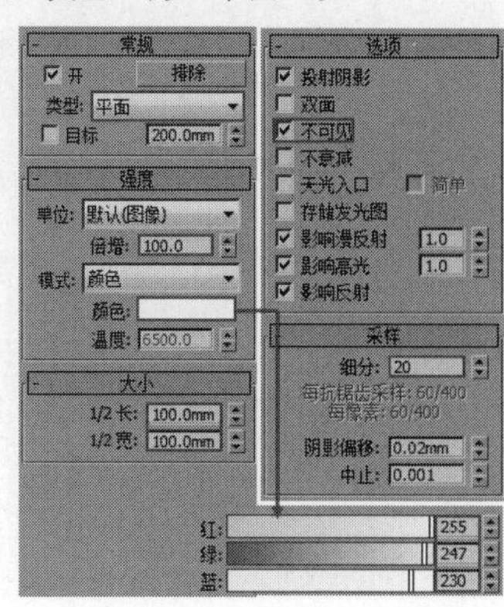

图8-84

08 使用“VRay灯光”工具在场景中创建一盏VRay灯光，其位置如图8-85所示。

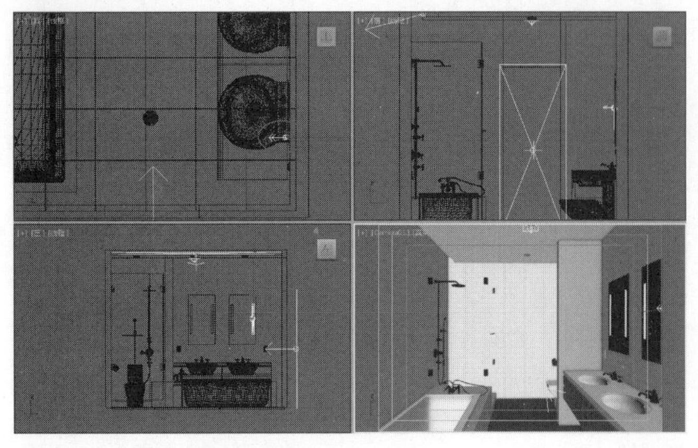

图8-85

09 选中上一步创建的VRay灯光，然后进入“修改”面板，其具体参数如图8-86所示。

设置步骤

① 在“常规”卷展栏下设置“类型”为“平面”。

② 在“强度”卷展栏下设置“倍增”为2、“颜色”为黄色（R:250，G:163，B:69）。

③ 在“大小”卷展栏下设置“1/2长”为16mm、“1/2宽”为260mm。

④ 在“选项”卷展栏下勾选“不可见”选项。

⑤ 在“采样”卷展栏下设置“细分”为20。

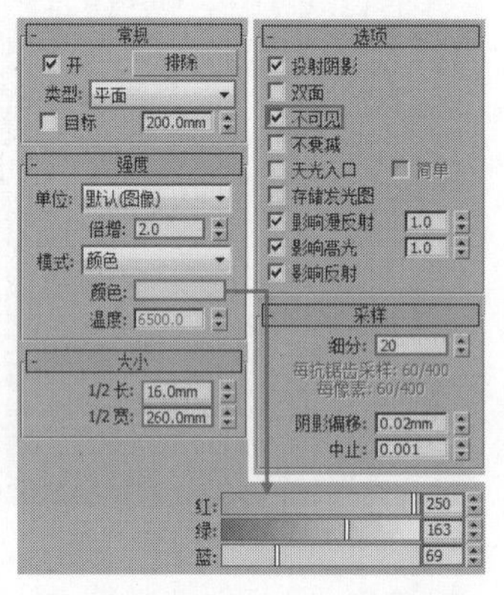

图8-86

10 将修改好的VRay灯光以“实例”的形式复制到其他镜前灯中，其位置如图8-87所示。

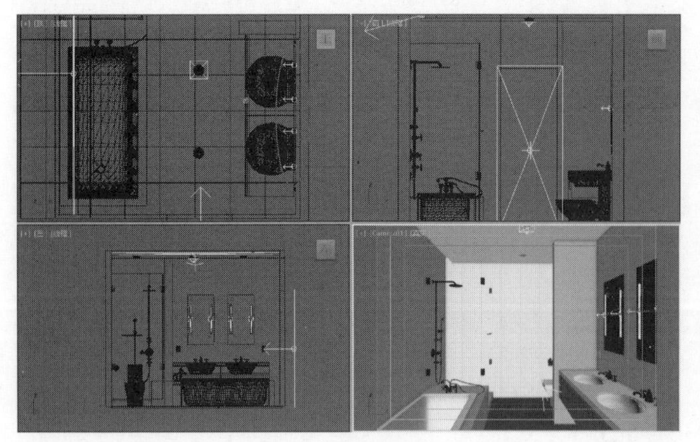

图8-87

11 使用“目标灯光”工具在场景中创建一盏目标灯光，其位置如图8-88所示。

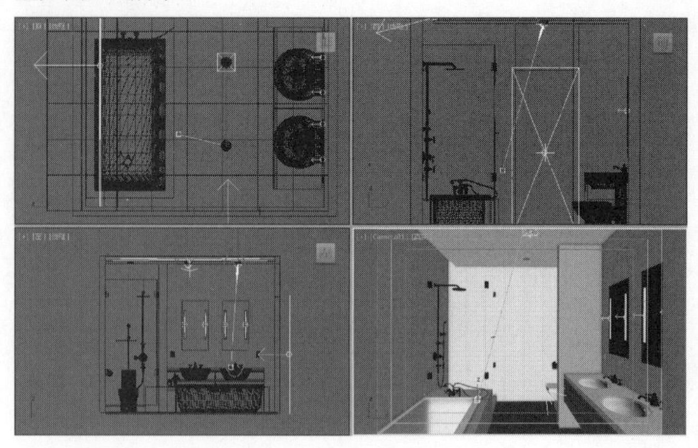

图8-88

12 选中上一步创建的目标灯光，然后进入“修改”面板，具体参数如图8-89所示。

设置步骤

① 展开“常规参数”卷展栏，然后在“阴影”选项组下勾选“启用”选项，接着设置“灯光分布（类型）”为“光度学Web”。

② 展开“分布（光度学Web）”卷展栏，然后在其通道中加载本书学习资源中的“实例文件>CH08>卫生间灯光表现>中间亮.ies”文件。

③ 展开“强度/颜色/衰减”卷展栏，然后设置“过滤颜色”为蓝色（R:205，G:223，B:255），接着设置“强度”为34000。

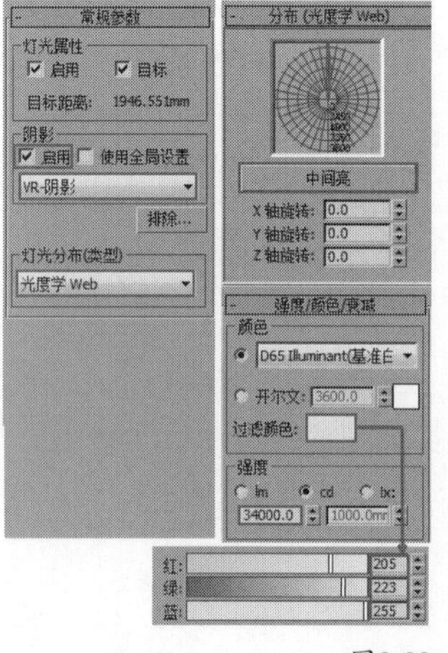

图8-89

13 将修改好的目标灯光以“实例”的形式复制到其余筒灯模型下方，其位置如图8-90所示。

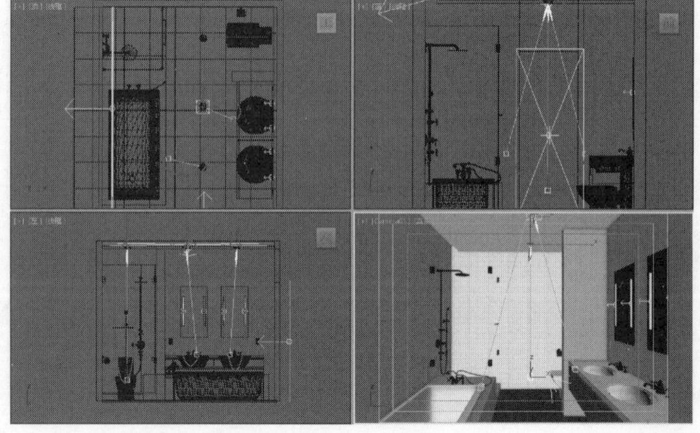

图8-90

14 按C键进入摄影机视图，然后按F9键渲染当前视图，最终效果如图8-91所示。

图8-91

实战107 走廊灯光表现

场景位置	场景文件>CH08>09.max
实例位置	实例文件>CH08>走廊灯光表现.max
学习目标	掌握封闭空间的室内布光方法

走廊是一个封闭空间，只需要室内射灯作为主光源，案例效果如图8-92所示。

图8-92

01 打开本书学习资源中的“场景文件>CH08>09.max”文件，如图8-93所示。通过观察场景，确定在封闭的走廊内，只需要通过目标灯光来模拟筒灯，以真实地展现整个环境。

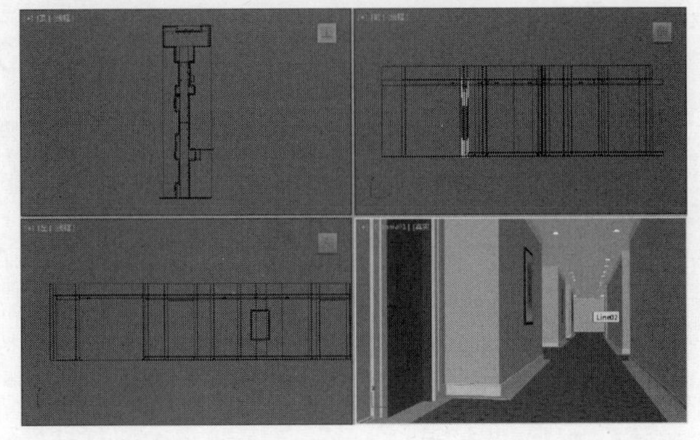

图8-93

02 使用“目标灯光”工具在场景中创建一盏目标灯光，其位置如图8-94所示。

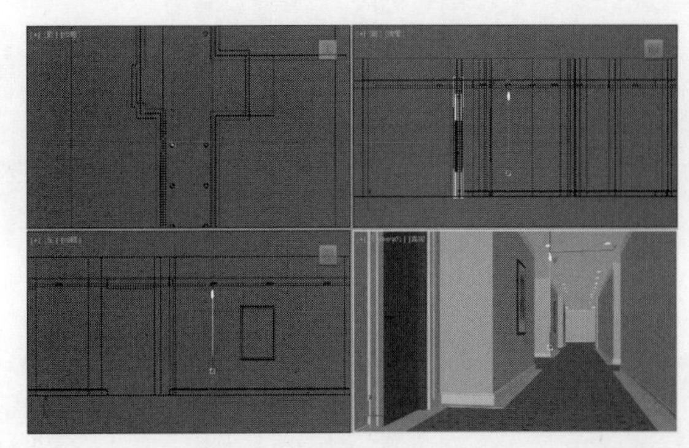

图8-94

03 选中上一步创建的目标灯光，然后进入“修改”面板，其具体参数如图8-95所示。

设置步骤

① 展开“常规参数”卷展栏，然后在“阴影”选项组下勾选“启用”选项，接着设置“灯光分布（类型）”为“光度学Web”。

② 展开“分布（光度学Web）”卷展栏，然后在其通道中加载本书学习资源中的“实例文件>CH08>走廊灯光表现>经典筒灯.ies”文件。

③ 展开“强度/颜色/衰减”卷展栏，然后设置“过滤颜色”为黄色（R:255，G:226，B:181），接着设置“强度”为5516。

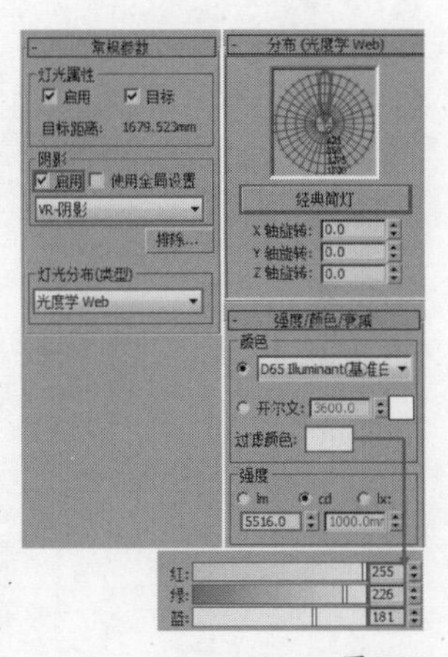

图8-95

04 进入顶视图，然后将修改好的目标灯光以“实例”的形式复制到其余筒灯模型下，其位置如图8-96所示。

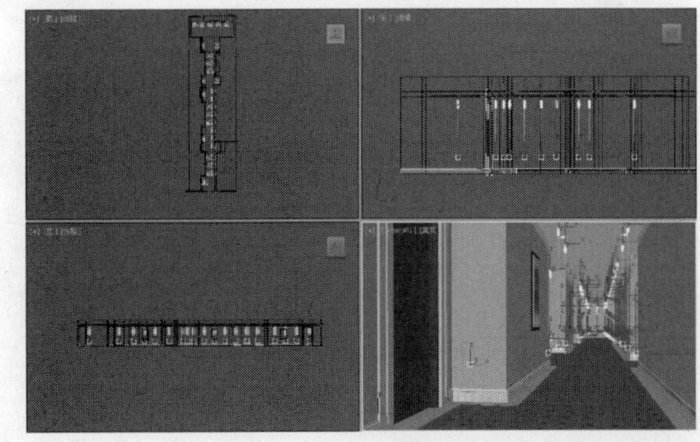

图8-96

05 按C键进入摄影机视图，然后按F9键渲染当前场景，最终效果如图8-97所示。

图8-97

技术专题

疑难问答

技巧与提示

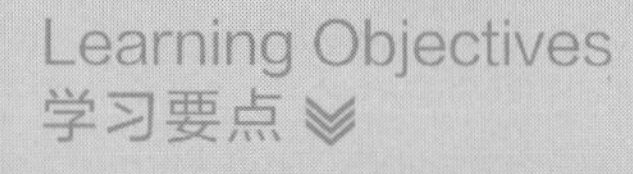

Learning Objectives
学习要点

Employment Direction
从业方向

第9章 材质与贴图技术

本章内容比较重要，读者除了需要完全掌握“材质编辑器”对话框的使用方法以外，还需要掌握常用材质与贴图的使用方法，比如“标准”材质、“混合”材质、VRayMtl材质、“不透明度”贴图、“位图”贴图和“衰减”贴图等。

材质主要用于表现物体的颜色、质地、纹理、透明度和光泽等特性，利用各种类型的材质，可以制作出现实世界中的任何物体，如图9-1所示。

图9-1

安装好VRay渲染器后，材质类型大致可分为27种。单击Standard（标准）按钮 Standard ，然后在弹出的“材质/贴图浏览器”对话框中可以观察到这27种材质类型，如图9-2所示。

图9-2

技术专题 制作材质的步骤

第1步：指定材质的名称。
第2步：选择材质的类型。
第3步：对于标准或光线追踪材质，应选择着色类型。
第4步：设置漫反射颜色、光泽度和不透明度等各种参数。
第5步：将贴图指定给要设置贴图的材质通道，并调整参数。
第6步：将材质应用于对象。
第7步：如有必要，应调整UV贴图坐标，以便正确定位对象的贴图。
第8步：保存材质。

实战108 打开材质编辑器

场景位置　无
实例位置　无
学习目标　学习打开材质编辑器的两种方法

01 打开3ds Max 2016的界面后，打开菜单栏，执行“渲染>材质编辑器>精简材质编辑器”命令，如图9-3所示，系统会自动弹出精简的“材质编辑器”的面板，如图9-4所示。

02 打开菜单栏，然后执行“渲染>材质编辑器>Slate材质编辑器”命令，如图9-5所示，系统会自动弹出“Slate材质编辑器”的面板，如图9-6所示。

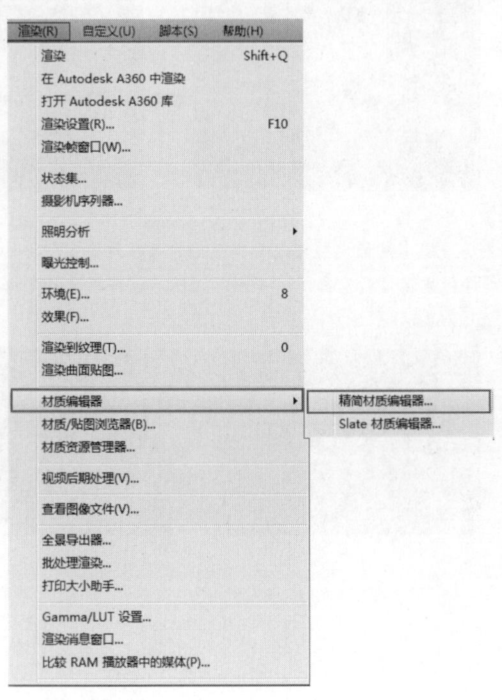

图9-3

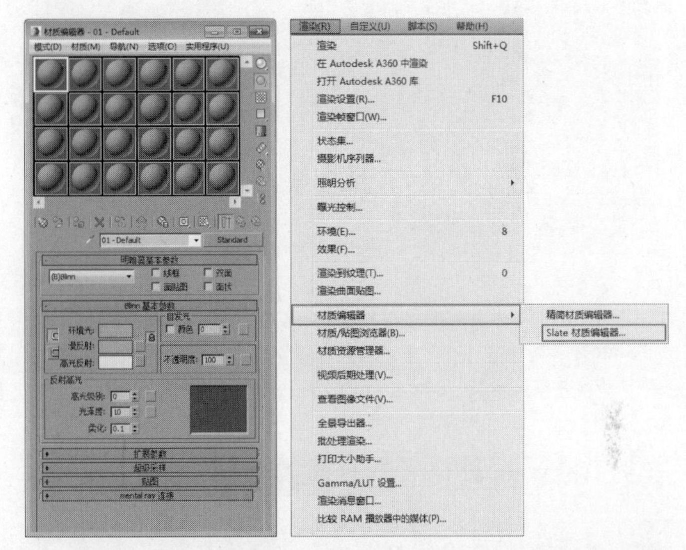

图9-4　　图9-5

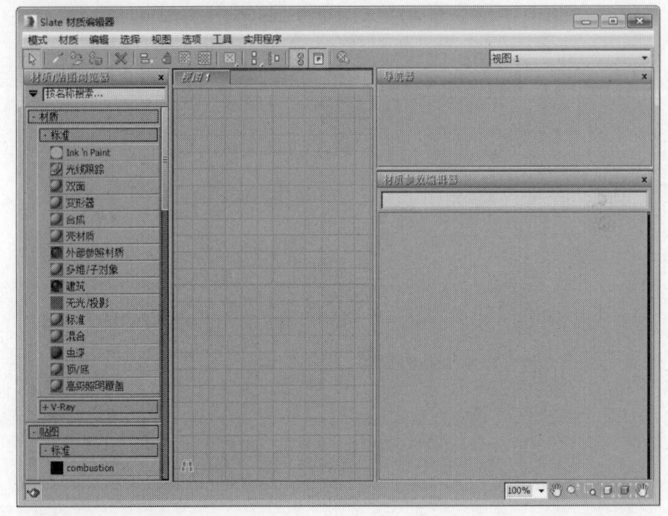

图9-6

03 按快捷键M，或单击“主工具栏”中的“材质编辑器”按钮，系统会自动弹出“材质编辑器”面板，这也是较常用的打开材质编辑器的方法。

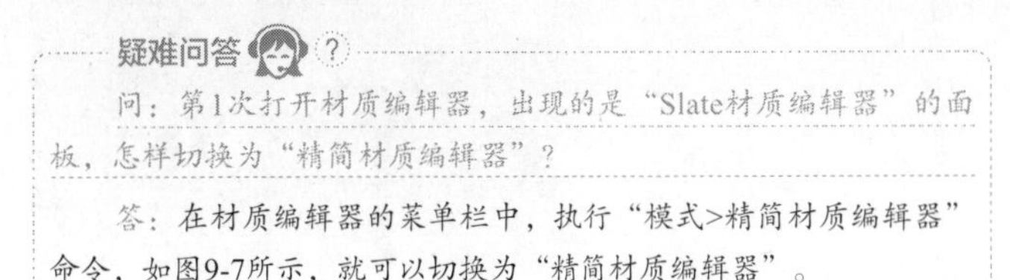

疑难问答

问：第1次打开材质编辑器，出现的是“Slate材质编辑器”的面板，怎样切换为“精简材质编辑器”？

答：在材质编辑器的菜单栏中，执行“模式>精简材质编辑器”命令，如图9-7所示，就可以切换为“精简材质编辑器”。

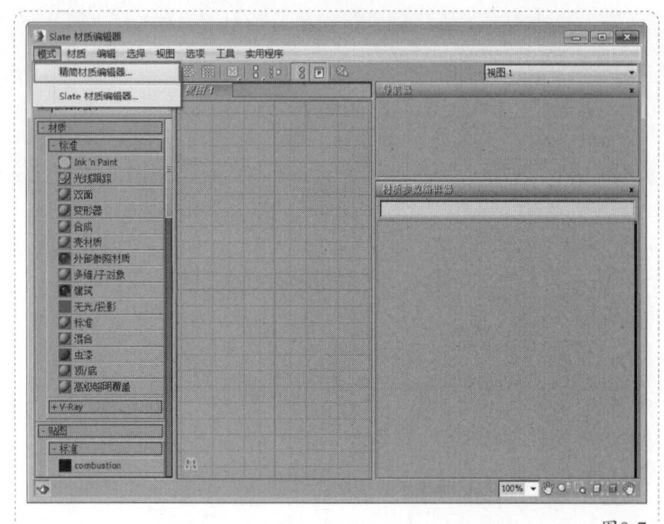

图9-7

在本书的材质讲解中，用到的都是“精简材质编辑器”。虽然“Slate材质编辑器”在功能上更强大，但对于初学者来说，更适合用“精简材质编辑器”。

实战109 重置材质编辑器

场景位置	场景文件>CH09>01.max
实例位置	实例文件>CH09>重置材质编辑器.max
学习目标	掌握重置材质编辑器的方法

01 打开本书学习资源中的“场景文件> CH09>01.max”文件，这是一个KTV场景，如图9-8所示。

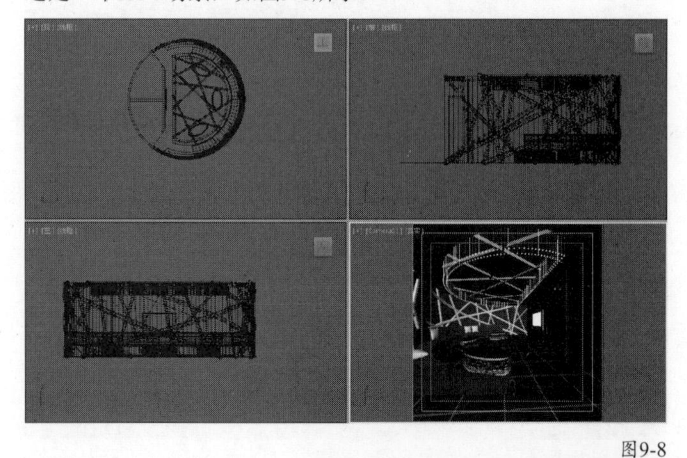

图9-8

02 按M键打开材质编辑器，如图9-9所示，可以观察到已经没有空白的材质球。

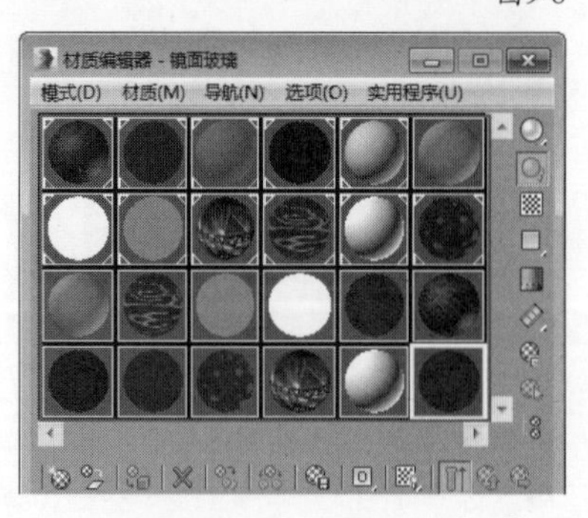

图9-9

03 此时用新的材质球就需要重置材质球面板。在菜单栏中执行“实用程序>重置材质编辑器窗口”命令，如图9-10所示，材质球窗口就全部还原为默认材质球，如图9-11所示。

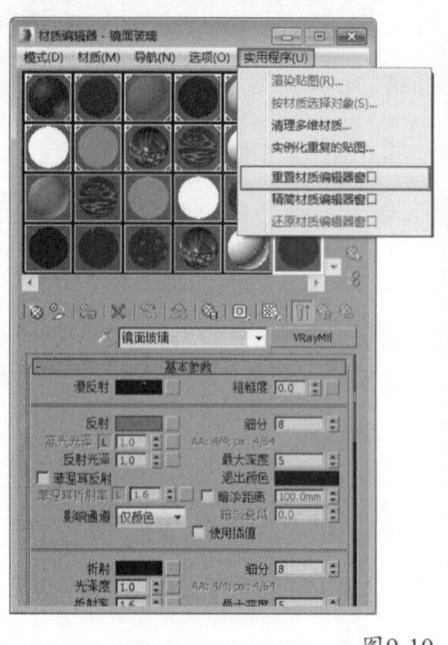

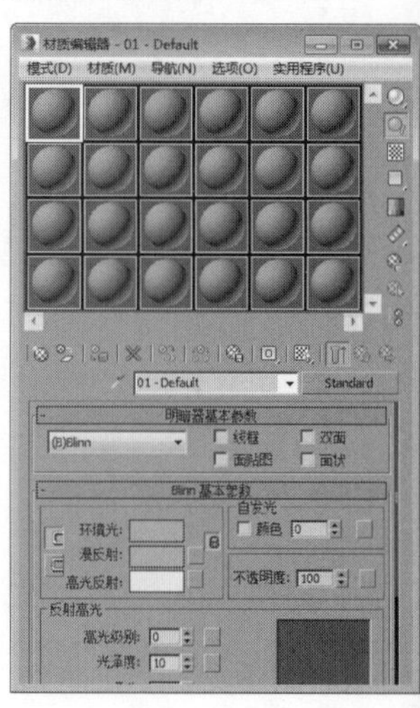

图9-10　图9-11

技巧与提示

在默认情况下，材质球示例窗中一共有12个材质球，可以拖曳滚动条显示出不在窗口中的材质球，同时也可以使用鼠标中键来旋转材质球，这样可以观看到材质球其他位置的效果，如图9-12所示。

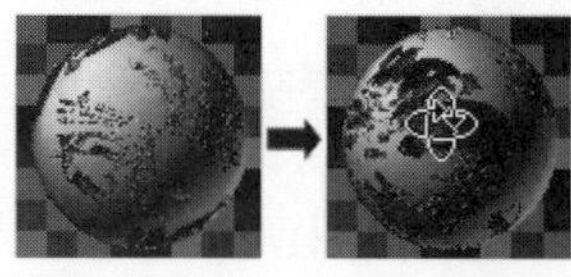

图9-12

使用鼠标左键可以将一个材质球拖曳到另一个材质球上，这样当前材质就会覆盖掉原有的材质，如图9-13所示。

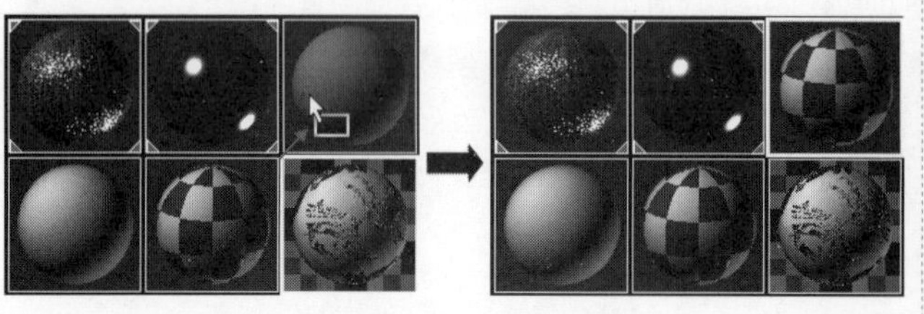

图9-13

使用鼠标左键可以将材质球中的材质拖曳到场景中的物体上（即将材质指定给对象），如图9-14所示。将材质指定给物体后，材质球上会显示4个缺角的符号，如图9-15所示。

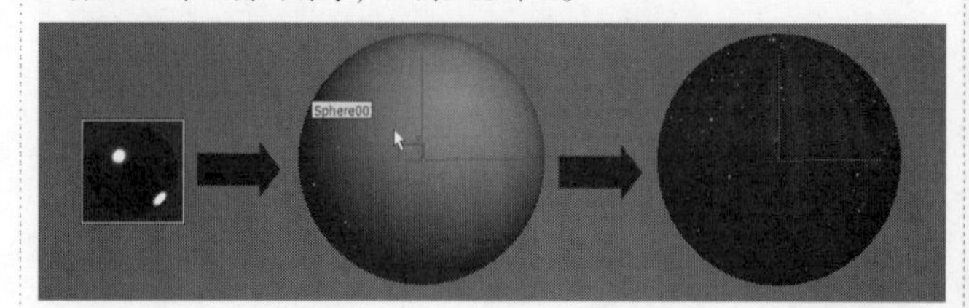

图9-14

图9-15

实战110 导入材质球

场景位置 场景文件>CH09>02.mat
实例位置 实例文件>CH09>导入材质球.max
学习目标 掌握从外部导入材质球的方法

在日常效果图的制作中，有些复杂的材质需要花费很多的时间去调整，这时可将调整好的外部材质球导入材质球面板，就可以赋予给需要的模型。

01 按M键打开“材质编辑器”，然后在菜单栏执行“材质>获取材质”命令，如图9-16所示，系统会自动弹出“材质/贴图浏览器”面板，如图9-17所示。

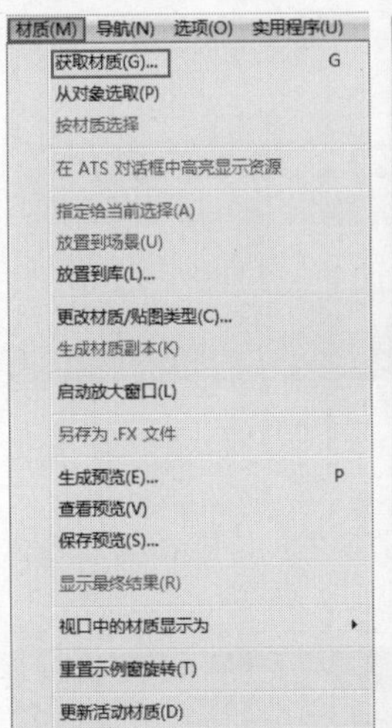

图9-16

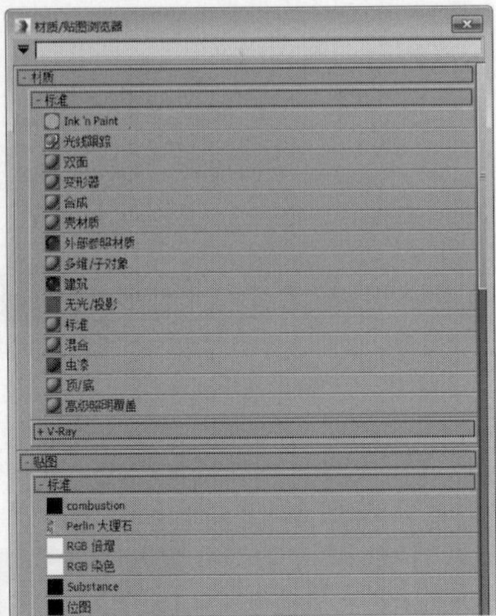

图9-17

02 在“材质/贴图浏览器”中，单击左上角的箭头，然后在弹出的下拉菜单中选择“打开材质库”选项，如图9-18所示，系统会自动弹出“导入材质库”对话框，如图9-19所示。

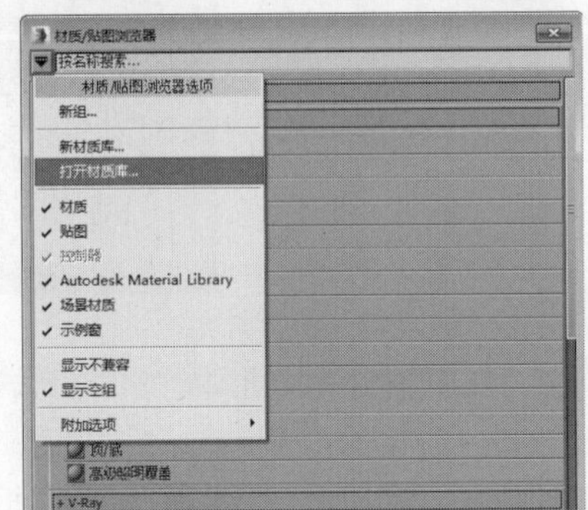

图9-18

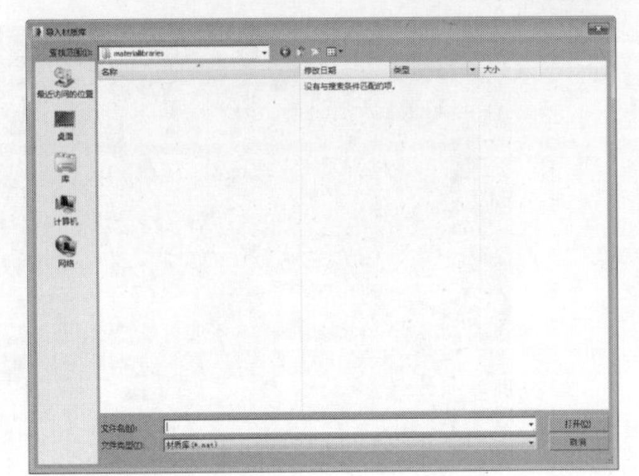

图9-19

03 在“导入材质库”对话框中，打开本书学习资源中的“场景文件>CH09>02.mat”文件，这是一个翡翠材质球，然后单击“打开”按钮，如图9-20所示，导入的材质球就会自动添加到“材质/贴图浏览器”中，如图9-21所示。

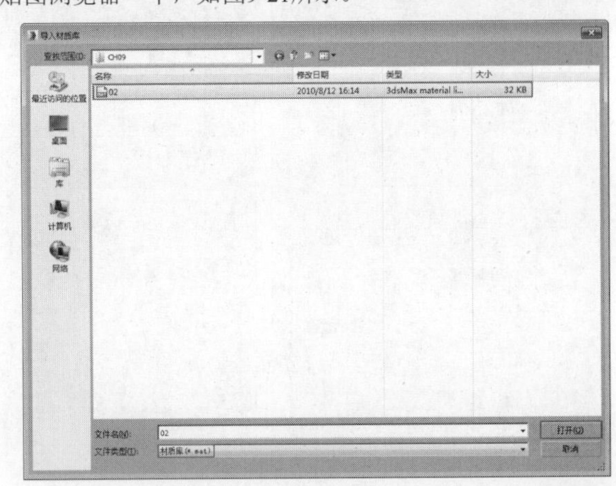

图9-20

图9-21

实战111 导出材质球

场景位置 场景文件>CH09>03.max
实例位置 实例文件>CH09>导出材质球.max
学习目标 掌握从导出保存材质球的方法

在日常效果图的制作中，当调整出一个很好的材质，并且需要用到其他场景中时，只需要将调整好的材质球导出保存为.mat文件即可。

01 打开本书学习资源中的“场景文件>CH09>03.max”文件，然后按M键打开“材质编辑器”，材质球面板中已经有一个调整好的玻璃材质球，如图9-22所示。

02 选中玻璃材质球，然后在材质球面板上单击“放入库”按钮，如图9-23所示，接着在“放置到库”对话框中输入“名称”为“玻璃”，再单击“确定”按钮，如图9-24所示。

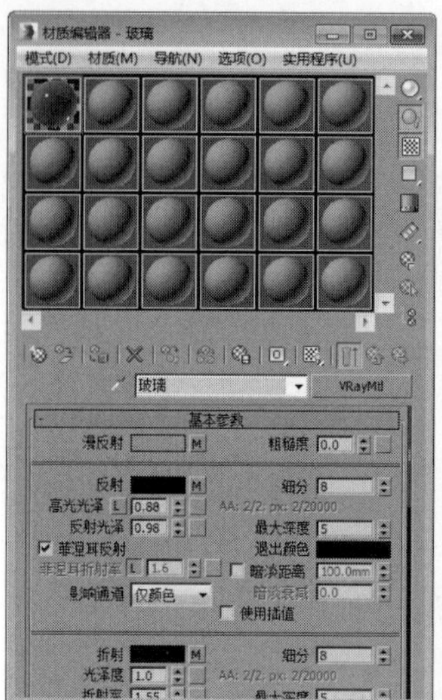

图9-22

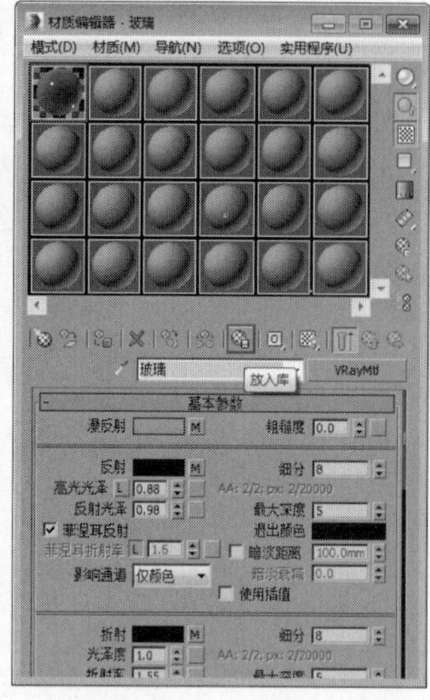

图9-23

图9-24

03 打开“材质/贴图浏览器”，然后在“临时库”中找到我们导出的玻璃材质球，如图9-25所示，接着在“临时库”上单击鼠标右键，再在弹出的菜单中选择“另存为”选项，如图9-26所示。

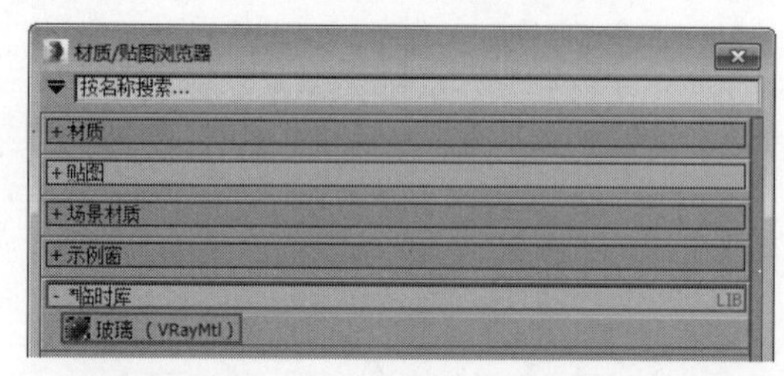

图9-25

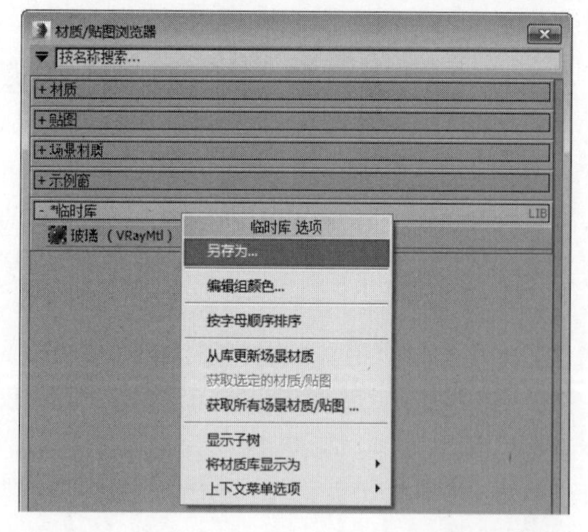

图9-26

在弹出的“导出材质库”对话框中选择材质库需要保存的路径以及名称，然后单击“保存”按钮即可，如图9-27所示。

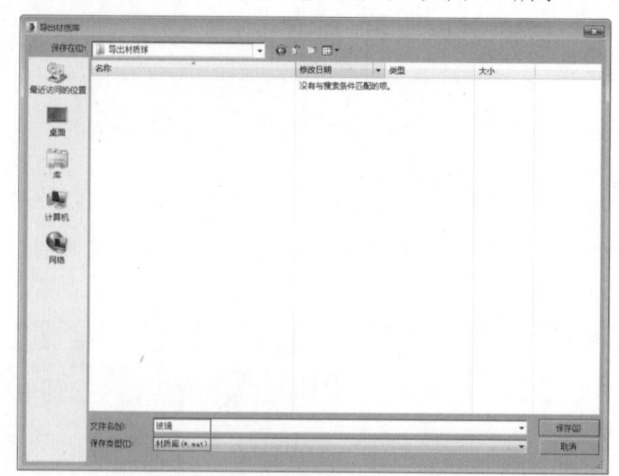

图9-27

实战112 赋予模型材质

场景位置　场景文件>CH09>04.max
实例位置　实例文件>CH09>赋予模型材质.max
学习目标　掌握赋予模型材质的方法

调整好的材质必须赋予给所对应的模型，才能表现出模型的颜色、质地等细节。

01 打开本书学习资源中的“场景文件>CH09>04.max”文件，这是一组花瓶模型，如图9-28所示。

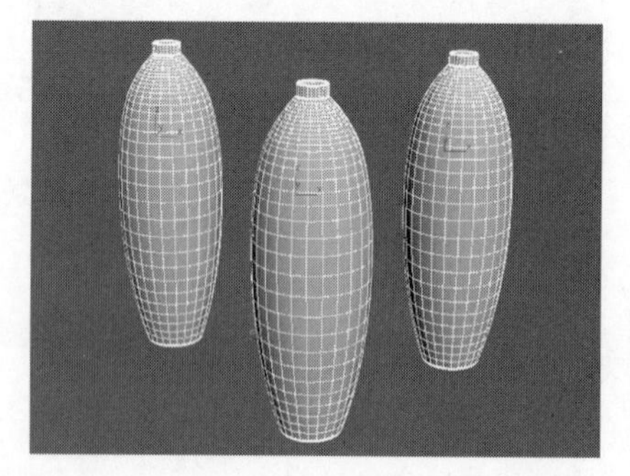

图9-28

02 按M键打开“材质编辑器”，然后选中“黄色”材质球，接着选中左侧的花瓶模型，再在“材质编辑器”上单击“将材质指定给选定对象”按钮，如图9-29所示，左侧花瓶由默认的灰色变成了黄色。

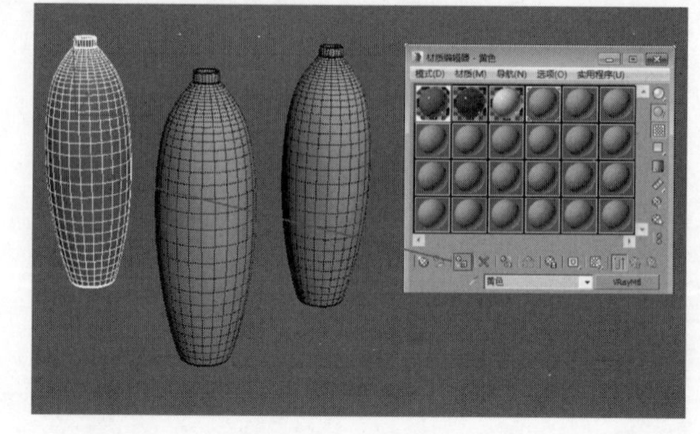

图9-29

03 按照上一步的操作，将其余两个材质球分别赋予剩余两个花瓶模型，如图9-30和图9-31所示。

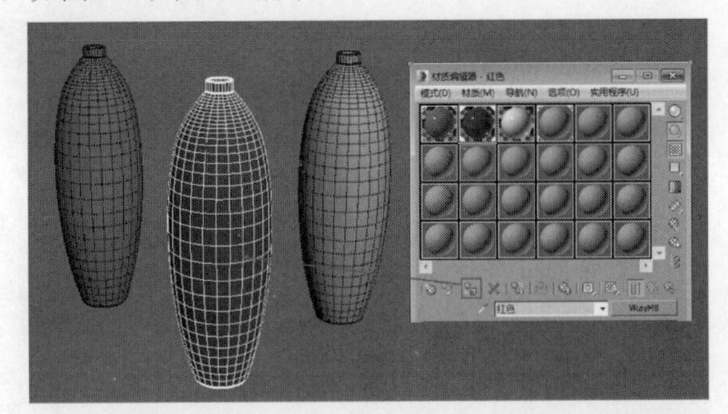

图9-30

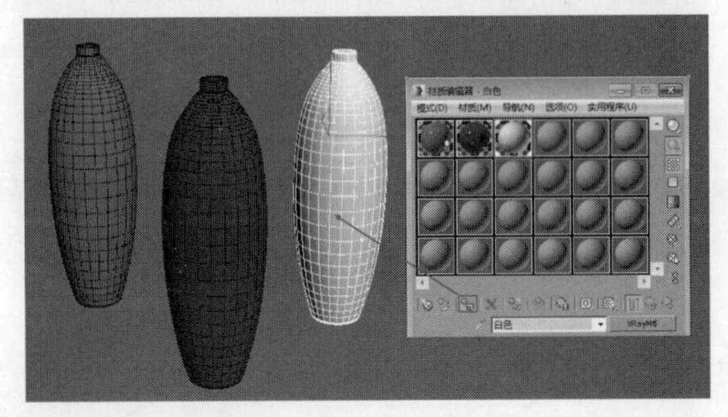

图9-31

技巧与提示

赋予材质球的方法，除了上述提到的以外，还可以用鼠标左键拖曳材质球，然后移动到需要赋予材质的模型上，接着松开鼠标即可。

实战113 新建材质球

场景位置 无
实例位置 无
学习目标 掌握新建材质球的方法

3ds Max 默认的材质球是Standard（标准）材质球，在日常效果图制作中，往往需要将其转换为其他类型的材质球，如VRayMtl（VRay材质球）。

01 按M键打开“材质编辑器”，然后单击Standard按钮，弹出“材质/贴图浏览器”，如图9-32所示。

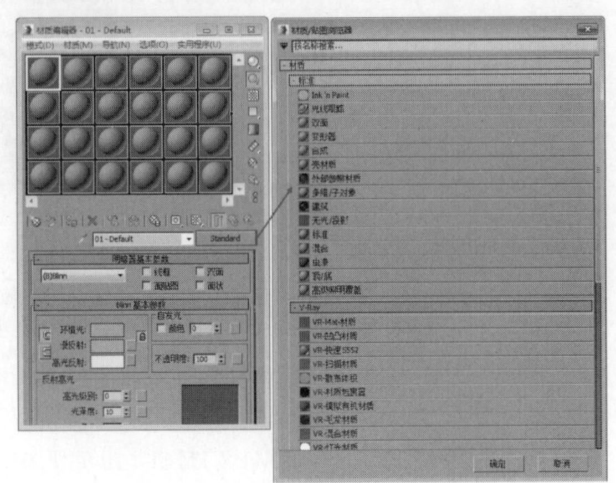

图9-32

02 在“材质/贴图浏览器”中展开VRay卷展栏，然后双击VRayMtl选项，如图9-33所示，选中的Standard（标准）材质球就会自动切换为VRayMtl材质球，如图9-34所示。

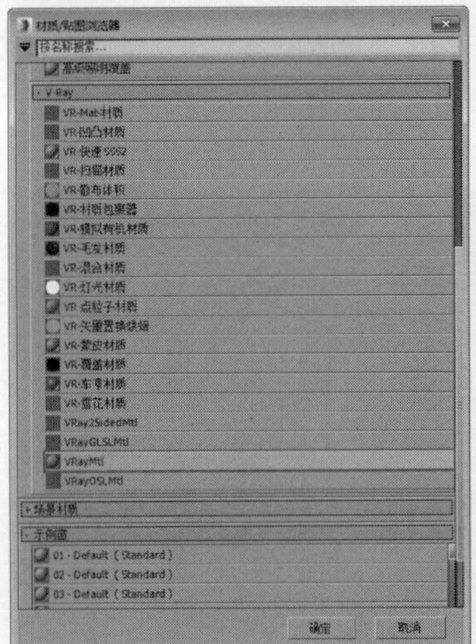

图9-33

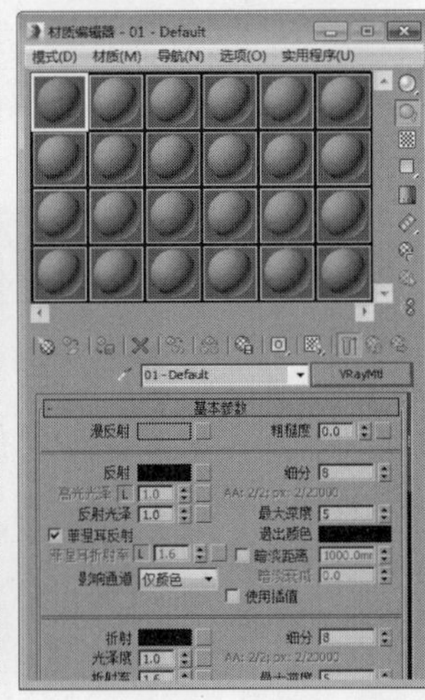

图9-34

03 单击VRayMtl按钮，弹出“材质/贴图浏览器”，如图9-35所示，然后在“材质/贴图浏览器”中展开“标准”卷展栏，双击“标准”选项，材质球又转换为Standard（标准）材质球，如图9-36所示。

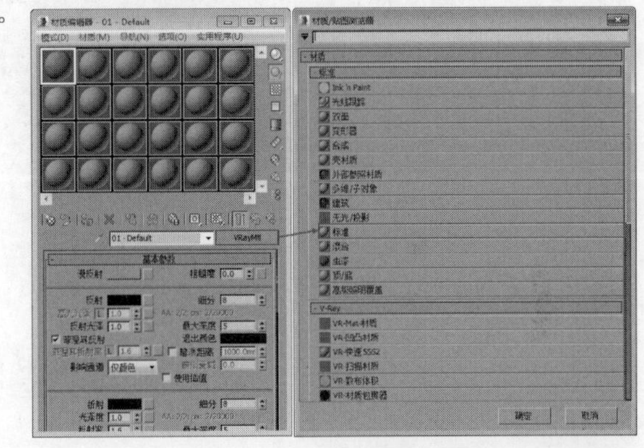

图9-35

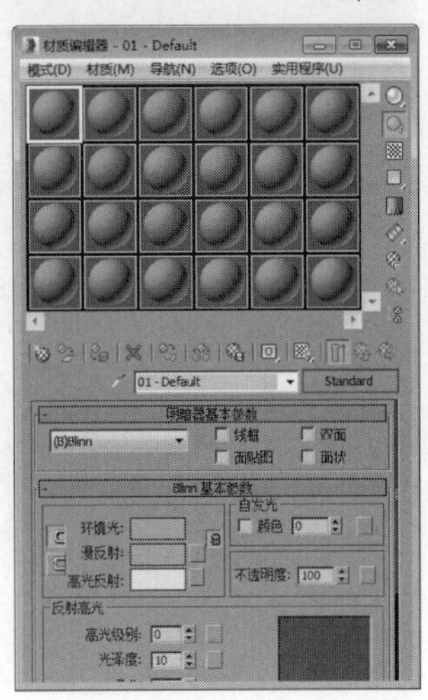

图9-36

实战114 从场景中吸取材质

场景位置　场景文件>CH09>05.max
实例位置　实例文件>CH09>从场景中吸取材质.max
学习目标　掌握从场景中吸取材质的方法

在日常效果图的制作中，经常会导入外部模型。很多外部模型都自带材质，如果需要修改自带的材质，就需要在“材质编辑器”中吸取材质。

01 打开本书学习资源中的“场景文件>CH09>05.max”文件，这是一个带托盘的花瓶模型，模型已经自带材质，如图9-37所示。

图9-37

02 按M键打开“材质编辑器”，然后选中一个空白材质球，接着单击“从对象拾取材质”按钮，如图9-38所示，这时光标变成吸管效果，再在花瓶模型上单击，空白材质球就变成了花瓶的材质球，如图9-39所示。

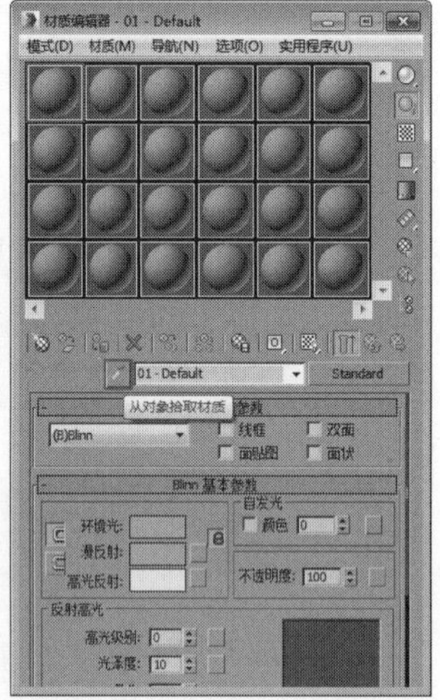

图9-38

图9-39

03 按照上一步的操作，选中一个空白材质球，然后吸取托盘的材质，如图9-40所示。

图9-40

技术专题 材质编辑器工具栏的常用工具

材质编辑器的工具栏如图9-41所示，下面讲解常用的工具。

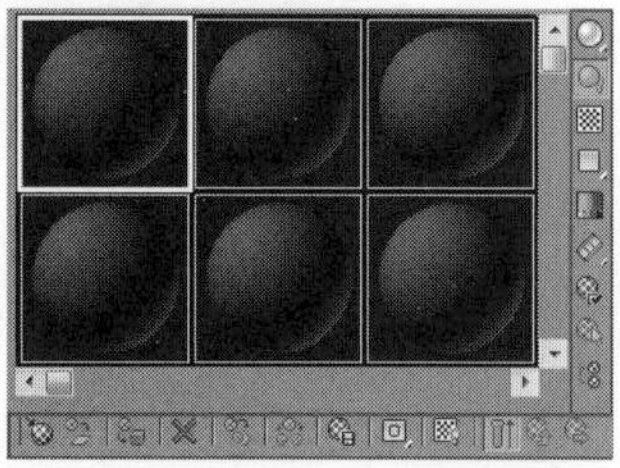

“获取材质”按钮：为选定的材质打开“材质/贴图浏览器”对话框，与菜单栏中“材质>获取材质”选项的作用一致。

“材质ID通道”按钮：为应用后期制作效果设置唯一的ID通道。

图9-41

“在视口中显示明暗处理材质”按钮：在视口对象上显示2D材质贴图。单击此按钮后，带贴图的材质就能在赋予后的对象上显示，为进一步调整贴图坐标提供帮助。

“转到父对象”按钮：将当前材质上移一级。当为基本材质添加子层级贴图或是增加父级别材质时使用。

“采样类型”按钮：控制示例窗显示的对象类型，默认为球体类型，还有圆柱体和立方体类型。

“背景”按钮：在材质后面显示方格背景图像，这在观察透明材质时非常有用，如图9-42所示。

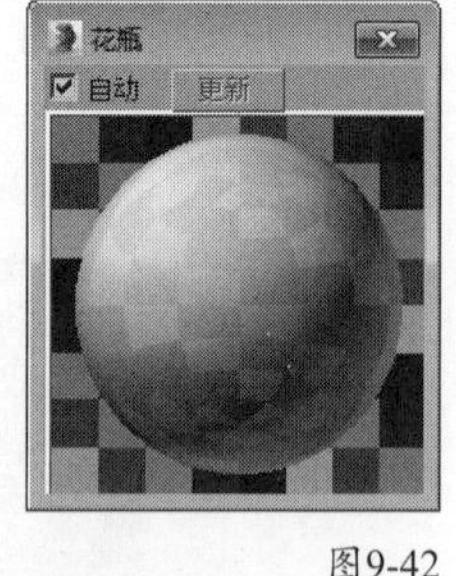

图9-42

实战115 标准材质

场景位置　场景文件>CH09>06.max
实例位置　实例文件>CH09>标准材质.max
学习目标　掌握标准材质的参数及意义

“标准”材质是3ds Max默认的材质，也是使用频率较高的材质之一，它几乎可以模拟真实世界中的任何材质。

材质创建

01 打开本书学习资源中的“场景文件>CH09>06.max”文件，这是一套餐具模型，如图9-43所示。

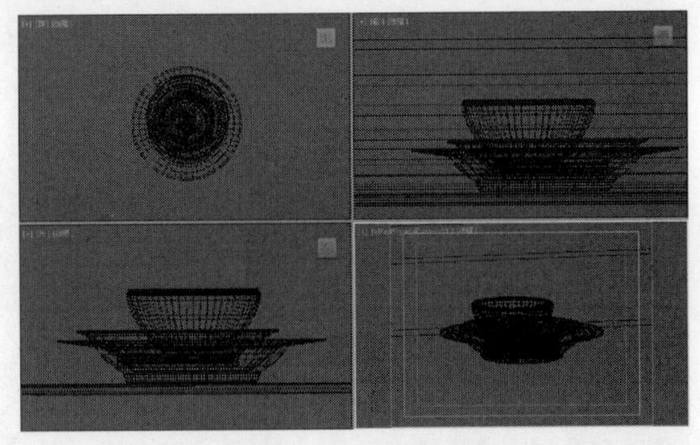

图9-43

02 按M键打开“材质编辑器”，然后选择一个空白材质球，再设置材质类型为Standard材质，具体参数设置如图9-44所示。

设置步骤

① 设置“环境光”和“漫反射”颜色为蓝色（R:15，G:27，B:50）。

② 设置“高光级别”为120、“光泽度”为60。

03 将制作好的材质指定给场景中的模型，然后按F9键渲染当前场景，最终效果如图9-45所示。

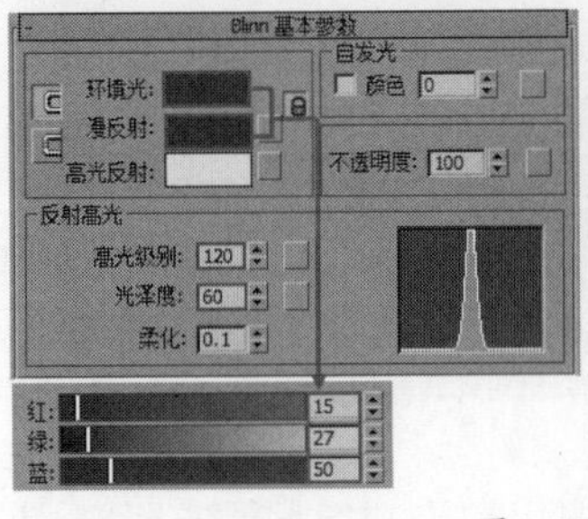

图9-44

图9-45

知识回顾

◎ 工具：Standard

◎ 位置：材质球编辑器>材质>标准

◎ 用途：使用频率较高的材质之一，可以模拟任何材质。

01 打开本书学习资源中的“场景文件>演示视屏>02.max”文件，这是一个材质展示球模型，如图9-46所示。

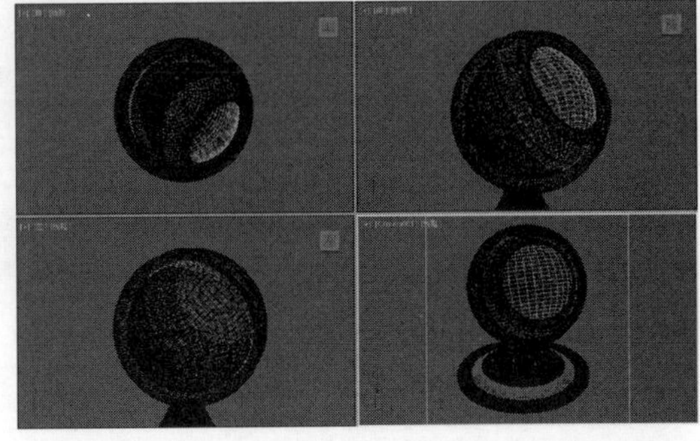

图9-46

02 按M键打开“材质编辑器”，然后选中一个空白材质球赋予给外侧的球体，按F9键渲染，效果如图9-47所示。

图9-47

技巧与提示

“材质编辑器”里的空白材质球都是标准材质球。

03 选中材质球，然后展开Blinn卷展栏，设置“漫反射”颜色为白色（R:255，G:255，B:255），按F9键渲染，效果如图9-48所示；设置“漫反射”颜色为蓝色（R:131，G:175，B:255），按F9键渲染，效果如图9-49所示。可以观察到“漫反射”控制对象的基本颜色。

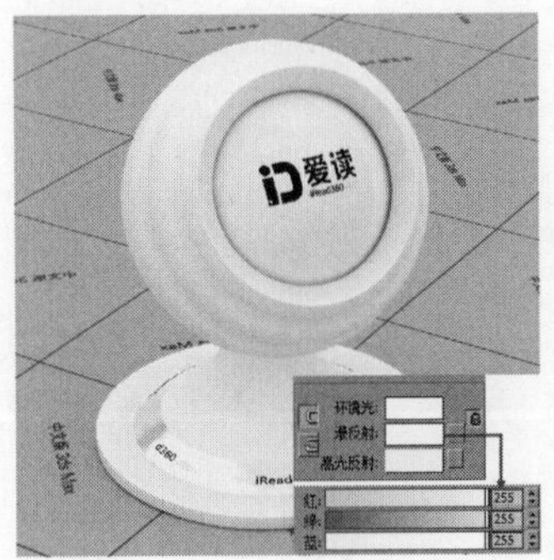

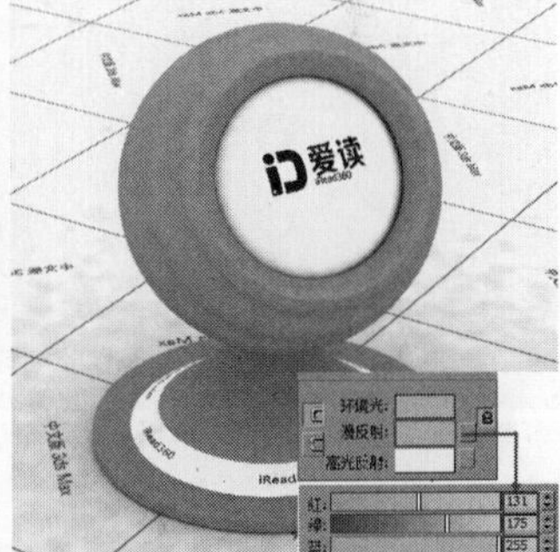

图9-48

图9-49

04 设置“高光级别”为60，然后按F9键渲染，效果如图9-50所示；设置“高光级别”为90，按F9键渲染，效果如图9-51所示。可以观察到“高光级别”的数值越大，球体模型的反射越大。

图9-50

图9-51

05 设置“光泽度”为30，然后按F9键渲染，效果如图9-52所示；设置“光泽度”为60，按F9键渲染，效果如图9-53所示。可以观察到“光泽度”的数值越大，球体模型越光滑，材质越细腻。

图9-52　　图9-53

06 勾选“自发光”选项，然后设置颜色为灰色（R:50，G:50，B:50），接着按F9键渲染，效果如图9-54所示。可以观察到模型材质有自发光效果。

07 取消勾选“自发光”选项，然后将“颜色”后的数值设置为100，按F9键渲染，效果如图9-55所示。可以观察到模型材质有自发光效果，与上一步不同的是，自发光为材质漫反射的颜色。

图9-54

图9-55

08 设置“不透明度”为50，然后按F9键渲染，效果如图9-56所示。可以观察到模型材质出现半透明效果，其数值越小，透明度越大。

图9-56

实战116 VRayMtl材质

场景位置　场景文件>CH09>07.max
实例位置　实例文件>CH09> VRayMtl材质.max
学习目标　掌握VRayMtl材质的参数及意义

VRayMtl材质是使用频率较高、使用范围较广的一种材质，常用于制作室内外效果图。它除了能完成一些反射和折射效果外，还能出色地表现出SSS及BRDF等效果。

材质创建

01 打开本书学习资源中的“场景文件>CH09>07.max”文件，这是一对塑料水杯模型，如图9-57所示。

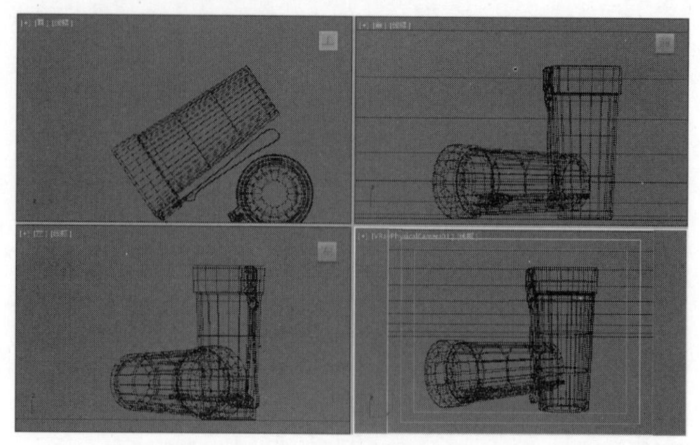

图9-57

02 首先制作瓶盖部分。按M键打开“材质编辑器”，然后选择一个空白材质球，再设置材质类型为VRayMtl材质，具体参数设置如图9-58所示。

设置步骤

① 设置“漫反射”颜色为绿色（R:124，G:242，B:20）。

② 设置“反射”颜色为灰色（R:52，G:52，B:52），然后设置“高光光泽”为0.9，接着取消勾选“菲涅耳反射”选项。

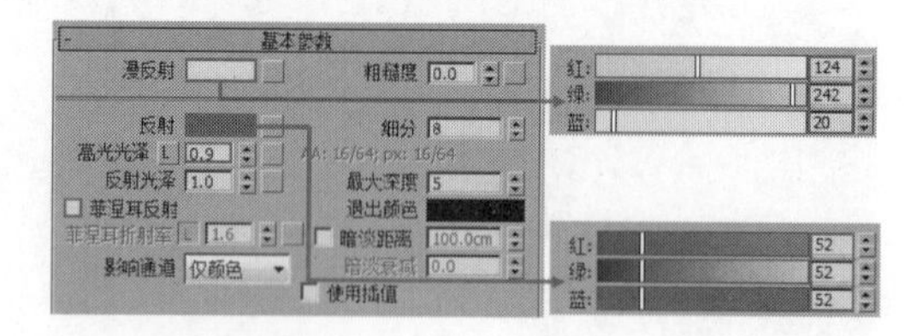

图9-58

03 然后制作瓶身部分。按M键打开“材质编辑器”，然后选择一个空白材质球，再设置材质类型为VRayMtl材质，具体参数设置如图9-59所示。

设置步骤

① 设置“漫反射”颜色为绿色（R:124，G:242，B:20）。

② 设置“反射”颜色为灰色（R:52，G:52，B:52），然后设置“高光光泽”为0.9，接着取消勾选“菲涅耳反射”选项。

③ 设置“折射”颜色为白色（R:226，G:226，B:226），然后勾选“影响阴影”选项。

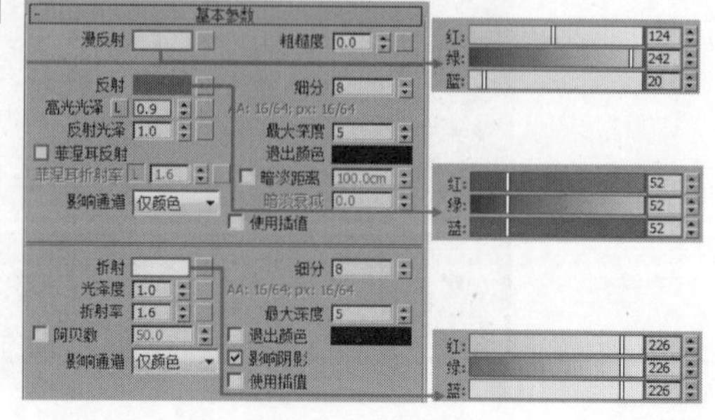

图9-59

04 接着制作吊绳材质。按M键打开"材质编辑器"，然后选择一个空白材质球，再设置材质类型为VRayMtl材质，具体参数设置如图9-60所示。

设置步骤

① 设置"漫反射"颜色为白色（R:255，G:255，B:255）。

② 设置"反射"颜色为灰色（R:34，G:34，B:34），然后设置"高光光泽"为0.91，接着取消勾选"菲涅耳反射"选项。

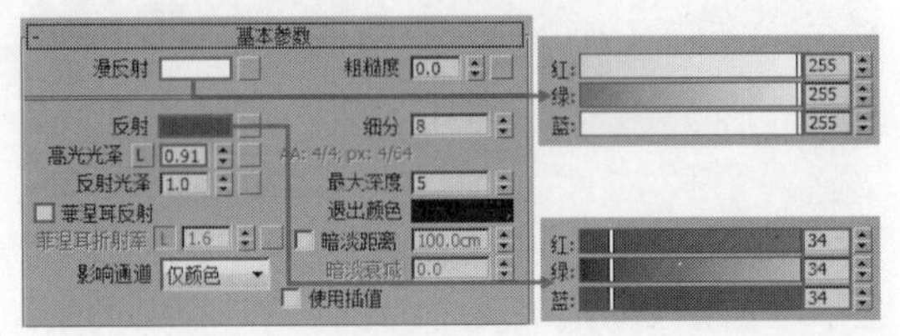

图9-60

05 将制作好的材质指定给场景中的模型，然后按F9键渲染当前场景，最终效果如图9-61所示。

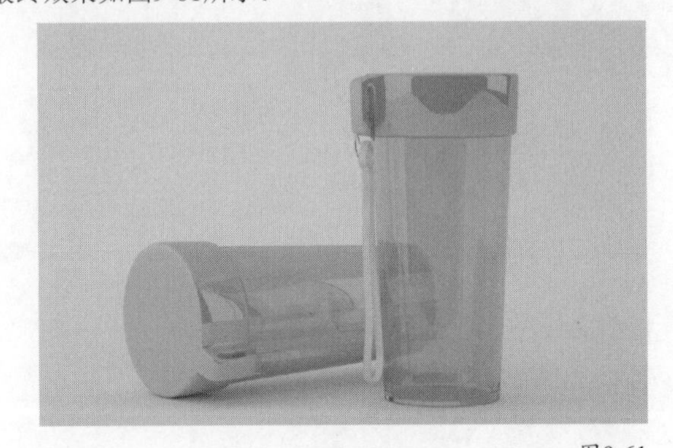

图9-61

技巧与提示

黄色塑料杯的材质设置方法与绿色相同，这里不再详细赘述。

知识回顾

◎ 工具：VRayMtl

◎ 位置：材质球编辑器>材质>VRay

◎ 用途：使用频率较高的材质之一，也是使用范围较广的一种材质，常用于制作室内外效果图。

01 打开本书学习资源中的"场景文件>演示视屏>02.max"文件，这是一个材质展示球模型，如图9-62所示。

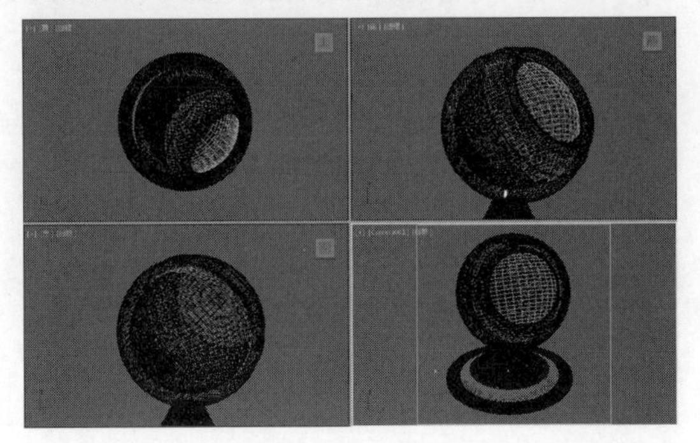

图9-62

02 按M键打开"材质编辑器"，然后选中一个空白材质球，将其转换为VRayMtl材质球，接着赋予外侧球体模型，最后按F9键渲染，效果如图9-63所示。

图9-63

03 选中材质球，然后展开"基本参数"卷展栏，设置"漫反射"为蓝色（R:131，G:175，B:255），按F9键渲染，效果如图9-64所示。可以观察到"漫反射"控制模型的颜色。

图9-64

04 在"基本参数"卷展栏中，设置"反射"颜色为灰色（R:100，G:100，B:100），其效果如图9-65所示，再设置"反射"颜色为白色（R:200，G:200，B:200），其效果如图9-66所示，最后设置"反射"颜色为黄色（R:255，G:174，B:0），其效果如图9-67所示。可以观察到，反射颜色越浅，反射强度越大，反射颜色会在物体高光处映射。

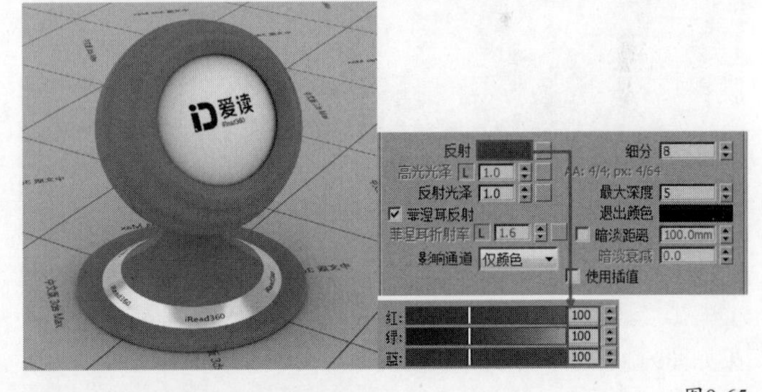

图9-65

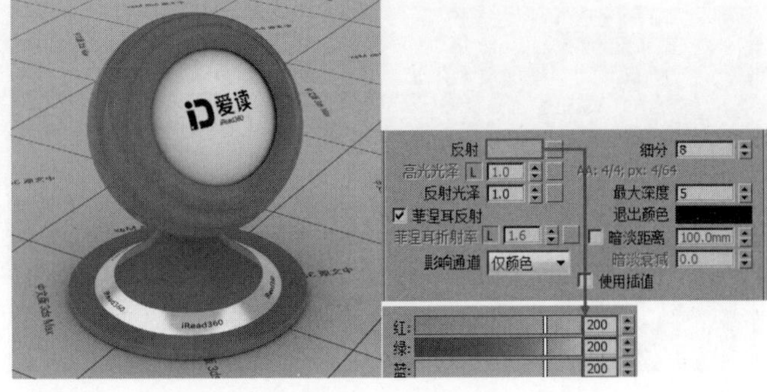

图9-66

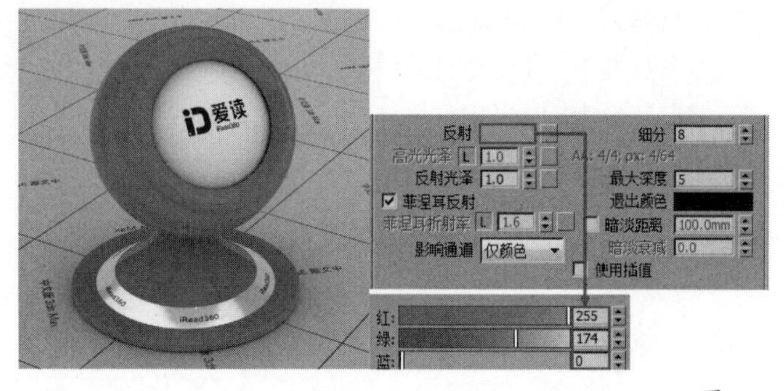

图9-67

05 在“基本参数”卷展栏中，单击“高光光泽”后的L按钮，解锁“高光光泽”，然后设置“高光光泽”为0.9，其效果如图9-68所示；设置“高光光泽”为0.7，其效果如图9-69所示。可以观察到，“高光光泽”的数值越小，其高光范围越大。

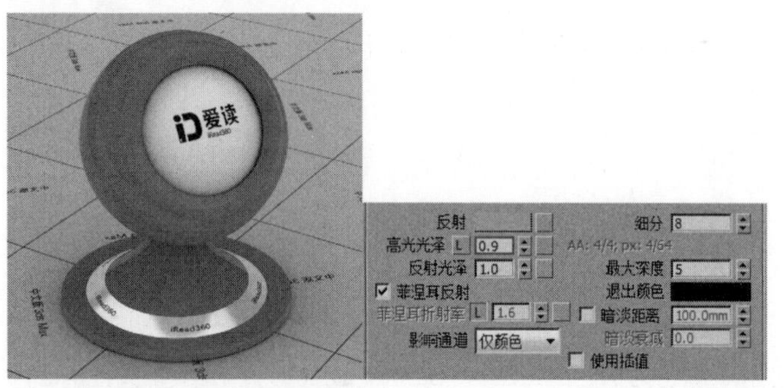

图9-68

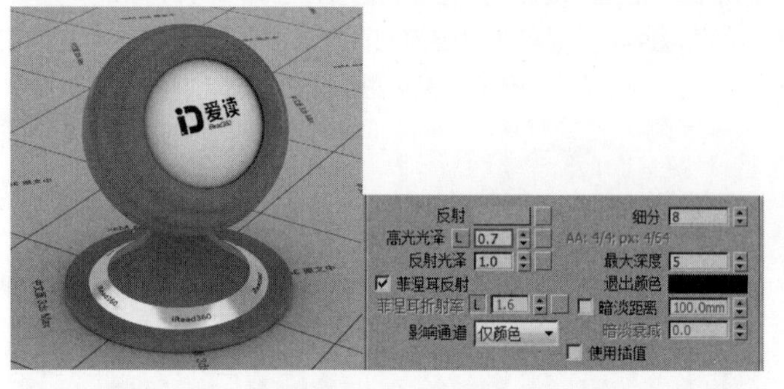

图9-69

06 在“基本参数”卷展栏中，设置“反射光泽”为0.8，其效果如图9-70所示；设置“反射光泽”为0.6，其效果如图9-71所示。可以观察到，“反射光泽”的数值越小，材质越粗糙。

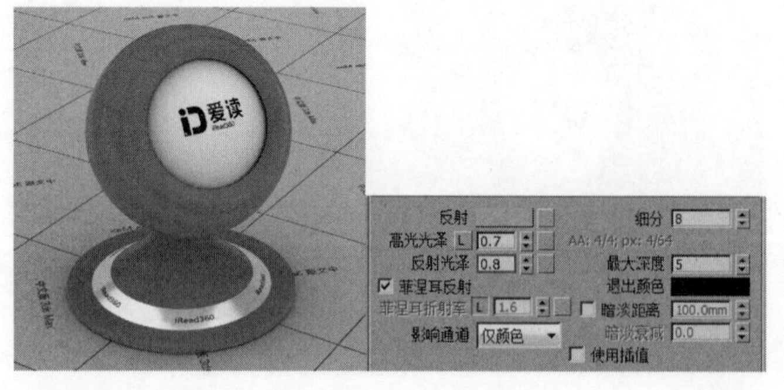

图9-70

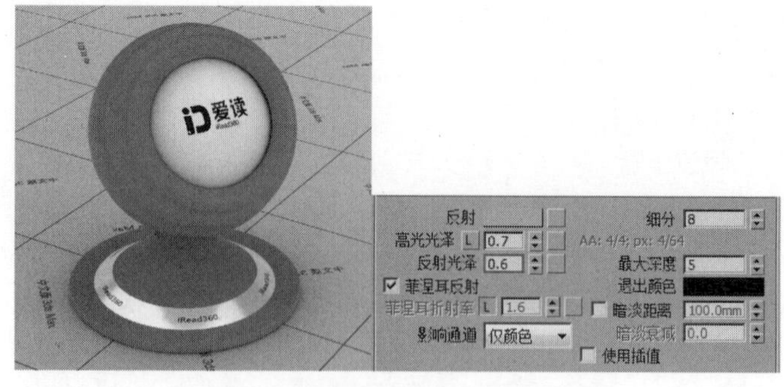

图9-71

07 在“基本参数”卷展栏中，设置“细分”为8，其效果如图9-72所示；设置“细分”为20，其效果如图9-73所示。可以观察到，“细分”越大，材质越细腻。

图9-72

图9-73

08 在“基本参数”卷展栏中，设置“折射”颜色为灰色（R:100，G:100，B:100），其效果如图9-74所示；设置“折射”颜色为白色（R:200，G:200，B:200），其效果如图9-75所示。可以观察到，“折射”颜色越浅，透明效果越强，黑色为不透明。

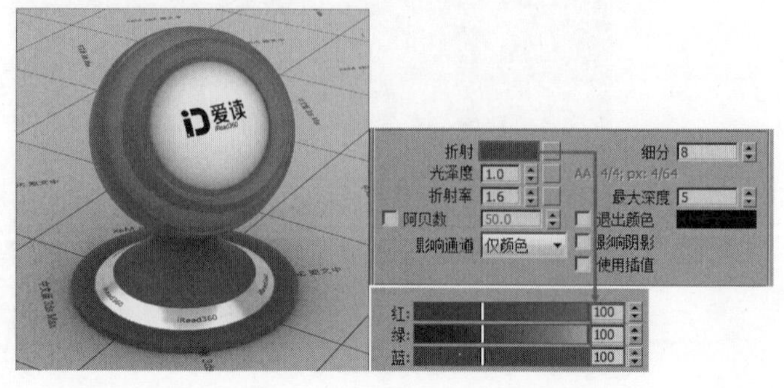

图9-74

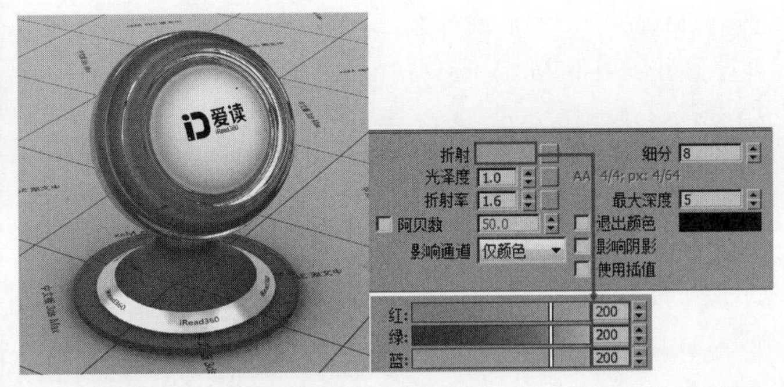

图9-75

09 在“基本参数”卷展栏中，设置“光泽度”为0.9，其效果如图9-76所示。可以观察到，产生了磨砂透明效果。

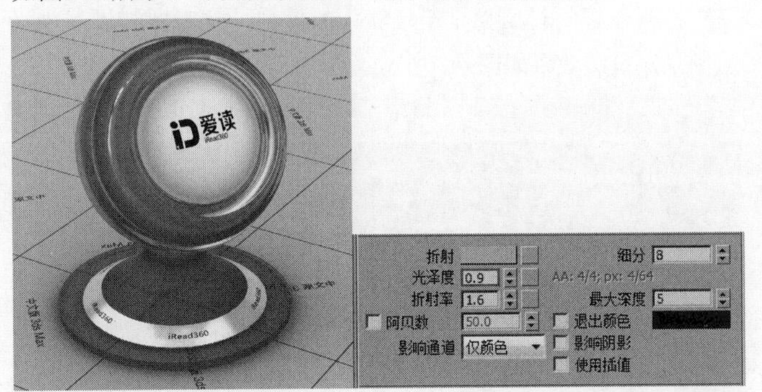

图9-76

技巧与提示

“光泽度”的数值小于1，透明材质会产生磨砂效果。数值越小，磨砂效果越强，渲染时间越长。

10 在“基本参数”卷展栏中，设置“折射率”为1.3，其效果如图9-77所示。可以观察到，折射率越小，折射效果越不明显。这与现实世界中的折射率一致。

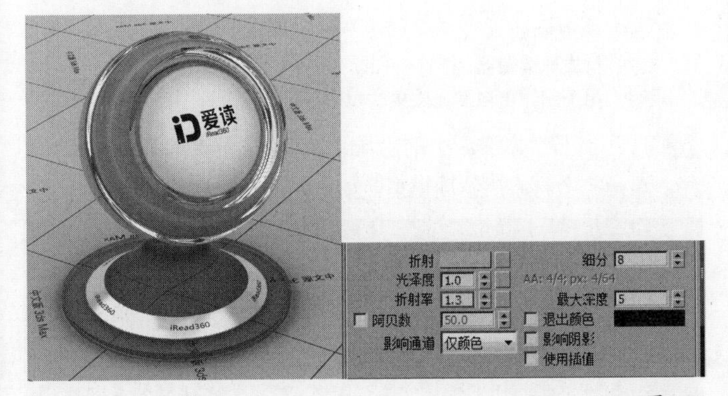

图9-77

11 在“基本参数”卷展栏中，勾选“影响阴影”选项，其效果如图9-78所示。可以观察到，勾选该选项后，阴影会带有材质本身的颜色。

12 在“基本参数”卷展栏中，设置“烟雾颜色”为黄色（R:255，G:251，B:237），其效果如图9-79所示。可以观察到，材质的颜色受烟雾色控制。

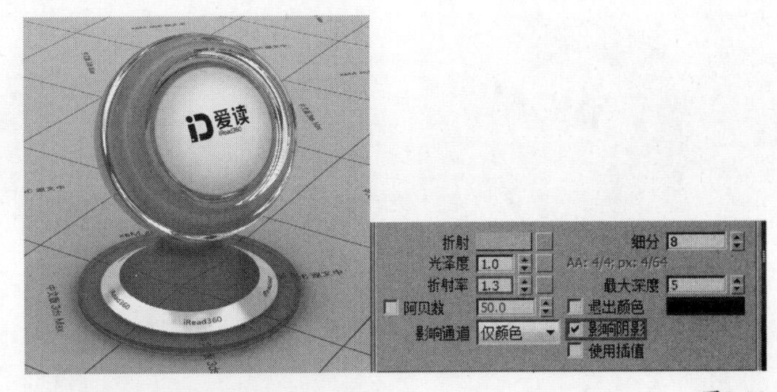

图9-78

图9-79

13 在“基本参数”卷展栏中，设置“烟雾倍增”为0.1，其效果如图9-80所示。可以观察到，烟雾色的浓度减淡了。

图9-80

技巧与提示

只有当材质有透明效果时，设置烟雾色才会起作用。

14 在“双向反射分布函数”卷展栏中，设置高光类型为“反射”“多面”“沃德”和Microfacet GTR(GGX)，其效果如图9-81~图9-84所示。不同类型的高光产生的效果不同。

图9-81

图9-82

图9-83

图9-84

实战117 VRay灯光材质

场景位置	场景文件>CH09>08.max
实例位置	实例文件>CH09> VRay灯光材质.max
学习目标	VRay灯光材质的用法

VRay灯光材质可以使模型产生自发光或照明的效果，常用于制作环境贴图和灯箱广告的效果。

材质创建

01 打开本书学习资源中的“场景文件>CH09>08.max”文件，这是一个落地灯模型，如图9-85所示。

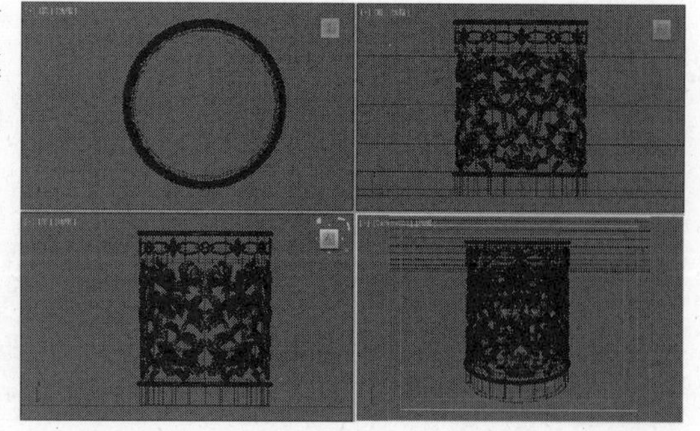

图9-85

02 按M键打开“材质编辑器”，然后选择一个空白材质球，再设置材质类型为“VRay灯光”材质，具体参数设置如图9-86所示。

设置步骤

① 设置“颜色”为黄色（R:255，G:202，B:101）。

② 设置“强度”为1.5。

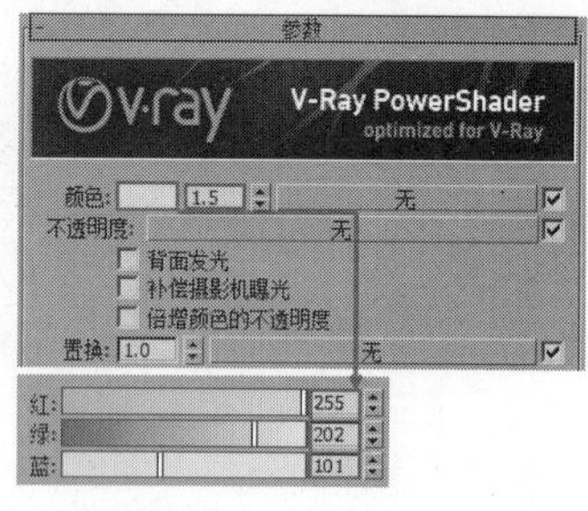

图9-86

03 将制作好的材质指定给场景中的模型，然后按F9键渲染当前场景，最终效果如图9-87所示。

图9-87

知识回顾

◎ 工具：VR-灯光材质

◎ 位置：材质球编辑器>材质>VRay

◎ 用途：用于制作带自发光效果的材质，如灯箱、环境贴图等。

01 打开本书学习资源中的“场景文件>演示视屏>02.max”文件，这是一个材质展示球模型，如图9-88所示。

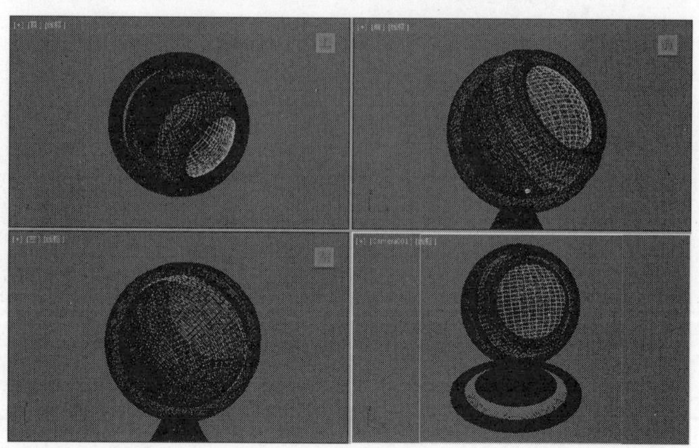

图9-88

02 按M键打开“材质编辑器”，然后选中一个空白材质球，将其转换为“VRay灯光”材质，接着赋予外侧球体模型，最后按F9键渲染，效果如图9-89所示。

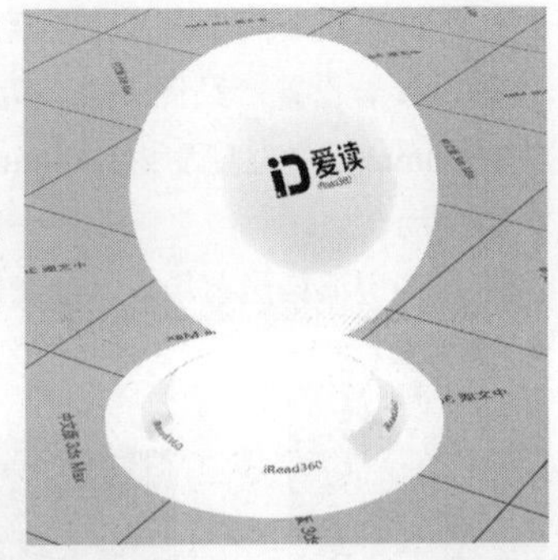

图9-89

03 选中材质球，然后展开“参数”卷展栏，设置“颜色”为蓝色（R:131，G:175，B:255），按F9键渲染，效果如图9-90所示。可以观察到“颜色”控制模型的发光颜色。

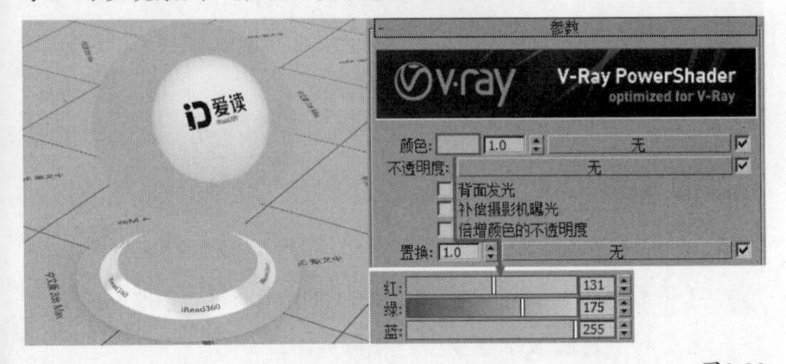

图9-90

04 在“参数”卷展栏中设置“强度”为3，其效果如图9-91所示。可以观察到，强度越大，材质球的颜色越亮。

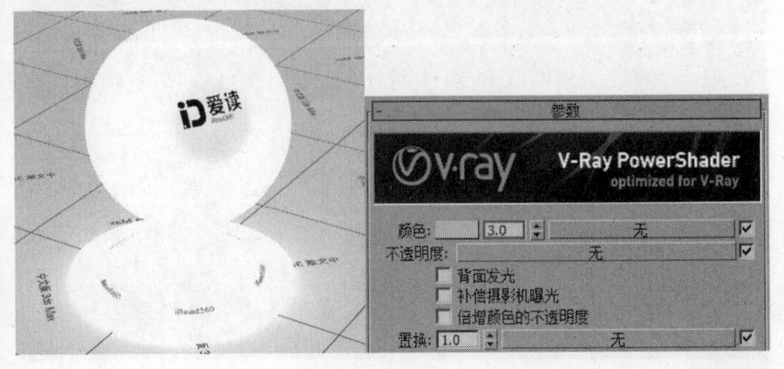

图9-91

05 展开“参数”卷展栏，在“颜色”通道中加载一张“棋盘格”贴图，其效果如图9-92所示。可以观察到，材质球的颜色受“棋盘格”贴图的控制。

图9-92

06 在“参数”卷展栏中，勾选“直接照明”选项组的“开”，其效果如图9-93所示。可以观察到，材质球和光源一样，对周围的物体起到照明的作用。

图9-93

技巧与提示

“直接照明”选项组的“细分”值，与灯光的“细分”值效果一样，即细分越高，灯光产生的噪点越少，渲染速度越慢。

实战118 VRay混合材质

场景位置	场景文件>CH09>09.max
实例位置	实例文件>CH09> VRay混合材质.max
学习目标	掌握VRay混合材质的用法

VRay混合材质可以将多个材质在一个材质球上表现出来，通过不同的黑白贴图来控制不同材质所占的比率，常用于制作CG类场景。

材质创建

01 打开本书学习资源中的“场景文件>CH09>09.max”文件，这是一组箱子模型，如图9-94所示。

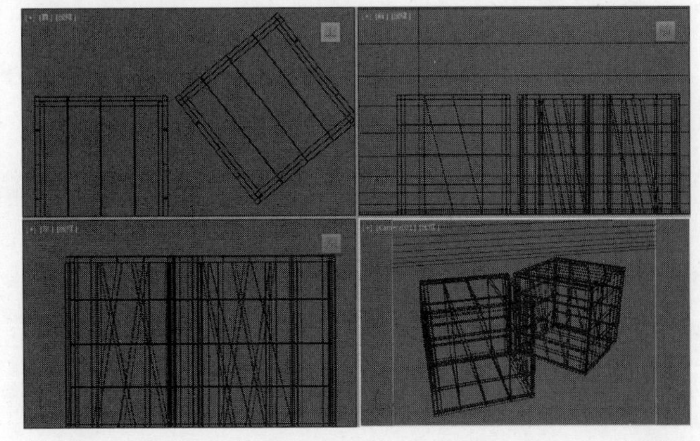

图9-94

02 按M键打开“材质编辑器”，然后选择一个空白材质球，再设置材质类型为VRayMtl材质，具体参数设置如图9-95所示。

设置步骤

① 设置“漫反射”颜色为褐色（R:9，G:5，B:3）。

② 设置“反射”颜色为灰色（R:74，G:74，B:74），然后设置“高光光泽”为0.7、“反射光泽”为0.75，接着勾选“菲涅耳反射”选项。

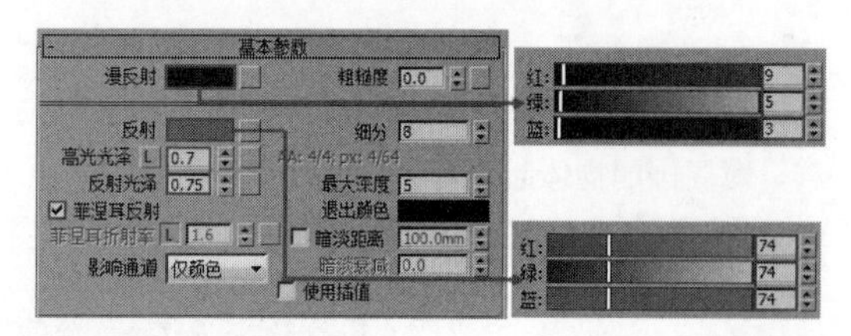

图9-95

03 单击“材质编辑器”上的VRayMtl按钮 VRayMtl ，然后在弹出的“材质/贴图浏览器”中选择“VRay混合材质”选项，如图9-96所示，接着在弹出的对话框中选择“将旧材质保存为子材质”选项，如图9-97所示。

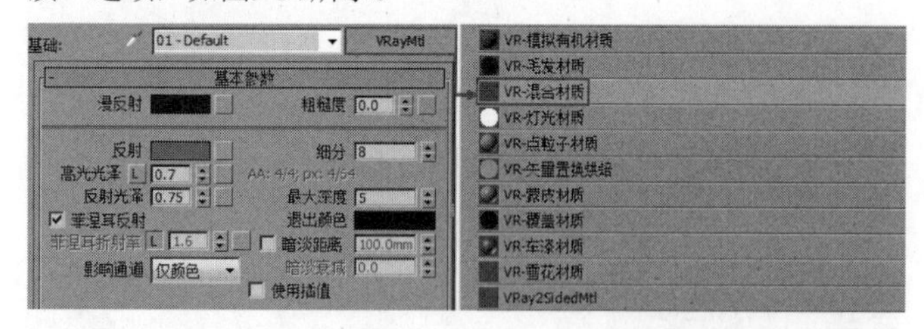

图9-96

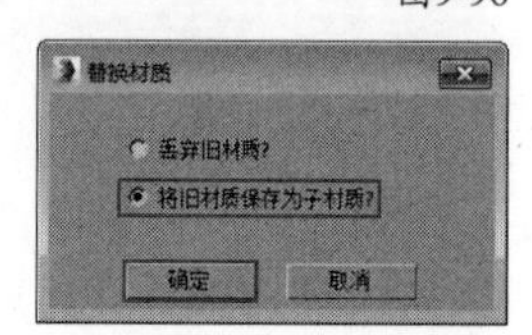

图9-97

04 在“VRay混合材质”面板中单击“镀膜材质1”通道，然后在弹出的“材质/贴图浏览器”中选择VRayMtl选项，将其设置为VRayMtl材质，具体参数设置如图9-98所示。

设置步骤

① 设置 “漫反射”颜色为灰色（R:27，G:27，B:27）。

② 设置“反射”颜色为灰色（R:15，G:15，B:15），然后设置“高光光泽”为0.6、“反射光泽”为0.5，接着勾选“菲涅耳反射”选项。

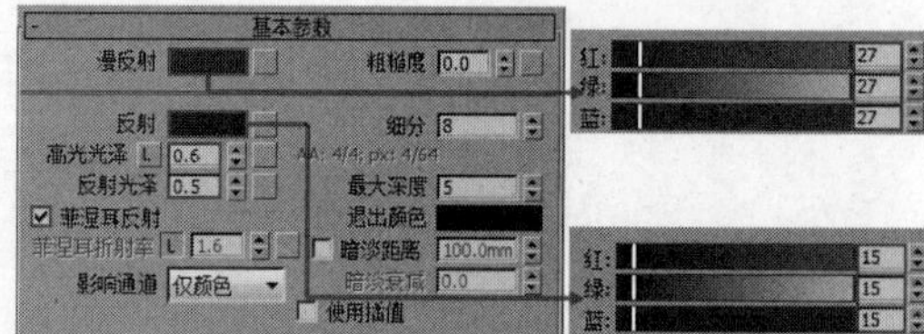

图9-98

05 返回“VRay混合材质”面板，在“混合数量”通道中加载一张本书学习资源中的“实例文件>CH09> VRay混合材质>235575.jpg”贴图，如图9-99所示。

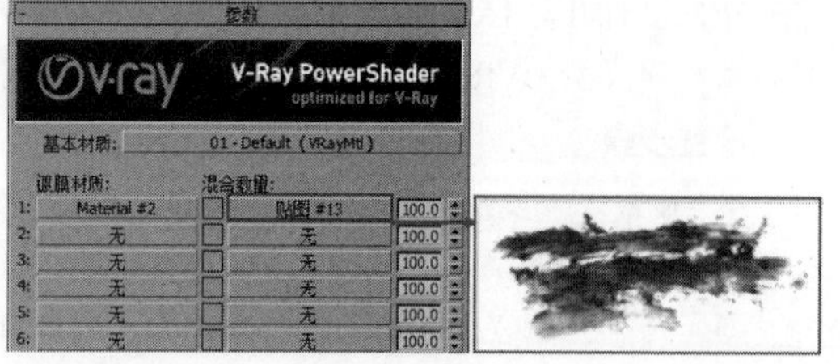

图9-99

06 将材质赋予两个模型，然后为其加载一个“UVW贴图”修改器，接着设置“贴图”类型为“长方体”，再设置“长度”为1600mm、“宽度”为1600mm、“高度”为1600mm，如图9-100所示。

07 按F9键渲染当前场景，最终效果如图9-101所示。

图9-100

图9-101

知识回顾

◎ 工具：VR-混合材质

◎ 位置：材质球编辑器>材质>VRay

◎ 用途：将多种材质制作为一种材质。

01 打开本书学习资源中的“场景文件>演示视屏>02.max”文件，这是一个材质展示球模型，如图9-102所示。

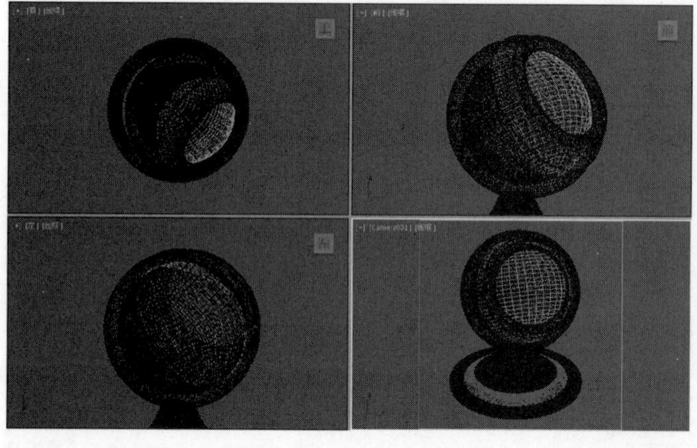

图9-102

02 按M键打开“材质编辑器”，然后选中一个空白材质球，将其转换为VRayMtl材质，接着赋予外侧球体模型为蓝色（R:131，G:175，B:255），最后按F9键渲染，效果如图9-103所示。

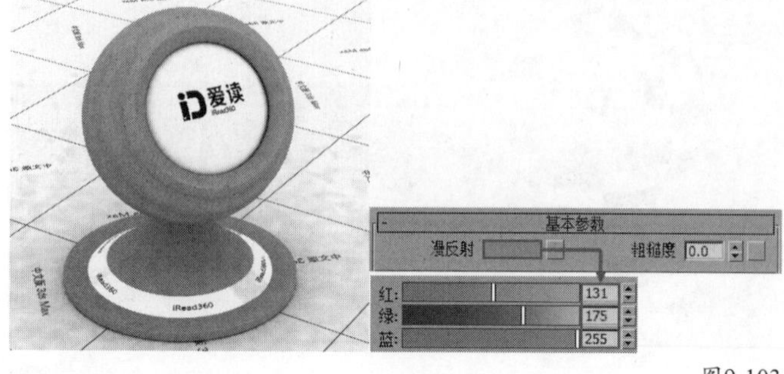

图9-103

03 单击“材质编辑器”上的VRayMtl按钮 VRayMtl ，然后在弹出的“材质/贴图浏览器”中选择“VRay混合材质”选项，如图9-104所示，接着在弹出的对话框中选择“将旧材质保存为子材质”选项，如图9-105所示。

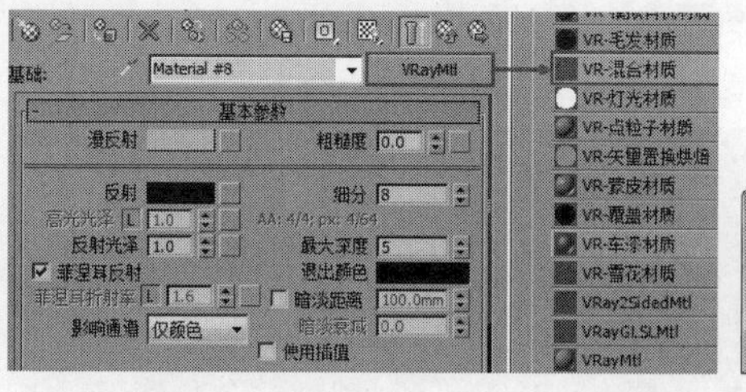

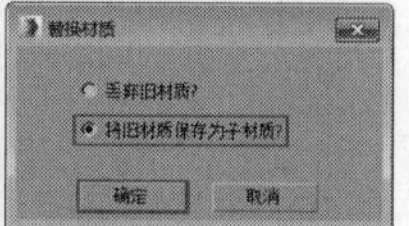

图9-104 图9-105

04 在“VRay混合材质”面板中单击“镀膜材质1”通道，然后在弹出的“材质/贴图浏览器”中选择VRayMtl选项，接着设置“漫反射”颜色为黄色（R:255，G:174，B:0），如图9-106所示，再返回“VRay混合材质”面板，在“混合数量”通道中加载一张“棋盘格”贴图，其效果如图9-107所示。可以观察到，“棋盘格”贴图白色的部分显示为“镀膜材质1”的黄色，黑色部分显示为“基本材质”的蓝色。

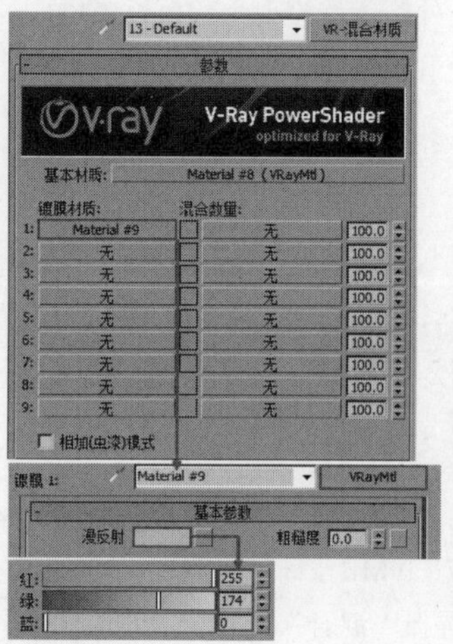

图9-106 图9-107

05 在“VRay混合材质”面板中，设置“混合数量”为50，其效果如图9-108所示。可以观察到材质球的颜色减淡了。

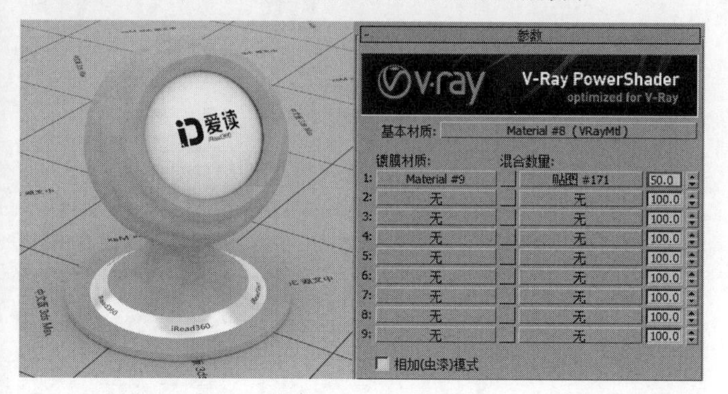

图9-108

实战119 混合材质

场景位置	场景文件>CH09>09.max
实例位置	实例文件>CH09>混合材质.max
学习目标	掌握混合材质的用法

混合材质通过一张混合贴图，将两种不同的材质在同一个材质球上展现，其原理与VRay混合贴图一致。

材质创建

01 打开本书学习资源中的“场景文件>CH09>09.max”文件，这是一组箱子模型，如图9-109所示。

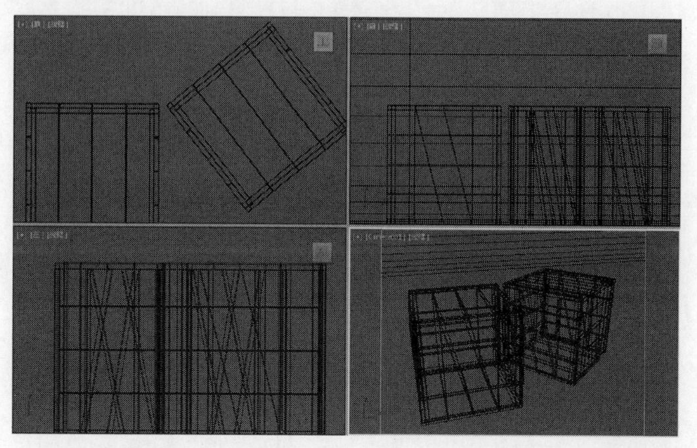

图9-109

02 按M键打开“材质编辑器”，然后选择一个空白材质球，再设置材质类型为VRayMtl材质，具体参数设置如图9-110所示。

设置步骤

① 设置“漫反射”颜色为褐色（R:9，G:5，B:3）。

② 设置“反射”颜色为灰色（R:74，G:74，B:74），然后设置“高光光泽”为0.7、“反射光泽”为0.75，接着勾选“菲涅耳反射”选项。

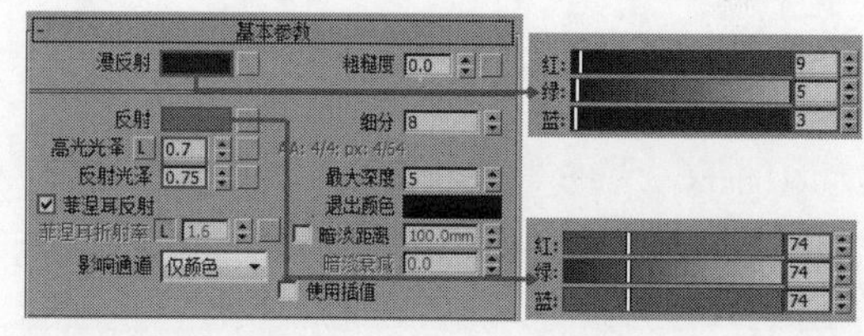

图9-110

03 单击“材质编辑器”上的VRayMtl按钮 VRayMtl ，然后在弹出的“材质/贴图浏览器”中选择“混合”选项，如图9-111所示，接着在弹出的对话框中选择“将旧材质保存为子材质”选项，如图9-112所示。

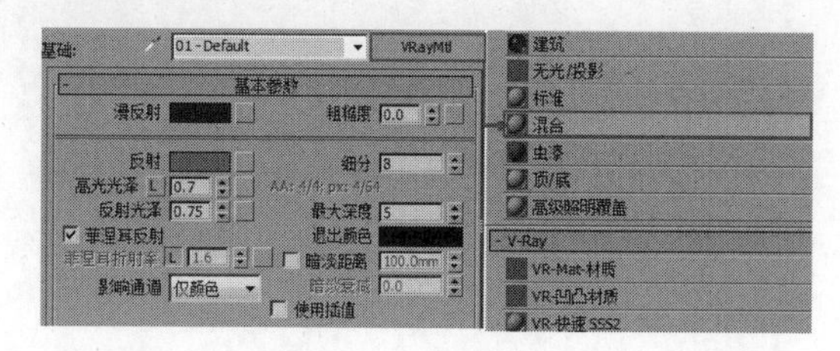

图9-111

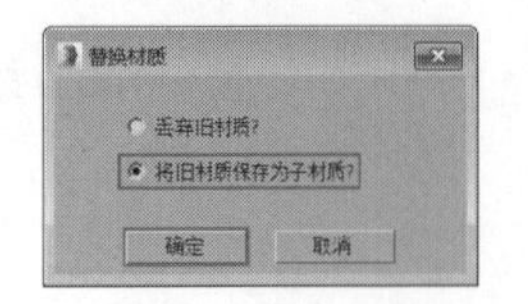

图9-112

04 在“混合材质”面板中，设置“材质2”也为VRayMtl材质，具体参数设置如图9-113所示。

设置步骤

① 设置“漫反射”颜色为褐色（R:9，G:5，B:3）。

② 设置“反射”颜色为蓝色（R:173，G:182，B:201），然后设置“高光光泽”为0.7、“反射光泽”为0.75，接着取消勾选“菲涅耳反射”选项。

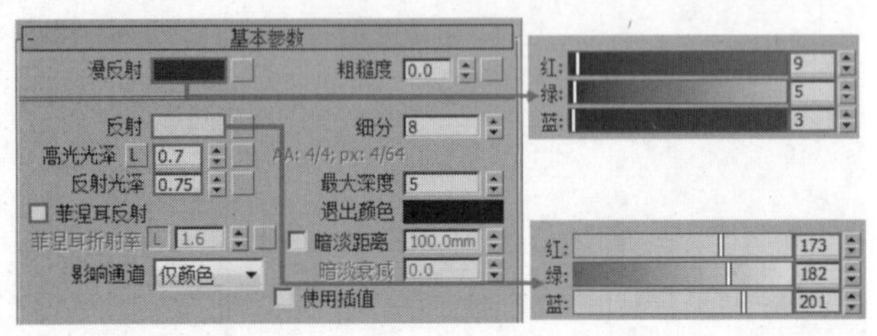

图9-113

05 返回“混合材质”面板，在“遮罩”通道加载一张本书学习资源中的“实例文件>CH09>混合材质> 235575.jpg”贴图，如图9-114所示。

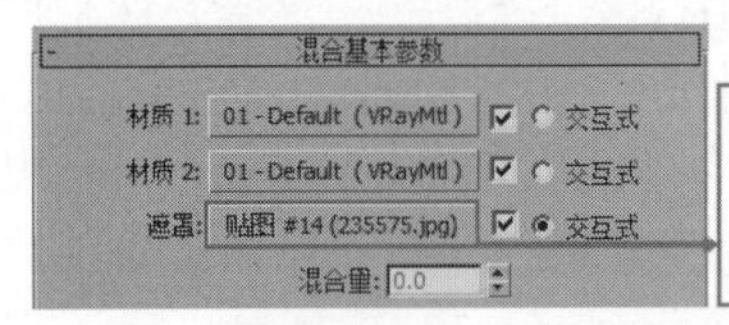

图9-114

06 将材质赋予两个模型，然后为其加载一个“UVW贴图”修改器，接着设置“贴图”类型为“长方体”，再设置“长度”为1600mm、“宽度”为1600mm、“高度”为1600mm，如图9-115所示。

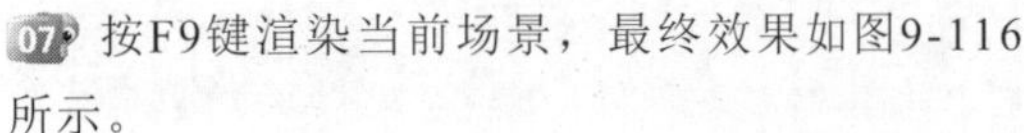

07 按F9键渲染当前场景，最终效果如图9-116所示。

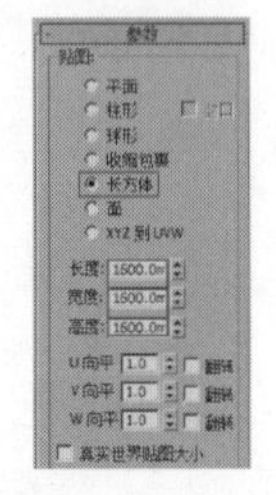

图9-115

图9-116

知识回顾

◎ 工具：Blend

◎ 位置：材质球编辑器>材质>标准

◎ 用途：将多种材质制作为一种材质。

01 打开本书学习资源中的“场景文件>演示视屏>02.max”文件，这是一个材质展示球模型，如图9-117所示。

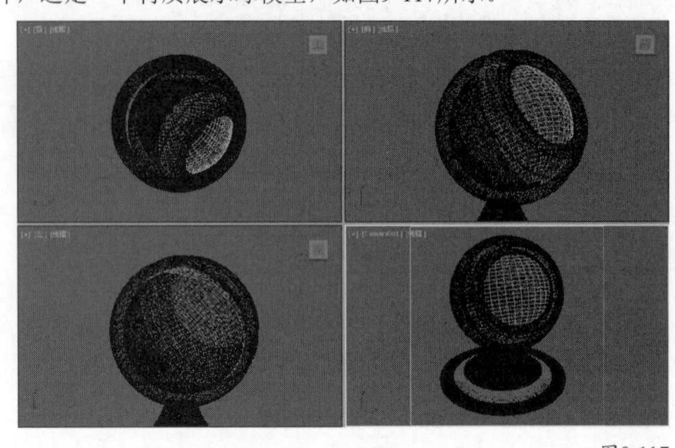

图9-117

02 按M键打开“材质编辑器”，然后选中一个空白材质球，将其转换为VRayMtl材质，接着赋予外侧球体模型为蓝色（R:131，G:175，B:255），最后按F9键渲染，效果如图9-118所示。

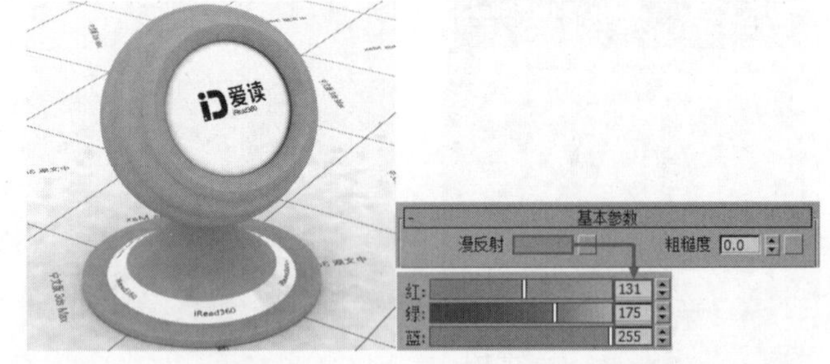

图9-118

03 单击“材质编辑器”上的VRayMtl按钮 VRayMtl ，然后在弹出的“材质/贴图浏览器”中选择“混合”选项，如图9-119所示，接着在弹出的对话框中选择“将旧材质保存为子材质”选项，如图9-120所示。

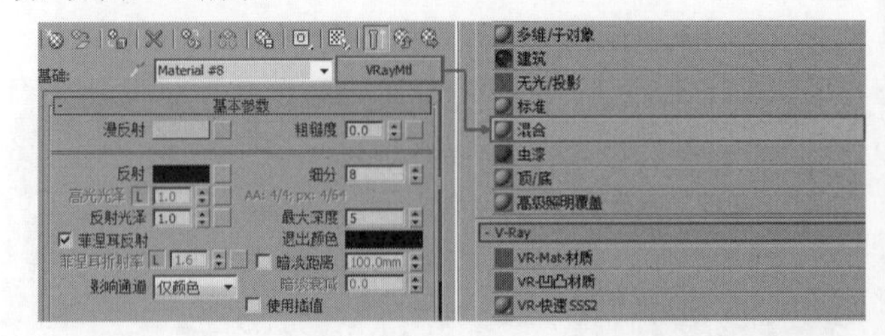

图9-119

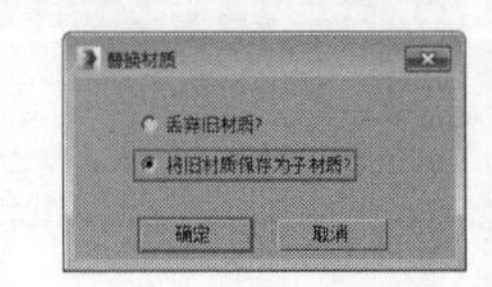

图9-120

04 在“混合材质”面板中，设置“材质2”为VRayMtl材质，然后设置“材质2”的“漫反射”颜色为黄色（R:255，G:174，B:0），如图9-121所示。

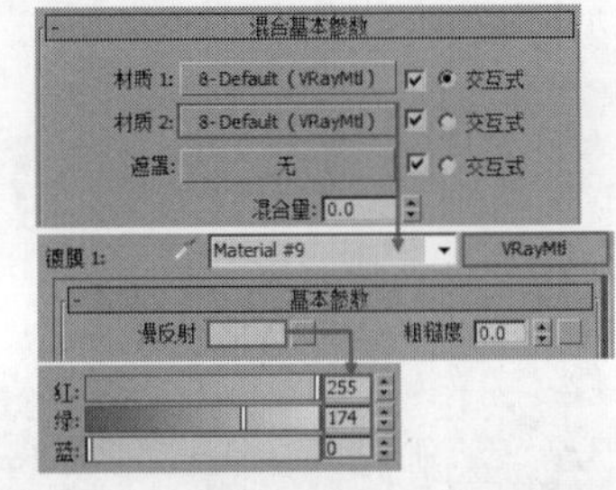

图9-121

05 单击“遮罩”通道，为其加载一张“棋盘格”贴图，如图9-122所示，其效果如图9-123所示。可以观察到，“棋盘格”贴图的黑色部分显示“材质1”，白色部分显示“材质2”。

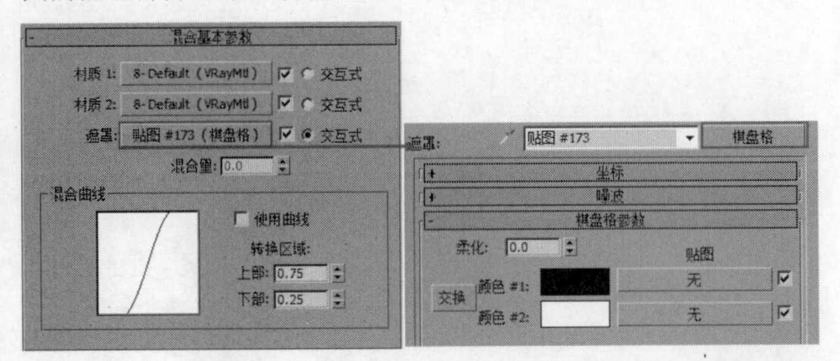

图9-122

图9-123

技巧与提示

“VRay混合材质”与“混合材质”的理论和用法都相同，不同的是，“混合材质”一次只能混合两种材质，“VRay混合材质”可以混合最多10种材质，且每种材质的混合量单独控制。如果使用“混合材质”混合两种以上的材质，就需要在原有的“混合材质”上再添加一个父层级的“混合材质”，这样会使得材质球看起来很复杂，不便于调节。

实战120 不透明度贴图

场景位置	场景文件>CH09>10.max
实例位置	实例文件>CH09>不透明度贴图.max
学习目标	掌握不透明度贴图的用法

不透明度贴图是通过贴图的颜色来控制材质的透明度，遵循“黑透白不透”的原则，加载在不同明度的通道中。

材质创建

01 打开本书学习资源中的“场景文件>CH09>10.max”文件，这是一个台灯模型，如图9-124所示。

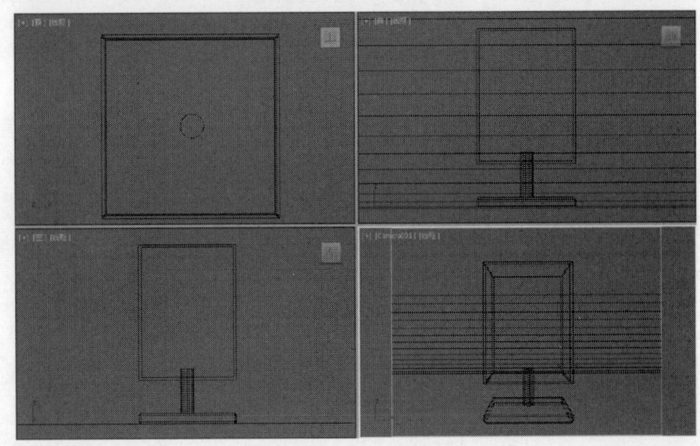

图9-124

02 按M键打开“材质编辑器”，然后选择一个空白材质球，再设置材质类型为VRayMtl材质，具体参数设置如图9-125所示。

设置步骤

① 在“漫反射”通道中加载一张本书学习资源中的“实例文件>CH09>不透明度贴图>柚木-02.jpg”文件。

② 设置“反射”颜色为灰色（R:146，G:146，B:146），然后设置“反射光泽”为0.8，接着勾选“菲涅耳反射”选项。

③ 展开“贴图”卷展栏，在“不透明度”通道中加载一张本书学习资源中的“实例文件>CH09>不透明度贴图> 226993.jpg”文件。

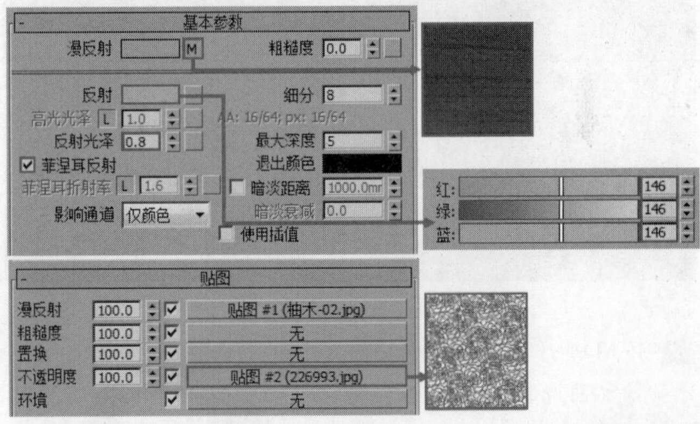

图9-125

03 将材质赋予灯罩模型，然后为其加载一个“UVW贴图”修改器，接着设置“贴图”类型为“长方体”，再设置“长度”为600mm、“宽度”为600mm、“高度”为600mm，如图9-126所示。

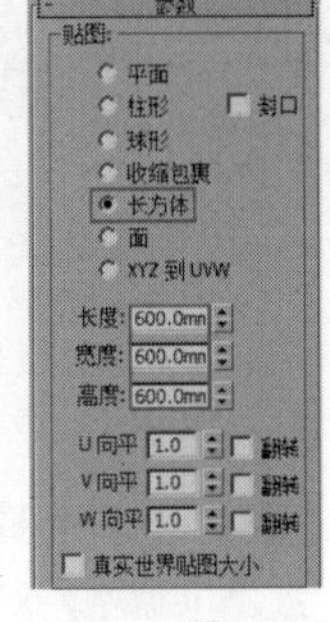

图9-126

04 按F9键渲染当前场景，最终效果如图9-127所示。

图9-127

知识回顾

◎ 工具：Bitmap

◎ 位置：材质球编辑器>贴图>不透明度通道

◎ 用途：用黑白贴图控制材质的透明度。

01 打开本书学习资源中的“场景文件>演示视屏>02.max”文件，这是一个材质展示球模型，如图9-128所示。

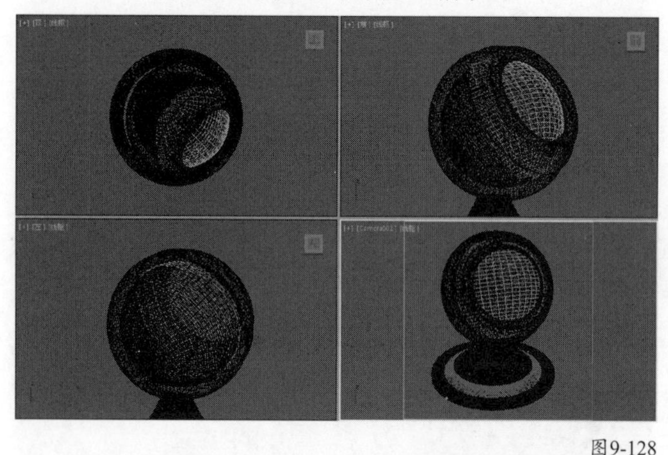

图9-128

02 按M键打开“材质编辑器”，然后选中一个空白材质球，将其转换为VRayMtl材质球，接着赋予外侧球体模型，最后按F9键渲染，效果如图9-129所示。

图9-129

03 展开“贴图”卷展栏，然后在“不透明度”通道中加载一张“棋盘格”贴图，如图9-130所示，接着按F9键渲染，效果如图9-131所示。可以观察到，“棋盘格”贴图黑色区域显示的模型都不再被渲染出来。

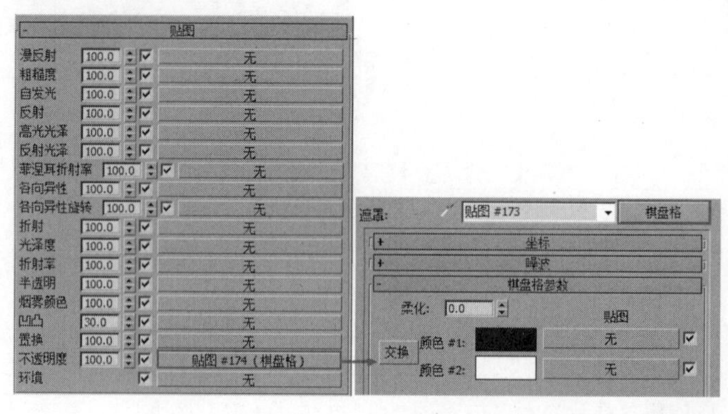

图9-130

图9-131

04 在“贴图”卷展栏中设置“不透明度”的强度为50，如图9-132所示，接着按F9键渲染，如图9-133所示。可以观察到，“棋盘格”贴图黑色区域显示的模型呈现半透明。

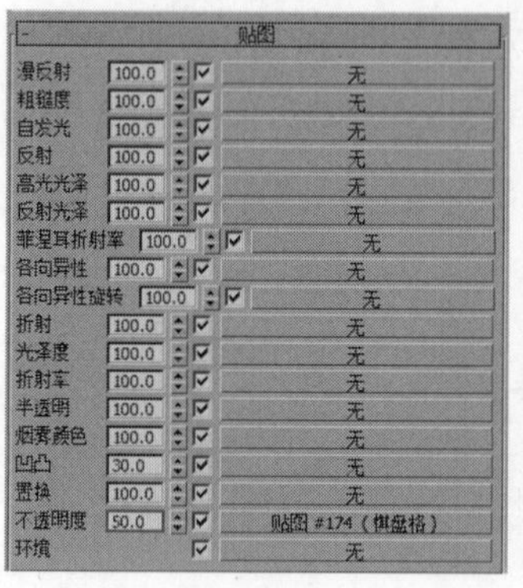

图9-132　图9-133

技巧与提示

不透明度贴图是根据图片的灰度来控制其透明程度，纯白色为不透明，纯黑色为完全透明。

实战121 位图贴图

场景位置	场景文件>CH09>11.max
实例位置	实例文件>CH09>位图贴图.max
学习目标	掌握位图贴图的用法

位图贴图是较常用的贴图之一，常用来控制材质的漫反射

和反射。位图贴图是任意指定的外部贴图通道，可以表现材质的纹理、颜色等信息。

材质创建

01 打开本书学习资源中的"场景文件>CH09>11.max"文件，这是一个茶桌模型，如图9-134所示。

图9-134

02 按M键打开"材质编辑器"，然后选择一个空白材质球，再设置材质类型为VRayMtl材质，具体参数设置如图9-135所示。

设置步骤

① 在"漫反射"通道中加载一张本书学习资源中的"实例文件>CH09>位图贴图>040.jpg"文件。

② 在"反射"通道中加载一张"衰减"贴图，然后设置"侧"颜色为蓝色（R:199，G:207，B:210）、"衰减类型"为Fresnel，接着设置"高光光泽"为0.8、"反射光泽"为0.72、"细分"为20，最后取消勾选"菲涅耳反射"选项。

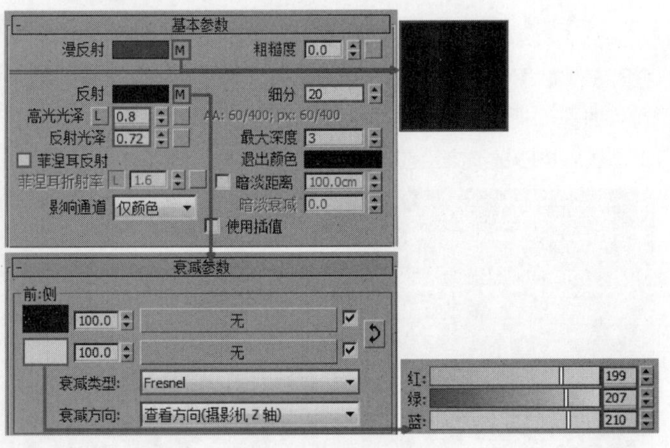

图9-135

03 将材质赋予茶桌模型，然后为其加载一个"UVW贴图"修改器，接着设置"贴图"类型为"长方体"，再设置"长度"为254.028mm、"宽度"为152.417mm、"高度"为283.064mm，如图9-136所示。

04 按F9键渲染当前场景，最终效果如图9-137所示。

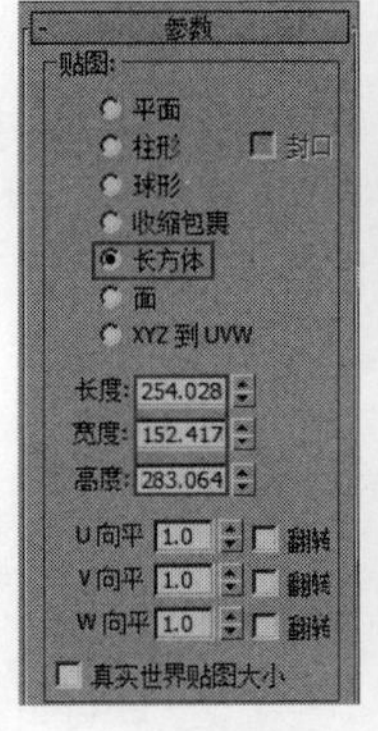

图9-136

图9-137

知识回顾

◎ 工具：Bitmap

◎ 位置：材质球编辑器>贴图>位图

◎ 用途：表现材质的纹理、颜色等信息。

01 打开本书学习资源中的"场景文件>演示视频>02.max"文件，这是一个材质展示球模型，如图9-138所示。

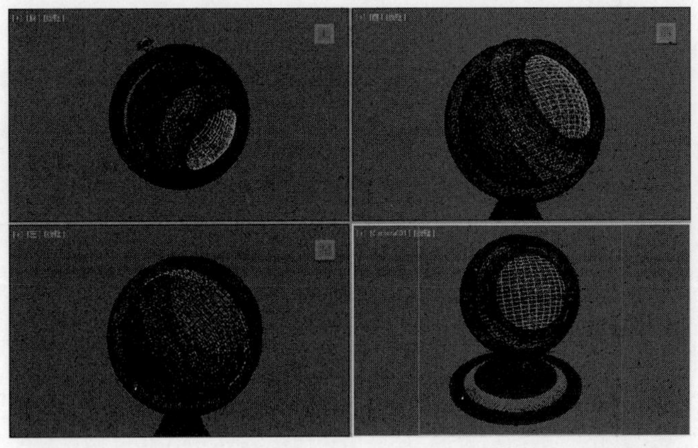

图9-138

02 按M键打开"材质编辑器"，然后选中一个空白材质球，将其转换为VRayMtl材质球，接着赋予外侧球体模型，最后按F9键渲染，效果如图9-139所示。

图9-139

03 展开"贴图"卷展栏，然后在"漫反射"通道中加载一张"位图"贴图，如图9-140所示，接着在弹出的对话框中加载本书学习资源中的"实例文件>CH09>实例：位图贴图>青石.jpg"贴图，如图9-141所示。

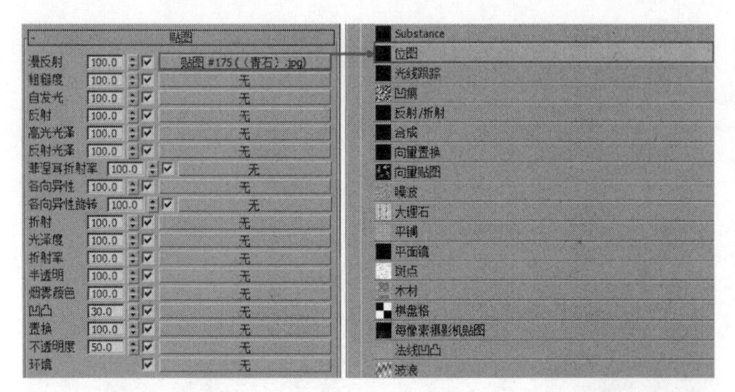

图9-140

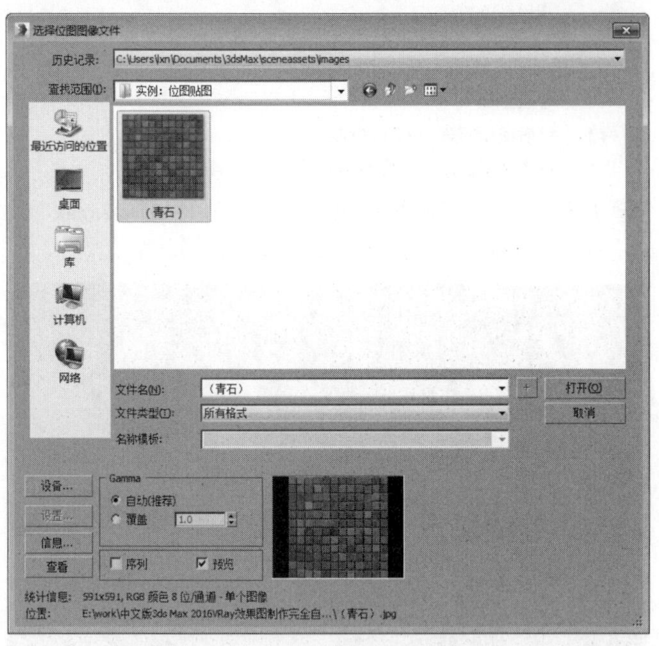

图9-141

04 选中外侧球体模型，然后为其加载一个“UVW贴图”修改器，然后设置“贴图”类型为“长方体”，再设置“长度”为3.294mm、“宽度”为3.294mm、“高度”为3.294mm，如图9-142所示，接着按F9键渲染，效果如图9-143所示。

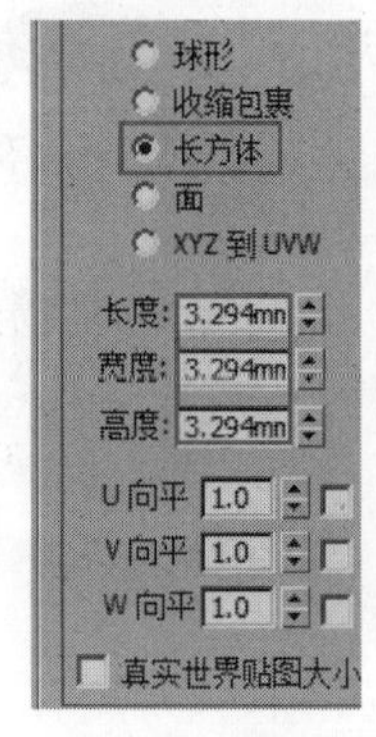

图9-142　图9-143

05 在“贴图”卷展栏中将“漫反射”通道中的贴图向下复制到“反射”通道中，如图9-144所示，然后按F9键渲染当前场景，如图9-145所示。

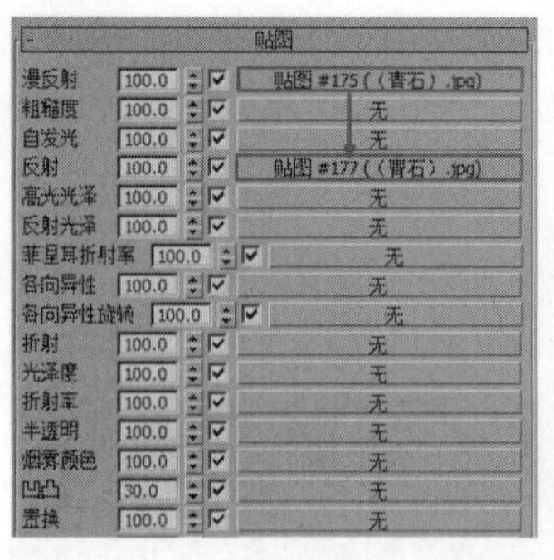

图9-144　图9-145

技巧与提示

反射通道中加载的贴图，也是根据贴图的灰度值来控制反射程度，颜色越浅，反射强度越大。

06 在“贴图”卷展栏中将“漫反射”通道中的贴图向下复制到“折射”通道中，如图9-146所示，然后按F9键渲染当前场景，如图9-147所示。

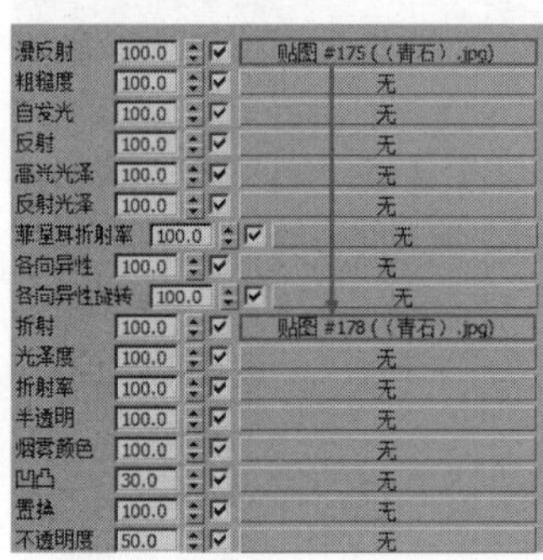

图9-146　图9-147

技巧与提示

折射通道中加载的贴图，也是根据贴图的灰度值来控制透明程度，颜色越浅，透明度越大。

07 在“贴图”卷展栏中将“漫反射”通道中的贴图向下复制到“凹凸”通道中，并设置“凹凸”强度为60，如图9-148所示，然后按F9键渲染当前场景，如图9-149所示。

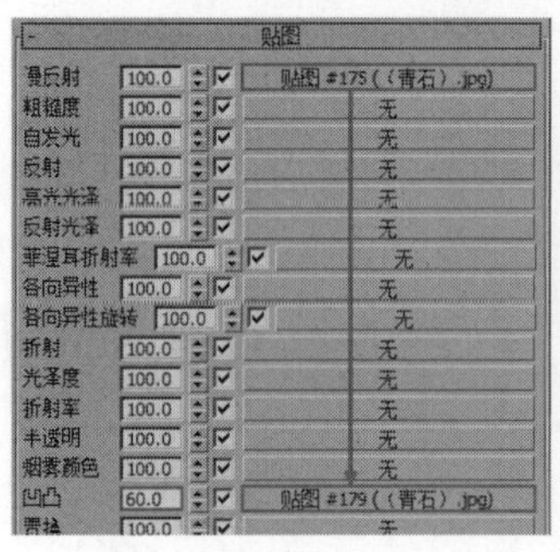

图9-148　图9-149

技巧与提示

“凹凸”通道中加载的贴图，遵循“黑凹白凸”的原则来表现贴图的立体感，是常用的一个通道。“凹凸”的强度越大，立体感就越强，但这种立体感会根据镜头的角度有所差异。

08 在“贴图”卷展栏中将“漫反射”通道中的贴图向下复制到“置换”通道中，并设置“置换”强度为2，如图9-150所示，然后按F9键渲染当前场景，如图9-151所示。

贴图			
漫反射	100.0	✓	贴图 #175 ((青石).jpg)
粗糙度	100.0	✓	无
自发光	100.0	✓	无
反射	100.0	✓	无
高光光泽	100.0	✓	无
反射光泽	100.0	✓	无
菲涅耳折射率	100.0	✓	无
各向异性	100.0	✓	无
各向异性旋转	100.0	✓	无
折射	100.0	✓	无
光泽度	100.0	✓	无
折射率	100.0	✓	无
半透明	100.0	✓	无
烟雾颜色	100.0	✓	无
凹凸	60.0	✓	无
置换	2.0	✓	贴图 #180 ((青石).jpg)
不透明度	50.0	✓	无

图9-150

图9-151

技巧与提示

“置换”通道与“凹凸”通道的作用类似，都是通过贴图的灰度值来表现立体感。不同的是，“置换”通道是根据贴图的灰度值来改变模型，其立体感不会受摄影机的角度影响。“置换”的强度值一般在1到5之间，且值越大，渲染速度越慢。

实战122 平铺贴图

场景位置	场景文件>CH09>12.max
实例位置	实例文件>CH09>平铺贴图.max
学习目标	掌握平铺贴图的用法

平铺贴图经常用来制作地砖、地板等材质。

材质创建

01 打开本书学习资源中的“场景文件>CH09>12.max”文件，这是一个室内空间，如图9-152所示。

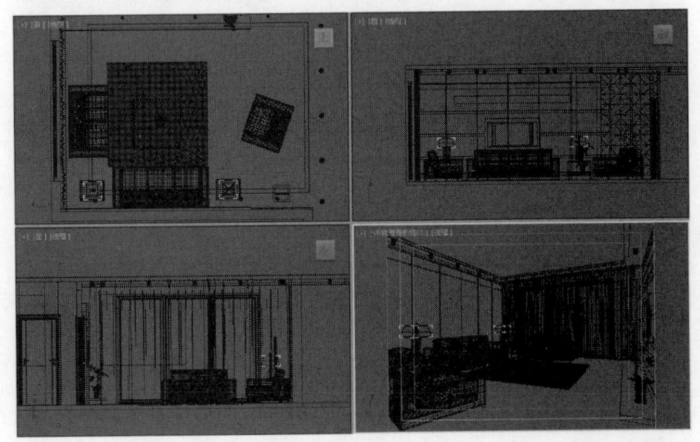

图9-152

02 按M键打开“材质编辑器”，然后选择一个空白材质球，再设置材质类型为VRayMtl材质，具体参数设置如图9-153所示。

设置步骤

① 在“漫反射”通道中加载一张“平铺”贴图，然后进入“平铺”贴图，在“标准控制”卷展栏中设置“预设类型”为“堆栈砌合”，接着在“高级控制”卷展栏中，在“平铺设置”的“纹理”通道中加载一张本书学习资源中的“实例文件>CH09>平铺贴图>8888333.jpg”文件，再设置“砖缝设置”的“纹理”颜色为黑色（R:10，G:10，B:10）、“水平间距”和“垂直间距”都为0.15。

② 设置“反射”颜色为灰色（R:166，G:166，B:166），接着设置“高光光泽”为0.94、“反射光泽”为0.99，最后勾选“菲涅耳反射”选项。

03 将材质赋予地面模型，然后为其加载一个“UVW贴图”修改器，接着设置“贴图”类型为“平面”，再设置“长度”为3000mm、“宽度”为3000mm，如图9-154所示。

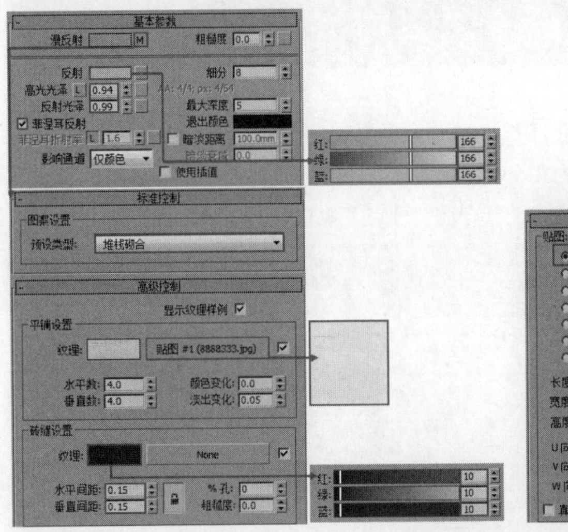

图9-153

参数
贴图:
平面
柱形
封口
球形
收缩包裹
长方体
面
XYZ 到 UVW
长度: 3000.0m
宽度: 3000.0m
高度: 2000.0m
U向平铺 1.0 翻转
V向平铺 1.0 翻转
W向平铺 1.0 翻转
真实世界贴图大小

图9-154

04 按F9键渲染当前场景，最终效果如图9-155所示。

图9-155

知识回顾

◎ 工具：Tiles

◎ 位置：材质球编辑器>贴图>平铺

◎ 用途：制作地砖、地板等材质。

01 打开本书学习资源中的“场景文件>演示视屏>03.max”文件，这是一个地面模型，如图9-156所示。

图9-156

02 按M键打开“材质编辑器”，然后选中一个空白材质球，将其转换为VRayMtl材质球，接着展开“贴图”卷展栏，在“漫反射”通道中加载一张“平铺”贴图，如图9-157所示。

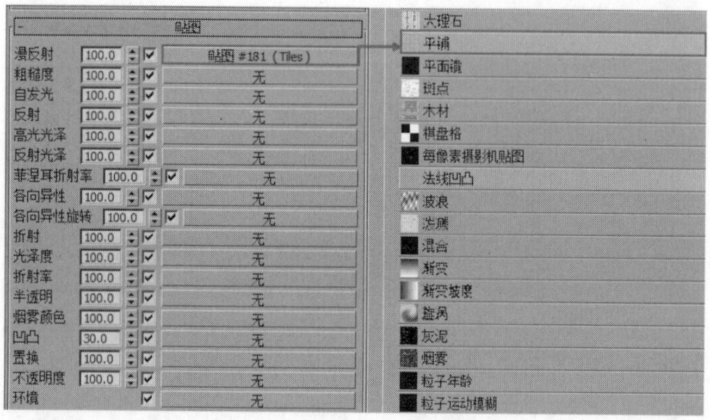

图9-157

03 进入“平铺”贴图，然后展开“标准控制”卷展栏，分别设置“预设类型”为“堆栈砌合”“连续砌合”和“英式砌合”，其效果如图9-158~图9-160所示。

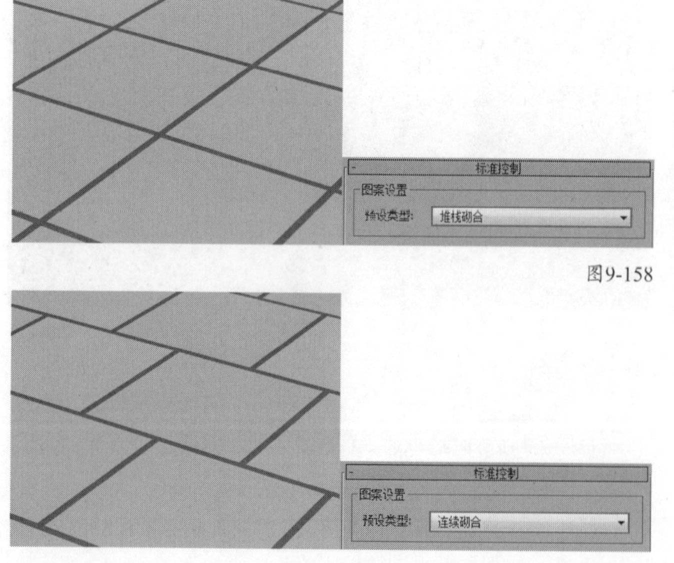

图9-158

图9-159

图9-160

04 展开“高级控制”卷展栏，然后在“平铺设置”选项组的“纹理”通道中，加载一张本书学习资源中的“实例文件>CH09>实例：平铺贴图>樱桃木.jpg”文件，接着按F9键渲染，其效果如图9-161和图9-162所示。

图9-161　图9-162

05 展开“高级控制”卷展栏，然后在“平铺设置”选项组中设置“水平数”和“垂直数”都为8，其效果如图9-163所示。

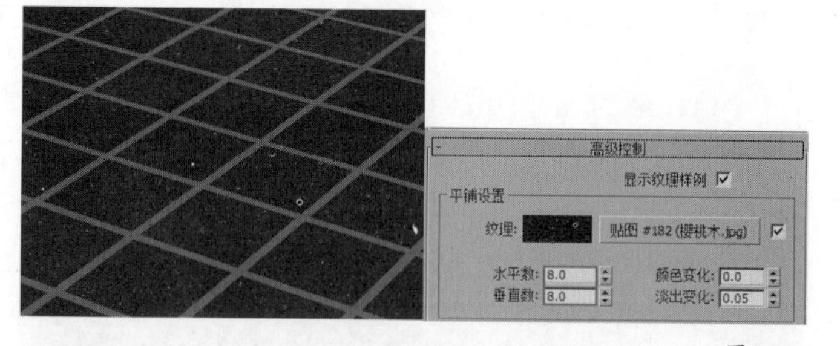

图9-163

06 展开“高级控制”卷展栏，然后在“平铺设置”选项组中设置“颜色变化”为1，其效果如图9-164所示。

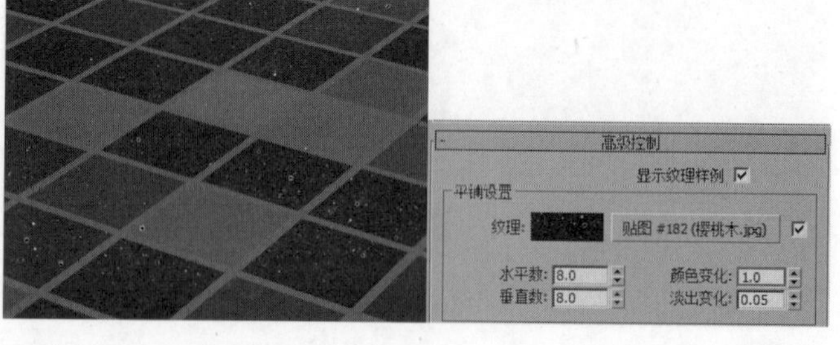

图9-164

07 展开“高级控制”卷展栏，然后在“砖缝设置”选项组中设置“纹理”颜色为黑色（R:0，G:0，B:0），其效果如图9-165和图9-166所示。

08 展开“高级控制”卷展栏，然后在“砖缝设置”选项组中设置“水平间距”和“垂直间距”都为0.2，其效果如图9-167所示。

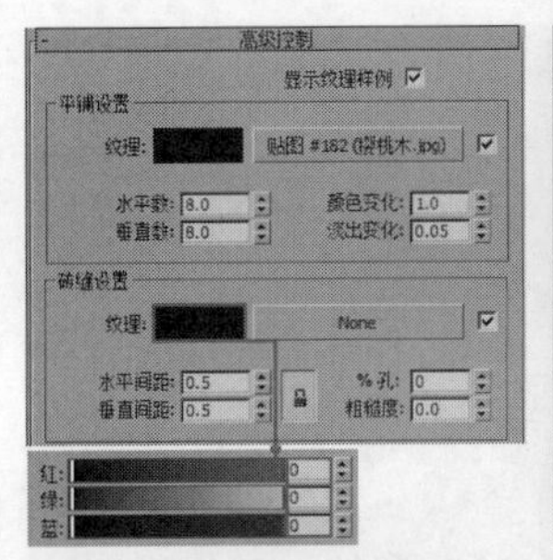

图9-165

图9-166

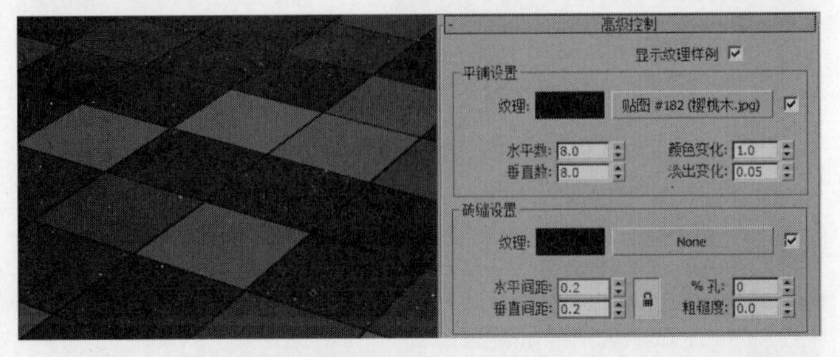

图9-167

实战123 衰减贴图

场景位置 场景文件>CH09>13.max
实例位置 实例文件>CH09>衰减贴图.max
学习目标 掌握衰减贴图的用法

衰减贴图用来模拟绒布等带渐变色的材质，还可以模拟Fresnel反射效果，是较常用的贴图之一。

材质创建

01 打开本书学习资源中的“场景文件>CH09>13.max”文件，这是一个沙发模型，如图9-168所示。

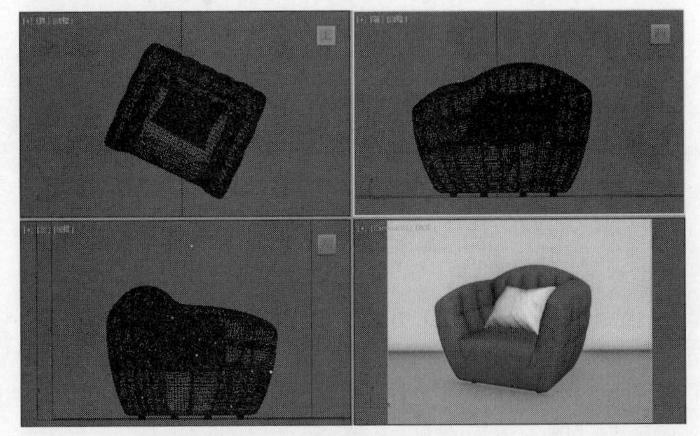

图9-168

02 按M键打开“材质编辑器”，然后选择一个空白材质球，再设置材质类型为VRayMtl材质，具体参数设置如图9-169所示。

设置步骤

① 在“衰减参数”卷展栏中，设置“前”颜色为紫色（R:50，G:11，B:64）。

② 在“衰减参数”卷展栏中，设置“侧”颜色为紫色（R:178，G:107，B:205）。

③ 设置“衰减类型”为“垂直/平行”。

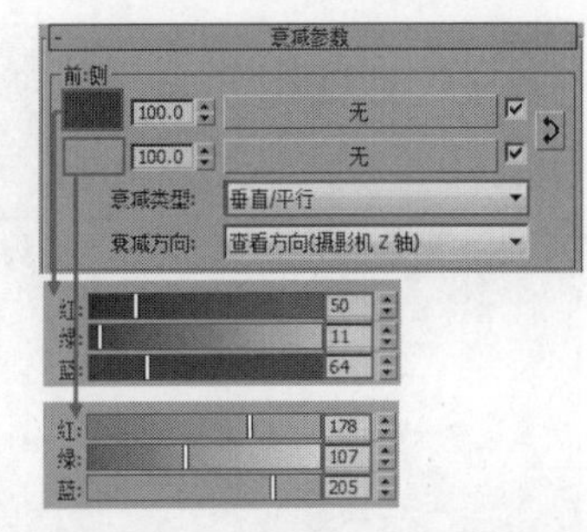

图9-169

03 返回VRayMtl材质球面板，然后在“反射”通道中加载一张“衰减”贴图，具体参数如图9-170所示。

设置步骤

① 在“衰减参数”卷展栏中，设置“侧”颜色为灰色（R:173，G:173，B:173）。

② 设置“衰减类型”为Fresnel。

04 返回VRayMtl材质球面板，然后设置“高光光泽”为“0.65”、“反射光泽”为0.58、“细分”为12，如图9-171所示。

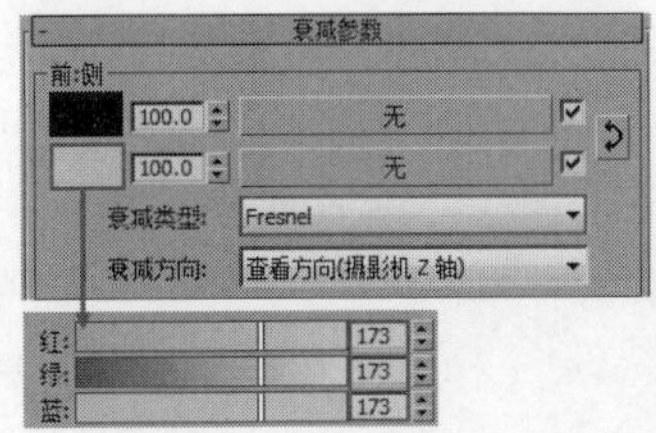

图9-170

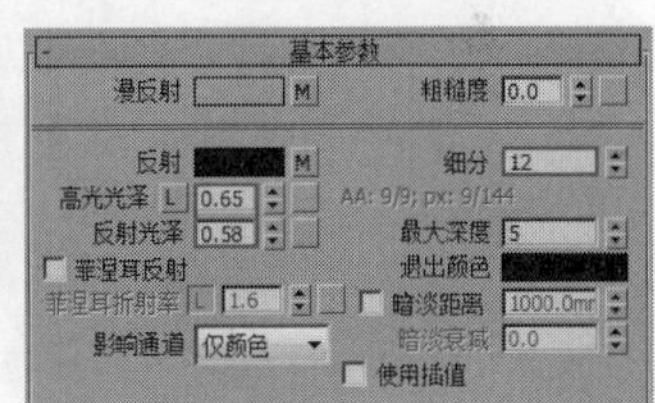

图9-171

05 将制作好的材质指定给场景中的模型，然后按F9键渲染当前场景，最终效果如图9-172所示。

图9-172

知识回顾

◎ 工具：Falloff
◎ 位置：材质编辑器>贴图>衰减
◎ 用途：模拟渐变色材质和Fresnel反射。

01 打开本书学习资源中的“场景文件>演示视屏>02.max”文件，这是一个材质展示球模型，如图9-173所示。

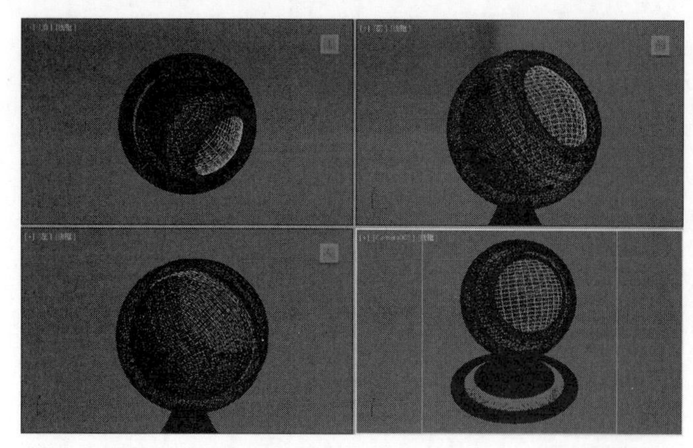

图9-173

02 按M键打开“材质编辑器”，然后选中一个空白材质球，将其转换为VRayMtl材质球，接着赋予外侧球体模型，最后按F9键渲染，效果如图9-174所示。

03 展开“贴图”卷展栏，然后在“漫反射”通道中加载一张“衰减”贴图，如图9-175所示。

图9-174 图9-175

04 进入“衰减”贴图，然后设置“前”颜色为蓝色（R:102，G:145，B:255）、“侧”颜色为黄色（R:255，G:173，B:106）、“衰减类型”为“垂直/平行”，如图9-176所示，其效果如图9-177所示。

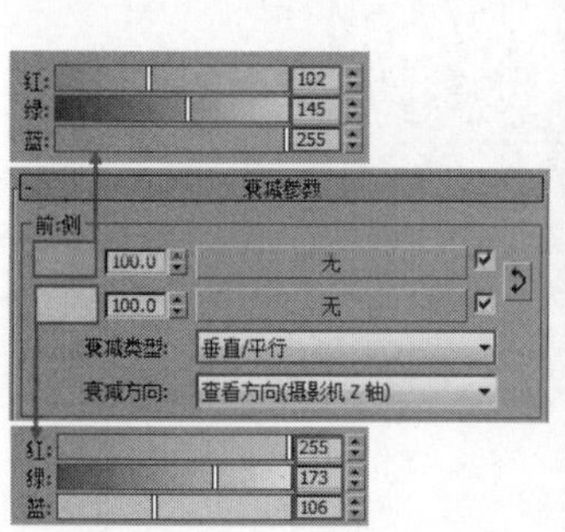

图9-176 图9-177

05 进入“衰减”贴图，然后设置“前”颜色为蓝色（R:102，G:145，B:255）、“侧”颜色为黄色（R:255，G:173，B:106）、“衰减类型”为Fresnel，如图9-178所示，其效果如图9-179所示。

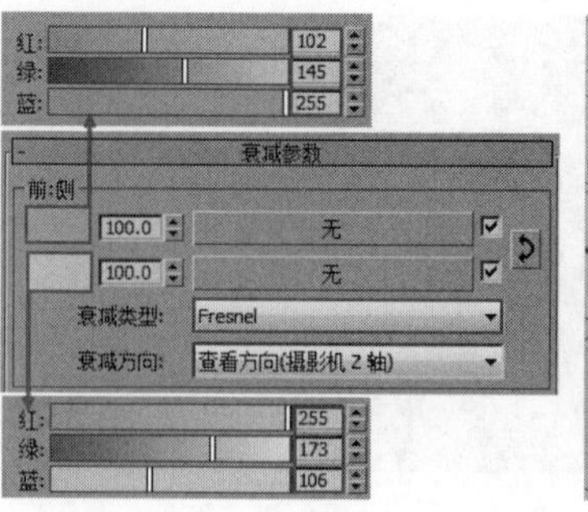

图9-178 图9-179

06 进入“衰减”贴图，然后设置“前”颜色为蓝色（R:102，G:145，B:255）、“侧”颜色为黄色（R:255，G:173，B:106）、“衰减类型”为“朝向/背离”，如图9-180所示，其效果如图9-181所示。

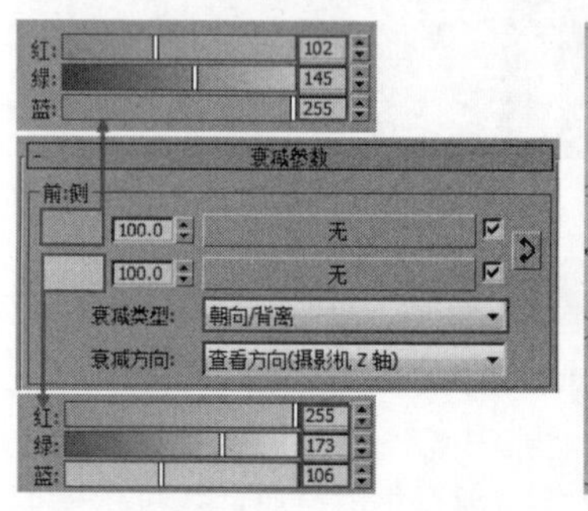

图9-180 图9-181

07 进入“衰减”贴图，然后设置“前”颜色为蓝色（R:102，G:145，B:255）、“侧”颜色为黄色（R:255，G:173，B:106）、“衰减类型”为“阴影/灯光”，如图9-182所示，其效果如图9-183所示。

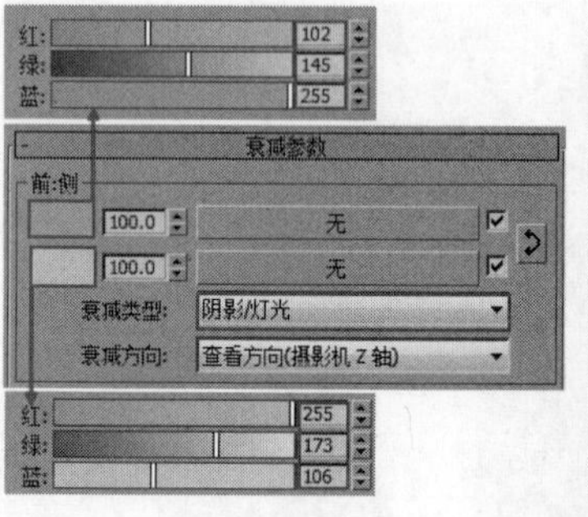

图9-182 图9-183

08 进入“衰减”贴图，然后设置“前”颜色为蓝色（R:102，G:145，B:255）、“侧”颜色为黄色（R:255，G:173，B:106）、“衰减类型”为“距离混合”，如图9-184所示，其效果如图9-185所示。

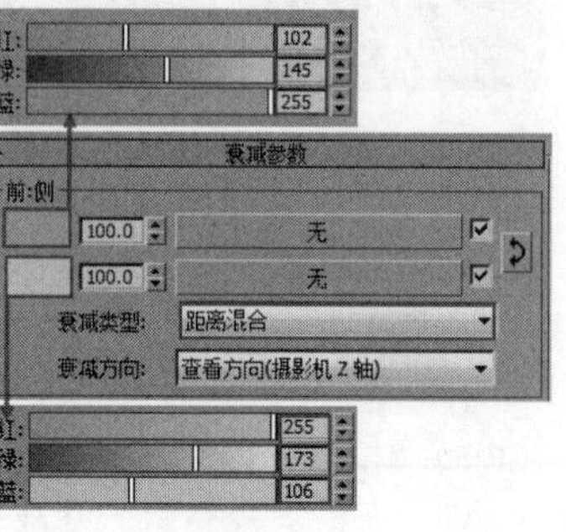

图9-184

图9-185

09 展开“贴图”卷展栏，然后在“反射”通道中加载一张“衰减”贴图，如图9-186所示。

贴图			
漫反射	100.0	☑	无
粗糙度	100.0	☑	无
自发光	100.0	☑	无
反射	100.0	☑	贴图 #185（Falloff）
高光光泽	100.0	☑	无

图9-186

10 进入“衰减”贴图，然后设置“衰减类型”为Fresnel，如图9-187所示，其效果如图9-188所示。

衰减参数
前:侧
100.0 无
100.0 无
衰减类型: Fresnel
衰减方向: 查看方向(摄影机 Z 轴)

图9-187　图9-188

技术专题 🅐 Fresnel反射原理

简单来讲，菲涅耳反射就是当视线垂直于物体表面时，反射较弱；当视线非垂直于物体表面时，夹角越小，反射越强烈。自然界的对象几乎都存在菲涅耳反射，金属也不例外，只是它的这种现象很弱，一般在制作材质时可以不开启Fresnel反射。

菲涅耳反射还有一种特性：物体表面的反射模糊也是随着角度的变化而变化，视线和物体表面法线的夹角越大，此处的反射模糊就会越少，也会更清晰。

而在实际制作材质时，勾选“菲涅耳反射”选项，或是添加Fresnel衰减类型的“衰减”贴图，都可以使材质更加真实。但这两种方法只能选择其中一种，不可同时使用。

“衰减”贴图的好处是，可以灵活调节反射的强度；勾选“菲涅耳反射”选项，可以调节“菲涅耳折射率”。读者可根据自己的习惯和实际情况选择合适的方法。

实战124 噪波贴图

场景位置	场景文件>CH09>14.max
实例位置	实例文件>CH09>噪波贴图.max
学习目标	掌握噪波贴图的使用方法

噪波贴图常用于制作水的波纹、材质的凹凸颗粒感。

材质创建

01 打开本书学习资源中的“场景文件>CH09>14.max”文件，这是一个浴缸模型，如图9-189所示。

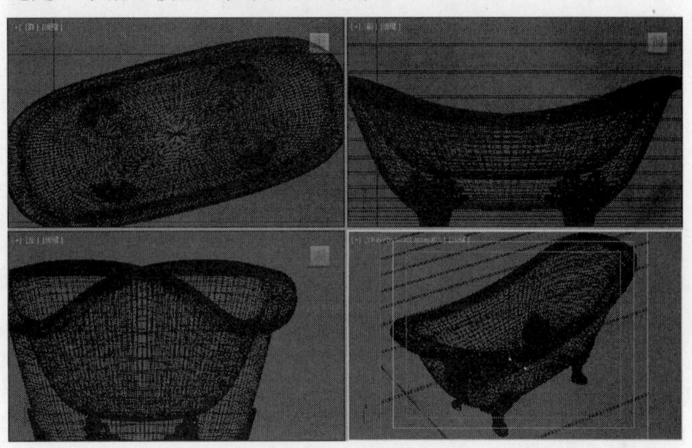

图9-189

02 按M键打开“材质编辑器”，然后选择一个空白材质球，再设置材质类型为VRayMtl材质，具体参数设置如图9-190所示。

设置步骤

① 设置“漫反射”颜色为绿色（R:10，G:12，B:12）。

② 设置“反射”颜色为绿色（R:194，G:215，B:215），然后设置“高光光泽”为0.9、“反射光泽”为1，最后勾选“菲涅耳反射”选项。

③ 设置“折射”颜色为绿色（R:194，G:215，B:215），然后设置“折射率”为1.33。

④ 在“凹凸”通道中加载一张“噪波”贴图，然后设置“噪波类型”为“分形”、“大小”为8、“级别”为5，最后设置“凹凸”强度为45。

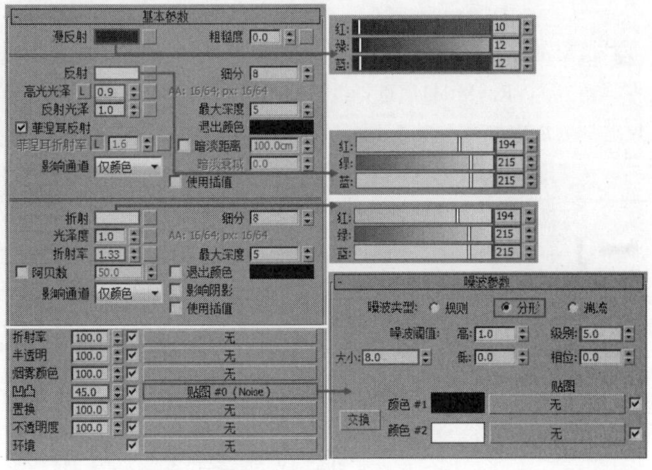

图9-190

03 将材质赋予水模型，然后按F9键渲染当前场景，最终效果如图9-191所示。

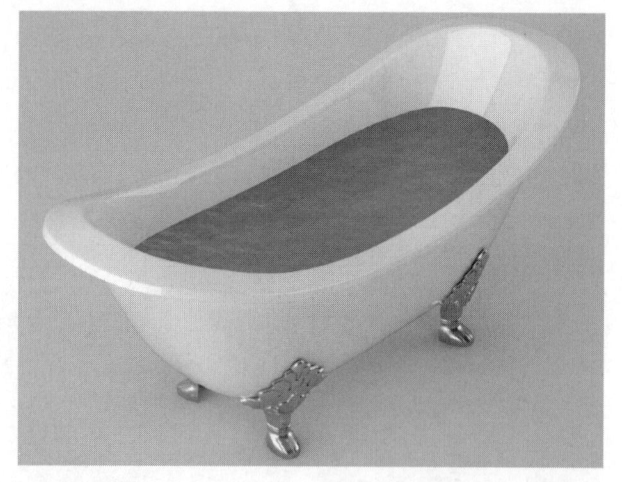

图9-191

知识回顾

◎ 工具：Noise

◎ 位置：材质编辑器>贴图>噪波

◎ 用途：模拟材质的波纹和颗粒感。

01 打开本书学习资源中的“场景文件>演示视屏>02.max”文件，这是一个材质展示球模型，如图9-192所示。

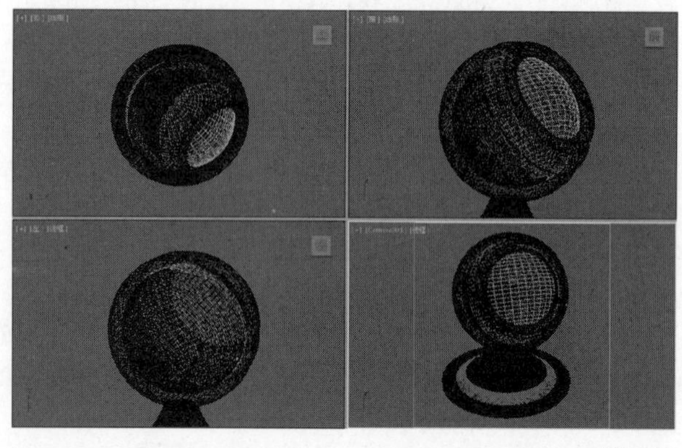

图9-192

02 按M键打开“材质编辑器”，然后选中一个空白材质球，将其转换为VRayMtl材质球，接着展开“贴图”卷展栏，在“漫反射”通道中加载一张“噪波”贴图，如图9-193所示。

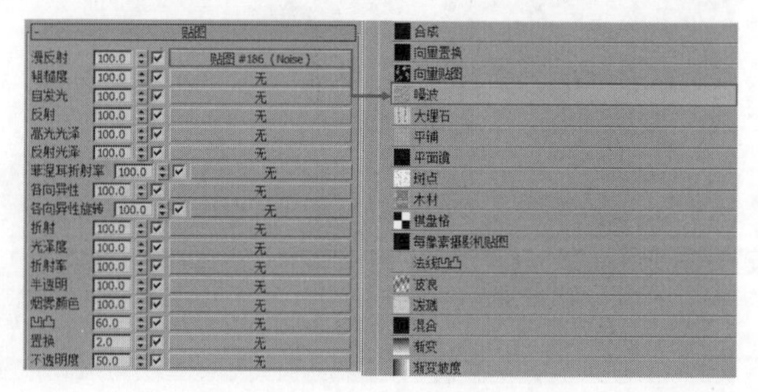

图9-193

03 进入“噪波”贴图，然后展开“噪波参数”卷展栏，设置“噪波类型”为“规则”、“大小”为0.05，如图9-194所示，其效果如图9-195所示。

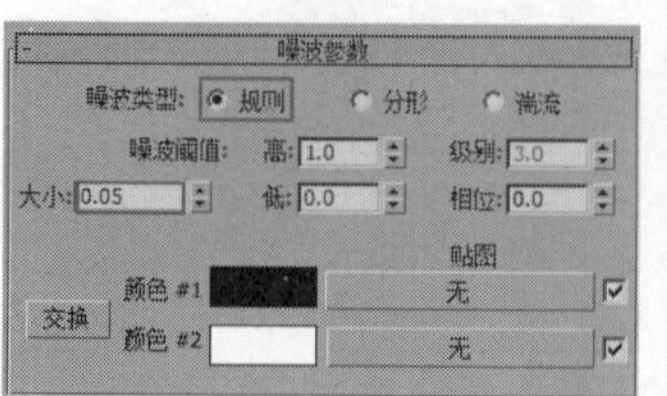

图9-194 图9-195

04 在“噪波参数”卷展栏中设置“噪波类型”为“分形”、“级别”为3，如图9-196所示，其效果如图9-197所示。

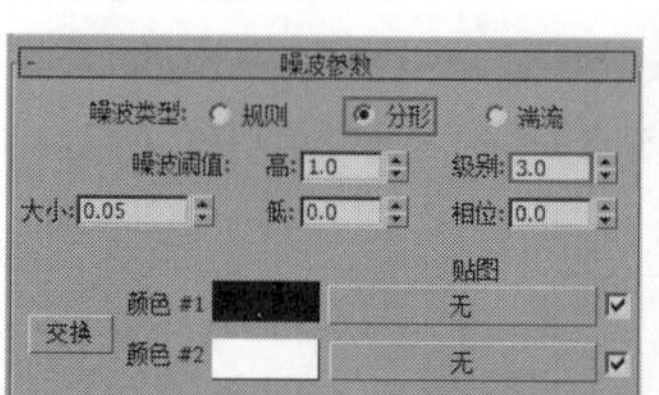

图9-196 图9-197

05 在“噪波参数”卷展栏中设置“噪波类型”为“分形”、“级别”为5，如图9-198所示，其效果如图9-199所示。

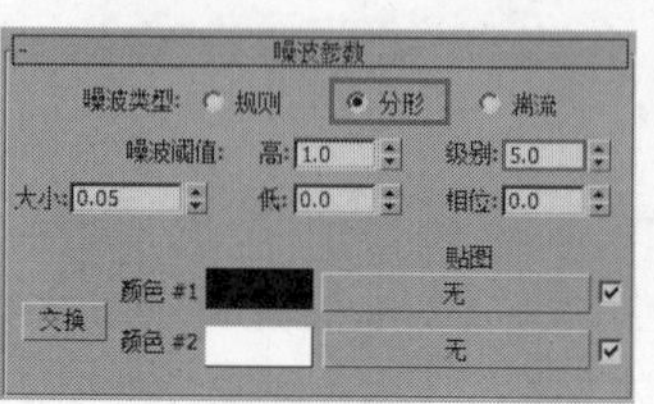

图9-198 图9-199

06 在“噪波参数”卷展栏中设置“噪波类型”为“湍流”、“级别”为3，如图9-200所示，其效果如图9-201所示。

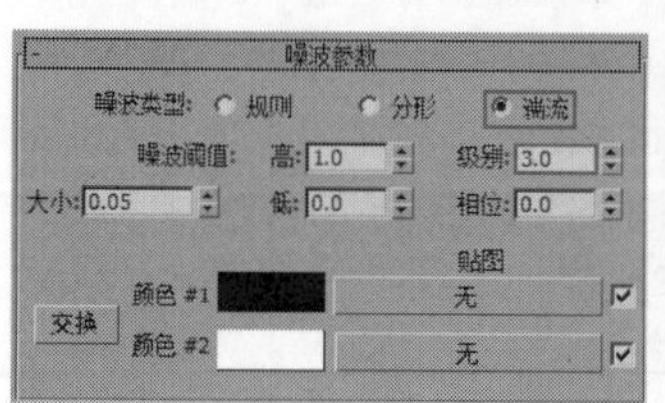

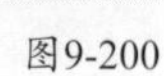

图9-200 图9-201

07 在“噪波参数”卷展栏中设置“噪波类型”为“湍流”、“大小”为0.1，如图9-202所示，其效果如图9-203所示。

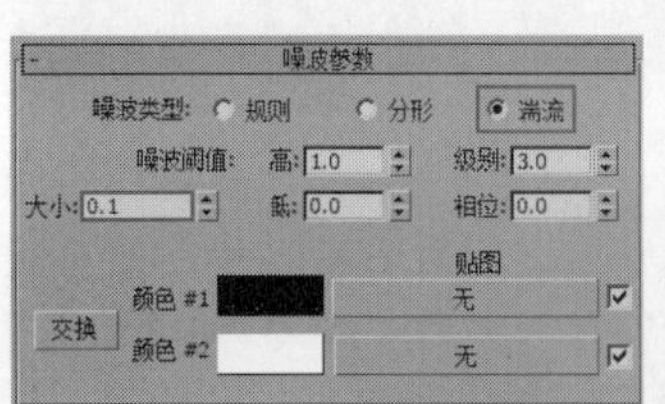

图9-202　　图9-203

技巧与提示

噪波的大小，除了用“噪波参数”卷展栏中的“大小”一栏控制外，还可以用UVW贴图的大小来控制。

实战125 混合贴图

场景位置　场景文件>CH09>15.max
实例位置　实例文件>CH09>混合贴图.max
学习目标　掌握混合贴图的制作方法

混合贴图的原理与混合材质类似，它是以贴图的形式加载在材质贴图通道中。

材质创建

01 打开本书学习资源中的“场景文件>CH09>15.max”文件，这是一个罐子模型，如图9-204所示。

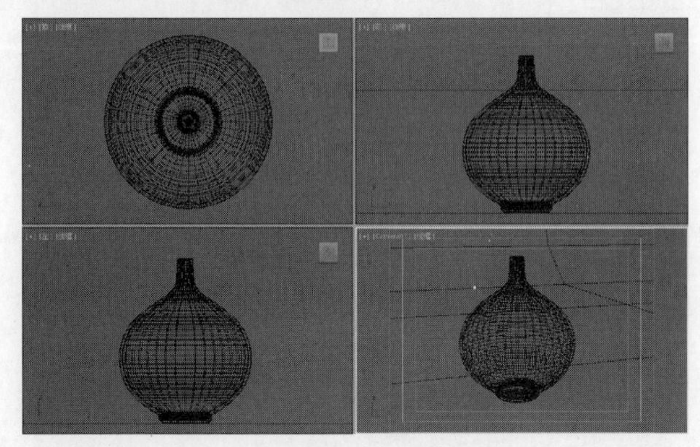

图9-204

02 按M键打开“材质编辑器”，然后选择一个空白材质球，再设置材质类型为VRayMtl材质，具体参数设置如图9-205所示。

设置步骤

① 在“漫反射”通道中加载一张“混合”贴图，然后设置“颜色#1”为蓝色（R:2，G:11，B:25）、“颜色#2”为黄色（R:227，G:191，B:148），接着在“混合量”通道中加载一张本书学习资源中的“实例文件>CH09>混合贴图>226872.jpg”贴图。

② 设置“反射”颜色为白色（R:255，G:255，B:255），然后设置“高光光泽”为0.8、“反射光泽”为0.85，最后勾选“菲涅耳反射”选项。

③ 在“凹凸”通道中加载一张本书学习资源中的“实例文件>CH09>混合贴图>226872.jpg”贴图，然后设置“凹凸”强度为30。

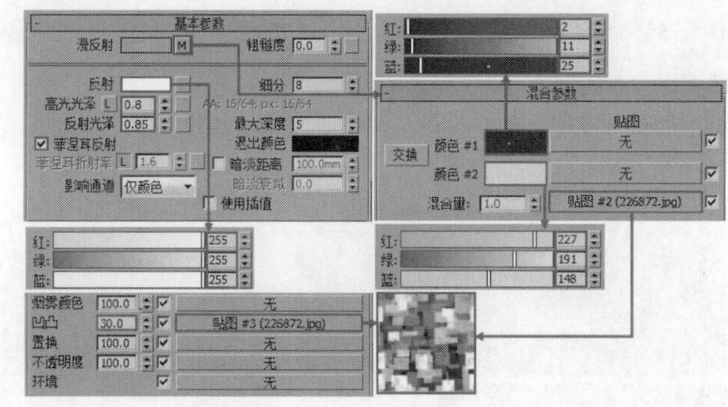

图9-205

03 将材质赋予罐子模型，然后按F9键渲染当前场景，最终效果如图9-206所示。

图9-206

知识回顾

◎ 工具：Mix
◎ 位置：材质编辑器>贴图>混合
◎ 用途：将两种颜色或贴图以黑白贴图的形式混合为一张贴图。

01 打开本书学习资源中的“场景文件>演示视屏>02.max”文件，这是一个材质展示球模型，如图9-207所示。

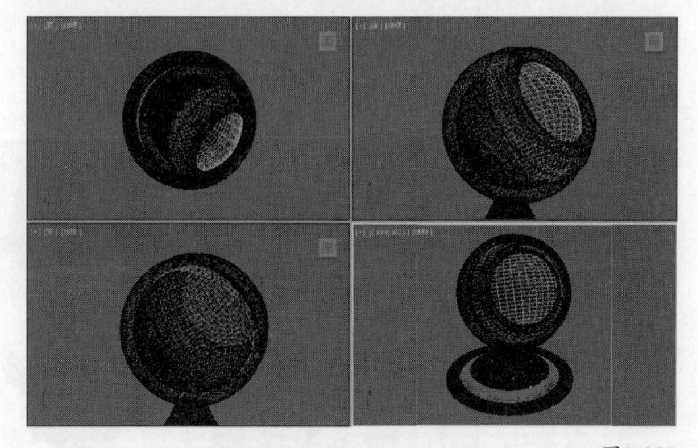

图9-207

02 按M键打开“材质编辑器”，然后选中一个空白材质球，将其转换为VRayMtl材质球，接着展开“贴图”卷展栏，在“漫反射”通道中加载一张“混合”贴图，如图9-208所示。

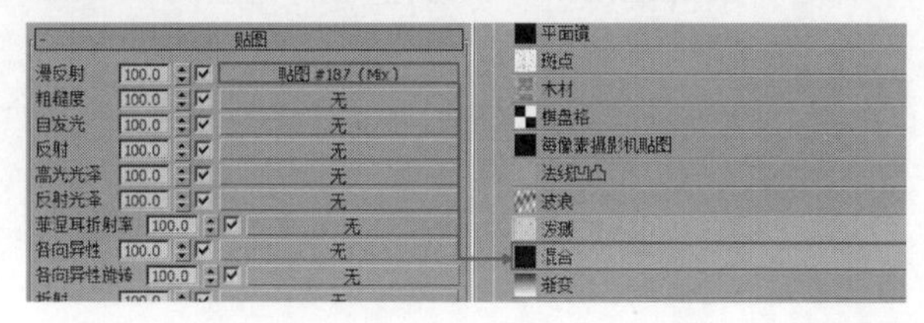

图9-208

03 进入“混合”贴图，然后设置“颜色#1”为蓝色（R:60，G:147，B:255）、“颜色#2”为白色（R:255，G:255，B:255），接着在“混合量”通道中加载一张“棋盘格”贴图，如图9-209所示，其效果如图9-210所示。

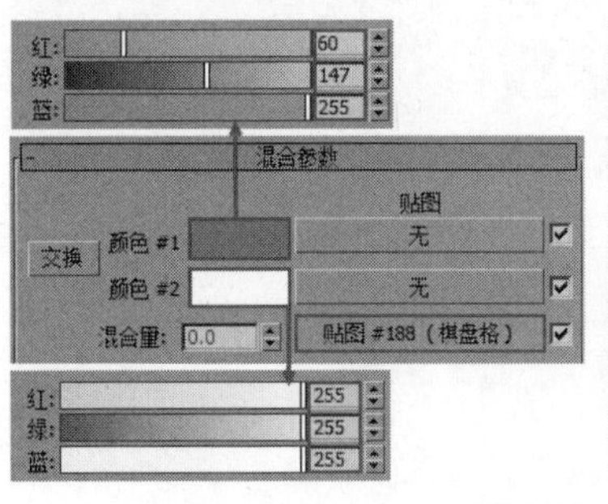

图9-209

图9-210

技巧与提示

“混合贴图”与“混合材质”的参数类似，用法也相似。不同的是，“混合贴图”是作为材质的贴图，所展现的两种材质属性都依托原有材质参数，而“混合材质”则可以展现两种完全不同的材质效果，读者可根据实际情况选择使用。

实战126 VRayHDIR贴图

场景位置　场景文件>CH09>16.max
实例位置　实例文件>CH09>实例：VRayHDIR贴图.max
学习目标　掌握VRayHDIR贴图的使用方法

VRayHDIR贴图是一种带照明信息的贴图，可以作为环境照明使用，也可以作为材质环境反射使用。使用VRayHDIR贴图作为环境照明，能让场景光线看起来更加柔和、真实。

材质创建

01 打开本书学习资源中的“场景文件>CH09>16.max”文件，场景中是一个茶壶模型，如图9-211所示。

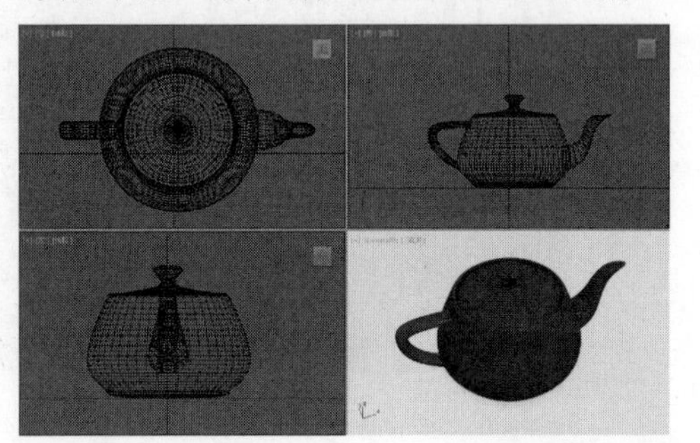

图9-211

02 按8键打开“环境和效果”面板，然后在“环境贴图”通道中加载一张VRayHDRI贴图，如图9-212所示。

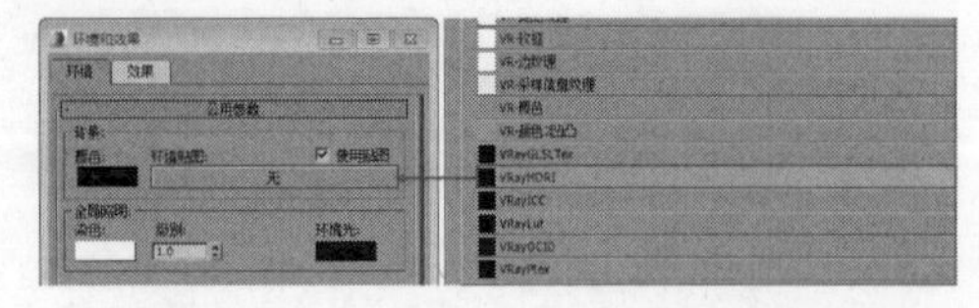

图9-212

03 按M键打开“材质编辑器”，然后将“环境贴图”通道中的VRayHDRI贴图以“实例”的形式复制到一个空白材质球上，如图9-213所示。

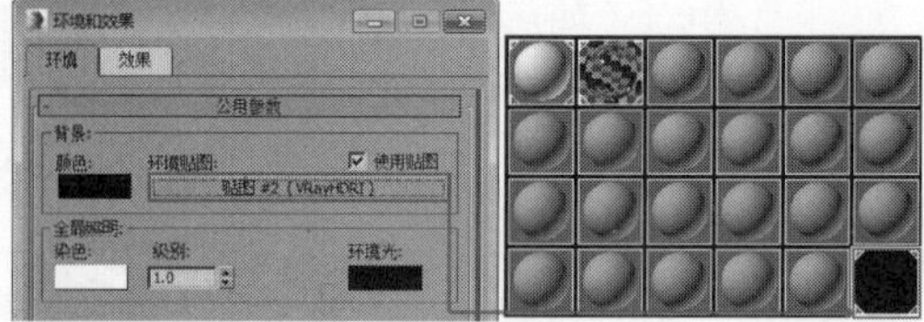

图9-213

04 展开“参数”卷展栏，然后在“位图”通道中加载一张本书学习资源中的“实例文件>CH09>实例：VRayHDIR贴图>hdr (04).hdr”文件，如图9-214所示。

图9-214

05 在“参数”卷展栏中，设置“贴图类型”为“球形”，如图9-215所示。

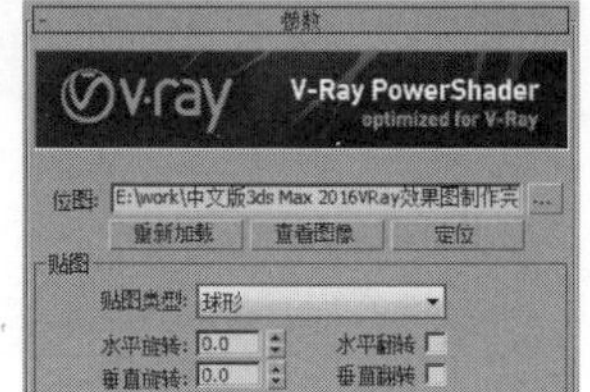

图9-215

06 按快捷键Alt+B打开“视口配置”对话框，然后切换到“背景”选项卡，接着选择“使用环境背景”选项，最后单击“确定”按钮 确定 ，如图9-216所示。

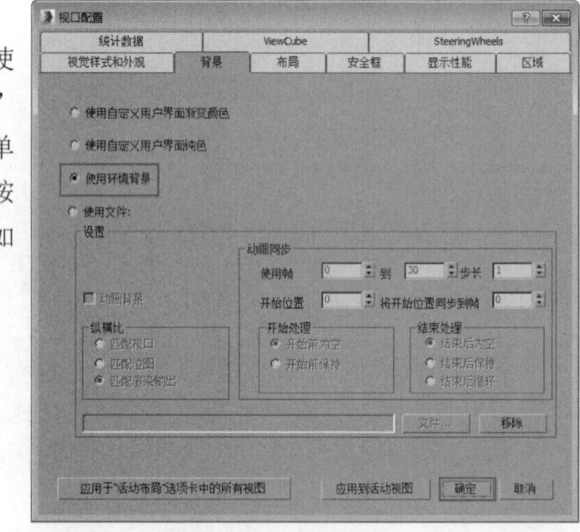

图9-216

07 按F9键渲染当前场景，如图9-217所示。

图9-217

知识回顾

◎ 工具：VRayHDRI
◎ 位置：材质球编辑器>贴图>VRayHDRI
◎ 用途：作为环境照明使用，也可以作为材质环境反射使用。

01 打开本书学习资源中的“场景文件>演示视屏>02.max”文件，这是一个材质展示球模型，如图9-218所示。

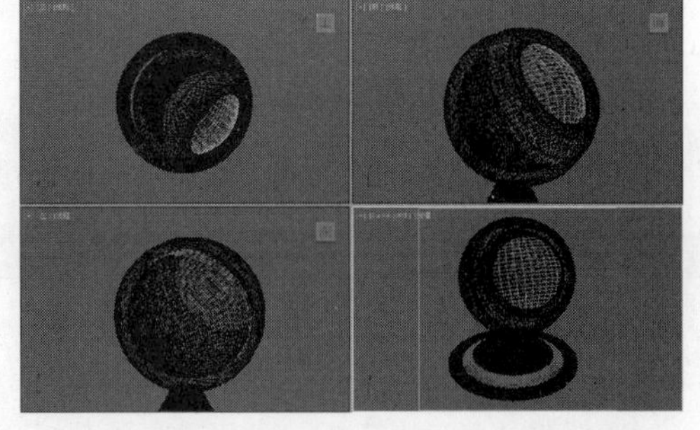

图9-218

02 按M键打开“材质编辑器”，然后选中一个空白材质球，将其转换为VRayMtl材质球，接着按8键打开“环境和效果”面板，再在“环境贴图”通道中加载一张VRayHDRI贴图，如图9-219所示。

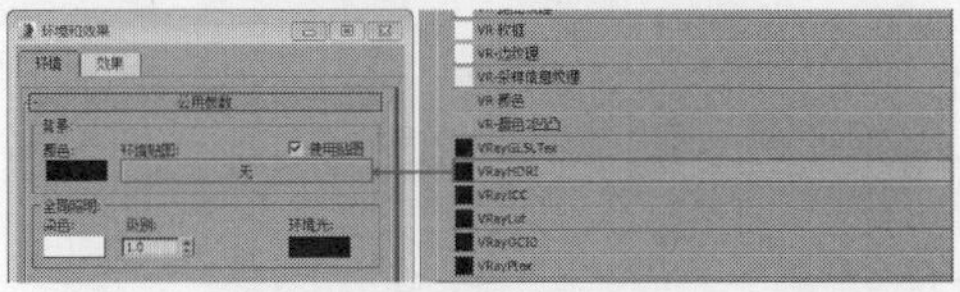

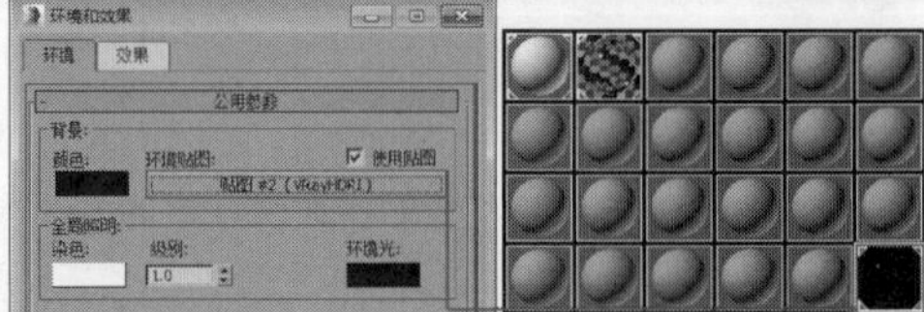

图9-219

03 在“材质编辑器”中，将“环境贴图”通道中的VRayHDRI贴图以“实例”的形式复制到一个空白材质球上，如图9-220所示。

图9-220

04 展开“参数”卷展栏，然后在“位图”通道中加载一张本书学习资源中的“实例文件>CH09>实例：VRayHDIR贴图> hdr(04).hdr”文件，如图9-221所示。

图9-221

05 在“参数”卷展栏中，设置“贴图类型”为“球形”，如图9-222所示。

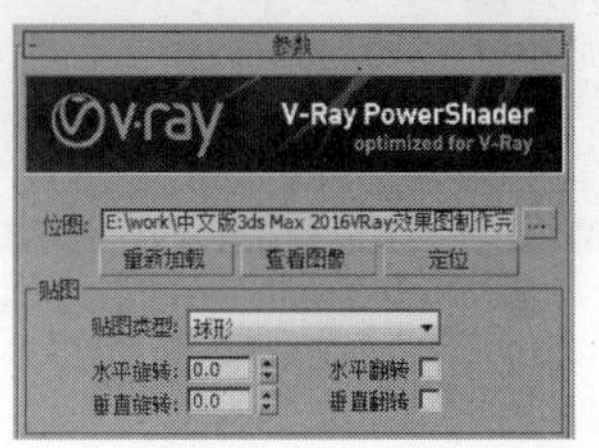

图9-222

06 按快捷键Alt＋B打开“视口配置”对话框，然后切换到“背景”选项卡，接着选择“使用环境背景”选项，最后单击“确定”按钮 确定 ，如图9-223所示。

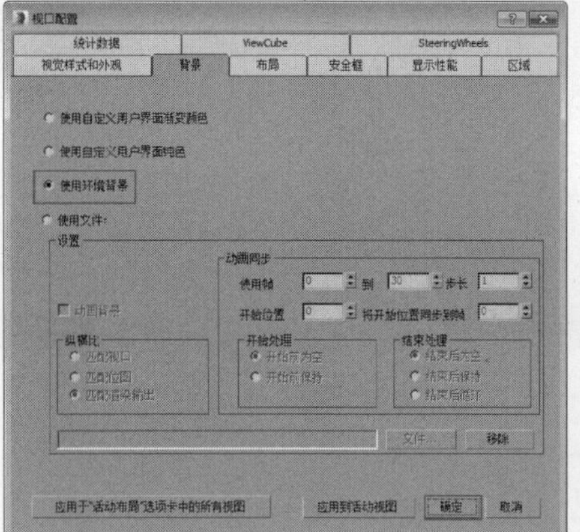

图9-223

07 按F9键渲染当前场景，如图9-224所示。

图9-224

08 在“参数”卷展栏中，设置“全局倍增”为2，如图9-225所示，然后按F9键渲染当前场景，如图9-226所示。可以观察到，画面的亮度随着数值的增大而增大。

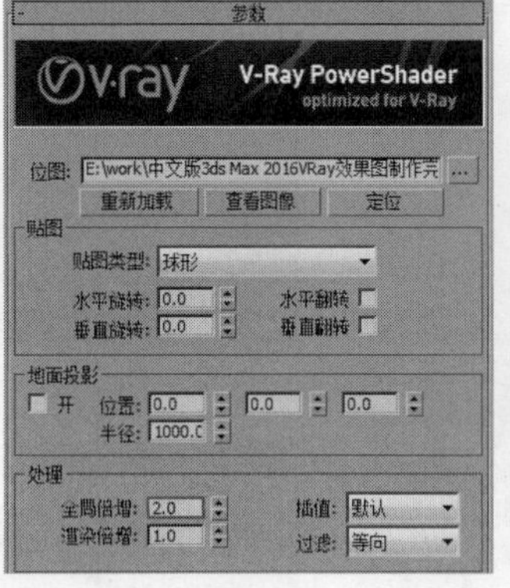

图9-225

图9-226

09 在“参数”卷展栏中，设置“水平旋转”为100，如图9-227所示，然后按F9键渲染场景，效果如图9-228所示。可以观察到，画面的高光位置随着贴图的改变而改变，这个数值可以控制物体产生高光的位置以及反射的效果。

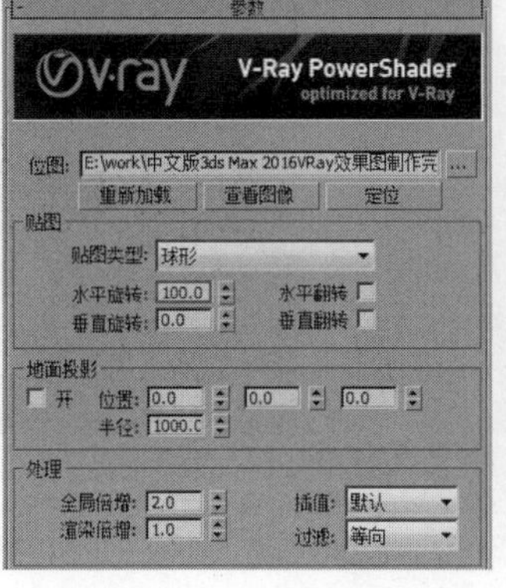

图9-227

图9-228

技术专题

疑难问答

技巧与提示

Learning Objectives
学习要点

Employment Direction
从业方向

家具造型师

建筑设计表现师

工业设计师

室内设计表现师

第10章 室内效果图常用的材质

本章将介绍室内效果图常用的材质，涵盖墙面、地面、家具、金属、玻璃等九大类日常效果图会用到的材质。

实战127 乳胶漆材质

场景位置	场景文件>CH10>01.max
实例位置	实例文件>CH10>乳胶漆材质.max
学习目标	乳胶漆材质的参数

案例效果如图10-1所示。乳胶漆材质的模拟效果如图10-2所示。

图10-1

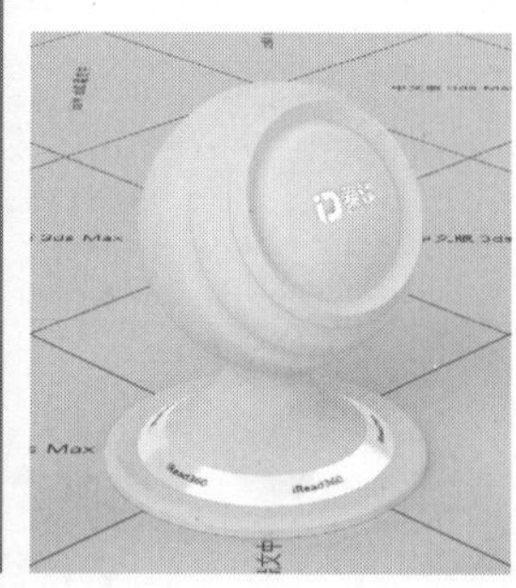

图10-2

01 打开本书学习资源中的“场景文件>CH10>01.max”文件，如图10-3所示。

图10-3

02 进入摄影机视图，然后打开“材质编辑器”，接着选择一个空白材质球，再设置材质类型为VRayMtl材质，具体参数设置如图10-4所示。

设置步骤

① 设置“漫反射”颜色为黄色（R:255，G:224，B:171）。

② 设置“反射”颜色为黑色（R:0，G:0，B:0），然后设置“细分”为12。

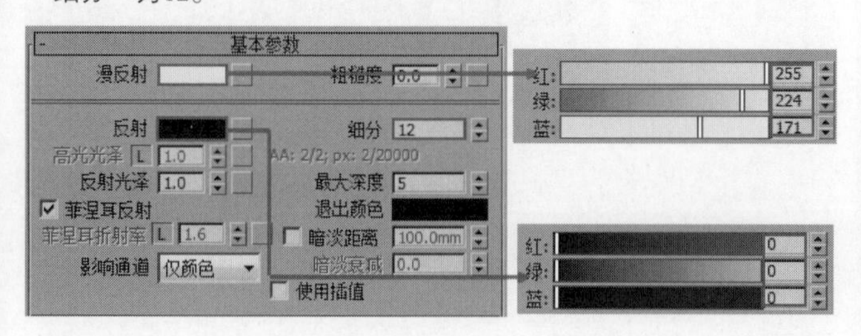

图10-4

03 将制作好的材质指定给场景中的模型，然后按F9键渲染当前场景，最终效果如图10-5所示。

图10-5

技巧与提示

乳胶漆材质是较为粗糙的材质，反射很弱，因此不需要调整反射。若是带纹理的乳胶漆材质，可在“凹凸”通道中添加纹理贴图。

实战128 壁纸材质

场景位置	场景文件>CH10>02.max
实例位置	实例文件>CH10>壁纸材质.max
学习目标	壁纸材质的参数

案例效果如图10-6所示。壁纸材质的模拟效果如图10-7所示。

01 打开本书学习资源中的“场景文件>CH10>02.max”文件，如图10-8所示。

图10-6

图10-7

图10-8

02 进入摄影机视图，然后打开“材质编辑器”，接着选择一个空白材质球，再设置材质类型为“混合”材质，并将原有材质保存为其子材质，如图10-9所示。

03 进入“混合”材质，然后设置“材质1”与“材质2”都为VRayMtl材质，如图10-10所示。

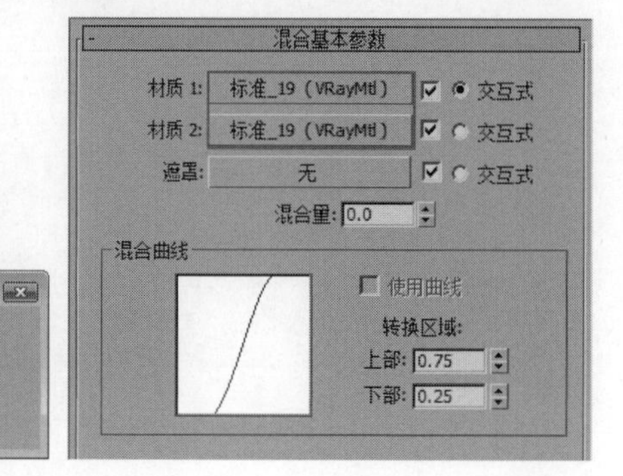

图10-9　　图10-10

04 进入“材质1”，具体参数设置如图10-11所示。

设置步骤

① 设置“漫反射”颜色为黑色（R:34，G:34，B:34）。

② 设置“反射”颜色为灰色（R:193，G:193，B:193），然后取消勾选“菲涅耳反射”选项，接着设置“高光光泽”为0.75、“反射光泽”为0.88。

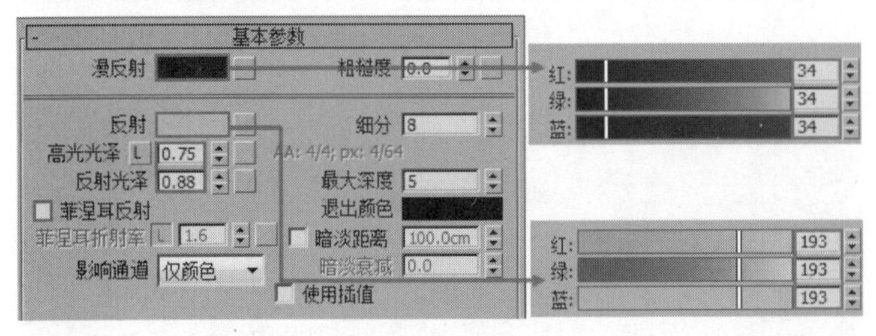

图10-11

05 进入“材质2”，具体参数设置如图10-12所示。

设置步骤

① 设置“漫反射”颜色为红色（R:223，G:63，B:63）。

② 设置“反射”颜色为黑色（R:0，G:0，B:0），然后设置“高光光泽”为0.68、“反射光泽”为0.7。

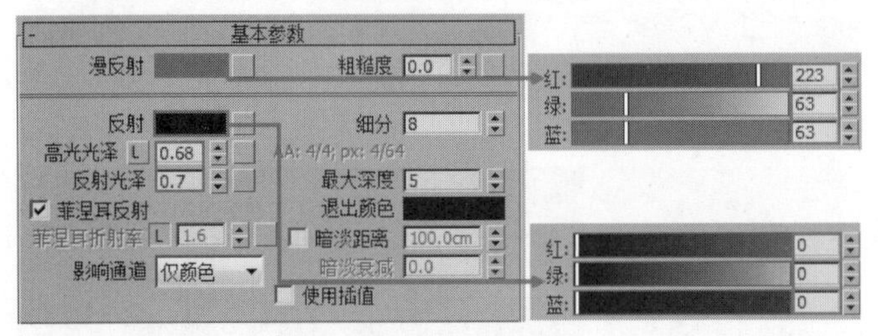

图10-12

06 返回“混合”材质面板，然后在“遮罩”通道中添加一张本书学习资源中的“实例文件>CH010>壁纸材质>BK32062.jpg”贴图，如图10-13所示。材质球效果如图10-14所示。

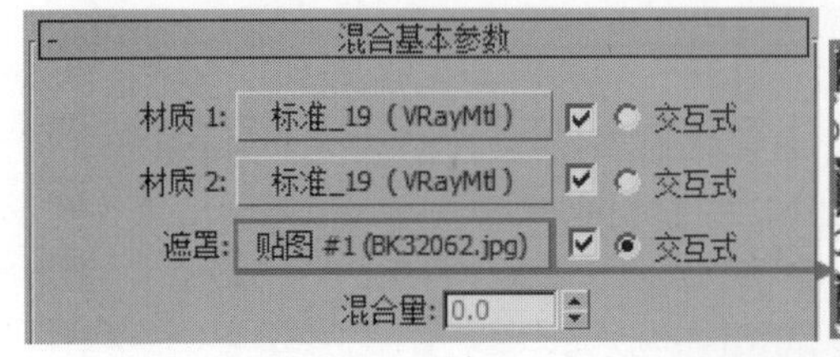

图10-13

图10-14

07 将制作好的材质指定给场景中的模型，然后给模型加载一个“UVW贴图”修改器，接着设置“贴图类型”为“长方体”，再设置“长度”为600mm、“宽度”为600mm、“高度”为600mm，如图10-15所示。

08 按F9键渲染当前场景，最终效果如图10-16所示。

图10-15

图10-16

实战129 石材材质

场景位置 场景文件>CH10>03.max
实例位置 实例文件>CH10>石材材质.max
学习目标 石材材质的参数

案例效果如图10-17所示。石材材质的模拟效果如图10-18所示。

图10-17

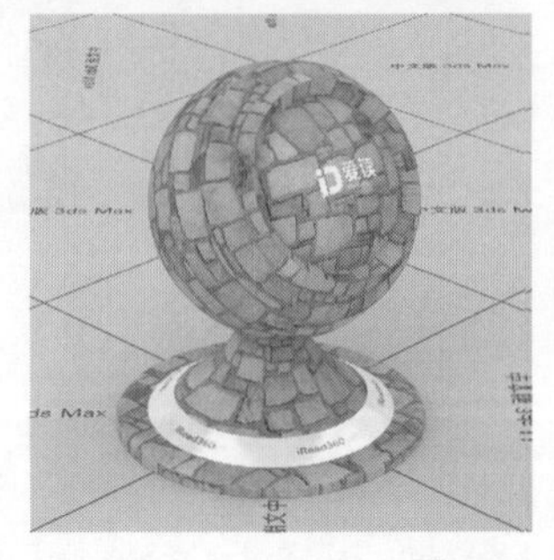

图10-18

01 打开本书学习资源中的“场景文件>CH10>03.max”文件，

如图10-19所示。

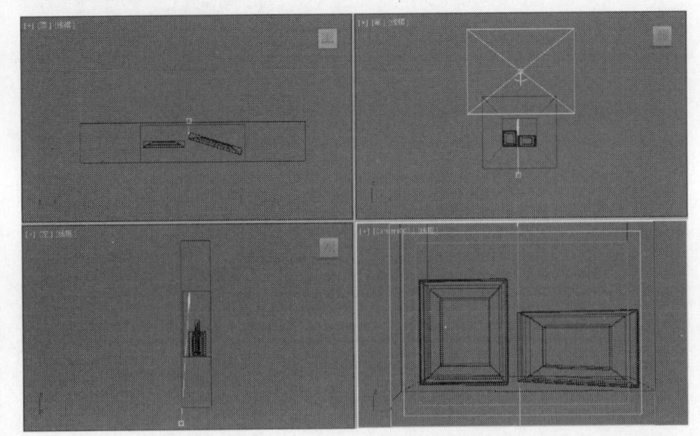

图10-19

02 进入摄影机视图，然后打开“材质编辑器”，接着选择一个空白材质球，再设置材质类型为VRayMtl材质，具体参数设置如图10-20所示。

设置步骤

① 在“漫反射”通道中加载一张本书学习资源中的“实例文件>CH10>石材材质> flag18L.jpg”贴图。

② 设置“反射”颜色为黑色（R:17，G:17，B:17），然后设置“高光光泽”为0.68、“反射光泽”为0.65、“细分”为12。

③ 展开“贴图”卷展栏，将“漫反射”通道中的贴图向下复制到“凹凸”通道，并设置“凹凸”强度为60。

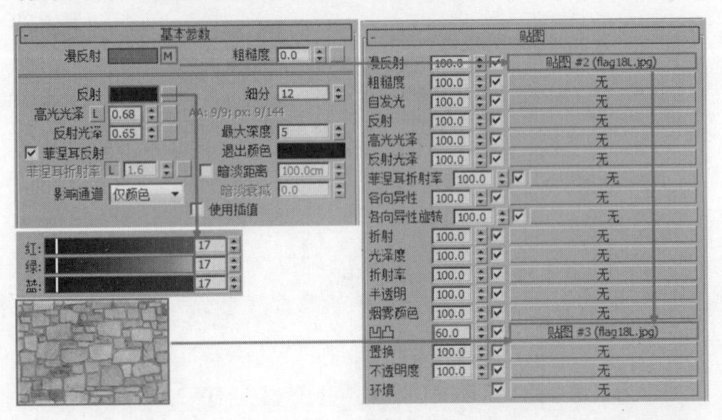

图10-20

03 将制作好的材质指定给场景中的模型，然后按F9键渲染当前场景，最终效果如图10-21所示。

图10-21

实战130 木地板材质

场景位置	场景文件>CH10>04.max
实例位置	实例文件>CH10>木地板材质.max
学习目标	木地板材质的参数

案例效果如图10-22所示。木地板材质的模拟效果如图10-23所示。

图10-22

图10-23

01 打开本书学习资源中的“场景文件>CH10>04.max”文件，如图10-24所示。

图10-24

02 进入摄影机视图，然后打开“材质编辑器”，接着选择一个空白材质球，再设置材质类型为VRayMtl材质，具体参数设置如图10-25所示。

设置步骤

① 在“漫反射”通道中加载一张本书学习资源中的“实例文件>CH10>石材材质>WW-038.jpg”贴图。

② 设置“反射”颜色为黑色（R:161，G:161，B:161），然后设置“高光光泽”为0.85、“反射光泽”为0.9、“细分”为12。

③ 展开“贴图”卷展栏，将“漫反射”通道中的贴图向下复制到“凹凸”通道，并设置“凹凸”强度为45。

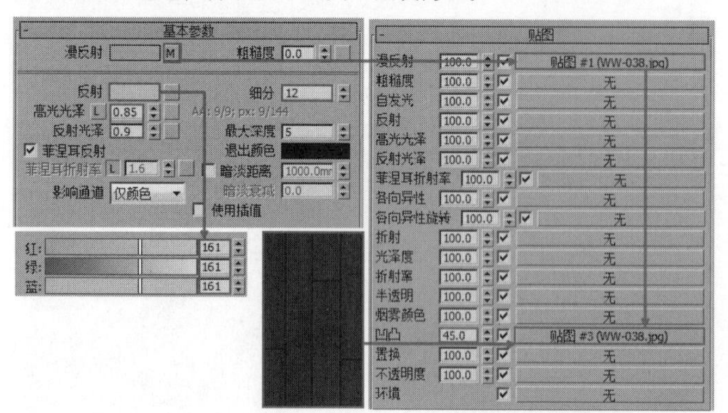

图10-25

03 将制作好的材质指定给场景中的模型，然后按F9键渲染当前场景，最终效果如图10-26所示。

图10-26

实战131 地砖材质

场景位置	场景文件>CH10>05.max
实例位置	实例文件>CH10>地砖材质.max
学习目标	地砖材质的参数

案例效果如图10-27所示。地砖材质的模拟效果如图10-28所示。

图10-27

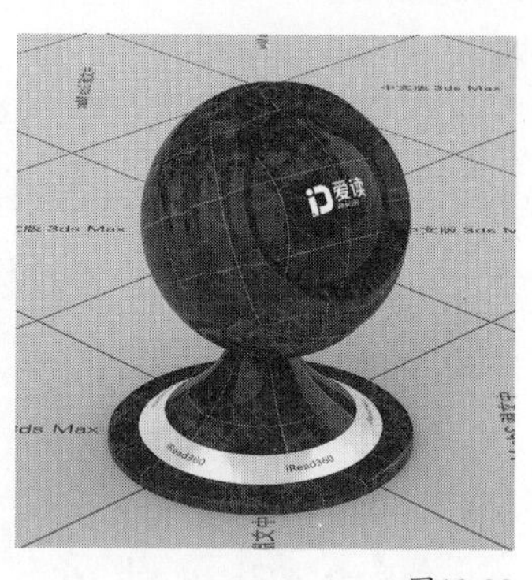

图10-28

01 打开本书学习资源中的“场景文件>CH10>05.max”文件，如图10-29所示。

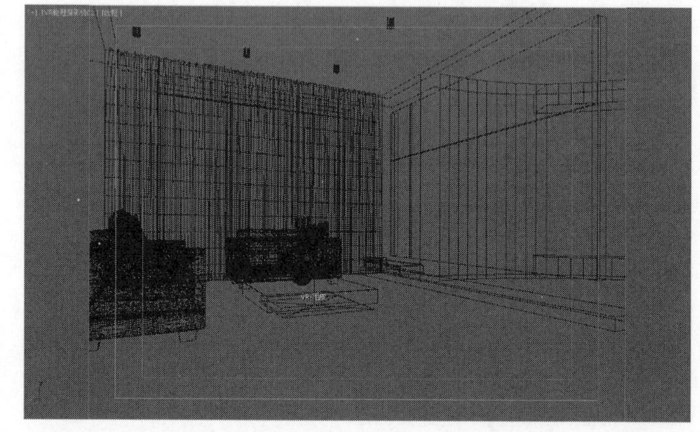

图10-29

02 进入摄影机视图，然后打开“材质编辑器”，接着选择一个空白材质球，再设置材质类型为VRayMtl材质，最后在“漫反射”通道中加载一张“平铺”贴图，具体参数设置如图10-30所示。

设置步骤

① 在“标准控制”卷展栏中，设置“预设类型”为“堆栈砌合”。

② 在“高级控制”卷展栏中，在“平铺纹理”通道中加载一张本书学习资源中的“实例文件>CH10>地砖材质>DW262.jpg”贴图。

③ 在“高级控制”卷展栏中，设置“砖缝颜色”为白色（R:230，G:230，B:230）、“水平间距”和“垂直间距”都为0.05。

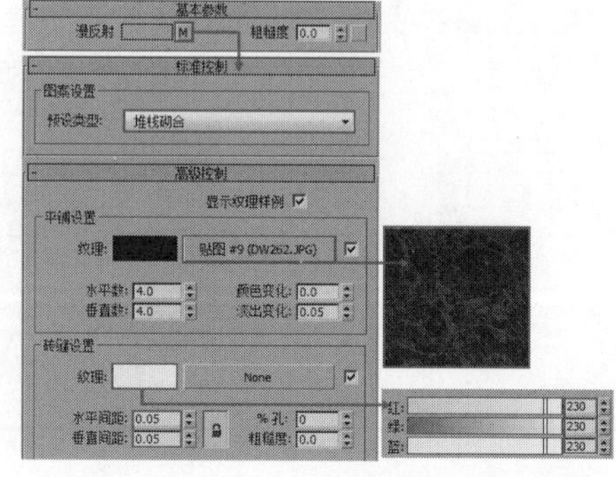

图10-30

03 返回VRayMtl材质球面板，然后设置“反射”颜色为灰色（R:200，G:200，B:200）、“高光光泽”为0.88、“反射光泽”为0.95、“细分”为16，如图10-31所示。

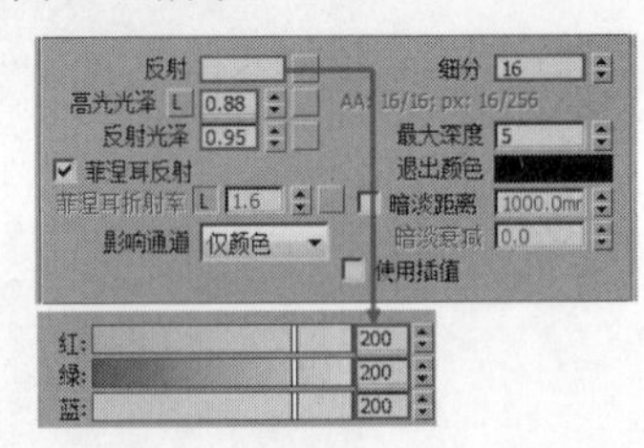

图10-31

04 将制作好的材质指定给场景中的模型，然后给模型加载一个“UVW贴图”修改器，接着设置“贴图类型”为“平面”，再设置“长度”为1600mm、“宽度”为1600mm，如图10-32所示。

05 按F9键渲染当前场景，最终效果如图10-33所示。

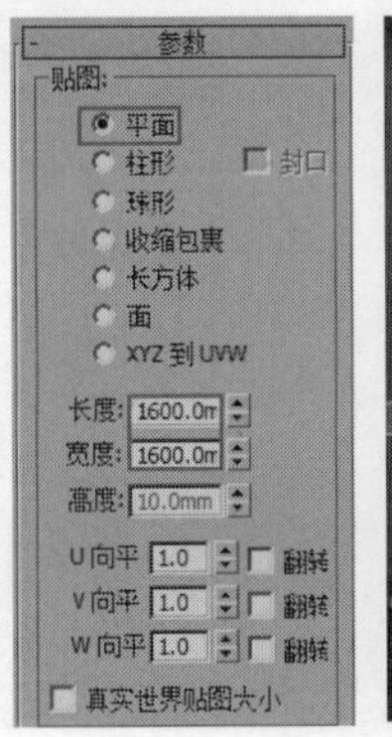

图10-32 图10-33

实战132 水泥材质

场景位置	场景文件>CH10>06.max
实例位置	实例文件>CH10>水泥材质.max
学习目标	水泥材质的参数

案例效果如图10-34所示。水泥材质的模拟效果如图10-35所示。

图10-34

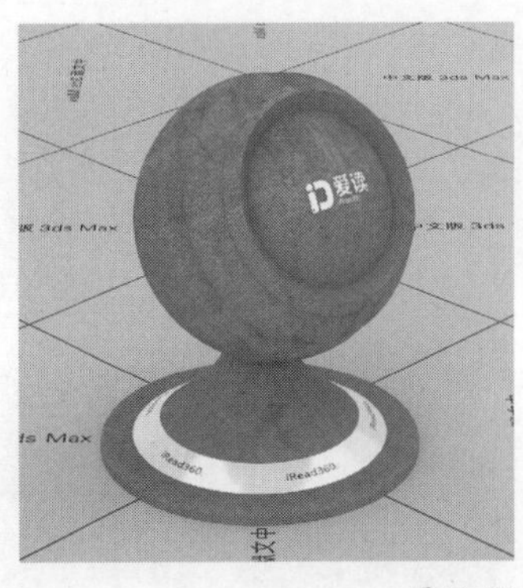

图10-35

01 打开本书学习资源中的“场景文件>CH10>06.max”文件，如图10-36所示。

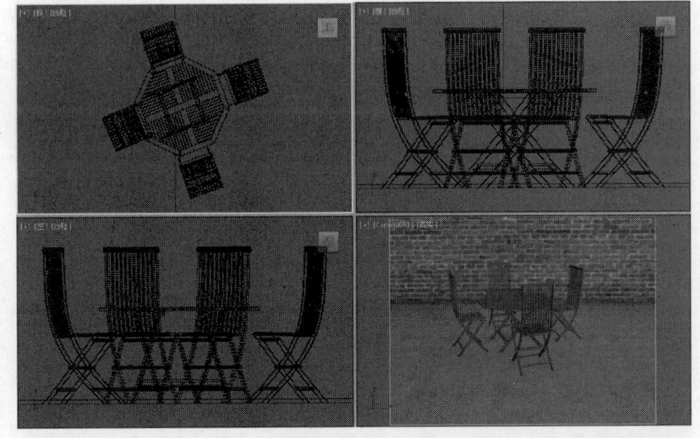

图10-36

02 进入摄影机视图，然后打开“材质编辑器”，接着选择一个空白材质球，再设置材质类型为VRayMtl材质，具体参数设置如图10-37所示。

设置步骤

① 在“漫反射”通道中加载一张本书学习资源中的“实例文件>CH10>水泥材质>205811.jpg”贴图。

② 设置“反射”颜色为黑色（R:18，G:18，B:18）、“高光光泽”为0.7、“反射光泽”为0.65。

③ 在“贴图”卷展栏中，将“漫反射”通道中的贴图向下复制到“凹凸”通道，然后设置“凹凸”强度为45。

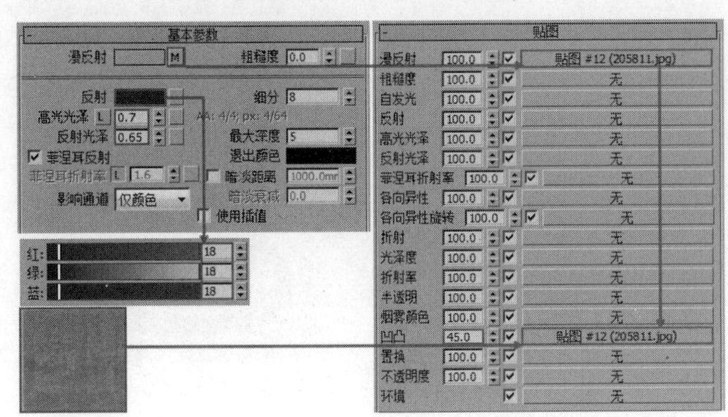

图10-37

03 将制作好的材质指定给场景中的模型，然后给模型加载一个“UVW贴图”修改器，接着设置“贴图类型”为“平面”，再设置“长度”为600mm、“宽度”为600mm，如图10-38所示。

04 按F9键渲染当前视图，最终效果如图10-39所示。

图10-38

图10-39

实战133 原木材质

场景位置 场景文件>CH10>07.max
实例位置 实例文件>CH10>原木材质.max
学习目标 原木材质的参数

案例效果如图10-40所示。原木材质的模拟效果如图10-41所示。

图10-40

图10-41

01 打开本书学习资源中的“场景文件>CH10>07.max”文件，如图10-42所示。

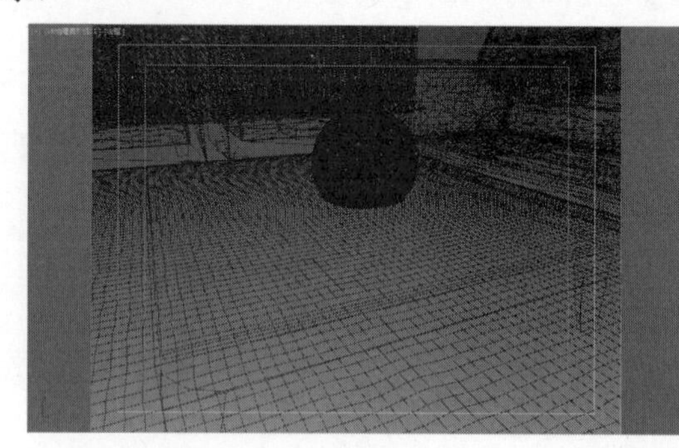

图10-42

02 进入摄影机视图，然后打开“材质编辑器”，接着选择一个空白材质球，再设置材质类型为VRayMtl材质，具体参数设置如图10-43所示。

设置步骤

① 在“漫反射”通道中加载一张本书学习资源中的“实例文件>CH10>原木材质>铁刀木（山）.jpg”贴图。

② 设置“反射”颜色为灰色（R:37，G:37，B:37）、“高光光泽”为0.75、“反射光泽”为0.7、“细分”为12。

③ 在“贴图”卷展栏中，将“漫反射”通道中的贴图向下复制到“凹凸”通道，然后设置“凹凸”强度为30。

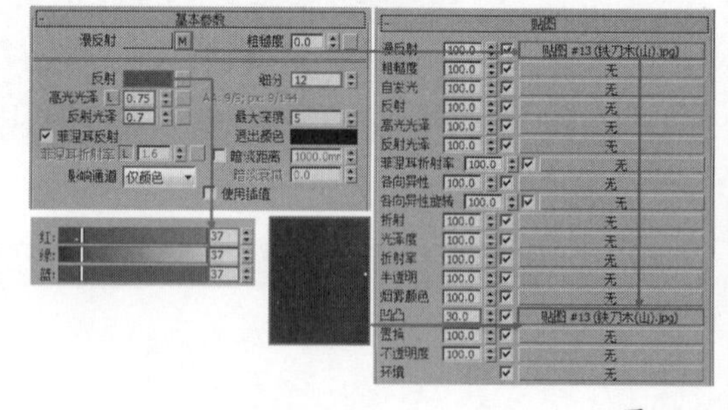

图10-43

03 将制作好的材质指定给场景中的模型，然后给模型加载一个“UVW贴图”修改器，接着设置“贴图”为“长方体”，再设置“长度”为2000mm、“宽度”为900mm、“高度”为900mm，如图10-44所示。

04 按F9键渲染当前场景，最终效果如图10-45所示。

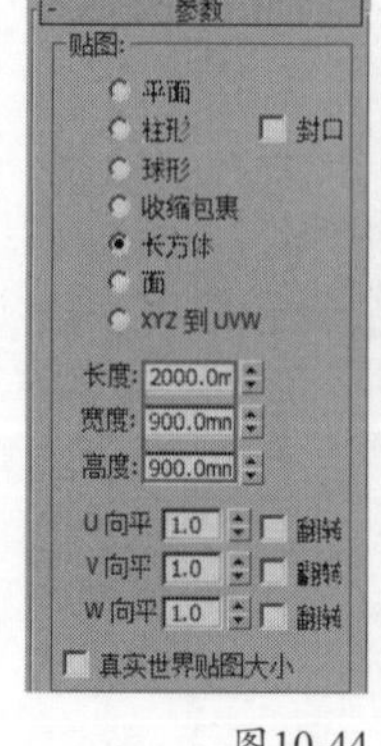

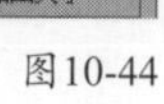

图10-44

图10-45

实战134 清漆木纹材质

场景位置	场景文件>CH10>08.max
实例位置	实例文件>CH10>清漆木纹材质.max
学习目标	清漆木纹材质的参数

案例效果如图10-46所示。清漆木纹材质的模拟效果如图10-47所示。

图10-46

图10-47

01 打开本书学习资源中的“场景文件>CH10>08.max”文件，如图10-48所示。

图10-48

02 进入摄影机视图，然后打开“材质编辑器”，接着选择一个空白材质球，再设置材质类型为VRayMtl材质，具体参数设置如图10-49所示。

设置步骤

① 在“漫反射”通道中加载一张本书学习资源中的“实例文件>CH10>清漆木纹材质>040.jpg”贴图。

② 设置“反射”颜色为灰色（R:50，G:50，B:50）、“高光光泽”为0.8、“反射光泽”为0.87、“细分”为12，然后取消勾选“菲涅耳反射”选项。

03 将材质赋予书桌、椅子和柜子模型，然后按F9键渲染当前场景，最终效果如图10-50所示。

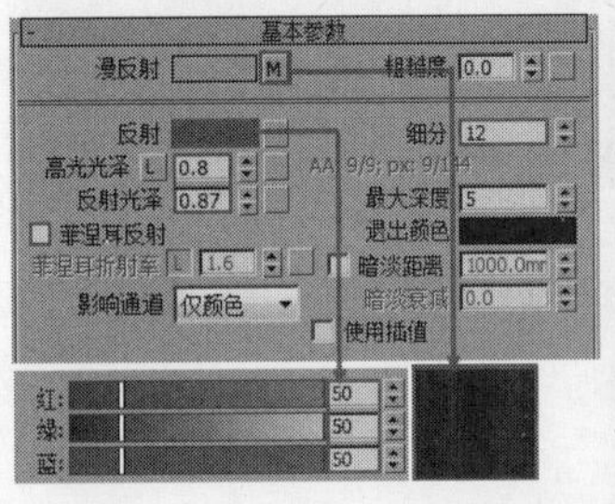

图10-49

图10-50

实战135 竹藤材质

场景位置	场景文件>CH10>09.max
实例位置	实例文件>CH10>竹藤材质.max
学习目标	竹藤材质的参数

案例效果如图10-51所示。竹藤材质的模拟效果如图10-52所示。

图10-51

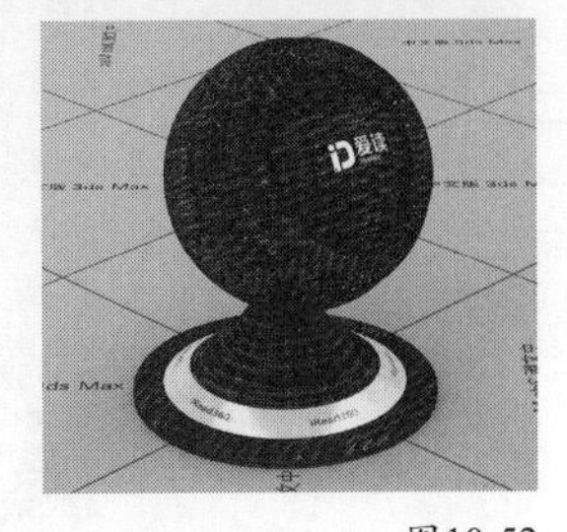

图10-52

01 打开本书学习资源中的“场景文件>CH10>09.max”文件，如图10-53所示。

图10-53

02 进入摄影机视图，然后打开“材质编辑器”，接着选择一个空白材质球，再设置材质类型为VRayMtl材质，具体参数设置如图10-54所示。

设置步骤

① 在“漫反射”通道中加载一张本书学习资源中的“实例文件>CH10>竹藤材质>藤编.jpg”贴图。

② 设置“反射”颜色为灰色（R:59，G:59，B:59）、“高光光泽”为0.8、“反射光泽”为0.88、“细分”为12。

③ 展开“贴图”卷展栏，然后在“凹凸”通道中添加一张本书学习资源中的“实例文件>CH10>竹藤材质>藤编op.jpg”贴图，接着设置“凹凸”强度为30。

④ 将凹凸通道中的贴图向下复制到“不透明度”通道中。

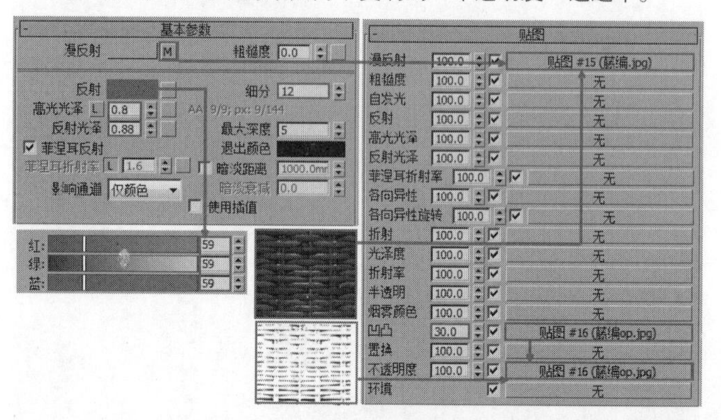

图10-54

03 将材质赋予椅子模型，然后按F9键渲染当前场景，最终效果如图10-55所示。

图10-55

实战136 高光塑料材质

场景位置　场景文件>CH10>10.max
实例位置　实例文件>CH10>高光塑料材质.max
学习目标　高光塑料材质的参数

案例效果如图10-56所示。高光塑料材质的模拟效果如图10-57所示。

图10-56

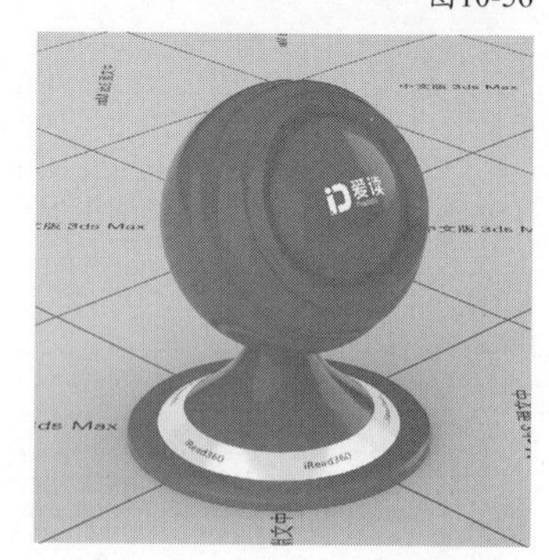

图10-57

01 打开本书学习资源中的“场景文件>CH10>10.max”文件，如图10-58所示。

图10-58

02 进入摄影机视图，然后打开“材质编辑器”，接着选择一个空白材质球，再设置材质类型为VRayMtl材质，具体参数设置如图10-59所示。

设置步骤

① 设置“漫反射”颜色为红色（R:238，G:26，B:26）。

② 在“反射”通道中加载一张“衰减”贴图，然后进入“衰减”贴图，设置“衰减类型”为Fresnel。

③ 设置“高光光泽”为0.78、“反射光泽”为0.9、“细分”为12。

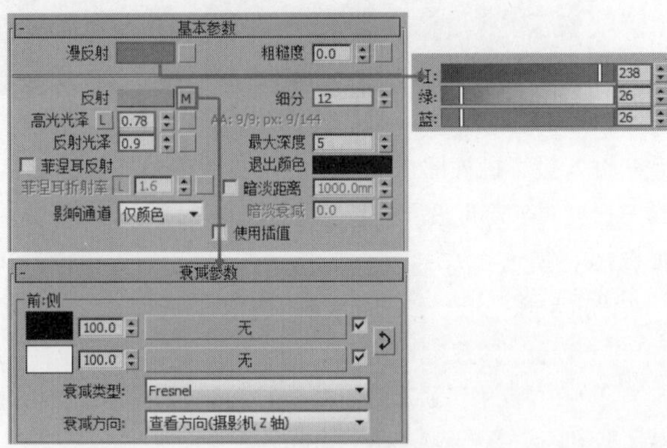

图10-59

03 将制作好的材质指定给场景中的模型，然后按F9键渲染当前场景，最终效果如图10-60所示。

图10-60

实战137 磨砂塑料材质

场景位置	场景文件>CH10>10.max
实例位置	实例文件>CH10>磨砂塑料材质.max
学习目标	掌握磨砂塑料材质的参数

案例效果如图10-61所示。磨砂塑料材质的模拟效果如图10-62所示。

图10-61

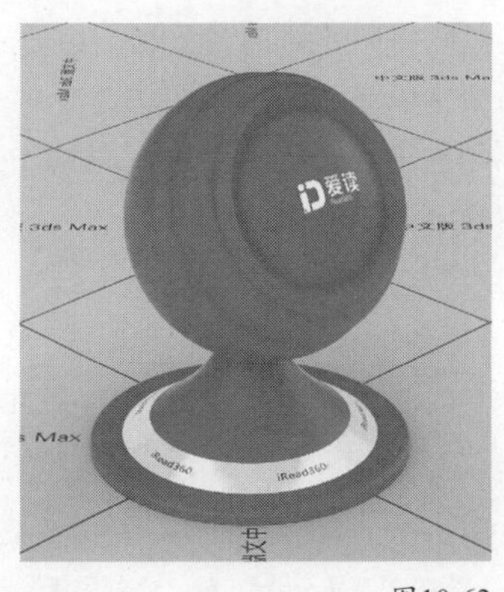

图10-62

01 继续打开本书学习资源中的“场景文件>CH10>10.max”文件，如图10-63所示。

图10-63

02 进入摄影机视图，然后打开“材质编辑器”，接着选择一个空白材质球，再设置材质类型为VRayMtl材质，具体参数设置如图10-64所示。

设置步骤

① 设置“漫反射”颜色为红色（R:238，G:26，B:26）。

② 在“反射”通道中加载一张“衰减”贴图，然后进入“衰减”贴图，设置“衰减类型”为Fresnel。

③ 设置“高光光泽”为0.73、“反射光泽”为0.7、“细分”为12。

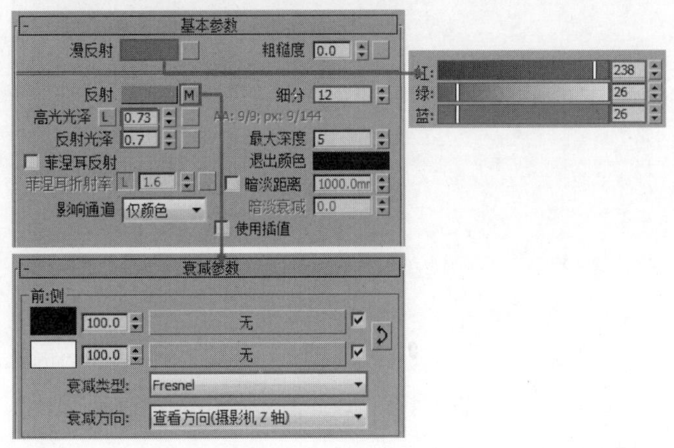

图10-64

03 将制作好的材质指定给场景中的模型，然后按F9键渲染当前场景，最终效果如图10-65所示。

图10-65

技巧与提示

通过以上两个案例，可以观察到，高光塑料与磨砂塑料的区别只是在“高光光泽”和“反射光泽”这两个数值上的差别。

实战138 透明塑料材质

场景位置　场景文件>CH10>10.max
实例位置　实例文件>CH10>透明塑料材质.max
学习目标　透明塑料材质的参数

案例效果如图10-66所示。透明塑料材质的模拟效果如图10-67所示。

图10-66

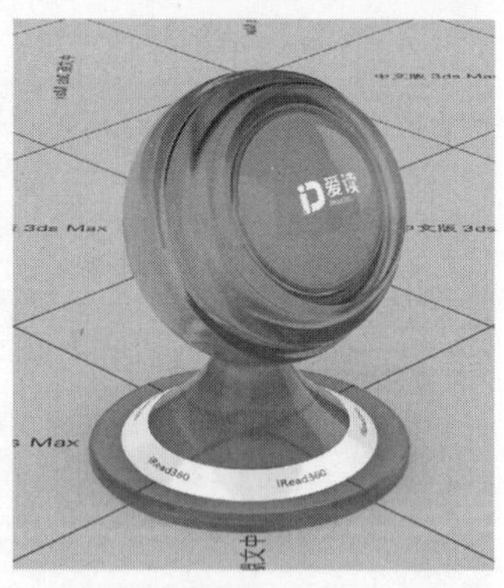

图10-67

01 打开本书学习资源中的“场景文件>CH10>10.max”文件，如图10-68所示。

图10-68

02 进入摄影机视图，然后打开“材质编辑器”，接着选择一个空白材质球，再设置材质类型为VRayMtl材质，具体参数设置如图10-69所示。

设置步骤

① 设置“漫反射”颜色为红色（R:238，G:26，B:26）。

② 在“反射”通道中加载一张“衰减”贴图，然后进入“衰减”贴图，设置“衰减类型”为Fresnel。

③ 设置“高光光泽”为0.83、“反射光泽”为0.92、“细分”为12。

④ 设置“折射”颜色为粉红色（R:236，G:215，B:215）、“光泽度”为0.9、“折射率”为1.5、“细分”为12，最后勾选“影响阴影”选项。

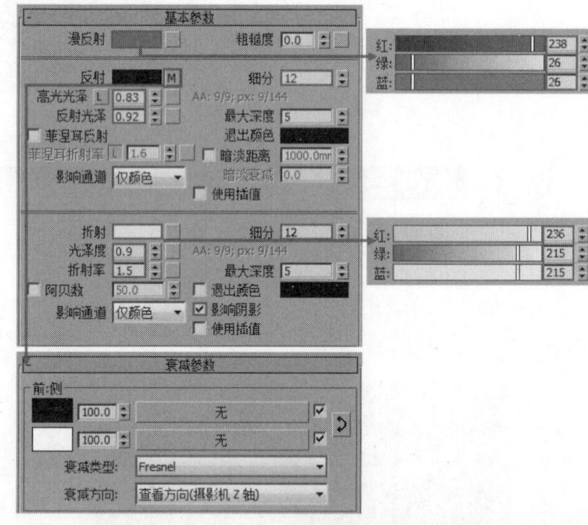

图10-69

03 将制作好的材质指定给场景中的模型，然后按F9键渲染当前场景，最终效果如图10-70所示。

图10-70

技巧与提示

透明塑料材质是在普通塑料材质参数的基础上，增加了“折射”的参数。

实战139 烤漆材质

场景位置	场景文件>CH10>11.max
实例位置	实例文件>CH10>烤漆材质.max
学习目标	烤漆材质的参数

案例效果如图10-71所示。烤漆材质的模拟效果如图10-72所示。

图10-71

图10-72

01 打开本书学习资源中的“场景文件>CH10>11.max”文件，如图10-73所示。

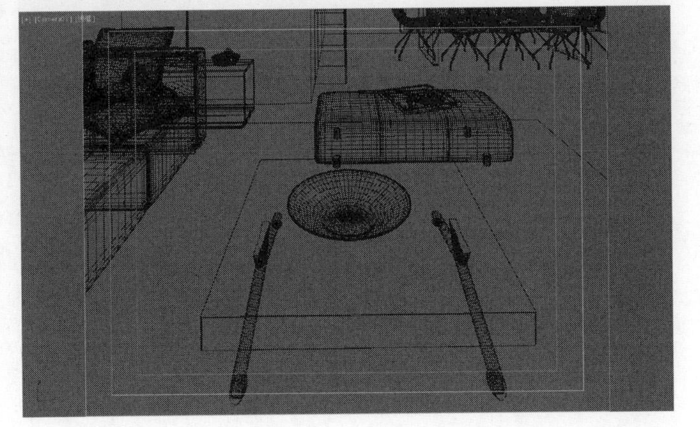

图10-73

02 进入摄影机视图，然后打开“材质编辑器”，接着选择一个空白材质球，再设置材质类型为VRayMtl材质，具体参数设置如图10-74所示。

设置步骤

① 设置“漫反射”颜色为黑色（R:0，G:0，B:0）。

② 设置“反射”颜色为灰色（R:17，G:17，B:17）、“高光光泽”为0.85、“反射光泽”为0.95、“细分”为12，取消勾选“菲涅耳反射”选项。

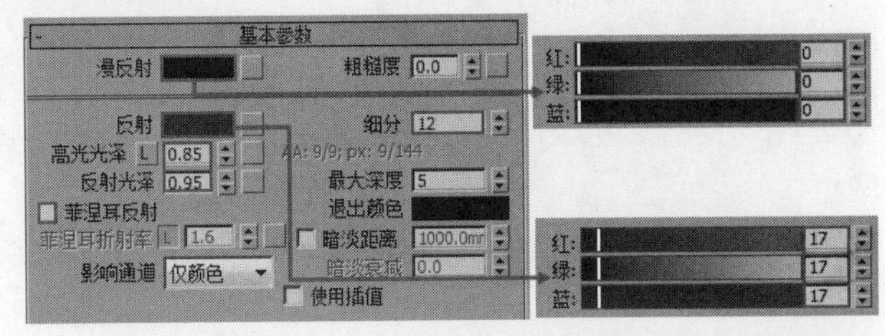

图10-74

03 将制作好的材质指定给场景中的模型，然后按F9键渲染当前场景，最终效果如图10-75所示。

图10-75

实战140 布纹材质

场景位置	场景文件>CH10>12.max
实例位置	实例文件>CH10>布纹材质.max
学习目标	掌握布纹材质的参数

案例效果如图10-76所示。布纹材质的模拟效果如图10-77所示。

图10-76

图10-77

01 打开本书学习资源中的“场景文件>CH10>12.max”文件，如图10-78所示。

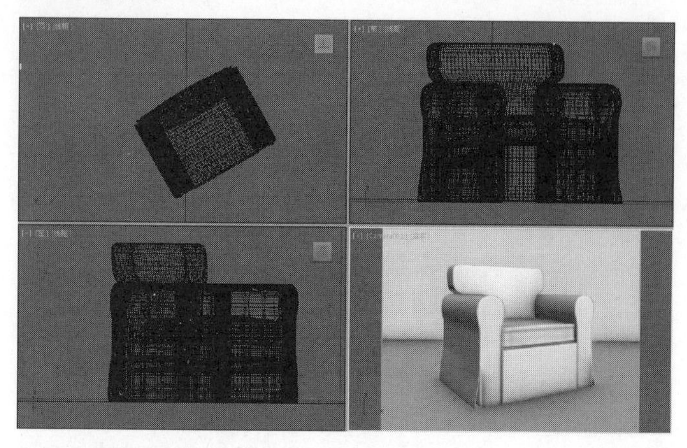

图10-78

02 进入摄影机视图，然后打开“材质编辑器”，接着选择一个空白材质球，再设置材质类型为VRayMtl材质，具体参数设置如图10-79所示。

设置步骤

① 在“漫反射”通道中添加一张本书学习资源中的“实例文件>CH10>布纹材质> AS2_wallpaper_13.jpg”贴图。

② 在“反射”通道中加载一张“衰减”贴图，然后进入“衰减”贴图，设置“衰减类型”为Fresnel。

③ 设置“高光光泽”为0.6、“反射光泽”为0.55、“细分”为12。

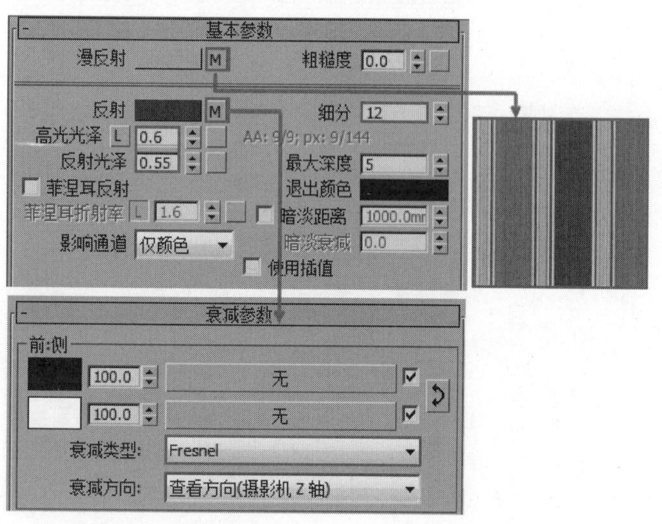

图10-79

03 将制作好的材质指定给场景中的模型，然后给模型加载一个“UVW贴图”修改器，接着设置“贴图类型”为“长方体”，再设置“长度”为500mm、“宽度”为500mm、“高度”为1800mm，如图10-80所示。

04 按F9键渲染当前场景，最终效果如图10-81所示。

图10-80

图10-81

实战141 绒布材质

场景位置	场景文件>CH10>13.max
实例位置	实例文件>CH10>绒布材质.max
学习目标	掌握绒布材质的参数

案例效果如图10-82所示。绒布材质的模拟效果如图10-83所示。

图10-82

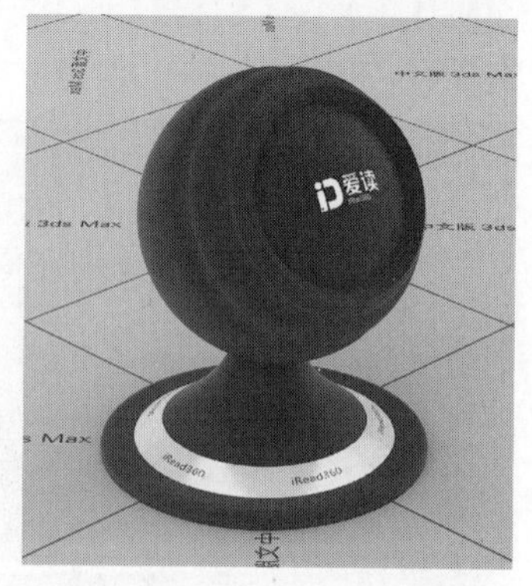

图10-83

01 打开本书学习资源中的“场景文件>CH10>13.max”文件，如图10-84所示。

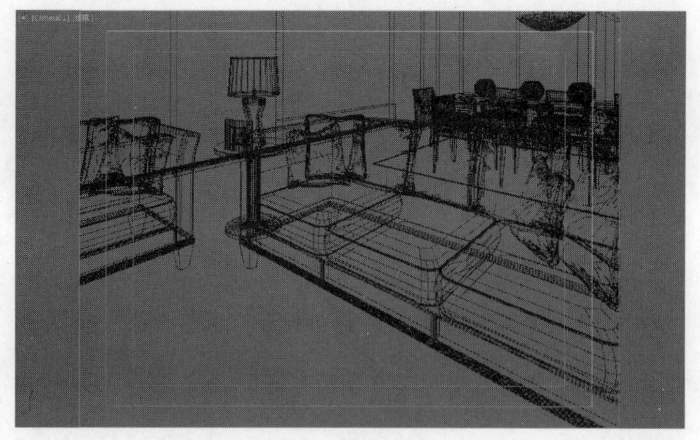

图10-84

02 进入摄影机视图，然后打开“材质编辑器”，接着选择一个空白材质球，再设置材质类型为VRayMtl材质，最后在“漫反射”通道中加载一张“衰减”贴图，具体参数如图10-85所示。

设置步骤

① 展开“衰减参数”卷展栏，在“前”通道中加载一张本书学习资源中的“实例文件>CH10>绒布材质> fab_plains0099_a.jpg”贴图。

② 展开“衰减参数”卷展栏，在“侧”通道中加载一张本书学习资源中的“实例文件>CH10>绒布材质> fab_plains0099_b.jpg”贴图。

③ 设置“衰减类型”为“垂直/平行”。

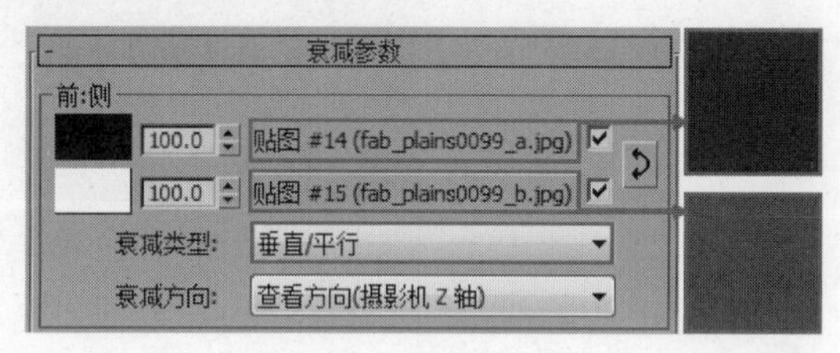

图10-85

03 返回VRayMtl材质球面板，然后在“反射”通道中加载一张“衰减”贴图，具体参数如图10-86所示。

设置步骤

① 在“衰减参数”卷展栏中，设置“侧”颜色为灰色（R:173，G:173，B:173）。

② 设置“衰减类型”为Fresnel。

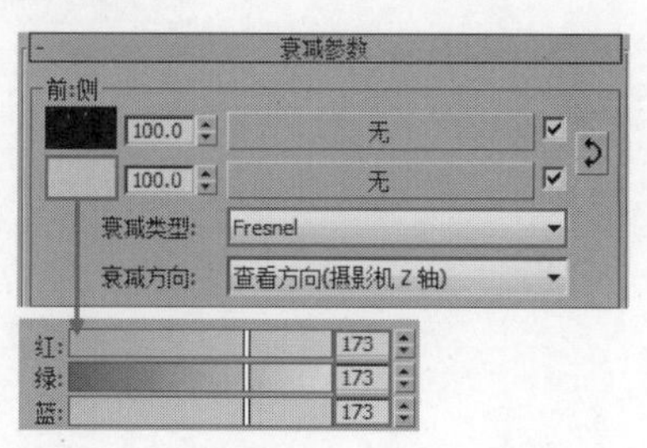

图10-86

04 返回VRayMtl材质球面板，然后设置“高光光泽”为“0.65”、“反射光泽”为0.58、“细分”为12，如图10-87所示。

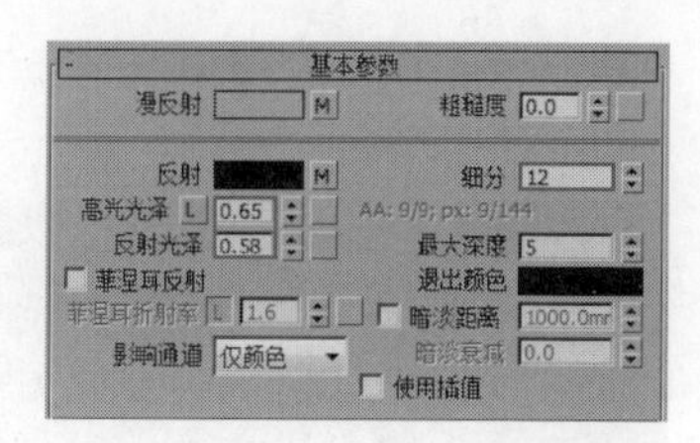

图10-87

05 将制作好的材质指定给场景中的模型，然后按F9键渲染当前场景，最终效果如图10-88所示。

图10-88

实战142 丝绸材质

场景位置 场景文件>CH10>14.max
实例位置 实例文件>CH10>丝绸材质.max
学习目标 掌握丝绸材质的参数

案例效果如图10-89所示。丝绸材质的模拟效果如图10-90所示。

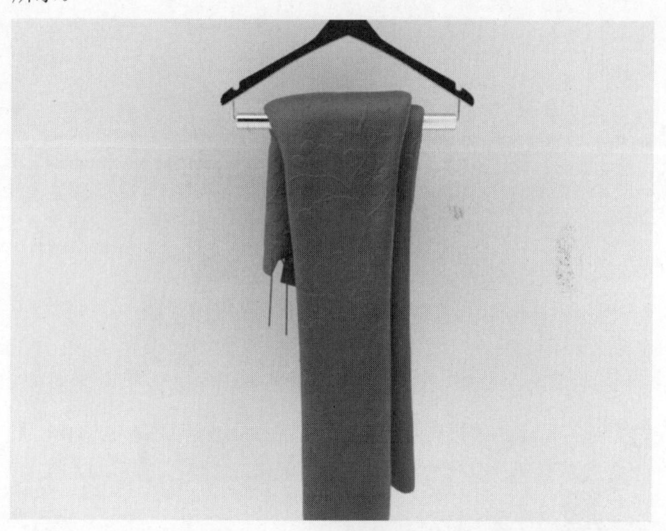

图10-89

图10-90

01 打开本书学习资源中的“场景文件>CH10>14.max”文件，如图10-91所示。

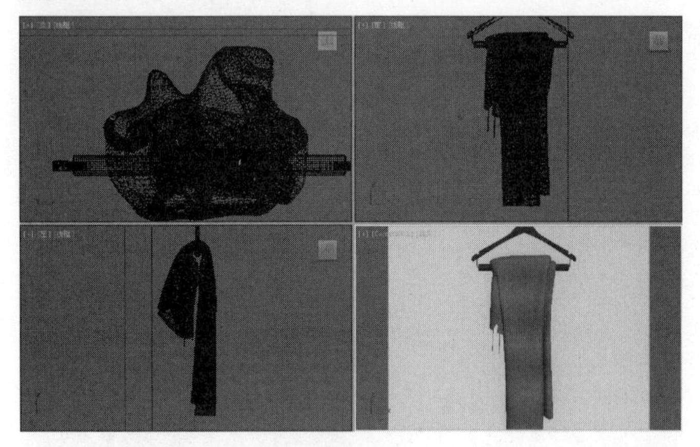

图10-91

02 进入摄影机视图，然后打开“材质编辑器”，接着选择一个空白材质球，再设置材质类型为VRayMtl材质，最后在“漫反射”通道中加载一张“衰减”贴图，具体参数如图10-92所示。

设置步骤

① 在“衰减参数”卷展栏中，设置“前”颜色为褐色（R:47，G:34，B:23）。

② 在“衰减参数”卷展栏中，设置“侧”颜色为白色（R:194，G:190，B:186）。

③ 设置“衰减类型”为“垂直/平行”。

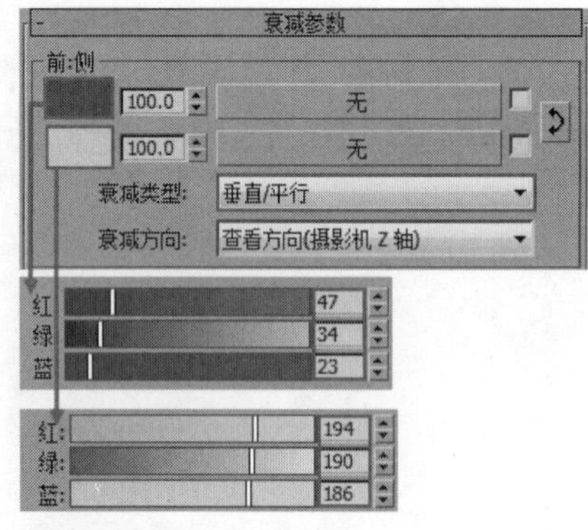

图10-92

03 返回VRayMtl材质球面板，然后在“反射”通道中加载一张“衰减”贴图，具体参数如图10-93所示。

设置步骤

① 在“衰减参数”卷展栏中，设置“侧”颜色为蓝色（R:139，G:194，B:255）。

② 设置“衰减类型”为Fresnel。

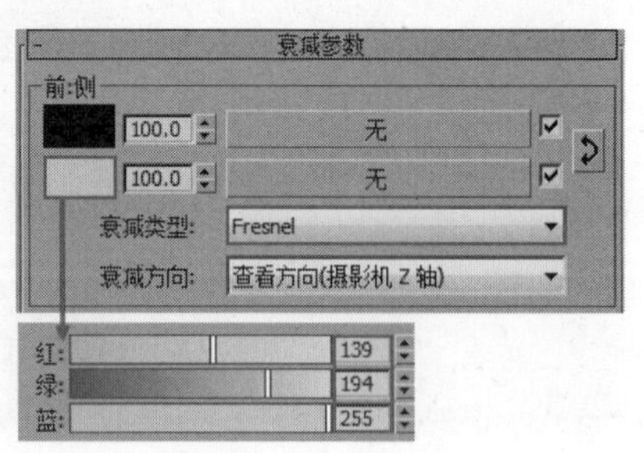

图10-93

04 返回VRayMtl材质球面板，然后设置“高光光泽”为“0.5”，如图10-94所示。

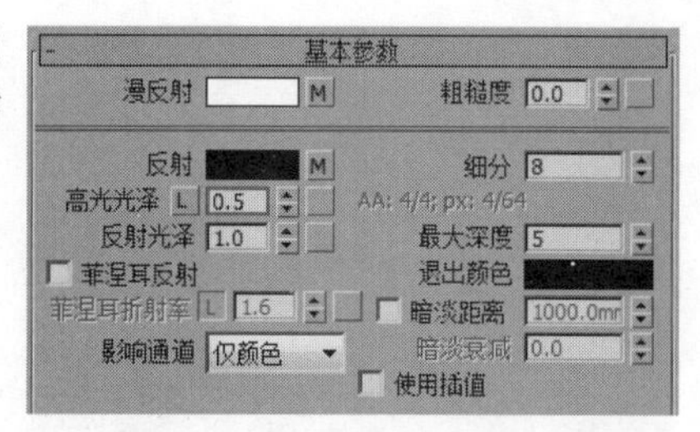

图10-94

05 展开“双向反射分布函数”卷展栏，设置类型为“沃德”、“各向异性（-1,1）”为0.5、“旋转”为0，如图10-95所示。

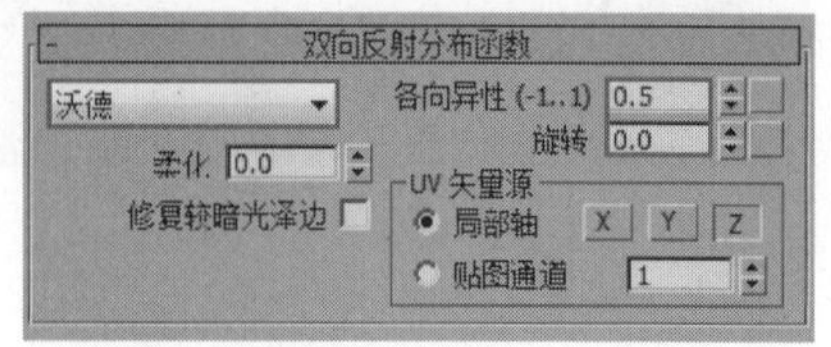

图10-95

06 展开“贴图”卷展栏，然后在“凹凸”通道中加载一张本书学习资源中的“实例文件>CH10>丝绸材质> 2008759202236677.jpg”贴图，接着设置“凹凸”强度为-45，如图10-96所示。

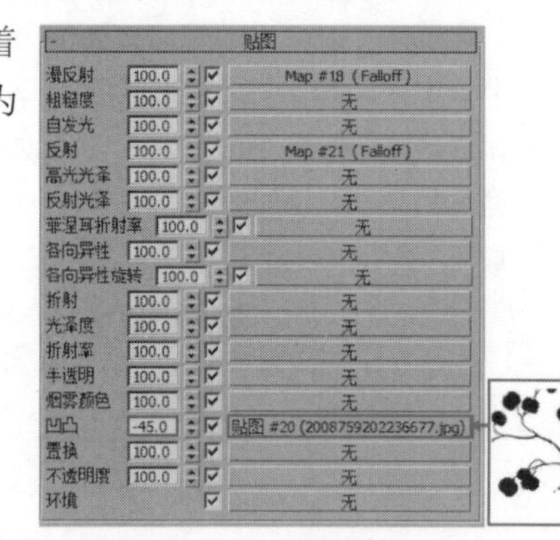

图10-96

07 展开“选项”卷展栏，取消勾选“跟踪反射”选项，如图10-97所示。

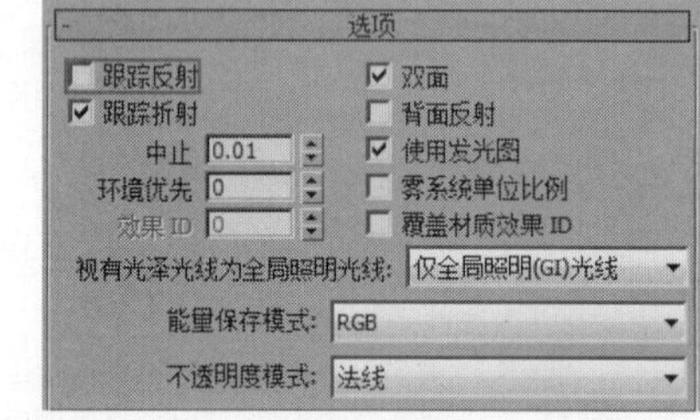

图10-97

08 将制作好的材质指定给场景中的模型，然后按F9键渲染当前场景，最终效果如图10-98所示。

图10-98

实战143 纱帘材质

场景位置	场景文件>CH10>15.max
实例位置	实例文件>CH10>纱帘材质.max
学习目标	掌握纱帘材质的参数

案例效果如图10-99所示。纱帘材质的模拟效果如图10-100所示。

图10-99

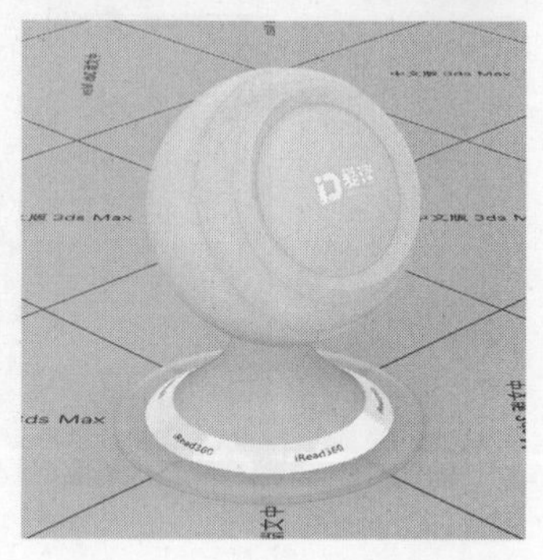

图10-100

01 打开本书学习资源中的“场景文件>CH10>15.max”文件，如图10-101所示。

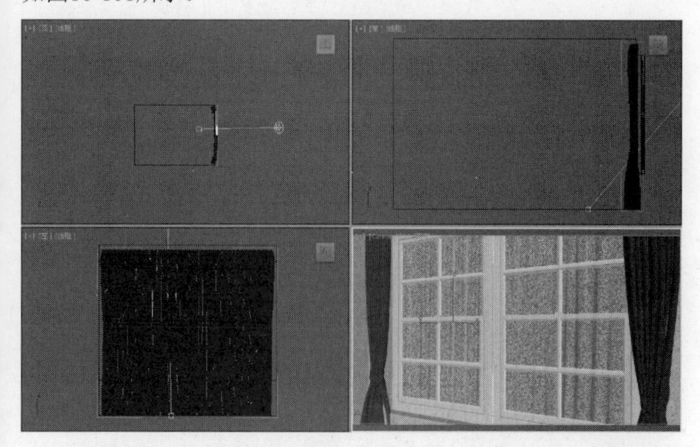

图10-101

02 进入摄影机视图，然后打开“材质编辑器”，接着选择一个空白材质球，再设置材质类型为VRayMtl材质，最后设置“漫反射”颜色为白色（R:240，G:240，B:240），如图10-102所示。

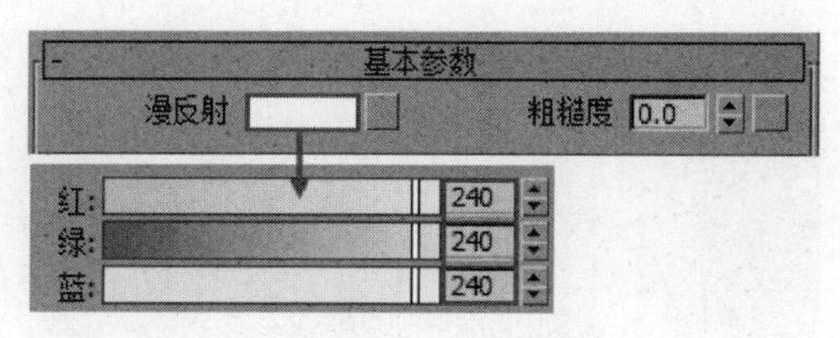

图10-102

03 在“折射”通道中加载一张“衰减”贴图，然后进入“衰减”贴图，设置“前”颜色为灰色（R:77，G:77，B:77）、“侧”颜色为黑色（R:0，G:0，B:0）、“衰减类型”为“垂直/平行”，接着设置“光泽度”为0.75、“折射率”为1.1，最后勾选“影响阴影”选项，如图10-103所示。

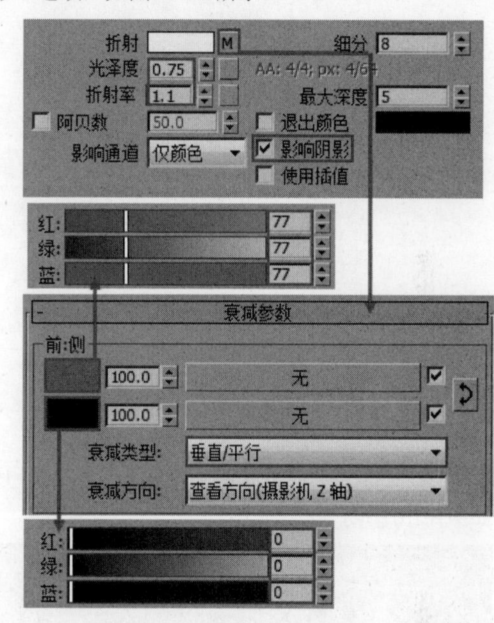

图10-103

04 将制作好的材质指定给场景中的模型，然后按F9键渲染当前场景，最终效果如图10-104所示。

图10-104

实战144 花纹纱帘材质

场景位置	场景文件>CH10>15.max
实例位置	实例文件>CH10>花纹纱帘材质.max
学习目标	掌握花纹纱帘材质的参数

案例效果如图10-105所示。花纹纱帘材质的模拟效果如图10-106所示。

图10-105

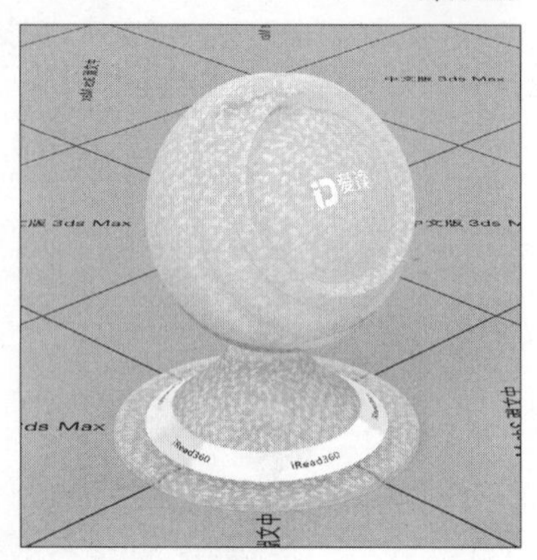

图10-106

01 打开本书学习资源中的“场景文件>CH10>15.max”文件，如图10-107所示。

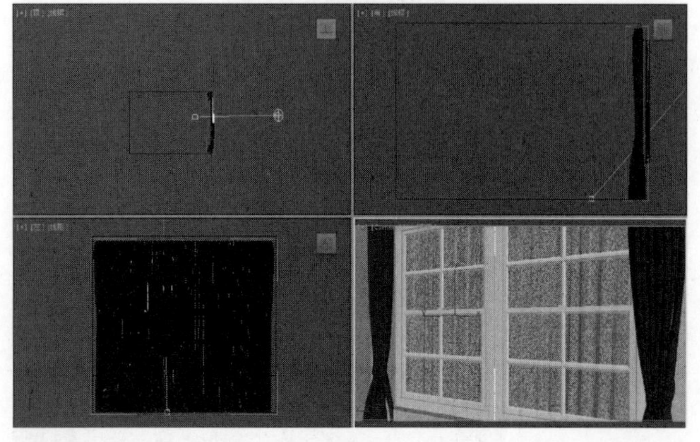

图10-107

02 进入摄影机视图，然后打开“材质编辑器”，接着选择一个空白材质球，再设置材质类型为VRayMtl材质，具体参数如图10-108所示。

设置步骤

① 设置“漫反射”颜色为白色（R:240，G:240，B:240）。

② 在“折射”通道中加载一张本书学习资源中的“实例文件>CH10>纱帘材质> BK32030.jpg”贴图，然后设置“光泽度”为0.9、“折射率”为1.1，最后勾选“影响阴影”选项。

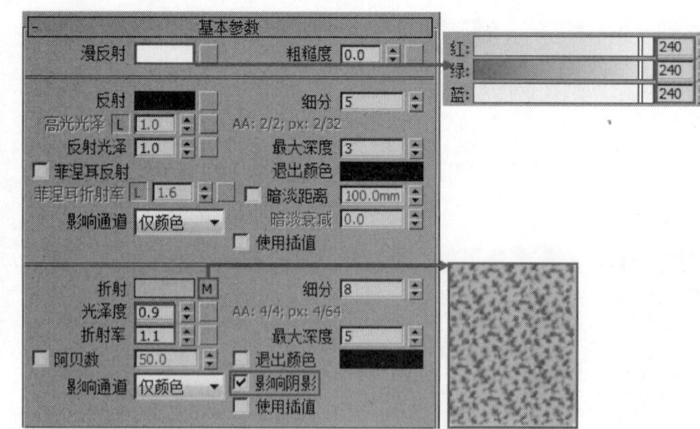

图10-108

03 将制作好的材质指定给场景中的模型，然后给模型加载一个“UVW贴图”修改器，接着设置“贴图类型”为“平面”，再设置“长度”为600mm、“宽度”为200mm，如图10-109所示。

04 按F9键渲染当前场景，最终效果如图10-110所示。

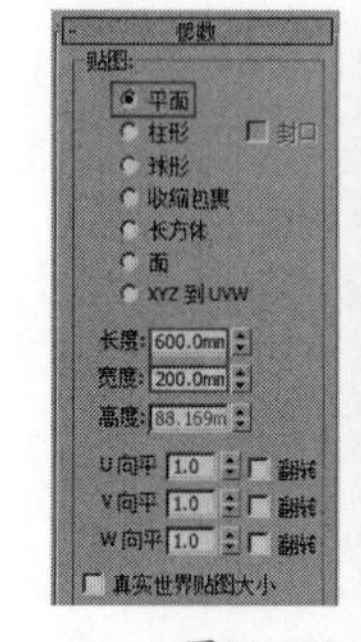

图10-109

图10-110

技巧与提示

制作花纹纱帘材质，除了上述介绍的方法外，还可以使用“混合”材质制作。

实战145 皮纹材质

场景位置	场景文件>CH10>16.max
实例位置	实例文件>CH10>皮纹材质.max
学习目标	掌握皮纹材质的参数

案例效果如图10-111所示。皮纹材质的模拟效果如图10-112所示。

图10-111

图10-112

01 打开本书学习资源中的“场景文件>CH10>16.max”文件，如图10-113所示。

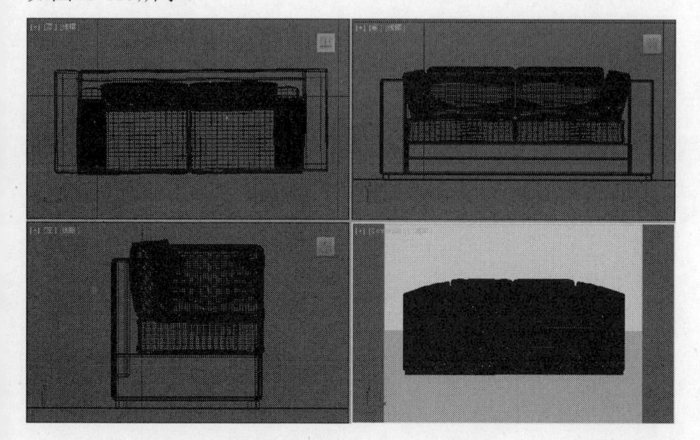

图10-113

02 进入摄影机视图，然后打开“材质编辑器”，接着选择一个空白材质球，再设置材质类型为VRayMtl材质，具体参数如图10-114所示。

设置步骤

① 在“漫反射”通道中加载一张本书学习资源中的“实例文件>CH10>皮纹材质>230232.jpg”贴图。

② 设置“反射”颜色为灰色（R:22，G:22，B:22）、“反射光泽”为0.79、“细分”为16，最后取消勾选“菲涅耳反射”选项。

③ 展开“贴图”卷展栏，然后将“漫反射”通道中的贴图向下复制到“凹凸”通道中，接着设置“凹凸”强度为30。

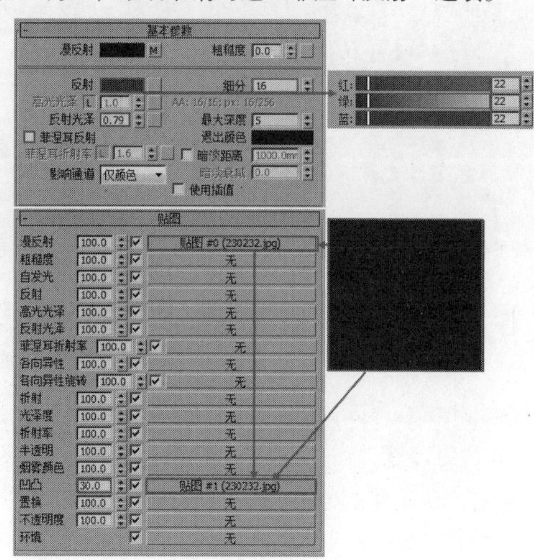

图10-114

03 将制作好的材质指定给场景中的模型，然后给模型加载一个“UVW贴图”修改器，接着设置“贴图类型”为“长方体”，再设置“长度”为300mm、“宽度”为300mm、“高度”为300mm，如图10-115所示。

04 按F9键渲染当前场景，最终效果如图10-116所示。

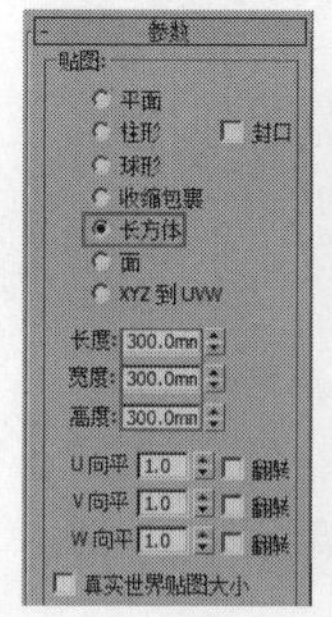

图10-115　　图10-116

实战146 高光陶瓷材质

场景位置	场景文件>CH10>17.max
实例位置	实例文件>CH10>高光陶瓷材质.max
学习目标	掌握高光陶瓷材质的参数

案例效果如图10-117所示。高光陶瓷材质的模拟效果如图10-118所示。

图10-117

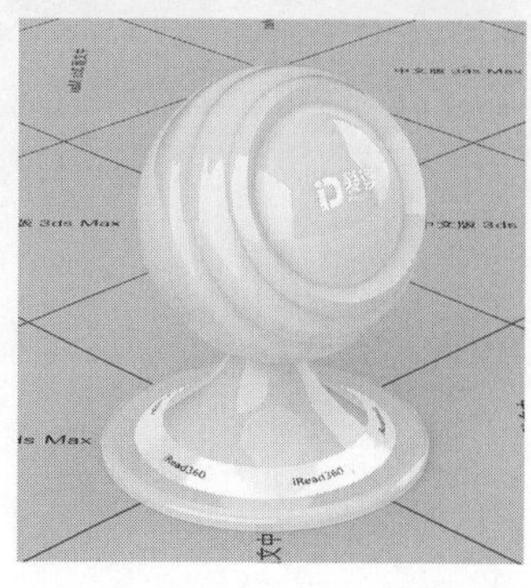

图10-118

01 打开本书学习资源中的“场景文件>CH10>17.max”文件，如图10-119所示。

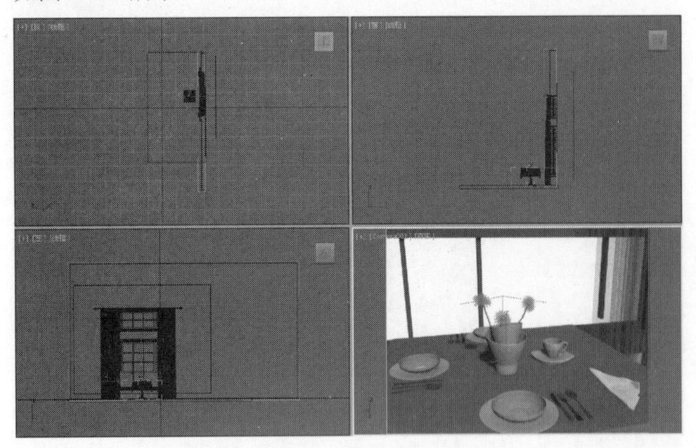

图10-119

02 进入摄影机视图，然后打开“材质编辑器”，接着选择一个空白材质球，再设置材质类型为VRayMtl材质，具体参数如图10-120所示。

设置步骤

① 设置“漫反射”颜色为白色（R:233，G:233，B:233）。

② 设置“反射”颜色为白色（R:255，G:255，B:255）、“高光光泽”为0.9。

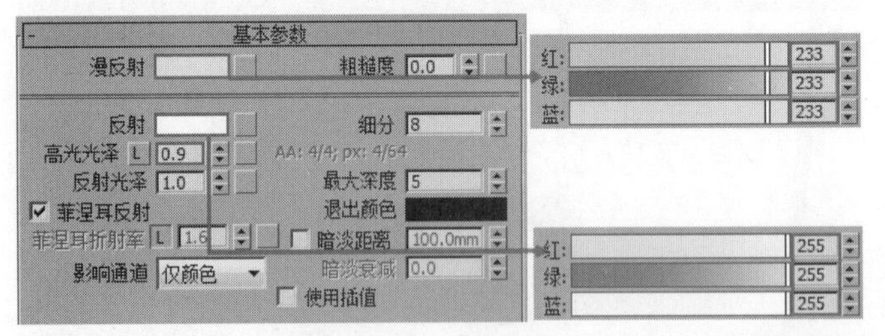

图10-120

03 将制作好的材质指定给场景中的花瓶和碗盘模型，然后按F9键渲染当前场景，最终效果如图10-121所示。

图10-121

实战147 亚光陶瓷材质

场景位置	场景文件>CH10>17.max
实例位置	实例文件>CH10>亚光陶瓷材质.max
学习目标	掌握亚光陶瓷材质的参数

案例效果如图10-122所示。亚光陶瓷材质的模拟效果如图10-123所示。

图10-122

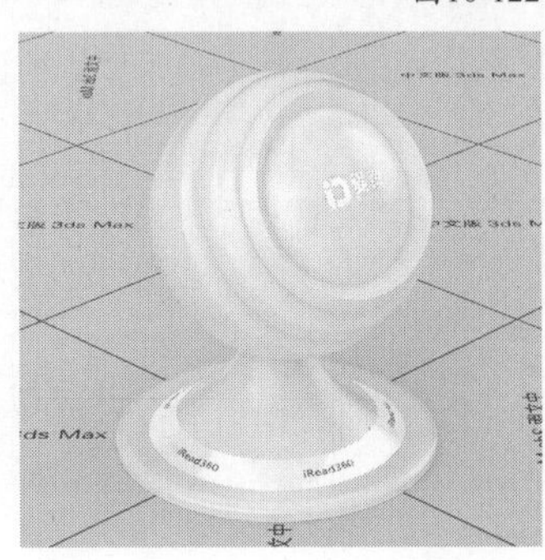

图10-123

01 打开本书学习资源中的“场景文件>CH10>17.max”文件，如图10-124所示。

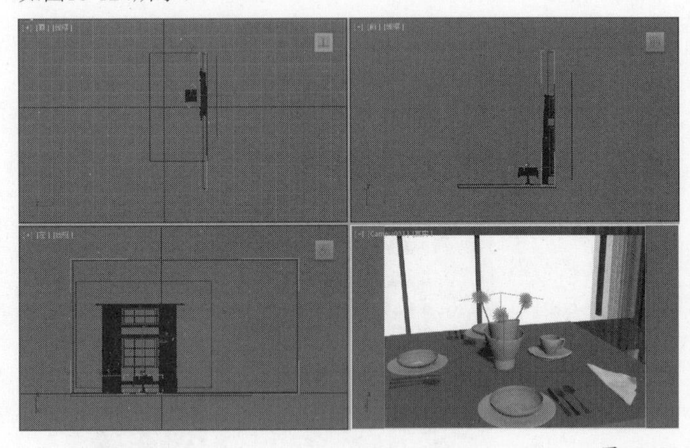

图10-124

02 进入摄影机视图，然后打开“材质编辑器”，接着选择一个空白材质球，再设置材质类型为VRayMtl材质，具体参数如图10-125所示。

设置步骤

① 设置“漫反射”颜色为白色（R:233，G:233，B:233）。

② 设置“反射”颜色为白色（R:255，G:255，B:255）、“高光光泽”为0.8、“反射光泽”为0.88。

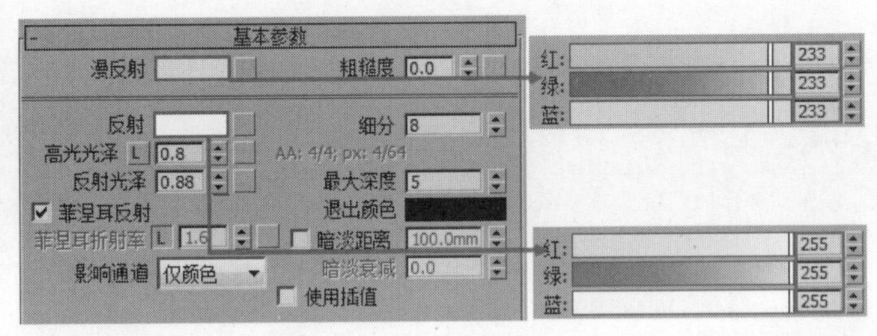

图10-125

03 将制作好的材质指定给场景中的花瓶和碗盘模型，然后按F9键渲染当前场景，最终效果如图10-126所示。

图10-126

技巧与提示

通过以上两个实例，可以发现，高光陶瓷与亚光陶瓷只是在反射的“高光光泽”和“反射光泽”这两个数值上有所区别。

实战148 紫砂材质

场景位置	场景文件>CH10>18.max
实例位置	实例文件>CH10>紫砂材质.max
学习目标	掌握紫砂材质的参数

案例效果如图10-127所示。紫砂材质的模拟效果如图10-128所示。

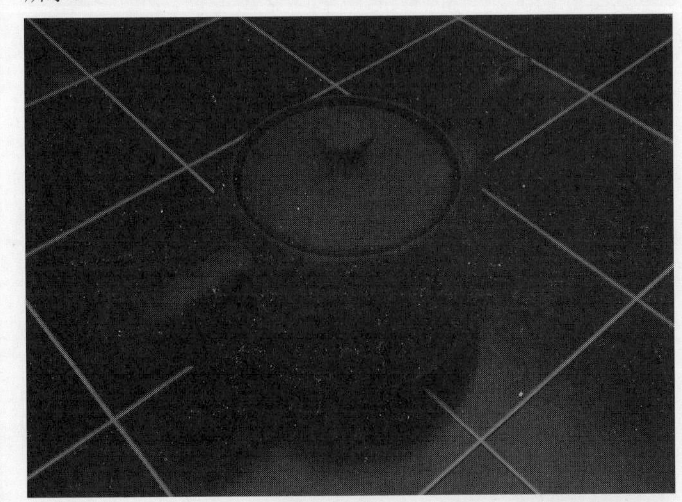

图10-127

图10-128

01 打开本书学习资源中的“场景文件>CH10>18.max”文件，如图10-129所示。

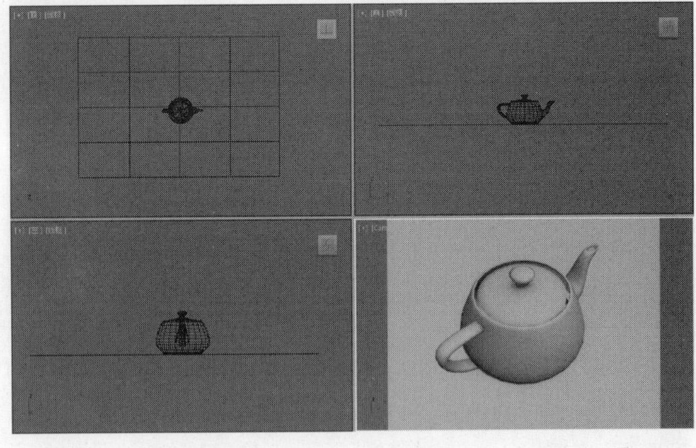

图10-129

02 进入摄影机视图，然后打开“材质编辑器”，接着选择一个空白材质球，再设置材质类型为VRayMtl材质，具体参数如图10-130~图10-132所示。

设置步骤

① 在“漫反射”通道中加载一张“衰减”贴图，然后进入“衰减”贴图，设置“前”颜色为紫色（R:11, G:6, B:7）、“侧”颜色为褐色（R:31, G:18, B:21），接着设置“衰减类型”为“垂直/平行”。

② 在“反射”通道中加载一张“衰减”贴图，然后进入“衰减”贴图，设置“衰减类型”为Fresnel，接着设置“高光光泽”为0.65、“反射光泽”为0.5、“细分”为12。

③ 展开“贴图”卷展栏，然后在“凹凸”通道中加载一张“噪波”贴图，然后进入“噪波”贴图，设置“大小”为10，接着设置“凹凸”强度为30。

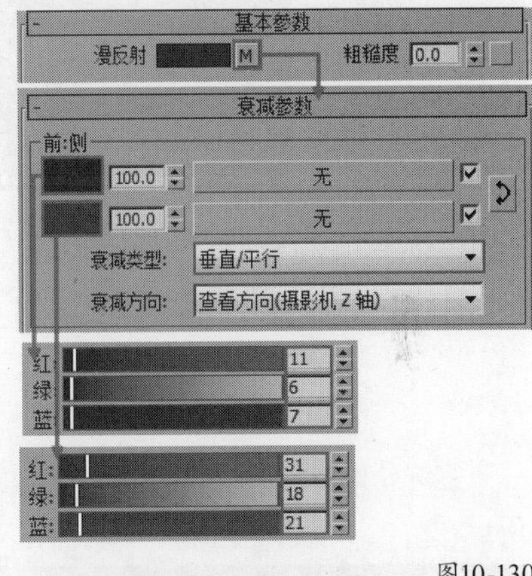

图10-130

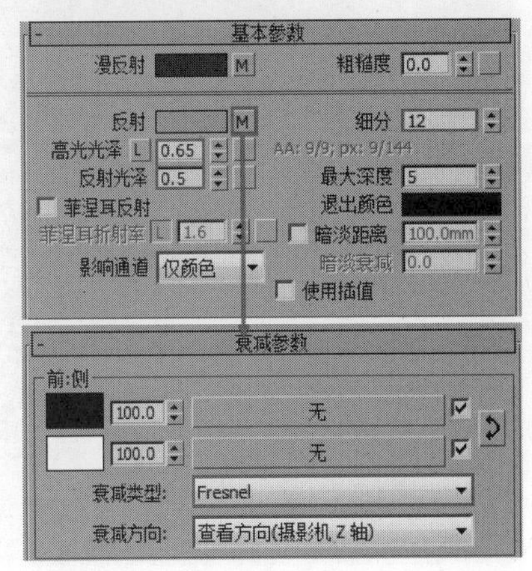

图10-131

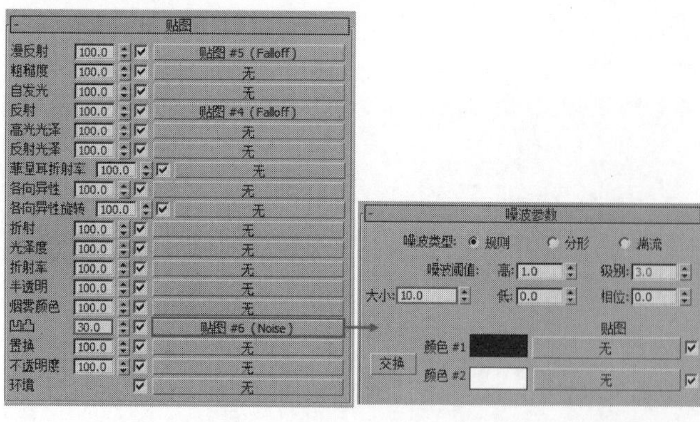

图10-132

03 将制作好的材质指定给场景中的模型，然后给模型加载一个“UVW贴图”修改器，接着设置“贴图类型”为“长方体”，再设置“长度”为5mm、“宽度”为5mm、“高度”为5mm，如图10-133所示。

04 按F9键渲染当前场景，最终效果如图10-134所示。

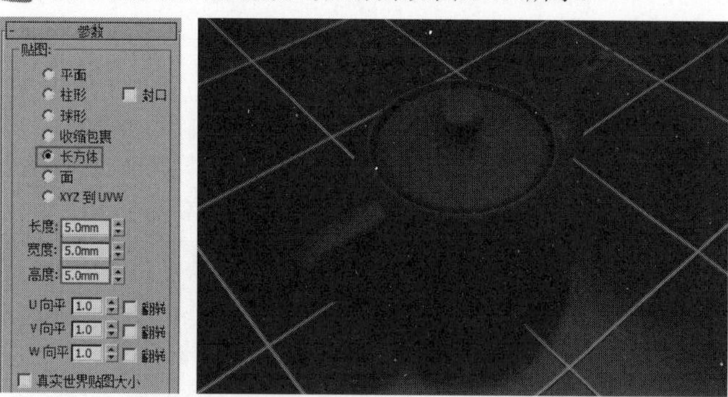

图10-133　　图10-134

实战149 陶器材质

场景位置	场景文件>CH10>19.max
实例位置	实例文件>CH10>陶器材质.max
学习目标	掌握陶器材质的参数

案例效果如图10-135所示。陶器材质的模拟效果如图10-136所示。

图10-135

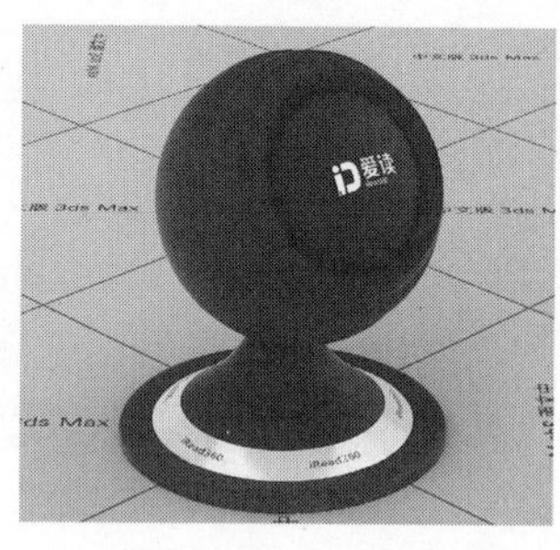

图10-136

01 打开本书学习资源中的“场景文件>CH10>19.max”文件，如图10-137所示。

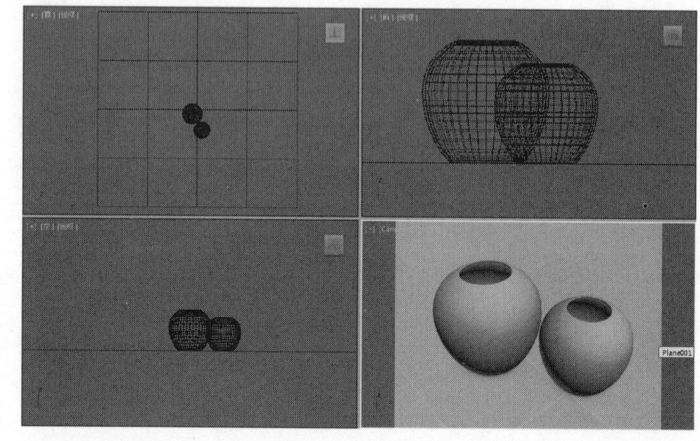

图10-137

02 进入摄影机视图，然后打开“材质编辑器”，接着选择一个空白材质球，再设置材质类型为VRayMtl材质，具体参数如图10-138和图10-139所示。

设置步骤

① 设置“漫反射”颜色为红色（R:38，G:8，B:8）。

② 在“反射”通道中加载一张“衰减”贴图，然后进入“衰减”贴图，设置“衰减类型”为Fresnel，接着设置“高光光泽”为0.62、“反射光泽”为0.5、“细分”为12。

③ 展开“贴图”卷展栏，然后在“凹凸”通道中加载一张“噪波”贴图，然后进入“噪波”贴图，设置“噪波类型”为“分形”、“大小”为1.2，接着设置“凹凸”强度为30。

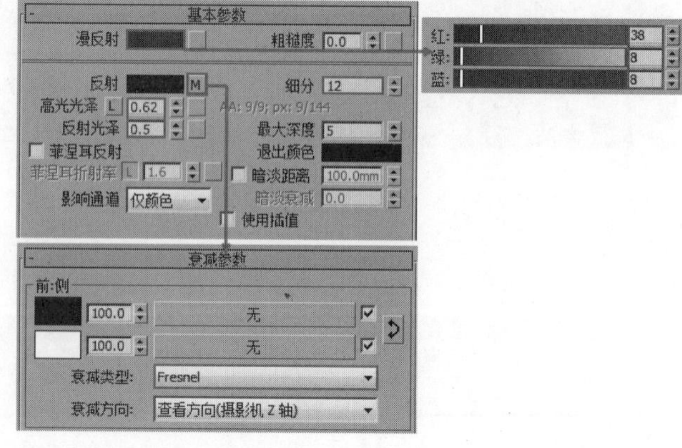

图10-138

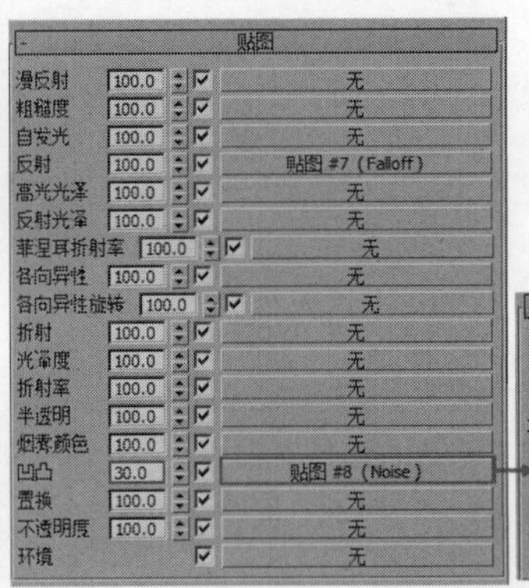

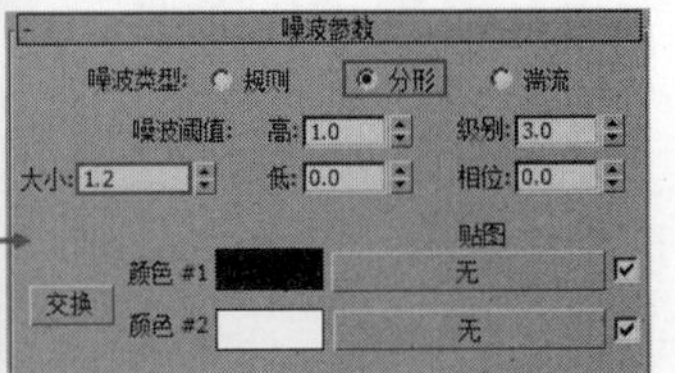

图10-139

03 将制作好的材质指定给场景中的模型，然后给模型加载一个“UVW贴图”修改器，接着设置“贴图类型”为“长方体”，再设置“长度”为10mm、“宽度”为10mm、“高度”为10mm，如图10-140所示。

04 按F9键渲染当前场景，最终效果如图10-141所示。

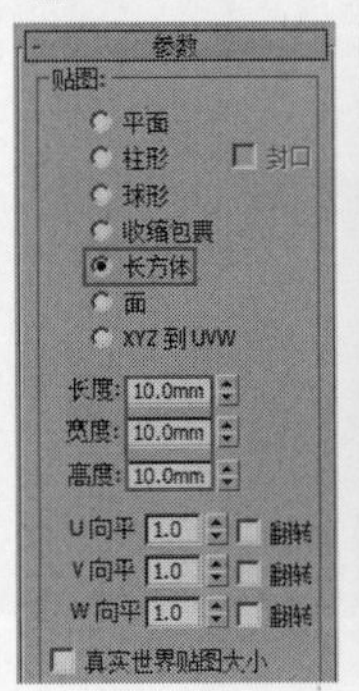

图10-140

图10-141

实战150 镜面不锈钢材质

场景位置	场景文件>CH10>20.max
实例位置	实例文件>CH10>镜面不锈钢材质.max
学习目标	掌握镜面不锈钢材质的参数

案例效果如图10-142所示。镜面不锈钢材质的模拟效果如图10-143所示。

图10-142

图10-143

01 打开本书学习资源中的“场景文件>CH10>20.max”文件，如图10-144所示。

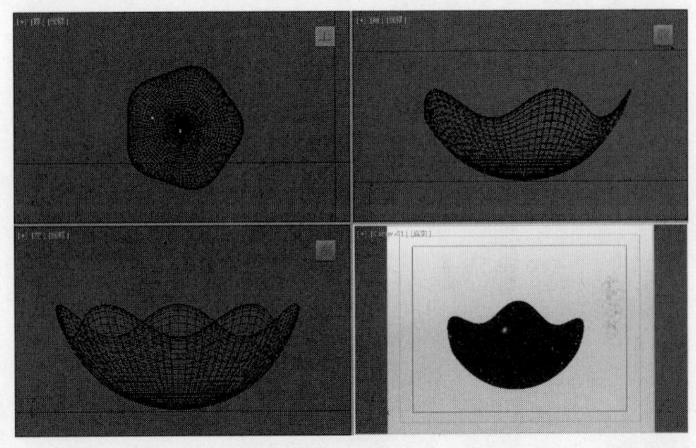

图10-144

02 进入摄影机视图，然后打开“材质编辑器”，接着选择一个空白材质球，再设置材质类型为VRayMtl材质，具体参数如图10-145所示。

设置步骤

① 设置“漫反射”颜色为黑色（R:3，G:3，B:3）。

② 设置“反射”颜色为蓝色（R:183，G:191，B:196），然后设置“高光光泽”为0.9、“反射光泽”为0.98、“细分”为12。

③ 展开“双向反射分布函数”卷展栏，然后设置类型为Microfacet GTR（GGX）。

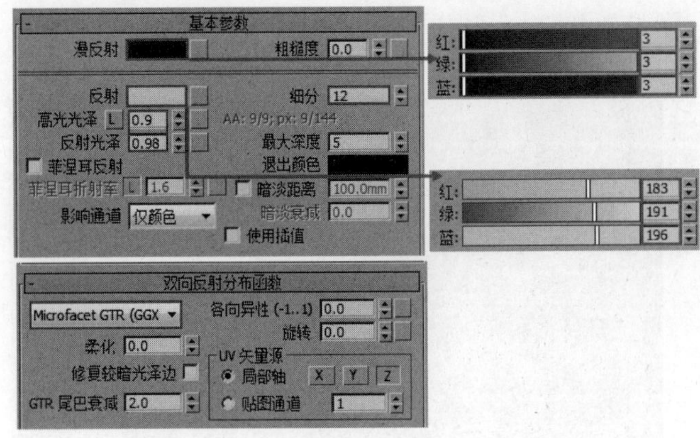

图10-145

03 将制作好的材质指定给场景中的模型，然后按F9键渲染当前场景，最终效果如图10-146所示。

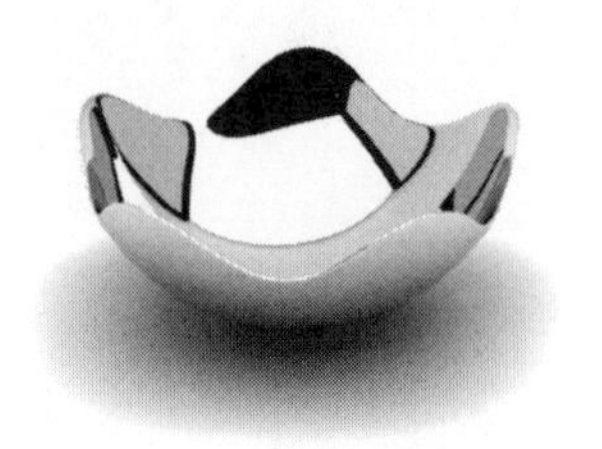

图10-146

实战151 磨砂不锈钢材质

场景位置	场景文件>CH10>20.max
实例位置	实例文件>CH10>磨砂不锈钢材质.max
学习目标	掌握磨砂不锈钢材质的参数

案例效果如图10-147所示。磨砂不锈钢材质的模拟效果如图10-148所示。

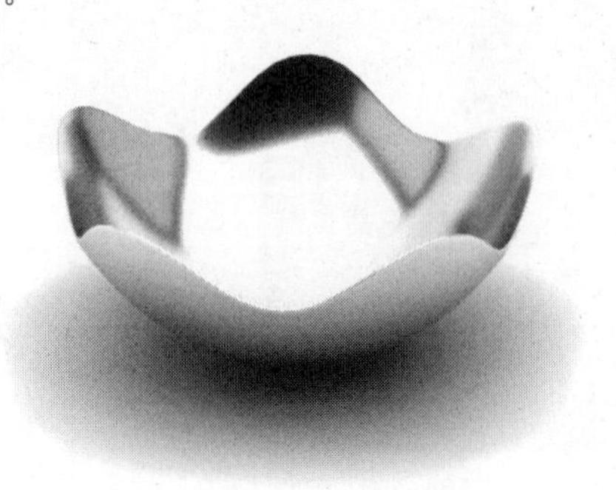

图10-147

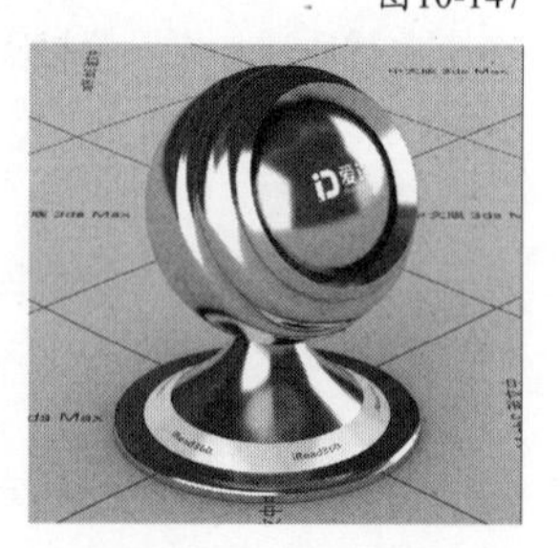

图10-148

01 打开本书学习资源中的“场景文件>CH10>20.max”文件，如图10-149所示。

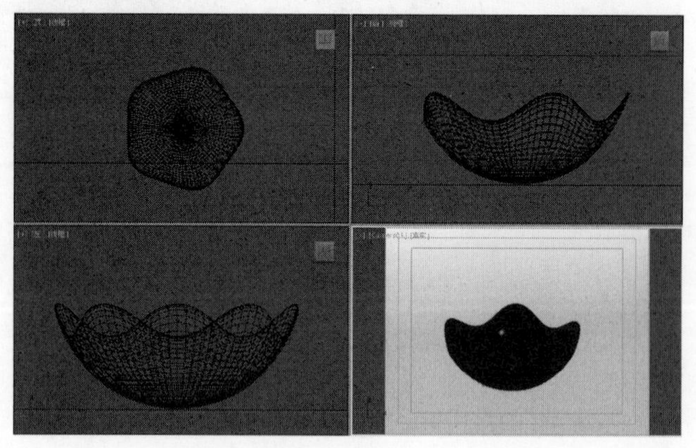

图10-149

02 进入摄影机视图，然后打开“材质编辑器”，接着选择一个空白材质球，再设置材质类型为VRayMtl材质，具体参数如图10-150所示。

设置步骤

① 设置“漫反射”颜色为黑色（R:3，G:3，B:3）。

② 设置“反射”颜色为蓝色（R:183，G:191，B:196），然后设置“高光光泽”为0.75、“反射光泽”为0.82、“细分”为12。

③ 展开“双向反射分布函数”卷展栏，然后设置类型为Microfacet GTR（GGX）。

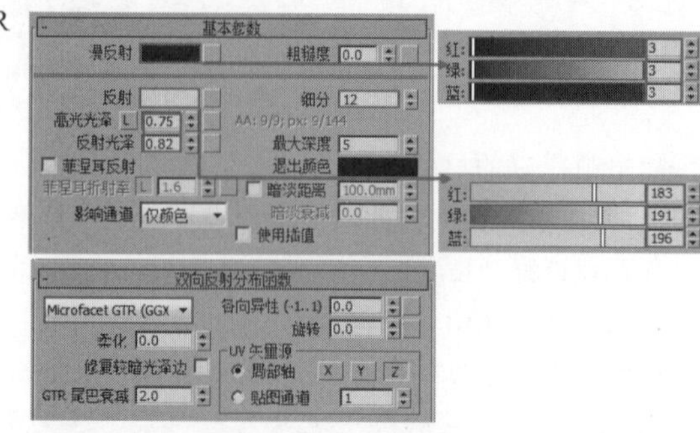

图10-150

03 将制作好的材质指定给场景中的模型，然后按F9键渲染当前场景，最终效果如图10-151所示。

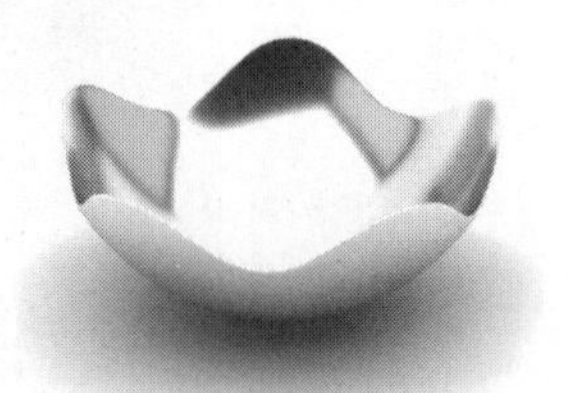

图10-151

技巧与提示

磨砂程度越大，渲染的速度也越慢。在“凹凸”通道中加载“噪波”贴图，也可以做出磨砂质感。

实战152 拉丝不锈钢材质

场景位置	场景文件>CH10>21.max
实例位置	实例文件>CH10>拉丝不锈钢材质.max
学习目标	掌握拉丝不锈钢材质的参数

案例效果如图10-152所示。拉丝不锈钢材质的模拟效果如图10-153所示。

图10-152

图10-153

01 打开本书学习资源中的“场景文件>CH10>21.max”文件，如图10-154所示。

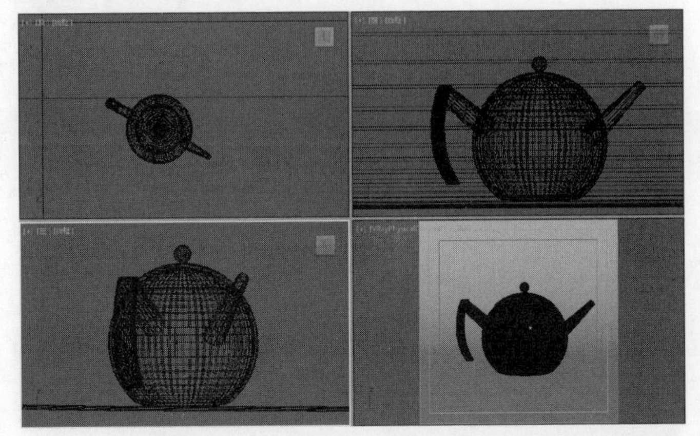

图10-154

02 进入摄影机视图，然后打开“材质编辑器”，接着选择一个空白材质球，再设置材质类型为VRayMtl材质，具体参数如图10-155和图10-156所示。

设置步骤

① 在“漫反射”通道中加载一张本书学习资源中的“实例文件>CH10>拉丝不锈钢材质>217693.jpg”贴图。

② 设置“反射”颜色为蓝色（R:208，G:235，B:235），然后设置“高光光泽”为0.75、“反射光泽”为0.82、“细分”为12。

③ 展开“双向反射分布函数”卷展栏，然后设置类型为Microfacet GTR（GGX）。

④ 展开“贴图”卷展栏，将“漫反射”通道中的贴图向下复制到“凹凸”通道，然后设置“凹凸”强度为45。

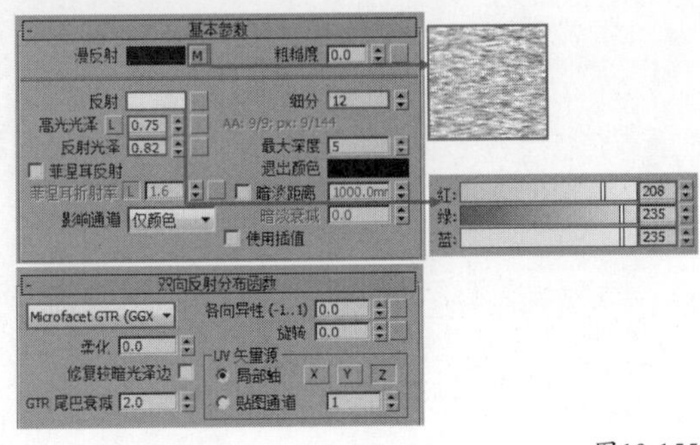

图10-155

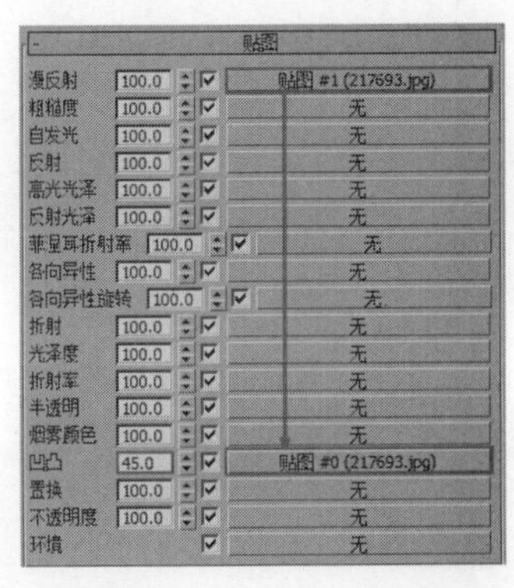

图10-156

03 将制作好的材质指定给场景中的模型，然后给模型加载一个“UVW贴图”修改器，接着设置“贴图类型”为“柱形”，再设置“长度”为100mm、“宽度”为100mm、“高度”为60mm，如图10-157所示。

04 按F9键渲染当前场景，最终效果如图10-158所示。

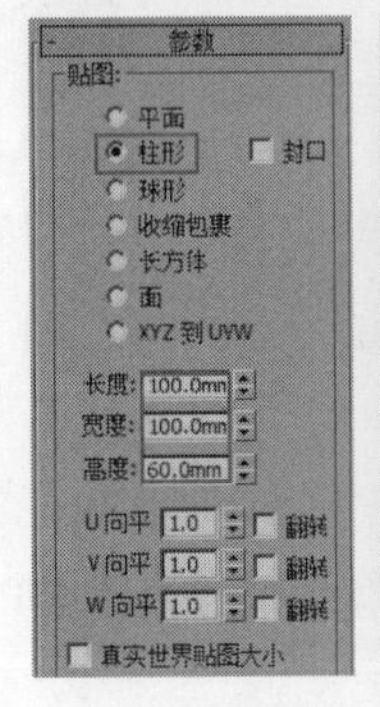

图10-157

图10-158

实战153 铜材质

场景位置	场景文件>CH10>22.max
实例位置	实例文件>CH10>铜材质.max
学习目标	掌握铜材质的参数

案例效果如图10-159所示。铜材质的模拟效果如图10-160所示。

图10-159

图10-160

01 打开本书学习资源中的“场景文件>CH10>22.max”文件，如图10-161所示。

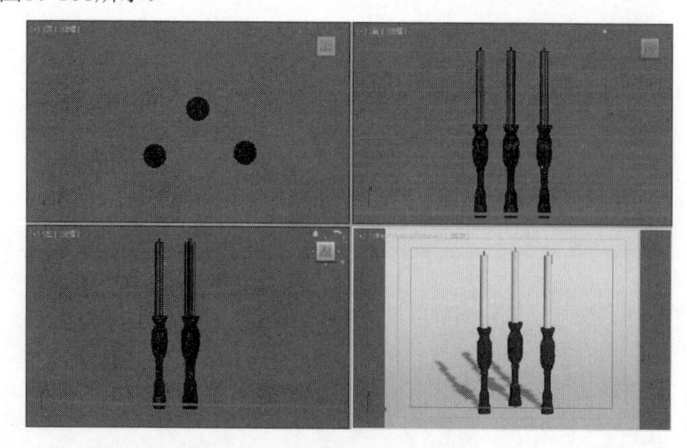

图10-161

02 进入摄影机视图，然后打开“材质编辑器”，接着选择一个空白材质球，再设置材质类型为VRayMtl材质，具体参数如图10-162和图10-163所示。

设置步骤

① 设置“漫反射”颜色为褐色（R:18，G:13，B:6）。

② 在“反射”通道中加载一张“衰减”贴图，然后进入“衰减”贴图，设置“前”颜色为褐色（R:53，G:33，B:21）、“侧”颜色为黄色（R:234，G:162，B:91），接着设置“衰减类型”为“垂直/平行”。

③ 设置“高光光泽”为0.65、“反射光泽”为0.7、“细分”为20。

④ 展开“双向反射分布函数”卷展栏，然后设置类型为Microfacet GTR（GGX）。

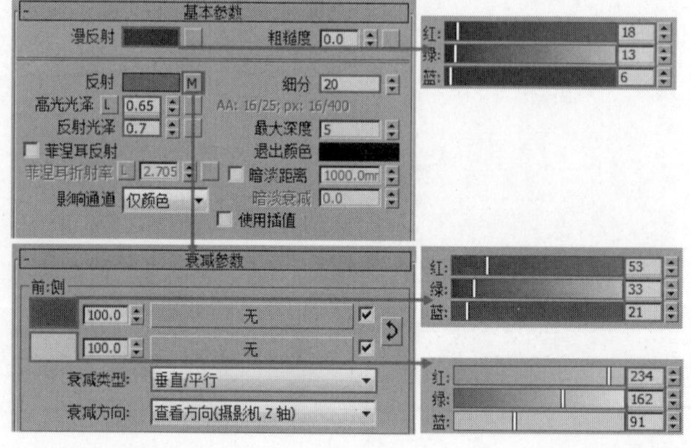

图10-162

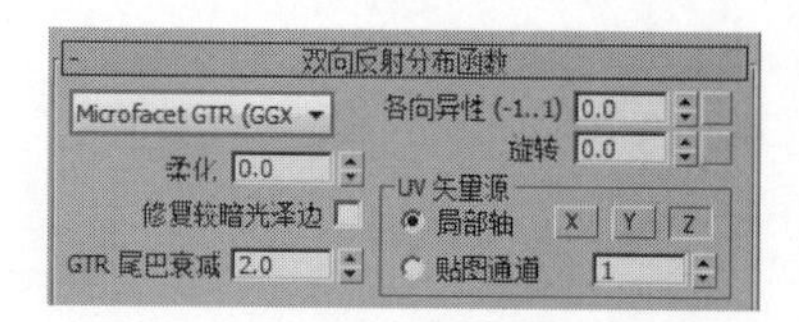

图10-163

03 将制作好的材质指定给场景中的模型，然后按F9键渲染当前场景，最终效果如图10-164所示。

图10-164

实战154 银材质

场景位置	场景文件>CH10>23.max
实例位置	实例文件>CH10>银材质.max
学习目标	掌握银材质的参数

案例效果如图10-165所示。银材质的模拟效果如图10-166所示。

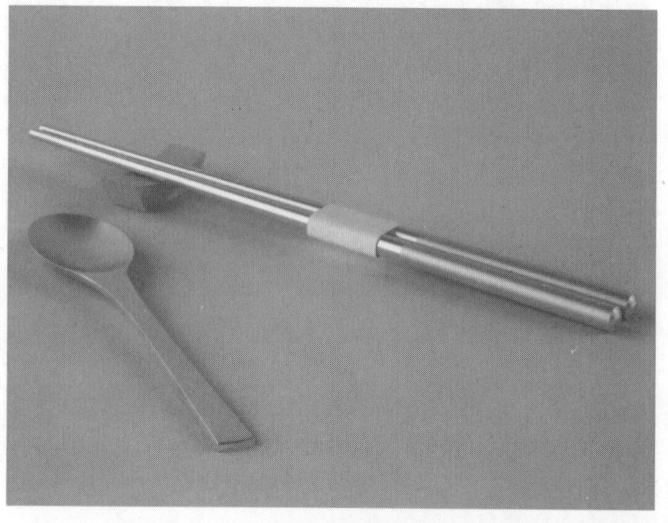

图10-165

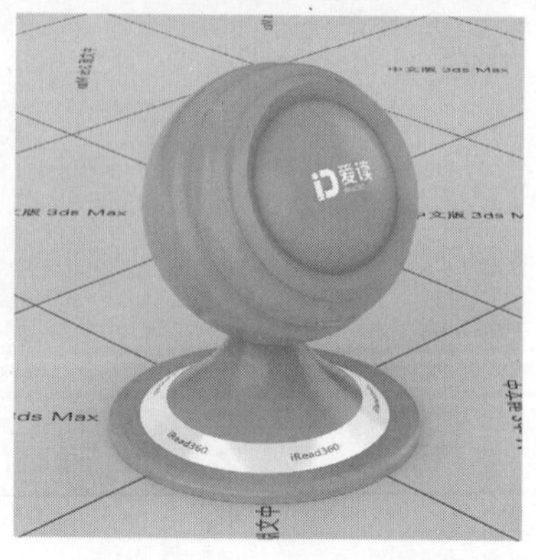

图10-166

01 打开本书学习资源中的“场景文件>CH10>23.max”文件，如图10-167所示。

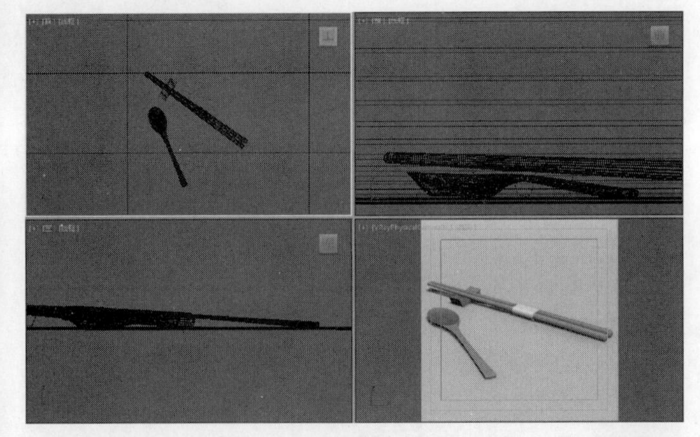

图10-167

02 进入摄影机视图，然后打开“材质编辑器”，接着选择一个空白材质球，再设置材质类型为VRayMtl材质，具体参数如图10-168所示。

设置步骤

① 设置“漫反射”颜色为蓝色（R:132，G:134，B:135）。

② 设置“反射”颜色为白色（R:212，G:214，B:214）、“反射光泽”为0.93、“细分”为25。

③ 展开“双向反射分布函数”卷展栏，然后设置类型为“沃德”。

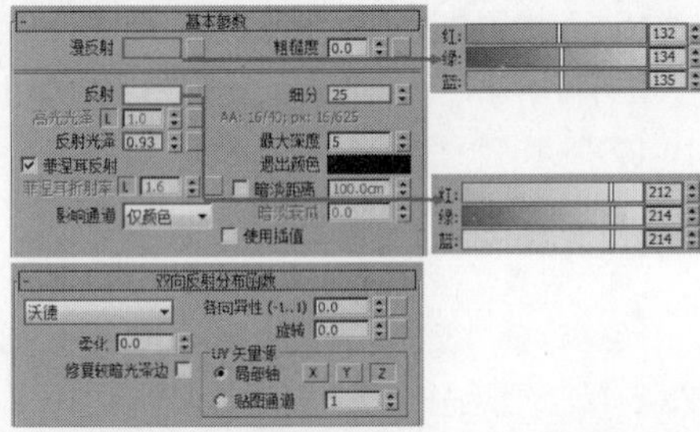

图10-168

03 将制作好的材质指定给场景中的模型，然后按F9键渲染当前场景，最终效果如图10-169所示。

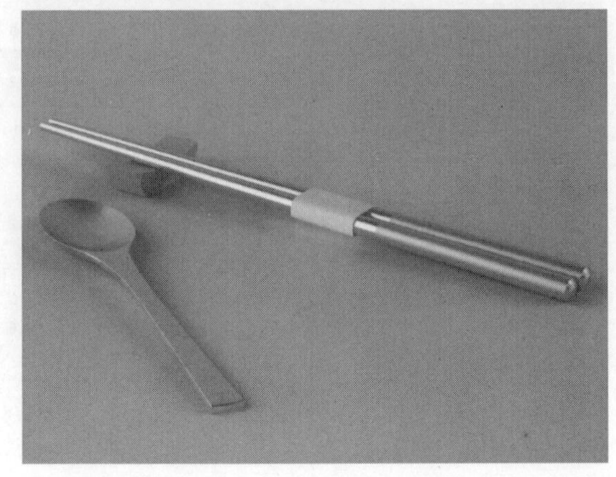

图10-169

实战155 铁材质

场景位置	场景文件>CH10>24.max
实例位置	实例文件>CH10>铁材质.max
学习目标	掌握铁材质的参数

案例效果如图10-170所示。铁材质的模拟效果如图10-171所示。

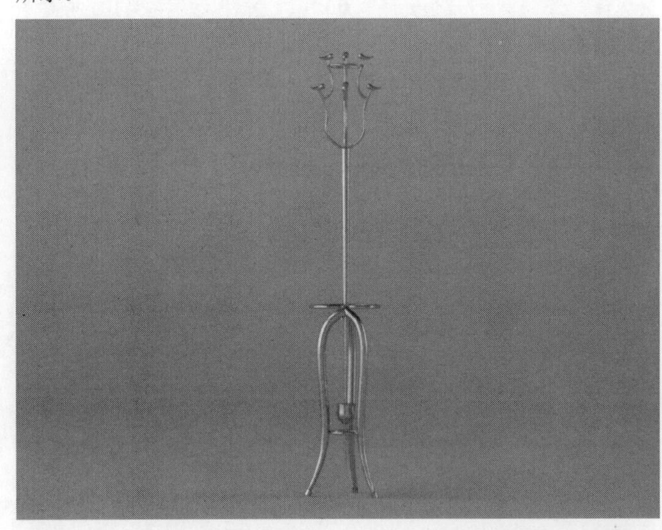

图10-170

图10-171

01 打开本书学习资源中的“场景文件>CH10>24.max”文件，如图10-172所示。

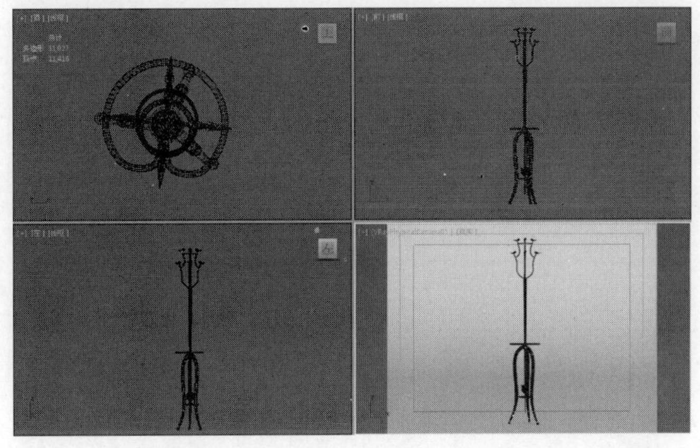

图10-172

02 进入摄影机视图，然后打开“材质编辑器”，接着选择一个空白材质球，再设置材质类型为VRayMtl材质，具体参数如图10-173和图10-174所示。

设置步骤

① 设置“漫反射”颜色为黑色（R:0，G:0，B:0）。

② 设置“反射”颜色为灰色（R:171，G:171，B:171）、“高光光泽”为0.61、“反射光泽”为0.76、“最大深度”为10，接着设置“菲涅耳折射率”为16。

③ 展开“双向反射分布函数”卷展栏，然后设置类型为Microfacet GTR（GGX）。

03 将制作好的材质指定给场景中的模型，然后按F9键渲染当前场景，最终效果如图10-175所示。

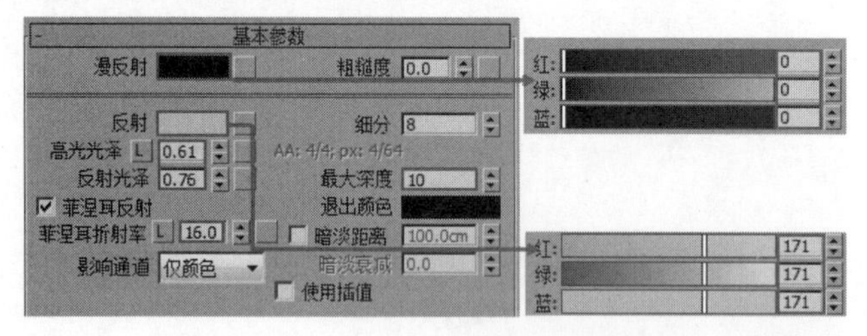

图10-173

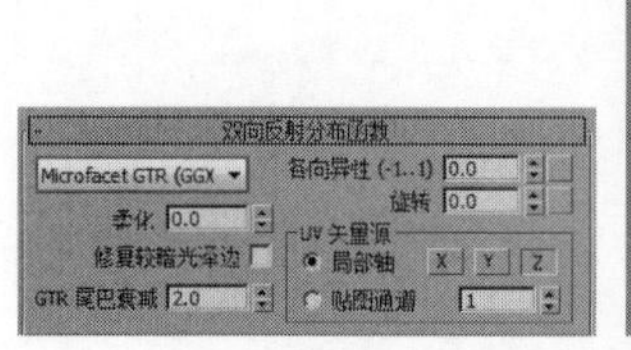

图10-174

图10-175

实战156 镜面材质

场景位置 场景文件>CH10>25.max

实例位置 实例文件>CH10>镜面材质.max

学习目标 掌握镜面材质的参数

案例效果如图10-176所示。镜面材质的模拟效果如图10-177所示。

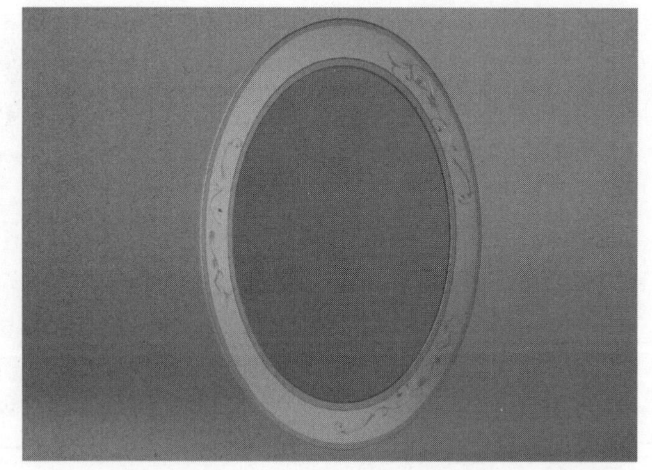

图10-176

图10-177

01 打开本书学习资源中的“场景文件>CH10>25.max”文件，如图10-178所示。

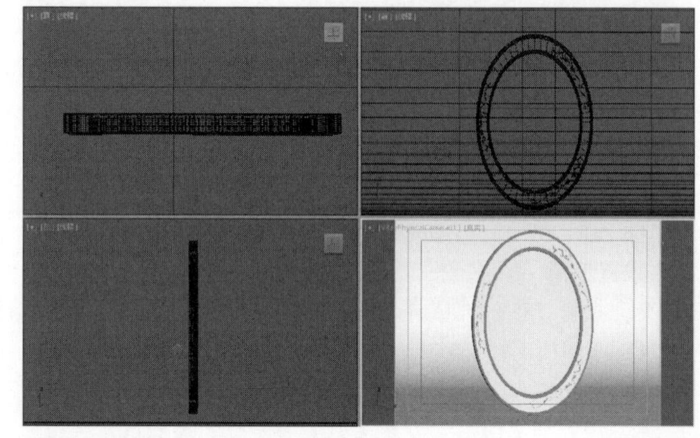

图10-178

02 进入摄影机视图，然后打开“材质编辑器”，接着选择一个空白材质球，再设置材质类型为VRayMtl材质，具体参数如图10-179所示。

设置步骤

① 设置“漫反射”颜色为白色（R:255，G:255，B:255）。

② 设置“反射”颜色为白色（R:255，G:255，B:255），然后设置“细分”为16，接着取消勾选“菲涅耳反射”选项。

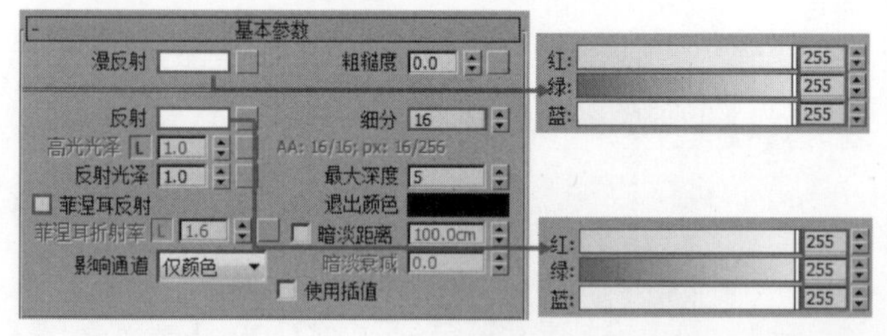

图10-179

03 将制作好的材质指定给场景中的模型，然后按F9键渲染当前场景，最终效果如图10-180所示。

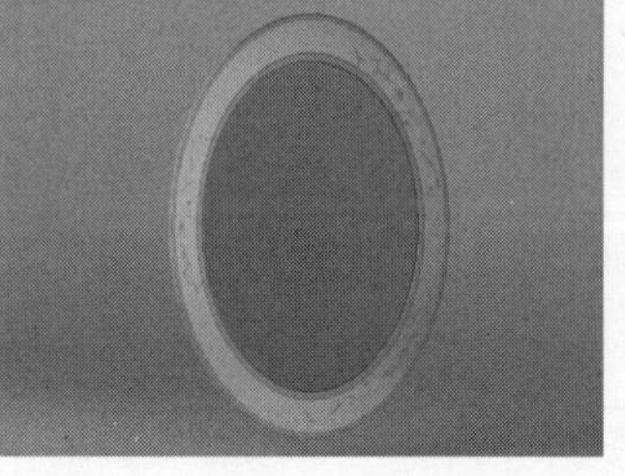

图10-180

实战157 清玻璃材质

场景位置	场景文件>CH10>26.max
实例位置	实例文件>CH10>清玻璃材质.max
学习目标	掌握清玻璃材质的参数

案例效果如图10-181所示。清玻璃材质的模拟效果如图10-182所示。

图10-181

图10-182

01 打开本书学习资源中的“场景文件>CH10>26.max”文件，如图10-183所示。

图10-183

02 进入摄影机视图，然后打开“材质编辑器”，接着选择一个空白材质球，再设置材质类型为VRayMtl材质，具体参数如图10-184所示。

设置步骤

① 设置“漫反射”颜色为黑色（R:10，G:10，B:10）。

② 设置“反射”颜色为白色（R:229，G:236，B:234），然后设置“高光光泽”为0.9、“反射光泽”为0.98、“细分”为16。

③ 设置“折射”颜色为白色（R:229，G:236，B:234），然后设置“折射率”为1.55、“细分”为16，最后勾选“影响阴影”选项。

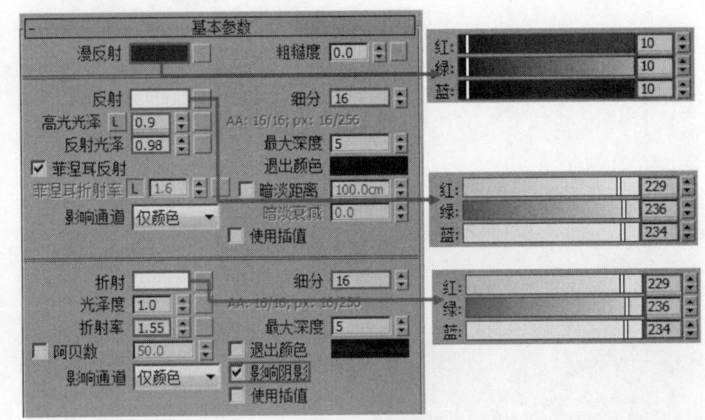

图10-184

03 将制作好的材质指定给场景中的模型，然后按F9键渲染当前场景，最终效果如图10-185所示。

图10-185

实战158 磨砂玻璃材质

场景位置	场景文件>CH10>26.max
实例位置	实例文件>CH10>磨砂玻璃材质.max
学习目标	掌握磨砂玻璃材质的参数

案例效果如图10-186所示。磨砂玻璃材质的模拟效果如图10-187所示。

图10-186

图10-187

01 打开本书学习资源中的“场景文件>CH10>26.max”文件，如图10-188所示。

图10-188

02 进入摄影机视图，然后打开“材质编辑器”，接着选择一个空白材质球，再设置材质类型为VRayMtl材质，具体参数如图10-189所示。

设置步骤

① 设置“漫反射”颜色为黑色（R:10，G:10，B:10）。

② 设置“反射”颜色为白色（R:229，G:236，B:234），然后设置“高光光泽”为0.85、“反射光泽”为0.8、“细分”为16。

③ 设置“折射”颜色为白色（R:229，G:236，B:234），然后设置“光泽度”为0.9、“折射率”为1.55、“细分”为16，最后勾选“影响阴影”选项。

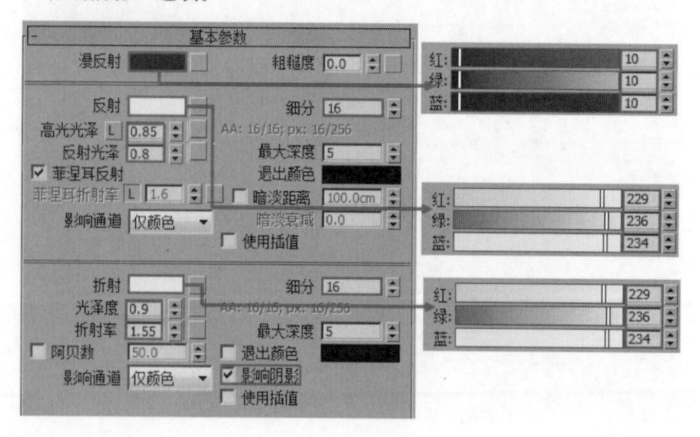

图10-189

03 将制作好的材质指定给场景中的模型，然后按F9键渲染当前场景，最终效果如图10-190所示。

图10-190

技巧与提示

“光泽度”值小于1时，玻璃就会出现磨砂效果。值越小，磨砂效果越明显，但渲染时间也越长。

实战159 有色玻璃材质

场景位置	场景文件>CH10>27.max
实例位置	实例文件>CH10>有色玻璃材质.max
学习目标	掌握有色玻璃材质的参数

案例效果如图10-191所示。有色玻璃材质的模拟效果如图10-192所示。

图10-191

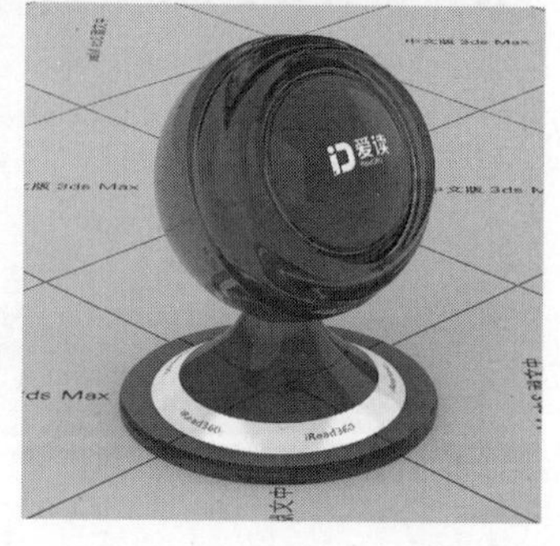

图10-192

01 打开本书学习资源中的“场景文件>CH10>27.max”文件，如图10-193所示。

图10-193

02 进入摄影机视图，然后打开“材质编辑器”，接着选择一个空白材质球，再设置材质类型为VRayMtl材质，具体参数如图10-194~图 10-196所示。

设置步骤

① 在“漫反射”通道中加载一张“衰减”贴图，然后进入“衰减”贴图，设置“前”颜色为蓝色（R:0，G:11，B:64）、“侧”颜色为蓝色（R:82，G:109，B:245），接着设置“衰减类型”为Fresnel。

② 设置“反射”颜色为白色（R:221，G:221，B:221），然后设置“高光光泽”为0.9、“反射光泽”为0.98、“细分”为16。

③ 在“折射”通道中加载一张“衰减”贴图，然后进入“衰减”贴图，设置“前”颜色为蓝色（R:139，G:150，B:209）、“侧”颜色为白色（R:249，G:250，B:253），接着设置“折射率”为1.5、“细分”为16，最后勾选“影响阴影”选项。

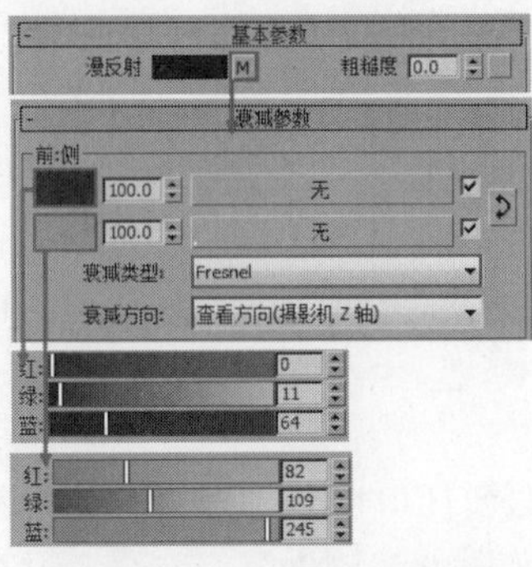

图10-194

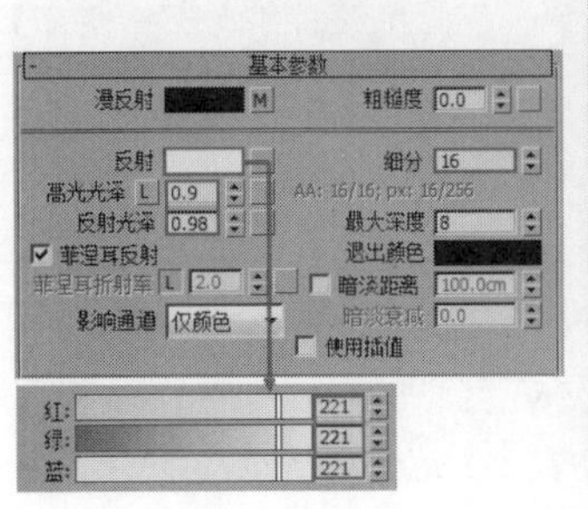

图10-195

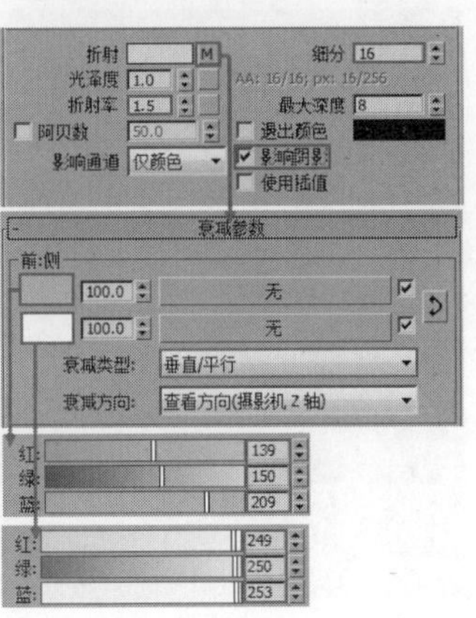

图10-196

03 将制作好的材质指定给场景中的模型，然后按F9键渲染当前场景，最终效果如图10-197所示。

图10-197

实战160 灯罩材质

场景位置	场景文件>CH10>28.max
实例位置	实例文件>CH10>灯罩材质.max
学习目标	掌握灯罩材质的参数

案例效果如图10-198所示。灯罩材质的模拟效果如图10-199所示。

图10-198

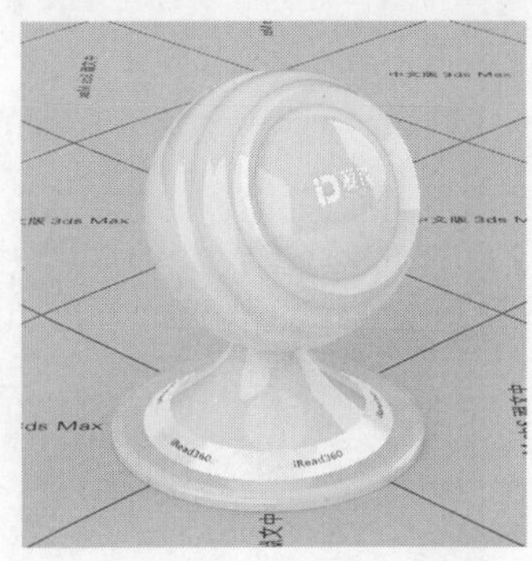

图10-199

01 打开本书学习资源中的“场景文件>CH10>28.max”文件，如图10-200所示。

02 进入摄影机视图，然后打开“材质编辑器”，接着选择一个空白材质球，再设置材质类型为VRayMtl材质，具体参数如图10-201所示。

设置步骤

① 设置“漫反射”颜色为白色（R:252，G:252，B:252）。

② 设置“反射”颜色为白色（R:255，G:255，B:255），然后设置“高光光泽”为0.9、“反射光泽”为0.96、“细分”为12。

③ 设置“折射”颜色为灰色（R:42，G:42，B:42），接着设置“光泽度”为0.8、“折射率”为1.6、“细分”为20，最后勾选“影响阴影”选项。

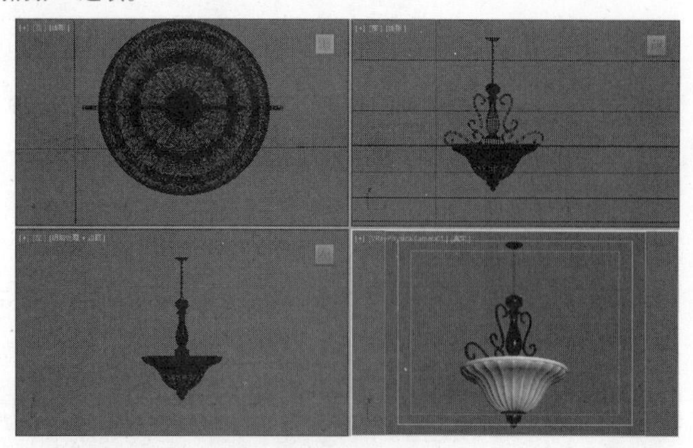

图10-200

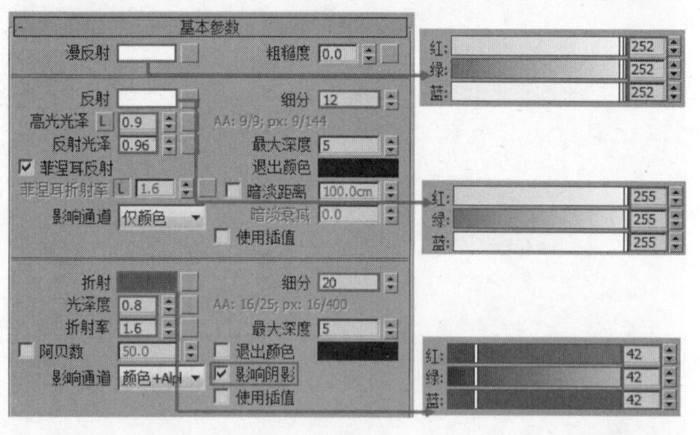

图10-201

03 将制作好的材质指定给场景中的模型，然后按F9键渲染当前场景，最终效果如图10-202所示。

图10-202

实战161 水晶材质

场景位置	场景文件>CH10>29.max
实例位置	实例文件>CH10>水晶材质.max
学习目标	掌握水晶材质的参数

案例效果如图10-203所示。水晶材质的模拟效果如图10-204所示。

图10-203

图10-204

01 打开本书学习资源中的“场景文件>CH10>29.max”文件，如图10-205所示。

图10-205

02 进入摄影机视图，然后打开“材质编辑器”，接着选择一个空白材质球，再设置材质类型为VRayMtl材质，具体参数如图10-206所示。

设置步骤

① 设置“漫反射”颜色为黑色（R:0，G:0，B:0）。

② 设置“反射”颜色为白色（R:255，G:255，B:255），然后设置“高光光泽”为0.9、“反射光泽”为1、“菲涅耳折射率”为2。

③ 设置“折射”颜色为白色（R:255，G:255，B:255），接着设置“折射率”为2，最后勾选“影响阴影”选项。

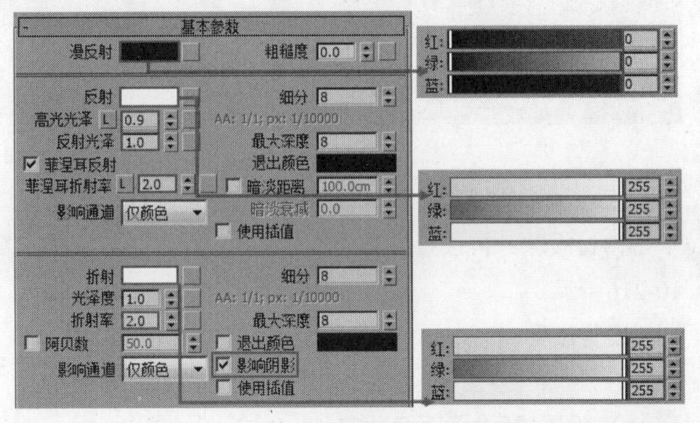

图10-206

03 将制作好的材质指定给场景中的模型，然后按F9键渲染当前场景，最终效果如图10-207所示。

图10-207

实战162 水材质

场景位置	场景文件>CH10>30.max
实例位置	实例文件>CH10>水材质.max
学习目标	掌握水材质的参数

案例效果如图10-208所示。水材质的模拟效果如图10-209所示。

图10-208

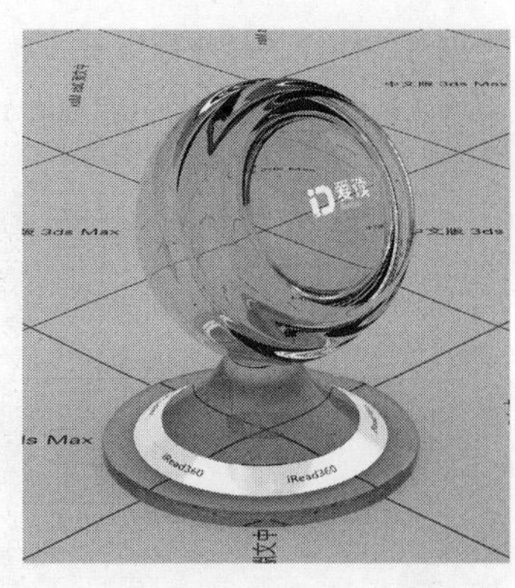

图10-209

01 打开本书学习资源中的“场景文件>CH10>30.max”文件，如图10-210所示。

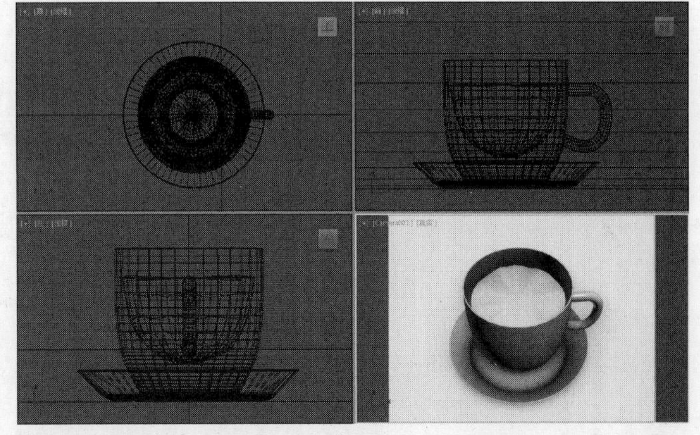

图10-210

02 进入摄影机视图，然后打开“材质编辑器”，接着选择一个空白材质球，再设置材质类型为VRayMtl材质，具体参数如图10-211所示。

设置步骤

① 设置“漫反射”颜色为黑色（R:10，G:10，B:10）。

② 设置“反射”颜色为白色（R:223，G:243，B:245），然后设置“高光光泽”为0.9、“反射光泽”为1、“细分”为16。

③ 设置“折射”颜色为白色（R:243，G:243，B:243），接着设置“折射率”为1.33、“细分”为16，最后勾选“影响阴影”选项。

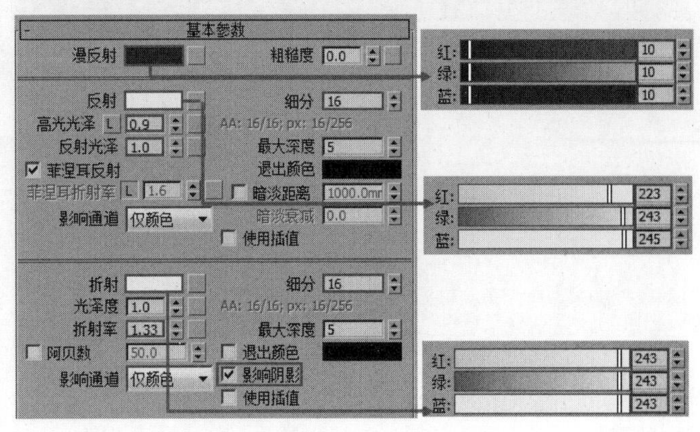

图10-211

03 将制作好的材质指定给场景中的模型，然后按F9键渲染当前场景，最终效果如图10-212所示。

图10-212

实战163 红酒材质

场景位置	场景文件>CH10>31.max
实例位置	实例文件>CH10>红酒材质.max
学习目标	掌握红酒材质的参数

案例效果如图10-213所示。红酒材质的模拟效果如图10-214所示。

图10-213

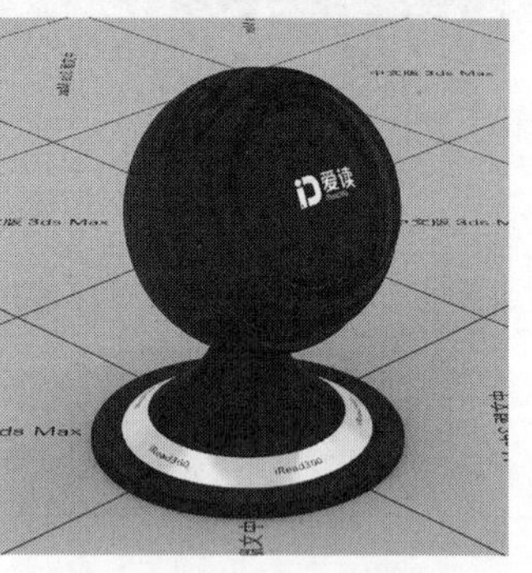

图10-214

01 打开本书学习资源中的“场景文件>CH10>31.max”文件，如图10-215所示。

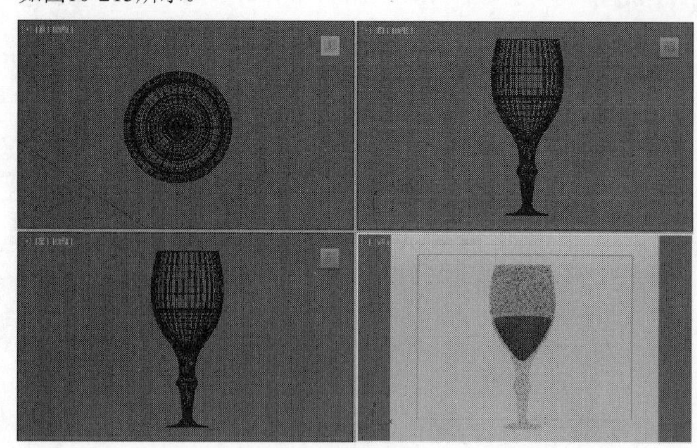

图10-215

02 进入摄影机视图，然后打开“材质编辑器”，接着选择一个空白材质球，再设置材质类型为VRayMtl材质，具体参数如图10-216所示。

设置步骤

① 设置“漫反射”颜色为红色（R:84，G:4，B:15）。

② 设置“反射”颜色为灰色（R:57，G:57，B:57），然后设置“高光光泽”为0.9、“反射光泽”为1、“细分”为20。

③ 设置“折射”颜色为红色（R:183，G:57，B:75），接着设置“折射率”为1.33、“细分”为20，最后勾选“影响阴影”选项。

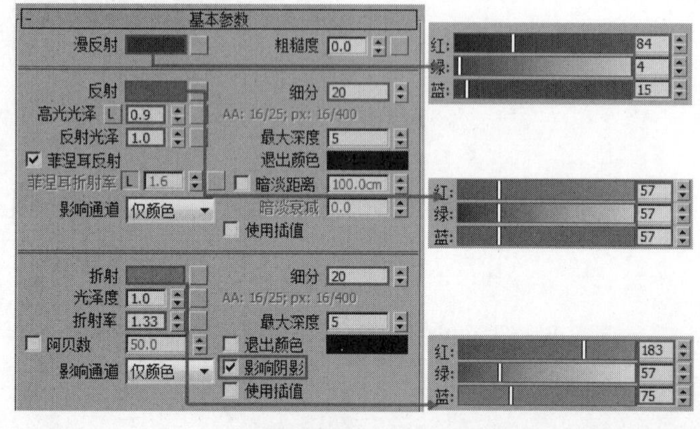

图10-216

03 将制作好的材质指定给场景中的模型，然后按F9键渲染当前场景，最终效果如图10-217所示。

图10-217

实战164 咖啡材质

场景位置	场景文件>CH10>30.max
实例位置	实例文件>CH10>咖啡材质.max
学习目标	掌握咖啡材质的参数

案例效果如图10-218所示。咖啡材质的模拟效果如图10-219所示。

图10-218

图10-219

01 打开本书学习资源中的“场景文件>CH10>30.max”文件，如图10-220所示。

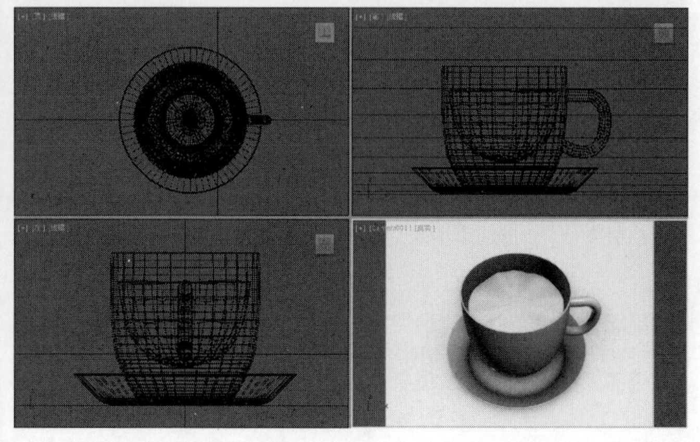

图10-220

02 进入摄影机视图，然后打开“材质编辑器”，接着选择一个空白材质球，再设置材质类型为VRayMtl材质，具体参数如图10-221和图10-222所示。

设置步骤

① 设置“漫反射”颜色为白色（R:255，G:255，B:255）。

② 设置“反射”颜色为褐色（R:16，G:9，B:4），然后设置“反射光泽”为0.9、“细分”为12、“最大深度”为2，最后取消勾选“菲涅耳反射”选项。

③ 设置“折射”颜色为白色（R:230，G:230，B:230），接着设置“折射率”为1.32、“细分”为12、“最大深度”为3。

④ 设置“烟雾颜色”为黄色（R:80，G:27，B:2），然后设置“烟雾倍增”为0.66。

⑤ 展开“双向反射分布函数”卷展栏，然后设置类型为“多面”。

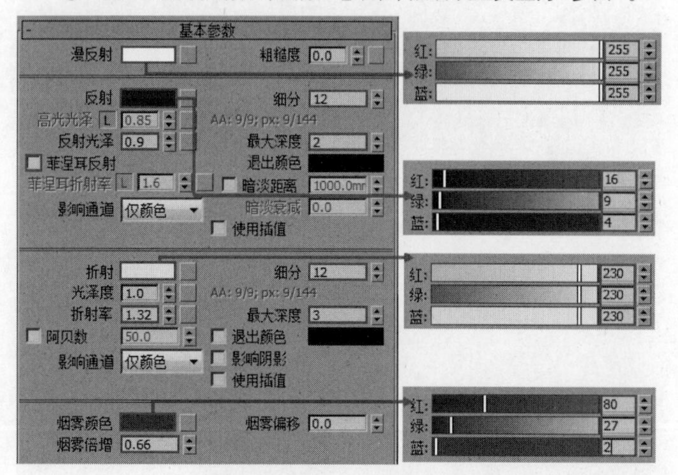

图10-221

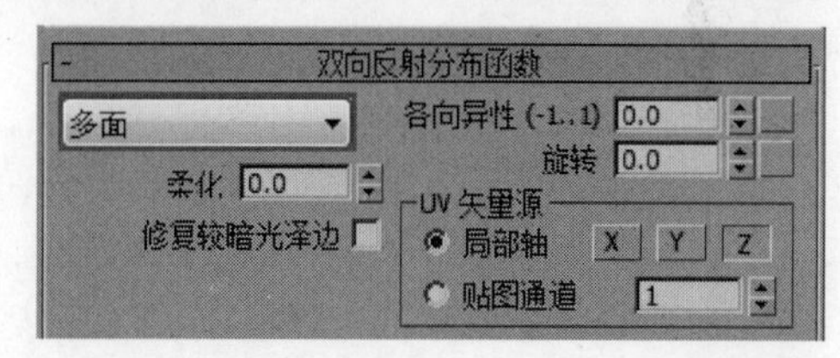

图10-222

03 将制作好的材质指定给场景中的模型，然后按F9键渲染当前场景，最终效果如图10-223所示。

图10-223

实战165 牛奶材质

场景位置	场景文件>CH10>32.max
实例位置	实例文件>CH10>牛奶材质.max
学习目标	掌握牛奶材质的参数

案例效果如图10-224所示。牛奶材质的模拟效果如图10-225所示。

图10-224

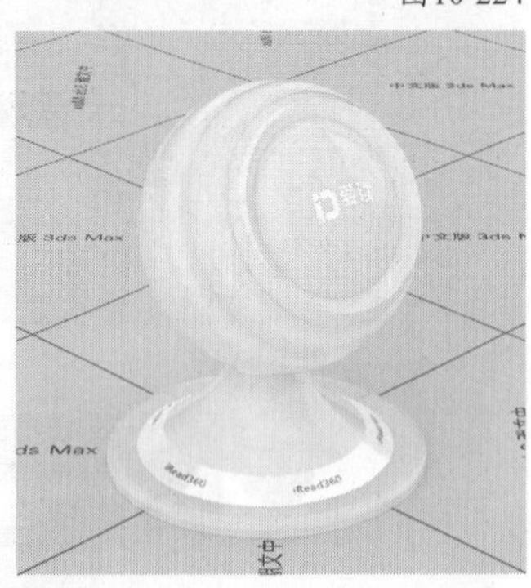

图10-225

01 打开本书学习资源中的“场景文件>CH10>32.max”文件，如图10-226所示。

图10-226

02 进入摄影机视图，然后打开“材质编辑器”，接着选择一个空白材质球，再设置材质类型为VRayMtl材质，具体参数如图10-227和图10-228所示。

设置步骤

① 设置“漫反射”颜色为白色（R:255，G:252，B:243）。

② 设置“反射”颜色为白色（R:238，G:238，B:238），然后设置“反射光泽”为0.9、“细分”为12。

③ 设置“折射”颜色为灰色（R:74，G:74，B:74），接着设置“折射率”为1.32、“细分”为12。

④ 展开“双向反射分布函数”卷展栏，然后设置类型为“多面”。

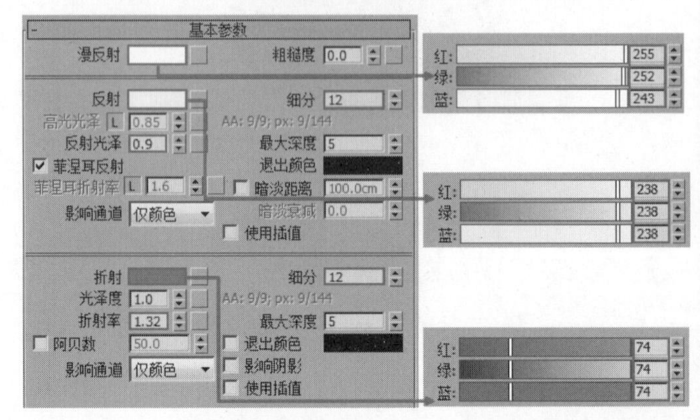

图10-227

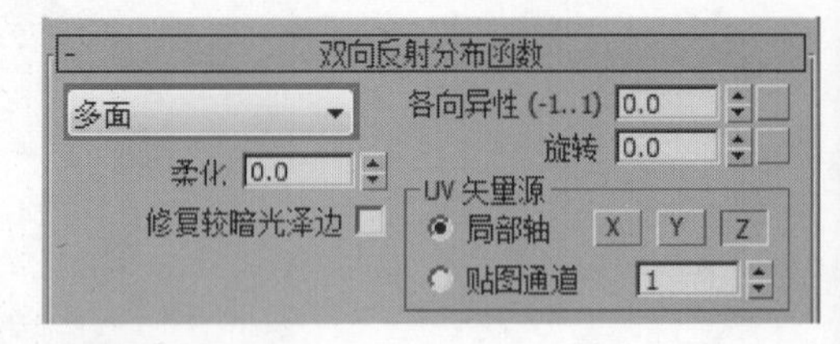

图10-228

03 将制作好的材质指定给场景中的模型，然后按F9键渲染当前场景，最终效果如图10-229所示。

图10-229

实战166 可乐材质

场景位置　场景文件>CH10>32.max
实例位置　实例文件>CH10>可乐材质.max
学习目标　掌握可乐材质的参数

案例效果如图10-230所示。可乐材质的模拟效果如图10-231所示。

图10-230

图10-231

01 打开本书学习资源中的“场景文件>CH10>32.max”文件，如图10-232所示。

图10-232

02 进入摄影机视图，然后打开“材质编辑器”，接着选择一个空白材质球，再设置材质类型为VRayMtl材质，具体参数如图10-233和图10-234所示。

设置步骤

① 设置“漫反射”颜色为褐色（R:12，G:2，B:0）。

② 设置“反射”颜色为白色（R:255，G:255，B:255），然后设置“高光光泽”为0.95、“反射光泽”为1、“细分”为10、“最大深度”为10。

③ 设置“折射”颜色为白色（R:255，G:255，B:255），接着设置“折射率”为1.3、“细分”为10、“最大深度”为10。

④ 设置“烟雾颜色”为褐色（R:72，G:12，B:0）、“烟雾倍增”为0.65。

⑤ 展开“双向反射分布函数”卷展栏，然后设置类型为“沃德”。

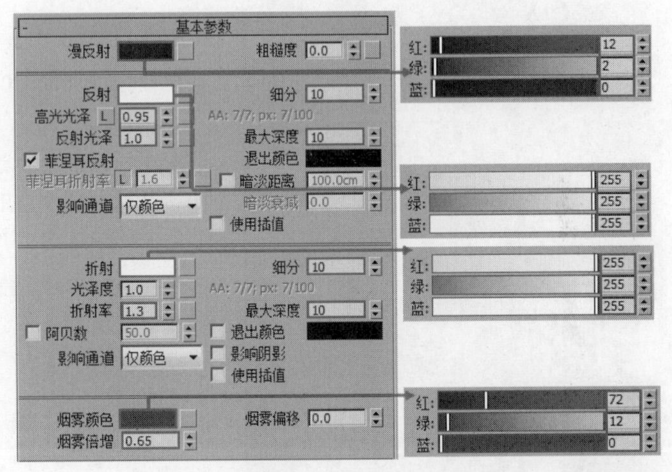

图10-233

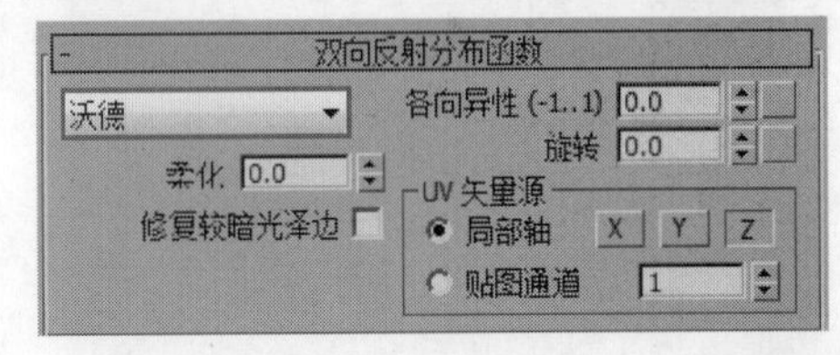

图10-234

03 将制作好的材质指定给场景中的模型，然后按F9键渲染当前场景，最终效果如图10-235所示。

图10-235

第11章 VRay渲染技术

Learning Objectives 学习要点

Employment Direction 从业方向

本章将介绍VRay渲染技术，这个章节的重要性不言而喻，即使有良好的光照、精美的材质，如果没有合理的渲染参数，依然得不到优秀的渲染作品。

实战167 启用Gamma和LUT校正

场景位置　无
实例位置　无
学习目标　掌握启用Gamma和LUT校正的方法

在3ds Max中，启用Gamma和LUT校正的方法很简单。

01 打开3ds Max 2016界面后，在“菜单栏”执行“渲染>Gamma/LUT设置”命令，如图11-1所示。

02 在弹出的“首选项设置”对话框中，系统自动切换到“Gamma和LUT”选项卡，然后勾选“启用Gamma/LUT校正”选项，最后单击“确定”按钮 确定 ，如图11-2所示。

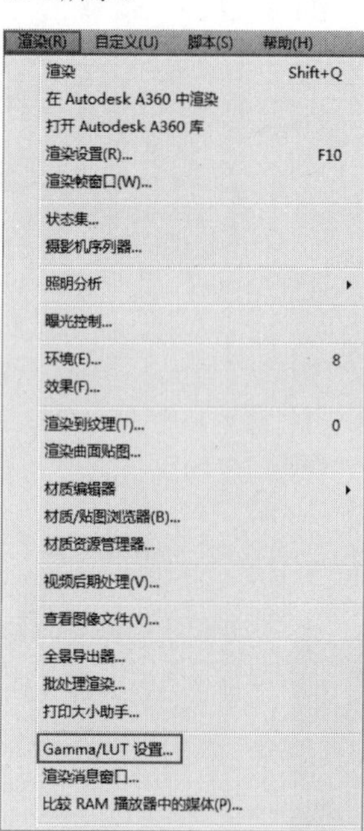

图11-1

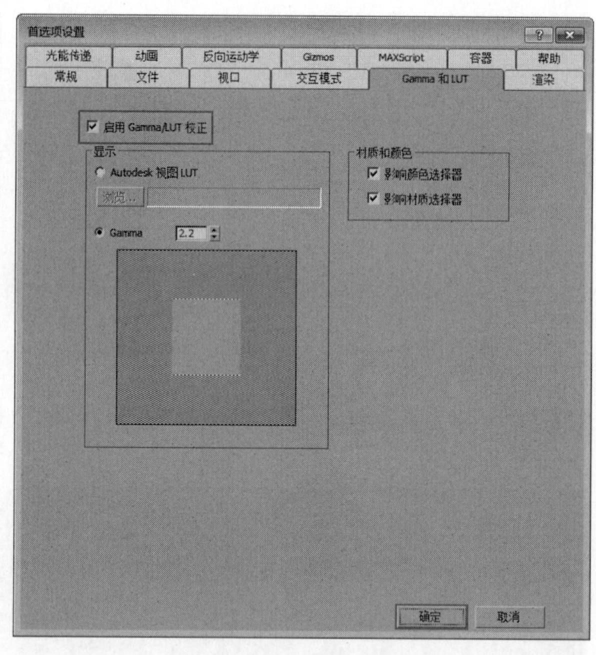

图11-2

实战168 测试Gamma和LUT校正的区别

场景位置　场景文件>CH11>01.max
实例位置　实例文件>CH11>测试Gamma和LUT校正的区别.max
学习目标　掌握Gamma和LUT校正的区别

案例效果如图11-3所示。

图11-3

01 打开本书学习资源中的“场景文件>CH11>01.max”文件，如图11-4所示。

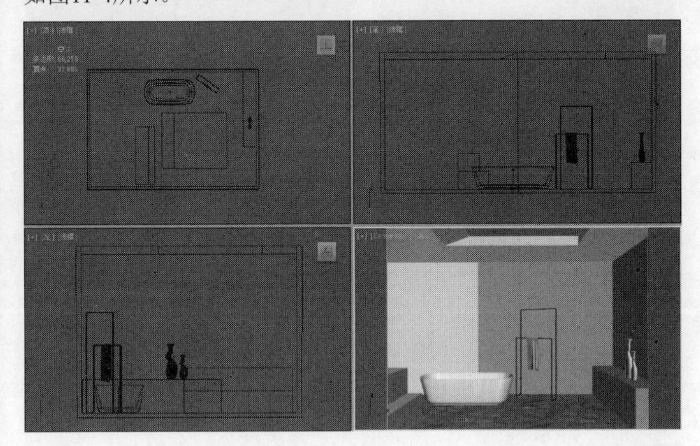

图11-4

02 在“菜单栏”中执行“渲染>Gamma/LUT设置”命令，然后在弹出的“首选项设置”对话框中，系统自动切换到“Gamma和LUT”选项卡，可以观察到，此时系统没有启用Gamma/LUT校正，如图11-5所示。

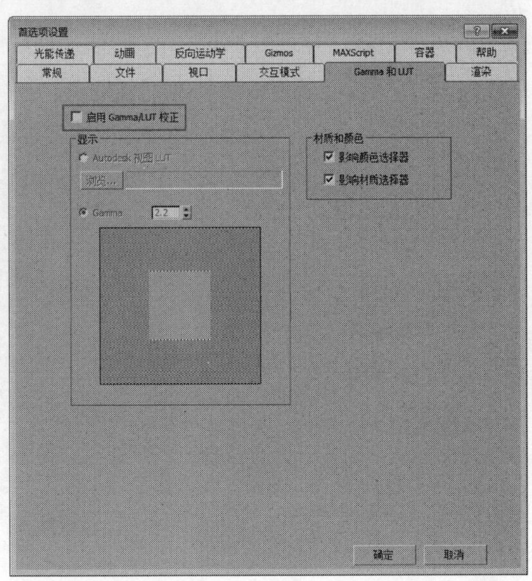

图11-5

03 单击“确定”按钮，退出对话框，然后进入摄影机视图，按F9键渲染当前场景，效果如图11-6所示。按M键打开“材质编辑器”，此时材质球效果如图11-7所示。

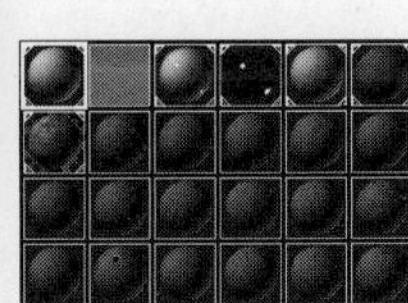

图11-6　　图11-7

04 在“菜单栏”中执行“渲染>Gamma/LUT设置”命令，然后在弹出的“首选项设置”对话框中，系统自动切换到“Gamma和LUT”选项卡，接着勾选“启用Gamma/LUT校正”选项，最后单击“确定”按钮，如图11-8所示。

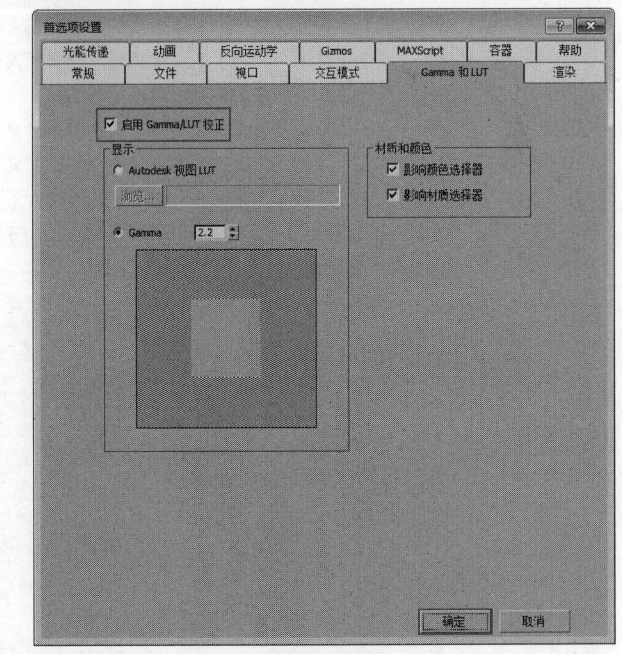

图11-8

05 进入摄影机视图，按F9键渲染当前场景，效果如图11-9所示。按M键打开“材质编辑器”，此时材质球效果如图11-10所示。

图11-9

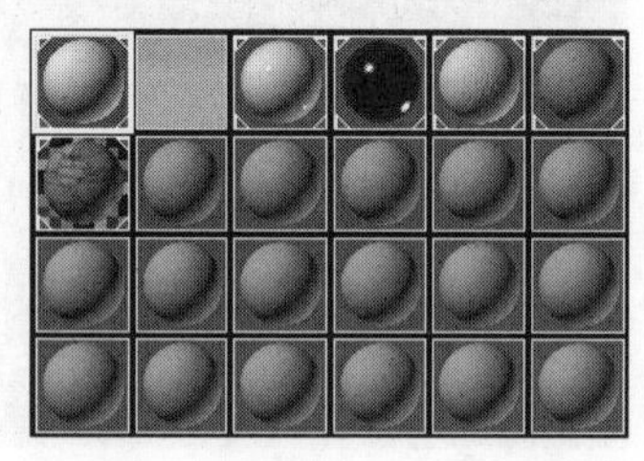

图11-10

技术专题 LWF线性工作流

LWF就是一种通过调整图像Gamma值，使图像得到线性化显示的技术流程。而线性化的本意，就是让图像得到正确的显示结果。设置LWF后会使图像明亮，这个明亮即是正确的显示结果，是线性化的结果。

全局光渲染器在常规作图流程下得到的图像会比较暗（尤其是暗部）。而这个图像本来是不应该这么暗的，不应该在我们作图调高灯光亮度时，亮处都几近曝光了，但场景的某些暗部还是亮不起来（即明暗差距不应该过大）。这个过暗问题，最主要的客观原因是显示器错误地显示了图像，使本来不暗的图像被显示器给显示暗了（也就是非线性化了）。所以我们要用LWF，通过调整Gamma，让图像回到正确的线性化显示效果（即让它变亮），使图像的明暗看起来更有真实感，更符合人眼视觉和现实中真正的光影感，而不是像原本那样明暗差距过大。

为什么显示器显示出来的结果会过暗？这个问题涉及电路电气知识，这里不做详细讲解。

当启用“Gamma/LUT校正”后，在“Gamma和LUT”选项卡会观察到Gamma值自动变为2.2，如图11-11所示。

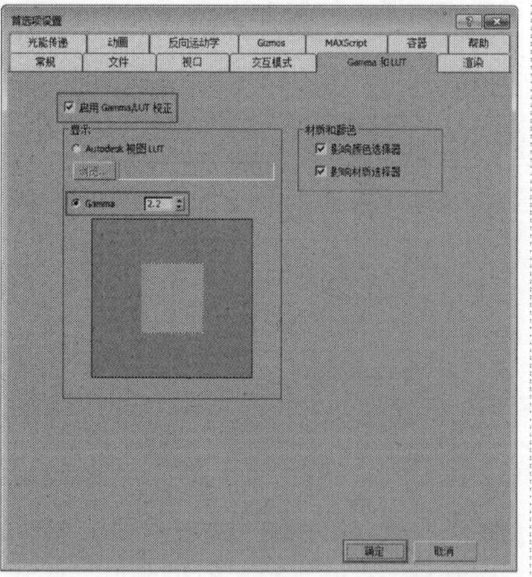

图11-11

Gamma就是表示画面失真程度的参数。值越大，失真越大，图像也就越暗。1则意味着图像不失真，会正常显示。

大多数显示器的失真程度，即它的Gamma值，是2.2。所以，我们在用LWF来校正图像失真时，才有了2.2这个参照数值。

启用“Gamma/LUT校正”后，渲染出的图片往往会有些偏灰，只需要将渲染出的图片导入Photoshop进行调整即可。

实战169 启动VRay帧缓冲区

场景位置 无
实例位置 无
学习目标 掌握启动VRay帧缓冲区的方法

默认情况下，系统在进行场景渲染时会启用自身携带的“渲染帧窗口”，如图11-12所示。启用“Gamma/LUT校正”后，建议使用“VRay帧缓冲区”作为渲染窗口，如图11-13所示。

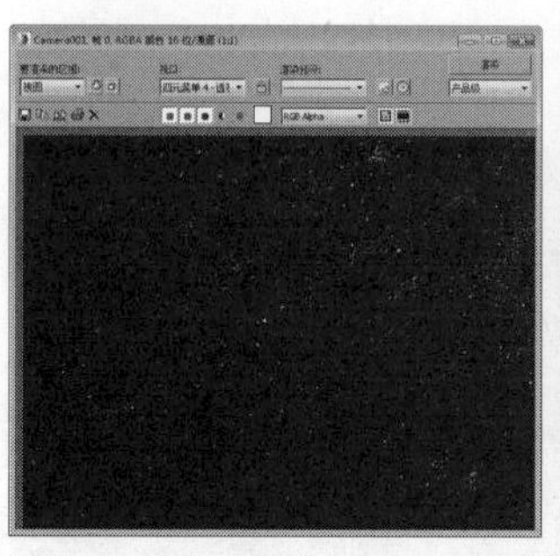

图11-12

图11-13

01 打开3ds Max 2016界面后，按F10键或在“主工具栏”中单击“渲染设置”按钮，打开“渲染设置”面板，如图11-14所示。

02 进入VRay选项卡，然后展开“帧缓冲区”卷展栏，接着勾选“启用内置帧缓冲区”选项，如图11-15所示。这样，按F9键渲染时，弹出的就是“VRay帧缓冲区”窗口。

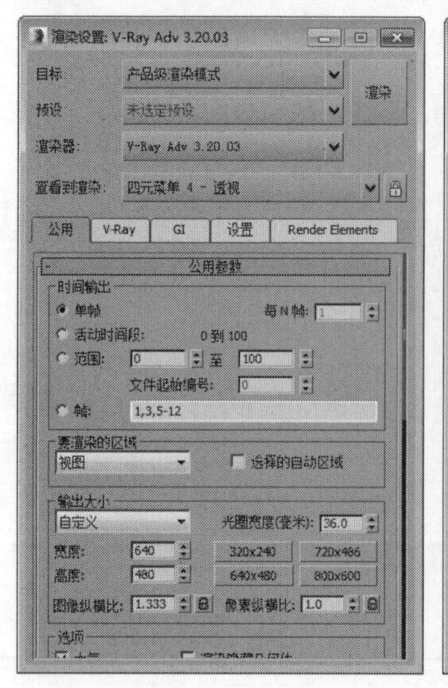

图11-14

图11-15

实战170 图像采样器类型对比

场景位置　场景文件>CH11>02.max
实例位置　实例文件>CH11>图像采样器类型对比.max
学习目标　掌握图像采样器类型对比

抗锯齿在渲染设置中是一个必须调整的参数，其数值的大小决定了图像的渲染精度和渲染时间，但抗锯齿与全局照明精度的高低没有关系，只作用于场景物体的图像和物体的边缘精度，其参数设置面板如图11-16所示。

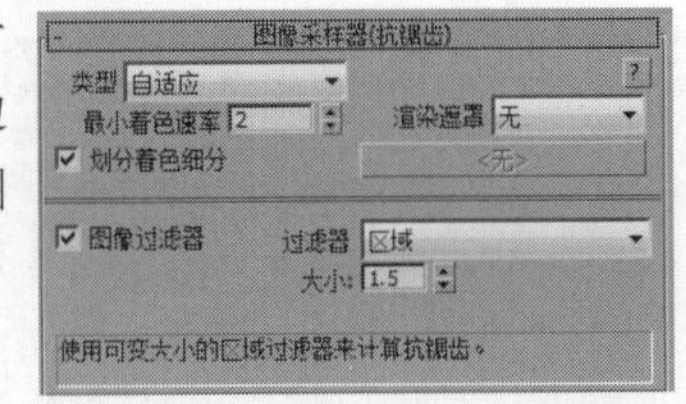

图11-16

01 打开本书学习资源中的“场景文件>CH11>02.max”文件，如图11-17所示。

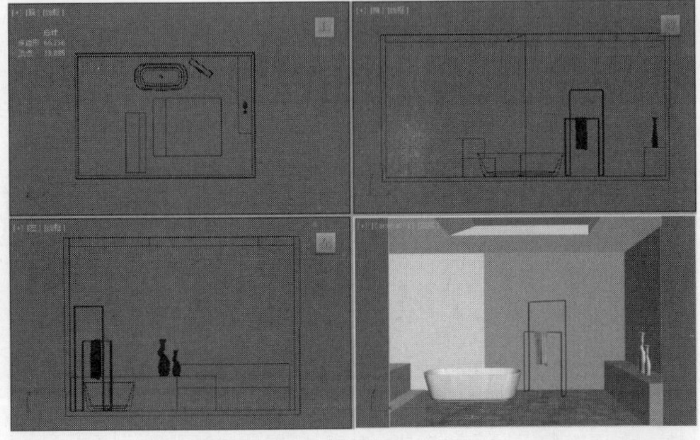

图11-17

02 启用“Gamma/LUT校正”，并勾选“启用内置帧缓冲区”选项，然后展开“图像采样器（抗锯齿）”卷展栏，设置“类型”为“固定”，不勾选“图像过滤器”选项，如图11-18所示，最后进入摄影机视图渲染当前场景，其效果如图11-19所示。

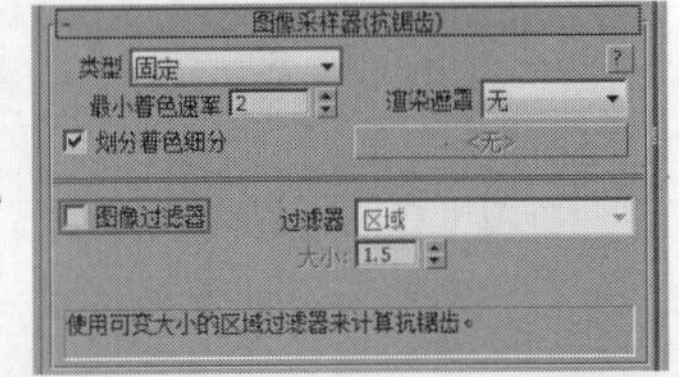

图11-18

图11-19

03 在“图像采样器（抗锯齿）”卷展栏中，设置“类型”为“自适应”，不勾选“图像过滤器”选项，如图11-20所示，最后进入摄影机视图渲染当前场景，其效果如图11-21所示。

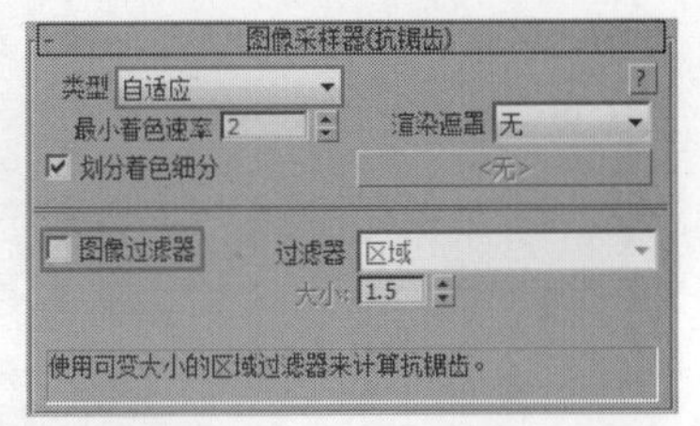

图11-20

图11-21

04 在“图像采样器（抗锯齿）”卷展栏中，设置“类型”为“自适应细分”，不勾选“图像过滤器”选项，如图11-22所示，最后进入摄影机视图渲染当前场景，其效果如图11-23所示。

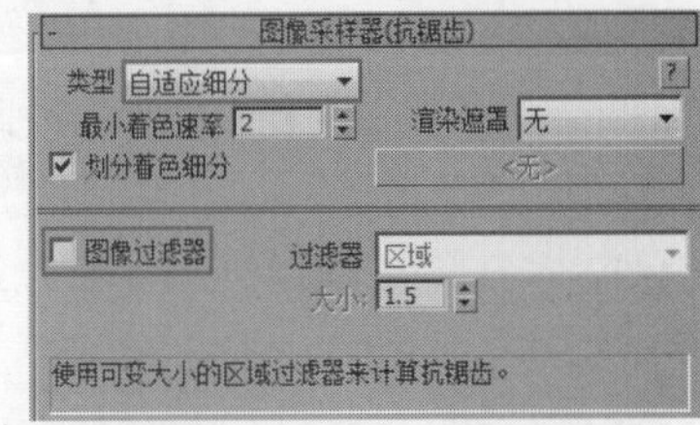

图11-22

图11-23

05 在“图像采样器（抗锯齿）”卷展栏中，设置“类型”为“渐进”，不勾选“图像过滤器”选项，如图11-24所示，最后进入摄影机视图渲染当前场景，其效果如图11-25所示。

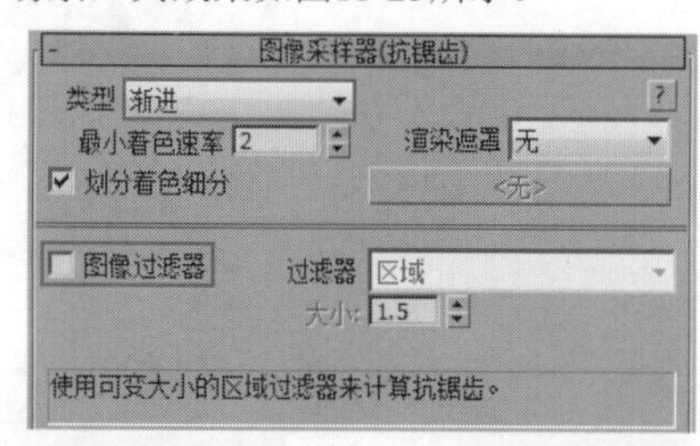

图11-24

图11-25

通过4种图像采样器的种类对比，可以看到，“固定”采样器的渲染速度最快；“自适应”采样器的效果最好，速度也较快。在日常效果图制作中，测试渲染通常是用“固定”采样器，正式渲染用“自适应”采样器。

技术专题 图像采样器（抗锯齿）类型详解

固定：对每个像素使用一个固定的细分值。该采样方式适合拥有大量的模糊效果（比如运动模糊、景深模糊、反射模糊、折射模糊等）或者具有高细节纹理贴图的场景。在这种情况下，使用“固定”方式能够兼顾渲染品质和渲染时间。

自适应：这是较常用的一种采样器，下面的内容中还要单独介绍，其采样方式可以根据每个像素以及与它相邻像素的明暗差异，让不同像素使用不同的样本数量。在角落部分使用较高的样本数量，在平坦部分使用较低的样本数量。该采样方式适合拥有少量的模糊效果或者具有高细节的纹理贴图以及具有大量几何体面的场景。

自适应细分：这个采样器具有负值采样的高级抗锯齿功能，适用于在没有或者有少量模糊效果的场景中。在这种情况下，它的渲染速度最快。但是在具有大量细节和模糊效果的场景中，它的渲染速度会非常慢，渲染品质也不高，这是因为它需要优化模糊和大量的细节。这就需要对模糊和大量细节进行预计算，从而降低渲染速度。同时，该采样方式是4种采样类型中最占内存资源的一种，而“固定”采样器占的内存资源最少。

渐进：这是VRay3.0之后添加的采样器，其采样过程不再是“跑格子”，而是全局性的由粗糙到精细，直到满足阈值或最大样本数为止。采样的样本投射单位是每一个像素点，而不是全图，采样的结果决定了该像素是什么颜色，所以采样越准确，相邻像素点的过渡就会更自然，各种模糊效果也会更精确。

实战171 抗锯齿类型对比

场景位置	场景文件>CH11>02.max
实例位置	实例文件>CH11>抗锯齿类型对比.max
学习目标	抗锯齿类型对比

当勾选“图像过滤器”选项以后，可以从后面的下拉列表中选择一个抗锯齿过滤器对场景进行抗锯齿处理；如果不勾选该选项，渲染时将使用纹理抗锯齿过滤器，如图11-26所示。

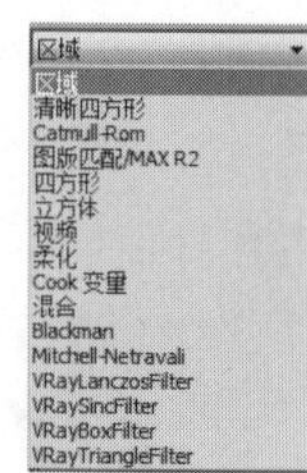

图11-26

01 打开本书学习资源中的“场景文件>CH11>02.max”文件，如图11-27所示。

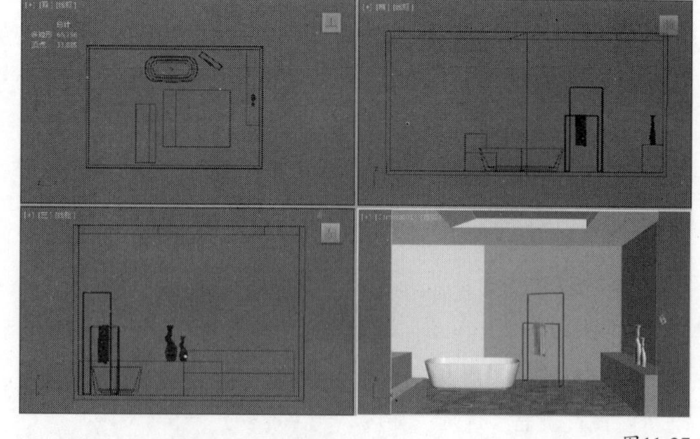

图11-27

02 启用“Gamma/LUT校正”，并勾选“启用内置帧缓冲区”选项，然后展开“图像采样器（抗锯齿）”卷展栏，设置“类型”为“自适应”，接着勾选“图像过滤器”选项，设置“过滤器”为“区域”，如图11-28所示，最后进入摄影机视图渲染当前场景，其效果如图11-29所示。

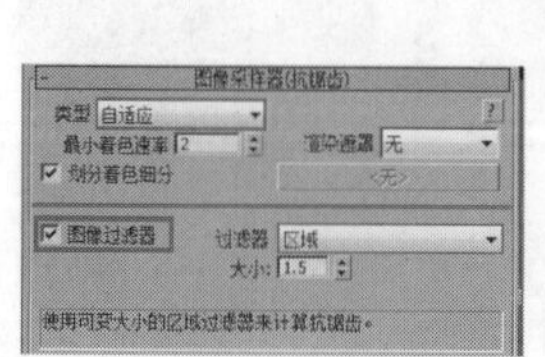

图11-28

图11-29

03 在“图像采样器（抗锯齿）”卷展栏中，设置“类型”为“自适应”，接着勾选“图像过滤器”选项，设置“过滤器”为“清晰四方形”，如图11-30所示，最后进入摄影机视图渲染当前场景，其效果如图11-31所示。

图11-30 图11-31

04 在“图像采样器（抗锯齿）”卷展栏中，设置“类型”为“自适应”，接着勾选“图像过滤器”选项，设置“过滤器”为Catmull-Rom，如图11-32所示，最后进入摄影机视图渲染当前场景，其效果如图11-33所示。

图11-32 图11-33

05 在“图像采样器（抗锯齿）”卷展栏中，设置“类型”为“自适应”，接着勾选“图像过滤器”选项，设置“过滤器”为“四方形”，如图11-34所示，最后进入摄影机视图渲染当前场景，其效果如图11-35所示。

图11-34 图11-35

06 在“图像采样器（抗锯齿）”卷展栏中，设置“类型”为“自适应”，接着勾选“图像过滤器”选项，设置“过滤器”为“立方体”，如图11-36所示，最后进入摄影机视图渲染当前场景，其效果如图11-37所示。

图11-36 图11-37

07 在“图像采样器（抗锯齿）”卷展栏中，设置“类型”为“自适应”，接着勾选“图像过滤器”选项，设置“过滤器”为“视频”，如图11-38所示，最后进入摄影机视图渲染当前场景，其效果如图11-39所示。

图11-38 图11-39

08 在“图像采样器（抗锯齿）”卷展栏中，设置“类型”为“自适应”，接着勾选“图像过滤器”选项，设置“过滤器”为“柔化”，如图11-40所示，最后进入摄影机视图渲染当前场景，其效果如图11-41所示。

图11-40 图11-41

09 在“图像采样器（抗锯齿）”卷展栏中，设置“类型”为“自适应”，接着勾选“图像过滤器”选项，设置“过滤器”为Mitchell-Netravali，如图11-42所示，最后进入摄影机视图渲染当前场景，其效果如图11-43所示。

图11-42

图11-43

10 在“图像采样器（抗锯齿）”卷展栏中，设置“类型”为“自适应”，接着勾选“图像过滤器”选项，设置“过滤器”为VRayLanczosFilter，如图11-44所示，最后进入摄影机视图渲染当前场景，其效果如图11-45所示。

图11-44　　图11-45

11 在“图像采样器（抗锯齿）”卷展栏中，设置“类型”为“自适应”，接着勾选“图像过滤器”选项，设置“过滤器”为VRaySincFilter，如图11-46所示，最后进入摄影机视图渲染当前场景，其效果如图11-47所示。

图11-46　　图11-47

技术专题 抗锯齿类型详解

区域：用区域大小来计算抗锯齿。

清晰四方形：来自Neslon Max算法的清晰9像素重组过滤器。

Catmull-Rom：一种具有边缘增强的过滤器，可以产生较清晰的图像效果。

图版匹配/MAX R2：使用3ds Max R2的方法（无贴图过滤）将摄影机和场景或“无光/投影”元素与未过滤的背景图像相匹配。

四方形：和“清晰四方形”相似，能产生一定的模糊效果。

立方体：基于立方体的25像素过滤器，能产生一定的模糊效果。

视频：适合制作视频动画的一种抗锯齿过滤器。

柔化：用于程度模糊效果的一种抗锯齿过滤器。

Cook变量：一种通用过滤器，较小的数值可以得到清晰的图像效果。

混合：一种用混合值来确定图像清晰或模糊的抗锯齿过滤器。

Blackman：一种没有边缘增强效果的抗锯齿过滤器。

Mitchell-Netravali：一种常用的过滤器，能产生微量模糊的图像效果。

VRayLanczos/VRaySinc过滤器：VRay新版本中的两个新抗锯齿过滤器，可以很好地平衡渲染速度和渲染质量。

VRay盒子过滤器/VRay三角形过滤器：VRay新版本中的抗锯齿过滤器，以“盒子”和“三角形”的方式进行抗锯齿。

实战172 颜色贴图曝光类型对比

场景位置　场景文件>CH11>02.max
实例位置　实例文件>CH11>颜色贴图曝光类型对比.max
学习目标　颜色贴图曝光类型对比

“颜色贴图”卷展栏下的参数主要用来控制整个场景的颜色和曝光方式，如图11-48所示。

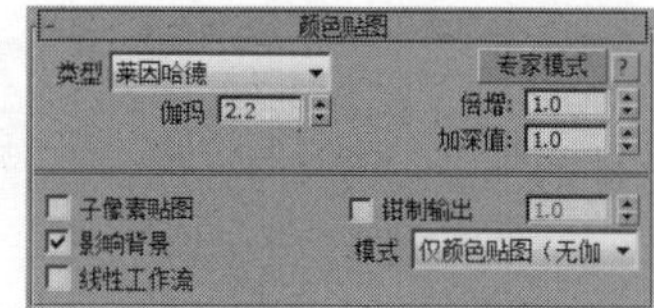

图11-48

01 打开本书学习资源中的“场景文件>CH11>02.max”文件，如图11-49所示。

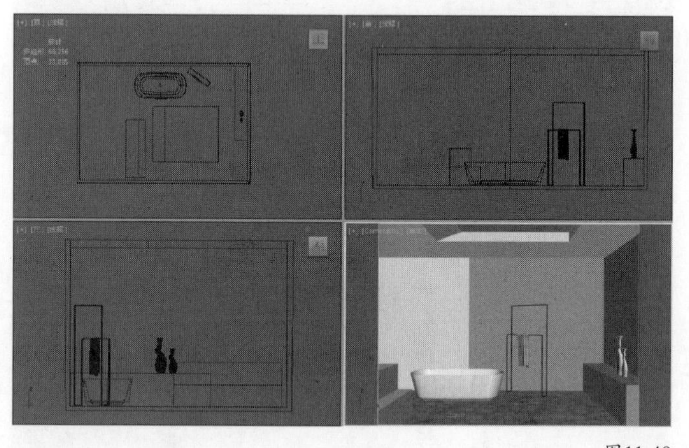

图11-49

02 启用“Gamma/LUT校正”，并勾选“启用内置帧缓冲区”选项，然后展开“颜色贴图”卷展栏，设置“类型”为“线性倍增”，如图11-50所示，最后进入摄影机视图渲染当前场景，其效果如图11-51所示。

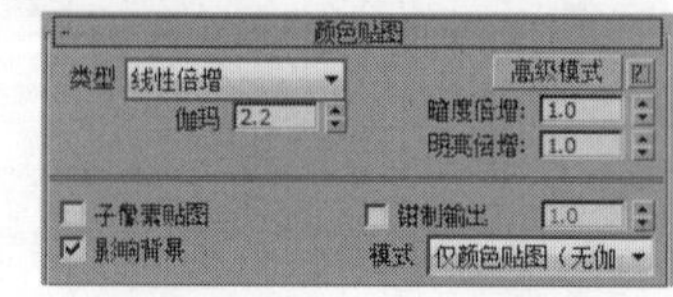

图11-50

图11-51

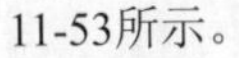

03 在“颜色贴图”卷展栏中，设置“类型”为“指数”，如图11-52所示，然后进入摄影机视图渲染当前场景，其效果如图11-53所示。

图11-52 图11-53

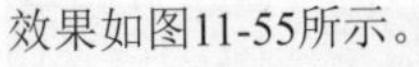

04 在“颜色贴图”卷展栏中，设置“类型”为“HSV指数”，如图11-54所示，最后进入摄影机视图渲染当前场景，其效果如图11-55所示。

图11-54 图11-55

05 在“颜色贴图”卷展栏中，设置“类型”为“强度指数”，如图11-56所示，然后进入摄影机视图渲染当前场景，其效果如图11-57所示。

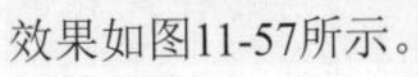

图11-56 图11-57

06 在“颜色贴图”卷展栏中，设置“类型”为“伽玛校正”，如图11-58所示，然后进入摄影机视图渲染当前场景，其效果如图11-59所示。

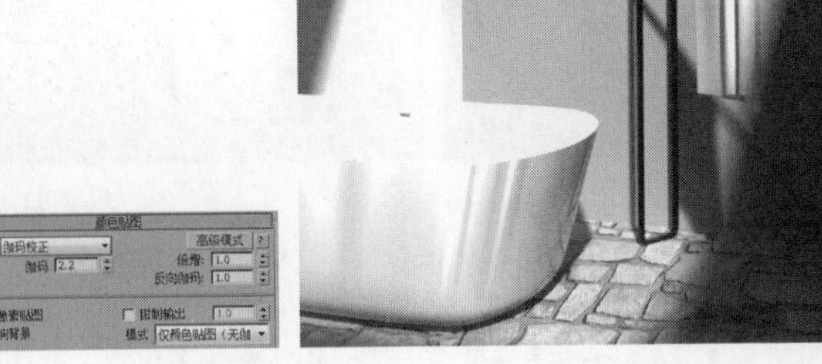

图11-58 图11-59

07 在“颜色贴图”卷展栏中，设置“类型”为“强度伽玛”，如图11-60所示，然后进入摄影机视图渲染当前场景，其效果如图11-61所示。

图11-60 图11-61

08 在“颜色贴图”卷展栏中，设置“类型”为“莱因哈德”，如图11-62所示，然后进入摄影机视图渲染当前场景，其效果如图11-63所示。

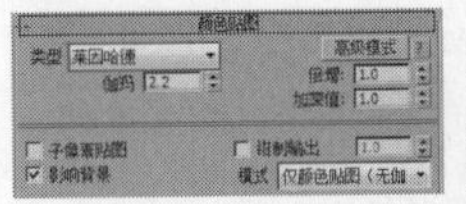

图11-62 图11-63

技术专题 颜色贴图详解

线性倍增：这种模式将基于最终色彩亮度进行线性的倍增，可能会导致靠近光源的点过分明亮。“VRay线性倍增”模式包括3个局部参数，“暗部倍增”是对暗部的亮度进行控制，加大该值可以提高暗部的亮度；“亮部倍增”是对亮部的亮度进行控制，加大该值可以提高亮部的亮度；“伽玛值”主要用来控制图像的伽玛值。这种曝光方式适合制作室外效果图。

设置“暗部倍增”为2，如图11-64所示。设置“亮部倍增”为0.5，如图11-65所示。

图11-64

图11-65

指数：这种曝光是采用指数模式，它可以降低靠近光源处表面的曝光效果，同时场景颜色的饱和度会降低。“VRay指数”模式的局部参数与“VRay线性倍增”一样。这种曝光方式适合制作室内效果图。

HSV指数：与“VRay指数”曝光比较相似，不同点在于可以保持场景物体的颜色饱和度，但是这种方式会取消高光的计算。“VRayHSV指数”模式的局部参数与“VRay线性倍增”一样。

强度指数：这种方式是对上面两种指数曝光的结合，既抑制了光源附近的曝光效果，又保持了场景物体的颜色饱和度。“VRay亮度指数”模式的局部参数与“VRay线性倍增”相同。

伽玛校正：采用伽玛来修正场景中的灯光衰减和贴图色彩，其效果和“VRay线性倍增”曝光模式类似。“伽玛校正”模式包括“倍增”和“反转伽玛”两个局部参数，“倍增”主要用来控制图像的整体亮度倍增；“反转伽玛”是VRay内部转化的，比如输入2.2就是和显示器的伽玛2.2相同。

强度伽玛：这种曝光模式不仅拥有“伽玛校正”的优点，同时还可以修正场景灯光的亮度。

莱因哈德：这种曝光方式可以把“线性倍增”和“指数”曝光混合起来。它包括一个“加深值”局部参数，主要用来控制“线性倍增”和“指数”曝光的混合值，0表示“线性倍增”不参与混合；1表示“指数”不参加混合；0.5表示“线性倍增”和“指数”曝光效果各占一半。这种曝光方式适合制作阴天效果图。

实战173 全局光引擎搭配对比

场景位置　场景文件>CH11>03.max
实例位置　实例文件>CH11>全局光引擎搭配对比.max
学习目标　全局光引擎搭配对比

在VRay渲染器中，没有开启全局照明时的效果就是直接照明效果，开启后就可以得到间接照明效果。开启全局照明后，光线会在物体与物体间互相反弹，因此光线计算会更加准确，图像也更加真实，其参数设置面板如图11-66所示。

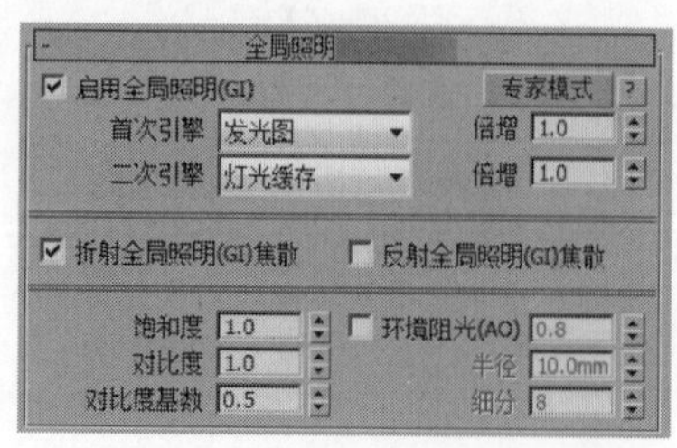

图11-66

01 打开本书学习资源中的“场景文件>CH11>03.max”文件，如图11-67所示。

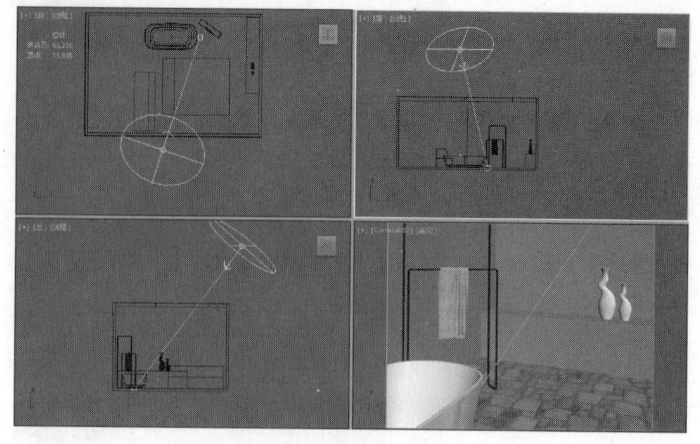

图11-67

02 按F10键打开“渲染设置”面板，然后切换到GI选项卡，勾选“启用全局照明（GI）”选项，接着设置“首次引擎”为“发光图”、“二次引擎”为“灯光缓存”，如图11-68所示，最后进入摄影机视图，按F9键渲染当前场景，如图11-69所示。

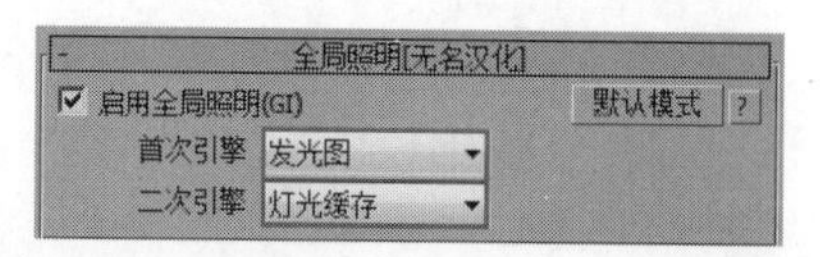

图11-68

图11-69

技巧与提示

在真实世界中，光线的反弹一次比一次减弱。VRay渲染器中的全局照明有“首次引擎”和“二次引擎”，但并不是说光线只反射两次。“首次引擎”可以理解为直接照明的反弹，光线照射到A物体后反射到B物体，B物体所接收到的光就是“首次反弹”，B物体再将光线反射到D物体，D物体再将光线反射到E物体……D物体以后的物体所得到的光的反射就是“二次引擎”，如图11-70所示。

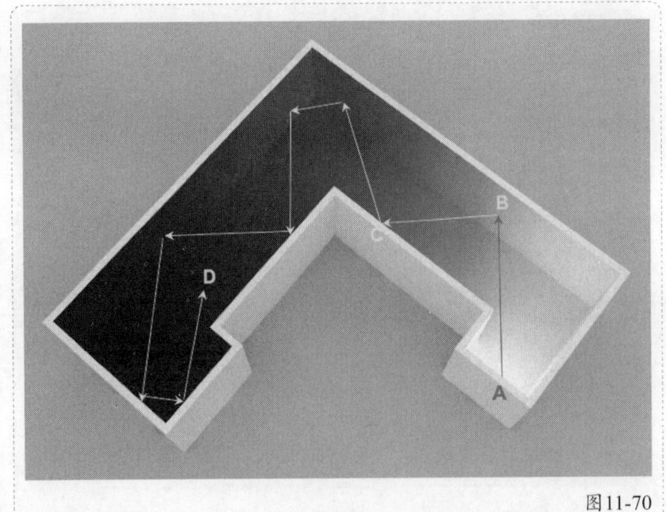

图11-70

03 设置“首次引擎”为“BF算法”、“二次引擎”为“灯光缓存”，如图11-71所示，然后进入摄影机视图，按F9键渲染当前场景，如图11-72所示。与上图对比，渲染时间要长，且渲染图片有杂点。

图11-71 图11-72

04 设置“首次引擎”为“BF算法”、“二次引擎”为“BF算法”，如图11-73所示，然后进入摄影机视图，按F9键渲染当前场景，如图11-74所示。与上图对比，渲染时间要长，且渲染图片有杂点。

图11-73 图11-74

05 设置“首次引擎”为“发光图”、“二次引擎”为“BF算法”，如图11-75所示，然后进入摄影机视图，按F9键渲染当前场景，如图11-76所示。与上图对比，渲染时间要短，且渲染图片质量很高。

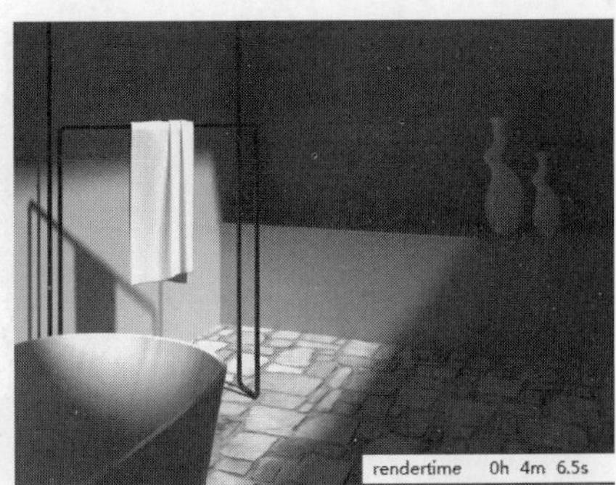

图11-75 图11-76

技巧与提示

在渲染正式图时，综合考虑渲染时间与渲染质量，渲染引擎的搭配：室外为发光图+BF算法，室内为发光图+灯光缓存。

06 当设置“首次引擎”为“发光图”时，展开下方的“发光图”卷展栏，默认“当前预设”为“中”，如图11-77所示，渲染效果如图11-78所示。当设置“当前预设”为“非常低”时，进行渲染，效果如图11-79所示。与图11-78相比，渲染速度减慢，但质量有所降低。

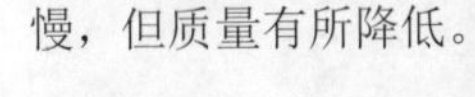

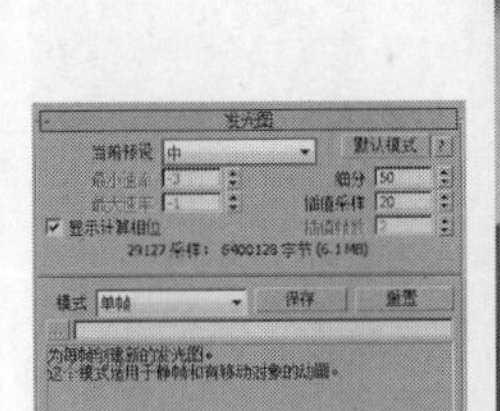

图11-77 图11-78

图11-79

07 当设置“细分”为50时，渲染效果如图11-80所示；当设置“细分”为30时，渲染效果如图11-81所示。通过对比可以观察到，细分值越高，渲染效果越好。

图11-80

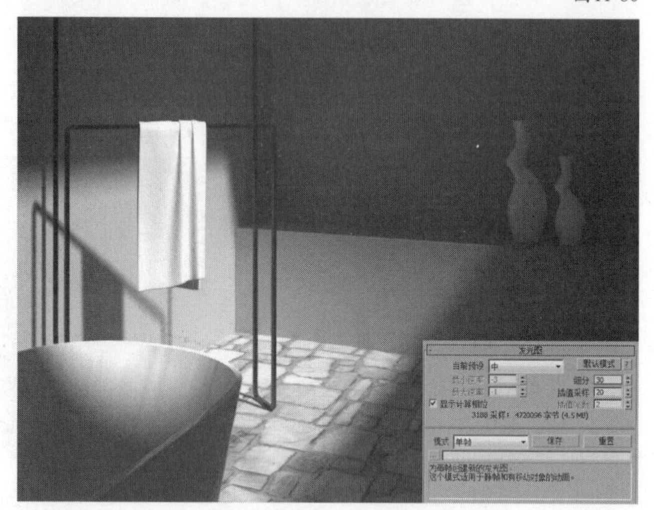

图11-81

08 当设置“插值采样”为50时，渲染效果如图11-82所示；当设置“插值采样”为20时，渲染效果如图11-83所示。通过对比可以观察到，“插值采样”值越高，渲染效果越模糊。

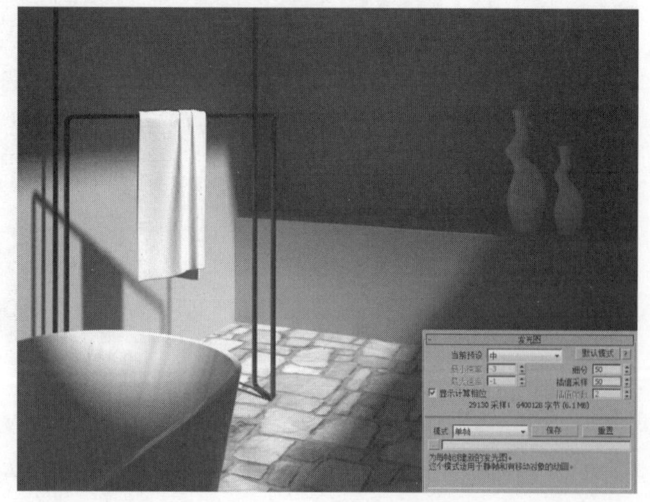

图11-82

图11-83

09 当设置“二次引擎”为“灯光缓存”时，展开下方的“灯光缓存”卷展栏，默认“细分”为1000，如图11-84所示，渲染效果如图11-85所示。当设置“细分”为100时，进行渲染，效果如图11-86所示。与图11-85相比，渲染速度减慢，但质量有所降低，画面出现杂点。

图11-84

图11-85

图11-86

实战174 全局确定性蒙特卡洛参数对比

场景位置 场景文件>CH11>03.max
实例位置 实例文件>CH11>全局确定性蒙特卡洛参数对比.max
学习目标 全局确定性蒙特卡洛参数对比

"全局确定性蒙特卡洛"卷展栏下的参数可以用来控制整体的渲染质量和速度，其参数设置面板如图11-87所示。

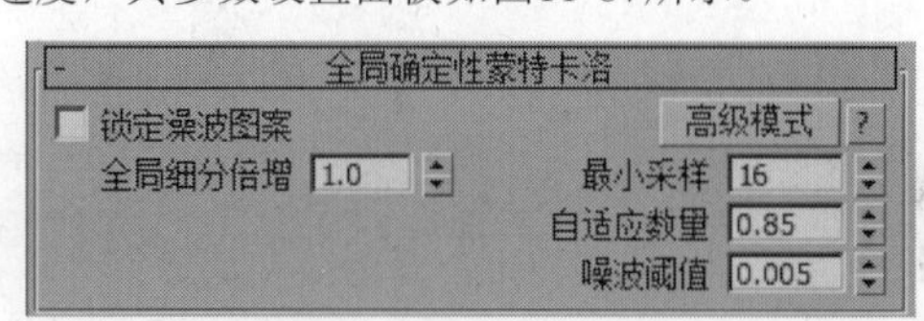

图11-87

01 打开本书学习资源中的"场景文件>CH11>03.max"文件，如图11-88所示。

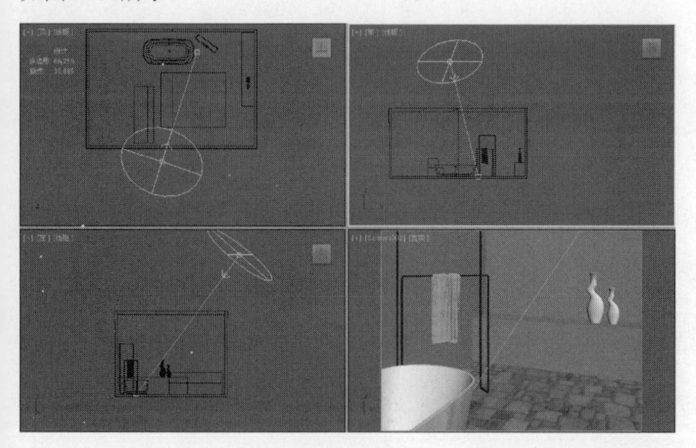

图11-88

02 按F10键打开"渲染设置"面板，然后切换到VRay选项卡，接着展开"全局确定性蒙特卡洛"卷展栏，默认"最小采样"为16，渲染效果如图11-89所示；设置"最小采样"为6，渲染效果如图11-90所示。通过对比，可以观察到，"最小采样"值越大，渲染效果越好。

图11-89

图11-90

03 展开"全局确定性蒙特卡洛"卷展栏，默认"噪波阈值"为0.005，渲染效果如图11-91所示；设置"噪波阈值"为0.001，渲染效果如图11-92所示。通过对比，可以观察到，"噪波阈值"的数值越小，渲染图片杂点越少，但渲染时间相对较长。

图11-91

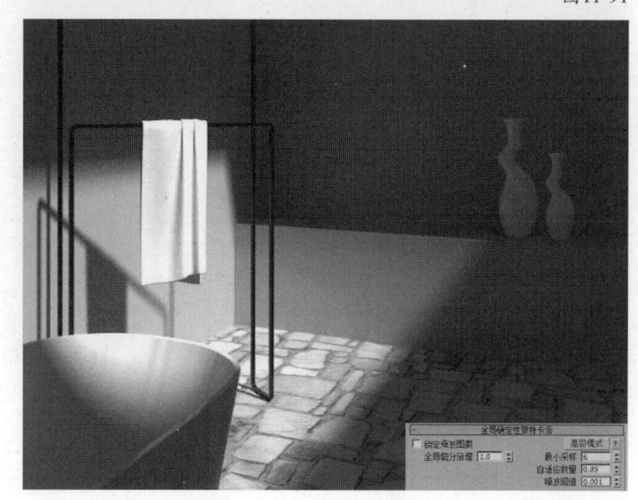

图11-92

疑难问答

问：渲染大图是不是需要很高的渲染参数？

答：渲染大图时，较高的参数会渲染出高质量的图片，耗时也会更久。由于每台机器的配置不同，同一渲染参数所消耗的渲染时间也不同。大家在学习时可以根据自身机器的配置，找到合适的渲染参数组合。在商业效果图制作中，效率是很重要的。找到合适的渲染参数组合可以在时间与质量之间找到平衡。

实战175 VRay渲染的一般流程

场景位置	场景文件>CH11>04.max
实例位置	实例文件>CH11>VRay渲染的一般流程.max
学习目标	VRay渲染的一般流程

案例效果如图11-93所示。场景已经制作好了物体的材质和场景布光，下面主要讲解怎样设置测试渲染的参数和最终渲染参数。

图11-93

01 打开本书学习资源中的“场景文件>CH11>04.max”文件，如图11-94所示。

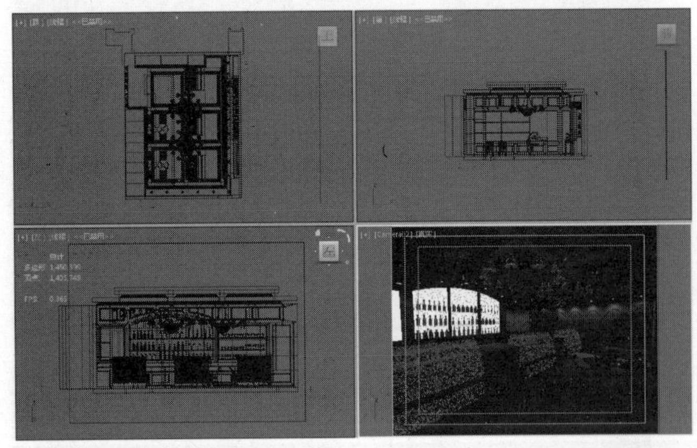

图11-94

02 首先设置测试渲染参数。按F10键打开“渲染设置”面板，然后在“公用”选项卡中设置“宽度”为800、“高度”为600，如图11-95所示。

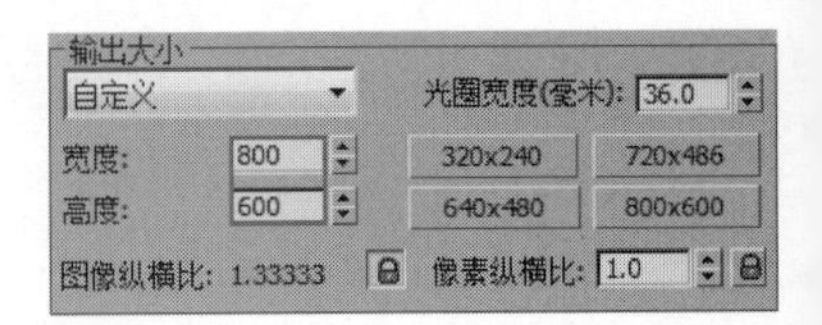

图11-95

03 切换到VRay选项卡，展开“图像采样器（抗锯齿）”卷展栏，然后设置“类型”为“固定”，接着设置“过滤器”为“区域”，如图11-96所示。

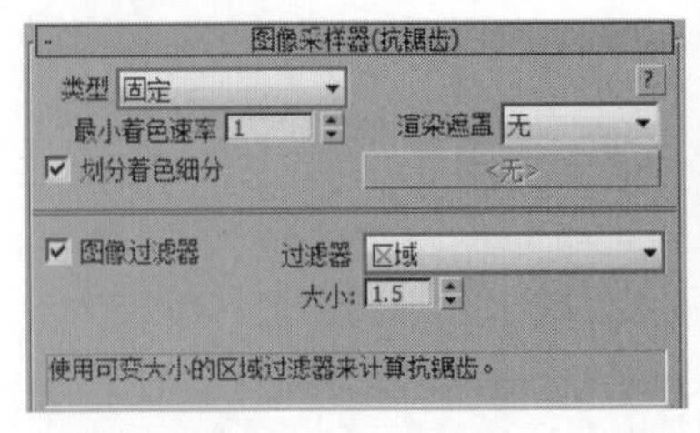

图11-96

04 展开“全局确定性蒙特卡洛”卷展栏，然后设置“最小采样”为8，接着设置“噪波阈值”为0.01，如图11-97所示。

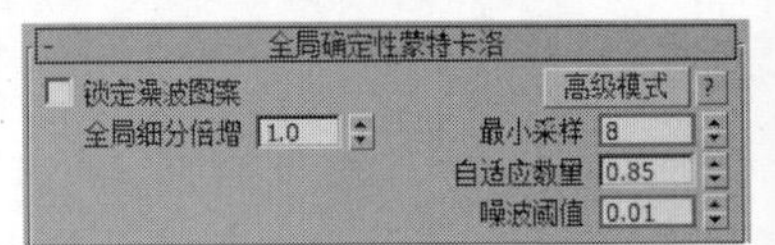

图11-97

05 切换到GI选项卡，然后勾选“启用全局照明（GI）”选项，接着设置“首次引擎”为“发光图”、“二次引擎”为“灯光缓存”，如图11-98所示。

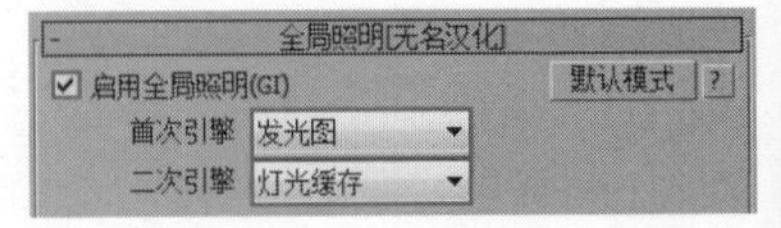

图11-98

06 展开“发光图”卷展栏，然后设置“当前预设”为“自定义”，接着设置“最大速率”和“最小速率”都为-4，如图11-99所示。

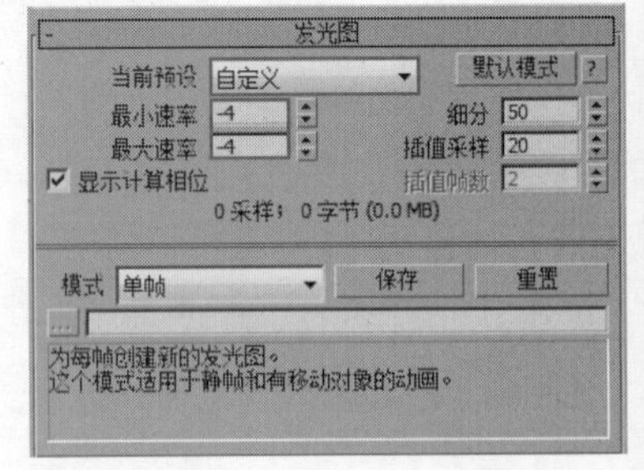

图11-99

技巧与提示

除了上图的参数，也可以直接将“当前预设”设置为“非常低”。

07 展开“灯光缓存”卷展栏，然后设置“细分”为200，如图11-100所示。

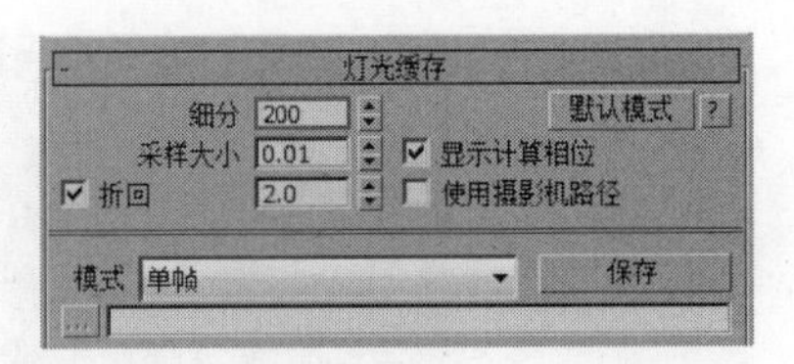

图11-100

08 切换到“设置”选项卡，然后展开“系统”卷展栏，设置“序列”为“上→下”，如图11-101所示。

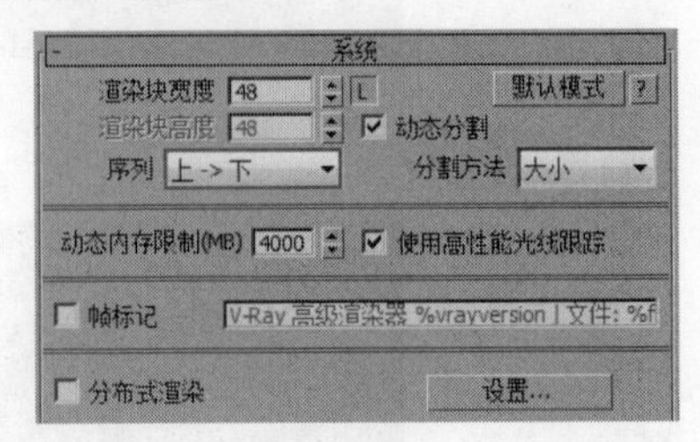

图11-101

技巧与提示

“动态内存限制（MB）”数值是根据每台计算机的内存来设置的。如果计算机的内存是4GB，设置的数值就不要超过4000，如果超过，容易出现软件假死崩溃；如果设置得过少，如设置为400，会降低渲染速度。

09 进入摄影机视图，然后按F9键渲染当前场景，测试渲染的效果如图11-102所示。

图11-102

10 下面设置最终渲染参数。按F10键打开“渲染设置”面板，然后在“公用”选项卡中设置“宽度”为2000、“高度”为1500，如图11-103所示。

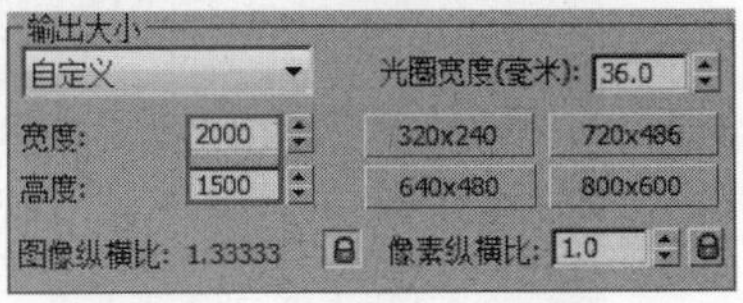

图11-103

11 切换到VRay选项卡，然后展开“图像采样器（抗锯齿）”卷展栏，然后设置“类型”为“自适应”，接着设置“过滤器”为“Catmull-Rom”，如图11-104所示。

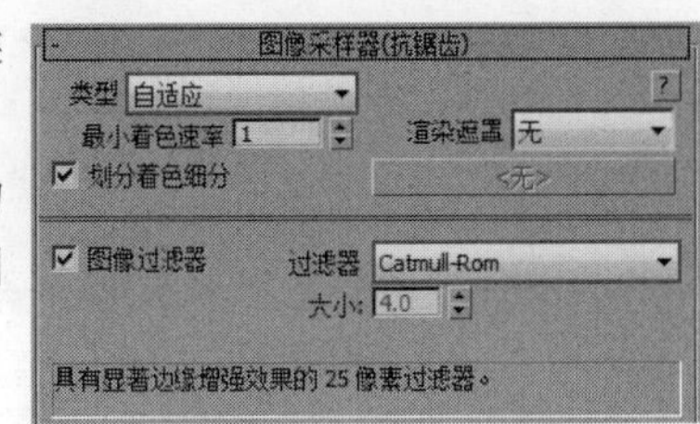

图11-104

12 展开“全局确定性蒙特卡洛”卷展栏，然后设置“最小采样”为16，接着设置“噪波阈值”为0.001，如图11-105所示。

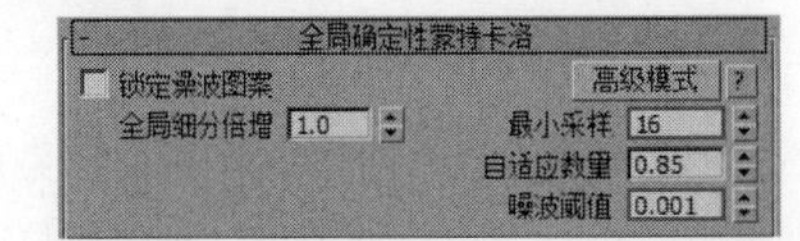

图11-105

13 切换到GI选项卡，然后展开“发光图”卷展栏，设置“当前预设”为“中”，如图11-106所示。

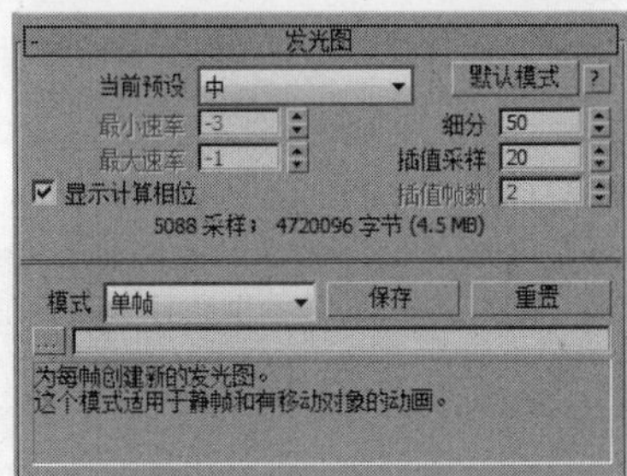

图11-106

14 展开“灯光缓存”卷展栏，然后设置“细分”为1200，如图11-107所示。

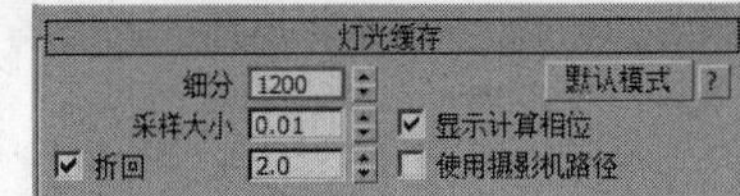

图11-107

15 按F9键渲染当前场景，最终效果如图11-108所示。

图11-108

技术专题 🅑 VRay渲染主要流程

一般情况下，VRay渲染的流程主要包括以下4个步骤。

（1）在场景中创建好摄影机的位置，然后确定要表现的内容，接着设置好渲染图的比例，并打开渲染安全框。

（2）逐一制作场景中的材质。

（3）设置好测试渲染的参数，然后在场景中布光，同时微调材质参数，接着通过测试渲染确定效果。

（4）设置最终渲染参数，渲染大图。

实战176 区域渲染

场景位置 场景文件>CH11>04.max

实例位置 实例文件>CH11>区域渲染.max

学习目标 区域渲染

区域渲染是一个非常实用的渲染技巧。当某处对象渲染出错后，可以通过区域渲染，只渲染修改的对象，不用渲染整张大图，然后在Photoshop中拼合即可。某些情况下，大图没有渲染完，但必须停止渲染，就可以通过区域渲染，框选出没有渲染的部分，最后将两次的渲染图片在Photoshop中拼合。

01 打开本书学习资源中的“场景文件>CH11>04.max”文件，如图11-109所示。

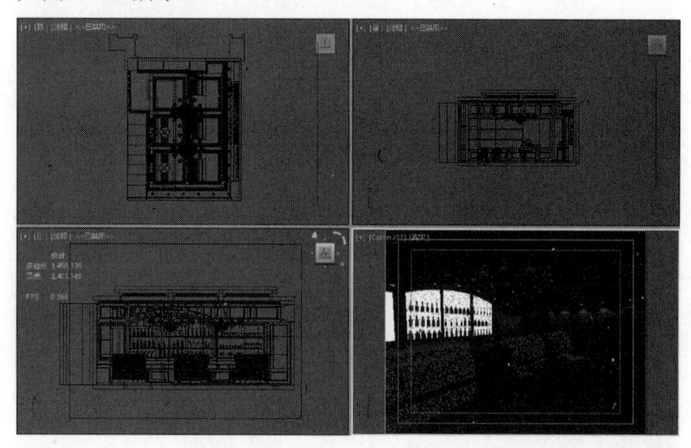

图11-109

02 打开“渲染帧窗口”，然后将“要渲染的区域”设置为“区域”，接着使用鼠标在视图中框选出需要单独渲染的部分，如图11-110和图11-111所示。

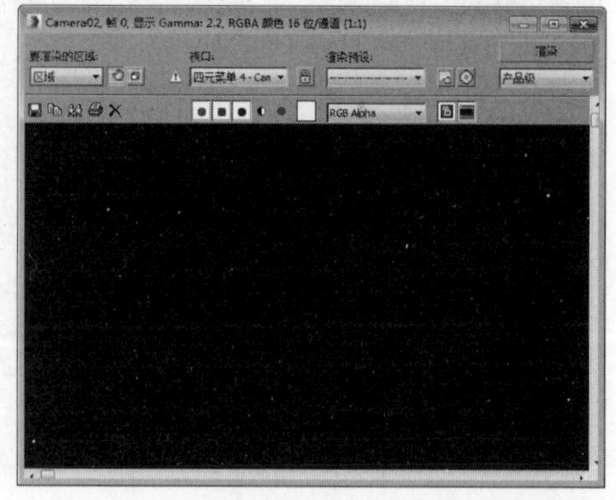

图11-110

图11-111

03 在“渲染帧窗口”中单击“渲染”按钮 渲染 ，系统开始渲染框选出的部分，如图11-112所示。

图11-112

技巧与提示

当要将两次渲染的图片合成为一张时，一定要在“渲染设置”面板的“系统”卷展栏中，设置“序列”为“上→下”，这样拼合图片既方便，又不会出错。

实战177 渲染保存光子图并渲染成图

场景位置 场景文件>CH11>04.max

实例位置 实例文件>CH11>渲染保存光子图并渲染成图.max

学习目标 渲染保存光子图并渲染成图

实例175的成图渲染，需要花费很久的时间。为了减少渲染浪费的时间，又能保证图片的质量，这时就需要保存光子图再渲染成图。

01 打开本书学习资源中的“场景文件>CH11>04.max”文件，如图11-113所示。

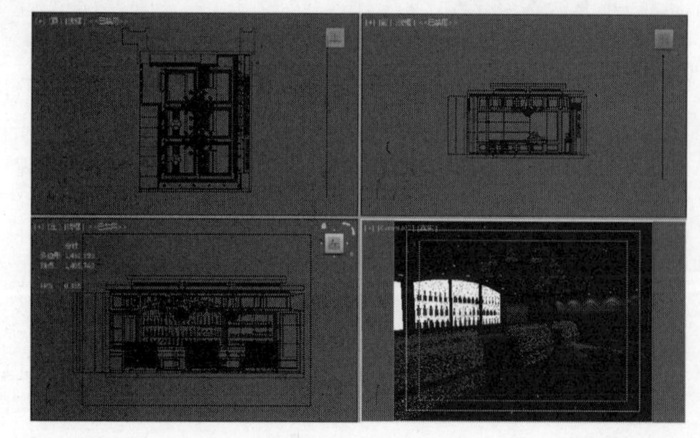

图11-113

02 下面设置保存光子图的方法。按F10键打开“渲染设置”面板，然后在“公用”选项卡中设置“宽度”为600、“高度”为450，如图11-114所示。

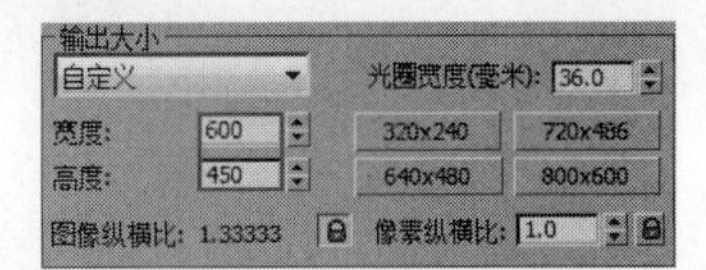

图11-114

技巧与提示

光子图的尺寸需要根据成图的尺寸决定。理论上，光子图的尺寸最小为成图的1/10，但为了保证成图的质量，最小设置在1/4左右即可。

03 切换到GI选项卡，然后在“发光图”卷展栏中设置“当前预设”为“中”，接着切换为“高级模式”，再在“模式”中选择“单帧”，最后勾选“自动保存”选项，并单击下方的保存按钮...，设置光子图的保存路径，如图11-115所示。

04 在“灯光缓存”卷展栏中设置“细分”为1200，然后切换为“高级模式”，接着在“模式”中选择“单帧”，再勾选“自动保存”选项，最后单击下方的保存按钮...，设置灯光缓存的保存路径，如图11-116所示。

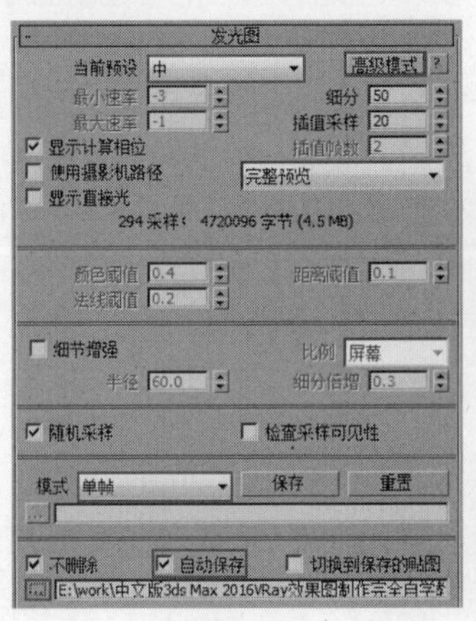

图11-115

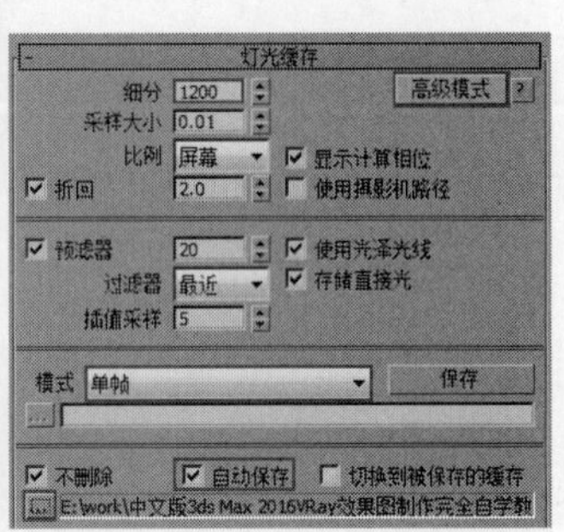

图11-116

技巧与提示

光子图的文件名后缀为.vrmap，灯光缓存的文件名后缀为.vrlmap。

05 在VRay选项卡中，展开“全局开关”卷展栏，然后勾选“不渲染最终的图像”选项，如图11-117所示，其余参数设置与渲染成图的设置相同，最后按F9键渲染当前场景。渲染完成后，系统会自动保存光子图文件和灯光缓存文件。

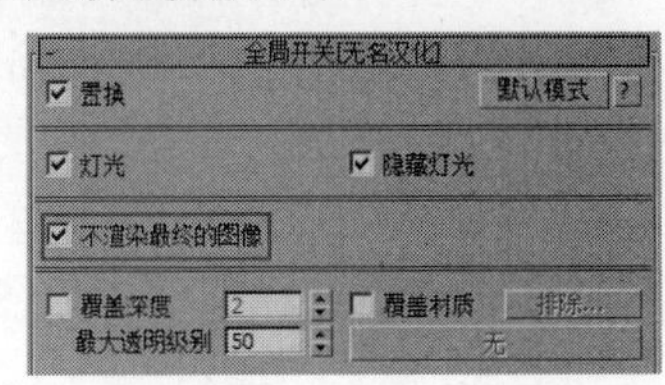

图11-117

06 下面渲染成图。在“公用”选项卡中设置“宽度”为2000、“高度”为1500，如图11-118所示。

07 在VRay选项卡中，展开“全局开关”卷展栏，然后取消勾选“不渲染最终的图像”选项，如图11-119所示。

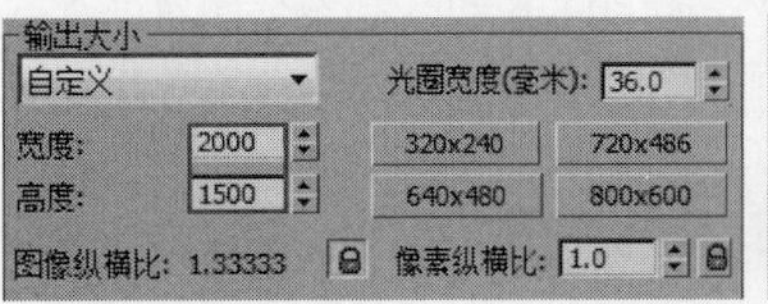

图11-118

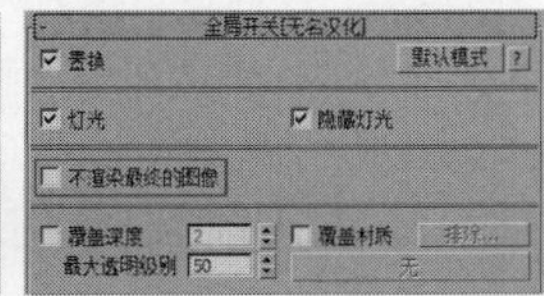

图11-119

08 在GI选项卡中，展开“发光图”卷展栏，可以观察到，此时“模式”已经自动切换为“从文件”，并且下方有光子图文件的路径，如图11-120所示。

09 展开“灯光缓存”卷展栏，同光子图一样，灯光缓存文件也自动加载，如图11-121所示。

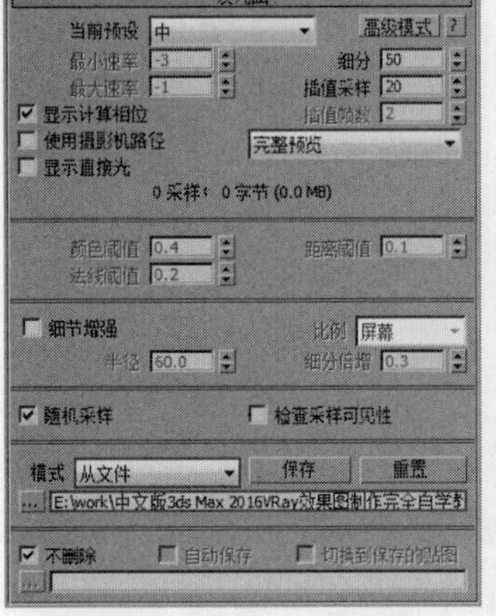

图11-120

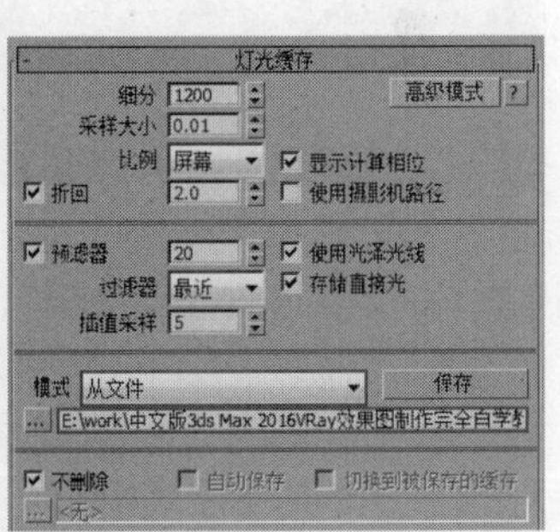

图11-121

10 按F9键渲染当前场景，最终效果如图11-122所示。

图11-122

技巧与提示

当场景中的模型、灯光和材质的漫反射修改后，光子图需要重新渲染，否则会出现错误的渲染效果。

实战178 渲染彩色通道

场景位置　场景文件>CH11>05.max
实例位置　实例文件>CH11>渲染彩色通道.max
学习目标　渲染彩色通道

渲染彩色通道，是为后期在Photoshop中调整成图做准备。彩色通道可以快速地选取画面中的物体，然后调整其色相、饱和度、曝光等选项。

01 打开本书学习资源中的“场景文件>CH11>05.max”文件，如图11-123所示。

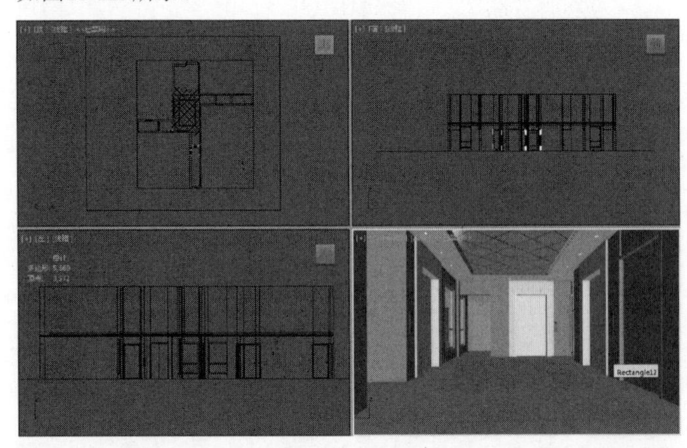

图11-123

02 场景已经设置好了摄影机、材质和灯光，下面具体讲解怎样渲染彩色通道。按F10键打开“渲染设置”面板，然后在“公用”选项卡中设置“宽度”为1600、“高度”为1371，如图11-124所示。

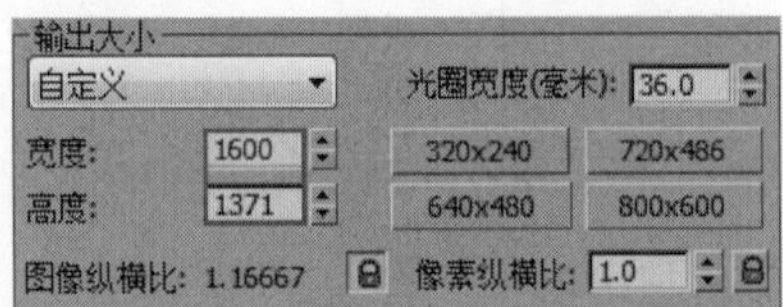

图11-124

03 切换到VRay选项卡，然后展开“图像采样器（抗锯齿）”卷展栏，设置“类型”为“自适应”，接着设置“过滤器”为“Catmull-Rom”，如图11-125所示。

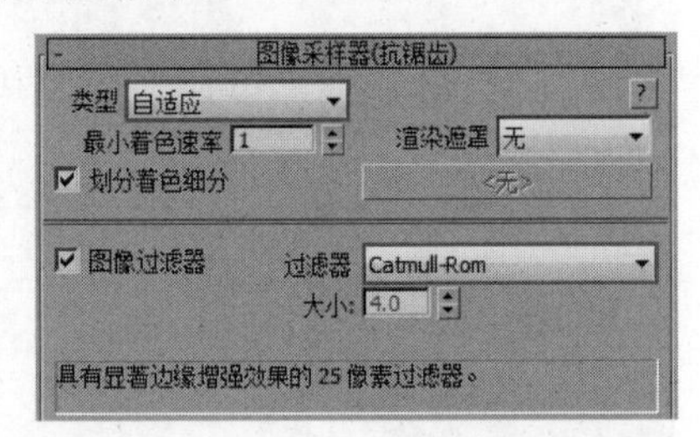

图11-125

04 展开“全局确定性蒙特卡洛”卷展栏，然后设置“最小采样”为16，接着设置“噪波阈值”为0.001，如图11-126所示。

05 切换到GI选项卡，然后展开“发光图”卷展栏，设置“当前预设”为“中”，如图11-127所示。

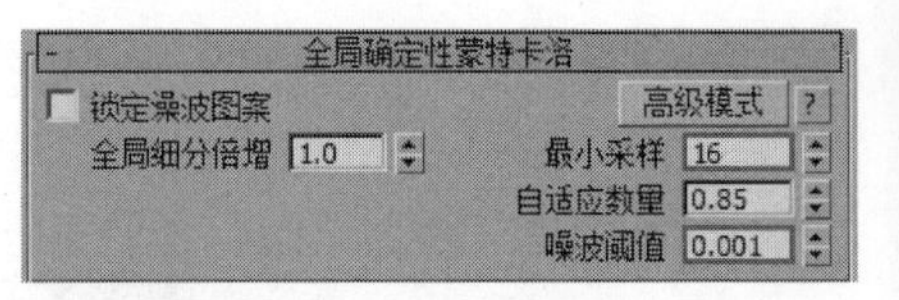

图11-126

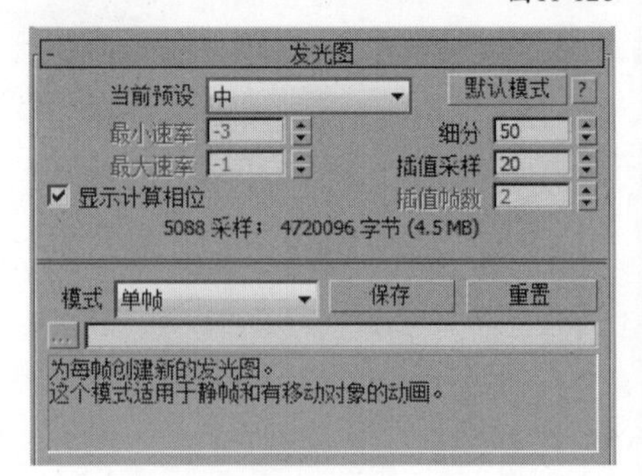

图11-127

06 展开“灯光缓存”卷展栏，然后设置“细分”为1200，如图11-128所示。

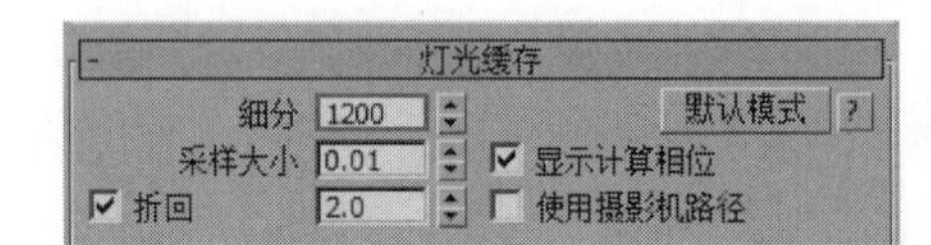

图11-128

07 切换到“Render Elements（渲染元素）”选项卡，然后单击“添加”按钮，在弹出的“渲染元素”对话框中，选择VRayWireColor选项，接着单击“确定”按钮，元素就添加到了左侧面板中，再勾选下方的“启用”选项，最后单击“浏览”按钮，选择彩色通道图片需要保存的路径，如图11-129所示。

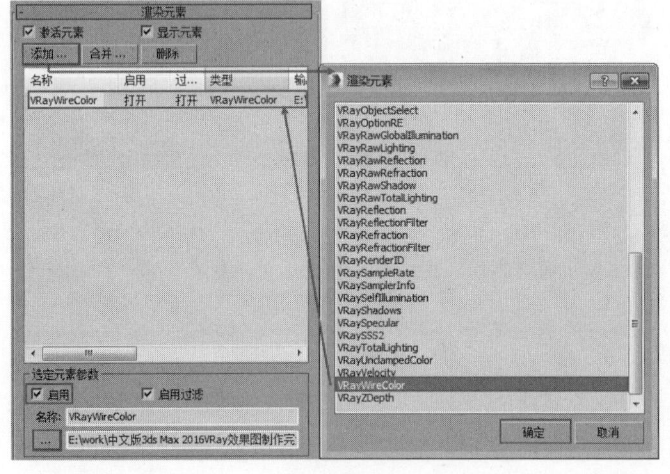

图11-129

08 在摄影机视图中，按F9键渲染当前场景，当渲染结束后，“渲染帧窗口”除了显示渲染完的效果图外，还会弹出一个新窗口显示渲染的彩色通道，如图11-130和图11-131所示。

技巧与提示

渲染彩色通道，最好是使用3ds Max自带的“渲染帧窗口”。

图11-130

图11-131

实战179 渲染AO通道

场景位置 场景文件>CH11>05.max
实例位置 实例文件>CH11>渲染AO通道.max
学习目标 渲染AO通道

渲染AO通道，是为后期在Photoshop中调整成图做准备。AO通道是为了增加效果图的空间感和立体感，特别是线条不太清楚的地方（如石膏线），可以使其突出。

01 打开本书学习资源中的“场景文件>CH11>05.max”文件，如图11-132所示。

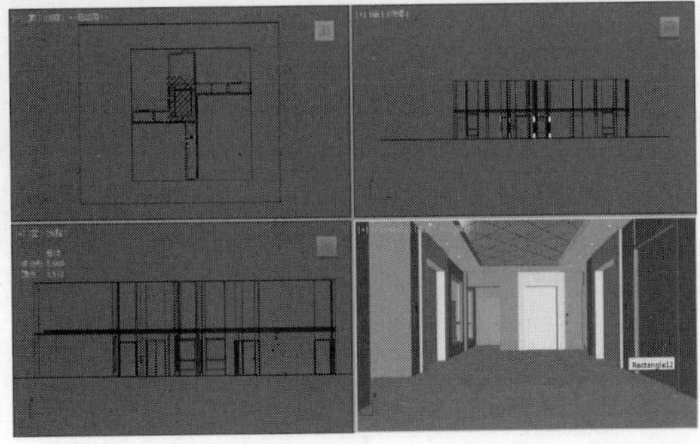

图11-132

02 按F10键打开“渲染设置”面板，然后将渲染参数设置为成图的渲染参数，接着切换到VRay选项卡，展开“全局开关”卷展栏，接着勾选“覆盖材质”选项，如图11-133所示。

03 按M键打开“材质编辑器”，然后选择一个空白材质球，接着设置材质类型为VRayMtl材质，再在“漫反射”通道中加载一张“VRay污垢”贴图，最后进入“VRay污垢”贴图，设置“半径”为800mm，如图11-134所示。

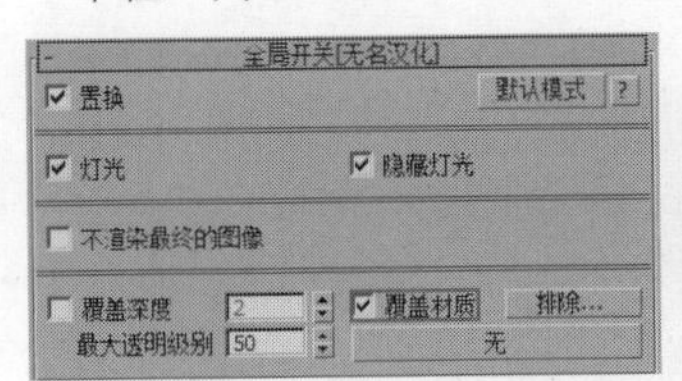

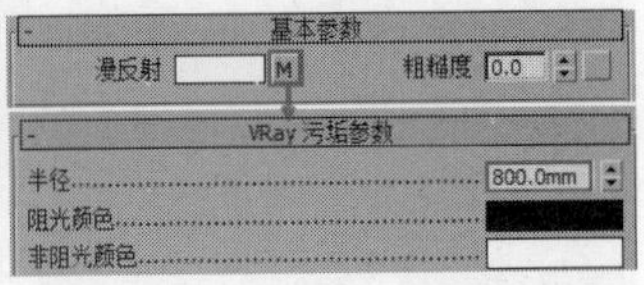

图11-133

基本参数
漫反射
粗糙度
VRay 污垢参数
半径
800.0mm
阻光颜色
非阻光颜色

图11-134

04 将调整好的AO材质球，用鼠标拖曳到“渲染设置”面板的“覆盖材质”通道中，然后在弹出的对话框中选择“实例”，如图11-135和图11-136所示。

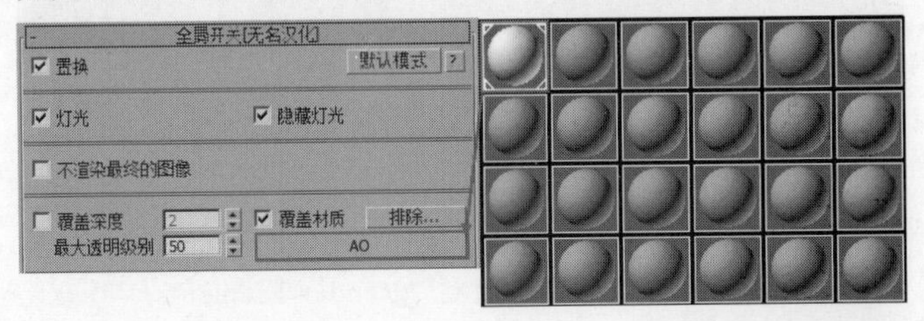

图11-135

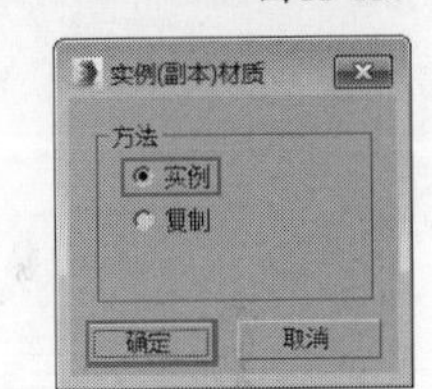

图11-136

05 进入摄影机视图，然后按F9键渲染当前场景，AO通道的最终效果如图11-137所示。

图11-137

实战180 渲染VRay Z深度通道

场景位置　场景文件>CH11>05.max
实例位置　实例文件>CH11>渲染VRay Z深度通道.max
学习目标　渲染VRay Z深度通道

渲染VRay Z通道，是为后期在Photoshop或AE中加载特效做准备。VRay Z通道可以实现后期景深特效、雾效等。

01 打开本书学习资源中的“场景文件>CH10>05.max”文件，如图11-138所示。

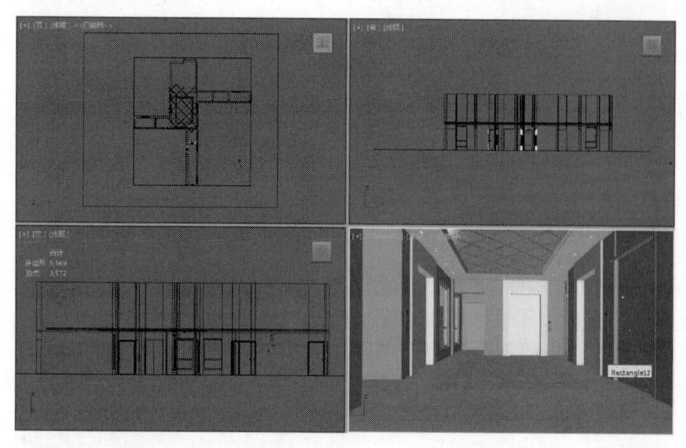

图11-138

02 按F10键打开“渲染设置”面板，然后将渲染参数设置为成图的渲染参数，接着切换到“Render Elements（渲染元素）”选项卡，再单击“添加”按钮，在弹出的“渲染元素”对话框中，选择“VRayZDepth”（VRayZ深度）选项，如图11-139所示。

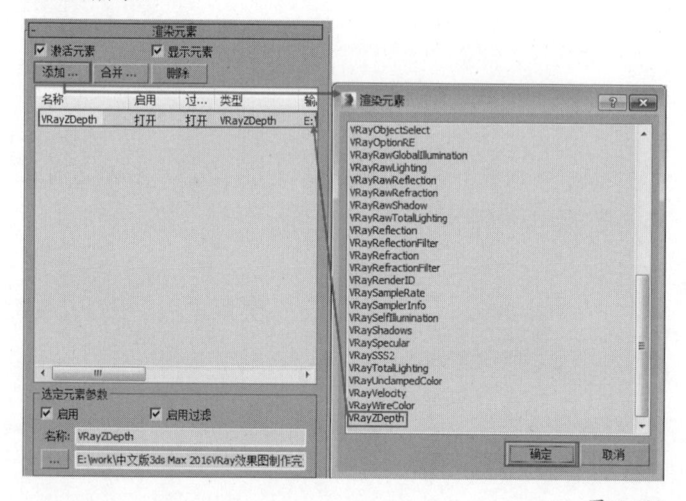

图11-139

03 在视图中选中摄影机，然后开启“手动剪切”选项，将“远距剪切”设置到完全包裹场景的位置，即16836mm，接着将这一数值复制到“VRayZ深度参数”卷展栏的“Z深度最大”一栏中，最后关闭摄影机的“手动剪切”选项，如图11-140所示。

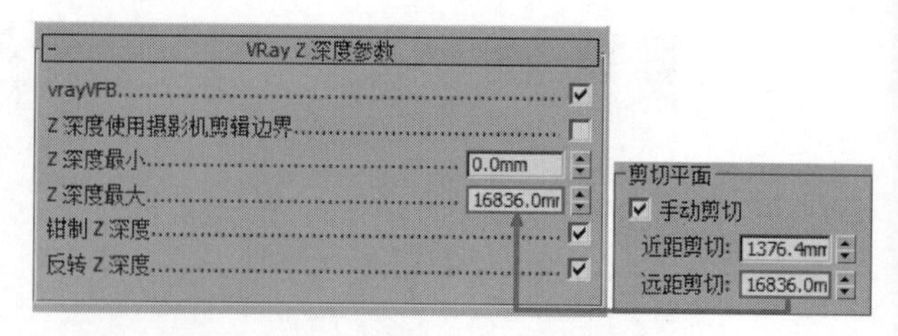

图11-140

技巧与提示

开启摄影机的“手动剪切”是为了测量出Z深度的最大值，并复制到“VRayZ深度参数”卷展栏中。

04 进入摄影机视图，然后按F9键渲染场景，VRay Z深度通道的最终效果如图11-141所示。

图11-141

实战181 渲染线框图

场景位置　场景文件>CH11>05.max
实例位置　实例文件>CH11>渲染线框图.max
学习目标　渲染线框图

渲染线框图，可以更好地展现模型的结构和布线，也可以通过后期软件，处理成各种效果。

01 打开本书学习资源中的“场景文件>CH11>05.max”文件，如图11-142所示。

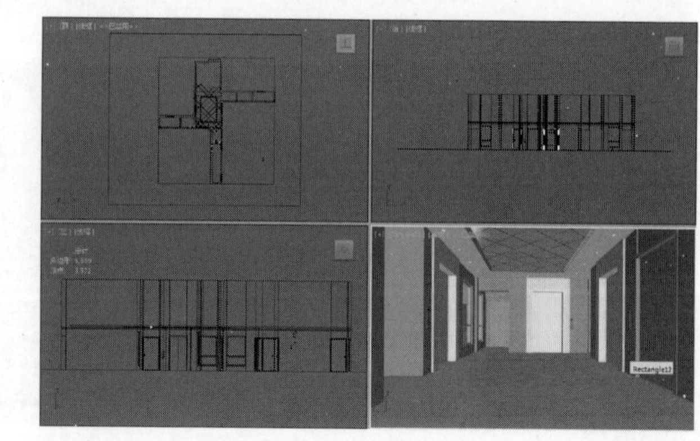

图11-142

02 按F10键打开“渲染设置”面板，然后将渲染参数设置为成图的渲染参数，接着切换到VRay选项卡，展开“全局开关”卷展栏，最后勾选“覆盖材质”选项，如图11-143所示。

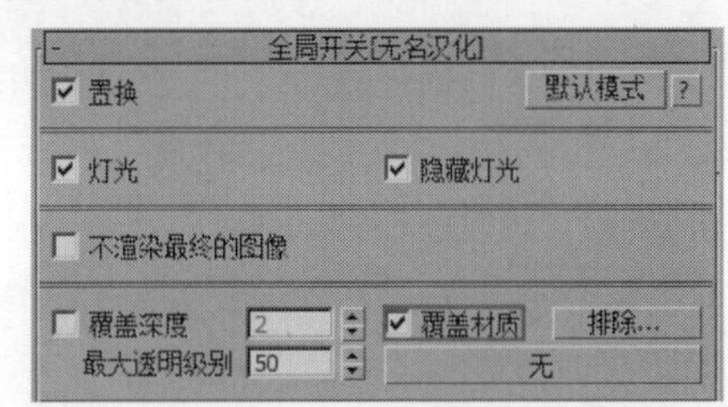

图11-143

03 按M键打开“材质编辑器”，然后选择一个空白材质球，接着设置材质类型为VRayMtl材质，具体参数设置如图11-144所示。

设置步骤

① 设置“漫反射”颜色为白色（R:240, G:240, B:240）。

② 在“漫反射”通道中添加一张“VRay边纹理”贴图。

③ 进入“VRay边纹理”贴图，然后设置颜色为黑色（R:12, G:12, B:12），接着设置“像素”为0.2。

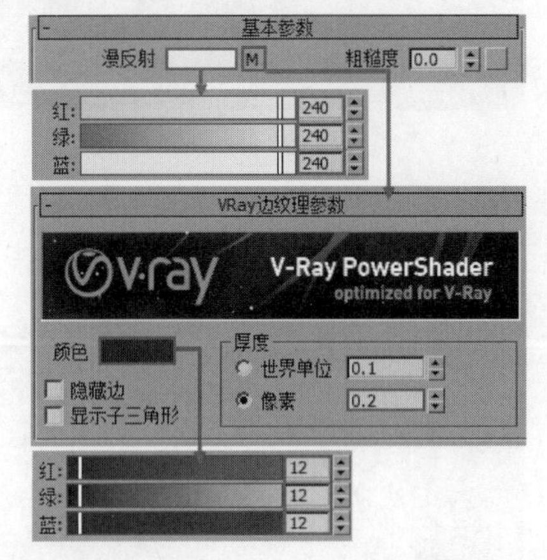

图11-144

04 将调整好的线框材质球，用鼠标拖曳到“渲染设置”面板的“覆盖材质”通道中，然后在弹出的对话框中选择“实例”，如图11-145和图11-146所示。

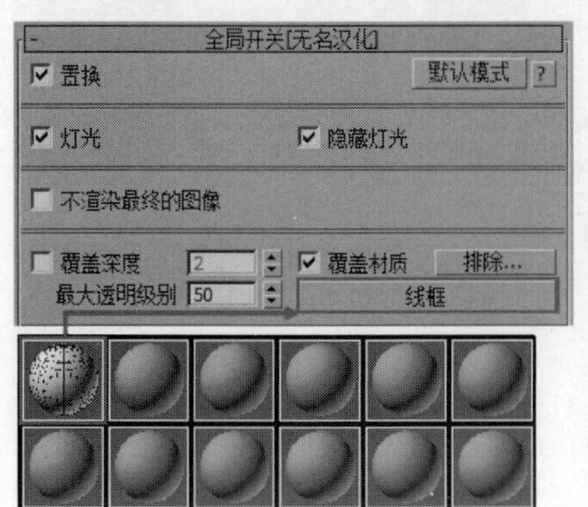

图11-145 图11-146

05 进入摄影机视图，然后按F9键渲染当前场景，线框效果如图11-147所示。

图11-147

实战182 VRay属性设置物体Alpha通道

场景位置 场景文件>CH11>06.max
实例位置 实例文件>CH11> VRay属性设置物体Alpha通道.max
学习目标 掌握VRay属性设置物体Alpha通道的方法

VRay属性设置物体Alpha通道，可以单独渲染出指定的模型，其余模型全部为黑色，这样可以在后期软件中快速叠加。

01 打开本书学习资源中的“场景文件>CH11>06.max”文件，如图11-148所示。

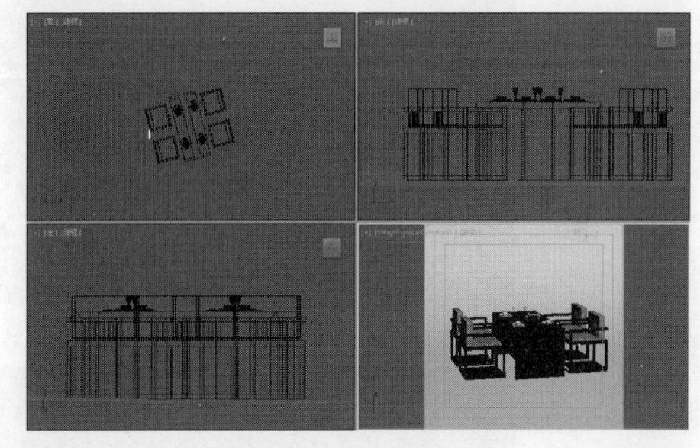

图11-148

02 选中图11-149所示的桌椅模型，然后单击鼠标右键，在弹出的菜单中选择“VRay属性”选项，如图11-150所示。

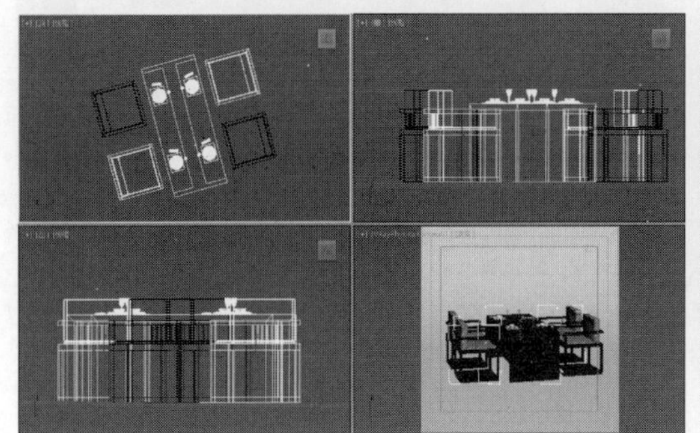

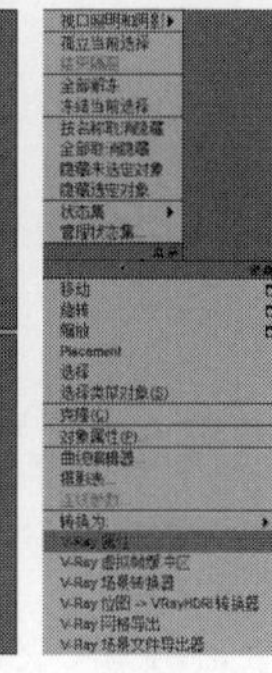

图11-149 图11-150

03 在弹出的“VRay对象属性”对话框中，勾选“无光对象”选项，然后设置Alpha基值为-1，最后单击“关闭”按钮，如图11-151所示。

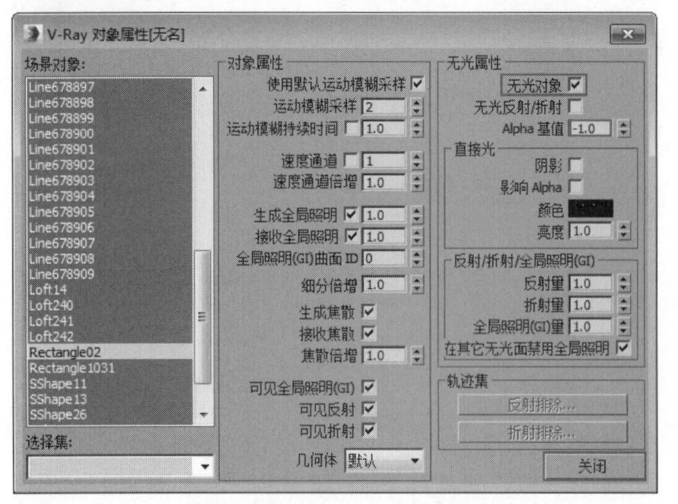

图11-151

04 进入摄影机视图，然后按F9键渲染当前场景，最终效果如图11-152所示，Alpha通道效果如图11-153所示。

图11-152

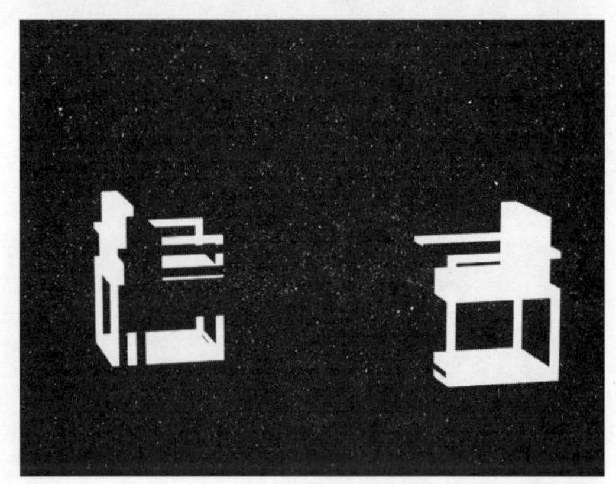
图11-153

技巧与提示

用上述方法单独渲染模型，可以极大地提高效果图的渲染速度，同时会使物体有遮挡关系，也有利于后期修改。

实战183 设置VRay代理物体

场景位置	场景文件>CH11>07.max
实例位置	实例文件>CH11>设置VRay代理物体.max
学习目标	掌握设置VRay代理物体的方法

设置VRay代理物体，可以将场景中面数较多的模型转换为面数较少的物体。这不仅可以在操作场景时更加流畅，也会大大降低软件假死、意外退出的情况，从而提高作图效率。

01 打开本书学习资源中的“场景文件>CH11>07.max”文件，如图11-154所示。

图11-154

02 场景中的盆栽模型都是单独分离的几部分，首先框选所有模型，将其转换为“可编辑多边形”，然后将所有模型塌陷成一个整体，如图11-155和图11-156所示。

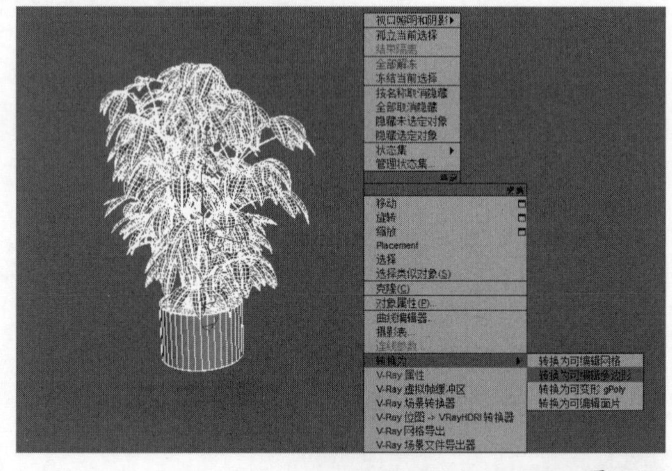

图11-155

图11-156

03 选中上一步塌陷成一个整体的盆栽模型，然后单击鼠标右键，在弹出的菜单中选择“VRay网格导出”选项，如图11-157所示。

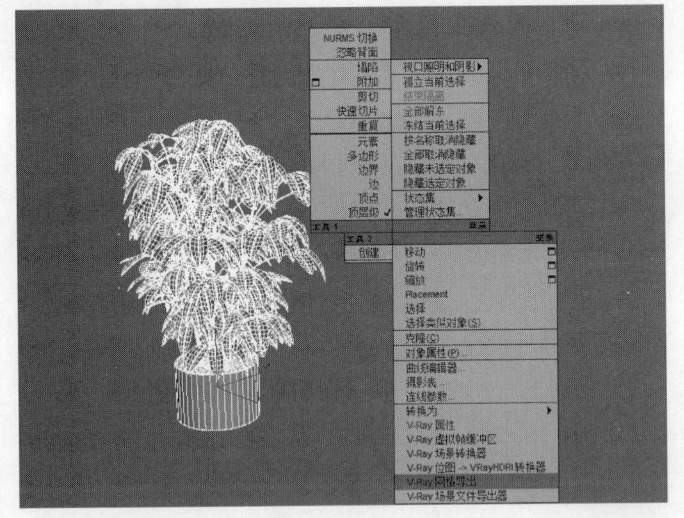

图11-157

04 在弹出的“VRay网格导出”对话框中，单击“浏览”按钮设置网格文件的保存路径，然后选择“导出所有选中的对象在一个单一的文件上（假设结合.vrmesh支点为坐标原点）”选项，接着设置导出的网格文件名称（也可以保持系统默认名称），再勾选“自动创建代理”选项，设置“预览面数”为3000，最后单击“确定”按钮 确定 ，如图11-158所示。

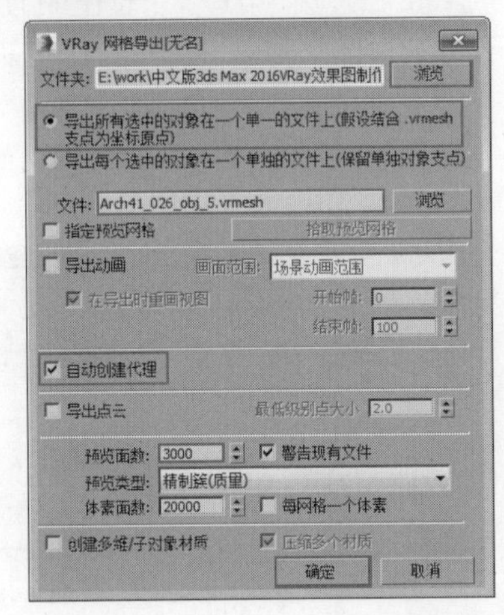

图11-158

技巧与提示

“预览面数”根据原有模型的面数来确定，不可设置得太小，否则网格文件在视图中显示不了原模型的大致造型，会对后期模型位置的调整造成困难。

05 视图中的盆栽模型自动变成了图11-159所示的造型。

06 选中盆栽模型，然后切换到“修改”面板，接着展开“网格代理参数”卷展栏，此时网格文件的显示方式为“从文件预览（边）”模式，如图11-160所示。

图11-159

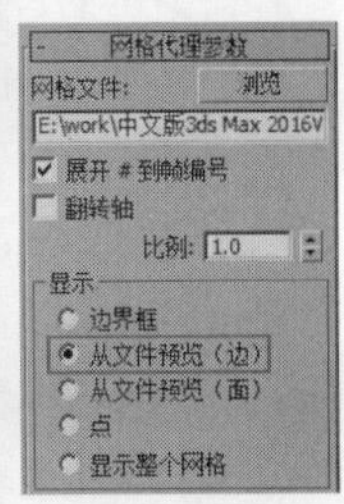

图11-160

07 将显示方式设置为“边界框”，网格文件效果如图11-161所示，这种显示方式能最大化优化场景面数，且方便操作。

图11-161

技巧与提示

导出的网格文件最好存放在贴图文件夹中，这样即使在别的计算机上打开该场景，也不会出现网格文件丢失的情况。

实战184 多角度批处理渲染

场景位置	场景文件>CH11>08.max
实例位置	实例文件>CH11>多角度批处理渲染.max
学习目标	掌握多角度批处理渲染的方法

当场景中存在多个角度的镜头时，多角度批处理渲染可以一次性将需要的镜头全部渲染出来，操作相当方便。

01 打开本书学习资源中的“场景文件>CH11>08.max”文件，如图11-162所示，场景中有两个摄影机。

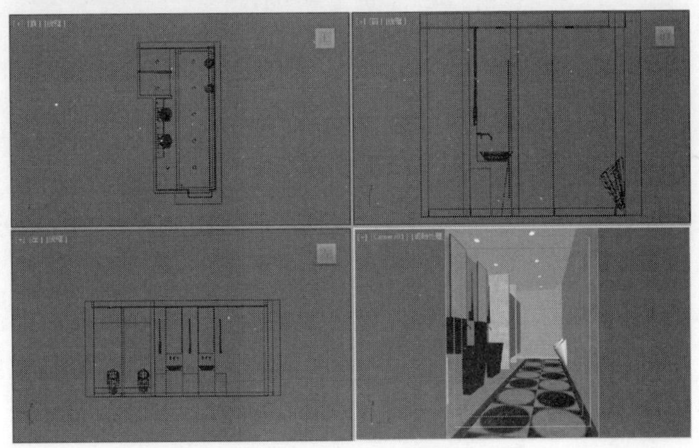

图11-162

02 当设置好成图渲染参数后，在菜单栏上执行“渲染>批处理渲染”命令，如图11-163所示。

03 在弹出的“批处理渲染”对话框中，因为场景中有两个摄影机，所以单击两次“添加”按钮，然后选中View01，在下方的“输出路径”中设置渲染成图的保存位置，接着在“摄影机”中选择Camera01，最后按照相同的步骤设置View02，如图11-164所示。

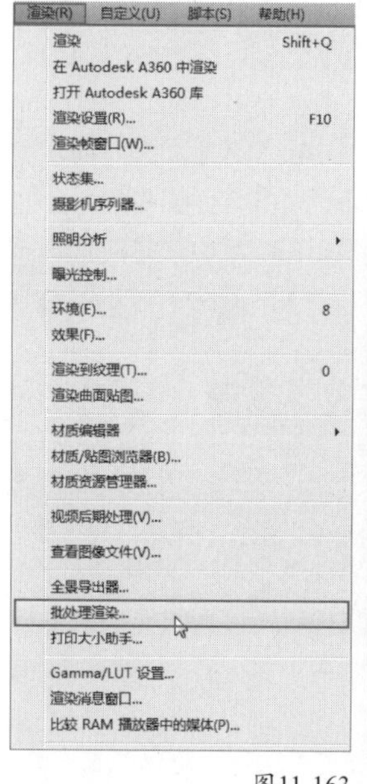

图11-163

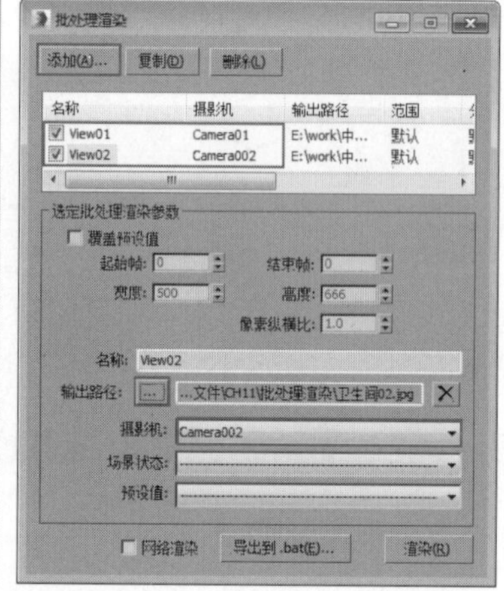

图11-164

04 设置完成后，单击“渲染”按钮，场景开始渲染，如图11-165所示。最终效果如图11-166和图11-167所示。

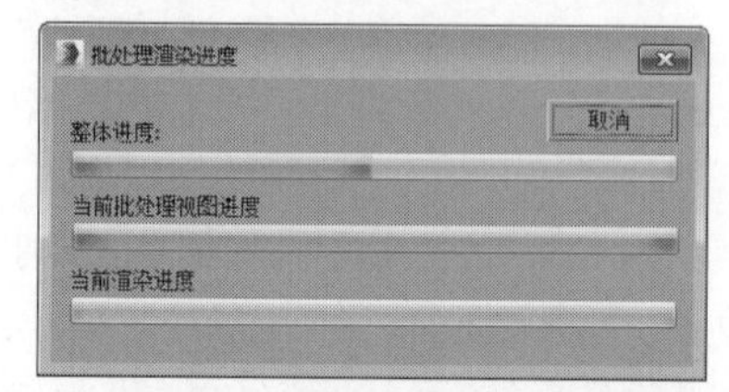

图11-165

图11-166

图11-167

实战185 分布式渲染

场景位置	场景文件>CH11>08.max
实例位置	实例文件>CH11>分布式渲染.max
学习目标	掌握分布式渲染的方法

对于使用多台计算机渲染的情况，可以使用VRay进行分布式联机渲染，充分利用计算机资源。前提条件是，首先这些计算机中安装了相同版本的3ds Max以及VRay渲染器，其次是这些计算机之间已经相互建立了局域网。

01 在当前项目的主机中，任意非中文目录下建立一个文件，例如，在E盘创建文件夹VRayGroup（全路径不能出现中文），并在网络中共享，如图11-168所示。

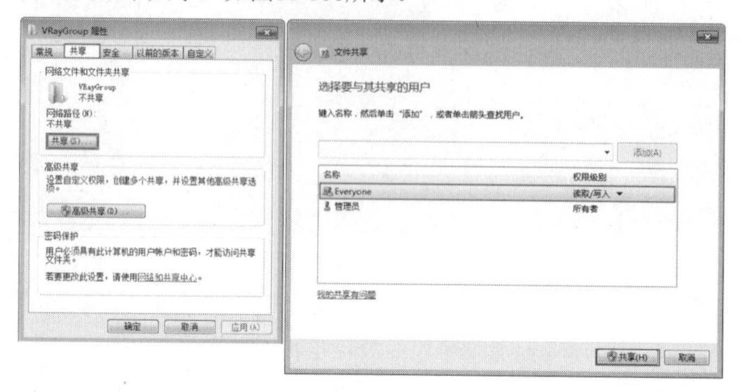

图11-168

02 在3ds Max的“项目”面板中，选择“实用程序”工具并选择“更多”，如图11-169所示。

03 在“更多”中选择“位图/光度学路径”选项，然后单击“编辑资源”按钮，在弹出的对话框中选中所有贴图和光域网文件，接着单击右侧的“复制文件”按钮，再在弹出的窗口中选择刚才网络路径的VRayGroup文件夹（不是E盘），如图11-170和图11-171所示。

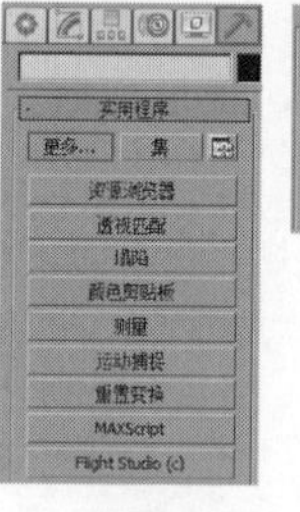

图11-169

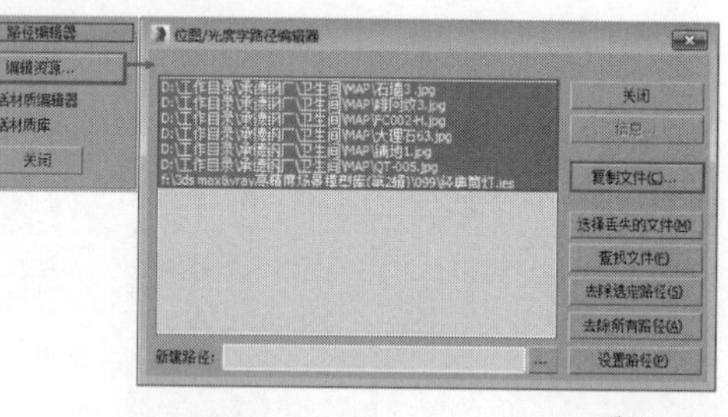

图11-170

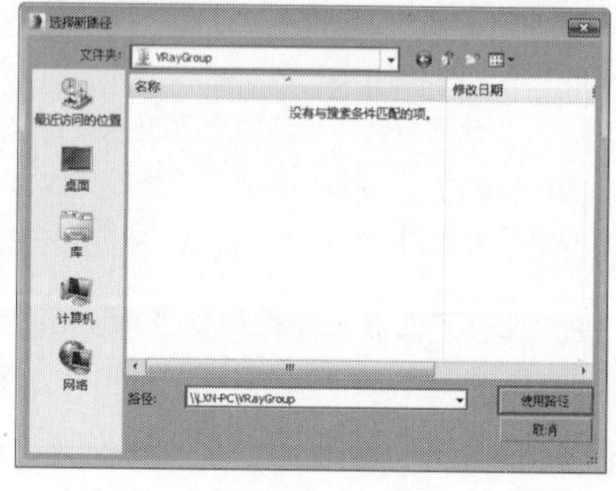

图11-171

04 复制完成后，单击“位图/光度学路径编辑器”对话框下方的“浏览”按钮，然后选择刚才复制贴图的VRayGroup文件夹，如图11-172所示，接着单击“设置路径”按钮，如图11-173所示。

05 打开“渲染设置”面板，然后切换到“设置”选项卡，接着展开“系统”卷展栏，再勾选“分布式渲染”选项，如图11-174所示。

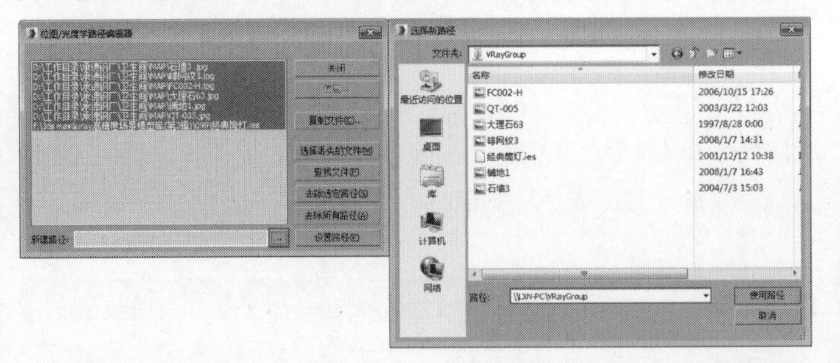

图11-172

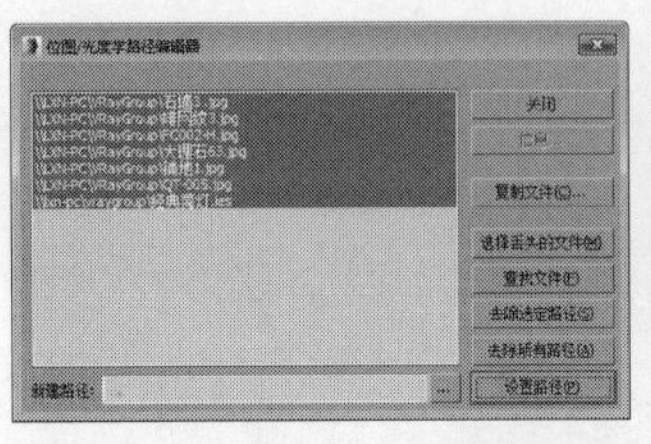

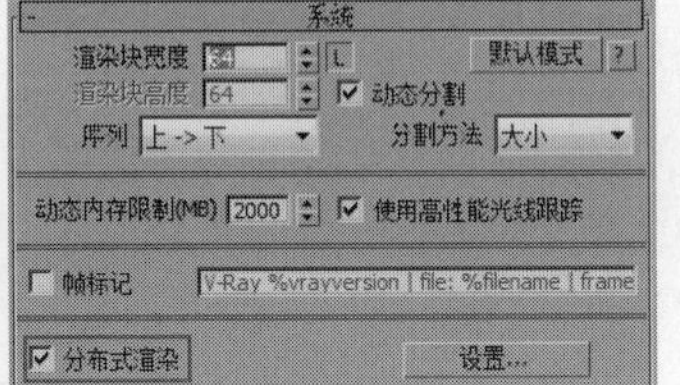

图11-173　图11-174

06 在“系统”卷展栏中单击“设置”按钮，然后在弹出的“VRay分布式渲染设置”对话框中，单击“添加服务器”按钮，接着在弹出的对话框中，在“服务器”一栏输入其他所有计算机的计算机名，或者直接键入其IP地址（两者选其一），最后单击“确定”按钮 确定，如图11-175所示。

07 添加完成后，单击“解析服务器”按钮，解析正确会出现IP地址，如图11-176所示。

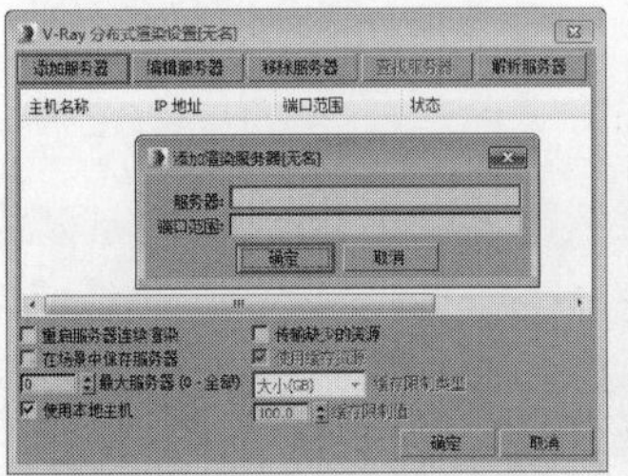

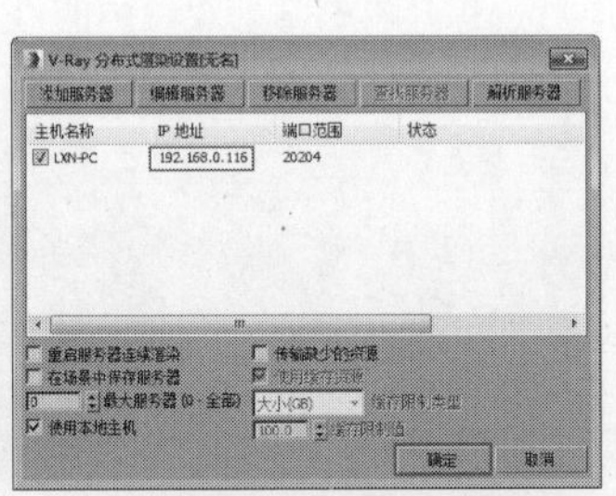

图11-175　图11-176

08 设置完成后按F9键渲染，效果如图11-177所示。渲染的小方格上会出现分布渲染机器的用户名。

图11-177

实战186 渲染自动保存并关闭计算机

场景位置　场景文件>CH11>08.max
实例位置　实例文件>CH11>渲染自动保存并关闭计算机.max
学习目标　掌握渲染自动保存并关闭计算机的方法

对于日常商业效果图的制作，通常会在白天测试渲染，晚上渲染成图，第二天收图做后期。但是长时间开着计算机也不科学，这就需要使用渲染后自动保存并关闭计算机的功能。

01 打开本书学习资源中的“场景文件>CH11>08.max”文件，如图11-178所示。

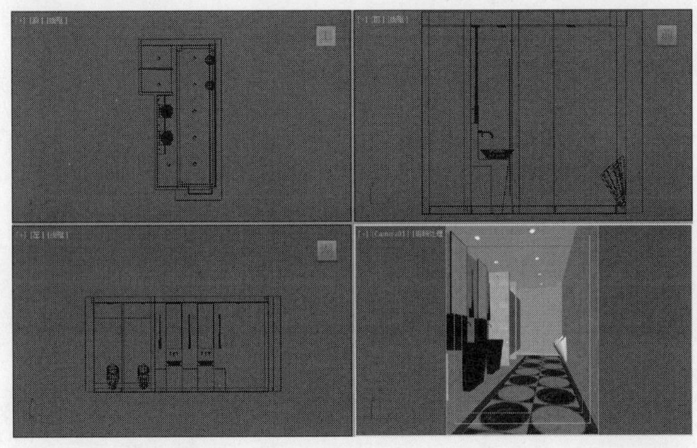

图11-178

02 设置好成图的渲染参数后，将“渲染设置”面板切换到“公用”选项卡，然后勾选“保存文件”选项，接着单击“文件”按钮，设置成图的保存路径，如图11-179所示。

03 在“公用”选项卡中，展开“脚本”卷展栏，然后在“渲染后期”选项组中单击“文件”按钮，接着加载本书学习资源中的“实例文件>CH11>渲染自动保存并关闭计算机>close.ms”脚本文件，如图11-180所示。

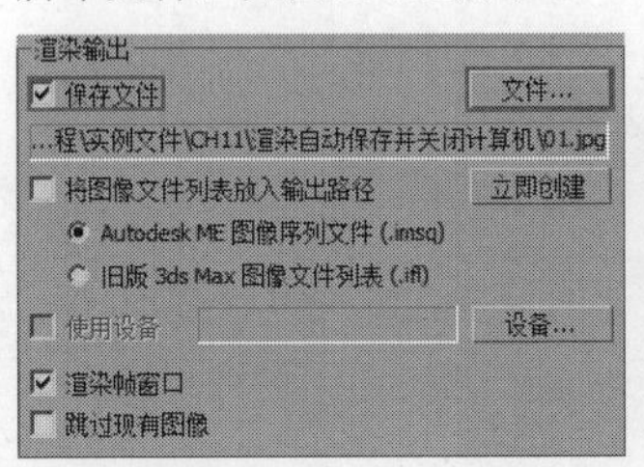

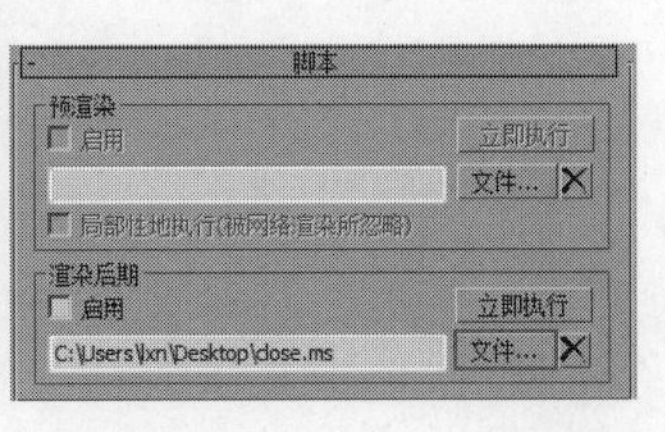

图11-179　图11-180

技巧与提示

加载该脚本，必须是在测试效果确认无误，渲染成图的时候。

04 勾选“启用”选项后，如图11-181所示，按F9键渲染当前场景，渲染结束后计算机会自动关闭。

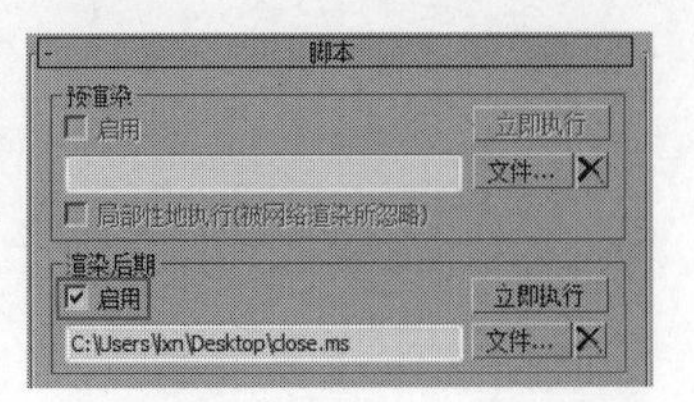

图11-181

技术专题

疑难问答

技巧与提示

Learning Objectives
学习要点

Employment Direction
从业方向

家具造型师

建筑设计表现师

工业设计师

室内设计表现师

第12章 效果图的后期处理

本章将介绍效果图的后期处理。对于一张好的效果图，除了高质量的渲染外，还需要好的后期处理。后期处理既可以解决渲染时出现的小问题，还可以增加一些特效。本章介绍的后期处理都是在Photoshop中完成的。

实战187 叠加AO通道

场景位置	场景文件>CH12>01.jpg、02.jpg
实例位置	实例文件>CH12>叠加AO通道.psd
学习目标	掌握叠加AO通道的方法

AO通道是为了增加效果图的空间感和立体感，特别是线条不太清楚的地方（如石膏线），可以使其突出。加载AO通道后的对比如图12-1所示。

图12-1

01 打开Photoshop界面后，打开本书学习资源中的“场景文件>CH12>01.jpg”文件，如图12-2所示。

图12-2

技巧与提示

在Photoshop中打开图像的方法有以下3种。

第1种：按快捷键Ctrl+O。

第2种：在菜单栏执行“文件>打开”命令。

第3种：直接将文件拖曳到操作界面。

02 保持现有界面不变，然后将本书学习资源中的“场景文件>CH12>02.jpg”文件拖曳至操作界面上，如图12-3所示，最后按回车键。

图12-3

03 在“图层”面板上选中02图层，然后单击鼠标右键，接着在弹出的菜单中选择“栅格化图层”选项，如图12-4所示。

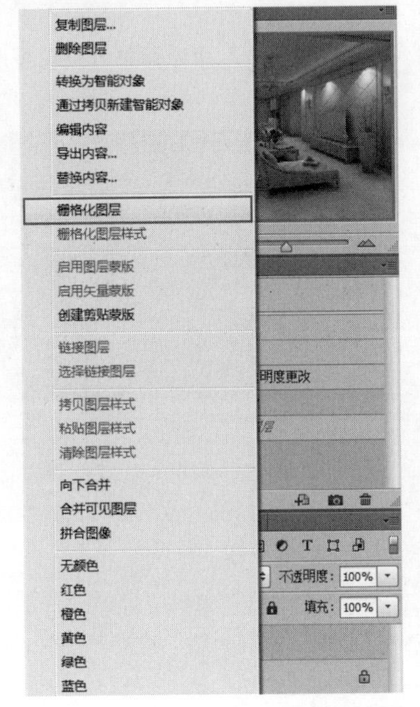

图12-4

04 按快捷键Ctrl+U，打开“色相/饱和度”对话框，然后调整“饱和度”为-100，接着单击“确定”按钮，如图12-5所示，效果如图12-6所示。

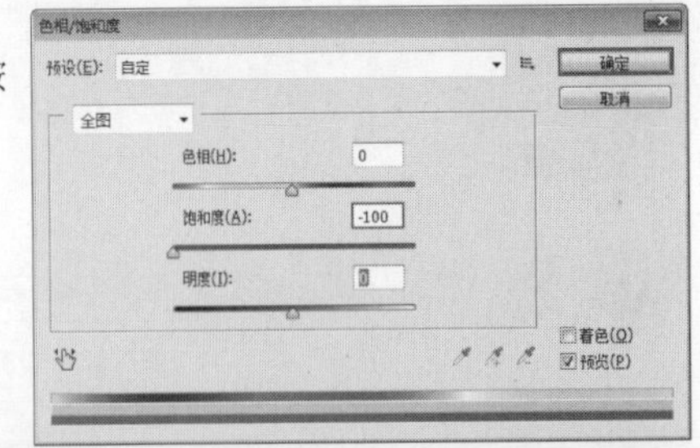

图12-5

图12-6

技巧与提示

由于渲染AO图时带有场景灯光，所以需要降低饱和度的数值来去除灯光颜色的影响。

05 继续选中02图层，然后将图层的混合模式设置为“柔光”，如图12-7所示。

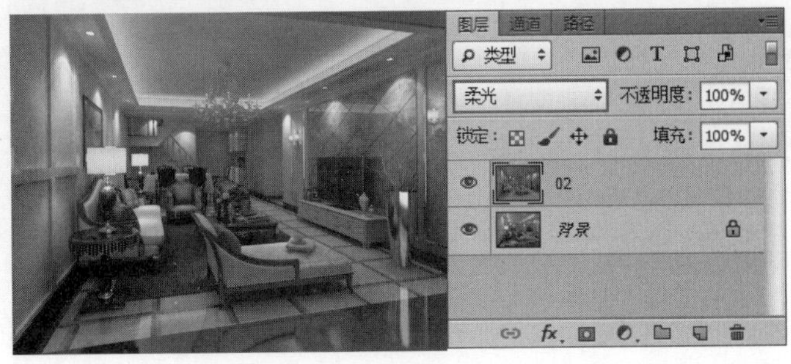

图12-7

06 在菜单栏中执行“文件>存储为”命令，或按快捷键Shift+Ctrl+S，打开“存储为”对话框，然后为文件命名，并设置储存格式为.psd，如图12-8所示。

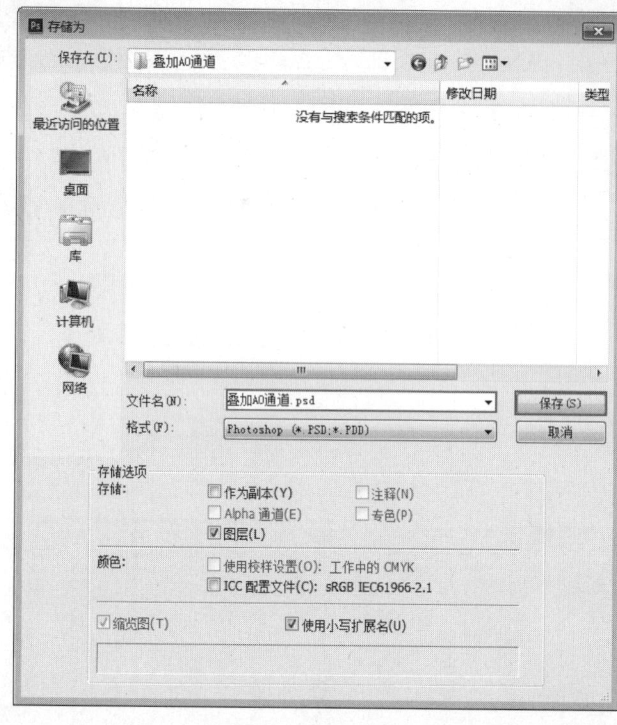

图12-8

实战188 叠加彩色通道图层

场景位置　场景文件>CH12>01.jpg、03.jpg
实例位置　实例文件>CH12>叠加彩色通道图层.psd
学习目标　掌握叠加彩色通道图层的方法

彩色通道可以快速地选取画面中的物体，然后调整其色相、饱和度、曝光等选项。案例效果如图12-9所示。

图12-9

01 打开Photoshop界面后，打开本书学习资源中的“场景文件>CH12>01.jpg”文件，如图12-10所示。

02 保持现有界面不变，然后将本书学习资源中的“场景文件>CH12>03.jpg”文件拖曳至操作界面上，如图12-11所示，最后按回车键。

技巧与提示

叠加彩色通道，是为后期单独调整画面中的物体所做的准备，详细步骤在后面的实例中会进行讲解。

图12-10

图12-11

实战189 用曲线调整效果图的亮度

场景位置　场景文件>CH12>04.jpg
实例位置　实例文件>CH12>用曲线调整效果图的亮度.psd
学习目标　掌握用曲线调整效果图亮度的方法

用“曲线”命令调整效果图亮度的前后对比效果如图12-12所示。

图12-12

01 打开Photoshop界面后，打开本书学习资源中的“场景文件>CH12>04.jpg”文件，如图12-13所示。这是叠加了AO通道后保存的效果图。

02 在“图层”面板中选择“背景”图层，然后按快捷键Ctrl+J将该图层复制一层，建立“图层1”，如图12-14所示。

图12-13

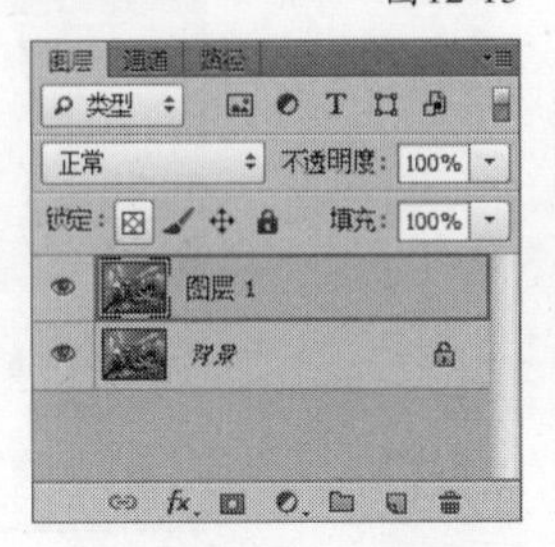

图12-14

技巧与提示

这里复制原有图层，是为了在修改时，因效果不佳，且无法倒退时，可以将该图层删除，且不会影响原有图层。调整完成后，也可以与原图层效果进行对比。

03 在菜单栏中执行“图像>调整>曲线”命令，或按快捷键Ctrl＋M，打开“曲线”对话框，然后将曲线调整成如图12-15所示，效果如图12-16所示。

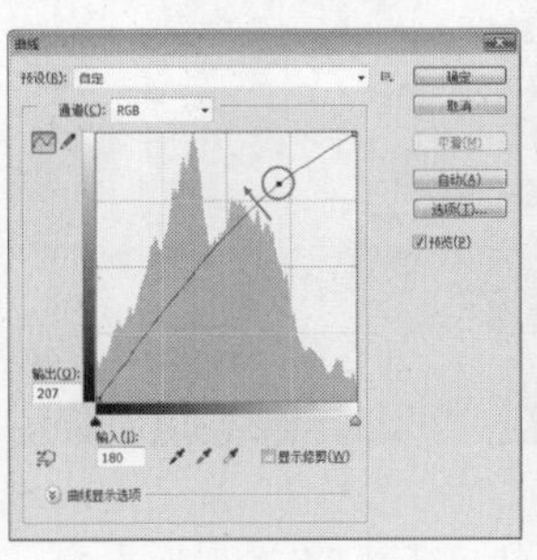

图12-15 图12-16

技巧与提示

从3ds Max中渲染出来的图片，多少都会产生偏灰或是亮度不够的情况。尤其是在开启LWF线性工作流的时候，图片都会偏灰，这时就需要在Photoshop中调整亮度和层次感。

实战190 用色阶调整效果图的层次感

场景位置 场景文件>CH12>05.jpg
实例位置 实例文件>CH12>用色阶调整效果图的层次感.psd
学习目标 掌握用色阶调整效果图层次感的方法

用色阶调整层次感的前后对比效果如图12-17所示。

图12-17

01 打开Photoshop界面后，打开本书学习资源中的“场景文件>CH12>05.jpg”文件，如图12-18所示。这是用曲线调整了亮度的效果图。

图12-18

02 在“图层”面板中选择“背景”图层，然后按快捷键Ctrl＋J将该图层复制一层，建立“图层1”，如图12-19所示。

图12-19

03 在菜单栏中执行“图像>调整>色阶”命令，或按快捷键Ctrl＋L，打开“色阶”对话框，然后设置“输入色阶”的灰度色阶为1.10，如图12-20所示，效果如图12-21所示。

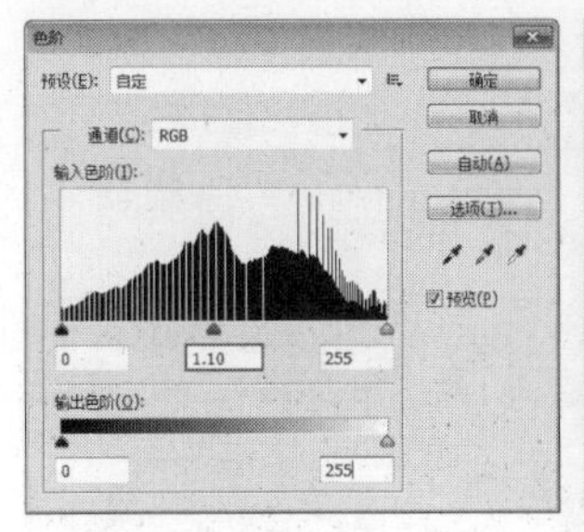

图12-20

图12-21

04 继续按快捷键Ctrl+L打开“色阶”对话框，然后设置“输入色阶”的黑色色阶为15、白色色阶为245，如图12-22所示，其效果如图12-23所示。

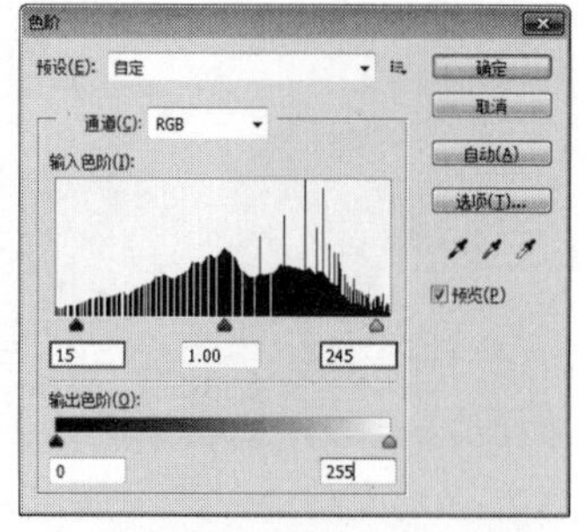

图12-22

图12-23

实战191 用色彩平衡调整效果图

场景位置　场景文件>CH12>06.jpg
实例位置　实例文件>CH12>用色彩平衡调整效果图.psd
学习目标　掌握用色彩平衡调整效果图的方法

用色彩平衡调整效果图的前后对比如图12-24所示。

图12-24

01 打开Photoshop界面后，打开本书学习资源中的“场景文件>CH12>06.jpg”文件，如图12-25所示。这是调整过色阶的效果图。

图12-25

02 在“图层”面板中选择“背景”图层，然后按快捷键Ctrl+J将该图层复制一层，建立“图层1”，如图12-26所示。

图12-26

03 在菜单栏中执行“图像>调整>色彩平衡”命令，或按快捷键Ctrl+B，打开“色彩平衡”对话框，然后设置“色阶”为（10，0，0）、“色调平衡”为“高光”，如图12-27所示，效果如图12-28所示。

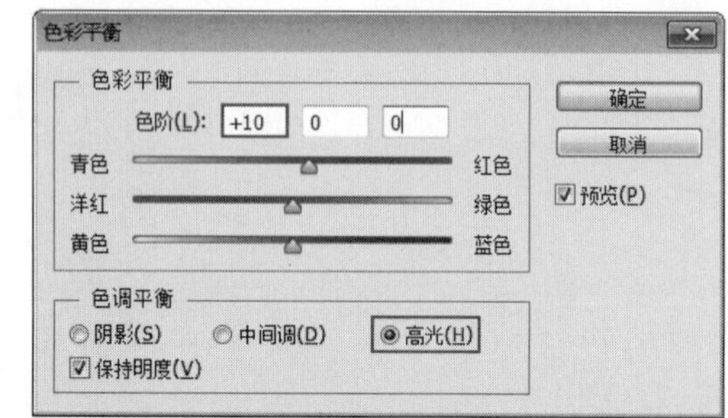

图12-27

图12-28

04 继续打开“色彩平衡”对话框，然后设置“色阶”为（-24，0，24）、“色调平衡”为“阴影”，如图12-29所示，其效果如图12-30所示。

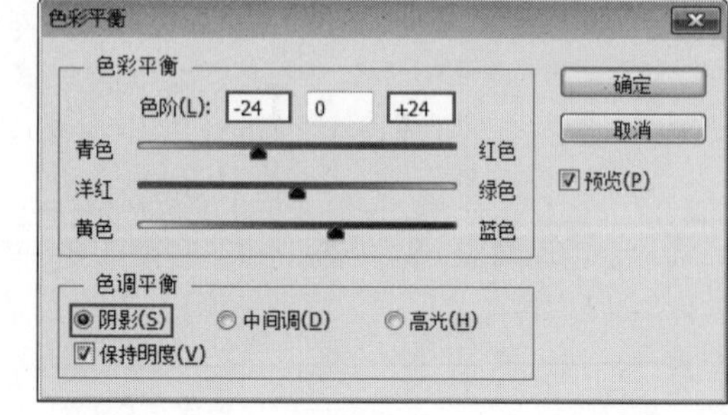

图12-29

图12-30

05 再次打开“色彩平衡”对话框，然后设置“色阶”为（-35，0，10）、“色调平衡”为“中间调”，如图12-31所示，其效果如图12-32所示。因为上图整体偏暖，将中间调调整为冷色，可以平衡画面的冷暖对比。

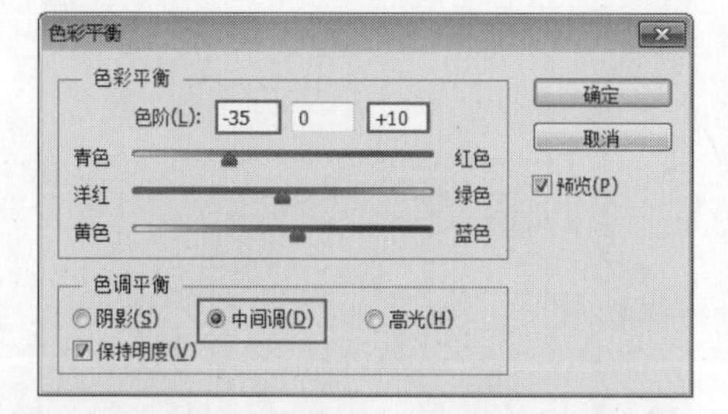

图12-31

图12-32

实战192 用色彩通道选取材质调整色相

场景位置 场景文件>CH12>03.jpg、07.jpg
实例位置 实例文件>CH12>用色彩通道选取材质调整色相.psd
学习目标 掌握用色彩通道选取材质调整色相的方法

用色彩通道就可以在图片上选出需要的对象，然后单独调整其亮度、对比度等信息。单独调整色相也可以避免重新渲染的麻烦。调整后的对比效果如图12-33所示。

图12-33

01 打开Photoshop界面后，打开本书学习资源中的“场景文件>CH12>07.jpg”文件，如图12-34所示。这是调整过色彩平衡的效果图。

02 在“图层”面板中选择“背景”图层，然后按快捷键Ctrl+J将该图层复制一层，建立“图层1”，如图12-35所示。

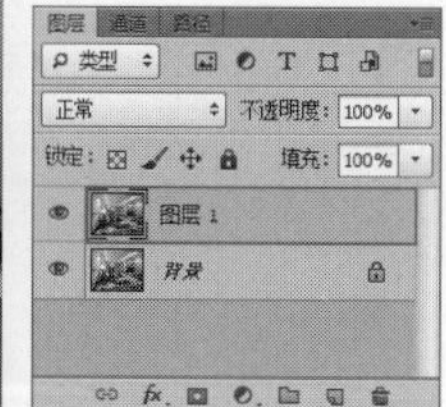

图12-34 图12-35

03 保持现有界面不变，然后将本书学习资源中的“场景文件>CH12>03.jpg”文件拖曳至操作界面上，如图12-36所示，最后按回车键。

图12-36

04 现在需要改变沙发背景墙白色木框的颜色，在菜单栏中执行“选择>色彩范围”命令，然后在弹出的对话框中，可以观察到鼠标指针变成了吸管形状，接着在画面中吸取木框的蓝色范围，如图12-37所示，最后单击“确定”按钮，所选区域有虚线框包围，如图12-38所示。

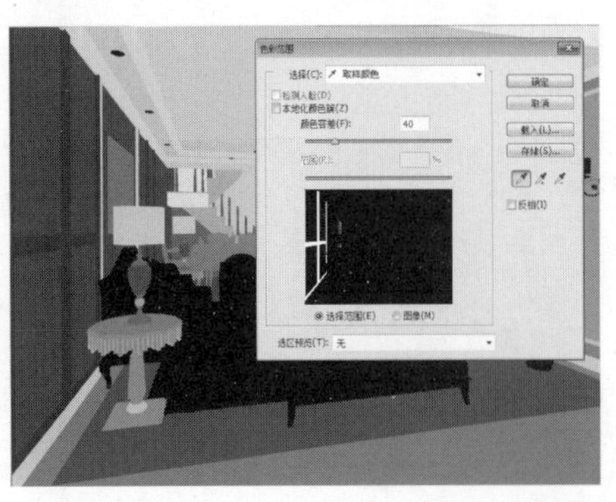

图12-37

图12-38

05 关闭“图层”面板中彩色通道前的“眼睛”图标，使其不显示，然后选中“图层1”，如图12-39所示，其效果如图12-40所示。

图12-39

图12-40

06 按快捷键Ctrl＋U打开“色相/饱和度”对话框，然后设置“色相”为-59、“饱和度”为20、“明度”为-67，如图12-41所示，其效果如图12-42所示。

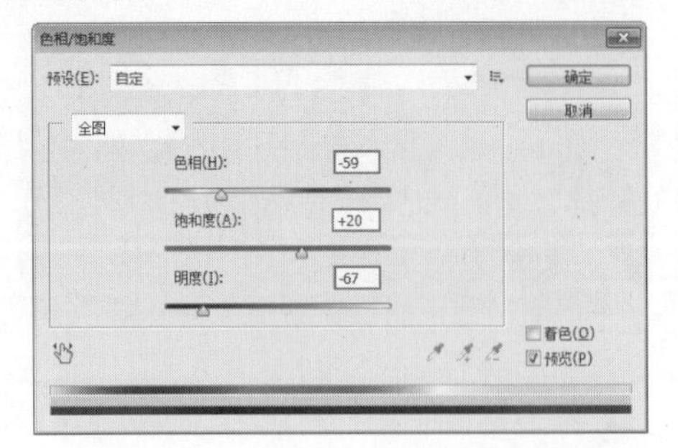

图12-41

图12-42

07 按快捷键Ctrl＋D取消虚线选框，最终效果如图12-43所示。

图12-43

实战193 为效果图添加灯光特效

场景位置　场景文件>CH12>07.jpg
实例位置　实例文件>CH12>为效果图添加灯光特效.psd
学习目标　掌握为效果图添加灯光特效的方法

添加灯光特效的前后对比效果如图12-44所示。

图12-44

01 打开Photoshop界面后，打开本书学习资源中的“场景文件

>CH12>07.jpg”文件，如图12-45所示。这是调整过色彩平衡的效果图。

图12-45

02 单击“图层”面板上的“新建图层”按钮，然后新建一个空白图层“图层1”，如图12-46所示。

03 在工具箱中选择“椭圆选择工具”，然后在吊灯的蜡烛上绘制一个图12-47所示的椭圆。

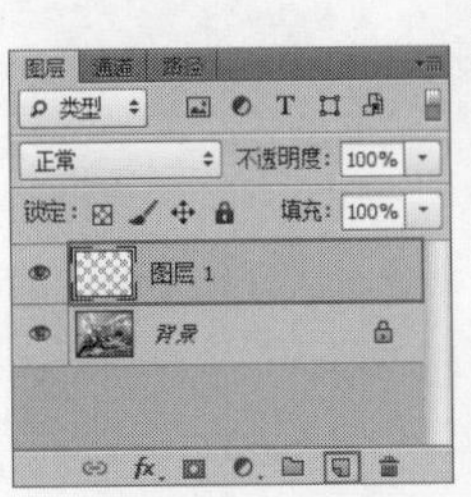

图12-46

图12-47

04 按快捷键Shift+F6，打开“羽化选区”对话框，然后设置“羽化半径”为6像素，接着设置“前景色”为白色，再按快捷键Alt+Delete用前景色填充选区，最后按快捷键Ctrl+D取消选区，如图12-48所示。

图12-48

05 设置“图层1”的“混合模式”为“叠加”，效果如图12-49所示。

图12-49

06 将做好的光晕复制到其余的蜡烛上，最终效果如图12-50所示。

图12-50

实战194 为效果图添加体积光

场景位置	场景文件>CH12>08.jpg
实例位置	实例文件>CH12>为效果图添加体积光.psd
学习目标	为效果图添加体积光

添加体积光的前后对比效果如图12-51所示。

图12-51

01 打开Photoshop界面后，打开本书学习资源中的“场景文件>CH12>08.jpg”文件，如图12-52所示。

图12-52

02 单击“图层”面板上的“新建图层”按钮，然后新建一个空白图层“图层1”，如图12-53所示。

03 在工具箱中选择“多边形套索工具”，然后在画面中绘制一个图12-54所示的图形。

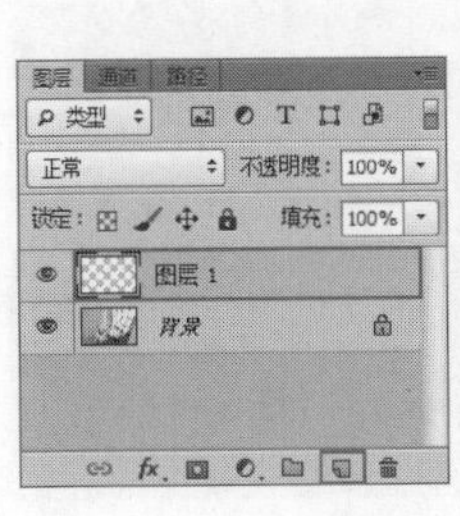

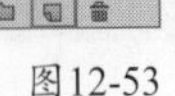

图12-53

图12-54

04 按快捷键Shift+F6，打开“羽化选区”对话框，然后设置“羽化半径”为10像素，接着设置“前景色”为白色，再按快捷键Alt+Delete用前景色填充选区，最后按快捷键Ctrl+D取消选区，如图12-55所示。

图12-55

05 设置“图层1”的“混合模式”为“柔光”、“不透明度”为80%，效果如图12-56所示。

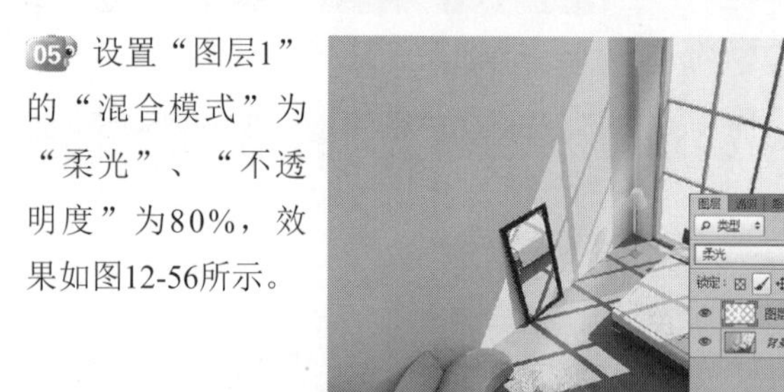

图12-56

06 以同样的方法绘制出其余的体积光，最终效果如图12-57所示。

图12-57

实战195 用Alpha通道选取区域添加室外环境

场景位置　场景文件>CH12>09.tga、10.jpg
实例位置　实例文件>CH12>用Alpha通道选取区域添加室外环境.psd
学习目标　用Alpha通道选取区域添加室外环境

在Photoshop中选取Alpha通道，必须是带有通道格式的图片，如TGA、PNG、TIFF等，因此在渲染保存图片时，就不能保存成jpg格式。案例效果对比如图12-58所示。

图12-58

01 打开Photoshop界面后，打开本书学习资源中的“场景文件>CH12>09.tga”文件，如图12-59所示。

02 保持现有界面不变，然后将本书学习资源中的“场景文件>CH12>10.jpg”文件拖曳至操作界面上，并调整至图12-60所示的效果。

图12-59

图12-60

技巧与提示

根据窗口的透视角度，需要调整环境图片的角度。

03 将图层10栅格化，然后隐藏，接着选中“背景”图层，再切换到“通道”面板，单独显示Alpha1图层，如图12-61所示。

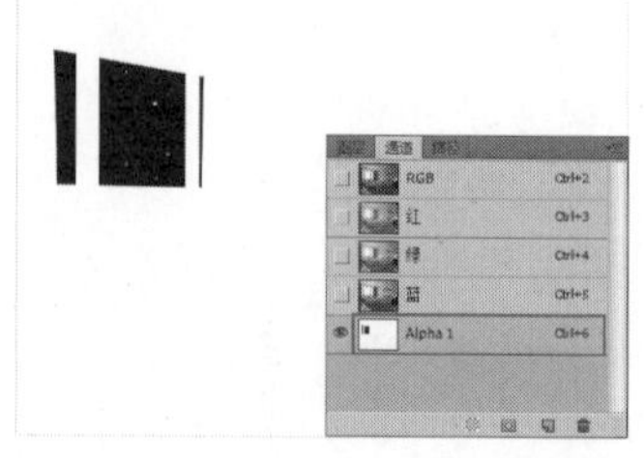

图12-61

04 在菜单栏中执行“选择>色彩范围”命令，然后选中图中的黑色部分，如图12-62所示，其效果如图12-63所示。

05 隐藏Alpha1图层，显示其余图层，然后选中图层10，如图12-64所示。

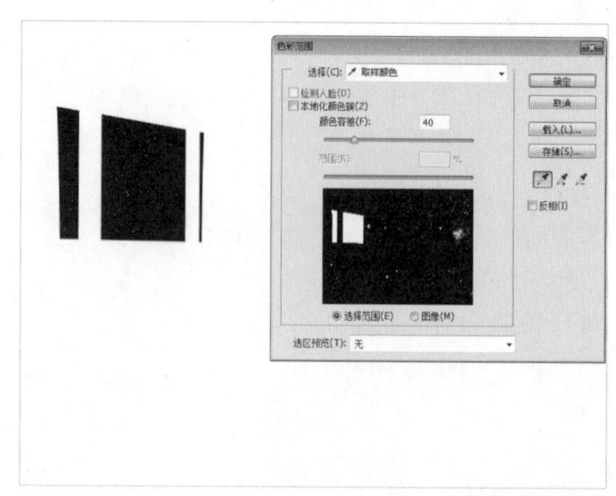

图12-62

图12-63

图12-64

06 按快捷键Shift+Ctrl+I选择反向，这样就选中了图层10中窗口以外的部分，如图12-65所示，接着按Delete键删除多余的部分，如图12-66所示。

图12-65

图12-66

07 在菜单栏中执行“图像>调整>曝光度”命令，然后在打开的对话框中，设置“曝光度”为1.5，如图12-67所示，其效果如图12-68所示。

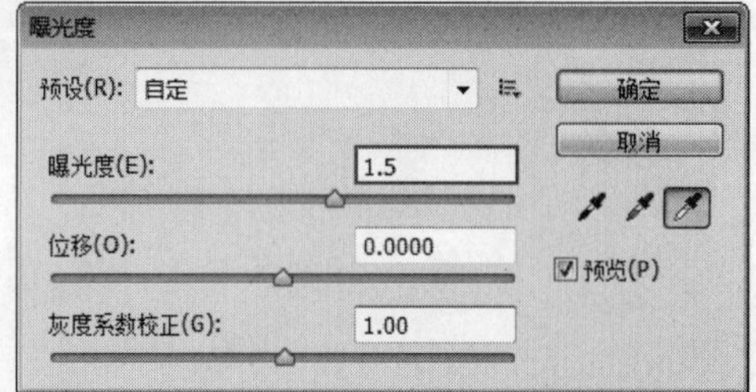

图12-67

图12-68

技巧与提示

在日光效果图中，窗外环境会严重曝光，接近白色，因此需要调整环境图片的亮度。

08 继续选中图层10，然后按快捷键Ctrl＋L打开“色阶”面板，接着设置“输入色阶”的灰色色阶为1.5、白色色阶为190，如图12-69所示，其效果如图12-70所示。

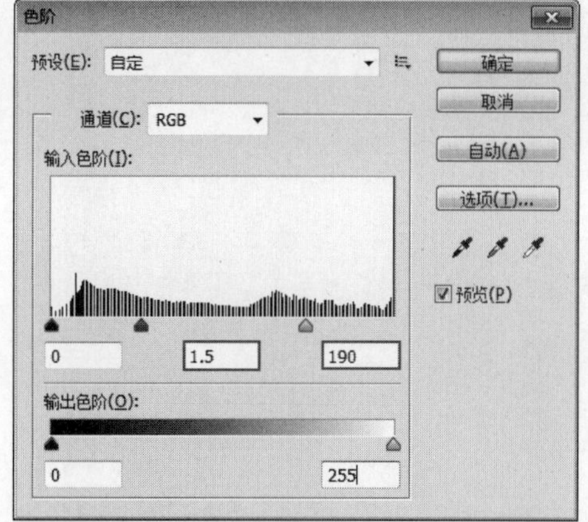

图12-69

图12-70

09 按快捷键Ctrl＋U，打开“色相/饱和度”对话框，然后设置“饱和度”为-30、“明度”为50，如图12-71所示，最终效果如图12-72所示。

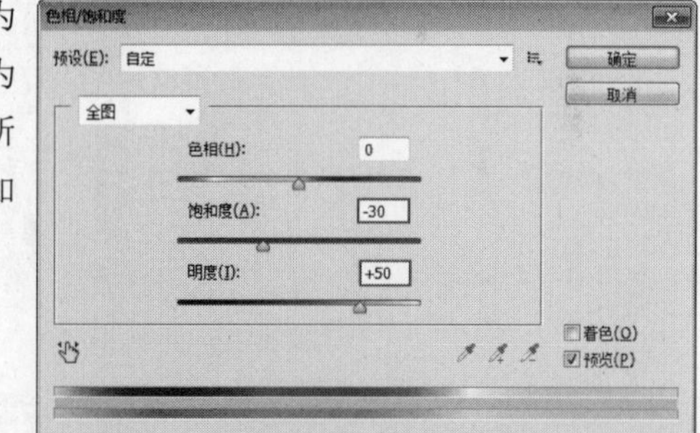

图12-71

图12-72

技术专题

疑难问答

技巧与提示

Learning Objectives
学习要点

Employment Direction
从业方向

家具造型师

建筑设计表现师

工业设计师

室内设计表现师

第13章 商业综合实例：家装篇

本章将通过7个商业案例，来学习家装空间的制作方法。

实例1

商业综合实例：家装篇

制作现代风格室内鸟瞰空间

本例是一个现代风格鸟瞰场景，案例效果如图13-1所示。

◎ 场景位置 » 场景文件>CH13>01.max

◎ 实例位置 » 实例文件>CH13>制作现代风格室内鸟瞰空间.max

◎ 技术掌握 » 掌握鸟瞰空间的布光方法

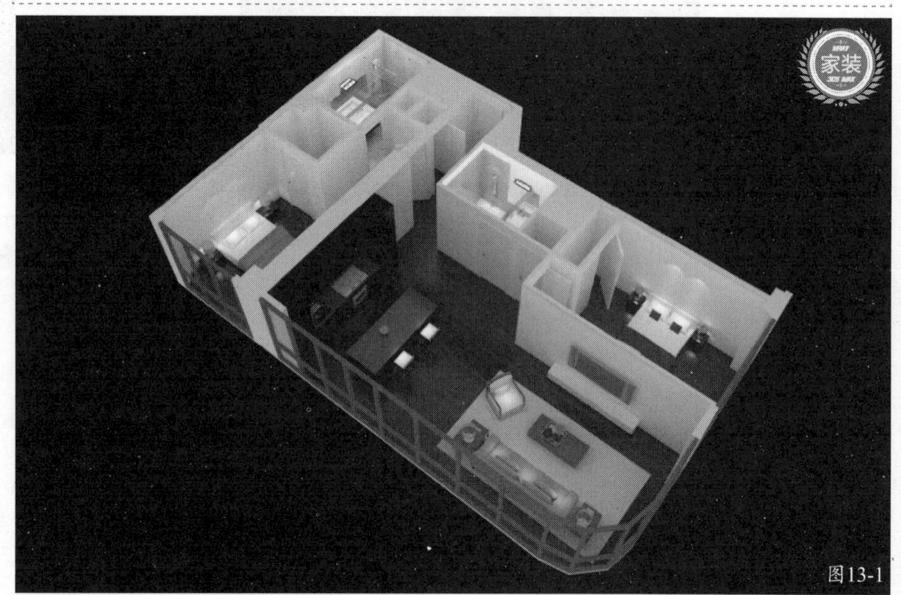

图13-1

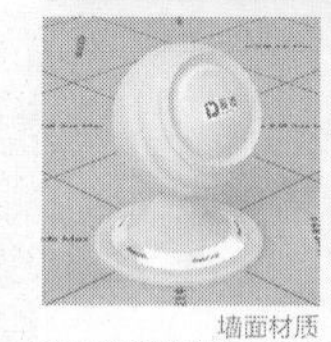
墙面材质

地板材质

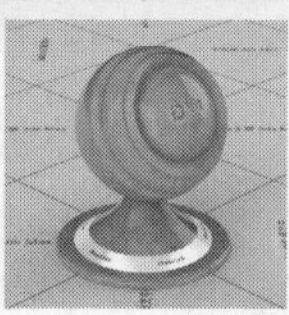
瓷砖材质

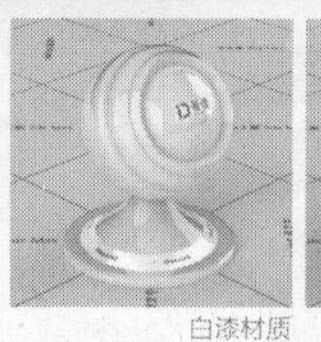
白漆材质

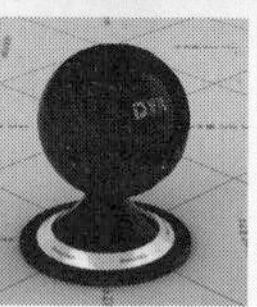
木质材质

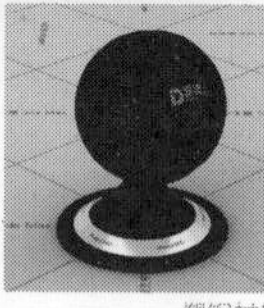
塑钢材质

项目说明

本例为一个现代风格的室内鸟瞰场景，重点是表现室内功能布局，给客户以直观的感受。通过鸟瞰场景，客户能更全面地了解房屋的整体情况。因此，效果图在表现上不需要太复杂的室内配饰，要更多地展现家具等功能物品的摆放，以及墙面、地板等基础材质的展示。

材质制作

本例的场景材质主要包括墙面材质、地板材质、瓷砖材质、木质材质、白油漆材质和塑钢材质，如图13-2所示。

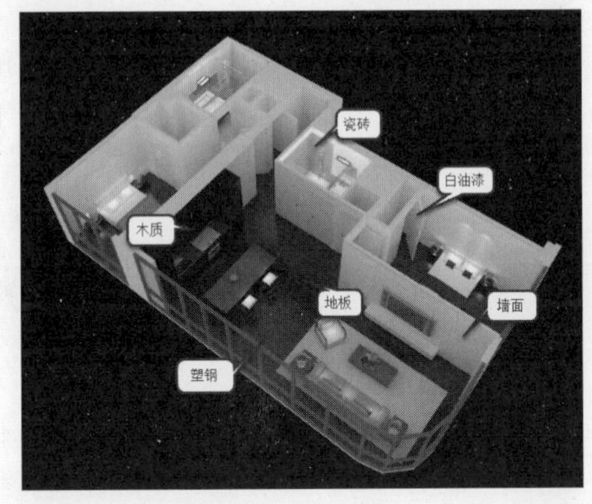

图13-2

❖ 1.制作墙面材质

01 打开本书学习资源中的“场景文件>CH13>01.max”文件，如图13-3所示。

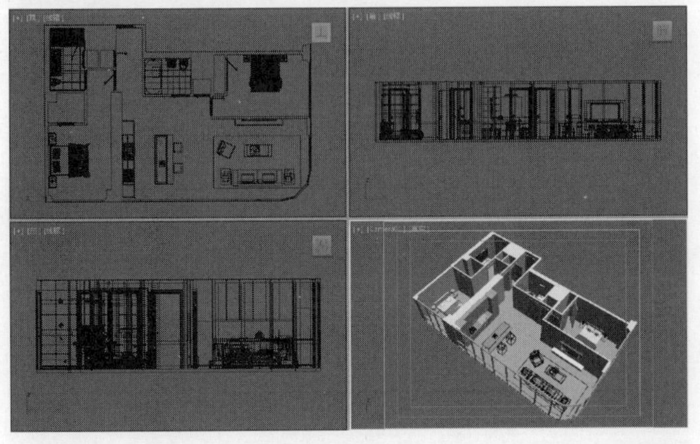

图13-3

02 选择一个空白材质球，然后设置材质类型为VRayMtl材质，再设置“漫反射”颜色为白色（R:235，G:235，B:235），如图13-4所示，制作好的材质球如图13-5所示。

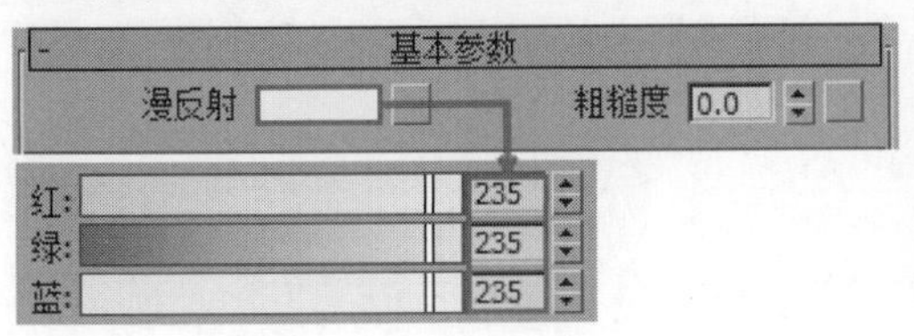

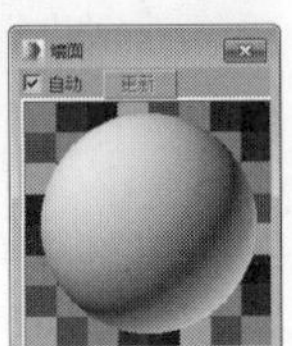

图13-4 图13-5

❖ 2.制作地板材质

选择一个空白材质球，然后设置材质类型为VRayMtl材质，具体参数设置如图13-6所示，制作好的材质球效果如图13-7所示。

设置步骤

① 在“漫反射”贴图通道中加载一张本书学习资源中的“实例文件>CH13>实例：制作现代风格室内鸟瞰空间> 0101.jpg”文件。

② 在“反射”通道中加载一张“衰减”贴图，然后进入“衰减”贴图，设置“衰减”方式为Fresnel，接着设置“高光光泽”为0.8、“反射光泽”为0.85。

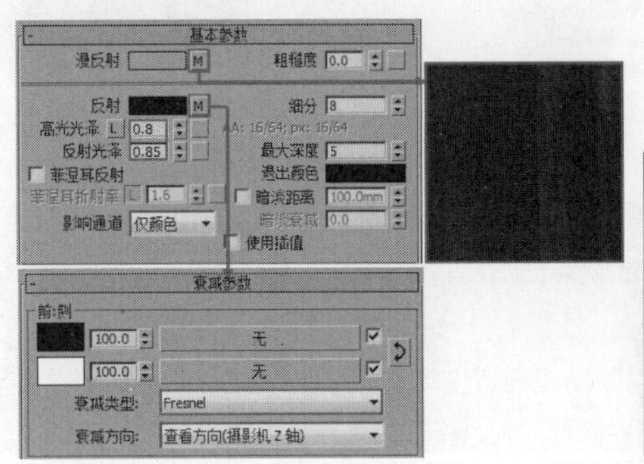

图13-6 图13-7

❖ 3.制作瓷砖材质

选择一个空白材质球，然后设置材质类型为VRayMtl材质，具体参数设置如图13-8所示，制作好的材质球效果如图13-9所示。

设置步骤

① 在“漫反射”贴图通道中加载一张本书学习资源中的“实例文件>CH13>实例：制作现代风格室内鸟瞰空间> ex 1 copy.jpg”文件。

② 在“反射”通道中加载一张“衰减”贴图，然后进入“衰减”贴图，设置“衰减”方式为Fresnel，接着设置“高光光泽”为0.88、“反射光泽”为0.9。

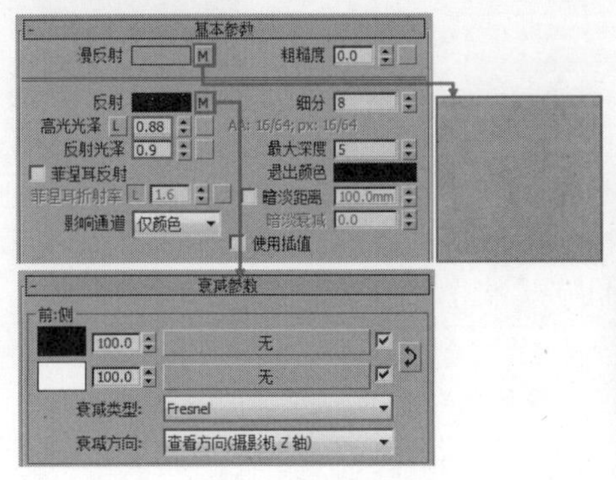

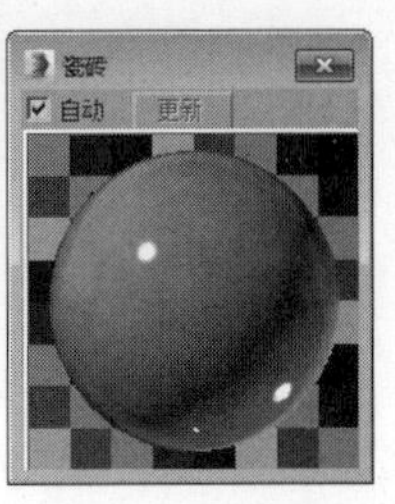

图13-8 图13-9

❖ 4.制作白油漆材质

选择一个空白材质球，然后设置材质类型为VRayMtl材质，具体参数设置如图13-10所示，制作好的材质球效果如图13-11所示。

设置步骤

① 设置“漫反射”颜色为白色（R:237，G:237，B:237）。

② 在“反射”通道中加载一张“衰减”贴图，然后进入“衰减”贴图，设置“衰减”方式为Fresnel，接着设置“高光光泽”为0.85、“反射光泽”为0.95。

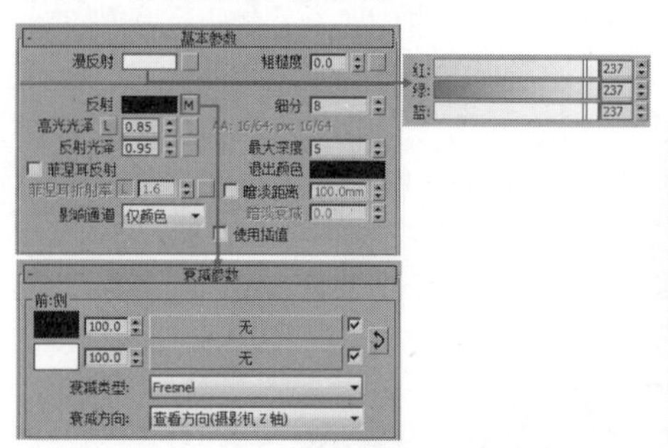

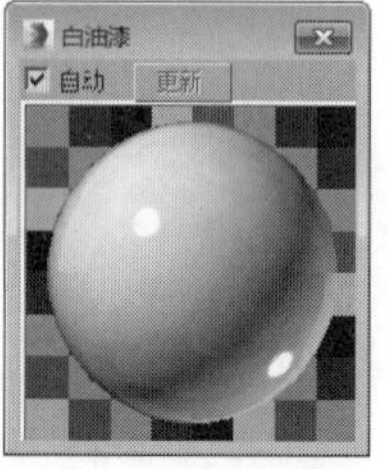

图13-10　图13-11

❖ 5.制作木质材质

选择一个空白材质球，设置材质类型为VRayMtl材质，具体参数设置如图13-12所示，制作好的材质球效果如图13-13所示。

设置步骤

① 在“漫反射”贴图通道中加载一张本书学习资源中的“实例文件>CH13>实例：制作现代风格室内鸟瞰空间>1116832245.jpg”文件。

② 在“反射”通道中加载一张“衰减”贴图，然后进入“衰减”贴图，设置“衰减”方式为Fresnel，接着设置“高光光泽”为0.88、“反射光泽”为0.9。

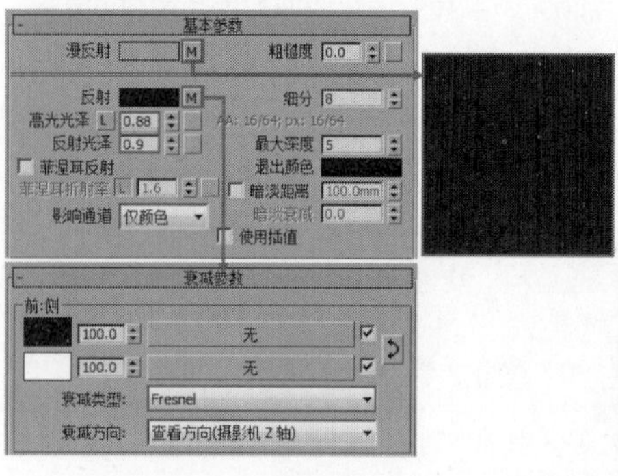

图13-12　图13-13

❖ 6.制作塑钢材质

选择一个空白材质球，然后设置材质类型为VRayMtl材质，具体参数设置如图13-14所示，制作好的材质球效果如图13-15所示。

设置步骤

① 设置“漫反射”颜色为灰色（R:37，G:39，B:45）。

② 设置“反射”颜色为灰色（R:42，G:42，B:42），然后设置“高光光泽”为0.8、“反射光泽”为0.85，最后勾选“菲涅耳反射”选项。

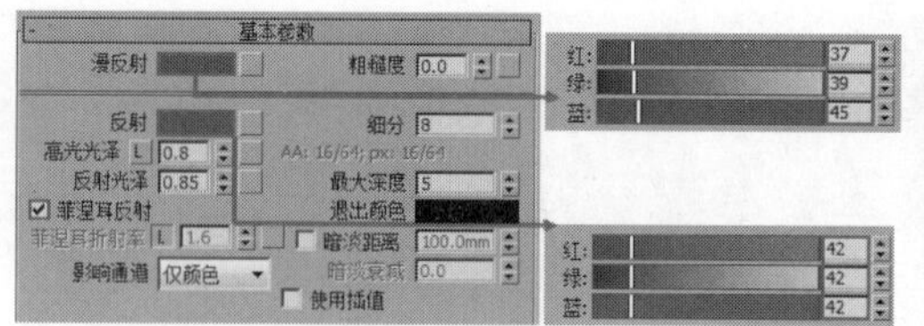

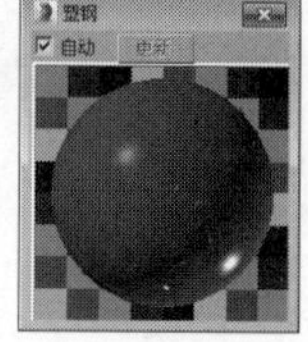

图13-14　图13-15

技巧与提示

这里重点讲解场景中的重要材质参数，其余材质可打开实例文件查看。

设置测试渲染参数

01 按F10键打开“渲染设置”对话框，然后设置渲染器为VRay渲染器，接着在“公用”卷展栏下设置“宽度”为600、“高度”为450，如图13-16所示。

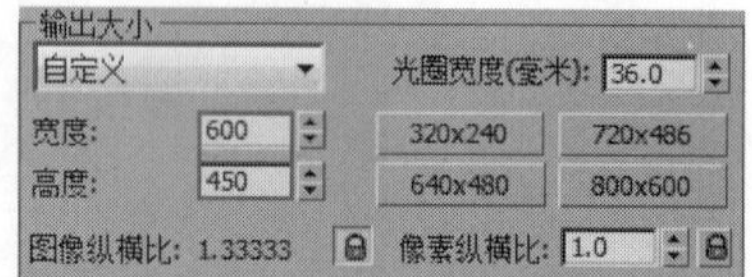

图13-16

02 单击VRay选项卡，然后在“图像采样器（抗锯齿）”卷展栏下设置“类型”为“固定”，接着设置“过滤器”类型为“区域”，如图13-17所示。

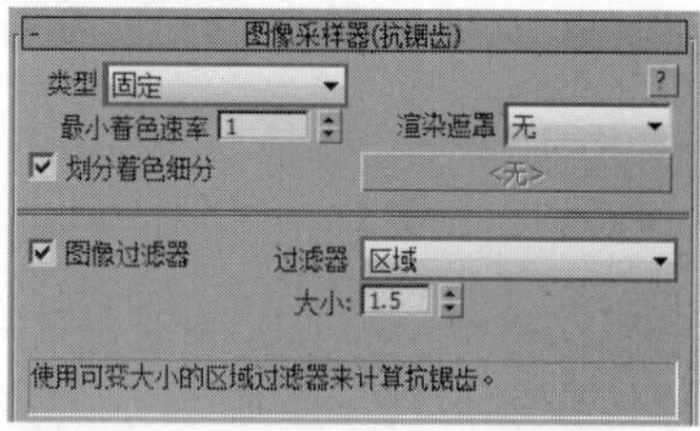

图13-17

03 展开“环境”卷展栏，然后勾选“全局照明（GI）环境”选项，设置“颜色”为蓝色（R:153，G:206，B:255），如图13-18所示。

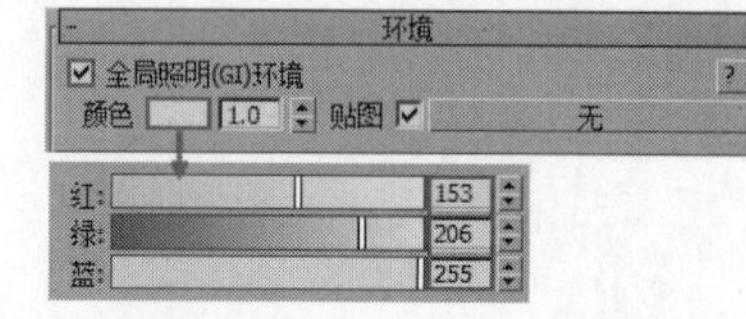

图13-18

04 展开“颜色贴图”卷展栏，然后设置“类型”为“指数”，如图13-19所示。

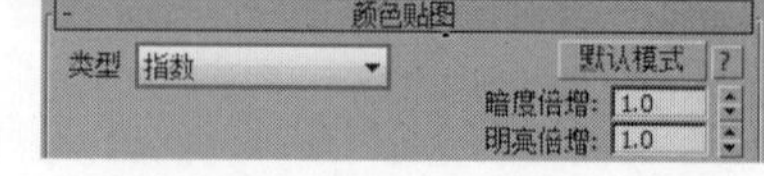

图13-19

05 单击GI选项卡，然后在“全局照明”卷展栏下勾选“启用全局照明”选项，接着设置“首次引擎”为“发光图”、“二次引擎”为“灯光缓存”，如图13-20所示。

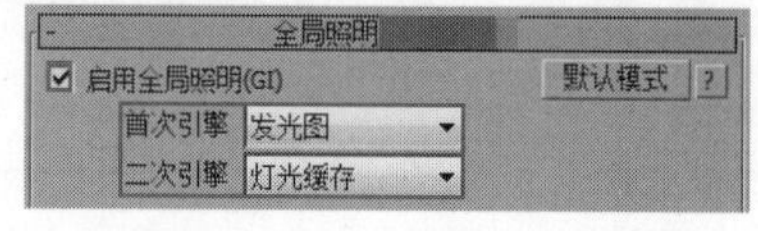

图13-20

06 展开“发光图”卷展栏，然后设置“当前预设”为“自定义”，接着设置“最小速率”和“最大速率”都为-4，再设置“细分”为50、“插值采样”为20，如图13-21所示。

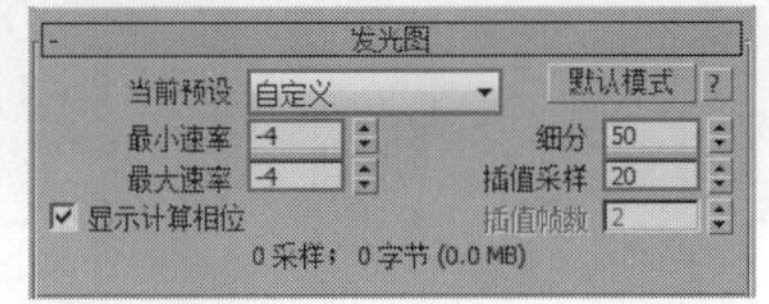

图13-21

07 展开“灯光缓存”卷展栏，然后设置“细分”为200，接着勾选“显示计算相位”选项，如图13-22所示。

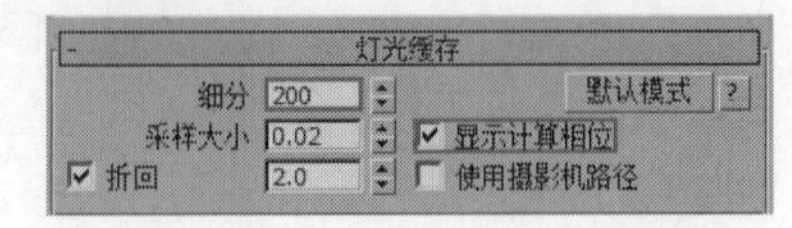

图13-22

08 单击“设置”选项卡，然后在“系统”卷展栏下设置“序列”为“上->下”，接着选择“日志窗口”为“从不”选项，如图13-23所示。

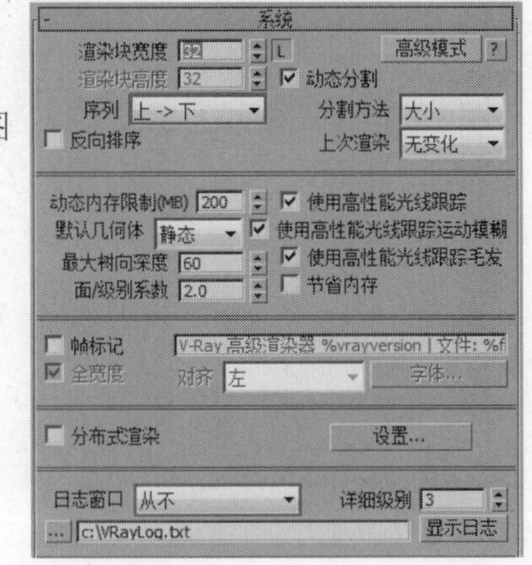

图13-23

灯光设置

本场景的光源数量较多，使用VRay平面灯光作为室内灯光，目标灯光作为射灯点缀环境。

❖ 1.创建室内灯光

01 在顶视图中创建一盏“VRay灯光”，其位置如图13-24所示。

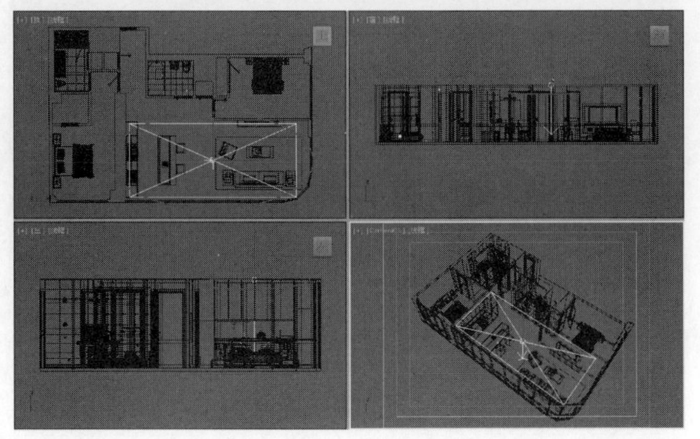

图13-24

02 选择上一步创建的“VRay灯光”，然后进入“修改”面板，具体参数设置如图13-25所示。

设置步骤

① 在“常规”选项组下设置“类型”为“平面”。

② 在“强度”选项组下设置“倍增”为1，然后设置“颜色”为黄色（R:249，G:205，B:147）。

③ 在“大小”选项组下设置“1/2长”为4347.616mm、“1/2宽”为1850.989mm。

④ 在“选项”选项组下勾选“不可见”选项。

⑤ 在“采样”选项组下设置“细分”为20。

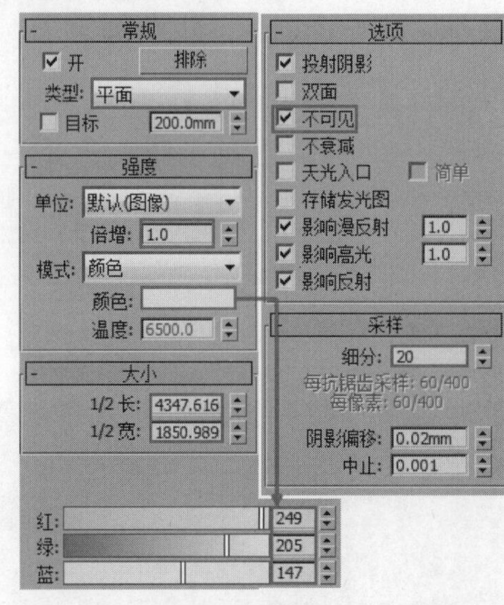

图13-25

03 使用“VRay灯光”在顶视图中创建一盏室内灯光，其位置如图13-26所示。

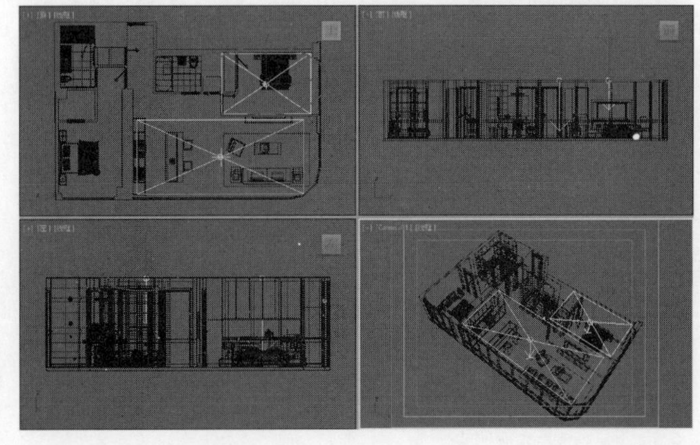

图13-26

04 选择上一步创建的“VRay灯光”，然后进入“修改”面板，具体参数设置如图13-27所示。

设置步骤

① 在“常规”选项组下设置“类型”为“平面”。

② 在“强度”选项组下设置“倍增”为1.5，然后设置“颜色”为黄色（R:249，G:205，B:147）。

③ 在“大小”选项组下设置“1/2长”为2324.928mm、“1/2宽”为1504.869mm。

④ 在“选项”选项组下勾选“不可见”选项。

⑤ 在“采样”选项组下设置“细分”为20。

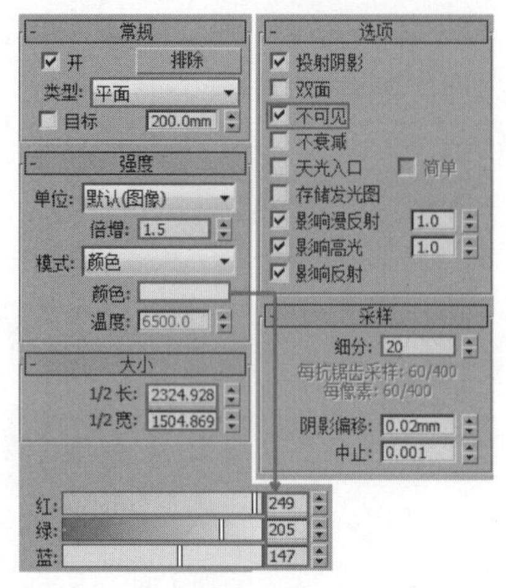

图13-27

05 使用“VRay灯光”在顶视图中创建一盏室内灯光，其位置如图13-28所示。

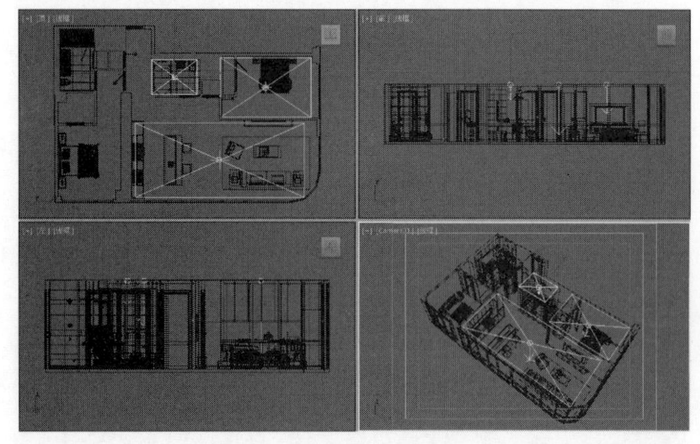

图13-28

06 选择上一步创建的“VRay灯光”，然后进入“修改”面板，具体参数设置如图13-29所示。

设置步骤

① 在“常规”选项组下设置“类型”为“平面”。

② 在“强度”选项组下设置“倍增”为3.5，然后设置“颜色”为蓝色（R:168，G:210，B:250）。

③ 在“大小”选项组下设置“1/2长”为1180.167mm、“1/2宽”为869.867mm。

④ 在“选项”选项组下勾选“不可见”选项。

⑤ 在“采样”选项组下设置“细分”为20。

07 按照上述步骤创建其余室内灯光，这里就不逐一讲解了，详细参数可参考“实例文件>CH13>实例：制作现代风格室内鸟瞰空间.max”文件，其位置如图13-30所示。

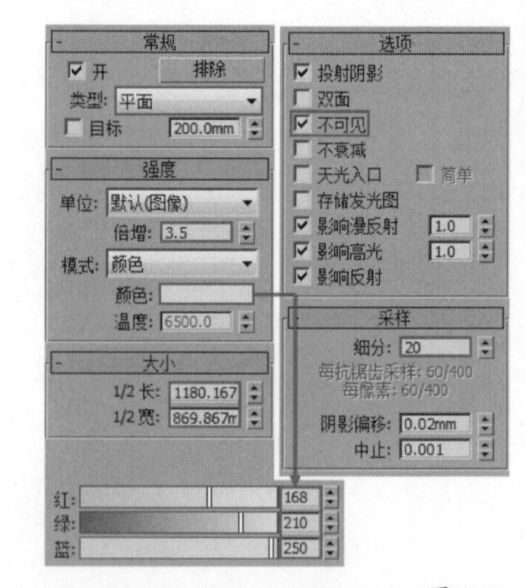

图13-29

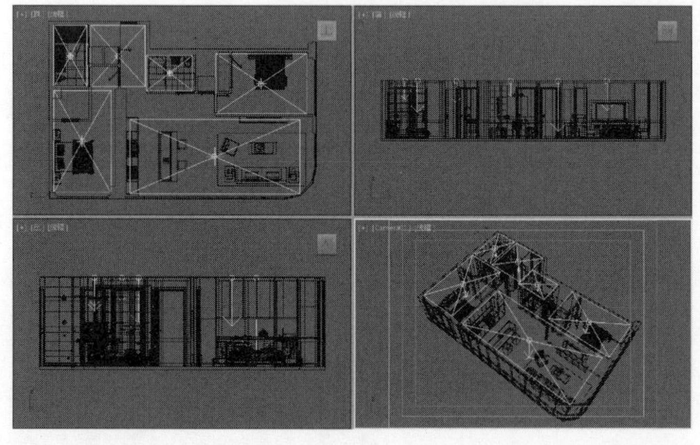

图13-30

08 按F9键渲染当前场景，效果如图13-31所示。

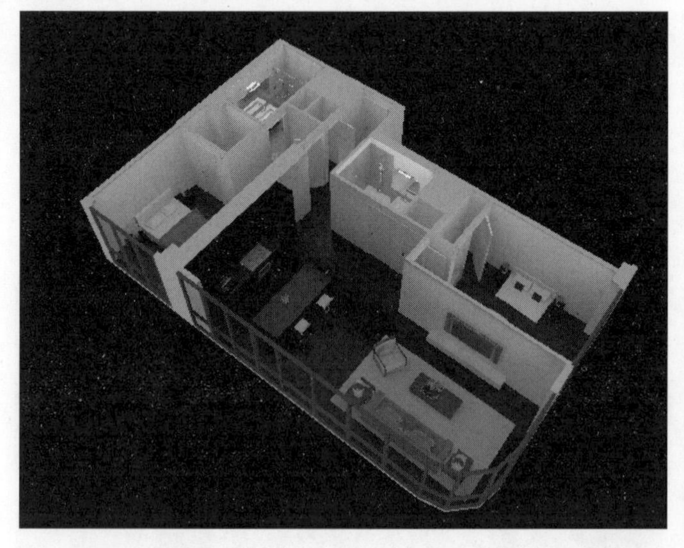

图13-31

技巧与提示

一般来说，客厅、卧室、书房等用暖色灯光，卫生间、厨房用冷色灯光。

❖ 2.创建台灯灯光

01 在顶视图中创建一盏“VRay灯光”，其位置如图13-32所示。

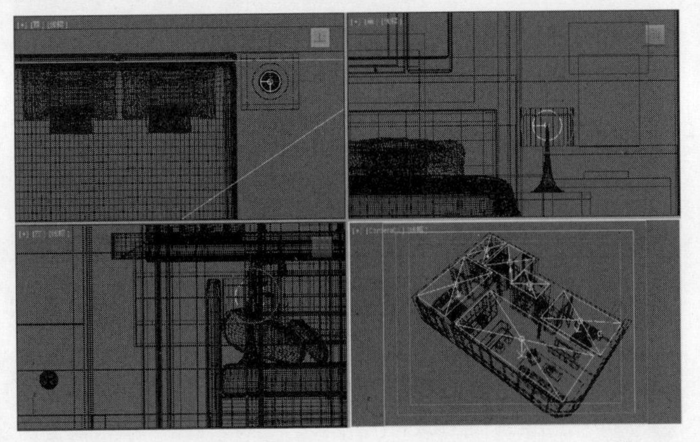

图13-32

02 选择上一步创建的VRay灯光，然后进入“修改”面板，接着展开“参数”卷展栏，具体参数设置如图13-33所示。

设置步骤

① 在“常规”选项组下设置“类型”为“球体。

② 在“强度”选项组下设置“倍增”为40，然后设置“颜色”为黄色（R:246，G:189，B:99）。

③ 在“大小”选项组下设置“半径”为60mm。

④ 在“选项”选项组下勾选“不可见”选项。

⑤ 在“采样”选项组下设置“细分”为20。

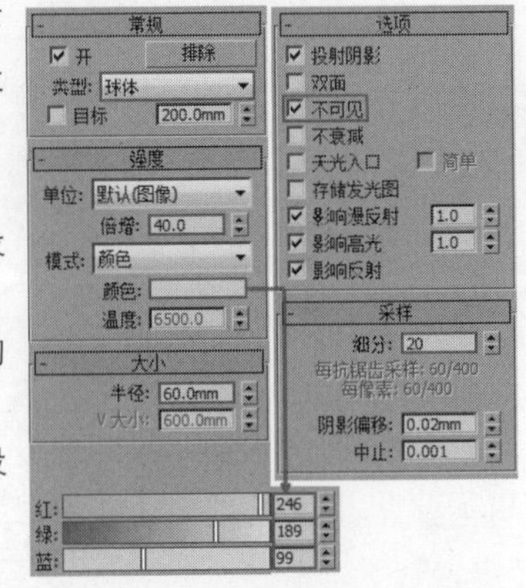

图13-33

03 选择上一步创建的VRay灯光，然后以“实例”的形式复制到其余卧室的台灯模型内，如图13-34所示。

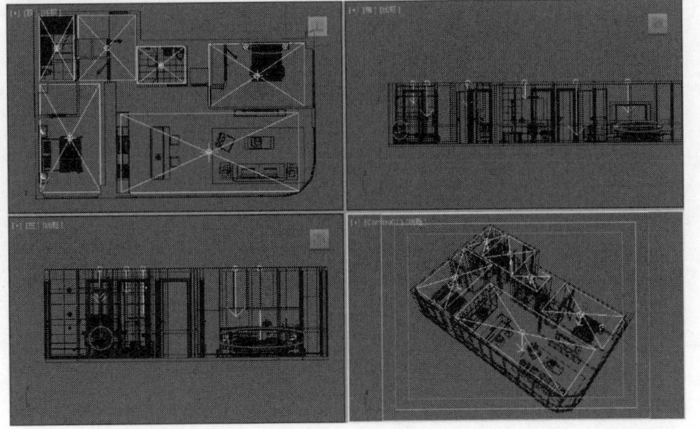

图13-34

04 按F9键测试渲染当前场景，效果如图13-35所示。

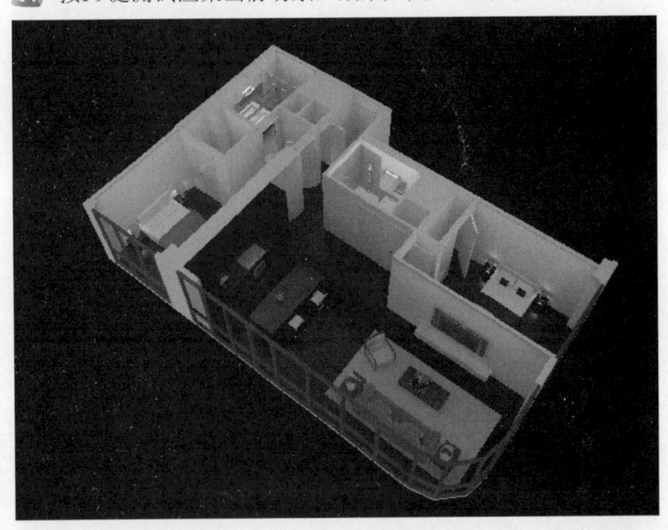

图13-35

❖ 3.创建射灯效果

01 使用“目标灯光”工具，在前视图中创建一盏目标灯光，如图13-36所示。

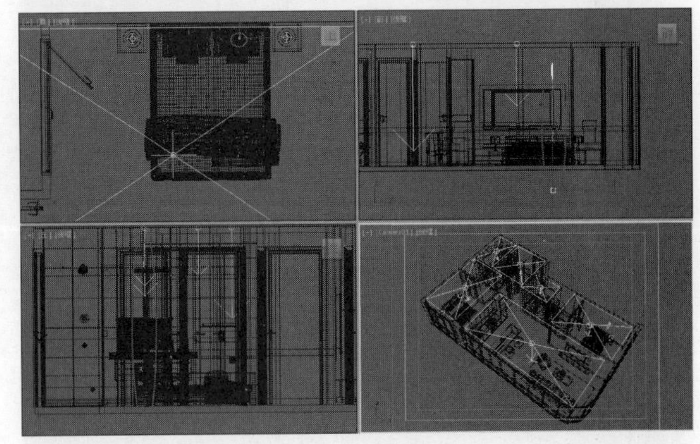

图13-36

02 选择上一步创建的目标灯光，然后进入“修改”面板，接着展开“参数”卷展栏，具体参数设置如图13-37所示。

设置步骤

① 展开“常规参数”卷展栏，然后在“阴影”选项组下勾选“启用”选项，接着设置阴影类型为“VRay阴影”，最后设置“灯光分布（类型）”为“光度学Web”。

② 展开“分布（光度学Web）”卷展栏，在“选择光度学文件”按钮 <选择光度学文件> 上加载本书学习资源中的“实例文件>CH13>实例：制作现代风格室内鸟瞰空间>中间亮.IES”文件。

③ 展开“强度/颜色/衰减”卷展栏，然后设置“过滤颜色”为黄色（R:255，G:226，B:176），接着设置“强度”为10000。

03 将上一步创建的目标灯光，以“实例”的形式复制到房间其余位置，如图13-38所示。

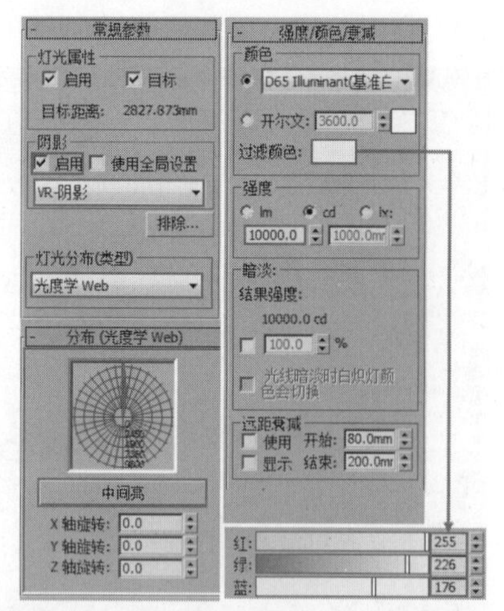

图13-37

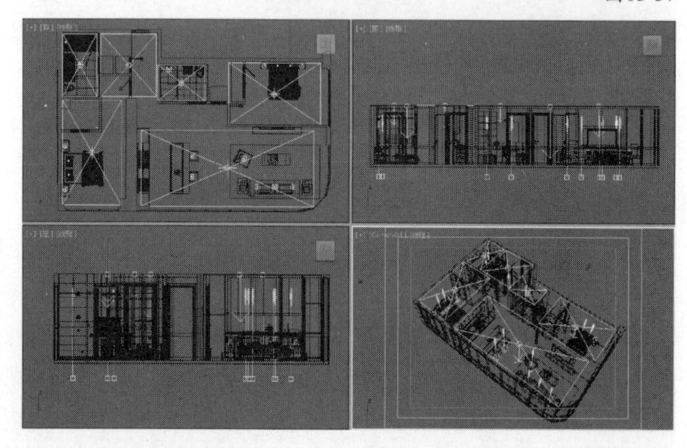

图13-38

04 按F9键测试渲染当前场景，效果如图13-39所示。

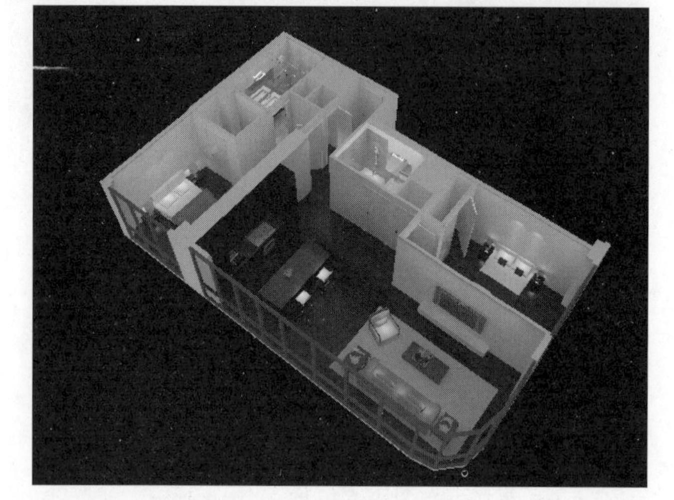

图13-39

☛ 设置最终渲染参数

01 按F10键打开“渲染设置”对话框，然后在“公用参数”卷展栏下设置“宽度”为1500、“高度”为1125，如图13-40所示。

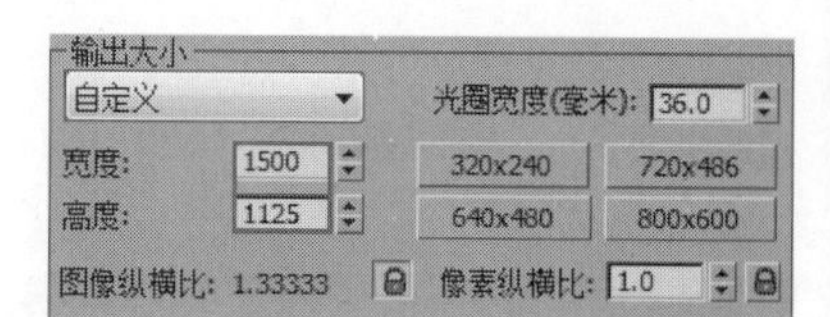

图13-40

02 单击VRay选项卡，然后在“图像采样器（抗锯齿）”卷展栏中设置“图像采样器”的“类型”为“自适应”，接着设置“过滤器”类型为Catmull-Rom，具体参数设置如图13-41所示。

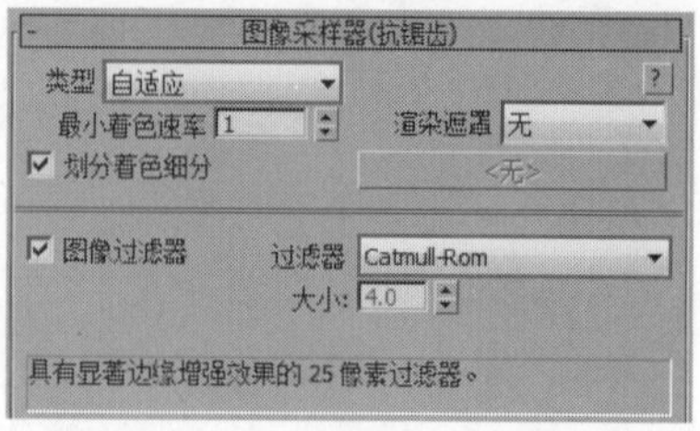

图13-41

03 展开“全局确定性蒙特卡洛”卷展栏，设置“噪波阈值”为0.001、“最小采样”为16，如图13-42所示。

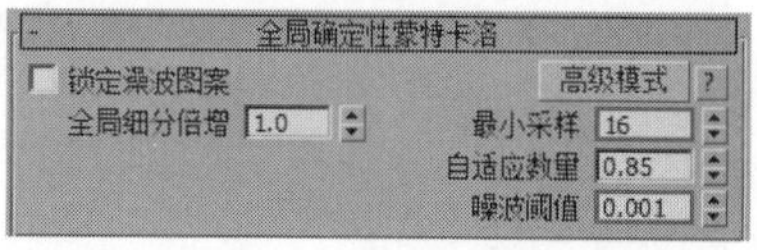

图13-42

04 单击GI选项卡，然后展开“发光图”卷展栏，接着设置“当前预设”为“中”，具体参数设置如图13-43所示。

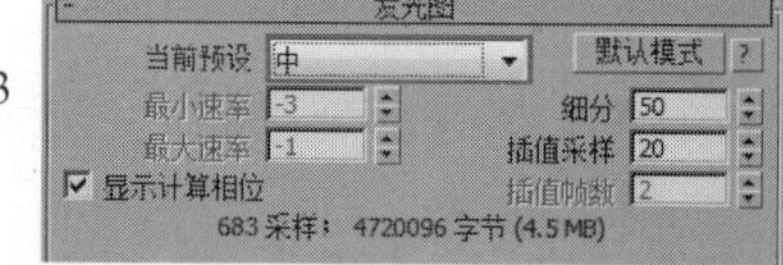

图13-43

05 展开“灯光缓存”卷展栏，然后设置“细分”为1200，如图13-44所示。

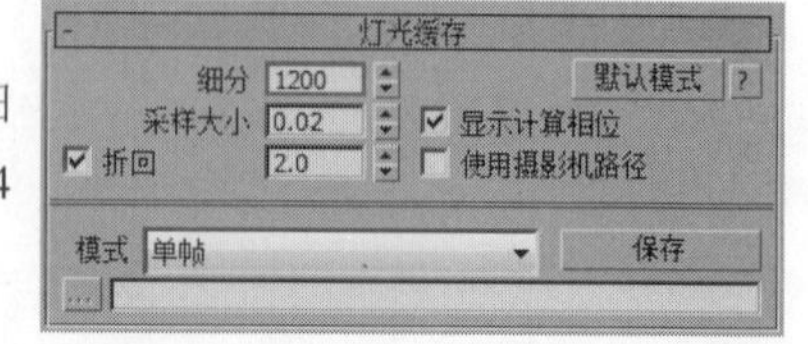

图13-44

06 按F9键渲染当前场景，最终效果如图13-45所示。

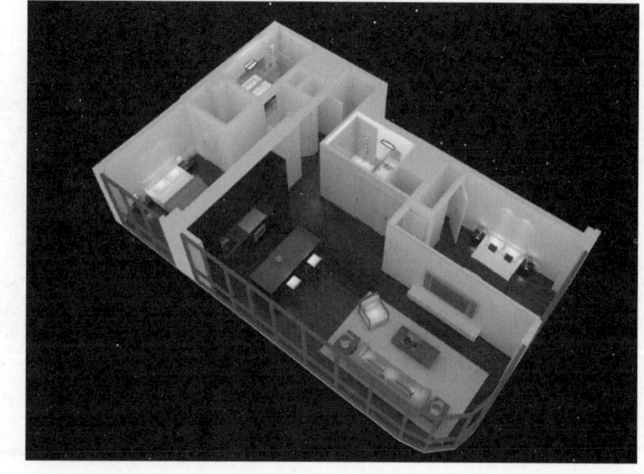

图13-45

实例2

商业综合实例：家装篇

现代风格餐厅日光表现

本例是一个现代风格的餐厅，案例效果如图13-46所示。

◎ 场景位置 » 场景文件>CH13>02.max

◎ 实例位置 » 实例文件>CH13>现代风格餐厅日光表现.max

◎ 技术掌握 » 练习现代风格餐厅日光表现

图13-46

墙纸材质

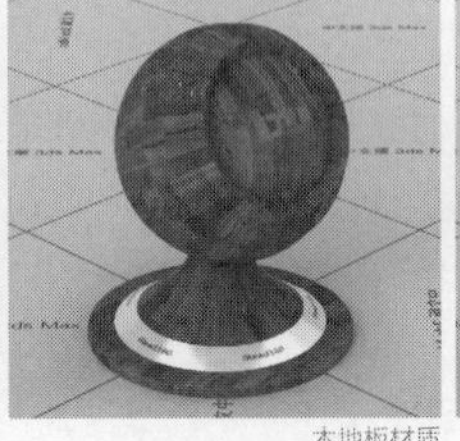

木地板材质

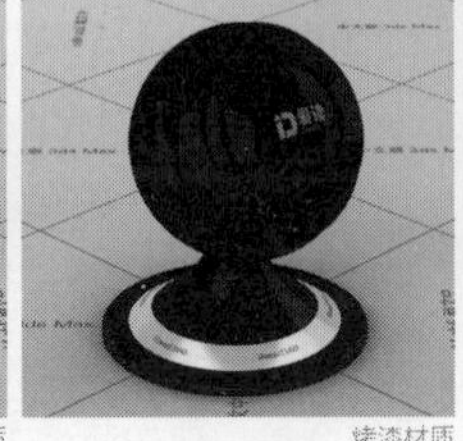

烤漆材质

餐桌油漆材质

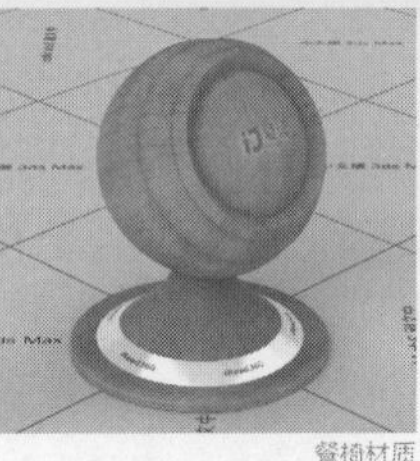

餐椅材质

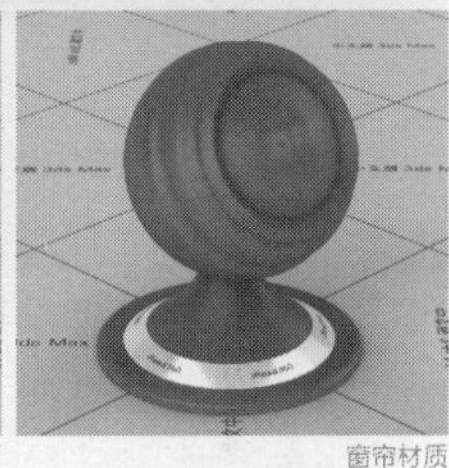

窗帘材质

项目说明

本例是一个现代风格的餐厅空间，材质颜色较为简单，没有过多烦琐的配饰。墙纸、木地板、黑色烤漆面板是材质表现的重点。在灯光上，以室外阳光和天光为主光源，室内则用VRay灯光模拟灯槽灯带以及酒柜的灯带，以突出画面的层次感。

材质制作

本例的场景对象材质主要包括墙纸材质、木地板材质、酒柜烤漆面板材质、餐桌油漆材质、餐椅木质材质、窗帘材质等，如图13-47所示。

图13-47

❖ 1.制作墙纸材质

01 打开本书学习资源中的“场景文件> CH13>02.max”文件，如图13-48所示。

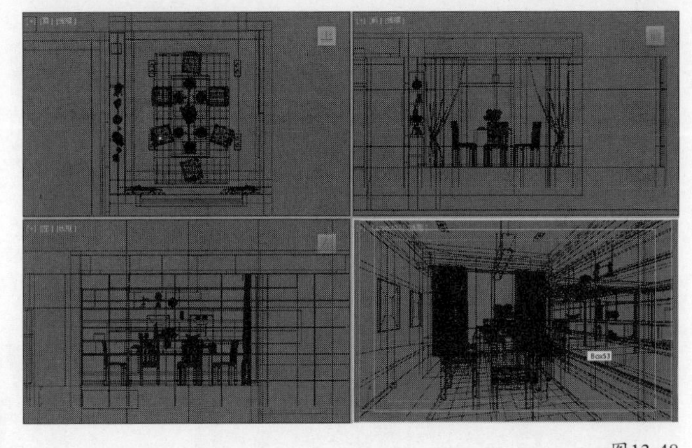

图13-48

02 选择一个空白材质球，然后设置材质类型为VRayMtl材质，具体参数设置如图13-49所示，制作好的材质球效果如图13-50所示。

设置步骤

① 设置“漫反射”颜色为褐色（R:51，G:35，B:26）。

② 设置“反射”颜色为灰色（R:15，G:15，B:15），然后设置“反射光泽”为0.6，接着设置“细分”为10，最后勾选“菲涅耳反射”选项。

③ 展开“贴图”卷展栏，在“凹凸”贴图通道中加载一张本书学习资源中的“实例文件>CH13>实例：现代风格餐厅日光表现>墙纸.jpg”贴图，然后设置“凹凸”强度为45。

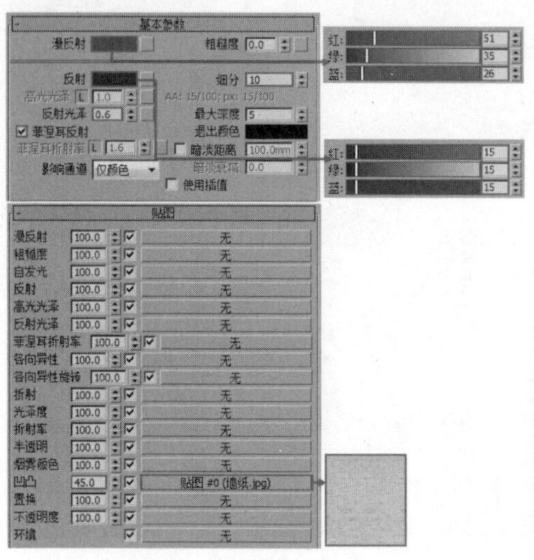

图13-49　　　　图13-50

❖ 2.制作木地板材质

选择一个空白材质球，然后设置材质类型为VRayMtl材质，具体参数设置如图13-51所示，制作好的材质球效果如图13-52所示。

设置步骤

① 在“漫反射”通道中加载一张本书学习资源中的“实例文件>CH13>实例：现代风格餐厅日光表现> _WCJz1K0qr7bS62gxQoX.jpg”贴图。

② 在“反射”通道中加载一张“衰减”贴图，然后进入“衰减”贴图，设置“侧”颜色为蓝色（R:205，G:223，B:255），接着设置“衰减类型”为Fresnel，再设置“高光光泽”为0.8、“反射光泽”为0.85、“细分”为15。

③ 展开“贴图”卷展栏，然后将“漫反射”通道中加载的贴图向下复制到“凹凸”通道中，接着设置“凹凸”的强度为10。

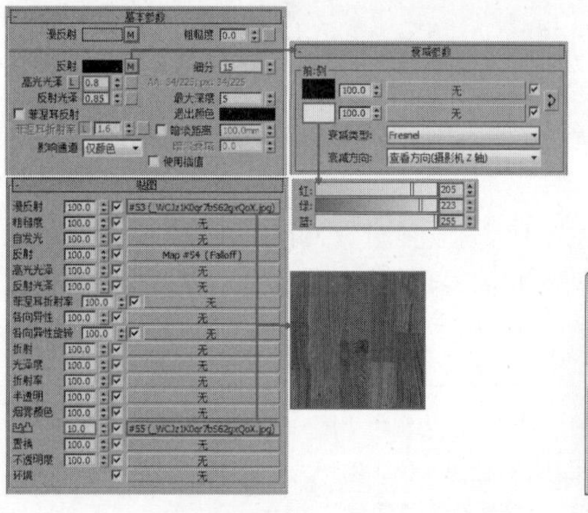

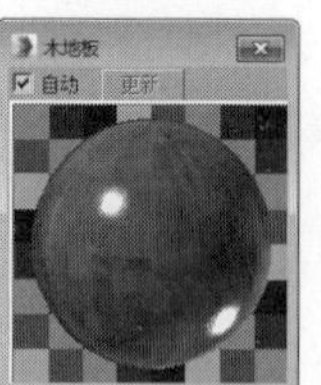

图13-51　　　　图13-52

❖ 3.制作酒柜烤漆面板材质

选择一个空白材质球，然后设置材质类型为VRayMtl材质，具体参数设置如图13-53所示，制作好的材质球效果如图13-54所示。

设置步骤

① 设置“漫反射”颜色为黑色（R:0，G:0，B:0）。

② 设置“反射”颜色为灰色（R:29，G:29，B:29），然后取消勾选“菲涅耳反射”选项。

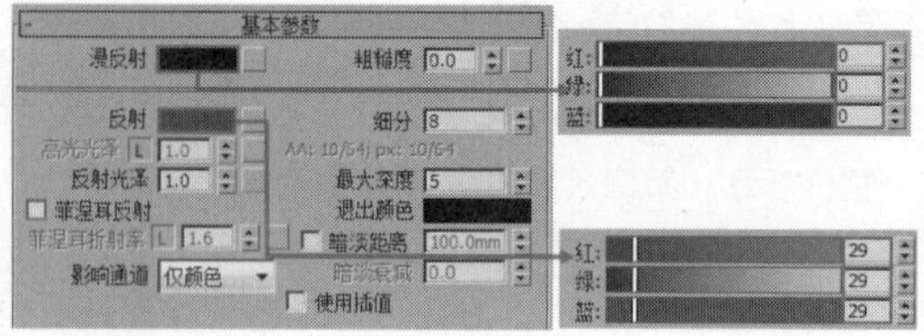

图13-53　　　　图13-54

❖ 4.制作餐桌油漆材质

选择一个空白材质球，然后设置材质类型为VRayMtl材质，具体参数设置如图13-55所示，制作好的材质球效果如图13-56所示。

设置步骤

① 设置“漫反射”颜色为灰色（R:126，G:126，B:126）。

② 设置“反射”颜色为灰白色（R:180，G:180，B:180），然后设置“高光光泽”为0.95、“反射光泽”为0.9、“细分”为30，最后勾选“菲涅耳反射”选项。

③ 展开“双向反射分布函数”卷展栏，然后设置类型为“沃德”，接着设置“各向异性（-1,1）”为0.8、“旋转”为90。

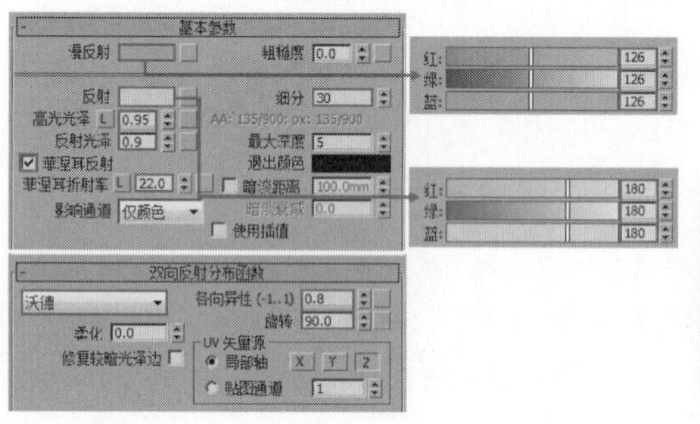

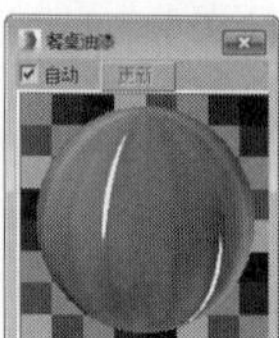

图13-55　　　　图13-56

❖ 5.制作餐椅木质材质

选择一个空白材质球，设置材质类型为VRayMtl材质，具体参数设置如图13-57所示，制作好的材质球效果如图13-58所示。

设置步骤

① 在“漫反射”通道中加载一张本书学习资源中的“实例文件>CH13>实例：现代风格餐厅日光表现>011.jpg”贴图。

② 在“反射”通道中加载一张“衰减”贴图，然后进入“衰减”贴图，设置“侧”颜色为灰色（R:100，G:100，B:100），接着设置“衰减类型”为Fresnel，再设置“高光光泽”为0.85、“反射光泽”为0.65、“细分”为15，最后取消勾选“菲涅耳反射”选项。

③ 展开“贴图”卷展栏，将“漫反射”通道中的贴图向下复制到“凹凸”通道中，接着设置“凹凸”强度为5。

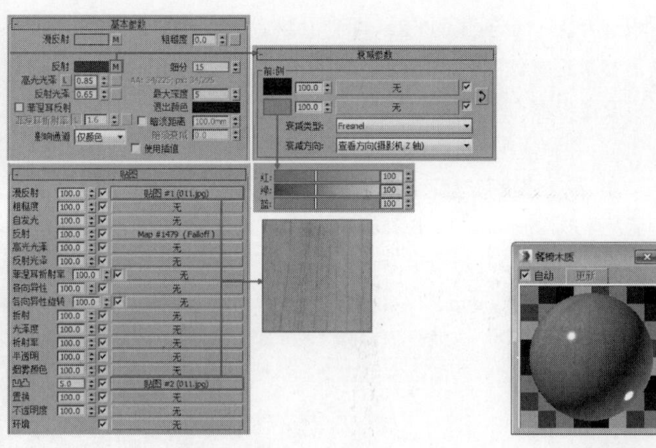

图13-57　　图13-58

❖ 6.制作窗帘材质

选择一个空白材质球，然后设置材质类型为VRayMtl材质，具体参数设置如图13-59所示，制作好的材质球效果如图13-60所示。

设置步骤

① 设置“漫反射”颜色为黄色（R:177，G:127，B:47）。

② 设置“反射”颜色为灰色（R:27，G:27，B:27），然后设置“反射光泽”为0.7、“细分”为12，最后取消勾选“菲涅耳反射”选项。

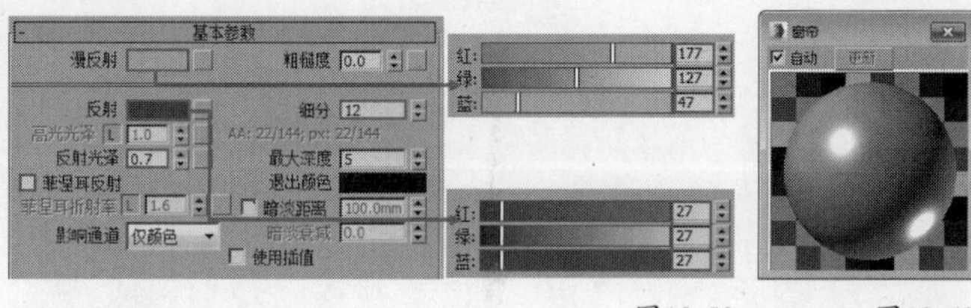

图13-59　　图13-60

设置测试渲染参数

01 按F10键打开“渲染设置”对话框，然后设置渲染器为VRay渲染器，接着在“公用参数”卷展栏下设置“宽度”为600、“高度”为375，如图13-61所示。

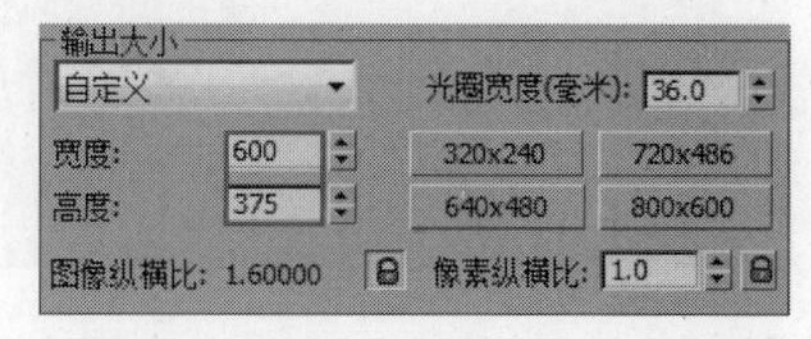

图13-61

02 单击VRay选项卡，然后在“图像采样器（抗锯齿）”卷展栏下设置“类型”为“固定”，接着设置“过滤器”类型为“区域”，如图13-62所示。

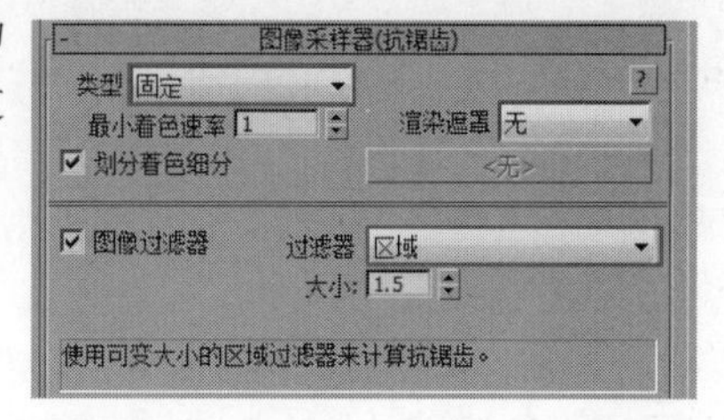

图13-62

03 展开“颜色贴图”卷展栏，然后设置“类型”为“莱因哈德”，接着设置“加深值”为0.45，如图13-63所示。

04 单击GI选项卡，然后在“全局照明”卷展栏中勾选“启用全局照明”选项，接着设置“首次引擎”为“发光图”、“二次引擎”为“灯光缓存”，如图13-64所示。

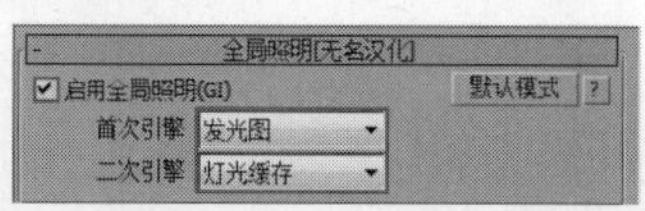

图13-63　　图13-64

05 展开“发光图”卷展栏，然后设置“当前预设”为“自定义”，接着设置“最小速率”和“最大速率”都为-4，再设置“细分”为50，最后设置“插值采样”为20，如图13-65所示。

06 展开“灯光缓存”卷展栏，然后设置“细分”为200，接着勾选“显示计算相位”选项，如图13-66所示。

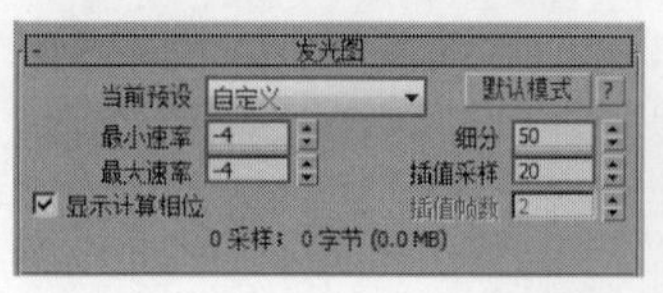

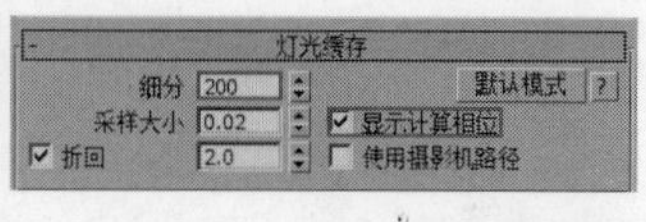

图13-65　　图13-66

07 单击“设置”选项卡，然后在“系统”卷展栏中设置“序列”为“上->下”，接着选择“日志窗口”选项为“从不”，如图13-67所示。

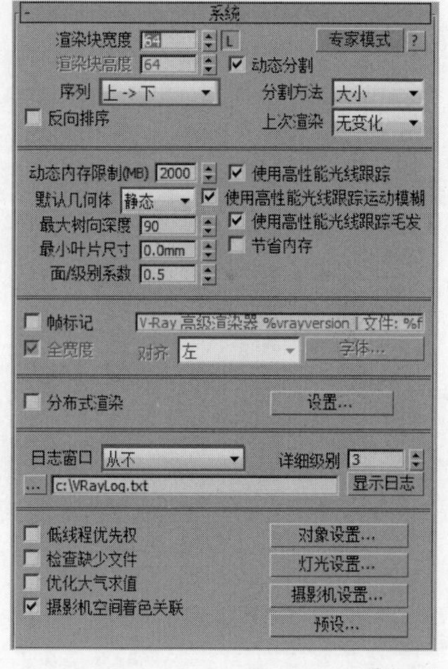

图13-67

灯光设置

场景中使用VRay太阳模拟日光，使用VRay平面灯光模拟天光、灯槽灯带和酒柜灯带。

❖ 1.创建日光

01 设置灯光类型为VRay，然后在场景中创建一盏“VRay太阳”，其位置如图13-68所示。当创建完“VRay太阳”时，系统会自动弹出图13-69所示的对话框，然后单击“是”按钮。

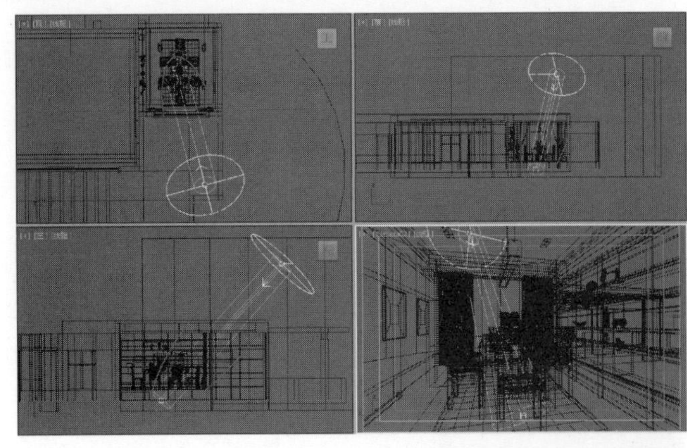

图13-68

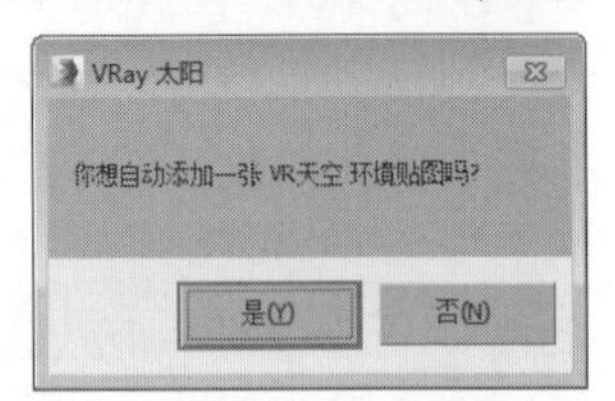

图13-69

02 选择上一步创建的VRay太阳，然后展开“VRay太阳参数”卷展栏，接着设置“强度倍增”为0.05、“大小倍增”为5、“阴影细分”为8、“光子发射半径”为500mm，如图13-70所示。

03 按F9键渲染当前场景，效果如图13-71所示。

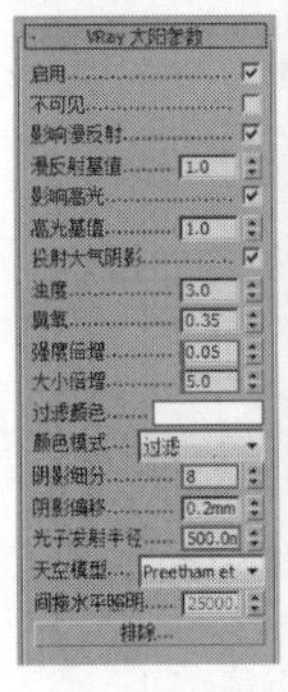

图13-70

图13-71

❖ 2.创建天光

01 在场景中创建一盏VRay灯光作为天光，其位置如图13-72所示。

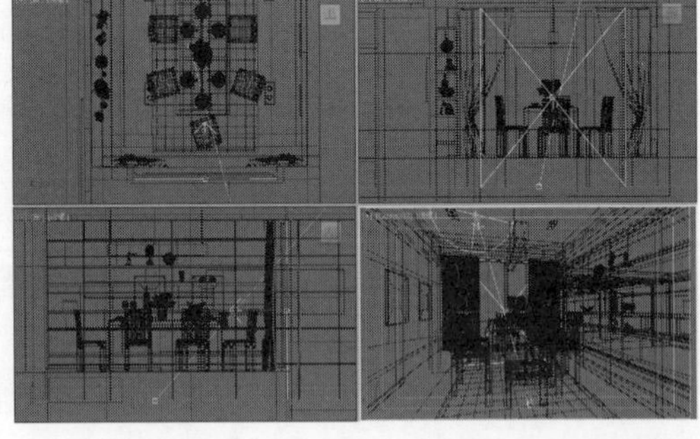

图13-72

02 选择上一步创建的VRay灯光，然后展开“参数”卷展栏，具体参数设置如图13-73所示。

设置步骤

① 在“常规”选项组下设置“类型”为“平面”。

② 在“强度”选项组下设置“倍增”为8，然后设置“颜色”为蓝色（R:127，G:181，B:255）。

③ 在“大小”选项组下设置“1/2长”为1189.958mm，然后设置“1/2宽”为1400mm。

④ 在“选项”选项组下勾选“不可见”选项。

⑤ 在“采样”选项组下设置“细分”为15。

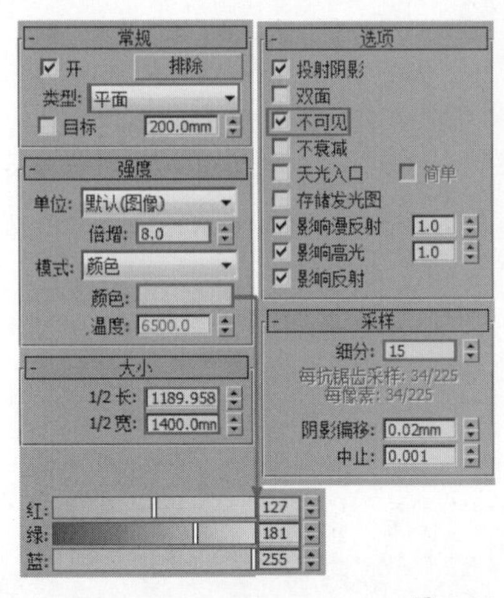

图13-73

03 按F9键渲染当前场景，其效果如图13-74所示。

图13-74

❖ 3.创建灯槽灯光

01 设置灯光类型为VRay，然后在顶视图中创建一盏VRay灯光作为灯槽灯光，其位置如图13-75所示。

02 选择上一步创建的VRay灯光，然后展开“参数”卷展栏，具体参数设置如图13-76所示。

设置步骤

① 在“常规”选项组下设置“类型”为“平面”。

② 在“强度”选项组下设置“倍增”为6，然后设置“颜色”

为黄色（R:255，G:206，B:129）。

③ 在“大小”选项组下设置“1/2长”为1743.88mm，然后设置“1/2宽”为49.335mm。

④ 在“选项”选项组下勾选“不可见”选项。

⑤ 在“采样”选项组下设置“细分”为15。

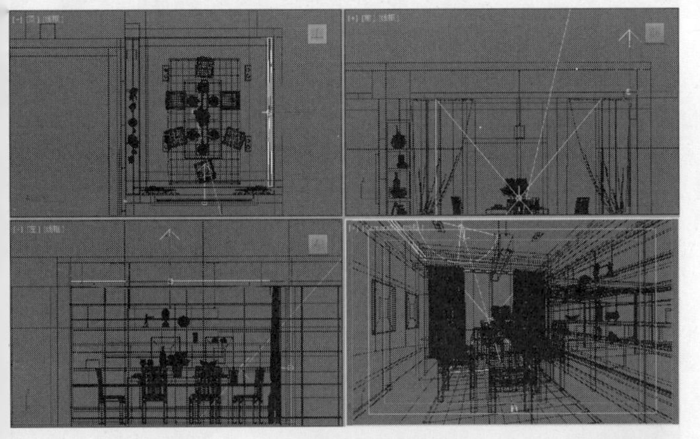

图13-75

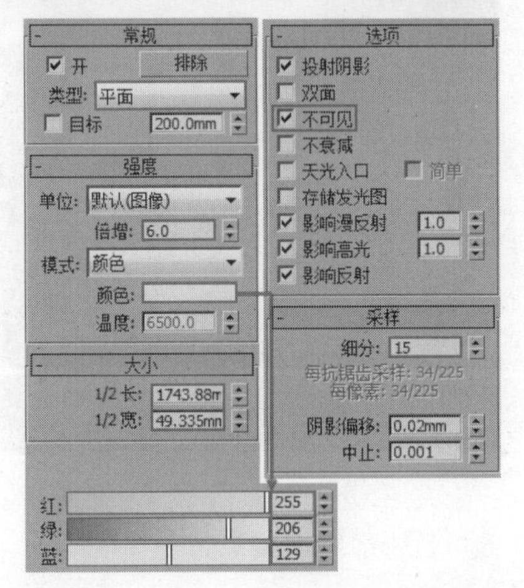

图13-76

03 选中上一步修改的VRay灯光，然后以“实例”的形式复制到灯槽另一侧，其位置如图13-77所示。

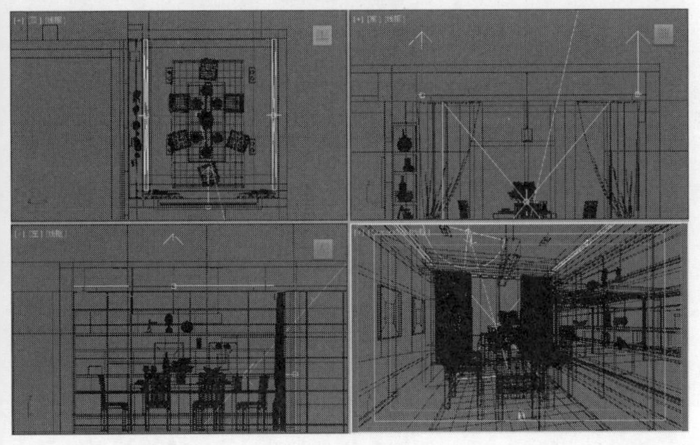

图13-77

04 选中创建的VRay灯光，然后以“复制”的形式复制到灯槽中，其位置如图13-78所示。

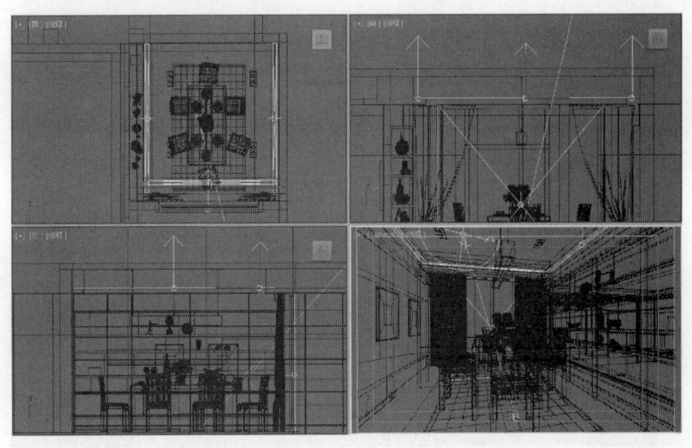

图13-78

05 选中上一步复制的灯光，然后展开“参数”卷展栏，具体参数设置如图13-79所示。

设置步骤

① 在“常规”选项组下设置“类型”为“平面”。

② 在“强度”选项组下设置“倍增”为6，然后设置“颜色”为黄色（R:255，G:206，B:129）。

③ 在“大小”选项组下设置“1/2长”为1534.615mm，然后设置“1/2宽”为49.335mm。

④ 在“选项”选项组下勾选“不可见”选项。

⑤ 在“采样”选项组下设置“细分”为15。

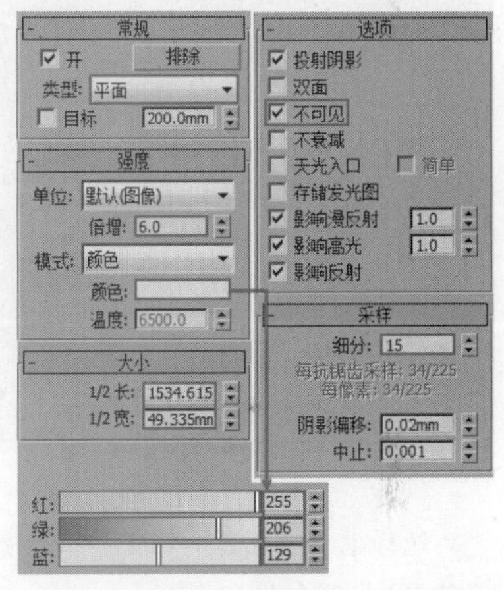

图13-79

06 将上一步修改的VRay灯光，以“实例”的形式复制到灯槽另一侧，其位置如图13-80所示。

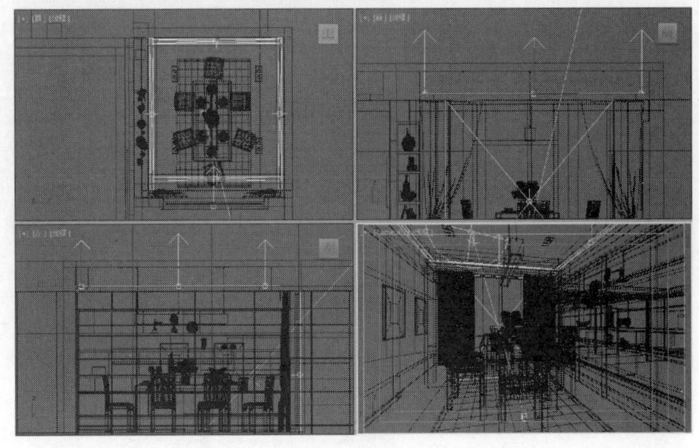

图13-80

07 按F9键测试渲染当前场景，效果如图13-81所示。

图13-81

❖ 4.创建酒柜灯带灯光

01 设置灯光类型为VRay，然后在顶视图中创建一盏VRay灯光作为酒柜灯带灯光，其位置如图13-82所示。

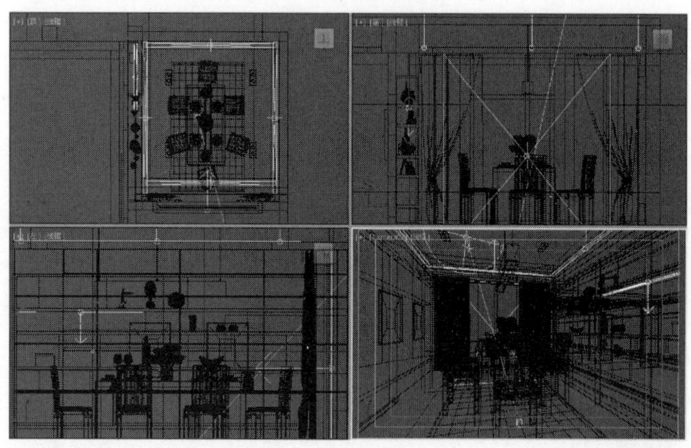

图13-82

02 选择上一步创建的VRay灯光，然后展开“参数”卷展栏，具体参数设置如图13-83所示。

设置步骤

① 在“常规”选项组下设置“类型”为“平面”。

② 在“强度”选项组下设置“倍增”为15，然后设置“颜色”为黄色（R:255，G:157，B:69）。

③ 在“大小”选项组下设置“1/2长”为752.726mm，然后设置“1/2宽”为33.467mm。

④ 在“选项”选项组下勾选“不可见”选项。

⑤ 在“采样”选项组下设置“细分”为15。

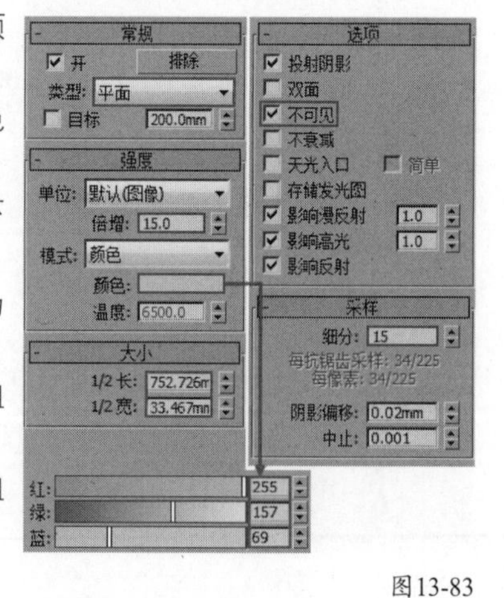

图13-83

03 将修改的VRay灯光以“复制”的形式复制到其余灯带位置，然后分别修改灯光的长度，位置如图13-84所示。

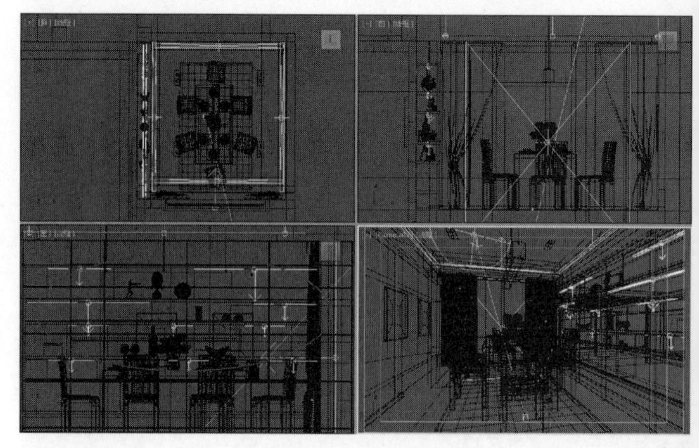

图13-84

04 按F9键渲染当前场景，其效果如图13-85所示。

图13-85

设置最终渲染参数

01 按F10键打开“渲染设置”对话框，然后在“公用参数”卷展栏中设置“宽度”为1600、“高度”为1000，如图13-86所示。

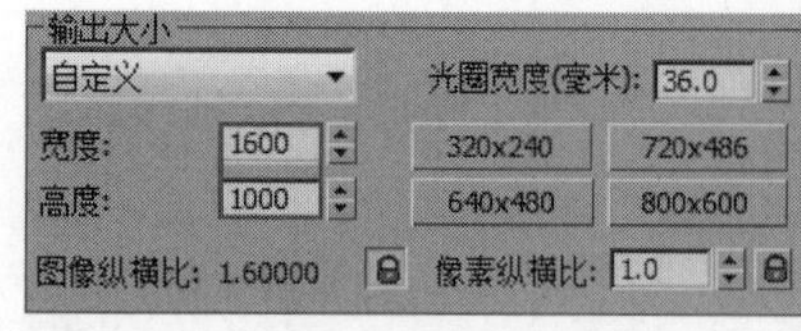

图13-86

02 单击VRay选项卡，然后在“图像采样器（抗锯齿）”卷展栏中设置“类型”为“自适应”，最后设置“过滤器”类型为Mitchell-Netravali，具体参数设置如图13-87所示。

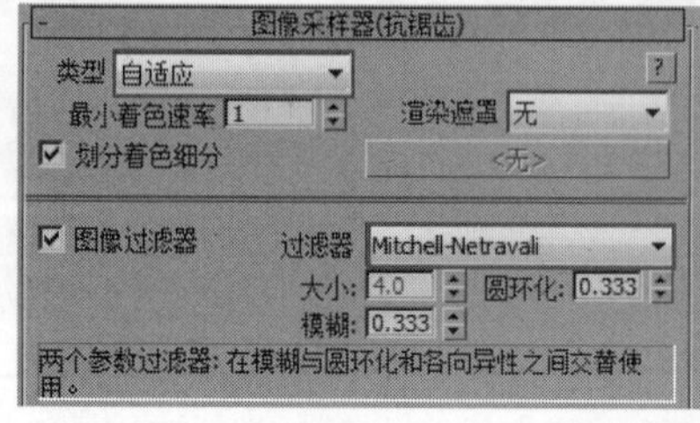

图13-87

03 展开“全局确定性蒙特卡洛”卷展栏，然后设置“自适应数量”为0.75、“噪波阈值”为0.001、“最小采样”为16，如图13-88所示。

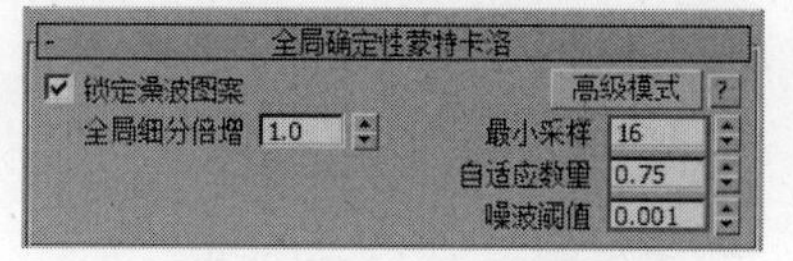

图13-88

04 单击GI选项卡，然后展开“发光图”卷展栏，接着设置“当前预设”为“中”，最后设置“细分”为50、“插值采样”为20，具体参数设置如图13-89所示。

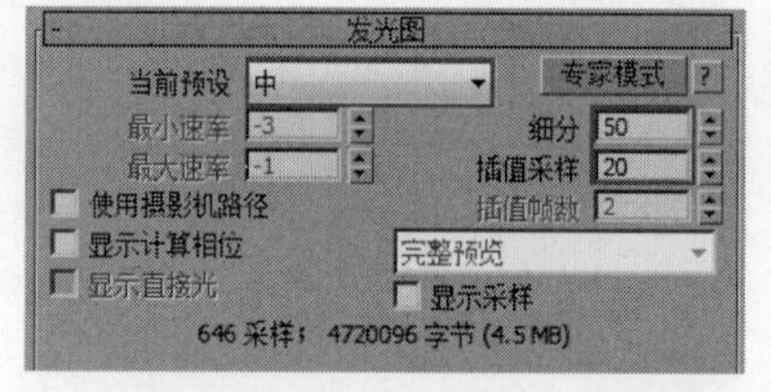

图13-89

05 展开“灯光缓存”卷展栏，然后设置“细分”为1200，如图13-90所示。

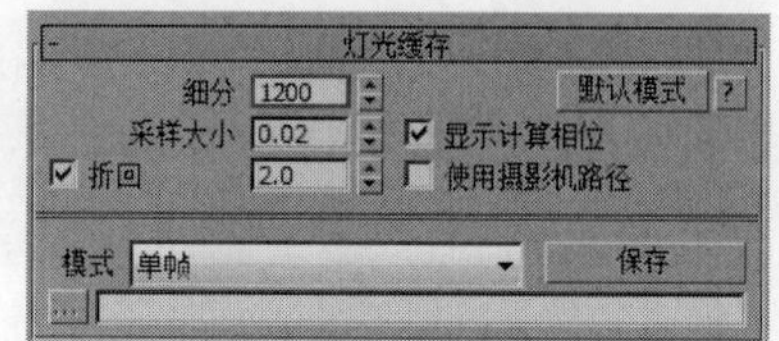

图13-90

06 按F9键渲染当前场景，最终效果如图13-91所示。

图13-91

技巧与提示

最终效果图是经过后期PS调整过的，与渲染出来的效果图稍有些差异。

实例3

商业综合实例：家装篇

简欧风格卫生间夜晚表现

本例是一个简欧风格的卫生间，效果如图13-92所示。

◎ 场景位置 » 场景文件>CH13>03.max

◎ 实例位置 » 实例文件>CH13>简欧风格卫生间夜晚表现.max

◎ 技术掌握 » 练习夜晚灯光的表现手法

图13-92

马赛克材质

墙砖材质

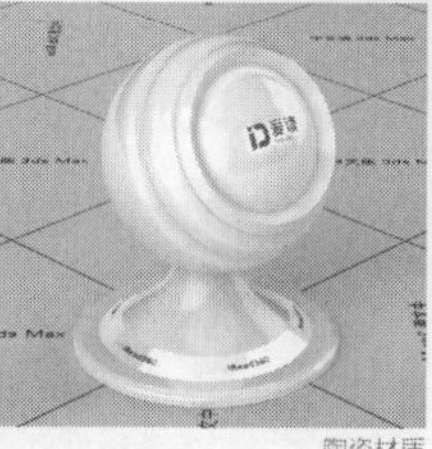

陶瓷材质

不锈钢材质

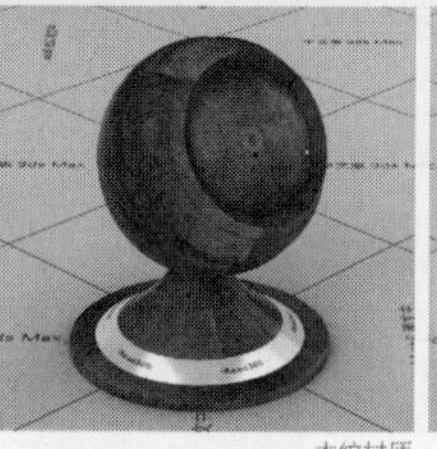

木纹材质

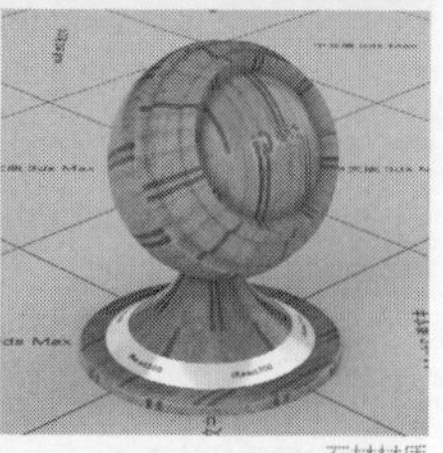

石材材质

项目说明

本例是一个简欧风格的卫生间，场景中多以石材来装饰，重点表现马赛克砖、墙砖、陶瓷、不锈钢、木纹等材质。在灯光上，以室内射灯为主光源，室外天光为辅助光，灯槽灯光为装饰灯光。

材质制作

本例的场景对象材质主要包括马赛克砖材质、墙砖材质、陶瓷材质、不锈钢材质、木纹材质和石材材质，如图13-93所示。

❖ 1.制作马赛克砖材质

01 打开本书学习资源中的“场景文件>CH13>03.max”文件，如图13-94所示。

图13-93

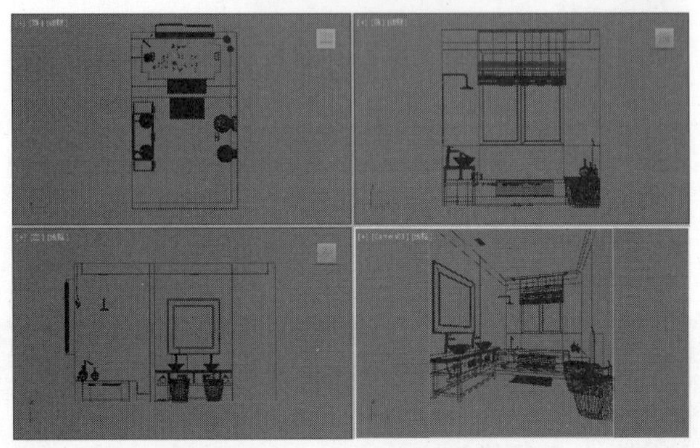

图13-94

02 选择一个空白材质球，然后设置材质类型为VRayMtl材质，具体参数设置如图13-95所示，制作好的材质球效果如图13-96所示。

设置步骤

① 在“漫反射”贴图通道中加载一张本书学习资源中的“实例文件>CH13>实例：简欧风格卫生间夜晚表现> 1386304-005-embed.jpg”文件。

② 在“反射”通道中加载一张“衰减”贴图，然后进入“衰减”贴图，设置“侧”颜色为灰色（R:100，G:100，B:100），并设置“衰减类型”为Fresnel，接着设置“高光光泽”为0.7、“反射光泽”0.85、“细分”为16，最后取消勾选“菲涅耳反射”选项。

③ 展开“贴图”卷展栏，然后在“凹凸”通道中加载一张本书学习资源中的“实例文件>CH13>实例：简欧风格卫生间夜晚表现> 1386304-005-embed_bump.jpg”贴图，并设置“凹凸”强度为30。

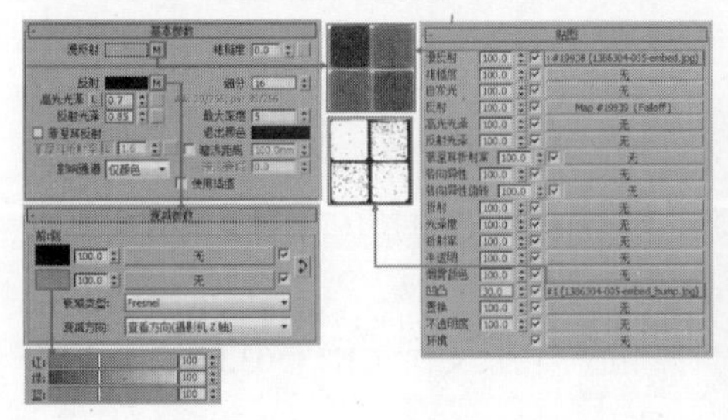

图13-95

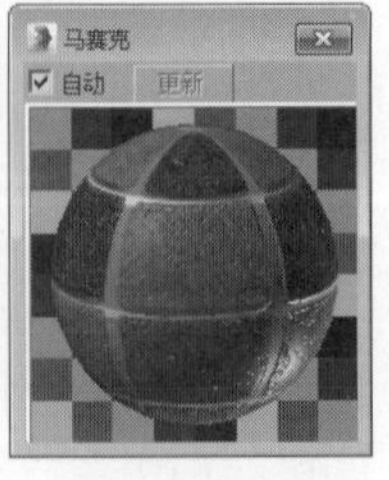

图13-96

❖ 2.制作墙砖材质

选择一个空白材质球，然后设置材质类型为VRayMtl材质，具体参数设置如图13-97所示，制作好的材质球效果如图13-98所示。

设置步骤

① 在“漫反射”通道中加载一张本书学习资源中的“实例文件>CH13>实例：简欧风格卫生间夜晚表现> 2343.jpg”文件。

② 在“反射”通道中加载一张“衰减”贴图，然后进入“衰减”贴图，设置“侧”颜色为灰色（R:100，G:100，B:100），并设置“衰减类型”为Fresnel，接着设置“高光光泽”为0.7、“反射光泽”0.85、“细分”为16，最后取消勾选“菲涅耳反射”选项。

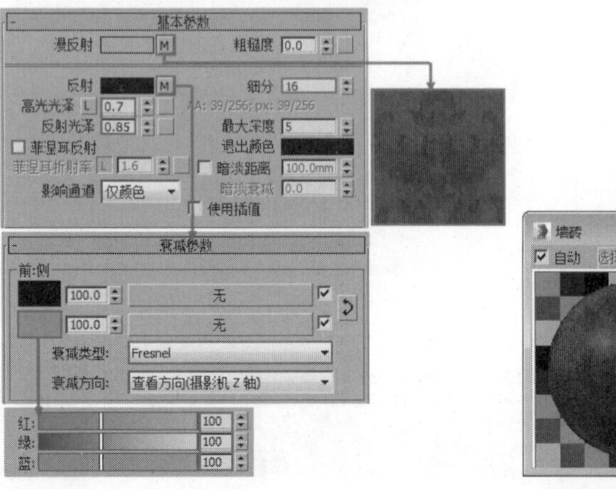

图13-97

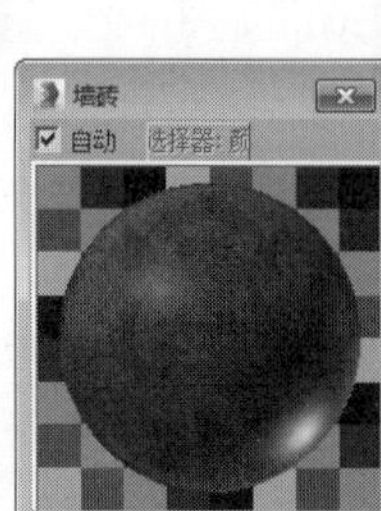

图13-98

❖ 3.制作陶瓷材质

选择一个空白材质球，然后设置材质类型为VRayMtl材质，具体参数设置如图13-99所示，制作好的材质球效果如图13-100所示。

设置步骤

① 设置“漫反射”颜色为白色（R:245，G:245，B:245）。

② 设置“反射”颜色为灰色（R:163，G:163，B:163），然后设置“高光光泽”为0.85、“反射光泽”为0.9、“细分”为15，最后勾选“菲涅耳反射”选项。

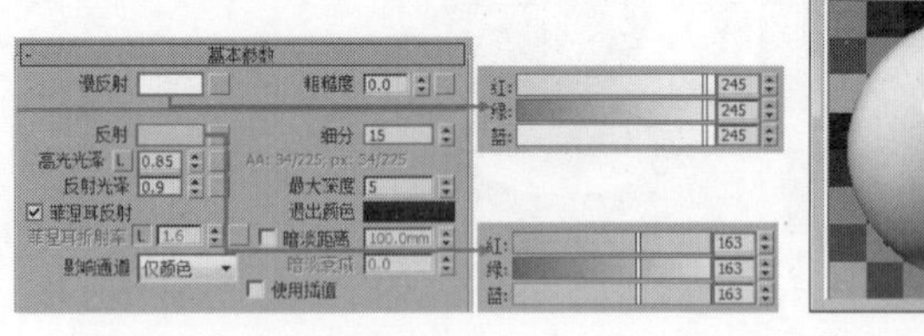

图13-99

图13-100

❖ 4.制作不锈钢材质

选择一个空白材质球，然后设置材质类型为VRayMtl材质，具体参数设置如图13-101所示，制作好的材质球效果如图13-102所示。

设置步骤

① 设置“漫反射”颜色为灰色（R:80，G:80，B:80）。

② 设置“反射”颜色为白色（R:195，G:195，B:195），然后设置“高光光泽”为0.8、“反射光泽”为0.85、“细分”为15。

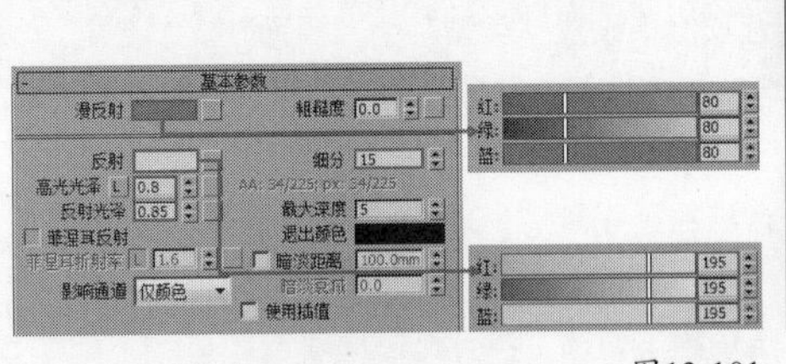

图13-101　图13-102

❖ 5.制作木纹材质

选择一个空白材质球，然后设置材质类型为VRayMtl材质，具体参数设置如图13-103所示，制作好的材质球效果如图13-104所示。

设置步骤

① 在“漫反射”通道中加载一张本书学习资源中的“实例文件>CH13>实例：简欧风格卫生间夜晚表现>xc-046.jpg”贴图。

② 在“反射”通道中加载一张“衰减”贴图，然后在“衰减参数”卷展栏中设置“侧”颜色为蓝色（R:205，G:229，B:255），接着设置“衰减类型”为Fresnel，再设置“高光光泽”为0.7、“反射光泽”为0.85，并取消勾选“菲涅耳反射”选项，最后设置“细分”为15。

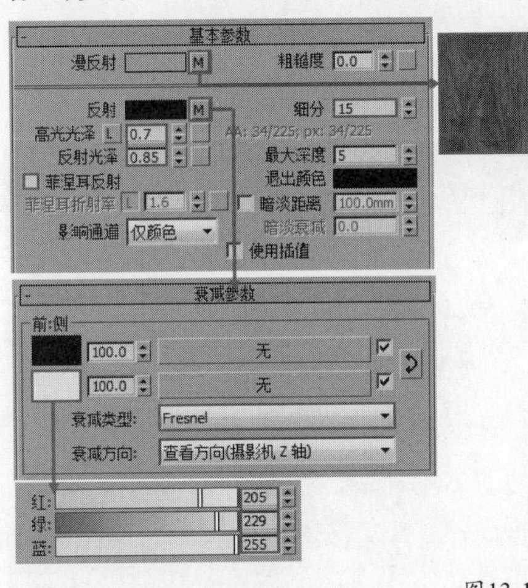

图13-103　图13-104

❖ 6.制作石材材质

选择一个空白材质球，然后设置材质类型为VRayMtl材质，具体参数设置如图13-105所示，制作好的材质球效果如图13-106所示。

设置步骤

① 在“漫反射”通道中加载一张本书学习资源中的“实例文件>CH13>实例：简欧风格卫生间夜晚表现>地面.jpg”贴图。

② 在“反射”通道中加载一张“衰减”贴图，然后进入“衰减”贴图，设置“侧”颜色为蓝色（R:205，G:229，B:255），接着设置“衰减类型”为Fresnel，再设置“高光光泽”为0.8、“反射光泽”为0.85，并取消勾选“菲涅耳反射”选项，最后设置“细分”为16。

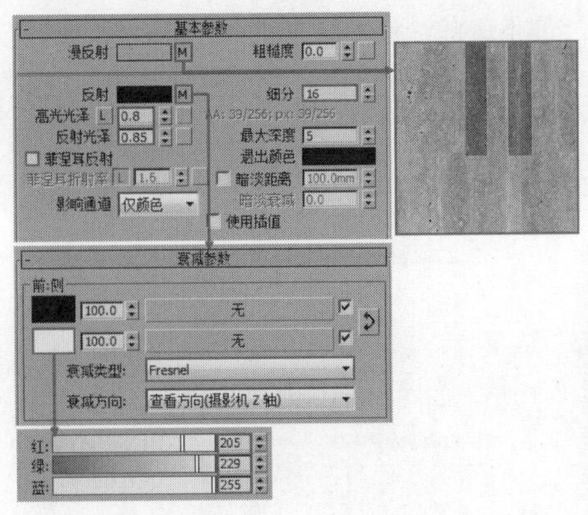

图13-105　图13-106

设置测试渲染参数

01 按F10键打开“渲染设置”对话框，然后设置渲染器为VRay渲染器，接着在“公用”卷展栏下设置“宽度”为600、“高度”为660，如图13-107所示。

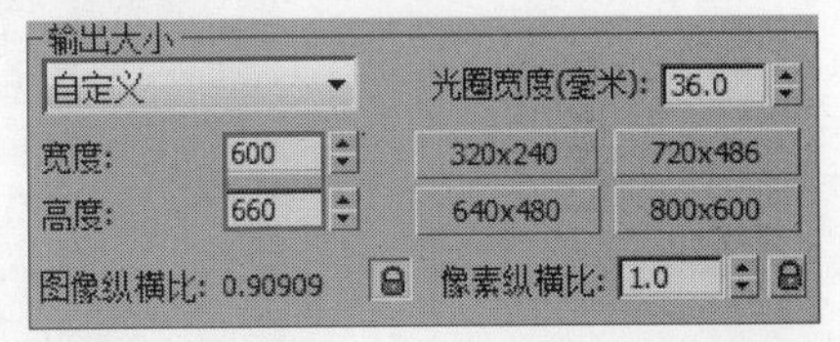

图13-107

02 单击VRay选项卡，然后在“图像采样器（抗锯齿）”卷展栏下设置“图像采样器”的“类型”为“固定”，接着设置“过滤器”类型为“区域”，如图13-108所示。

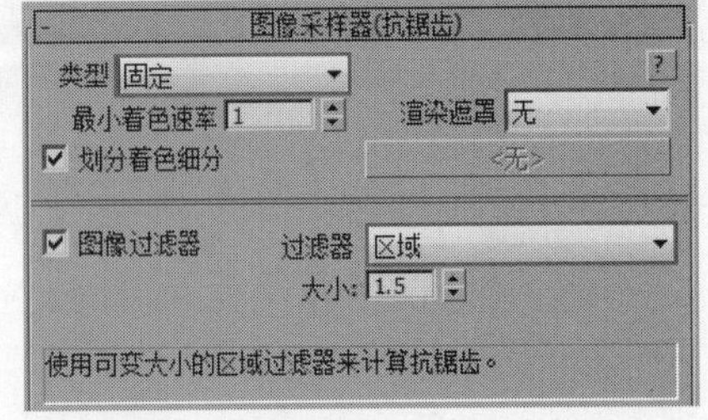

图13-108

03 展开“颜色贴图”卷展栏，然后设置“类型”为“指数”，接着设置“暗度倍增”为1.8、“明度倍增”为1.5，如图13-109所示。

图13-109

04 单击GI选项卡，然后在“全局照明”卷展栏下勾选“启用全局照明（GI）”选项，接着设置“首次引擎”为“发光图”、“二次引擎”为“灯光缓存”，如图13-110所示。

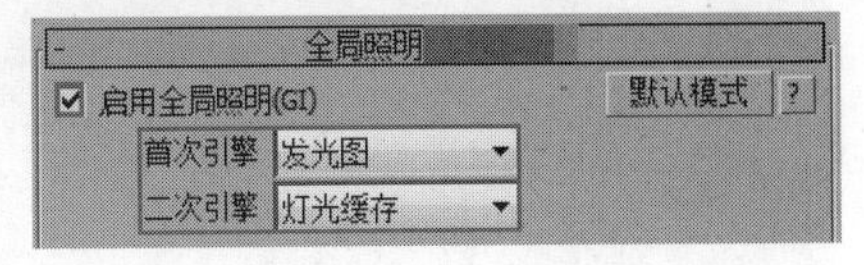

图13-110

05 展开“发光图”卷展栏，然后设置“当前预设”为“自定义”，接着设置“最小速率”和“最大速率”都为-4，再设置“细分”为50、“插值采样”为20，最后勾选“显示计算相位”选项，如图13-111所示。

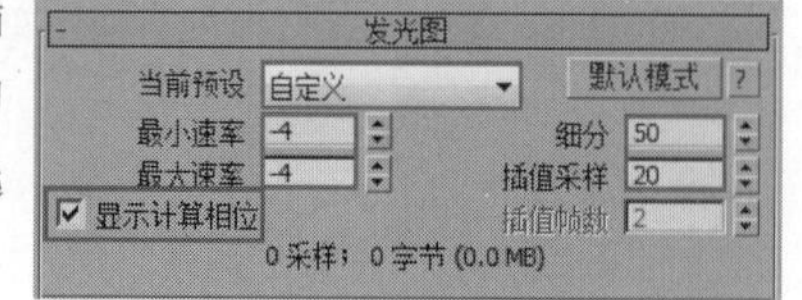

图13-111

06 展开“灯光缓存”卷展栏，然后设置“细分”为200，接着勾选“显示计算相位”选项，如图13-112所示。

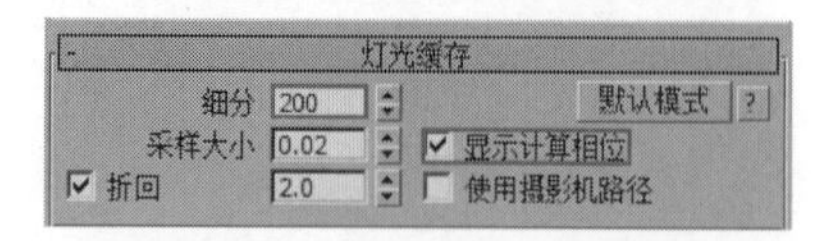

图13-112

07 单击“设置”选项卡，然后在“系统”卷展栏中设置“序列”为“上->下”，接着选择“日志窗口”为“从不”选项，如图13-113所示。

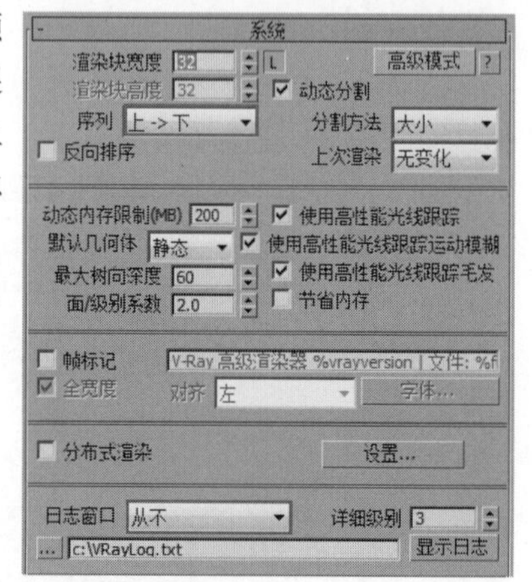

图13-113

灯光设置

场景中的灯光不多，使用VRay灯光模拟环境光和灯槽灯带，目标灯光模拟筒灯效果。

❖ 1.创建室内天光

01 设置“灯光类型”为VRay，然后在窗外创建一盏“VRay灯光”作为天光，其位置如图13-114所示。

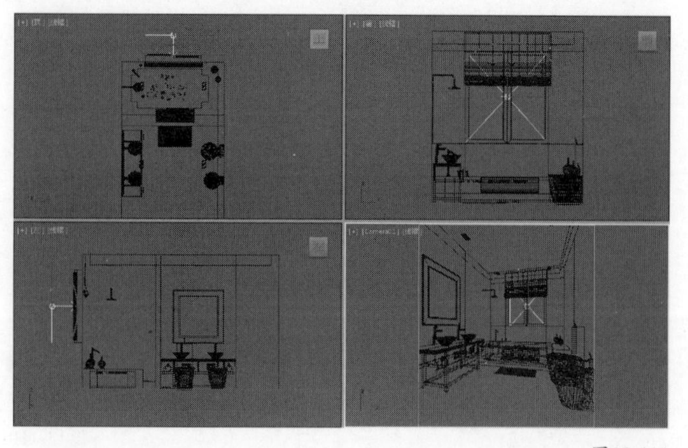

图13-114

02 选择上一步创建的VRay灯光，然后进入“修改”面板，接着展开“参数”卷展栏，具体参数设置如图13-115所示。

设置步骤

① 在“常规”选项组下设置“类型”为“平面”。

② 在“强度”选项组下设置“倍增”为25，然后设置“颜色”为蓝色（R:57，G:92，B:223）。

③ 在“大小”选项组下设置“1/2长”为647.5mm、“1/2宽”为697.5mm。

④ 在“选项”选项组下勾选“不可见”选项。

⑤ 在“采样”选项组下设置“细分”为15。

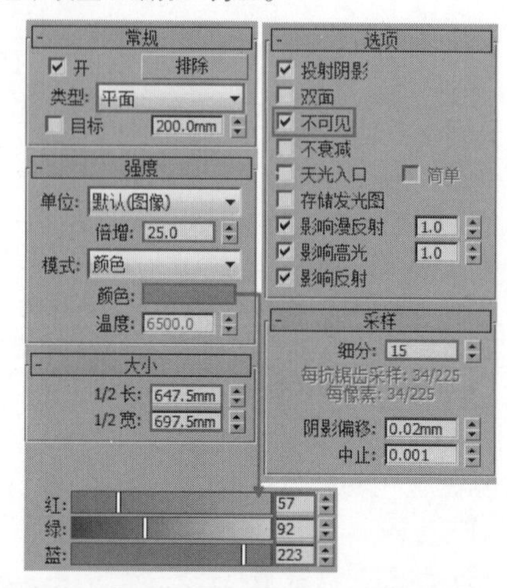

图13-115

03 按F9键渲染当前场景，效果如图13-116所示。

图13-116

❖ 2.创建灯槽灯带

01 设置“灯光类型”为VRay，然后在窗外创建一盏“VRay灯光”作为灯槽灯光，其位置如图13-117所示。

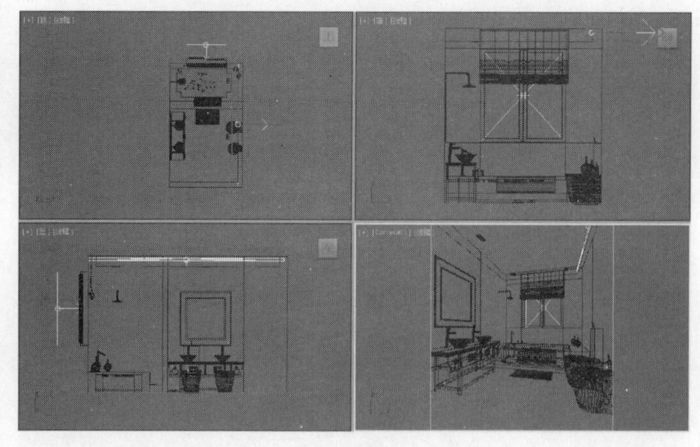

图13-117

02 选择上一步创建的VRay灯光，然后进入“修改”面板，接着展开“参数”卷展栏，具体参数设置如图13-118所示。

设置步骤

① 在“常规”选项组下设置“类型”为“平面”。

② 在“强度”选项组下设置“倍增”为8，然后设置“颜色”为黄色（R:255，G:205，B:141）。

③ 在“大小”选项组下设置“1/2长”为28.717mm、“1/2宽”为1916.879mm。

④ 在“选项”选项组下勾选“不可见”选项，然后取消勾选“影响高光”和“影响反射”选项。

⑤ 在“采样”选项组下设置“细分”为8。

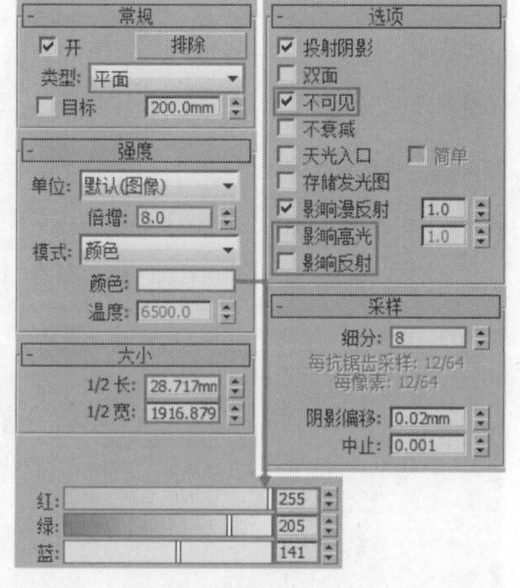

图13-118

03 按F9键渲染当前场景，效果如图13-119所示。

图13-119

❖ 3.创建筒灯效果

01 设置“灯光类型”为“光度学”，然后在场景中创建一盏“目标灯光”，其位置如图13-120所示。

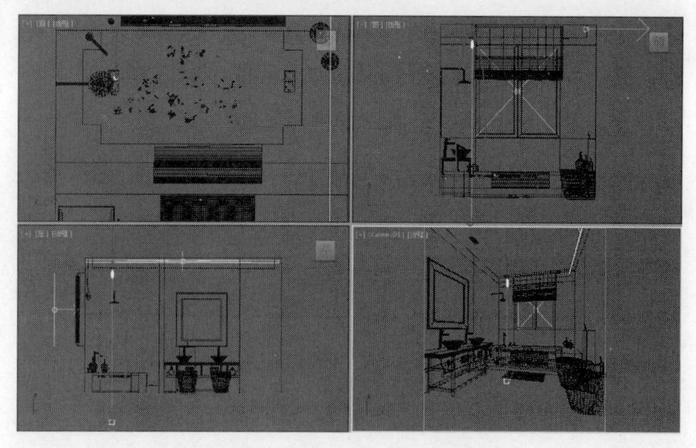

图13-120

02 选择上一步创建的目标灯光，然后进入“修改”面板，接着展开“参数”卷展栏，具体参数设置如图13-121所示。

设置步骤

① 展开“常规参数”卷展栏，然后在“阴影”选项组下勾选“启用”选项，接着设置阴影类型为“VRay阴影”，最后设置“灯光分布（类型）”为“光度学Web”。

② 展开“分布（光度学Web）”卷展栏，在“选择光度学文件”按钮 <选择光度学文件> 上加载本书学习资源中的“实例文件>CH13>实例：简欧风格卫生间夜晚表现>筒灯.IES”文件。

③ 展开“强度/颜色/衰减”卷展栏，然后设置“过滤颜色”为黄色（R:255，G:220，B:183），接着设置“强度”为5000。

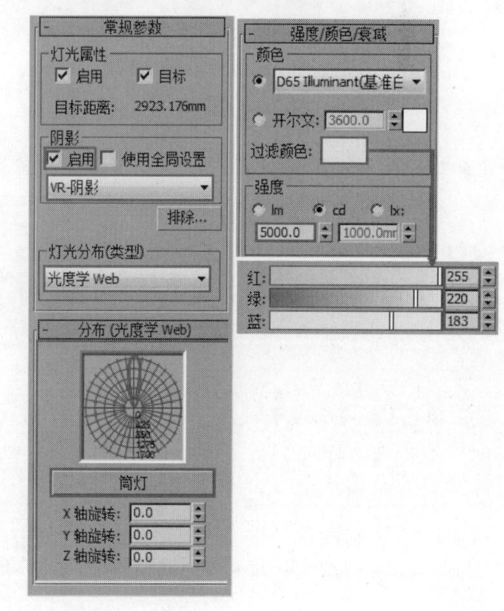

图13-121

03 选择上一步创建的目标灯光，然后以“实例”的形式复制到其余筒灯模型下方，如图13-122所示。

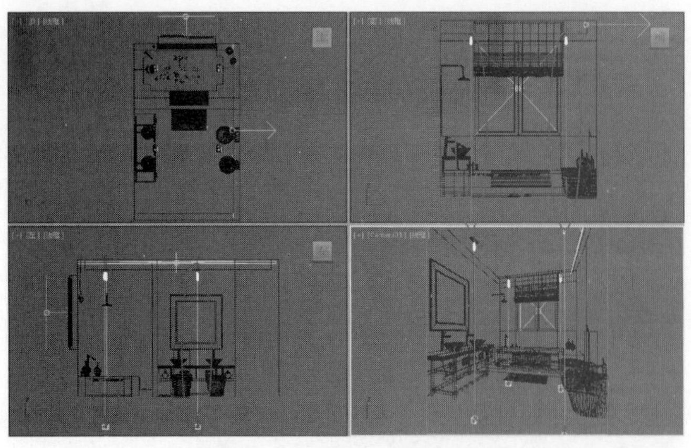

图13-122

04 按F9键渲染当前场景，效果如图13-123所示。

图13-123

设置最终渲染参数

01 按F10键打开“渲染设置”对话框，然后在“公用参数”卷展栏下设置“宽度”为1600、“高度”为1760，如图13-124所示。

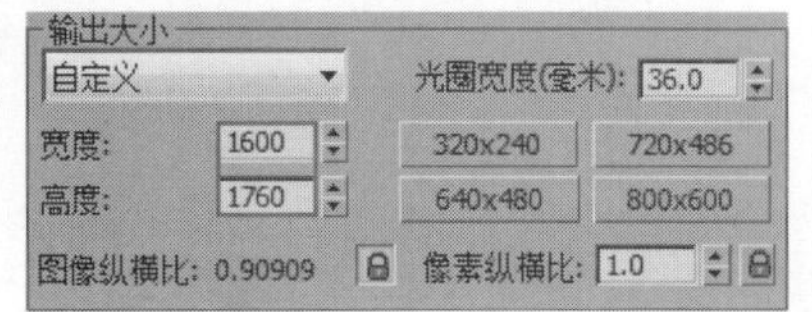

图13-124

02 单击VRay选项卡，然后在“图像采样器（抗锯齿）”卷展栏下设置“图像采样器”的“类型”为“自适应”，接着设置“过滤器”类型为Mitchell-Netravali，具体参数设置如图13-125所示。

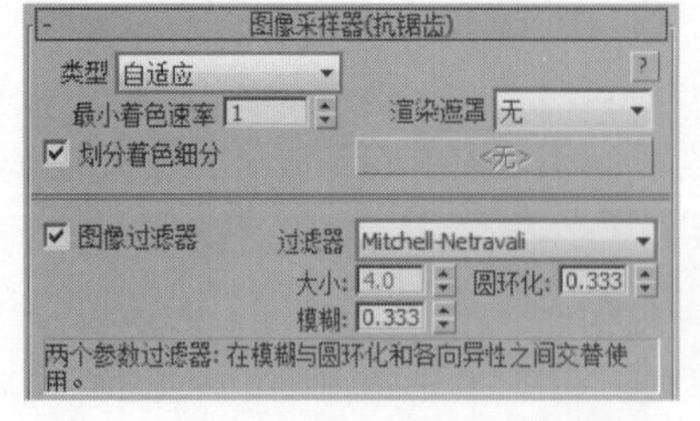

图13-125

03 展开“全局确定性蒙特卡洛”卷展栏，设置“噪波阈值”为0.001、“最少采样”为16，如图13-126所示。

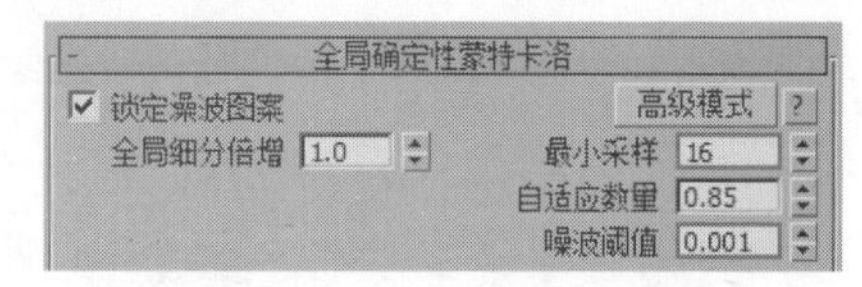

图13-126

04 单击GI选项卡，然后展开“发光图”卷展栏，接着设置“当前预设”为“中”，具体参数设置如图13-127所示。

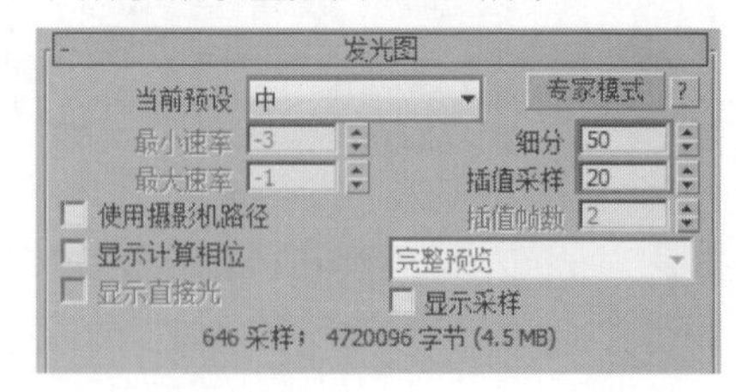

图13-127

05 展开“灯光缓存”卷展栏，然后设置“细分”1200，如图13-128所示。

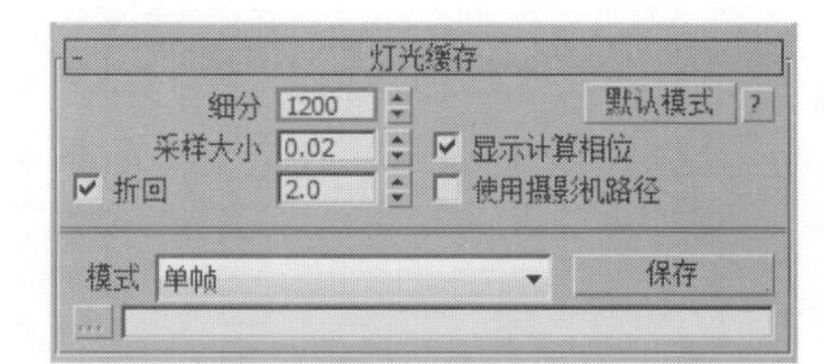

图13-128

06 按F9键渲染当前场景，最终效果如图13-129所示。

图13-129

实例4

商业综合实例：家装篇

地中海风格卧室日光表现

本例是一个地中海风格的卧室空间，案例效果如图13-130所示。

◎ 场景位置 » 场景文件>CH13>04.max

◎ 实例位置 » 实例文件>CH13>地中海风格卧室日光表现.max

◎ 技术掌握 » 练习日光效果的布光方法

图13-130

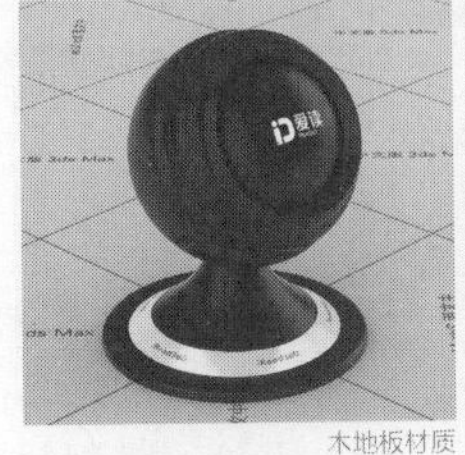
木地板材质

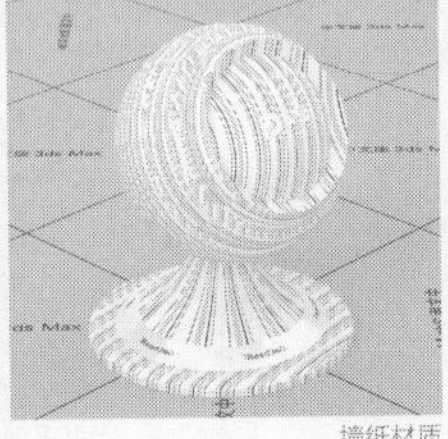
墙纸材质

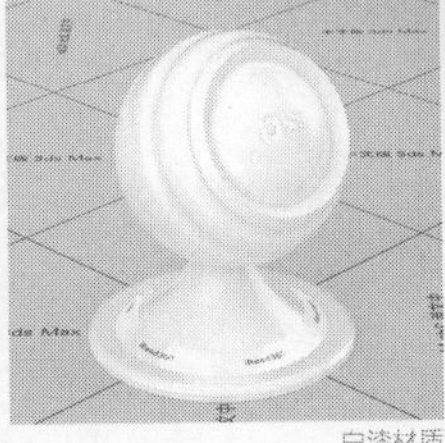
白漆材质

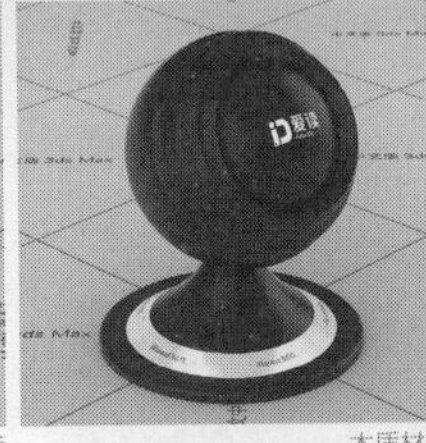
木质材质

蓝色布纹材质

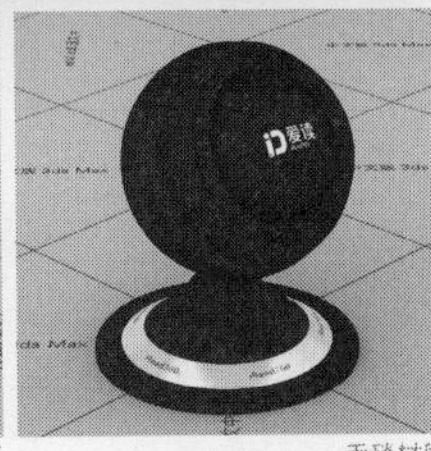
毛毯材质

项目说明

本例是一个地中海风格的卧室，场景中多以木质来装饰，重点表现木地板、墙纸、白漆、木质、蓝色布纹等材质。在灯光上，以室外VRay太阳灯光为主光源，室内台灯和壁灯为辅助光源。

材质制作

本例的场景对象材质主要包括木地板材质、墙纸材质、白漆材质、木质材质、蓝色布纹材质和毛毯材质，如图13-131所示。

图13-131

1.制作木地板材质

01 打开本书学习资源中的“场景文件>CH13>04.max”文件，如图13-132所示。

图13-132

02 选择一个空白材质球，然后设置材质类型为VRayMtl材质，具体参数设置如图13-133所示，制作好的材质球效果如图13-134所示。

设置步骤

① 在“漫反射”贴图通道中加载一张本书学习资源中的“实例文件>CH13>实例：地中海风格卧室日光表现> ssssdsd副本.jpg”文件。

② 在“反射”通道中加载一张“衰减”贴图，然后进入“衰

减”贴图，设置“侧”颜色为白色（R:230，G:230，B:230），并设置“衰减类型”为Fresnel，接着设置“高光光泽”为0.7、“反射光泽”为0.8、“细分”为14，最后取消勾选“菲涅耳反射”选项。

③ 展开“贴图”卷展栏，然后在“凹凸”通道中加载一张本书学习资源中的“实例文件>CH13>实例：地中海风格卧室日光表现> floor副本.jpg”贴图，接着设置“凹凸”强度为15。

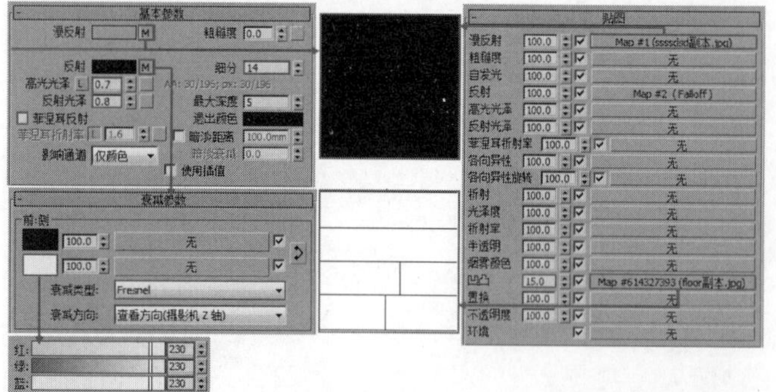

图13-133

图13-134

❖ 2.制作墙纸材质

选择一个空白材质球，然后设置材质类型为VRayMtl材质，接着在“漫反射”通道中加载一张本书学习资源中的“实例文件>CH13>实例：地中海风格卧室日光表现>欧式客厅.jpg”文件，具体参数设置如图13-135所示，制作好的材质球效果如图13-136所示。

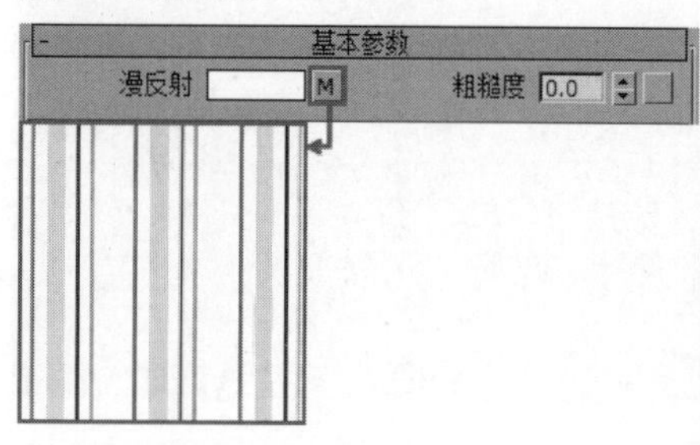

图13-135　　图13-136

❖ 3.制作白漆材质

选择一个空白材质球，然后设置材质类型为VRayMtl材质，具体参数设置如图13-137所示，制作好的材质球效果如图13-138所示。

设置步骤

① 设置“漫反射”颜色为白色（R:250，G:250，B:250）。

② 在“反射”通道中加载一张“衰减”贴图，然后进入“衰减”贴图，设置“侧”颜色为白色（R:228，G:228，B:228），并设置“衰减类型”为Fresnel，接着设置“高光光泽”为0.85、“反射光泽”0.95、“细分”为15，最后取消勾选“菲涅耳反射”选项。

③ 展开“双向反射分布函数”卷展栏，然后设置类型为“沃德”，接着设置“各向异性（-1,1）”为0.5、“旋转”为70。

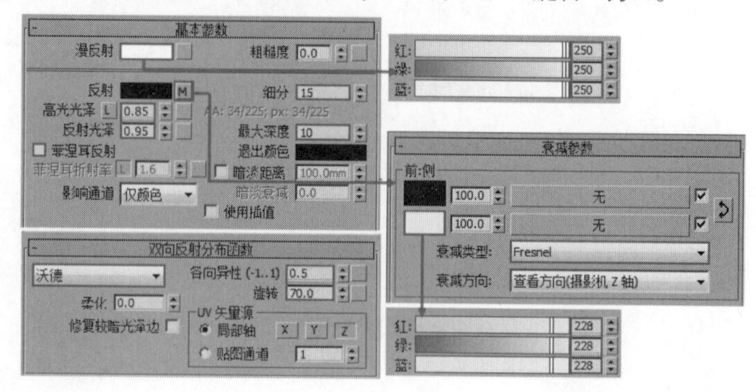

图13-137

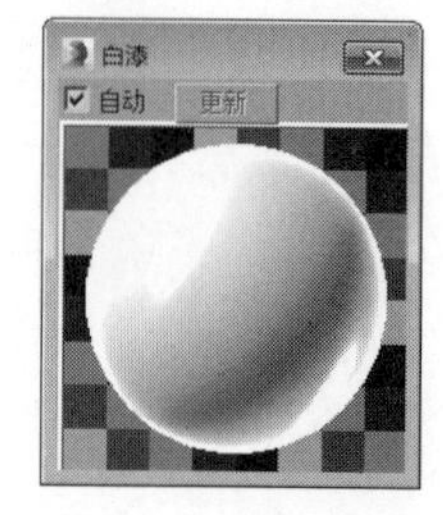

图13-138

❖ 4.制作木质材质

选择一个空白材质球，然后设置材质类型为VRayMtl材质，具体参数设置如图13-139所示，制作好的材质球效果如图13-140所示。

设置步骤

① 在“漫反射”通道中加载一张本书学习资源中的“实例文件>CH13>实例：地中海风格卧室日光表现>深色红樱桃3.jpg”贴图。

② 在“反射”通道中加载一张“衰减”贴图，然后进入“衰减”贴图，设置“侧”颜色为白色（R:230，G:230，B:230），并设置“衰减类型”为Fresnel，接着设置“高光光泽”为0.7、“反射光泽”0.8、“细分”为14，最后取消勾选“菲涅耳反射”选项。

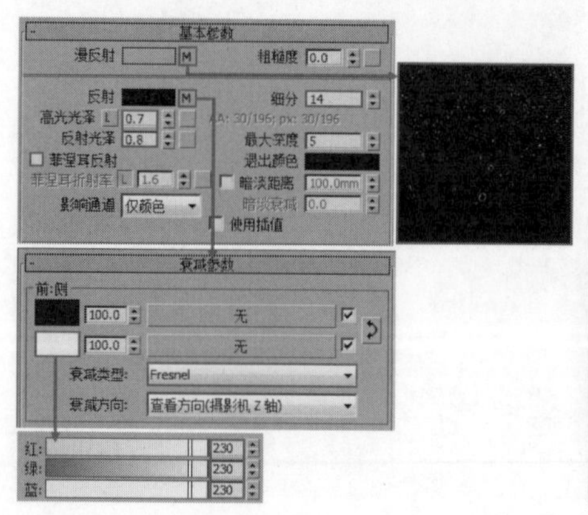

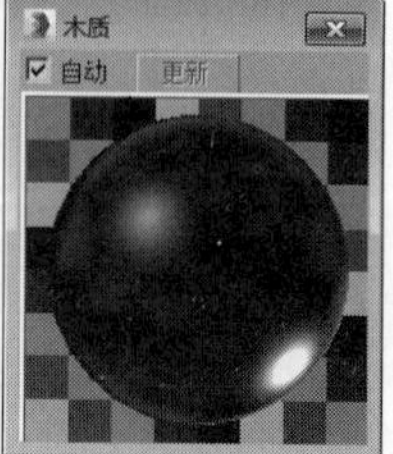

图13-139　　图13-140

❖ 5.制作蓝色布纹材质

选择一个空白材质球，然后设置材质类型为VRayMtl材质，具体参数设置如图13-141所示，制作好的材质球效果如图13-142所示。

设置步骤

① 在“漫反射”通道中加载一张本书学习资源中的“实例文件>CH13>实例：地中海风格卧室日光表现>中式窗.jpg”贴图。

② 设置“反射”颜色为灰色（R:10，G:10，B:10），接着设置“反射光泽”为0.68，最后勾选“菲涅耳反射”选项。

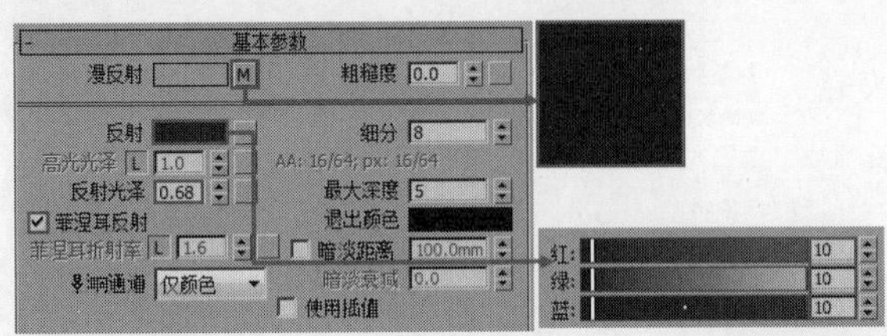

图13-141

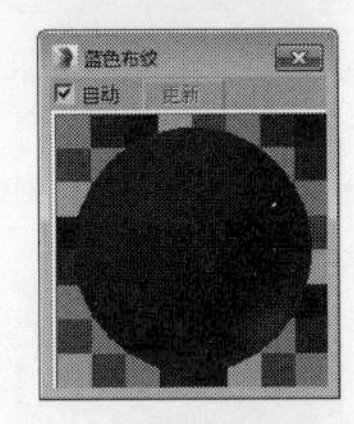

图13-142

❖ 6.制作毛毯材质

选择一个空白材质球，然后设置材质类型为VRayMtl材质，具体参数设置如图13-143所示，制作好的材质球效果如图13-144所示。

设置步骤

① 在“漫反射”通道中加载一张本书学习资源中的“实例文件>CH13>实例：地中海风格卧室日光表现>床上毛.jpg”贴图。

② 设置“反射”颜色为棕色（R:10，G:7，B:2），接着设置“反射光泽”为0.56，并取消勾选“菲涅耳反射”选项，最后设置“细分”为6。

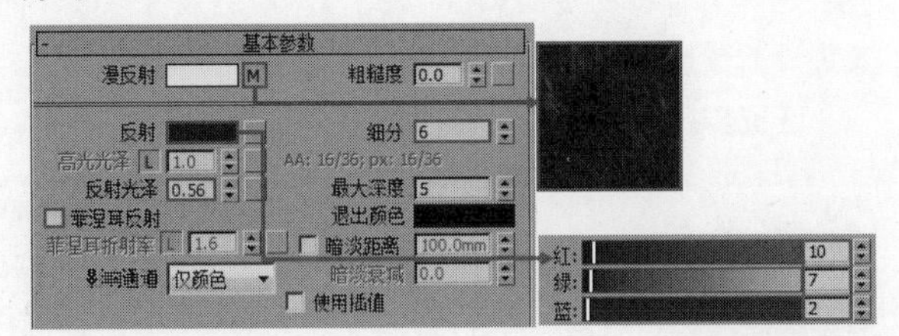

图13-143

图13-144

设置测试渲染参数

01 按F10键打开“渲染设置”对话框，然后设置渲染器为VRay渲染器，接着在“公用”卷展栏下设置“宽度”为600、“高度”为451，如图13-145所示。

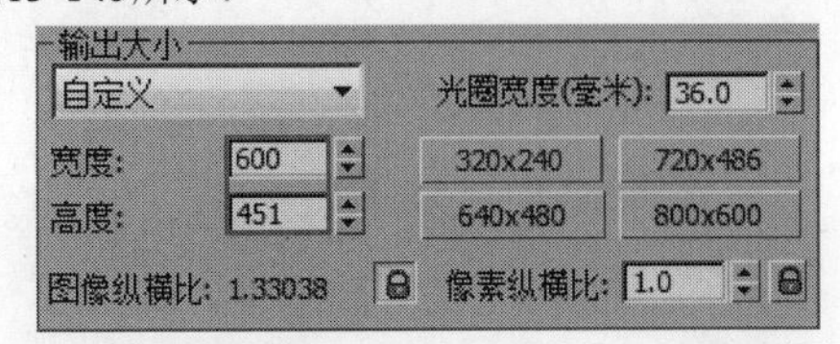

图13-145

02 单击VRay选项卡，然后在“图像采样器（抗锯齿）”卷展栏下设置“图像采样器”的“类型”为“固定”，接着设置“过滤器”类型为“区域”，如图13-146所示。

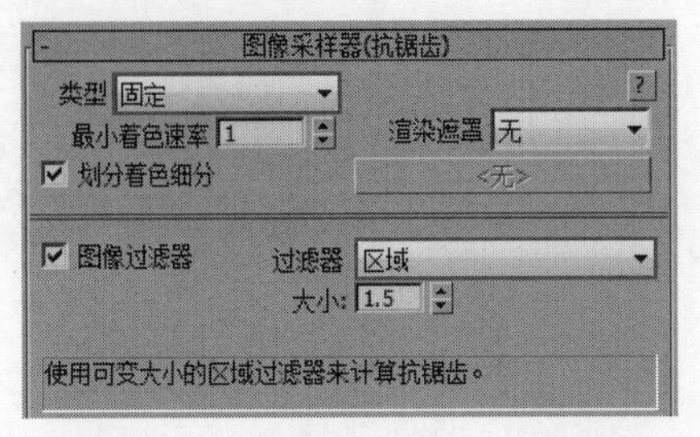

图13-146

03 展开“颜色贴图”卷展栏，然后设置“类型”为“莱因哈德”，接着设置“加深值”为0.6，如图13-147所示。

图13-147

04 单击GI选项卡，然后在“全局照明”卷展栏下勾选“启用全局照明（GI）”选项，接着设置“首次引擎”为“发光图”、“二次引擎”为“灯光缓存”，如图13-148所示。

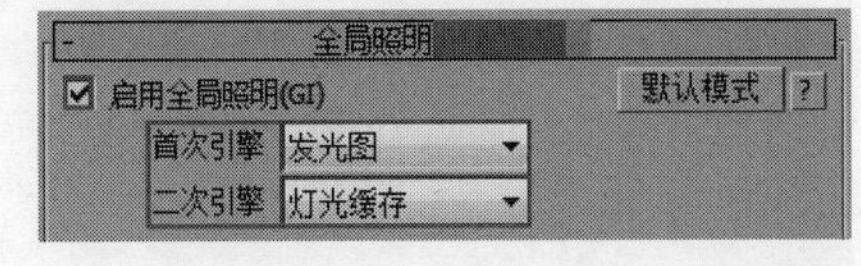

图13-148

05 展开“发光图”卷展栏，然后设置“当前预设”为“自定义”，接着设置“最小速率”和“最大速率”都为-4，再设置“细分”为50、“插值采样”为20，最后勾选“显示计算相位”选项，如图13-149所示。

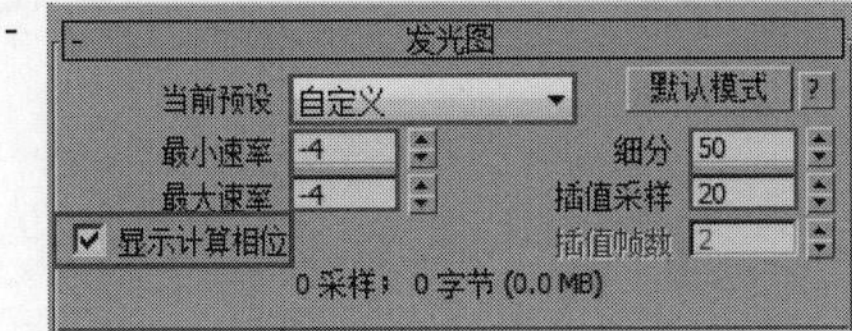

图13-149

06 展开“灯光缓存”卷展栏，然后设置“细分”为200，接着勾选“显示计算相位”选项，如图13-150所示。

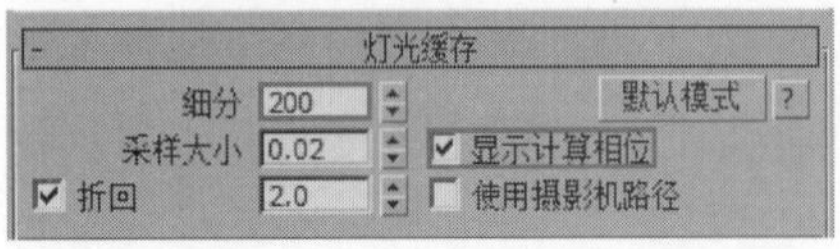

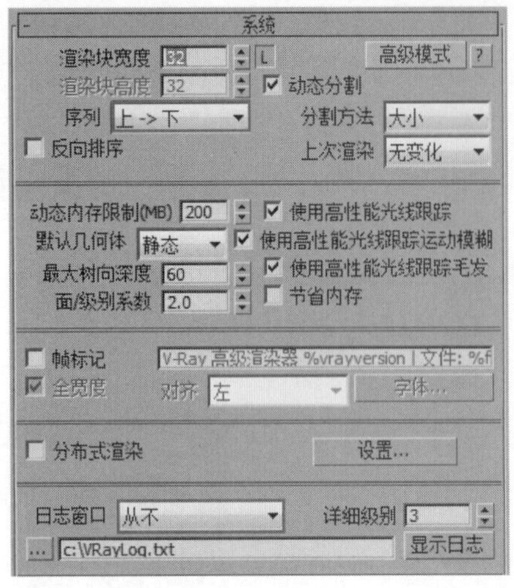

图13-150

图13-151

07 单击“设置”选项卡，然后在“系统”卷展栏下设置“序列”为“上->下”，接着选择“日志窗口”为“从不”选项，如图13-151所示。

灯光设置

场景中的灯光不多，使用VRay灯光模拟台灯和壁灯的灯光，VRay太阳模拟日光效果。

1.创建日光

01 设置“灯光类型”为VRay，然后在窗外创建一盏“VRay太阳”作为日光，其位置如图13-152所示。当创建完“VRay太阳”时，系统会自动弹出图13-153所示的对话框，然后单击“是”按钮。

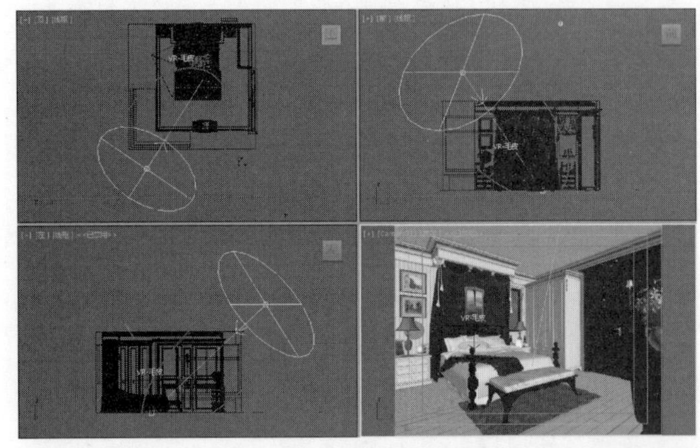

图13-152

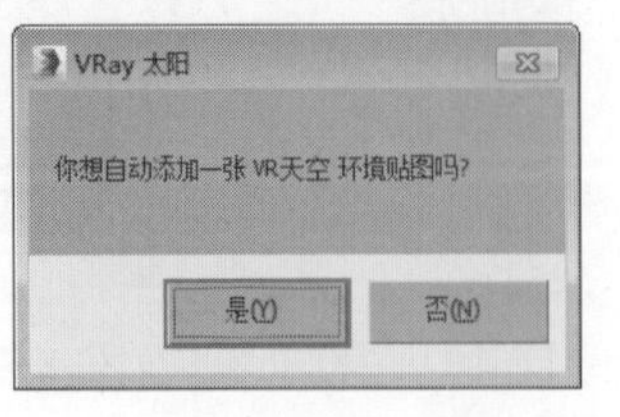

图13-153

02 选择上一步创建的VRay太阳，然后进入“修改”面板，接着设置“浊度”为8、“强度倍增”为0.02、“大小倍增”为8、“阴影细分”为10、“光子发射半径”为500mm，如图13-154所示。

03 按F9键渲染当前场景，效果如图13-155所示。

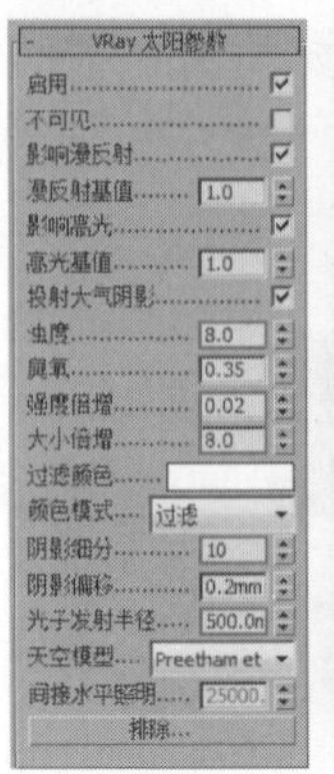

图13-154

图13-155

2.创建台灯灯光

01 设置“灯光类型”为VRay，然后在窗外创建一盏“VRay灯光”作为台灯灯光，其位置如图13-156所示。

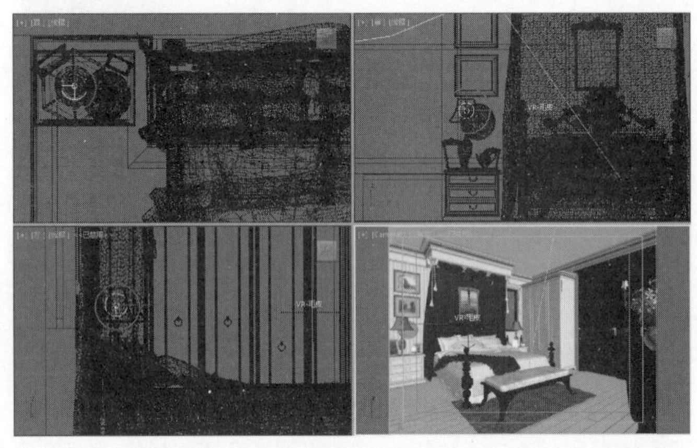

图13-156

02 选择上一步创建的VRay灯光，然后进入“修改”面板，接着展开“参数”卷展栏，具体参数设置如图13-157所示。

设置步骤

① 在“常规”选项组下设置“类型”为“球体”。

② 在“强度”选项组下设置“倍增”为50，然后设置“颜色”为黄色（R:255，G:196，B:119）。

③ 在“大小”选项组下设置“半径”为75mm。

④ 在“选项”选项组下勾选“不可见”选项。

⑤ 在“采样”选项组下设置“细分”为16。

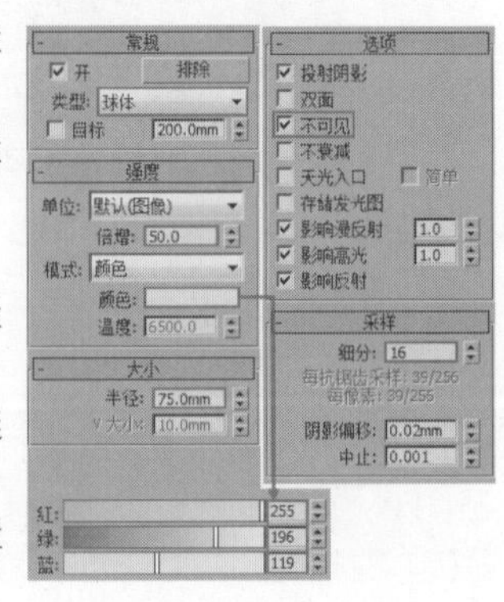

图13-157

03 选择修改好的VRay灯光，然后以“实例”的形式复制到另一侧的台灯模型内，其位置如图13-158所示。

图13-158

04 按F9键渲染当前场景，效果如图13-159所示。

图13-159

❖ 3.创建壁灯灯光

01 设置“灯光类型”为VRay，然后在窗外创建一盏“VRay灯光”作为壁灯灯光，其位置如图13-160所示。

图13-160

02 选择上一步创建的VRay灯光，然后进入“修改”面板，接着展开“参数”卷展栏，具体参数设置如图13-161所示。

设置步骤

① 在“常规”选项组下设置“类型”为“球体”。

② 在“强度”选项组下设置“倍增”为120，然后设置“颜色”为黄色（R:255，G:196，B:119）。

③ 在“大小”选项组下设置“半径”为28mm。

④ 在“选项”选项组下勾选“不可见”选项。

⑤ 在“采样”选项组下设置“细分”为16。

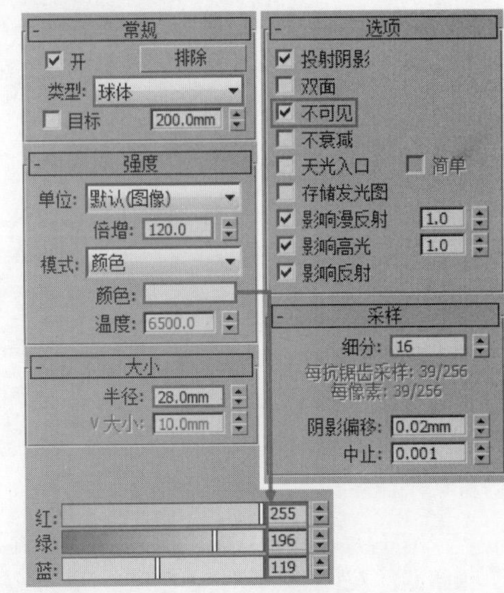

图13-161

03 按F9键渲染当前场景，效果如图13-162所示。

图13-162

设置最终渲染参数

01 按F10键打开“渲染设置”对话框，然后在“公用参数”卷展栏下设置“宽度”为1600、“高度”为1203，如图13-163所示。

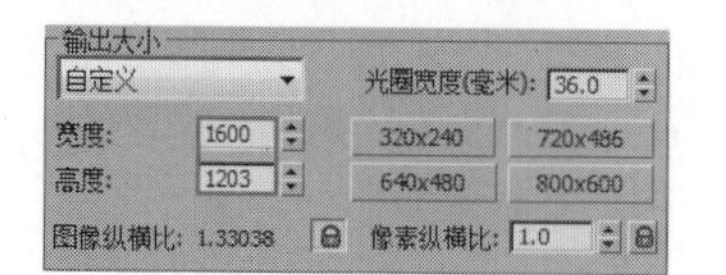

图13-163

02 单击VRay选项卡，然后在“图像采样器（抗锯齿）”卷展栏下设置“图像采样器”的“类型”为“自适应”，接着设置“过滤器”类型为Mitchell-Netravali，具体参数设置如图13-164所示。

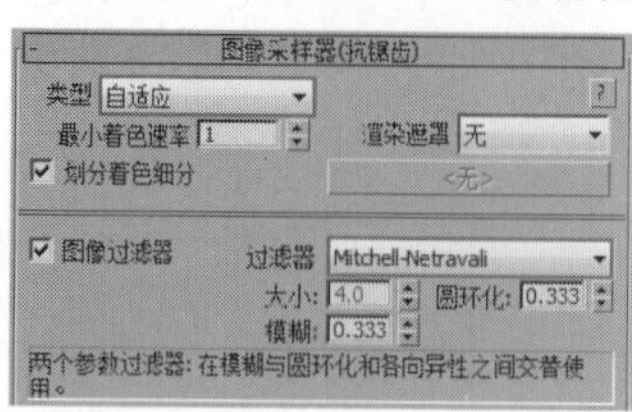

图13-164

03 展开“全局确定性蒙特卡洛”卷展栏，设置“噪波阈值”为0.001、“最少采样”为16，如图13-165所示。

04 单击GI选项卡，然后展开“发光图”卷展栏，接着设置“当前预设”为“中”，具体参数设置如图13-166所示。

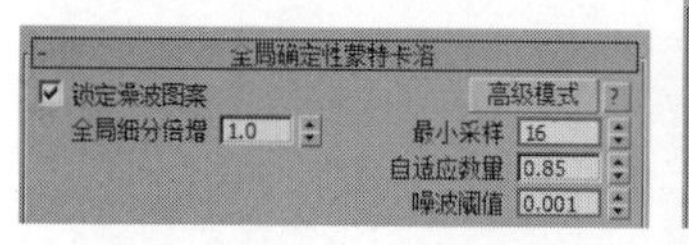

图13-165

图13-166

05 展开“灯光缓存”卷展栏，然后设置“细分”1200，如图13-167所示。

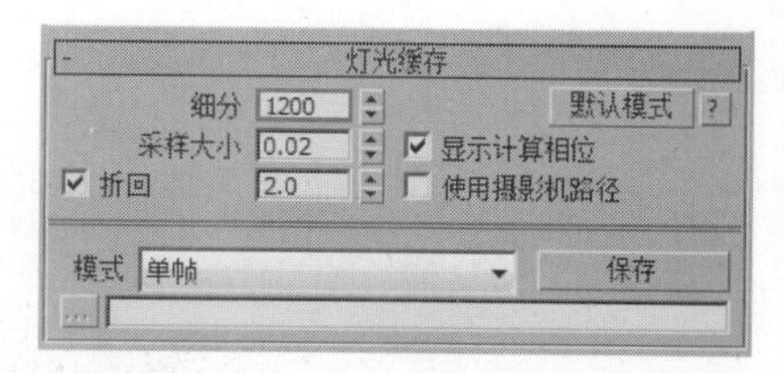

图13-167

06 按F9键渲染当前场景，最终效果如图13-168所示。

图13-168

实例5

商业综合实例：家装篇

现代风格客厅日光表现

本例是一个现代风格的客厅，案例效果如图13-169所示。

- 场景位置 » 场景文件>CH13>05.max
- 实例位置 » 实例文件>CH13>现代风格客厅日光表现.max
- 技术掌握 » 练习日光效果的布光方法

图13-169

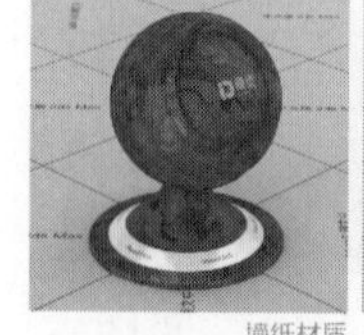

墙纸材质

茶镜材质

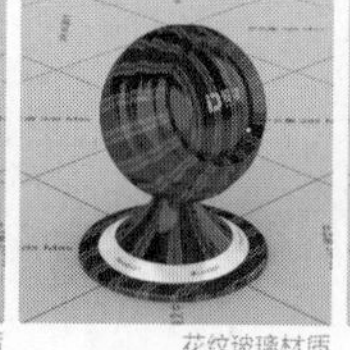

花纹玻璃材质

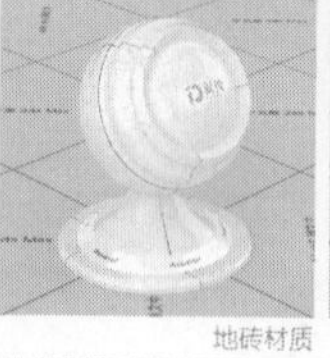

地砖材质

绒布材质

不锈钢材质

皮纹材质

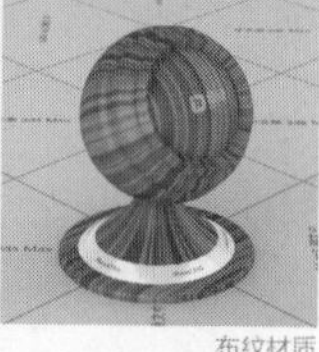

布纹材质

项目说明

本例是一个现代风格的客厅，重点表现墙纸、地砖、不锈钢、绒布等材质。在灯光上，以室外VRay太阳灯光和VRay平面灯光为主光源，室内筒灯和灯槽灯带为辅助光源。

材质制作

本例的场景对象材质主要包括墙纸材质、茶镜材质、花纹玻璃材质、地砖材质、绒布材质、不锈钢材质、布纹材质和皮纹材质，如图13-170所示。

图13-170

❖ 1.制作墙纸材质

01 打开本书学习资源中的“场景文件>CH13>05.max”文件，如图13-171所示。

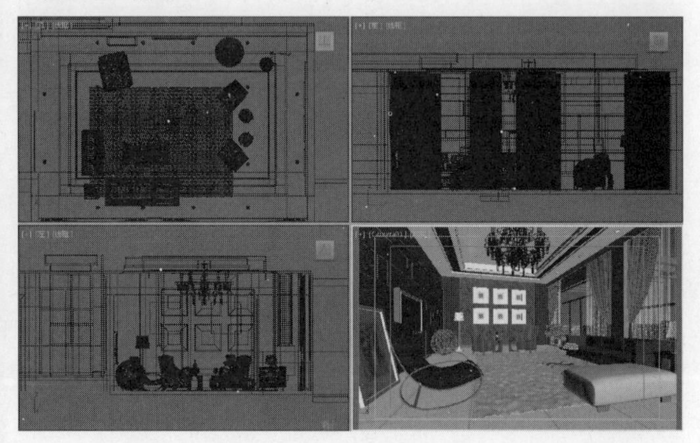

图13-171

02 选择一个空白材质球，然后设置材质类型为VRayMtl材质，具体参数设置如图13-172所示，制作好的材质球效果如图13-173所示。

设置步骤

① 在“漫反射”贴图通道中加载一张本书学习资源中的“实例文件>CH13>实例：现代风格客厅日光表现> cloth_28.jpg”贴图。

② 设置“反射”颜色为灰色（R:15，G:15，B:15），然后设置“反射光泽”0.7，最后取消勾选“菲涅耳反射”选项。

③ 展开“贴图”卷展栏，然后将“漫反射”通道中的贴图向下复制到“凹凸”通道中，接着设置“凹凸”强度为10。

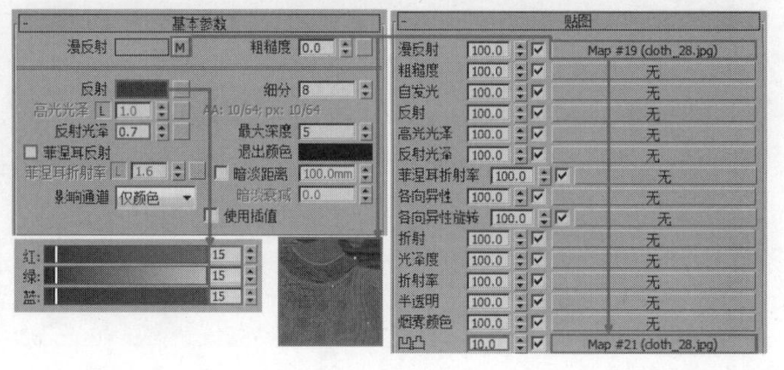

图13-172

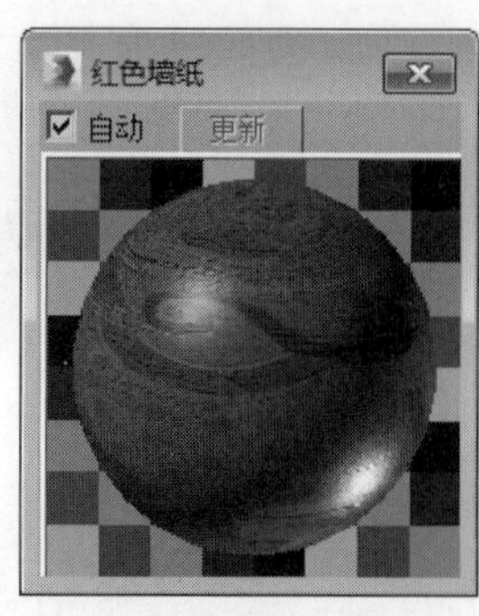

图13-173

❖ 2.制作茶镜材质

选择一个空白材质球，然后设置材质类型为VRayMtl材质，具体参数设置如图13-174所示，制作好的材质球效果如图13-175所示。

设置步骤

① 设置“漫反射”颜色为茶色（R:67，G:38，B:11）。

② 设置“反射”颜色为灰色（R:100，G:100，B:100），然后设置“细分”为16，最后取消勾选“菲涅耳反射”选项。

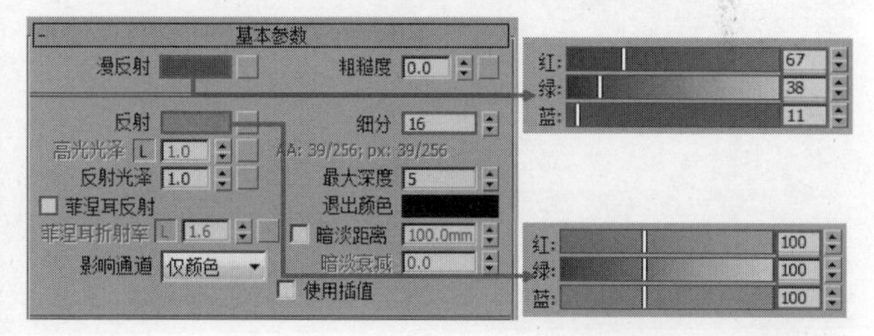

图13-174

图13-175

❖ 3.制作花纹玻璃材质

选择一个空白材质球，然后设置材质类型为VRayMtl材质，具体参数设置如图13-176所示，制作好的材质球效果如图13-177所示。

设置步骤

① 在“漫反射”通道中加载一张本书学习资源中的“实例文件>CH13>实例：现代风格客厅日光表现> AS2_wallpaper_15_reflect.jpg”贴图。

② 设置“反射”颜色为灰色（R:35，G:35，B:35），然后设置“反射光泽”为0.9，最后取消勾选“菲涅耳反射”选项。

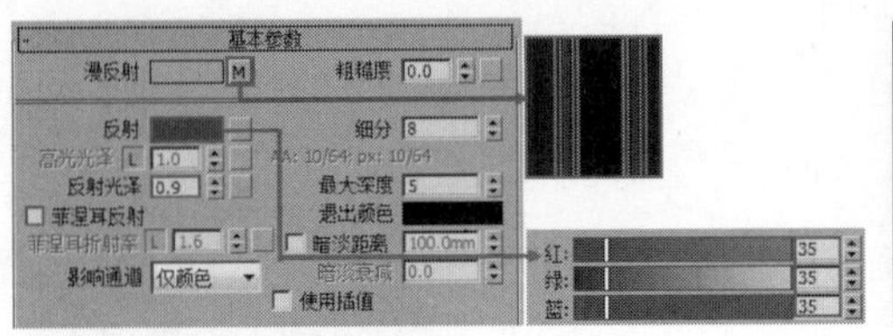

图13-176 图13-177

❖ 4.制作地砖材质

选择一个空白材质球，然后设置材质类型为VRayMtl材质，具体参数设置如图13-178所示，制作好的材质球效果如图13-179所示。

设置步骤

① 在“漫反射”通道中加载一张本书学习资源中的“实例文件>CH13>实例：现代风格客厅日光表现>白色微晶石.jpg”贴图。

② 在“反射”通道中加载一张“衰减”贴图，然后进入“衰减”贴图，设置“侧”颜色为蓝色（R:200，G:226，B:255），并设置“衰减类型”为Fresnel，接着设置“高光光泽”为0.85、“反射光泽”为0.9、“细分”为16，最后取消勾选“菲涅耳反射”选项。

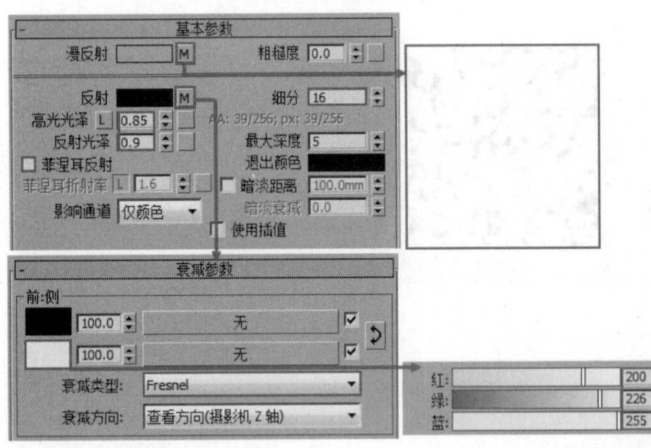

图13-178

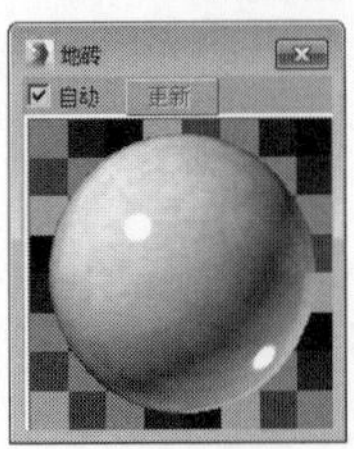

图13-179

❖ 5.制作绒布材质

选择一个空白材质球，然后设置材质类型为VRayMtl材质，具体参数设置如图13-180所示，制作好的材质球效果如图13-181所示。

设置步骤

① 在“漫反射”通道中加载一张“衰减”贴图，然后进入“衰减”贴图，设置“前”颜色为红色（R:68，G:4，B:4）、“侧”颜色为红色（R:87，G:29，B:29），最后设置“衰减类型”为“垂直/平行”。

② 设置“高光光泽”为0.52、“反射光泽”为0.7、“细分”为12，最后取消勾选“菲涅耳反射”选项。

③ 展开“选项”卷展栏，然后取消勾选“跟踪反射”选项。

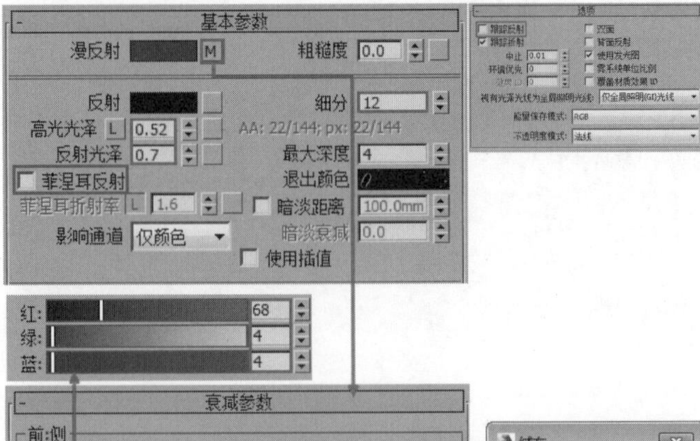
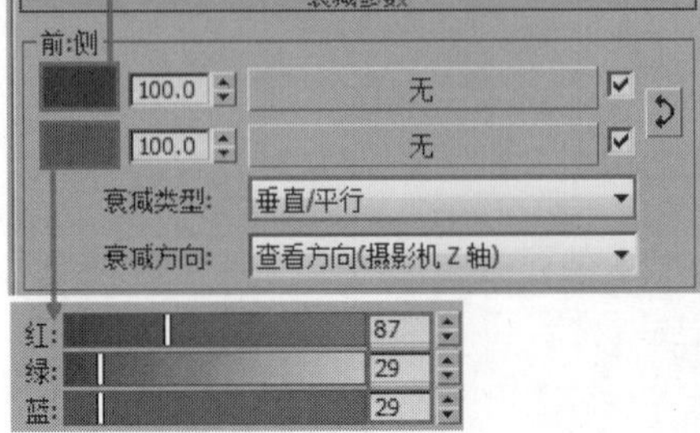
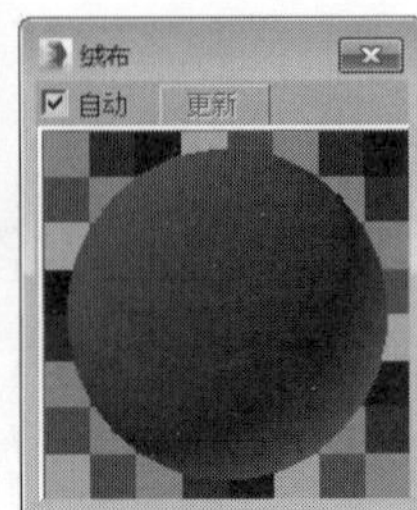

图13-180 图13-181

❖ 6.制作不锈钢材质

选择一个空白材质球，然后设置材质类型为VRayMtl材质，具体参数设置如图13-182所示，制作好的材质球效果如图13-183所示。

设置步骤

① 设置“漫反射”颜色为灰色（R:80，G:80，B:80）。

② 设置“反射”颜色为白色（R:196，G:196，B:196），接着设置“高光光泽”为0.9、“反射光泽”为0.98，并取消勾选“菲涅耳反射”选项，最后设置“细分”为12。

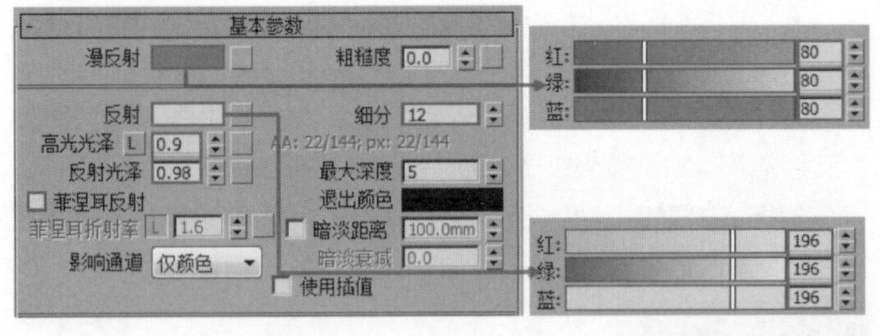

图13-182

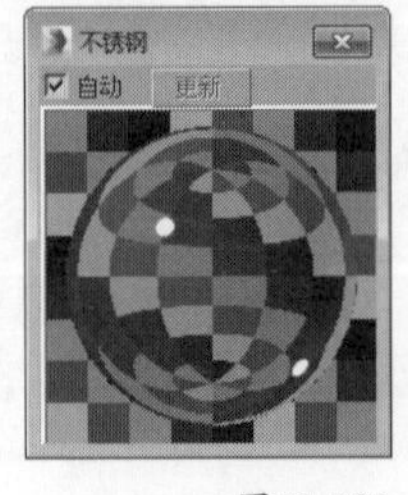

图13-183

❖ 7.制作皮纹材质

选择一个空白材质球，然后设置材质类型为VRayMtl材质，具体参数设置如图13-184所示，制作好的材质球效果如图13-185所示。

设置步骤

① 设置“漫反射”颜色为灰色（R:10，G:10，B:10）。

② 设置“反射”颜色为灰色（R:15，G:15，B:15），接着设置“高光光泽”为0.65、“反射光泽”为0.7，并取消勾选“菲涅耳反射”选项，最后设置“细分”为15。

③ 展开“贴图”卷展栏，在“凹凸”通道中加载一张本书学习资源中的“实例文件>CH13>实例：现代风格客厅日光表现>granite_35.jpg”贴图，然后设置“凹凸”强度为30。

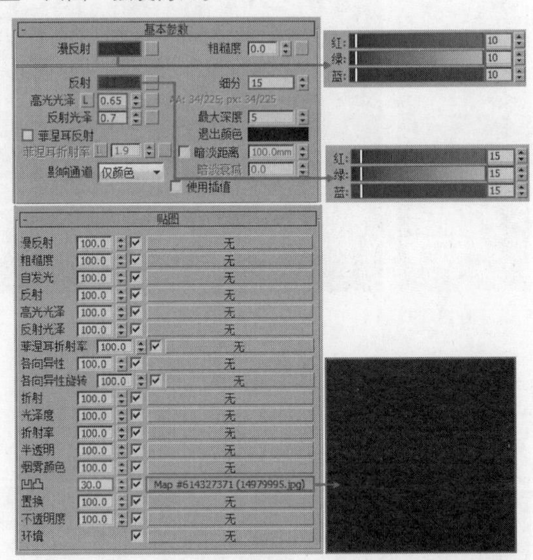

图13-184

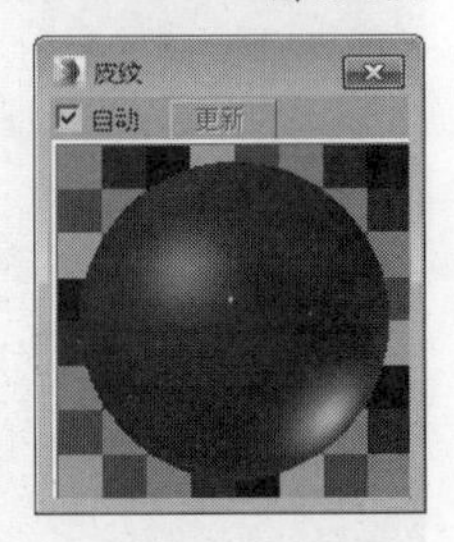

图13-185

❖ 8.制作布纹材质

选择一个空白材质球，然后设置材质类型为VRayMtl材质，具体参数设置如图13-186所示，制作好的材质球效果如图13-187所示。

设置步骤

① 在“漫反射”通道中加载一张本书学习资源中的“实例文件>CH13>实例：现代风格客厅日光表现> AS2_cloth_73.jpg”贴图。

② 设置“反射”颜色为灰色（R:30，G:30，B:30），然后设置“高光光泽”为0.65、“反射光泽”0.7、“细分”为12，最后取消勾选“菲涅耳反射”选项。

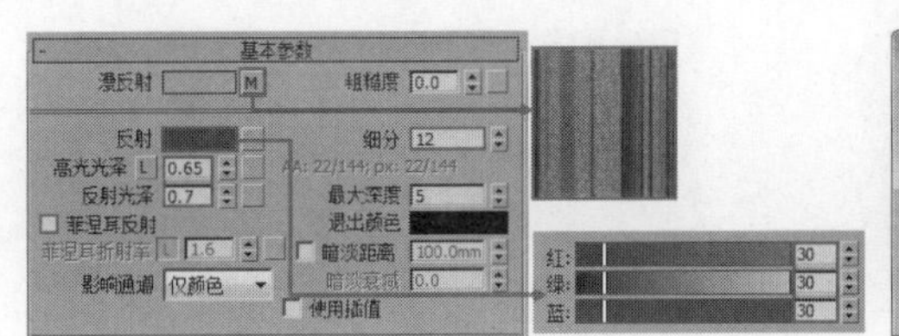

图13-186　图13-187

设置测试渲染参数

01 按F10键打开“渲染设置”对话框，然后设置渲染器为VRay渲染器，接着在“公用”卷展栏下设置“宽度”为600、“高度”为375，如图13-188所示。

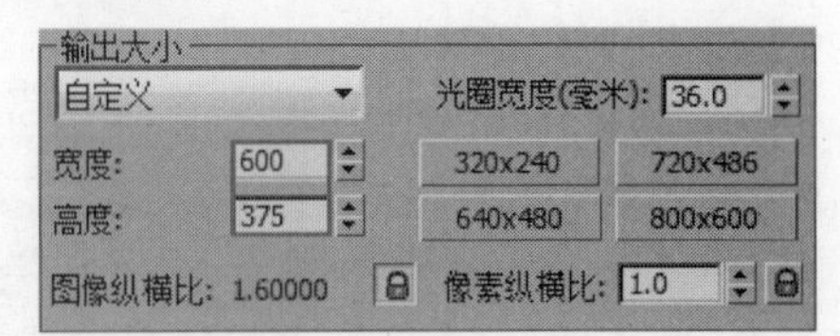

图13-188

02 单击VRay选项卡，然后在“图像采样器（抗锯齿）”卷展栏下设置“图像采样器”的“类型”为“固定”，接着设置“过滤器”类型为“区域”，如图13-189所示。

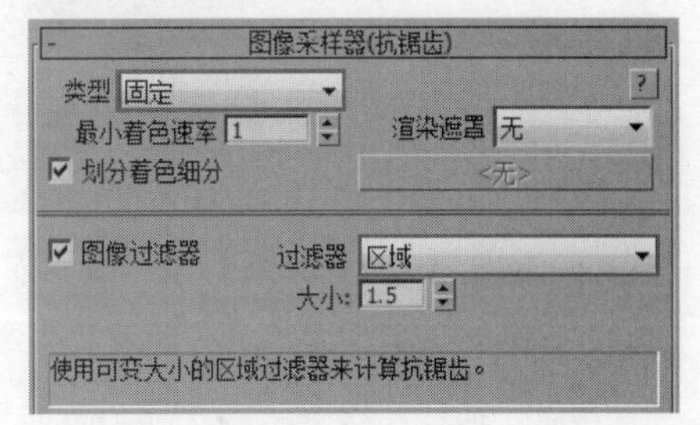

图13-189

03 展开“颜色贴图”卷展栏，然后设置“类型”为“指数”，如图13-190所示。

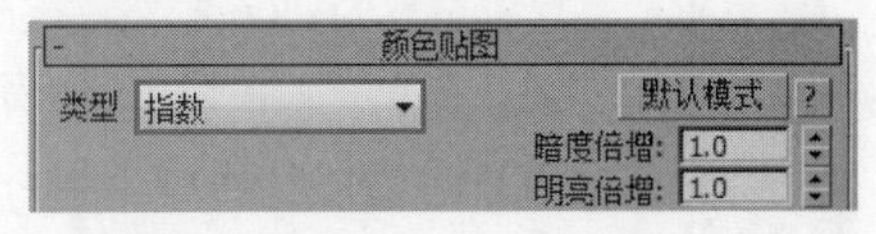

图13-190

04 单击GI选项卡，然后在“全局照明”卷展栏下勾选“启用全局照明（GI）”选项，接着设置“首次引擎”为“发光图”、“二次引擎”为“灯光缓存”，如图13-191所示。

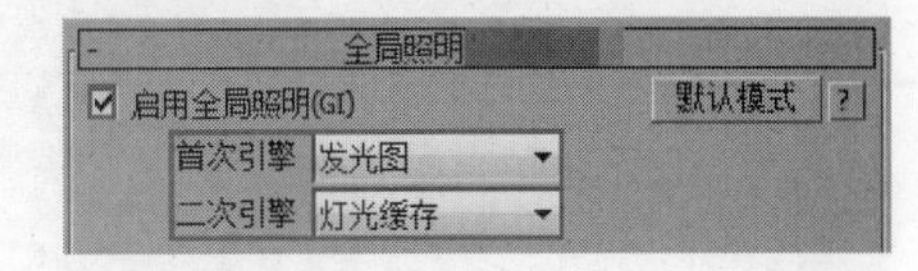

图13-191

05 展开“发光图”卷展栏，然后设置“当前预设”为“自定义”，接着设置“最小速率”和“最大速率”都为-4，再设置“细分”为50、“插值采样”为20，最后勾选“显示计算相位”选项，如图13-192所示。

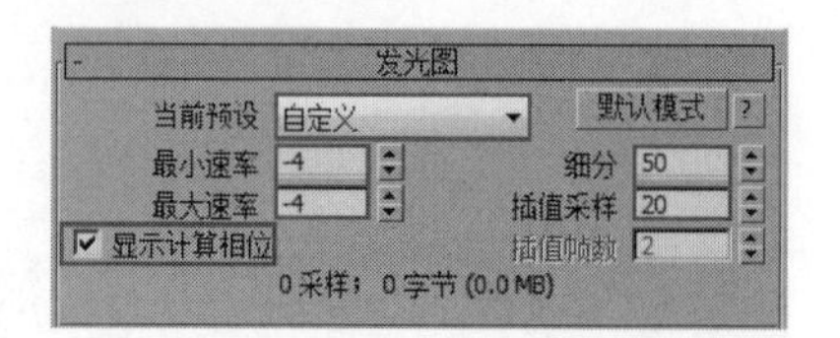

图13-192

06 展开“灯光缓存”卷展栏，然后设置“细分”为200，接着勾选“显示计算相位”选项，如图13-193所示。

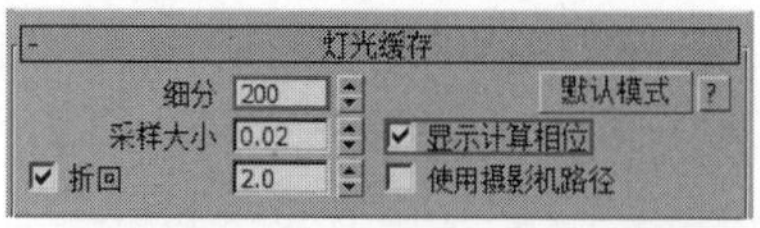

图13-193

07 单击“设置”选项卡，然后在“系统”卷展栏下设置“序列”为“上->下”，接着选择“日志窗口”为“从不”选项，如图13-194所示。

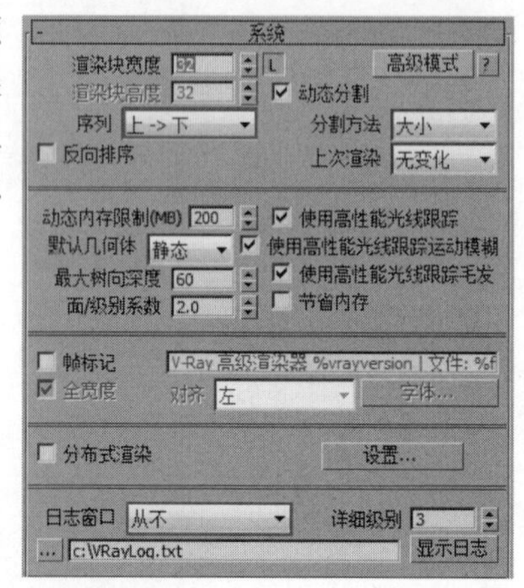

图13-194

灯光设置

场景中的灯光较多，使用VRay灯光模拟环境光和灯槽灯光，VRay太阳模拟日光效果，目标灯光模拟筒灯灯光。

1.创建日光

01 设置“灯光类型”为VRay，然后在窗外创建一盏“VRay太阳”作为日光，其位置如图13-195所示。当创建完“VRay太阳”时，系统会自动弹出图13-196所示的对话框，然后单击“是”按钮。

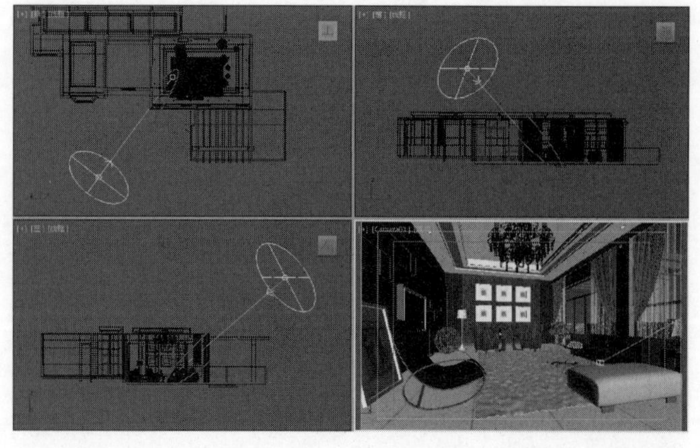

图13-195

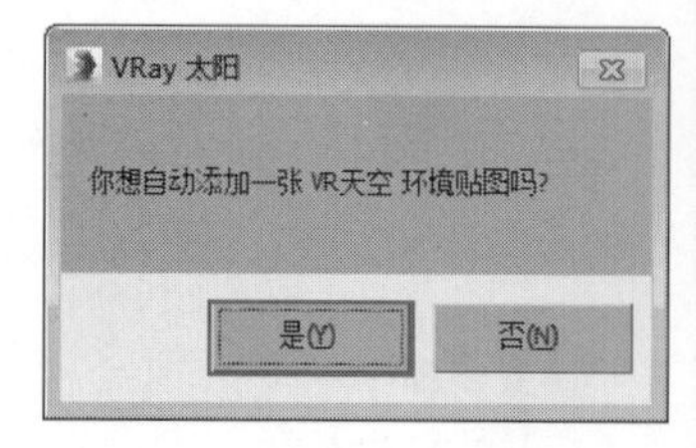

图13-196

02 选择上一步创建的VRay太阳，然后进入“修改”面板，接着设置“强度倍增”为0.05、“大小倍增”为5、“阴影细分”为8，如图13-197所示。

03 按F9键渲染当前场景，效果如图13-198所示。

图13-197　图13-198

2.创建环境灯光

01 设置“灯光类型”为VRay，然后在窗外创建一盏“VRay灯光”作为环境灯光，其位置如图13-199所示。

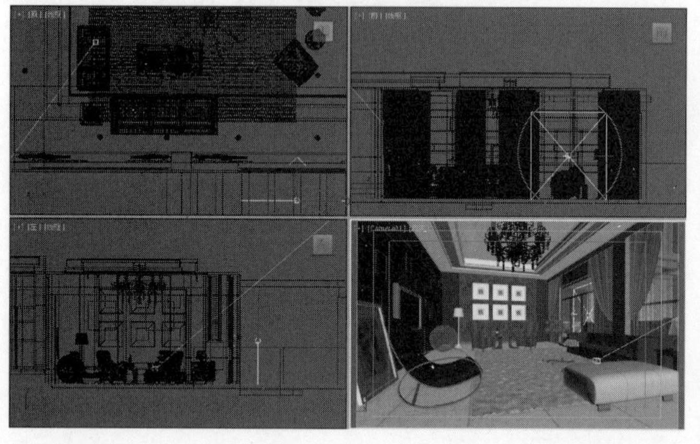

图13-199

02 选择上一步创建的VRay灯光，然后进入“修改”面板，接着展开“参数”卷展栏，具体参数设置如图13-200所示。

设置步骤

① 在“常规”选项组下设置“类型”为“平面”。

② 在“强度”选项组下设置“倍增”为15，然后设置“颜色”为蓝色（R:101，G:159，B:255）。

③ 在“大小”选项组下设置“1/2长”为1140mm、“1/2宽”为1295mm。

④ 在“选项”选项组下勾选“不可见”选项。

⑤ 在“采样”选项组下设置“细分”为16。

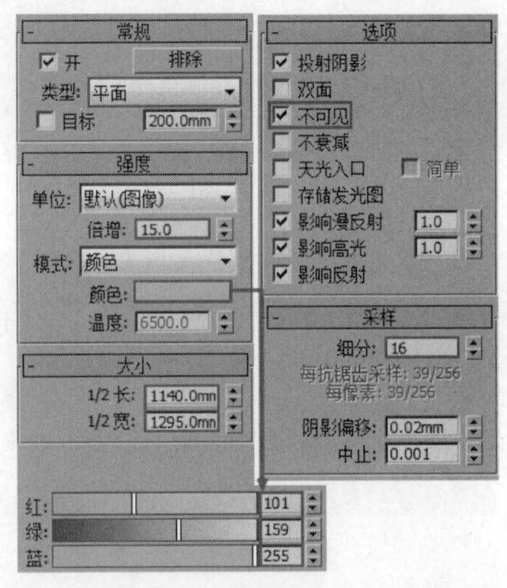

图13-200

03 选择修改好的VRay灯光，然后以“实例”的形式复制到另一侧窗口模型外，其位置如图13-201所示。

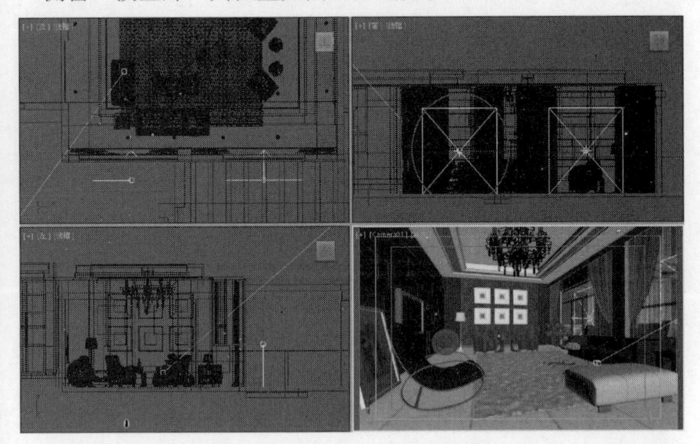

图13-201

04 按F9键渲染当前场景，效果如图13-202所示。

图13-202

❖ 3.创建灯槽灯光

01 设置“灯光类型”为VRay，然后在灯槽内创建一盏“VRay灯光”作为灯槽灯光，其位置如图13-203所示。

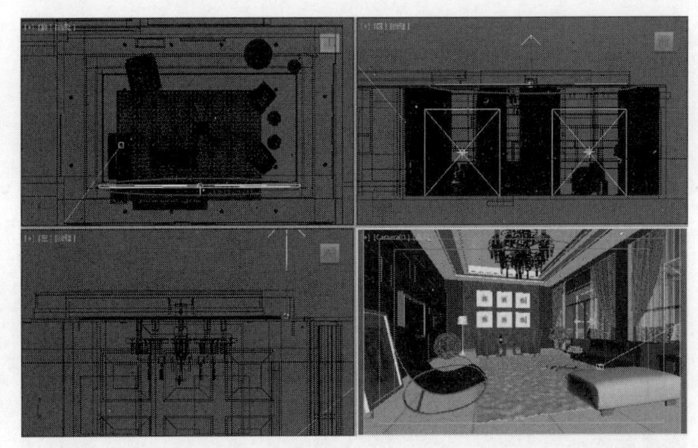

图13-203

02 选择上一步创建的VRay灯光，然后进入“修改”面板，接着展开“参数”卷展栏，具体参数设置如图13-204所示。

设置步骤

① 在“常规”选项组下设置“类型”为“平面”。

② 在“强度”选项组下设置“倍增”为8，然后设置“颜色”为黄色（R:252，G:230，B:196）。

③ 在“大小”选项组下设置“1/2长”为35mm、“1/2宽”为2931.059mm。

④ 在“选项”选项组下勾选“不可见”选项。

⑤ 在“采样”选项组下设置“细分”为12。

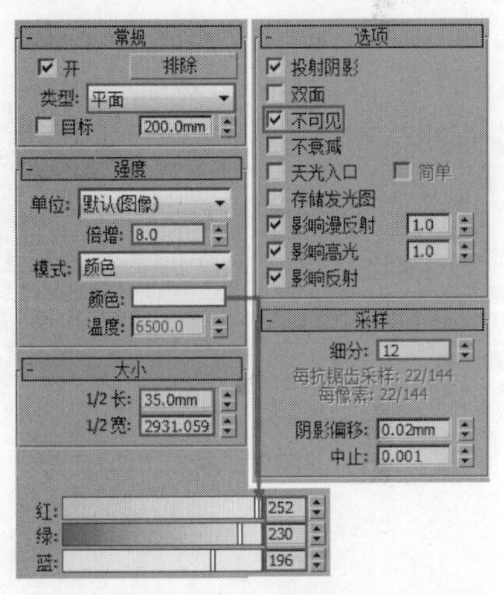

图13-204

03 选择修改好的VRay灯光，然后以“实例”的形式复制到另一侧的灯槽模型内，其位置如图13-205所示。

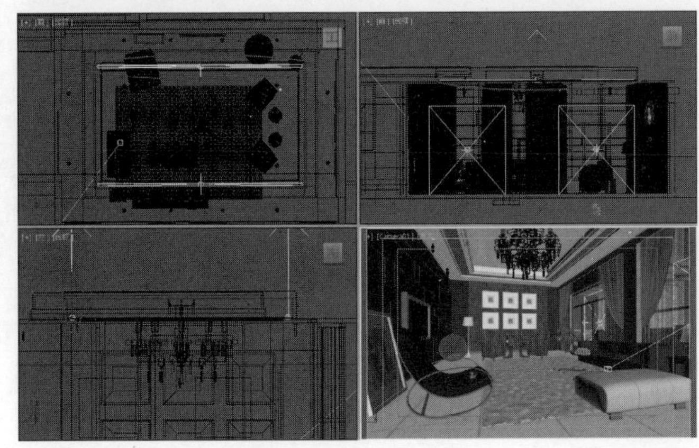

图13-205

04 设置“灯光类型”为VRay，然后在灯槽内创建一盏“VRay灯光”作为灯槽灯光，其位置如图13-206所示。

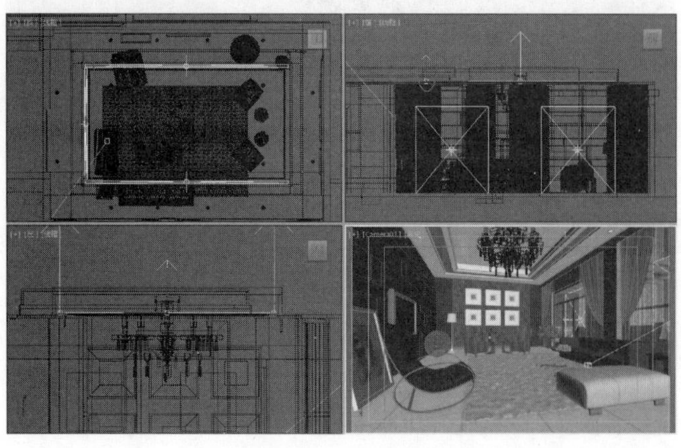

图13-206

05 选择上一步创建的VRay灯光，然后进入“修改”面板，接着展开“参数”卷展栏，具体参数设置如图13-207所示。

设置步骤

① 在“常规”选项组下设置“类型”为“平面”。

② 在“强度”选项组下设置“倍增”为8，然后设置“颜色”为黄色（R:252，G:230，B:196）。

③ 在“大小”选项组下设置“1/2长”为35mm、“1/2宽”为1561.274mm。

④ 在“选项”选项组下勾选“不可见”选项。

⑤ 在“采样”选项组下设置“细分”为12。

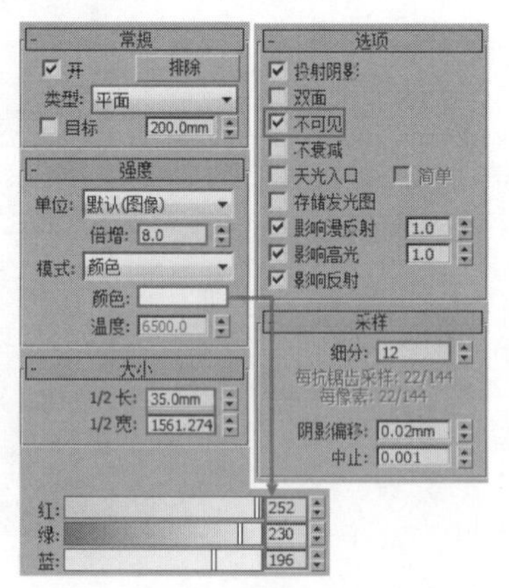

图13-207

06 选择修改好的VRay灯光，然后以“实例”的形式复制到另一侧的灯槽模型内，其位置如图13-208所示。

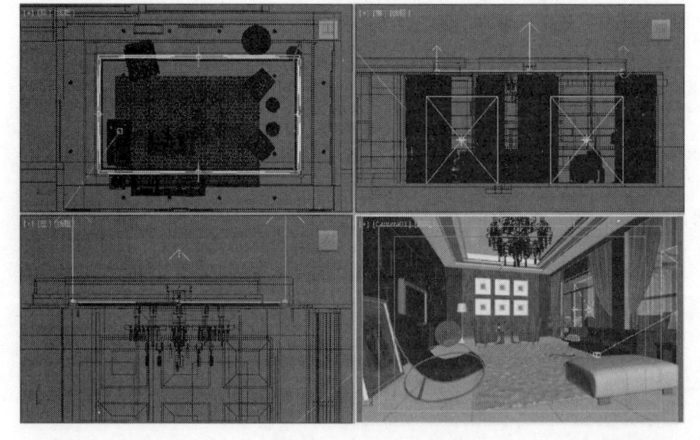

图13-208

07 按F9键渲染当前场景，效果如图13-209所示。

图13-209

❖ 4.创建筒灯灯光

01 设置“灯光类型”为“光度学”，然后在场景中创建一盏“目标灯光”，其位置如图13-210所示。

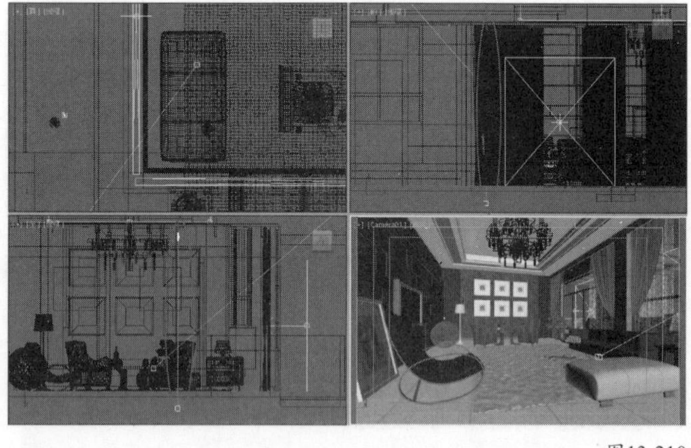

图13-210

02 选择上一步创建的目标灯光，然后进入“修改”面板，接着展开“参数”卷展栏，具体参数设置如图13-211所示。

设置步骤

① 展开“常规参数”卷展栏，然后在“阴影”选项组下勾选“启用”选项，接着设置阴影类型为“VRay阴影”，最后设置“灯光分布（类型）”为“光度学Web”。

② 展开“分布（光度学Web）”卷展栏，在“选择光度学文件”按钮 <选择光度学文件> 上加载本书学习资源中的“实例文件>CH13>实例：简欧风格卫生间夜晚表现>筒灯.ies”文件。

③ 展开“强度/颜色/衰减”卷展栏，然后设置“过滤颜色”为黄色（R:255，G:239，B:218），接着设置“强度”为3000。

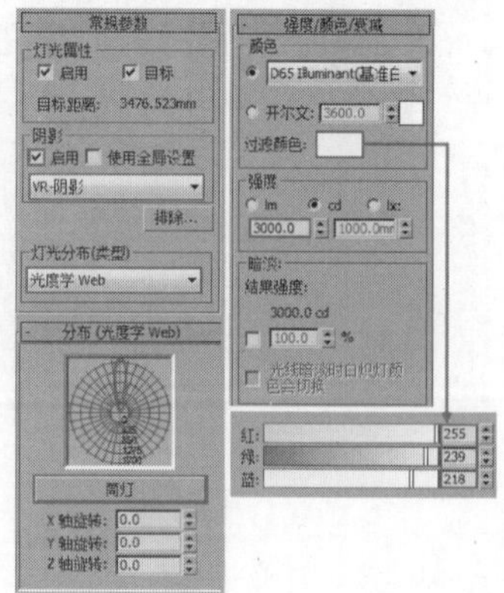

图13-211

03 选择上一步创建的目标灯光，然后以“实例”的形式复制到其余筒灯模型下方，如图13-212所示。

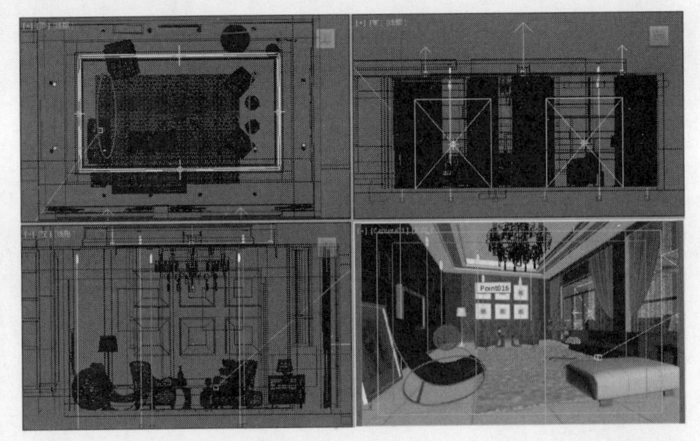

图13-212

04 按F9键渲染当前场景，效果如图13-213所示。

图13-213

设置最终渲染参数

01 按F10键打开“渲染设置”对话框，然后在“公用参数”卷展栏下设置“宽度”为1600、“高度”为1000，如图13-214所示。

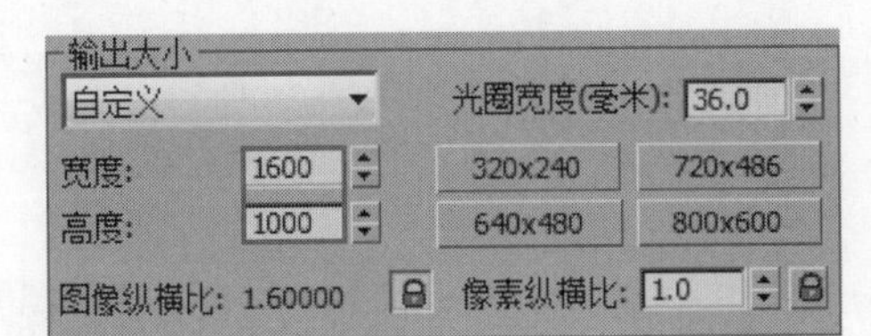

图13-214

02 单击VRay选项卡，然后在“图像采样器（抗锯齿）”卷展栏下设置“图像采样器”的“类型”为“自适应”，接着设置“过滤器”类型为Mitchell-Netravali，具体参数设置如图13-215所示。

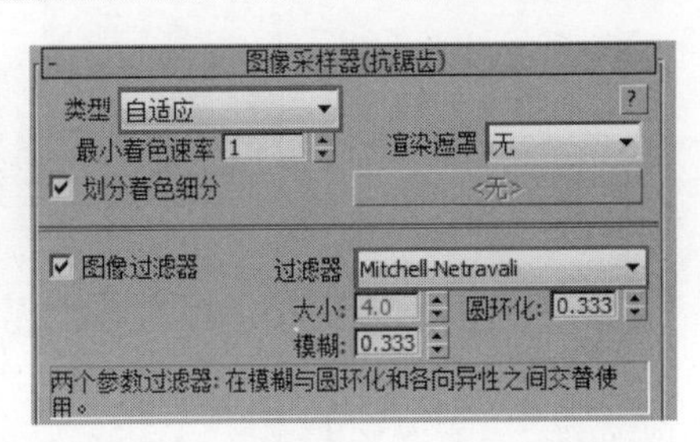

图13-215

03 展开“全局确定性蒙特卡洛”卷展栏，设置“噪波阈值”为0.001、“最少采样”为16、“自适应数量”为0.75，如图13-216所示。

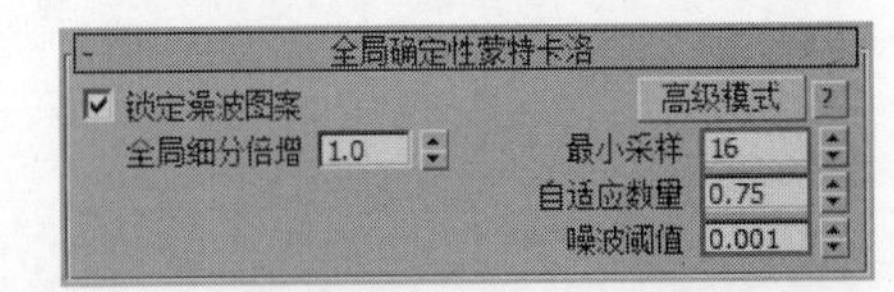

图13-216

04 单击GI选项卡，然后展开“发光图”卷展栏，接着设置“当前预设”为“中”，具体参数设置如图13-217所示。

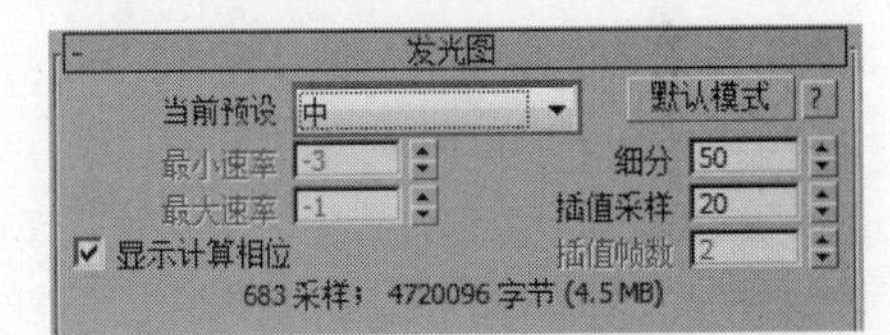

图13-217

05 展开“灯光缓存”卷展栏，然后设置“细分”为1200，如图13-218所示。

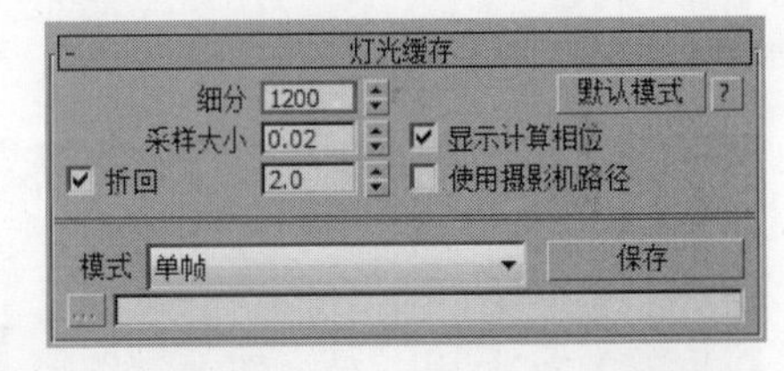

图13-218

06 按F9键渲染当前场景，最终效果如图13-219所示。

图13-219

实例6

商业综合实例：家装篇

田园风格客厅黄昏表现

案例效果如图13-220所示。

- 场景位置 » 场景文件>CH13>06.max
- 实例位置 » 实例文件>CH13>田园风格客厅黄昏表现.max
- 技术掌握 » 练习黄昏效果的布光方法

图13-220

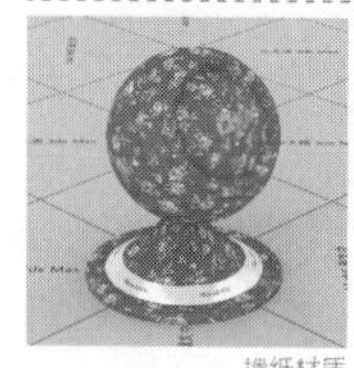

墙纸材质

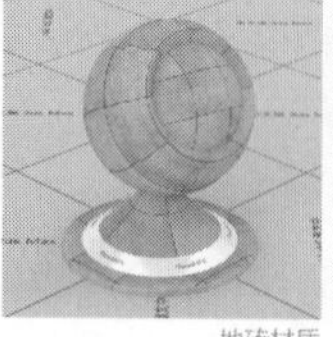

地砖材质

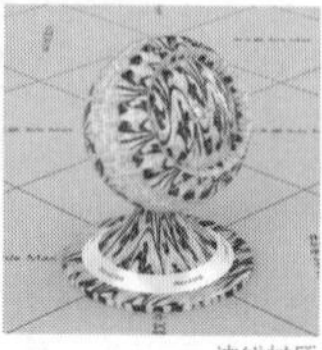

边线材质

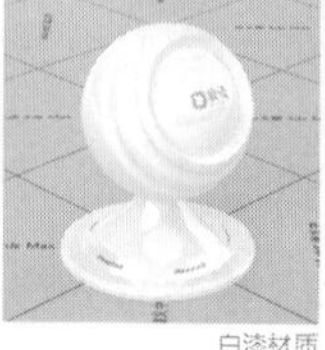

白漆材质

背景墙材质

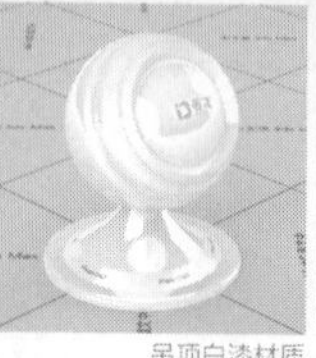

吊顶白漆材质

绒布材质

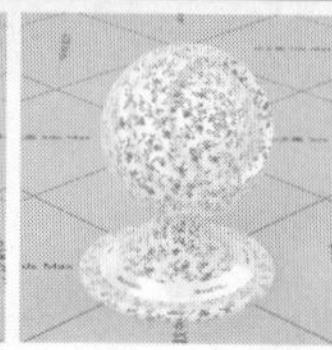

沙发布材质

项目说明

本例是一个田园风格的客厅，重点表现墙纸、地砖、白漆、绒布等材质。在灯光上，以室外VRay太阳灯光和VRay平面灯光为主光源，室内灯槽灯带和壁灯为辅助光源。

材质制作

本例的场景对象材质主要包括墙纸材质、地砖材质、边线材质、白漆材质、背景墙材质、吊顶白漆材质、沙发绒布材质和沙发布材质，如图13-221所示。

图13-221

❖ 1.制作墙纸材质

01 打开本书学习资源中的“场景文件>CH13>06.max”文件，如图13-222所示。

02 选择一个空白材质球，然后设置材质类型为VRayMtl材质，具体参数设置如图13-223所示，制作好的材质球效果如图13-224所示。

设置步骤

① 在“漫反射”贴图通道中加载一张本书学习资源中的“实例文件>CH13>实例：田园风格客厅黄昏表现> 364.jpg”贴图。

② 设置“反射”颜色为灰色（R:15，G:15，B:15），然后设置“反射光泽”0.62，最后勾选“菲涅耳反射”选项。

图13-222

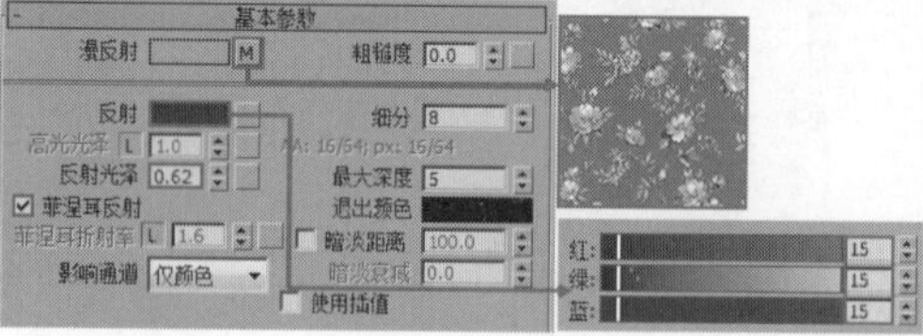

图13-223

图13-224

❖ 2.制作地砖材质

选择一个空白材质球，然后设置材质类型为VRayMtl材质，具体参数设置如图13-225所示，制作好的材质球效果如图13-226所示。

设置步骤

① 在“漫反射”贴图通道中加载一张本书学习资源中的“实

例文件>CH13>田园风格客厅黄昏表现> pav-a.jpg”贴图。

② 在“反射”贴图通道中加载一张本书学习资源中的“实例文件>CH13>田园风格客厅黄昏表现> pav b4aa.jpg”文件，然后设置“高光光泽”为0.7、“反射光泽”为0.79、“细分”为16，最后取消勾选“菲涅耳反射”选项。

③ 展开“贴图”卷展栏，然后在“凹凸”通道中加载一张本书学习资源中的“实例文件>CH13>田园风格客厅黄昏表现> pav-b.jpg”贴图，接着设置“凹凸”强度为5。

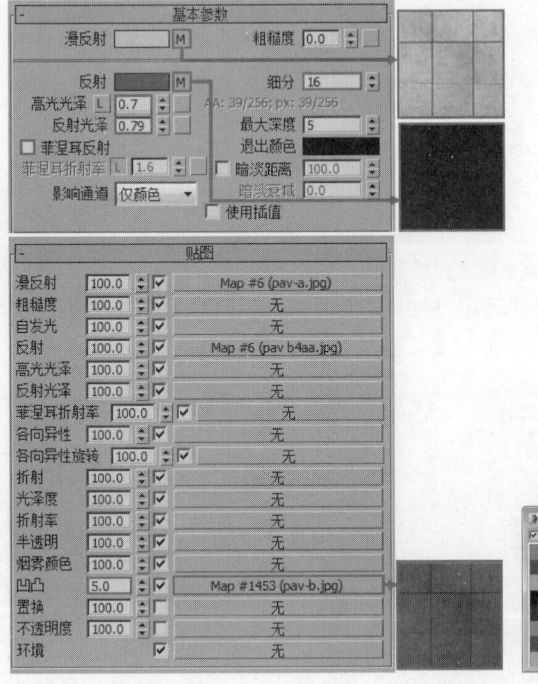

图13-225 图13-226

❖ 3.制作边线材质

选择一个空白材质球，然后设置材质类型为VRayMtl材质，具体参数设置如图13-227所示，制作好的材质球效果如图13-228所示。

设置步骤

① 在“漫反射”通道中加载一张本书学习资源中的“实例文件>CH13>田园风格客厅黄昏表现> U-17.jpg”贴图。

② 在“反射”通道中加载一张“衰减”贴图，然后进入“衰减”贴图，设置“衰减类型”为Fresnel，接着设置“高光光泽”为0.7、“反射光泽”0.83，最后取消勾选“菲涅耳反射”选项。

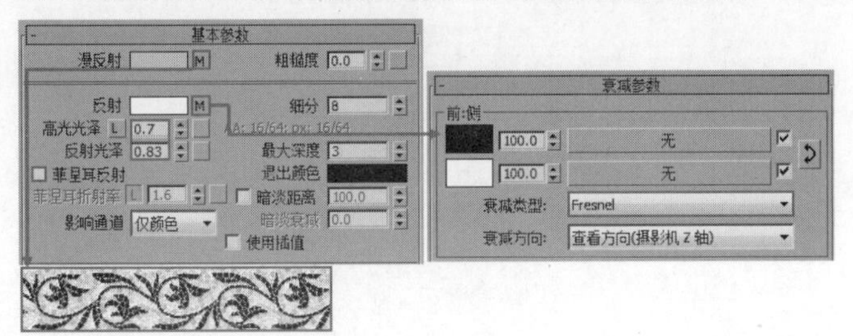

图13-227

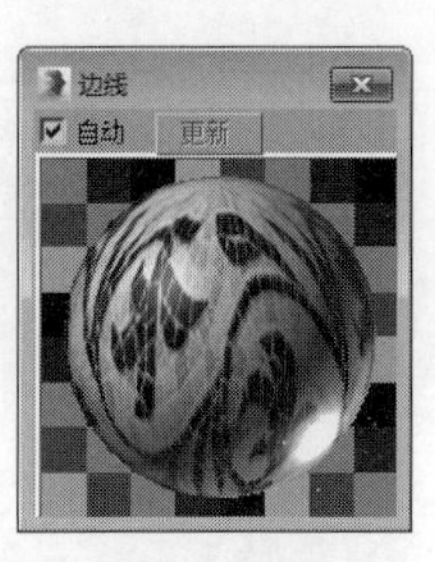

图13-228

❖ 4.制作白漆材质

选择一个空白材质球，然后设置材质类型为VRayMtl材质，具体参数设置如图13-229所示，制作好的材质球效果如图13-230所示。

设置步骤

① 设置“漫反射”颜色为白色（R:255，G:255，B:255）。

② 设置“反射”颜色为灰色（R:23，G:23，B:23），然后设置“高光光泽”为0.5、“反射光泽”0.93、“细分”为20，最后取消勾选“菲涅耳反射”选项。

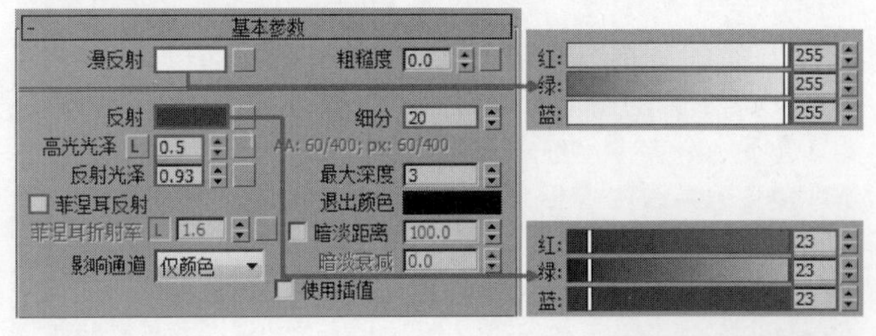

图13-229

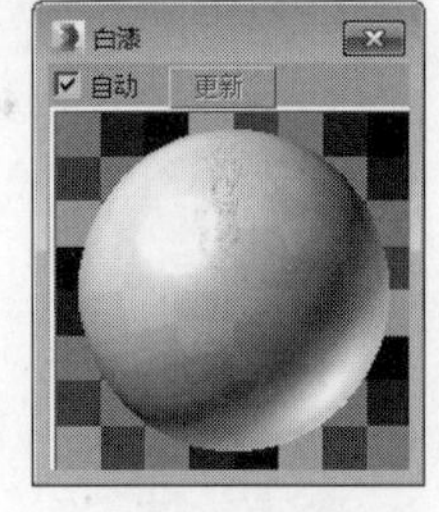

图13-230

❖ 5.制作背景墙材质

选择一个空白材质球，然后设置材质类型为VRayMtl材质，具体参数设置如图13-231所示，制作好的材质球效果如图13-232所示。

设置步骤

① 在“漫反射”通道中加载一张本书学习资源中的“实例文件>CH13>实例：田园风格客厅黄昏表现>文化石20a.jpg”贴图。

② 在“反射”通道中加载一张“衰减”贴图，然后进入“衰减”贴图，设置“侧”颜色为蓝色（R:196，G:220，B:255），接着设置“高光光泽”为0.6、“反射光泽”为0.55，最后取消勾选“菲涅耳反射”选项。

③ 展开“贴图”卷展栏，然后将“漫反射”通道中的贴图向下复制到“凹凸”通道中，接着设置“凹凸”强度为45。

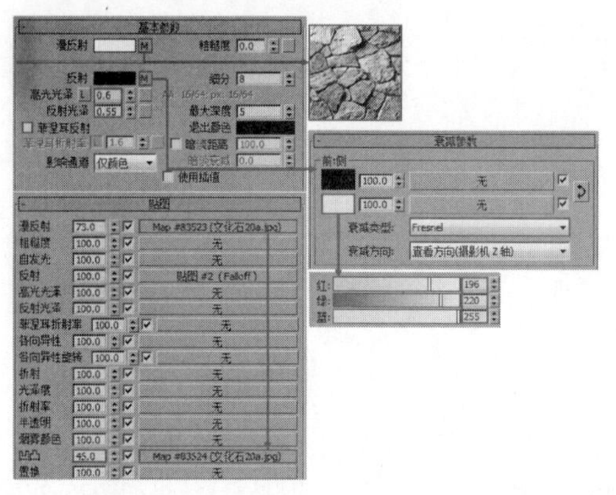

图13-231　　图13-232

❖ 6.制作吊顶白漆材质

选择一个空白材质球，然后设置材质类型为VRayMtl材质，具体参数设置如图13-233所示，制作好的材质球效果如图13-234所示。

设置步骤

① 设置“漫反射”颜色为白色（R:255，G:255，B:255）。

② 设置“反射”颜色为灰色（R:69，G:69，B:69），接着设置“高光光泽”为0.41、“反射光泽”为0.93，并取消勾选“菲涅耳反射”选项，最后设置“细分”为20。

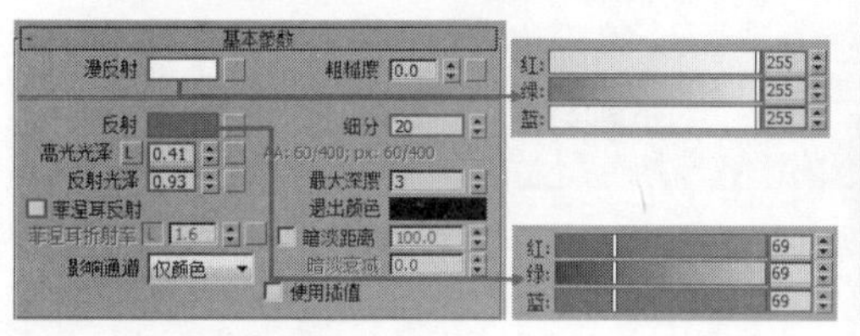

图13-233　　图13-234

❖ 7.制作沙发绒布材质

选择一个空白材质球，然后设置材质类型为VRayMtl材质，具体参数设置如图13-235所示，制作好的材质球效果如图13-236所示。

设置步骤

① 在“漫反射”通道中加载一张“衰减”贴图，然后进入“衰减”贴图，设置“前”颜色为灰色（R:184，G:180，B:175）、“侧”颜色为白色（R:239，G:238，B:237），接着设置“衰减类型”为“垂直/平行”。

② 设置“反射”颜色为灰色（R:30，G:30，B:30），接着设置“反射光泽”为0.7，最后勾选“菲涅耳反射”选项。

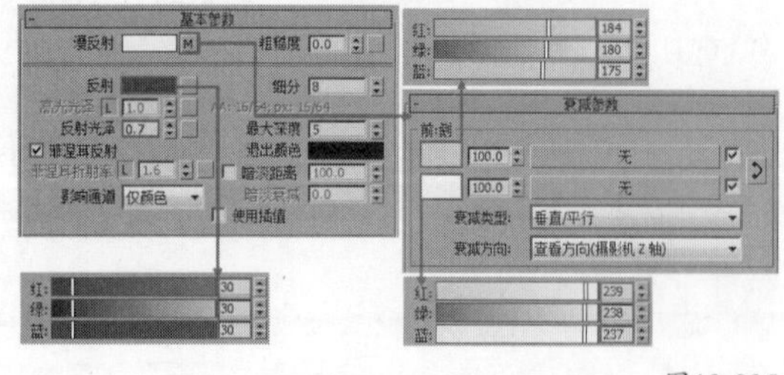

图13-235

图13-236

❖ 8.制作沙发布材质

选择一个空白材质球，然后设置材质类型为VRayMtl材质，具体参数设置如图13-237所示，制作好的材质球效果如图13-238所示。

设置步骤

① 在“漫反射”通道中加载一张“衰减”贴图，然后进入“衰减”贴图，在“前”通道中加载一张本书学习资源中的“实例文件>CH13>田园风格客厅黄昏表现>文化石20a.jpg”贴图，接着设置“衰减类型”为“垂直/平行”。

② 设置“反射”颜色为黑色（R:13，G:13，B:13），然后设置“反射光泽”为0.6，最后勾选“菲涅耳反射”选项。

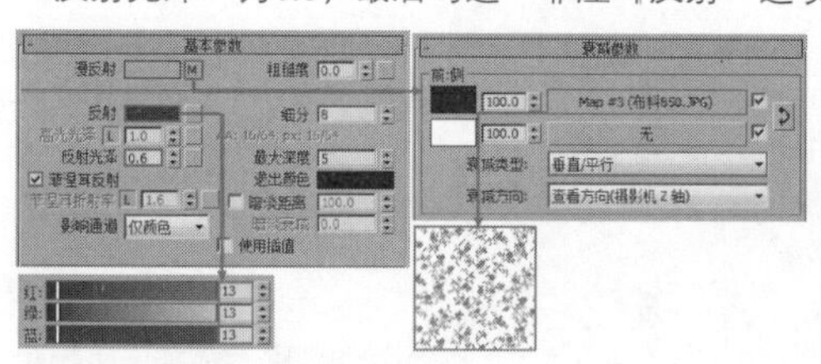

图13-237　　图13-238

设置测试渲染参数

01 按F10键打开“渲染设置”对话框，然后设置渲染器为VRay渲染器，接着在“公用”卷展栏下设置“宽度”为720、“高度”为405，如图13-239所示。

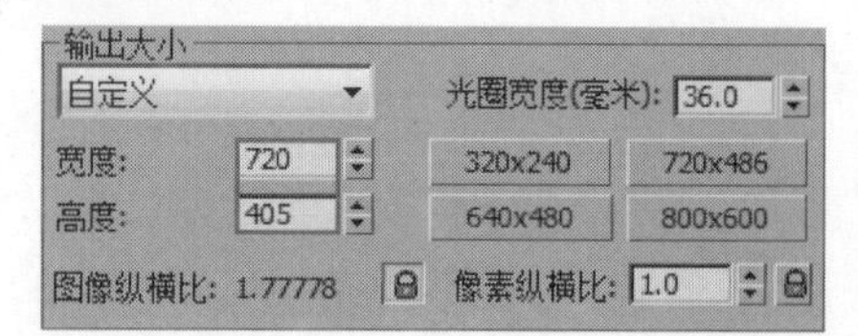

图13-239

02 单击VRay选项卡，然后在“图像采样器（抗锯齿）”卷展栏下设置“图像采样器”的“类型”为“固定”，接着设置“过滤器”类型为“区域”，如图13-240所示。

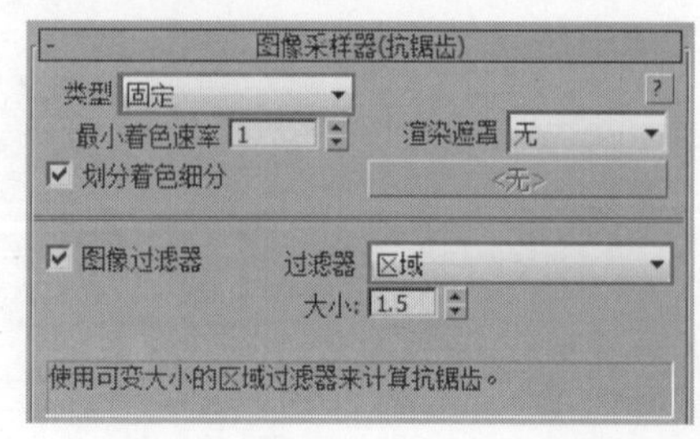

图13-240

03 展开“颜色贴图”卷展栏，然后设置“类型”为“莱因哈德”，接着设置“加深值”为0.6，如图13-241所示。

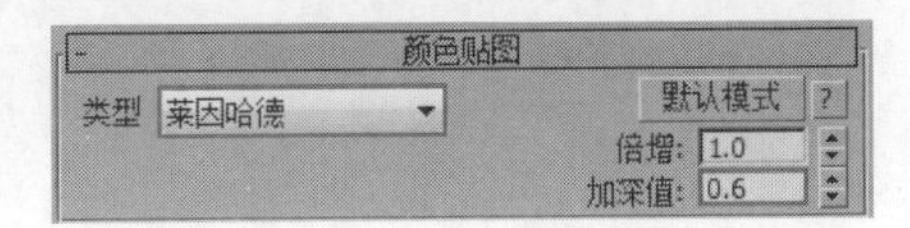

图13-241

04 单击GI选项卡，然后在“全局照明”卷展栏下勾选“启用全局照明（GI）”选项，接着设置“首次引擎”为“发光图”、“二次引擎”为“灯光缓存”，如图13-242所示。

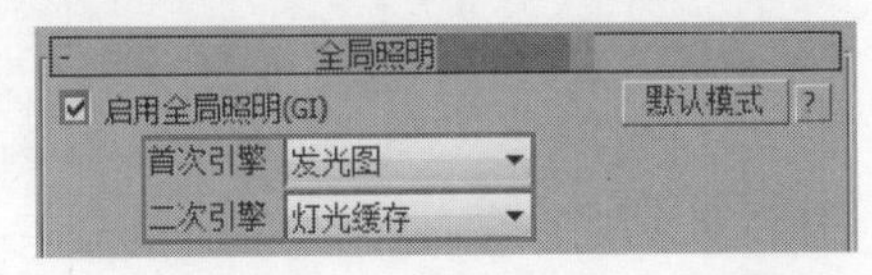

图13-242

05 展开“发光图”卷展栏，然后设置“当前预设”为“自定义”，接着设置“最小速率”和“最大速率”都为-4，再设置“细分”为50、“插值采样”为20，最后勾选“显示计算相位”选项，如图13-243所示。

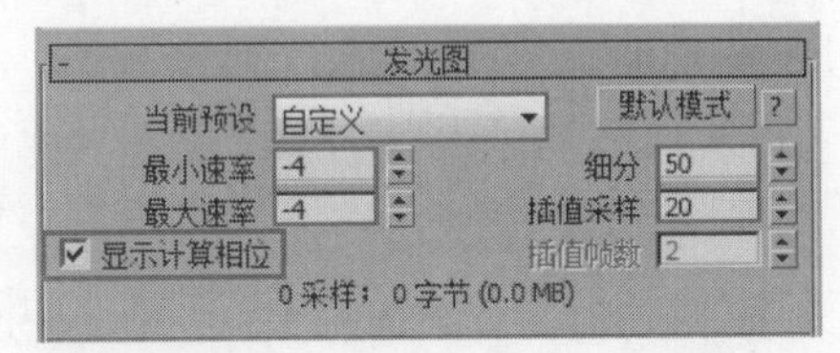

图13-243

06 展开“灯光缓存”卷展栏，然后设置“细分”为200，接着勾选“显示计算相位”选项，如图13-244所示。

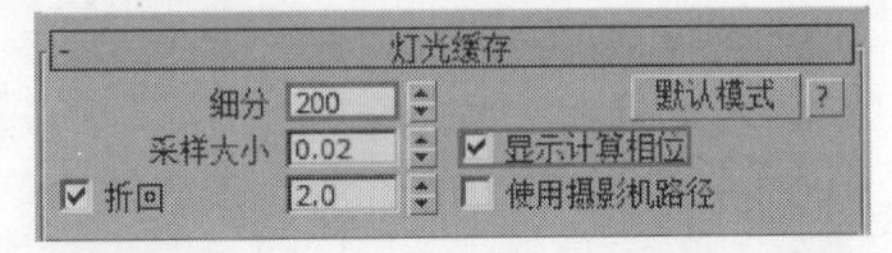

图13-244

07 单击“设置”选项卡，然后在“系统”卷展栏下设置“序列”为“上->下”，接着选择“日志窗口”为“从不”选项，如图13-245所示。

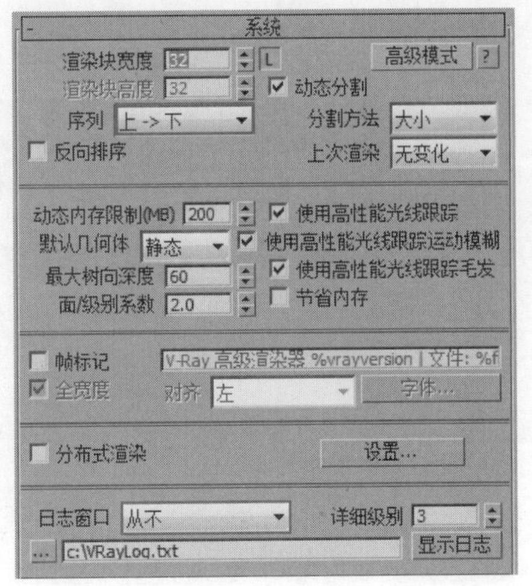

图13-245

灯光设置

场景中的灯光较多，使用VRay灯光模拟环境光、灯槽灯光以及补光，VRay太阳模拟日光效果，目标灯光模拟筒灯灯光。

❖ 1.创建日光

01 设置“灯光类型”为VRay，然后在窗外创建一盏“VRay太阳”作为日光，其位置如图13-246所示。当创建完“VRay太阳”时，系统会自动弹出图13-247所示的对话框，然后单击“是”按钮。

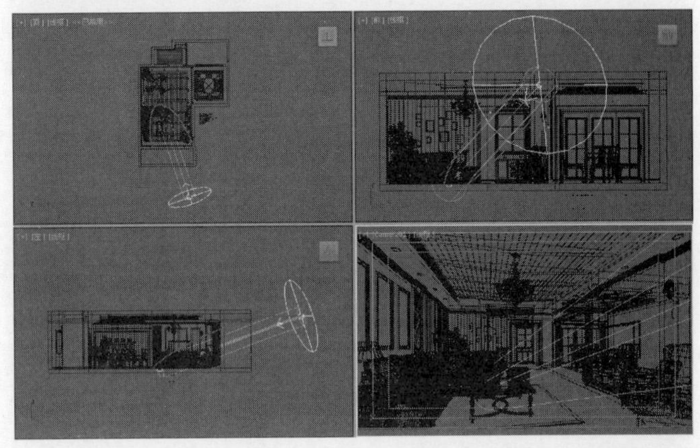

图13-246

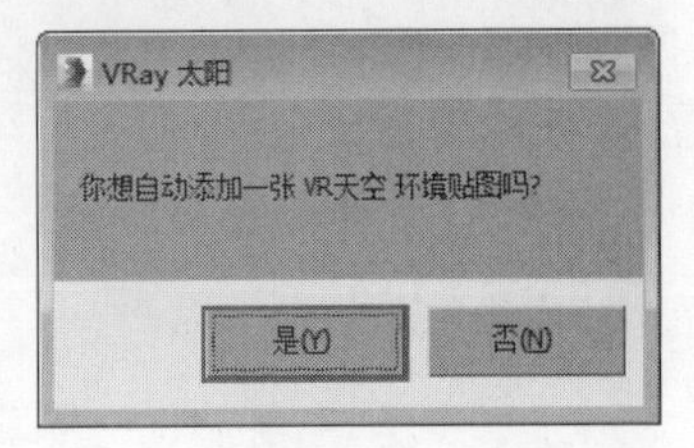

图13-247

02 选择上一步创建的VRay太阳，然后进入“修改”面板，接着设置“浊度”为8、“强度倍增”为0.015、“大小倍增”为5、“过滤颜色”为黄色（R:255，G:218，B:186）、“阴影细分”为8、“光子发射半径”为500，如图13-248所示。

03 按F9键渲染当前场景，效果如图13-249所示。

图13-248　　图13-249

❖ 2.创建环境灯光

01 设置“灯光类型”为VRay，然后在窗外创建一盏“VRay灯光”作为环境灯光，其位置如图13-250所示。

图13-250

02 选择上一步创建的VRay灯光，然后进入“修改”面板，接着展开“参数”卷展栏，具体参数设置如图13-251所示。

设置步骤

① 在“常规”选项组下设置“类型”为“平面”。

② 在“强度”选项组下设置“倍增”为1.5，然后设置“颜色”为蓝色（R:32，G:124，B:238）。

③ 在“大小”选项组下设置“1/2长”为1488.783mm、“1/2宽”为1052.345mm。

④ 在“选项”选项组下勾选“不可见”选项，取消勾选“影响反射”选项。

⑤ 在“采样”选项组下设置“细分”为16。

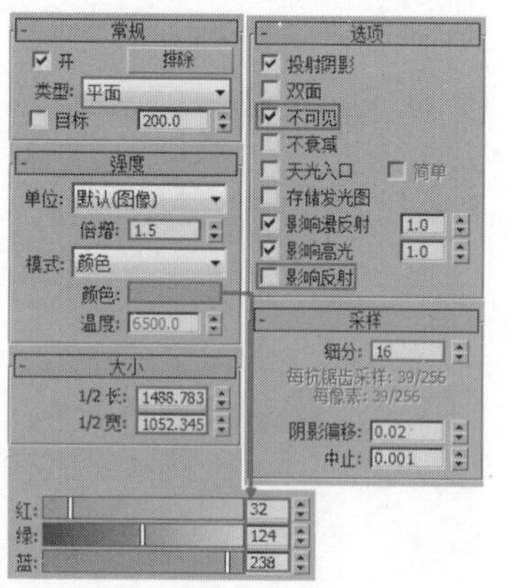

图13-251

03 按F9键渲染当前场景，效果如图13-252所示。

图13-252

❖ 3.创建灯槽灯光

01 设置“灯光类型”为VRay，然后在灯槽内创建一盏“VRay灯光”作为灯槽灯光，其位置如图13-253所示。

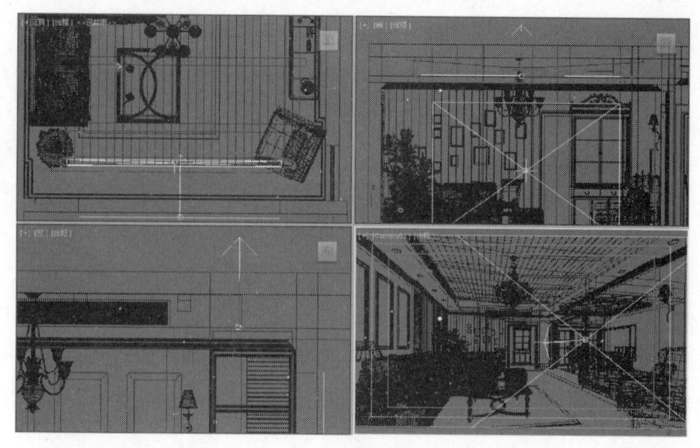

图13-253

02 选择上一步创建的VRay灯光，然后进入“修改”面板，接着展开“参数”卷展栏，具体参数设置如图13-254所示。

设置步骤

① 在“常规”选项组下设置“类型”为“平面”。

② 在“强度”选项组下设置“倍增”为2，然后设置“颜色”为黄色（R:255，G:176，B:106）。

③ 在“大小”选项组下设置“1/2长”为40mm、“1/2宽”为1600mm。

④ 在“选项”选项组下勾选“不可见”选项，取消勾选“影响高光”和“影响反射”选项。

⑤ 在“采样”选项组下设置“细分”为8。

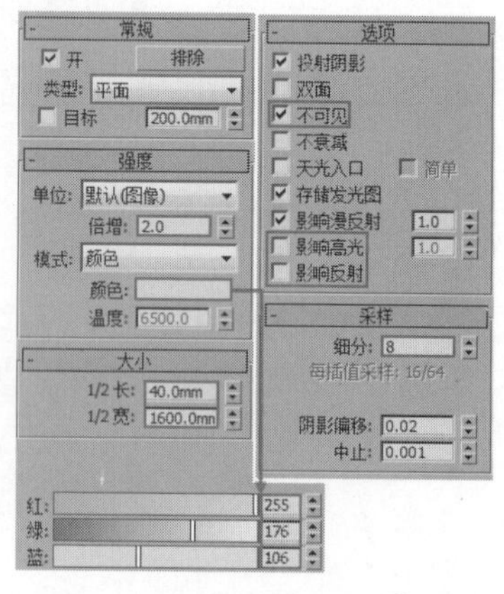

图13-254

03 选择修改好的VRay灯光，然后以“实例”的形式复制到另一侧的灯槽模型内，其位置如图13-255所示。

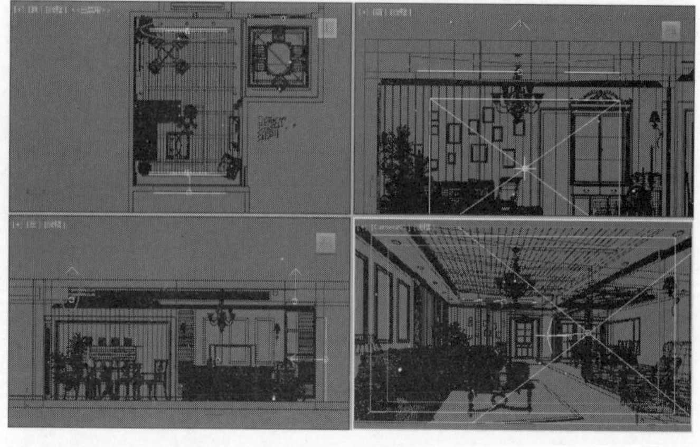

图13-255

04 设置“灯光类型”为VRay，然后在灯槽内创建一盏“VRay灯光”作为灯槽灯光，其位置如图13-256所示。

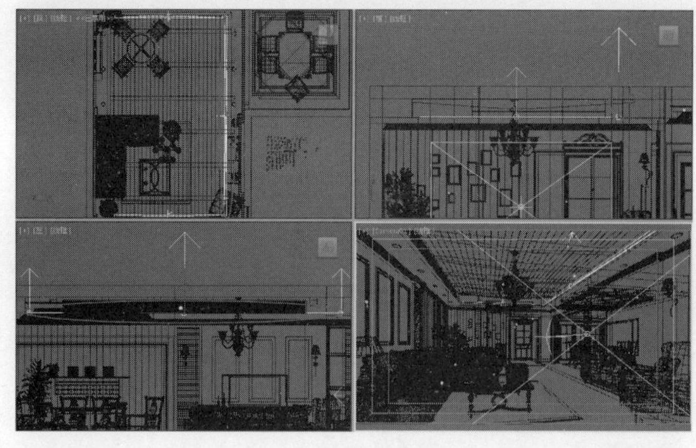

图13-256

05 选择上一步创建的VRay灯光，然后进入“修改”面板，接着展开“参数”卷展栏，具体参数设置如图13-257所示。

设置步骤

① 在“常规”选项组下设置“类型”为“平面”。

② 在“强度”选项组下设置“倍增”为2，然后设置“颜色”为黄色（R:255，G:176，B:106）。

③ 在“大小”选项组下设置“1/2长”为40mm、“1/2宽”为2880mm。

④ 在“选项”选项组下勾选“不可见”选项，取消勾选“影响高光”和“影响反射”选项。

⑤ 在“采样”选项组下设置“细分”为8。

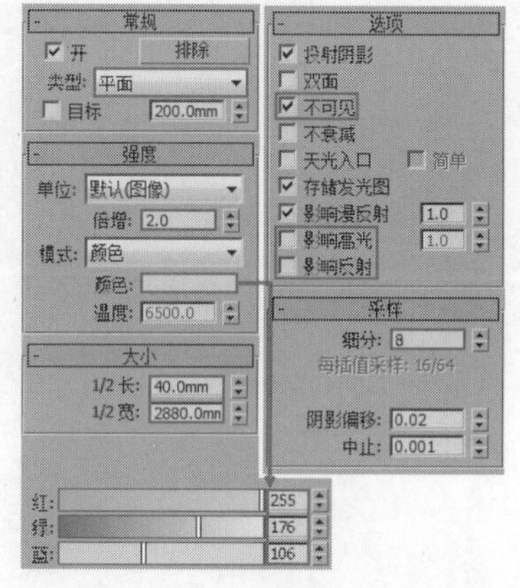

图13-257

06 选择修改好的VRay灯光，然后以“实例”的形式复制到另一侧的灯槽模型内，其位置如图13-258所示。

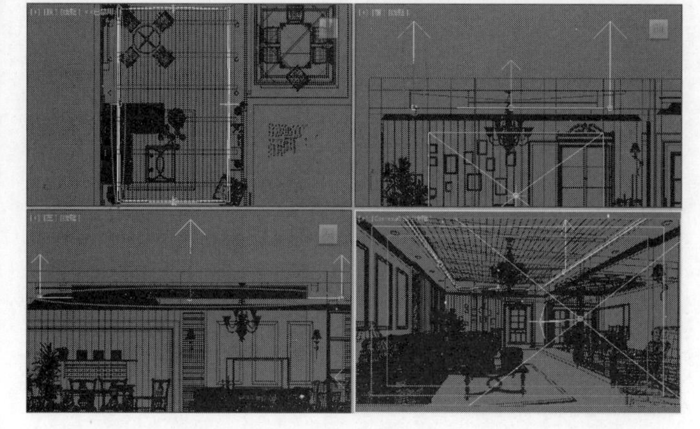

图13-258

07 按F9键渲染当前场景，效果如图13-259所示。

图13-259

❖ 4.创建室内补光

01 设置“灯光类型”为VRay，然后在室内顶部创建一盏“VRay灯光”作为室内补光，其位置如图13-260所示。

图13-260

02 选择上一步创建的VRay灯光，然后进入“修改”面板，接着展开“参数”卷展栏，具体参数设置如图13-261所示。

设置步骤

① 在“常规”选项组下设置“类型”为“平面”。

② 在“强度”选项组下设置“倍增”为3，然后设置“颜色”为黄色（R:255，G:218，B:171）。

③ 在“大小”选项组下设置“1/2长”为612.292mm、“1/2宽”为484.216mm。

④ 在“选项”选项组下勾选“不可见”选项，取消勾选“影响反射”选项。

⑤ 在“采样”选项组下设置“细分”为8。

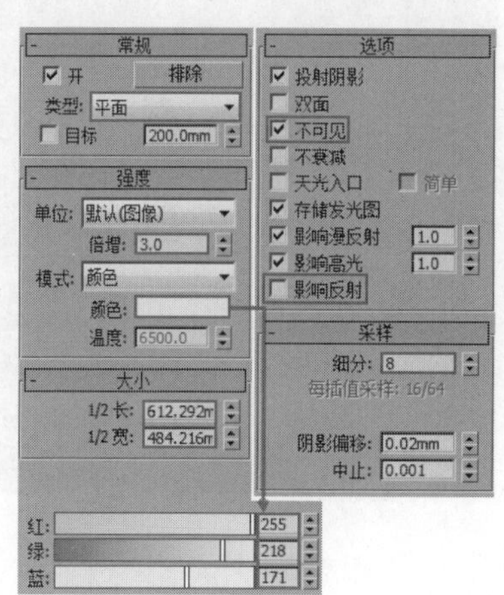

图13-261

03 设置“灯光类型”为VRay，然后在室内顶部创建一盏“VRay灯光”作为室内补光，其位置如图13-262所示。

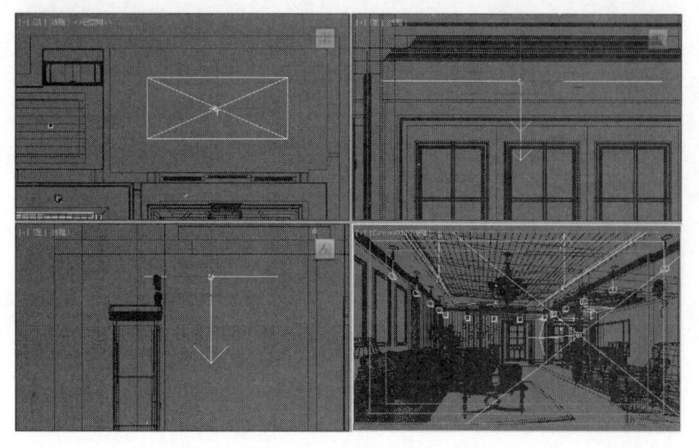

图13-262

04 选择上一步创建的VRay灯光，然后进入“修改”面板，接着展开“参数”卷展栏，具体参数设置如图13-263所示。

设置步骤

① 在“常规”选项组下设置“类型”为“平面”。

② 在“强度”选项组下设置“倍增”为2，然后设置“颜色”为黄色（R:255，G:218，B:171）。

③ 在“大小”选项组下设置“1/2长”为1133.874mm、“1/2宽”为484.216mm。

④ 在“选项”选项组下勾选“不可见”选项，取消勾选“影响反射”选项。

⑤ 在“采样”选项组下设置“细分”为8。

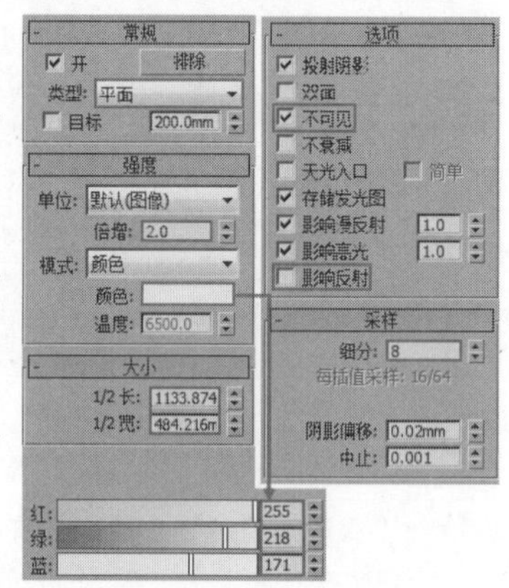

图13-263

05 按F9键渲染当前场景，效果如图13-264所示。

图13-264

❖ 5.创建壁灯灯光

01 设置“灯光类型”为VRay，然后在室内顶部创建一盏“VRay灯光”作为室内补光，其位置如图13-265所示。

图13-265

02 选择上一步创建的VRay灯光，然后进入“修改”面板，接着展开“参数”卷展栏，具体参数设置如图13-266所示。

设置步骤

① 在“常规”选项组下设置“类型”为“球体”。

② 在“强度”选项组下设置“倍增”为30，然后设置“颜色”为黄色（R:255，G:176，B:106）。

③ 在“大小”选项组下设置“半径”为35.742mm。

④ 在“选项”选项组下勾选“不可见”选项，取消勾选“影响反射”选项。

⑤ 在“采样”选项组下设置“细分”为16。

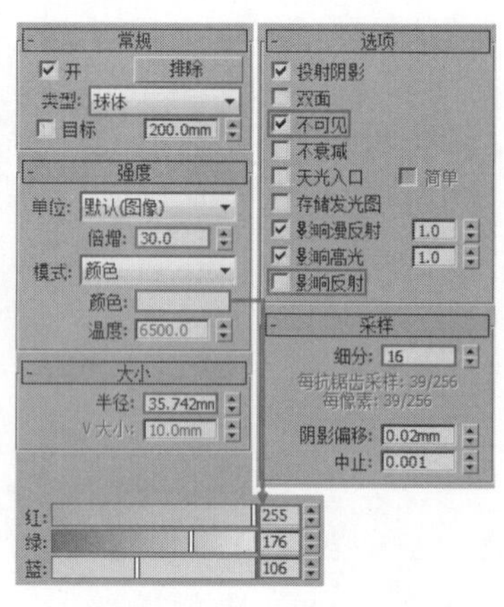

图13-266

03 选择修改好的VRay灯光，然后以“实例”的形式复制一盏到另一个壁灯模型内，其位置如图13-267所示。

图13-267

04 按F9键渲染当前场景，效果如图13-268所示。

图13-268

❖ 6.创建筒灯灯光

01 设置“灯光类型”为“光度学”，然后在场景中创建一盏“目标灯光”，其位置如图13-269所示。

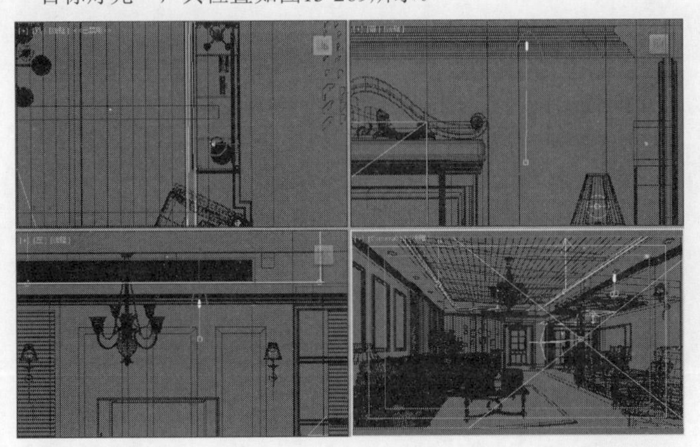

图13-269

02 选择上一步创建的目标灯光，然后进入“修改”面板，接着展开“参数”卷展栏，具体参数设置如图13-270所示。

设置步骤

① 展开“常规参数”卷展栏，然后在“阴影”选项组下勾选“启用”选项，接着设置阴影类型为“VRay阴影”，最后设置“灯光分布(类型)”为“光度学Web”。

② 展开“分布(光度学Web)”卷展栏，在“选择光度学文件”按钮 < 选择光度学文件 > 上加载本书学习资源中的“实例文件>CH13>实例：田园风格客厅黄昏表现>经典筒灯.IES”文件。

③ 展开“强度/颜色/衰减”卷展栏，然后设置“过滤颜色”为黄色（R:255，G:215，B:163），接着设置“强度”为800。

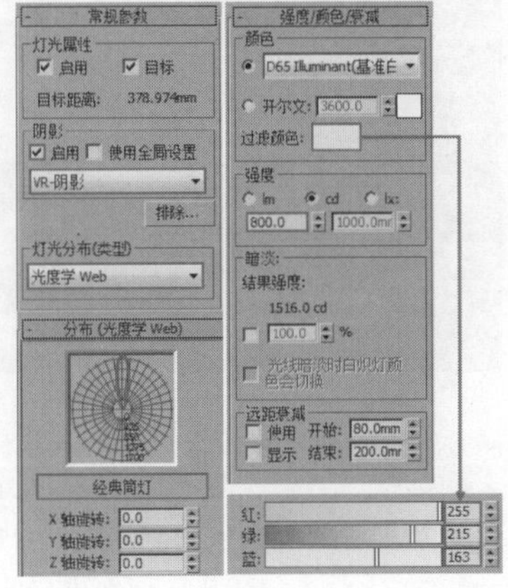

图13-270

03 选择上一步创建的目标灯光，然后以“实例”的形式复制到其余筒灯模型下方，如图13-271所示。

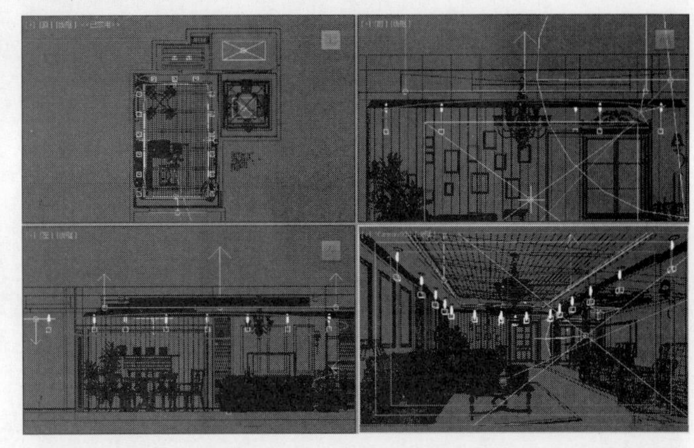

图13-271

04 按F9键渲染当前场景，效果如图13-272所示。

图13-272

设置最终渲染参数

01 按F10键打开“渲染设置”对话框，然后在“公用参数”卷展栏下设置“宽度”为1920、“高度”为1080，如图13-273所示。

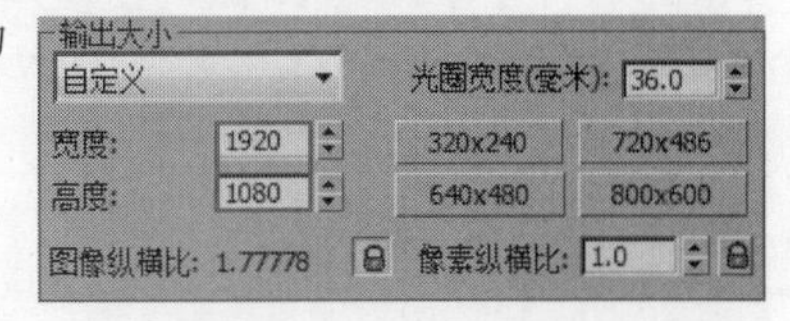

图13-273

02 单击VRay选项卡，然后在“图像采样器（抗锯齿）”卷展栏下设置“图像采样器”的“类型”为“自适应”，接着设置“过滤器”类型为Mitchell-Netravali，具体参数设置如图13-274所示。

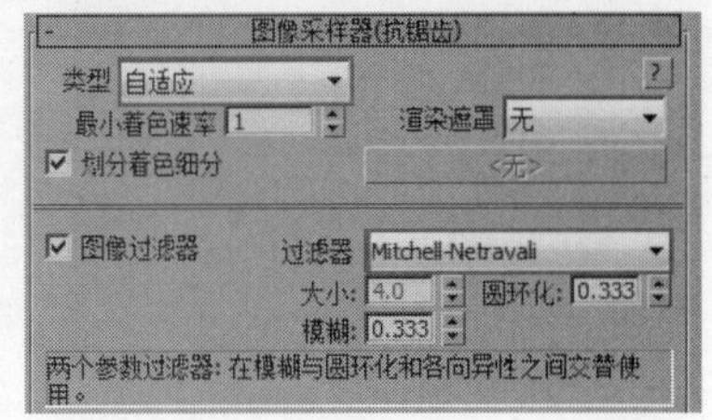

图13-274

03 展开“全局确定性蒙特卡洛”卷展栏，设置“噪波阈值”为0.001、“最小采样”为16、“自适应数量”为0.75，如图13-275所示。

04 单击GI选项卡，然后展开“发光图”卷展栏，接着设置“当前预设”为“中”，具体参数设置如图13-276所示。

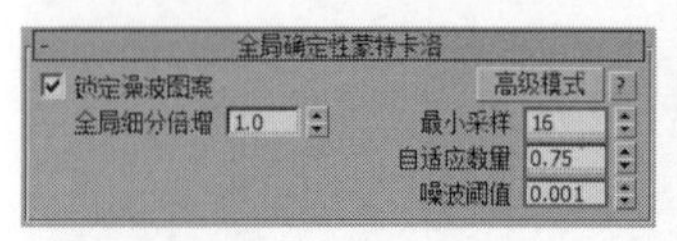

图13-275

发光图
当前预设 中
默认模式
最小速率 -3
最大速率 -1
细分 50
插值采样 20
显示计算相位
插值帧数 2
683 采样：4720096 字节 (4.5 MB)

图13-276

05 展开“灯光缓存”卷展栏，然后设置“细分”为1200，如图13-277所示。

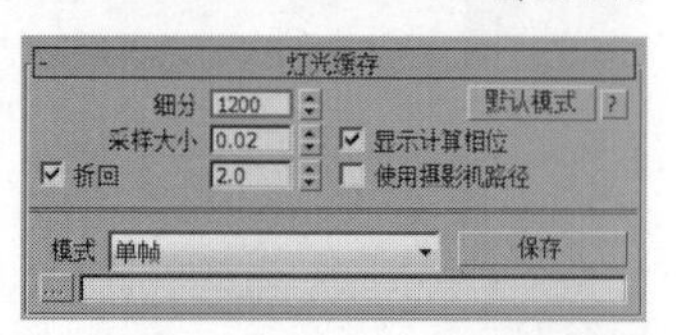

图13-277

06 按F9键渲染当前场景，最终效果如图13-278所示。

图13-278

实例7

商业综合实例：家装篇

现代风格客厅阴天表现

案例效果如图13-279所示。

- 场景位置 » 场景文件>CH13>07.max
- 实例位置 » 实例文件>CH13>现代风格客厅阴天表现.max
- 技术掌握 » 练习阴天效果的布光方法

图13-279

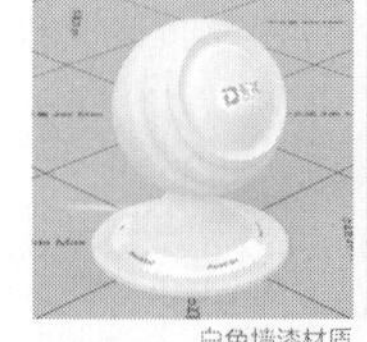

白色墙漆材质

紫色墙漆材质

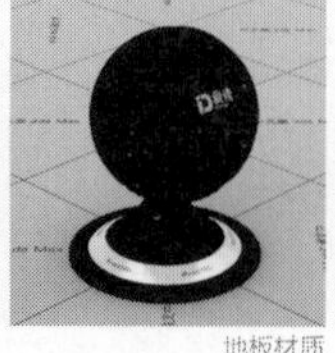

地板材质

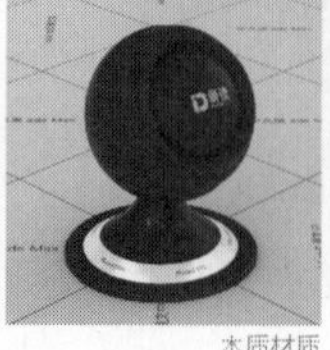

木质材质

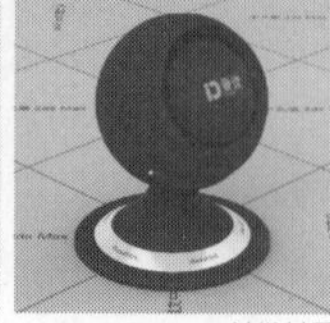

沙发材质

不锈钢材质

栏杆材质

玻璃材质

项目说明

本例是一个现代风格的客厅，上下两层的Loft结构，空间宽阔，重点表现墙漆、地板、木质、金属和玻璃等材质。在灯光上，以VRay面光源作为天光，VRay球形光模拟落地灯作为点缀。渲染效果偏向写实风格。

材质制作

本例的场景对象材质主要包括白色和紫色的墙漆材质、地板材质、木质材质、栏杆和沙发的金属材质、玻璃材质，如图13-280所示。

图13-280

1.制作白色墙漆材质

01 打开本书学习资源中的“场景文件>CH13>07.max”文件，如图13-281所示。

02 选择一个空白材质球，然后设置材质类型为VRayMtl材质，设置“漫反射”颜色为白色（R:238，G:237，B:234），如图13-282所示，制作好的材质球效果如图13-283所示。

图13-281

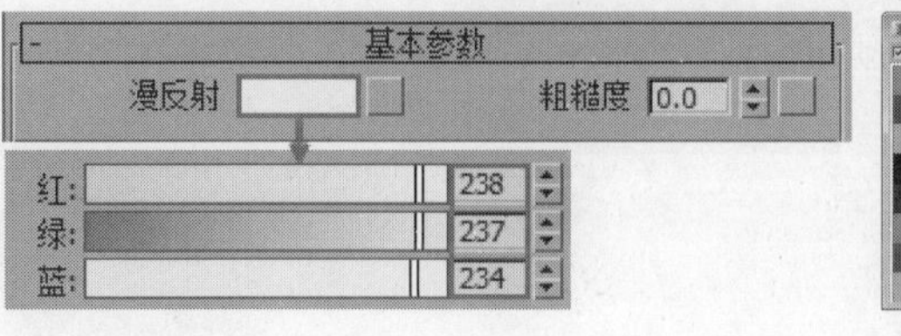

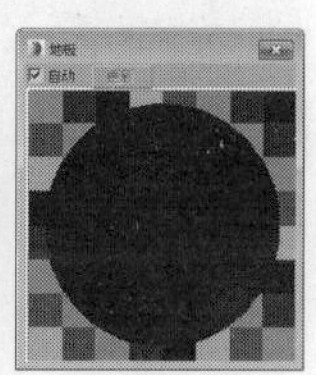

图13-282　　图13-283

❖ 2.制作紫色墙漆材质

选择一个空白材质球，然后设置材质类型为VRayMtl材质，具体参数设置如图13-284所示，制作好的材质球效果如图13-285所示。

设置步骤

① 设置“漫反射”颜色为紫色（R:51，G:35，B:35）。

② 设置“反射”颜色为黑色（R:5，G:5，B:5），然后勾选“菲涅耳反射”选项。

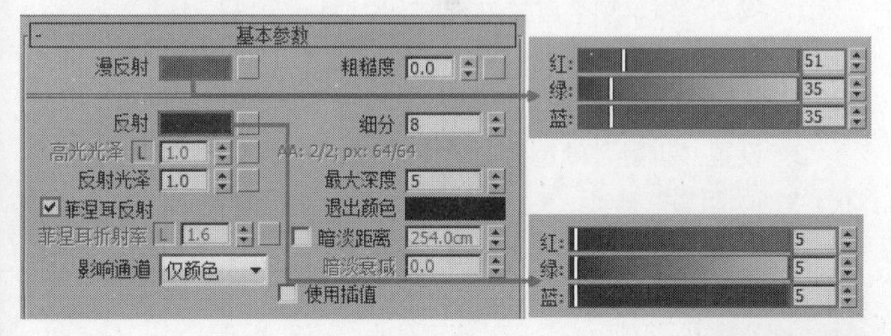

图13-284

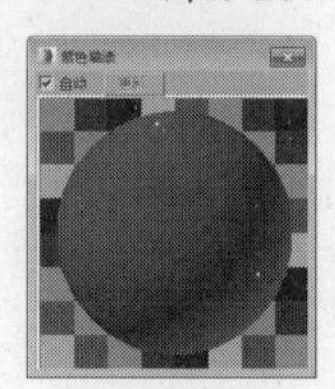

图13-285

❖ 3.制作地板材质

选择一个空白材质球，然后设置材质类型为VRayMtl材质，具体参数设置如图13-286所示，制作好的材质球效果如图13-287所示。

设置步骤

① 在“漫反射”通道中加载一张本书学习资源中的“实例文件>CH13>现代风格客厅阴天表现> ArchInteriors_12_03_floor.jpg”贴图。

② 在“反射”通道中加载一张本书学习资源中的“实例文件>CH13>现代风格客厅阴天表现> ArchInteriors_12_03_floor_bump.jpg”贴图，接着设置“高光光泽”为0.71、“反射光泽”为0.86、“细分”为16，最后勾选“菲涅耳反射”选项。

③ 在“凹凸”通道中加载一张本书学习资源中的“实例文件>CH13>现代风格客厅阴天表现> ArchInteriors_12_03_floor_bump.jpg”贴图，然后设置“凹凸”强度为4。

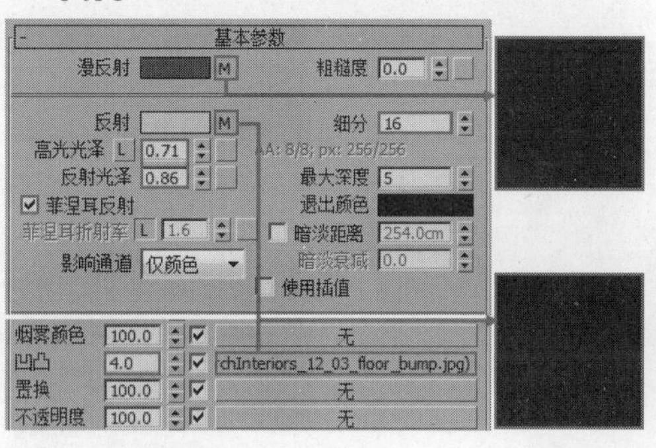

图13-286　　图13-287

❖ 4.制作木质材质

选择一个空白材质球，然后设置材质类型为VRayMtl材质，具体参数设置如图13-288所示，制作好的材质球效果如图13-289所示。

设置步骤

① 在“漫反射”通道中加载一张本书学习资源中的“实例文件>CH13>现代风格客厅阴天表现> ArchInteriors_12_03_mian_wood.jpg”贴图。

② 设置“反射”颜色为灰色（R:139，G:139，B:139），然后设置“高光光泽”为0.7、“反射光泽”为0.78、“细分”为16，最后勾选“菲涅耳反射”选项。

③ 在“凹凸”通道中加载一张本书学习资源中的“实例文件>CH13>现代风格客厅阴天表现> ArchInteriors_12_03_mian_wood.jpg”贴图，然后设置“凹凸”强度为5。

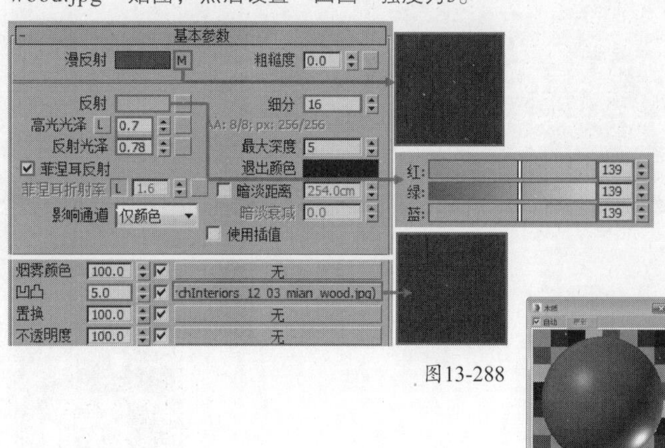

图13-288　　图13-289

❖ 5.制作沙发材质

选择一个空白材质球，然后设置材质类型为VRayMtl材质，具体参数设置如图13-290所示，制作好的材质球效果如图13-291所示。

设置步骤

① 设置“漫反射”颜色为紫色（R:38，G:28，B:28）。

② 设置“反射”颜色为灰色（R:50，G:50，B:50），接着设置“高光光泽”为0.54、“反射光泽”为0.7、“细分”为16，最后勾选“菲涅耳反射”选项。

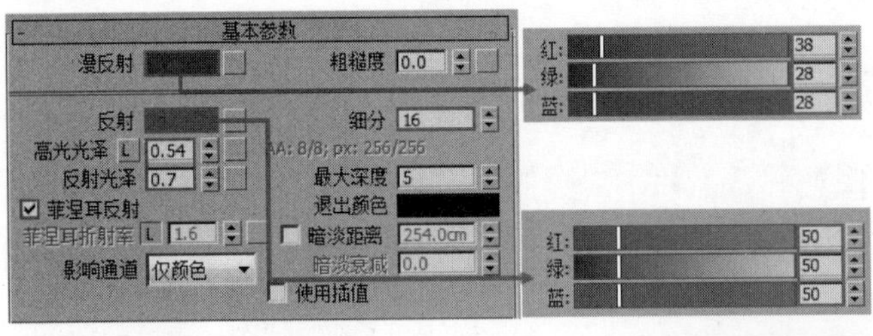

图13-290

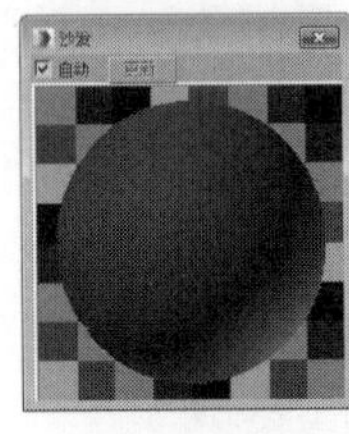

图13-291

❖ 6.制作沙发不锈钢材质

选择一个空白材质球，然后设置材质类型为VRayMtl材质，具体参数设置如图13-292所示，制作好的材质球效果如图13-293所示。

设置步骤

① 设置“漫反射”颜色为灰色（R:96，G:96，B:96）。

② 设置“反射”颜色为白色（R:210，G:210，B:210），接着设置“反射光泽”为0.85，最后取消勾选“菲涅耳反射”选项。

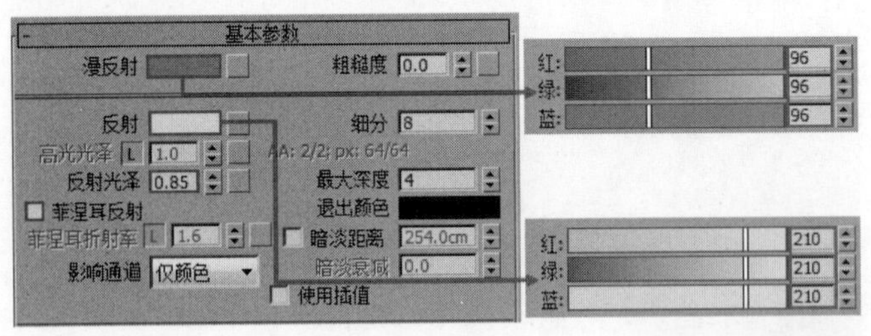

图13-292

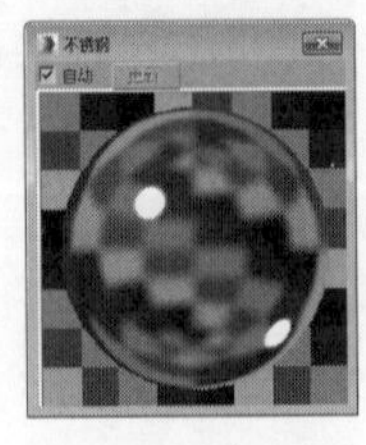

图13-293

❖ 7.制作栏杆不锈钢材质

选择一个空白材质球，然后设置材质类型为VRayMtl材质，具体参数设置如图13-294所示，制作好的材质球效果如图13-295所示。

设置步骤

① 设置“漫反射”颜色为灰色（R:126，G:127，B:128）。

② 设置“反射”颜色为灰色（R:173，G:173，B:173），接着设置“反射光泽”为0.8、“细分”为16，最后取消勾选“菲涅耳反射”选项。

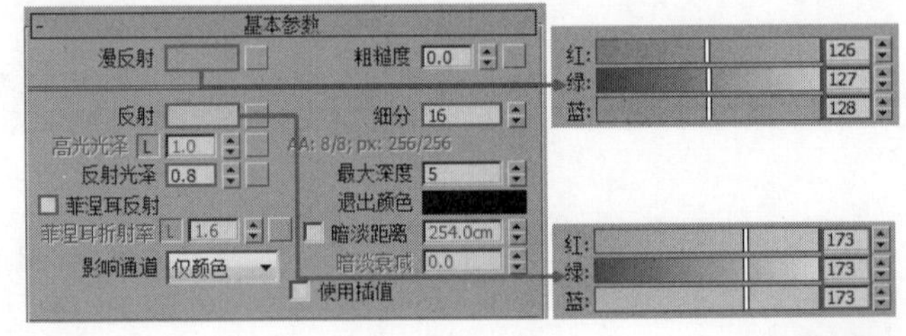

图13-294

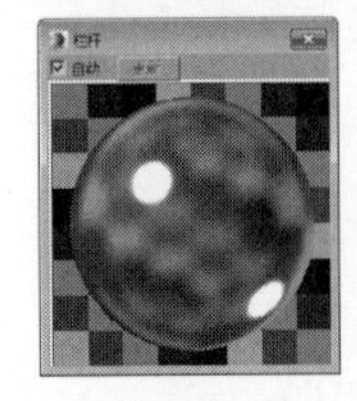

图13-295

❖ 8.制作玻璃材质

选择一个空白材质球，然后设置材质类型为VRayMtl材质，具体参数设置如图13-296所示，制作好的材质球效果如图13-297所示。

设置步骤

① 设置“漫反射”颜色为黄色（R:153，G:144，B:128）。

② 设置“反射”颜色为灰色（R:146，G:146，B:146），然后勾选“菲涅耳反射”选项。

③ 设置“折射”颜色为白色（R:243，G:243，B:243），然后勾选“影响阴影”选项。

④ 设置“烟雾颜色”为黄色（R:138，G:127，B:109），然后设置“烟雾倍增”为0.5。

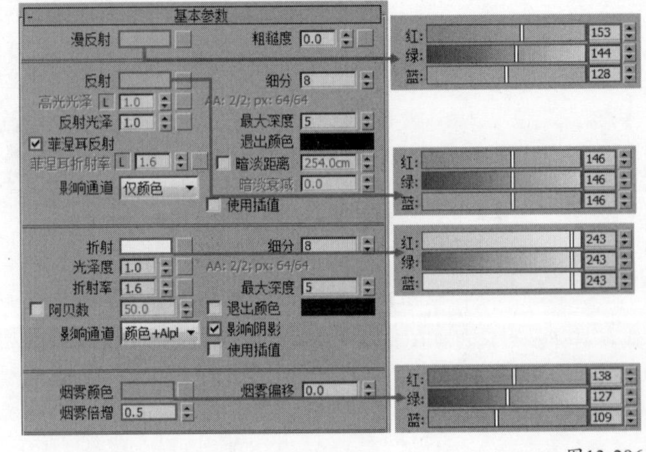

图13-296

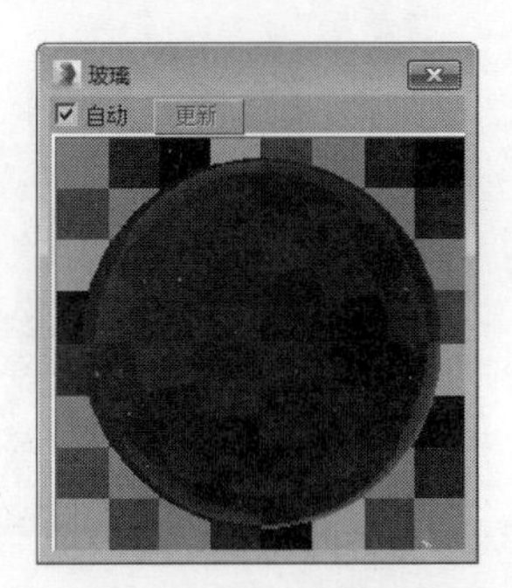

图13-297

设置测试渲染参数

01 按F10键打开“渲染设置”对话框，然后设置渲染器为VRay渲染器，接着在“公用”卷展栏下设置“宽度”为600、“高度”为300，如图13-298所示。

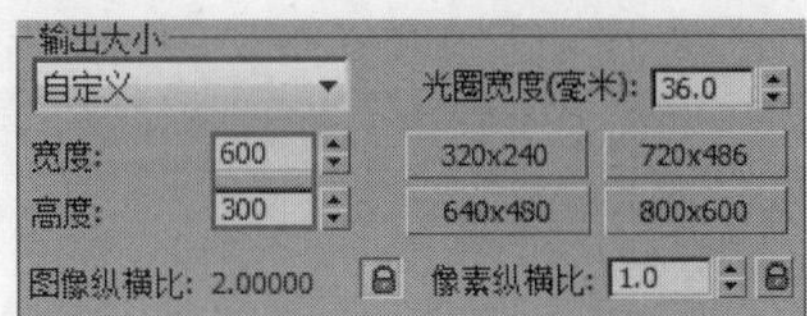

图13-298

02 单击VRay选项卡，然后在“图像采样器（抗锯齿）”卷展栏下设置“图像采样器”的“类型”为“固定”，接着设置“过滤器”类型为“区域”，如图13-299所示。

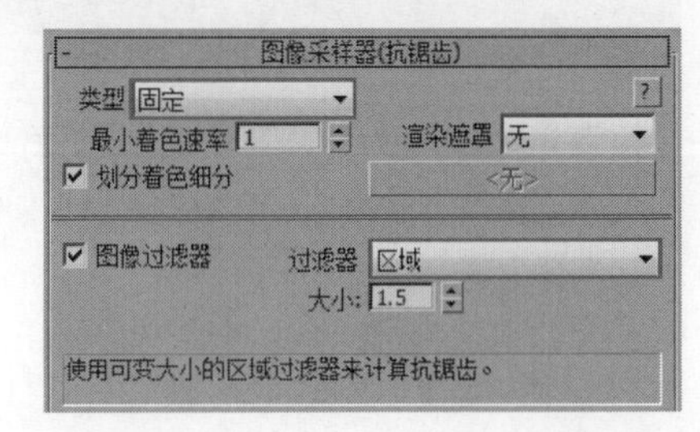

图13-299

03 展开“环境”卷展栏，然后勾选“全局照明（GI）环境”选项，接着设置“颜色”为白色（R:255，G:246，B:235），最后设置“倍增”为5，如图13-300所示。

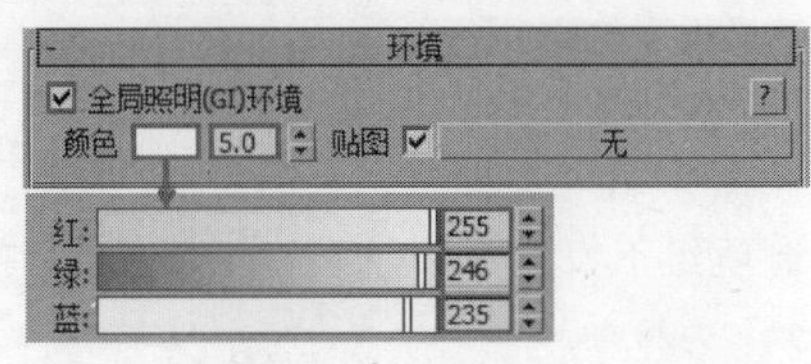

图13-300

04 展开“颜色贴图”卷展栏，然后设置“类型”为“莱因哈德”，接着设置“倍增”为3、“加深值”为0.6，如图13-301所示。

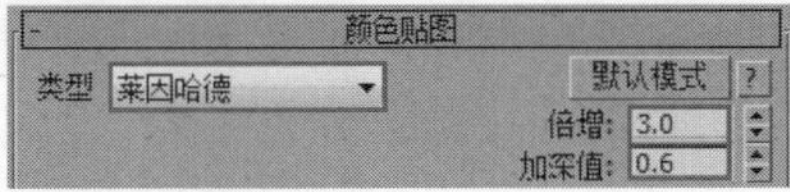

图13-301

05 单击GI选项卡，然后在“全局照明”卷展栏下勾选“启用全局照明（GI）”选项，接着设置“首次引擎”为“发光图”、“二次引擎”为“灯光缓存”，如图13-302所示。

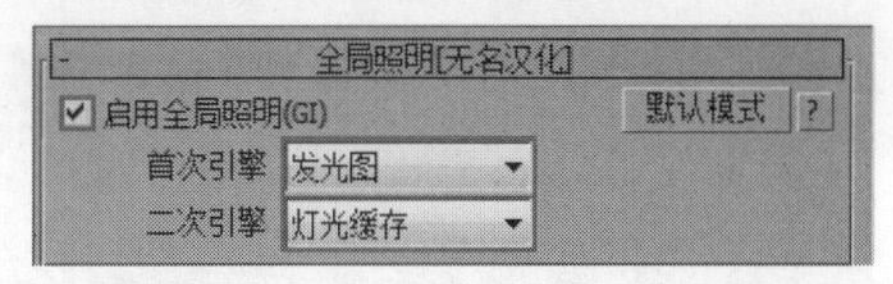

图13-302

06 展开“发光图”卷展栏，然后设置“当前预设”为“自定义”，接着设置“最小速率”和“最大速率”都为-4，再设置“细分”为50、“插值采样”为20，最后勾选“显示计算相位”选项，如图13-303所示。

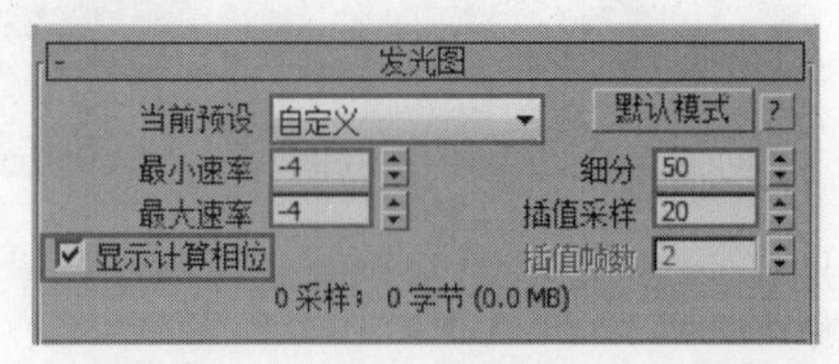

图13-303

07 展开“灯光缓存”卷展栏，然后设置“细分”为200，接着勾选“显示计算相位”选项，如图13-304所示。

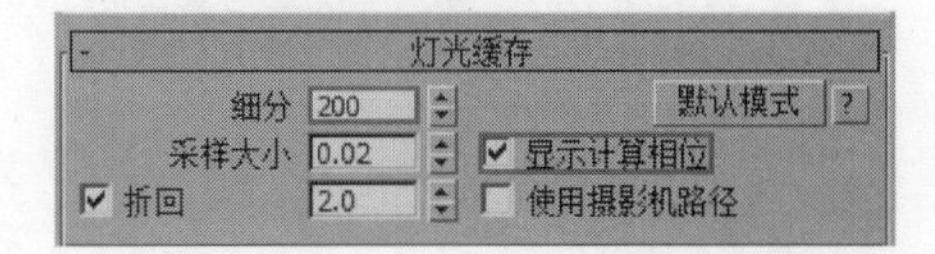

图13-304

08 单击“设置”选项卡，然后在“系统”卷展栏下设置“序列”为“上->下”，接着选择“日志窗口”为“从不”选项，如图13-305所示。

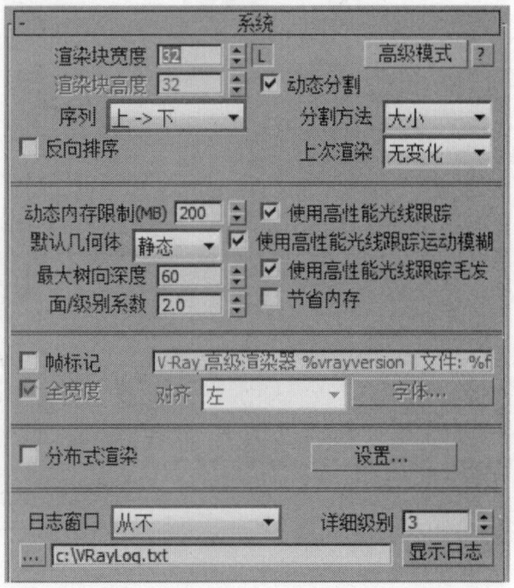

图13-305

灯光设置

场景中的灯光较少，使用VRay平面灯光模拟环境光，VRay球形灯光模拟落地灯灯光，目标灯光模拟射灯效果。

❖ 1.创建环境灯光

01 设置“灯光类型”为VRay，然后在窗外创建一盏“VRay灯光”作为环境灯光，其位置如图13-306所示。

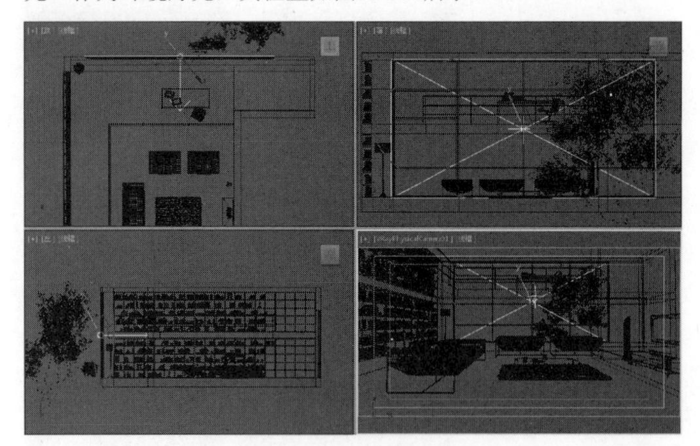

图13-306

02 选择上一步创建的VRay灯光，然后进入“修改”面板，接着展开“参数”卷展栏，具体参数设置如图13-307所示。

设置步骤

① 在“常规”选项组下设置“类型”为“平面”。

② 在“强度”选项组下设置“倍增”为25，然后设置“颜色”为白色（R:255，G:255，B:255）。

③ 在“大小”选项组下设置“1/2长”为581.663cm、“1/2宽”为292.315cm。

④ 在“选项”选项组下勾选“不可见”选项。

⑤ 在“采样”选项组下设置“细分”为24。

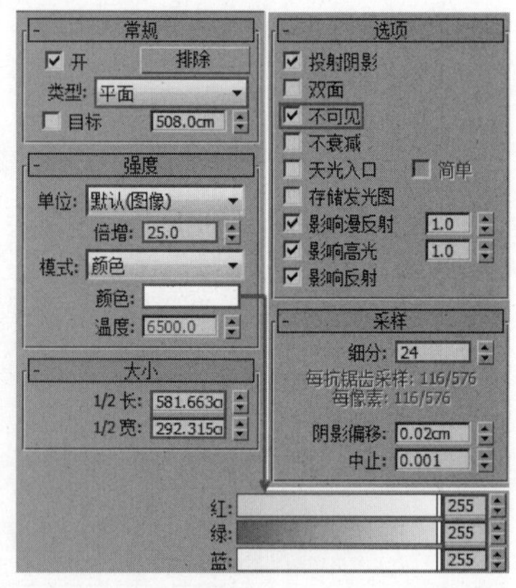

图13-307

> **技巧与提示**
>
> 白色灯光容易产生噪点，因此要适当增大灯光的细分值。

03 按F9键渲染当前场景，效果如图13-308所示。

图13-308

❖ 2.创建补光灯光

01 设置“灯光类型”为VRay，然后在镜头背后的窗外创建一盏“VRay灯光”作为补光灯光，其位置如图13-309所示。

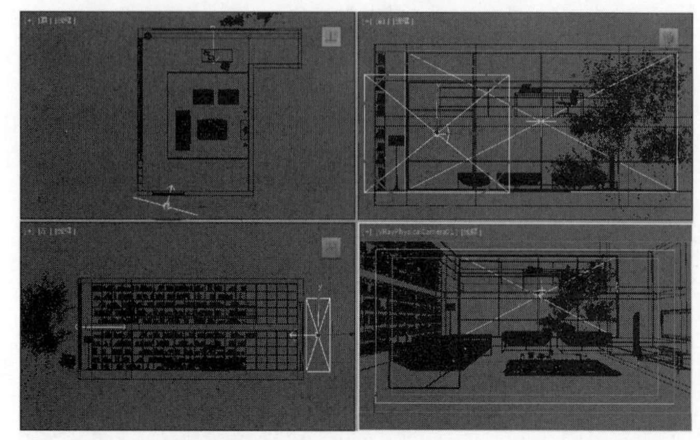

图13-309

02 选择上一步创建的VRay灯光，然后进入“修改”面板，接着展开“参数”卷展栏，具体参数设置如图13-310所示。

设置步骤

① 在“常规”选项组下设置“类型”为“平面”。

② 在“强度”选项组下设置“倍增”为15，然后设置“颜色”为浅黄色（R:236，G:222，B:211）。

③ 在“大小”选项组下设置“1/2长”为319.914cm、“1/2宽”为245.545cm。

④ 在“选项”选项组下勾选“不可见”选项。

⑤ 在“采样”选项组下设置“细分”为24。

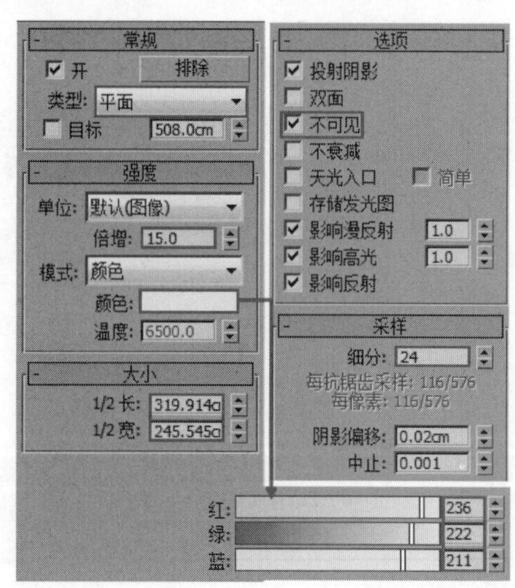

图13-310

技巧与提示

这里的补光偏暖，可以使画面产生纵深感和冷暖对比，使画面色彩看起来不单调。

03 按F9键渲染当前场景，效果如图13-311所示。

图13-311

❖ 3.创建落地灯灯光

01 设置“灯光类型”为VRay，然后在落地灯内创建一盏“VRay灯光”，其位置如图13-312所示。

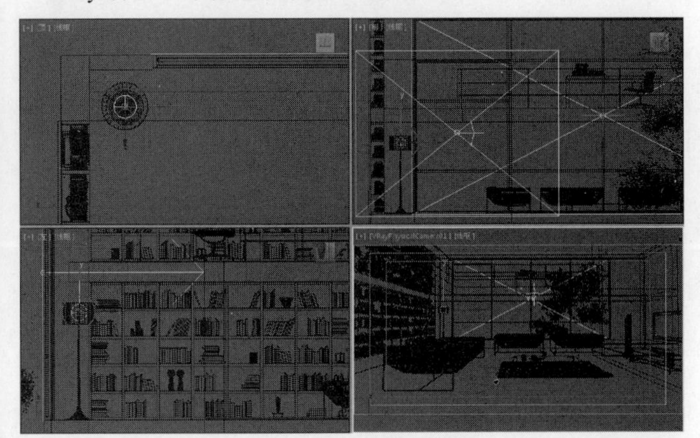

图13-312

02 选择上一步创建的VRay灯光，然后进入“修改”面板，接着展开“参数”卷展栏，具体参数设置如图13-313所示。

设置步骤

① 在“常规”选项组下设置“类型”为“球体”。

② 在“强度”选项组下设置“倍增”为25，然后设置“颜色”为黄色（R:255，G:103，B:29）。

③ 在“大小”选项组下设置“半径”为12.137cm。

④ 在“选项”选项组下勾选“不可见”选项。

⑤ 在“采样”选项组下设置“细分”为8。

技巧与提示

落地灯的灯光只是起到点缀画面的作用，使画面看起来不会过于偏冷。

03 按F9键渲染当前场景，效果如图13-314所示。

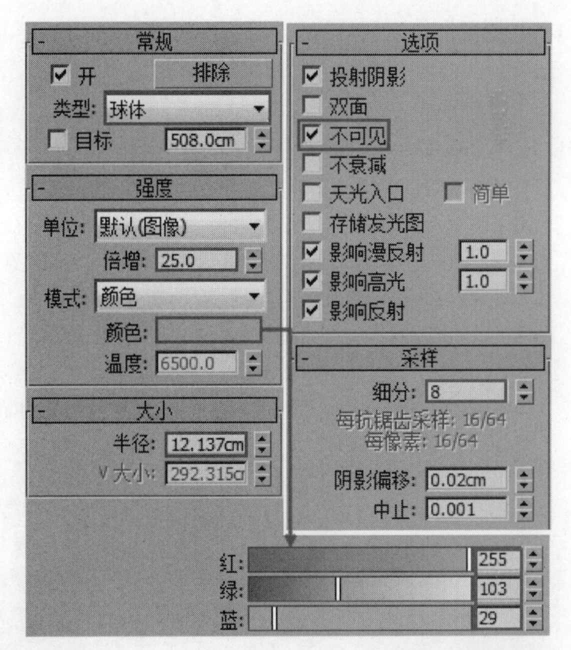

图13-313

图13-314

❖ 4.创建射灯灯光

01 设置“灯光类型”为“光度学”，然后在场景中创建一盏“目标灯光”，其位置如图13-315所示。

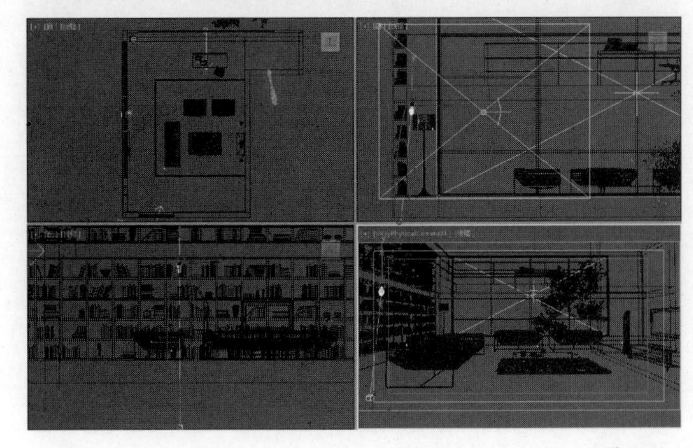

图13-315

02 选择上一步创建的目标灯光，然后进入“修改”面板，接着展开“参数”卷展栏，具体参数设置如图13-316所示。

设置步骤

① 展开“常规参数”卷展栏，然后在“阴影”选项组下勾选“启用”选项，接着设置阴影类型为“VRay阴影”，最后设置“灯光分布（类型）”为“光度学Web”。

② 展开“分布（光度学Web）”卷展栏，在“选择光度学文件”按钮 <选择光度学文件> 上加载本书学习资源中的“实例文件>CH13>现代风格客厅阴天表现>24（3500）.IES”文件。

③ 展开“强度/颜色/衰减”卷展栏，然后设置“过滤颜色”为黄色（R:255，G:179，B:112），接着设置“强度”为8000。

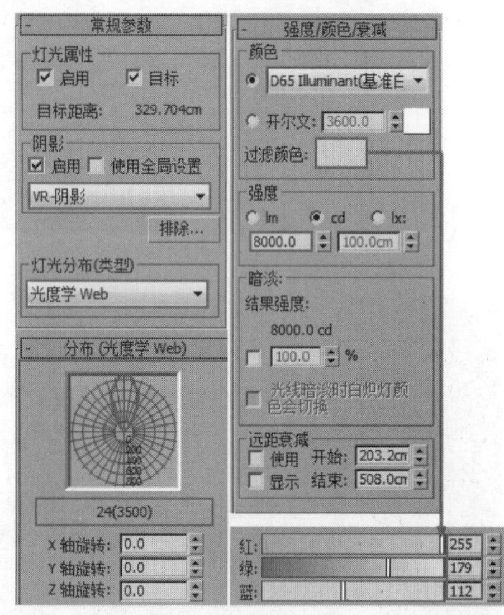

图13-316

03 选择上一步创建的目标灯光，然后以“实例”的形式复制到书柜前方，如图13-317所示。

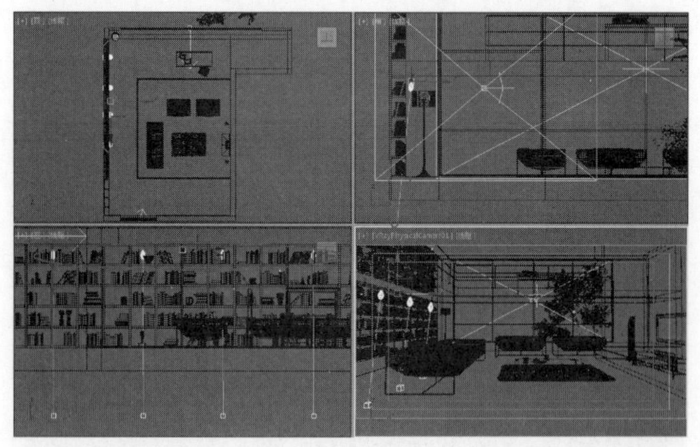

图13-317

技巧与提示

这里添加射灯灯光，是为了让书柜处的细节看起来更丰富。在制作效果图时，可以根据实际情况添加一些虚拟的灯光来增强画面气氛。

04 按F9键渲染当前场景，效果如图13-318所示。

图13-318

设置最终渲染参数

01 按F10键打开“渲染设置”对话框，然后在“公用参数”卷展栏下设置“宽度”为1600、“高度”为800，如图13-319所示。

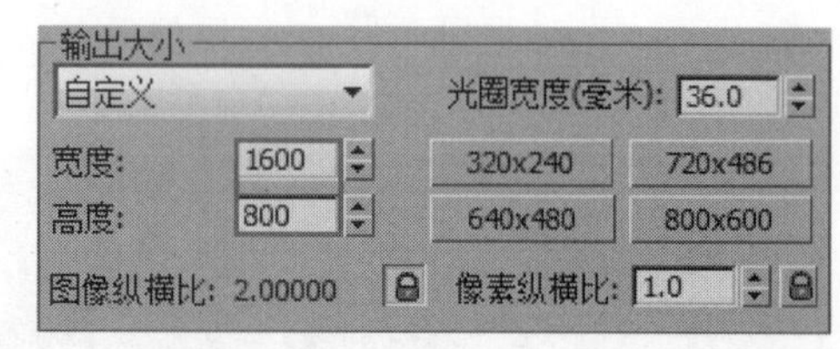

图13-319

02 单击VRay选项卡，然后在“图像采样器（抗锯齿）”卷展栏下设置“图像采样器”的“类型”为“自适应”，接着设置“过滤器”类型为Mitchell-Netravali，具体参数设置如图13-320所示。

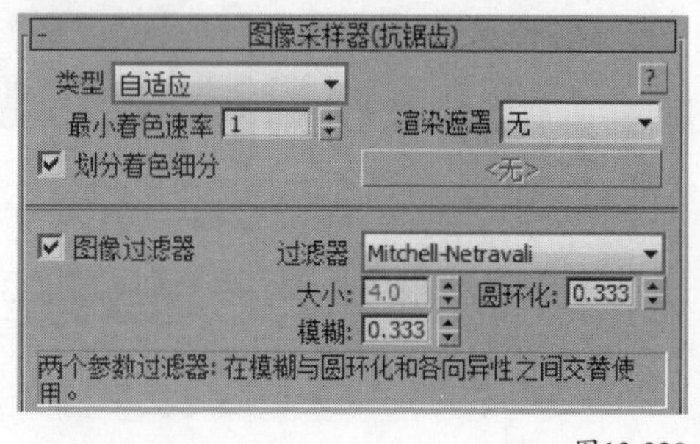

图13-320

03 展开“全局确定性蒙特卡洛”卷展栏，设置“噪波阈值”为0.003、“最少采样”为16、“自适应数量”为0.8，如图13-321所示。

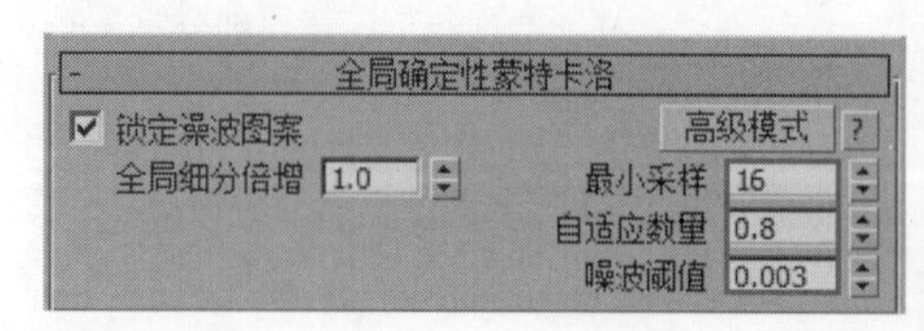

图13-321

04 单击GI选项卡，然后展开“发光图”卷展栏，接着设置“当前预设”为“中”，具体参数设置如图13-322所示。

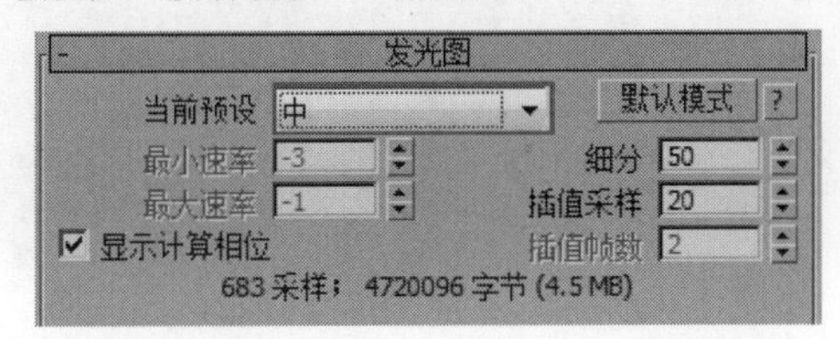

图13-322

05 展开“灯光缓存”卷展栏，然后设置“细分”为1200，如图13-323所示。

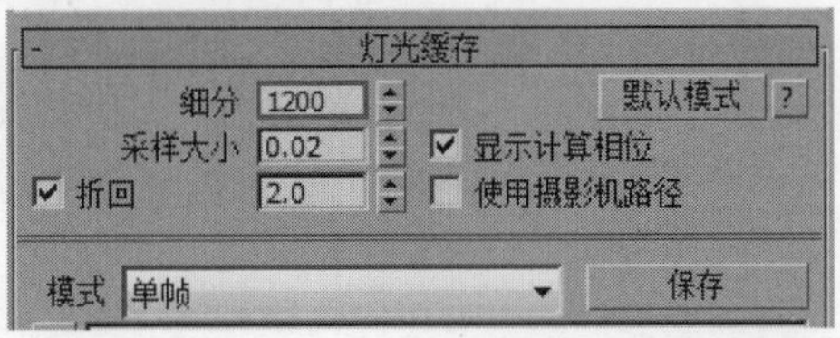

图13-323

06 按F9键渲染当前场景，最终效果如图13-324所示。

图13-324

技术专题

疑难问答

技巧与提示

Learning Objectives
学习要点

Employment Direction
从业方向

家具造型师

建筑设计表现师

工业设计师

室内设计表现师

第14章 商业综合实例：工装篇

本章将通过5个商业案例，来学习工装空间的制作方法。

实例8

商业综合实例：工装篇

走廊日光表现

案例效果如图14-1所示。

- 场景位置 » 场景文件>CH14>01.max
- 实例位置 » 实例文件>CH14>走廊日光表现.max
- 技术掌握 » 掌握日光的布光方法

图14-1

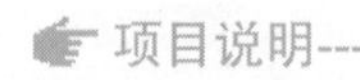

乳胶漆材质　地砖材质　边线材质　外墙材质　栏杆材质　壁纸材质　木质材质　金属材质

项目说明

本例为一个走廊空间，重点是表现走廊的材质。材质都较为简单，多是石材类，反射都不强。灯光只需要VRay太阳配合VRay天空贴图即可。

材质制作

本例的场景材质主要包括乳胶漆材质、地砖材质、边线材质、外墙材质、栏杆材质、壁纸材质、木质和金属材质，如图14-2所示。

图14-2

❖ 1.制作乳胶漆材质

01 打开本书学习资源中的“场景文件>CH14>01.max”文件，如图14-3所示。

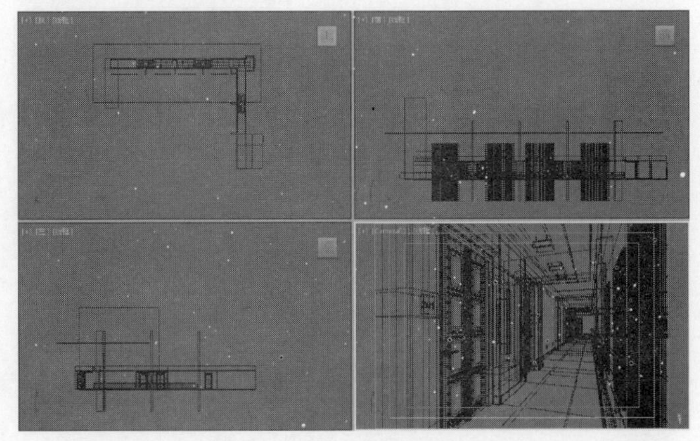

图14-3

02 选择一个空白材质球，然后设置材质类型为VRayMtl材质，如图14-4所示，制作好的材质球效果如图14-5所示。

设置步骤

① 在“漫反射”贴图通道中加载一张本书学习资源中的“实例文件>CH14>走廊日光表现> beige_tones.jpg”贴图。

② 设置“反射”颜色为灰色（R:20，G:20，B:20），接着设置“细分”为10，最后取消勾选“菲涅耳反射”选项。

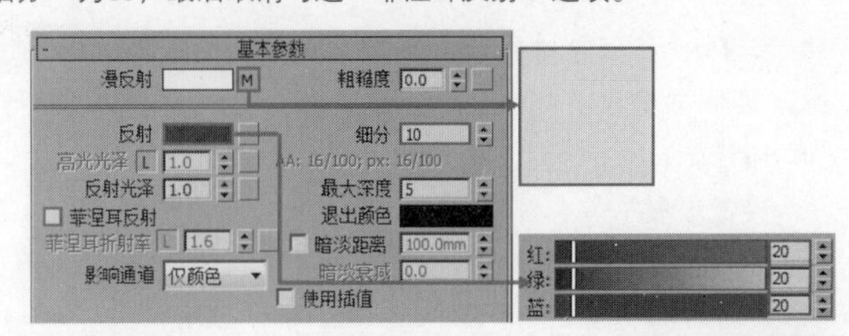

图14-4

图14-5

❖ 2.制作地砖材质

选择一个空白材质球，然后设置材质类型为VRayMtl材质，具体参数设置如图14-6所示，制作好的材质球效果如图14-7所示。

设置步骤

① 在“漫反射”贴图通道中加载一张本书学习资源中的“实例文件>CH14>走廊日光表现> limestone_nuvolato_beige.jpg”贴图。

② 在“反射”通道中加载一张“衰减”贴图，然后进入“衰减”贴图，设置“衰减”方式为Fresnel，接着设置“高光光泽”为0.86、“反射光泽”为0.86、“细分”为12，最后取消勾选“菲涅耳反射”选项。

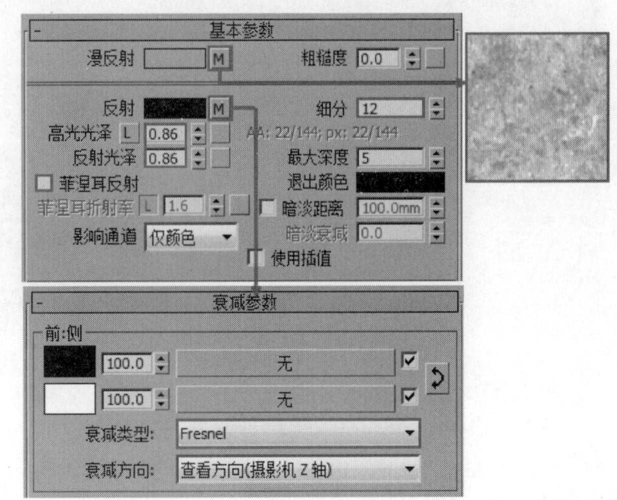

图14-6

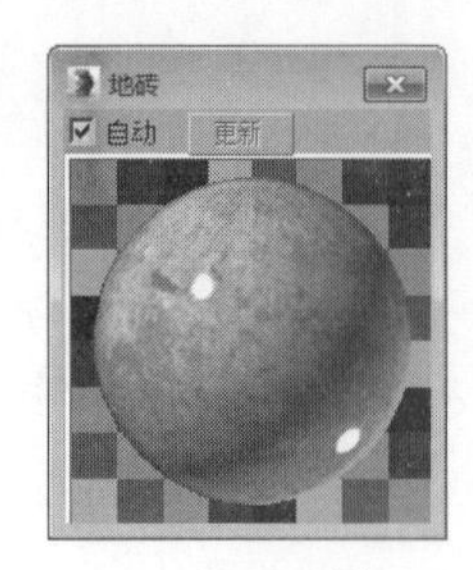

图14-7

❖ 3.制作边线材质

选择一个空白材质球，然后设置材质类型为VRayMtl材质，具体参数设置如图14-8所示，制作好的材质球效果如图14-9所示。

设置步骤

① 在“漫反射”贴图通道中加载一张本书学习资源中的“实例文件>CH14>走廊日光表现> lagos_azul.jpg”贴图。

② 在“反射”通道中加载一张“衰减”贴图，然后进入“衰减”贴图，设置“衰减”方式为Fresnel，接着设置“高光光泽”为0.86、“反射光泽”为0.86、“细分”为12，最后取消勾选“菲涅耳反射”选项。

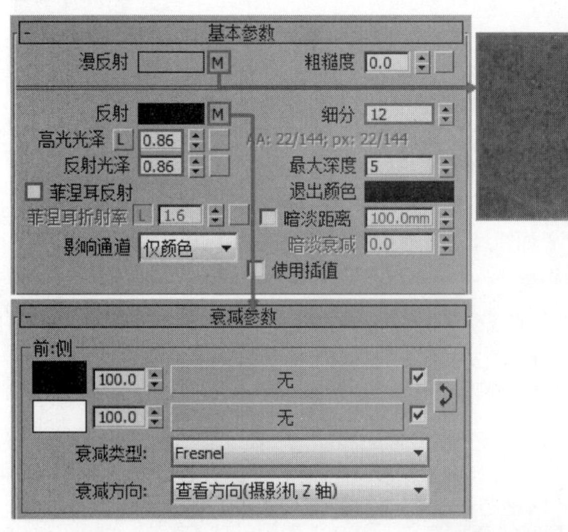

图14-8

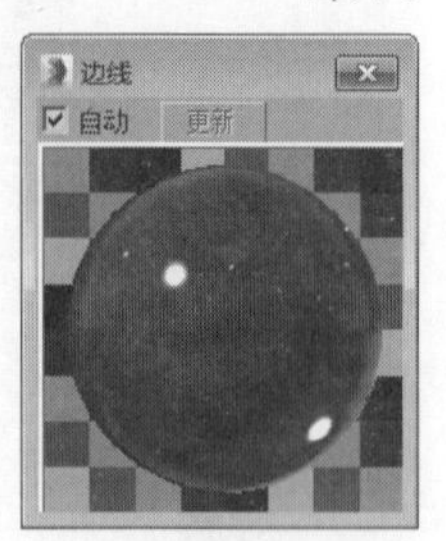

图14-9

❖ 4.制作外墙材质

选择一个空白材质球，然后设置材质类型为VRayMtl材质，具体参数设置如图14-10所示，制作好的材质球效果如图14-11所示。

设置步骤

① 在“漫反射”贴图通道中加载一张本书学习资源中的“实例文件>CH14>走廊日光表现> stone_cladding.jpg”贴图。

② 设置“反射”颜色为黑色（R:5，G:5，B:5），然后设置“高光光泽”为0.6、“反射光泽”为0.5、“细分”为12，最后勾选“菲涅耳反射”选项。

③ 展开“贴图”卷展栏，然后将“漫反射”通道中的贴图向下复制到“凹凸”通道，接着设置“凹凸”强度为100。

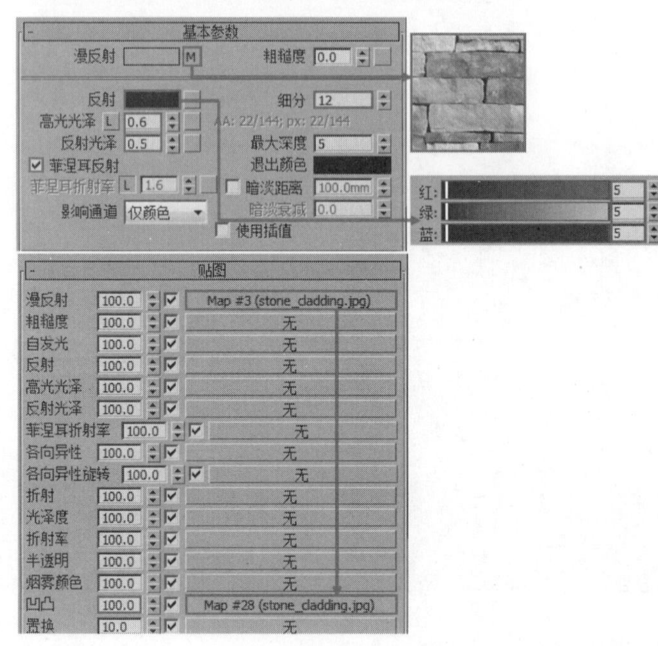

图14-10

图14-11

❖ 5.制作栏杆材质

选择一个空白材质球，设置材质类型为VRayMtl材质，具体参数设置如图14-12所示，制作好的材质球效果如图14-13所示。

设置步骤

① 设置“漫反射”颜色为黑色（R:32，G:32，B:34）。

② 在“反射”通道中加载一张“衰减”贴图，然后进入“衰减”贴图，设置“衰减”方式为Fresnel，接着设置“高光光泽”为0.7、“反射光泽”为0.95、“细分”为12，最后取消勾选“菲涅耳反射”选项。

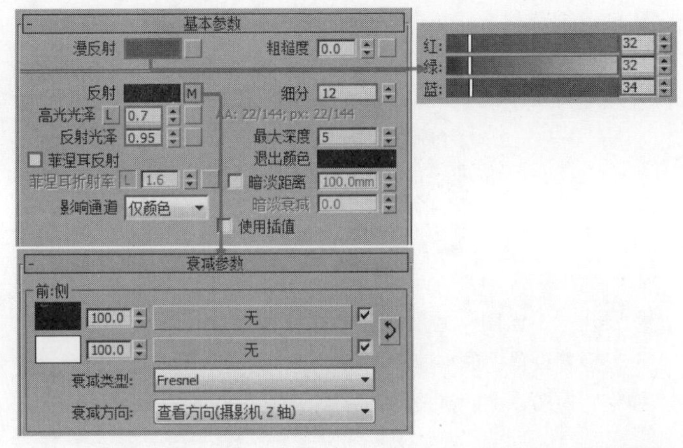

图14-12

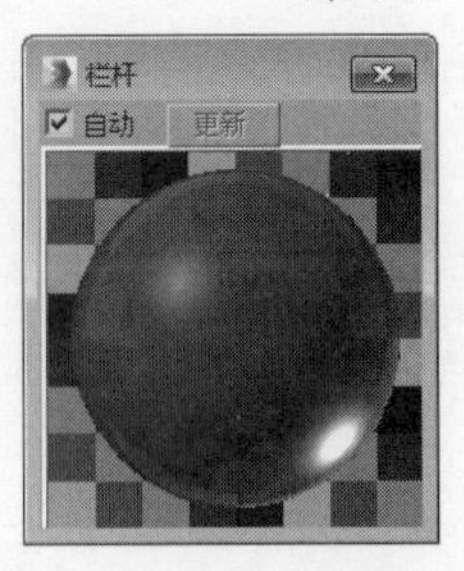

图14-13

❖ 6.制作壁纸材质

选择一个空白材质球，然后设置材质类型为VRayMtl材质，具体参数设置如图14-14所示，制作好的材质球效果如图14-15所示。

设置步骤

① 在“漫反射”贴图通道中加载一张本书学习资源中的“实例文件>CH14>走廊日光表现> deluge.jpg”贴图。

② 设置“反射”颜色为灰色（R:10，G:10，B:10），然后勾选“菲涅耳反射”选项。

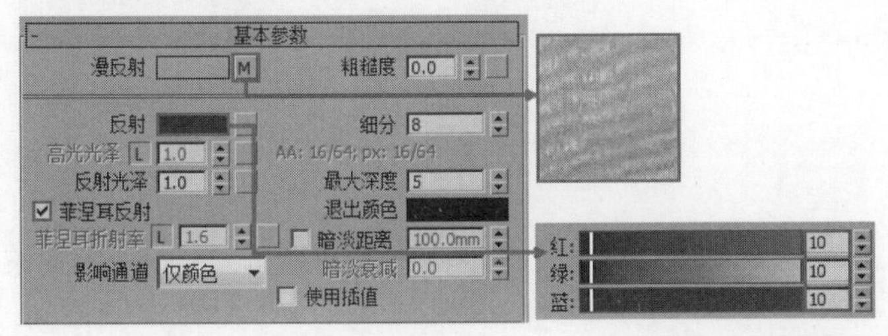

图14-14

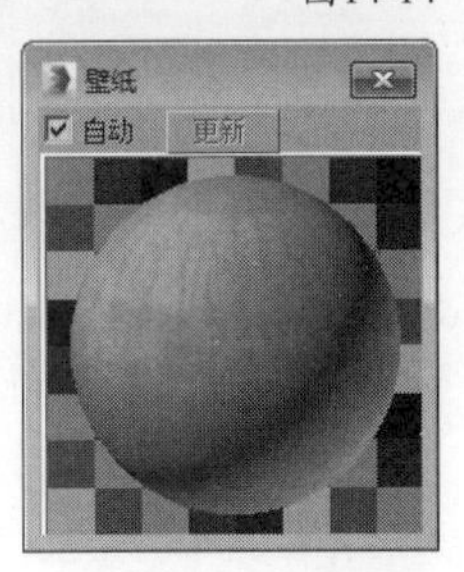

图14-15

❖ 7.制作木质材质

选择一个空白材质球，然后设置材质类型为VRayMtl材质，具体参数设置如图14-16所示，制作好的材质球效果如图14-17所示。

设置步骤

① 在“漫反射”贴图通道中加载一张本书学习资源中的“实例文件>CH14>走廊日光表现>复件 teak.jpg”贴图。

② 在“反射”通道中加载一张“衰减”贴图，然后进入“衰减”贴图，设置“衰减”方式为Fresnel，接着设置“高光光泽”为0.86、“反射光泽”为0.86，最后取消勾选“菲涅耳反射”选项。

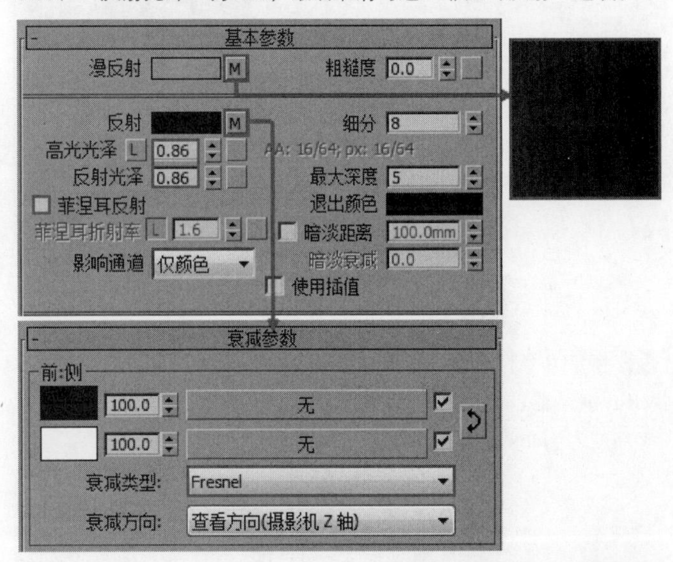

图14-16

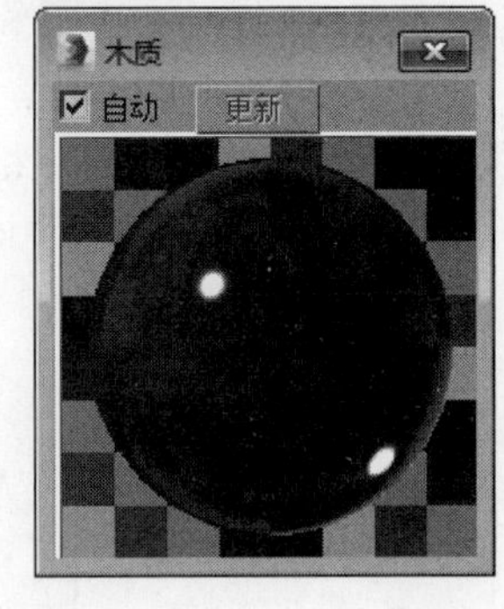

图14-17

❖ 8.制作金属材质

选择一个空白材质球，然后设置材质类型为VRayMtl材质，具体参数设置如图14-18所示，制作好的材质球效果如图14-19所示。

设置步骤

① 设置“漫反射”颜色为黄色（R:80，G:54，B:10）。

② 设置“反射”颜色为灰色（R:135，G:135，B:135），然后设置“高光光泽”为0.8、“反射光泽”为0.9、“细分”为20，最后取消勾选“菲涅耳反射”选项。

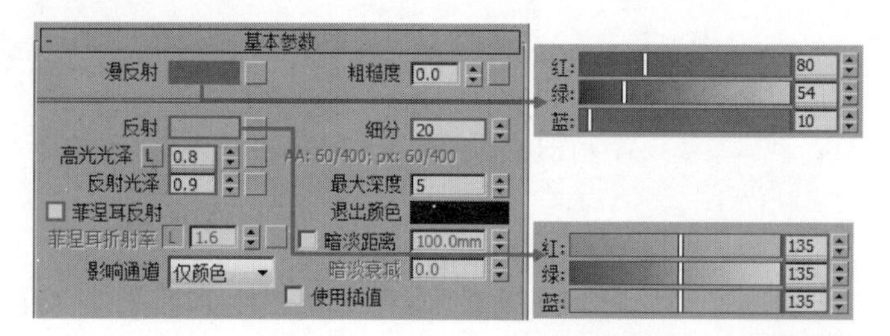

图14-18

图14-19

设置测试渲染参数

01 按F10键打开“渲染设置”对话框，然后设置渲染器为VRay渲染器，接着在“公用”卷展栏下设置“宽度”为600、“高度”为408，如图14-20所示。

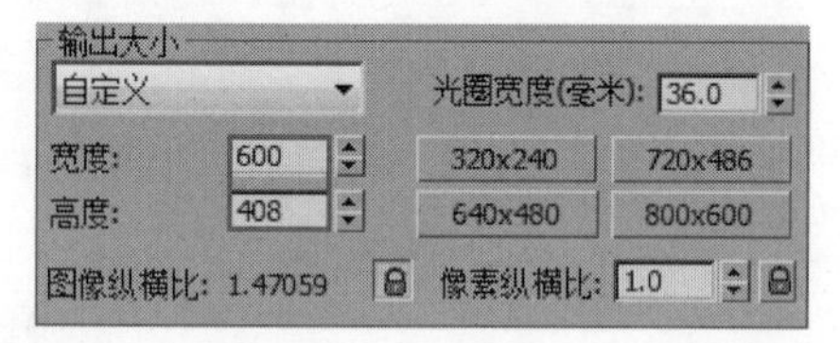

图14-20

02 单击VRay选项卡，然后在“图像采样器（抗锯齿）”卷展栏下设置 “类型”为“固定”，接着设置“过滤器”类型为“区域”，如图14-21所示。

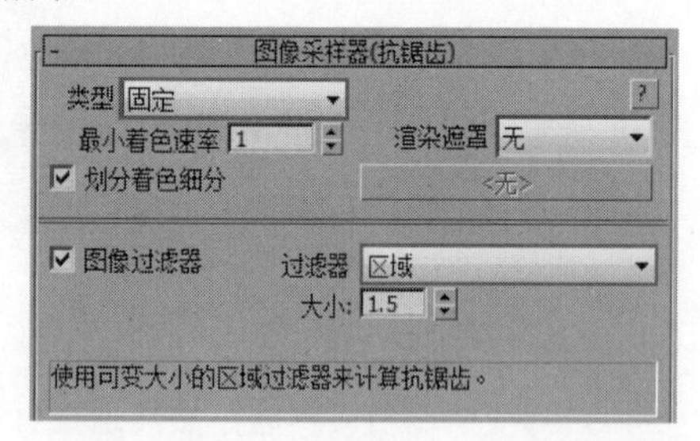

图14-21

03 展开“颜色贴图”卷展栏，然后设置“类型”为“莱因哈德”，如图14-22所示。

图14-22

04 单击GI选项卡，然后在“全局照明”卷展栏下勾选“启用全局照明”选项，接着设置“首次引擎”为“发光图”、“二次引擎”为“灯光缓存”，如图14-23所示。

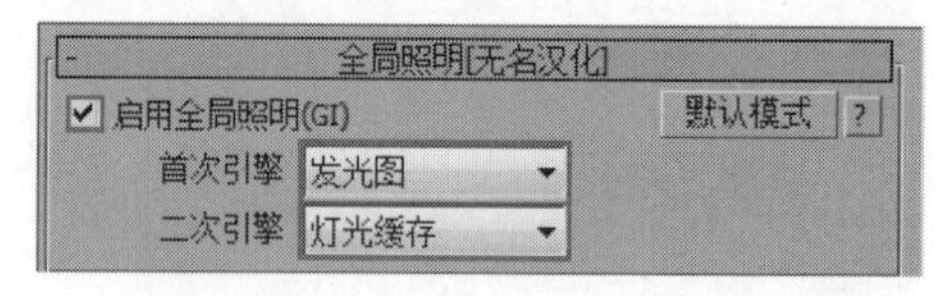

图14-23

05 展开“发光图”卷展栏，然后设置“当前预设”为“自定义”，接着设置“最小速率”和“最大速率”都为-4，最后设置“细分”为50、“插值采样”为20，如图14-24所示。

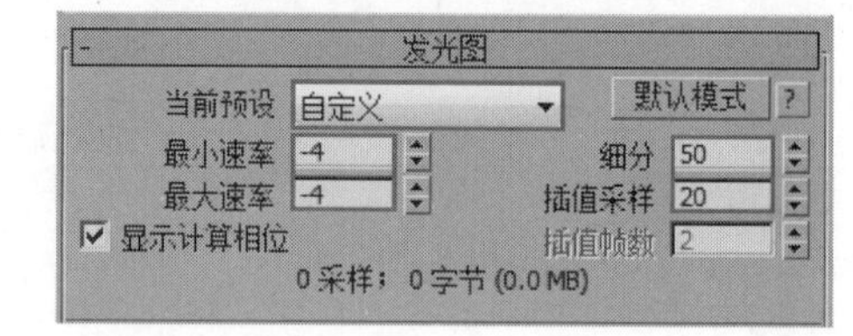

图14-24

06 展开“灯光缓存”卷展栏，然后设置“细分”为200，接着勾选“显示计算相位”选项，如图14-25所示。

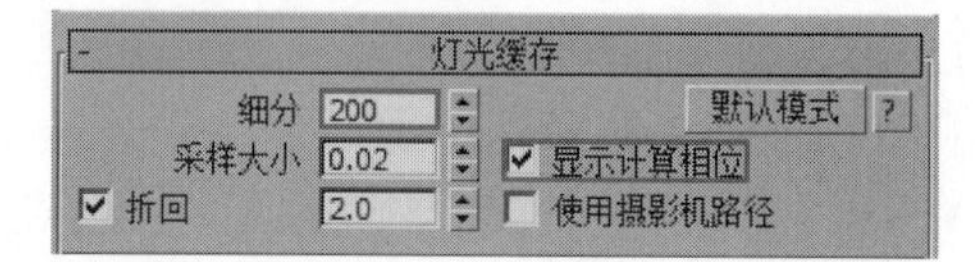

图14-25

07 单击“设置”选项卡，然后在“系统”卷展栏下设置“序列”为“上->下”，接着选择“日志窗口”为“从不”选项，如图14-26所示。

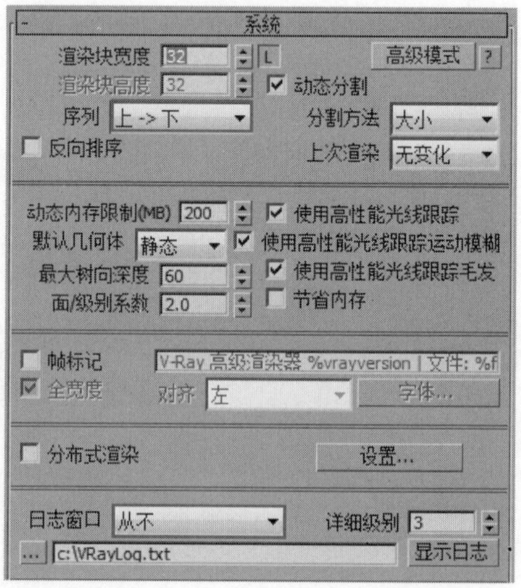

图14-26

灯光设置

本场景的光源只有VRay太阳，同时用VRay天空贴图控制环境光。

❖ 1.创建日光

01 设置灯光类型为VRay，然后在场景中创建一盏“VRay太阳”，其位置如图14-27所示。当创建完“VRay太阳”时，系统会自动弹出图14-28所示的对话框，然后单击“是”按钮。

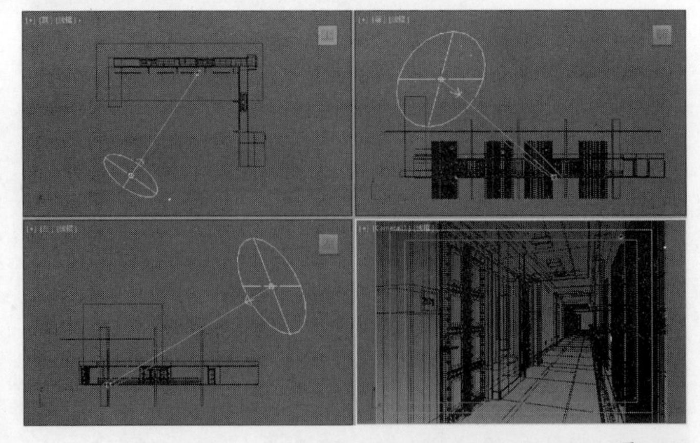

图14-27

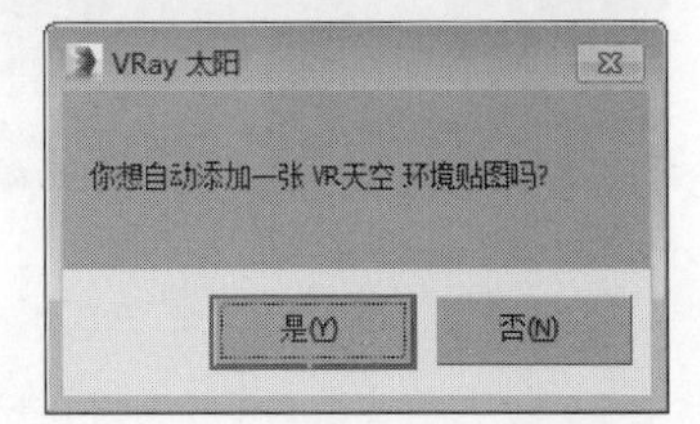

图14-28

02 选择上一步创建的VRay太阳，然后展开“VRay太阳参数”卷展栏，接着设置“强度倍增”为0.015、“大小倍增”为5、“阴影细分”为8，如图14-29所示。

03 按F9键渲染当前场景，效果如图14-30所示。

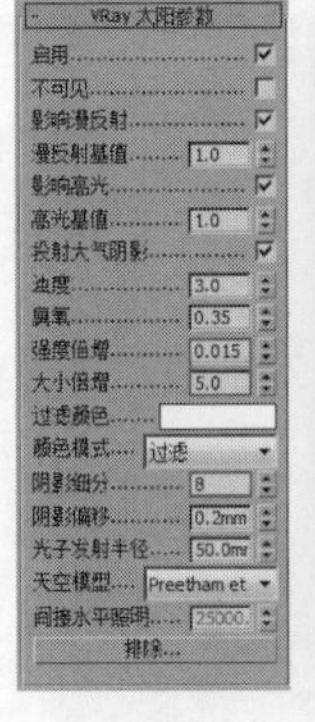

图14-29

图14-30

❖ 2.调整VRay天空贴图

01 按8键打开“环境和效果”面板，然后按M键打开“材质编辑器”，接着将“环境贴图”通道中的“VRay天空”贴图拖曳到空白的材质球上，如图14-31所示，最后在弹出的对话框中选择“实例”选项，如图14-32所示。

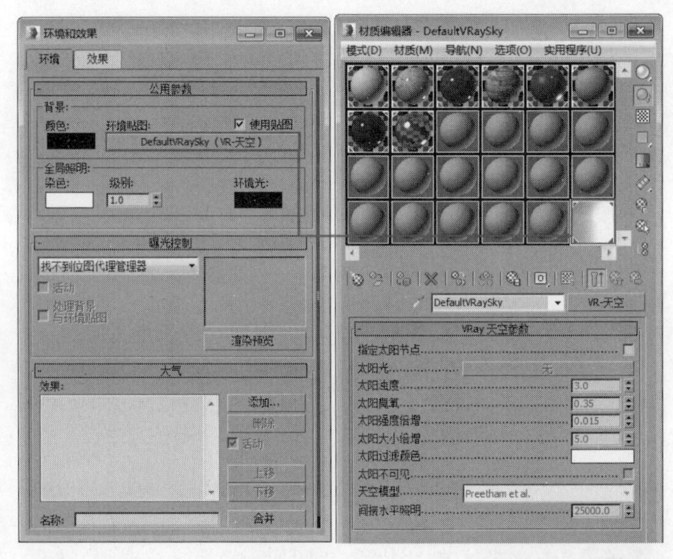

图14-31

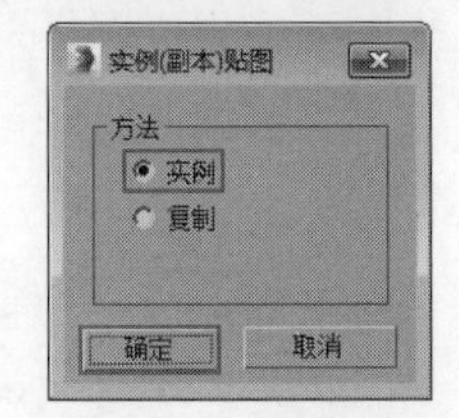

图14-32

02 在“材质编辑器”中选中“VRay天空”材质球，然后勾选“指定太阳节点”选项，接着在下方设置“太阳强度倍增”为0.015、“太阳大小倍增”为5，如图14-33所示。

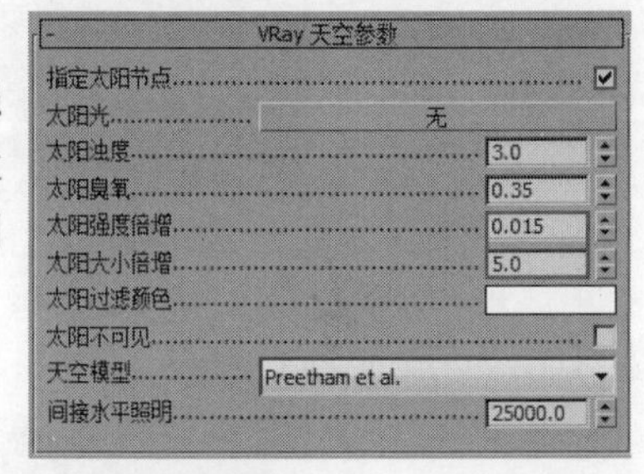

图14-33

03 按F9渲染当前场景，效果如图14-34所示。

图14-34

技巧与提示

这里调整“VRay天空”贴图，是为了让环境光偏冷，突出画面的冷暖对比。

设置最终渲染参数

01 按F10键打开“渲染设置”对话框，然后在“公用参数”卷展栏下设置“宽度”为1600、“高度”为1088，如图14-35所示。

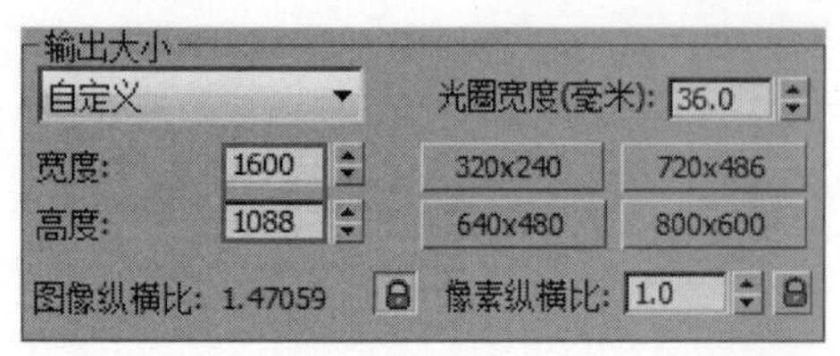

图14-35

02 单击VRay选项卡，然后在“图像采样器（抗锯齿）”卷展栏下设置“图像采样器”的“类型”为“自适应”，接着设置“过滤器”类型为Catmull-Rom，具体参数设置如图14-36所示。

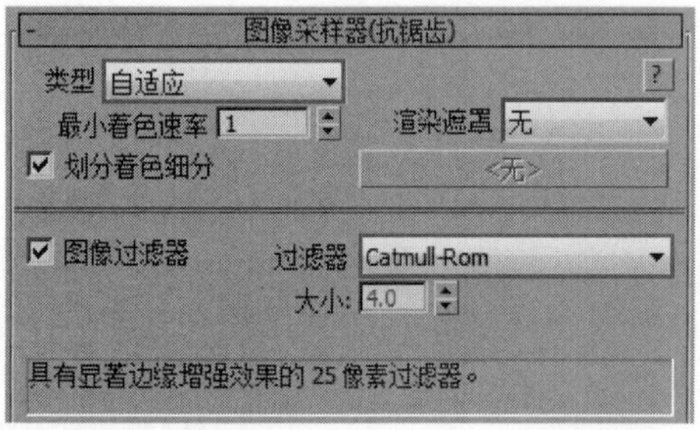

图14-36

03 展开 “全局确定性蒙特卡洛”卷展栏，设置 “噪波阈值”为0.001、“最小采样”为16，如图14-37所示。

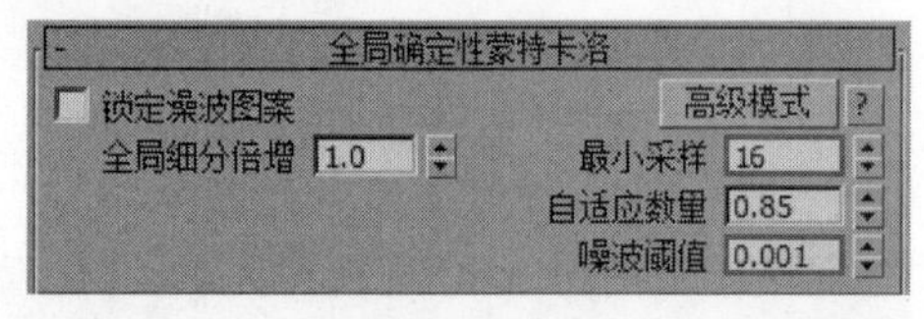

图14-37

04 单击GI选项卡，然后展开“发光图”卷展栏，接着设置“当前预设”为“中”，具体参数设置如图14-38所示。

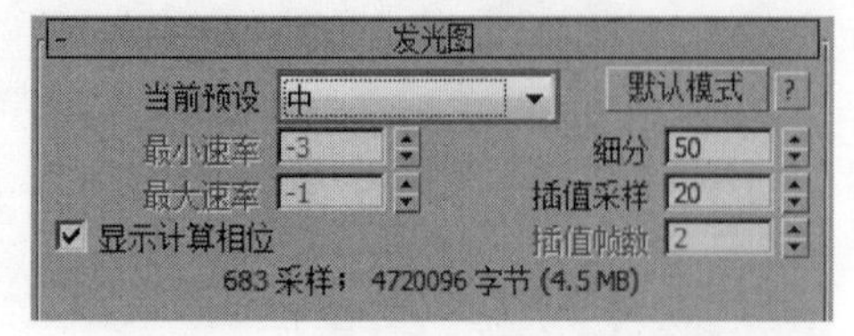

图14-38

05 展开“灯光缓存”卷展栏，然后设置“细分”为1200，如图14-39所示。

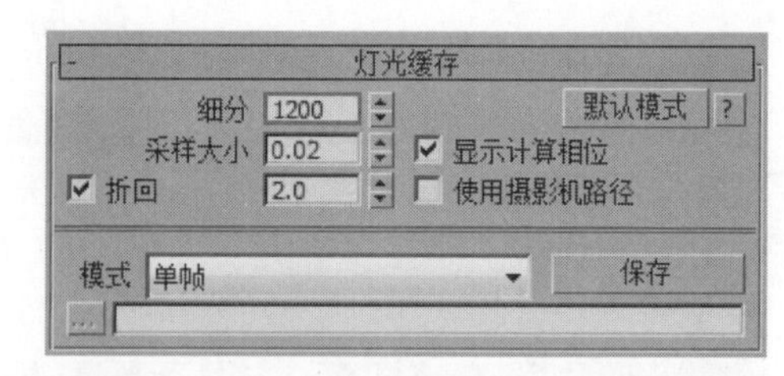

图14-39

06 按F9键渲染当前场景，最终效果如图14-40所示。

图14-40

技术专题 保存图片比渲染图片偏暗

渲染完成图保存为图片后，有时会发现保存出的图片比渲染框里面的要暗。这是因为渲染的图片Gamma值为2.2，而保存的图片Gamma值为1.0。要解决这个问题，只需要在“保存图像”对话框中，在Gamma一栏选择“覆盖”选项，并设置为2.2，最后保存图片即可，这样保存的图片就与渲染框中的一致了，如图14-41所示。

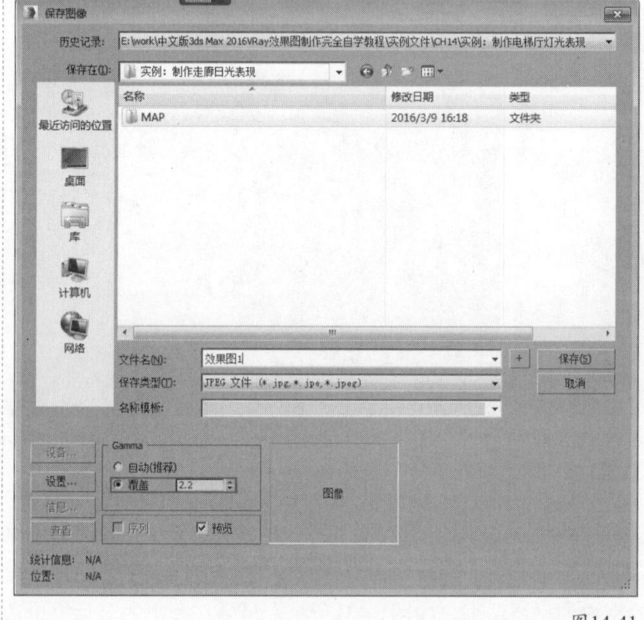

图14-41

实例9

商业综合实例：工装篇

电梯厅灯光表现

本例是一个电梯厅，案例效果如图14-42所示。

◎ 场景位置 » 场景文件>CH14>02.max

◎ 实例位置 » 实例文件>CH14>电梯厅灯光表现.max

◎ 技术掌握 » 练习室内灯光表现

图14-42

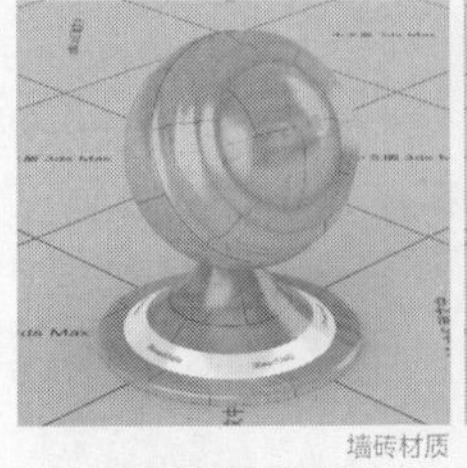
墙砖材质

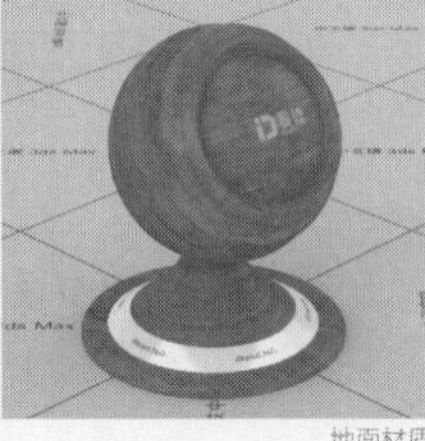
地面材质

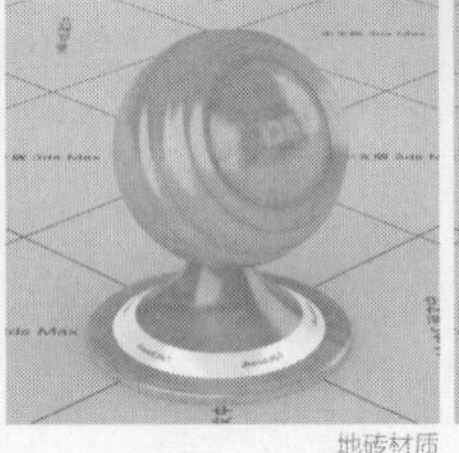
地砖材质

地砖2材质

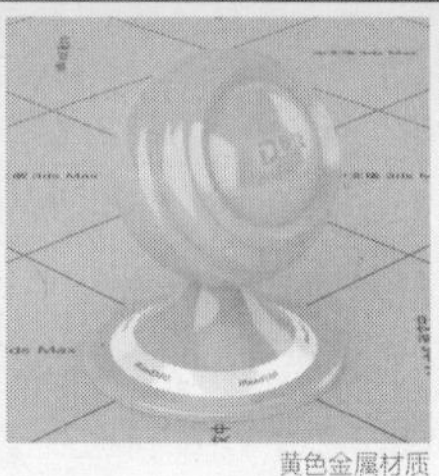
黄色金属材质

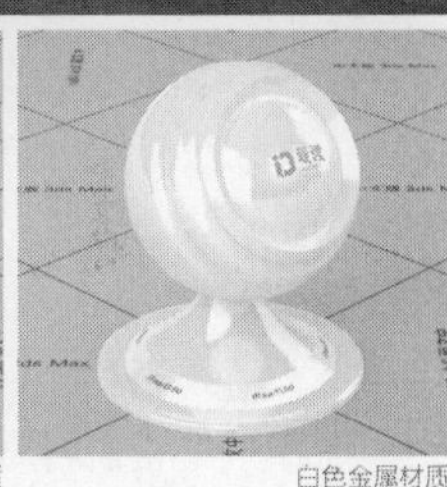
白色金属材质

项目说明

本例是一个封闭的电梯厅空间，材质颜色较为简单，没有过多烦琐的配饰。瓷砖类材质是表现的重点。在灯光上，以室内筒灯为主光源，灯槽灯带为辅助光源。

材质制作

本例的场景对象材质主要包括墙砖材质、地砖材质、金属材质、地面材质等，如图14-43所示。

图14-43

❖ 1.制作墙砖材质

01 打开本书学习资源中的“场景文件> CH14>02.max”文件，如图14-44所示。

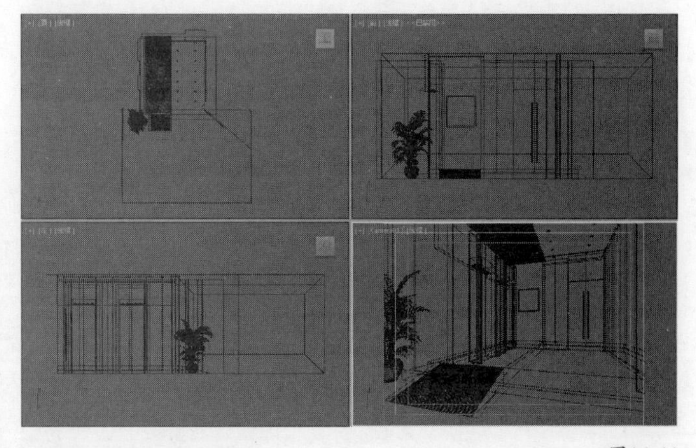
图14-44

02 选择一个空白材质球，然后设置材质类型为VRayMtl材质，具体参数设置如图14-45所示，制作好的材质球效果如图14-46所示。

设置步骤

① 在“漫反射”通道中加载一张本书学习资源中的“实例文件>CH14>电梯厅灯光表现>柱子1.jpg”贴图。

② 设置“反射”颜色为灰色（R:45，G:45，B:45），然后设置“高光光泽”为0.9、“反射光泽”为0.85，接着设置“细分”为12，最后取消勾选“菲涅耳反射”选项。

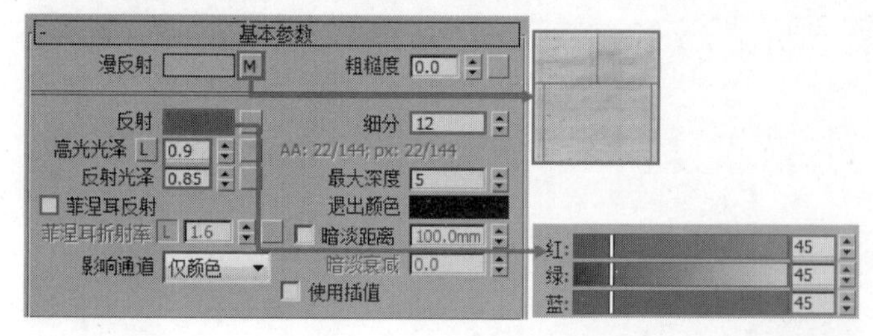

图14-45

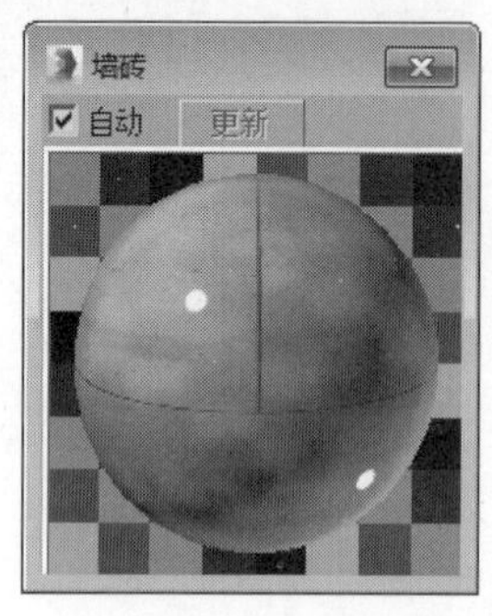

图14-46

❖ 2.制作蓝色地面材质

选择一个空白材质球，然后设置材质类型为VRayMtl材质，具体参数设置如图14-47所示，制作好的材质球效果如图14-48所示。

设置步骤

① 在“漫反射”通道中加载一张本书学习资源中的“实例文件>CH14>电梯厅灯光表现> asasas.jpg”贴图。

② 设置“反射”颜色为灰色（R:25，G:25，B:25），然后设置“反射光泽”为0.7、“细分”为12，最后勾选“菲涅耳反射”选项。

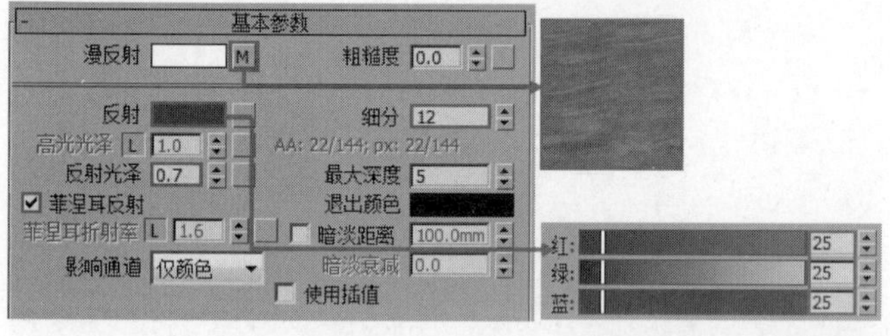

图14-47

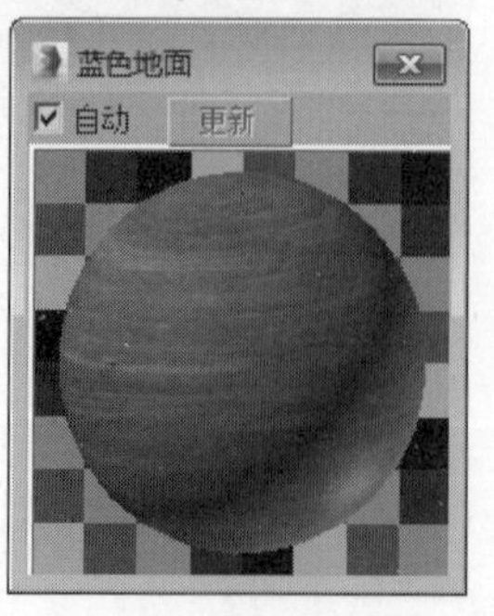

图14-48

❖ 3.制作地砖材质

选择一个空白材质球，然后设置材质类型为VRayMtl材质，具体参数设置如图14-49所示，制作好的材质球效果如图14-50所示。

设置步骤

① 在“漫反射”通道中加载一张本书学习资源中的“实例文件>CH14>电梯厅灯光表现>洞石132.jpg”贴图。

② 设置“反射”颜色为灰色（R:45，G:45，B:45），然后设置“高光光泽”为0.9、“反射光泽”为0.85、“细分”为12，最后取消勾选“菲涅耳反射”选项。

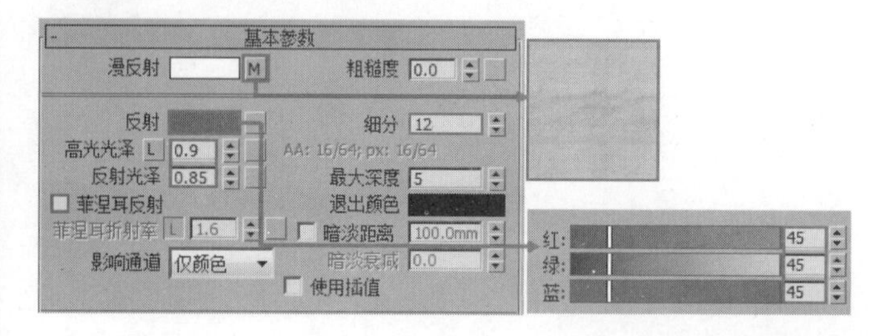

图14-49

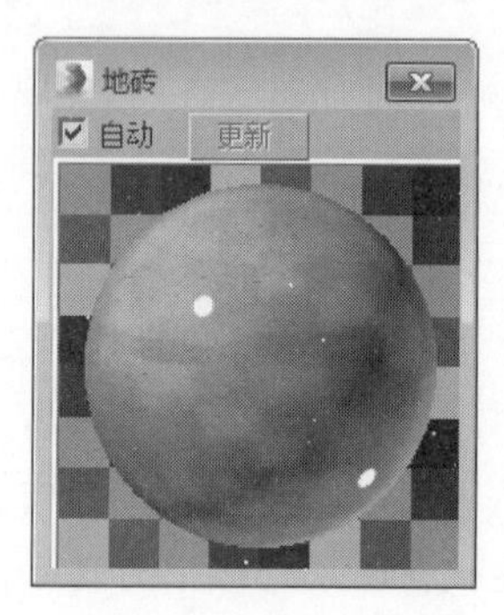

图14-50

❖ 4.制作地砖2材质

选择一个空白材质球，然后设置材质类型为VRayMtl材质，具体参数设置如图14-51所示，制作好的材质球效果如图14-52所示。

设置步骤

① 在“漫反射”通道中加载一张本书学习资源中的“实例文件>CH14>电梯厅灯光表现>地面r5.jpg”贴图。

② 设置“反射”颜色为灰色（R:25，G:25，B:25），然后设置“细分”为12，最后取消勾选“菲涅耳反射”选项。

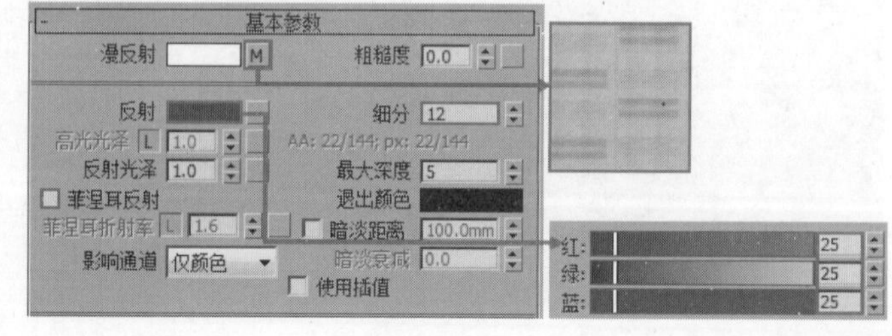

图14-51

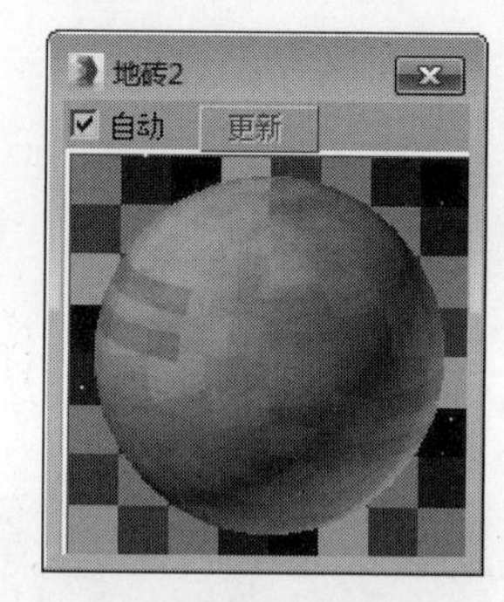

图14-52

❖ 5.制作黄色金属材质

选择一个空白材质球，设置材质类型为VRayMtl材质，具体参数设置如图14-53所示，制作好的材质球效果如图14-54所示。

设置步骤

① 设置“漫反射”颜色为黄色（R:200，G:190，B:124）。

② 设置“反射”颜色为灰色（R:30，G:30，B:30），然后设置“反射光泽”为0.9、“细分”为14，最后取消勾选“菲涅耳反射”选项。

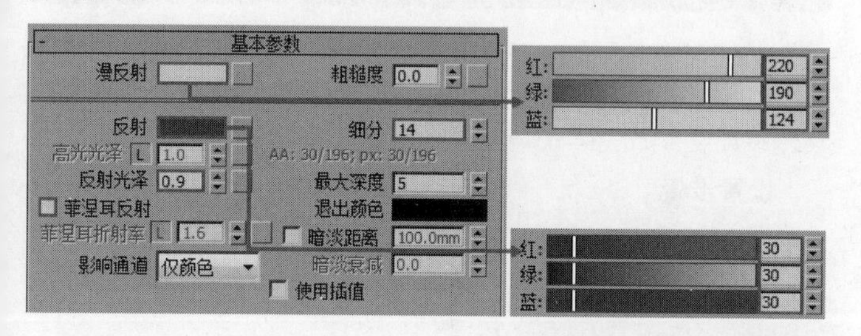

图14-53

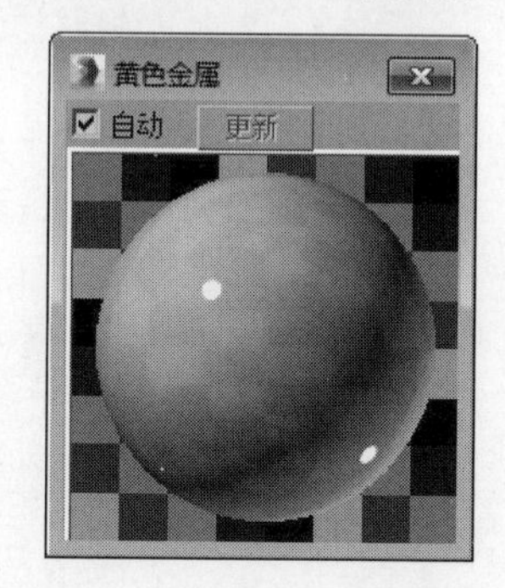

图14-54

❖ 6.制作白色金属材质

选择一个空白材质球，然后设置材质类型为VRayMtl材质，具体参数设置如图14-55所示，制作好的材质球效果如图14-56所示。

设置步骤

① 设置“漫反射”颜色为白色（R:255，G:255，B:255）。

② 设置“反射”颜色为灰色（R:30，G:30，B:30），然后设置“反射光泽”为0.9、“细分”为13，最后取消勾选“菲涅耳反射”选项。

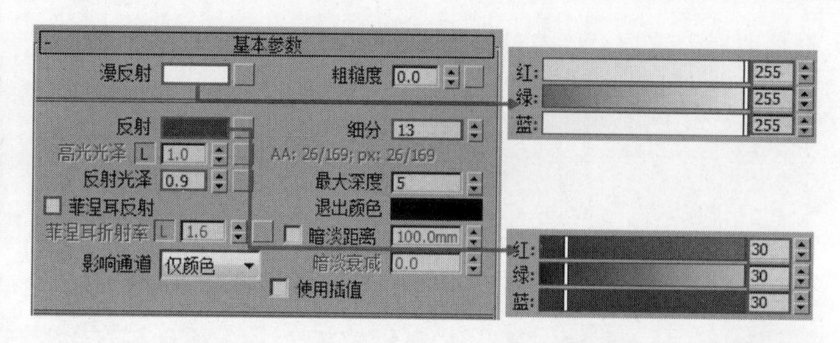

图14-55

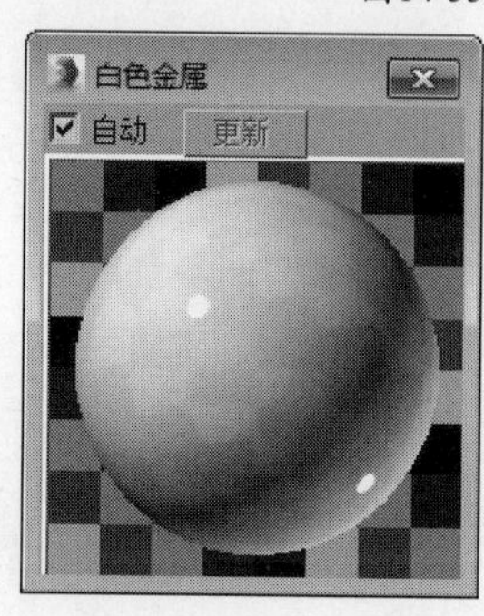

图14-56

☛ 设置测试渲染参数

01 按F10键打开“渲染设置”对话框，然后设置渲染器为VRay渲染器，接着在“公用参数”卷展栏下设置“宽度”为600、“高度”为450，如图14-57所示。

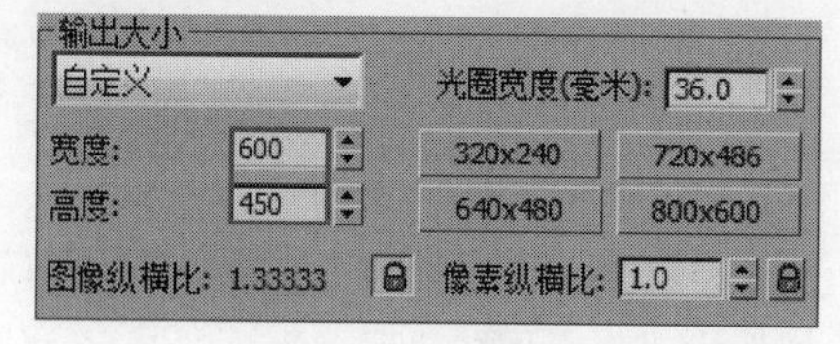

图14-57

02 单击VRay选项卡，然后在“图像采样器（抗锯齿）”卷展栏下设置 “类型”为“固定”，接着设置“过滤器”类型为“区域”，如图14-58所示。

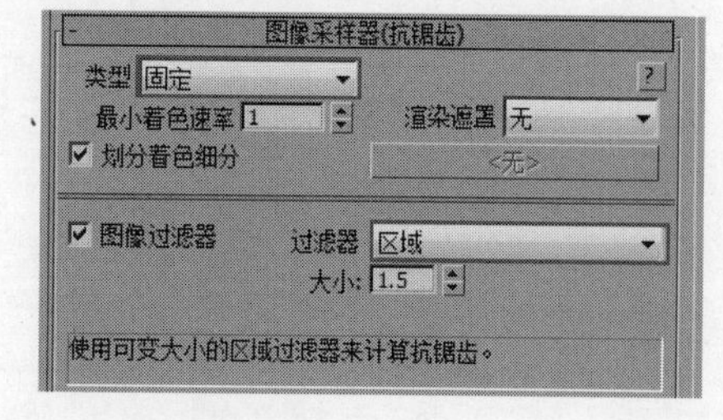

图14-58

03 展开“颜色贴图”卷展栏，然后设置“类型”为“莱因哈德”，如图14-59所示。

图14-59

04 单击GI选项卡，然后在“全局照明”卷展栏下勾选“启用全局照明”选项，接着设置“首次引擎”为“发光图”、“二次引擎”为“灯光缓存”，如图14-60所示。

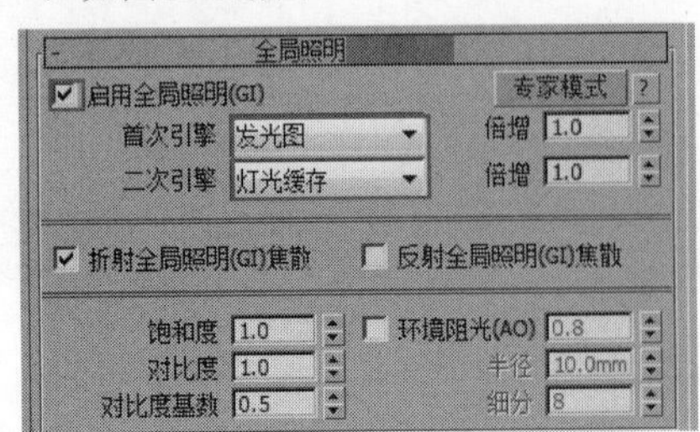

图14-60

05 展开“发光图”卷展栏，然后设置“当前预设”为“自定义”，接着设置“最小速率”和“最大速率”都为-4，最后设置“细分”为50、“插值采样”为20，如图14-61所示。

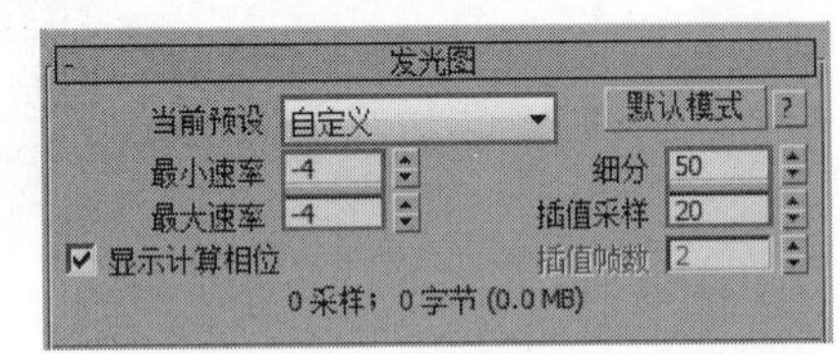

图14-61

06 展开“灯光缓存”卷展栏，然后设置“细分”为200，接着勾选“显示计算相位”选项，如图14-62所示。

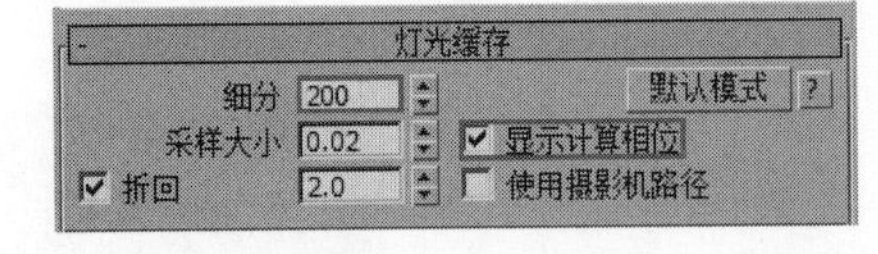

图14-62

07 单击“设置”选项卡，然后在“系统”卷展栏下设置“序列”为“上->下”，接着选择“日志窗口”为“从不”选项，如图14-63所示。

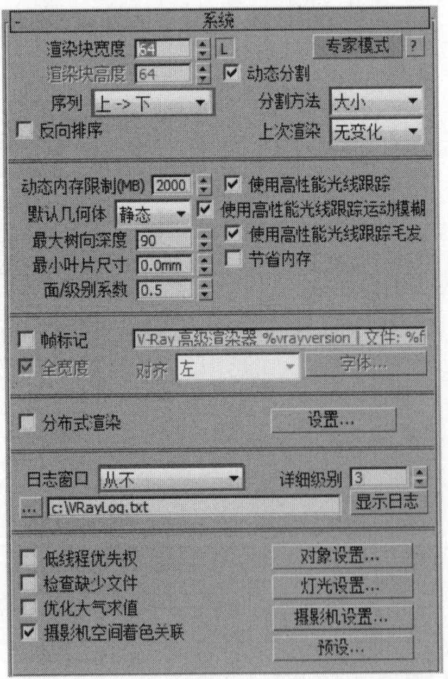

图14-63

灯光设置

场景中使用VRay平面灯光模拟天光和灯槽灯带，目标灯光模拟筒灯，看似数量较多，但都是实例复制。

❖ 1.创建天光

01 在场景中创建一盏VRay灯光作为天光，其位置如图14-64所示。

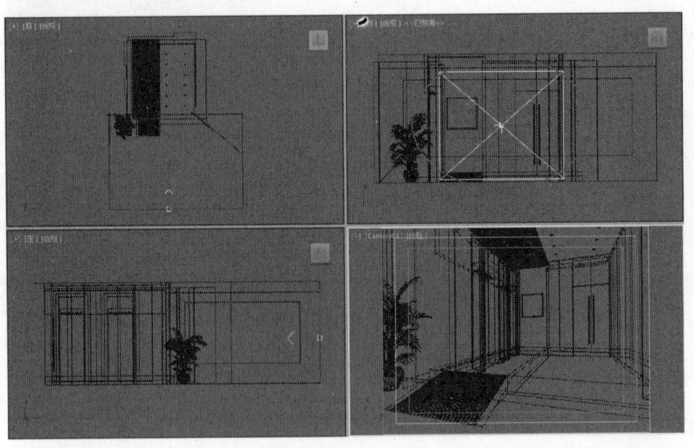

图14-64

02 选择上一步创建的VRay灯光，然后展开“参数”卷展栏，具体参数设置如图14-65所示。

设置步骤

① 在“常规”选项组下设置“类型”为“平面”。

② 在“强度”选项组下设置“倍增”为3，然后设置“颜色”为蓝色（R:136，G:192，B:255）。

③ 在“大小”选项组下设置“1/2长”为1900mm，然后设置“1/2宽”为1600mm。

④ 在“选项”选项组下勾选“不可见”选项，并取消勾选“影响高光”和“影响反射”选项。

⑤ 在“采样”选项组下设置“细分”为20。

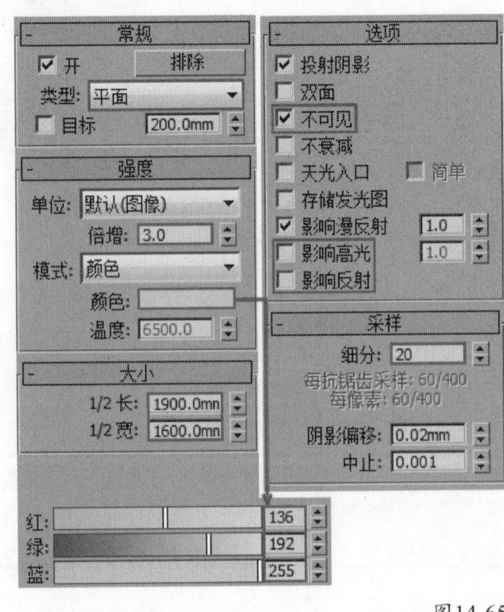

图14-65

03 按F9键渲染当前场景，其效果如图14-66所示。

图14-66

❖ 2.创建灯槽灯光

01 设置灯光类型为VRay，然后在顶视图中创建一盏VRay灯光作为灯槽灯光，其位置如图14-67所示。

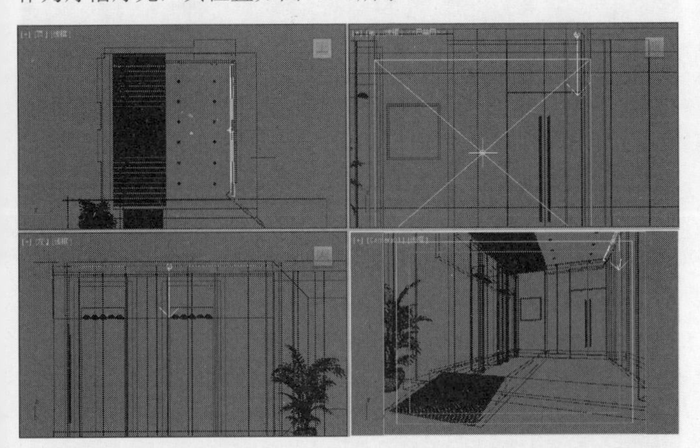

图14-67

02 选择上一步创建的VRay灯光，然后展开“参数”卷展栏，具体参数设置如图14-68所示。

设置步骤

① 在“常规”选项组下设置“类型”为“平面”。

② 在“强度”选项组下设置“倍增”为15，然后设置“颜色”为黄色（R:255，G:234，B:169）。

③ 在“大小”选项组下设置“1/2长”为63.344mm，然后设置“1/2宽”为2096.11mm。

④ 在“选项”选项组下勾选“不可见”选项，并取消勾选“影响高光”和“影响反射”选项。

⑤ 在“采样”选项组下设置“细分”为10。

03 选中上一步修改的VRay灯光，然后以“实例”的形式复制到灯槽另一侧，其位置如图14-69和图14-70所示。

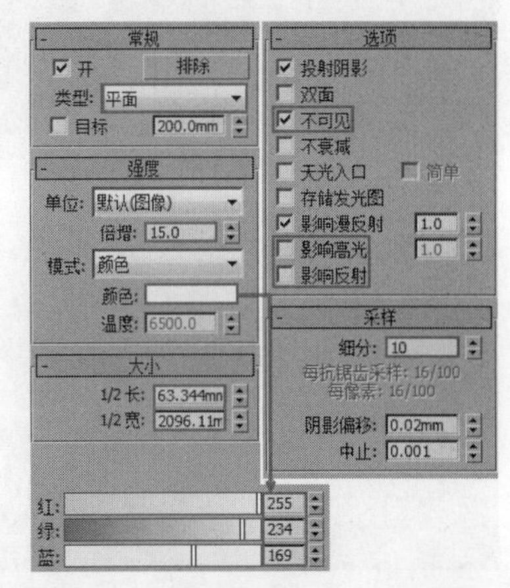

图14-68

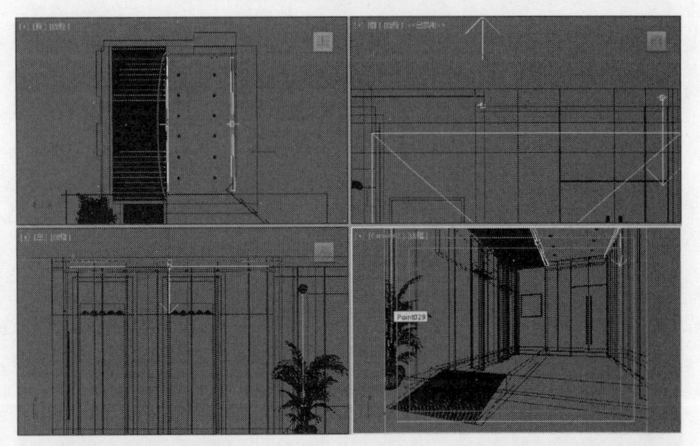

图14-69

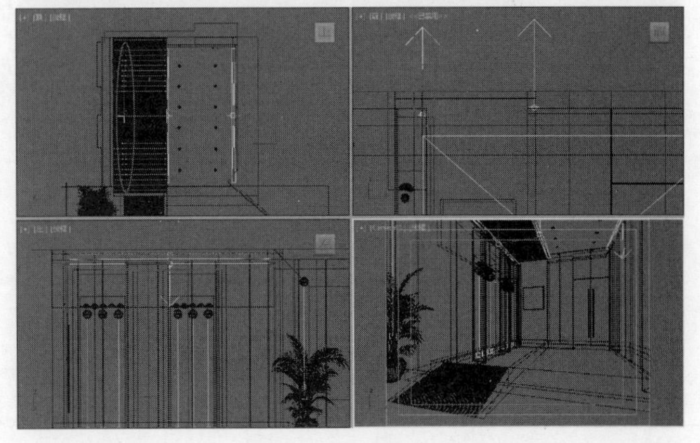

图14-70

04 按F9键测试渲染当前场景，效果如图14-71所示。

图14-71

❖ 3.创建筒灯灯光

01 设置“灯光类型”为“光度学”，然后在场景中创建一盏“目标灯光”，其位置如图14-72所示。

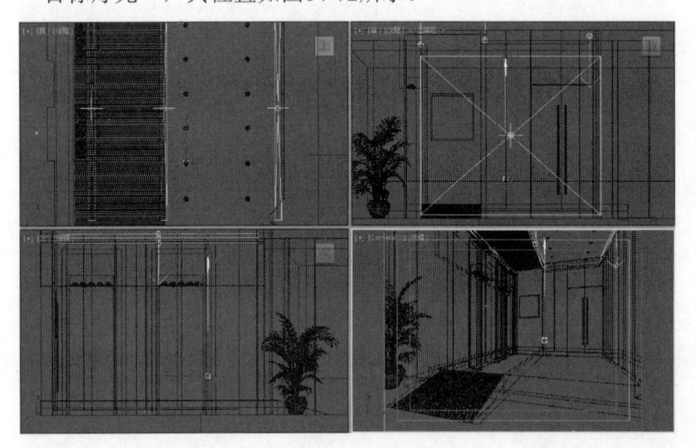

图14-72

02 选择上一步创建的目标灯光，然后进入“修改”面板，接着展开“参数”卷展栏，具体参数设置如图14-73所示。

设置步骤

① 展开“常规参数”卷展栏，然后在“阴影”选项组下勾选“启用”选项，接着设置阴影类型为“VRay阴影”，最后设置“灯光分布（类型）”为“光度学Web”。

② 展开“分布（光度学Web）”卷展栏，在“选择光度学文件”按钮 <选择光度学文件> 上加载本书学习资源中的“实例文件>CH14>实例：电梯厅灯光表现>中间亮.IES”文件。

③ 展开“强度/颜色/衰减”卷展栏，然后设置“过滤颜色”为黄色（R:255，G:217，B:176），接着设置“强度”为20000。

03 选择上一步创建的目标灯光，然后以“实例”的形式复制到其余筒灯模型下方，如图14-74所示。

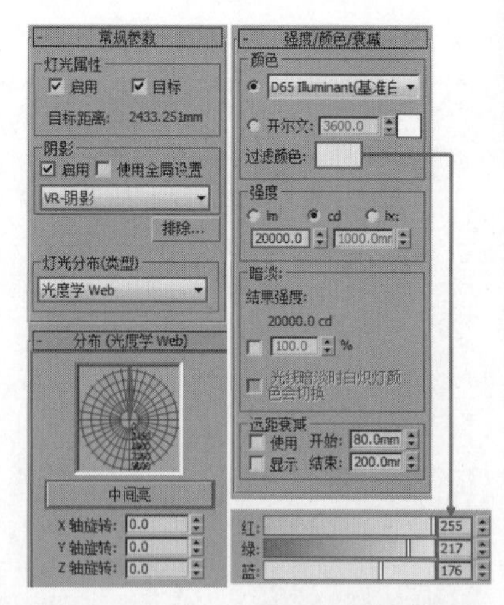

图14-73

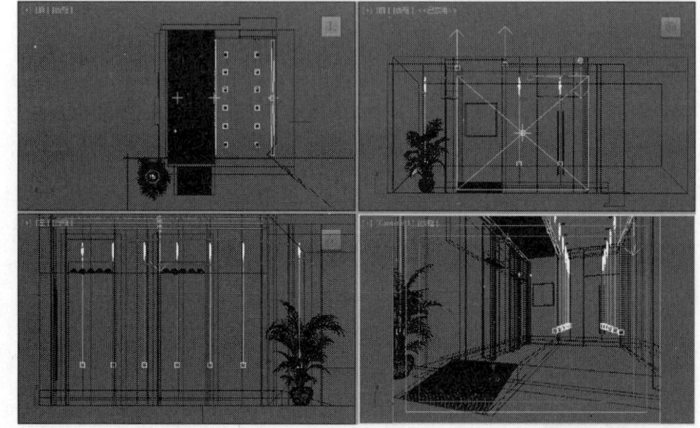

图14-74

04 设置“灯光类型”为“光度学”，然后在场景中创建一盏“目标灯光”，其位置如图14-75所示。

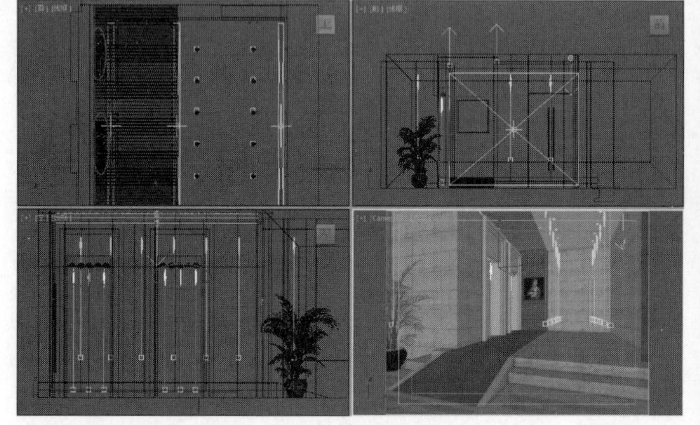

图14-75

05 选择上一步创建的目标灯光，然后进入“修改”面板，接着展开“参数”卷展栏，具体参数设置如图14-76所示。

设置步骤

① 展开“常规参数”卷展栏，然后在“阴影”选项组下勾选“启用”选项，接着设置阴影类型为“VRay阴影”，最后设置“灯

光分布（类型）”为“光度学Web”。

② 展开“分布（光度学Web）”卷展栏，在“选择光度学文件”按钮 <选择光度学文件> 上加载本书学习资源中的“实例文件>CH14>实例：电梯厅灯光表现>中间亮.IES”文件。

③ 展开“强度/颜色/衰减”卷展栏，然后设置“过滤颜色”为黄色（R:255，G:217，B:176），接着设置“强度”为8000。

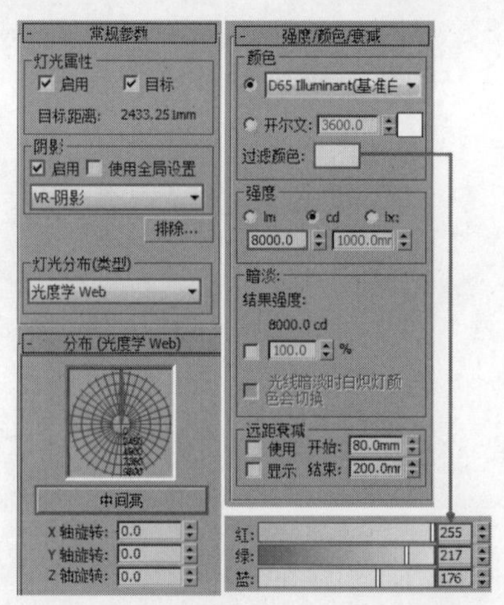

图14-76

06 按F9键渲染当前场景，效果如图14-77所示。

图14-77

设置最终渲染参数

01 按F10键打开“渲染设置”对话框，然后在“公用参数”卷展栏下设置“宽度”为1600、“高度”为1200，如图14-78所示。

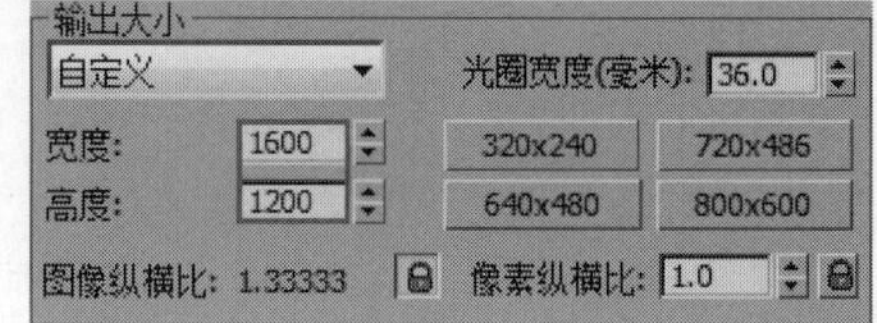

图14-78

02 单击VRay选项卡，然后在“图像采样器（抗锯齿）”卷展栏下设置“类型”为“自适应”，再设置“过滤器”类型为Mitchell-Netravali，具体参数设置如图14-79所示。

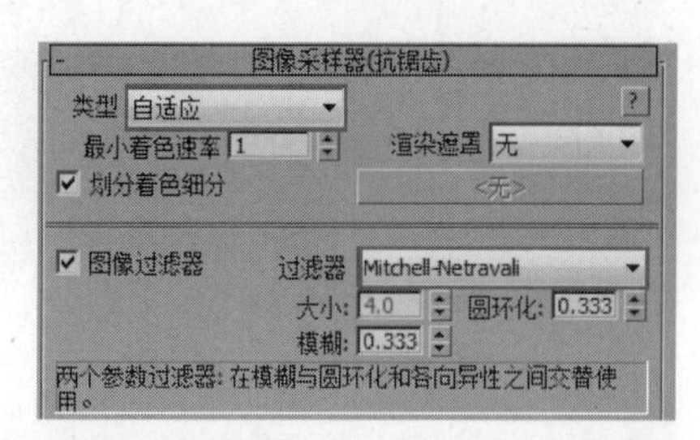

图14-79

03 展开“全局确定性蒙特卡洛”卷展栏，然后设置“自适应数量”为0.75、“噪波阈值”为0.001、“最小采样”为16，如图14-80所示。

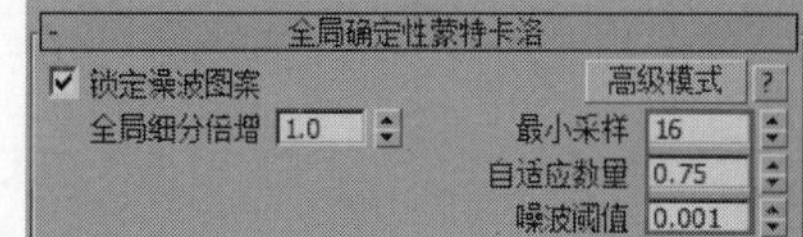

图14-80

04 单击GI选项卡，然后展开“发光图”卷展栏，接着设置“当前预设”为“中”，最后设置“细分”为50、“插值采样”为20，具体参数设置如图14-81所示。

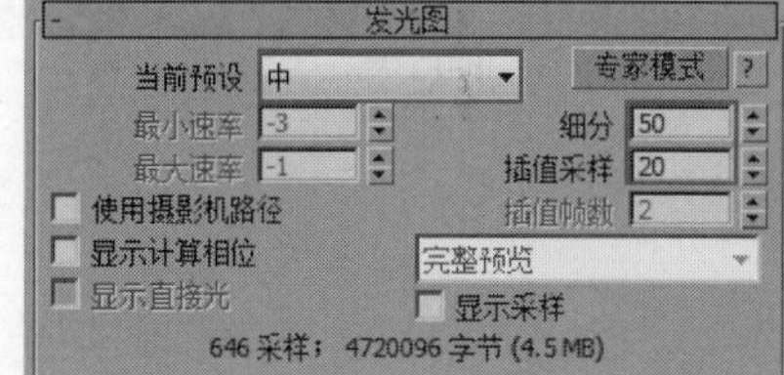

图14-81

05 展开“灯光缓存”卷展栏，然后设置“细分”为1200，如图14-82所示。

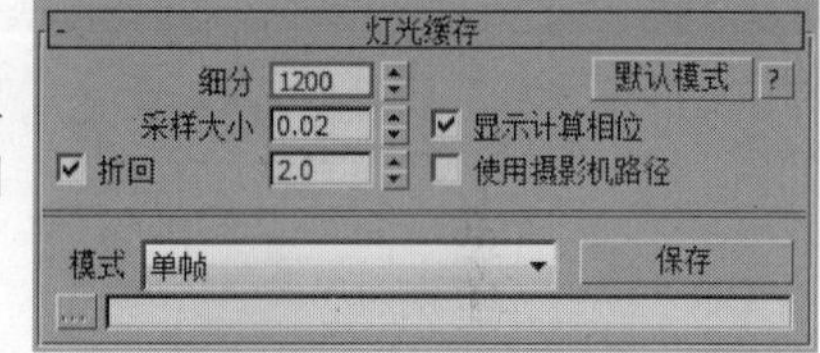

图14-82

06 按F9键渲染当前场景，最终效果如图14-83所示。

图14-83

实例10

商业综合实例：工装篇

商店夜晚表现

本例是一个商店空间，效果如图14-84所示。

◎ 场景位置 » 场景文件>CH14>03.max
◎ 实例位置 » 实例文件>CH14>商店夜晚表现.max
◎ 技术掌握 » 练习夜晚灯光的表现手法

图14-84

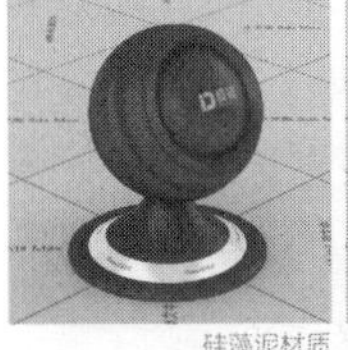

硅藻泥材质

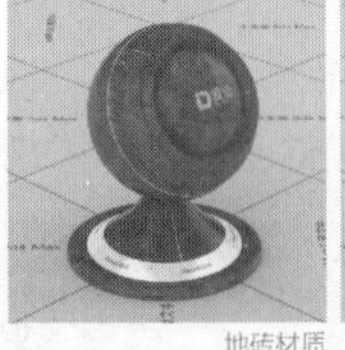

地砖材质

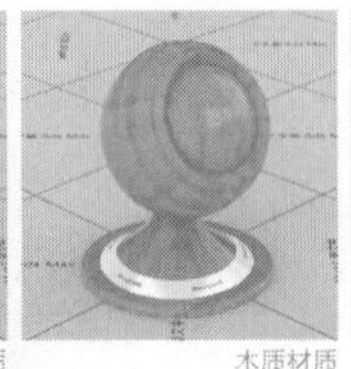

木质材质

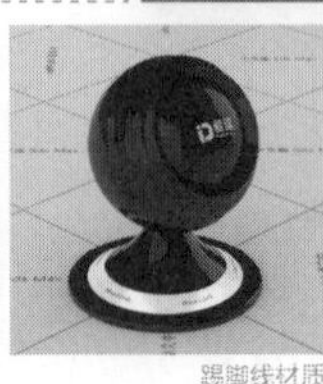

踢脚线材质

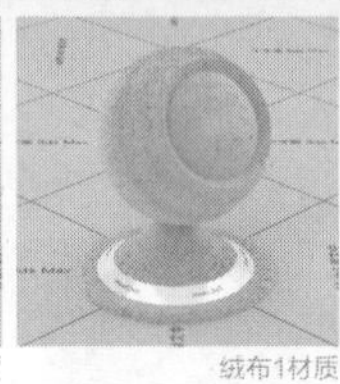

绒布1材质

绒布2材质

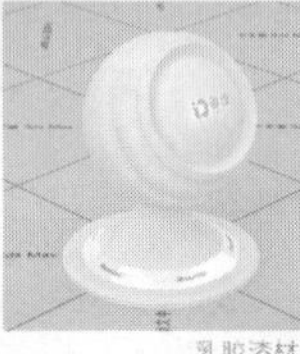

乳胶漆材质

黑铁材质

项目说明

本例是一个夜晚商店场景，场景颜色淡雅，重点表现硅藻泥、地砖、木质等材质。灯光方面，以室内射灯为主光源，室外天光为辅助光。

材质制作

本例的场景对象材质主要包括硅藻泥材质、地砖材质、木质材质、绒布材质、黑铁材质、乳胶漆材质等，如图14-85所示。

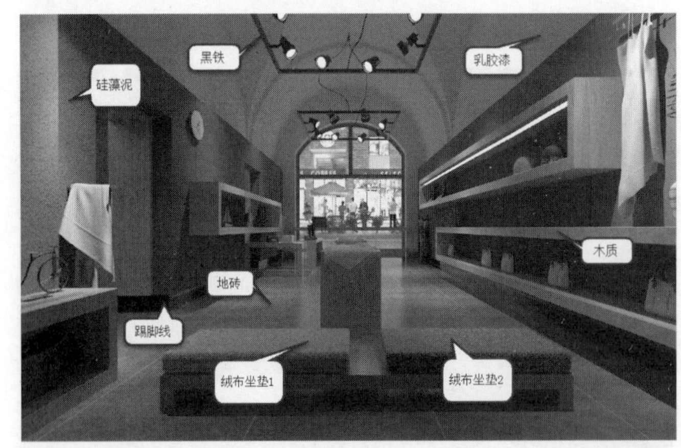

图14-85

❖ 1.制作硅藻泥材质

01 打开本书学习资源中的“场景文件>CH14>03.max”文件，如图14-86所示。

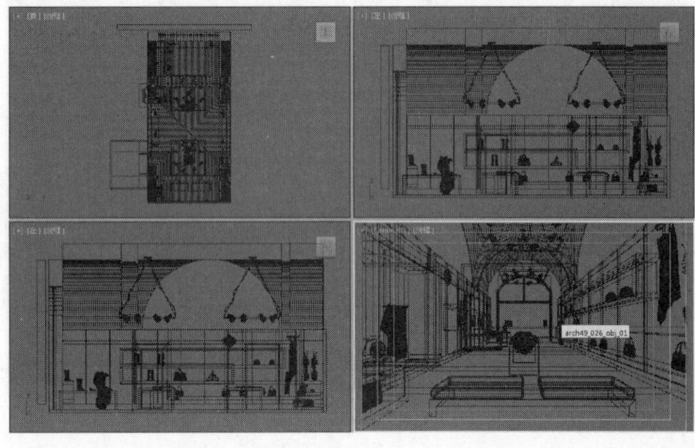

图14-86

02 选择一个空白材质球，然后设置材质类型为VRayMtl材质，具体参数设置如图14-87所示，制作好的材质球效果如图14-88所示。

设置步骤

① 设置“漫反射”颜色为褐色（R:34，G:26，B:21）。

② 设置“反射”颜色为灰色（R:20，G:20，B:20），然后设置“高光光泽”为0.25，最后取消勾选“菲涅耳反射”选项。

③ 展开“贴图”卷展栏，然后在“凹凸”通道中加载一张本书学习资源中的“实例文件>CH14>商店夜晚表现> mat02b.jpg”贴图，然后设置“凹凸”强度为50。

④ 展开“选项”卷展栏，然后取消勾选“跟踪反射”选项。

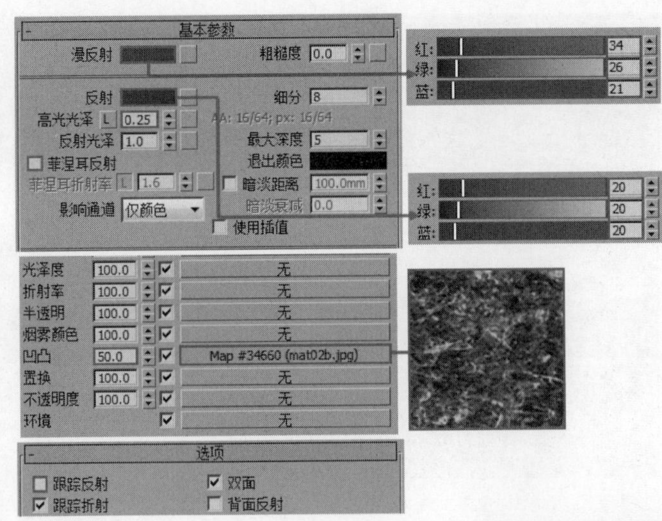

图14-87

图14-88

❖ 2.制作地砖材质

选择一个空白材质球，然后设置材质类型为VRayMtl材质，具体参数设置如图14-89所示，制作好的材质球效果如图14-90所示。

设置步骤

① 在“漫反射”通道中加载一张本书学习资源中的“实例文件> CH14>商店夜晚表现>地面砖1.jpg”贴图。

② 在“反射”通道中加载一张“衰减”贴图，然后进入“衰减”贴图，设置“侧”颜色为蓝色（R:215，G:234，B:255），并设置“衰减类型”为Fresnel，接着设置“高光光泽”为0.8、“反射光泽”为0.85、“细分”为15，最后取消勾选“菲涅耳反射”选项。

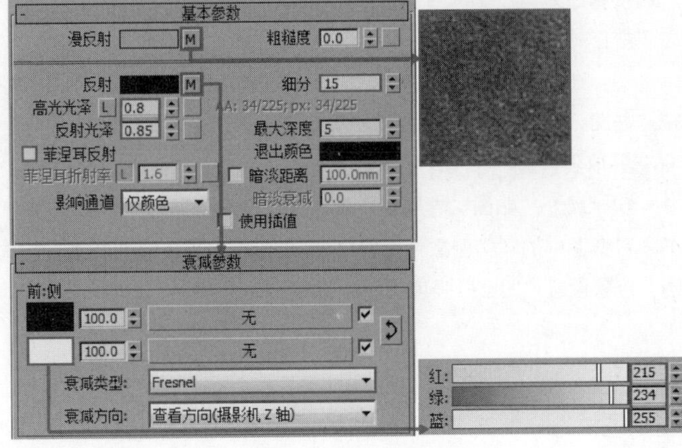

图14-89

图14-90

❖ 3.制作木质材质

选择一个空白材质球，然后设置材质类型为VRayMtl材质，具体参数设置如图14-91所示，制作好的材质球效果如图14-92所示。

设置步骤

① 在“漫反射”通道中加载一张本书学习资源中的“实例文件> CH14>商店夜晚表现>107.jpg”贴图。

② 在“反射”通道中加载一张“衰减”贴图，然后进入“衰减”贴图，设置“侧”颜色为蓝色（R:215，G:229，B:255），并设置“衰减类型”为Fresnel，接着设置“高光光泽”为0.85、“反射光泽”为0.9、“细分”为15，最后取消勾选“菲涅耳反射”选项。

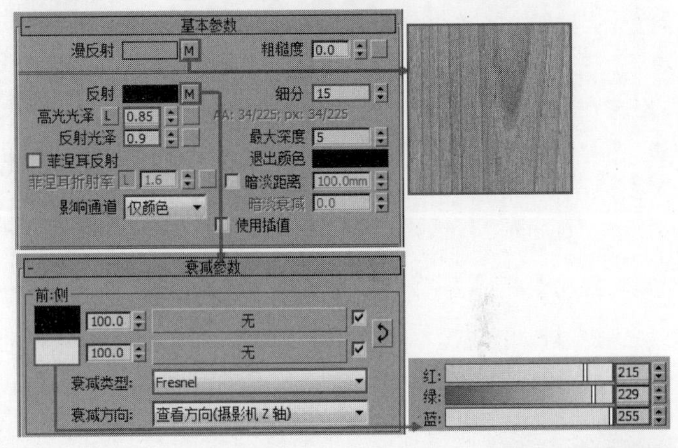

图14-91

图14-92

❖ 4.制作踢脚线材质

选择一个空白材质球，然后设置材质类型为VRayMtl材质，具体参数设置如图14-93所示，制作好的材质球效果如图14-94所示。

设置步骤

① 在“漫反射”通道中加载一张本书学习资源中的“实例文件

> CH14>商店夜晚表现> 9900.jpg”贴图。

② 在“反射”通道中加载一张“衰减”贴图，然后进入“衰减”贴图，设置“侧”颜色为蓝色（R:215，G:234，B:255），并设置“衰减类型”为Fresnel，接着设置“高光光泽”为0.85、“反射光泽”为0.95，最后取消勾选“菲涅耳反射”选项。

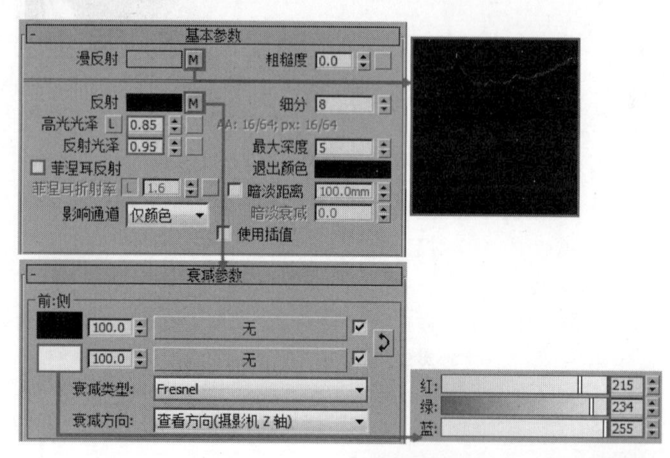

图14-93

图14-94

❖ 5.制作绒布坐垫1材质

选择一个空白材质球，然后设置材质类型为VRayMtl材质，具体参数设置如图14-95所示，制作好的材质球效果如图14-96所示。

设置步骤

① 在“漫反射”通道中加载一张“衰减”贴图，然后进入“衰减”贴图，设置“前”颜色为黄色（R:163，G:117，B:72）、“侧”颜色为白色（R:234，G:223，B:213），接着设置“衰减类型”为“垂直/平行”。

② 在“反射”通道中加载一张“衰减”贴图，然后进入“衰减”贴图，设置“衰减类型”为Fresnel，接着设置“反射光泽”为0.6，并取消勾选“菲涅耳反射”选项。

③ 展开“贴图”卷展栏，然后在“凹凸”通道中加载一张本书学习资源中的“实例文件>CH14>商店夜晚表现> mat02b.jpg”贴图，接着设置“凹凸”强度为200。

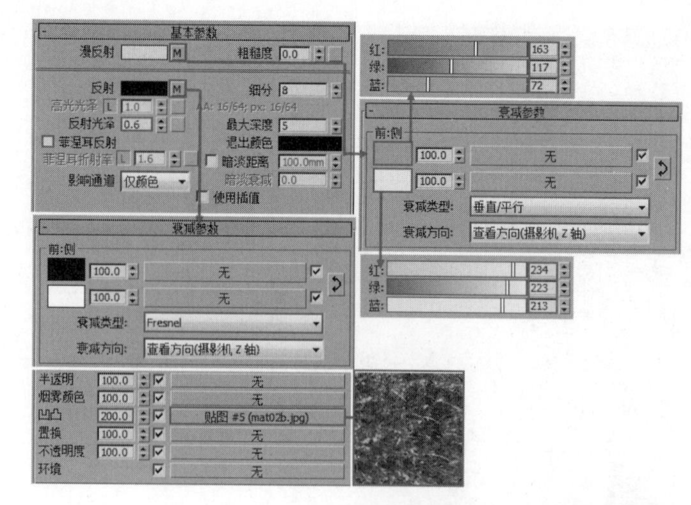

图14-95

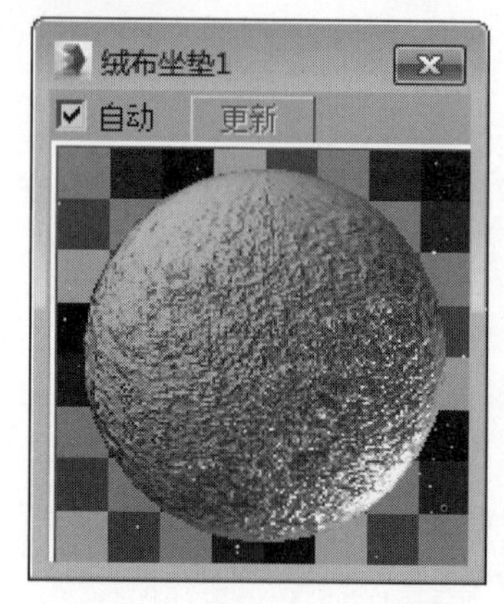

图14-96

❖ 6.制作绒布坐垫2材质

选择一个空白材质球，然后设置材质类型为VRayMtl材质，具体参数设置如图14-97所示，制作好的材质球效果如图14-98所示。

设置步骤

① 在“漫反射”通道中加载一张“衰减”贴图，然后进入“衰减”贴图，设置“前”颜色为黑色（R:13，G:13，B:13）、“侧”颜色为白色（R:84，G:84，B:84），接着设置“衰减类型”为“垂直/平行”。

② 在“反射”通道中加载一张“衰减”贴图，然后进入“衰减”贴图，设置“衰减类型”为Fresnel，接着设置“反射光泽”为0.6，并取消勾选“菲涅耳反射”选项。

③ 展开“贴图”卷展栏，然后在“凹凸”通道中加载一张本书学习资源中的“实例文件>CH14>商店夜晚表现> mat02b.jpg”贴图，接着设置“凹凸”强度为200。

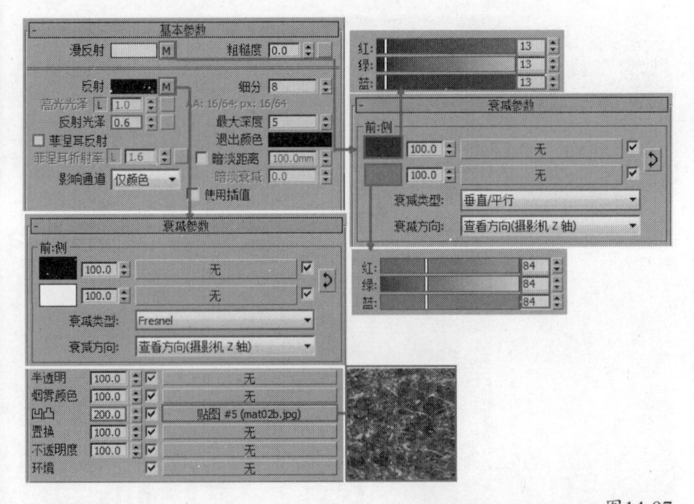

图14-97

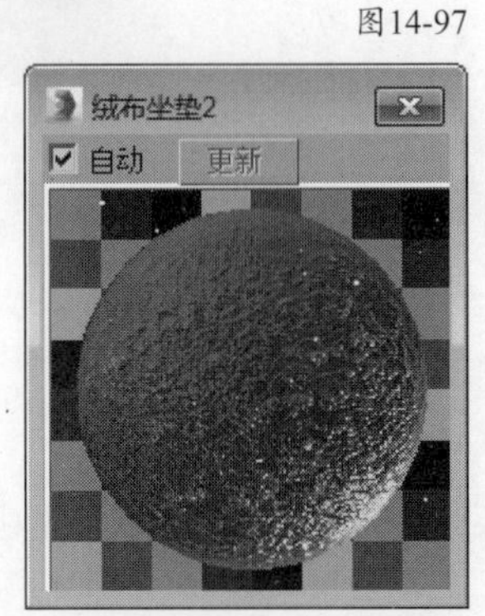

图14-98

❖ 7.制作乳胶漆材质

选择一个空白材质球，然后设置材质类型为VRayMtl材质，具体参数设置如图14-99所示，制作好的材质球效果如图14-100所示。

设置步骤

① 设置“漫反射”颜色为黄色（R:230，G:215，B:195）。

② 设置“反射”颜色为黑色（R:15，G: 15，B:15），然后设置“高光光泽”为0.25，并取消勾选“菲涅耳反射”选项。

③ 展开“选项”卷展栏，然后取消勾选“跟踪反射”选项。

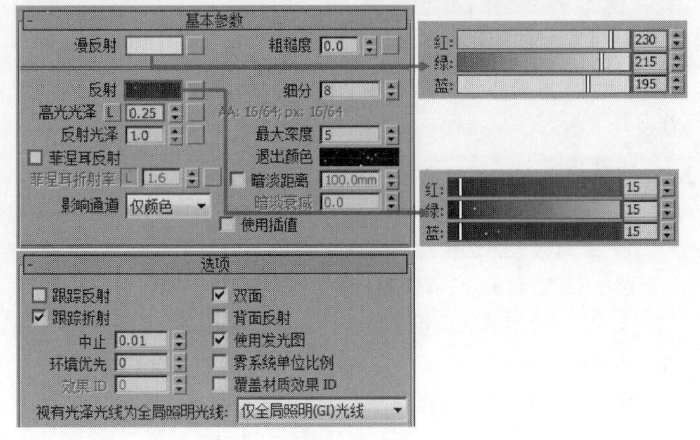

图14-99

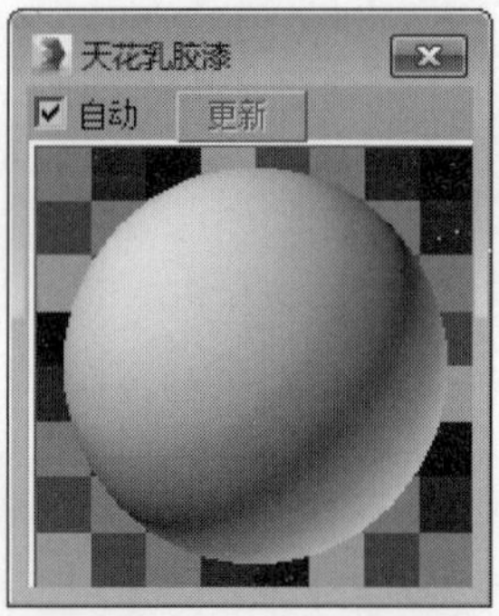

图14-100

❖ 8.制作黑铁材质

选择一个空白材质球，然后设置材质类型为VRayMtl材质，具体参数设置如图14-101所示，制作好的材质球效果如图14-102所示。

设置步骤

① 设置“漫反射”颜色为黑色（R:2，G:2，B:2）。

② 设置“反射”颜色为黑色（R:200，G:200，B:200），然后设置“反射光泽”为0.7，并勾选“菲涅耳反射”选项。

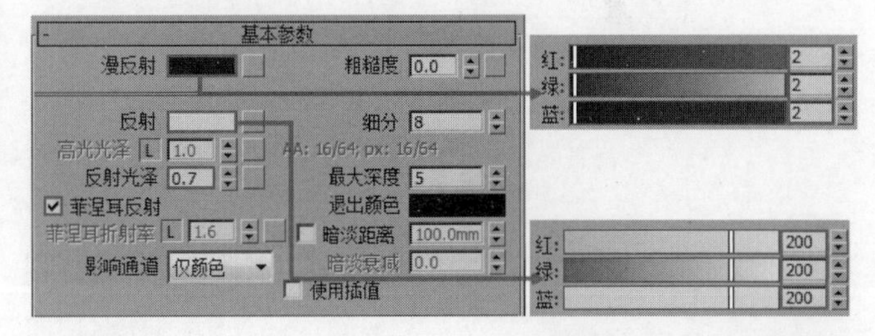

图14-101

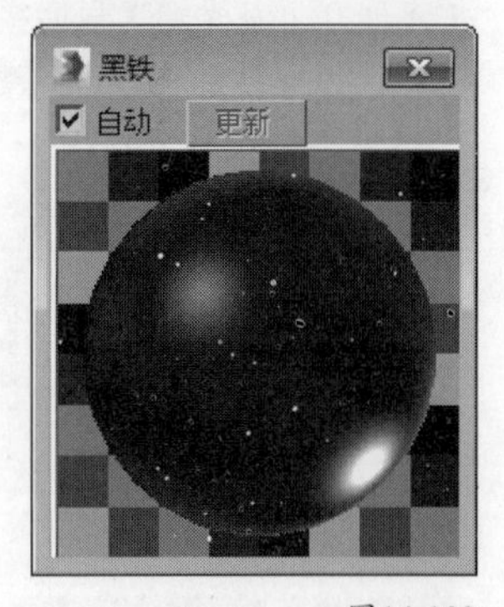

图14-102

设置测试渲染参数

01 按F10键打开“渲染设置”对话框，然后设置渲染器为VRay渲染器，接着在“公用”卷展栏下设置“宽度”为750、“高度”为470，如图14-103所示。

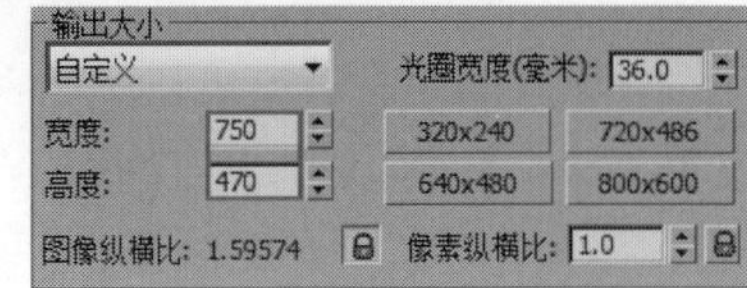

图14-103

02 单击VRay选项卡，然后在“图像采样器（抗锯齿）”卷展栏下设置“图像采样器”的“类型”为“固定”，接着设置“过滤器”类型为“区域”，如图14-104所示。

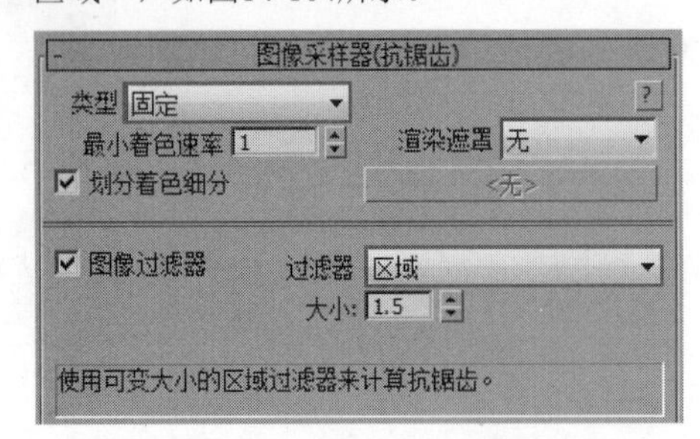

图14-104

03 展开“颜色贴图”卷展栏，然后设置“类型”为“线性倍增”，如图14-105所示。

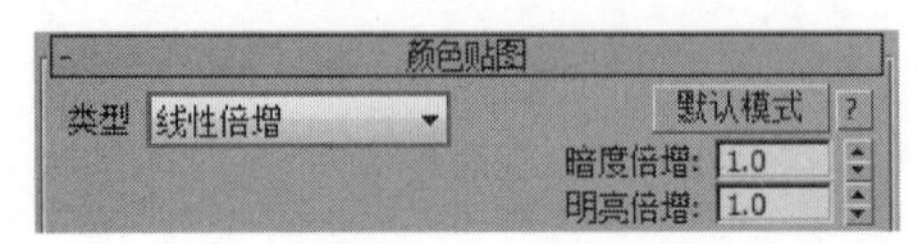

图14-105

04 单击GI选项卡，然后在“全局照明”卷展栏下勾选“启用全局照明（GI）”选项，接着设置“首次引擎”为“发光图”、“二次引擎”为“灯光缓存”，如图14-106所示。

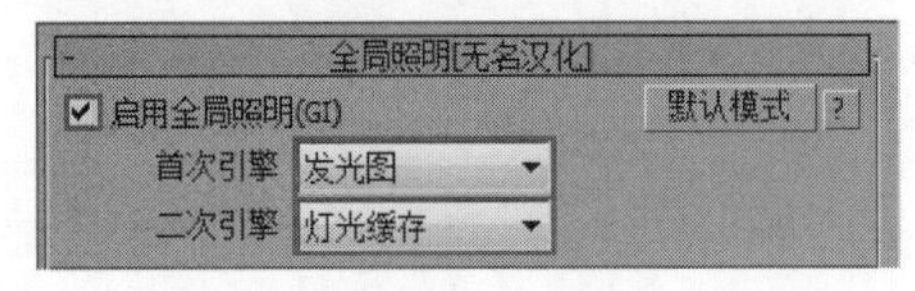

图14-106

05 展开“发光图”卷展栏，然后设置“当前预设”为“自定义”，接着设置“最小速率”和“最大速率”都为-4，再设置“细分”为50、“插值采样”为20，如图14-107所示。

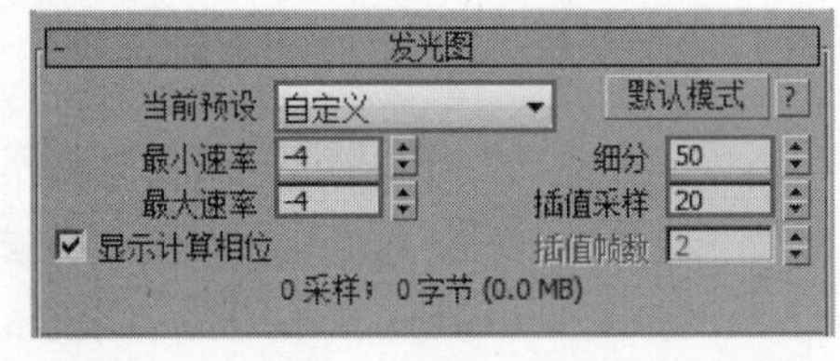

图14-107

06 展开“灯光缓存”卷展栏，然后设置“细分”为200，接着勾选“显示计算相位”选项，如图14-108所示。

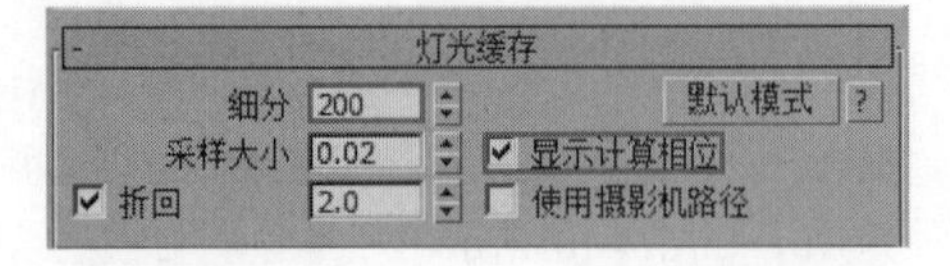

图14-108

07 单击“设置”选项卡，然后在“系统”卷展栏下设置“序列”为“上->下”，接着选择“日志窗口”为“从不”选项，如图14-109所示。

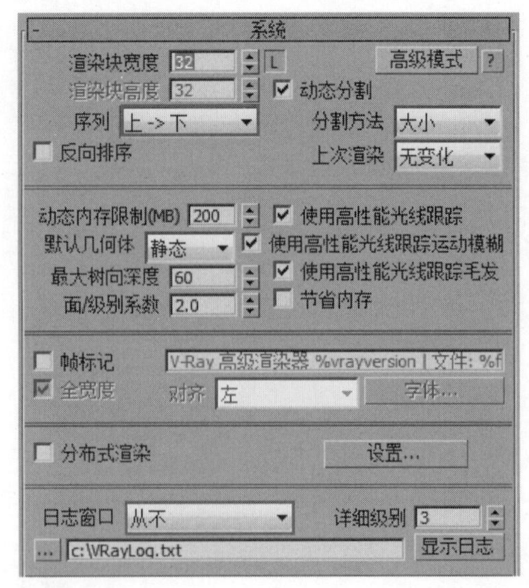

图14-109

灯光设置

场景中的灯光不多，使用VRay灯光模拟环境光和补光，目标灯光模拟筒灯效果。

❖ 1.创建室内天光

01 设置“灯光类型”为VRay，然后在窗外创建一盏“VRay灯光”作为天光，其位置如图14-110所示。

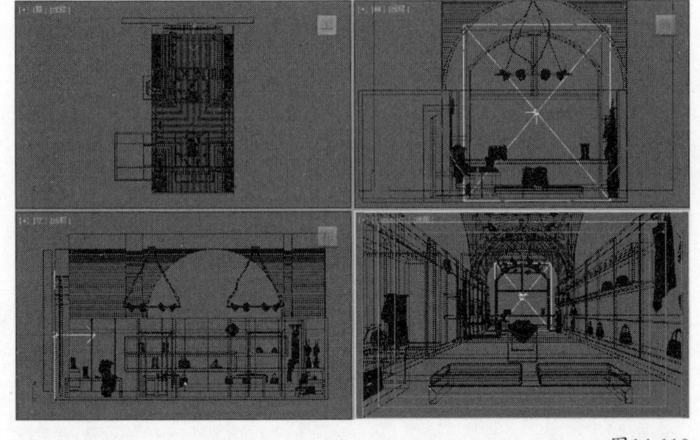

图14-110

02 选择上一步创建的VRay灯光，然后进入“修改”面板，接着展开“参数”卷展栏，具体参数设置如图14-111所示。

设置步骤

① 在“常规”选项组下设置“类型”为“平面”。

② 在“强度”选项组下设置“倍增”为1，然后设置“颜色”为蓝色（R:34，G:61，B:194）。

③ 在“大小”选项组下设置“1/2长”为1949.959mm、“1/2宽”为2281.084mm。

④ 在“选项”选项组下勾选“不可见”选项。

⑤ 在“采样”选项组下设置“细分”为16。

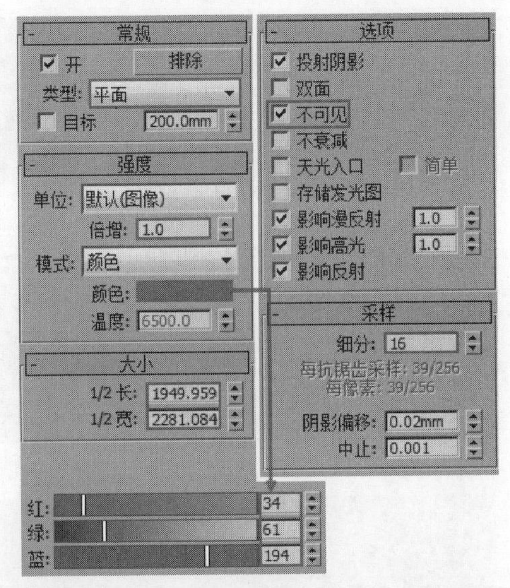

图14-111

03 按F9键渲染当前场景，效果如图14-112所示。

图14-112

❖ 2.创建补光

01 设置“灯光类型”为VRay，然后在场景中创建一盏“VRay灯光”作为补光，其位置如图14-113所示。

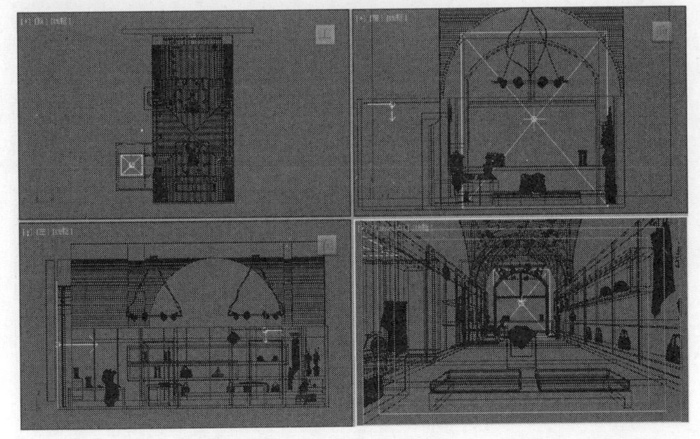

图14-113

02 选择上一步创建的VRay灯光，然后进入“修改”面板，接着展开“参数”卷展栏，具体参数设置如图14-114所示。

设置步骤

① 在“常规”选项组下设置“类型”为“平面”。

② 在“强度”选项组下设置“倍增”为1，然后设置“颜色”为黄色（R:255，G:176，B:92）。

③ 在“大小”选项组下设置“1/2长”为641.18mm、“1/2宽”为590.891mm。

④ 在“选项”选项组下勾选“不可见”选项。

⑤ 在“采样”选项组下设置“细分”为16。

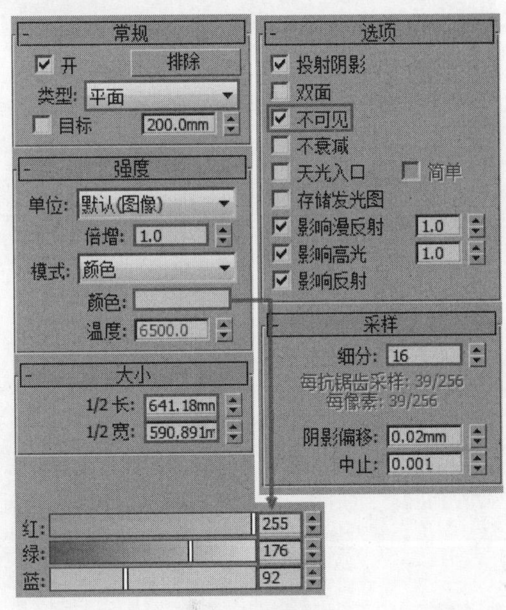

图14-114

03 按F9键渲染当前场景，效果如图14-115所示。

图14-115

❖ 3.创建筒灯效果

01 设置“灯光类型”为“光度学”，然后在场景中创建一盏“目标灯光”，其位置如图14-116所示。

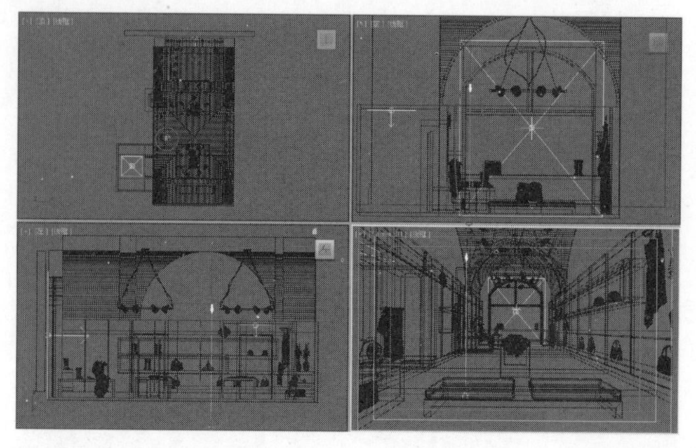

图14-116

02 选择上一步创建的目标灯光，然后进入“修改”面板，接着展开“参数”卷展栏，具体参数设置如图14-117所示。

设置步骤

① 展开“常规参数”卷展栏，然后在“阴影”选项组下勾选“启用”选项，接着设置阴影类型为“VRay阴影”，最后设置“灯光分布（类型）”为“光度学Web”。

② 展开“分布（光度学Web）”卷展栏，在“选择光度学文件”按钮 <选择光度学文件> 上加载本书学习资源中的“实例文件>CH14>商店夜晚表现>鱼尾巴.IES”文件。

③ 展开“强度/颜色/衰减”卷展栏，然后设置“过滤颜色”为黄色（R:255，G:176，B:92），接着设置“强度”为12000。

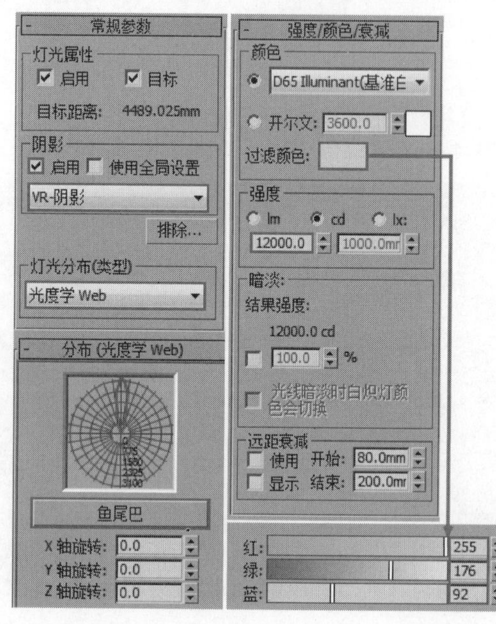

图14-117

03 选择上一步创建的目标灯光，然后以“实例”的形式复制到其余筒灯模型下方，如图14-118所示。

04 按F9键渲染当前场景，效果如图14-119所示。

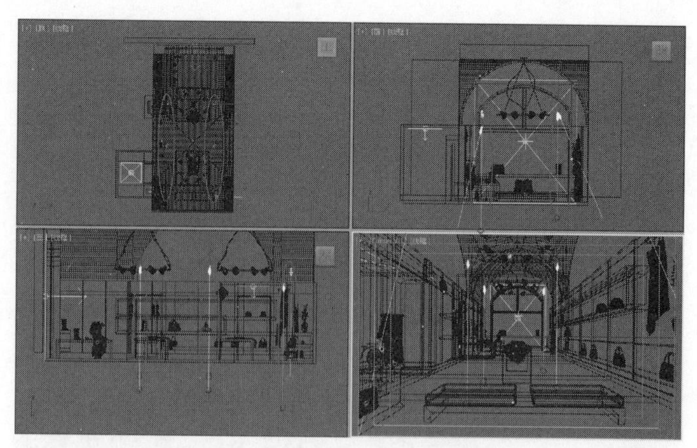

图14-118

图14-119

设置最终渲染参数

01 按F10键打开“渲染设置”对话框，然后在“公用参数”卷展栏下设置“宽度”为1600、“高度”为1003，如图14-120所示。

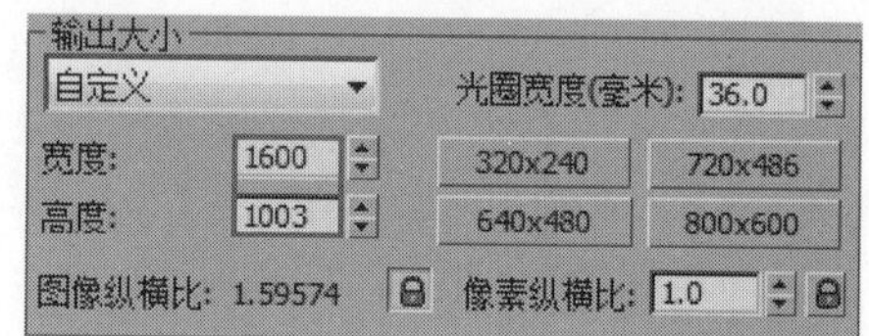

图14-120

02 单击VRay选项卡，然后在“图像采样器（抗锯齿）”卷展栏下设置“图像采样器”的“类型”为“自适应”，接着设置“过滤器”类型为Mitchell-Netravali，具体参数设置如图14-121所示。

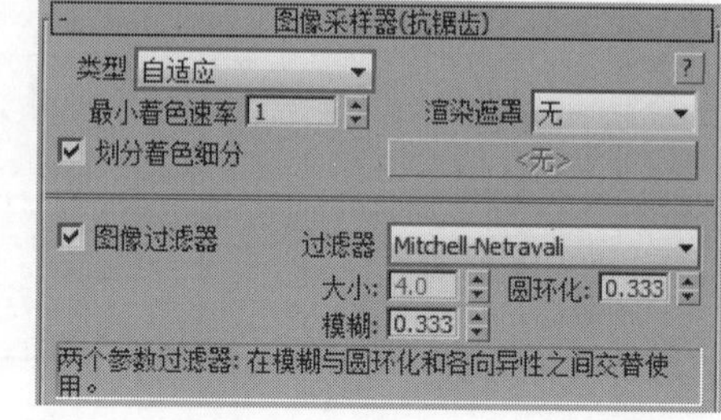

图14-121

03 展开“全局确定性蒙特卡洛”卷展栏，设置“噪波阈值”为0.001、“最小采样”为16，如图14-122所示。

全局确定性蒙特卡洛
锁定噪波图案 高级模式
全局细分倍增 1.0 最小采样 16
自适应数量 0.85
噪波阈值 0.001

图14-122

04 单击GI选项卡，然后展开“发光图”卷展栏，接着设置“当前预设”为“中”，具体参数设置如图14-123所示。

05 展开“灯光缓存”卷展栏，然后设置“细分”为1200，如图14-124所示。

发光图
当前预设 中 默认模式
最小速率 -3 细分 50
最大速率 -1 插值采样 20
显示计算相位 插值帧数 2
683 采样：4720096 字节 (4.5 MB)

图14-123

灯光缓存
细分 1200 默认模式
采样大小 0.02 显示计算相位
折回 2.0 使用摄影机路径
模式 单帧 保存

图14-124

06 按F9键渲染当前场景，最终效果如图14-125所示。

图14-125

实例11

商业综合实例：工装篇

游泳池日光表现

案例效果如图14-126所示。

◎ 场景位置 » 场景文件>CH14>04.max

◎ 实例位置 » 实例文件>CH14>游泳池日光表现.max

◎ 技术掌握 » 练习日光效果的布光方法

图14-126

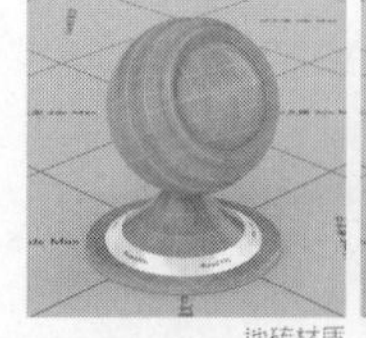

地砖材质

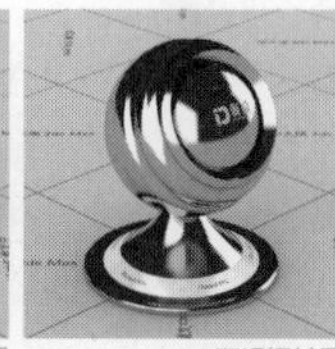

不锈钢材质

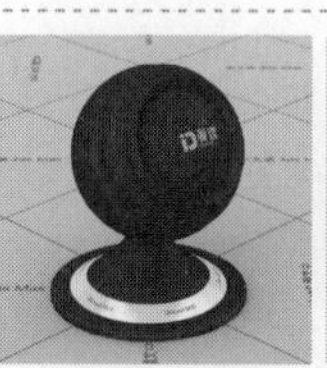

窗框材质

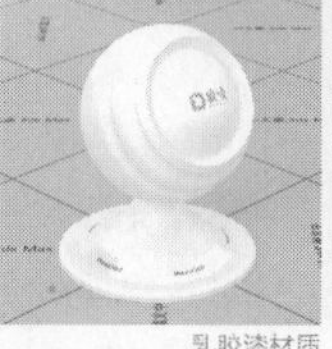

乳胶漆材质

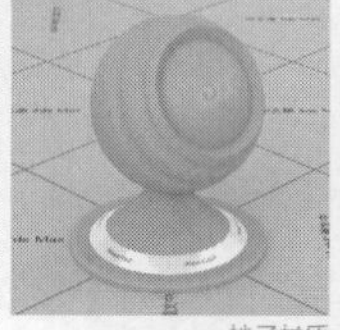

柱子材质

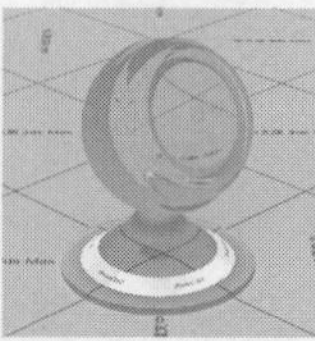

水材质

木纹材质

马赛克材质

项目说明

本例是一个游泳池空间，场景中的材质较为简单，重点表现水、地砖、马赛克砖等材质。灯光方面，以室外VRay太阳灯光为主光源，VRay灯光作为环境灯光。

材质制作

本例的场景对象材质主要包括乳胶漆材质、柱子材质、木纹材质、水材质、马赛克砖材质、不锈钢材质、地砖材质和黑窗框材质，如图14-127所示。

图14-127

❖ 1.制作地砖材质

01 打开本书学习资源中的“场景文件>CH14>04.max”文件，如图14-128所示。

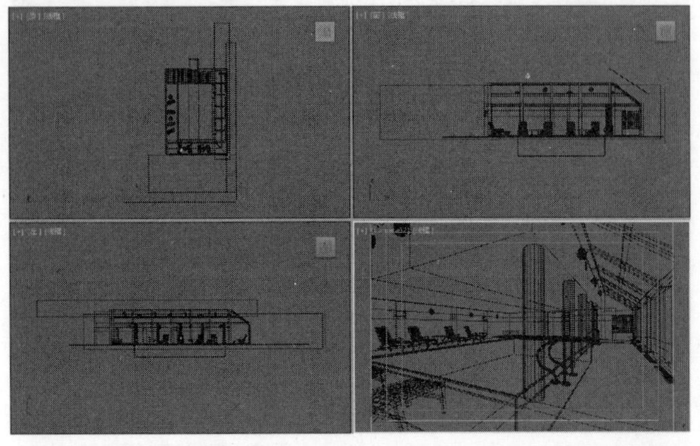

图14-128

02 选择一个空白材质球，然后设置材质类型为VRayMtl材质，具体参数设置如图14-129所示，制作好的材质球效果如图14-130所示。

设置步骤

① 在“漫反射”贴图通道中加载一张本书学习资源中的“实例文件>CH14>游泳池日光表现>1111.jpg”贴图。

② 在“反射”通道中加载一张“衰减”贴图，然后进入“衰减”贴图，设置“侧”颜色为白色（R:220，G:220，B:220），并设置“衰减类型”为Fresnel，接着设置“高光光泽”为0.85、“反射光泽”为0.88、“细分”为16，最后取消勾选“菲涅耳反射”选项。

③ 展开“贴图”卷展栏，然后将“漫反射”通道中的贴图向下复制到“凹凸”通道中，接着设置“凹凸”强度为30。

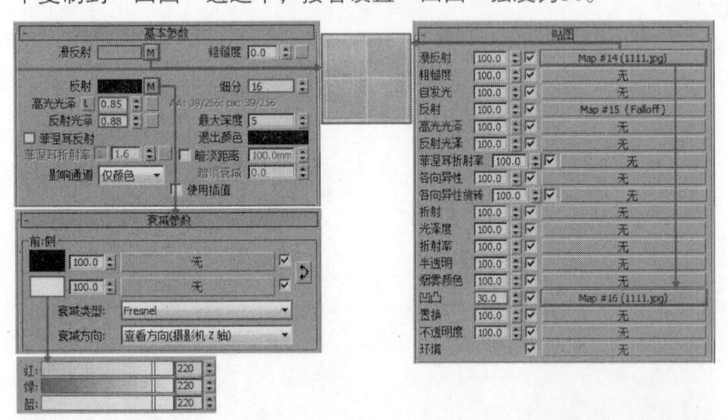

图14-129

图14-130

❖ 2.制作不锈钢材质

选择一个空白材质球，然后设置材质类型为VRayMtl材质，具体参数设置如图14-131所示，制作好的材质球效果如图14-132所示。

设置步骤

① 设置“漫反射”颜色为黑色（R:0，G:0，B:0）。

② 设置“反射”颜色为灰色（R:164，G:165，B:168），然后设置“高光光泽”为0.85、“反射光泽”为0.9，最后取消勾选“菲涅耳反射”选项。

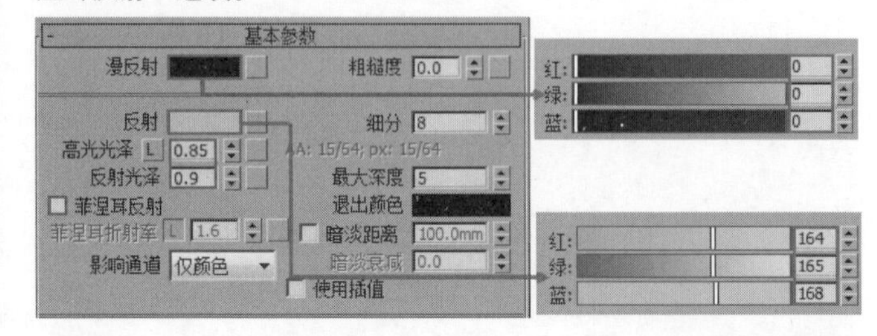

图14-131

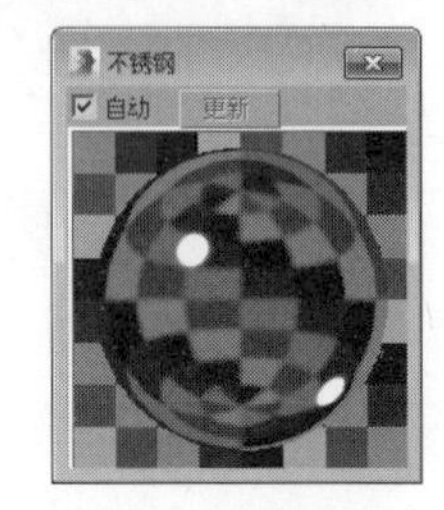

图14-132

❖ 3.制作黑窗框材质

选择一个空白材质球，然后设置材质类型为VRayMtl材质，具体参数设置如图14-133所示，制作好的材质球效果如图14-134所示。

设置步骤

① 设置“漫反射”颜色为黑色（R:8，G:9，B:10）。

② 设置“反射”颜色为灰色（R:15，G:15，B:15），然后设置“高光光泽”为0.65、“反射光泽”为0.7，最后取消勾选“菲涅耳反射”选项。

③ 展开“选项”卷展栏，然后取消勾选“跟踪反射”选项。

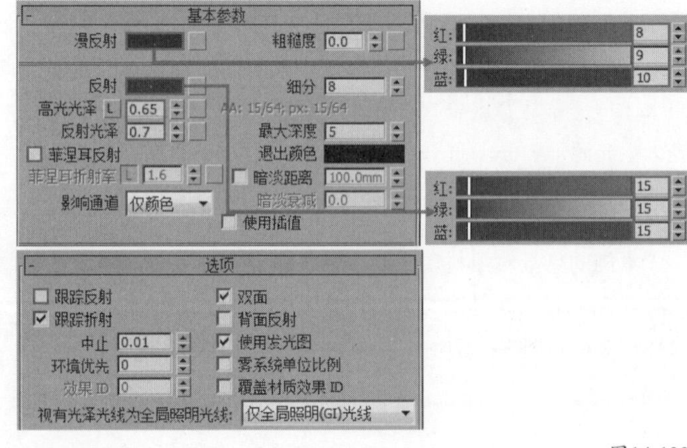

图14-133

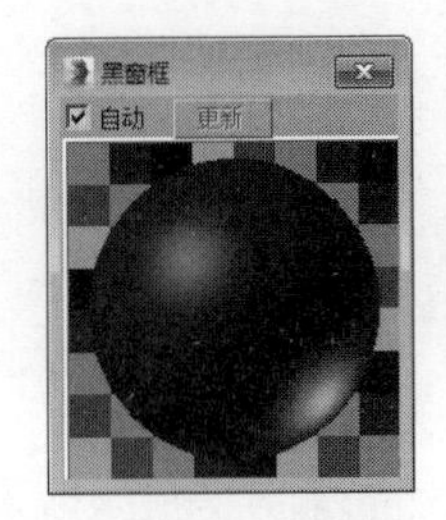

图14-134

❖ 4.制作乳胶漆材质

选择一个空白材质球，然后设置材质类型为VRayMtl材质，具体参数设置如图14-135所示，制作好的材质球效果如图14-136所示。

设置步骤

① 设置“漫反射”颜色为白色（R:245，G:245，B:245）。

② 设置“反射”颜色为灰色（R:25，G:25，B:25），然后设置“反射光泽”为0.7，并取消勾选“菲涅耳反射”选项。

③ 展开“选项”卷展栏，然后取消勾选“跟踪反射”选项。

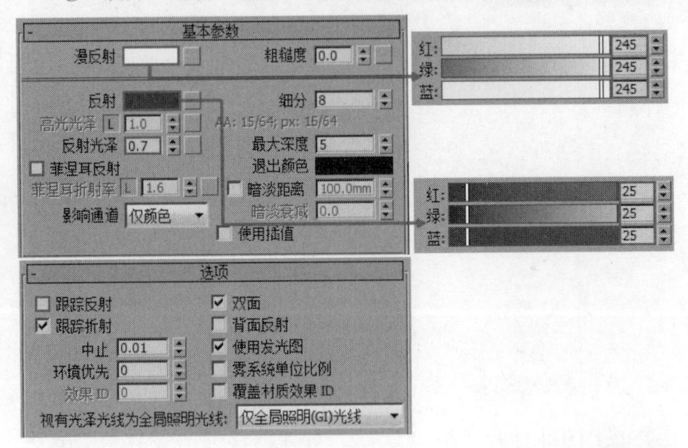

图14-135

图14-136

❖ 5.制作柱子材质

选择一个空白材质球，然后设置材质类型为VRayMtl材质，具体参数设置如图14-137所示，制作好的材质球效果如图14-138所示。

设置步骤

① 设置“漫反射”颜色为绿色（R:120，G:160，B:110）。

② 设置“反射”颜色为灰色（R:20，G:20，B:20），然后设置“反射光泽”为0.7，并取消勾选“菲涅耳反射”选项。

③ 展开“选项”卷展栏，然后取消勾选“跟踪反射”选项。

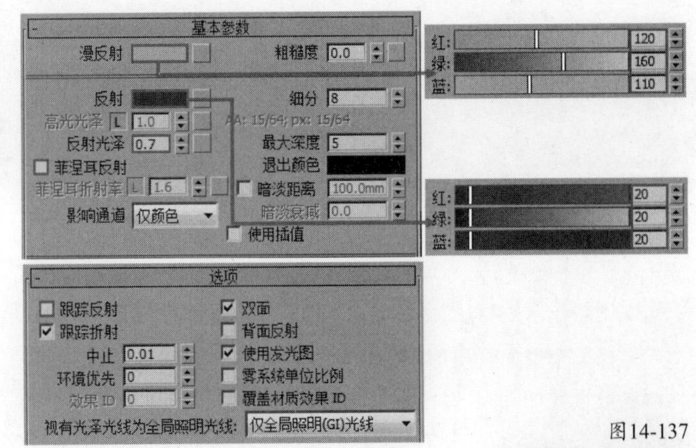

图14-137

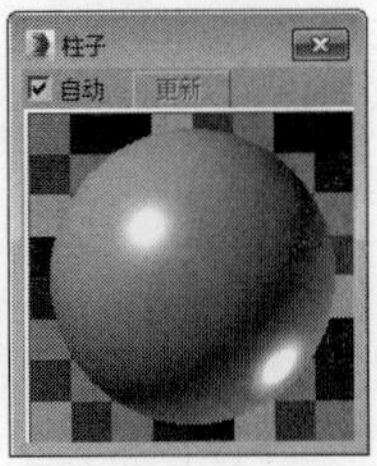

图14-138

❖ 6.制作水材质

选择一个空白材质球，然后设置材质类型为VRayMtl材质，具体参数设置如图14-139所示，制作好的材质球效果如图14-140所示。

设置步骤

① 设置“漫反射”颜色为蓝色（R:75，G:177，B:255）。

② 设置“反射”颜色为蓝色（R:205，G:233，B:255），然后勾选“菲涅耳反射”选项。

③ 设置“折射”颜色为白色（R:216，G:238，B:255），然后设置“折射率”为1.33，接着勾选“影响阴影”选项。

④ 在“凹凸”通道中加载一张“噪波”贴图，然后进入“噪波”贴图，设置“大小”为500，最后设置“凹凸”强度为30。

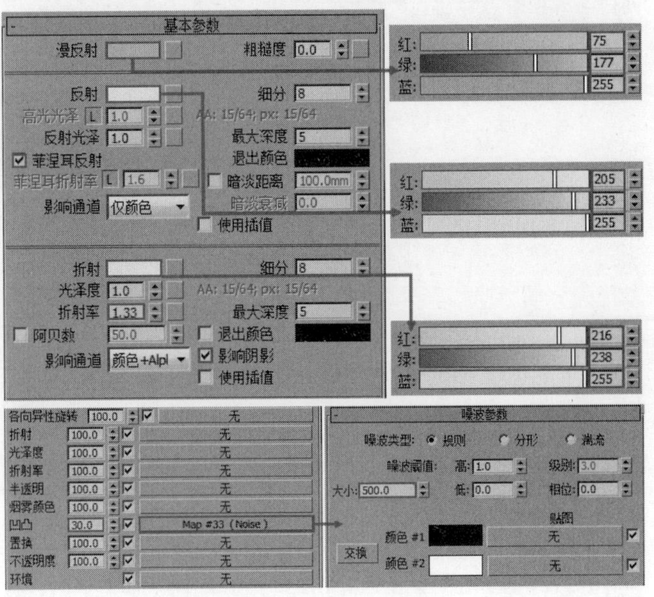

图14-139

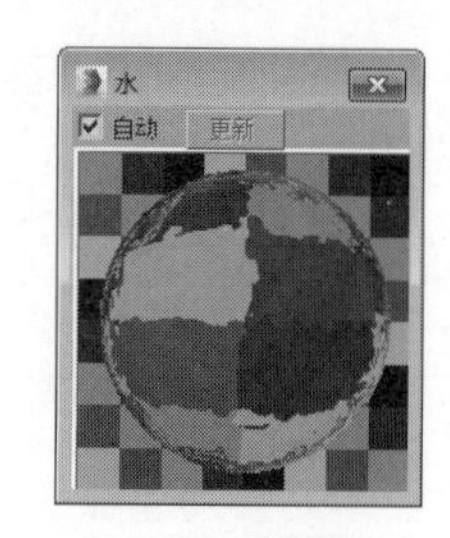

图14-140

❖ 7.制作木纹材质

选择一个空白材质球，然后设置材质类型为VRayMtl材质，具体参数设置如图14-141所示，制作好的材质球效果如图14-142所示。

设置步骤

① 在“漫反射”贴图通道中加载一张本书学习资源中的“实例文件>CH14>游泳池日光表现>wood.jpg”贴图。

② 在“反射”通道中加载一张“衰减”贴图，然后进入“衰减”贴图，设置“侧”颜色为白色（R:220，G:220，B:220），并设置“衰减类型”为Fresnel，接着设置“反射光泽”为0.85，最后取消勾选“菲涅耳反射”选项。

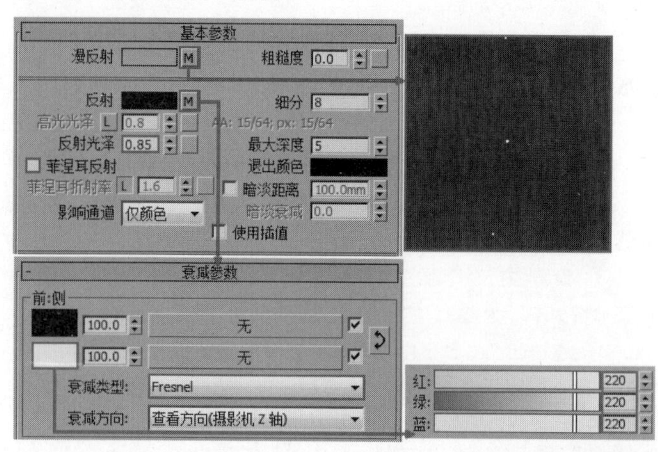

图14-141

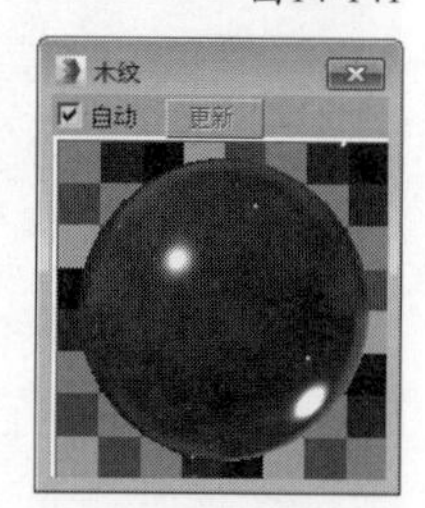

图14-142

❖ 8.制作马赛克砖材质

选择一个空白材质球，然后设置材质类型为VRayMtl材质，具体参数设置如图14-143所示，制作好的材质球效果如图14-144所示。

设置步骤

① 在“漫反射”贴图通道中加载一张本书学习资源中的“实例文件>CH14>游泳池日光表现>马赛克-24.jpg”贴图。

② 在“反射”通道中加载一张“衰减”贴图，然后进入“衰减”贴图，设置“侧”颜色为白色（R:200，G:200，B:200），并设置“衰减类型”为Fresnel，接着设置“高光光泽”为0.75、“反射光泽”为0.8，最后取消勾选“菲涅耳反射”选项。

③ 展开“贴图”卷展栏，然后将“漫反射”通道中的贴图向下复制到“凹凸”通道中，接着设置“凹凸”强度为50。

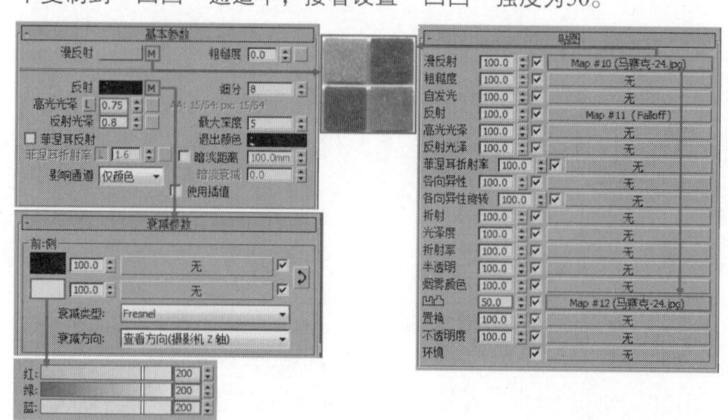

图14-143

图14-144

设置测试渲染参数

01 按F10键打开“渲染设置”对话框，然后设置渲染器为VRay渲染器，接着在“公用”卷展栏下设置“宽度”为600、“高度”为400，如图14-145所示。

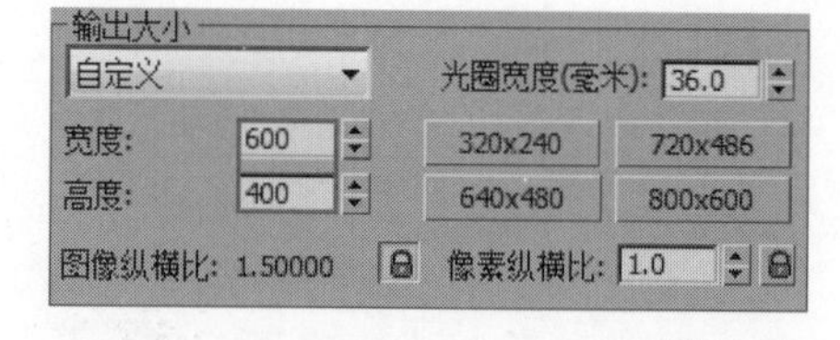

图14-145

02 单击VRay选项卡，然后在“图像采样器（抗锯齿）”卷展栏下设置“图像采样器”的“类型”为“固定”，接着设置“过滤器”类型为“区域”，如图14-146所示。

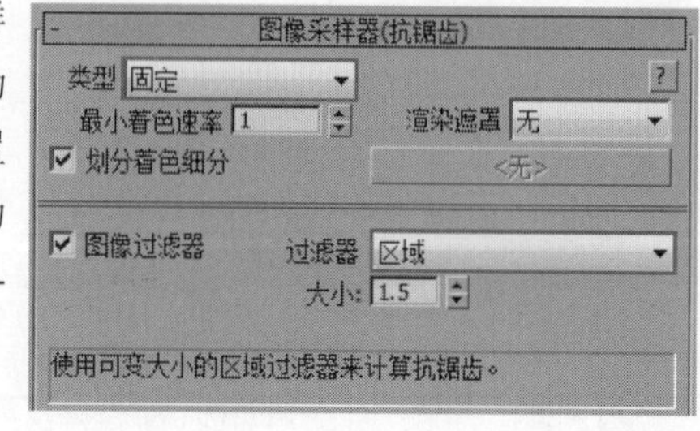

图14-146

03 展开“颜色贴图”卷展栏，然后设置“类型”为“指数”，如图14-147所示。

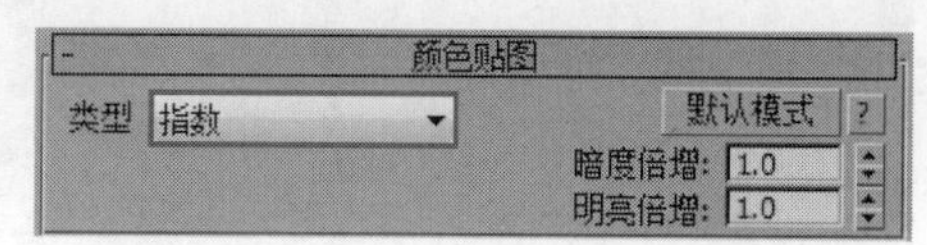

图14-147

04 单击GI选项卡，然后在“全局照明”卷展栏下勾选“启用全局照明（GI）”选项，接着设置“首次引擎”为“发光图”、“二次引擎”为“灯光缓存”，如图14-148所示。

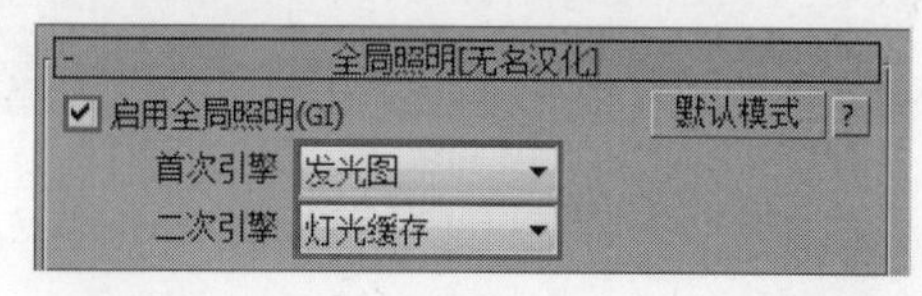

图14-148

05 展开“发光图”卷展栏，然后设置“当前预设”为“自定义”，接着设置“最小速率”和“最大速率”都为-4，再设置“细分”为50、“插值采样”为20，如图14-149所示。

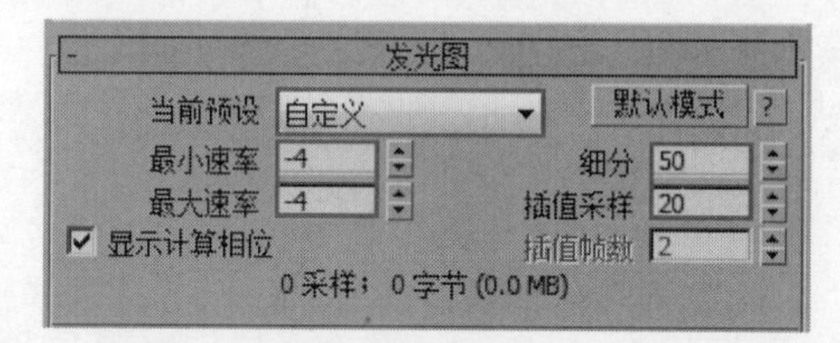

图14-149

06 展开“灯光缓存”卷展栏，然后设置“细分”为200，接着勾选“显示计算相位”选项，如图14-150所示。

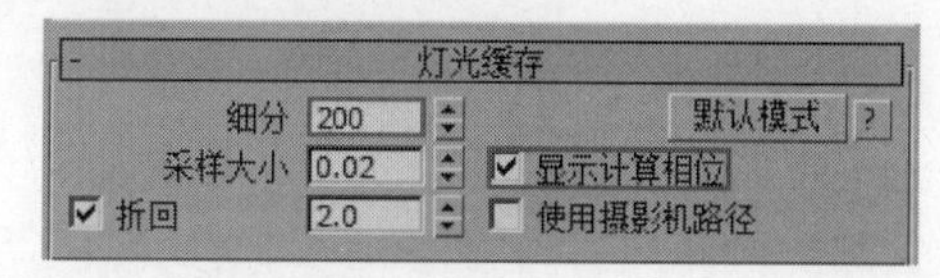

图14-150

07 单击“设置”选项卡，然后在“系统”卷展栏下设置“序列”为“上->下”，接着选择“日志窗口”为“从不”选项，如图14-151所示。

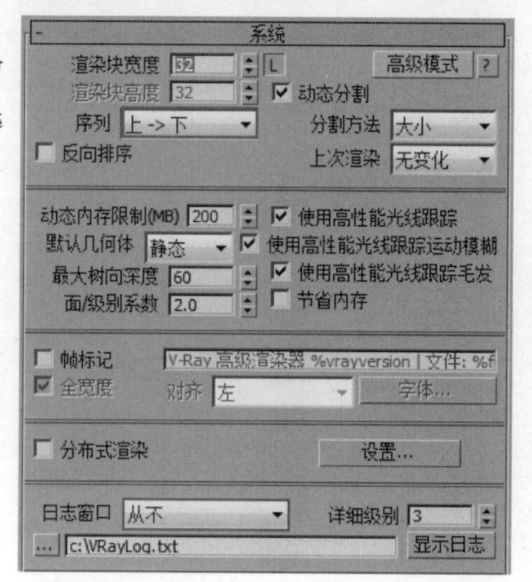

图14-151

灯光设置

场景中的灯光不多，使用VRay灯光模拟环境光，VRay太阳模拟日光效果。

❖ 1.创建日光

01 设置“灯光类型”为VRay，然后在窗外创建一盏“VRay太阳”作为日光，其位置如图14-152所示。当创建完“VRay太阳”时，系统会自动弹出图14-153所示的对话框，然后单击“是”按钮 是(Y) 。

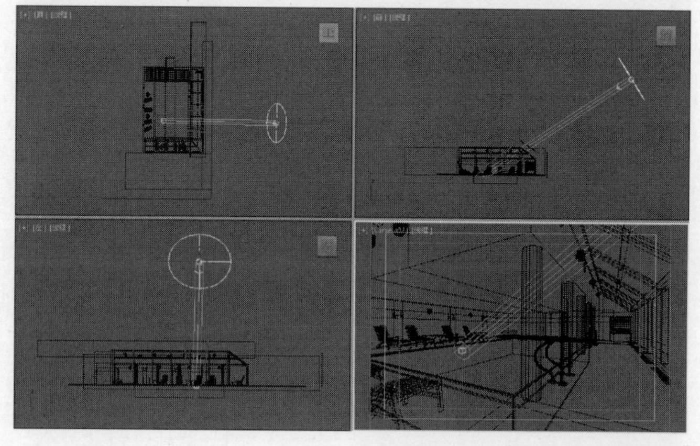

图14-152

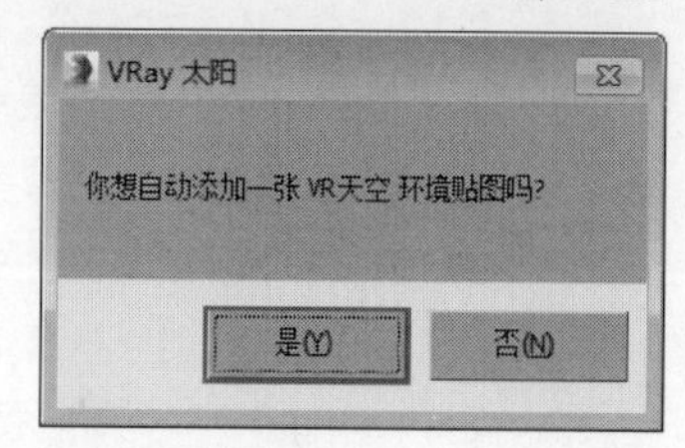

图14-153

02 选择上一步创建的VRay太阳，然后展开“VRay太阳参数”卷展栏，接着设置“强度倍增”为0.08、“大小倍增”为3、“阴影细分”为8、“光子发射半径”为500mm，如图14-154所示。

03 按F9键渲染当前场景，效果如图14-155所示。

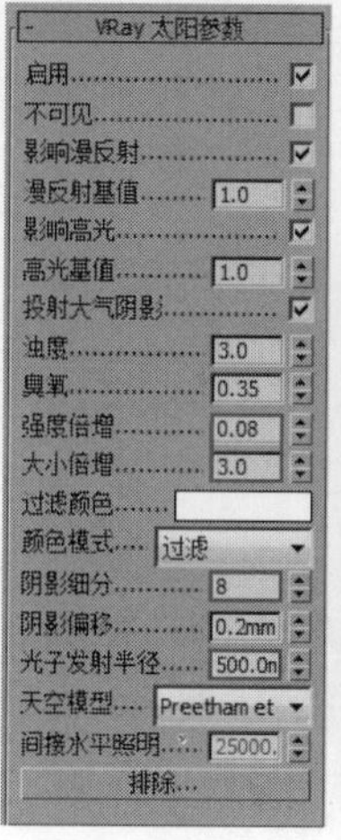

图14-154

图14-155

❖ 2.创建环境光

01 设置“灯光类型”为VRay，然后在窗外创建一盏“VRay灯光”作为环境光，其位置如图14-156所示。

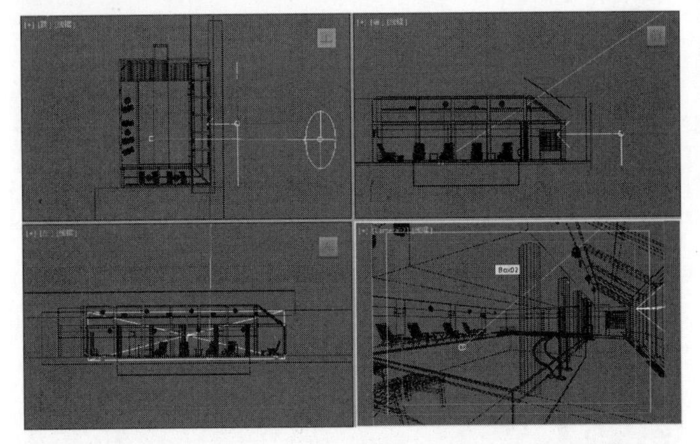

图14-156

02 选择上一步创建的VRay灯光，然后进入“修改”面板，接着展开“参数”卷展栏，具体参数设置如图14-157所示。

设置步骤

① 在“常规”选项组下设置“类型”为“平面”。

② 在“强度”选项组下设置“倍增”为3，然后设置“颜色”为蓝色（R:140，G:185，B:255）。

③ 在“大小”选项组下设置“1/2长”为2100.807mm、“1/2宽”为8867.142mm。

④ 在“选项”选项组下勾选“不可见”选项。

⑤ 在“采样”选项组下设置“细分”为15。

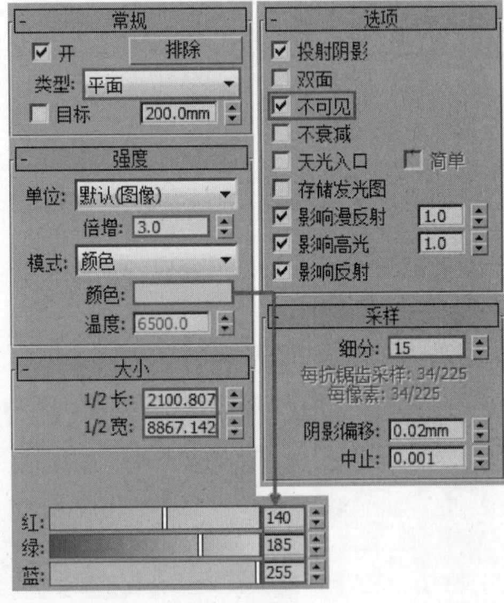

图14-157

03 设置“灯光类型”为VRay，然后在窗外创建一盏“VRay灯光”作为环境光，其位置如图14-158所示。

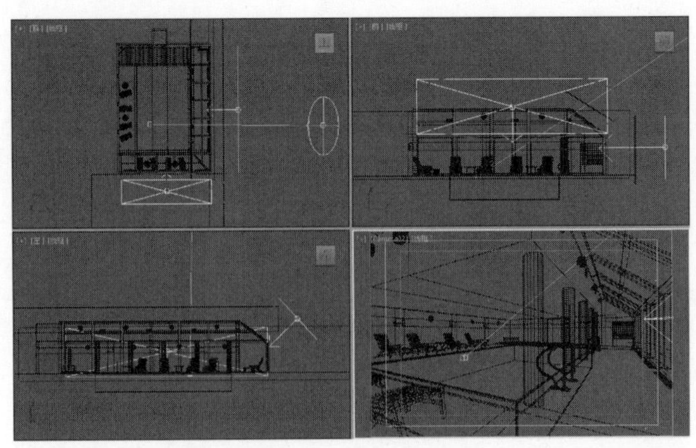

图14-158

04 选择上一步创建的VRay灯光，然后进入“修改”面板，接着展开“参数”卷展栏，具体参数设置如图14-159所示。

设置步骤

① 在“常规”选项组下设置“类型”为“平面”。

② 在“强度”选项组下设置“倍增”为1.2，然后设置“颜色”为蓝色（R:140，G:185，B:255）。

③ 在“大小”选项组下设置“1/2长”为6500mm、“1/2宽”为2500mm。

④ 在“选项”选项组下勾选“不可见”选项。

⑤ 在“采样”选项组下设置“细分”为15。

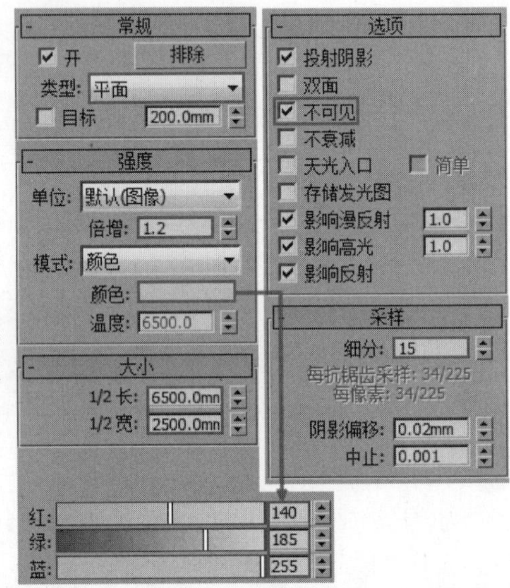

图14-159

05 按F9键渲染当前场景，效果如图14-160所示。

图14-160

设置最终渲染参数

01 按F10键打开“渲染设置”对话框，然后在“公用参数”卷展栏下设置“宽度”为1600、“高度”为1067，如图14-161所示。

02 单击VRay选项卡，然后在“图像采样器（抗锯齿）”卷展栏下设置“图像采样器”的“类型”为“自适应”，接着设置“过滤器”类型为Mitchell-Netravali，具体参数设置如图14-162所示。

图14-161

图像采样器(抗锯齿)
类型 自适应
最小着色速率 1
渲染遮罩 无
划分着色细分
<无>
图像过滤器
过滤器 Catmull-Rom
大小: 4.0
具有显著边缘增强效果的 25 像素过滤器。

图14-162

03 展开“全局确定性蒙特卡洛”卷展栏，设置“噪波阈值”为0.001、“最小采样”为16，如图14-163所示。

04 单击GI选项卡，然后展开“发光图”卷展栏，接着设置“当前预设”为“中”，具体参数设置如图14-164所示。

全局确定性蒙特卡洛
锁定噪波图案
高级模式
全局细分倍增 1.0
最小采样 16
自适应数量 0.85
噪波阈值 0.001

图14-163

发光图
当前预设 中
默认模式
最小速率 -3
最大速率 -1
细分 50
插值采样 20
插值帧数 2
显示计算相位
683 采样; 4720096 字节 (4.5 MB)

图14-164

05 展开“灯光缓存”卷展栏，然后设置“细分”为1200，如图14-165所示。

图14-165

06 按F9键渲染当前场景，最终效果如图14-166所示。

图14-166

实例12

商业综合实例：工装篇

酒吧室内灯光表现

案例效果如图14-167所示。

图14-167

◎ 场景位置 » 场景文件>CH14>05.max

◎ 实例位置 » 实例文件>CH14>酒吧室内灯光表现.max

◎ 技术掌握 » 练习室内灯光效果的布光方法

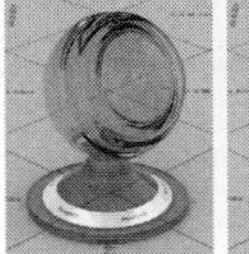

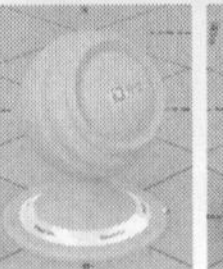

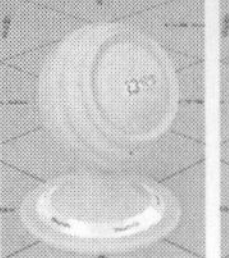

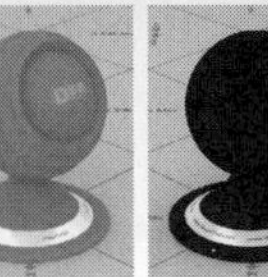

亚克力材质 纸质材质 玻璃材质 酒材质 烟灰缸材质 吧台材质 背景墙材质 白漆材质 艾草材质 吊顶材质 地面材质 金属材质

项目说明

本例是一个封闭的酒吧空间，场景中的材质较为简单，重点表现亚克力、玻璃、酒等材质。在灯光上，通过VRay平面灯光模拟不同颜色的灯带烘托气氛，用射灯照亮整个环境。摄影机开启景深模式，使特写画面看起来更真实，整体渲染以写实风格为主。

材质制作

本例的场景对象材质主要包括亚克力、玻璃、酒、纸、地板等，如图14-168所示。

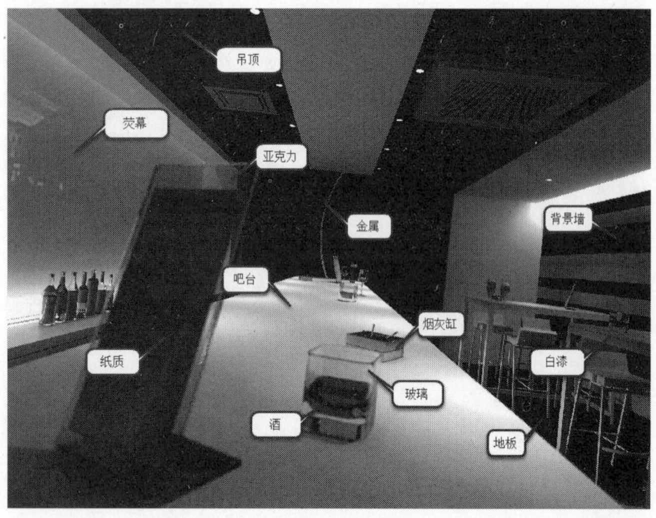

图14-168

❖ 1.制作亚克力材质

01 打开本书学习资源中的“场景文件>CH14>05.max”文件，如图14-169所示。

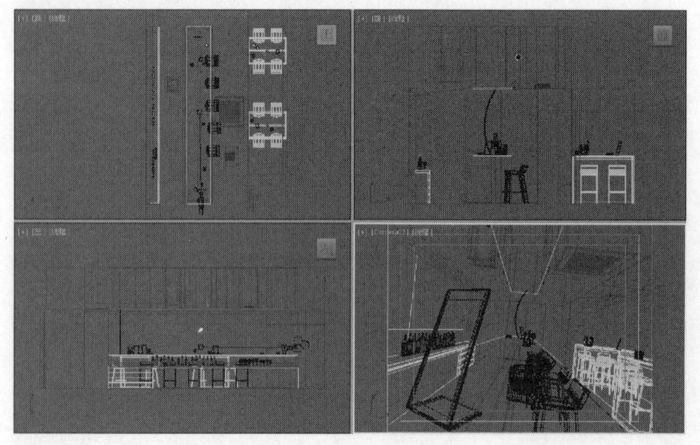

图14-169

02 选择一个空白材质球，然后设置材质类型为VRayMtl材质，具体参数设置如图14-170所示，制作好的材质球效果如图14-171所示。

设置步骤

① 设置“漫反射”颜色为黑色（R:0，G:0，B:0）。

② 设置“反射”颜色为白色（R:255，G:255，B:255），然后设置“反射光泽”为0.99、“细分”为5，最后勾选“菲涅耳反射”选项。

③ 设置“折射”颜色为白色（R:235，G:235，B:235），然后设置“折射率”为1.4、“细分”为4，最后设置“最大深度”为9。

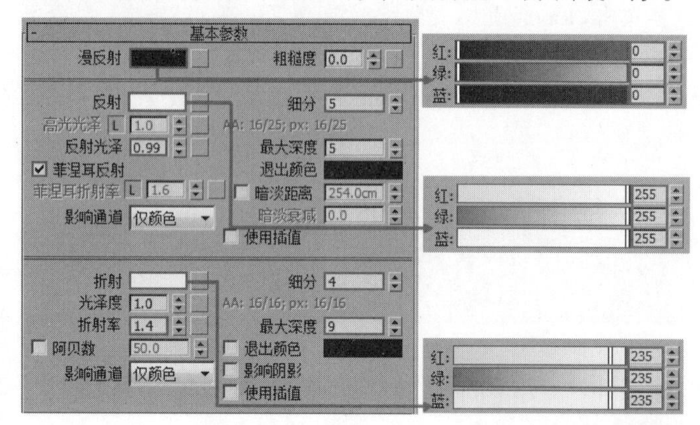

图14-170

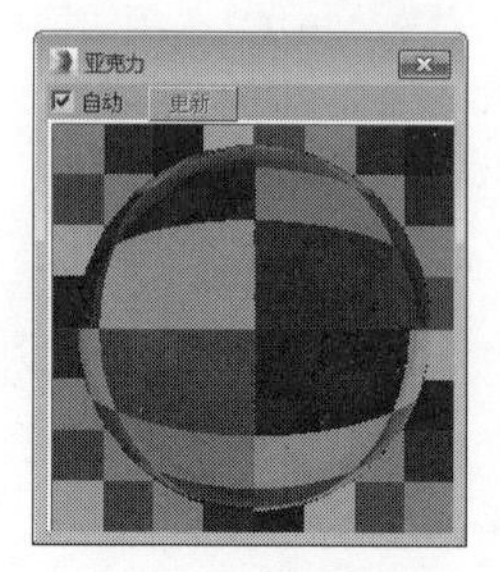

图14-171

❖ 2.制作纸质材质

选择一个空白材质球，然后设置材质类型为VRayMtl材质，具体参数设置如图14-172所示，制作好的材质球效果如图14-173所示。

设置步骤

① 在“漫反射”通道中加载一张本书学习资源中的“实例文件>CH14>酒吧室内灯光表现>Archinteriors_11_10_menu.jpg”贴图。

② 设置“反射”颜色为黑色（R:10，G:10，B:10），然后取消勾选“菲涅耳反射”选项。

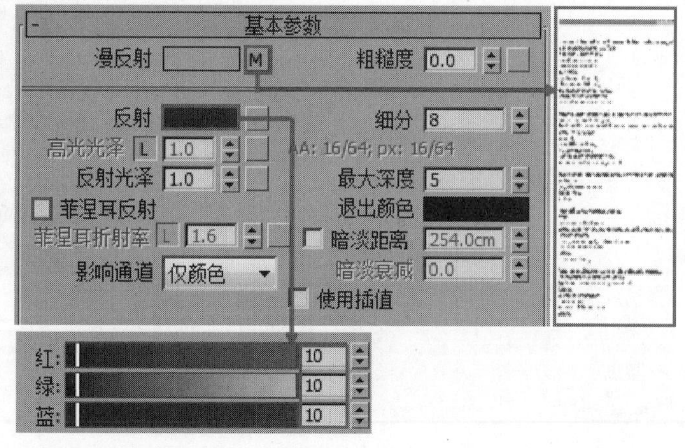

图14-172

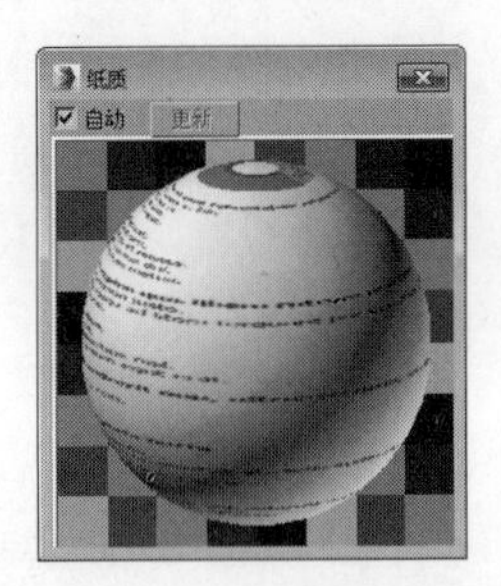

图14-173

❖ 3.制作玻璃材质

选择一个空白材质球，然后设置材质类型为VRayMtl材质，具体参数设置如图14-174所示，制作好的材质球效果如图14-175所示。

设置步骤

① 设置“漫反射”颜色为黑色（R:0，G:0，B:0）。

② 设置“反射”颜色为白色（R:245，G:245，B:245），然后设置“细分”为5，最后勾选“菲涅耳反射”选项。

③ 设置“折射”颜色为白色（R:252，G:252，B:252），然后设置“细分”为5，最后勾选“影响阴影”选项。

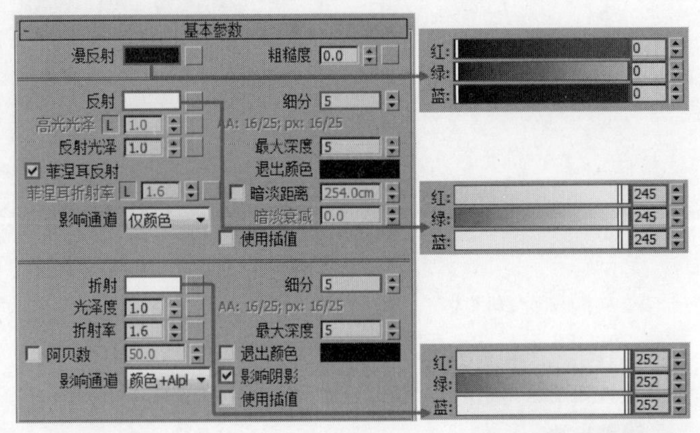

图14-174

图14-175

❖ 4.制作酒材质

选择一个空白材质球，然后设置材质类型为VRayMtl材质，具体参数设置如图14-176所示，制作好的材质球效果如图14-177所示。

设置步骤

① 设置“漫反射”颜色为黑色（R:0，G:0，B:0）。

② 设置“反射”颜色为白色（R:243，G:243，B:243），然后设置“细分”为5，最后勾选“菲涅耳反射”选项。

③ 设置“折射”颜色为黄色（R:183，G:103，B:17），然后设置“折射率”为1.33、“细分”为4，最后勾选“影响阴影”选项。

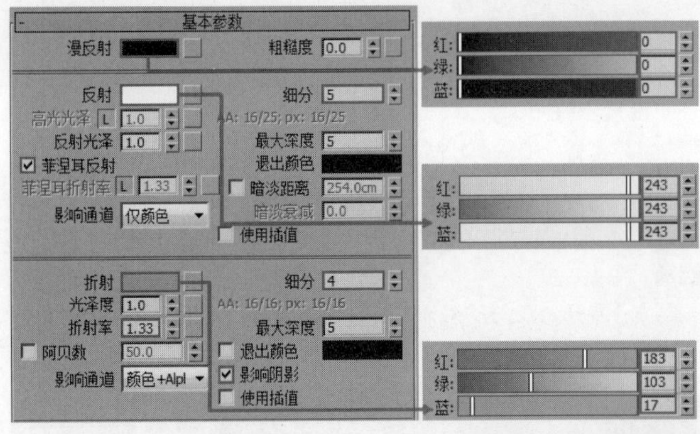

图14-176

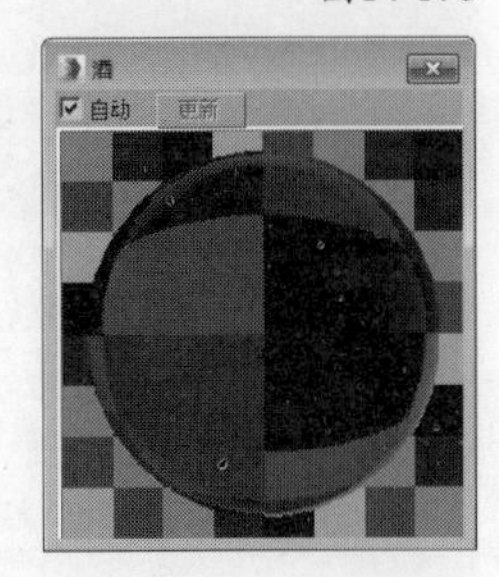

图14-177

❖ 5.制作烟灰缸材质

选择一个空白材质球，然后设置材质类型为VRayMtl材质，具体参数设置如图14-178所示，制作好的材质球效果如图14-179所示。

设置步骤

① 设置“漫反射”颜色为黑色（R:17，G:17，B:17）。

② 设置“反射”颜色为白色（R:250，G:250，B:250），然后设置“反射光泽”为0.75、“细分”为4，接着勾选“菲涅耳反射”选项，最后设置“菲涅耳折射率”为20。

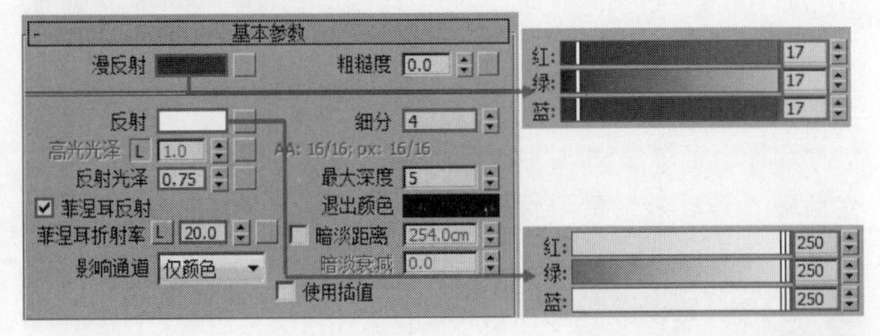

图14-178

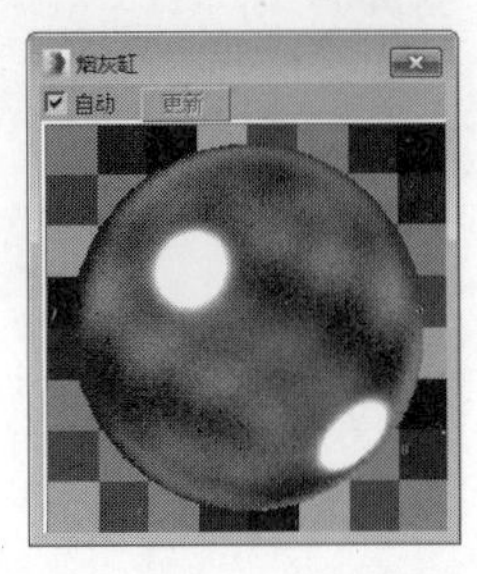

图14-179

❖ 6.制作吧台材质

选择一个空白材质球，然后设置材质类型为VRayMtl材质，具体参数设置如图14-180所示，制作好的材质球效果如图14-181所示。

设置步骤

① 设置“漫反射”颜色为白色（R:203，G:203，B:203）。

② 设置“反射”颜色为黑色（R:5，G:5，B: 5），然后设置“反射光泽”为0.9、“细分”为10，最后取消勾选“菲涅耳反射”选项。

③ 展开“双向反射分布函数”卷展栏，然后设置“各向异性（-1,1）”为0.9。

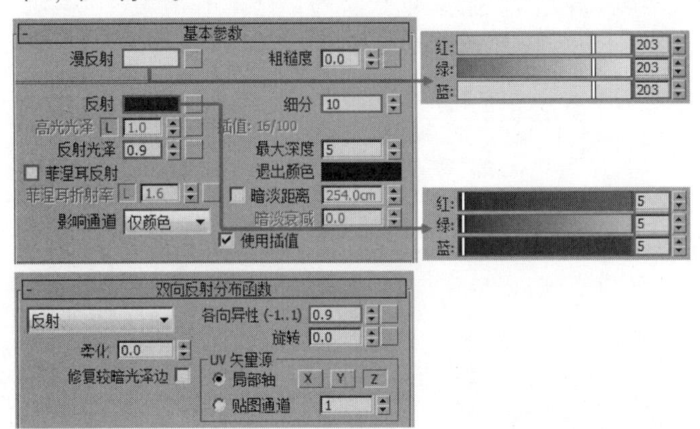

图14-180

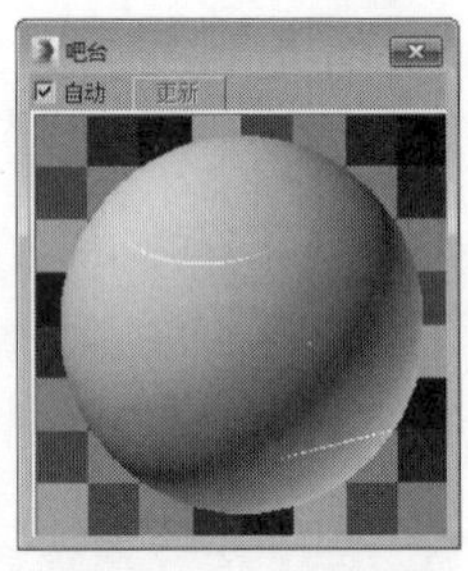

图14-181

❖ 7.制作背景墙材质

选择一个空白材质球，然后设置材质类型为VRayMtl材质，然后在“漫反射”贴图通道中加载一张本书学习资源中的“实例文件>CH14>酒吧室内灯光表现> Archinteriors_11_10_paski.jpg”贴图，参数设置如图14-182所示，制作好的材质球效果如图14-183所示。

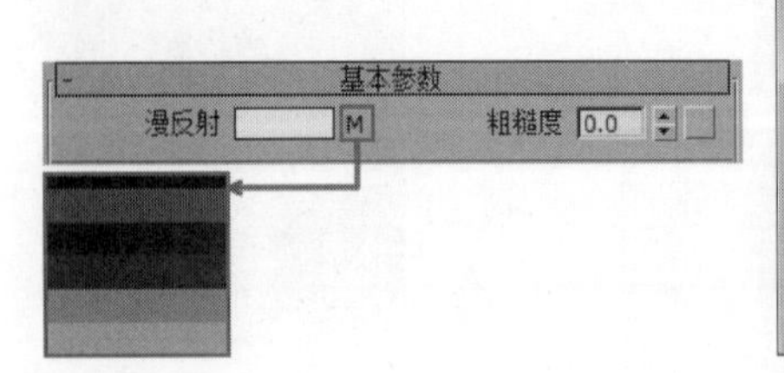

图14-182 图14-183

❖ 8.制作白漆材质

选择一个空白材质球，然后设置材质类型为VRayMtl材质，具体参数设置如图14-184所示，制作好的材质球效果如图14-185所示。

设置步骤

① 设置“漫反射”颜色为白色（R:220，G:220，B:220）。

② 设置“反射”颜色为灰色（R:168，G:168，B:168），然后设置“反射光泽”为0.78，接着设置“细分”为6，,再勾选“菲涅耳反射”选项，最后设置“菲涅耳折射率”为1.4。

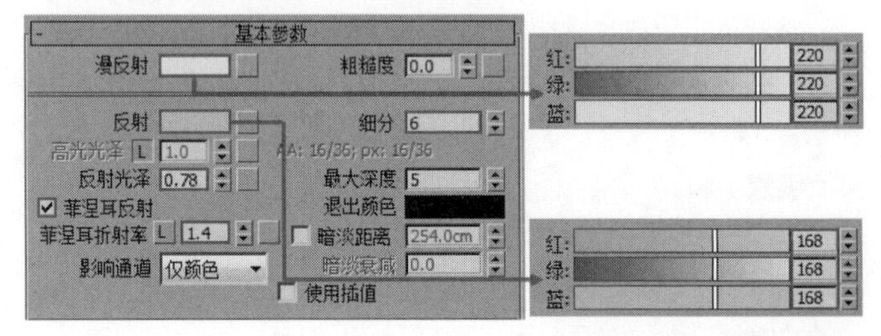

图14-184

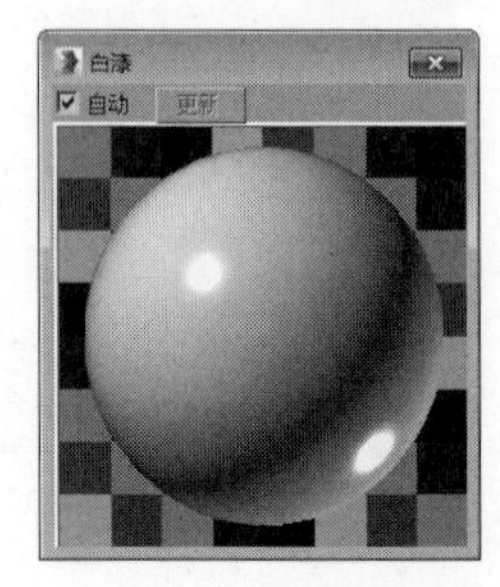

图14-185

❖ 9.制作荧幕材质

选择一个空白材质球，然后设置材质类型为Blend材质，具体参数设置如图14-186所示，制作好的材质球效果如图14-187所示。

设置步骤

① 设置“材质1”为VRay材质，然后设置“漫反射”颜色为白色（R:215，G:215，B:215）。

② 设置“材质2”为VRay灯光材质，然后设置“颜色”为蓝色（R:82，G:90，B:246），“强度”为1。

③ 在“遮罩”通道中加载一张本书学习资源中的“实例文件>CH14>酒吧室内灯光表现> Archinteriors_11_10_alpha01.jpg”贴图。

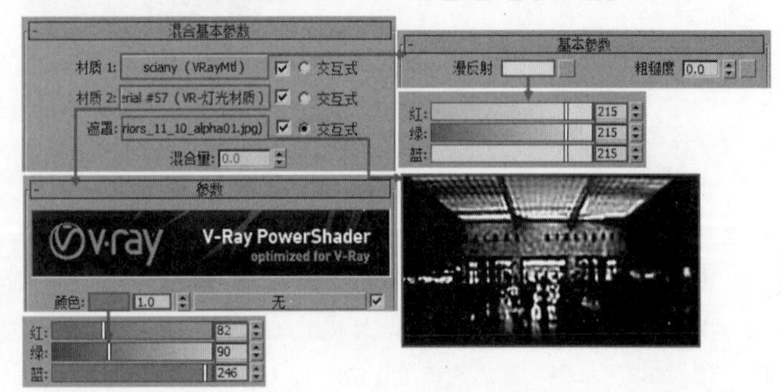

图14-186

图14-187

❖ 10.制作吊顶材质

选择一个空白材质球，然后设置材质类型为VRayMtl材质，具体参数设置如图14-188所示，制作好的材质球效果如图14-189所示。

设置步骤

① 设置“漫反射”颜色为灰色（R:100，G:100，B:100）。

② 设置“反射”颜色为灰色（R:42，G:42，B:42），然后设置“反射光泽”为0.6，接着设置“细分”为4，,再勾选“菲涅耳反射”选项，最后设置“菲涅耳折射率”为1.3。

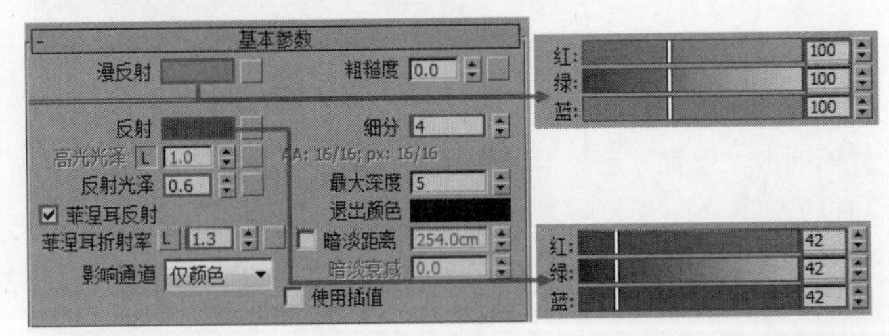

图14-188

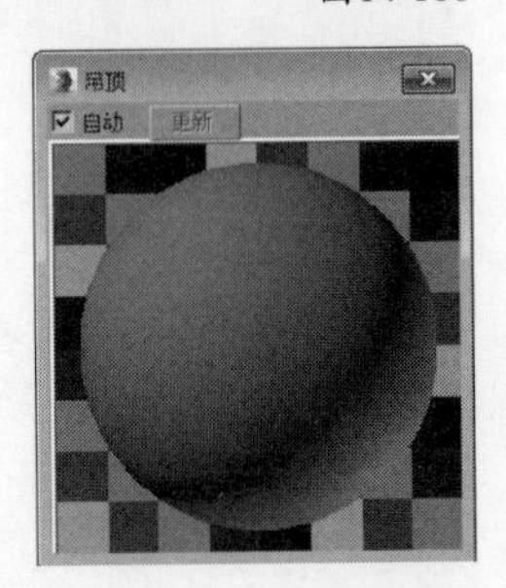

图14-189

❖ 11.制作地板材质

选择一个空白材质球，然后设置材质类型为VRayMtl材质，具体参数设置如图14-190所示，制作好的材质球效果如图14-191所示。

设置步骤

① 在“漫反射”通道中加载一张本书学习资源中的“实例文件>CH14>酒吧室内灯光表现> Archinteriors_11_10_floor_d.jpg”贴图。

② 在“反射”通道中加载一张本书学习资源中的“实例文件>CH14>酒吧室内灯光表现> Archinteriors_11_10_floor_r.jpg”贴图，然后设置“反射光泽”为0.6，接着设置“细分”为24，,再勾选“菲涅耳反射”选项，最后设置“菲涅耳折射率”为1.4。

③ 在“凹凸”通道中加载一张本书学习资源中的“实例文件>CH14>酒吧室内灯光表现>Archinteriors_11_10_floor_b.jpg”贴图，然后设置“凹凸”强度为6。

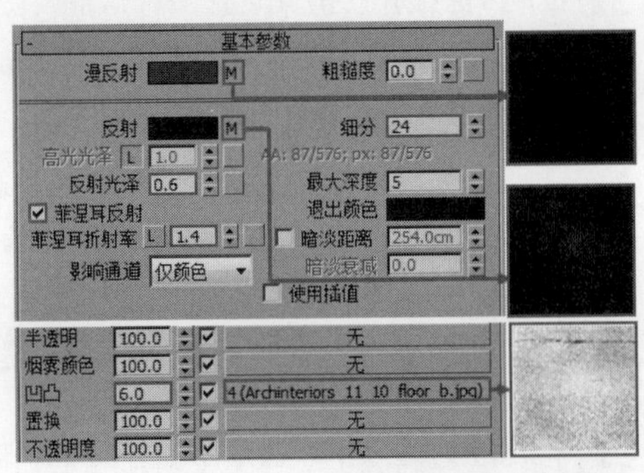

图14-190

图14-191

❖ 12.制作金属材质

选择一个空白材质球，然后设置材质类型为VRayMtl材质，具体参数设置如图14-192所示，制作好的材质球效果如图14-193所示。

设置步骤

① 设置“漫反射”颜色为黑色（R:17，G:17，B:17）。

② 设置“反射”颜色为白色（R:250，G:250，B:250），然后设置“反射光泽”为0.8，接着设置“细分”为4，,再勾选“菲涅耳反射”选项，最后设置“菲涅耳折射率”为20。

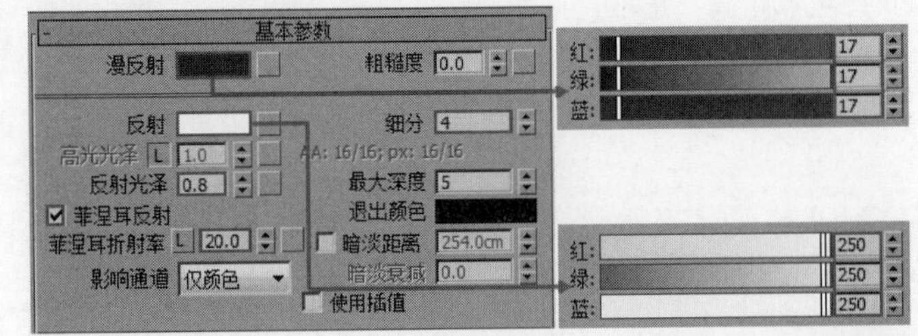

图14-192

图14-193

设置测试渲染参数

01 按F10键打开“渲染设置”对话框，然后设置渲染器为VRay渲染器，接着在“公用”卷展栏下设置“宽度”为600、“高度”为450，如图14-194所示。

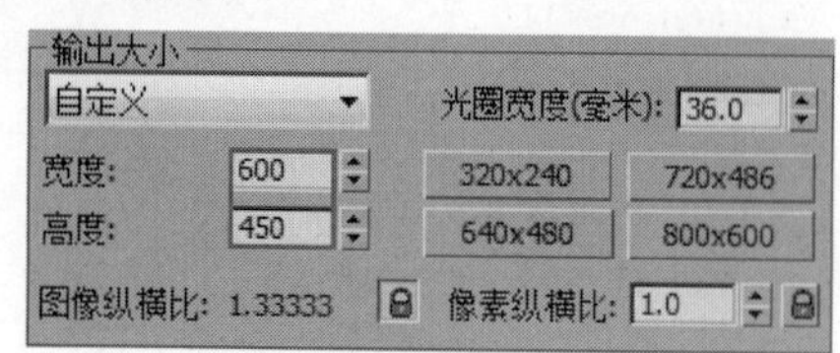

图14-194

02 单击VRay选项卡，然后在“图像采样器（抗锯齿）”卷展栏下设置“图像采样器”的“类型”为“固定”，接着设置“过滤器”类型为“区域”，如图14-195所示。

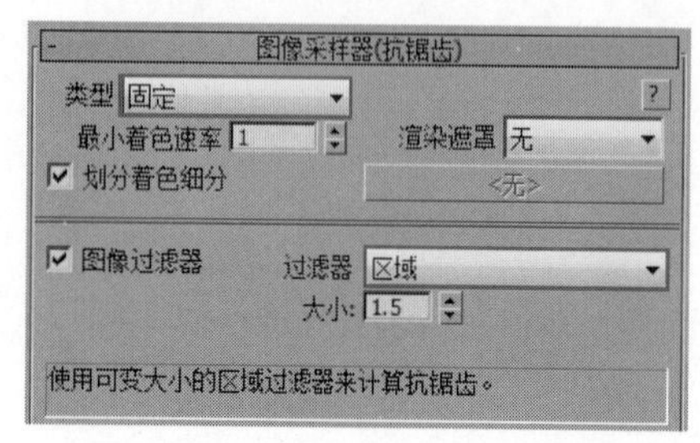

图14-195

03 展开“颜色贴图”卷展栏，然后设置“类型”为“指数”，接着设置“暗度倍增”为1、“明亮倍增”为1.5，如图14-196所示。

图14-196

04 展开“摄影机”卷展栏，然后勾选“景深”和“从摄影机获得焦点距离”选项，接着设置“光圈”为0.3cm、“焦点距离”为400cm、“旋转”为41，如图14-197所示。

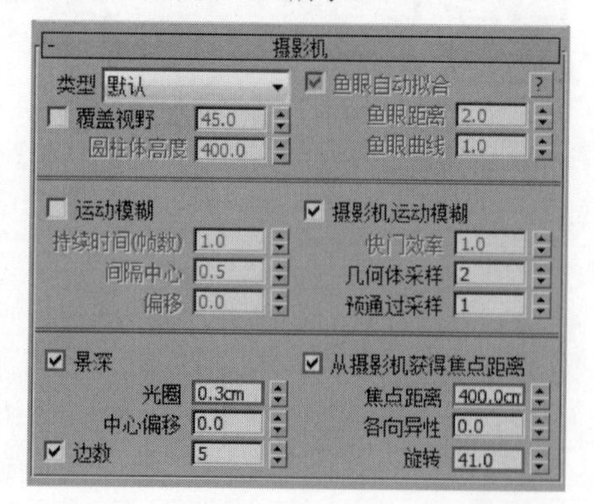

图14-197

05 单击GI选项卡，然后在“全局照明”卷展栏下勾选“启用全局照明（GI）”选项，接着设置“首次引擎”为“发光图”、“二次引擎”为“灯光缓存”，如图14-198所示。

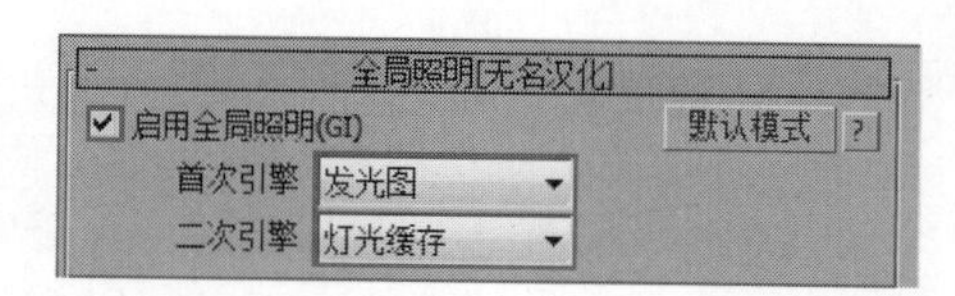

图14-198

06 展开“发光图”卷展栏，然后设置“当前预设”为“自定义”，接着设置“最小速率”和“最大速率”都为-4，再设置“细分”为50、“插值采样”为20，如图14-199所示。

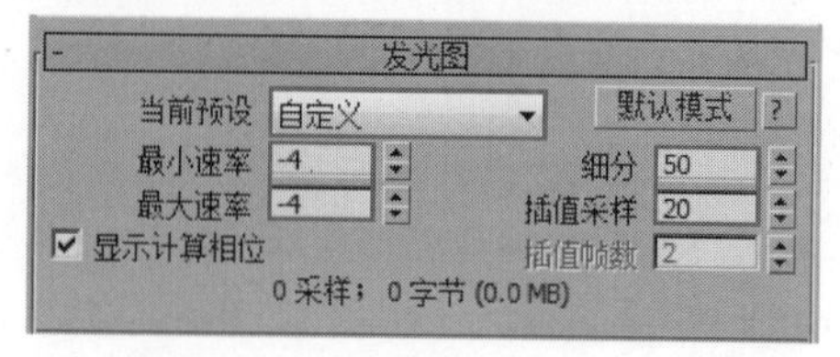

图14-199

07 展开“灯光缓存”卷展栏，然后设置“细分”为200，接着勾选“显示计算相位”选项，如图14-200所示。

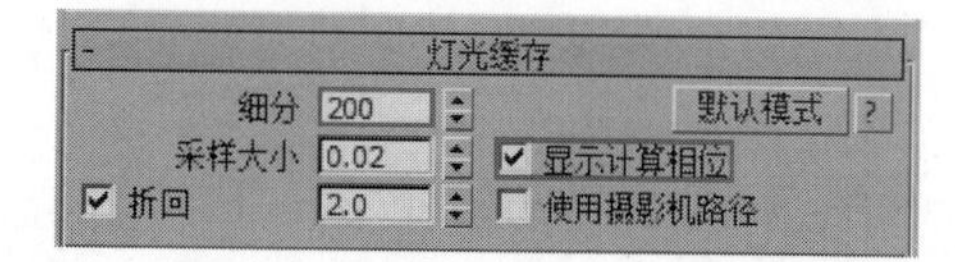

图14-200

08 单击“设置”选项卡，然后在“系统”卷展栏下设置“序列”为“上->下”，接着选择“日志窗口”为“从不”选项，如图14-201所示。

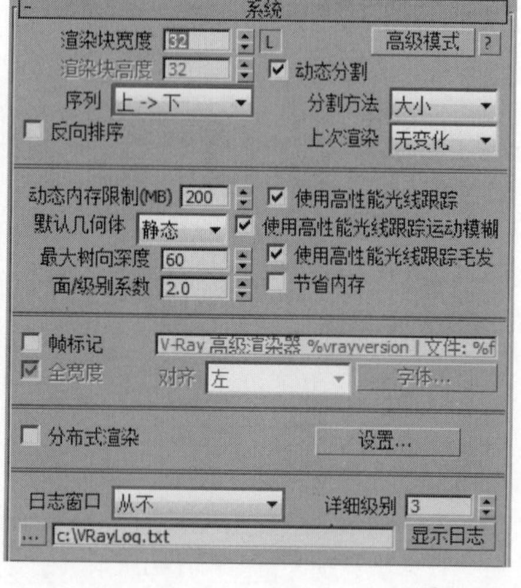

图14-201

灯光设置

场景中的灯光较多，使用VRay灯光模拟灯带，目标光源模拟射灯。

❖ 1.创建吧台灯带

01 设置“灯光类型”为VRay，然后在吧台下创建一盏“VRay灯光”作为灯带，其位置如图14-202所示。

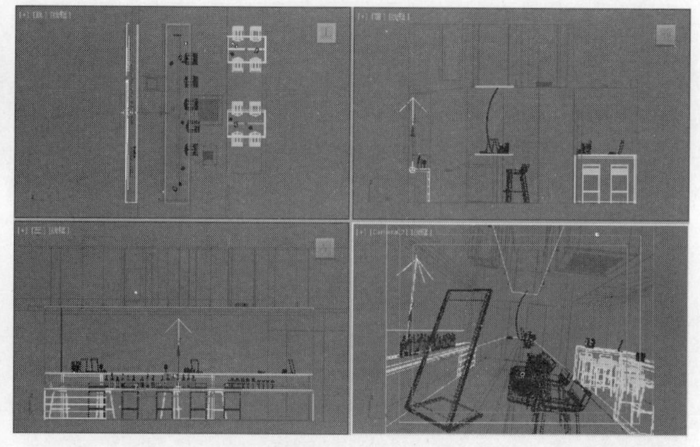

图14-202

02 选择上一步创建的VRay灯光，然后进入“修改”面板，接着展开“参数”卷展栏，具体参数设置如图14-203所示。

设置步骤

① 在“常规”选项组下设置“类型”为“平面”。

② 在“强度”选项组下设置“倍增”为8，然后设置“颜色”为黄色（R:237，G:174，B:118）。

③ 在“大小”选项组下设置“1/2长”为5.935cm、“1/2宽”为324.586cm。

④ 在“采样”选项组下设置“细分”为30。

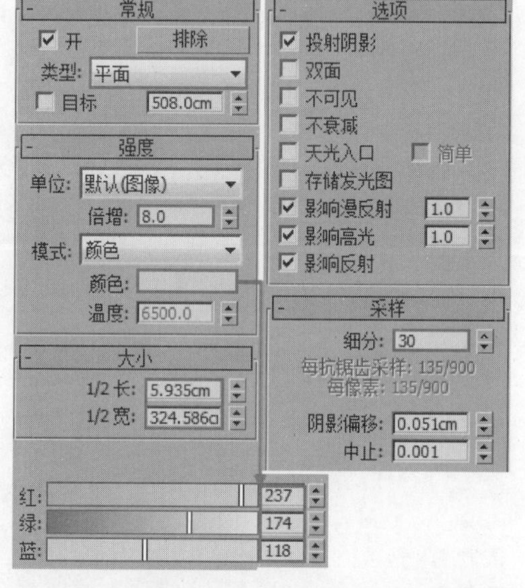

图14-203

03 按F9键渲染当前场景，效果如图14-204所示。

图14-204

❖ 2.创建吧台蓝色灯带

01 设置“灯光类型”为VRay，然后在窗外创建一盏“VRay灯光”作为吧台灯带，其位置如图14-205所示。

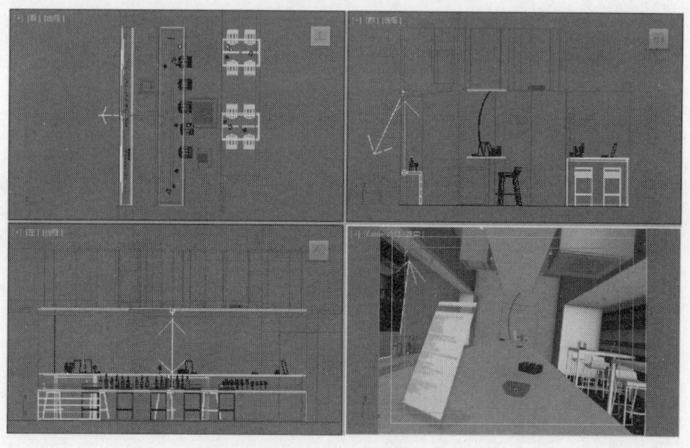

图14-205

02 选择上一步创建的VRay灯光，然后进入“修改”面板，接着展开“参数”卷展栏，具体参数设置如图14-206所示。

设置步骤

① 在“常规”选项组下设置“类型”为“平面”。

② 在“强度”选项组下设置“倍增”为1.5，然后设置“颜色”为蓝色（R:19，G:35，B:247）。

③ 在“大小”选项组下设置“1/2长”为0.5cm、“1/2宽”为324.586cm。

④ 在“选项”选项组下勾选“不衰减”选项。

⑤ 在“采样”选项组下设置“细分”为30。

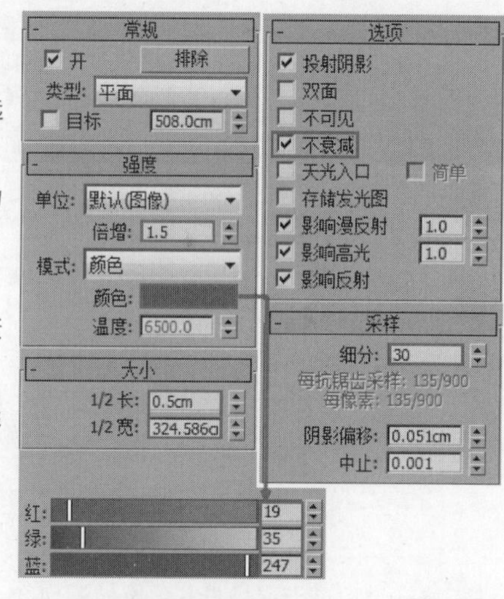

图14-206

03 按F9键渲染当前场景，效果如图14-207所示。

图14-207

❖ 3.创建背景墙灯带

01 设置“灯光类型”为VRay，然后在窗外创建一盏“VRay灯光”作为背景墙灯带，其位置如图14-208所示。

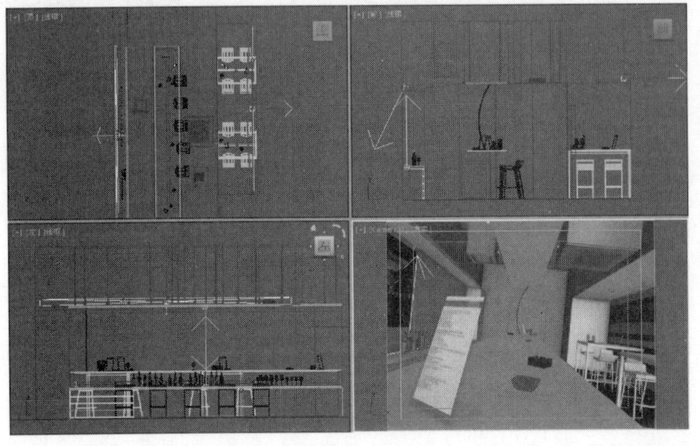

图14-208

02 选择上一步创建的VRay灯光，然后进入“修改”面板，接着展开“参数”卷展栏，具体参数设置如图14-209所示。

设置步骤

① 在“常规”选项组下设置“类型”为“平面”。

② 在“强度”选项组下设置“倍增”为50，然后设置“颜色”为黄色（R:221，G:143，B:91）。

③ 在“大小”选项组下设置“1/2长”为7.5cm、“1/2宽”为300cm。

④ 在“选项”选项组下勾选“储存发光图”选项。

⑤ 在“采样”选项组下设置“细分”为21。

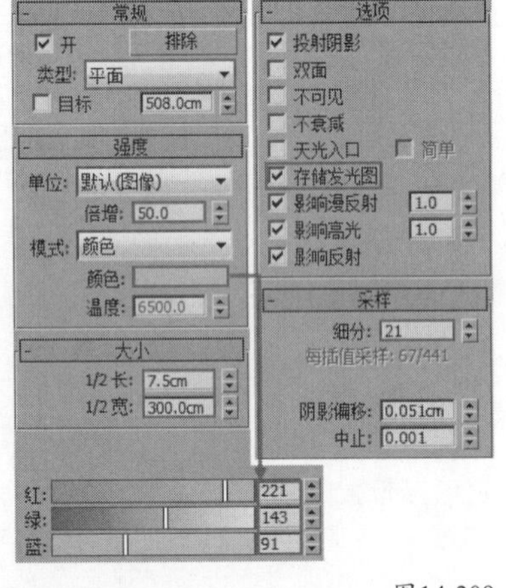

图14-209

03 按F9键渲染当前场景，效果如图14-210所示。

图14-210

❖ 4.创建射灯灯光

01 设置“灯光类型”为“光度学”，然后在场景中创建一盏“目标灯光”，其位置如图14-211所示。

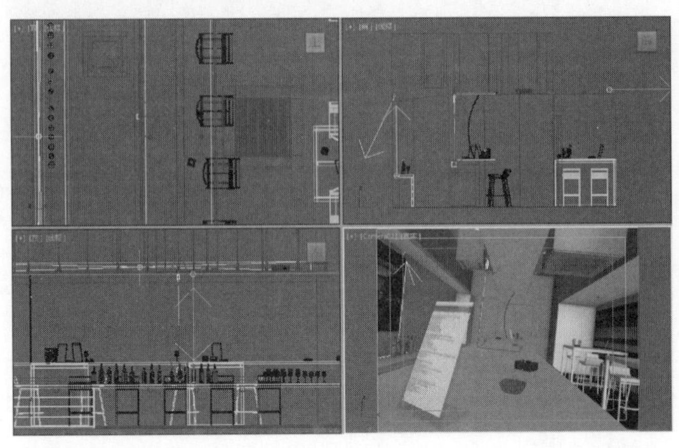

图14-211

02 选择上一步创建的目标灯光，然后进入“修改”面板，接着展开“参数”卷展栏，具体参数设置如图14-212所示。

设置步骤

① 展开“常规参数”卷展栏，然后在“阴影”选项组下勾选“启用”选项，接着设置阴影类型为“VRay阴影”，最后设置“灯光分布（类型）”为“光度学Web”。

② 展开“分布（光度学Web）”卷展栏，在“选择光度学文件”按钮 <选择光度学文件> 上加载本书学习资源中的“实例文件>CH14>酒吧室内灯光表现>1.IES”文件。

③ 展开“强度/颜色/衰减”卷展栏，然后设置“过滤颜色”为黄色（R:241，G:175，B:126），接着勾选“结果强度”选项，并设置强度为138%。

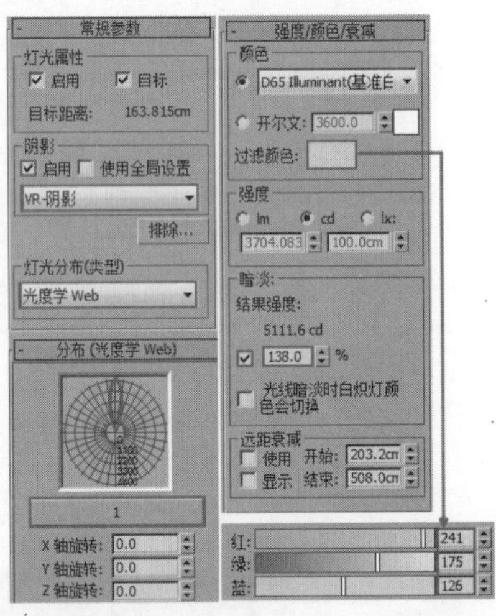

图14-212

03 选择上一步创建的目标灯光，然后以“实例”的形式复制到其余射灯模型下方，如图14-213所示。

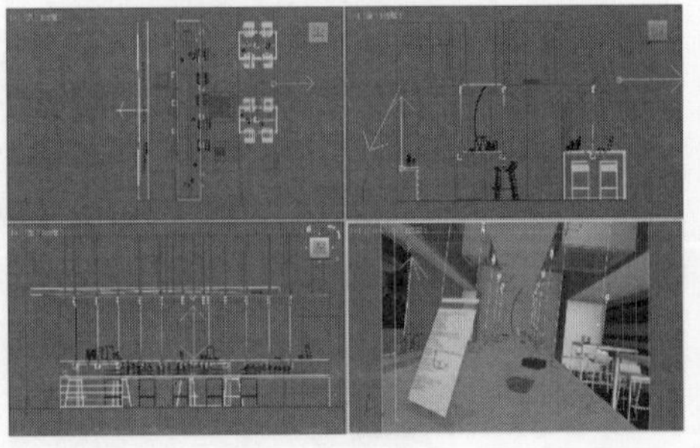

图14-213

04 按F9键渲染当前场景，效果如图14-214所示。

图14-214

❖ 5.创建吧台射灯

01 设置“灯光类型”为“光度学”，然后在场景中创建一盏“目标灯光”，其位置如图14-215所示。

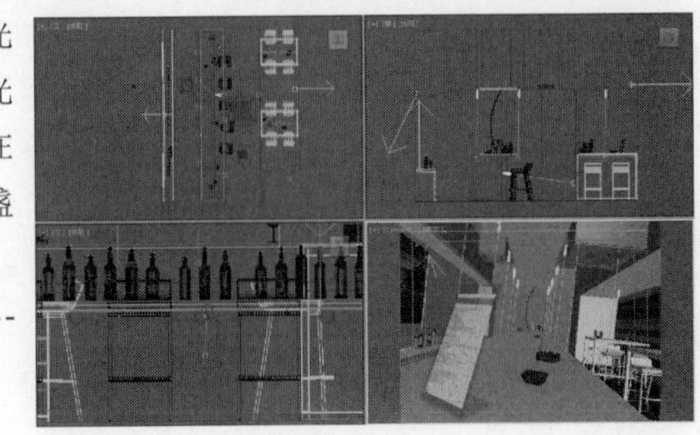

图14-215

02 选择上一步创建的目标灯光，然后进入“修改”面板，接着展开“参数”卷展栏，具体参数设置如图14-216所示。

设置步骤

① 展开“常规参数”卷展栏，然后在“阴影”选项组下勾选“启用”选项，接着设置阴影类型为“VRay阴影”，最后设置“灯光分布（类型）”为“光度学Web”。

② 展开“分布（光度学Web）”卷展栏，在“选择光度学文件”按钮 <选择光度学文件> 上加载本书学习资源中的“实例文件>CH14>酒吧室内灯光表现>2.IES”文件。

③ 展开“强度/颜色/衰减”卷展栏，然后设置“过滤颜色”为黄色（R:244，G:210，B:182），接着勾选“结果强度”选项，并设置强度为130%。

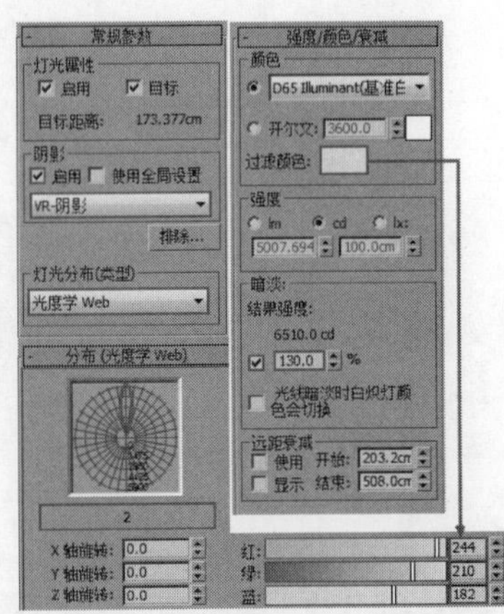

图14-216

03 选择上一步创建的目标灯光，然后以“实例”的形式复制到其余射灯模型下方，如图14-217所示。

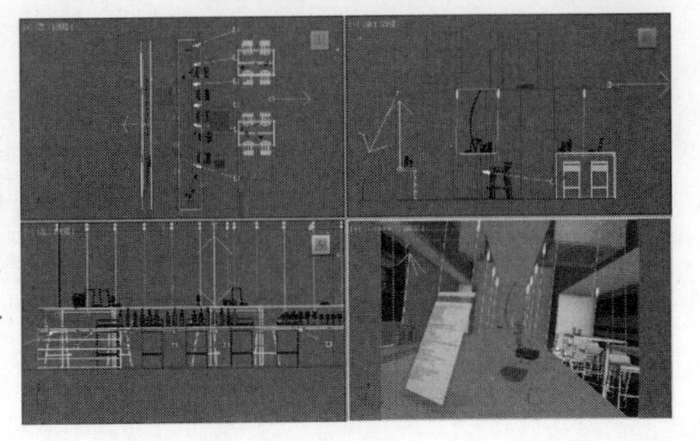

图14-217

04 按F9键渲染当前场景，效果如图14-218所示。

技巧与提示

测试渲染时会观察到，开启景深后，前方物体会有很多锯齿，这是由于测试渲染没有开启更高的抗锯齿效果。在最终渲染开启自适应抗锯齿后，锯齿就会消失。

图14-218

设置最终渲染参数

01 按F10键打开“渲染设置”对话框，然后在“公用参数”卷展栏下设置“宽度”为1600、“高度”为1200，如图14-219所示。

02 单击VRay选项卡，然后在“图像采样器（抗锯齿）”卷展栏下设置“图像采样器”的“类型”为“自适应”，接着设置“过滤器”类型为Catmull-Rom，具体参数设置如图14-220所示。

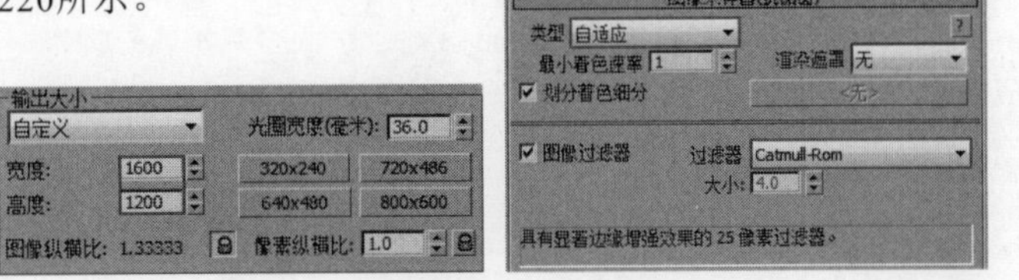

图14-219　　图14-220

03 展开“全局确定性蒙特卡洛”卷展栏，设置“噪波阈值”为0.005、“最小采样”为16，如图14-221所示。

04 单击GI选项卡，然后展开“发光图”卷展栏，接着设置“当前预设”为“中”，具体参数设置如图14-222所示。

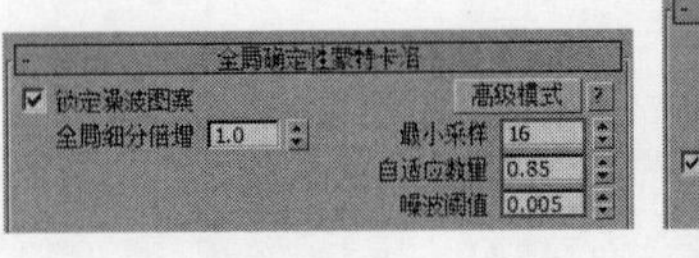

图14-221

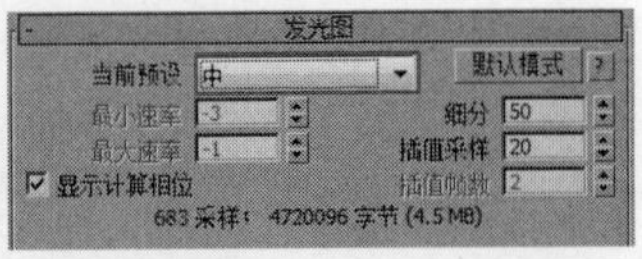

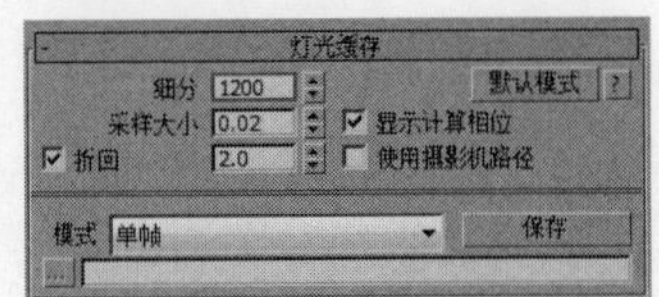

图14-222

05 展开“灯光缓存”卷展栏，然后设置“细分”为1200，如图14-223所示。

图14-223

06 按F9键渲染当前场景，最终效果如图14-224所示。

图14-224

第15章 商业综合实例：建筑篇

本章将通过5个商业案例，来学习室外建筑效果图与镜头漫游的制作方法。

Learning Objectives
学习要点

Employment Direction
从业方向

家具造型师

建筑设计表现师

工业设计师

室内设计表现师

实例13

商业综合实例：建筑篇

别墅日光表现

本例是一个别墅空间，效果如图15-1所示。

- 场景位置 » 场景文件>CH15>01.max
- 实例位置 » 实例文件>CH15>别墅日光表现.max
- 技术掌握 » 掌握室外日光的布光方法以及后期修图方法

图15-1

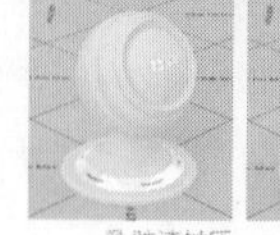
乳胶漆材质
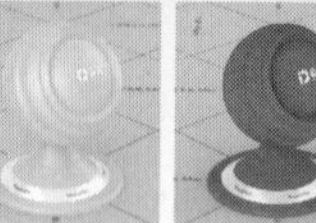
白漆材质

木纹1材质

木纹2材质
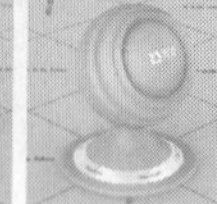
金属1材质

金属2材质

玻璃材质
石头材质

项目说明

本例为一个室外别墅，材质较为简单，着重表现别墅的外立面材质和水泥材质。灯光方面，通过VRay太阳来模拟日光。通过后期替换天空材质和草地材质。

材质制作

本例的场景材质主要包括白漆材质、乳胶漆材质、木纹材质、金属材质、石头材质和玻璃材质，如图15-2所示。

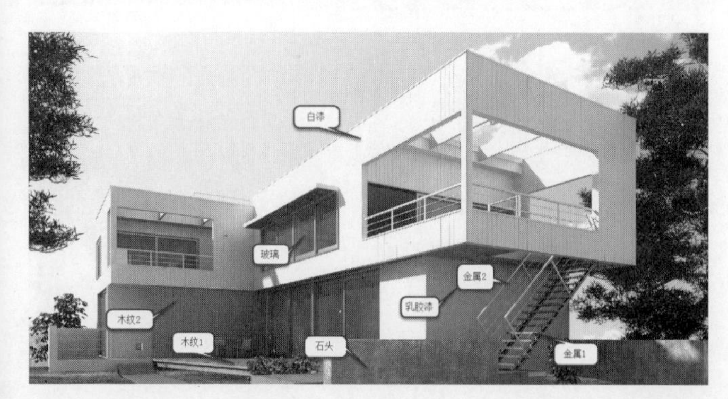

图15-2

❖ 1.制作乳胶漆材质

01 打开本书学习资源中的“场景文件>CH15>01.max”文件，如图15-3所示。

图15-3

02 选择一个空白材质球，然后设置材质类型为VRayMtl材质，如图15-4所示，制作好的材质球效果如图15-5所示。

设置步骤

① 设置“漫反射”颜色为白色（R:227，G:223，B:218）。

② 设置“反射”颜色为灰色（R:101，G:101，B:101），接着设置“反射光泽”为0.52，最后勾选“菲涅耳反射”选项。

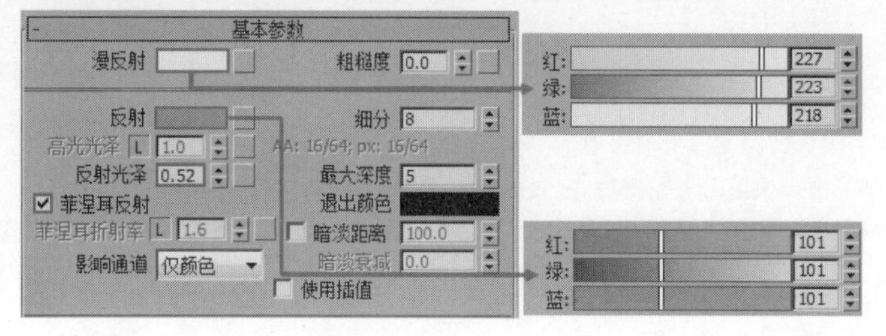

图15-4

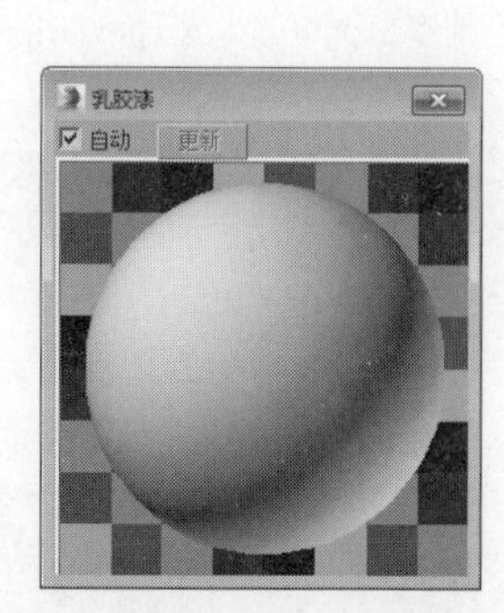

图15-5

❖ 2.制作白漆材质

选择一个空白材质球，然后设置材质类型为VRayMtl材质，具体参数设置如图15-6所示，制作好的材质球效果如图15-7所示。

设置步骤

① 设置“漫反射”颜色为白色（R:219，G:214，B:210）。

② 设置“反射”颜色为灰色（R:42，G:42，B:42），接着设置“反射光泽”为0.66，最后取消勾选“菲涅耳反射”选项。

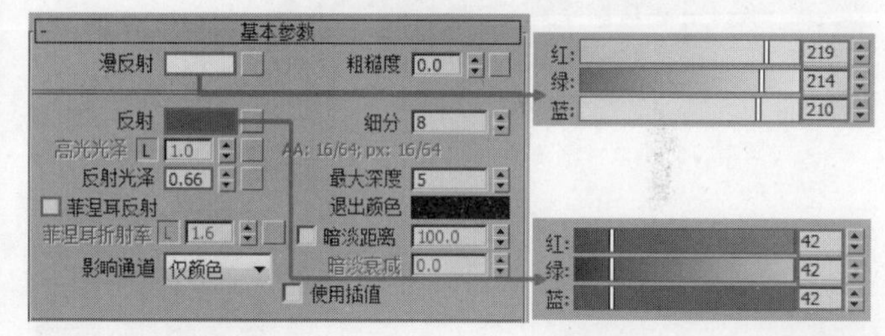

图15-6

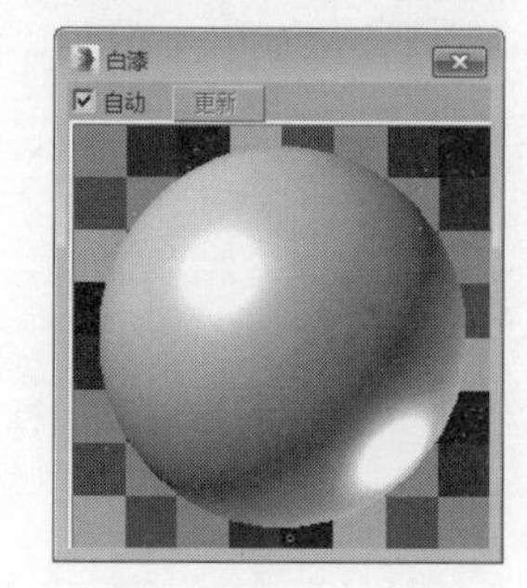

图15-7

❖ 3.制作木纹1材质

选择一个空白材质球，然后设置材质类型为VRayMtl材质，具体参数设置如图15-8所示，制作好的材质球效果如图15-9所示。

设置步骤

① 在“漫反射”贴图通道中加载一张本书学习资源中的“实例文件>CH15>别墅日光表现> Archexteriors2_05_wood2_color.jpg”贴图。

② 设置“反射”颜色为灰色（R:81，G:81，B:81），然后在“反射光泽”通道中加载一张本书学习资源中的“实例文件>CH15>别墅日光表现> Archexteriors2_05_wood_gloss.jpg”贴图，最后取消勾选“菲涅耳反射”选项。

③ 在“双向反射分布函数”卷展栏中，设置反射类型为“沃德”。

④ 在“凹凸”通道中加载一张本书学习资源中的“实例文件>CH15>别墅日光表现> Archexteriors2_05_wood_gloss.jpg”贴图，然后设置“凹凸”强度为12。

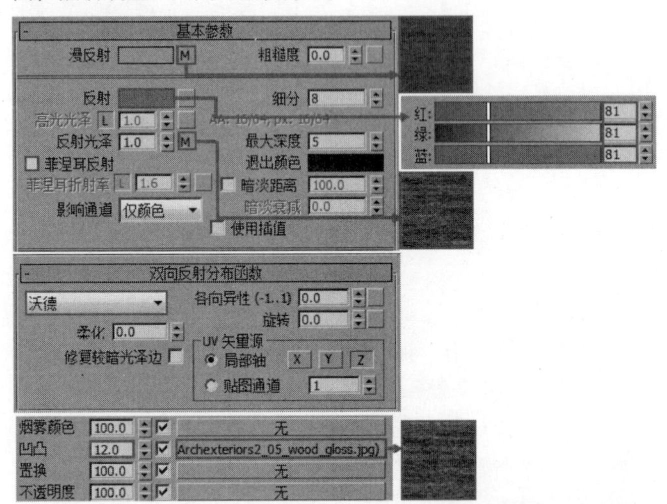

图15-8

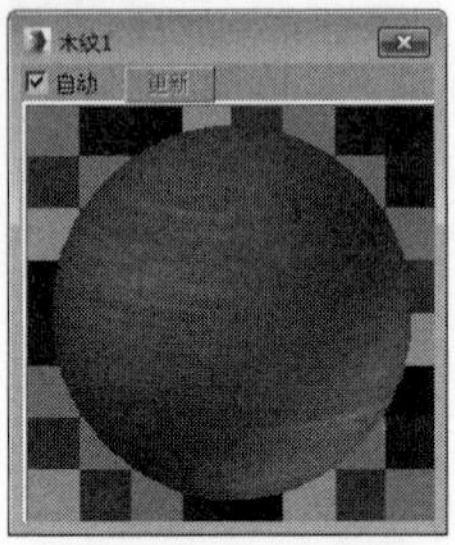

图15-9

❖ 4.制作木纹2材质

选择一个空白材质球，然后设置材质类型为VRayMtl材质，具体参数设置如图15-10所示，制作好的材质球效果如图15-11所示。

设置步骤

① 在“漫反射”贴图通道中加载一张本书学习资源中的“实例文件>CH15>别墅日光表现> Archexteriors2_05_wood2_color.jpg”贴图。

② 设置“反射”颜色为灰色（R:102，G:102，B:102），然后设置“反射光泽”为0.64，最后取消勾选“菲涅耳反射”选项。

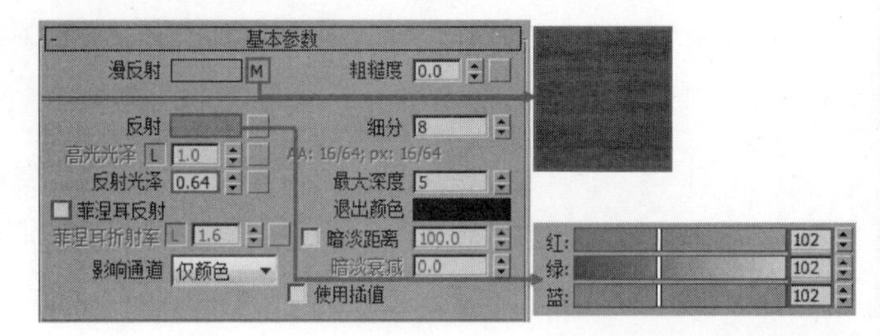

图15-10

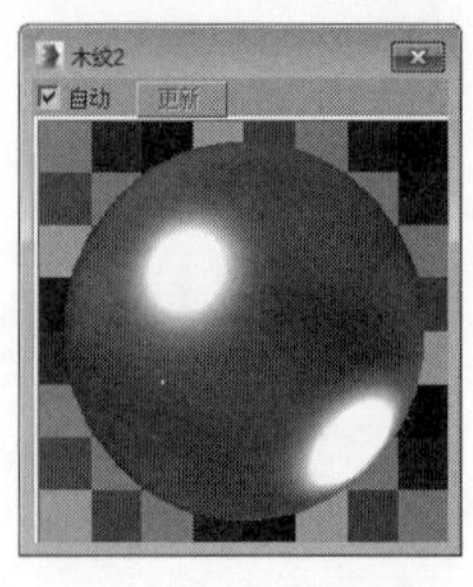

图15-11

❖ 5.制作金属1材质

选择一个空白材质球，设置材质类型为VRayMtl材质，具体参数设置如图15-12所示，制作好的材质球效果如图15-13所示。

设置步骤

① 设置“漫反射”颜色为褐色（R:76，G:43，B:41）。

② 设置“反射”颜色为灰色（R:54，G:54，B:54），然后设置“反射光泽”为0.62，最后取消勾选“菲涅耳反射”选项。

③ 在“双向反射分布函数”卷展栏中，设置反射类型为“沃德”。

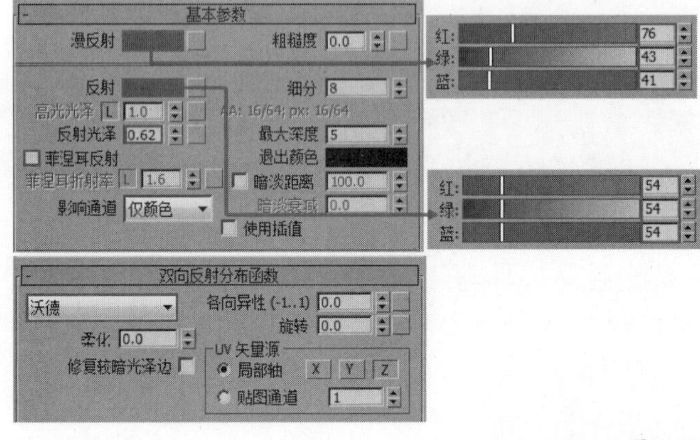

图15-12

图15-13

❖ 6.制作金属2材质

选择一个空白材质球，然后设置材质类型为VRayMtl材质，具体参数设置如图15-14所示，制作好的材质球效果如图15-15所示。

设置步骤

① 设置“漫反射”颜色为青色（R:160，G:176，B:174）。

② 设置“反射”颜色为灰色（R:136，G:136，B:136），然后设置“反射光泽”为0.58，最后取消勾选“菲涅耳反射”选项。

③ 在“双向反射分布函数”卷展栏中，设置反射类型为“沃德”。

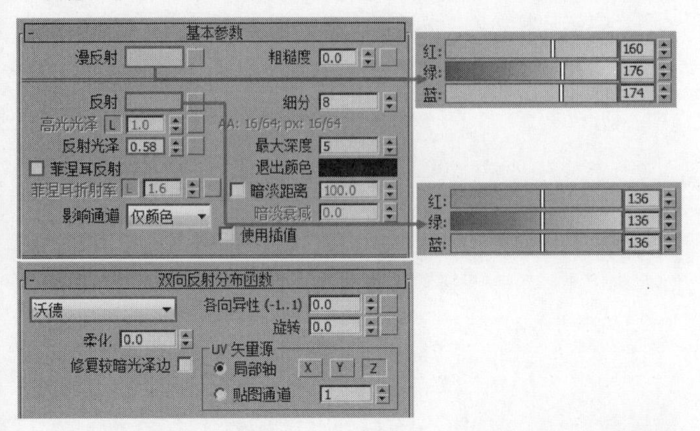

图15-14

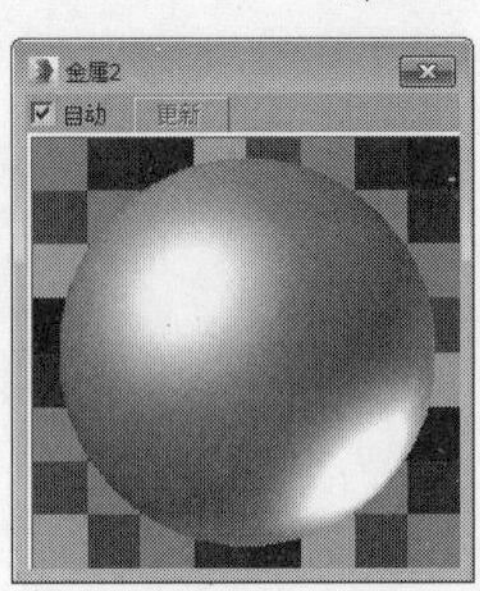

图15-15

❖ 7.制作玻璃材质

选择一个空白材质球，然后设置材质类型为VRayMtl材质，具体参数设置如图15-16所示，制作好的材质球效果如图15-17所示。

设置步骤

① 设置“漫反射”颜色为蓝色（R:124，G:137，B:170）。

② 设置“反射”颜色为白色（R:235，G:235，B:235），然后设置“反射光泽”为0.98，最后勾选“菲涅耳反射”选项。

③ 设置“折射”颜色为白色（R:240，G:240，B:240），然后设置“折射率”为1.54，最后勾选“影响阴影”选项。

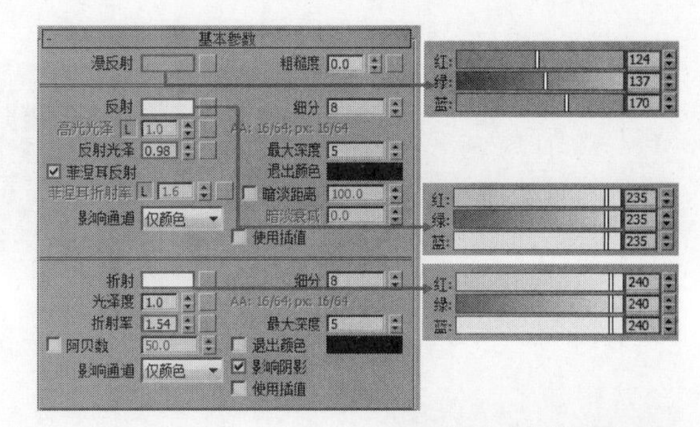

图15-16

图15-17

❖ 8.制作石头材质

选择一个空白材质球，然后设置材质类型为VRayMtl材质，具体参数设置如图15-18所示，制作好的材质球效果如图15-19所示。

设置步骤

① 在“漫反射”通道中加载一张本书学习资源中的“实例文件>CH15>别墅日光表现> Archexteriors2_05_stone3_color.jpg”贴图。

② 设置“反射”颜色为灰色（R:70，G:70，B:70），然后设置“反射光泽”为0.52，取消勾选“菲涅耳反射”选项。

③ 在“双向反射分布函数”卷展栏中，设置反射类型为“沃德”。

④ 在“凹凸”通道中加载一张本书学习资源中的“实例文件>CH15>别墅日光表现> Archexteriors2_05_stone3_color.jpg”贴图，然后设置“凹凸”强度为12。

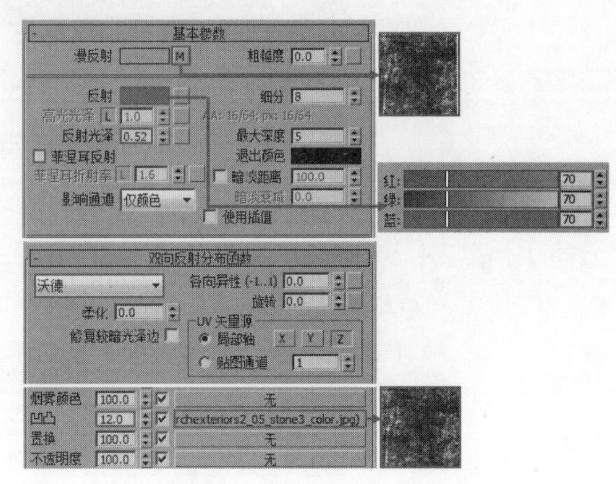

图15-18

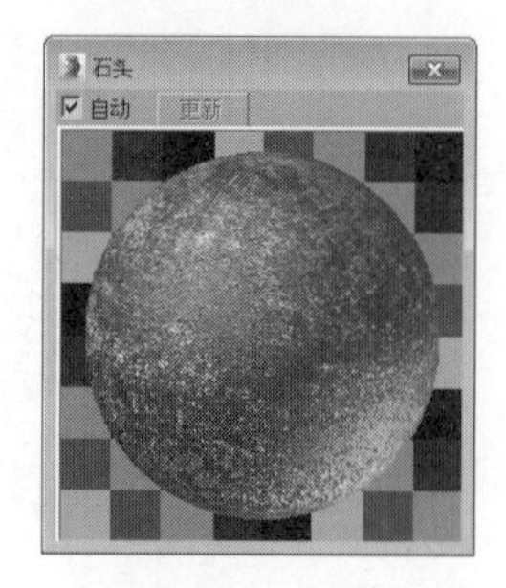

图15-19

设置测试渲染参数

01 按F10键打开“渲染设置”对话框，然后设置渲染器为VRay渲染器，接着在“公用”卷展栏下设置“宽度”为500、“高度”为248，如图15-20所示。

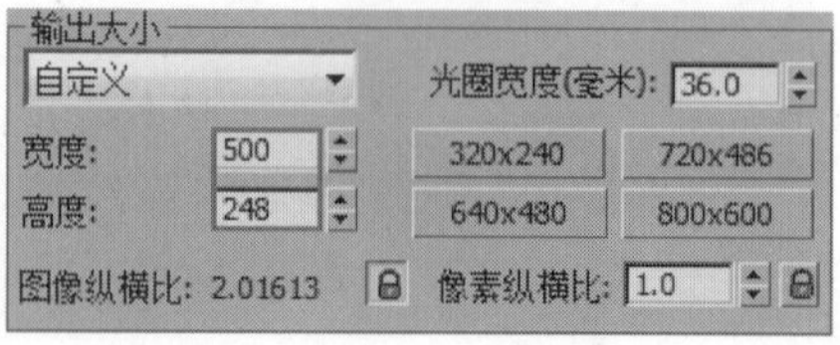

输出大小
自定义
光圈宽度(毫米): 36.0
宽度: 500
高度: 248
320x240 720x486
640x480 800x600
图像纵横比: 2.01613
像素纵横比: 1.0

图15-20

02 单击VRay选项卡，然后在“图像采样器（抗锯齿）”卷展栏下设置“类型”为“固定”，接着设置“过滤器”类型为“区域”，如图15-21所示。

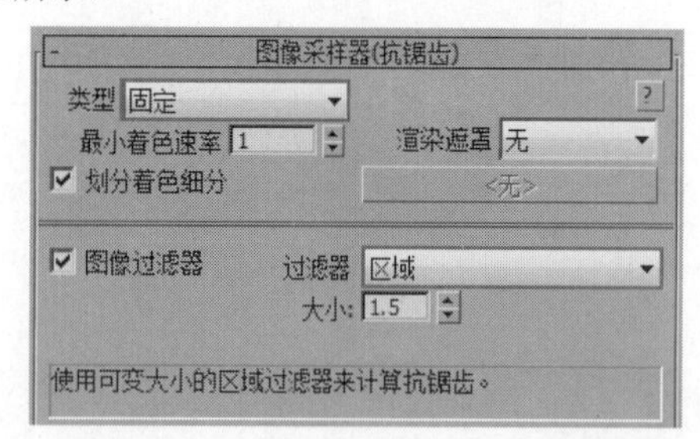

图15-21

03 展开“颜色贴图”卷展栏，然后设置“类型”为“莱因哈德”，接着设置“倍增”为1.35、“加深值”为1.1，如图15-22所示。

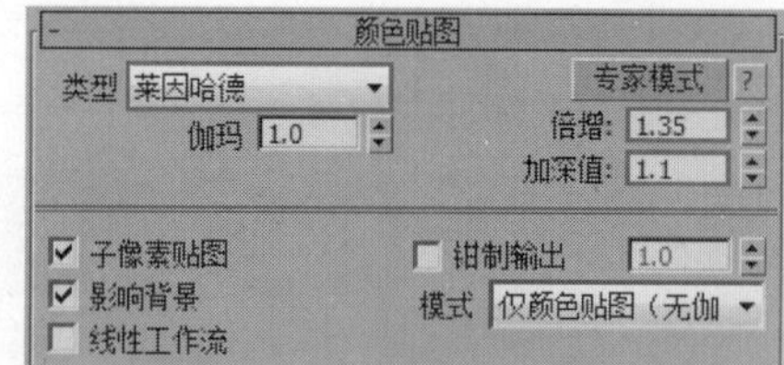

图15-22

04 单击GI选项卡，然后在“全局照明”卷展栏下勾选“启用全局照明（GI）”选项，接着设置“首次引擎”为“发光图”、“二次引擎”为“灯光缓存”，如图15-23所示。

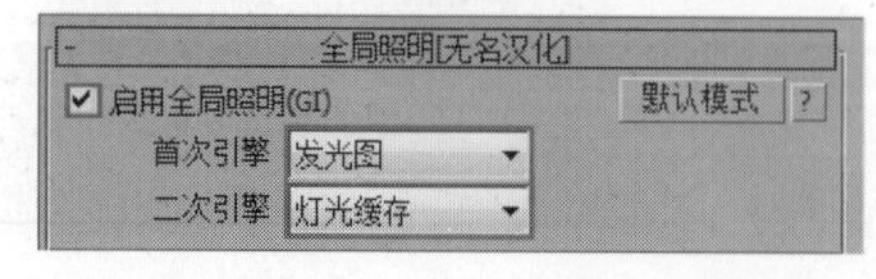

图15-23

05 展开“发光图”卷展栏，然后设置“当前预设”为“自定义”，接着设置“最小速率”和“最大速率”都为-4，最后设置“细分”为50、“插值采样”为20，如图15-24所示。

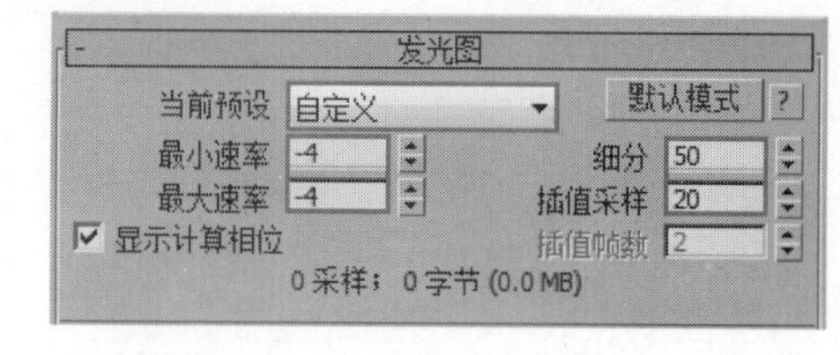

图15-24

06 展开“灯光缓存”卷展栏，然后设置“细分”为200，接着勾选“显示计算相位”选项，如图15-25所示。

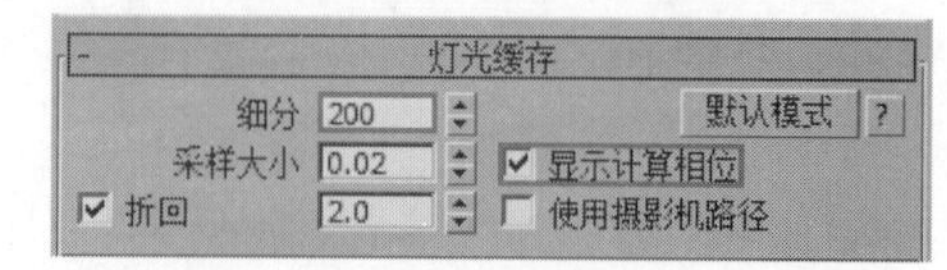

图15-25

07 单击“设置”选项卡，然后在“系统”卷展栏下设置“序列”为“上->下”，接着选择“日志窗口”为“从不”选项，如图15-26所示。

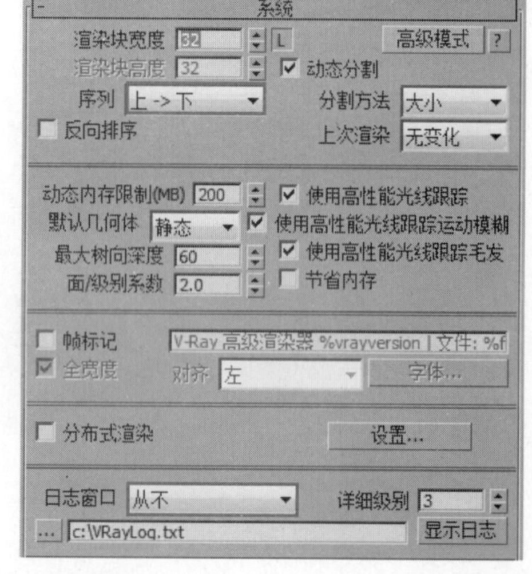

图15-26

灯光设置

本场景的光源只有VRay太阳，同时用VRay天空贴图控制环境光。

1.创建日光

01 设置灯光类型为VRay，然后在场景中创建一盏“VRay太阳”，其位置如图15-27所示。当创建完“VRay太阳”时，系统会自动弹出图15-28所示的对话框，然后单击“是”按钮。

02 选择上一步创建的VRay太阳，然后展开“VRay太阳参数”卷展栏，接着设置“强度倍增”为0.03、“大小倍增”为5、“阴影细分”为10，如图15-29所示。

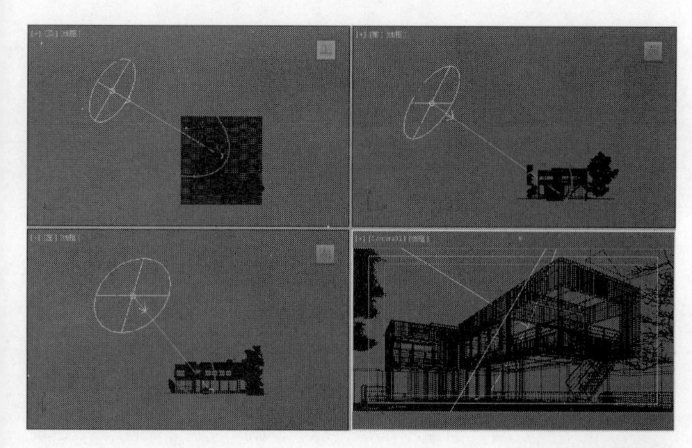

图15-27

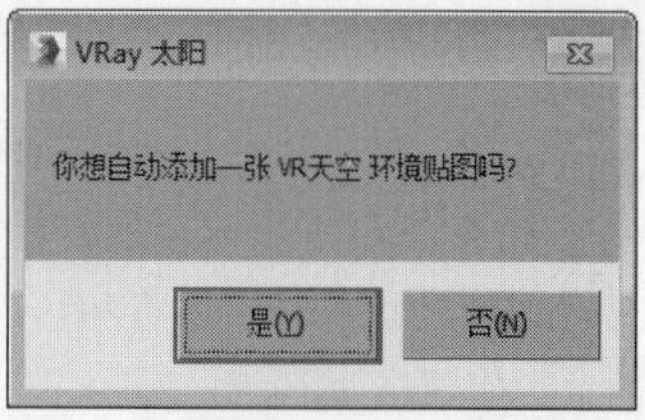

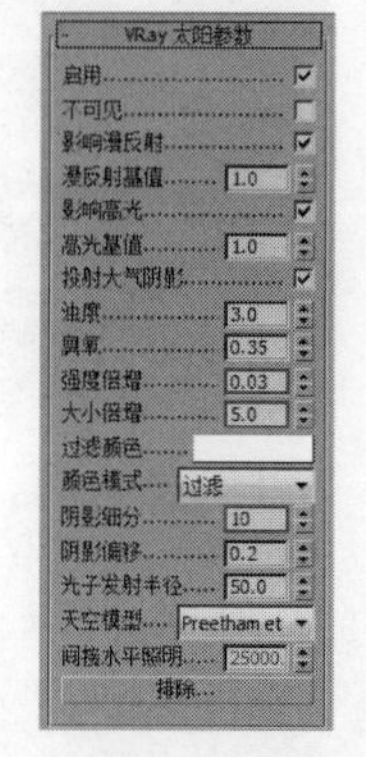

图15-28

图15-29

03 按F9键渲染当前场景，效果如图15-30所示。

图15-30

> **技巧与提示**
> 太阳光的位置，应使建筑呈现明暗面对比，这样建筑的光影效果以及立体感才能表现得更好。

❖ 2.调整VRay天空贴图

01 按8键打开“环境和效果”面板，然后按M键打开“材质编辑器”，接着将“环境贴图”通道中的“VRay天空”贴图拖曳到空白的材质球上，如图15-31所示，最后在弹出的对话框中选择“实例”选项，如图15-32所示。

02 在“材质编辑器”中选中“VRay天空”材质球，然后勾选“指定太阳节点”选项，接着在下方设置“太阳强度倍增”为0.018、“太阳大小倍增”为5，如图15-33所示。

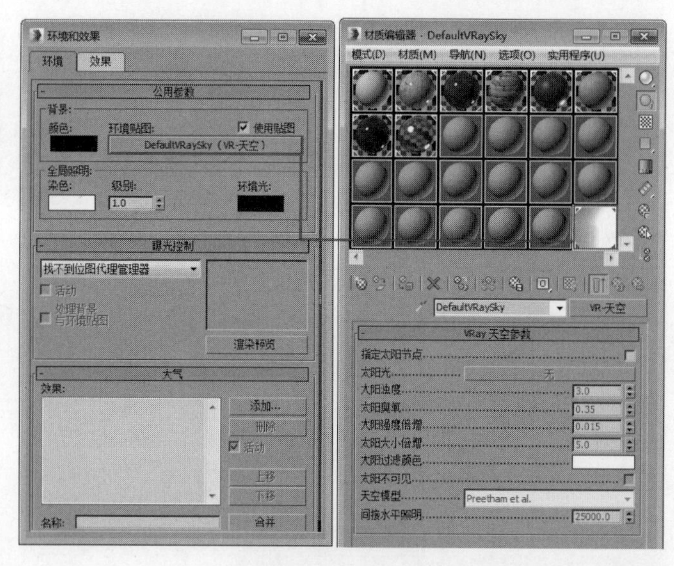

图15-31

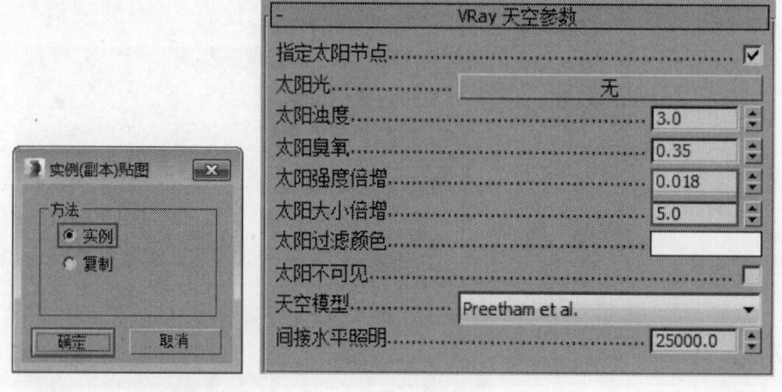

图15-32

图15-33

03 按F9键渲染当前场景，效果如图15-34所示。

图15-34

> **技巧与提示**
> 这里调整“VRay天空”贴图，是为了让环境光偏冷，以突出画面的冷暖对比。

设置最终渲染参数

01 按F10键打开“渲染设置”对话框，然后在“公用参数”卷展栏下设置“宽度”为1600、“高度”为794，如图15-35所示。

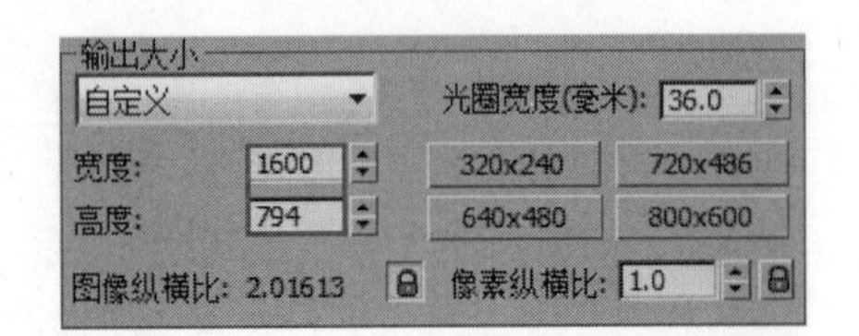

图15-35

02 单击VRay选项卡，然后在“图像采样器（抗锯齿）”卷展栏下设置“图像采样器”的“类型”为“自适应”，接着设置“过滤器”类型为Catmull-Rom，具体参数设置如图15-36所示。

图15-36

03 展开“全局确定性蒙特卡洛”卷展栏，设置“噪波阈值”为0.001、“最小采样”为16，如图15-37所示。

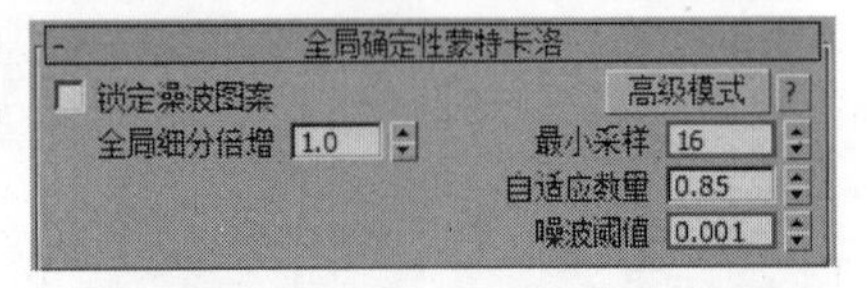

图15-37

04 单击GI选项卡，然后展开“发光图”卷展栏，接着设置“当前预设”为“中”，具体参数设置如图15-38所示。

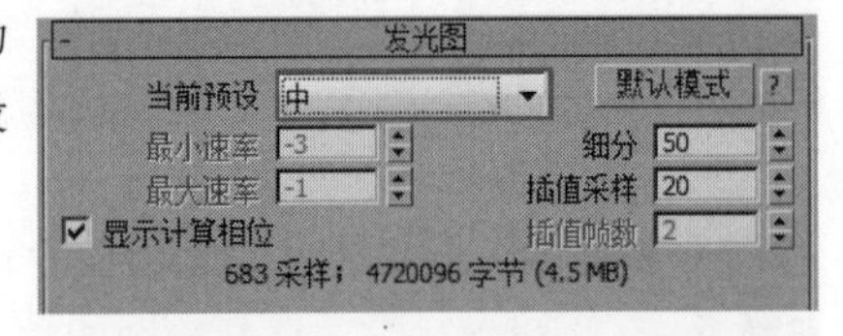

图15-38

05 展开“灯光缓存”卷展栏，然后设置“细分”为1200，如图15-39所示。

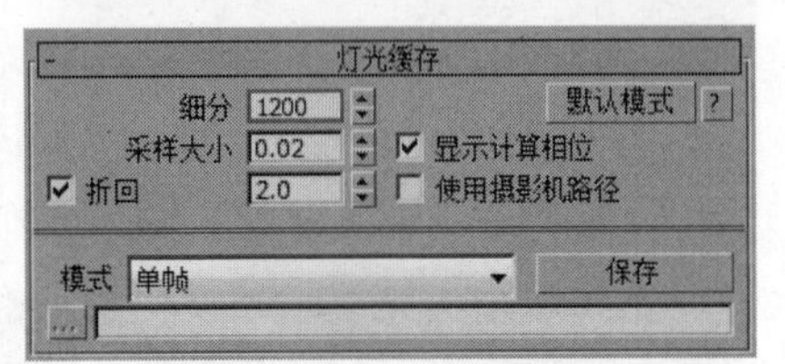

图15-39

06 按F9键渲染当前场景，最终效果如图15-40所示。

图15-40

后期处理

将渲染的成图保存为带有通道的tga格式备用。

技巧与提示

tga格式带有Alpha通道，可以方便后期快速替换天空。

❖ 1.渲染AO通道

01 按M键打开材质编辑器，然后选择一个空白材质球，然后设置材质类型为标准材质，具体参数设置如图15-41所示。

设置步骤

① 设置“漫反射”颜色为白色（R:245，G:245，B:245）。

② 在“漫反射”通道中加载一张“VRay污垢”贴图，然后设置“半径”为300。

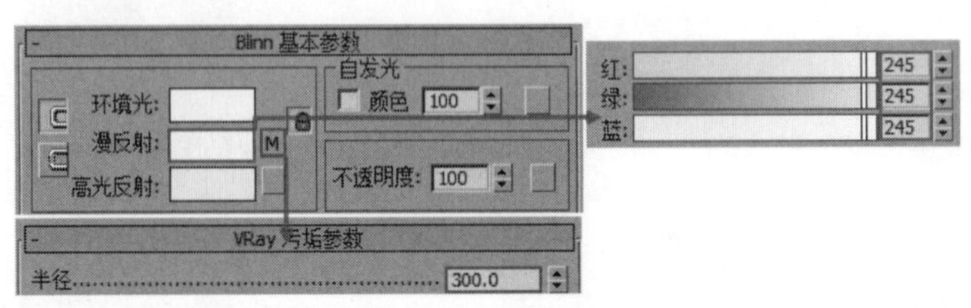

图15-41

02 打开“渲染设置”面板，然后切换到VRay选项卡，接着展开“全局开关”卷展栏，勾选“覆盖材质”选项，最后将AO材质球以“实例”的形式复制到通道中，如图15-42所示。

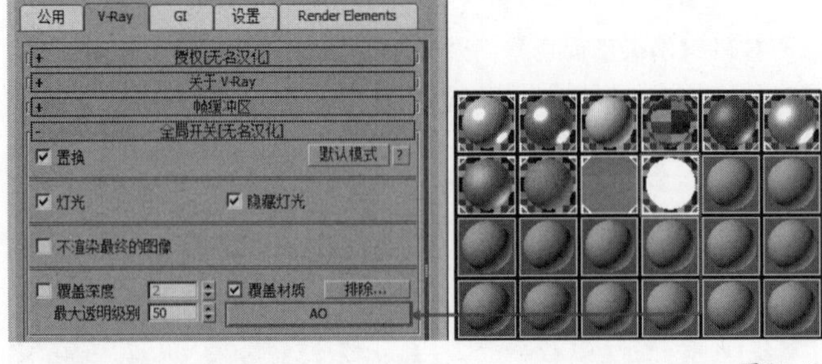

图15-42

03 将渲染好的AO通道保存为tga格式备用，如图15-43所示。

图15-43

❖ 2.渲染颜色通道

01 打开“渲染设置”面板，切换到“渲染元素”选项卡，然后单击“添加”按钮，在弹出的“渲染元素”对话框中，选择VRayWireColor选项，接着单击“确定”按钮，元素就添加到左侧面板中，再勾选下方的“启用”选项，最后单击“浏览”按钮 ，选择彩色通道图片需要保存的路径，如图15-44所示。

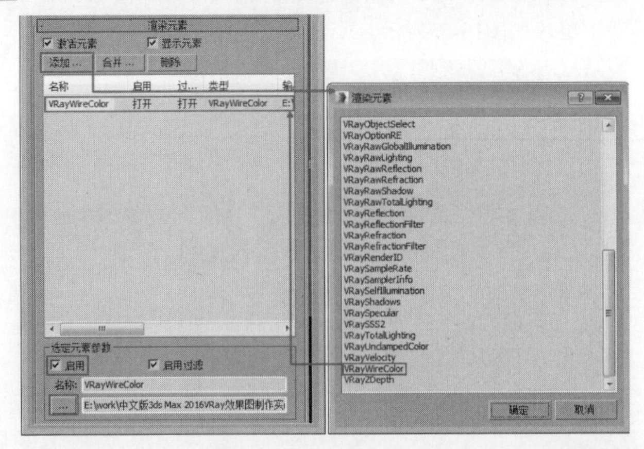

图15-44

02 将渲染好的颜色通道保存为tga格式备用，如图15-45所示。

图15-45

❖ 3.修改天空

01 默认渲染的天空是VRay天空自带的贴图，在后期修改中，可以为其添加一个带云彩的天空背景。打开Photoshop，然后导入渲染好的效果图，如图15-46所示。

图15-46

02 在“通道”面板中选择Alpha通道，然后用“魔棒”工具选择黑色的天空区域，接着选择RGB通道删除天空，如图15-47和图15-48所示。

图15-47

图15-48

03 在Photoshop中打开本书学习资源中的“场景文件>CH15>01.jpg”文件，然后置于“图层0”之下，如图15-49所示。

图15-49

04 栅格化图层“天空”，并按照光线方向调整图像的位置，效果如图15-50所示。

05 选中“天空”图层，然后按快捷键Ctrl+L打开“色阶”对话框，接着调节天空图像的色阶，参数如图15-51所示，效果如图15-52所示。

图15-50

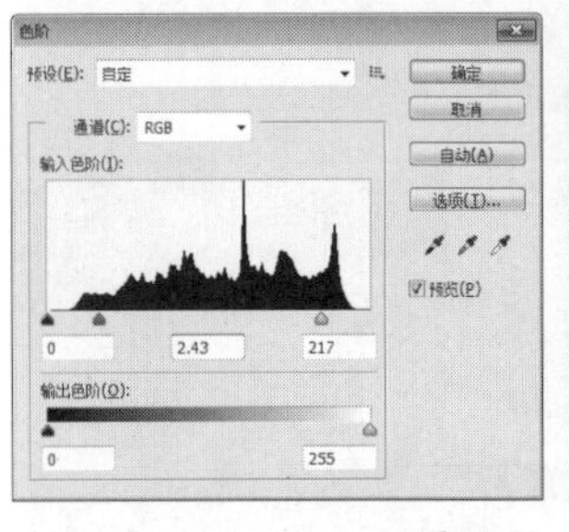

图15-51

图15-52

06 继续选中“天空”图层，然后按快捷键Ctrl＋U打开“色相/饱和度”对话框，参数如图15-53所示，效果如图15-54所示。

图15-53

图15-54

❖ 4.修改草地

渲染的草地贴图效果不够好，可以在后期中选择好看的草地贴图替换，不需要在3ds Max中再次渲染。

01 将渲染好的彩色通道cs.tga文件在Photoshop中打开，并置于最上层，如图15-55所示。

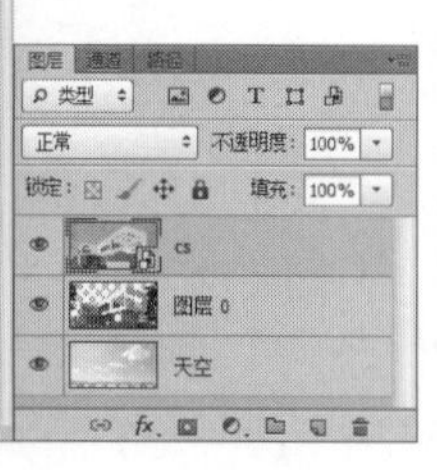

图15-55

02 用“魔棒”工具在cs图层上选择草地的色块，如图15-56所示。

图15-56

03 关闭cs图层，选中“图层0”，然后删除原有的草地，如图15-57所示。

图15-57

04 在Photoshop中打开本书学习资源中的“场景文件>CH15>02.jpg”文件，然后置于“图层0”之下，并调整位置，如图15-58所示。

图15-58

05 选中“草地”图层，然后按快捷键Ctrl+L打开“色阶”对话框，设置参数如图15-59所示，效果如图15-60所示。

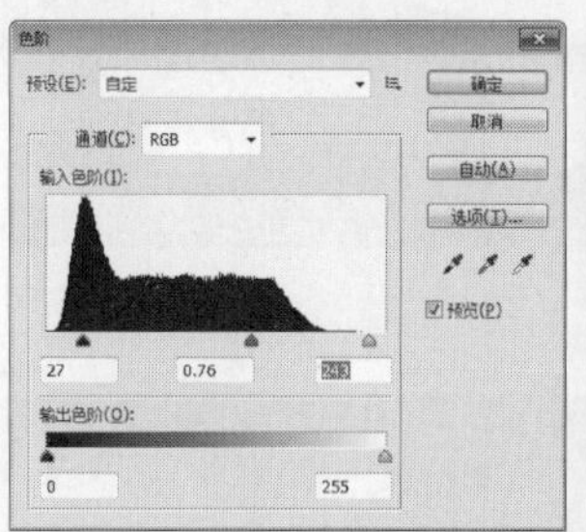

图15-59

图15-60

06 选中“草地”图层，然后按快捷键Ctrl+U打开“色相/饱和度”对话框，参数如图15-61所示，效果如图15-62所示。

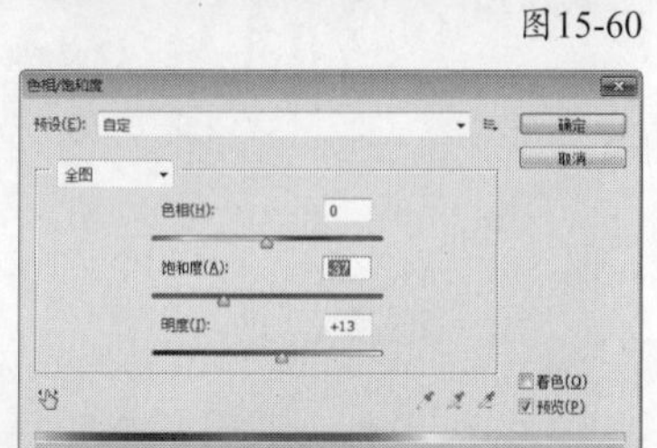

图15-61

图15-62

❖ 5.叠加AO通道

01 在Photoshop中打开渲染好的ao.tga文件，并置于“图层0”上方，如图15-63所示。

图15-63

02 在Alpha通道中删除ao图层的天空，效果如图15-64所示。

图15-64

03 将ao图层的“混合模式”设置为“柔光”，然后设置“不透明度”为50%，如图15-65所示。

图15-65

❖ 6.调整整体色调

01 选中ao图层，然后单击图层面板下方的“创建新的填充或调整图层”按钮，接着在弹出的菜单中选择“色阶”选项，参数设置如图15-66所示，效果如图15-67所示。

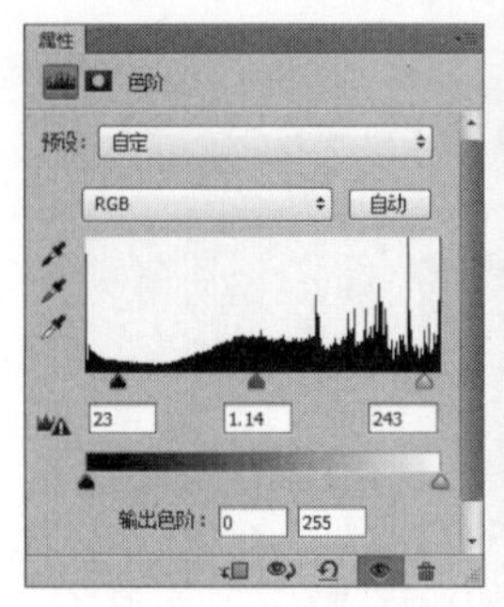

图15-66

图15-67

图15-69

02 继续单击该按钮，然后选择“色彩平衡”命令，参数如图15-68所示，效果如图15-69所示。

图15-68

03 将调整好的图片保存为jpg格式，最终效果如图15-70所示。

图15-70

实例14

商业综合实例：建筑篇

商业建筑日光表现

本例是一个商业建筑空间，案例效果如图15-71所示。

- 场景位置 » 场景文件>CH15>02.max
- 实例位置 » 实例文件>CH15>商业建筑日光表现.max
- 技术掌握 » 商业建筑日光表现的方法

图15-71

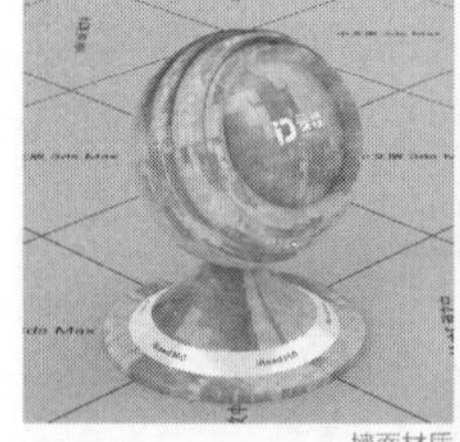

墙面材质

立柱材质

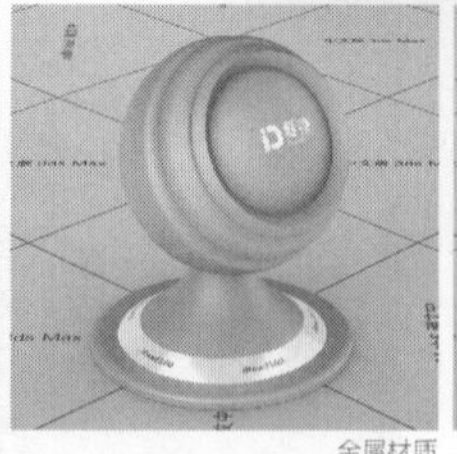

金属材质

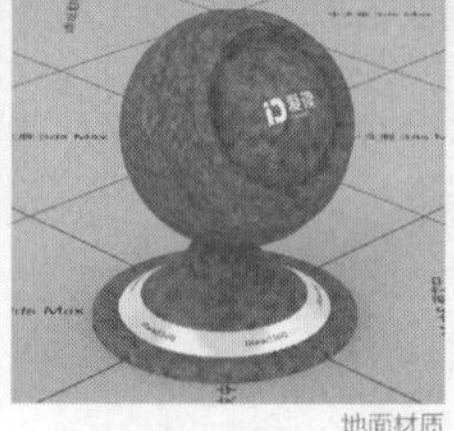

地面材质

玻璃材质

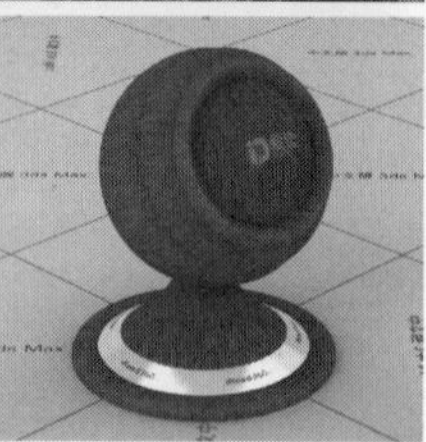

叶片材质

项目说明

本例是一个商业建筑空间外立面，材质颜色较为简单，没有过多烦琐的配饰。水泥类材质是表现的重点，叶片材质是学习的难点。灯光使用VRay太阳。通过后期替换天空贴图。

材质制作

本例的场景对象材质主要包括墙面材质、立柱材质、金属材质、地面材质、玻璃材质和叶片材质，如图15-72所示。

图15-72

❖ 1.制作墙面材质

01 打开本书学习资源中的“场景文件> CH15>02.max”文件，如图15-73所示。

图15-73

02 选择一个空白材质球，然后设置材质类型为VRayMtl材质，具体参数设置如图15-74所示，制作好的材质球效果如图15-75所示。

设置步骤

① 在“漫反射”通道中加载一张本书学习资源中的“实例文件>CH15>商业建筑日光表现> Archexteriors4_06_07_wall.jpg”贴图。

② 在“反射”通道中加载一张“衰减”贴图，然后进入“衰减”贴图，设置“侧”颜色为灰色（R:213，G:213，B:213），接着设置“衰减类型”为Fresnel，再设置“反射光泽”为0.6，最后取消勾选“菲涅耳反射”选项。

③ 在“双向反射分布函数”卷展栏中，设置反射类型为“沃德”。

④ 在“凹凸”通道中加载一张“法线凹凸”贴图，然后在“法线”通道中加载一张本书学习资源中的“实例文件>CH15>商业建筑日光表现> Archexteriors4_06_12_wall_normal.jpg”贴图，最后设置“凹凸”强度为100。

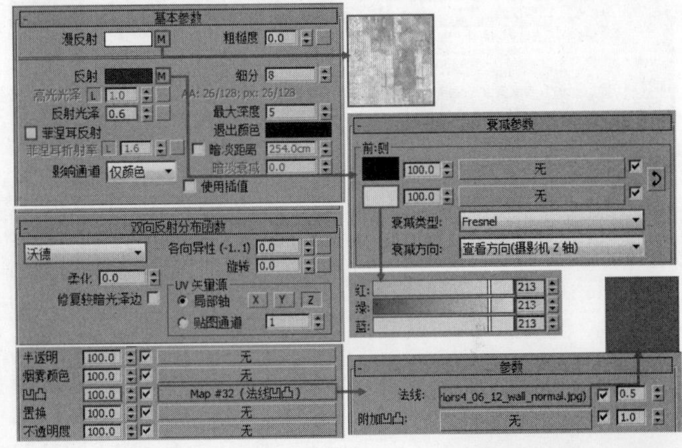

图15-74

图15-75

❖ 2.制作立柱材质

选择一个空白材质球，然后设置材质类型为VRayMtl材质，具体参数设置如图15-76所示，制作好的材质球效果如图15-77所示。

设置步骤

① 在“漫反射”通道中加载一张本书学习资源中的“实例文件>CH15>商业建筑日光表现> Archexteriors4_06_09_column.jpg”贴图。

② 在“反射”通道中加载一张“衰减”贴图，然后进入“衰减”贴图，设置“侧”颜色为灰色（R:210，G:210，B:210），接着设置“衰减类型”为Fresnel，再设置“反射光泽”为0.65，最后取消勾选“菲涅耳反射”选项。

③ 在“凹凸”通道中加载一张“法线凹凸”贴图，然后在“法线”通道中加载一张本书学习资源中的“实例文件>CH15>商业建筑

日光表现> Archexteriors4_06_09_column_normal.jpg"贴图，最后设置"凹凸"强度为100。

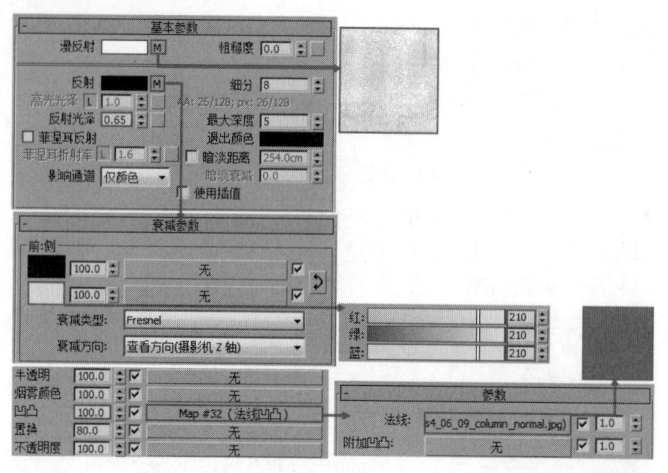

图15-76

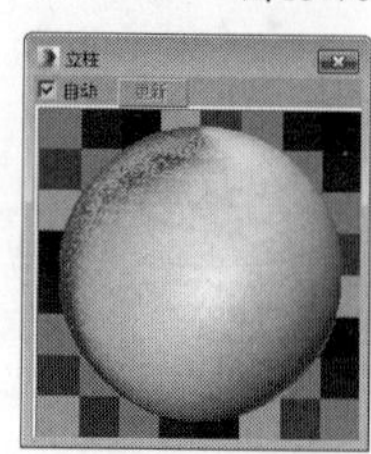

图15-77

❖ 3.制作金属材质

选择一个空白材质球，然后设置材质类型为VRayMtl材质，具体参数设置如图15-78所示，制作好的材质球效果如图15-79所示。

设置步骤

① 设置"漫反射"颜色为灰色（R:141，G:141，B:141）。

② 设置"反射"颜色为灰色（R:156，G:156，B:156），然后设置"反射光泽"为0.6、"细分"为16，最后取消勾选"菲涅耳反射"选项。

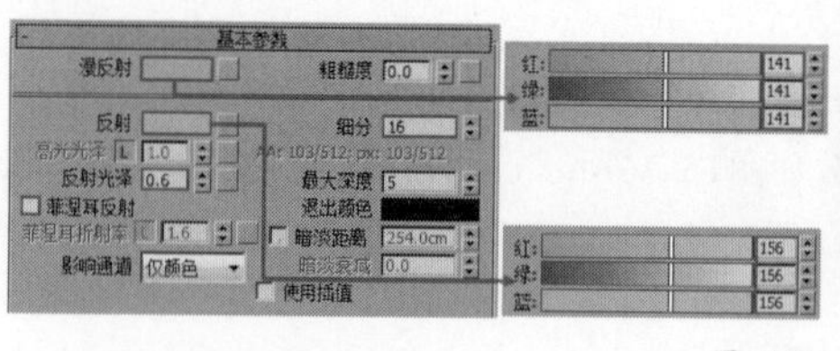

图15-78 图15-79

❖ 4.制作地面材质

选择一个空白材质球，然后设置材质类型为VRayMtl材质，具体参数设置如图15-80所示，制作好的材质球效果如图15-81所示。

设置步骤

① 在"漫反射"通道中加载一张本书学习资源中的"实例文件>CH15>商业建筑日光表现> Archexteriors4_06_11_sand.jpg"贴图。

② 设置"反射"颜色为灰色（R:34，G:34，B:34），然后设置"反射光泽"为0.6，最后勾选"菲涅耳反射"选项。

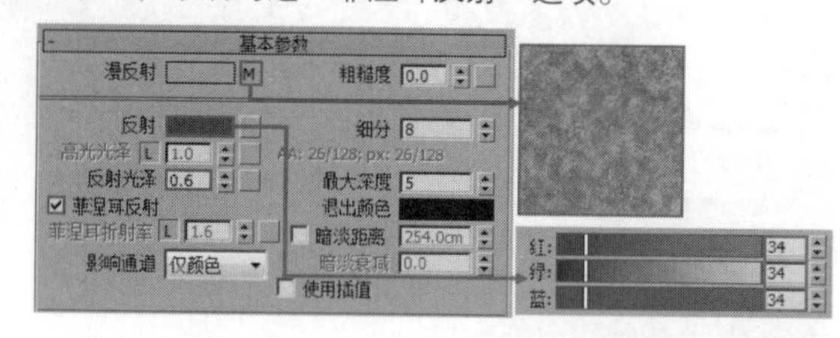

图15-80

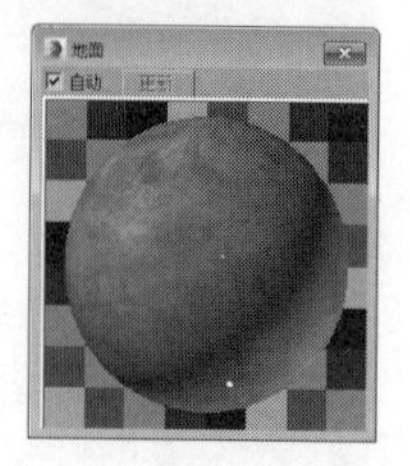

图15-81

❖ 5.制作玻璃材质

选择一个空白材质球，设置材质类型为VRayMtl材质，具体参数设置如图15-82所示，制作好的材质球效果如图15-83所示。

设置步骤

① 设置"漫反射"颜色为黑色（R:0，G:0，B:0）。

② 在"反射"通道中加载一张"衰减"贴图，然后设置"前"颜色为灰色（R:25，G:25，B:25），接着设置"衰减类型"为Fresnel，再设置"反射光泽"为0.98、"细分"为16，最后取消勾选"菲涅耳反射"选项。

③ 设置"折射"颜色为白色（R:255，G:255，B:255），然后设置"折射率"为1.517，接着设置"细分"为16，最后勾选"影响阴影"选项。

④ 设置"烟雾颜色"为白色（R:250，G:255，B:252），然后设置"烟雾倍增"为0.1。

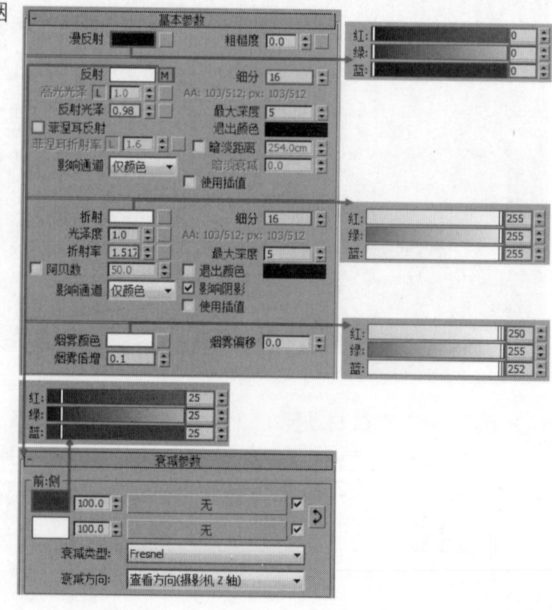

图15-82

图15-83

❖ 6.制作叶片材质

选择一个空白材质球，然后设置材质类型为VRayMtl材质，具体参数设置如图15-84所示，制作好的材质球效果如图15-85所示。

设置步骤

① 在“漫反射”通道中加载一张本书学习资源中的“实例文件>CH15>商业建筑日光表现> Archexteriors4_06_01_leaf.jpg”贴图。

② 设置“反射”颜色为灰色（R:40，G:40，B:40），然后设置“反射光泽”为0.6，最后勾选“菲涅耳反射”选项。

③ 设置“折射”颜色为灰色（R:100，G:100，B:100），然后设置“光泽度”为0.2。

④ 设置“烟雾颜色”为绿色（R:155，G:167，B:82）。

⑤ 设置“半透明”类型为“硬（蜡）模型”，然后在“背面颜色”通道中加载一张本书学习资源中的“实例文件>CH15>商业建筑日光表现> Archexteriors4_06_01_leaf.jpg”贴图。

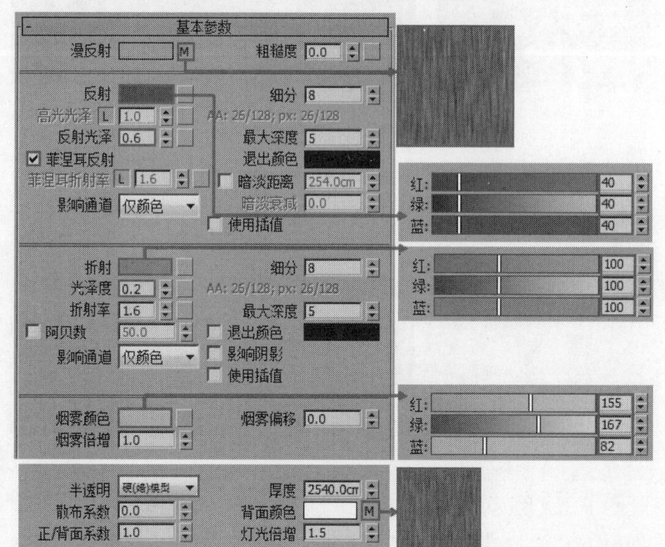

图15-84

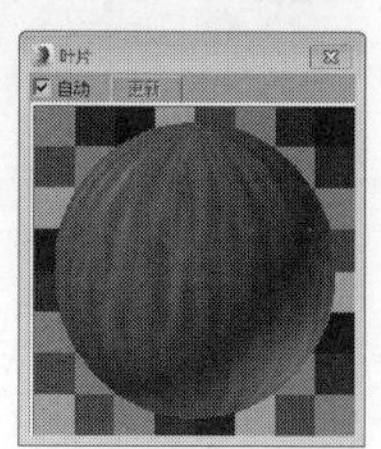

图15-85

设置测试渲染参数

01 按F10键打开“渲染设置”对话框，然后设置渲染器为VRay渲染器，接着在“公用参数”卷展栏下设置“宽度”为480、“高度”为616，如图15-86所示。

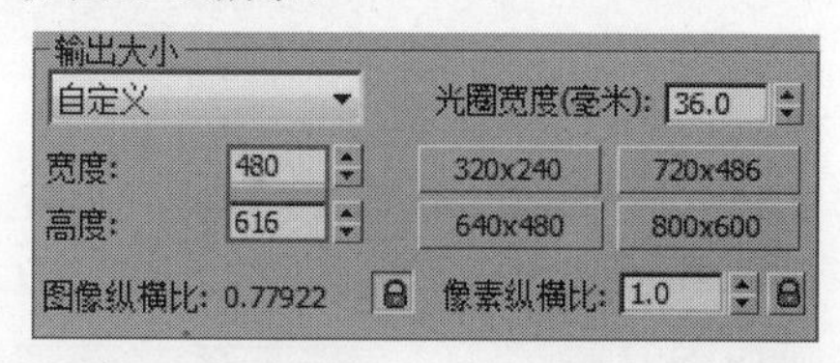

图15-86

02 单击VRay选项卡，然后在“图像采样器（抗锯齿）”卷展栏下设置 “类型”为“固定”，接着设置“过滤器”类型为“区域”，如图15-87所示。

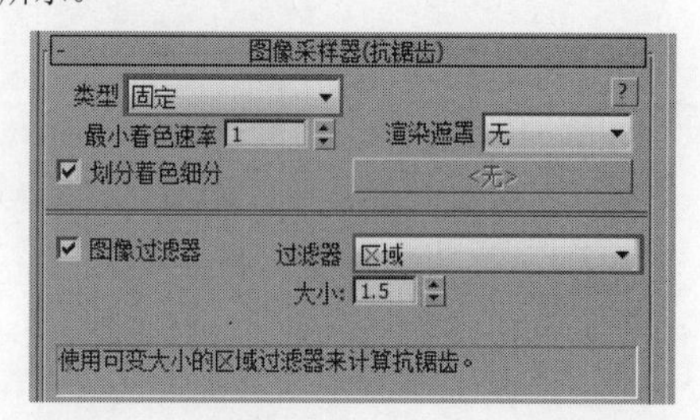

图15-87

03 展开“颜色贴图”卷展栏，然后设置“类型”为“线性倍增”，如图15-88所示。

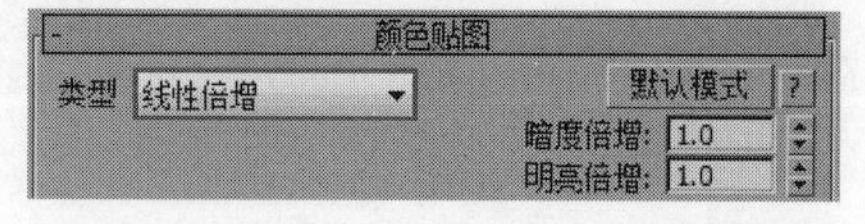

图15-88

04 单击GI选项卡，然后在“全局照明”卷展栏下勾选“启用全局照明（GI）”选项，接着设置“首次引擎”为“发光图”、“二次引擎”为“灯光缓存”，如图15-89所示。

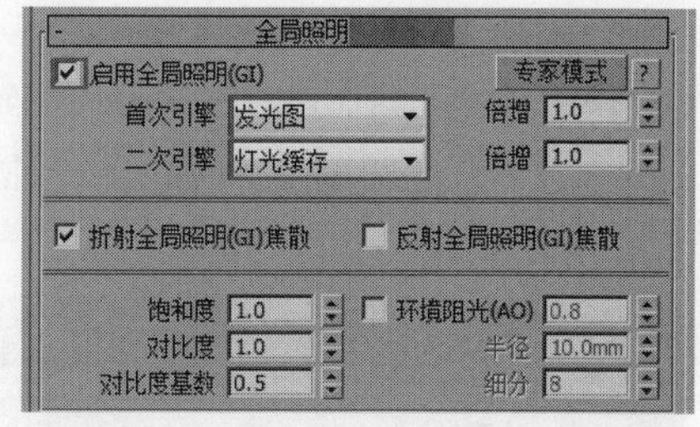

图15-89

05 展开“发光图”卷展栏，然后设置“当前预设”为“自定义”，接着设置“最小速率”和“最大速率”都为-4，再设置“细分”为50、“插值采样”为20，如图15-90所示。

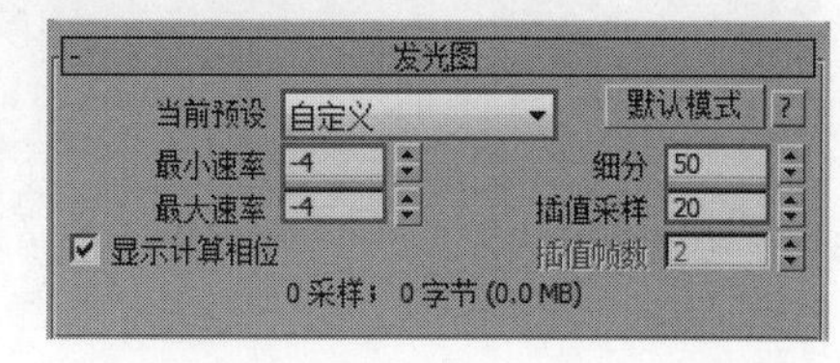

图15-90

06 展开“灯光缓存”卷展栏，然后设置“细分”为200，接着勾选“显示计算相位”选项，如图15-91所示。

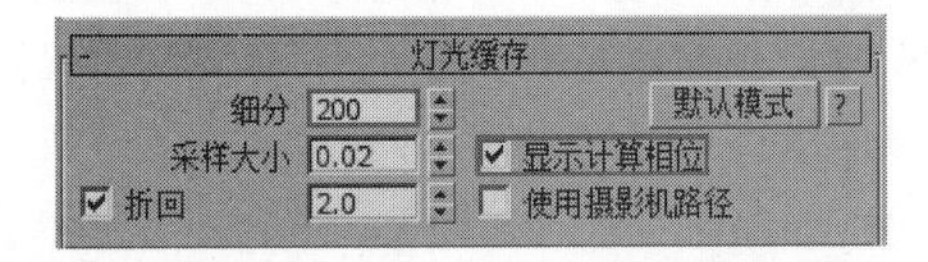

图15-91

07 单击“设置”选项卡，然后在“系统”卷展栏下设置“序列”为“上->下”，接着选择“日志窗口”为“从不”选项，如图15-92所示。

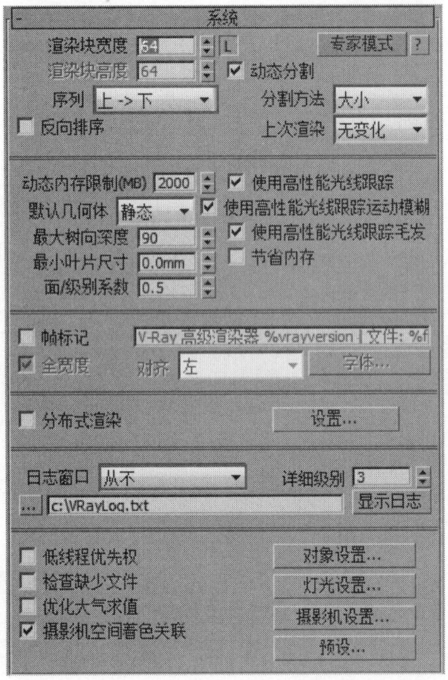

系统
渲染块宽度 64 L 专家模式
渲染块高度 64 动态分割
序列 上->下 分割方法 大小
反向排序 上次渲染 无变化
动态内存限制(MB) 2000 使用高性能光线跟踪
默认几何体 静态 使用高性能光线跟踪运动模糊
最大树向深度 90 使用高性能光线跟踪毛发
最小叶片尺寸 0.0mm 节省内存
面/级别系数 0.5
帧标记 V-Ray 高级渲染器 %vrayversion | 文件: %f
全宽度 对齐 左 字体...
分布式渲染 设置...
日志窗口 从不 详细级别 3
c:\VRayLog.txt 显示日志
低线程优先权 对象设置...
检查缺少文件 灯光设置...
优化大气求值 摄影机设置...
摄影机空间着色关联 预设...

图15-92

灯光设置

本场景的光源很简单，只有“VRay太阳”模拟日光。

01 设置灯光类型为VRay，然后在场景中创建一盏“VRay太阳”，其位置如图15-93所示。当创建完“VRay太阳”时，系统会自动弹出图15-94所示的对话框，然后单击“是”按钮。

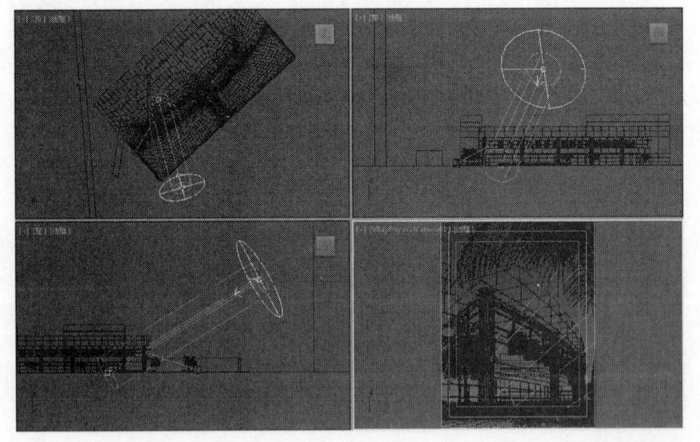

图15-93

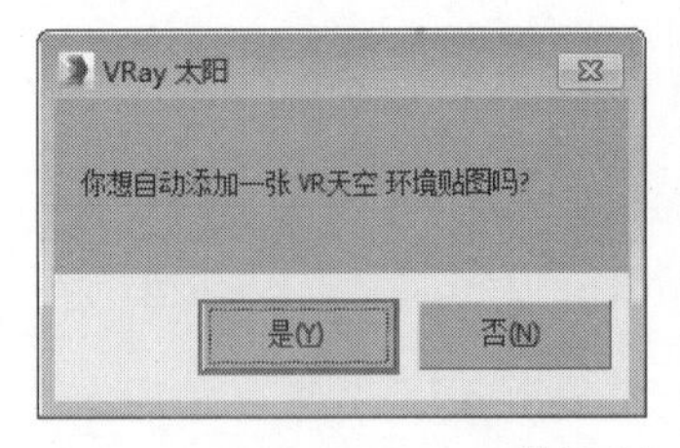

图15-94

02 选择上一步创建的VRay太阳，然后展开“VRay太阳参数”卷展栏，接着设置“强度倍增”为0.03、“大小倍增”为5、“阴影细分”为10、“光子发射半径”为500，如图15-95所示。

03 按F9键渲染当前场景，其效果如图15-96所示。

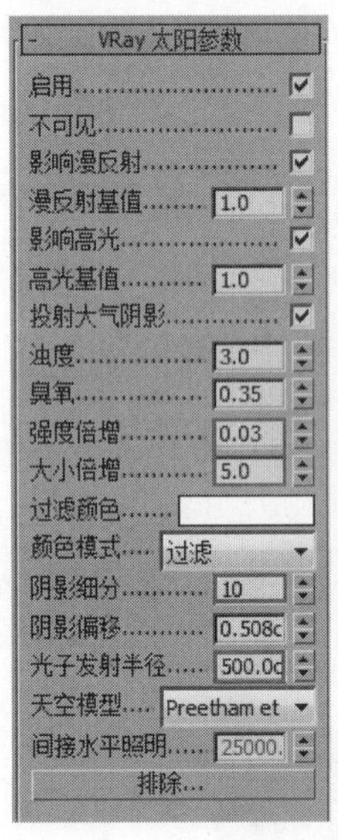

图15-95

图15-96

设置最终渲染参数

01 按F10键打开“渲染设置”对话框，然后在“公用参数”卷展栏下设置“宽度”为1300、“高度”为1668，如图15-97所示。

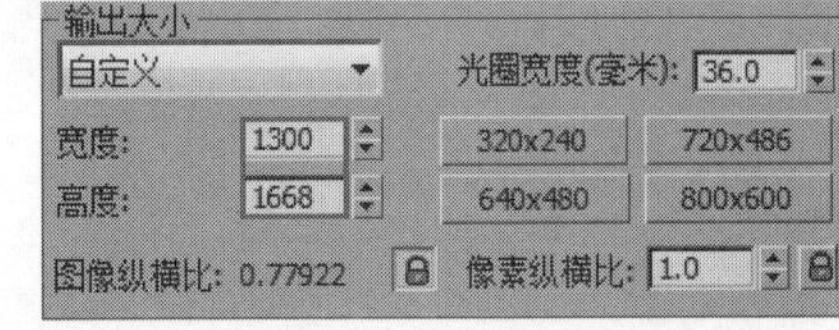

图15-97

02 单击VRay选项卡，然后在“图像采样器（抗锯齿）”卷展栏下设置“类型”为“自适应”，再设置“过滤器”类型为Mitchell-Netravali，具体参数设置如图15-98所示。

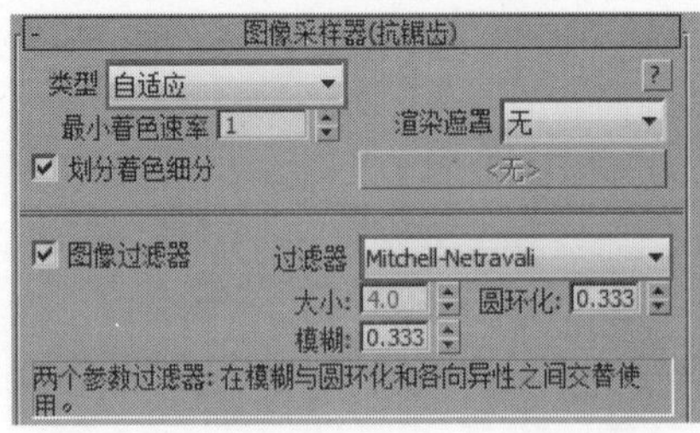

图15-98

03 展开“全局确定性蒙特卡洛”卷展栏，然后设置“自适应数量”为0.75、“噪波阈值”为0.001、“最小采样”为16，如图15-99所示。

04 单击GI选项卡，然后展开“发光图”卷展栏，接着设置“当前预设”为“中”，最后设置“细分”为50、“插值采样”为20，具体参数设置如图15-100所示。

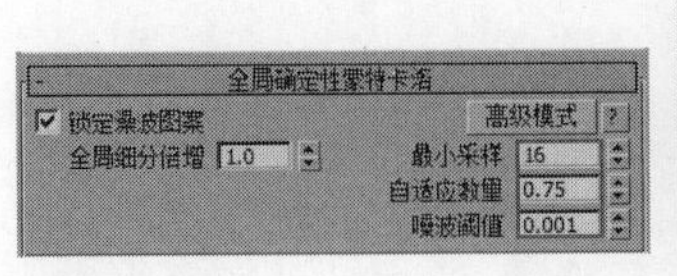

图15-99

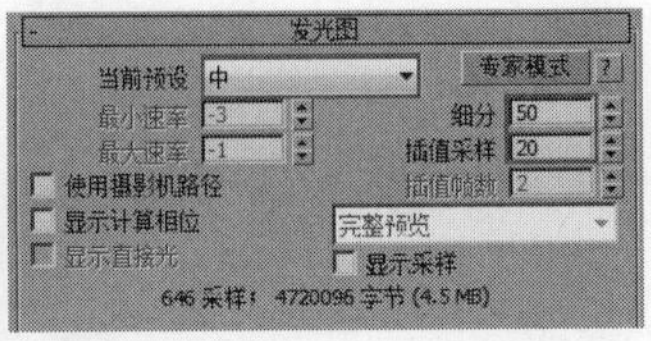

图15-100

05 展开“灯光缓存”卷展栏，然后设置“细分”为1200，如图15-101所示。

06 按F9键渲染当前场景，最终效果如图15-102所示。

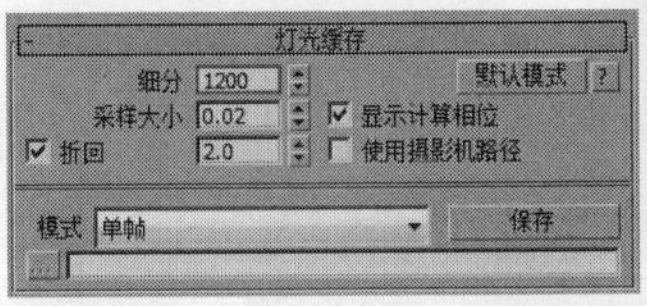

图15-101

图15-102

后期处理

将渲染的成图保存为带有通道的tga格式备用。在Photoshop中，将对渲染好的图片调色，替换天空贴图。

❖ 1.修改天空

01 默认渲染的天空是VRay天空自带的贴图，在后期修改中，为其添加一个带云彩的天空背景。打开Photoshop，然后导入渲染好的效果图，如图15-103所示。

图15-103

02 在“通道”面板中选择Alpha通道，然后用“魔棒”工具选择黑色的天空区域，接着选择RGB通道删除天空，如图15-104和图15-105所示。

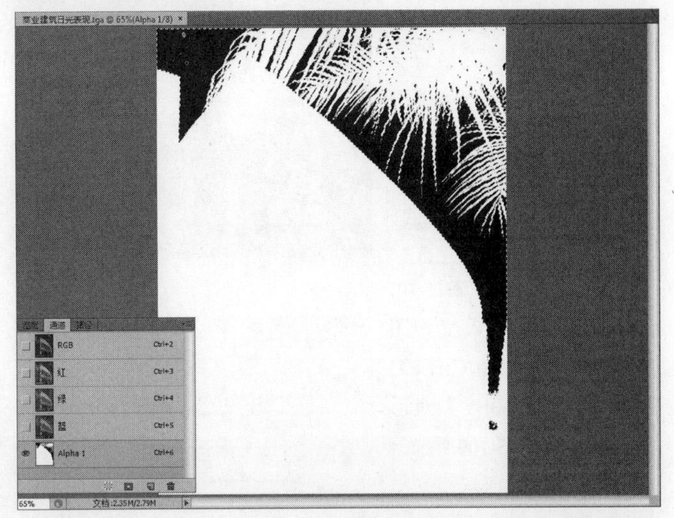

图15-104

图15-105

03 在Photoshop中打开本书学习资源中的“场景文件>CH15>03.jpg”文件，然后置于“图层0”之下，如图15-106所示。

图15-106

04 选中“天空”图层，然后按快捷键Ctrl＋L打开“色阶”对话框，接着调节天空图像的色阶，参数如图15-107所示，效果如图15-108所示。

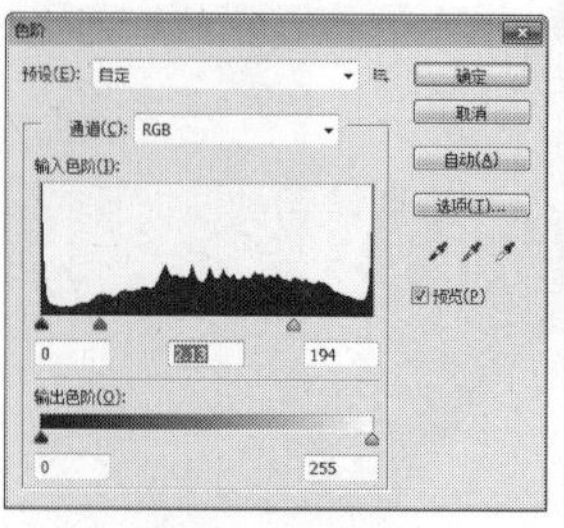

图15-107

图15-108

05 继续选中“天空”图层，然后按快捷键Ctrl＋U打开“色相/饱和度”对话框，参数如图15-109所示，效果如图15-110所示。

图15-109

图15-110

❖ 2.调整整体色调

01 选中“图层0”，然后单击图层面板下方的“创建新的填充或调整图层”按钮，接着在弹出的菜单中选择“色阶”选项，参数设置如图15-111所示，效果如图15-112所示。

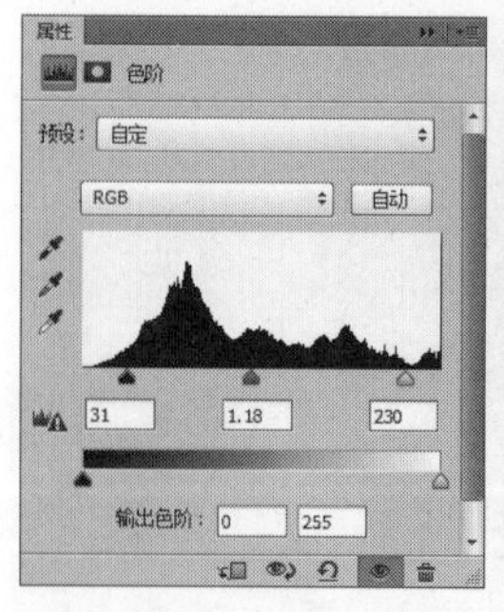

图15-111

图15-112

02 继续单击该按钮，然后选择“色彩平衡”命令，参数如图15-113所示，效果如图15-114所示。

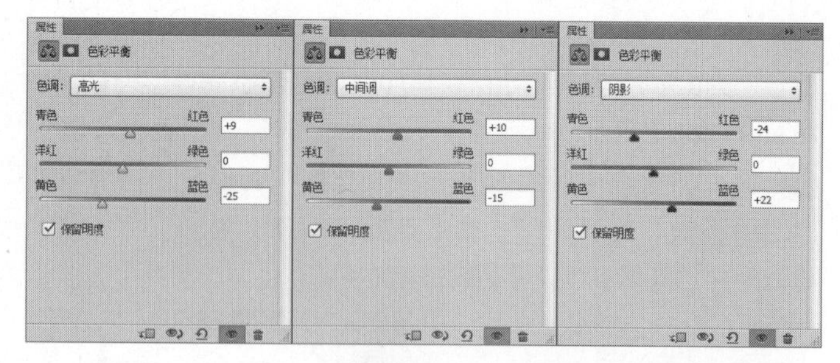

图15-113

图15-114

03 继续单击该按钮，然后选择“曲线”命令，参数如图15-115所示，效果如图15-116所示。

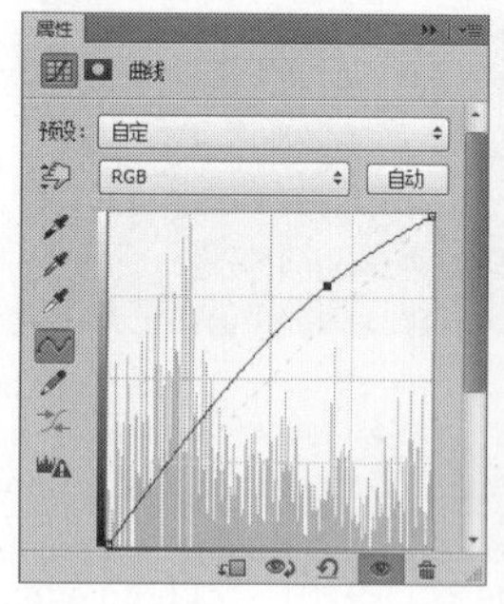

图15-115

图15-116

04 将调整好的图片保存为jpg格式，最终效果如图15-117所示。

图15-117

实例15

商业综合实例：建筑篇

别墅夜晚表现

本例是一个别墅室外空间，案例效果如图15-118所示。

◎ 场景位置 » 场景文件>CH15>03.max

◎ 实例位置 » 实例文件>CH15>别墅夜晚表现.max

◎ 技术掌握 » 别墅夜晚表现和后期修图方法

图15-118

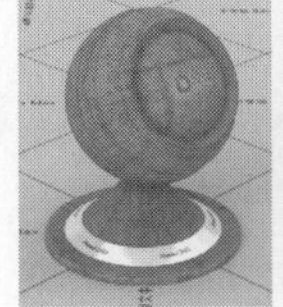

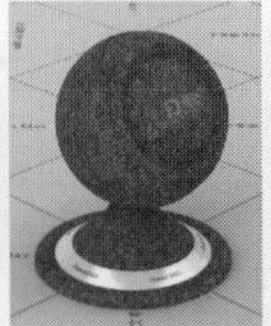

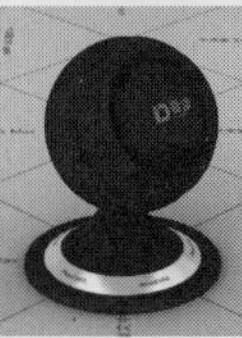
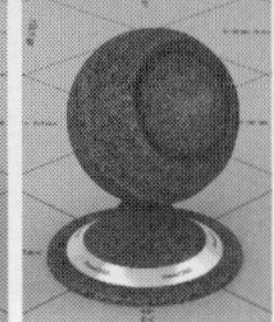

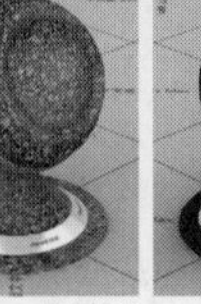

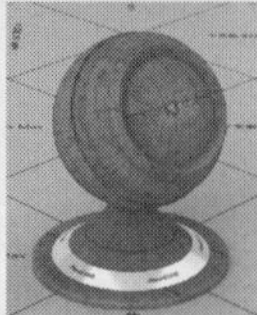

外墙材质 水材质 地砖材质 水泥地面材质 木质材质 皮纹材质 柱子材质 围墙材质 窗框材质 水池材质

项目说明

本例是一个室外别墅，材质都较为简单，室外常用的材质都有所涉及。夜晚环境的灯光较多，大多依靠人造灯光来照亮场景。通过后期可以替换好看的天空贴图。

材质制作

本例的场景对象材质主要包括墙面材质、水泥材质、木质材质、水材质和皮纹材质等，如图15-119所示。

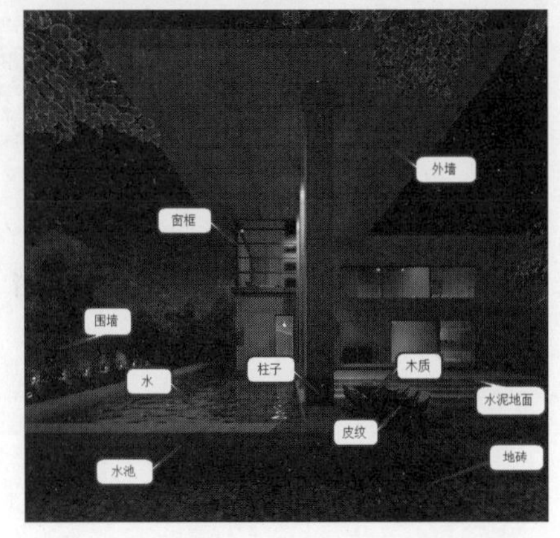

图15-119

❖ 1.制作外墙材质

01 打开本书学习资源中的“场景文件> CH15>03.max”文件，如图15-120所示。

图15-120

02 选择一个空白材质球，然后设置材质类型为“VRay混合材质”，具体参数设置如图15-121和图15-122所示，制作好的材质球效果如图15-123所示。

设置步骤

① 在“基本材质”通道中加载VRayMtl材质球。

② 在“漫反射”通道中加载一张本书学习资源中的“实例文件>CH15>别墅夜晚表现> Archexteriors_06_02_ConcreteNew0006_L.jpg”贴图。

③ 在“凹凸”通道中加载一张“法线凹凸”贴图，并设置“凹凸”强度为10。

④ 在“法线”通道中加载一张本书学习资源中的“实例文件>CH15>别墅夜晚表现> Archexteriors_06_02_Normals from ConcreteNew0024_S.jpg”贴图，然后设置强度为-4.2，接着在“附加凹凸”通道中同样加载这张贴图，最后设置强度为-8.8。

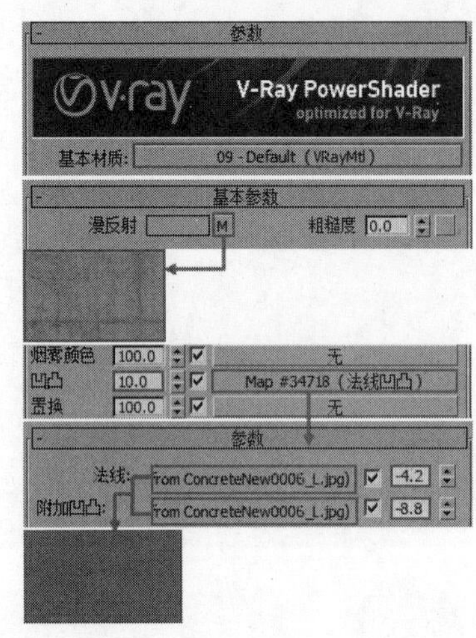

图15-121

⑤ 在“镀膜材质”通道1中加载VRayMtl材质球。

⑥ 在“漫反射”通道中加载一张本书学习资源中的“实例文件>CH15>别墅夜晚表现> Archexteriors_06_02_ConcreteNew0006_L.jpg”贴图。

⑦ 在“凹凸”通道中加载一张“法线凹凸”贴图，并设置“凹凸”强度为10。

⑧ 在“法线”通道中加载一张本书学习资源中的“实例文件>CH15>别墅夜晚表现> Archexteriors_06_02_Normals from ConcreteNew0024_S.jpg”贴图，然后设置强度为-4.2，接着在“附加凹凸”通道中同样加载这张贴图，最后设置强度为-8.8。

⑨ 在“混合数量”通道1中加载一张“VRay污垢”贴图，然后设置“半径”为3.4、“分布”为0、“衰减”为0.4、“细分”为76。

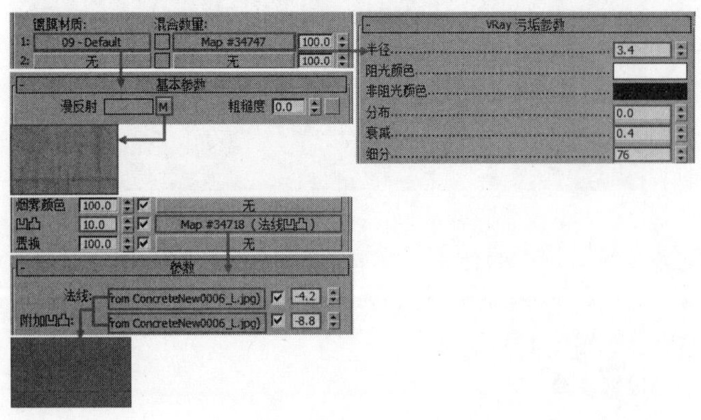

图15-122

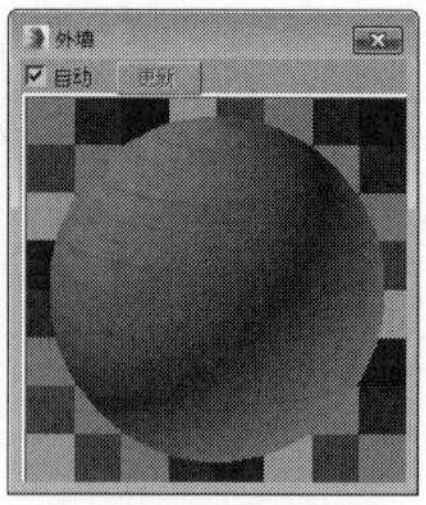

图15-123

技巧与提示

“基本材质”通道中的VRay材质球与“镀膜材质”通道1中的VRay材质球参数相同。在调整时，可以直接将“基本材质”通道中的VRay材质球复制到“镀膜材质”通道1中。

❖ 2.制作水材质

选择一个空白材质球，然后设置材质类型为VRayMtl材质，具体参数设置如图15-124所示，制作好的材质球效果如图15-125所示。

设置步骤

① 设置“漫反射”颜色为灰色（R:128，G:128，B:128）。

② 设置“反射”颜色为白色（R:255，G:255，B:255），然后勾选“菲涅耳反射”选项，最后设置“菲涅耳折射率”为4.6。

③ 设置“折射”颜色为白色（R:255，G:255，B:255），然后勾选“影响阴影”选项。

④ 设置“烟雾颜色”为绿色（R:138，G:141，B:94），然后设置“烟雾倍增”为0.04。

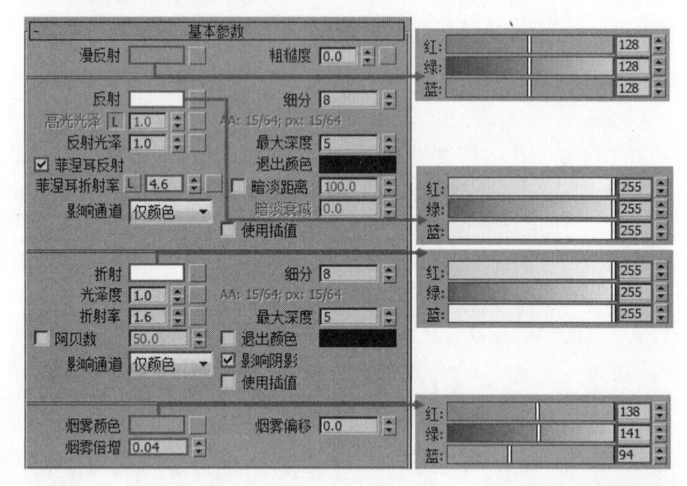

图15-124

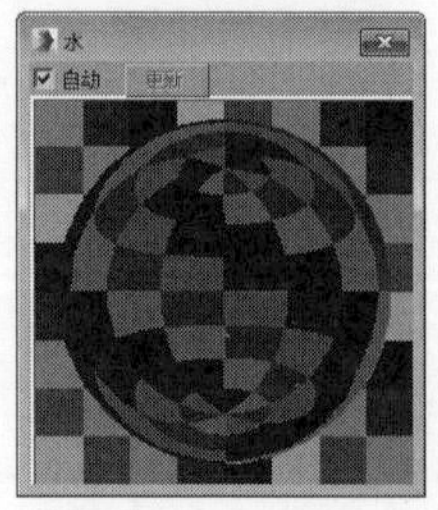

图15-125

❖ 3.制作地砖材质

选择一个空白材质球，然后设置材质类型为VRayMtl材质，具体参数设置如图15-126所示，制作好的材质球效果如图15-127所示。

设置步骤

① 在“漫反射”通道中加载一张本书学习资源中的“实例文件>CH15>别墅夜晚表现> Archexteriors_06_02_BrickFloors0023_1_L.jpg”贴图。

② 在“反射”通道中加载一张“衰减”贴图，然后设置“侧”颜色为灰色（R:22，G:22，B:22），接着设置“衰减类型”为“垂直/平行”，再设置“反射光泽”为0.8、“细分”为20，最后取消勾选“菲涅耳反射”选项。

③ 在“凹凸”通道中加载一张“法线凹凸”贴图，然后设置“凹凸”强度为90。

④ 在“法线”通道中加载一张本书学习资源中的“实例文件>CH15>别墅夜晚表现> Archexteriors_06_02_Normals from BrickFloors0023_1_L.jpg”贴图，然后设置强度为3。

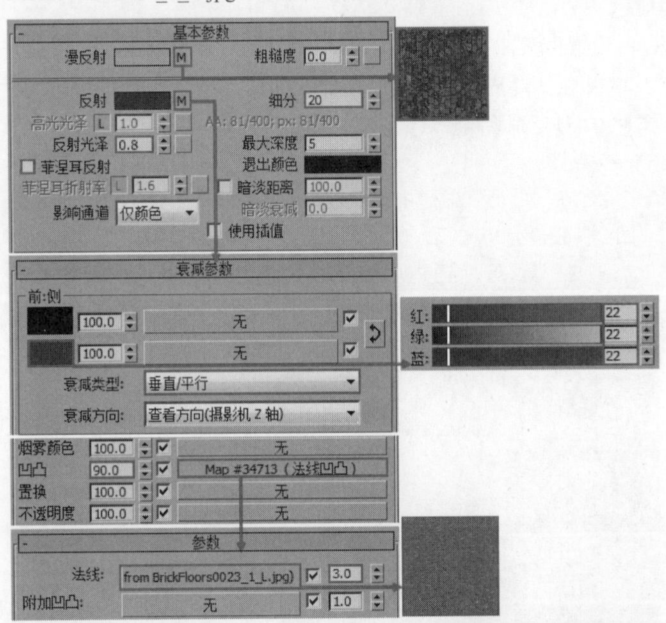

图15-126

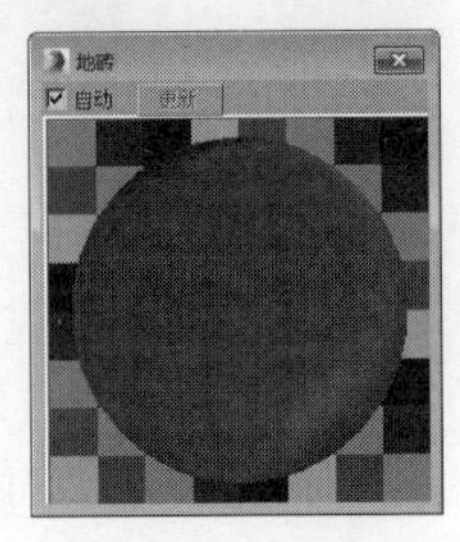

图15-127

❖ 4.制作水泥地面材质

选择一个空白材质球，然后设置材质类型为VRayMtl材质，具体参数设置如图15-128所示，制作好的材质球效果如图15-129所示。

设置步骤

① 在“漫反射”通道中加载一张本书学习资源中的“实例文件>CH15>别墅夜晚表现> Archexteriors_06_02_ConcreteBare0141_L.jpg”贴图。

② 将“漫反射”通道中的贴图文件复制到“凹凸”通道中，然后设置“凹凸”强度为30。

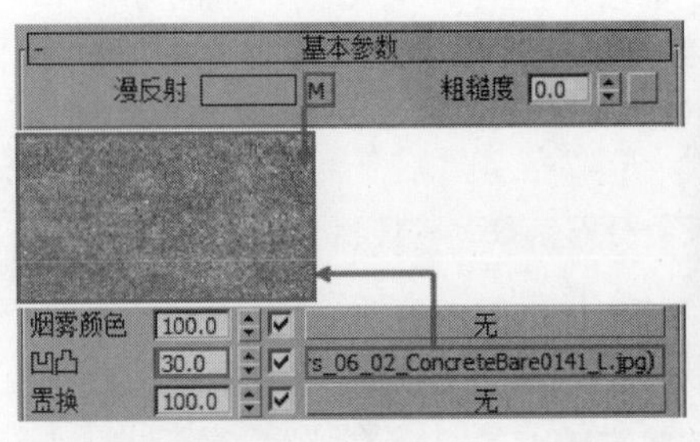

图15-128

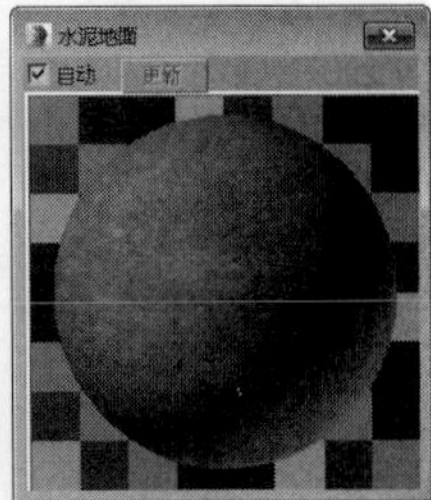

图15-129

❖ 5.制作木质材质

选择一个空白材质球，设置材质类型为VRayMtl材质，具体参数设置如图15-130所示，制作好的材质球效果如图15-131所示。

设置步骤

① 在“漫反射”通道中加载一张本书学习资源中的“实例文件>CH15>别墅夜晚表现> Archexteriors_06_02_148a.jpg”贴图。

② 设置“反射”颜色为灰色（R:25，G:25，B:25），然后设置“反射光泽”为0.76、“细分”为50，最后取消勾选“菲涅耳反射”选项。

③ 在“凹凸”通道中加载一张本书学习资源中的“实例文件>CH15>别墅夜晚表现> Archexteriors_06_02_148.jpg”贴图，然后设置“凹凸”强度为30。

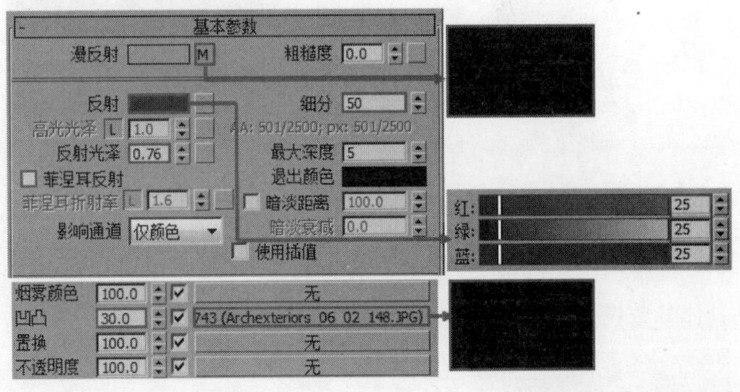

图15-130

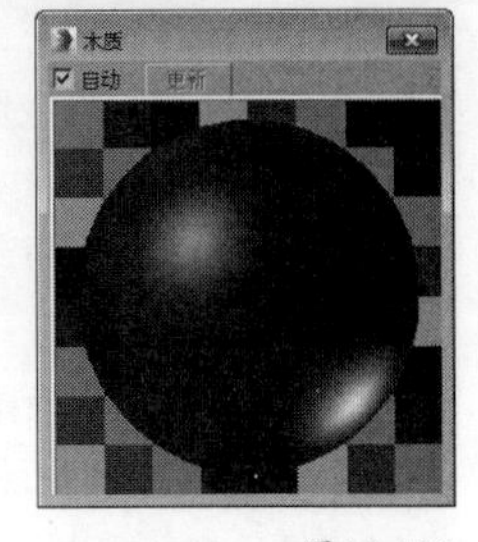

图15-131

❖ 6.制作皮纹材质

选择一个空白材质球，然后设置材质类型为VRayMtl材质，具体参数设置如图15-132所示，制作好的材质球效果如图15-133所示。

设置步骤

① 设置“漫反射”颜色为红色（R:57，G:23，B:26）。

② 设置“反射”颜色为灰色（R:29，G:29，B:29），然后设置“反射光泽”为0.38、“细分”为34，最后取消勾选“菲涅耳反射”选项。

③ 展开“双向反射分布函数”卷展栏，然后设置类型为“多面”。

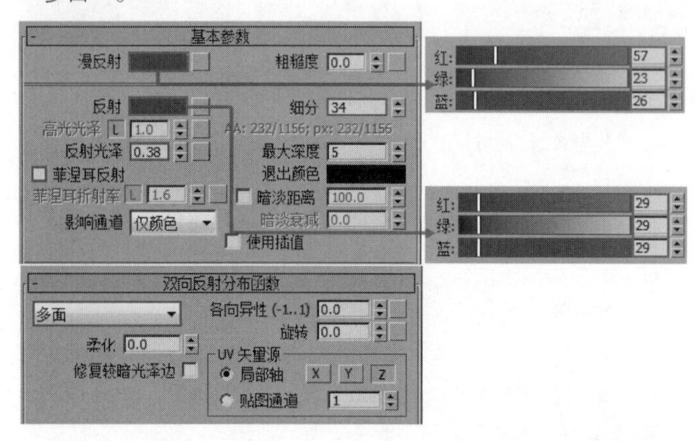

图15-132

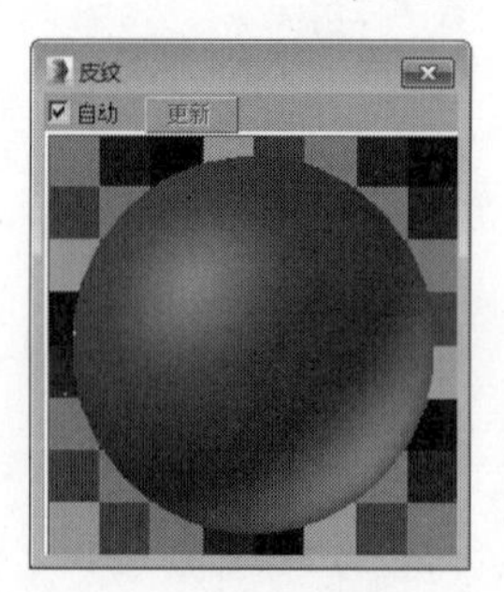

图15-133

❖ 7.制作柱子材质

选择一个空白材质球，然后设置材质类型为VRayMtl材质，具体参数设置如图15-134所示，制作好的材质球效果如图15-135所示。

设置步骤

① 在“漫反射”通道中加载一张本书学习资源中的“实例文件>CH15>别墅夜晚表现> Archexteriors_06_02_Plaster Sand (Washed).jpg”贴图。

② 在“凹凸”通道中加载一张“法线凹凸”贴图，然后设置“凹凸”强度为30。

③ 在“法线”通道中加载一张本书学习资源中的“实例文件>CH15>别墅夜晚表现> Archexteriors_06_02_Normals from Plaster Sand (Washed).jpg”贴图，然后设置强度为3.2。

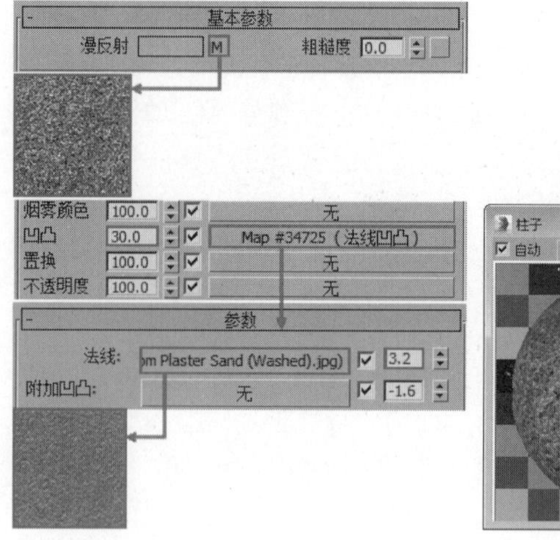

图15-134 图15-135

❖ 8.制作围墙材质

选择一个空白材质球，然后设置材质类型为VRayMtl材质，具体参数设置如图15-136所示，制作好的材质球效果如图15-137所示。

设置步骤

① 在“漫反射”通道中加载一张本书学习资源中的“实例文件>CH15>别墅夜晚表现> Archexteriors_06_02_BrickRound0023_S.jpg”贴图。

② 在“凹凸”通道中加载一张“法线凹凸”贴图，然后设置“凹凸”强度为30。

③ 在“法线”通道中加载一张本书学习资源中的“实例文件>CH15>别墅夜晚表现> Archexteriors_06_02_Normals from BrickRound0023_S.jpg”贴图，然后设置强度为3.4。

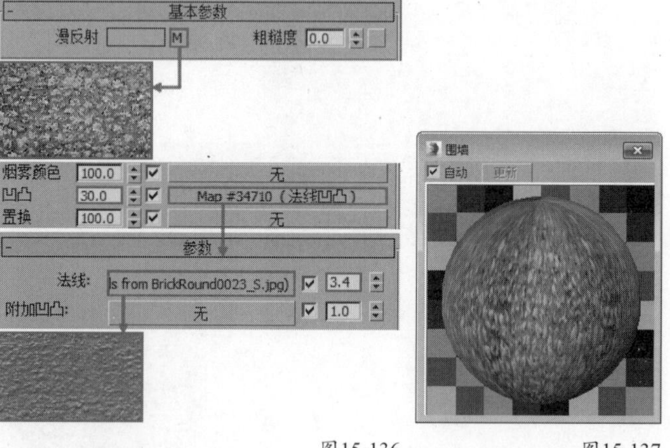

图15-136 图15-137

❖ 9.制作窗框材质

选择一个空白材质球，然后设置材质类型为VRayMtl材质，具体参数设置如图15-138所示，制作好的材质球效果如图15-139所示。

设置步骤

① 设置“漫反射”颜色为绿色（R:33，G:32，B:22）。

② 设置“反射”颜色为灰色（R:15，G:15，B:15），然后设置“反射光泽”为0.7、“细分”为28，最后取消勾选“菲涅耳反射”选项。

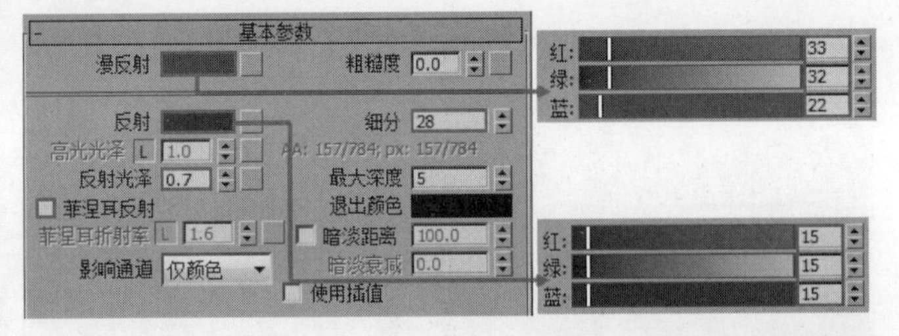

图15-138

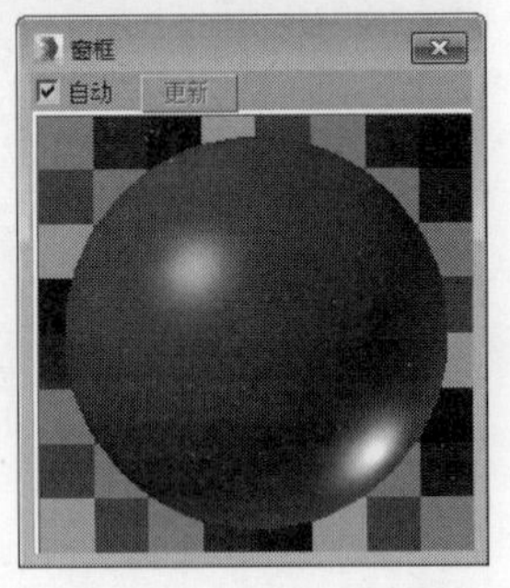

图15-139

❖ 10.制作水池材质

选择一个空白材质球，然后设置材质类型为VRayMtl材质，具体参数设置如图15-140所示，制作好的材质球效果如图15-141所示。

设置步骤

① 在“漫反射”通道中加载一张本书学习资源中的“实例文件>CH15>别墅夜晚表现> Archexteriors_06_02_ConcreteNew0024_S.jpg”贴图。

② 在“凹凸”通道中加载一张“法线凹凸”贴图，然后设置“凹凸”强度为30。

③ 在“法线”通道中加载一张本书学习资源中的“实例文件>CH15>别墅夜晚表现> Archexteriors_06_02_Normals from ConcreteNew0024_S.jpg”贴图，然后设置强度为-0.2，接着在“附加凹凸”通道中同样加载这张贴图，最后设置强度为-3.4。

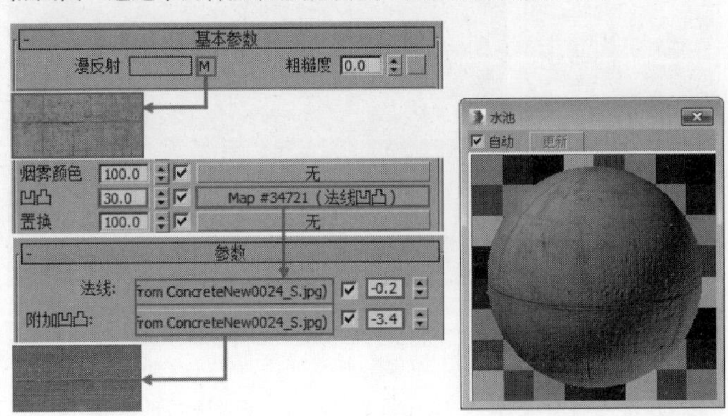

图15-140 图15-141

技巧与提示

本案例中部分材质球的细分值较高，读者请根据自身机器的配置调整合适的细分值。

设置测试渲染参数

01 按F10键打开“渲染设置”对话框，然后设置渲染器为VRay渲染器，接着在“公用参数”卷展栏下设置“宽度”为600、“高度”为569，如图15-142所示。

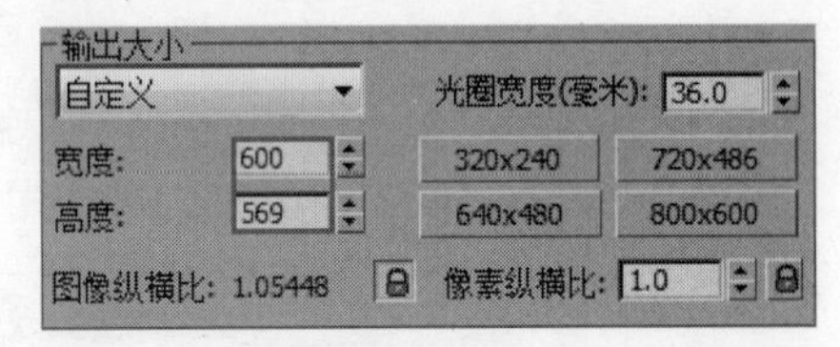

图15-142

02 单击VRay选项卡，然后在“图像采样器（抗锯齿）”卷展栏下设置“类型”为“固定”，接着设置“过滤器”类型为“区域”，如图15-143所示。

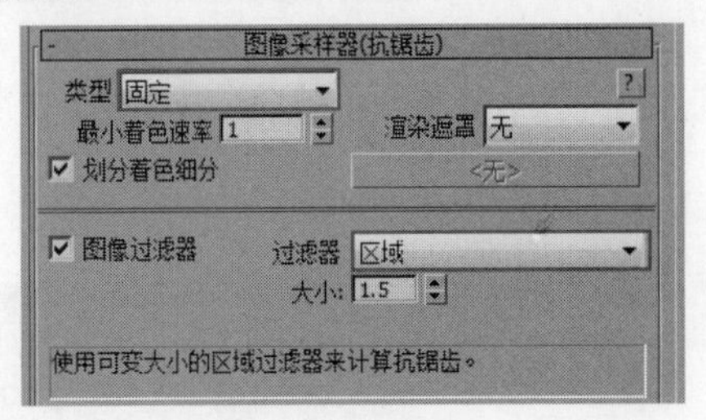

图15-143

03 展开“环境”卷展栏，然后勾选“全局照明（GI）环境”选项，接着在“贴图”通道中加载一张“VRay天空”贴图，再进入贴图，设置“太阳浊度”为2、“太阳臭氧”为0.35、“太阳强度倍增”为0.39，如图15-144所示。

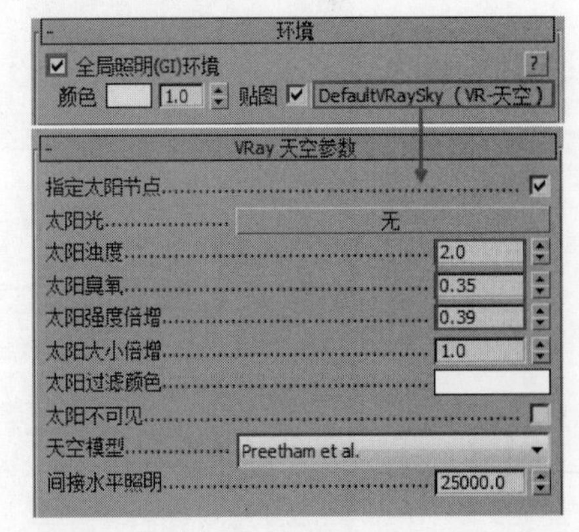

图15-144

04 展开“颜色贴图”卷展栏，然后设置“类型”为“指数”，如图15-145所示。

图15-145

05 单击GI选项卡，然后在“全局照明”卷展栏下勾选“启用全局照明（GI）”选项，接着设置“首次引擎”为“发光图”、“二次引擎”为“BF算法”，如图15-146所示。

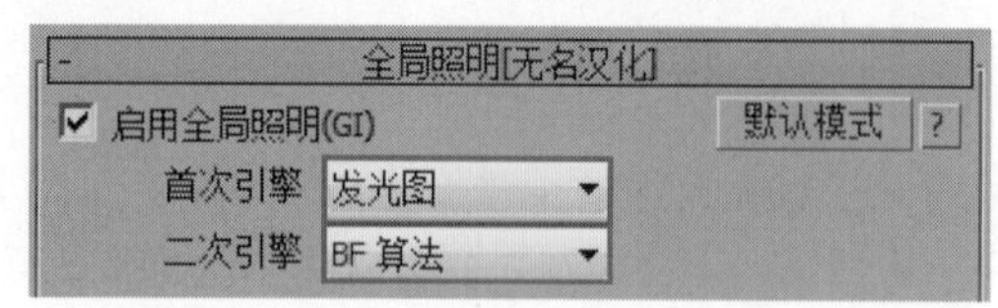

图15-146

06 展开“发光图”卷展栏，然后设置“当前预设”为“自定义”，接着设置“最小速率”和“最大速率”都为-4，再设置“细分”为50、“插值采样”为20，如图15-147所示。

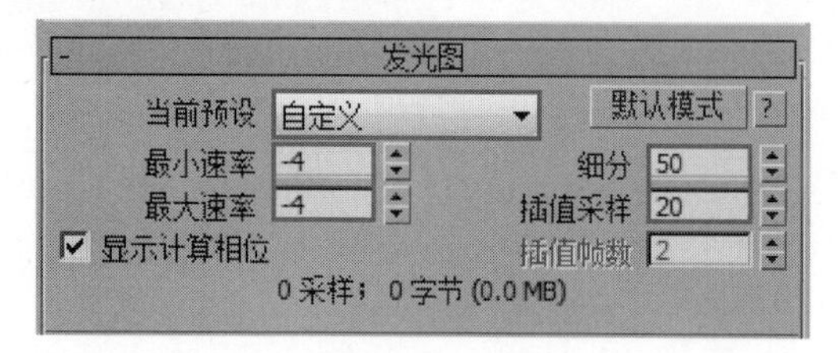

图15-147

07 单击“设置”选项卡，然后在“系统”卷展栏下设置“序列”为“上->下”，接着选择“日志窗口”选项为“从不”，如图15-148所示。

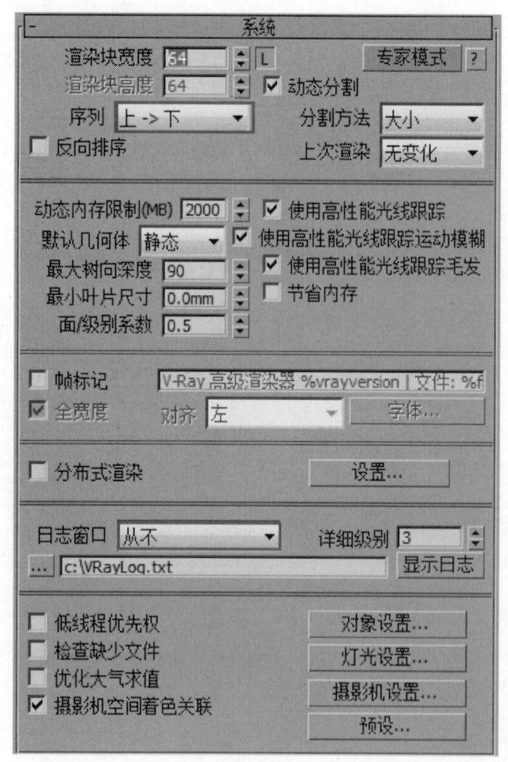

图15-148

灯光设置

本场景的灯光较为复杂，使用VRay平面灯光模拟室内照明，VRay球形灯光模拟地灯，VRay太阳模拟天光。

❖ 1.创建天光

01 设置灯光类型为VRay，然后在场景中创建一盏“VRay太阳”，其位置如图15-149所示。当创建完“VRay太阳”时，系统会自动弹出图15-150所示的对话框，然后单击“否”按钮。

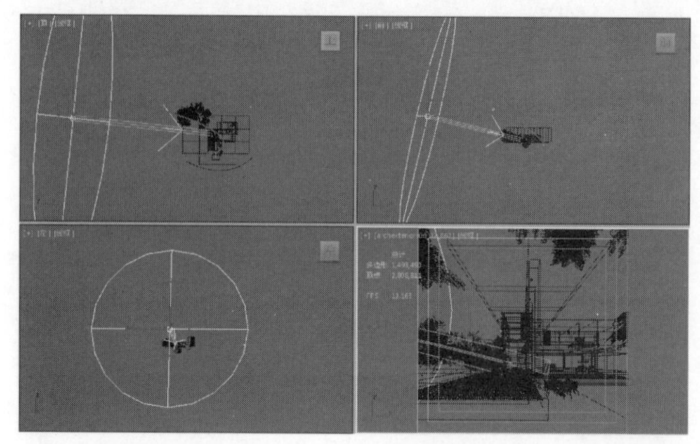

图15-149

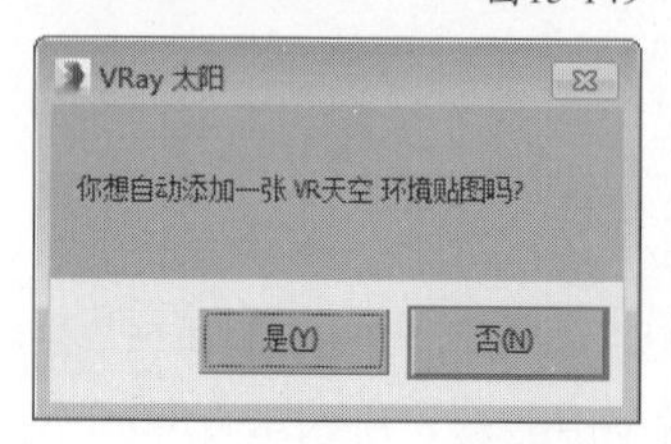

图15-150

02 选择上一步创建的VRay太阳，然后展开“VRay太阳参数”卷展栏，接着设置“浊度”为3.6、“臭氧”为0、“强度倍增”为0.29、“大小倍增”为22.514、“阴影细分”为6，如图15-151所示。

03 按F9键渲染当前场景，其效果如图15-152所示。

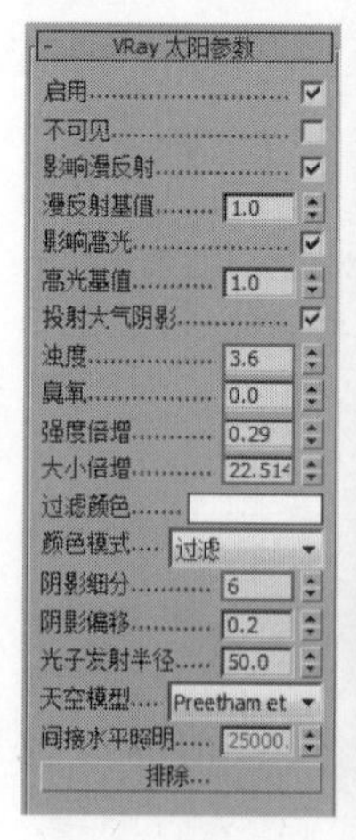

图15-151

图15-152

❖ 2.创建地灯

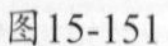
01 设置“灯光类型”为VRay，然后在围墙边的地灯模型上创建一盏“VRay灯光”作为地灯灯光，其位置如图15-153所示。

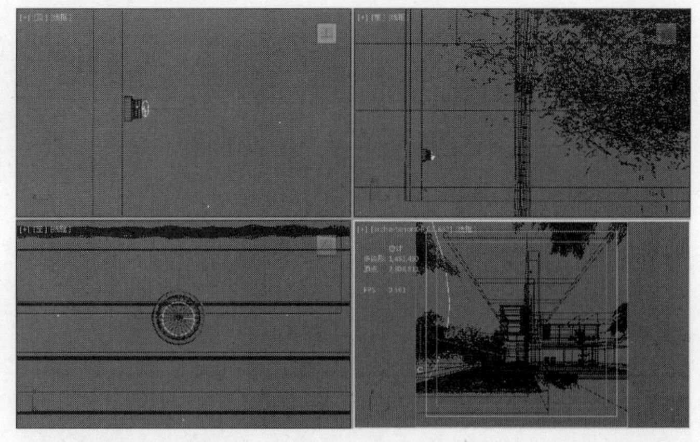

图15-153

02 选择上一步创建的VRay灯光，然后进入“修改”面板，接着展开“参数”卷展栏，具体参数设置如图15-154所示。

设置步骤

① 在“常规”选项组下设置“类型”为“球体”。

② 在“强度”选项组下设置“倍增”为2394，然后设置“颜色”为黄色（R:217，G:137，B:50）。

③ 在“大小”选项组下设置“半径”为0.61cm。

④ 在“选项”选项组下勾选“不可见”选项。

⑤ 在“采样”选项组下设置“细分”为10。

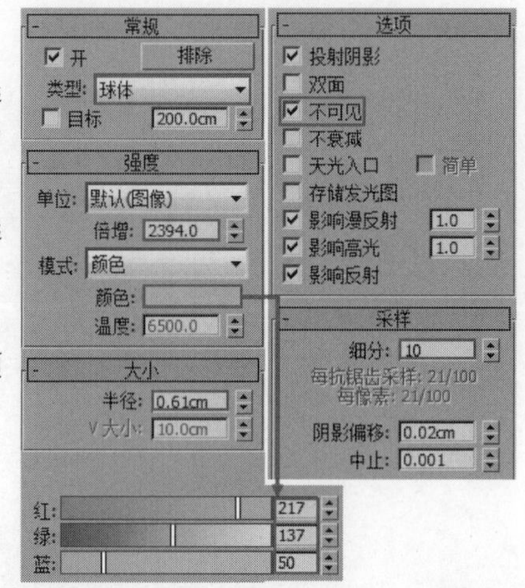

图15-154

03 将调整好的VRay球形灯光，以“实例”的形式复制到其余地灯模型上，位置如图15-155所示。

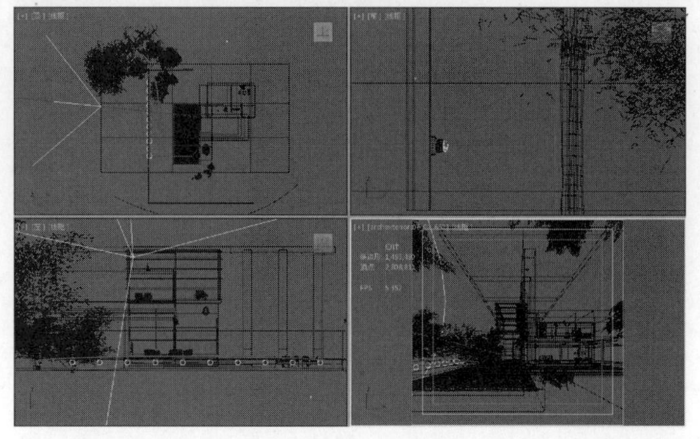

图15-155

04 按F9键渲染当前场景，效果如图15-156所示。

图15-156

❖ 3.创建射灯

01 设置“灯光类型”为“光度学”，然后在场景中创建一盏“目标灯光”，其位置如图15-157所示。

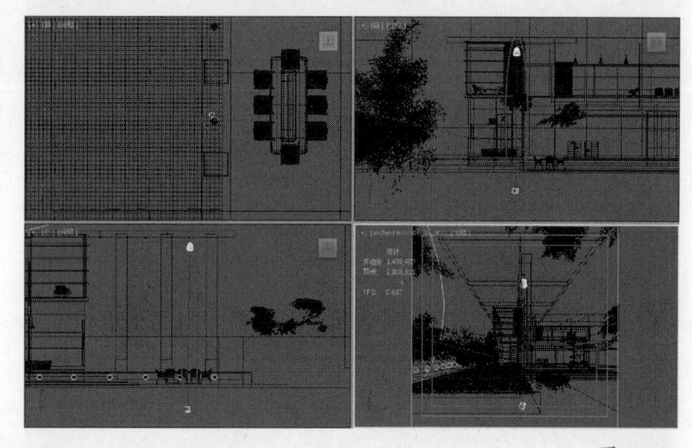

图15-157

02 选择上一步创建的目标灯光，然后进入“修改”面板，接着展开“参数”卷展栏，具体参数设置如图15-158所示。

设置步骤

① 展开“常规参数”卷展栏，然后在“阴影”选项组下勾选“启用”选项，接着设置阴影类型为“VRay阴影”，最后设置“灯光分布（类型）”为“光度学Web”。

② 展开“分布（光度学Web）”卷展栏，在“选择光度学文件”按钮 <选择光度学文件> 上加载本书学习资源中的“实例文件>CH15>别墅夜晚表现>1589835-nice.IES”文件。

③ 展开“强度/颜色/衰减”卷展栏，然后设置“过滤颜色”为黄色（R:248，G:150，B:45），接着设置“强度”为78108。

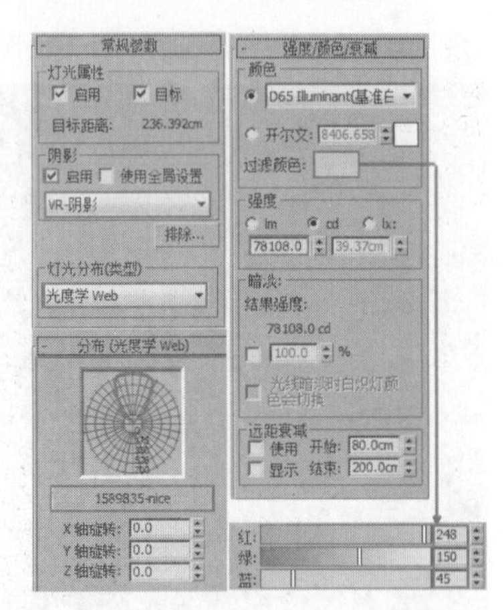

图15-158

03 选择上一步创建的目标灯光，然后以“实例”的形式复制到其余射灯模型下方，如图15-159所示。

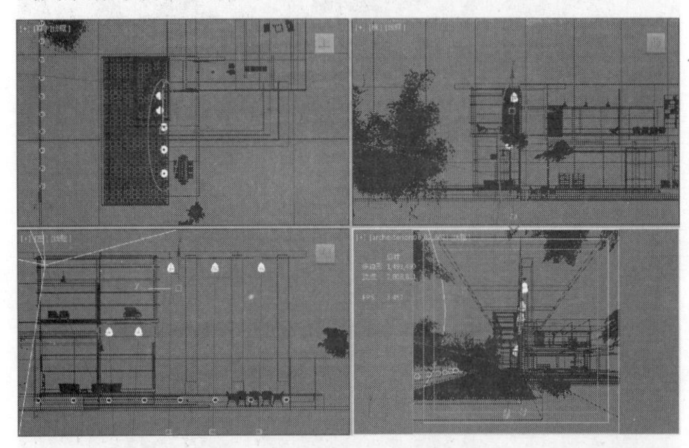

图15-159

04 按F9键渲染当前场景，效果如图15-160所示。

图15-160

❖ 4.创建室内灯光

01 设置“灯光类型”为VRay，然后创建一盏“VRay灯光”作为室内灯光，其位置如图15-161所示。

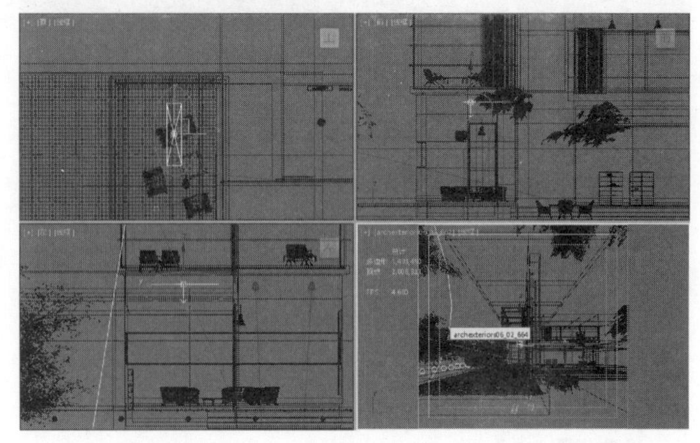

图15-161

02 选择上一步创建的VRay灯光，然后进入“修改”面板，接着展开“参数”卷展栏，具体参数设置如图15-162所示。

设置步骤

① 在“常规”选项组下设置“类型”为“平面”。

② 在“强度”选项组下设置“倍增”为80，然后设置“颜色”为黄色（R:235，G:186，B:81）。

③ 在“大小”选项组下设置“1/2长”为6.597cm、“1/2宽”为26.928cm。

④ 在“采样”选项组下设置“细分”为20。

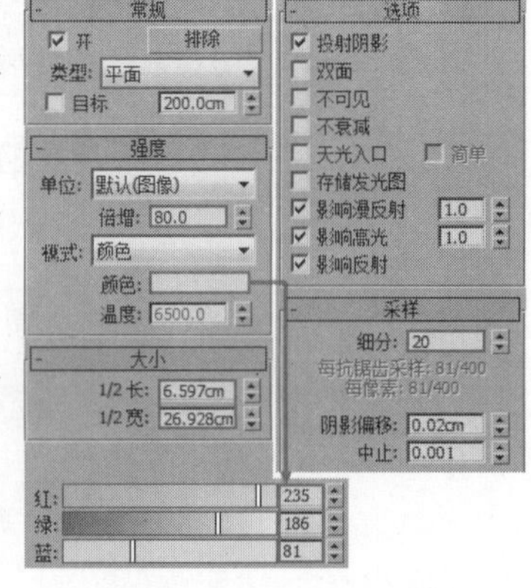

图15-162

03 将调整好的VRay灯光，以“复制”的形式复制到图15-163所示的位置，并适当调整大小。

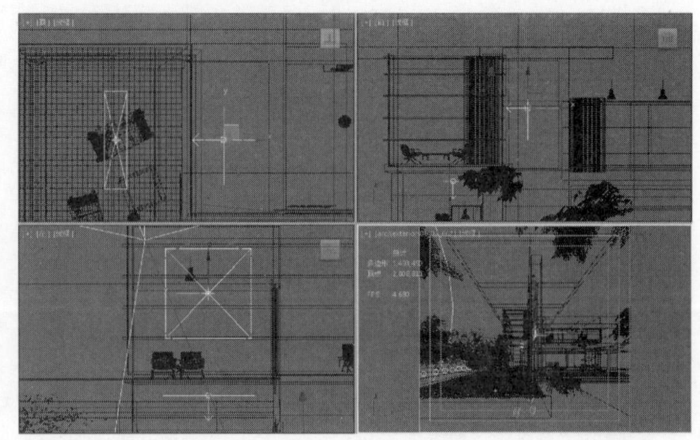

图15-163

04 设置“灯光类型”为VRay，然后创建一盏“VRay灯光”作为室内灯光，其位置如图15-164所示。

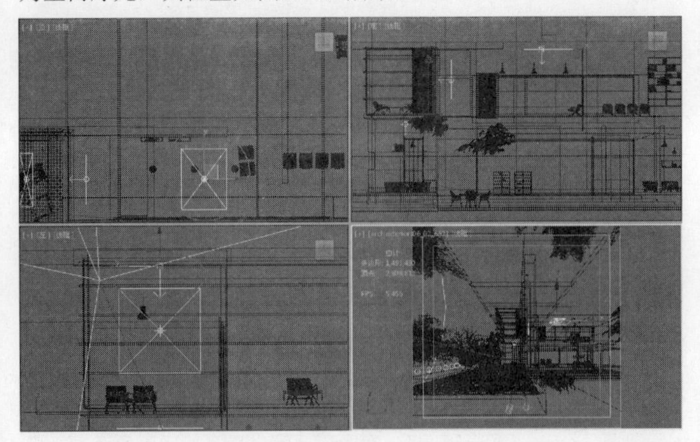

图15-164

05 选择上一步创建的VRay灯光，然后进入“修改”面板，接着展开“参数”卷展栏，具体参数设置如图15-165所示。

设置步骤

① 在“常规”选项组下设置“类型”为“平面”。

② 在“强度”选项组下设置“倍增”为98，然后设置“颜色”为黄色（R:230，G:167，B:59）。

③ 在“大小”选项组下设置“1/2长”为23.562cm、“1/2宽”为30.599cm。

④ 在“采样”选项组下设置“细分”为20。

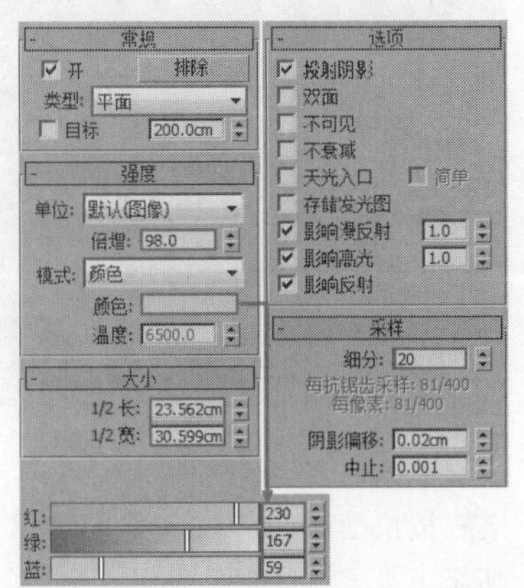

图15-165

06 将调整好的VRay灯光，以“复制”的形式复制到图15-166所示的位置，并适当调整大小。

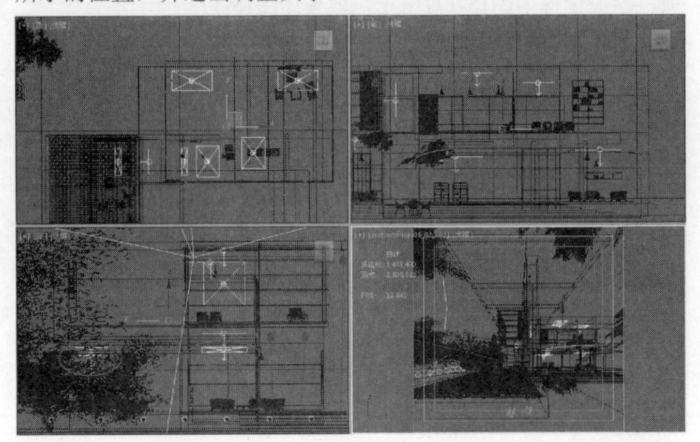

图15-166

07 按F9键渲染当前场景，效果如图15-167所示。

图15-167

技巧与提示

其余室内VRay平面灯光的具体尺寸，请参考实例文件。

设置最终渲染参数

01 按F10键打开“渲染设置”对话框，然后在“公用参数”卷展栏下设置“宽度”为1600、“高度”为1517，如图15-168所示。

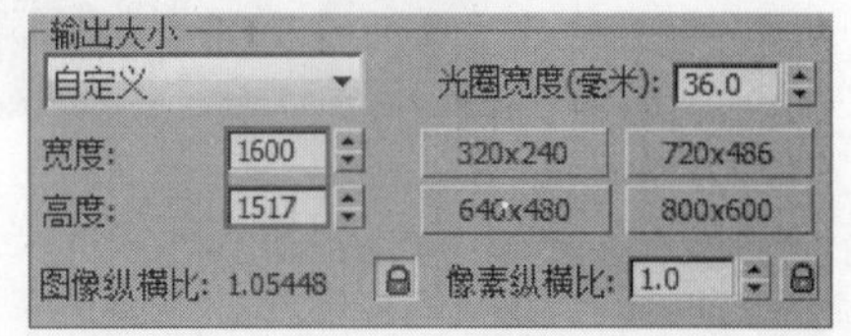

图15-168

02 单击VRay选项卡，然后在“图像采样器（抗锯齿）”卷展栏下设置“类型”为“自适应”，最后设置“过滤器”类型为Mitchell-Netravali，具体参数设置如图15-169所示。

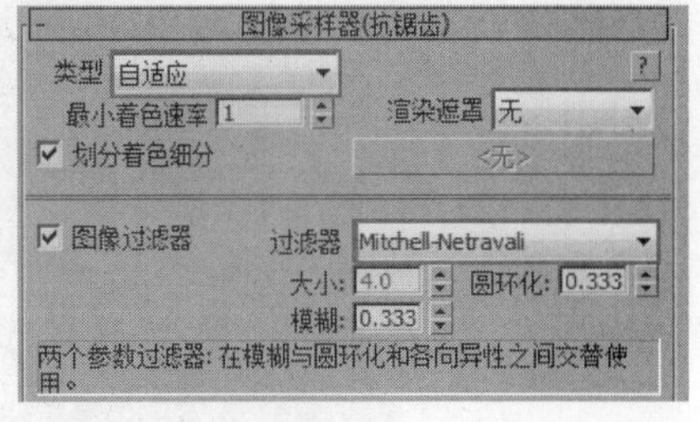

图15-169

03 展开“全局确定性蒙特卡洛”卷展栏，然后设置“自适应数量”为0.8、“噪波阈值”为0.003、“最小采样”为15，如图15-170所示。

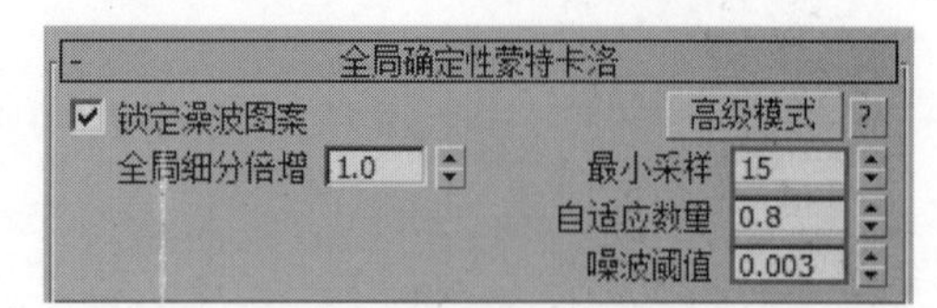

图15-170

04 单击GI选项卡，然后展开"发光图"卷展栏，接着设置"当前预设"为"中"，最后设置"细分"为50、"插值采样"为20，具体参数设置如图15-171所示。

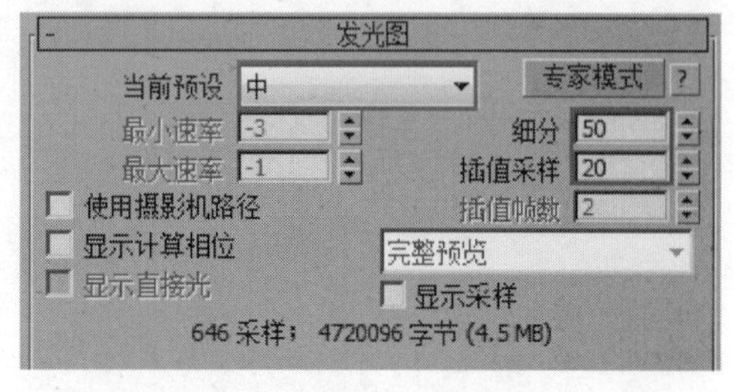

图15-171

05 按F9键渲染当前场景，最终效果如图15-172所示。

图15-172

后期处理

将渲染的成图保存为带有通道的tga格式备用。在Photoshop中，将对渲染好的图片调色。

1.修改天空

01 默认渲染的天空是VRay天空自带的贴图，在后期修改中，将渲染好的天空颜色进行调整，更符合夜晚天空的颜色，如图15-173所示。

图15-173

02 在"通道"面板中选择Alpha通道，然后用"魔棒"工具选择黑色的天空区域，接着选择RGB通道，如图15-174和图15-175所示。

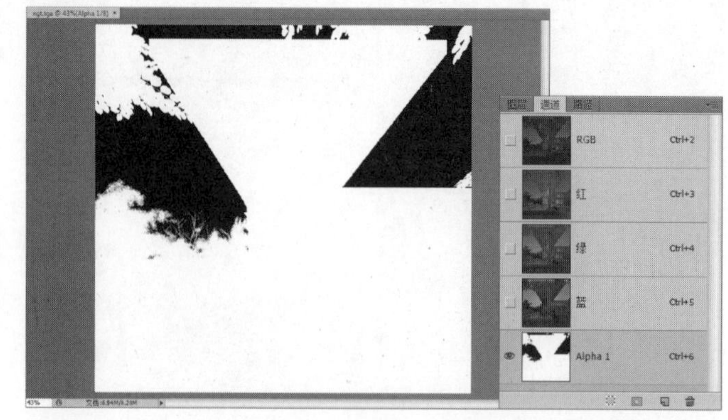

图15-174

图15-175

03 按快捷键Ctrl＋J，将天空部分复制出一层，如图15-176所示。

04 选中"图层1"，然后单击图层面板下方的"创建新的填充或调整图层"按钮，接着在弹出的菜单中选择"色阶"选项，参数设置如图15-177所示，效果如图15-178所示。

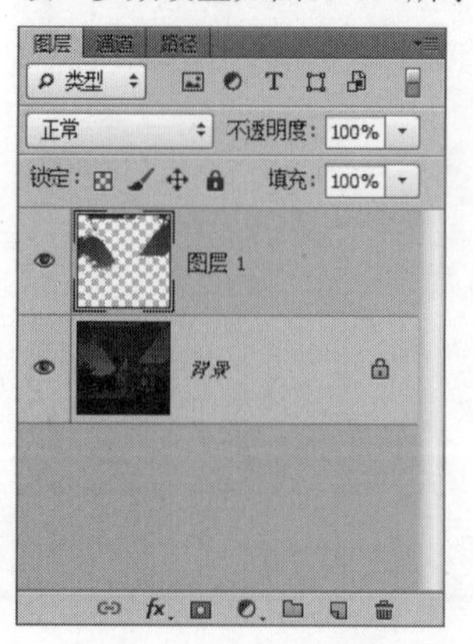

图15-176

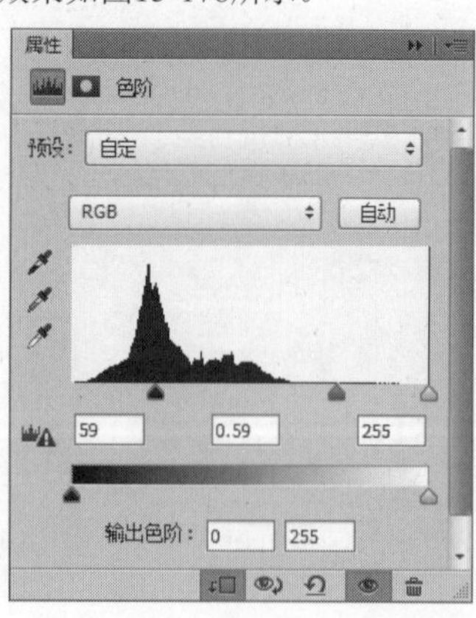

图15-177

图15-178

05 继续选中“天空”图层，然后单击图层面板下方的“创建新的填充或调整图层”按钮，接着在弹出的菜单中选择“自然饱和度”选项，参数如图15-179所示，效果如图15-180所示。

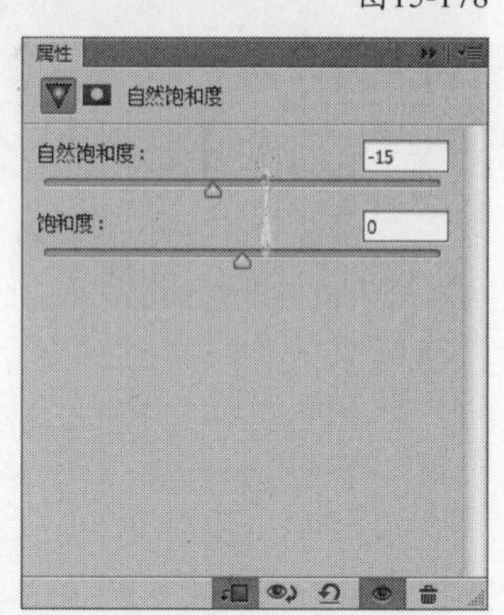

图15-179

图15-180

❖ 2.调整整体色调

01 按快捷键Ctrl＋Shift＋Alt＋E盖印图层，新建“图层2”，如图15-181所示。

02 选中“图层2”，然后单击图层面板下方的“创建新的填充或调整图层”按钮，接着在弹出的菜单中选择“色阶”选项，参数设置如图15-182所示，效果如图15-183所示。

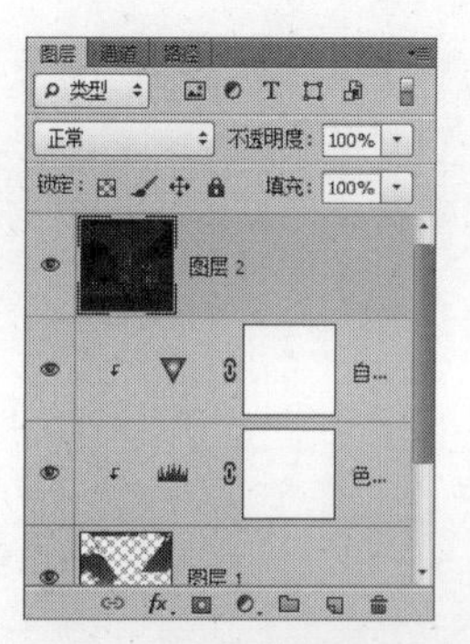

图15-181

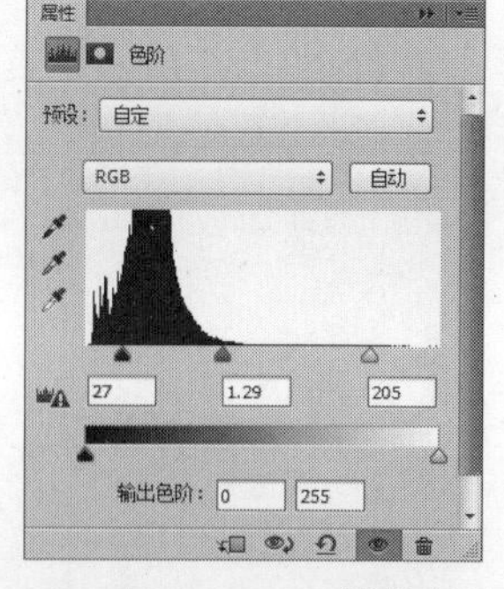

图15-182

图15-183

03 继续单击该按钮，然后选择“色彩平衡”命令，参数如图15-184所示，效果如图15-185所示。

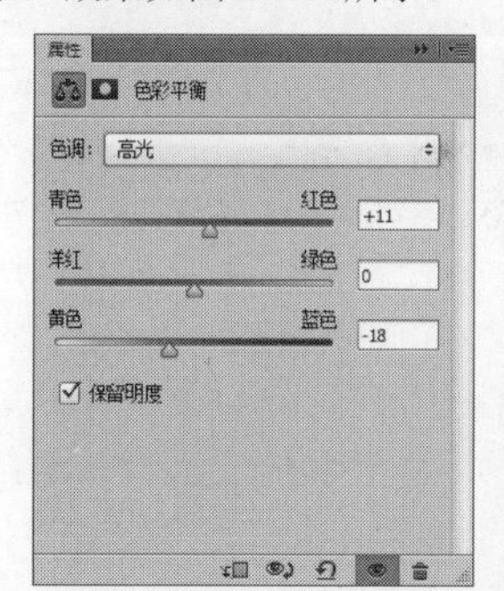

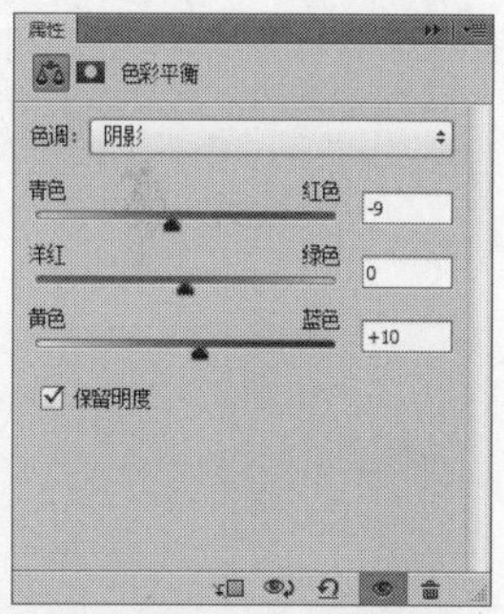

图15-184

图15-185

04 继续单击该按钮，然后选择“自然饱和度”命令，参数如图15-186所示，效果如图15-187所示。

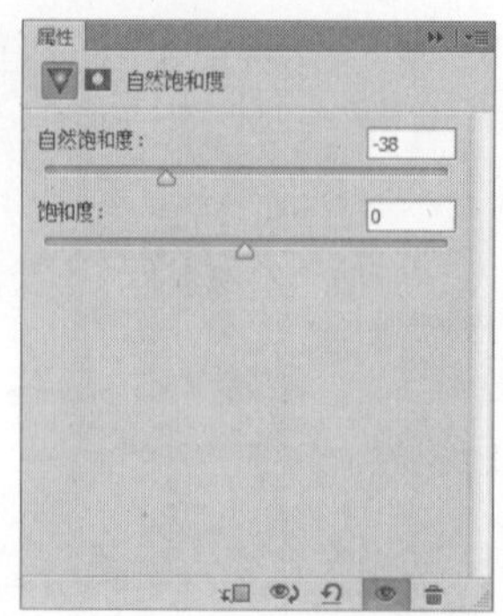

图15-186

图15-187

05 继续单击该按钮，然后选择“色相/饱和度”命令，参数如图15-188所示，效果如图15-189所示。

图15-188

图15-189

06 将调整好的图片保存为jpg格式，最终效果如图15-190所示。

图15-190

技术专题 法线凹凸贴图

法线凹凸贴图在某些方面与常规凹凸贴图类似，但与常规凹凸贴图相比，它可以传达更为复杂的曲面细节。法线凹凸贴图不仅可以存储曲面方向法线的信息，而且还可以存储常规凹凸贴图使用的简单深度信息。“法线凹凸”贴图面板如图15-191所示。

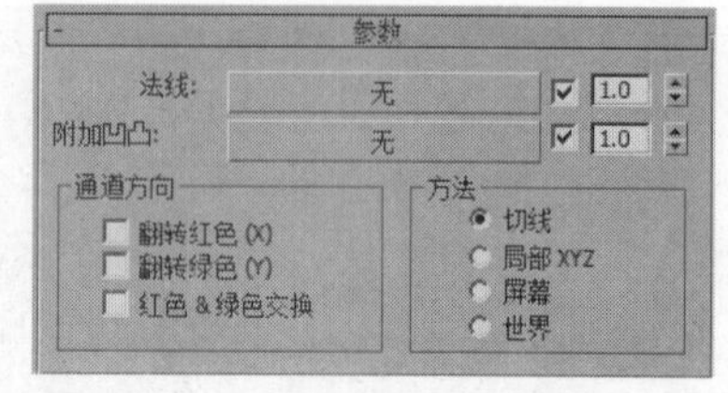

图15-191

法线：作为规则，包含由渲染到纹理生成的法线贴图。使用切换可启用或禁用贴图（默认设置为启用）。后方的数值，可以微调贴图作用的强度。

附加凹凸：包含其他用于修改凹凸或位移效果的贴图。可以将其视为规则凹凸贴图。

“通道方向”选项组：默认情况下，法线贴图的红色通道表示左与右，绿色则表示上与下（蓝色表示垂直距离）。

翻转红色 (X)：翻转红色通道，以反转左和右。

翻转绿色 (X)：翻转绿色通道，以反转上和下。

红色 & 绿色交换：交换红色和绿色通道，以使法线贴图旋转90度。

“方法”选项组：设置法线贴图的方向。

实例16

商业综合实例：建筑篇

室外建筑日光表现

本例是一个商业建筑空间，案例效果如图15-192所示。

- 场景位置 » 场景文件>CH15>04.max
- 实例位置 » 实例文件>CH15>室外建筑日光表现.max
- 技术掌握 » 练习室外建筑日光表现手法

图15-192

墙面材质

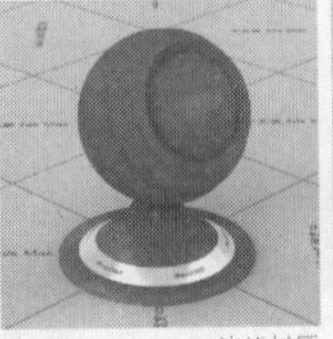

边线材质

玻璃材质

窗框材质

石头材质

地面材质

水泥材质

配楼材质

项目说明

本例是一个商业建筑空间外立面，材质颜色较为简单，没有过多烦琐的配饰。外立面材质是表现的重点，灯光使用VRay太阳。通过后期替换天空贴图。

材质制作

本例的场景对象材质主要包括墙面材质、边线材质、玻璃材质、窗框材质和地面材质等，如图15-193所示。

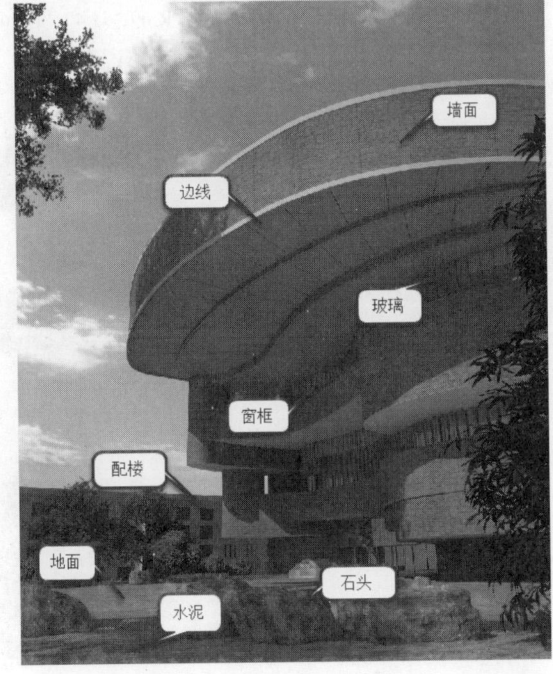

图15-193

1.制作墙面材质

01 打开本书学习资源中的“场景文件> CH15>04.max”文件，如图15-194所示。

图15-194

02 选择一个空白材质球，然后设置材质类型为VRayMtl材质，具体参数设置如图15-195所示，制作好的材质球效果如图15-196所示。

设置步骤

① 在“漫反射”通道中加载一张本书学习资源中的“实例文件>CH15>室外建筑日光表现> Archexteriors06_10_11alias2.jpg”贴图。

② 在“凹凸”通道中加载一张本书学习资源中的“实例文件>CH15>室外建筑日光表现> Archexteriors06_10_11bump.jpg”贴图，然后设置“凹凸”强度为30。

图15-195

图15-196

❖ 2.制作边线材质

选择一个空白材质球，然后设置材质类型为VRayMtl材质，接着设置“漫反射”颜色为黄色（R:174，G:123，B:82），参数设置如图15-197所示，制作好的材质球效果如图15-198所示。

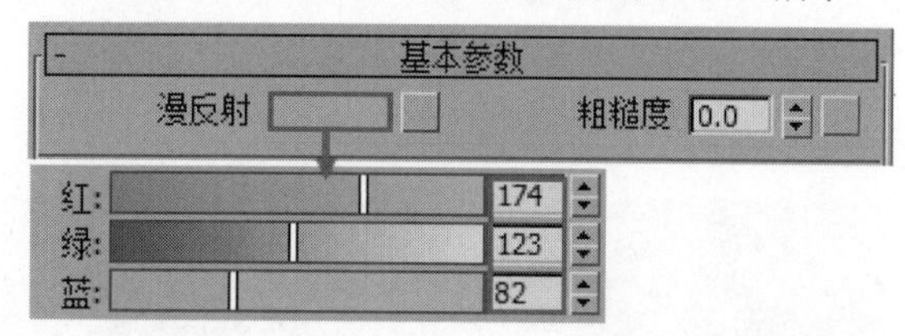

图15-197

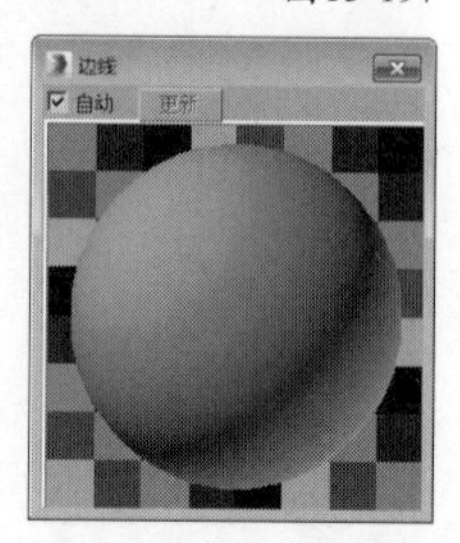

图15-198

❖ 3.制作玻璃材质

选择一个空白材质球，然后设置材质类型为VRayMtl材质，具体参数设置如图15-199所示，制作好的材质球效果如图15-200所示。

设置步骤

① 设置“漫反射”颜色为绿色（R:61，G:100，B:11）。

② 设置“反射”颜色为灰色（R:72，G:72，B:72），然后取消勾选“菲涅耳反射”选项。

③ 设置“折射”颜色为灰色（R:153，G:153，B:153），然后设置“折射率”为1.1、“最大深度”为32。

④ 设置“烟雾颜色”为绿色（R:224，G:248，B:218），然后设置“烟雾倍增”为0.008。

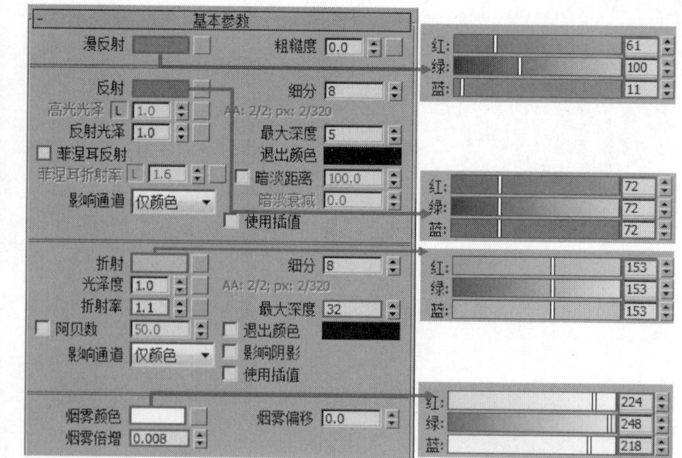

图15-199

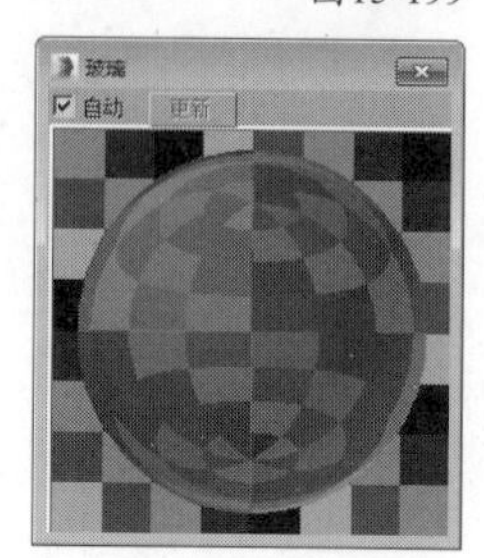

技巧与提示

一般室外建筑玻璃的透明度和反射强度都不会太高。除了使用VRay材质球以外，也可以使用“标准”材质球调节，渲染的速度要比VRay材质球快。

图15-200

❖ 4.制作窗框材质

选择一个空白材质球，然后设置材质类型为VRayMtl材质，具体参数设置如图15-201所示，制作好的材质球效果如图15-202所示。

设置步骤

① 设置“漫反射”颜色为褐色（R:69，G:49，B:36）。

② 设置“反射”颜色为灰色（R:30，G:30，B:30），然后取消勾选“菲涅耳反射”选项。

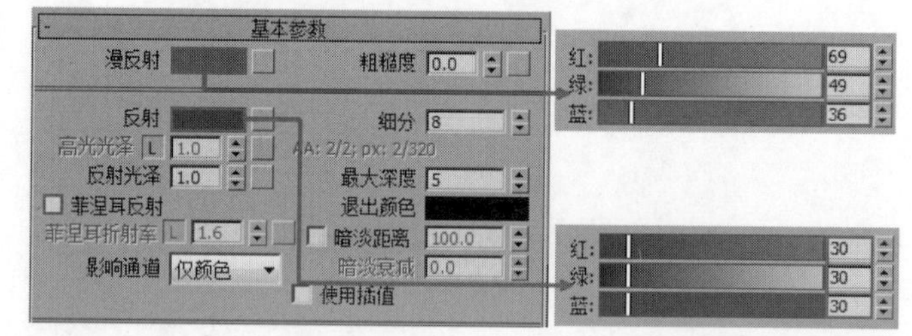

图15-201

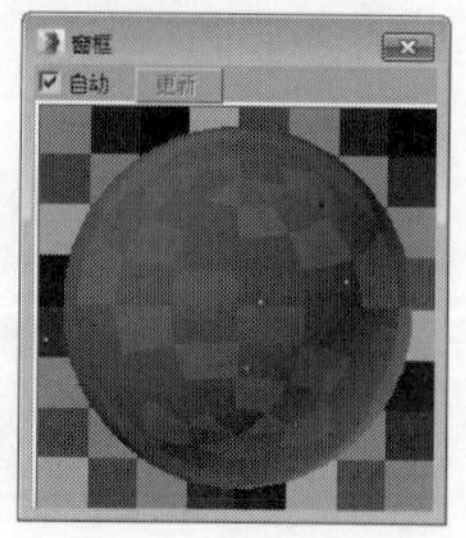

图15-202

❖ 5.制作石头材质

选择一个空白材质球，设置材质类型为VRayMtl材质，具体参数设置如图15-203所示，制作好的材质球效果如图15-204所示。

设置步骤

① 在“漫反射”通道中加载一张本书学习资源中的“实例文件>CH15>室外建筑日光表现> Archexteriors06_10_RockRed0049_1_L.jpg”贴图。

② 在“凹凸”通道中加载一张本书学习资源中的“实例文件>CH15>室外建筑日光表现> Archexteriors06_10_RockRed0049_1_L.jpg”贴图，然后设置“凹凸”强度为56。

③ 在“置换”通道中加载一张本书学习资源中的“实例文件>CH15>室外建筑日光表现> Archexteriors06_10_RockRed0049_1_L.jpg”贴图，然后设置“置换”强度为16。

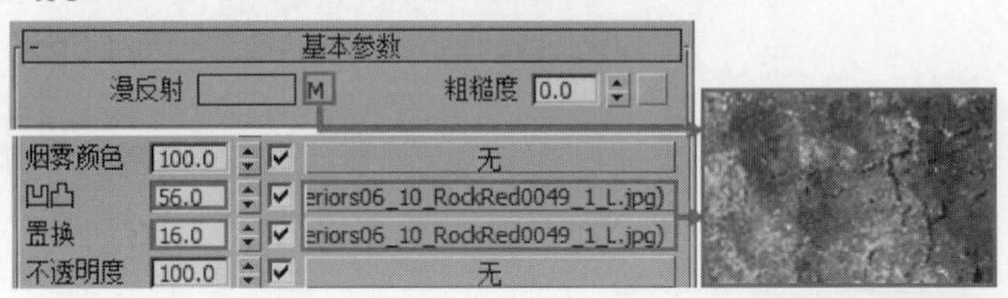

图15-203

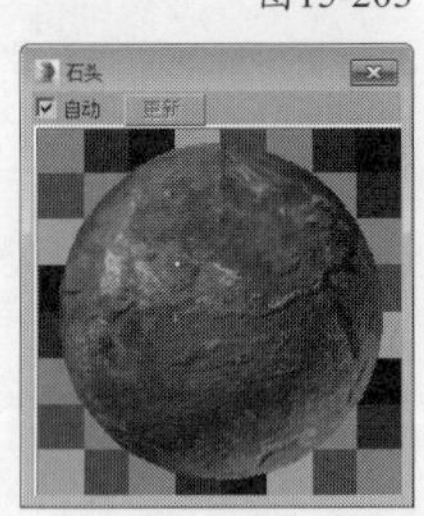

图15-204

❖ 6.制作地面材质

选择一个空白材质球，然后设置材质类型为VRayMtl材质，具体参数设置如图15-205所示，制作好的材质球效果如图15-206所示。

设置步骤

① 在“漫反射”通道中加载一张本书学习资源中的“实例文件>CH15>室外建筑日光表现> Archexteriors06_10_14.jpg”贴图。

② 在“凹凸”通道中加载一张本书学习资源中的“实例文件>CH15>室外建筑日光表现> Archexteriors06_10_14.jpg”贴图，然后设置“凹凸”强度为4。

③ 在“置换”通道中加载一张本书学习资源中的“实例文件>CH15>室外建筑日光表现> Archexteriors06_10_14.jpg”贴图，然后设置“置换”强度为2。

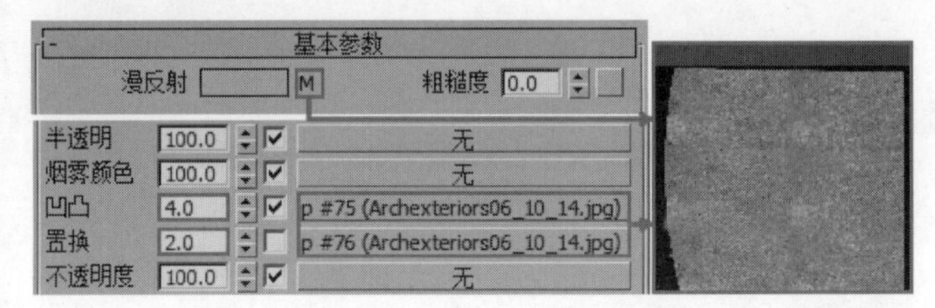

图15-205

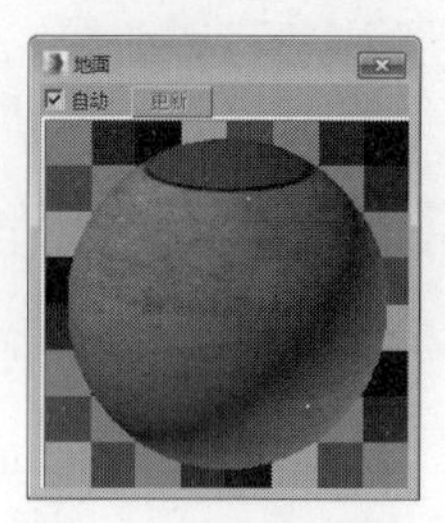

图15-206

❖ 7.制作水泥材质

选择一个空白材质球，然后设置材质类型为VRayMtl材质，具体参数设置如图15-207所示，制作好的材质球效果如图15-208所示。

设置步骤

① 在“漫反射”通道中加载一张本书学习资源中的“实例文件>CH15>室外建筑日光表现> Archexteriors06_10_13.jpg”贴图。

② 在“凹凸”通道中加载一张本书学习资源中的“实例文件>CH15>室外建筑日光表现> Archexteriors06_10_13.jpg”贴图，然后设置“凹凸”强度为30。

③ 在“置换”通道中加载一张本书学习资源中的“实例文件>CH15>室外建筑日光表现> Archexteriors06_10_13.jpg”贴图，然后设置“置换”强度为5。

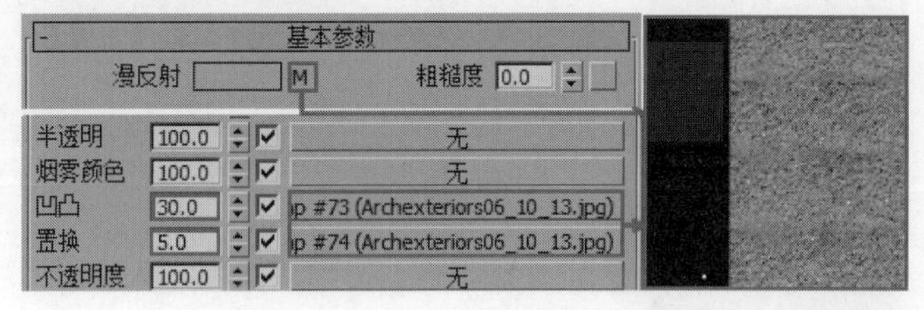

图15-207

图15-208

❖ 8.制作配楼材质

选择一个空白材质球，然后设置材质类型为VRayMtl材质，接着在“漫反射”通道中加载一张本书学习资源中的“实例文件>CH15>室外建筑日光表现> Archexteriors06_10_029.jpg”贴图，参数设置如图15-209所示，制作好的材质球效果如图15-210所示。

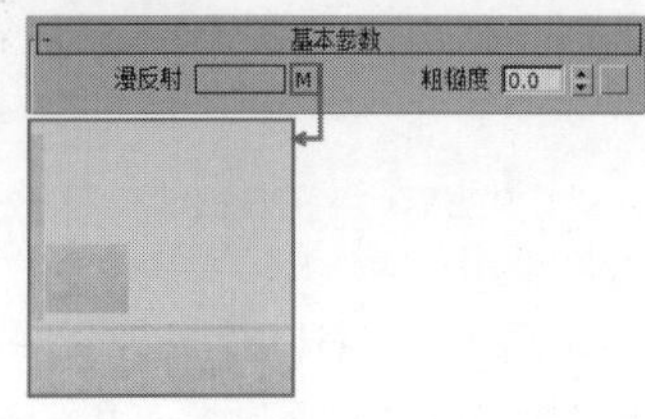

图15-209

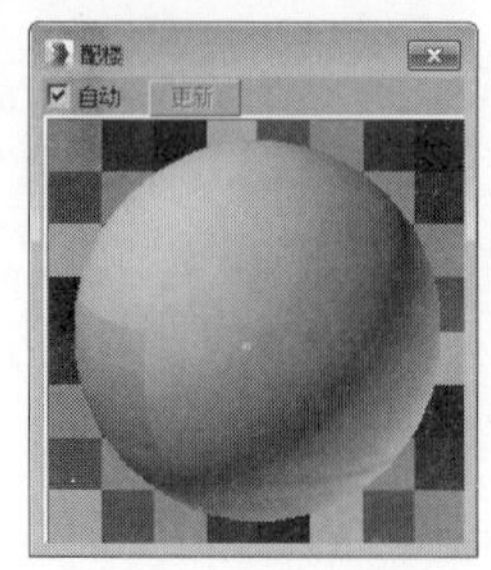

图15-210

技巧与提示

在本案例的材质球制作中，可以观察到很多材质没有设置反射、高光等参数，只是在“漫反射”通道、“凹凸”通道和“置换”通道中添加了贴图。这是因为本案例中的建筑材质都很粗糙，如石头、水泥等，因此不需要设置反射这一类参数，也可以很好地表现材质的质感。

设置测试渲染参数

01 按F10键打开“渲染设置”对话框，然后设置渲染器为VRay渲染器，接着在“公用参数”卷展栏下设置“宽度”为600、“高度”为727，如图15-211所示。

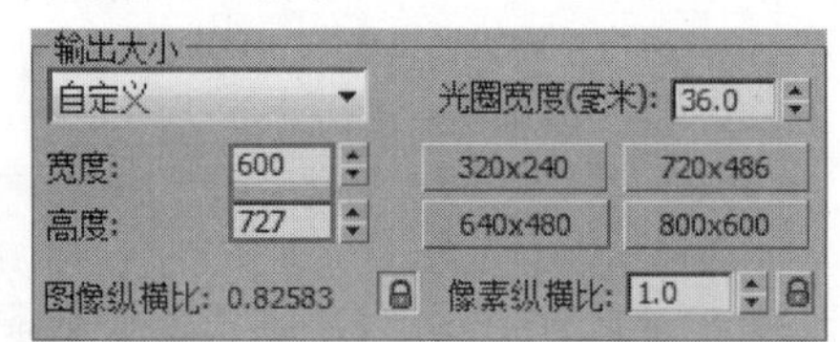

图15-211

02 单击VRay选项卡，然后在“图像采样器（抗锯齿）”卷展栏下设置 “类型”为“固定”，接着设置“过滤器”类型为“区域”，如图15-212所示。

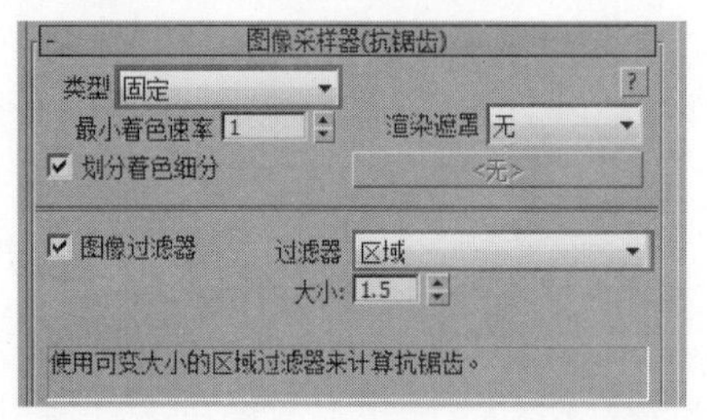

图15-212

03 展开“颜色贴图”卷展栏，然后设置“类型”为“莱因哈德”，接着设置“倍增”为1.8、“加深值”为1.8，如图15-213所示。

图15-213

04 单击GI选项卡，然后在“全局照明”卷展栏下勾选“启用全局照明（GI）”选项，接着设置“首次引擎”为“发光图”、“二次引擎”为“BF算法”，如图15-214所示。

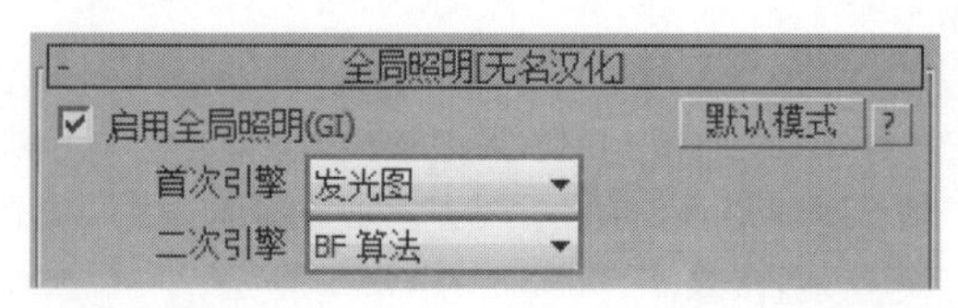

图15-214

05 展开“发光图”卷展栏，然后设置“当前预设”为“自定义”，接着设置“最小速率”和“最大速率”都为-4，最后设置“细分”为50、“插值采样”为20，如图15-215所示。

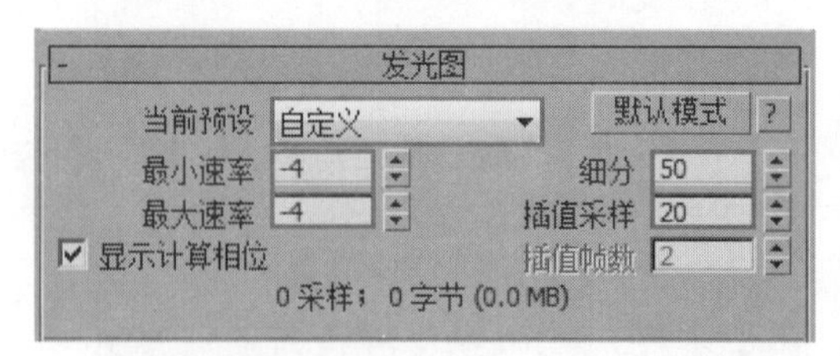

图15-215

06 单击“设置”选项卡，然后在“系统”卷展栏下设置“序列”为“上->下”，接着选择“日志窗口”选项为“从不”，如图15-216所示。

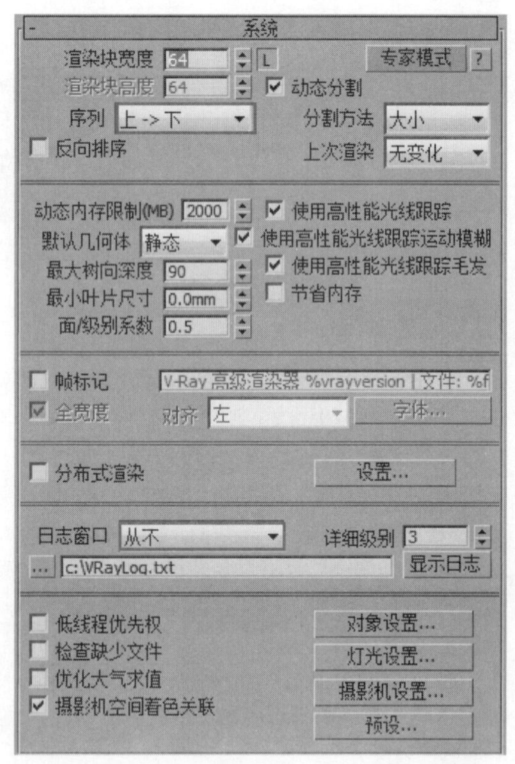

图15-216

灯光设置

本场景的光源很简单，只有“VRay太阳”模拟日光，“VRay天空”贴图调节天光。

1.创建日光

01 设置灯光类型为VRay，然后在场景中创建一盏“VRay

太阳”，其位置如图15-217所示。当创建完“VRay太阳”时，系统会自动弹出图15-218所示的对话框，然后单击“是”按钮。

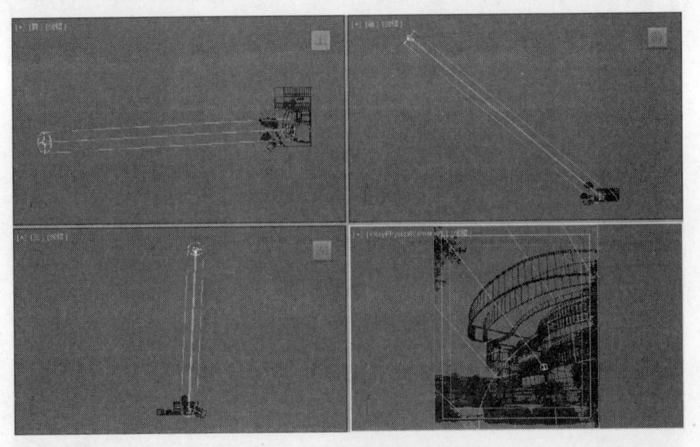

图15-217

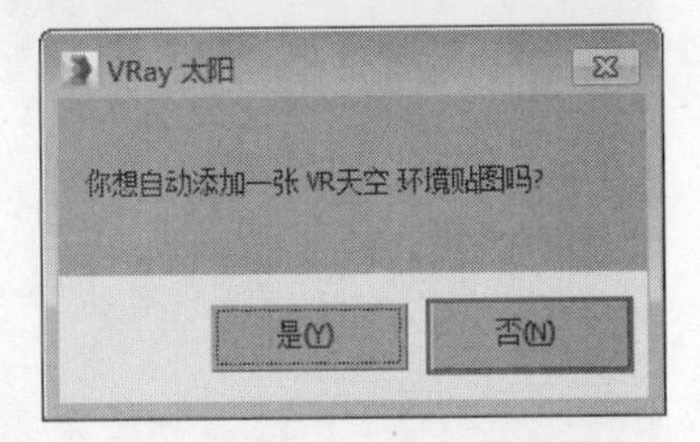

图15-218

02 选择上一步创建的VRay太阳，然后展开“VRay太阳参数”卷展栏，接着设置“臭氧”为0、“大小倍增”为0.7、“阴影细分”为8、“阴影偏移”为0.4、“光子发射半径”为44.303，如图15-219所示。

03 按F9键渲染当前场景，其效果如图15-220所示。

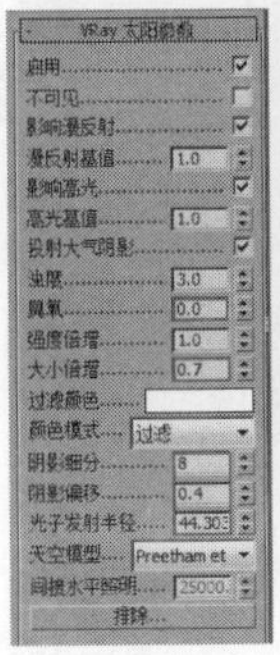

图15-219

图15-220

❖ 2.调整VRay天空贴图

01 按8键打开“环境和效果”面板，然后按M键打开“材质编辑器”，接着将“环境贴图”通道中的“VRay天空”贴图拖曳到空白的材质球上，如图15-221所示，最后在弹出的对话框中选择“实例”选项，如图15-222所示。

02 在“材质编辑器”中选中“VRay天空”材质球，然后勾选“指定太阳节点”选项，接着在下方设置“太阳浊度”为5、“太阳臭氧”为0、“太阳强度倍增”为1、“太阳大小倍增”为1.68，如图15-223所示。

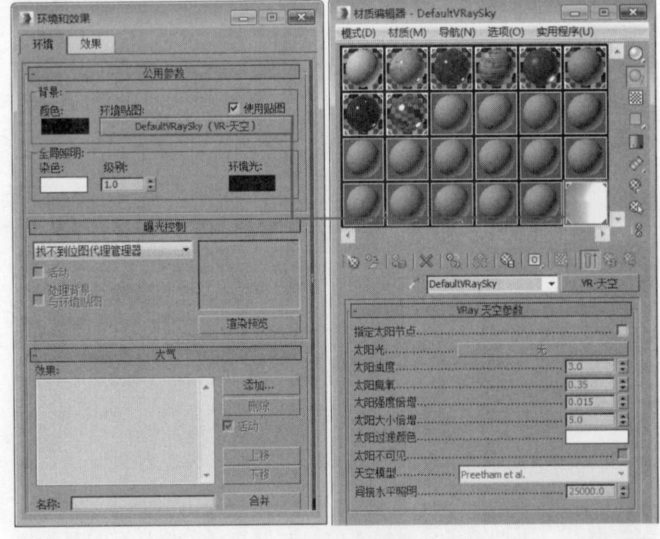

图15-221

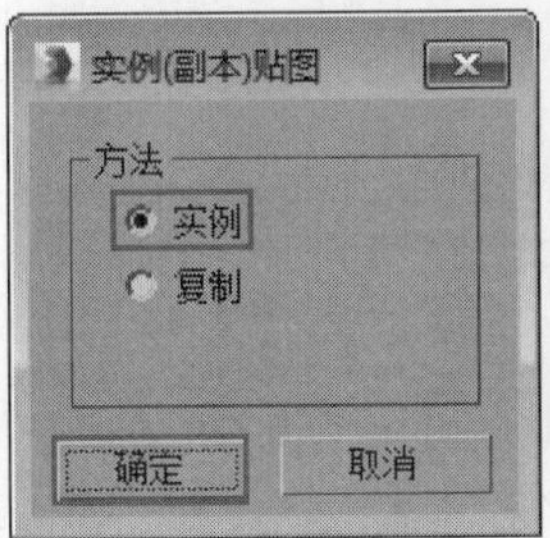

图15-222

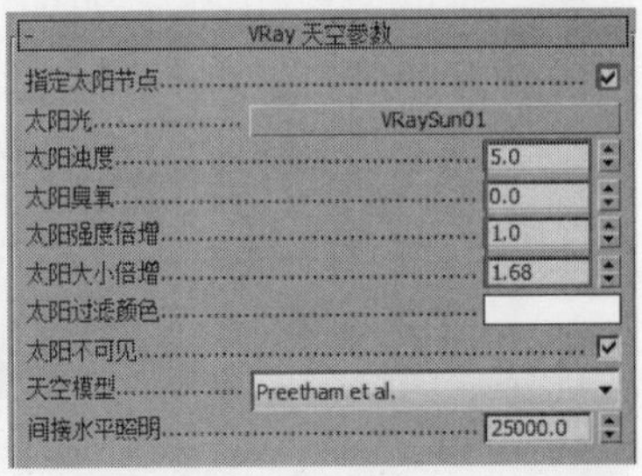

图15-223

03 按F9键渲染当前场景，效果如图15-224所示。

图15-224

设置最终渲染参数

01 按F10键打开“渲染设置”对话框，然后在“公用参数”卷展栏下设置“宽度”为1600、“高度”为1939，如图15-225所示。

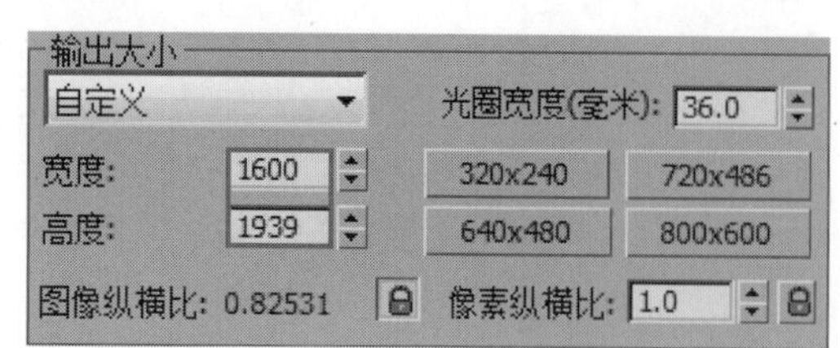

图15-225

02 单击VRay选项卡，然后在“图像采样器（抗锯齿）”卷展栏下设置 “类型”为“自适应”，再设置“过滤器”类型为Catmull-Rom，具体参数设置如图15-226所示。

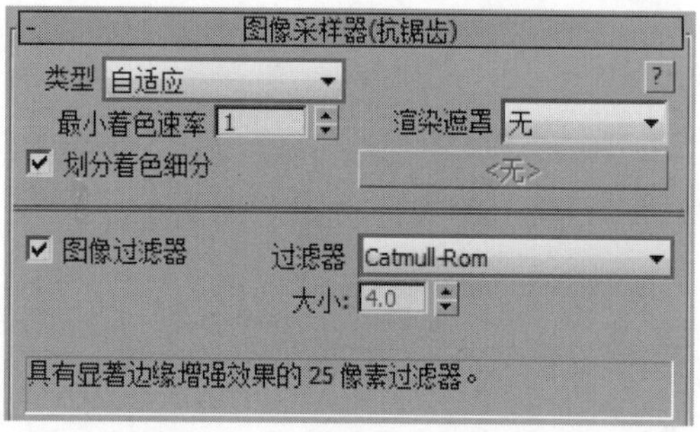

图15-226

03 展开“全局确定性蒙特卡洛”卷展栏，然后设置“自适应数量”为0.6、“噪波阈值”为0.003、“最小采样”为16，如图15-227所示。

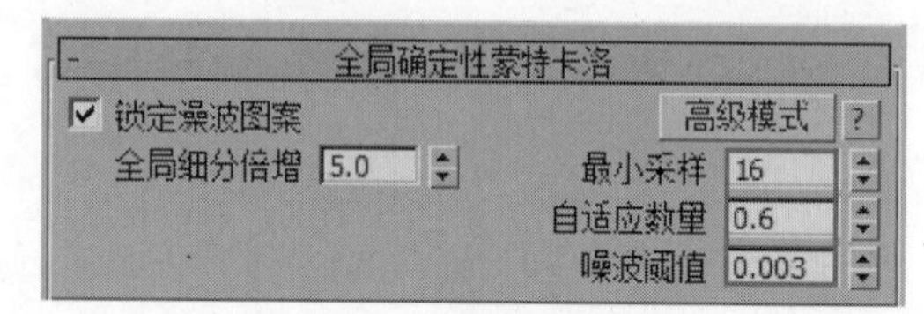

图15-227

04 单击GI选项卡，然后展开“发光图”卷展栏，接着设置“当前预设”为“中”，最后设置“细分”为50、“插值采样”为20，具体参数设置如图15-228所示。

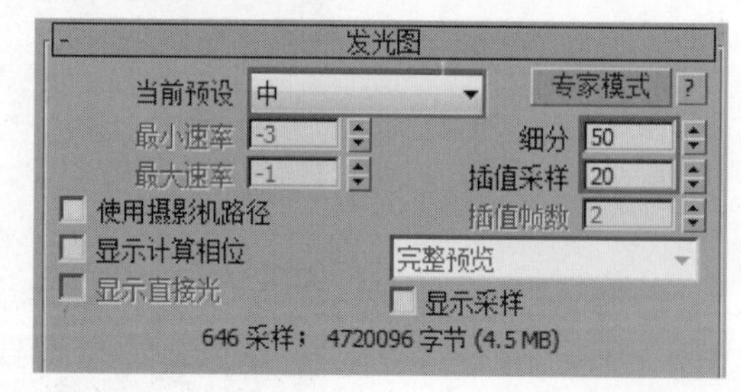

图15-228

05 按F9键渲染当前场景，最终效果如图15-229所示。

图15-229

后期处理

将渲染的成图保存为带有通道的tga格式备用。在Photoshop中，将对渲染好的图片调色，替换天空贴图。

❖ 1.修改天空

01 默认渲染的天空是VRay天空自带的贴图，在后期修改中，可以为其添加一个带云彩的天空背景。打开Photoshop，然后导入渲染好的效果图，如图15-230所示。

图15-230

02 在“通道”面板中选择Alpha通道，然后按Ctrl键单击Alpha1通道，可以直接载入选区，接着选择RGB通道删除天空，如图15-231和图15-232所示。

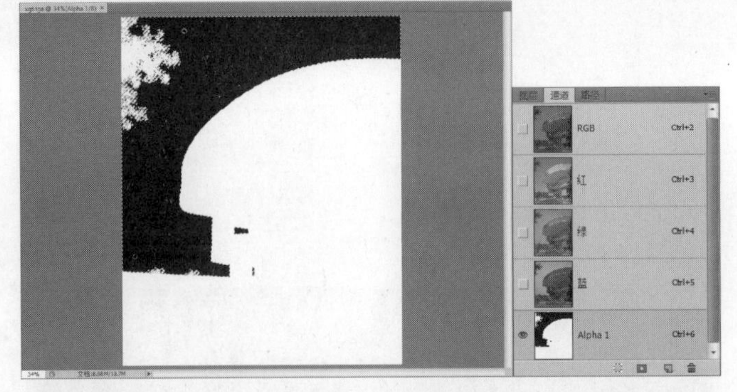

图15-231

图15-232

03 在Photoshop中打开本书学习资源中的“场景文件>CH15>04.jpg”文件，然后置于“图层0”之下，如图15-233所示。

图15-233

04 选中“天空”图层，然后按快捷键Ctrl＋L打开“色阶”对话框，接着调节天空图像的色阶，参数如图15-234所示，效果如图15-235所示。

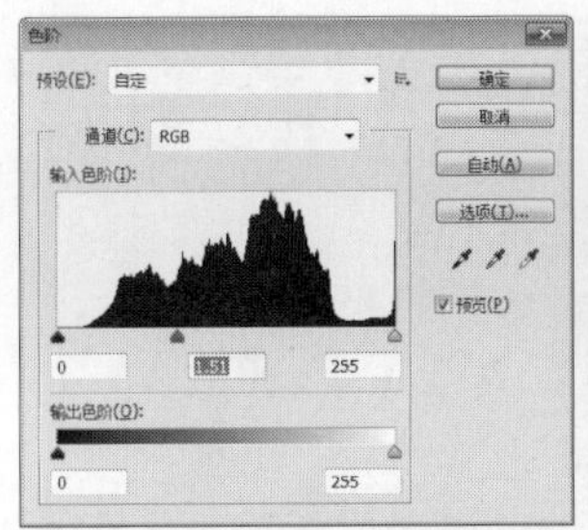

图15-234

图15-235

05 继续选中“天空”图层，然后按快捷键Ctrl＋U打开“色相/饱和度”对话框，参数如图15-236所示，效果如图15-237所示。

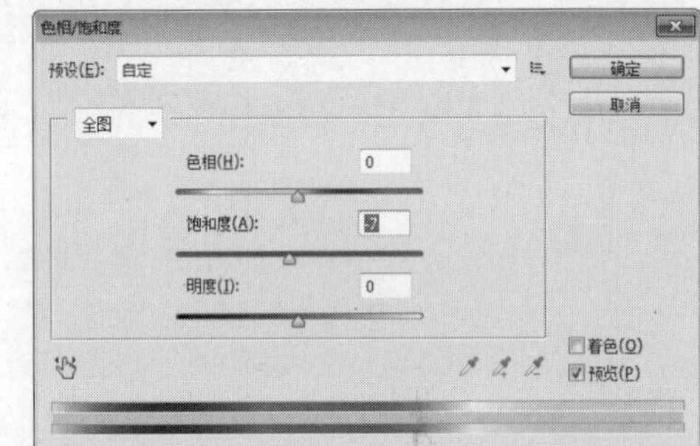

图15-236

图15-237

❖ 2.调整整体色调

01 选中“图层0”，然后单击图层面板下方的“创建新的填充或调整图层”按钮，接着在弹出的菜单中选择“色阶”选项，参数设置如图15-238所示，效果如图15-239所示。

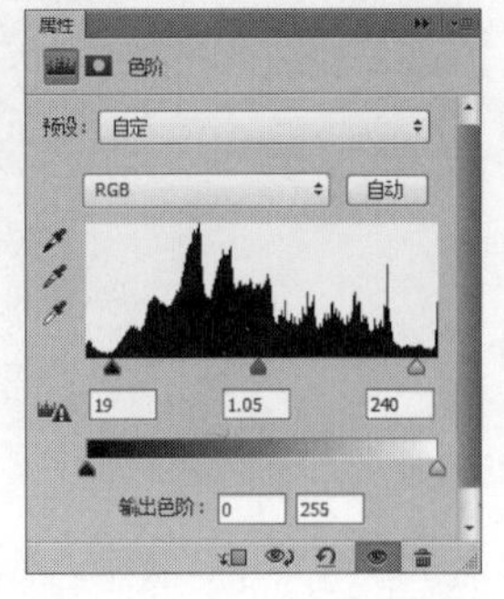

图15-238

图15-239

02 继续单击该按钮，然后选择“色彩平衡”命令，参数如图15-240所示，效果如图15-241所示。

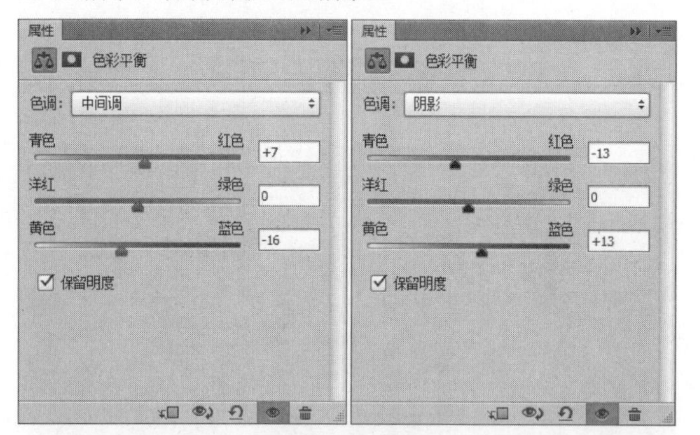

图15-240

图15-241

03 继续单击该按钮，然后选择“自然饱和度”命令，参数如图15-242所示，效果如图15-243所示。

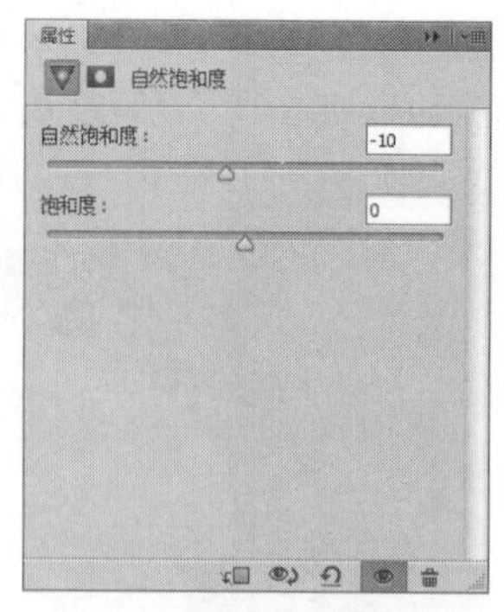

图15-242

图15-243

04 将调整好的图片保存为jpg格式，最终效果如图15-244所示。

图15-244

实例17

商业综合实例：建筑篇

制作室外效果图漫游动画

本例是一个商业建筑空间，效果如图15-245所示。

◎ 场景位置 » 场景文件>CH15>05.max

◎ 实例位置 » 实例文件>CH15>制作室外效果图漫游动画.max

◎ 技术掌握 » 练习室外漫游动画的表现手法

图15-245

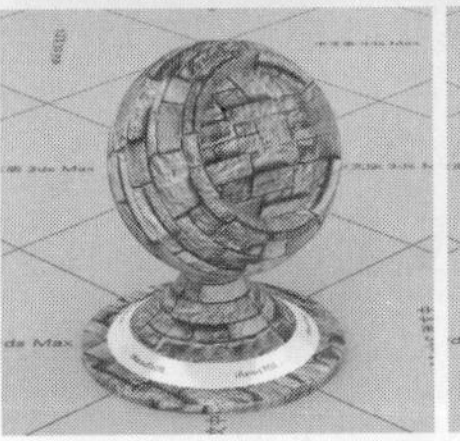
墙面材质

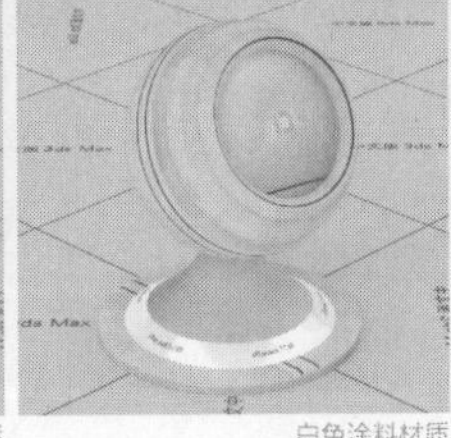
白色涂料材质

玻璃材质

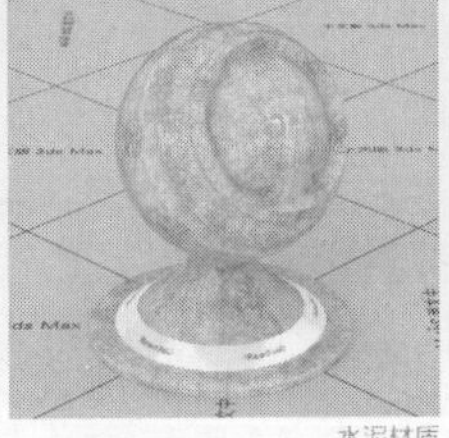
水泥材质

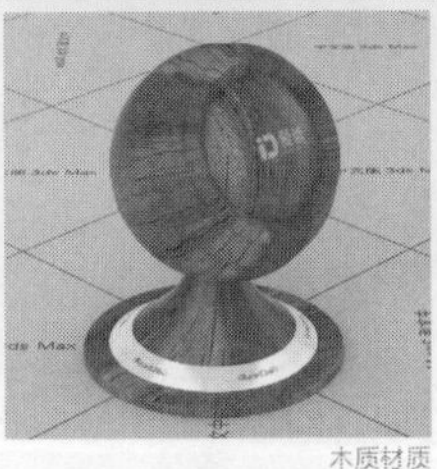
木质材质

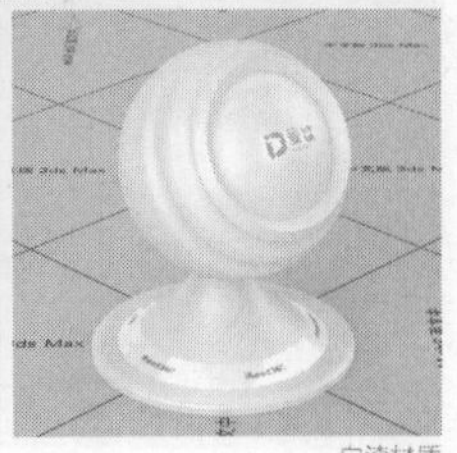
白漆材质

项目说明

本例是一个商业建筑空间，通过漫游镜头，重点表现建筑与花园。材质相对简单，建筑墙面是表现难点。在灯光方面，通过目标平行光模拟日光效果。

镜头设置

01 打开本书学习资源中的“场景文件>CH15>05.max”文件，如图15-246所示。

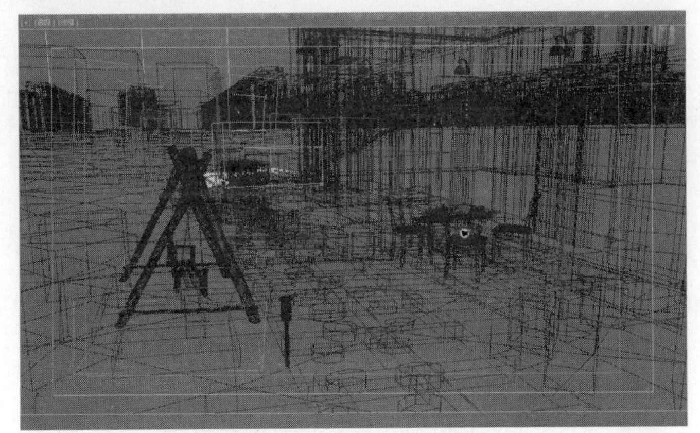
图15-246

02 在动画控制区内单击“时间配置”按钮，然后在弹出的“时间配置”对话框中，将“结束时间”设置为150，如图15-247所示。

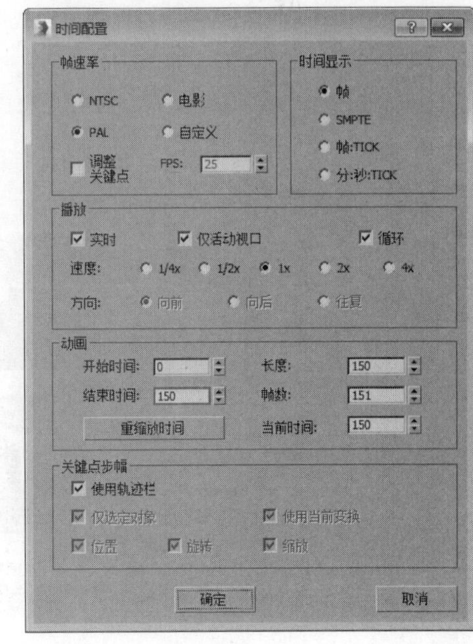

图15-247

03 选中场景中的摄影机，如图15-248所示，然后在动画控制区中激活“自动关键点”按钮自动关键点，将滑块移动到150帧的位置，如图15-249所示。

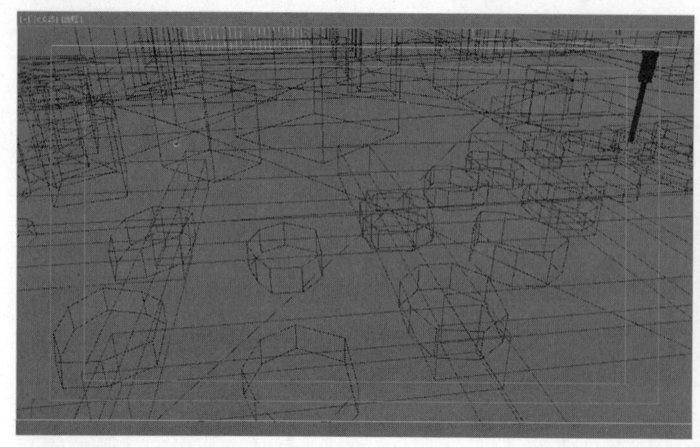

图15-248

图15-249

04 选中摄影机，然后打开“主工具栏”上的“曲线编辑器”按钮，接着在弹出的“曲线编辑器”窗口中设置摄影机的曲线，如图15-250所示。

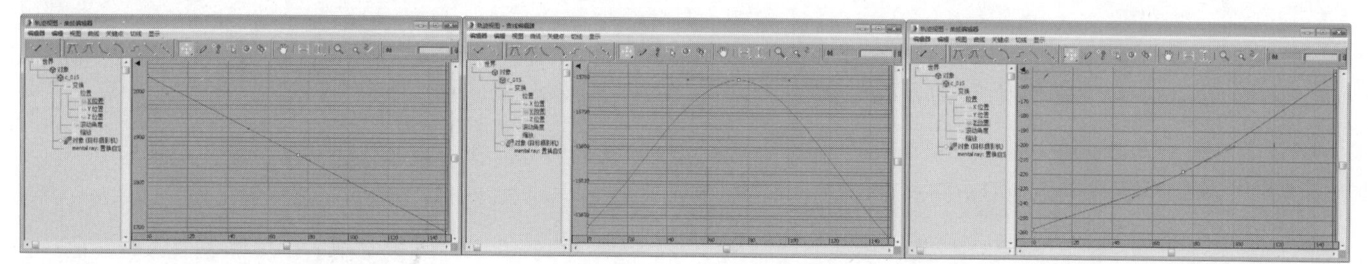

图15-250

技巧与提示

在“曲线编辑器”中，需要对摄影机x、y、z轴上的起始和终了位置的关键点的斜率进行处理，使其斜率一致，这样摄影机才会处于匀速运动，不会出现缓起缓停的效果。

05 调整好摄影机的曲线后，可以按“播放运动”按钮，观察运动效果。

材质制作

本例的场景对象材质主要包括墙面材质、白色涂料材质、玻璃材质、水泥材质、木质材质和白漆材质，如图15-251所示。

图15-251

1.制作墙面材质

选择一个空白材质球，然后设置材质类型为VRayMtl材质，具体参数设置如图15-252所示，制作好的材质球效果如图15-253所示。

设置步骤

① 在“漫反射”通道中加载一张本书学习资源中的“实例文件>CH15>制作室外效果图漫游动画>墙体01_中建城6-2#.jpg”贴图。

② 在“反射”通道中加载一张“衰减”贴图，然后设置“侧”颜色为浅蓝色（R:232，G:246，B:255），并设置“衰减类型”为Fresnel，接着设置“高光光泽”为0.56、“反射光泽”为0.48，最后取消勾选“菲涅耳反射”选项。

③ 展开“贴图”卷展栏，然后在“凹凸”通道中加载一张“法线凹凸”贴图，然后在“法线”通道中加载一张本书学习资源中的“实例文件>CH15>制作室外效果图漫游动画>墙墙体01_中建城6-2#_NRM.jpg”贴图，接着设置强度为3，最后设置“凹凸”强度为-50。

2.制作白色涂料材质

选择一个空白材质球，然后设置材质类型为VRayMtl材质，具体参数设置如图15-254所示，制作好的材质球效果如图15-255所示。

设置步骤

① 在“漫反射”通道中加载一张本书学习资源中的“实例文件>CH15>

制作室外效果图漫游动画>白墙B.jpg”贴图。

② 在“反射”通道中加载一张“衰减”贴图，然后设置“衰减类型”为Fresnel，接着设置“高光光泽”为0.58、“反射光泽”为0.55，最后取消勾选“菲涅耳反射”选项。

③ 展开“贴图”卷展栏，然后在“凹凸”通道中加载一张“法线凹凸”贴图，然后在“法线”通道中加载一张本书学习资源中的“实例文件>CH15>制作室外效果图漫游动画>白墙B_NRM.jpg”贴图，接着设置强度为2，最后设置“凹凸”强度为30。

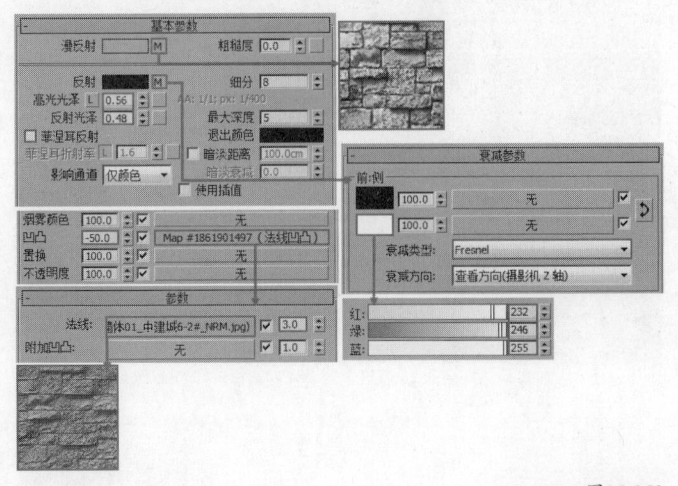

图15-252

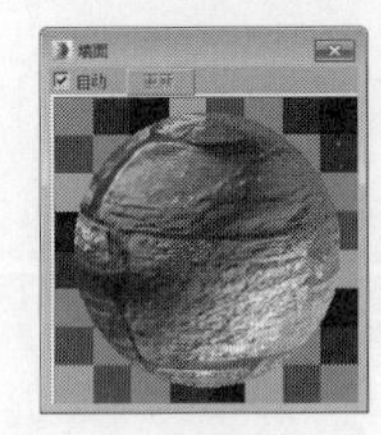

图15-253

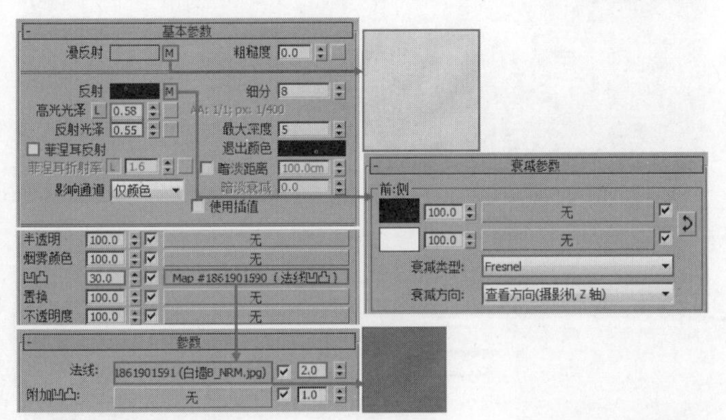

图15-254

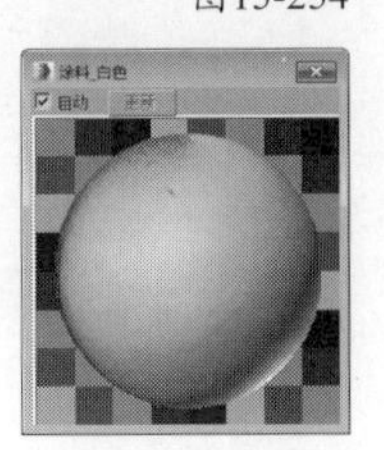

图15-255

❖ 3.制作玻璃材质

选择一个空白材质球，然后设置材质类型为标准材质，具体参数设置如图15-256所示，制作好的材质球效果如图15-257所示。

设置步骤

① 设置“环境光”颜色为黑色（R:0，G:0，B:0）。

② 设置“漫反射”颜色为绿色（R:9，G:10，B:11）。

③ 设置“高光级别”为120、“光泽度”为60、“不透明度”为45。

④ 设置“过滤”颜色为绿色（R:133，G:143，B:142）。

⑤ 在“反射”通道中加载一张“VRay贴图”，然后设置“反射”强度为45。

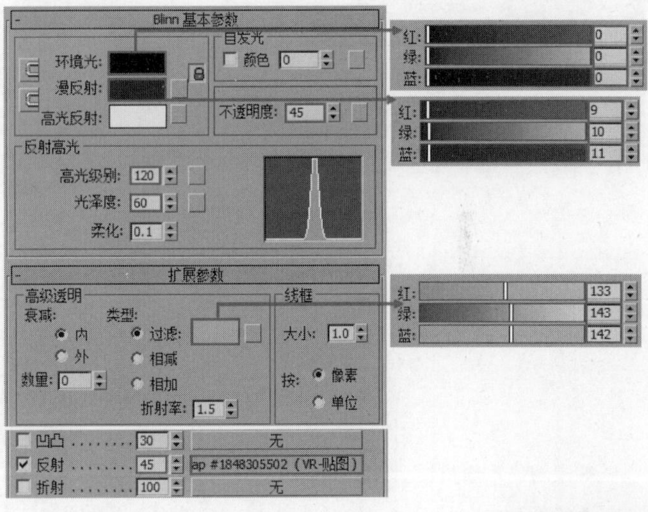

图15-256

图15-257

❖ 4.制作水泥材质

选择一个空白材质球，然后设置材质类型为VRayMtl材质，具体参数设置如图15-258所示，制作好的材质球效果如图15-259所示。

设置步骤

① 在“漫反射”通道中加载一张本书学习资源中的“实例文件>CH15>制作室外效果图漫游动画>建筑_台阶.jpg”贴图。

② 在“反射”通道中加载一张“衰减”贴图，然后设置“侧”颜色为蓝色（R:208，G:236，B:255），并设置“衰减类型”为Fresnel，接着设置“高光光泽”为0.63、“反射光泽”为0.46，最后取消勾选“菲涅耳反射”选项。

③ 在“凹凸”通道中加载一张本书学习资源中的“实例文件>CH15>

制作室外效果图漫游动画>建筑_台阶.jpg”贴图，然后设置“凹凸”强度为60。

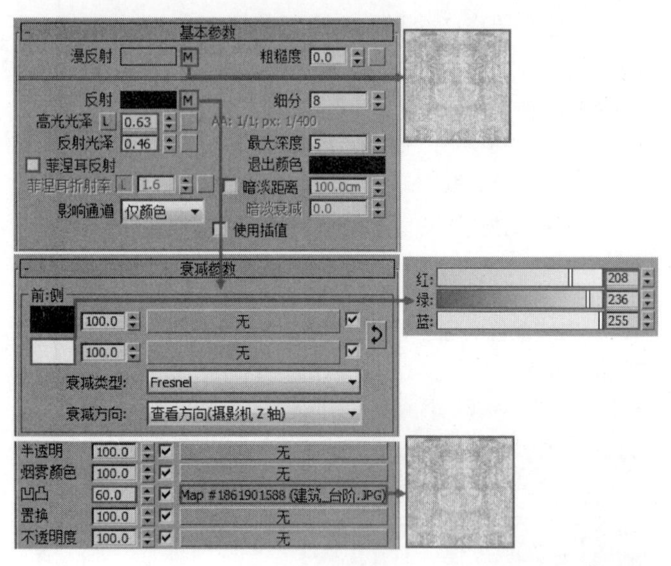

图15-258

图15-259

❖ 5.制作木质材质

选择一个空白材质球，然后设置材质类型为VRayMtl材质，具体参数设置如图15-260所示，制作好的材质球效果如图15-261所示。

设置步骤

① 在“漫反射”通道中加载一张本书学习资源中的“实例文件>CH15>制作室外效果图漫游动画> DRIFTWD.jpg”贴图。

② 在“反射”通道中加载一张“衰减”贴图，然后设置“衰减类型”为Fresnel，接着设置“高光光泽”为0.75、“反射光泽”为0.8，并取消勾选“菲涅耳反射”选项。

③ 展开“贴图”卷展栏，然后在“凹凸”通道中加载一张本书学习资源中的“实例文件>CH15>制作室外效果图漫游动画> arch22_wood_01_bump.jpg”贴图，接着设置“凹凸”强度为40。

❖ 6.制作白漆材质

选择一个空白材质球，然后设置材质类型为VRayMtl材质，具体参数设置如图15-262所示，制作好的材质球效果如图15-263所示。

设置步骤

① 设置“漫反射”颜色为白色（R:255，G:255，B:255）。

② 设置“反射”颜色为灰色（R:122，G:122，B:122），然后设置“高光光泽”为0.67、“反射光泽”为0.62，并勾选“菲涅耳反射”选项。

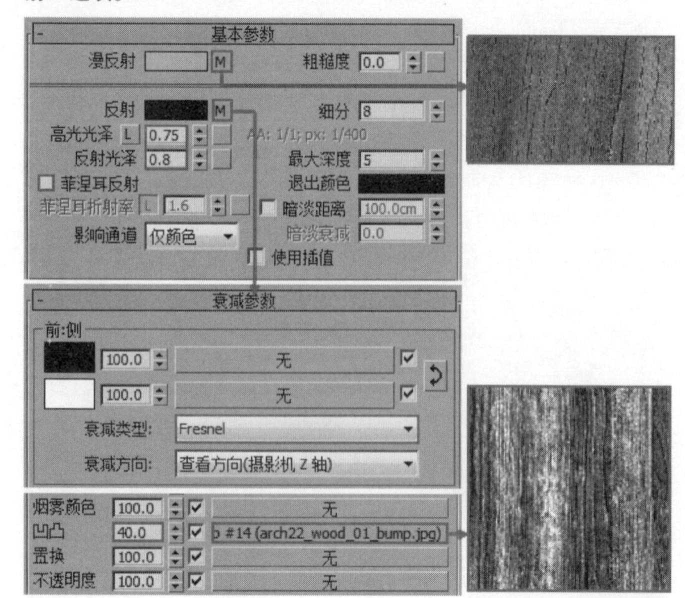

图15-260

图15-261

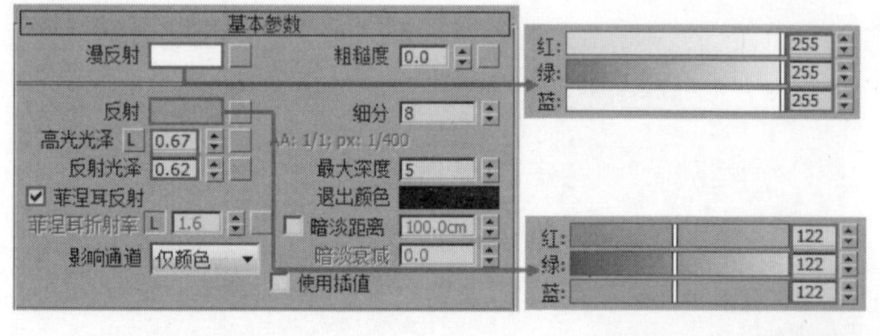

图15-262

图15-263

设置测试渲染参数

01 按F10键打开“渲染设置”对话框，然后设置渲染器为VRay渲染器，接着在“公用”卷展栏下设置“宽度”为720、

“高度”为405，如图15-264所示。

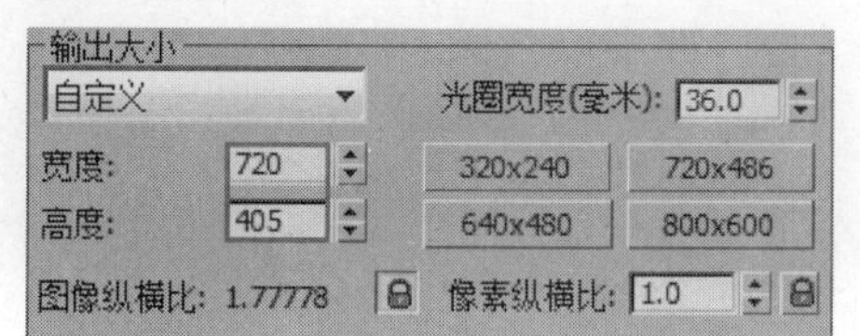

图15-264

02 单击VRay选项卡，然后在“图像采样器（抗锯齿）”卷展栏下设置“图像采样器”的“类型”为“固定”，接着设置“过滤器”类型为“区域”，如图15-265所示。

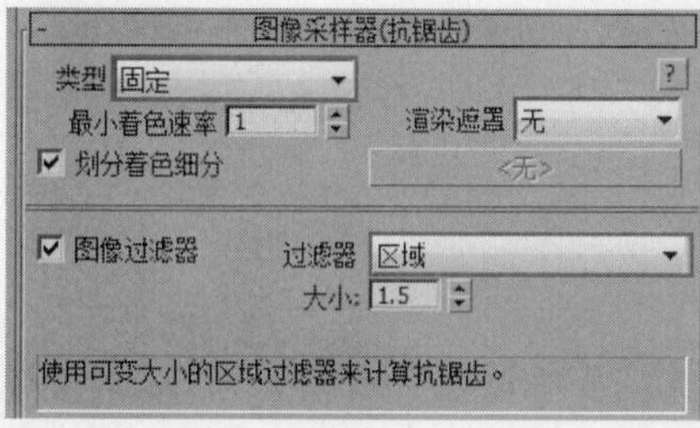

图15-265

03 展开“颜色贴图”卷展栏，然后设置“类型”为“线性倍增”，如图15-266所示。

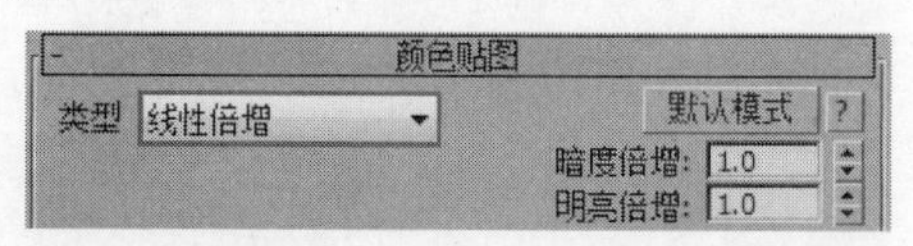

图15-266

04 单击GI选项卡，然后在“全局照明”卷展栏下勾选“启用全局照明（GI）”选项，接着设置“首次引擎”为“发光图”、“二次引擎”为“BF算法”，如图15-267所示。

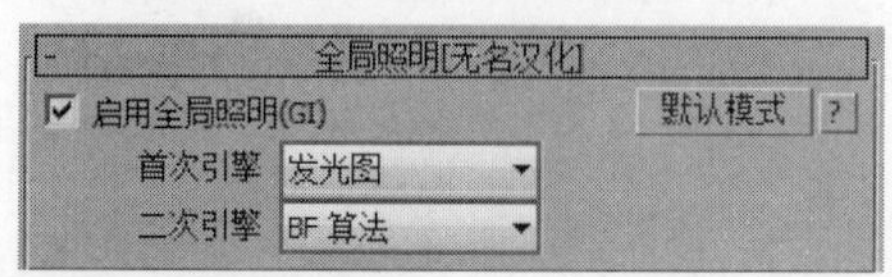

图15-267

05 展开“发光图”卷展栏，然后设置“当前预设”为“自定义”，接着设置“最小速率”和“最大速率”都为-4，再设置“细分”为50、“插值采样”为20，如图15-268所示。

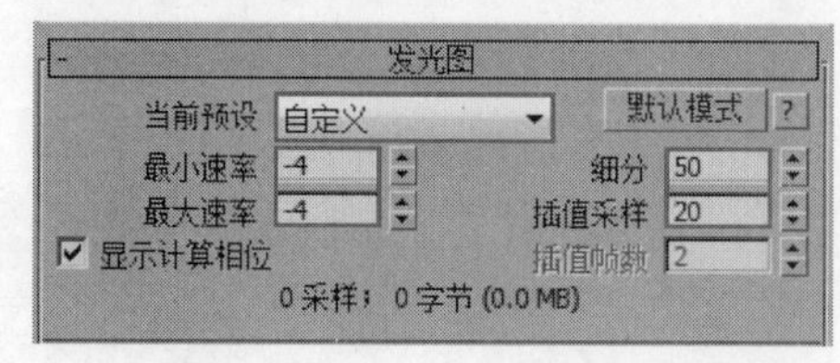

图15-268

06 展开“BF算法计算全局照明”卷展栏，然后设置“细分”为8、“反弹”为3，如图15-269所示。

图15-269

07 单击“设置”选项卡，然后在“系统”卷展栏下设置“序列”为“上->下”，接着选择“日志窗口”为“从不”选项，如图15-270所示。

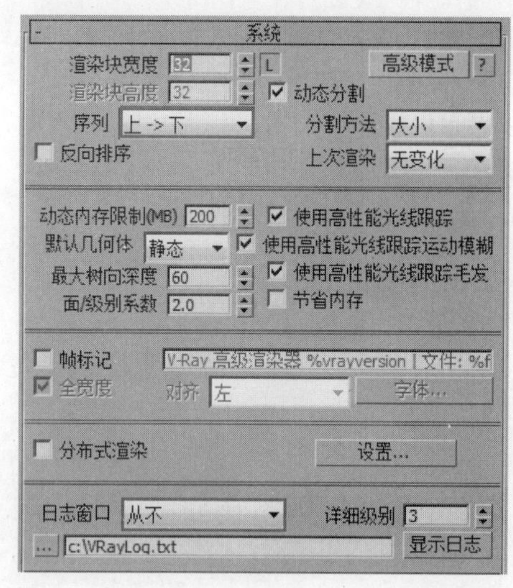

图15-270

灯光设置

场景中使用目标平行光模拟太阳光。

01 按F10键打开“渲染设置”面板，然后切换到VRay选项卡，接着展开“环境”卷展栏，勾选“全局照明（GI）环境”选项，再设置“颜色”为蓝色（R:88，G:164，B:234），如图15-271所示。

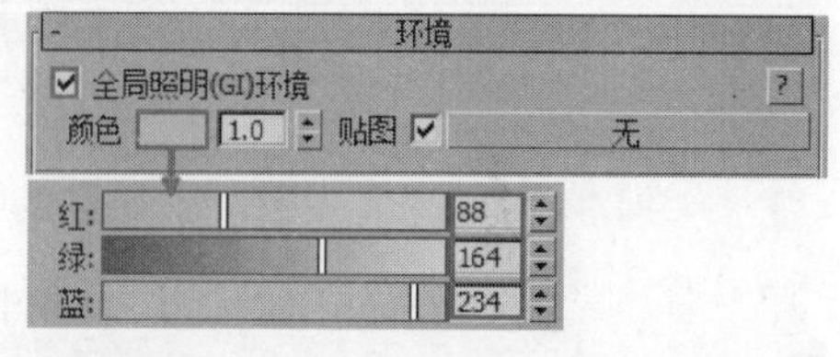

图15-271

02 设置“灯光类型”为“标准”，然后在场景中创建一盏“目标平行光”作为太阳光，其位置如图15-272所示。

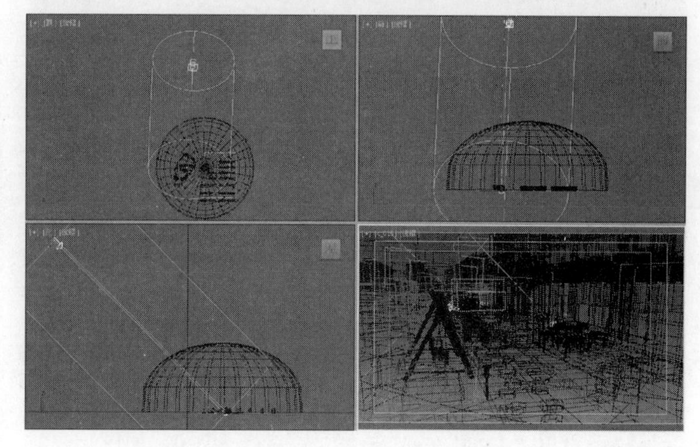

图15-272

03 选择上一步创建的目标平行光，然后进入“修改”面板，接着展开“参数”卷展栏，具体参数设置如图15-273所示。

设置步骤

① 展开“常规参数”卷展栏，然后在“阴影”选项组下勾选“启用”选项，接着设置阴影类型为“VRay阴影”。

② 在“强度/颜色/衰减”选项组下设置“倍增”为1，然后设置“颜色”为黄色（R:255，G:240，B:215）。

③ 在“平行光参数”选项组下设置“聚光区/光束”为30000cm、“衰减区/区域”为30650cm。

④ 在“VRay阴影参数”选项组下勾选“区域阴影”选项，然后设置“U大小”为300cm、“V大小”为300cm、“W大小”为150cm。

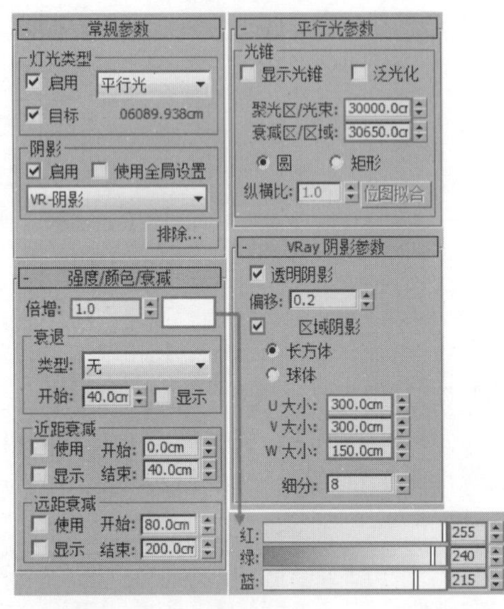

图15-273

04 将时间滑块移动到第150帧，然后按F9键渲染当前场景，效果如图15-274所示。

图15-274

设置最终渲染参数

01 按F10键打开“渲染设置”对话框，然后在“公用参数”卷展栏下设置“宽度”为1280、“高度”为720，如图15-275所示。

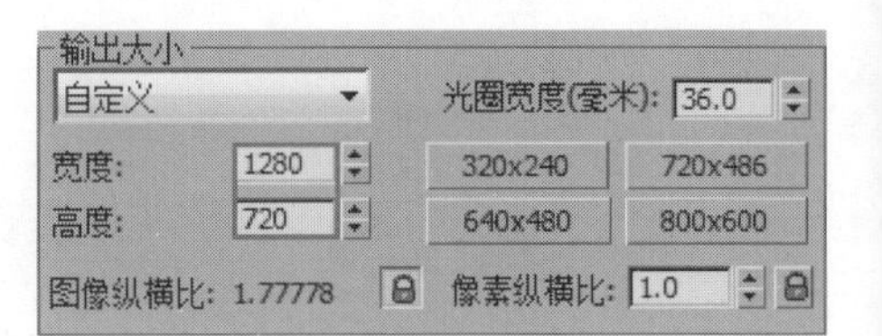

图15-275

02 单击VRay选项卡，然后在“图像采样器（抗锯齿）”卷展栏下设置“图像采样器”的“类型”为“自适应”，接着设置“过滤器”类型为Mitchell-Netravali，具体参数设置如图15-276所示。

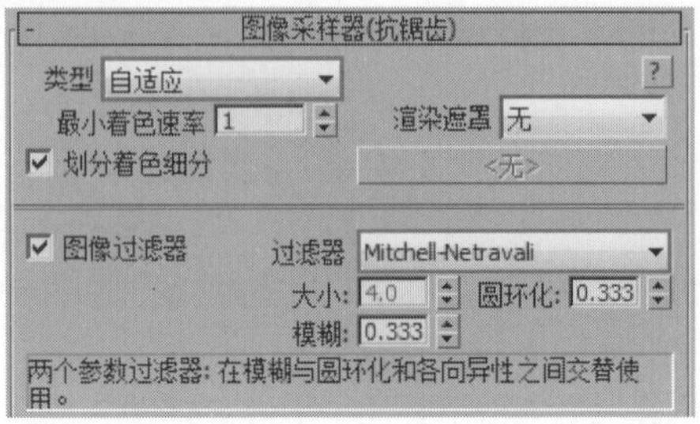

图15-276

03 展开“全局确定性蒙特卡洛”卷展栏，设置“噪波阈值”为0.001、“最小采样”为16，如图15-277所示。

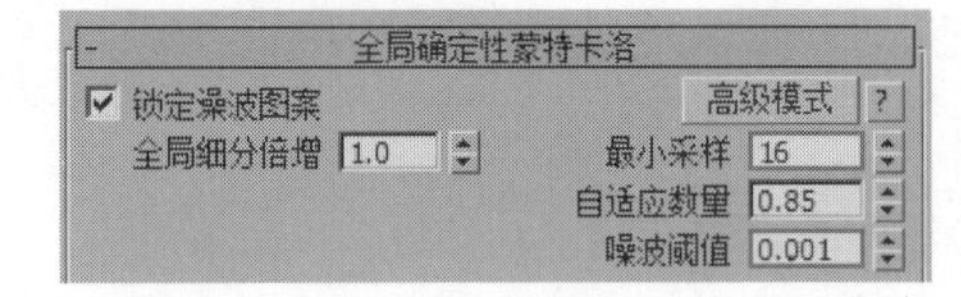

图15-277

04 单击GI选项卡，然后展开“发光图”卷展栏，接着设置“当前预设”为“中”，具体参数设置如图15-278所示。

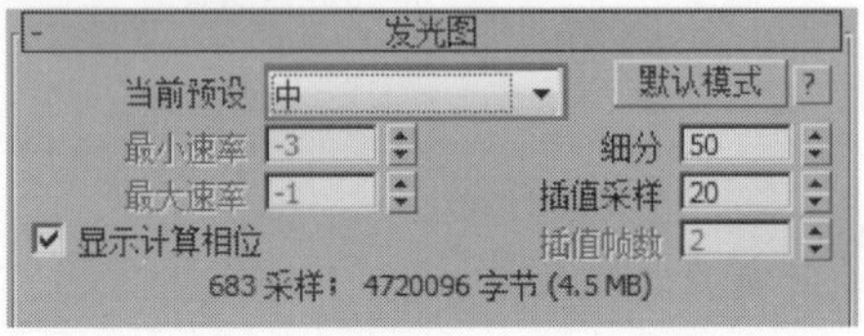

图15-278

05 按F9键渲染当前场景，最终效果如图15-279所示。

图15-279

附录A 本书索引

A1 3ds Max快捷键索引

主界面快捷键

操作	快捷键
显示降级适配（开关）	O
适应透视图格点	Shift+Ctrl+A
排列	Alt+A
角度捕捉（开关）	A
动画模式（开关）	N
改变到后视图	K
背景锁定（开关）	Alt+Ctrl+B
前一时间单位	.
下一时间单位	,
改变到顶视图	T
改变到底视图	B
改变到摄影机视图	C
改变到前视图	F
改变到等用户视图	U
改变到右视图	R
改变到透视图	P
循环改变选择方式	Ctrl+F
默认灯光（开关）	Ctrl+L
删除物体	Delete
当前视图暂时失效	D
是否显示几何体内框（开关）	Ctrl+E
显示第一个工具条	Alt+1
专家模式，全屏（开关）	Ctrl+X
暂存场景	Alt+Ctrl+H
取回场景	Alt+Ctrl+F
冻结所选物体	6
跳到最后一帧	End
跳到第一帧	Home
显示/隐藏摄影机	Shift+C
显示/隐藏几何体	Shift+O
显示/隐藏网格	G
显示/隐藏帮助物体	Shift+H
显示/隐藏光源	Shift+L
显示/隐藏粒子系统	Shift+P
显示/隐藏空间扭曲物体	Shift+W
锁定用户界面（开关）	Alt+0
匹配到摄影机视图	Ctrl+C
材质编辑器	M
最大化当前视图（开关）	W
脚本编辑器	F11
新建场景	Ctrl+N
法线对齐	Alt+N
向下轻推网格	小键盘-
向上轻推网格	小键盘+
NURBS表面显示方式	Alt+L或Ctrl+4
NURBS调整方格1	Ctrl+1
NURBS调整方格2	Ctrl+2
NURBS调整方格3	Ctrl+3
偏移捕捉	Alt+Ctrl+Space（Space键即空格键）
打开一个max文件	Ctrl+O
平移视图	Ctrl+P
交互式平移视图	I
放置高光	Ctrl+H
播放/停止动画	/
快速渲染	Shift+Q
回到上一场景操作	Ctrl+A
回到上一视图操作	Shift+A
撤销场景操作	Ctrl+Z
撤销视图操作	Shift+Z
刷新所有视图	1
用前一次的参数进行渲染	Shift+E或F9
渲染配置	Shift+R或F10
在XY/YZ/ZX锁定中循环改变	F8
约束到x轴	F5
约束到y轴	F6
约束到z轴	F7
旋转视图模式	Ctrl+R或V
保存文件	Ctrl+S
透明显示所选物体（开关）	Alt+X

续表

操作	快捷键
选择父物体	PageUp
选择子物体	PageDown
根据名称选择物体	H
选择锁定（开关）	Space（Space键即空格键）
减淡所选物体的面（开关）	F2
显示所有视图网格（开关）	Shift+G
显示/隐藏命令面板	3
显示/隐藏浮动工具条	4
显示最后一次渲染的图像	Ctrl+I
显示/隐藏主要工具栏	Alt+6
显示/隐藏安全框	Shift+F
显示/隐藏所选物体的支架	J
百分比捕捉（开关）	Shift+Ctrl+P
打开/关闭捕捉	S
循环通过捕捉点	Alt+Space（Space键即空格键）
间隔放置物体	Shift+I
改变到光线视图	Shift+4
循环改变子物体层级	Ins
子物体选择（开关）	Ctrl+B
贴图材质修正	Ctrl+T
加大动态坐标	+
减小动态坐标	-
激活动态坐标（开关）	X
精确输入转变量	F12
全部解冻	7
根据名字显示隐藏的物体	5
刷新背景图像	Alt+Shift+Ctrl+B
显示几何体外框（开关）	F4
视图背景	Alt+B
用方框快显几何体（开关）	Shift+B
打开虚拟现实	数字键盘1
虚拟视图向下移动	数字键盘2
虚拟视图向左移动	数字键盘4
虚拟视图向右移动	数字键盘6
虚拟视图向中移动	数字键盘8
虚拟视图放大	数字键盘7
虚拟视图缩小	数字键盘9
实色显示场景中的几何体（开关）	F3
全部视图显示所有物体	Shift+Ctrl+Z
视窗缩放到选择物体范围	E
缩放范围	Alt+Ctrl+Z
视窗放大两倍	Shift++（数字键盘）
放大镜工具	Z
视窗缩小两倍	Shift+-（数字键盘）
根据框选进行放大	Ctrl+W
视窗交互式放大	[
视窗交互式缩小	]

轨迹视图快捷键

操作	快捷键
加入关键帧	A
前一时间单位	<
下一时间单位	>
编辑关键帧模式	E
编辑区域模式	F3
编辑时间模式	F2
展开对象切换	O
展开轨迹切换	T
函数曲线模式	F5或F
锁定所选物体	Space（Space键即空格键）
向上移动高亮显示	↓
向下移动高亮显示	↑
向左轻移关键帧	←
向右轻移关键帧	→
位置区域模式	F4
回到上一场景操作	Ctrl+A
向下收拢	Ctrl+↓
向上收拢	Ctrl+↑

渲染器设置快捷键

操作	快捷键
用前一次的配置进行渲染	F9
渲染配置	F10

示意视图快捷键

操作	快捷键
下一时间单位	>
前一时间单位	<
回到上一场景操作	Ctrl+A

Active Shade快捷键

操作	快捷键
绘制区域	D
渲染	R
锁定工具栏	Space（Space键即空格键）

视频编辑快捷键

操作	快捷键
加入过滤器项目	Ctrl+F
加入输入项目	Ctrl+I
加入图层项目	Ctrl+L
加入输出项目	Ctrl+O
加入新的项目	Ctrl+A
加入场景事件	Ctrl+S
编辑当前事件	Ctrl+E
执行序列	Ctrl+R
新建序列	Ctrl+N

NURBS编辑快捷键

操作	快捷键
CV约束法线移动	Alt+N
CV约束到U向移动	Alt+U
CV约束到V向移动	Alt+V
显示曲线	Shift+Ctrl+C
显示控制点	Ctrl+D
显示格子	Ctrl+L
NURBS面显示方式切换	Alt+L
显示表面	Shift+Ctrl+S
显示工具箱	Ctrl+T
显示表面整齐	Shift+Ctrl+T
根据名字选择本物体的子层级	Ctrl+H
锁定2D所选物体	Space（Space键即空格键）
选择U向的下一点	Ctrl+→
选择V向的下一点	Ctrl+↑
选择U向的前一点	Ctrl+←
选择V向的前一点	Ctrl+↓
根据名字选择子物体	H
柔软所选物体	Ctrl+S
转换到CV曲线层级	Alt+Shift+Z
转换到曲线层级	Alt+Shift+C
转换到点层级	Alt+Shift+P
转换到CV曲面层级	Alt+Shift+V
转换到曲面层级	Alt+Shift+S
转换到上一层级	Alt+Shift+T
转换降级	Ctrl+X

FFD快捷键

操作	快捷键
转换到控制点层级	Alt+Shift+C

A2 本书疑难问答速查表

名称	所在页
问：新建场景的方法有哪些？	24
问：用“线”工具怎样画直线？	81
问：为什么“线”工具的“修改”面板内容与“矩形”等其余样条线的内容不一致？	85
问：弯曲轴的方向与坐标轴不对应？	98
问：除了布尔运算，是否还有其他方法制作抽屉柜面？	140
问：第1次打开材质编辑器，出现的是“Slate材质编辑器”的面板，怎样切换为“精简材质编辑器”？	213
问：渲染大图是不是需要很高的渲染参数？	290

A3 本书技术专题速查表

名称	所在页
技术专题：3ds Max 2016的界面组成	20
技术专题：将快捷键导出为文本文件	23
技术专题：加载VRay渲染器	27
技术专题：摄影机视图释疑	31
技术专题：选择区域工具	38
技术专题：3ds Max的控制器	39
技术专题：场景资源管理器	46
技术专题：对齐工具介绍	49
技术专题：坐标轴在视图中显示	61
技术专题：FFD修改器参数详解	93
技术专题：车削修改器“轴”的调整	97
技术专题：弯曲修改器参数详解	99
技术专题：噪波修改器参数详解	102
技术专题：移除顶点与删除顶点的区别	116
技术专题：顶点的焊接条件	119
技术专题：边的四边形切角、边张力和平滑功能	125
技术专题：边界封口	127
技术专题：将边的选择转换为面的选择	132
技术专题：渲染安全框	164
技术专题：物理摄影机的光圈与快门	169
技术专题：画面构图的要点	171

附录B 效果图制作实用附录

B1 常见物体折射率

材质折射率

物体	折射率	物体	折射率	物体	折射率
空气	1.0003	液体二氧化碳	1.200	冰	1.309
水（20°）	1.333	丙酮	1.360	30% 的糖溶液	1.380
普通酒精	1.360	酒精	1.329	面粉	1.434
溶化的石英	1.460	Calspar2	1.486	80% 的糖溶液	1.490
玻璃	1.500	氯化钠	1.530	聚苯乙烯	1.550
翡翠	1.570	天青石	1.610	黄晶	1.610
二硫化碳	1.630	石英	1.540	二碘甲烷	1.740
红宝石	1.770	蓝宝石	1.770	水晶	2.000
钻石	2.417	氧化铬	2.705	氧化铜	2.705
非晶硒	2.920	碘晶体	3.340		

液体折射率

物体	分子式	密度（g/cm^3）	温度（℃）	折射率
甲醇	CH_3OH	0.794	20	1.3290
乙醇	C_2H_5OH	0.800	20	1.3618
丙酮	CH_3COCH_3	0.791	20	1.3593
苯	C_6H_6	1.880	20	1.5012
二硫化碳	CS_2	1.263	20	1.6276
四氯化碳	CCl_4	1.591	20	1.4607
三氯甲烷	$CHCl_3$	1.489	20	1.4467
乙醚	$C_2H_5 \cdot O \cdot C_2H_5$	0.715	20	1.3538
甘油	$C_3H_8O_3$	1.260	20	1.4730
松节油		0.87	20.7	1.4721
橄榄油		0.92	0	1.4763
水	H_2O	1.00	20	1.3330

晶体折射率

物体	分子式	最小折射率	最大折射率
冰	H_2O	1.309	1.313
氟化镁	MgF_2	1.378	1.390
石英	SiO_2	1.544	1.553
氢氧化镁	$Mg(OH)_2$	1.559	1.580
锆石	$ZrSiO_2$	1.923	1.968
硫化锌	ZnS	2.356	2.378
方解石	$CaCO_3$	1.486	1.740
钙黄长石	$2CaO \cdot Al_2O_3 \cdot SiO_2$	1.658	1.669
碳酸锌（菱锌矿）	$ZnCO_3$	1.618	1.818
三氧化二铝（金刚砂）	Al_2O_3	1.760	1.768
淡红银矿	$3Ag_2S \cdot AS_2S_3$	2.711	2.979

B2 常用家具尺寸

单位：mm

家具	长度	宽度	高度	深度	直径
衣橱		700（推拉门）	400~650（衣橱门）	600~650	
推拉门		750~1500	1900~2400		
矮柜		300~600（柜门）		350~450	
电视柜			600~700	450~600	
单人床	1800、1806、2000、2100	900、1050、1200			
双人床	1800、1806、2000、2100	1350、1500、1800			
圆床					>1800
室内门		800~950、1200（医院）	1900、2000、2100、2200、2400		
卫生间、厨房门		800、900	1900、2000、2100		
窗帘盒			120~180	120（单层布）、160~180（双层布）	
单人式沙发	800~950		350~420（座垫）、700~900（背高）	850~900	
双人式沙发	1260~1500			800~900	
3人式沙发	1750~1960			800~900	
4人式沙发	2320~2520			800~900	
小型长方形茶几	600~750	450~600	380~500（380最佳）		
中型长方形茶几	1200~1350	380~500或600~750			
正方形茶几	750~900	430~500			
大型长方形茶几	1500~1800	600~800	330~420（330最佳）		
圆形茶几			330~420		750、900、1050、1200
方形茶几		900、1050、1200、1350、1500	330~420		
固定式书桌			750	450~700（600最佳）	
活动式书桌			750~780	650~800	
餐桌		1200、900、750（方桌）	750~780（中式）、680~720（西式）		
长方桌	1500、1650、1800、2100、2400	800、900、1050、1200			
圆桌					900、1200、1350、1500、1800
书架	600~1200	800~900		250~400（每格）	

B3 室内物体常用尺寸

墙面尺寸

单位：mm

物体	高度
踢脚板	60~200
墙裙	800~1500
挂镜线	1600~1800

餐厅

单位：mm

物体	高度	宽度	直径	间距
餐桌	750~790			>500（其中座椅占500）
餐椅	450~500			
2人圆桌			500或800	
4人圆桌			900	
5人圆桌			1100	
6人圆桌			1100~1250	
8人圆桌			1300	
10人圆桌			1500	
12人圆桌			1800	
2人方餐桌		700×850		
4人方餐桌		1350×850		
8人方餐桌		2250×850		
餐桌转盘			700~800	
主通道		1200~1300		
内部工作道宽		600~900		
酒吧台	900~1050	500		
酒吧凳	600~750			

商场营业厅

单位：mm

物体	长度	宽度	高度	厚度	直径
单边双人走道		1600			
双边双人走道		2000			
双边3人走道		2300			
双边4人走道		3000			
营业员柜台走道		800			
营业员货柜台			800~1000	600	
单靠背立货架			1800~2300	300~500	
双靠背立货架			1800~2300	600~800	
小商品橱窗			400~1200	500~800	
陈列地台			400~800		
敞开式货架			400~600		
放射式售货架					2000
收款台	1600	600			

饭店客房

单位：mm/ m²

物体	长度	宽度	高度	面积	深度
标准间				25（大）、16~18（中）、16（小）	
床			400~450、850~950（床靠）		
床头柜		500~800	500~700		
写字台	1100~1500	450~600	700~750		
行李台	910~1070	500	400		
衣柜		800~1200	1600~2000		500
沙发		600~800	350~400、1000（靠背）		
衣架			1700~1900		

卫生间

单位：mm/ m²

物体	长度	宽度	高度	面积
卫生间				3~5
浴缸	1220、1520、1680	720	450	
座便器	750	350		
冲洗器	690	350		
盥洗盆	550	410		
淋浴器		2100		
化妆台	1350	450		

交通空间

单位：mm

物体	宽度	高度
楼梯间休息平台	≥2100	
楼梯跑道	≥2300	
客房走廊		≥2400
两侧设座的综合式走廊	≥2500	
楼梯扶手		850~1100
门	850~1000	≥1900
窗	400~1800	
窗台		800~1200

灯具

单位：mm

物体	高度	直径
大吊灯	≥2400	
壁灯	1500~1800	
反光灯槽		≥2倍灯管直径
壁式床头灯	1200~1400	
照明开关	1000	

办公用具

单位：mm

物体	长度	宽度	高度	深度
办公桌	1200~1600	500~650	700~800	
办公椅	450	450	400~450	
沙发		600~800	350~450	
前置型茶几	900	400	400	
中心型茶几	900	900	400	
左右型茶几	600	400	400	
书柜		1200~1500	1800	450~500
书架		1000~1300	1800	350~450

附录C 常见材质参数设置索引

说明：本附录是本书4个附录中最重要的一个，列出了12种常见的材质类型以及一种特殊的材质类型，共60种材质，包括玻璃材质、金属材质、布料材质、木纹材质、石材材质、陶瓷材质、漆类材质、皮革材质、壁纸材质、塑料材质、液体材质、自发光材质和其他材质。注意，本附录所给出的参数是制作材质的一种基本思路，在面对实际项目时，某些参数要根据场景进行重新设置，如漫反射/反射/折射/烟雾的颜色、反射与折射的细分值、烟雾倍增值、凹凸与置换值、贴图的瓷砖U/V值、贴图的模糊值以及是否开启菲涅耳反射等。

C1 玻璃材质

材质名称	示例图	贴图	参数设置		用途
普通玻璃材质			漫反射	漫反射颜色=红:129，绿:187，蓝:188	家具装饰
			反射	反射颜色=红:20，绿:20，蓝:20；高光光泽度=0.9；反射光泽度=0.95；细分=10；菲涅耳反射=勾选	
			折射	折射颜色=红:240，绿:240，蓝:240；细分=20；影响阴影=勾选；烟雾颜色=红:242，绿:255，蓝:253；烟雾倍增=0.2	
			其他		
窗玻璃材质			漫反射	漫反射颜色=红:193，绿:193，蓝:193	窗户装饰
			反射	反射通道=衰减贴图；侧=红:134，绿:134，蓝:134；衰减类型=Fresnel；反射光泽度=0.99；细分=20	
			折射	折射颜色=白色；光泽度=0.99；细分=20；影响阴影=勾选；烟雾颜色=红:242，绿:243，蓝:247；烟雾倍增=0.001	
			其他		
彩色玻璃材质			漫反射	漫反射颜色=黑色	家具装饰
			反射	反射颜色=白色；细分=15；菲涅耳反射=勾选	
			折射	折射颜色=白色；细分=15；影响阴影=勾选；烟雾颜色=自定义；烟雾倍增=0.04	
			其他		
磨砂玻璃材质			漫反射	漫反射颜色=红:180，绿:189，蓝:214	家具装饰
			反射	反射颜色=红:57，绿:57，蓝:57；菲涅耳反射=勾选；反射光泽度=0.95	
			折射	折射颜色=红:180，绿:180，蓝:180；光泽度=0.95；影响阴影=勾选；折射率=1.2；退出颜色=勾选；退出颜色=红:3，绿:30，蓝:55	
			其他		
龟裂缝玻璃材质			漫反射	漫反射颜色=红:213，绿:234，蓝:222	家具装饰
			反射	反射颜色=红:119，绿:119，蓝:119；高光光泽度=0.8；反射光泽度=0.9；细分=15	
			折射	折射颜色=红:217，绿:217，蓝:217；细分=15；影响阴影=勾选；烟雾颜色=红:247，绿:255，蓝:255；烟雾倍增=0.3	
			其他	凹凸通道=贴图；凹凸强度=-20	
镜子材质			漫反射	漫反射颜色=红:24，绿:24，蓝:24	家具装饰
			反射	反射颜色=红:239，绿:239，蓝:239	
			折射		
			其他		
水晶材质			漫反射	漫反射颜色=红:248，绿:248，蓝:248	家具装饰
			反射	反射颜色=红:250，绿:250，蓝:250；菲涅耳反射=勾选	
			折射	折射颜色=红:130，绿:130，蓝:130；折射率=2；影响阴影=勾选	
			其他		

C2 金属材质

材质名称	示例图	贴图	参数设置		用途
亮面不锈钢材质			漫反射	漫反射颜色=红:49，绿:49，蓝:49	家具及陈设品装饰
			反射	反射颜色=红:210，绿:210，蓝:210；高光光泽度=0.8；细分=16	
			折射		
			其他	双向反射=沃德	
亚光不锈钢材质			漫反射	漫反射颜色=红:40，绿:40，蓝:40	家具及陈设品装饰
			反射	反射颜色=红:180，绿:180，蓝:180；高光光泽度=0.8；反射光泽度=0.8；细分=20	
			折射		
			其他	双向反射=沃德	
拉丝不锈钢材质			漫反射	漫反射颜色=红:58，绿:58，蓝:58	家具及陈设品装饰
			反射	反射颜色=红:152，绿:152，蓝:152；反射通道=贴图；高光光泽度=0.9；高光光泽度通道=贴图；反射光泽度=0.9；细分=20	
			折射		
			其他	双向反射=沃德；各向异性（-1..1）=0.6；旋转=-15；反射与贴图的混合量=14；高光光泽与贴图的混合量=3；凹凸通道=贴图；凹凸强度=3	
银材质			漫反射	漫反射颜色=红:186，绿:186，蓝:186	家具及陈设品装饰
			反射	反射颜色=红:98，绿:98，蓝:98；反射光泽度=0.8；细分=为20	
			折射		
			其他	双向反射=沃德	
黄金材质			漫反射	漫反射颜色=红:139，绿:39，蓝:0	家具及陈设品装饰
			反射	反射颜色=红:240，绿:194，蓝:54；反射光泽度=0.9；细分=为15	
			折射		
			其他	双向反射=沃德	
亮铜材质			漫反射	漫反射颜色=红:40，绿:40，蓝:40	家具及陈设品装饰
			反射	反射颜色=红:240，绿:190，蓝:126；高光光泽度=0.65；反射光泽度=0.9；细分=为20	
			折射		
			其他		

C3 布料材质

材质名称	示例图	贴图	参数设置		用途
绒布材质（注意，材质类型为标准材质）			明暗器	（O）Oren-Nayar-Blin	家具装饰
			漫反射	漫反射通道=贴图	
			自发光	自发光=勾选；自发光通道=遮罩贴图；贴图通道=衰减贴图（衰减类型=Fresnel）；遮罩通道=衰减贴图（衰减类型=阴影/灯光）	
			反射高光	高光级别=10	
			其他	凹凸强度=10；凹凸通道=噪波贴图；噪波大小=2（注意，这组参数需要根据实际情况进行设置）	
单色花纹绒布材质（注意，材质类型为标准材质）			明暗器	（O）Oren-Nayar-Blin	家具装饰
			自发光	自发光=勾选；自发光通道=遮罩贴图；贴图通道=衰减贴图（衰减类型=Fresnel）；遮罩通道=衰减贴图（衰减类型=阴影/灯光）	
			反射高光	高光级别=10	
			其他	漫反射颜色+凹凸通道=贴图；凹凸强度=-180（注意，这组参数需要根据实际情况进行设置）	

材质名称	示例图	贴图	参数设置		用途
麻布材质			漫反射	通道=贴图	家具装饰
			反射		
			折射		
			其他	凹凸通道=贴图；凹凸强度=20	
抱枕材质			漫反射	漫反射通道=抱枕贴图；模糊=0.05	家具装饰
			反射	反射颜色=红:34，绿:34，蓝:34；反射光泽度=0.7；细分=20	
			折射		
			其他	凹凸通道=凹凸贴图	
毛巾材质			漫反射	漫反射颜色=红:252，绿:247，蓝:227	家具装饰
			反射		
			折射		
			其他	置换通道=贴图；置换强度=8	
半透明窗纱材质			漫反射	漫反射颜色=红:240，绿:250，蓝:255	家具装饰
			反射		
			折射	折射通道=衰减贴图；前=红:180，绿:180，蓝:180；侧=黑色；光泽度=0.88；折射率=1.001；影响阴影=勾选	
			其他		
花纹窗纱材质（注意，材质类型为混合材质）			材质1	材质1通道=VRayMtl材质；漫反射颜色=红:98，绿:64，蓝:42	家具装饰
			材质2	材质2通道=VRayMtl材质；漫反射颜色=红:164，绿:102，蓝:35；反射颜色=红:162，绿:170，蓝:75；高光光泽度=0.82；反射光泽度=0.82；细分=15	
			遮罩	遮罩通道=贴图	
			其他		
软包材质			漫反射	漫反射通道=衰减贴图；前通道=软包贴图；模糊=0.1；侧=红:248，绿:220，蓝:233	家具装饰
			反射		
			折射		
			其他	凹凸通道=软包凹凸贴图；凹凸强度=45	
普通地毯			漫反射	漫反射通道=衰减贴图；前通道=地毯贴图；衰减类型=Fresnel	家具装饰
			反射		
			折射		
			其他	凹凸通道=地毯凹凸贴图；凹凸强度=60 置换通道=地毯凹凸贴图；置换强度=8	
普通花纹地毯			漫反射	漫反射通道=贴图	家具装饰
			反射		
			折射		
			其他		

C4 木纹材质

材质名称	示例图	贴图	参数设置		用途
亮光木纹材质			漫反射	漫反射通道=贴图	家具及地面装饰
			反射	反射颜色=红:40，绿:40，蓝:40；高光光泽度=0.75；反射光泽度=0.7；细分=15	
			折射		
			其他	凹凸通道=贴图；环境通道=输出贴图	
亚光木纹材质			漫反射	漫反射通道=贴图；模糊=0.2	家具及地面装饰
			反射	反射颜色=红:213，绿:213，蓝:213；反射光泽度=0.6；菲涅耳反射=勾选	
			折射		
			其他	凹凸通道=贴图；凹凸强度=60	
木地板材质			漫反射	漫反射通道=贴图；瓷砖（平铺）U/V=6	地面装饰
			反射	反射颜色=红:55，绿:55，蓝:55；反射光泽度=0.8；细分=15	
			折射		
			其他		

C5 石材材质

材质名称	示例图	贴图	参数设置		用途
大理石地面材质			漫反射	漫反射通道=贴图	地面装饰
			反射	反射颜色=红:228，绿:228，蓝:228；细分=15；菲涅耳反射=勾选	
			折射		
			其他		
人造石台面材质			漫反射	漫反射通道=贴图	台面装饰
			反射	反射通道=衰减贴图；衰减类型=Fresnel；高光光泽度=0.65；反射光泽度=0.9；细分=20	
			折射		
			其他		
拼花石材材质			漫反射	漫反射通道=贴图	地面装饰
			反射	反射颜色=红:228，绿:228，蓝:228；细分=15；菲涅耳反射=勾选	
			折射		
			其他		
仿旧石材材质			漫反射	漫反射通道=混合贴图；颜色#1通道=旧墙贴图；颜色#2通道=破旧纹理贴图；混合量=50	墙面装饰
			反射		
			折射		
			其他	凹凸通道=破旧纹理贴图；凹凸强度=10 置换通道=破旧纹理贴图；置换强度=10	
文化石材质			漫反射	漫反射通道=贴图	墙面装饰
			反射	反射颜色=红:30，绿:30，蓝:30；高光光泽度=0.5	
			折射		
			其他	凹凸通道=贴图；凹凸强度=50	

材质名称	示例图	贴图	参数设置		用途
砖墙材质			漫反射	漫反射通道=贴图	墙面装饰
			反射	反射通道=衰减贴图；侧=红:18，绿:18，蓝:18；衰减类型=Fresnel；高光光泽度=0.5；反射光泽度=0.8	
			折射		
			其他	凹凸通道=灰度贴图；凹凸强度=120	
玉石材质			漫反射	漫反射颜色=红:88，绿:146，蓝:70	陈设品装饰
			反射	反射颜色=红:111，绿:111，蓝:111；菲涅耳反射=勾选	
			折射	折射颜色=白色；光泽度=0.32；细分=20；烟雾颜色=红:88，绿:146，蓝:70；烟雾倍增=0.2	
			其他	半透明类型=硬（蜡）模型；背面颜色=红:182，绿:207，蓝:174；散布系数=0.4；正/背面系数=0.44	

C6 陶瓷材质

材质名称	示例图	贴图	参数设置		用途
白陶瓷材质			漫反射	漫反射颜色=白色	陈设品装饰
			反射	反射颜色=红:131，绿:131，蓝:131；细分=15；菲涅耳反射=勾选	
			折射	折射颜色=红:30，绿:30，蓝:30；光泽度=0.95	
			其他	半透明类型=硬（蜡）模型；厚度=0.05mm（该参数要根据实际情况而定）	
青花瓷材质			漫反射	漫反射通道=贴图；模糊=0.01	陈设品装饰
			反射	反射颜色=白色；菲涅耳反射=勾选	
			折射		
			其他		
马赛克砖材质			漫反射	漫反射通道=马赛克贴图	墙面装饰
			反射	反射颜色=红:10，绿:10，蓝:10；反射光泽度=0.95	
			折射		
			其他	凹凸通道=灰度贴图	

C7 漆类材质

材质名称	示例图	贴图	参数设置		用途
白色乳胶漆材质			漫反射	漫反射颜色=红:250，绿:250，蓝:250	墙面装饰
			反射	反射通道=衰减贴图；衰减类型=Fresnel；高光光泽度=0.8；反射光泽度=0.85；细分=20	
			折射		
			其他	环境通道=输出贴图；输出量=1.2；跟踪反射=关闭	
彩色乳胶漆材质			漫反射	漫反射颜色=自定义	墙面装饰
			反射	反射颜色=红:18，绿:18，蓝:18；高光光泽度=0.25；细分=15	
			其他	跟踪反射=关闭	
烤漆材质			漫反射	漫反射颜色=黑色	电器及乐器装饰
			反射	反射颜色=红:233，绿:233，蓝:233；反射光泽度=0.9；细分=20；菲涅耳反射=勾选	
			折射		
			其他		

C8 皮革材质

材质名称	示例图	贴图	参数设置		用途
亮光皮革材质			漫反射	漫反射颜色=贴图	家具装饰
			反射	反射颜色=红:79，绿:79，蓝:79；高光光泽度=0.65；反射光泽度=0.7；细分=20	
			折射		
			其他	凹凸通道=凹凸贴图	
亚光皮革材质			漫反射	漫反射颜色=红:250，绿:246，蓝:232	家具装饰
			反射	反射颜色=红:45，绿:45，蓝:45；高光光泽度=0.65；反射光泽度=0.7；细分=20，菲涅耳反射=勾选；菲涅耳反射率=2.6	
			折射		
			其他	凹凸通道=贴图	

C9 壁纸材质

材质名称	示例图	贴图	参数设置		用途
壁纸材质			漫反射	通道=贴图	墙面装饰
			反射		
			折射		
			其他		

C10 塑料材质

材质名称	示例图	贴图	参数设置		用途
普通塑料材质			漫反射	漫反射颜色=自定义	陈设品装饰
			反射	反射通道=衰减贴图；前=红:22，绿:22，蓝:22；侧=红:200，绿:200，蓝:200；衰减类型=Fresnel；高光光泽度=0.8；反射光泽度=0.7；细分=15	
			折射		
			其他		
半透明塑料材质			漫反射	漫反射颜色=自定义	陈设品装饰
			反射	反射颜色=红:51，绿:51，蓝:51；高光光泽度=0.4；反射光泽度=0.6；细分=10，菲涅耳反射=勾选	
			折射	折射颜色=红:221，绿:221，蓝:221；光泽度=0.9；细分=10；折射率=1.01；影响阴影=勾选；烟雾颜色=漫反射颜色；烟雾倍增=0.05	
			其他		
塑钢材质			漫反射	漫反射颜色=白色	家具装饰
			反射	反射颜色=红:233，绿:233，蓝:233；反射光泽度=0.9；细分=20；菲涅耳反射=勾选	
			折射		
			其他		

C11 液体材质

材质名称	示例图	贴图	参数设置		用途
清水材质			漫反射	漫反射颜色=红:123，绿:123，蓝:123	室内装饰
			反射	反射颜色=白色；菲涅耳反射=勾选；细分=15	
			折射	折射颜色=红:241，绿:241，蓝:241；细分=20；折射率=1.333；影响阴影=勾选	
			其他	凹凸通道=噪波贴图；噪波大小=0.3（该参数要根据实际情况而定）	
游泳池水材质			漫反射	漫反射颜色=红:15，绿:162，蓝:169	公用设施装饰
			反射	反射颜色=红:132，绿:132，蓝:132；反射光泽度=0.97；菲涅耳反射=勾选	
			折射	折射颜色=红:241，绿:241，蓝:241；折射率=1.333；影响阴影=勾选；烟雾颜色=漫反射颜色；烟雾倍增=0.01	
			其他	凹凸通道=噪波贴图；噪波大小=1.5（该参数要根据实际情况而定）	
红酒材质			漫反射	漫反射颜色=红:146，绿:17，蓝:60	陈设品装饰
			反射	反射颜色=红:57，绿:57，蓝:57；细分=20；菲涅耳反射=勾选	
			折射	折射颜色=红:222，绿:157，蓝:191；细分=30；折射率=1.333；影响阴影=勾选，烟雾颜色=红:169，绿:67，蓝:74	
			其他		

C12 自发光材质

材质名称	示例图	贴图	参数设置		用途
灯管材质（注意，材质类型为VRay灯光材质）			颜色	颜色=白色；强度=25（该参数要根据实际情况而定）	电器装饰
电脑屏幕材质（注意，材质类型为VRay灯光材质）			颜色	颜色=白色；强度=25（该参数要根据实际情况而定）；通道=贴图	电器装饰
灯带材质（注意，材质类型为VRay灯光材质）			颜色	颜色=自定义；强度=25（该参数要根据实际情况而定）	陈设品装饰
环境材质（注意，材质类型为VRay灯光材质）			颜色	颜色=白色；强度=25（该参数要根据实际情况而定）；通道=贴图	室外环境装饰

C13 其他材质

材质名称	示例图	贴图	参数设置		用途
叶片材质（注意，材质类型为标准材质）			漫反射	漫反射通道=叶片贴图	室内/外装饰
			不透明度	不透明度通道=黑白遮罩贴图	
			反射高光	高光级别=40；光泽度=50	
			其他		
水果材质			漫反射	漫反射通道=贴图；模糊=15（根据实际情况来定）	室内/外装饰
			反射	反射颜色=红:15，绿:15，蓝:15；高光光泽度=0.7；反射光泽度=0.65；细分=16	
			折射		
			其他	半透明类型=硬（蜡）模型；背面颜色=红:251，绿:48，蓝:21；凹凸通道=贴图；凹凸强度=15	
草地材质			漫反射	漫反射通道=草地贴图	室外装饰
			反射	反射颜色=红:28，绿:43，蓝:25；反射光泽度=0.85	
			折射		
			其他	跟踪反射=关闭；草地模型=加载VRay置换模式修改器；类型=2D贴图（景观）；纹理贴图=草地贴图；数量=15mm（该参数要根据实际情况而定）	
镂空藤条材质（注意，材质类型为标准材质）			漫反射	漫反射通道=藤条贴图	家具装饰
			不透明度	不透明度通道=黑白遮罩贴图	
			反射高光	高光级别=60	
			其他		
沙盘楼体材质			漫反射	漫反射颜色=红:237，绿:237，蓝:237	陈设品装饰
			反射		
			折射		
			其他	不透明度通道=VRay边纹理贴图；颜色=白色；像素=0.3	
书本材质			漫反射	漫反射通道=贴图	陈设品装饰
			反射	反射颜色=红:80，绿:80，蓝:80；细分=20；菲涅耳反射=勾选	
			折射		
			其他		
画材质			漫反射	漫反射通道=贴图	陈设品装饰
			反射		
			折射		
			其他		
毛发地毯材质（注意，该材质用VRay毛皮工具进行制作）			根据实际情况，对VRay毛皮的参数进行设定，例如长度、厚度、重力、弯曲、结数、方向变量和长度变化。另外，毛发颜色可以直接在"修改"面板中进行选择		地面装饰

附录D 3ds Max 2016优化与常见问题速查

D1 软件的安装环境

3ds Max 2016必须在Windows 7或以上的64位系统中才能正确安装。所以，正确使用3ds Max 2016，首先要将计算机的系统换成Windows 7或更高版本的64位系统。

D2 软件的流畅性优化

3ds Max 2016对计算机的配置要求比较高，如果用户的计算机配置比较低，运行起来可能会比较困难，但是可以通过一些优化来提高软件的流畅性。

更改显示驱动程序：3ds Max 2016默认的显示驱动程序是Nitrous Direct3D 9，该驱动程序对显卡的要求比较高，我们可以将其换成对显卡要求比较低的驱动程序。执行"自定义>首选项"菜单命令，打开"首选项设置"对话框，然后单击"视口"选项卡，接着在"显示驱动程序"选项组下单击"选择驱动程序"按钮 选择驱动程序... ，在弹出的对话框中选择"旧版OpenGL"驱动程序。旧版OpenGL驱动程序不仅对显卡的要求比较低，同时也不会影响用户的正常操作。

优化软件界面：3ds Max 2016默认的软件界面中有很多工具栏，其中常用的是"主工具栏"和"命令"面板，其他工具栏可以隐藏起来，在需要用到的时候再将其调出来，整个界面只需要保留"主工具栏"和"命令"面板即可。隐藏掉暂时用不到的工具栏，不仅可以提高软件的运行速度，还可以让操作界面更加整洁。

注意：如果用户修改了显示驱动程序并优化了软件界面，3ds Max 2016的运行速度依然很慢的话，建议重新购买一台配置较高的计算机。以后在做实际项目时，也需要拥有一台配置好的计算机，这样才能提高工作效率。

D3 打开文件时的问题

打开场景文件时，如果提示文件的单位不匹配，请选择"采用文件单位比例"选项（如果选择另外一个选项，场景的缩放比例会出现问题）。如果打开场景文件时提示缺少DLL文件，一般情况下是没有影响的，但是如果提示缺少VRay的相关文件，则是没有安装VRay渲染器的原因。这种情况就必须安装VRay渲染器，本书所使用的VRay渲染器是VRay 3.0版本。

D4 自动备份文件

很多时候，由于我们的一些失误操作，很可能导致3ds Max崩溃，但不要紧，3ds Max会自动将当前文件保存到C:\Users\Administrator\Documents\3dsmax\autoback路径下，待重启3ds Max后，在该路径下可以找到自动保存的备份文件。但是自动备份文件会出现贴图缺失的情况，就算打开了也需要重新链接贴图文件，因此我们要养成及时保存文件的良好习惯。

D5 贴图重新链接的问题

打开场景文件时，经常会出现贴图缺失的情况，这就需要我们手动链接缺失的贴图。本书所有的场景文件都将贴图整理归类在一个文件夹中，如果在打开场景文件时提示缺失贴图，大家可以重新链接缺失的贴图以及其他场景资源。

D6 在渲染时让软件不满负荷运行

一般情况下，3ds Max在渲染时都是满负荷运行，此时要用计算机做一些其他事情则会非常卡。如果要在渲染时做一些其他事情，可以关掉一两个CPU；也可以通过勾选VRay渲染器的"低线程优先权"选项来实现低线程渲染，这样可以让计算机不满负荷运行。